Verilog를 이용한

디지털 시스템 설계

Digital Systems Design Using Verilog

Cengage

Digital Systems Design Using Verilog, First Edition

Charles Roth,
Lizy Kurian John,
Byeong Kil Lee

Original edition © 2016 Cengage Engineering, a part of Cengage Learning. *Digital Systems Design Using Verilog, International Edition, First Edition* by Charles Roth, Lizy Kurian John, Byeong Kil Lee
ISBN: 9781305120747

This edition is translated by license from Brooks Cole, a part of Cengage Learning, for sale in Korea only.

ISBN-13: 979-89-6218-366-5

Cengage Learning Korea Ltd.
14F YTN Newsquare 76 Sangamsan-ro
Mapo-gu Seoul 03926 Korea
Tel: (82) 2 330 7000
Fax: (82) 2 330 7001

Printed in Korea
Print Number: 03 Print Year: 2023

Verilog를 이용한

디지털 시스템 설계

Digital Systems Design Using Verilog

Charles Roth · Lizy Kurian John · Byeong Kil Lee 지음

강진구 · 조경순 · 김종태 · 양준성 옮김

Cengage

Australia • Brazil • Canada • Mexico • Singapore • United Kingdom • United States

옮긴이 소개

강진구
인하대학교 IT공과대학 전자공학과

조경순
한국외국어대학교 공과대학 전자공학과

김종태
성균관대학교 정보통신대학 전자전기공학부

양준성
성균관대학교 정보통신대학 반도체시스템공학과

Verilog를 이용한 디지털 시스템 설계

Digital Systems Design Using Verilog

제1판 1쇄 발행 | 2015년 8월 11일
제1판 3쇄 발행 | 2023년 2월 10일

지은이 | Charles Roth, Lizy Kurian John, Byeong Kil Lee
옮긴이 | 강진구, 조경순, 김종태, 양준성
발행인 | 송성헌
발행처 | 센게이지러닝코리아㈜
등록번호 | 제313-2007-000074호(2007.3.19.)
이메일 | asia.infokorea@cengage.com
홈페이지 | www.cengage.co.kr

ISBN-13: 978-89-6218-366-5

공급처 | ㈜한티에듀
주 소 | 서울시 마포구 동교로 23길 67 3F
도서안내 및 주문 | TEL 02) 332-7993 FAX 02) 332-7995
이메일 | hantee@hanteemedia.co.kr

값 36,000원

PREFACE

옮긴이 머리말

이 책은 디지털 시스템 설계의 상위 레벨 코스에 맞춰져 있다. 1998년 하드웨어 설계용 프로그래밍 언어인 VHDL을 이용하여 상위 레벨의 디지털 시스템 설계에 관한 내용으로 1판이 발행된 이후, 원저자들은 2008년에 상당 부분 내용을 업데이트하여 2판을 출판했다.

이후 엔지니어링 필드에서의 상황은 Verilog가 VHDL보다 훨씬 더 많이 사용됨에 따라 설계 툴이나 예제가 Verilog로 바뀌어야 한다는 요구가 많았다. 이에 원저자들은 약 6년 만에 디지털 시스템 설계 원리의 근간은 유지하고 하드웨어 프로그래밍 언어를 Verilog를 사용하는 내용으로 바꾸어 3판을 출판했다.

역자들은 이 책이 전자, 전기, 컴퓨터공학 전공 3, 4학년 학생들이 논리회로 설계의 기초 과정을 마치고 FPGA를 이용한 복잡한 디지털 시스템 설계 과정을 공부하는 데 매우 적합하다고 생각하고 번역 작업을 시작했다. Verilog의 사용과 FPGA 설계는 최근 학교와 엔지니어링 필드의 디지털 시스템 설계에서 필수 불가결의 중요한 과정이 되었다. 본서는 어느 정도 수준 이상의 학생이나 엔지니어들은 혼자서도 익힐 수 있도록 체계적이고 많은 설계 예제가 들어 있다. 따라서 이 책을 통해 Verilog을 이용한 FPGA 설계 방법을 익혀 다양한 시스템 설계에 적용할 수 있는 능력을 기르기를 바란다.

1장에서는 논리회로의 기본 개념을 복습할 수 있도록 했고, 2장의 Verilog 기초를 시작으로 하여, 3장에서 FPGA 디바이스 구조를 설명한다. 4장 이후 여러 장에 걸쳐 다양하고 실질적인 Verilog 설계 예제를 익힌 다음, 간략화된 MIPS 프로세서까지 설계해보도록 구성되어 있다. 10장에서는 디지털 테스트에 관한 내용을 보강하여 전체적으로 좀 더 다양하고 깊이 있는 설계 예제를 실습할 수 있도록 구성했다.

이 책을 교재로 사용하여 강의할 경우 실습과 병행하면 학생들이나 엔지니어들의 학습을 극대화할 수 있을 것으로 생각된다. 시간이 충분하면 2학기에 걸쳐 진행해도 좋을 것 같다. 학생들에게 다양한 설계 숙제, 프로젝트를 할당하여 실질적인 Verilog 코딩 기법과 FPGA에 구현 검증하는 과정까지 할 수 있도록 교육하면 많은 부분 실제 엔지니어링 필드에 적용할 수 있을 것으로 생각된다.

이 책의 한국어 번역을 허락해준 Roth 교수, John 교수, Lee 교수 그리고 번역 출판을 위해 도와주신 센게이지러닝 출판사 관계자 여러분께 감사를 드린다.

2015년 7월

역자 일동

PREFACE

머리말

이 책은 고학년 디지털 시스템 설계를 위한 교재로, 디지털 시스템 설계의 기초부터 Verilog 하드웨어 서술 언어를 이용한 설계 방법에 대해 이야기한다. 기본 원리를 살펴본 후, 기본 원리를 보여주는 다양한 예제를 다룬다. 또한 간단한 이진 가산기에서 마이크로프로세서에 이르는 다양한 디지털 시스템 설계 예제도 포함하고 있다.

이 책을 이용하는 학생들은 조합회로, 순차회로를 포함하는 논리회로 설계의 기초를 이해하고 있어야 한다. Verilog 언어를 접해보지 않았더라도, C와 같은 고급 언어를 접해봤다면 내용을 이해하는 데 문제가 없을 것이다. 기계어 프로그래밍과 컴퓨터 구조 기초 과목은 교재 내용을 이해하는 데, 특히 9장의 내용을 이해하는 데 도움이 될 것이다.

이 책은 논리회로에 대한 내용을 기초로 하고 있기 때문에, 1장에서는 논리회로의 기초를 다룬다. 대부분의 학생들은 이 부분을 스스로 이해할 수 있을 것이다. 특히 순차회로의 타이밍과 기본 원리는 디지털 시스템 설계에 필수적이기 때문에, 바른 이해가 필요하다. 타이밍 분석에 대한 자세한 내용은 1장에 기술되어 있다. 기본적인 논리회로의 내용을 완벽하게 이해하고 있는 독자의 경우 1장을 생략해도 되지만, 1장 후반부에 나오는 타이밍에 대한 설명은 모든 학생에게 유익한 내용이므로 확인해보기를 추천한다.

2장은 최신 설계 방법론의 개요를 보여주며, 다양한 디지털 설계 방법을 요약한다. 또한 교재에서 사용되는 Verilog 하드웨어 서술 언어를 소개한다. Verilog 언어에 대한 추가적인 내용은 8장에서 소개한다. Verilog를 하나의 프로그래밍 언어로 소개하고 문법에 많은 지문을 할당하는 일부 교재와 달리, 이 책은 Verilog를 이용하여 하드웨어를 구현하는 방법에 대해 이야기하고 Verilog를 이용한 디지털 설계 방법을 중점적으로 다룬다. Verilog 언어는 다양한 문법을 포함하기 때문에 이 책에서 모든 내용을 다루지는 않고 많이 사용되지 않는 내용은 생략하지만, 일반적인 디지털 회로 설계에 필수적인 내용을 강조한다.

Verilog는 하향식 설계 방법을 가르치는 데 유용하다. 우리는 상위 계층에서 시스템을 설계하고, 그 동작을 Verilog로 구현할 수 있다. 더 구체적인 논리 설계로 나가기 전에, 이 단계에서 설계를 시뮬레이션하고 디버깅할 수 있다. 설계는 하드웨어로 완벽하게 구현되고 테스트함으로써 완성된다. 그렇기 때문에 우리는 수업에 실제 하드웨어 설계 실습을 포함하는 것을 추천한다. 3장에서 간단한 프로그래머블 로직 디바이스(programmable logic device, PLD)가 소개되기 때문에, 실제 수업에서 실제 하드웨어가 일찍 사용될 수 있다. 3장은 프로그래머블 로직 디바이스를 설명하고 복잡한 프로그래머블 로직 디바이스(complex programmable logic device, CPLD)와 FPGA(Field Programmable Gate Array)를 소개한다. 시장에 많은 제품이 있기 때문에, 학생들은 상용 제품을 배우는 것이 좋다. 따라서 이러한 프로그래머블 디바이스들의 기본 구성 원리를 이해하는 일은 매우 중요하다. 그래서 이 책에서는 몇몇 제품을 일반적인 형태의 예제로 보여준다. 3장의 내용은 6장에서 소개하는 자세한 FPGA 내용을 이해하는 기초로 활용된다.

4장은 산술 연산, 비 산술 연산을 포함하는 다양한 설계 예제를 보여준다. BCD-7세그먼트 디코더와 쉬운 예제부터 스코어보드, 키패드 스캐너, 이진 나눗셈기와 같은 복잡한 예제들이 제시되어 있다. 이 장은 캐리 룩 어헤드 덧셈, 이진 곱셈, 나눗셈을 포함하는 컴퓨터 산술 연산에 이용되는 방법들을 보여준다. 디지털 시스템의 순차적 동작을 위한 상태 머신을 이용하는 개념은 이 장에서 중요한 개념이다. 다양한 설계의 합성 가능한 Verilog 코드들이 예제로 제시된다. 다양한 예제를 통하여 강사들은 강의에 도움이 되는 예제를 선택하여 사용할 수 있다.

5장은 상태 그래프를 대체하기 위해 사용되는 SM 차트의 이용 방법을 보여준다. SM 차트를 이용하여 Verilog 코딩을 하는 방법과 하드웨어를 구현하기 위해 SM 차트를 만드는 방법을 보여준다. 마이크로프로그래밍 기법을 다루고, SM 차트를 다양한 마이크로프로그래밍 기법으로 변형하는 방법을 보여준다. 그리고 복잡한 시스템에서 연결된 상태 머신을 이용하여 쉬운 시스템으로 만드는 방법을 설명한다. 이러한 방법을 설명하기 위해 주사위 게임 시뮬레이터 예제를 보여준다. 만약 강사가 5장을 건너뛰어도, 다음 장의 내용을 이해하는 데 큰 무리는 없을 것이다. 8장과 9장에서 CM 차트의 예제들이 나오고, 간략한 설명이 제시된다.

6장은 FPGA를 이용한 디지털 시스템 설계에 관한 주제를 다룬다. 몇 개의 작은 예제들은 매핑 과정을 설명하기 위해 FPGA 빌딩 블록으로 손으로 직접 매핑하는 과정을 보여준다. 여러 개의 변수로 구성된 함수를 작은 함수들로 분해하는 샤논 분해 방법에 대해 다룬다. 캐리 체인, 캐스케이드 체인, 할당된 메모리, 할당된 곱셈기 등을 포함하는 최근 FPGA의 특징들을 보여준다. 몇몇 사용 제품들의 특징들을 보여주는 것 대신에, 일반적인 형태로 그 특징들을 설명한다. 학생들이 FPGA의 일반적인 동작을 이해했다면, 상용 제품을 이해하고 사용할 수 있을 것이다. 학생들이 최신 FPGA 칩을 배울 수 있도록 몇몇 상용 제품을 설명했다. 이 장은 소프트웨어 설계 방법에서 프로세스와 알고리즘에 대해 소개한다. 합성, 매핑, 배치, 배선의 과정을 간략히 설명한다. 합성 과정에서의 최적화 방법이 설명된다.

7장은 부동소수점 연산의 기초를 다룬다. 2의 보수를 이용한 단순한 부동소수점 표현 방법과 IEEE 부동소수점 양식이 설명되어 있다. 기본 동작 알고리즘을 구현하는 부동소수점 곱셈기 예제를 보여주고, Verilog를 이용하여 구현 및 시뮬레이션을 돌리고 마지막으로 합성 과정을 거쳐 FPGA로 시스템을 구현하는 예제를 보여준다. 몇몇 강사들은 7장을 설명하기 전에 8장과 9장을 설명하는 것을 선호할 수 있다. 7장을 건너뛰더라도 내용이 연속적으로 이어진다.

8장에 다다르면, 학생들은 Verilog의 기본 내용을 충분히 숙지했을 것이다. 따라서 Verilog의 새로운 특징과 그 사용 방법을 보여준다. 삼상태 출력 버스를 이용한 메모리 모델을 삼상태 디바이스를 설명하기 위해 이용한다.

9장은 명령어 집합 구조(ISA)를 설명하면서 초기 RISC 마이크로프로세서인 MIPS R2000 설계에 대해 다룬다. MIPS ISA의 중요 명령어를 설명하고 그 일부를 구현한다. 명령어 메모리 모듈, 데이터 메모리 모듈, 레지스터 파일과 같은 프로세서의 다양한 구조의 설계를 모듈별로 다룬다. 각 구조를 통합하여 하나의 완전한 프로세서 설계로 보여준다. 이 모델은 테스트 벤치를 이용하여 테스트하고 합성 후 FPGA로 구현된다. FPGA 상태의 설계를 테스트하기 위해 입출력 모듈을 설계해야 한다. 이 예제는 기본적인 기계어 언어 프로그래밍과 컴퓨터 구조에 대한 이해를 필요로 한다.

하드웨어 테스트와 테스트를 고려한 설계의 중요한 주제는 10장에서 다룬다. 이 장은 조합회로와 순차회로의 기본적인 테스트 방법을 다룬다. 디지털 회로의 테스트를 용이하게 하기 위한 주사 설계와 경계 주사 방법들이 제시되어 있다. 내장형 자기 테스트(BIST) 또한 이 장에서 다룬다. 경계 주사와 내장형 자기 테스트의 Verilog 코드가 제시된다. 이 장에서 다루는 내용은 디지털 시스템 설계에서 매우 중요한 역할을 하기 때문에, 강의에 반드시 포함하기를 추천한다. 10장의 내용은 8장의 내용이 설명된 후 아무 때나 다룰 수 있다.

이 책은 텍사스 대학교 오스틴 캠퍼스에서 수년간의 디지털 시스템 설계 강의를 통해 나온 결과물이다. 디지털 하드웨어 설계에 대한 기술은 끊임없이 변화했지만, 근본 원리는 변함이 없다. 초기 수업에서는 설계를 하기 위해 트랜지스터들을 직접 연결하고, 집적회로를 소개하고 빵판이나 TTL 회로를 이용하여 설계를 할 수 있었다. 지금은 FPGA나 복잡한 프로그래머블 로직 디바이스를 이용하여 굉장히 복잡한 설계를 구현할 수 있다. 처음에는 자체 하드웨어 서술 언어와 시뮬레이션을 하기 위한 자체 툴을 이용했지만, VHDL이 IEEE 표준으로 지정되고 산업계에서 많이 사용되었을 때, 하드웨어 서술 언어를 VHDL로 바꾸었다. VHDL 코드 예제를 포함하는 많은 책이 있고, 많이 사용되고 있다. 하지만 산업계와 학계에서 Verilog 언어가 많이 사용되고 또한 필요성이 대두되어 이 책을 작성했다.

이 책에 나오는 모든 Verilog 코드는 Modelsim 시뮬레이터를 이용하여 테스트되었다. Modelsim 소프트웨어는 학생 버전으로 사용이 가능하며, 이 책과 함께 사용하기를 추천한다. 이 책의 모든 Verilog 코드는 교재 웹사이트에서 받을 수 있다. 웹사이트는 디지털 시스템 설계 강의에 유용하게 쓸 수 있는 LogicAid, SimuAid 소프트웨어를 또한 제공한다. 이 소프트웨어의 강의자료와 예제들 또한 웹사이트에 올려져 있다.

감사의 글

우선 이 책을 위해 많은 시간과 노력을 보내주신 분들께 감사의 말씀을 드립니다. 수년간 디지털 시스템 설계 수업을 통해 학생들로부터 많은 피드백을 받았습니다. 특별히 이전 버전의 교재 편찬에 많은 도움을 주신 다음 교수님들께 감사의 말씀을 올립니다.

Jerry Trahan

James Peckol

Steven Barrett

또한 교재의 많은 부분에 좋은 조언을 해주신 훌륭한 Nur Touba 교수님께 감사를 전합니다. 교재 편찬 과정에 도움을 주신 Swati Meherishi, Eavan Cully, Rose Kernan에게도 고마움을 표시합니다. 많은 좋으신 분들과 함께 일할 수 있어 행복했습니다. Verilog 코드 테스트와 문서 작업에 많은 도움을 준 Shuang Song과 조교들에게 감사의 말을 전하며, Verilog 버전에 도움을 주신 Santos Gomez, Eula Tolentino, Frank Weng, VHDL 버전에 도움을 주신 Roger Chen, William Earle, Manish Kapadia, Matt Morgan, Elizabeth Norris, Arif Mondal, Raman Suri께 다시 한 번 감사의 말씀을 드립니다.

Charles H. Roth Jr.

Lizy K. John

Byeong Kil Lee

CONTENTS

차례

01 논리 설계 기초

02 Verilog® 소개

03 프로그래머블 로직 디바이스 소개

04 설계 예제

05 SM 차트와 마이크로프로그래밍

06 FPGA를 이용한 설계

07 부동소수점 연산

08 Verilog의 추가 주제

09 RISC 마이크로프로세서 설계

10 하드웨어 테스트와 테스트를 위한 설계

CHAPTER 1

논리 설계 기초

1장에서는 일반적으로 기초 디지털 논리 설계 과목에서 가르치는 논리 설계에 대한 내용을 리뷰한다. 일부 예제는 이 책의 후반부에서 사용되기도 한다. 이 장에 나오는 내용을 더 자세하게 이해하고자 할 경우, Roth와 Kinney가 저술한『Fundamentals of Logic Design』(Cengage Learning, 2010)과 같은 책을 참조할 수 있다. 우선, 조합회로와 순차회로에 대한 리뷰를 한다. 조합회로는 기억소자가 사용되지 않은, 즉 현재의 출력이 현재의 입력에 의해 결정된다. 순차회로는 기억소자를 포함하는 회로로 현재의 출력이 현재의 입력과 기존 상태에 의해 결정된다. 타이밍에 대한 이해는 좋은 디지털 시스템을 설계하는 데 핵심이 되기 때문에, 1장에서 다루는 내용 중 순차회로의 타이밍과 동기화 설계에 대한 이해가 중요하다.

1.1 조합논리회로

논리회로에 사용되는 몇몇 기본 게이트가 그림 1-1에 나와 있다. 특별한 언급이 없다면, 우리가 논리 신호를 표시하기 위해 나타내는 변수는 0 혹은 1의 값을 갖는다. 낮은 전압은 0, 높은 전압은 1로 대응하는 양논리(positive logic)를 일반적으로 사용할 것이다. 만약 음논리(negative logic)가 사용된다면, 낮은 전압은 1, 높은 전압은 0으로 대응된다.

그림 1-1의 AND 게이트는 입력 $A=1$, $B=1$일 때 출력 $C=1$이 된다. AND 연산은 도트(·)를 이용하거나 두 변수를 나란히 붙여 쓰는 방법으로 나타낼 것이다. 즉, $C=A$ AND $B=A \cdot B=AB$이다. OR 게이트는 입력 $A=1$ 또는 $B=1$인 경우에 한해 출력 $C=1$이 된다(inclusive OR). OR 연산을 나타내기 위해 +를 사용할 것이다. 즉, $C=A$ OR $B=A+B$이다. NOT 게이트 또는 인버터(inverter)는 입력의 보수를 나타낸다. 즉,

그림 1-1 기본 게이트

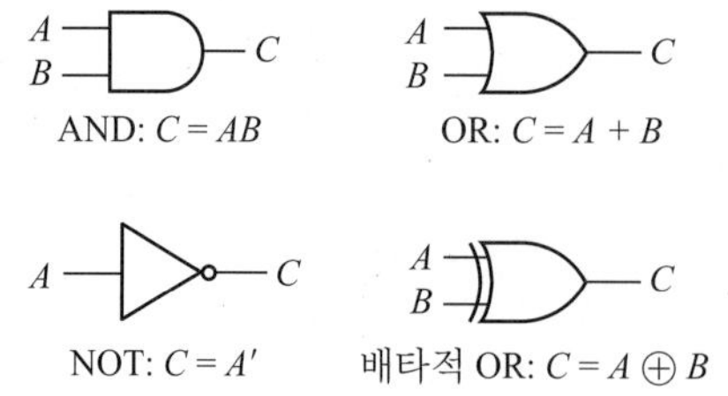

$A = 1$이면 $C = \text{NOT } A = 0$이고, $A = 0$이면 $C = 1$이다. 보수(NOT) 연산을 나타내기 위해 프라임 기호(′)를 사용할 것이다. 따라서 $C = \text{NOT } A = A'$이다. 배타적 OR(exclusive-OR, XOR) 게이트는 입력이 $A = 1$, $B = 0$이거나 $A = 0$, $B = 1$이면 출력 $C = 1$이 된다. 배타적 OR는 기호 ⊕로 나타낸다.

$$C = A \text{ XOR } B = AB' + A'B = A \oplus B \tag{1-1}$$

조합논리회로의 동작은 입력 값들의 각 조합에 대한 회로의 출력을 나타내는 진리표(truth table)로 정확히 표현할 수 있다. 예를 들어 그림 1-2의 전가산기(full adder)는 두 이진 값 X, Y와 캐리(C_{in})를 더해 합(Sum)과 캐리 출력(C_{out})을 내보낸다. 진리표는 가산기의 출력을 가산기의 입력에 대한 함수로 나타낸다. 예를 들어 입력이 $X = 0$, $Y = 0$, $C_{in} = 1$이면 세 입력을 더한 값은 $0 + 0 + 1 = 01$이므로, 따라서 합은 1이고 캐리 출력은 0이 된다. 입력이 011이면 $0 + 1 + 1 = 10$이므로, $Sum = 0$, $C_{out} = 1$이 된다. 입력이 $X = Y = C_{in} = 1$이면, $1 + 1 + 1 = 11$이고, 따라서 $Sum = 1$, $C_{out} = 1$이 된다.

진리표로부터 Sum과 C_{out}에 대한 대수적 표현을 유도할 수 있다. 표에서 $X = 0$, $Y = 0$, $C_{in} = 1$일 때 $Sum = 1$이다. $X'Y'C_{in}$ 항은 이러한 입력 조합에만 1이 된다. $X = 0$, $Y = 1$, $C_{in} = 0$일 때만 $X'YC_{in}' = 1$이 된다. $X = 1$, $Y = 0$, $C_{in} = 0$의 입력 조합인 경우에만 $XY'C_{in}'$ 항은 1이 된다. XYC_{in} 항은 $X = Y = C_{in} = 1$의 경우에만 1이 된다. 따라서 Sum은 이 네 항의 OR 연산으로 얻을 수 있다.

$$Sum = X'Y'C_{in} + X'YC_{in}' + XY'C_{in}' + XYC_{in} \tag{1-2}$$

위의 곱의 합(Sum of Products, SOP) 표현에서 각 항은 입력 값의 한 가지 조합에 대해 1이 된다. 마찬가지 방법으로 C_{out}은 네 항의 OR 연산으로 얻을 수 있다.

그림 1-2 전가산기

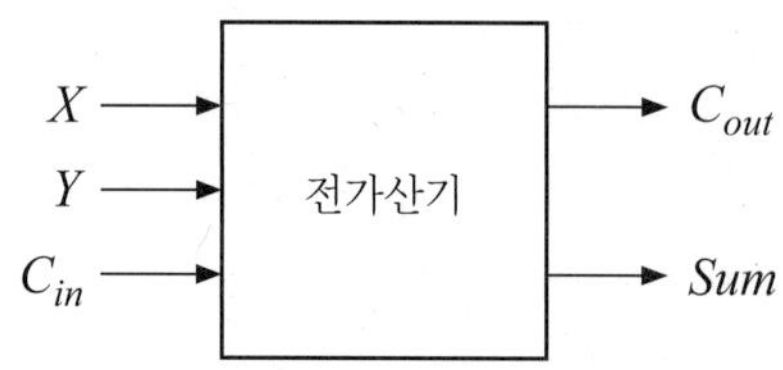

(a) 전가산기 모듈

X	Y	C_{in}	C_{out}	Sum
0	0	0	0	0
0	0	1	0	1
0	1	0	0	1
0	1	1	1	0
1	0	0	0	1
1	0	1	1	0
1	1	0	1	0
1	1	1	1	1

(b) 진리표

$$C_{out} = X'YC_{in} + XY'C_{in} + XYC_{in}' + XYC_{in} \quad (1\text{-}3)$$

식 (1-2)와 식 (1-3)의 각 항은 **최소항**(minterm)이라 하고, 이러한 식들을 **최소항 전개**(minterm expansion)라고 한다. 최소항 전개는 다음과 같이 *m*표기법 또는 십진 표기법으로 표현될 수 있다.

$$Sum = m_1 + m_2 + m_4 + m_7 = \Sigma m(1, 2, 4, 7)$$
$$C_{out} = m_3 + m_5 + m_6 + m_7 = \Sigma m(3, 5, 6, 7)$$

각 숫자는 진리표에서 해당 함수가 1이 되는 행을 나타낸다. 즉, 001, 010, 100, 111(1, 2, 4, 7번째 행) 행에서 $Sum = 1$이다. 논리식은 함수 값이 0이 되는 입력 항들로도 나타낼 수 있다. 전가산기의 진리표를 참조하면, $X = Y = C_{in} = 0$일 때 $C_{out} = 0$이 된다. $X + Y + C_{in}$ 항은 이러한 입력 조합에만 0이 된다. $X + Y + C_{in}'$ 항은 $X = Y = 0$, $C_{in} = 1$의 경우에만 0이 된다. $X + Y' + C_{in}$ 항은 $X = C_{in} = 0$, $Y = 1$의 경우에만 0이 된다. $X' + Y + C_{in}$ 항은 $X = 1$, $Y = C_{in} = 0$의 경우에만 0이 된다. C_{out}은 이 네 항의 AND 연산으로 얻을 수 있다.

$$C_{out} = (X + Y + C_{in})(X + Y + C_{in}')(X + Y' + C_{in})(X' + Y + C_{in}) \quad (1\text{-}4)$$

C_{out}은 진리표의 000, 001, 010, 100 행에서만 0의 값을 갖고, 나머지 네 행에서는 1의 값을 갖는다. 합의 곱(Product of Sums, POS)으로 표현된 식 (1-4)의 각 항은 **최대항**(maxterm)이라 하고, 식 (1-4)를 **최대항 전개**(maxterm expansion)라고 한다. 최대항 전개는 다음과 같이 십진 표기법으로 표현될 수 있다.

$$C_{out} = M_0 \cdot M_1 \cdot M_2 \cdot M_4 = \Pi M(0, 1, 2, 4)$$

여기서 각 숫자는 진리표에서 $C_{out} = 0$에 해당하는 행을 나타낸다.

1.2 부울 대수와 대수적 단순화

논리 설계에서 사용되는 수학은 부울 대수이다. 표 1-1은 부울 대수의 법칙과 정리를 요약한 것이다. 쌍대가 되는 두 식을 한 짝으로 나열했다. 예를 들면 식 (1-10D)는 식 (1-10)의 쌍대이며, 진리표를 사용하면 이치 논리를 쉽게 증명할 수 있다. 이러한 법칙과 정리는 적은 수의 컴포넌트로 구현될 수 있도록 논리 함수를 간단히 하는 데 이용될 수 있다.

부울 대수에서 가장 중요한 법칙은 드모르간의 법칙(DeMorgan's law)이다. 식 (1-16, 1-16D)로 나타낸 드모르간의 법칙은 단계적으로 한 식의 보수를 얻기 위해 사용될 수 있다. 식 (1-17)로 나타낸 일반화된 드모르간의 법칙은 복잡한 식의 보수를 한 단계로 얻는 데 사용될 수 있다. 식 (1-17)은 다음과 같이 해석할 수 있다. 부울 식의 보수를 얻기 위해 각 변수는 그 보수로 대치한다. 또한 1은 0으로, 0은 1로, OR는 AND로, AND는 OR로 대치한다. 정확한 연산 순서를 보장하기 위해 필요하면 괄호를 사용한다. 만약 *F*에서

표 1–1 부울 대수의 법칙과 정리

0과 1의 연산			
$X + 0 = X$	(1-5)	$X \cdot 1 = X$	(1-5D)
$X + 1 = 1$	(1-6)	$X \cdot 0 = 0$	(1-6D)
멱등 법칙			
$X + X = X$	(1-7)	$X \cdot X = X$	(1-7D)
대합 법칙			
$(X')' = X$	(1-8)		
상보성의 법칙			
$X + X' = 1$	(1-9)	$X \cdot X' = 0$	(1-9D)
교환 법칙			
$X + Y = Y + X$	(1-10)	$XY = YX$	(1-10D)
결합 법칙			
$(X + Y) + Z = X + (Y + Z) = X + Y + Z$	(1-11)	$(XY)Z - X(YZ) = XYZ$	(1-11D)
분배 법칙			
$X(Y + Z) = XY + XZ$	(1-12)	$X + YZ = (X + Y)(X + Z)$	(1-12D)
단순화의 정리			
$XY + XY' = X$	(1-13)	$(X + Y)(X + Y') = X$	(1-13D)
$X + XY = X$	(1-14)	$X(X + Y) = X$	(1-14D)
$(X + Y')Y = XY$	(1-15)	$XY' + Y = X + Y$	(1-15D)
드모르간의 법칙			
$(X + Y + Z + \cdots)' = X'Y'Z'\cdots$	(1-16)	$(XYZ\cdots)' = X' + Y' + Z' + \cdots$	(1-16D)
$[f(X_1, X_2, \ldots, X_n, 0, 1, +, \cdot)]' = f(X_1', X_2', \ldots, X_n', 1, 0, \cdot, +)$			(1-17)
쌍대성			
$(X + Y + Z + \cdots)^D = XYZ\cdots$	(1-18)	$(XYZ\cdots)^D = X + Y + Z + \cdots$	(1-18D)
$[f(X_1, X_2, \ldots, X_n, 0, 1, +, \cdot)]^D = f(X_1, X_2, \ldots, X_n, 1, 0, \cdot, +)$			(1-19)
곱셈 전개와 인수분해 정리			
$(X + Y)(X' + Z) = XZ + X'Y$	(1-20)	$XY + X'Z = (X + Z)(X' + Y)$	(1-20D)
컨센서스 정리			
$XY + YZ + X'Z = XY + X'Z$	(1-21)	$(X + Y)(Y + Z)(X' + Z) = (X + Y)(X' + Z)$	(1-21D)

AND가 OR보다 먼저 수행되면, F'에서는 AND보다 OR가 먼저 수행되도록 하기 위해 괄호가 필요할 수 있다.

예제 다음 F의 보수를 구하라.

$$F = X + E'K\,(C\,(AB + D')\cdot 1 + WZ'\,(G'H + 0))$$
$$F' = X'\,(E + K' + (C' + (A' + B')\,D + 0)\,(W' + Z + (G + H')\cdot 1))$$

F'에서 추가된 괄호는 F의 AND 연산이 OR 연산으로 대치될 때 삽입되었다. 한 식의 쌍대는 변수가 보수로 바뀌지 않는 것을 제외하면 그 식의 보수와 같다.

표 1-1의 정리를 사용하여 논리식을 단순화하는 네 가지 방법은 다음과 같다.

1. 항의 결합: 두 항을 결합하기 위해 $XY + XY' = X$를 사용한다. 예를 들면 다음과 같다.

$$ABC'D' + ABCD' = ABD'\ [X = ABD',\ Y = C]$$

이 정리를 사용하여 항들을 결합할 때, 결합되는 두 항은 같은 변수들을 갖고 있어야 하며, 그중 한 변수만이 한 항에서는 보수로 나타나고, 다른 항에서는 그렇지 않아야 한다. $X + X = X$이므로, 주어진 한 항을 복제하여 2개 이상의 다른 항과 결합시킬 수 있다. 예를 들면, 식 (1-3)의 C_{out}은 첫 번째와 네 번째 항, 두 번째와 네 번째 항, 세 번째와 네 번째 항을 결합하여 단순화할 수 있다.

$$\begin{aligned} C_{out} &= (X'YC_{in} + XYC_{in}) + (XY'C_{in} + XYC_{in}) + (XYC_{in}' + XYC_{in}) \\ &= YC_{in} + XC_{in} + XY \end{aligned} \tag{1-22}$$

식 (1-3)의 네 번째 항은 세 번 사용되었음을 유의하라.

이 정리는 X와 Y가 더 복잡한 식으로 대치될 때도 당연히 사용할 수 있다. 예를 들면 다음과 같다.

$$(A + BC)(D + E') + A'(B' + C')(D + E') = D + E'$$
$$[X = D + E',\ Y = A + BC,\ Y' = A'(B' + C')]$$

2. 항의 제거: 가능하면 중복된 항을 제거하기 위해 $X + XY = X$를 사용한다. 그리고 모든 동의 항을 제거하기 위해 동의 정리($XY + X'Z + YZ = XY + X'Z$)를 적용해본다. 예를 들면 다음과 같다.

$$A'B + A'BC = A'B\ [X = A'B]$$
$$A'BC' + BCD + A'BD = A'BC' + BCD\ [X = C,\ Y = BD,\ Z = A'B]$$

3. 변수의 제거: 중복된 변수를 제거하기 위해 정리 $X + X'Y = X + Y$를 사용한다. 이 정리를 적용하기 전에 간단한 인수분해가 필요할 수도 있다. 예를 들면 다음과 같다.

$$\begin{aligned} A'B + A'B'C'D' + ABCD' &= A'(B + B'C'D') + ABCD' && \text{(식 (1-12)에 의해)} \\ &= A'(B + C'D') + ABCD' && \text{(식 (1-15D)에 의해)} \\ &= B(A' + ACD') + A'C'D' && \text{(식 (1-10)에 의해)} \\ &= B(A' + CD') + A'C'D' && \text{(식 (1-15D)에 의해)} \\ &= A'B + BCD' + A'C'D' && \text{(식 (1-12)에 의해)} \end{aligned}$$

위의 1, 2, 3번을 적용하여 얻은 식이 반드시 최소 개수의 항이나 최소 개수의 변수를 갖는 것은 아니다. 만약 최소화가 되지 않았는데도 1, 2, 3번 방법을 사용하여 더 이상 단순화할 수 없다면, 중복된 항을 계획적으로 포함시킬 필요가 있다.

4. 중복된 항의 추가: 중복된 항은 여러 가지 방법으로 포함시킬 수 있는데, 예를 들면 XX'를 더하거나, $(X+X')$를 곱하거나, YZ를 $XY+X'Z$에 더하거나(동의 정리), XY를 X에 더하는 방법 등이 있다. 가능하다면, 중복된 항은 다른 항들과 결합되거나 다른 항들을 제거할 수 있도록 선택되어야 한다.

$$
\begin{aligned}
&WX + XY + X'Z' + WY'Z' && \text{(동의 정리에 의해 } WZ' \text{ 항을 추가)}\\
&\quad = WX + XY + X'Z' + WY'Z' + WZ' && (XY'Z' \text{ 항을 제거)}\\
&\quad = WX + XY + X'Z' + WZ' && (WZ' \text{ 항을 제거)}\\
&\quad = WX + XY + X'Z'
\end{aligned}
$$

식을 곱셈 전개하거나 인수분해할 때, 일반적인 분배 법칙 (1-12) 외에도 두 번째 분배 법칙 (1-12D)와 정리 (1-20)이 특히 유용하다. 다음은 합의 곱에서 곱의 합으로 바꾸기 위해 곱셈 전개를 사용한 예이다.

$$
\begin{aligned}
&(A + B + D)(A + B' + C')(A' + B + D')(A' + B + C')\\
&\quad = (A + (B + D)(B' + C'))(A' + B + C'D') && \text{(식 (1-12D)에 의해)}\\
&\quad = (A + BC' + B'D)(A' + B + C'D') && \text{(식 (1-20)에 의해)}\\
&\quad = A(B + C'D') + A'(BC' + B'D) && \text{(식 (1-20)에 의해)}\\
&\quad = AB + AC'D' + A'BC' + A'B'D && \text{(식 (1-12)에 의해)}
\end{aligned}
$$

일반적인 분배 법칙을 적용하기 전에 두 번째 분배 법칙 (1-12D)와 정리 (1-20)을 적용했음을 주목하자. 어떤 부울 식이라도 두 분배 법칙 (1-12, 1-12D)와 정리 (1-20)을 사용하여 인수분해할 수 있다. 인수분해의 예로, 위의 식을 역순으로 따라가 볼 수 있다.

다음 정리는 배타적 OR에 적용된다.

$$X \oplus 0 = X \tag{1-23}$$
$$X \oplus 1 = X' \tag{1-24}$$
$$X \oplus X = 0 \tag{1-25}$$
$$X \oplus X' = 1 \tag{1-26}$$
$$X \oplus Y = Y \oplus X \qquad \text{(교환 법칙)} \tag{1-27}$$
$$(X \oplus Y) \oplus Z = X \oplus (Y \oplus Z) = X \oplus Y \oplus Z \qquad \text{(결합 법칙)} \tag{1-28}$$
$$X(Y \oplus Z) = XY \oplus XZ \qquad \text{(분배 법칙)} \tag{1-29}$$
$$(X \oplus Y)' = X \oplus Y' = X' \oplus Y = XY + X'Y' \tag{1-30}$$

식 (1-2)의 *Sum*에 대한 식은 식 (1-1)과 식 (1-30)을 이용하여 배타적 OR의 항으로 다시 나타낼 수 있다.

$$
\begin{aligned}
Sum &= X'(Y'C_{in} + YC_{in}') + X(Y'C_{in}' + YC_{in})\\
&= X'(Y \oplus C_{in}) + X(Y \oplus C_{in})' = X \oplus Y \oplus C_{in}
\end{aligned}
\tag{1-31}
$$

이 절에서 배운 단순화 법칙은 더 적은 수의 게이트를 사용하기 위해 회로를 최적화해야 할 경우에 중요하다. 등가 표현들은 회로를 어떤 타입(예를 들면, NAND만을 이용한 또는 NOR만을 이용한)의 논리만을 갖고 있는 특정 대상 디바이스에 매핑할 때도 도움을 줄 수 있다.

1.3 카노 맵

카노 맵(Karnaugh map, K-map)은 3~5개의 변수를 갖는 논리 함수를 단순화하는 데 편리하게 사용될 수 있다. 그림 1-3은 4개의 변수를 갖는 카노 맵을 보여준다. 맵에서 각 네모 칸은 4개의 변수에서 가능한 16개의 최소항 중 하나를 나타낸다. 네모 칸에서 1은 함수에 해당 최소항이 있음을 나타내고, 0 또는 빈칸은 최소항이 없음을 나타낸다. 네모 칸의 X는 최소항이 있든 없든 상관없음을 나타낸다. 돈케어(don't care)는 다음 두 가지 조건하에서 일어난다. (1) 돈케어에 해당하는 입력 조합이 결코 발생하지 않거나, (2) 입력 조합은 발생할 수 있지만 해당되는 회로의 출력이 명기되어 있지 않을 때이다.

맵의 가장자리를 따라, 변수 값들은 맵의 인접한 칸과 단 하나의 변수 값만이 다르도록 정렬되어 있다. 첫 번째 열과 마지막 열, 그리고 제일 상단의 행과 하단의 행은 서로 인접한 것으로 간주한다. 인접한 네모 칸에 있는 2개의 1은 $xy + xy' = x$를 이용하여 한 변수를 제거하기 위해 결합될 수 있다. 그림 1-3은 9개의 최소항과 2개의 돈케어를 갖는 4변수 함수를 보여준다. 최소항 $A'BC'D$와 $A'BCD$는 변수 C만 다르므로, 맵에서 루프로 표현된 것처럼 두 최소항을 결합하여 $A'BD$를 얻을 수 있다. 대칭적인 패턴을 갖는 4개의 1은 두 변수를 제거하기 위해 결합될 수 있다. 맵의 네 모서리에 있는 1은 루프로 연결된 것처럼 다음과 같이 결합될 수 있다.

$$(A'B'C'D' + AB'C'D') + (A'B'CD' + AB'CD') = B'C'D' + B'CD' = B'D'$$

그림 1-3 4변수 카노 맵

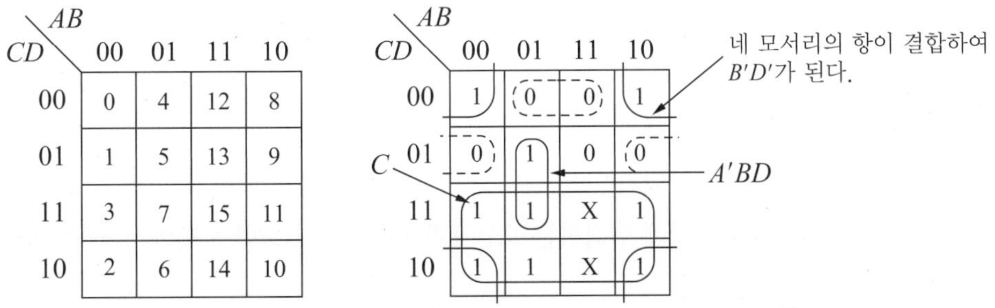

$$F = \Sigma\, m\,(0, 2, 3, 5, 6, 7, 8, 10, 11) + \Sigma\, d\,(14, 15)$$
$$= C + B'D' + A'BD$$

(a) 최소항 위치 (b) 여러 항들을 루프로 연결하기

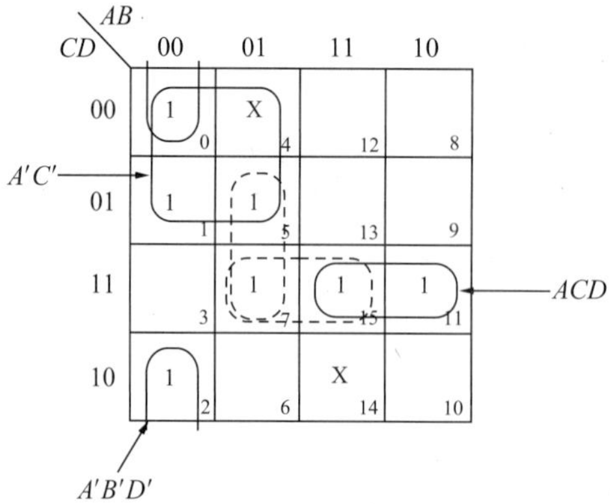

그림 1-4 주항의 선택

비슷한 방법으로, 맵 하단의 절반을 차지하고 있는 6개의 1과 2개의 X는 결합하여 세 변수를 제거하고 항 C를 얻는다. 함수를 단순화한 결과는 다음과 같다.

$$F = A'BD + B'D' + C$$

함수의 최소 곱의 합 표현은 주항(prime implicant)의 합으로 구성되어 있다. 맵에서 인접한 1이 1, 2, 4, 8개의 그룹을 이루고 있고, 변수를 제거하기 위해 또 다른 1의 그룹과 결합될 수 없다면, 이 인접한 1의 그룹은 주항을 나타낸다. 한 주항이 다른 어떤 주항에도 속하지 않는 1을 포함하면, 이 항은 필수 주항(essential prime implicant)이다. 맵에서 최소 곱의 합을 찾을 때는 먼저 필수 주항들을 루프로 묶고 난 뒤, 남아 있는 1들을 포함하는 최소 개수의 주항들을 루프로 묶어주면 된다. 그림 1-4의 카노 맵은 5개의 주항과 3개의 필수 주항을 갖고 있다. $A'C'$는 최소항 m_1이 다른 어떤 주항에도 포함되지 않으므로 필수 주항이다. 마찬가지로, ACD는 m_{11} 때문에 필수 주항이고, $A'B'D'$는 m_2 때문에 필수 주항이다. 필수 주항들을 루프로 묶으면, m_7을 제외한 모든 1은 이 주항에 포함된다. m_7은 주항 $A'BD$ 또는 BCD에 의해 포함될 수 있기 때문에, F는 두 가지 최소화된 식을 갖게 된다.

$$F = A'C' + A'B'D' + ACD + A'BD$$
$$F = A'C' + A'B'D' + ACD + BCD$$

맵에 돈케어(X)가 있는 경우, 이 돈케어는 주항을 만들 때는 1처럼 취급되지만, 모든 1을 포함하는 주항의 최소 집합을 찾을 때는 무시된다. 다음 절차는 카노 맵으로부터 최소 곱의 합을 얻을 때 사용할 수 있다.

1. 아직 포함되지 않은 최소항(네모 칸의 1)을 선택한다.
2. 이 최소항에 인접하는 모든 1과 X를 찾는다(n변수 맵에서 n개의 인접한 네모 칸을 조사한다).
3. 만일 어떤 단일 항이 이 최소항과 그리고 인접한 모든 1과 X를 포함한다면, 이 항은 필수 주항이 되고, 따라서 이 항을 선택한다(돈케어는 2단계와 3단계에서는 1처럼 취급되지만, 1단계에서는 그렇지 않다).

4. 모든 필수 주항이 선택될 때까지 1~3단계를 반복한다.
5. 맵에 남아 있는 1을 포함하는 주항들의 최소 집합을 찾는다(만약 그러한 집합이 하나 이상이라면, 최소 개수의 변수를 갖는 집합을 선택한다).

카노 맵에서 최소 합의 곱을 찾기 위해서는 1 대신 0을 루프로 묶는다. F의 0은 F'의 1이기 때문에 0을 적절히 루프로 묶어 F'를 위한 최소 곱의 합을 얻고, 다시 이 식의 보수를 취해 F를 위한 합의 곱을 얻는다. 그림 1-3에서 먼저 F'의 필수 주항을 루프로 묶을 수 있고(점선의 루프로 묶인 $BC'D'$와 $B'C'D$), 남아 있는 0은 AB로 포함시킬 수 있다. 따라서 F'를 위한 최소의 합은 다음과 같다.

$$F' = BC'D' + B'C'D + AB$$

이로부터 F를 위한 최소 합의 곱은 다음과 같이 된다.

$$F = (B' + C + D)(B + C + D')(A' + B')$$

맵 입력 변수를 사용한 단순화

2개의 4변수 카노 맵은 5개의 변수를 갖는 함수를 단순화하기 위해 사용할 수 있다. 만약 함수가 5개 이상의 변수를 갖는다면 맵 입력 변수(map-entered variable)를 사용할 수 있다. 표 1-2의 진리표를 보면, 이 진리표에는 6개의 입력 변수(A, B, C, D, E, F)와 1개의 출력 변수(G)가 있다. 여기서는 진리표의 일부 행만을 열거했다. 진리표를 완전히 기술하려면 64개의 행이 필요하다. 진리표에서 열거하지 않는 입력 조합은 출력이 0이 된다.

카노 맵 기법은 이와 같은 함수를 단순화하기 위해 맵 입력 변수를 사용하여 확장할 수 있다. 입력 변수 E와 F는 대부분 돈케어(X)이므로, A, B, C, D로 카노 맵을 만들고, 나머지 두 변수는 맵 안에 기입할 수 있다. 그림 1-5는 맵의 네모 칸에 변수 E와 F를 기입한 4변수 맵을 보여준다. E가 네모 칸에 있는 경우, $E = 1$이면 해당하는 최소항은 함수 G에 존재하고, 만약 $E = 0$이면 그 최소항은 부재함을 나타낸다. 진리표의 다섯 번째와 여섯 번

표 1-2 6변수 함수의 진리표 일부

A	B	C	D	E	F	G
0	0	0	0	X	X	1
0	0	0	1	X	X	X
0	0	1	0	X	X	1
0	0	1	1	X	X	1
0	1	0	1	1	X	1
0	1	1	1	1	X	1
1	0	0	1	X	1	1
1	0	1	0	X	X	X
1	0	1	1	X	X	1
1	1	0	1	X	X	X
1	1	1	1	X	X	1

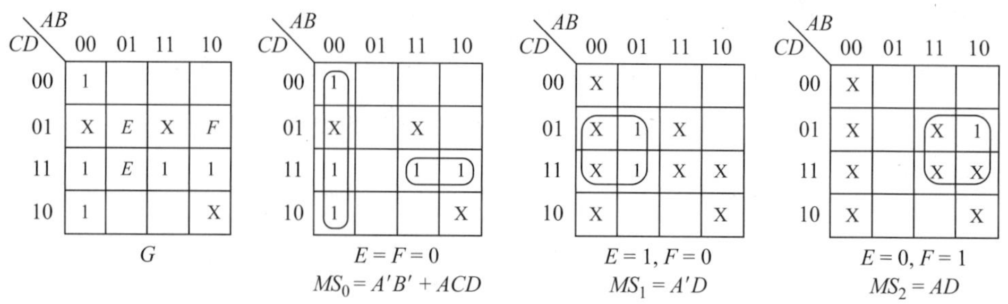

그림 1-5 맵 입력 변수를 사용한 단순화

째 행은 최소항 5와 7에 해당하는 상자의 E가 되고, 일곱 번째 행은 최소항 9에 해당하는 상자의 F가 된다. 따라서 이 맵은 6변수 함수를 나타낸다.

$$G(A, B, C, D, E, F) = m_0 + m_2 + m_3 + Em_5 + Em_7 + Fm_9 + m_{11} + m_{15} \ (+ \text{돈케어 항})$$

여기서 최소항은 변수 A, B, C, D의 최소항이다. m_9은 $F = 1$일 때만 G에 나타나는 것임을 유념하기 바란다.

다음은 맵 입력 변수를 사용하여 함수를 간단히 하는 일반적인 방법을 논의할 것이다. 일반적으로, 변수 P_i가 함수 F를 위한 맵의 네모 칸 m_j에 있으면 이것은 $P_i = 1$이고 입력 변수가 $m_j = 1$이 되도록 선택될 때 $F = 1$이 됨을 의미한다. 변수 P_1, P_2,…가 네모 칸에 기입된 주어진 맵에서, F의 최소 곱의 합 표현은 다음과 같이 찾을 수 있다. 아래와 같은 형태의 F를 위한 곱의 합 표현을 찾아보자.

$$F = MS_0 + P_1MS_1 + P_2MS_2 + \cdots \tag{1-32}$$

여기서

- MS_0는 $P_1 = P_2 = \cdots = 0$으로 할 때 얻어지는 최소 합이다.
- MS_1은 $P_1 = 1$, $P_j = 0(j \neq 1)$이고, 맵의 모든 1을 돈케어로 대치할 때 얻어지는 최소 합이다.
- MS_2는 $P_2 = 1$, $P_j = 0(j \neq 2)$이고, 맵의 모든 1을 돈케어로 대치할 때 얻어지는 최소 합이다.

남아 있는 모든 맵 입력 변수에 대해서도 이와 유사한 방법으로 해당되는 최소 합을 찾을 수 있다.

F에 대한 결과식은 항상 F의 정확한 표현이 될 것이다. 만약 맵 입력 변수 값을 독립적으로 할당할 수 있으면, 이 식은 최소 합의 표현이 될 것이다. 반면에 만약 변수가 독립이 아니라면, 결과식은 일반적으로 최소 합이 되지 않을 것이다(예를 들어 $P_1 = P_2'$인 경우).

그림 1-5의 예는 MS_0, MS_1, MS_2를 찾기 위한 맵을 보여준다. 여기서 E는 P_1에 해당하고, F는 P_2에 해당한다. $E = 1$, $F = 1$에 대한 맵은 그릴 필요가 없는데, 그 이유는 $E = 1$이 $E = 1$, $F = 0$인 경우와 $E = 1$, $F = 1$인 경우를 포함하고 있기 때문이다. 결과식은 G에 대한 최소 곱의 합이다.

$$G = A'B' + ACD + EA'D + FAD$$

몇 번 연습한 후에는 각각의 최소 합을 위한 별도의 맵을 작성할 필요 없이 원래의 맵으로부터 최소 식을 직접 작성할 수 있어야 한다.

1.4 NAND와 NOR 게이트를 사용한 설계

많은 제조 기술에서 NAND 게이트나 NOR 게이트는 AND 게이트나 OR 게이트에 비해 구현하기가 더 쉽다. 그림 1-6은 NAND와 NOR 게이트의 기호를 보여준다. 게이트의 입력 또는 출력의 버블(bubble)은 보수를 나타낸다. 모든 논리 함수는 NAND 게이트나 NOR 게이트만을 사용하여 구현할 수 있다.

OR와 AND 게이트로 구성된 회로를 모두 NOR 게이트나 또는 모두 NAND 게이트로 구성된 회로로 변환하는 방법은 간단하다. NOR 게이트로 이루어진 회로를 설계하기 위해서는 먼저 함수를 합의 곱으로 표현해야 한다(카노 맵에서 0을 원으로 묶음). AND 게이트를 출력으로 하는 OR 게이트와 AND 게이트의 회로를 만든다. 만약 AND 게이트 출력이 AND 게이트 입력으로 연결되지 않거나 OR 게이트 출력이 OR 게이트 입력으로 연결되지 않으면, 모든 게이트를 OR 게이트로 바꾸고 필요에 따라서 입력을 보수로 하여 변환된 회로를 얻는다. 그림 1-7은 다음 식을 대상으로 한 변환 과정을 설명하고 있다.

$$Z = G(E + F)(A + B' + D)(C + D) = G(E + F)[(A + B')C + D]$$

NAND 게이트로만 이루어진 회로로의 변환은 시작점이 함수를 곱의 합 형태로 표현해야 하는 것과(맵에서 1을 원으로 묶음) AND-OR 회로의 출력 게이트가 OR 게이트가 되어야 하는 것을 제외하면 유사하다.

비록 AND와 OR 게이트들이 서로 번갈아 나타나지 않아도 AND와 OR 게이트 회로를 NAND나 NOR 게이트 회로로 변환할 수 있다. 그러나 추가된 반전을 다시 반전시키기 위한 인버터가 필요할 수 있다. 다음 절차는 NAND(또는 NOR) 회로로 변환하기 위해 사용될 수 있다.

1. 모든 AND 게이트는 출력에 반전 버블을 추가하여 NAND 게이트로 변환한다. OR 게이

그림 1-6 NAND와 NOR 게이트

NAND:

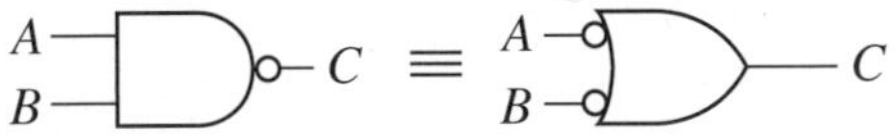

$C = (AB)' = A' + B'$

NOR:

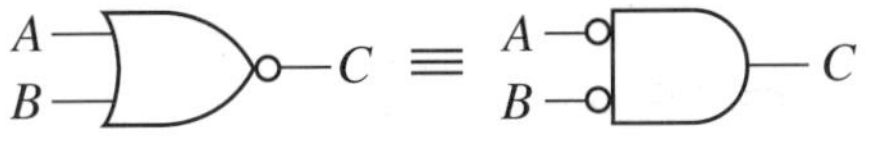

$C = (A + B)' = A'B'$

그림 1-7 NOR 게이트로의 변환

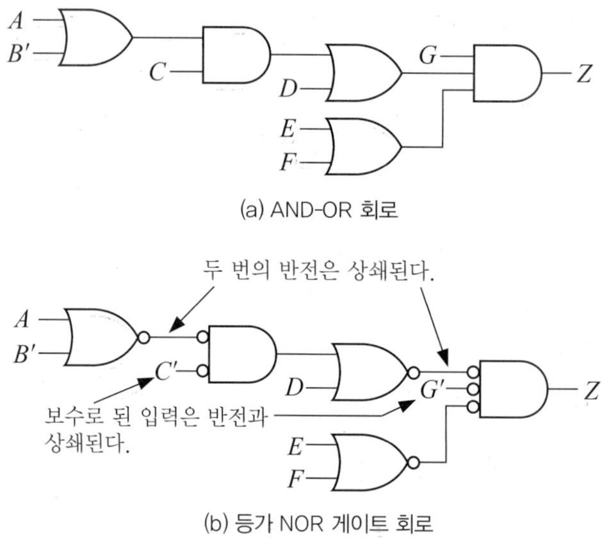

트는 입력에 반전 버블을 추가하여 NAND 게이트로 변환한다(NOR 게이트로 변환하기 위해서는 모든 OR 게이트 출력과 모든 AND 게이트 입력에 반전 버블을 추가한다).

2. 반전된 출력이 반전된 입력과 연결될 때, 두 번의 반전은 상쇄되므로 더 이상 손쓸 필요가 없다.
3. 반전되지 않은 게이트 출력이 반전된 게이트 입력과 연결되거나 또는 그 반대인 경우에는 언제나 버블을 상쇄시키기 위해 인버터를 삽입한다.
4. 어떤 변수가 반전된 입력과 연결될 때는 언제나 변수의 보수를 취한다(또는 인버터를 추가한다). 변수의 보수는 입력의 반전을 상쇄시킨다.

다시 말해, 만약 버블(또는 반전)을 항상 쌍으로 추가한다면, 회로에 의해 실현되는 함수

그림 1-8 AND-OR 회로를 NAND 게이트 회로로 변환

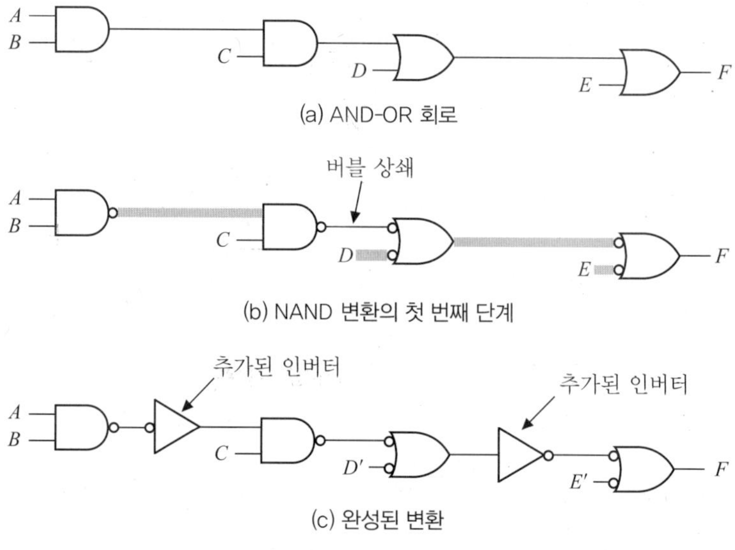

는 변하지 않는다. 위의 절차를 설명하기 위해 그림 1-8(a)를 NAND 회로로 변환할 것이다. 우선 모든 게이트를 NAND 게이트로 바꾸기 위해 버블을 추가한다(그림 1-8(b)). 네 곳에서는 반전을 1개만 추가했으며, 이 부분은 굵은 선으로 강조한다. 2개의 인버터를 추가하고 2개의 변수는 보수를 취하여 그림 1-8(c)와 같이 회로를 수정한다.

1.5 조합회로의 해저드

조합회로에 대한 입력이 변할 때, 원치 않는 일시적인 전환이 출력에서 나타날 수 있다. 이러한 일시적인 전환은 입력에서 출력으로 가는 여러 경로의 전파 지연이 서로 다를 때 발생한다. 입력의 변화에 대한 응답으로 회로의 출력이 일정하게 1을 유지해야 하나, 어떤 전파 지연들의 결합에 의해 그 출력이 순간적으로 0이 되면, 회로는 정적 1해저드(hazard)를 갖는다고 한다. 마찬가지로, 회로의 출력이 0을 유지하고 있어야 하지만, 그 출력이 일시적으로 1이 되면, 회로는 정적 0해저드를 갖는다고 한다. 출력이 0에서 1로(또는 1에서 0으로) 변하기로 되어 있는데, 그 출력이 세 번 이상 바뀌면, 회로는 동적 해저드(dynamic hazard)를 갖고 있다고 한다.

그림 1-9의 간단한 두 회로를 조사해보자. 그림 1-9(a)는 인버터와 OR 게이트로 함수 $A + A'$를 구현한 회로이다. 논리상 이 회로의 출력은 항상 1이어야 하지만, 인버터 게이트에서의 지연은 회로에서 정적 해저드를 발생시킬 수 있다. 인버터의 지연은 0이 아니고, A의 값은 단지 1에서 0으로만 변한다고 가정하자. 짧은 시간 간격의 인버터 지연이 경과할 때까지 OR 게이트의 두 입력은 0이며, 따라서 회로의 출력은 순간적으로 0이 된다. 마찬가지로, 그림 1-9(b)의 회로에서 예상 출력은 항상 0이다. 그러나 A가 1에서 0으로 변할 때, 지연으로 인해 회로의 출력이 순간적으로 1이 된다. 따라서 이 회로는 정적 0해저드를 갖는다. 이 해저드는 A가 바뀐 후 짧은 시간 동안 A와 A'가 같은 값을 갖기 때문에 발생한다.

곱의 합을 이용하여 구현할 때, 두 최소항에서 하나의 입력 변수만이 다르고 그 최소항이 같은 곱의 항에 의해 커버되지 않으면, 정적 1해저드가 발생한다. 그림 1-10(a)는 정적 1해저드를 갖는 또 다른 회로를 보여준다. 만약 $A = C = 1$이면, B가 1에서 0으로 바뀌어도 출력은 일정하게 1을 유지해야 한다. 그러나 그림 1-10(b)에서 보여주는 바와 같이, 각 게이트의 전파 지연이 10 ns이면, D가 1이 되기 전에 E는 0이 되고, 회로의 출력이 순간적으로 0이 되는 결과가 된다(출력 F에서 1해저드가 발생). 카노 맵에서 볼 수 있는 것처럼

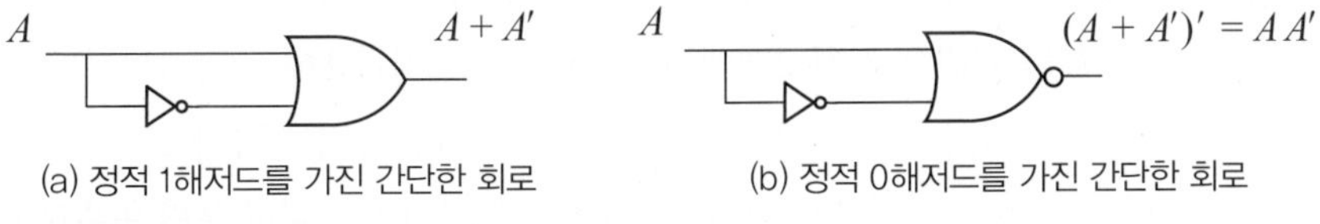

그림 1-9 해저드를 포함하는 간단한 회로

그림 1-10 1해저드의 제거

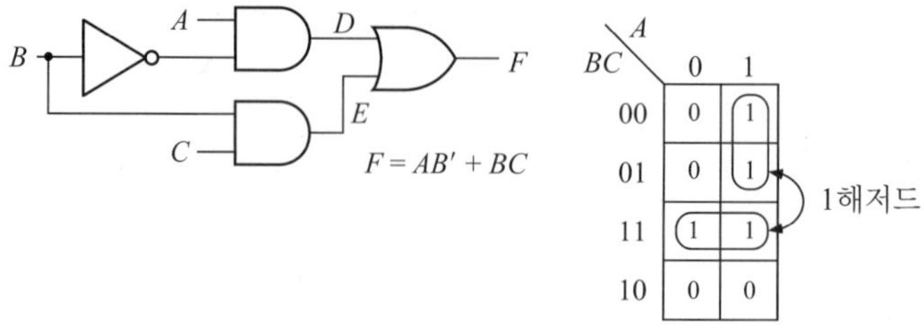

(a) 1해저드를 가진 회로

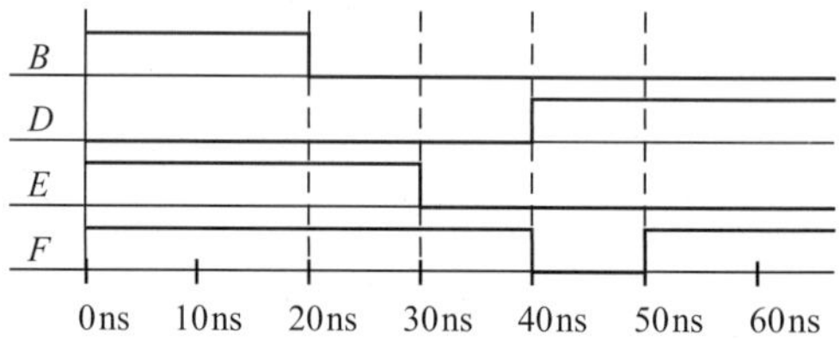

(b) 타이밍 차트

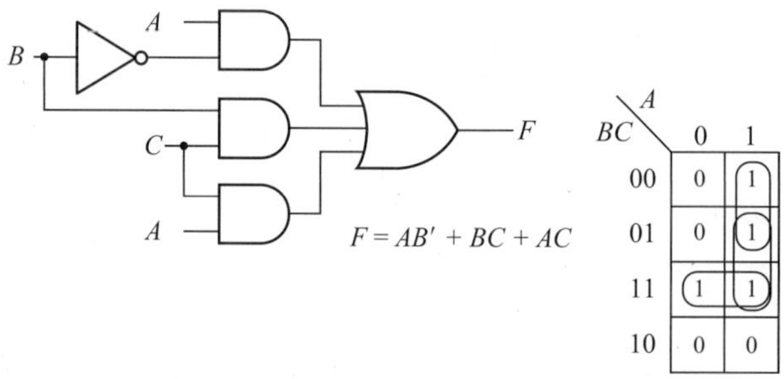

(c) 해저드가 제거된 회로

최소항 ABC와 $AB'C$ 둘 다를 커버하는 루프는 없다. 따라서 만약 $A = C = 1$이고 B가 1에서 0으로 바뀐다면, BC는 즉시 0이 되지만, AB'는 인버터 지연이 경과할 때까지 1이 되지 않는다. 두 항 모두 순간적으로 0이 될 수 있고, F에는 결과적으로 글리치(glitch)가 나타난다. 맵에 AC 항에 해당하는 루프를 추가하고 회로에 해당하는 게이트를 포함시키면(그림 1-10(c)), 해저드는 제거된다. B가 변할 때 AC 항은 1을 유지하고, 따라서 출력에는 글리치가 나타날 수 없다. 일반적으로 정적 해저드를 제거하기 위해서는 최소화되지 않은 식이 필요하다.

정적 해저드와 동적 해저드가 없는 회로를 설계하기 위해 다음과 같은 절차를 사용할 수 있다.

1. 모든 인접한 1의 쌍이 어떤 하나의 1항(1에 의해 만들어지는 항)에 포함되도록, 출력에 대해 곱의 합으로 표현된 식(F')을 찾는다(모든 주항의 합은 항상 이 조건을 만족한다). 식 F'를 기반으로 한 2레벨 AND-OR 회로에는 1해저드, 0해저드, 동적 해저드가 없다.
2. 다른 형태의 회로를 원하는 경우에는 간단한 인수분해나 드모르간의 법칙 등을 이용하여 F'를 변경한다. **각 x_i와 x_i'는 해저드를 방지하기 위해 독립 변수로 다룬다.**

또 한 가지 방법은 모든 인접한 0의 쌍이 어떤 하나의 0항(0에 의해 만들어지는 항)에 포함되는 합의 곱 표현을 사용하여 시작하는 것이다.

회로가 주어지는 경우, 정적 해저드는 다음과 같이 찾을 수 있다. 먼저 회로에서 구현된 대로 출력에 대한 식을 입력 변수의 항으로 정확히 표현한다. 그리고 x_i와 x_i'는 독립 변수로 취급하여 얻은 식을 곱의 합 형태로 변경한다. 카노 맵을 만들어 각 항에 대응하는 모든 관련 항(implicant)을 원으로 표시한다. 만약 모든 인접한 1의 쌍이 적어도 한 항에 포함된다면, 정적 1해저드는 발생하지 않는다. 마찬가지로, 정적 0해저드는 회로를 합의 곱 표현으로 작성하여 확인할 수 있다.

1.6 플립플롭과 래치

순차회로는 보통 저장 소자로서 플립플롭(flip-flop)을 사용한다. 플립플롭의 종류로는 D(delay) 플립플롭, J-K 플립플롭, T(toggle) 플립플롭 등 여러 가지가 있다. 그림 1-11은 클록이 있는 D 플립플롭을 보여준다. 이 플립플롭은 입력 클록의 상승 에지(rising edge)에 대한 응답으로 상태를 바꾼다. 클록의 상승 에지 후 플립플롭의 바로 다음 상태는 상승 에지 전의 입력 D와 같다. 따라서 플립플롭의 특성 방정식(characteristic equation)은 $Q^+ = D$이다. 여기서 Q^+는 클록의 활성 에지(active edge, 여기서는 상승 에지) 후 Q 출력의 바로 다음 상태를 나타내고, D는 활성 에지 이전의 입력을 나타낸다.

그림 1-12는 클록이 있는 J-K 플립플롭과 진리표를 보여준다. 입력 클록에 버블이 있으므로, 모든 상태 변화는 클록의 하강 에지(falling edge) 바로 다음에 일어난다. 만약 $J = K = 0$이면, 상태 변화는 일어나지 않는다. $J = 1$이고 $K = 0$이면, 플립플롭은 현재 상태에 관계없이 1로 셋(set)된다. $J = 0$이고 $K = 1$이면, 플립플롭은 항상 0으로 리셋(reset)된다. 만약 $J = K = 1$이면, 플립플롭의 상태는 바뀐다. 그림 1-12의 진리표와 카노 맵으로부

그림 1-11 클록이 있고 상승 에지에서 트리거되는 D 플립플롭

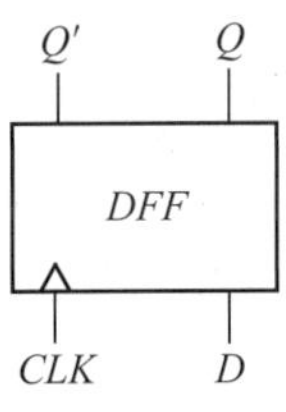

D	Q	Q^+
0	0	0
0	1	0
1	0	1
1	1	1

그림 1-12 클록이 있는 J-K 플립플롭

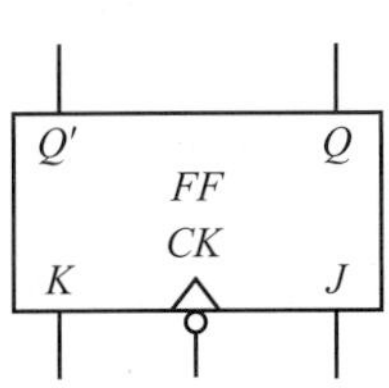

J	K	Q	Q^+
0	0	0	0
0	0	1	1
0	1	0	0
0	1	1	0
1	0	0	1
1	0	1	1
1	1	0	1
1	1	1	0

그림 1-13 클록이 있는 T 플립플롭

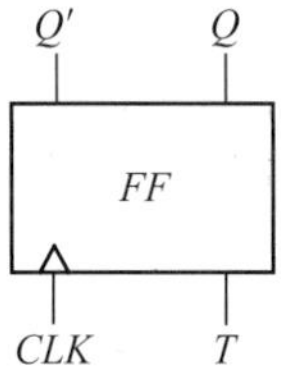

T	Q	Q^+
0	0	0
0	1	1
1	0	1
1	1	0

터 유도된 특성 방정식은 다음과 같다.

$$Q^+ = JQ' + K'Q \tag{1-33}$$

클록이 있는 T 플립플롭(그림 1-13)은 $T=1$이면 클록의 활성 에지 바로 다음에 상태가 바뀌고, $T=0$이면 상태가 바뀌지 않는다. T 플립플롭은 특히 카운터 설계에 편리하다. T 플립플롭에 대한 특성 방정식은 다음과 같다.

$$Q^+ = QT' + Q'T = Q \oplus T \tag{1-34}$$

J-K 플립플롭은 T를 J와 K 양쪽 모두와 연결하면 T 플립플롭으로 쉽게 바뀐다. 식 (1-33)에서 J와 K를 T로 대치하면 식 (1-34)가 된다.

그림 1-14에서 보여주는 것과 같이 두 NOR 게이트를 연결하면 클록이 없는 S-R(set-reset) 플립플롭을 구성할 수 있다. 이와 같이 클록이 없는 플립플롭을 흔히 S-R 래치(latch)라고 한다. 만약 $S=1$이고 $R=0$이면, 출력 Q는 1이 되고 $P=Q'$가 된다. $S=0$이고 $R=1$이면, 출력 Q는 0이 되고 $P=Q'$가 된다. $S=R=0$이면 상태가 바뀌지 않는다. 만약 $R=S=1$이면, $P=Q=0$이 된다. 그러나 두 출력은 항상 보수여야 하기 때문에 적절한 플립플롭의 상태라고 할 수 없다. 만약 현재 $R=S=1$인 두 입력이 동시에 0으로 바뀌면, 발진(oscillation)이 일어날 수 있다. 이러한 이유로, S와 R이 동시에 1이 되는 것을 허용해서는 안 된다. 특성 방정식을 유도하기 위해 $S=R=1$이 절대 발생하지 않는다고 가정하면, $Q^+=S+R'Q$가 된다. 여기서 Q^+는 어떤 입력 변화가 Q 출력으로 전파된 후의 상태를 나타낸다.

게이트(gated) D 래치(그림 1-15)는 투과형(transparent) D 래치라고도 하며, 다음과 같이 동작한다. 만약 게이트 신호 $G=1$이면, 출력 Q는 D 입력을 따른다($Q^+=D$). 만약 $G=0$이면, 래치는 Q의 이전 값을 유지한다($Q^+=Q$). 근본적으로 디바이스는 $G=1$이 아니면 입력의 변화에 반응하지 않는다. 단순히 G가 0이 되기 바로 전의 입력을 '래치'한다.

그림 1-14 S-R 래치

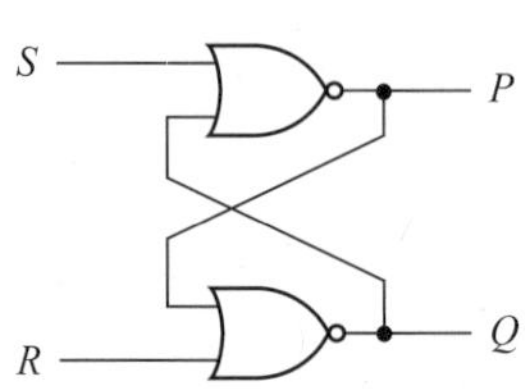

S	R	Q	Q^+
0	0	0	0
0	0	1	1
0	1	0	0
0	1	1	0
1	0	0	1
1	0	1	1
1	1	0	–
1	1	1	–

그림 1-15 투과형 D 래치

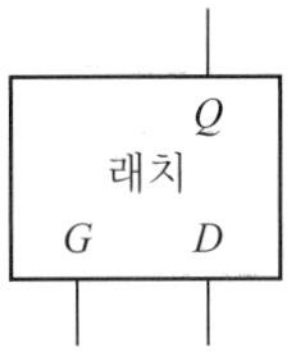

G	D	Q	Q^+
0	0	0	0
0	0	1	1
0	1	0	0
0	1	1	1
1	0	0	0
1	0	1	0
1	1	0	1
1	1	1	1

그림 1-16 D 래치의 구현

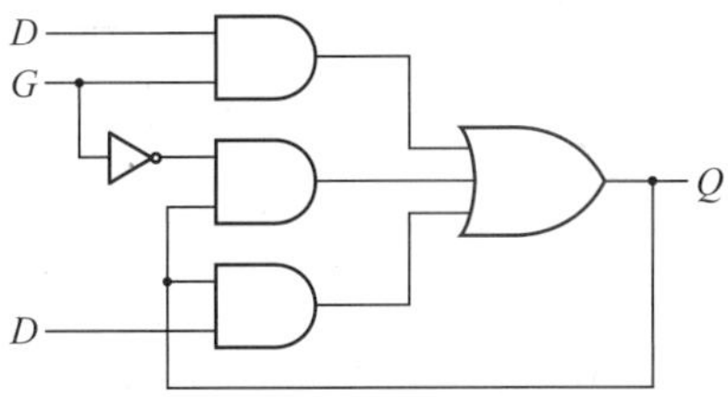

$Q^+ = DG + G'Q + (DQ)$

D 래치는 레벨 반응(level-sensitive) D 플립플롭이라고도 한다. 만약 게이트 입력 G를 클록으로 보면, 래치는 클록 레벨이 높으면 동작하고, 클록 레벨이 낮으면 입력에 반응하지 않는 디바이스로 취급할 수 있다. D 래치에 대한 특성 방정식은 $Q^+ = GD + G'Q$이다. 그림 1-16은 게이트를 사용하여 D 래치를 구현한 것이다. Q^+는 1해저드를 갖고 있으므로, 해저드를 제거하기 위해 AND 게이트를 추가했다.

1.7 밀리 순차회로 설계

순차회로에는 밀리(Mealy)와 무어(Moore)라는 두 가지 기본 타입이 있다. 밀리 회로에서의 출력은 현재 상태와 현재 입력 모두에 의해 결정되고, 무어 회로에서의 출력은 현재 상태에 의해서만 결정된다. 밀리 순차회로의 일반적인 모델은 출력과 다음 상태를 결정하는 조합회로와 현재 상태를 저장하는 상태 레지스터로 구성된다(그림 1-17 참조). 상태 레지스터는 보통 D 플립플롭으로 구성된다. 일반적인 동작 순서는 다음과 같다. (1) 입력 X가 새로운 값으로 바뀐다. (2) 시간이 지연된 후 해당하는 Z 출력과 다음 상태가 조합회로의 출력에 나타난다. (3) 다음 상태는 클록에 의해 상태 레지스터로 입력되어 상태가 바뀐다. 새로운 상태는 조합회로로 피드백되고, 이러한 과정이 반복된다.

밀리 머신의 설계 예 1: 시퀀스 검출기

클록이 있는 밀리 순차회로의 설계를 설명하기 위해 시퀀스 검출기(sequence detector)를 설계하자. 회로는 그림 1-18의 블록도에서 나타낸 형태를 갖는다.

이 회로는 입력 X로 들어가는 일련의 0과 1을 조사하여, 입력 시퀀스가 101로 끝날 때만 출력 $Z = 1$을 내보낸다. 입력 X는 클록 펄스 사이에서만 변한다. 출력 $Z = 1$은 101에서

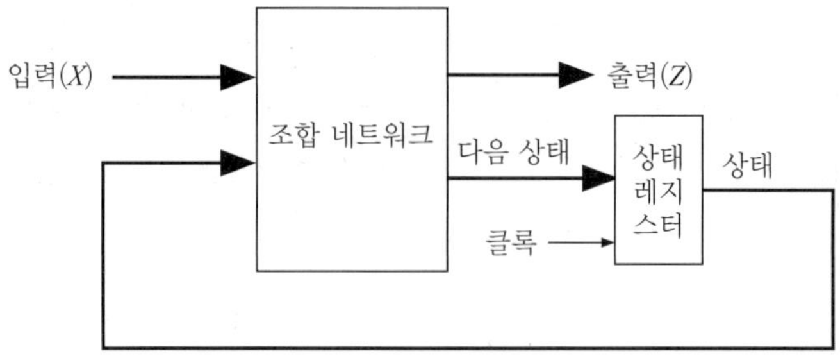

그림 1-17 밀리 순차 머신의 일반적인 모델

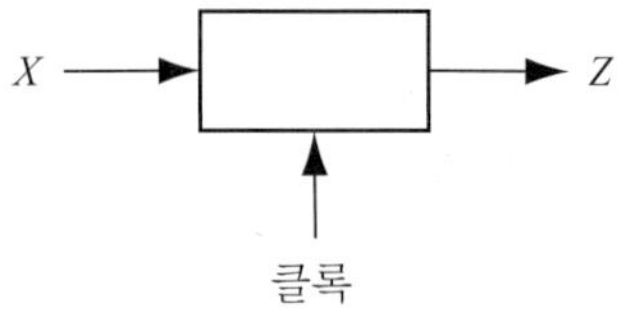

그림 1-18 시퀀스 검출기의 블록도

마지막 1과 동시에 발생한다. 출력이 1일 때 회로는 리셋되지 않는다. 전형적인 입력 시퀀스와 이에 대응하는 출력 시퀀스는 다음과 같다.

$$X = 0\ \ 0\ \ 1\ \ 1\ \ 0\ \ 1\ \ 1\ \ 0\ \ 0\ \ 1\ \ 0\ \ 1\ \ 0\ \ 1\ \ 0\ \ 0$$
$$Z = 0\ \ 0\ \ 0\ \ 0\ \ 0\ \ 1\ \ 0\ \ 0\ \ 0\ \ 0\ \ 0\ \ 1\ \ 0\ \ 1\ \ 0\ \ 0$$

이 시퀀스 검출기에 대한 상태 그래프(state graph)를 만들어보자. 리셋 상태로 지정된 S_0에서 시작한다. 만약 입력으로 0을 받으면, 우리가 찾고 있는 입력 시퀀스는 0으로 시작하지 않으므로 상태 S_0에 그대로 머물러 있어야 한다. 그러나 1을 받으면 회로는 새로운 상태로 이동해야 하며, 이 상태를 S_1으로 나타낸다. 만약 S_1에서 입력으로 0을 받으면, 회로는 요구되는 시퀀스의 처음 두 입력(10)을 받았다는 사실을 기억하기 위해 새로운 상태(S_2)가 되어야 한다. 다시 S_2에서 입력으로 1을 받으면 요구되는 입력 시퀀스를 완전히 받았으므로, 출력은 1이 되어야 한다. 이 출력은 밀리 출력으로 내보내지고, 검출된 시퀀스의 마지막 1과 동시에 일어난다. 우리는 지금 밀리 회로를 설계하고 있으므로, 시퀀스 101을 받았다는 사실을 나타내는 새로운 상태로 이동하지 않을 것이다. S_2에서 입력으로 1을 받을 때, 회로가 시퀀스를 검출할 때마다 리셋되어서는 안 되므로 출발 상태인 S_0로 이동할 수 없다. 그러나 한 시퀀스의 마지막 1은 또 다른 시퀀스의 첫 번째 1이 될 수 있으므로 S_1 상태로 이동할 수 있다. 그림 1-19는 현 시점에서의 부분적인 상태 그래프를 나타낸다.

상태 S_2에서 입력으로 0을 받으면, 연속으로 두 0을 받은 것이 되므로 회로를 S_0로 리셋

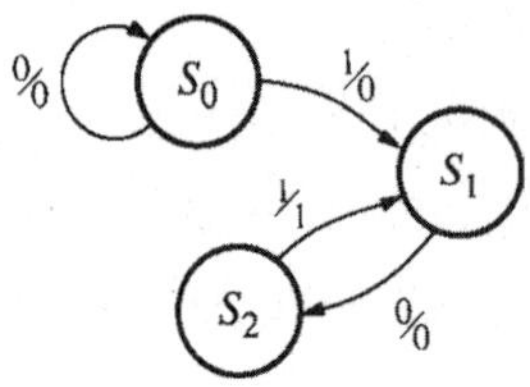

그림 1-19 시퀀스 검출기의 부분적인 상태 그래프

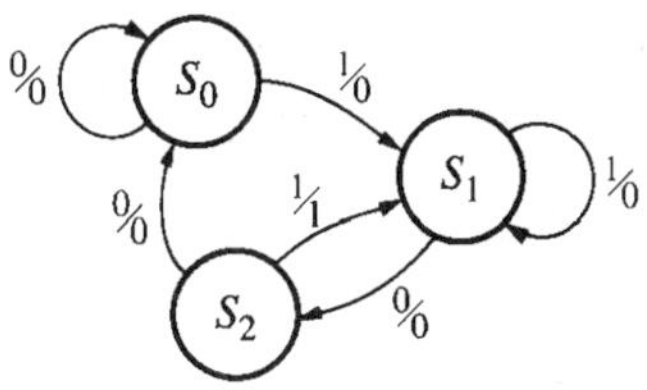

그림 1-20 시퀀스 검출기의 밀리 상태 그래프

시켜야 한다. 만약 S_1에서 입력으로 1을 받으면, 이 1은 찾으려는 새로운 시퀀스의 첫 번째 1이 될 수 있기 때문에 S_1에 그대로 머무를 수 있다. 그림 1-20은 최종적인 상태 그래프를 보여준다. S_0는 시작 상태를 나타내고, 상태 S_1은 1로 끝나는 시퀀스를 받았다는 것을 나타내며, 상태 S_2는 10으로 끝나는 시퀀스를 받았다는 것을 나타낸다. 표 1-3은 상태 그래프를 상태표로 변환한 것이다. 표의 S_2 행은 입력 1에 대한 1의 출력을 나타낸다.

다음으로, 특정 플립플롭의 값을 특정 상태와 연관시키는 상태 할당(state assignment)을 해야 한다. 상태 할당을 하는 방법에는 두 가지가 있는데, (1) one-hot 상태 할당과 (2) 인코딩된 상태 할당이다. one-hot 상태 할당에서는 각 상태에 하나의 플립플롭이 사용된다. 따라서 이 회로를 one-hot 방법을 사용하여 구현한다면, 3개의 플립플롭이 필요해진다. 인코딩된 상태 할당에서는 각 상태를 유일한 조합으로 표현하기 위한 플립플롭의 개수만 있으면 된다. 이 절에서 설계하는 시퀀스 검출기는 세 가지 상태를 갖고 있으므로, 모든 상태를 나타내기 위해서는 적어도 2개의 플립플롭이 필요하다. 이 설계에서는 인코딩된 상태 할당을 사용할 것이다. 두 플립플롭을 A와 B로 나타내자. 플립플롭의 상태 $A = 0$, $B = 0$은 상태 S_0에 해당한다. $A = 0$, $B = 1$은 상태 S_1에 해당한다. 그리고 $A = 1$, $B = 0$은 상태 S_2에 해당한다. 회로의 상태 천이표(transition table)는 표 1-4와 같다.

이 표로부터 출력 Z와 다음 상태를 위한 K맵을 작성할 수 있다. 일반적으로, 다음 상태는 A^+와 B^+로 나타낸다. 그림 1-21은 세 가지 K맵을 보여준다.

표 1-3 시퀀스 검출기의 상태표

현재 상태	다음 상태 $X=0$	다음 상태 $X=1$	현재 출력 $X=0$	현재 출력 $X=1$
S_0	S_0	S_1	0	0
S_1	S_2	S_1	0	0
S_2	S_0	S_1	0	1

표 1-4 시퀀스 검출기의 천이표

AB	A^+B^+ $X=0$	A^+B^+ $X=1$	Z $X=0$	Z $X=1$
00	00	01	0	0
01	10	01	0	0
10	00	01	0	1

그림 1-21 시퀀스 검출기의 출력과 다음 상태를 위한 K맵

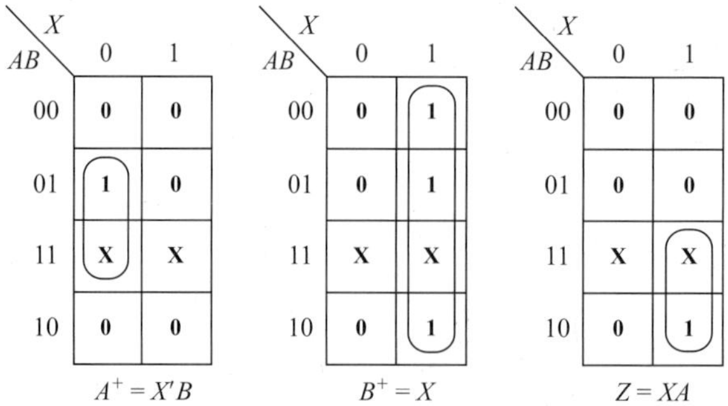

그림 1-22 밀리 시퀀스 검출기의 회로

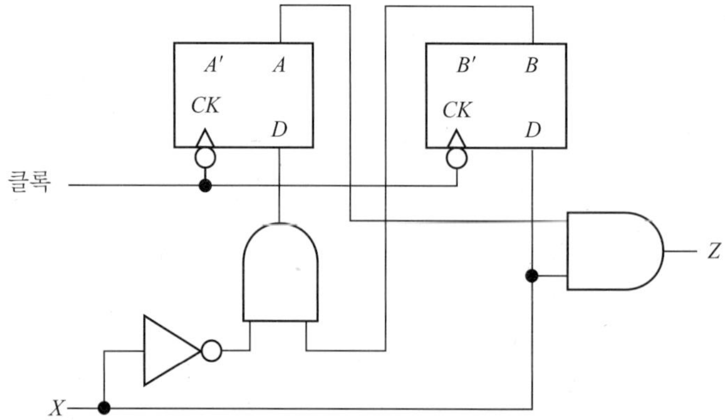

다음 단계는 요구되는 다음 상태를 얻기 위한 플립플롭 입력 식을 유도하는 것이다. 만약 D 플립플롭이 사용되면, 단순히 예상되는 플립플롭의 다음 상태가 플립플롭의 입력이 된다. 따라서 플립플롭 A와 B에 대해, $D_A = A^+$이고 $D_B = B^+$이다. 그림 1-22는 결과로 얻은 회로를 보여준다.

밀리 머신의 설계 예 2: BCD를 3초과 코드로 바꾸는 변환기

좀 더 복잡한 밀리 순차회로의 예로, 8-4-2-1 이진화 십진수(binary-coded-decimal, BCD)를 3초과(excess-3) 십진수로 바꾸는 직렬 코드 변환기를 설계한다. 입력(X)은 최하위 비트(least significant bit, LSB)를 첫 번째로 하여 순차적으로 입력되며, 출력 역시 순차적으로 생성된다. 표 1-5의 리스트는 시간 t_0, t_1, t_2, t_3에서의 입력과 요구되는 출력을 나타낸다. 4개의 입력을 받은 후, 회로는 또 다른 BCD를 받기 위해 초기 상태로 리셋되어야 한다.

3초과 코드는 BCD 코드에 0011을 더한 것이다. 예를 들면 다음과 같다.

$$\begin{array}{r} 0\ 1\ 0\ 0 \\ +\ 0\ 0\ 1\ 1 \\ \hline 0\ 1\ 1\ 1 \end{array} \qquad \begin{array}{r} 0\ 1\ 0\ 1 \\ +\ 0\ 0\ 1\ 0 \\ \hline 1\ 0\ 0\ 0 \end{array}$$

만약 모든 BCD 비트가 동시에 이용 가능하다면, 이 코드 변환기는 4개의 입력과 4개의 출력을 갖는 조합회로로 구현될 수 있다. 그러나 여기서는 각 비트가 순차적으로 한 번에

표 1-5 코드 변환기

X 입력(BCD)				Z 출력(3초과)			
t_3	t_2	t_1	t_0	t_3	t_2	t_1	t_0
0	0	0	0	0	0	1	1
0	0	0	1	0	1	0	0
0	0	1	0	0	1	0	1
0	0	1	1	0	1	1	0
0	1	0	0	0	1	1	1
0	1	0	1	0	0	0	0
0	1	1	0	0	0	0	1
0	1	1	1	0	0	1	0
1	0	0	0	1	0	1	1
1	0	0	1	1	1	0	0

그림 1-23 코드 변환기를 위한 상태 그래프와 표

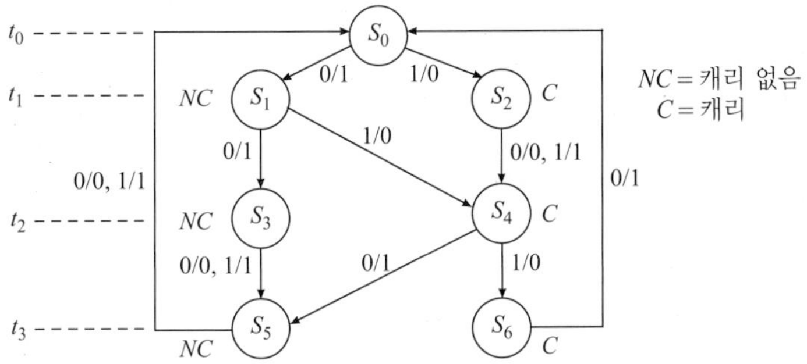

(a) 밀리 상태 그래프

PS	NS		Z	
	$X=0$	$X=1$	$X=0$	$X=1$
S_0	S_1	S_2	1	0
S_1	S_3	S_4	1	0
S_2	S_4	S_4	0	1
S_3	S_5	S_5	0	1
S_4	S_5	S_6	1	0
S_5	S_0	S_0	0	1
S_6	S_0	–	1	–

(b) 상태표

한 비트씩 들어온다. 따라서 순차적으로 코드 변환이 일어나도록 구현해야 한다.

그러면 코드 변환기를 위한 상태 그래프를 그려보자(그림 1-23(a)). 시작 상태는 S_0로 나타낸다. 첫 번째 비트가 도착하면, 이 비트에 0011의 최하위 비트인 1을 더한다. 여기서 0011은 3초과 코드를 얻기 위해 BCD에 더해야 하는 수이다.

따라서 t_0에서는 최하위 비트에 1을 더하고, 만약 $X=0$이면 $Z=1$(캐리 없음)이 되고, $X=1$이면 $Z=0$(캐리$=1$)이 된다. 최하위 비트에 대해 첫 번째 덧셈을 수행한 후, 캐리가 없으면 상태는 S_1이 되고, 캐리가 있으면 S_2가 된다고 하자.

t_1에서는 두 번째 도착한 비트에 1을 더한다. 먼저 첫 번째 덧셈에서 캐리가 발생하지 않

았다고(상태 S_1) 가정하자. 이때 $X = 0$이면 $Z = 0 + 1 + 0 = 1$이 되고 캐리는 발생하지 않으며(상태 S_3), $X = 1$이면 $Z = 1 + 1 + 0 = 0$이 되고 캐리가 발생한다(상태 S_4). 다음으로, 첫 번째 덧셈에서 캐리가 발생했다고(상태 S_2) 가정하자. 이때 $X = 0$이면 $Z = 0 + 1 + 1 = 0$이 되고 캐리가 발생하며(상태 S_4), $X = 1$이면 $Z = 1 + 1 + 1 = 1$이 되고 캐리가 발생한다(상태 S_4).

t_2에서는 세 번째 도착한 비트에 0을 더하며, S_5(캐리 없음)나 S_6로의 천이도 유사한 방법으로 결정된다. t_3에서도 0이 다시 더해지고, 회로는 S_0로 리셋된다.

그림 1-23(b)는 해당하는 상태표를 보여준다. 이 시점에서, 계속 진행하기 전에 표의 상태 개수가 최소인지 확인해야 하며(1.9절 참조), 그런 다음 상태 할당을 해야 한다. 이 표는 7개의 상태를 갖고 있으며, 인코딩된 상태 할당에서는 이 표를 구현하기 위해 3개의 플립플롭이 필요할 것이다. one-hot 상태 할당 방법에서는 각 상태에 1개의 플립플롭이 사용된다. 따라서 이 회로를 one-hot 상태 할당 방법으로 구현한다면, 7개의 플립플롭이 필요하다.

다음 단계는 플립플롭의 상태를 이 표에서의 상태와 연관짓는 상태 할당을 수행하는 것이다. 시퀀스 검출기의 예에서 사용한 이진 상태 할당에서는 연속으로 상태 번호를 매겼는데, 여기서는 최적으로 번호를 할당하는 방법을 찾을 것이다. 최적의 상태 할당은 여러 가지 요인들의 영향을 받는다. 많은 경우에, 필요한 논리회로를 줄일 수 있는 상태 할당을 찾아야 한다. 몇몇 종류의 프로그래머블 로직에서는 연속으로 번호를 매기는 이진 상태 할당이 다른 방법과 마찬가지로 잘 동작한다. 프로그래머블 게이트 어레이에서는 one-hot 상태 할당을 선호할 수도 있다. 최근에는 실리콘 칩의 트랜지스터 집적도가 높아지면서 최적의 상태 할당에 대한 중요도가 떨어졌다.

논리회로를 줄이기 위해서는 다음 지침에 따라 상태를 할당할 것이다(자세한 내용은 『Fundamentals of Logic Design』(7판, Cengage Learning, 2014) 참조).

1. 주어진 입력에 대해 동일한 다음 상태(next state, NS)를 갖게 되는 상태들은 서로 인접하도록 할당한다(상태표의 세로 열 참조).
2. 동일한 상태의 다음 상태들은 서로 인접하도록 할당한다(가로 행 참조).
3. 주어진 입력에 대해 출력이 동일한 상태들은 서로 인접하도록 할당한다.

이러한 지침들을 사용하면, 다음 상태와 출력 함수를 위한 카노 맵에서 1들이 서로 모이게 된다. 이러한 지침을 따르면, 다음 상태들은 서로 인접하도록 할당해야 한다.

1. (1, 2), (3, 4), (5, 6) ($X = 1$인 열에서 S_1과 S_2는 모두 다음 상태 S_4를 갖고 있고, $X = 0$인 열에서 S_3와 S_4는 다음 상태 S_5를 갖고 있으며, S_5와 S_6는 다음 상태 S_0를 갖고 있다.)
2. (1, 2), (3, 4), (5, 6) (S_1과 S_2는 S_0의 다음 상태이고, S_3와 S_4는 S_1의 다음 상태이며,

S_5와 S_6는 S_4의 다음 상태이다.)

3. (0, 1, 4, 6), (2, 3, 5)

그림 1-24(a)는 위의 지침을 만족하는 상태 할당 맵과 상태 천이표(그림 1-24(b))를 보여준다. 상태 001은 사용되지 않으므로, 이 상태에서의 출력과 다음 상태는 돈케어가 된다.

그림 1-24 BCD를 3초과 코드로 바꾸는 변환기의 상태 할당

$Q_2Q_3 \backslash Q_1$	0	1
00	S_0	S_1
01		S_2
11	S_5	S_3
10	S_6	S_4

(a) 할당 맵

	$Q_1^+ Q_2^+ Q_3^+$		Z	
$Q_1Q_2Q_3$	$X=0$	$X=1$	$X=0$	$X=1$
000	100	101	1	0
100	111	110	1	0
101	110	110	0	1
111	011	011	0	1
110	011	010	1	0
011	000	000	0	1
010	000	xxx	1	x
001	xxx	xxx	x	x

(b) 천이표

그림 1-25 코드 변환기의 카노 맵

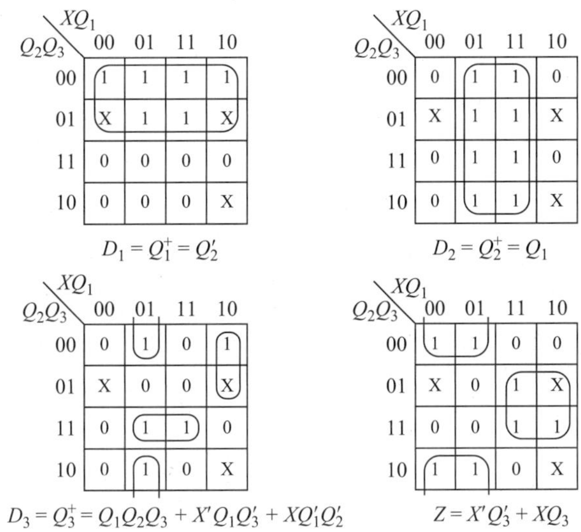

그림 1-26 코드 변환기의 구현

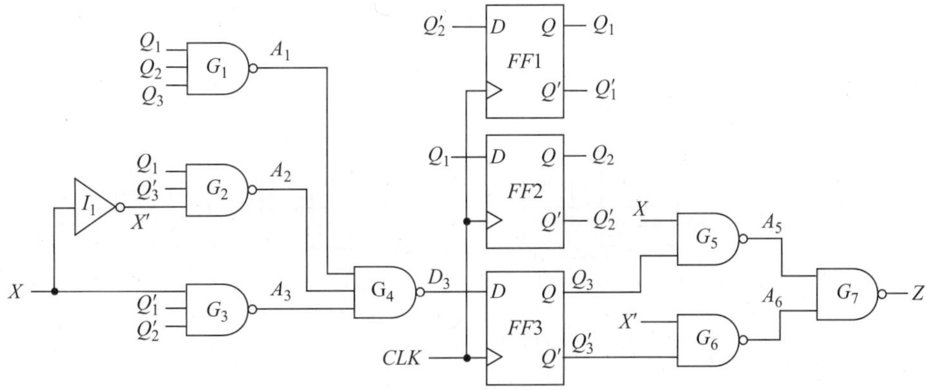

표 1-6 J-K 플립플롭을 위한 여기표

Q	Q^+	J	K	
0	0	0	X	Q는 변화가 없음; J는 0이 되어야 하고, Q를 0으로 리셋시키기 위해 K는 1이 될 수 있다.
0	1	1	X	$Q=1$로 변화; 셋 또는 토글시키기 위해 J는 1이 되어야 한다.
1	0	X	1	$Q=0$으로 변화; 리셋 또는 토글시키기 위해 K는 1이 되어야 한다.
1	1	X	0	Q는 변화가 없음; K는 0이 되어야 하고, Q를 1로 셋시키기 위해 J는 1이 될 수 있다.

그림 1-25는 이 표로부터 유도한 다음 상태 식과 출력 식을 보여준다. 그림 1-26은 NAND 게이트와 D 플립플롭을 사용하여 코드 변환기를 구현한 것이다.

만약 J-K 플립플롭을 D 플립플롭 대신에 사용하면, 다음 상태 맵으로부터 J-K 플립플롭을 위한 입력 식을 유도할 수 있다. 플립플롭의 현재 상태(Q)와 다음 상태(Q^+)가 주어지면, 입력 J와 K는 여기표(excitation table)라고 알려진 표 1-6에 의해 결정된다. 이 표는 그림 1-12의 진리표로부터 얻어진다.

그림 1-27은 그림 1-24의 상태 할당을 사용하여 그림 1-23의 상태표에 대한 J-K 플립플롭의 입력 식을 유도하는 과정을 보여준다. 먼저 Q_1^+를 사용하여 플립플롭 Q_1에 대한 J-K 입력 식을 유도하는 것으로부터 시작한다. 앞의 표로부터 Q_1이 0일 때는 언제나 $J=Q_1^+$이고 $K=X$이다. 따라서 J_1 맵에서 $Q_1=0$인 절반은 Q_1^+와 같이 채우고, K_1 맵에서 $Q_1=0$인 절반은 모두 X로 채운다. Q_1이 1이면, $J_1=X$이고 $K_1=(Q_1^+)'$이다. 따라서 J_1 맵에서 $Q_1=1$인 절반은 X로 채우고, K_1 맵에서 $Q_1=1$인 절반은 Q_1^+의 보수로 채운다. J와 K 맵에서 각각의 절반은 돈케어이므로, 그림 1-27(b)에서 보여주는 바와 같이 J와 K 맵을 따

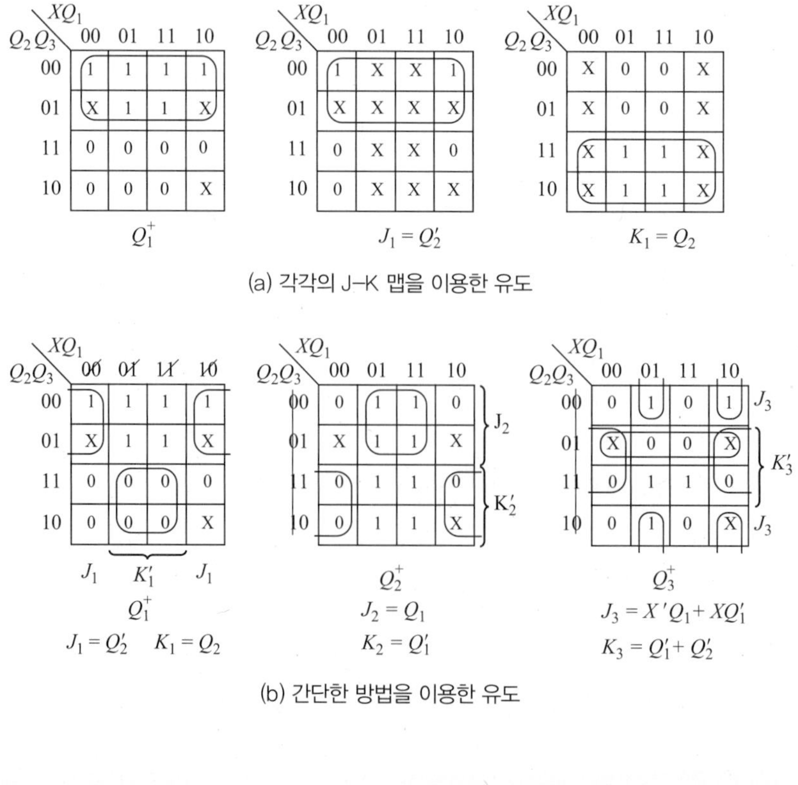

그림 1-27 J-K 입력 식의 유도

로 그리는 대신에 Q^+ 맵에서 J와 K를 직접 나타낼 수 있다. 이와 같이 간단한 방법은 다음과 같은 사실에 기반을 두고 있다. 만약 $Q=0$이면 $J=Q^+$이고, 따라서 J를 얻기 위해서는 $Q=0$인 맵의 절반 부분에 있는 1을 루프로 묶으면 된다. 만약 $Q=1$이면 $K=(Q^+)'$이고, 따라서 K를 얻기 위해서는 $Q=1$인 맵의 절반 부분에 있는 0을 루프로 묶으면 된다. J와 K를 읽어낼 때 Q는 일정한 값(0 또는 1)으로 설정되기 때문에, J와 K의 식은 Q에 독립적이다. J와 K를 좀 더 쉽게 읽어내기 위해, 각 맵에서 해당하는 Q를 제거할 수 있다. 이와 같이 간단하게 하는 방법은 실질적으로 4개의 변수를 갖는 Q^+ 맵을 3개의 변수를 갖는 2개의 맵, 즉 $Q=0$인 맵과 $Q=1$인 맵으로 나누는 것과 동일하다.

다음은 순차회로를 설계할 때 필요한 단계를 요약한 것이다.

1. 설계 규격이 주어지면, 입력과 출력 시퀀스 사이에 요구되는 관계를 결정한다. 다음으로 상태 그래프와 상태표를 구한다.
2. 이 표에서 상태의 개수를 최소한으로 줄인다. 우선 행을 서로 비교하여 중복되는 행을 제거한다. 다음으로 관련 항 표를 작성하고 1.9절에 있는 절차를 따른다.
3. 최소한으로 줄인 표에 m개의 상태가 있으면($2^{n-1}<m\leq 2^n$), n개의 플립플롭이 필요하다. 이 표의 각 상태를 플립플롭 상태의 유일한 조합으로 할당한다. 이러한 방법을 인코딩된 상태 할당이라고 한다. 또 다른 방법으로는 m개의 플립플롭이 사용되는 one-hot 상태 할당이 있다.
4. 상태표의 각 상태 대신에 할당된 플립플롭의 상태를 사용하여 상태 천이표를 작성한다. 얻어지는 상태 천이표에서 출력과 플립플롭의 다음 상태는 입력과 플립플롭의 현재 상태의 항으로 기술된다.
5. 각 플립플롭에 대해 다음 상태 맵과 입력 맵을 작성하고, 플립플롭의 입력 식과 출력 식을 유도한다.
6. 이용할 수 있는 논리 게이트로 플립플롭의 입력 식과 출력 식을 구현한다.
7. 컴퓨터 시뮬레이션이나 또 다른 방법을 사용하여 설계를 검사한다.

2~7단계까지는 적절한 CAD(Computer Aided Design) 프로그램을 사용하여 수행할 수 있다.

1.8 무어 순차회로 설계

무어(Moore) 회로에서의 출력은 현재 상태에 의해서만 결정된다. 무어 머신은 밀리 머신에 비해 설계와 오류 수정이 쉽지만, 더 많은 상태를 필요로 한다. 무어 머신에서는 상태 천이 중에 출력이 나오지 않는다. 출력은 전적으로 상태에 의해 결정된다.

무어 머신의 설계 예 1: 시퀀스 검출기

예로서 무어 방법을 사용하여 앞 절의 시퀀스 검출기를 설계해보자. 이 회로는 입력 X로 들어가는 일련의 0과 1을 조사하여 입력 시퀀스가 101로 끝날 때만 출력 $Z=1$을 내보낸다. 입력 X는 클록 펄스 사이에서만 변한다. 출력이 1일 때 회로는 리셋되지 않는다.

밀리 머신의 예와 마찬가지로, 그림 1-28에서 리셋 상태로 지정된 S_0에서 시작한다. 입력으로 0을 받으면, 우리가 찾고 있는 입력 시퀀스는 0으로 시작하지 않으므로 상태 S_0에 그대로 머물러 있어야 한다. 그러나 1을 받으면, 회로는 새로운 상태 S_1으로 이동해야 한다. S_1에서 입력으로 0을 받으면, 회로는 요구되는 시퀀스의 처음 두 입력(10)을 받았다는 사실을 기억하기 위해 새로운 상태(S_2)가 되어야 한다. 다시 S_2에서 입력으로 1을 받으면 요구되는 입력 시퀀스를 완전히 받았다는 사실을 나타내기 위해 새로운 상태가 되어야 하고, 이 새로운 상태를 S_3로 나타낸다. S_3의 출력은 1이어야 하고, S_0, S_1, S_2의 출력은 0이어야 한다. 시퀀스 100은 회로를 S_0로 리셋시킨다. 시퀀스 1010은 입력으로 1을 하나 더 받으면 Z는 다시 1이 되어야 하므로, 회로를 S_2로 돌려보내야 한다.

회로의 상태표는 표 1-7과 같다. 출력은 현재 상태에 의해서만 결정되고 X에는 종속되지 않으므로, 출력을 위한 열은 하나밖에 없다. 이러한 시퀀스 검출기는 표 1-3의 밀리 시퀀스 검출기보다 1개의 상태가 더 필요하다는 점을 주의하기 바란다.

4개의 상태가 있으므로, 회로의 구현을 위해서는 2개의 플립플롭이 필요하다. S_0는 $AB=00$, S_1은 $AB=01$, S_2는 $AB=11$, S_3는 $AB=10$이 되도록 상태를 할당하면, 표 1-8과 같은 상태 천이표를 얻는다.

출력 함수 $Z=AB'$이다. Z는 플립플롭의 상태에 의해서만 결정되고 X와는 관계가 없다는 점을 주의하기 바란다. 이에 반해 해당하는 밀리 머신의 Z는 X의 함수였다(그림 1-21

그림 1-28 무어 시퀀스 검출기의 상태 그래프

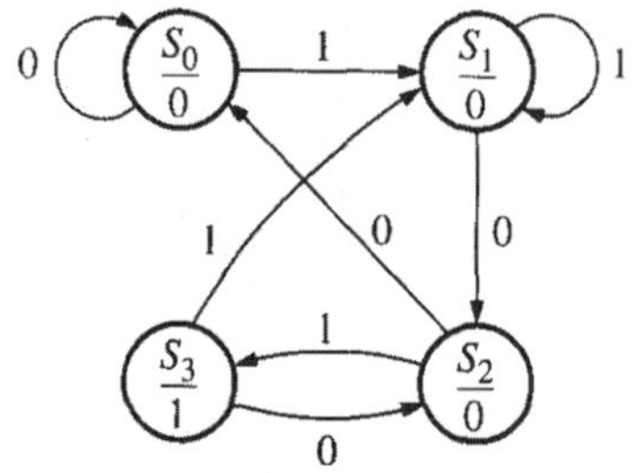

표 1-7 시퀀스 검출기의 상태표

현재 상태	다음 상태 $X=0$	다음 상태 $X=1$	현재 출력(Z)
S_0	S_0	S_1	0
S_1	S_2	S_1	0
S_2	S_0	S_3	0
S_3	S_2	S_1	1

표 1-8 무어 시퀀스 검출기의 상태 천이표

AB	A^+B^+ $X=0$	$X=1$	Z
00	00	01	0
01	11	01	0
10	00	10	0
10	11	01	1

에서 $Z = AX$였다). 상태 천이표로부터 다음 상태 맵을 작성할 수 있고, 플립플롭의 입력을 이끌어낼 수 있다.

무어 머신의 설계 예 2: NRZ를 맨체스터 코드로 바꾸는 변환기

무어 순차회로 설계의 또 다른 예로서 직렬 데이터를 위한 변환기를 설계할 것이다. 이진 데이터는 직렬 스트림 형태의 비트로 자주 컴퓨터 간에 전송된다. 그림 1-29는 직렬 데이터에 대한 세 가지 코딩 방법을 보여준다. 이 예는 비트 시퀀스 0, 1, 1, 1, 0, 0, 1, 0의 전송을 보여준다. NRZ(nonreturn-to-zero) 코드에서 각 비트는 한 비트 시간 동안 어떤 변화도 없이 전송된다. 반면에, RZ(return-to-zero) 코드에서 0은 한 비트 시간 동안 전부 0으로 전송되지만, 1은 비트 시간의 전반부에서는 1로 전송되고, 나머지 후반부에서는 신호가 0으로 되돌아간다. 맨체스터 코드(Manchester code)에서 0은 비트 시간의 전반부에서는 0으로 전송되고, 나머지 후반부에서는 1로 전송된다. 그러나 1은 전반부에서는 1로 전송되고, 나머지 후반부에서는 0으로 전송된다. 따라서 맨체스터로 인코딩된 비트는 항상 비트 시간의 중간에서 변한다.

NRZ 코드로 된 비트 스트림을 맨체스터 코드로 된 비트 스트림으로 변환하는 무어 순차회로를 설계할 것이다(그림 1-30 참조). 이 설계를 위해 기본 비트 클록의 두 배가 되는 클록(*CLOCK2*)을 사용할 것이다. 만약 NRZ 비트가 0이면 *CLOCK2*의 두 주기 동안 0이 될 것이고, NRZ 비트가 1이라면 *CLOCK2*의 두 주기 동안 1이 될 것이다. 따라서 리셋 상태(S_0)에서 시작하여, 입력 시퀀스는 00과 11의 두 가지 경우만 가능하고, 해당하는 출력 시퀀스는 각각 01과 10이 된다. 첫 번째로 0을 받으면, 회로는 S_1이 되고 출력은 0이 된다.

그림 1-29 직렬 데이터 전송을 위한 코딩 방법

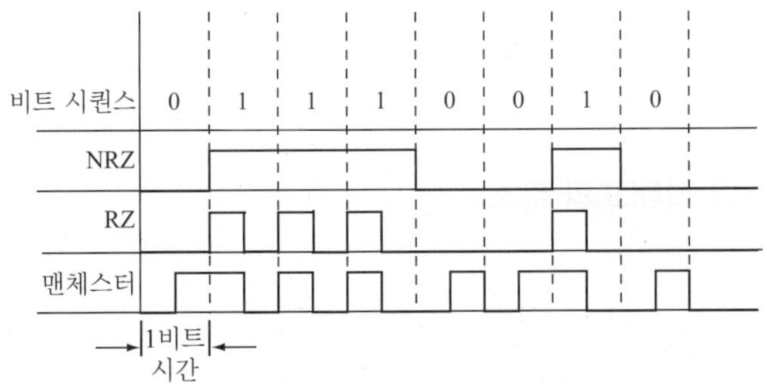

그림 1-30 NRZ를 맨체스터 코드로 변환하는 무어 회로

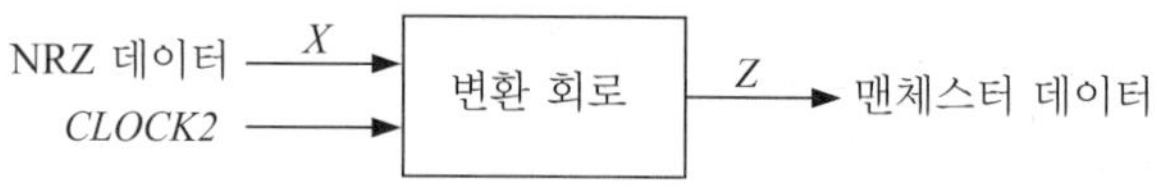

(a) 변환 회로

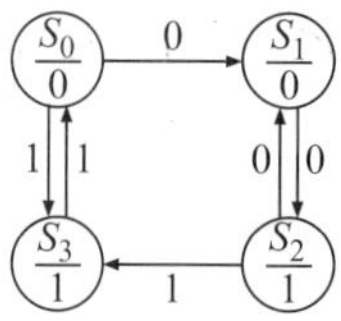

(b) 상태 그래프

현재 상태	다음 상태 $X=0$	다음 상태 $X=1$	현재 출력(Z)
S_0	S_1	S_3	0
S_1	S_2	—	0
S_2	S_1	S_3	1
S_3	—	S_0	1

(c) 상태표

그림 1-31 무어 회로의 타이밍

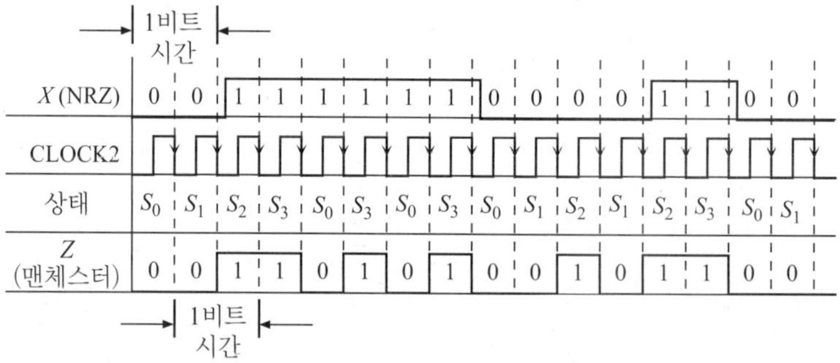

두 번째 0을 받으면, 회로는 S_2가 되고 출력은 1이 된다. S_0에서 시작하여, 만약 첫 번째로 1을 받으면, 회로는 S_3가 되고 출력은 1이 된다. 두 번째 1을 받으면, 출력이 0이 되는 상태로 가야 한다. S_0는 출력이 0이고 회로가 또 다른 00이나 11의 시퀀스를 곧바로 받을 수 있기 때문에, 상태가 다시 S_0가 되도록 할 수 있다. S_2에서 00 시퀀스를 받으면, 회로는 S_1으로 갔다가 다시 S_2로 되돌아온다. 만약 S_2에서 11 시퀀스를 받으면, 회로는 S_3가 되고, 그런 다음 S_0로 되돌아간다. 해당하는 무어 상태표는 발생할 수 없는 입력 시퀀스에 해당하는 2개의 돈케어를 갖는다.

그림 1-31은 무어 회로의 타이밍 차트를 보여준다. 맨체스터 출력은 NRZ 입력에 대해 한 클록 시간 지연이 된다는 점에 주의하라. 이와 같이 지연되는 이유는 무어 회로가 클록의 활성 에지가 발생할 때까지 입력에 응답할 수 없기 때문이다. 그러나 밀리 회로에서의 출력은 입력이 바뀌면 다음 클록이 되기 전에 변할 수 있다.

1.9 등가 상태와 상태표의 축소

등가 상태(equivalent state)의 개념은 순차회로의 설계와 테스트에서 중요하다. 이 개념은 회로에서 사용되는 하드웨어를 줄이는 데 도움이 된다. 만약 순차회로에서 입력 시퀀스와

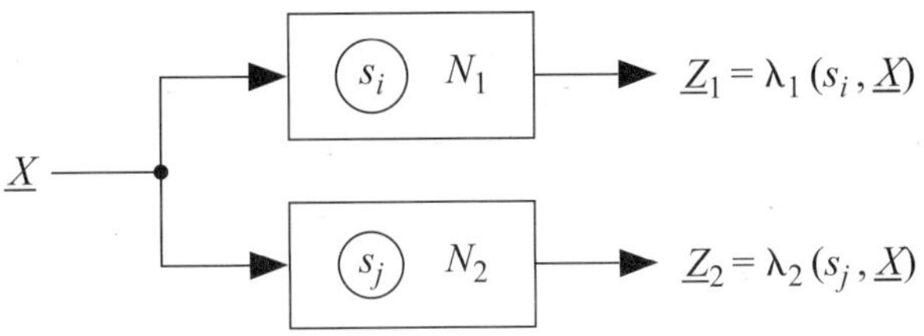

그림 1-32 순차회로

출력 시퀀스를 관찰하여 두 상태를 구별할 수 없을 때, 두 상태는 등가(equivalent)라고 한다. 두 순차회로 N_1과 N_2를 생각해보자(그림 1-32 참조). N_1과 N_2는 동일한 회로를 복사한 것일 수도 있다. N_1은 s_i에서 시작하고, N_2는 s_j에서 시작한다. 같은 입력 시퀀스 $\underline{X}$를 두 회로에 입력하고 출력 시퀀스 $\underline{Z}_1$과 $\underline{Z}_2$를 관찰하자(밑줄은 시퀀스를 나타냄). 만약 $\underline{Z}_1$과 $\underline{Z}_2$가 같다면, 다시 회로의 상태를 s_i와 s_j로 리셋한 후, 다른 시퀀스를 입력하고 $\underline{Z}_1$과 $\underline{Z}_2$를 관찰한다. 만약 모든 가능한 입력 시퀀스에 대해 출력 시퀀스가 같다면, s_i와 s_j는 등가라고 말한다($s_i \equiv s_j$). 공식적으로 등가 상태는 다음과 같이 정의할 수 있다. 모든 입력 시퀀스 $\underline{X}$에 대해, 두 출력 시퀀스 $\underline{Z}_1 = \lambda_1(s_i, \underline{X})$와 $\underline{Z}_2 = \lambda_2(s_j, \underline{X})$가 서로 같은 경우에 한해 $s_i \equiv s_j$이다. 이 방법은 적어도 이론적인 면에서 무한 길이의 입력 시퀀스를 요구하기 때문에, 상태의 등가를 테스트하기 위한 실용적인 방법이 아니다. 실제로 상태의 개수가 유한하다면 테스트 시퀀스의 길이를 제한할 수 있다.

상태의 등가를 결정하는 좀 더 실제적인 방법은 다음과 같은 상태 등가 정리를 사용하는 것이다. 모든 단일 입력 X에 대해, 출력이 동일하고 다음 상태가 같은 경우에 한해 $s_i \equiv s_j$이다. 등가의 정의를 사용할 때는 모든 입력 시퀀스를 고려해야 하지만, 시스템의 내부 상태에 관한 정보는 필요하지 않다. 상태 등가 정리를 사용할 때는 출력과 다음 상태를 관찰해야 하지만, 입력 시퀀스가 아닌 단일 입력만을 생각하면 된다.

그림 1-33(a)의 표는 등가 상태들을 제거함으로써 줄일 수 있다. 먼저 상태 a와 h는 $X=0$일 때와 $X=1$일 때 모두 동일한 다음 상태와 출력을 갖는 것을 알 수 있다. 따라서 $a \equiv h$이고, 표에서 h 행을 제거하고 h를 a로 대체할 수 있다. 남은 상태들이 등가인지 결정하기 위해 상태 등가 정리를 사용할 것이다. 표에서 상태 a와 b에 대한 출력이 같으므로, $c \equiv d$이고 $e \equiv f$인 경우에 한해 $a \equiv b$이다. c-d와 e-f는 a-b를 위한 함축된 쌍(implied pair)이라고 한다. 함축된 쌍을 찾기 위해, 그림 1-33(b)에 나타낸 바와 같이 함축 차트(impication chart)를 만든다. a 열과 b 행이 교차하는 네모 칸 안에 그러한 의미가 내포(함축)된 c-d와 e-f를 기입한다. 상태 d와 e는 출력이 서로 다르므로, $d \not\equiv e$를 나타내기 위해 d-e 네모 칸을 ×로 표시한다. 이와 같은 방법으로 함축 차트를 완성한 후, 차트 전체에 걸쳐 또 한 번의 과정을 수행한다. e-g 네모 칸은 c-e와 b-g를 포함하고 있다. c-e 네모 칸은 ×로 표시되어 있으므로 $c \not\equiv e$이고, 이것은 $e \not\equiv g$임을 의미하므로 e-g 네모 칸을 ×로 표시한다. 유사한 방법으로, $a \not\equiv g$이므로 f-g 네모 칸을 ×로 표시한다(차트에서 점선으로

그림 1-33 상태표 축소

현재 상태	다음 상태 X=0	1	현재 출력 X=0	1
a	c	f	0	0
b	d	e	0	0
c	~~h~~a	g	0	0
d	b	g	0	0
e	e	b	0	1
f	f	a	0	1
g	c	g	0	1
~~h~~	~~c~~	~~f~~	~~0~~	~~0~~

(a) 행 매칭을 이용한 상태표 축소

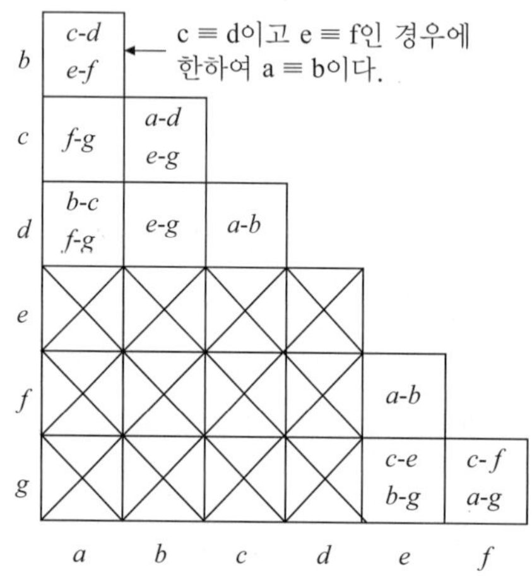

(b) 함축 차트(첫 번째 과정)

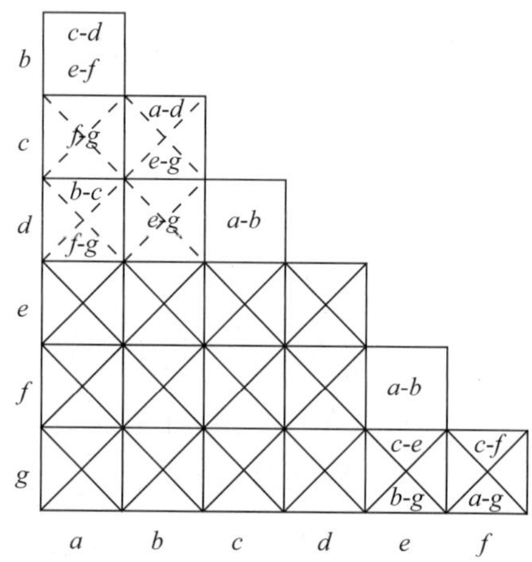

(c) 두 번째와 세 번째 과정

	X=	0	1	X=	0	1
a		c	e		0	0
c		a	g		0	0
e		e	a		0	1
g		c	g		0	1

(d) 최종적으로 축소된 표

×를 표시한 부분). 다음 과정에서 ×로 표시할 네모 칸이 더 이상 없으므로, 이러한 처리를 종료한다. 등가가 아닌 상태에 해당하는 네모 칸을 모두 ×로 표시했기 때문에, 남아 있는 각 네모 칸의 좌표는 등가인 한 쌍의 상태를 나타낸다. 첫 번째 열로부터 $a \equiv b$, 세 번째 열로부터 $c \equiv d$, 다섯 번째 열로부터 $e \equiv f$임을 알 수 있다.

상태 등가를 결정하는 함축표 방법은 다음과 같이 요약할 수 있다.

1. 각 상태의 쌍을 네모 칸으로 나타내는 차트를 작성한다.
2. 상태표에서 행의 모든 쌍을 비교한다. 만약 상태 i와 j의 출력이 서로 다르다면 $i \neq j$임을 나타내기 위해 i-j 네모 칸을 ×로 표시한다. 만약 출력이 서로 같다면 i-j 네모 칸 안에 함축된 쌍을 기입한다(만약 i와 j의 다음 상태가 입력 x에 대해 각각 m과 n이면, m-n은 함축된 쌍이다). 만약 출력과 다음 상태가 같다면(또는 i-j가 그 자체를 의미하면),

$i \equiv j$임을 나타내기 위해 i-j 네모 칸 안에 체크(✓) 표시를 한다.

3. 표 전체에 걸쳐 각 네모 칸별로 다음과 같은 처리를 한다. 만약 i-j 네모 칸이 함축된 쌍 m-n을 포함하고, m-n 네모 칸이 ×로 표시되어 있으면 $i \not\equiv j$이고, i-j 네모 칸은 ×로 표시되어야 한다.
4. 만약 3단계에서 ×가 추가되었다면, ×가 추가되지 않을 때까지 3단계를 반복한다.
5. ×로 표시되지 않는 각 i-j 네모 칸은 $i \equiv j$이다.

만약 원한다면, 함축표를 구성하기 전에 상태표를 부분적으로 줄이기 위해 행 매칭을 사용할 수 있다. 비록 이 과정을 밀리 표에 대해 설명했지만, 같은 과정을 무어 표에도 적용할 수 있다.

두 순차회로는, 만약 첫 번째 회로의 모든 상태가 두 번째 회로에서 등가 상태를 가지면, 등가라고 한다.

이와 같은 최적화 기술은 CAD 툴에 들어 있다. 상태 최소화의 중요성은 칩의 트랜지스터 집적도가 높아짐에 따라서 최근 들어 조금 감소했다. 그러나 회로의 면적과 전력을 줄이기 위한 상태 최소화는 여전히 중요시되고 있다.

1.10 순차회로의 타이밍

순차회로의 정확한 동작은 여러 가지 타이밍 이슈와 관련이 있다. 순차회로 설계 시에는 플립플롭, 게이트, 배선의 전파 지연, 플립플롭의 셋업 시간(setup time)과 홀드 시간(hold time), 클록 동기(clock synchronization), 클록 스큐(clock skew) 등이 중요한 이슈가 된다. 이 절에서는 순차회로의 타이밍과 관련된 다양한 주제를 살펴본다.

1.10.1 전파 지연, 셋업 시간과 홀드 시간

클록이 변하는 시간에서부터 출력 Q가 변하는 시간까지, 비록 작지만 어느 정도의 시간 지연은 있다. 이 시간을 **전파 지연**(propagation delay)이라 하고, 그림 1-34에 이것을 나타내었다. 전파 지연은 출력이 하이(high)에서 로우(low)로 변할 때와 로우에서 하이로 변할 때가 서로 다르다. 그림에서, 출력 Q가 로우에서 하이로 변할 때 발생하는 전파 지연은 t_{plh}로 나타내고, 하이에서 로우로 변할 때 발생하는 전파 지연은 t_{phl}로 나타낸다.

이상적인 D 플립플롭에서 입력 D가 클록의 활성 에지와 엄밀하게 동일한 시간에 변해도, 플립플롭은 정확히 동작한다. 그러나 실제 D 플립플롭에서 입력 D는 클록의 활성 에지 이전에 어느 정도의 시간 동안 안정되어야 하는데, 이 구간을 **셋업 시간**(t_{su})이라고 한다. 또한 입력 D는 클록의 활성 에지 이후에 어느 정도의 시간 동안 안정되어야 하는데, 이 구간을 **홀드 시간**(t_h)이라고 한다. 그림 1-34는 클록의 상승 에지에서 상태가 변하는 D 플립

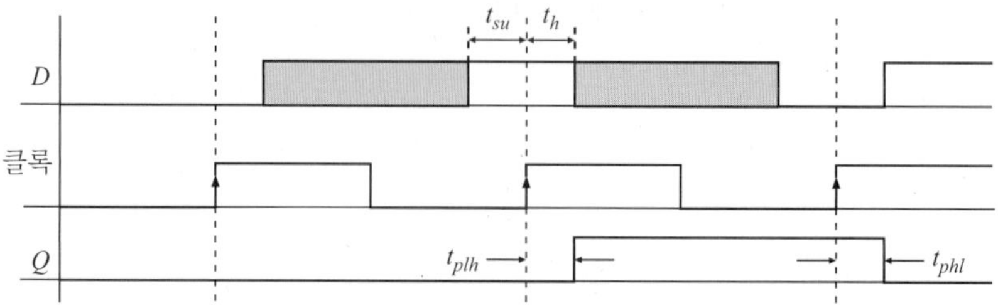

그림 1-34 D 플립플롭의 셋업 시간과 홀드 시간

플롭의 셋업 시간과 홀드 시간을 보여준다. 그림에서 음영으로 처리된 시간 영역에서 D는 언제라도 변할 수 있지만, 클록의 활성 에지 이전의 t_{su}시간 동안과 클록의 활성 에지 이후의 t_h시간 동안은 반드시 안정되어야 한다. 이러한 금지된 구간에서는 D가 언제 변해도 D 플립플롭의 상태가 변할지의 여부를 단정할 수 없다. 심지어는 플립플롭이 오동작을 할 수 있고, 짧은 펄스가 출력되거나 발진이 일어날 수도 있다.

플립플롭은 일반적으로 인버터(NOT) 게이트 전파 지연 시간의 3~10배에 이르는 셋업 시간을 갖는다. 홀드 시간은 인버터의 전파 지연 시간에 비해 1~2배가 된다. t_{su}와 t_h의 최소값과 t_{plh}와 t_{phl}의 최대값은 제조회사의 데이터 시트에서 얻을 수 있다.

1.10.2 안정적 동작을 위한 타이밍 조건

동기 순차회로에서 상태 변화는 클록의 활성 에지 직후에 발생한다. 순차회로의 최대 클록 주파수는 여러 가지 요인들의 영향을 받는다. 모든 플립플롭과 레지스터의 입력들이 클록의 다음 활성 에지 이전에 안정되도록, 클록 주기는 충분히 길어야 한다. 순차회로의 타이밍은 전파 지연, 셋업 시간과 홀드 시간 등으로 인해 복잡해진다.

정적 타이밍 분석(static timing analysis, STA)은 회로에서의 모든 경로를 최악의 상황을 고려하여 타이밍을 분석하여 회로의 타이밍 성능을 확인하는 방법이다. 정적 타이밍 경로는 소스 플립플롭(혹은 프라이머리 입력)에서 시작해서 도착 플립플롭(혹은 프라이머리 출력)에서 끝난다. 정적 타이밍 경로는 2개의 플립플롭 사이에 존재하며, 소스 플립플롭의 입력으로부터 출발해서 도착 플립플롭의 입력에서 끝이 나고, 도착 플립플롭을 통과하지는 않는다. 경로는 클록에 의해 동작하는 다른 회로를 만나면 끝난다. 만약 신호가 레지스터(플립플롭) A에서 출발하여 레지스터 B, 그리고 레지스터 C로 가는 경우, 신호는 2개의 경로를 갖는다. 동기화 회로에서 타이밍 경로는 다음의 네 가지로 구분이 된다.

1. 레지스터로부터 레지스터까지의 경로들(즉, 플립플롭으로부터 플립플롭까지)
2. 프라이머리 입력으로부터 레지스터까지의 경로들(즉, 입력으로부터 플립플롭까지)
3. 레지스터부터 프라이머리 출력까지의 경로들(즉, 플립플롭으로부터 출력까지)
4. 입력으로부터 출력 경로들(즉, 플립플롭이 없이)

질문: 그림 1-35의 회로로부터 정적 타이밍 경로들을 찾아라.

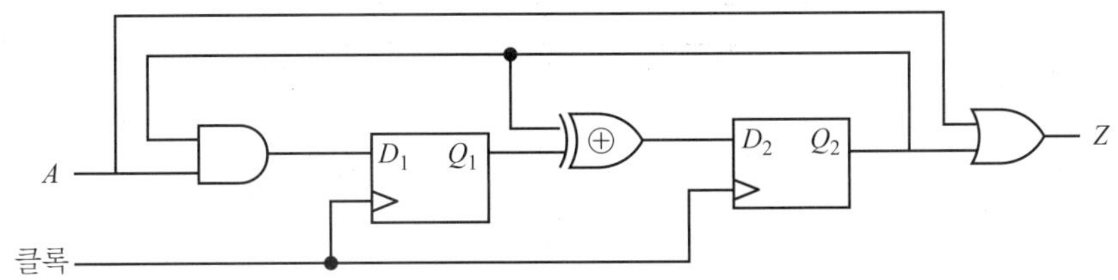

그림 1-35 타이밍 경로를 보여주는 회로

이 회로에는 6개의 정적 타이밍 경로가 존재한다.

1. A로부터 D_1까지(프라이머리 입력부터 플립플롭)
2. D_1으로부터 XOR를 포함하여 D_2까지(플립플롭으로부터 플립플롭까지)
3. D_2로부터 XOR를 통과하여 D_2까지(플립플롭으로부터 플립플롭까지)
4. D_2로부터 AND를 통과하여 D_1까지(플립플롭으로부터 플립플롭까지)
5. D_2로부터 OR 게이트를 통과하여 Z까지(플립플롭으로부터 출력까지)
6. A로부터 OR 게이트를 통과하여 Z까지(입력으로부터 출력까지)

가장 복잡한 경로들은 플립플롭으로부터 플립플롭까지의 경로들이다. 그 밖의 경로들은 이러한 경로의 특별한 경우로 취급될 수 있다.

정적 타이밍 분석은 데이터가 클록에 관하여 어떻게 도착하는지를 확인한다. 셋업, 홀드 시간을 찾아내어, 문제를 고칠 수 있도록 한다. **셋업 시간 위반**(setup time violation)은 클록 전에 플립플롭의 셋업 시간을 충분히 갖지 못하고 데이터가 변할 때 발생한다. **홀드 시간 위반**(hold-time violation)은 데이터가 클록 이후에 플립플롭의 홀드 시간을 충분히 갖지 못하고 데이터가 변하는 경우 발생한다.

슬랙(slack)은 신호가 셋업이나 홀드 시간을 위반하기 전까지 남아 있는 시간을 의미한다. 경로가 타이밍을 위반하지 않기 위해서는 슬랙이 양수이거나 0의 값을 가져야 한다. 경로가 0이나 매우 작은 양수의 슬랙 값을 갖는 경우, 그 부분에서 발생하는 매우 작은 클록의 변화나 게이트의 지연 시간은 타이밍 위반을 가져올 수 있다. 따라서 그 부분들이 회로에서 속도를 결정짓는 경로가 된다. 음수의 슬랙을 갖는 경로는 이미 셋업이나 홀드 시간 위반을 한 것이다.

정적 타이밍 분석은 최악의 경우를 가정하고 회로의 논리적 동작은 고려하지 않는다. 회로 시뮬레이션과 비교해봤을 때, 정적 타이밍 분석이 여러 개의 테스트 입력 벡터들을 시뮬레이션하지 않아도 되기 때문에 더 빠르다.

플립플롭으로부터 플립플롭까지 경로의 타이밍 규칙

그림 1-36의 일반적인 회로에서, 조합회로를 통과하는 데 걸리는 최대 전파 지연 시간이 t_{cmax}이고 클록-Q까지의 최대 지연 시간 혹은 클록이 변화하고부터 플립플롭의 출력이 변화하는 데까지 걸리는 최대 전파 지연 시간을 t_{pmax}라고 하자. 이때 t_{pmax}는 t_{plh} 혹은 t_{phl}의 최

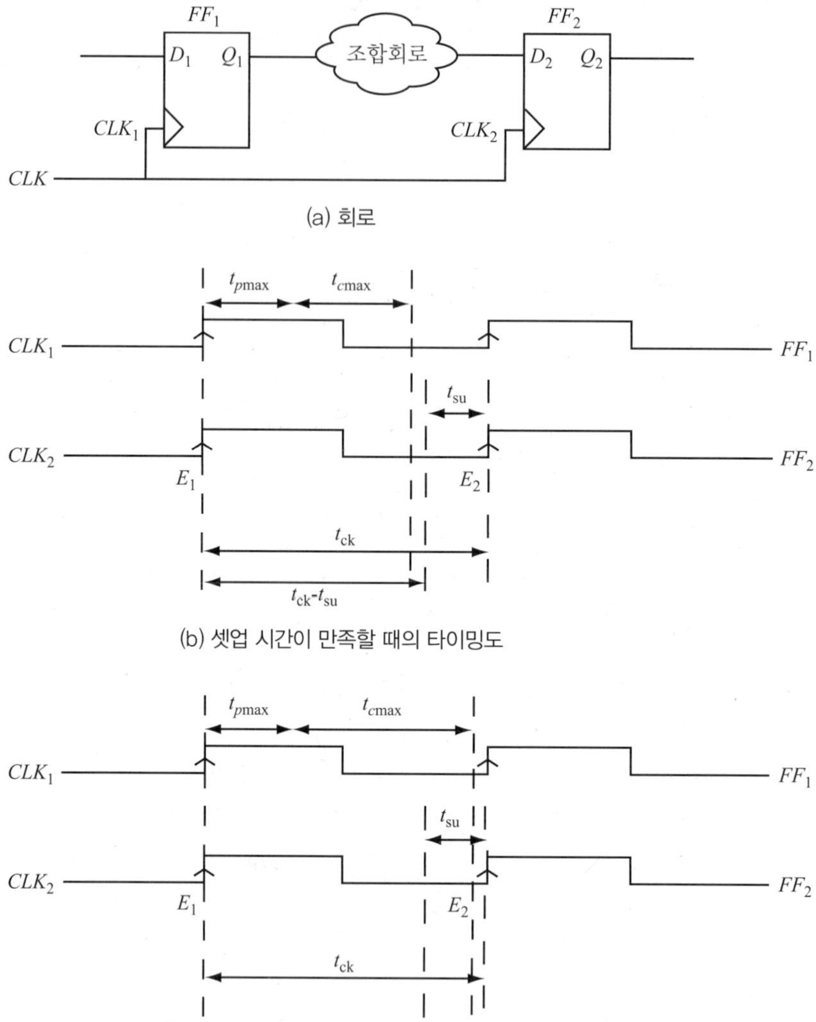

(a) 회로

(b) 셋업 시간이 만족할 때의 타이밍도

(c) 셋업 시간 위반 시의 타이밍도

그림 1-36 조합회로를 통과하는 플립플롭으로부터 플립플롭까지의 경로

대값이다. 또한 조합회로를 통과하는 데 걸리는 최소 전파 지연 시간이 t_{cmin}, 클록-Q까지의 최소 지연 시간 혹은 클록이 변화하고부터 플립플롭의 출력이 변화하는 데까지 걸리는 최소 전파 지연 시간을 t_{pmin}이라고 하자. 이때 t_{pmax}는 플립플롭 1(FF_1) 클록(CLK_1)의 포지티브 에지 시, D(즉, D_1)로부터 FF_1의 Q(즉, Q_1)까지 데이터가 이동하는 데 걸리는 시간이다. 데이터는 플립플롭 2(FF_2)의 포지티브 클록(CLK_2) 에지에서 FF_2의 $D(D_2)$에 데이터가 저장된다. FF_1을 론칭(launching) 플립플롭, FF_2를 캡처링(capturing) 플립플롭이라고 한다. 이 회로에서 안정적인 동작을 하기 위한 두 가지 규칙이 존재한다.

규칙 1: 플립플롭으로부터 플립플롭까지 경로의 셋업 시간 규칙: 클록 주기는 플립플롭의 셋업 시간을 만족시킬 수 있도록 충분히 길어야 한다

동기화 회로의 안정적인 동작을 위해, CLK_1 에지 E_1의 FF_1에서 출발한 데이터는 CLK_2의 에지 E_2에서 반드시 FF_2에 저장되어야 한다. 클록 주기는 첫 번째 플립플롭의 출력이 변화하고 조합회로를 통과하고 다음 플립플롭에 도착할 때 셋업 시간을 만족시킬 만큼 충분히 길어야 한다. CLK_1이 도착하면, FF_1의 출력이 변화되기 전에 $t_{p\max}$의 시간이 걸린다. 그러고 나서 조합회로의 출력이 변화되기 전까지 $t_{c\max}$의 시간이 걸린다. 따라서 CLK_1의 활성 에지 E_1으로부터 Q_1이 변화하고 두 번째 플립플롭의 입력(D_2)이 도착할 때까지의 최대 지연 시간은 $t_{p\max}+t_{c\max}$가 된다. 플립플롭의 안정적인 동작을 보장하기 위해, 조합회로의 출력은 최소한 클록 E_2 끝이 FF_2에 도착하기 전 t_{su}에 안정적으로 되어야 한다. 만약 클록 주기가 t_{ck}라면

$$t_{ck} \geq t_{p\max} + t_{c\max} + t_{su} \tag{1-34-a}$$

식 (1-34-a)는 플립플롭의 셋업 시간과 관련된 클록 주기의 동작을 보여준다. 따라서 셋업 시간의 문제는 클록 주기를 변화시킴으로써 해결할 수 있다. t_{ck}와 $(t_{p\max}+t_{c\max}+t_{su})$의 차이는 **셋업 시간 마진**(setup time margin, 혹은 셋업 마진)이라고 불린다. 셋업 마진이 회로의 타이밍 분석을 통과하려면 0이나 양수의 값을 가져야 한다. 그림 1-36(b)는 셋업 시간 조건이 만족하는 경우를 보여주며, 그림 1-36(c)는 셋업 시간이 위반되는 경우를 보여준다. 셋업 시간의 위반은 다음 식을 통해 확인할 수 있다.

$$t_{ck} - t_{p\max} - t_{c\max} - t_{su} \geq 0 \tag{1-34-b}$$

설계자가 회로 설계를 할 때, 일반적으로 플립플롭과 게이트는 벤더의 디자인 라이브러리로부터 선택된다. 따라서 $t_{p\max}$, t_{su}와 같은 매개변수는 설계자들에게는 이미 정해져 있다. 물론, 설계자들은 다양한 디자인 라이브러리를 분석하여 더 좋은 $t_{p\max}$나 t_{su} 등을 사용할 수 있는지 확인할 수 있지만, 일반적으로 타이밍 분석을 할 때는 회로의 클록 주파수를 변경하거나 조합회로로부터 발생하는 지연 시간을 변경하는 방법이 사용된다. 때로는 클록 주파수가 사용자의 요청사항이나 아키텍처 팀에 의해 결정되어 있기도 하다. 따라서 설계자들은 조합회로의 지연 시간을 맞추어 전체 타이밍을 만족시킬 수 있어야 한다.

규칙 2: 플립플롭으로부터 플립플롭까지 경로의 홀드 시간: 최소 회로 지연 시간은 플립플롭의 홀드 시간을 만족시킬 수 있도록 충분히 길어야 한다

동기화 회로의 안정적인 동작을 위해, CLK_1 에지 E_1의 FF_1에서 출발한 데이터는 CLK_2의 에지 E_2에서 반드시 FF_2에 저장되어야 한다. 이것은 규칙 1로부터 이해할 수 있다. 규칙 1에 따르면, E_2 에지에서, FF_2는 E_1의 에지에서 출발한 FF_1의 데이터를 저장해야 한다. 이 과정이 성공적으로 이루어지기 위해, 이전 데이터는 E_2 에지에서 FF_2의 홀드 시간이 지날 때까지 안정적으로 남아 있어야 한다. E_2의 에지에서 FF_2는 이전 데이터를 받아들일 때, E_2의 에지에서 FF_1은 새로운 데이터를 보내기 시작한다. 홀드 시간 위반은 E_2에서 출발한 FF_1의 값이 조합회로를 통과하여 E_2 클록 에지 바로 이후에 D_2의 값을 바꾸는 경우 발생한다. FF_1에서 출발한 새로운 데이터는 FF_1을 통과할 때까지 최소한 $t_{p\min}$의 시간이 걸리고

그림 1-37 플립플롭 경로에서 홀드 시간을 보여주는 타이밍도

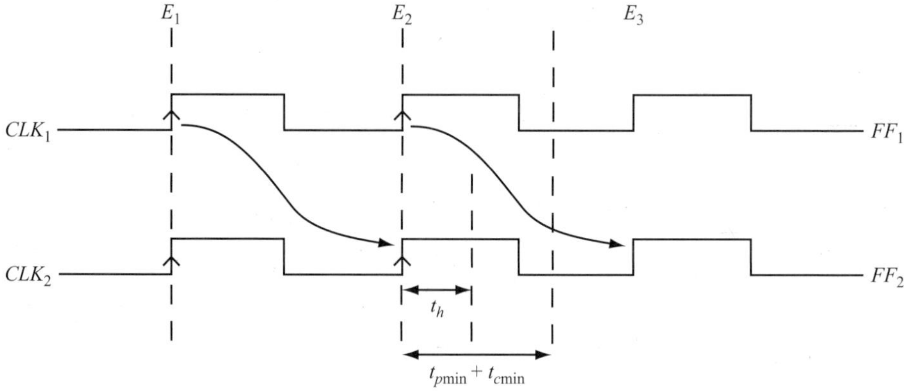

그림 1-38 홀드 시간을 만족시키기 위해 버퍼를 삽입한 시프트 레지스터

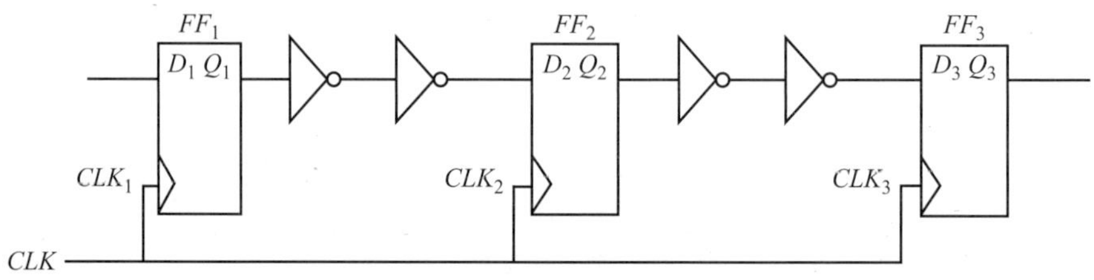

조합회로를 통과하는 데 최소 t_{cmin}의 시간이 걸린다. 따라서 홀드 시간은 다음 식을 만족하면 된다.

$$t_{pmin} + t_{cmin} \geq t_h \tag{1-35}$$

그림 1-37은 홀드 시간이 만족되는 예제를 보여준다. 홀드 시간을 체크할 때, 최악의 경우는 타이밍 매개변수들이 최소의 값을 가질 때이다. 일반적인 플립플롭의 경우 $t_{pmin} > t_h$이기 때문에, Q 값을 바꾸는 홀드 시간 위반은 보통 발생하지 않는다.

식 (1-35)는 클록 주기를 포함하고 있지 않음을 주목해야 한다. 따라서 **회로가 홀드 시간 위반을 갖는 경우, 회로의 클록 주파수를 변경하여 문제를 해결할 수 없다.** 홀드 시간 위반을 해결하려면 회로를 반드시 다시 설계해야 한다. 일반적으로는 홀드 시간 위반을 막기 위해 조합회로의 지연 시간을 늘인다. 하지만 이것은 셋업 시간을 만족시키는 것과는 반대되는 방법이다.

시프트 레지스터와 카운터를 플립플롭들을 연결하여 설계하는 것은 동작적인 측면에서 아주 쉽다. 하지만 조합회로의 지연 시간이 0이기 때문에 홀드 시간을 만족시키기 어렵다. 이러한 문제를 해결하기 위한 한 가지 방법은 그림 1-38과 같이 플립플롭 사이에 버퍼들을 삽입하는 것이다.

입력으로부터 플립플롭까지 경로의 타이밍 규칙

그림 1-39의 입력에서 플립플롭까지의 타이밍 경로를 살펴보자. 프라이머리 입력 X의 변화는 플립플롭의 셋업 홀드 시간을 만족시키면서 동작되어야 한다. 즉, 플립플롭의 셋업,

그림 1-39 입력에서 플립플롭까지의 타이밍 경로

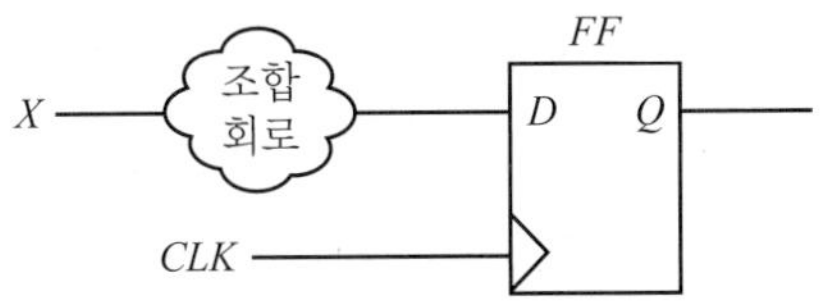

그림 1-40 X 변화와 셋업, 홀드 타이밍

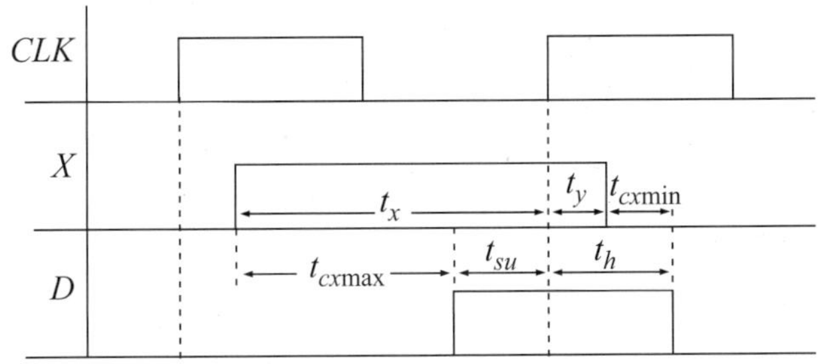

홀드 시간은 프라이머리 입력이 언제 변화가 가능한지를 보여준다.

규칙 3: 입력으로부터 플립플롭까지 경로의 셋업 시간 규칙: 외부 입력의 변화는 회로의 플립플롭 셋업 시간을 만족시켜야 한다

만약 회로에서 입력 X의 변화가 클록의 활성 에지에 너무 가깝게 변화를 한다면 셋업 시간 위반이 발생할 수 있다. 순차회로의 입력 X가 변화할 때, 입력의 변화가 플립플롭에 제대로 전달될 수 있도록 해야 한다. 즉, 클록의 활성 에지에 셋업 시간 전에 데이터가 도착해야 한다. 그림 1-40에서처럼 클록의 활성 에지 전에 X 값이 t_x에서 변화한다면, X의 변화 값이 플립플롭 입력까지 도달하기 전에 조합회로의 최대 전파 지연 시간이 걸릴 것이다. 클록 에지 전에 t_{su} 시간을 만족시킬 수 있는 마진이 반드시 남아 있어야 한다. 따라서 셋업 시간은 다음을 만족해야 한다.

$$t_x \geq t_{cxmax} + t_{su} \tag{1-36}$$

여기서 t_{cxmax}는 X로부터 플립플롭 입력까지의 최대 전파 지연 시간을 의미한다.

규칙 4: 입력으로부터 플립플롭까지 경로의 홀드 시간 규칙: 외부 입력의 변화는 회로의 플립플롭 홀드 시간을 만족시켜야 한다

홀드 시간을 만족시키기 위해, X 값이 클록 이후에 너무 빨리 변화되는 것을 막아야 한다. X의 변화가 플립플롭 입력으로 지연 시간 없이 바로 온다면, X는 클록 에지 이후에 t_h 동안 변하지 말아야 한다. 다행이도 X 값의 변화가 플립플롭에 도착할 때까지 전파 지연 시간이 있다. t_{cxmin}이 X로부터 플립플롭 입력까지의 최소 전파 지연 시간이라고 하면, 클록 에지 이후에 최소 t_{cxmin}이 지나고 나서야 X 값이 플립플롭에 도착할 것이다. 따라서 X가 활성 클록 에지 이후 t_y에서 변화한다면, 홀드 시간은 다음을 만족해야 한다.

$$t_y \geq t_h - t_{cxmin} \tag{1-37}$$

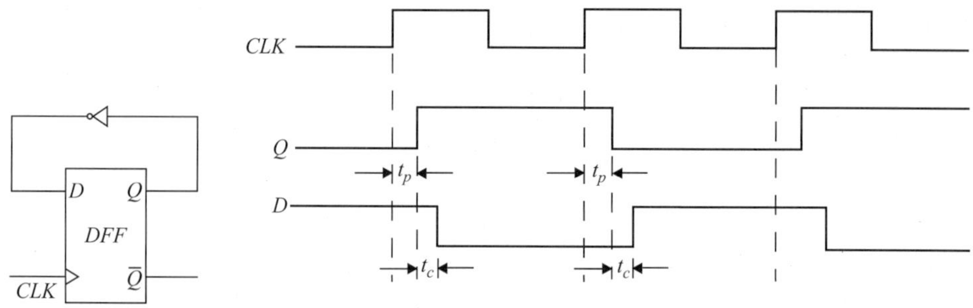

(a) 주파수 분할기 (b) 주파수 분할기 타이밍도

그림 1-41 간단한 주파수 분할기

만약 t_y가 음수 값을 갖는다면, X는 활성 클록 에지 전에 변화하더라도 홀드 시간을 만족한다.

회로가 주어졌을 때, 회로의 안정적인 동작을 위한 주파수와, 안정적으로 입력이 변화할 수 있는 영역을 앞에서 나온 규칙들을 이용하여 찾을 수 있다.

그림 1-41(a)에 나타낸 간단한 회로를 살펴보자. D 플립플롭의 출력은 인버터를 통해 입력으로 되돌아온다. 타이밍 측면에서, 이 회로는 그림 1-36(a)의 회로와 같다. 클록은 그림 1-41(b)에서 보여주는 *CLK* 파형과 같다고 가정한다. 만약 플립플롭의 현재 출력이 1이면, 인버터에서 전파 지연이 발생한 후에 플립플롭의 입력 D에 0의 값으로 나타난다. 클록의 다음 활성 에지가 셋업 시간이 경과한 후에 들어오면, 플립플롭의 출력은 0으로 바뀔 것이다. 이러한 과정이 계속되며, 플립플롭의 출력 Q는 클록 주기의 두 배가 되는 파형이 된다. 근본적으로 이 회로는 주파수 분할기로 동작을 한다.

만약 클록 주파수가 조금 증가하면, 회로의 출력 주파수는 증가된 클록 주파수의 절반만큼 증가할 것이다. 그러나 주파수가 어느 정도 이상 증가하면, 인버터의 출력은 필요한 셋업 시간을 만족시키기에 충분한 시간 동안 안정되지 못할 수도 있다. 마찬가지로, 인버터가 매우 빠르게 동작하여 반전된 출력이 D 입력에 신속히 공급될 수 있다고 하더라도, 플립플롭의 홀드 시간을 충족시키지 못할 수도 있으므로 타이밍 문제가 발생한다. 따라서 전파 지연, 셋업 시간과 홀드 시간의 요구조건들로부터 다양하게 발생되는 타이밍 문제를 쉽게 볼 수 있다.

타이밍 규칙 1번과 2번은 이 회로에 적용할 수 있으며, 식 (1-34)를 이용하여 회로가 안정적으로 동작하는 최대 클록 주파수를 찾을 수 있다. 만약 클록의 가장 작은 주기를 t_{ckmin}이라 하면,

$$t_{ckmin} = t_{pmax} + t_{cmax} + t_{su}$$

으로 표현할 수 있다.

따라서 클록의 최대 주파수 f_{max}는 다음과 같이 표현된다.

$$f_{max} + 1/(t_{pmax} + t_{cmax} + t_{su}) \quad (1\text{-}38)$$

만약 인버터의 최소 지연과 최대 지연이 각각 1ns와 3ns이고, t_{pmin}과 t_{pmax}는 각각 5ns와 8ns라고 하면, 클록의 최대 주파수는 식 (1-38)을 사용하여 유도할 수 있다. 플립플롭의 셋업 시간과 홀드 시간은 각각 4ns와 2ns라고 가정하자. 회로가 올바로 동작하기 위해서는 $t_{ck} \geq t_{pmax} + t_{cmax} + t_{su}$여야 한다. 이 예에서 플립플롭의 t_{pmax}는 8ns, t_{cmax}는 3ns, t_{su}는 4ns이다. 그러므로

$$t_{ck} \geq 8 + 3 + 4 = 15\,\text{ns}$$

이며, 최대 클록 주파수는 $1/t_{ck} = 66.67$MHz이다. 또한 홀드 시간의 요구조건을 만족시키는지 확인해야 한다. 홀드 시간 요구조건은 입력 D가 클록 에지가 발생한 시점 이후 2ns 내에 변하지 말아야 함을 의미한다. 만약 $t_{pmin} + t_{cmin} \geq 2$ns이면, 이 조건은 만족될 것이다. 이 회로에서 t_{pmin}은 5ns이고, t_{cmin}은 1ns이다. 따라서 Q 출력은 클록 에지 이후 5ns가 될 때까지 절대로 변하지 않을 것이며, 인버터를 통해 전파되는 데까지 최소한 1ns 이상이 더 경과한다. 따라서 입력 D는 클록 에지 이후 6ns가 될 때까지 변하지 않을 것이며, 자동적으로 홀드 시간 요구조건을 만족시킨다. 외부 입력이 없으므로, 고려해야 할 타이밍 요구조건은 더 이상 없다.

그림 1-42(a)와 같은 회로에 대해 알아보자. 조합회로의 지연은 2~4ns 플립플롭의 전파 지연은 5~10ns, 셋업 시간은 8ns, 홀드 시간은 3ns라고 가정하자. 셋업 시간을 만족시키기 위해, 클록 주기는 $t_{pmax} + t_{cmax} + t_{su}$보다 커야 한다.

$$t_{ck} \geq 10 + 4 + 8 = 22\,\text{ns}$$

만약 클록이 발생한 이후 3ns가 될 때까지 출력이 변하지 않으면, 홀드 시간 요구조건은 만족된다. 여기서 출력은 $t_{pmin} + t_{cmin}$ 시간이 지날 때까지 변하지 않는다. t_{pmin}은 5ns이고 t_{cmin}은 2ns이므로, 출력은 7ns가 될 때까지 변하지 않고, 이것은 자동적으로 홀드 시간 요구조건을 만족시킨다. 이 회로에는 외부 입력이 있으며, 규칙 3과 규칙 4를 사용하여 입력

그림 1-42 입력이 변할 수 있는 안전 영역

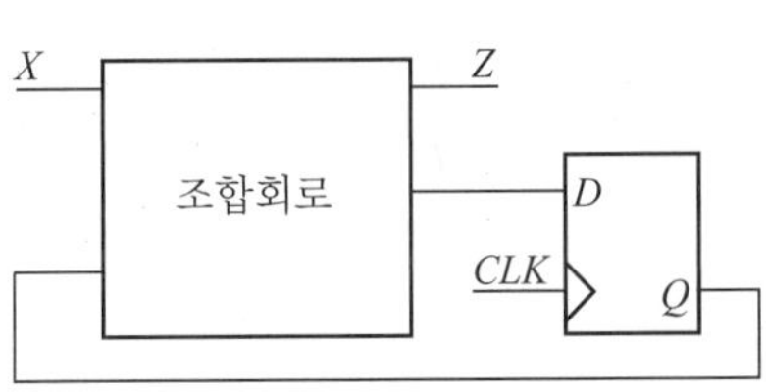

Q	Q^+ (X=0)	Q^+ (X=1)	Z (X=0)	Z (X=1)
0	0	1	0	1
1	0	0	1	0

(a) 순차회로

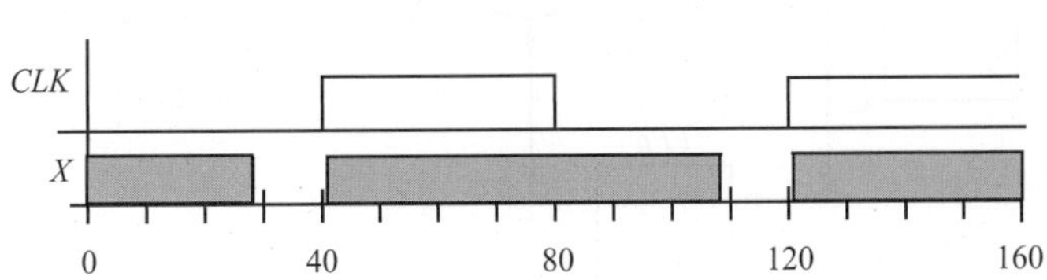

(b) X가 변할 수 있는 안정 영역

X가 안전하게 변할 수 있는 영역을 확인할 수 있다. 입력 X는 클록 에지가 발생하기 이전 $t_{cxmax} + t_{su}$(즉, 4ns + 8ns) 시간 동안 안정되어야 한다. 이와 마찬가지로, 입력 X는 클록 에지 이후 $t_h - t_{cxmin}$(즉, 3ns − 2ns) 동안 안정되어야 한다. 따라서 입력 X는 클록 에지가 발생하기 이전 12ns 동안 변하지 않아야 하고, 클록 에지가 발생한 이후 1ns 동안 변하지 않아야 한다. 비록 홀드 시간이 3ns이지만, 입력 X의 변화가 플립플롭의 입력 D로 전파되기까지 최소 2ns(조합회로의 최소 지연)가 걸리므로, 입력 X는 클록 에지가 발생한 후 1ns가 지나면 변할 수 있다. X의 파형에서 음영으로 처리된 부분은 입력 신호 X가 회로에서 오동작을 유발하지 않고 변할 수 있는 안전한 영역을 나타낸다.

일반적인 순차회로에서, 클록의 최대 주파수를 찾아내기 위해 고려해야 하는 타이밍 경로는 수백만 개 이상이 존재한다. 최대 클록 주파수는 회로의 모든 타이밍 경로에서 가장 긴 경로를 찾고 그것을 이용하여 결정해야 한다.

예제 그림 1-43의 회로는 다음과 같은 최소/최대 지연 시간을 갖는다.

플립플롭 A의 CLK-Q: 7ns/9ns
플립플롭 B의 CLK-Q: 8ns/10ns
플립플롭 C의 CLK-Q: 9ns/11ns
조합회로: 3ns/4ns
플립플롭들의 셋업 시간: 2ns
플립플롭들의 홀드 시간: 1ns

회로에 존재하는 모든 타이밍 경로의 지연 시간을 찾고, 회로의 최대 클록 주파수를 결정하라.

해답

타이밍 경로는 프라이머리 입력이나 플립플롭의 입력으로부터 시작한다. 경로의 끝은 플립플롭의 입력이나 프라이머리 출력이 된다.

플립플롭 A에서 B 경로의 지연 시간 $= t_{clk\text{-}Q(A)} + t_{su}(B) = 9\text{ns} + 2\text{ns} = 11\text{ns}$

그림 1-43 3개의 플립플롭을 포함한 회로

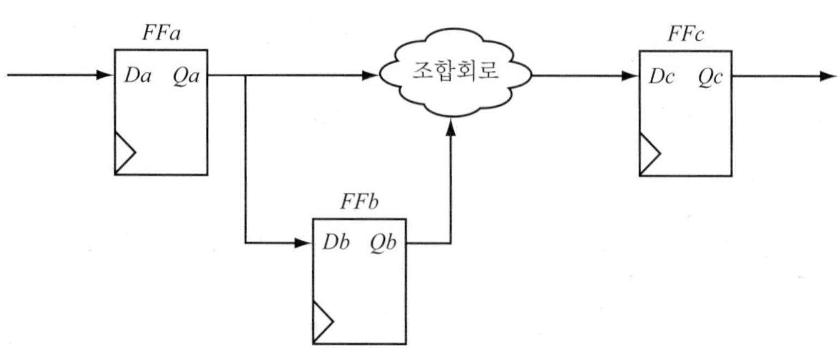

플립플롭 A에서 C 경로의 지연 시간 $= t_{clk\text{-}Q(A)} + t_{combo} + t_{su}(C) = 9\text{ns} + 4\text{ns} + 2\text{ns} = 15\text{ns}$

플립플롭 B에서 C 경로의 지연 시간 $= t_{clk\text{-}Q(B)} + t_{combo} + t_{su}(C) = 10\text{ns} + 4\text{ns} + 2\text{ns} = 16\text{ns}$

입력으로부터 플립플롭 A 경로의 지연 시간 $= t_{su}(A) = 2\text{ns} = 2\text{ns}$

플립플롭 C로부터 출력까지의 경로 지연 시간 $= t_{clk\text{-}Q}(C) = 11\text{ ns}$

플립플롭 B에서 C까지의 경로가 가장 큰 경로 지연 시간을 갖기 때문에, 최대 클록 주파수는 16ns에 의해 결정되며, 주파수는 $1/t_{\min} = 1/16\text{ns} = 62.5\text{MHz}$가 된다.

예제 그림 1-35의 회로를 다음의 최소/최대 지연 시간 조건과 함께 고려해보자.

플립플롭 1의 *CLK-Q*: 5ns/8ns

플립플롭 2의 *CLK-Q*: 7ns/9ns

XOR 게이트: 4ns/6ns

AND 게이트: 1ns/3ns

플립플롭들의 셋업 시간: 5ns

플립플롭들의 홀드 시간: 2ns

(a) 회로가 안정적으로 동작하기 위한 가장 작은 클록 주기는 얼마인가?

해답

XOR 게이트의 지연 시간이 AND 게이트보다 크고, 두 번째 플립플롭의 *CLK-Q* 지연 시간이 첫 번째 플립플롭보다 크다. 따라서 두 번째 플립플롭의 입력으로부터 XOR 게이트를 통과하여 두 번째 플립플롭까지 도착하는 것이 가장 긴 경로이다. 이 경로는 클록의 최대 주파수를 결정하며, 주파수는 다음과 같이 결정된다.

$$f_{\max} = 1/(t_{flip\text{-}flop\text{-}\max} + t_{XOR\max} + t_{su})$$
$$= 1/(9 + 6 + 5) = 1/20\text{ns} = 50\text{ MHz}$$

(b) 클록의 상승 에지 이후에 입력 *A*가 가장 빨리 변할 수 있는 시간은 언제인가?

해답

클록의 상승 에지 이후에 입력 *A*가 가장 빨리 변할 수 있는 시간은 식 (1-37)로 구할 수 있다.

$$t_y = t_h - t_{AND\min} = 2\text{ns} - 1\text{ns} = 1\text{ns}$$

(c) 클록의 상승 에지 이후에 입력 *A*가 가장 늦게 변할 수 있는 시간은 언제인가?

해답

클록의 상승 에지 이후에 입력 A가 가장 늦게 변할 수 있는 시간은 식 (1-36)으로 구할 수 있다.

$$t_x = t_{AND\max} + t_{su} = 3\,\text{ns} + 5\,\text{ns} = 8\,\text{ns}$$

1.10.3 순차회로의 글리치

순차회로는 흔히 비동기 외부 입력을 받는다. 입력 변화는 출력과 다음 상태에서 순간적으로 잘못된 값을 가질 수 있는데, 이것을 글리치(glitch)라고 한다. 예를 들어 그림 1-23(b)의 상태표를 그림 1-17의 형태로 구현한다면, 타이밍 파형은 그림 1-44와 같이 나타난다. 플립플롭에서의 전파 지연은 무시한다. 따라서 상태 변화는 클록 에지와 동시에 발생한다. 이 예에서 입력 시퀀스는 00101001이고, X는 클록 펄스의 중간에 변한다고 가정한다. 주어진 시간의 다음 상태와 출력 Z는 상태표를 통해 알 수 있다. 예를 들면 시간 t_a에서 상태는 S_5이고 $X = 0$이며, 따라서 다음 상태는 S_0이고 $Z = 0$이다. 클록의 상승 에지 다음에 오는 시간 t_b에서 상태는 S_0이고, X는 여전히 0이며, 따라서 다음 상태는 S_1이고 $Z = 1$이다. X가 1로 변한 후, 시간 t_c에서 다음 상태는 S_2가 되고 $Z = 0$이 된다. t_b에서 글리치(잘못된 출력이라고도 함)가 발생하는 것을 주목하기 바란다. X의 변화가 클록의 활성 에지와 정확하게 동기되지 않기 때문에, 출력 Z는 순간적으로 t_b에서 잘못된 값을 갖는다. 파형에 나타낸 바와 같이, 정확한 출력 시퀀스는 11100011이다. 여러 글리치가 정확한 출력 사이사이에서 나타난다. 그러나 Z를 정확한 시간에 읽으면 전혀 문제가 되지 않는다. t_b에서 다음 상태에 발생한 글리치(S_1) 또한 문제가 되지 않는데, 그 이유는 다음 상태가 클록의 활성 에지에서 정확한 값을 갖기 때문이다.

그림 1-45는 그림 1-26의 회로에서 얻은 타이밍 파형을 보여준다. 상태가 세 플립플롭의 상태들로 대체된 것과, 각각의 게이트와 플립플롭이 10ns의 전파 지연은 갖는다고 가

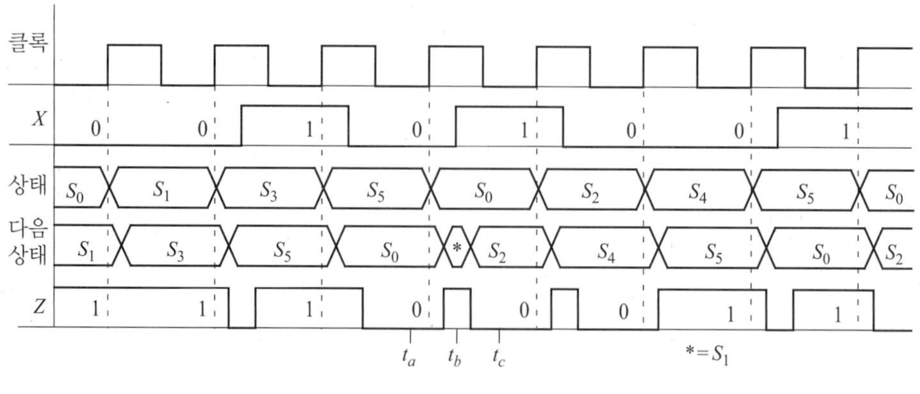

그림 1-44 코드 변환기의 타이밍도

그림 1-45 그림 1-26 회로의 타이밍도

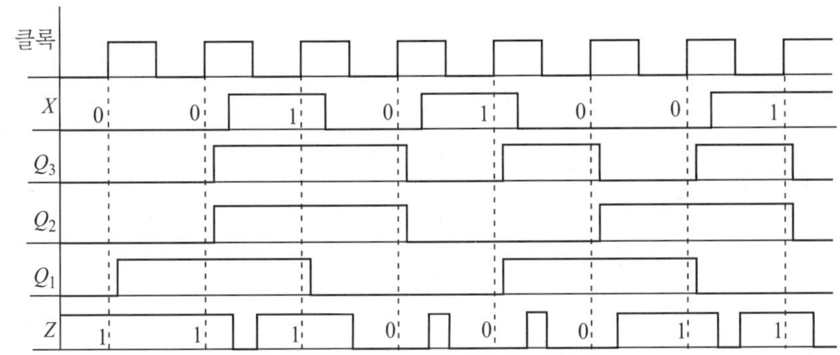

정한 것을 제외하고는 그림 1-44에 나타낸 타이밍 파형과 비슷하다.

1.10.4 동기 설계

가장 일반적으로 사용되는 디지털 설계 기술 중의 하나는 **동기 설계**(synchronous design)이다. 이러한 종류의 동기 설계는 시스템의 모든 플립플롭, 레지스터, 카운터가 동기에 맞추어 동작하도록 클록을 사용한다. 동기 회로는 비동기 회로보다 신뢰성이 더 높다. 동기 회로에서 사건들은 클록의 활성 에지 직후에 발생한다. 한 부분에서의 출력을 회로의 다음 부분으로 전파하는 데 한 클록 사이클 전부를 이용할 수 있다. 동기 설계는 비동기 설계에 비해 설계와 오류 수정이 더 쉽다. 하지만 동기 회로는 비동기 회로보다 클록 네트워크에서 소모되는 전력이 크기 때문에 더 많은 전력이 소모된다. 비동기 회로가 전력 소모를 줄일 수는 있지만, 타이밍과 관련된 문제를 다루기가 매우 어렵다. 따라서 더 많은 전력이 소모되더라도, 설계자들은 동기 회로를 더 선호한다.

그림 1-46은 동기 디지털 시스템의 예를 보여준다. 시스템이 여러 모듈이나 디바이스로 구성된다고 가정하자. 디바이스는 플립플롭, 레지스터, 카운터, 가산기, 곱셈기 등이 될 수 있다. 동기 시스템에서 모든 순차 디바이스는 동일 클록에 대해 동기되어 있다. 디지털 시스템을 보는 가장 일반적인 방법은, 시스템이 제어 부분(control section)과 데이터 부분(data section)으로 구성되어 있다고 보는 것이다. 그림 1-46에서 보여주는 디바이스들은 데이터 부분의 일부이다. 제어 부분은 데이터 부분의 동작을 제어하는 신호를 발생시키는 순차 머신이다. 예를 들어 데이터 부분에 시프트 레지스터가 있다면, 제어 부분은 언제 레

그림 1-46 동기 디지털 시스템

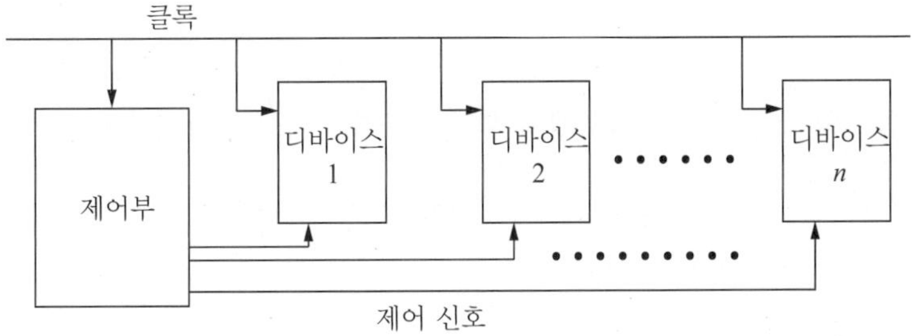

지스터가 로드(Ld)되고, 언제 시프트(Sh)되는지를 결정하는 신호를 발생시킬 수 있다. 제어 부분과 데이터 부분은 같은 클록에 동기되어 동작한다. 데이터 부분은 제어 시퀀스에 영향을 미치는 상태 신호(그림에는 표시하지 않음)를 발생시킬 수 있다. 예로서 데이터 동작에서 산술 오버플로(overflow)가 발생하면, 데이터 부분은 오버플로를 나타내는 신호인 V를 발생시킬 수 있다. 흔히 제어 부분은 제어기(controller)라고도 하고, 데이터 부분은 구조(architecture)나 데이터 경로(data path)라고도 한다.

우리는 동기 디지털 시스템에서 모든 변화가 클록의 활성 에지에서 곧바로 일어나기를 바라지만, 실제 회로에서는 그렇지 않을 수도 있다. 최근의 집적회로(IC)들은 피처 크기(feature size)가 0.1마이크론 이하인 제조공정에서 만들어진다. 최근의 마이크로프로세서들은 수 기가헤르츠의 클록을 사용한다. 이러한 칩에서의 배선 지연(wire delay)은 클록 주기와 비교해서 상당히 중요하다. 두 플립플롭이 같은 클록에 연결되어 있다 하더라도, 고르지 못한 배선 지연 때문에 클록 에지는 서로 다른 시간에 두 플립플롭에 도달할 수 있다. 서로 나른 디바이스로 연결되는 클록 경로들에서 사용되는 조합회로(예를 들면 버퍼 또는 인버터)가 다르면, 시간 지연이 고르지 않게 된다. 따라서 클록이 디바이스에 도달하는 시간이 약간씩 서로 달라진다. 이러한 문제를 **클록 스큐**(clock skew)라고 한다. 클록 스큐는 클록 네트워크 안의 두 지점에 클록 신호가 시간차를 두고 도착하기 때문에 발생하는 절대적 시간차를 의미한다. 클록 스큐는 클록 네트워크 안의 연결선에서 발생하는 지연 때문에 생기기도 한다. 또한 일부 디바이스의 클록 게이팅에 사용되는 조합회로로 인해 발생하기도 한다.

스큐가 있는 회로의 타이밍 규칙

회로에 스큐가 존재할 때, 타이밍 규칙 1번과 2번을 적절히 수정할 수 있다. 양수의 스큐는 출발한 플립플롭 기준으로 도착하는 플립플롭에 클록이 늦게 발생함을 의미한다. 그림 1-47(a)에서 양수 스큐를 갖는 회로의 경우, 타이밍 규칙은 다음과 같이 쓸 수 있다.

규칙 5: $t_{ck} \geq t_{\text{pmax}} + t_{\text{cmax}} - t_{skew} + t_{su}$ (1-39)

규칙 6: $t_{\text{pmin}} + t_{\text{cmin}} \geq t_h + t_{skew}$ (1-40)

양수의 스큐는 셋업 시간에는 좋고, 홀드 시간에는 나쁘다.

음수의 스큐는 도착하는 플립플롭 기준으로 출발하는 플롭플롭에 클록이 더 빨리 발생함을 의미한다. 그림 1-48은 음수의 스큐를 갖는 예제를 보여준다.

음수의 스큐를 갖는 회로에서 타이밍 규칙은 다음과 같이 쓸 수 있다.

$$t_{ck} \geq t_{\text{pmax}} + t_{\text{cmax}} + t_{skew} + t_{su} \quad (1\text{-}41)$$

$$t_{\text{pmin}} + t_{\text{cmin}} \geq t_h - t_{skew} \quad (1\text{-}42)$$

그림 1-47 스큐와 타이밍 위반

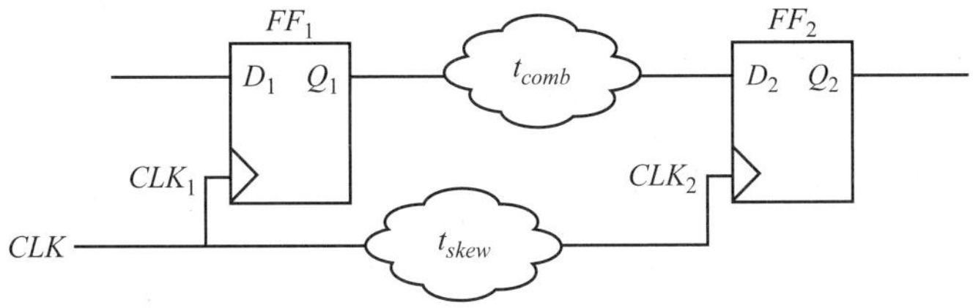

(a) 양수 스큐

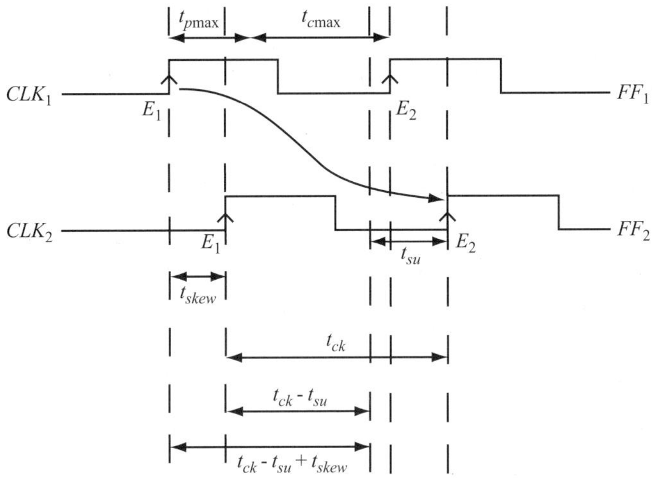

조건: $t_{pmax} + t_{cmax} \le t_{ck} - t_{su} + t_{skew}$가 만족하지 않는다.

(b) 셋업 시간 위반

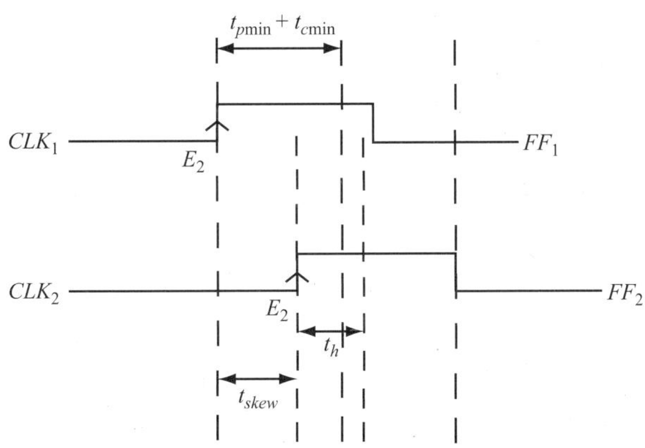

조건: $t_{pmin} + t_{cmin} \ge t_{skew} + t_{hold}$ 가 만족하지 않는다.

(c) 홀드 시간 위반

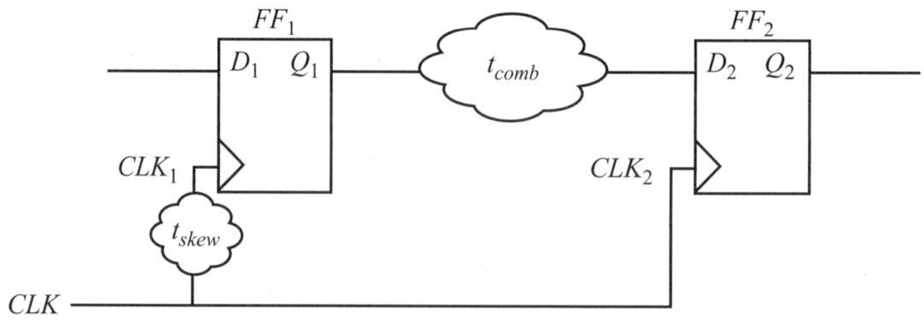

그림 1-48 음수 스큐: CLK_1이 CLK_2에 비해 더 늦게 발생하는 경우

음수의 스큐는 홀드 시간에 좋고, 셋업 시간에는 나쁘다.

예제 그림 1-47(a)의 회로가 다음과 같은 지연 시간을 갖는다고 하자.

플립플롭의 CLK-Q: 7ns/9ns
조합회로의 지연 시간: 4ns/6ns
플립플롭들의 셋업 시간: 5ns
플립플롭들의 홀드 시간: 2ns

(a) 두 번째 플립플롭이 스큐 3ns를 갖는다면, 클록의 최대 추파수는 어떻게 되는가? 스큐가 발생하지 않는 경우와 비교하라.

해답

양수 스큐의 경우에

$$\begin{aligned} t_{ck} &= t_{p\max} + t_{c\max} - t_{skew} + t_{su} \\ &= 9\,\text{ns} + 6\,\text{ns} - 3\,\text{ns} + 5\,\text{ns} \\ &= 17\,\text{ns} \end{aligned}$$

스큐가 존재할 때 클록의 최대 주파수는 1/17ns(즉, 58.82MHz)이고, 스큐가 없을 때의 최대 주파수는 1/20ns(즉, 50MHz)이다.

(b) 그림 1-47(a)의 회로에서 홀드 시간을 맞추면서 발생할 수 있는 최대의 스큐 크기는 얼마인가?

해답

$$\begin{aligned} &t_{p\min} + t_{c\min} \geq t_h + t_{skew} \\ &7\,\text{ns} + 4\,\text{ns} \geq 2\,\text{ns} + t_{skew} \\ &9\,\text{ns} \geq t_{skew} \end{aligned}$$

스큐는 9ns보다 반드시 작아야 한다.

(c) 그림 1-48의 첫 번째 플립플롭에서 발생한 스큐가 3ns이면, 클록의 최대 주파수는 어떻게 되는가? 스큐가 발생하지 않았을 경우의 최대 주파수와 비교하라.

해답

$$t_{ck} = t_{p\max} + t_{c\max} + t_{skew} + t_{su}$$
$$= 9\,\text{ns} + 6\,\text{ns} + 3\,\text{ns} + 5\,\text{ns}$$
$$= 23\,\text{ns}$$

스큐가 존재할 때 클록의 최대 주파수는 1/23ns(43.47MHz)이고, 스큐가 없을 때의 최대 주파수는 1/20ns(50MHz)이다.

(d) 그림 1-48의 회로에서 홀드 시간을 맞추면서 발생할 수 있는 최대의 스큐 크기는 얼마인가?

해답

$$t_{p\min} + t_{c\min} \geq t_h - t_{skew}$$
$$7\,\text{ns} + 4\,\text{ns} + t_{skew} \geq 2\,\text{ns}$$

첫 번째 플립플롭에서 t_{skew}만큼의 클록이 지연되었기 때문에, 두 번째 플립플롭에 도착할 때까지는 11ns가 더 걸린다. 따라서 홀드 시간 위반을 할 가능성은 없다.

$$t_{skew} \geq -9\,\text{ns}$$

만약 플립플롭에서 스큐가 1 증가하는 경우, 여전히 홀드 시간 위반은 없다. 하지만 당연히 최대 허용 클록 주파수는 감소한다.

제어 신호의 글리치로 인해 문제가 일어나기도 한다. 그림 1-49는 클록의 하강 에지에서 상태가 바뀌는 디바이스를 사용하는 디지털 시스템의 동작을 보여준다. 이 하강 에지에 대한 응답으로 인해 여러 플립플롭의 상태가 바뀔 수 있다. 각 플립플롭의 상태가 바뀌는 시간은 그 플립플롭에 대한 전파 지연에 의해 결정된다. 제어 부분에 있는 플립플롭의 상태 변화는 제어 신호를 발생시키는 조합회로를 통해 전파될 것이고, 그 결과로 일부 제

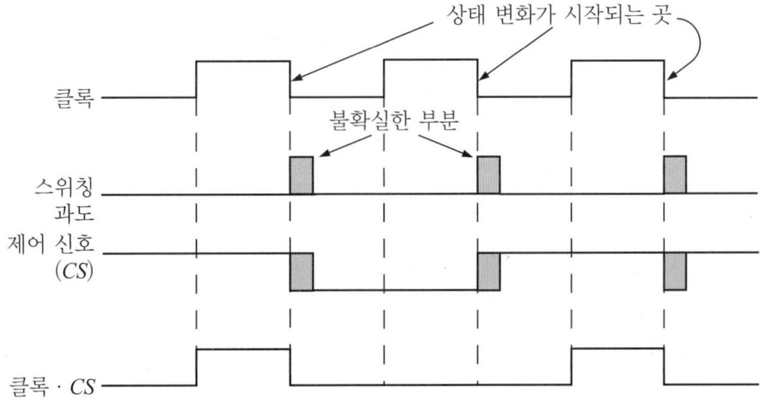

그림 1-49 하강 에지 디바이스를 사용하는 시스템의 타이밍 차트

그림 1-50 제어 신호를 동기화하는 방법

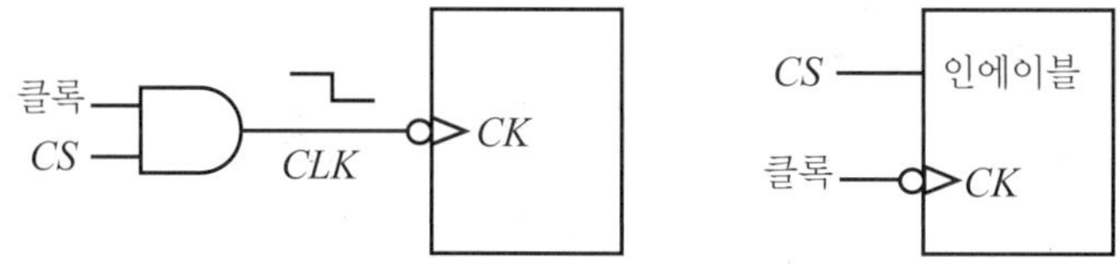

(a) 제어 신호 게이팅 (b) 동기화를 위해 클록 인에이블 (*CE*) 핀 사용

어 신호는 변할 수도 있다. 제어 신호가 바뀌는 정확한 시점은 플립플롭의 지연뿐만 아니라 신호를 발생시키는 게이트 회로의 전파 지연에 따라서도 다르다. 따라서 클록의 하강 에지 후 제어 신호가 변할 수도 있는 불확실한 기간이 존재하게 된다. 해저드로 인해 제어 신호에 글리치와 스파이크(spike)가 발생할 수 있다. 게다가 회로의 한 부분에서 신호가 변할 때, 회로의 또 다른 부분에서는 잡음이 발생할 수 있다. 그림 1-49에서 음영으로 처리된 구간처럼, 클록의 각 하강 에지 후에는 제어 신호(*CS*)에 잡음이 발생할 수 있는 구간이 있다. 여기서 제어 신호가 변하는 정확한 시간은 알 수 없다.

만약 제어 신호 $CS = 1$일 때만 데이터 부분의 디바이스가 클록의 하강 에지에서 상태가 변하기를 원한다면, 그림 1-50(a)에서 보여주는 바와 같이 클록을 *CS*와 AND 하면 된다. 이러한 기술을 클록 게이팅이라고 한다. 디바이스는 AND 게이트에서의 작은 지연을 제외하면 클록 *CLK*와 동기가 되어 변할 것이다. *CS*에서 스위칭 과도 현상이 발생하는 시간 간격 동안에 클록은 0이므로, 게이트를 통해 나오는 *CLK* 신호는 깨끗하다.

그림 1-50(a)에서 보여주는 바와 같이, 제어 신호의 클록 게이팅은 일부 동기화 문제를 해결할 수 있다. 그러나 클록 게이팅은 클록 스큐의 원인이 되고, 고속 회로에서는 추가적인 타이밍 문제를 일으킬 수 있다. 제어 신호에 클록 게이팅을 적용하는 대신 클록 인에이블(clock enable, CE)이 있는 디바이스를 사용하여, 그림 1-50(b)와 같이 제어 신호를 이 인에이블 핀에 연결하는 것이 더 바람직하다. 많은 레지스터나 카운터뿐만 아니라 동기 시스템에서 사용되는 그 밖의 디바이스도 인에이블 입력을 갖고 있다. 인에이블이 1일 때 클록에 대한 응답으로 디바이스의 상태는 변하고, 인에이블이 0일 때 상태는 변하지 않는다. 인에이블 입력을 이용하면 클록 입력에 대해 게이트를 사용할 필요가 없고, 관련된 타이밍 문제를 피할 수 있다.

설계자는 클록 게이팅이나 조합회로의 출력을 클록 입력으로 연결하지 않는 것이 좋다. 배선 지연에 의한 클록 스큐는 어느 정도까지 피할 수 있지만, 클록 경로상에 있는 조합회로에 기인하는 클록 스큐는 쉽게 피할 수 있다. 타이밍 문제를 최소화하기 위해 그림 1-51과 같은 회로는 가능한 한 피해야 한다.

만약 디바이스에 인에이블이 없고 클록 게이팅 없이는 동기화된 동작을 할 수 없다면, 클록이 정확하게 게이트에 연결되도록 유의해야 한다. 하강 에지에서 트리거되는 디바이스는 그림 1-50(a)와 같이 클록 신호를 제어 신호와 AND 함으로써 정확히 동작하게 할 수

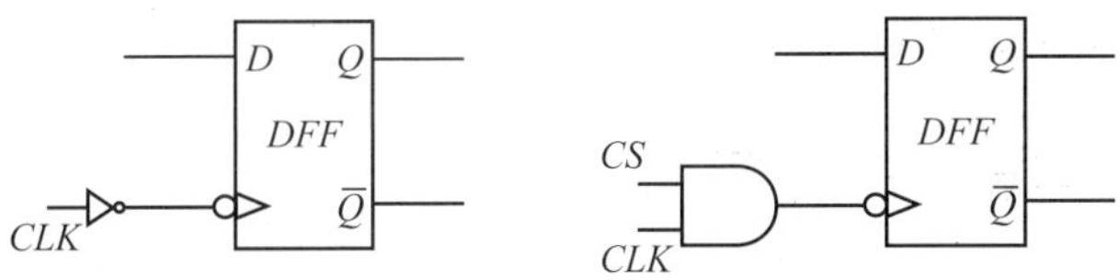

그림 1-51 사용을 피해야 하는 회로의 예

있다. 다음 문단에서는 상승 에지에서 트리거되는 디바이스를 위한 제어 신호 게이팅 관련 이슈를 설명한다.

그림 1-52는 클록의 상승 에지에서 상태가 바뀌는 디바이스를 사용하는 디지털 시스템의 동작을 보여준다. 이 경우 잡음과 불확실성의 결과로 발생되는 스위칭 과도 현상은 클록의 상승 에지 다음에 발생할 수 있다. 그림에서 음영으로 처리된 부분은 제어 신호 CS에 잡음이 발생할 수 있는 시간 구간을 나타낸다. $CS = 1$이고 클록이 상승 에지일 때 디바이스의 상태가 바뀌기를 원한다면, (a)와 (c)의 경우에는 그러한 상태 변화를 예상할 수 있다. 그러나 (b)에서는 클록 에지가 들어올 때 $CS = 0$이므로, 상태 변화가 일어나지 않을 것이다. 제어 신호에 클록 게이팅을 사용하기 위해 그림 1-53(a)와 같이 클록을 CS와 AND 하려는 생각을 가질 수 있다. 그 결과로 나오는 신호는 디바이스의 입력 CK로 들어가는데, 이 신호에는 잡음이 있을 수 있고 타이밍도 부정확하다. 특히, 시점 (a)에서 CLK_1 펄스는 짧고 잡음이 있다. 이 신호는 디바이스를 트리거하기에 너무 짧을 수도 있지만, 노이즈(noise) 때문에 디바이스를 한 번 이상 트리거할 수도 있다. 일반적으로, 제어회로에서 일부 플립플롭의 상태가 변한 후에도 제어 신호가 바뀌지 않아 클록과 동기가 맞지 않을 것

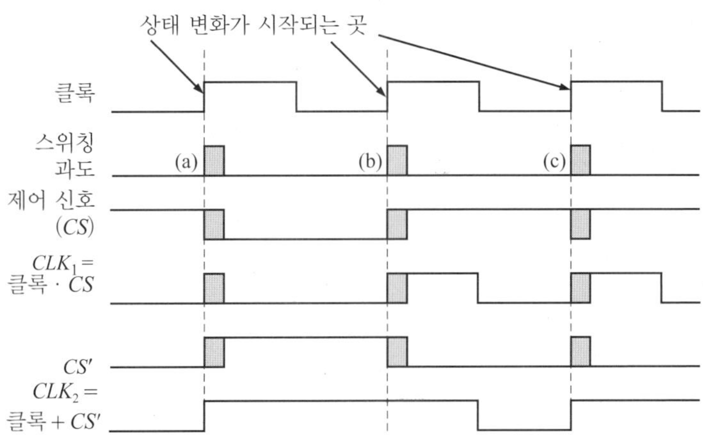

그림 1-52 상승 에지 디바이스를 사용하는 시스템의 타이밍 차트

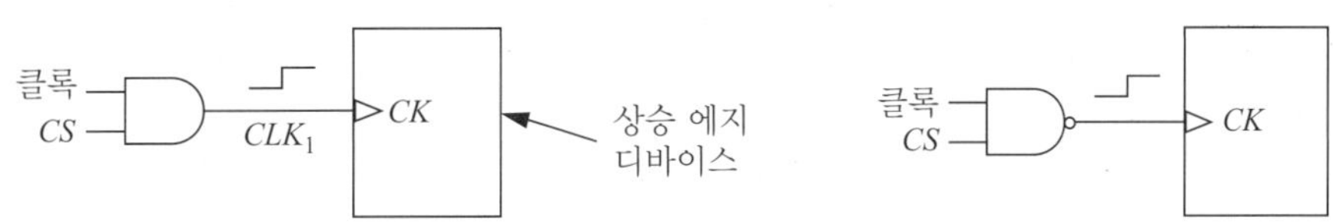

(a) AND 게이트 (b) NAND 게이트

그림 1-53 상승 에지 디바이스의 잘못된 클록 게이팅

이다. 시점 (b)에서도 펄스의 상승 에지는 클록과 동기가 맞지 않고, 신호에 노이즈가 있을 수 있다. 심한 경우에는 트리거가 전혀 일어나지 않아야 하는 시점 (b) 부근에서 디바이스를 트리거할 것이다. 클록의 상승 에지가 일어나는 시간에 $CS = 0$이므로, $CS = 1$이 되는 다음 상승 에지까지는 트리거가 발생하지 않아야 한다.

상승 에지에서 동작하는 디바이스를 위해 그림 1-53(b)와 같이 그림 1-50의 AND 게이트를 NAND 게이트로 바꾸면, 잘못된 에지에서 동기가 되기 때문에 부정확한 회로가 된다. 정확한 방법은 제어 신호를 그림 1-54와 같이 게이트로 연결하는 것이다. 디바이스의 *CK* 입력은 제어 신호가 양이고 클록이 상승 에지가 될 때만 포지티브 에지(positive edge)가 된다. *CK* 입력 식은 다음과 같다.

$$CLK_2 = (CS \cdot clock')' = CS' + clock$$

그림 1-45의 마지막 파형은 이 게이트로 연결된 제어 신호이다. 이 회로는 동기화 문제를 해결할 수 있지만, 설계자는 가능하면 클록 게이팅을 사용하지 않기를 권장한다.

요약하면, 동기 설계는 다음 원리에 기초를 두어야 한다.

- 방법: 플립플롭, 레지스터, 카운터 등의 모든 클록 입력은 시스템 클록으로부터 직접 구동된다.
- 결과: 모든 상태 변화는 클록 신호의 활성 에지 직후에 일어난다.
- 장점: 모든 스위칭 과도 현상, 스위칭 잡음 등은 클록 펄스들 사이에서 발생하고, 시스템 실행에는 영향을 미치지 않는다.

비동기 설계는 일반적으로 동기 설계보다 더 어렵다. 상태 변화들을 동기화하기 위한 클록이 없기 때문에, 여러 상태 변수들이 동시에 변해야 할 때 문제가 발생할 수 있다. 만약 최종 상태가 변수들이 변하는 순서에 따라 다르면, 레이스(race)가 일어난다. 비동기 설계는 레이스 및 해저드와 관련된 문제를 해결하기 위해 특별한 기술을 요구한다. 이에 반해 동기 설계에는 여러 가지 단점이 있다. 배선의 전파 지연이 중요한 고속 회로에서는 클록 신호가 모든 클록 입력에 실질적으로 동시에 전달되도록(즉, 클록 스큐가 최소가 되도록) 주의하여 경로를 정해야 한다. 최대 클록 속도는 최악의 경우 가장 긴 경로에서의 지연에 의해 결정된다. 시스템의 입력은 클록과 동기되지 않을 수 있어서 동기장치(synchronizer)를 사용할 필요가 있을 수도 있다. 동기 시스템은 또한 비동기 시스템보다 더 많은 전력을 소비한다. 동기 칩에서의 클록 분배 회로는 종종 칩 전력의 상당 부분을 소모한다.

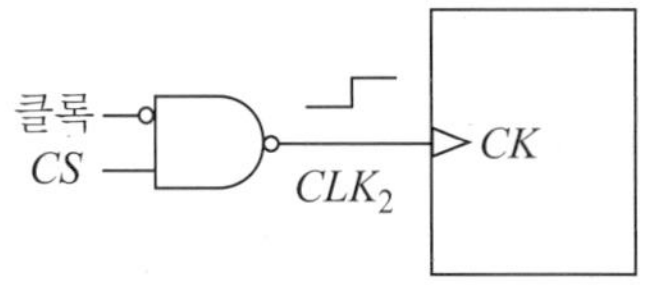

그림 1-54 상승 에지 디바이스의 정확한 제어 신호 게이팅

1.11 삼상태 논리와 버스

보통, 2개의 게이트나 플립플롭의 출력을 같이 연결하면, 회로는 올바르게 동작하지 않는다. 또한 이것은 회로를 손상시킬 수 있다. 따라서 동일한 배선이나 채널에 여러 게이트 출력을 연결할 필요가 있을 때, 한 가지 방법은 삼상태 버퍼(tri-state buffer)를 사용하는 것이다. 삼상태 버퍼는 하이와 로우 논리 상태에 하이 임피던스 상태(hi-Z)가 추가된 게이트이다. 하이 임피던스 상태는 개방회로와 같다. 디지털 시스템에서는 여러 시스템 컴포넌트들이 데이터를 서로 주고받아야 할 때가 종종 있다. 삼상태 버스는 레지스터 사이의 데이터 전송을 용이하게 하기 위해 사용될 수 있다. 여러 게이트들이 한 배선에 연결되어 있을 때, 어느 시점에서든 어느 한 게이트만이 실제로 그 배선을 구동하고, 다른 나머지 게이트들은 그 배선에 연결되지 않은 것처럼 동작해야 한다. 하이 임피던스 상태를 이용하면 이러한 목적을 달성할 수 있다.

삼상태 버퍼는 출력이 반전 또는 비반전일 수 있다. 제어 입력은 액티브 하이(active high) 또는 액티브 로우(active low)에서 동작할 수 있다. 그림 1-55는 네 가지 종류의 삼상태 버퍼를 보여준다. *B*는 버퍼를 작동시키거나 동작을 억제하기 위해 사용되는 제어 입력이다. 버퍼가 작동할 때의 출력(*C*)은 입력(*A*) 또는 그 보수와 같다. 그러나 어느 한 순간에 한 출력만이 작동한다면, 두 삼상태 버퍼의 출력들을 서로 연결할 수 있다.

그림 1-56은 3개의 레지스터가 삼상태 버스에 연결된 시스템을 보여준다. 각 레지스터는 8비트이고, 버스는 병렬로 연결된 8개의 선으로 구성되어 있다. 그림에서 각각의 삼상

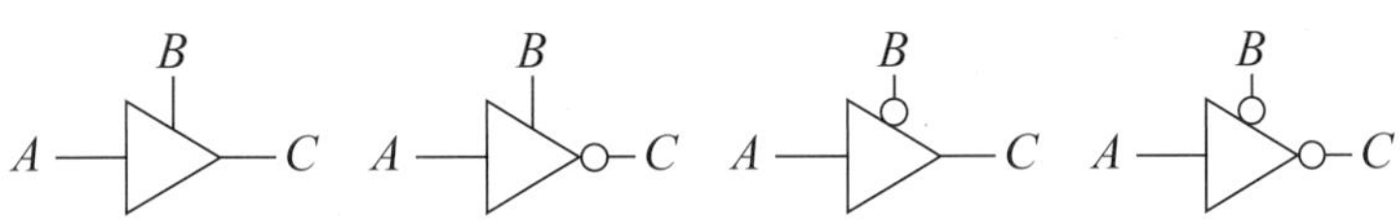

(a)

B	*A*	*C*
0	0	Hi-Z
0	1	Hi-Z
1	0	0
1	1	1

(b)

B	*A*	*C*
0	0	Hi-Z
0	1	Hi-Z
1	0	1
1	1	0

(c)

B	*A*	*C*
0	0	0
0	1	1
1	0	Hi-Z
1	1	Hi-Z

(d)

B	*A*	*C*
0	0	1
0	1	0
1	0	Hi-Z
1	1	Hi-Z

그림 1-55 네 가지 종류의 삼상태 버퍼

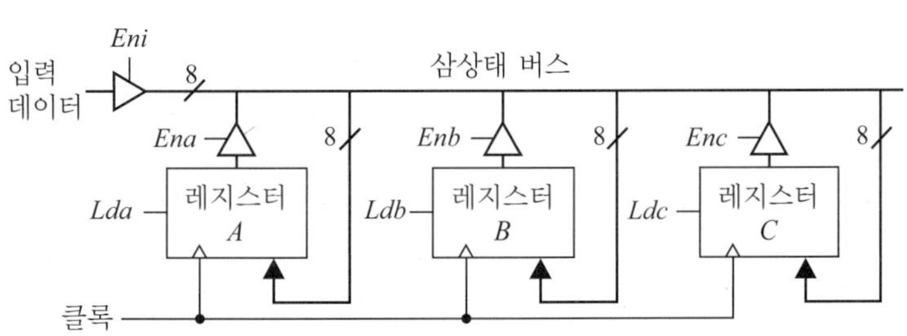

그림 1-56 삼상태 버스를 이용한 데이터 전송

태 버퍼 기호는 공통의 인에이블 입력을 갖고 있고 병렬로 동작하는 8개의 버퍼를 나타낸다. 한 그룹의 버퍼만이 동시에 작동한다. 예를 들어, 만약 $Enb = 1$이면 레지스터 B의 출력이 버스를 구동한다. 버스상의 데이터는 레지스터 A, 레지스터 B, 레지스터 C의 입력으로 보내진다. 그러나 데이터는 로드 입력이 1이고, 클록이 발생할 때 레지스터에 로딩(loading)된다. 따라서 만약 $Enb = Ldc = 1$이면, 클록의 활성 에지가 들어올 때 레지스터 B의 데이터는 레지스터 C로 복사된다. 만약 $Eni = Lda = Ldb = 1$이면, 클록이 들어올 때 입력 데이터는 레지스터 A와 B에 로딩될 것이다.

Problem 연습문제

1.1 4개의 변수를 갖는 맵과 맵 입력 변수를 사용하여 Z를 간단히 하라. $ABCD$는 제어회로의 상태를 나타낸다. 회로는 0100, 0001, 1001 상태가 절대로 될 수 없다고 가정한다.

$$Z = BC'DE + ACDF' + ABCD'F' + ABC'D'G + B'CD + ABC'D'H'$$

1.2 다음 함수에 대해, 4개의 변수를 갖는 맵과 맵 입력 변수를 사용하여 최소 곱의 합을 찾아라. (a)와 (b)에서 m_i는 변수 A, B, C, D의 최소항을 나타낸다.

(a) $F(A, B, C, D, E) = \Sigma m(0, 4, 6, 13, 14) + \Sigma d(2, 9) + E(m_1 + m_{12})$

(b) $Z(A, B, C, D, E, F, G) = \Sigma m(2, 5, 6, 9) + \Sigma d(1, 3, 4, 13, 14) + E(m_{11} + m_{12}) + F(m_{10}) + G(m_0)$

(c) $H = A'B'CDF' + A'CD + A'B'CD'E + BCDF'$

(d) $G = C'E'F + DEF + AD'E'F' + BC'E'F + AD'EF'$

힌트: 어떤 변수들이 맵의 가장자리에서 사용되고, 어떤 변수들이 맵 입력 변수로 사용되어야 하는가?

1.3 다음 회로에서 정적 1해저드를 찾아라. 각 해저드가 발생할 수 있는 조건을 말하라. 해저드가 발생할 때 일어나는 사건의 순서를 보여주는 타이밍도를 그려라(그림 1-10(b)와 유사하게).

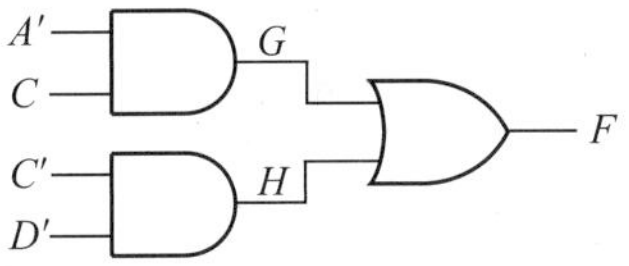

1.4 전감산기(full subtracter)는 세 입력 X, Y, B_{in}의 차이를 계산한다. 여기서 $Diff = X - Y - B_{in}$이다. $X < (Y + B_{in})$일 때, 빌림(borrow) 출력 B_{out}은 셋된다. 감산기의 진리표를 작성하고 $Diff$와 B_{out}을 위한 곱의 합 식과 합의 곱 식을 유도하라.

1.5 다음 식의 진리표를 작성하라.

$$F = (A \oplus B) \cdot C + A' \cdot (B' \oplus C)$$

1.6 (a) 다음 회로에서 정적 해저드를 모두 찾아라. 각 해저드가 발생할 수 있는 조건을 말하라.

(b) 정적 해저드가 없는 회로를 다시 설계하라. 최대 3개의 입력을 갖는 게이트를 사용하라.

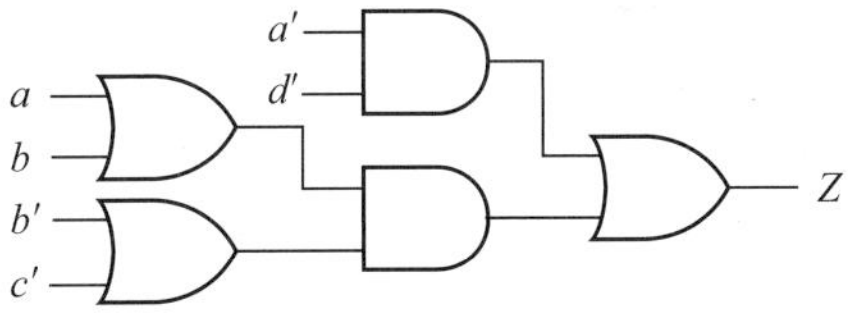

1.7 (a) J-K 플립플롭을 사용하여 T 플립플롭을 구성하는 방법을 보여라.

(b) D 플립플롭과 게이트들을 사용하여 J-K 플립플롭을 구성하는 방법을 보여라.

(c) J-K 플립플롭과 게이트들을 사용하여 D 플립플롭을 구성하는 방법을 보여라.

1.8 2개의 투과형 D 래치와 필요한 모든 게이트를 사용하여 CLK의 상승 에지에서 트리거되는 클록이 있는 D 플립플롭을 구성하라. 다음의 타이밍도를 완성하라. 여기서 Q_1과 Q_2는 래치 출력이다. 클록의 상승 에지 후 플립플롭의 출력이 D로 변하는 것을 확인하라.

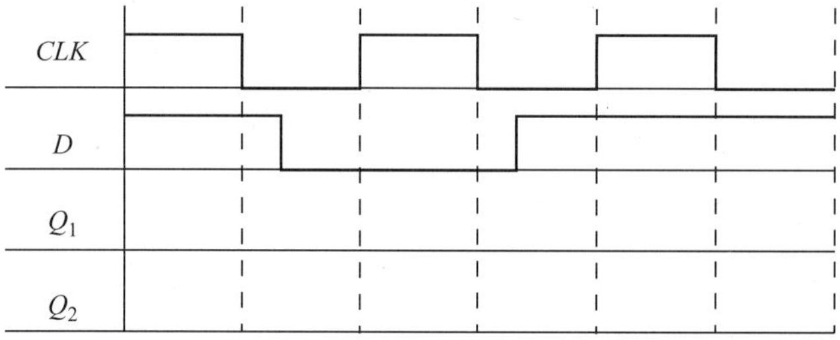

1.9 (a) 다음 회로에서 정적 해저드를 모두 찾아라. 각 해저드에 대해, 입력 변수들의 값과 해저드가 발생할 때 어떤 변수의 값이 바뀌는지 답하라. 한 해저드에 대해서는 게이트 출력이 어떤 순서로 바뀌어야 하는지를 말하라.

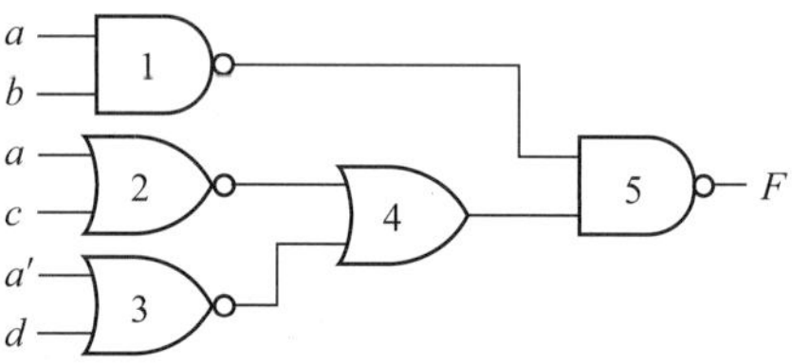

(b) 동일한 기능을 실행하는 정적 해저드가 없는 NAND 게이트 회로를 설계하라.

1.10 주어진 회로에서 1해저드를 모두 찾아라. 해저드를 제거하기 위해서는 회로를 어떻게 바꾸어야 하는지 나타내어라.

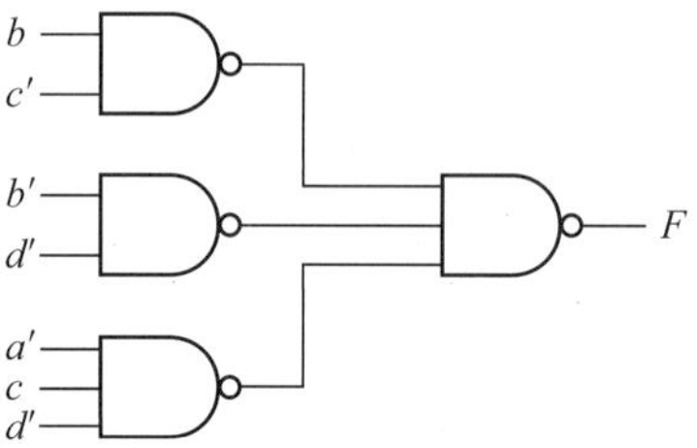

1.11 000~101까지 반복하여 세는 모듈로(modulo) 6 카운터를 위한 상태 천이표와 플립플롭 입력 식을 유도하라. J-K 플립플롭을 사용하라.

1.12 1~6까지 반복하여 세는 카운터를 위한 상태 천이표와 D 플립플롭 입력 식을 유도하라.

1.13 어떤 한 D 플립플롭에서 클록으로부터 Q까지의 전파 지연은 15ns이다. 플립플롭의 셋업 시간은 10ns이고, 홀드 시간은 2ns이다. 50ns 주기의 클록(25ns까지는 로우, 25~50ns는 하이 등)이 플립플롭의 클록 입력으로 들어온다. 플립플롭은 포지티브 에지에서 트리거된다. D는 20에서 하이로 올라가고, 40에서 로우로 떨어지며, 60에서 다시 하이로 올라가고, 80에서 로우로 떨어지는 동작이 되풀이된다. 100ns까지 클록, D, Q를 나타내는 타이밍도를 그려라. 만약 출력을 결정할 수 없으면(셋업 시간과 홀드 시간을 충족시키지 않기 때문에), 그 부분은 XX로 나타내어라.

1.14 어떤 한 D 플립플롭에서 셋업 시간은 5ns이고, 홀드 시간은 3ns이다. 그리고 클록의 상승 에지에서부터 플립플롭의 출력이 변할 때까지의 전파 지연은 6~12ns 범위에 있다. OR 게이트의 지연 시간은 1~4ns 범위에 있다.

(a) 다음 회로가 정확히 동작하기 위한 최소 클록 주기는 얼마인가?

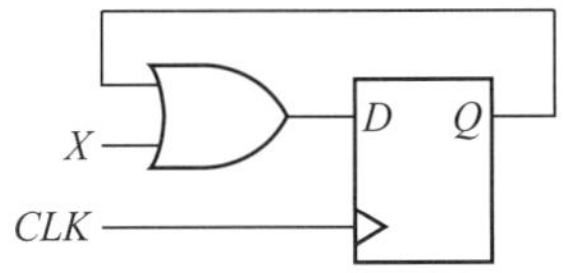

(b) 클록의 상승 에지 이후, X가 변하는 것이 허용되는 가장 빠른 시간을 구하라.

1.15 다음 회로에서, XOR 게이트는 2~16ns 범위의 지연 시간을 갖는다. D 플립플롭에서 클록으로부터 Q까지의 전파 지연은 12~24ns 범위에 있다. 셋업 시간은 8ns이고, 홀드 시간은 4ns이다.

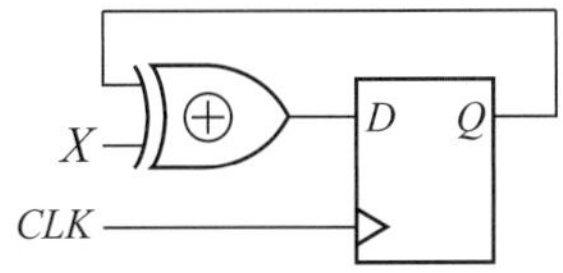

(a) 회로가 정확히 동작할 수 있는 최소 클록 주기는 얼마인가?

(b) 클록의 상승 에지 이후, 여전히 정확한 동기 동작을 할 수 있고, 또한 X가 변하는 것이 허용되는 가장 빠른 시간과 가장 늦은 시간은 얼마인가?((a)의 최소 주기를 가정하라.)

1.16 다음의 회로를 살펴보라. 조합회로는 COMB로 표현되어 있고, 클록 스큐는 t_{skew}로 명기되어 있다.

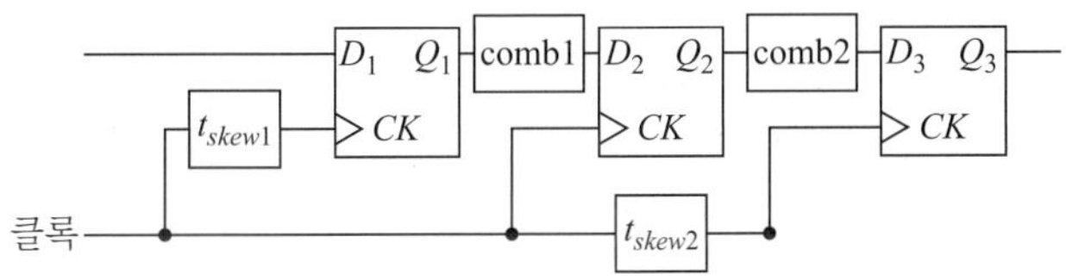

매개변수 값들은 다음과 같다.

플립플롭 셋업 시간 = 20ns

플립플롭 홀드 시간 = 10ns

플립플롭 전달 지연 시간 = 5~10ns

조합회로 1 지연 시간(Tcomb1) = 5~7ns

조합회로 2 지연 시간(Tcomb2) = 6~11ns

(a) $t_{skew1} = t_{skew2} = 0$일 때, 최소 클록 주기는 얼마인가?

(b) **Tcomb1 = 1~4ns**라 하면, 가운데 플립플롭에서 셋업 시간 위반이 발생하는가? 그렇지 않다면 셋업 시간 마진은 얼마인가?

(c) **Tcomb1 = 1~4ns**라 하면, 가운데 플립플롭에서 홀드 시간 위반이 발생하는가? 그렇지 않다면 홀드 시간 마진은 얼마인가?

(d) 위반을 고치기 위한 t_{skew1}과 t_{skew2}의 최소값은 얼마인가?

(e) 위반을 고친 후 최소 클록 주기는 얼마인가?

1.17 다음의 회로를 살펴보라. 조합회로는 COMB로 표현되어 있고, 클록 스큐는 t_{skew}로 명기되어 있다.

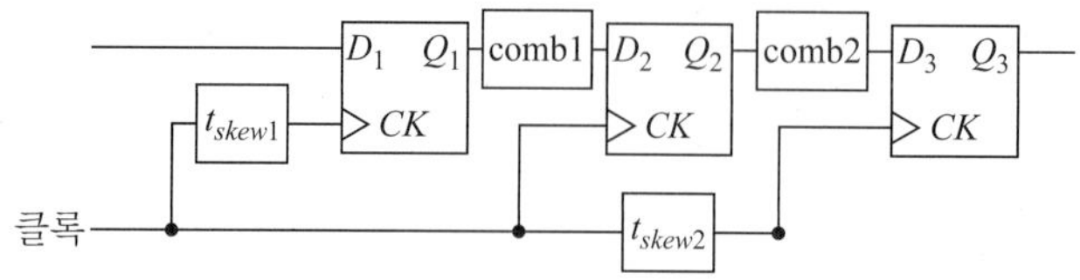

매개변수 값들은 다음과 같다.

플립플롭 셋업 시간 = 10 ns

플립플롭 홀드 시간 = 2 ns

플립플롭 전달 지연 시간 = 12~20 ns

조합회로 1 지연 시간(Tcomb1) = 5~7 ns

조합회로 2 지연 시간(Tcomb2) = 6~11 ns

(a) $t_{skew1} = 0$, $t_{skew2} = 3$일 때, 최소 클록 주기는 얼마인가?

(b) **Tcomb1 = 1~4 ns**라 하면, 가운데 플립플롭에서 셋업 시간 위반이 발생하는가? 그렇지 않다면 셋업 시간 마진은 얼마인가?

(c) **Tcomb1 = 1~4 ns**라 하면, 가운데 플립플롭에서 홀드 시간 위반이 발생하는가? 그렇지 않다면 홀드 시간 마진은 얼마인가?

(d) 위반을 고치기 위한 t_{skew1}과 t_{skew2}의 최소값은 얼마인가?

(e) 위반을 고친 후 최소 클록 주기는 얼마인가?

1.18 어떤 간단한 이진 카운터가 클록 입력(Ck_1)만을 갖고 있다. 이 카운터는 Ck_1의 상승 에지에서 증가한다.

(a) $En = 1$일 때 CLK의 상승 에지에서 카운터가 증가하고, $En = 0$일 때 카운터가 상태를 바꾸지 않도록 하기 위해 신호 En과 시스템 클록(CLK)을 올바로 연결하는 방법을 보여라.

(b) 다음의 타이밍도를 완성하라. CLK의 상승 에지 이후, En에서 발생하는 스위칭 과도 현상이 카운터의 동작에 영향을 미치지 않는 이유를 다이어그램으로 설명하라.

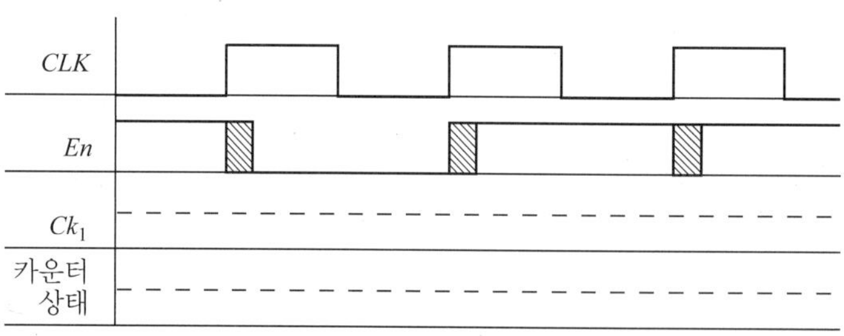

1.19 (a) 다음 두 회로는 근본적으로 동일한 타이밍을 갖는가?

(b) 주어진 타이밍도에서 Q_a와 Q_b에 대한 타이밍을 그려라.

(c) 만약 (a)의 답으로 동일하지 않다고 했다면, 두 회로가 근본적으로 동일한 타이밍을 갖기 위해서는 두 번째 회로를 어떻게 변경해야 하는지 설명하라(플립플롭은 바꾸지 마라).

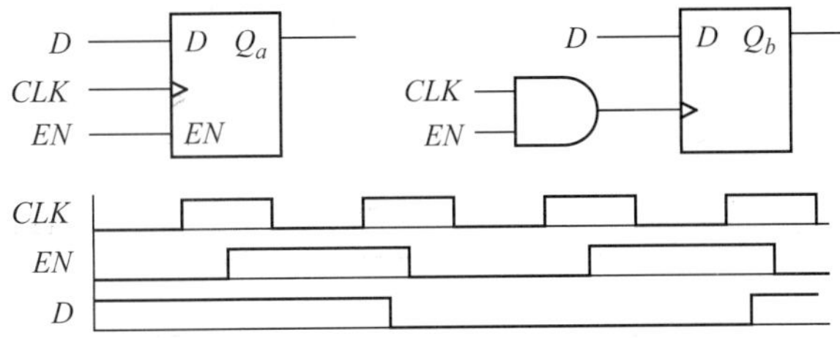

1.20 상태의 개수가 최소가 되도록 다음 상태표를 간단히 하라.

현재 상태	다음 상태 X = 0	다음 상태 X = 1	출력 X = 0	출력 X = 1
A	B	G	0	1
B	A	D	1	1
C	F	G	0	1
D	H	A	0	0
E	G	C	0	0
F	C	D	1	1
G	G	E	0	0
H	G	D	0	0

1.21 연습문제 1.22에서 나온 회로를 밀리 순차회로로 구성을 했다. 입력 X가 변하면, 클록의 하강 에지와 동일하게 변한다고 가정하자.

(a) 여기에 나온 타이밍도를 완성하라. 출력(Z)을 읽는 적합한 시간을 찾아라. 지연 시간이 0ns이고, 플립플롭과 XOR 지연 시간이 10ns라고 가정하자. 클록 주기는 100ns이다.

(b) 다음과 같은 지연 시간을 고려하자. XOR 게이트는 10~20ns, 플립플롭은 5~10ns, 셋업 시간은 5ns, 홀드 시간은 2ns. 지연 시간이 0ns라 가정하고, 안정적인 동기화 회로 동작을 하는 최고 클록 주파수를 결정하라. 플립플롭의 전파 지연을 포함하는 피드백 경로와 X가 변할 때 시작하는 경로를 모두 고려하라.

(c) 클록 주기가 100ns라 가정하고 (b)에서 사용한 타이밍 관련 매개변수를 그대로 사용한다고 하자. '지연 시간'이 존재한다고 할 때, 안정적인 동기화 회로 동작을 하는 최대 지연 시간은 얼마인가? 즉, 상태 시퀀스는 지연 시간이 없을 때와 같아야 한다.

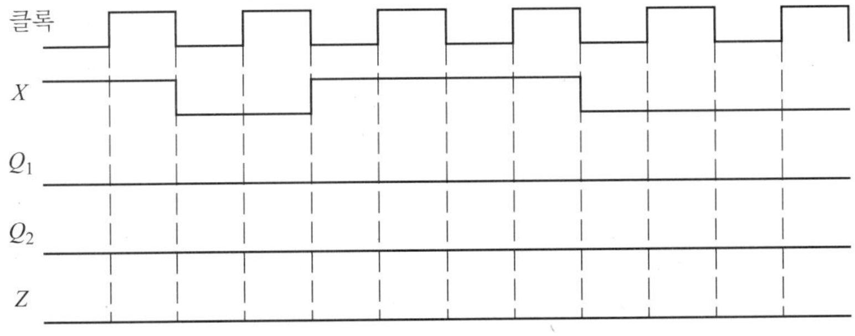

1.22 다음 회로에서 XOR 게이트의 지연 시간은 2~16ns이고, D 플립플롭은 클록에서 Q까지의 전파 지연 시간이 12~24ns이다. 셋업 시간은 8ns, 홀드 시간은 4ns이다.

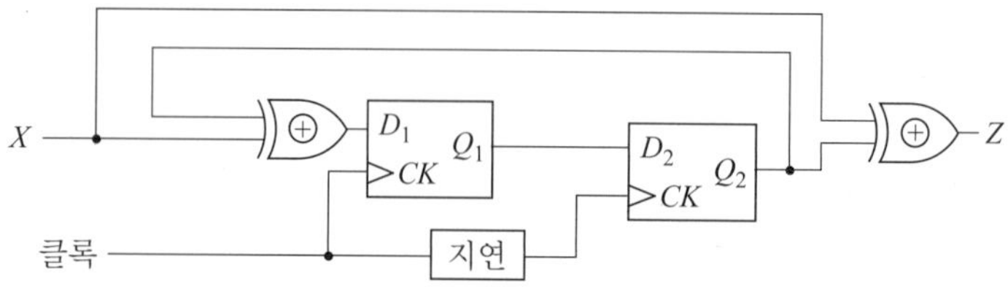

(a) 지연 시간이 0ns라 가정하고, 위의 회로가 안정적으로 동작하는 클록의 최대 주파수를 찾아라.

(b) 지연 시간이 5ns라 가정하고, 위의 회로가 안정적으로 동작하는 클록의 최대 주파수를 찾아라.

(c) 지연 시간이 −5ns라 가정하고(즉, 첫 번째 플립플롭이 두 번째 플립플롭에 비해 5ns 클록의 지연 시간이 발생한 경우), 위의 회로가 안정적으로 동작하는 클록의 최대 주파수를 찾아라.

(d) 지연 시간이 0ns라 가정하고, 안정적으로 동작하는 순차회로를 구성하기 위해 상승 클록 에지 전후로 *X*가 변화 가능한 가장 빠른 시간과 가장 늦은 시간을 계산하라.

(e) 지연 시간이 5ns라 가정하고, 안정적으로 동작하는 순차회로를 구성하기 위해 상승 클록 에지 전후로 *X*가 변화 가능한 가장 빠른 시간과 가장 늦은 시간을 계산하라.

(f) 지연 시간이 −5ns라 가정하고 안정적으로 동작하는 순차회로를 구성하기 위해 상승 클록 에지 전후로 *X*가 변화 가능한 가장 빠른 시간과 가장 늦은 시간을 계산하라.

1.23 어떤 밀리 순차 머신의 상태표가 다음과 같다.

현재 상태	다음 상태		*Z*	
	X = 0	*X* = 1	*X* = 0	*X* = 1
1	2	3	0	1
2	3	1	1	0
3	2	2	1	0

다음의 타이밍도를 완성하라. *Z*의 값을 읽을 수 있는 시간을 타이밍도에 분명히 표시하라. 모든 상태 변화는 클록의 상승 에지 이후에 발생한다. 이 머신의 초기화는 1번 상태라고 가정하자.

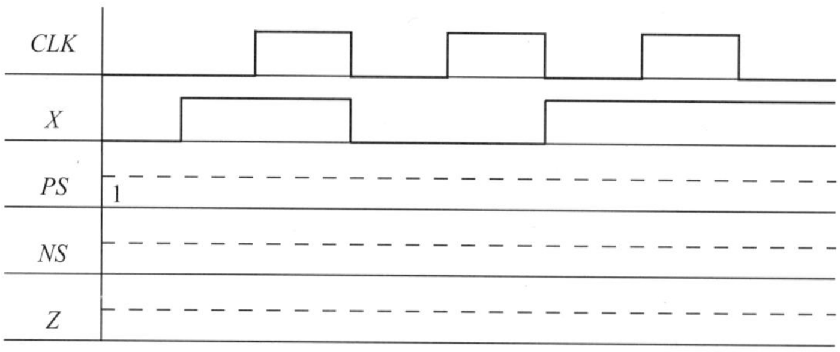

1.24 그림 1-56의 회로에서, 클록이 들어올 때 레지스터 *C*의 데이터가 레지스터 *A*와 *B*에 복사되도록 *Eni*, *Ena*, *Enb*, *Enc*, *Lda*, *Ldb*, *Ldc* 값을 정하라.

1.25 어떤 한 순차회로가 다음에 나타낸 것과 같이 PLA(programmable logic array)와 D 플립플롭으로 구성되어 있다.

(a) PLA의 전파 지연은 5~10ns이고, D 플립플롭에서 클록으로부터 출력까지의 전파 지연은 5~10ns라고 가정하고 타이밍도를 완성하라. 전파 지연의 범위를 고려하여 타이밍도에서 *Q*와 *Z*가 변할

수 있는 구간을 빗금 친 모양으로 나타내어라.

(b) X는 클록의 하강 에지와 동시에 항상 변한다고 가정한다. 회로가 여전히 정확한 동작을 할 수 있는 플립플롭의 최대 셋업 시간과 홀드 시간을 구하라.

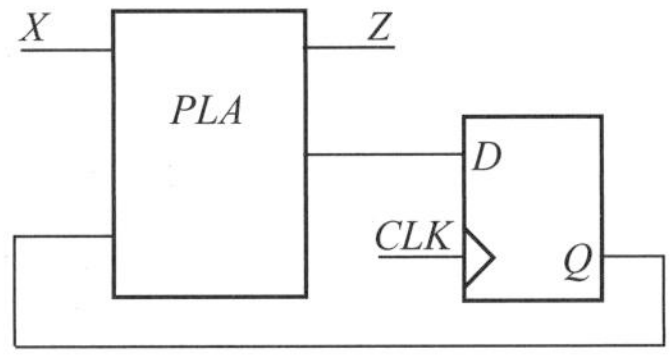

Q	0	1	0	1
0	0	1	0	1
1	0	0	1	0
	Q^+		Z	

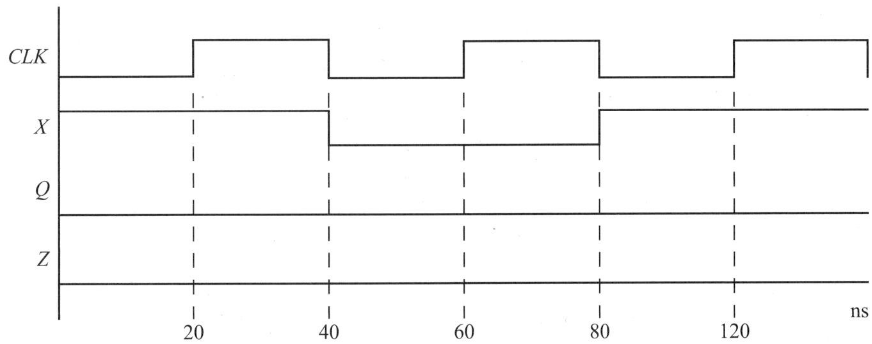

1.26 어떤 한 D 플립플롭에서 클록으로부터 Q까지의 전파 지연은 7ns이다. 플립플롭의 셋업 시간은 10ns이고, 홀드 시간은 5ns이다. 50ns 주기의 클록(25ns까지는 로우, 25~50ns는 하이 등)이 플립플롭의 클록 입력으로 들어온다. 외부 입력 신호와 플립플롭 입력 사이에는 2레벨의 AND-OR 회로가 있다고 가정한다. 게이트의 지연 시간은 2~4ns로 가정한다. 플립플롭은 포지티브 에지에서 트리거된다.

(a) D 입력은 $t = 0$에서 $t = 10$ns까지는 0으로, 10에서 35까지는 1로, 35에서 70까지는 0으로, 그리고 그 후는 1로 가정한다. 100ns까지 클록, D, Q를 나타내는 타이밍도를 그려라. 만약 출력을 결정할 수 없으면(셋업 시간과 홀드 시간을 충족시키지 않기 때문에), 그 부분은 XX로 나타내어라.

(b) 플립플롭의 D 입력은 클록 에지 이전 __ ns와 클록 에지 이후 __ ns 사이에서 변하지 않아야 한다.

(c) 외부 입력은 클록 에지 이전 __ ns와 클록 에지 이후 __ ns 사이에서 변하지 않아야 한다.

1.27 2개의 플립플롭이 아래에 나타낸 것과 같이 연결된다. 지연은 두 클록 입력 사이의 배선 지연을 나타내며, 그 결과로 클록 스큐가 된다. 클록 스큐로 인해 동기화가 실패할 수 있다. 클록으로부터 Q까지의 플립플롭 전파 지연은 $10\text{ns} < t_p < 15\text{ns}$이며, D_1의 셋업 시간과 홀드 시간은 항상 만족을 한다.

(a) 정확한 동기 동작이 여전히 가능한 지연 시간의 최대값을 구하라. 답을 정당화하기 위한 타이밍도를 그려라.

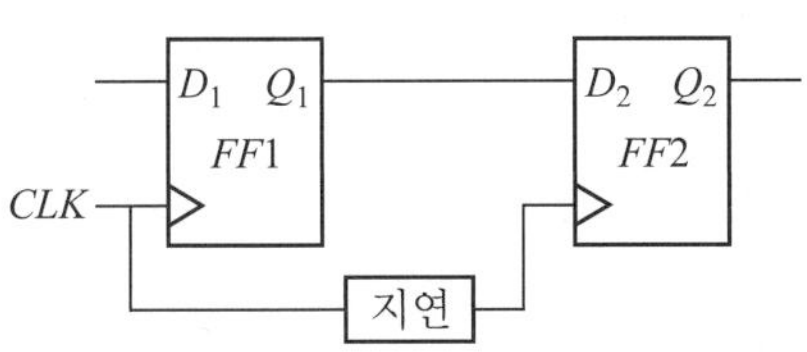

(b) 지연 시간이 < 3ns라고 가정할 때, 허용할 수 있는 최소 클록 주기를 구하라.

1.28 어떤 한 무어 순차회로가 1개의 입력과 1개의 출력을 갖고 있다. 입력 시퀀스 111이 들어오면 출력은 1이 되고, 입력 시퀀스 000이 들어오면 출력은 0이 된다. 다른 모든 경우의 출력은 이전 값을 유지한다.

예: $X = 0\ 1\ 0\ 1\ 1\ 1\ 0\ 1\ 0\ 0\ 0\ 1\ 1\ 1\ 0\ 0\ 1\ 0\ 0\ 0$

$Z = 0\ 0\ 0\ 0\ 0\ 0\ 1\ 1\ 1\ 1\ 1\ 0\ 0\ 0\ 1\ 1\ 1\ 1\ 1\ 1\ 0$

이 회로를 위한 무어 상태 그래프와 상태표를 구하라.

1.29 어떤 한 순차회로가 1개의 입력(X)과 2개의 출력(D와 B)을 갖고 있다. X는 4비트 이진수 N을 나타내고, 최하위 비트부터 입력된다. D는 4비트 이진수로 $N-2$와 같고, 최하위 비트부터 출력된다. 네 번째 입력이 들어올 때, 만약 $N-2$가 음수이면 $B=1$이 되고, 그렇지 않으면 $B=0$이 된다. 이 회로는 X의 네 번째 비트를 받은 후에 항상 리셋된다.

(a) 상태의 개수가 최소(6개의 상태)인 밀리 상태 그래프와 상태표를 구하라.

(b) 적절한 상태 할당을 선택하라. J-K 플립플롭과 NAND 게이트를 사용하는 회로를 구현하라. NOR 게이트를 사용하여 다시 구현하라(이 부분은 손으로 직접 할 것).

(c) LogicAid 프로그램을 사용하여 (b)의 답과 대조하라. 다른 두 가지 상태 할당에 대해서도 이 프로그램을 사용하여 NAND로 구현하라.

1.30 어떤 한 순차회로가 1개의 입력(X)과 2개의 출력(S와 V)을 갖고 있다. X는 4비트 이진수 N을 나타내고, 최하위 비트부터 입력된다. S는 4비트 이진수로 $N+2$와 같고, 최하위 비트부터 출력된다. 네 번째 입력이 들어올 때, 만약 $N+2$가 너무 커서 4비트로 표시할 수 없으면 $V=1$이 되고, 그렇지 않으면 $V=0$이 된다. 두 경우 모두에서 S는 돈케어가 아닌 올바른 값을 가져야 한다. 이 회로는 X의 네 번째 비트를 받은 후에 항상 리셋된다.

(a) 상태의 개수가 최소(6개의 상태)인 밀리 상태 그래프와 상태표를 구하라.

(b) 적절한 상태 할당을 선택하라. D 플립플롭과 NAND 게이트를 사용하는 회로를 구현하라. NOR 게이트를 사용하여 다시 구현하라(이 부분은 손으로 직접 할 것).

(c) LogicAid 프로그램을 사용하여 (b)의 답과 대조하라. 다른 두 가지 상태 할당에 대해서도 이 프로그램을 사용하여 NAND로 구현하라.

1.31 어떤 한 순차회로가 1개의 입력(X)과 2개의 출력(Z_1과 Z_2)을 갖고 있다. 만약 시퀀스 100이 입력으로 들어온 적이 없다면, 입력 시퀀스가 010으로 끝날 때마다 출력 $Z_1=1$이 발생한다. 출력 $Z_2=1$은 입력 시퀀스가 100으로 끝날 때마다 발생한다. 일단 출력 $Z_2=1$이 발생하면, $Z_1=1$은 절대로 발생할 수 없다는 점에 주의하기 바란다. 그러나 그 반대는 발생할 수 있다.

(a) 상태의 개수가 최소(8개의 상태)인 밀리 상태 그래프와 상태표를 구하라.

(b) 적절한 상태 할당을 선택하라. J-K 플립플롭과 NAND 게이트를 사용하는 회로를 구현하라. NOR 게이트를 사용하여 다시 구현하라(이 부분은 손으로 직접 할 것).

(c) LogicAid 프로그램을 사용하여 (b)의 답과 대조하라. 다른 두 가지 상태 할당에 대해서도 이 프로그램을 사용하여 NAND로 구현하라.

1.32 어떤 한 동기 순차회로가 하나의 입력과 하나의 출력을 갖고 있다. 만약 입력 시퀀스가 0101이나 0110이면, 2개의 연속된 1이 출력으로 나온다. 첫 번째 1은 0101이나 0110 시퀀스의 마지막 입력 비트와 동시에 발생해야 한다. 두 번째 1이 출력으로 나올 때, 회로는 리셋되어야 한다. 예를 들면 다음과 같다.

입력 시퀀스: $X = 0\ 1\ 0\ 0\ 1\ 1\ 1\ 0\ 1\ 0\ 1\ 0\ 1\ 0\ 1\ 1\ 0\ 1 \ldots$

출력 시퀀스: $Z = 0\ 0\ 0\ 0\ 0\ 0\ 0\ 0\ 0\ 0\ 0\ 1\ 1\ 0\ 0\ 0\ 0\ 1\ 1 \ldots$

(a) 상태의 개수가 최소(6개의 상태)인 밀리 상태 그래프와 상태표를 구하라.

(b) 적절한 상태 할당을 선택하라. J-K 플립플롭과 NAND 게이트를 사용하여 회로를 구현하라. NOR 게이트를 사용하여 다시 구현하라(이 부분은 손으로 직접 할 것).

(c) LogicAid 프로그램을 사용하여 (b)의 답과 대조하라. 다른 두 가지 상태 할당에 대해서도 이 프로그램을 사용하여 NAND로 구현하라.

CHAPTER 2

Verilog® 소개

집적회로 기술 발전으로 칩 안에 더 많은 트랜지스터를 만들 수 있었고, 또한 디지털 시스템의 복잡도도 지속적으로 증가돼왔다. 몇 개의 트랜지스터를 집적회로에 구현한 것은 당시에 기적 같은 일이었지만, 지속적인 연구는 **VLSI**(very large scale integration, 초고밀도 집적회로)로의 발전을 가져왔다. **SSI**(small-scale integration, 소규모 집적회로), **MSI**(medium-scale integration, 중규모 집적회로), **LSI**(large-scale integration, 대규모 집적회로) 영역에 속하는 초기 집적회로들은 집적 용량에 의해 결정이 되었다. SSI는 1~20개의 게이트를, MSI는 20~200개, LSI는 200개에서 수천 개의 게이트를 포함하는 회로를 의미한다. 가산기, 멀티플렉서(multiplexer), 디코더(decoder), 레지스터, 카운터처럼 흔히 사용되는 블록들은 MSI 표준으로 이용이 가능하다. VLSI는 10,000개 이상의 게이트가 사용되는 디바이스를 의미하지만, 오늘날 회로 구분의 명확한 기준은 없다. 최신 마이크로프로세서들은 1억 개 이상의 트랜지스터를 포함한다. 초기에 VLSI로 칭해졌던 것과 비교해본다면, 현재의 집적 기술은 ULSI(ultra large scale integration, 초대규모 집적회로)의 용량을 갖는다고 할 수 있다. 하지만 집적도 향상 능력과 불분명한 의미에도 불구하고, VLSI라는 용어가 현재에도 가장 많이 사용된다.

디지털 시스템이 복잡해짐에 따라, 게이트와 플립플롭에 이르는 세부적인 설계는 매우 힘들어지고 시간을 많이 요구한다. 20~30년 전에는 직접 손으로 디지털 시스템의 설계도면을 그리고 빵판과 도선을 이용하여 구현하기도 했다. 하지만 오늘날의 하드웨어 설계는 빵판과 도선을 이용한 구현을 거의 사용하지 않는다.

이번 장에서는 컴퓨터 지원 설계를 소개하고, 하드웨어 서술 언어에 대해 설명한다. Verilog®의 기본 기능을 알아보고, Verilog를 이용한 디지털 하드웨어 설계, 시뮬레이션, 합성 예제를 보여준다. Verilog의 고급 문법은 8장에서 더 다룬다.

2.1 컴퓨터 지원 설계

컴퓨터 지원 설계(computer-aided design, CAD) 툴은 급격한 성장을 해왔고, 오늘날 수많은 소프트웨어 프로그램을 이용하여 디지털 설계가 이루어진다. 개개의 부품이나 도선을 이용하지 않고도 시제품이나 최종 설계가 이루어질 수 있다.

그림 2-1은 최신 디지털 시스템 설계 과정을 도식화하고 있다. 여타 공학들과 마찬가지로, 설계의 첫 단계는 문제를 정립하고, **설계 요구조건**(design requirement)을 파악하고, **설계 사양**(design specification)을 결정하는 것이다. 그런 다음, 개념적으로 블록도나 산술 연산 레벨에서 **설계를 정립**(formulate the design)한다.

다음 설계 단계는 **설계 입력**(design entry)이다. 과거에는 이 단계에서 손으로 회로를 그리거나 청사진을 이용했다. 하지만 지금은 컴퓨터 지원 설계 프로그램을 이용하여, 이전 단계의 설계 개념을 적절한 형태로 컴퓨터 지원 설계 프로그램에 입력하면 된다. 설계는 다양한 형태로 입력이 가능하다. 여러 해 전에, 컴퓨터 지원 설계 프로그램은 그림 형태로 설계를 지원했다. 이 방법을 **설계도면 그리기**(schematic capture)라고 부른다. 설계도면 편집 프로그램은 게이트, 플립플롭, 멀티플렉서, 카운터, 레지스터 같은 기본적인 빌딩 블록들의 라이브러리로 구성된다. ORCAD(설계 자동화 프로그램을 만들었던 회사)는 유명

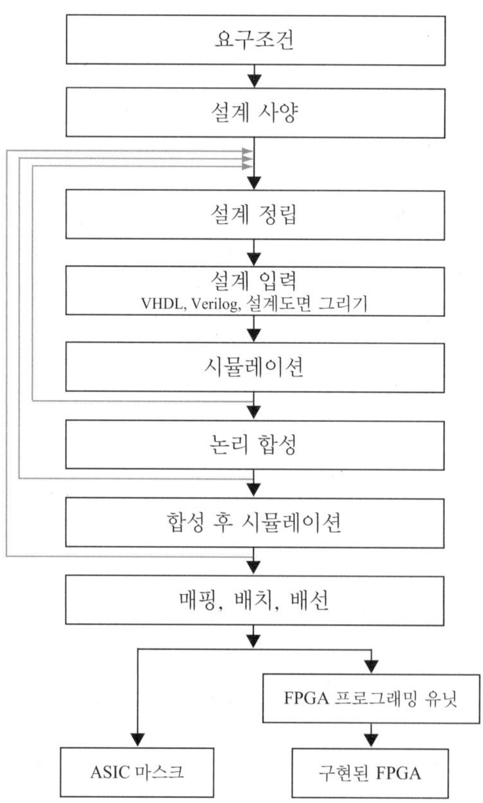

그림 2-1 최신 디지털 시스템 설계 과정

한 설계도면 편집 프로그램을 만들었다. 오늘날 **하드웨어 서술 언어**(hardware description language, HDL)는 텍스트의 형태로 설계를 입력하도록 한다. 가장 유명한 하드웨어 서술 언어는 VHDL과 Verilog이다.

하드웨어 서술 언어를 이용하면 설계도면 편집 프로그램을 이용할 때보다 디지털 시스템을 상위 추상화 레벨에서 설계하고 디버깅할 수 있다. 설계도면 편집 프로그램을 이용할 때, 설계자는 게이트, 플립플롭, 표준 MSI 빌딩 블록들을 일일이 그려주어야 한다. 하지만 하드웨어 서술 언어를 이용하는 경우, 게이트와 플립플롭의 구체적인 내용은 초기 설계 단계에서 고려하지 않아도 된다. 설계는 회로의 **동작서술형**(behavioral description)으로 구현될 수 있다. 동작서술형 하드웨어 서술 언어 방식에서, 설계자는 구체적인 회로 부품, 소자 등을 고려하지 않고 설계 플로우 차트나 산술 연산 레벨에서 회로의 일반적인 동작을 기술할 수 있다. VHDL이나 Verilog를 이용하는 또 다른 방법으로는 **구조서술형**(structural description) 방식이 있다. VHDL 혹은 Verilog를 이용하는 구조서술형 방법은 설계도면 편집 프로그램에서 게이트, 플립플롭, 그 밖의 모듈들을 그림으로 연결하는 방식을 텍스트의 형태로 표현하는 방식이다.

일단 설계가 입력되면, 개념화된 설계가 정확히 동작하는지 확인하기 위해 시뮬레이션을 수행하는 것이 중요하다. 처음에는 높은 수준의 동작적 모델에서 **시뮬레이션**(simulation)을 수행해야 한다. 이러한 시뮬레이션은 초기 설계에서의 문제점을 밝힐 수 있다. 만약 문제점이 발견되면, 설계자는 전 단계로 돌아가서 요구조건을 만족하도록 설계를 바꾸게 된다.

일단 설계의 동작이 시뮬레이션을 통해 검증되었다면, 다음 단계인 **합성**(synthesis)으로 진행할 수 있다. 합성은 상위 레벨에서 추상적 설계를 실제 게이트와 플립플롭으로 구성된 회로로 변환해주는 작업을 의미한다. 컴퓨터 지원 설계 프로그램을 이용하여 이러한 변환을 거치는 작업을 합성이라 하며, 합성은 산업계에서 일반적으로 이용되는 작업이다. 합성 프로그램의 결과물은 수많은 게이트와, 게이트들을 어떻게 연결하는지를 나타내는 연결 정보들로 구성되어 있으며, 이것을 **넷리스트**(netlist)라 한다. 합성은 마치 C와 같은 상위 언어를 이용하여 소프트웨어 프로그램을 작성하고 컴파일러를 통해 기계어로 바꾸어주는 작업과 같다. C 언어의 컴파일러가 프로그램을 최적화된 혹은 최적화되지 않은 기계어 코드로 변환하는 것처럼, 합성 툴은 최적화된 혹은 최적화되지 않은 하드웨어를 만들어준다. 합성 소프트웨어는 내부의 최적화, 변환 알고리즘에 따라 다른 하드웨어 구현을 보여준다. 합성 툴은 하드웨어 서술 언어를 하드웨어로 변환해주는 컴파일러와 같은 것이며, '디자인 컴파일러(design compiler)' 혹은 '실리콘 컴파일러(silicon compiler)'와 같이 합성 프로그램의 이름으로 종종 불리기도 한다.

설계의 다음 단계는 **합성 후 시뮬레이션**(post-synthesis simulation)이다. 앞서 상위 레벨에서의 추상적 설계 시뮬레이션은 회로에서 사용되는 하드웨어 컴포넌트들에 대한 구체적인 구현은 고려하지 않는다. 만약 합성 후 시뮬레이션에서 문제가 발견되었다면, 설계자는 회로의 타이밍 조건을 맞추기 위해 설계로 돌아가 회로를 수정해야 한다. 문제없는 회로를 구현하기 위해서는 합성 후 시뮬레이션을 통해 회로를 수정하는 작업을 수차례 실행해야 한다.

다음으로, 설계자는 회로를 구체적으로 구현해야 한다. 설계는 여러 가지 목표 기술로 구현될 수 있다. 완전 주문형 IC로 구현될 수도 있고, 벤더(vendor)로부터 쉽게 구할 수 있는 라이브러리 내의 표준 회로들로도 구현될 수 있다. 일반적으로 이용할 수 있는 목표 기술은 그림 2-2에 설명되어 있다.

가장 밀도가 낮고 정교하지 않은 방법은 규격화된 게이트, 플립플롭, 그 밖의 표준 로직 빌딩 블록을 사용하는 구식 인쇄회로기판으로 구현하는 것이다. 밀도가 약간 높은 것으로는 프로그래머블 로직 어레이(programmable logic array, PLA), 프로그래머블 어레이 로직(programmable array logic, PAL), 간단한 프로그래머블 로직 디바이스(simple programmable logic device, SPLD)가 있다. 밀도가 높고 게이트 수가 많은 PLD를 복잡한 프로그래머블 로직 디바이스(complex programmable logic device, CPLD)라고 한다. 다음으로 밀도가 높은 것으로는 간단히 게이트 어레이라고 하는 필드 프로그래머블 게이트 어레이(field programmable gate array, FPGA)와 마스크 프로그래머블 게이트 어레이(mask programmable gate array, MPGA)가 있다. 가장 밀도가 높고 성능이 좋은 것은 완전 주문형 반도체(application-specific integrated circuit, ASIC)이다.

오늘날 가장 일반적인 목표 기술은 FPGA와 ASIC이다. 설계 흐름의 초기 단계에서는 어떤 기술로 구현을 하든지 대부분 같다. 설계 흐름의 마지막 단계로 가면서, 그림 2-1에

그림 2-2 설계 기술의 스펙트럼

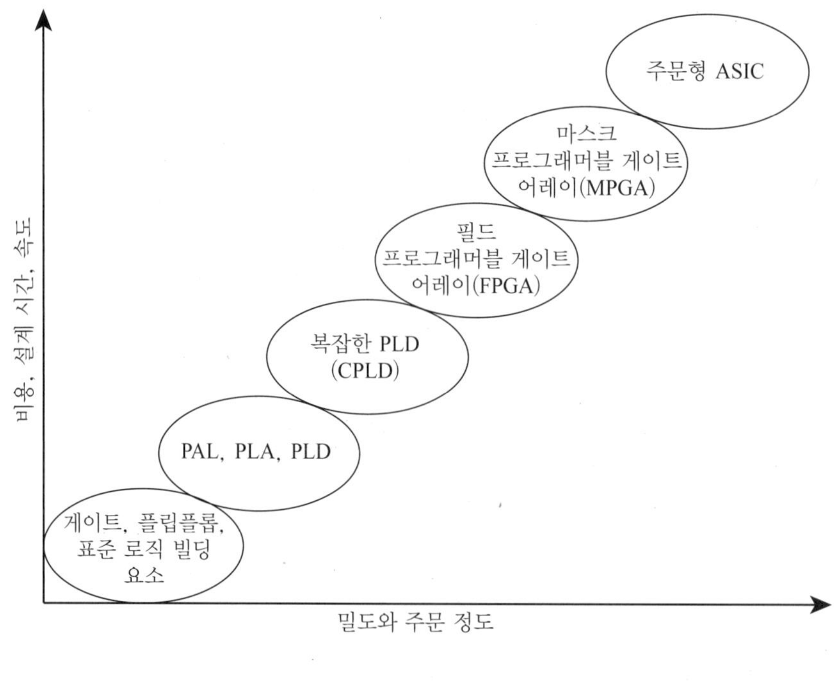

나타낸 것처럼 목표 기술에 따라 다른 작업을 수행하게 된다. 즉, 설계를 특정 목표 기술에 **매핑**(mapping)하고, 목표 ASIC이나 FPGA의 특정 부분에 **배치**(placement)한다. 컴포넌트 사이를 연결하는 경로는 **배선**(routing)에 의해 결정된다. 만약 AISC으로 설계한다면, 경로가 결정된 설계를 사용하여 IC 제조공정에서 쓰는 포토마스크(photomask)를 만든다. 만약 FPGA로 구현한다면, FPGA에서 프로그램이 가능한 여러 지점에 대해 수행해야 하는 것들을 자세히 기술하는 어떤 형식으로 설계를 변경해야 한다. 최근의 FPGA에서 프로그래밍은 FPGA의 프로그래머블 셀(cell)에 일련의 0과 1을 단순히 쓰는 것을 수반하며, 개인용 컴퓨터 외에는 특별한 프로그래밍 유닛을 필요로 하지 않는다.

2.2 하드웨어 서술 언어

하드웨어 서술 언어(HDL)는 디지털 회로와 시스템의 설계를 입력하는 데 이용된다. 많이 사용되는 하드웨어 설계 언어는 VHDL과 Verilog이다. HDL이 나오기 전, 설계자는 디지털 회로를 설계하고 시뮬레이션하기 위해 설계도면을 그리는 프로그램을 이용했다. 불편함을 해소하기 위해 도면의 형태가 아닌 문자의 형태로 회로를 기술하고 시뮬레이션할 필요성이 증대되었다. 이 책은 Verilog를 이용하여 최신 디지털 시스템 설계 원리를 보여준다. VHDL을 이용한 설계에 관심이 있다면, Roth와 John의 저서인『Digital Systems Design Using VHDL』(제2판, Cengage Learning, 2008)을 참조하면 된다.

Verilog는 디지털 시스템의 구조나 동작을 기술하기 위해 사용하는 하드웨어 기술 언어이다. Verilog는 복잡도가 소수의 게이트부터 다수의 복잡한 집적회로의 상호연결까지 다양한 디지털 시스템의 동작을 기술하거나 시뮬레이션하기 위해 사용할 수 있는 다목적 하드웨어 기술 언어이다. VHDL은 미 국방성(Department of Defense, DoD)의 자금 지원으로 개발된 반면, Verilog는 산업체에서 개발했는데, 1984년경 GDA(Gateway Design Automation)사가 개발했다.

1990년에 Cadence사가 GDA사를 인수하여 Verilog를 소유하게 되었다. 하지만 Cadence사는 Verilog를 여전히 상용화 언어와 시뮬레이터로 유지했다. 이때 Synopsis사가 Verilog를 이용한 하향식 설계 방법을 광고하기 시작했다. Cadence사는 VHDL의 많은 사용을 막기 위해 Verilog를 무료로 공개했다. 오픈 Verilog 인터내셔널(Open Verilog International, OVI)이라는 단체가 생겨서, 상용화 Verilog에 있었던 다양한 기능들을 무료로 사용할 수 있도록 하는 Verilog 스펙을 만드는 데 도움을 주었다. 이는 Verilog가 IEEE 표준이 되는 데 큰 도움이 되었다. 1995년 Verilog는 처음으로 IEEE 표준이 되었고, 2001년과 2005년에 개정되었다. Synopsis사는 Verilog를 이용한 합성 툴을 1988년경에 개발했다.

HDL은 여러 레벨에서 디지털 시스템을 표현할 수 있다. 즉, 동작적(behavioral) 표현,

데이터 흐름(data flow) 표현, 구조적(structural) 표현이 가능하다. 예를 들어, 이진 가산기는 구현과 관련된 구체적인 내용 없이 동작 레벨에서 두 이진수를 더하는 함수식으로 표현할 수 있다. 동일한 가산기를 데이터 흐름 레벨에서 주어진 가산기에 대한 논리식으로 표현할 수 있다. 마지막으로, 가산기를 구성하는 게이트들과 이들 사이의 상호연결을 기술함으로써 구조적 레벨에서 가산기를 표현할 수 있다.

HDL은 당연히 하향식 설계 방법론을 사용한다. 따라서 높은 레벨에서 시스템을 기술하고, 시뮬레이터를 사용하여 테스트한다. 이 레벨에서 시스템을 디버깅한 후, 점차적으로 설계를 상세히 함으로써, 결국 실제 하드웨어 구현과 밀접한 관계가 있는 구조적 표현에 이르게 된다. HDL은 구현 기술에 의존하지 않도록, 즉 기술 독립적으로 만들어졌다. 만약 어떤 설계를 HDL로 표현하고 최근의 기술로 구현했다면, 동일한 HDL 기술을 어떤 미래의 기술로 설계하기 위한 시작점으로 사용할 수 있다.

Verilog는 C 언어를 기반으로 만들어졌고, VHDL은 ADA 언어에 그 뿌리를 두고 있나. 많은 사람이 Verilog는 C와 비슷해서 배우기 쉽고, 사용하기 쉽다고 느낄 것이다. 물론 VHDL도 큰 시스템을 기록하고 설계하는 데 좋다. 두 언어 모두 디지털 회로를 쉽게 설계할 수 있도록 한다. Verilog는 상대적으로 합성 작업에 좀 더 유리하고, VHDL은 상위 추상화 계층에서 큰 시스템을 시뮬레이션하는 데 약간 더 유리한 편이다. 일반적으로 사용자는 기존에 쓰던 언어를 사용한다. 즉, Verilog를 사용하면 Verilog를 계속 사용하려고 하고 VHDL을 쓰면 계속해서 VHDL를 쓴다. 하지만 한 언어를 잘 알고 있다면, 다른 언어를 습득하고 사용하는 데 큰 어려움이 없다. VHDL은 상위 추상화 계층에 대해 좋은 장점을 제공하고, Verilog는 C와 비슷한 문법으로 많이 사용된다.

최근에는 System C, Handel-C, System Verilog와 같이 시스템 설계 언어에 대해서도 노력을 기울이고 있다. System C는 C++의 확장된 형태로 만들어졌고, 따라서 범용 소프트웨어의 개발에 익숙한 사람은 쉽게 적응할 수 있다. 이러한 언어들은 본래 높은 추상화 레벨에서 대규모 디지털 시스템을 표현하는 데 목적을 두고 있으며, 주로 검증과 확인을 위해 사용된다. 대규모 시스템의 각 부분을 서로 다른 팀이 설계할 때, 한 팀은 설계 초기에 다른 팀이 설계하고 있는 블록에 대한 시스템 레벨의 동작적 표현을 사용할 수 있다. 만약 사용하지 않으면 시스템 통합 중에만 나타나는 문제점들을 초기 단계에서 분명히 할 수 있고, 따라서 대규모 시스템의 설계 기간을 줄일 수 있다. 시스템 레벨 시뮬레이션 언어는 대규모 시스템을 설계하는 동안 사용된다.

언어 학습

새로운 언어를 배울 때는 일상의 의사소통을 위한 언어(영어, 스페인어, 프랑스어 등)이든, C와 같은 컴퓨어 언어이든, 또는 Verilog와 같은 특별한 목적의 언어이든 간에 여러 가지 도전에 직면하게 된다. 만약 처음 접하는 언어가 아니라면, 일반적으로 이미 알고 있는 언어와 비교하는 습관이 있다. Verilog를 배우는 경우, 이미 다른 하드웨어 기술 언어를 알고 있다면 그것과 Verilog를 비교하는 것이 좋지만, C 같은 언어와 비교할 때는 조심해야 한다. VHDL과 Verilog는 C 같은 언어와는 다른 목적으로 개발되었으므로, C와의 비교는 의미가 없다. 여기서는 HDL을 처음 배운다고 가정하고 Verilog를 설명할 것이다. 그러나 C와 같은 컴퓨터 언어의 기본 지식과 초보적인 컴파일 과정, 그리고 실행 흐름을 알고 있다고 가정한다.

새로운 언어를 배울 때는 새로운 언어의 알파벳, 어휘, 문법, 구문 규칙, 언어 표현의 의미를 공부해야 한다. Verilog를 배우는 과정도 크게 다르지 않다. 알파벳, 언어의 단어 또는 어휘 요소(lexical element), 구문(문법 또는 법칙), 그리고 의미(표현의 뜻)를 배울 필요가 있다. 언어의 어휘 요소는 다양한 **식별자**(identifier), **예약어**(reserved word), 특별부호, 문자(literal)를 포함한다. 부록 B에 이러한 것들을 나열했다. 구문 또는 문법은 어휘 요소의 어떤 조합이 유효한 Verilog 표현이 되는지 결정한다. 이것은 서로 다른 Verilog 구성소(construct)들을 사용하는 방법을 결정하는 법칙이다. 그 다음에 Verilog 표현이 나타내는 뜻이나 의미를 이해할 필요가 있다. 어떤 표현이 순차회로를 나타내고, 어떤 표현이 조합회로를 나타내는지 이해하게 되는 시점이 바로 여기다. 자연 언어가 말하기, 읽기, 쓰기를 통해 유창해지듯, Verilog에 숙달되려면 다양한 디지털 시스템 모델을 만들면서 반복적으로 사용해야 한다.

Verilog는 하드웨어 기술 언어이므로 일반 프로그래밍 언어와 여러 면에서 다르다. 무엇보다도, 모든 컴포넌트가 동시에 동작하는 실제 하드웨어를 모델링해야 하므로, 동시에 실행하는 처리문을 갖고 있다. Verilog는 하드웨어를 표현하고, 문서화하고, 시뮬레이션하고, 자동으로 생성하기 위한 목적으로 흔히 사용된다. 따라서 Verilog 구성소는 이러한 목적에 맞추어져 있다. 다음에 나오는 절들에서는 예를 사용하여 서로 다른 종류의 디지털 하드웨어를 모델링하는 여러 가지 방법을 설명할 것이다.

많이 사용되는 약어

VHDL: VHSIC hardware description language
VHSIC: very-high-speed integrated circuit
HDL: hardware description language
CAD: computer-aided design
EDA: electronic design automation
LSI: large-scale integration
MSI: medium-scale integration
SSI: small-scale integration
VLSI: very-large-scale integration
ULSI: ultra-large-scale integration
ASCII: American standard code for information interchange
ISO: International Standards Organization
ASIC: application-specific integrated circuit
FPGA: field-programmable gate array
PLA: programmable logic array
PAL: programmable array logic
PLD: programmable logic device
CPLD: complex programmable logic device
STA: static timing analysis

2.3 Verilog를 이용한 조합회로 기술 방법

일반적인 컴퓨터 프로그래밍 언어를 이용하여 하드웨어의 동작을 모델링할 때 가장 어려운 점은 동시에 동작하는 하드웨어를 표현하는 것이다. 우리가 익히 알고 있는 컴퓨터 프로그램들은 이미 정해진 순서의 명령어 구성으로 이루어져 있다. 프로그램 수행 중 한 지점에서, 프로그램은 그것이 수행되기로 한 순서에 다다르고 그 다음에 프로그램의 다른 부분에서 수행해야 할 작업들을 순차적으로 수행한다. 여러 개의 게이트로(모든 게이트가 항상 동시에 동작을 하는) 구성된 조합회로를 모델링하기 위해서는 회로를 동시에 동작시킬 수 있는 시뮬레이션 방법이 필요하다.

Verilog는 **동시진행문**(concurrent statement) 혹은 **연속 진행 지정문**(continuous assignment)을 이용하여 조합회로의 동작을 모델링한다. 동시진행문(혹은 연속 진행 지정문)은 항상 실행 준비가 되어 있다. 동시진행문과 연속 진행 지정문은 언제나 이 문장들의 오른쪽에 있는 신호 값들이 변하면 수행된다.

Verilog를 이용하여 간단한 게이트를 설명하는 예제로 시작해보겠다. 그림 2-3의 예제 회로에서 각각의 게이트가 5ns의 전달 지연을 가지면, 회로는 2개의 Verilog 문장으로 신호 *A*, *B*, *C*, *D*, *E*를 이용하여 보이는 바와 같이 표현 가능하다. 일반적으로 Verilog에서 신호의 이름은 실제 시스템에서 사용되는 신호와 일치한다. && 기호는 AND 게이트를 의미하고, || 기호는 OR 게이트를 의미한다. #5는 5ns의 지연을 의미하며, = 표시는 할당 연산자로 문장의 오른쪽에서 계산된 값을 문장의 왼쪽 신호로 넘겨주는 동작을 한다. `assign` 문은 그림 2-3에서 보여주는 것처럼 값을 할당하는 데 사용된다. 그림 2-3의 예제가 시뮬레이션될 때, 첫 번째 문장은 *A*나 *B* 신호가 변할 때마다 수행되며, 두 번째 문장은 *C*나 *D* 신호의 값이 변할 때 값이 계산이 된다. 예를 들어 초기값이 $A = 1$, $B = C = D = E = 0$이라고 하자. 이때 시간 0에서 *B*의 값이 1로 변한다면 *C*의 값은 5ns 이후에 1로 변화할 것이다. 그리고 *E* 값은 시간 10ns에 1로 변화할 것이다(시간 단위가 1ns라 가정할 경우).

이제 나올 Verilog 신호 할당 예제들은 동시진행문 혹은 연속 진행 지정문을 보여준다. Verilog 시뮬레이터는 각 동시진행문들의 오른쪽 항에 표시되어 있는 신호들을 지속적으로 관찰하고, 그 신호 값이 변화되면, 동시진행문의 오른쪽 항의 동작을 계산한다. 그리고 약간의 일정 지연 시간 후, 계산된 값이 동시진행문의 왼쪽 항에 표시된 신호로 할당된다.

그림 2-3 간단한 게이트 회로

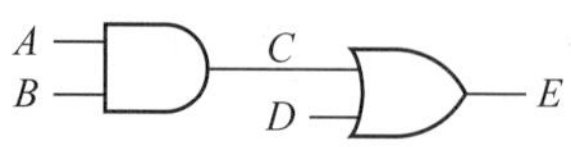


```
assign #5 C = A && B;
assign #5 E = C || D;
```

이것은 하드웨어가 동작하는 방식을 똑같이 표현하고 있다. 게이트 입력 신호가 언제 변화하더라도 출력 값은 하드웨어 동작에 의해 결정되어, 약간의 지연 시간 후 출력 값이 변화된다.

순차적 프로그래밍과 달리, 동시진행문의 순서는 중요치 않다. 위의 예제를 다음과 같이 쓰더라도

```
assign #5 E = C || D;
assign #5 C = A && B;
```

시뮬레이션 결과는 전의 값과 동일하다. 일반적으로 신호를 할당할 때는 다음과 같은 형태로 신호 할당을 한다.

```
assign [#delay] signal_name = expression;
```

구문이 실행될 때 expression의 값이 계산되고, delay 후에 그 변화가 좌측의 signal_name에 할당된다. 선택사항으로, [ ]의 위치에 #delay를 이용하여 지연 시간을 바꿀 수 있다. 만약 #delay가 쓰이지 않는다면, 신호는 즉시 갱신될 것이다. VHDL과 다르게, Verilog 시뮬레이션은 연속 진행 지정문에 델타 지연 시간을 보여주지 않는다. 델타 지연 시간은 굉장히 작은 시간으로 동시에 일어나는 동작들의 순서를 보여주기 위해 사용된다. 지연 시간이 표시되어 있다면, 신호가 갱신되는 때와 구문이 갱신되는 때는 같지 않다.

Verilog 프로그램에서 연속 진행 지정문들은 루프가 없음에도 마치 루프가 있는 것처럼 지속적으로 동작을 한다. 그림 2-4는 인버터의 출력이 자기의 입력에 연결되어 있는 예제를 보여준다. 만약 출력이 0이면, 그 출력은 입력에 연결되어 있어 출력을 인버터 지연 시간(이 경우는 10ns로 가정함. #10) 후 1로 바꾸는 동작을 한다. 그리고 1은 다시 인버터 출력이 입력에 연결되어 있기 때문에, 인버터 지연 시간 이후 출력 값을 0으로 바꾼다. 이 신호의 이름은 *CLK*이고, *CLK*는 동작파형에서 보여주는 것처럼 0과 1을 왔다 갔다 하는 동작을 보여준다. 만약 *CLK*가 0으로 초기화되어 있다면, 10ns 이후에 1로 바뀔 것이다. *CLK*가 바뀌었기 때문에, 구문이 작동되면 *CLK*는 다시 10ns 이후에 1로 바뀔 것이다. 이 과정이 무한히 지속될 것이다.

그림 2-4의 구문은 반주기가 10ns인 클록 신호를 만들어낸다. 만약 동시진행문이 다음과 같이 사용되었다면

그림 2-4 피드백으로 연결된 인버터

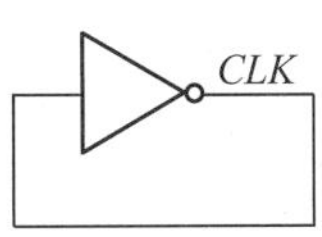


```
assign #10 CLK = ~CLK;
```

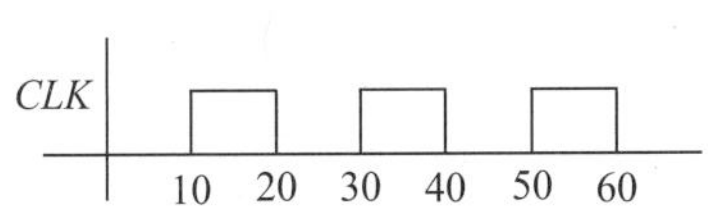

```
assign CLK = ~CLK;
```

시간은 결코 1ns로도 움직이지 않는다.

일반적으로 **Verilog는 대소문자를 구분한다.** 대문자와 소문자는 컴파일러와 시뮬레이터에서 다른 문자로 처리한다. 따라서 아래의 구문

```
assign #10 Clk = ~Clk;
```

과

```
assign #10 CLK = ~CLK;
```

는 2개의 다른 클록 신호를 만들 것이다. 신호의 이름과 그 밖의 **Verilog 식별자**들은 대소문자, 숫자, 언더바(_), 달러 표시($)를 포함할 수 있다. 식별자는 반드시 대소문자나 언더바로 시작해야 하며, 숫자나 달러 표시로 시작할 수 없다. 달러 표시는 **시스템 작업**(system task)을 위한 동작의 첫 문자로 사용된다. 다음은 바른 식별자들을 보여준다.

```
adder
Mux_input
_error_code
Index_bit
vector_sz
_$five
Count
XOR
```

다음은 잘못된 식별자의 예를 보여준다.

```
4bitadder
$error_code
```

모든 Verilog 구문은 반드시 세미콜론으로 끝나야 한다. 스페이스, 탭, 캐리지 리턴도 마찬가지로 사용된다. 즉, Verilog 구문을 여러 줄에 걸쳐 작성할 수도 있고, 한 줄에 여러 구문을 쓸 수도 있다. Verilog 코드에서 2개의 연속 슬래시(//)가 사용되면, //부터 그 문장의 맨 끝까지 주석처리를 한다. 한 줄 이상의 주석을 사용하고 싶을 경우, 주석의 시작 부분을 /*로 표시하고 주석이 끝난 뒤에 */로 표시한다. `and`, `or`, `always`는 Verilog에서 사용되는 예약어이므로 식별자로 사용할 수 없으며, Verilog 컴파일러에게 특별한 의미가 있다. 따라서 이 책에서 예약어는 굵은 글씨체로 표시할 것이다. 부록 B에 예약어들이 나와 있다.

그림 2-5는 신호 *A*를 공통 입력으로 갖는 3개의 게이트를 가진 Verilog 코드를 보여준다. 3개의 연속 진행 지정문은 *A* 신호가 변할 때마다 동시에 수행되고, 마치 3개의 게이트가 신호의 변화를 동시에 처리하는 것처럼 보인다. 하지만 게이트들이 다른 지연 시간을 갖고 있다면, 출력은 다른 시간에 변화한다. 만약 게이트가 각각 2ns, 1ns, 3ns의 지연 시간을 갖고 *A* 신호가 5ns에 변한다면, 게이트 출력 *D*는 7ns, *E*는 6ns, *F*는 8ns에 각각 변한다.

그림 2-5 공통 입력과 다른 지연 시간을 가진 3개의 게이트

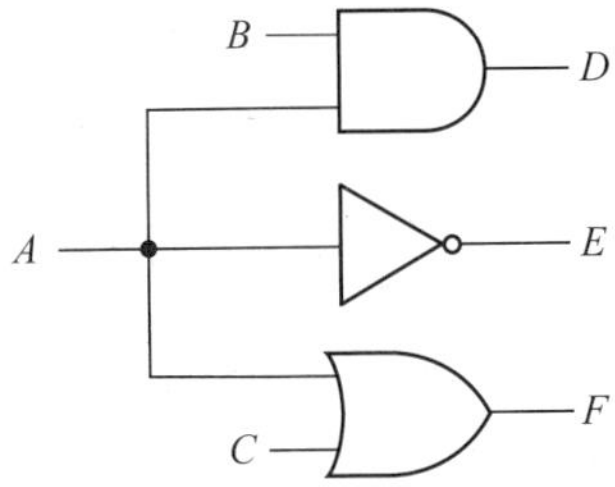


```
// A가 변하면, 동시 진행 지정문은 모두 동시에 실행된다.

assign #2 D = A && B;
assign #1 E = ~A;
assign #3 F = A || C;
```

A 신호가 변하는 5ns에 구문은 실행이 되지만, 신호 *D*, *E*, *F*는 각각 7ns, 6ns, 8ns에 갱신된다.

이제 나오는 예제들에서, `wire`(혹은 net)로 지정된 모든 신호는 일반적으로 0 혹은 1의 값(1'b0, 1'b1)을 갖는다. 일반적으로 Verilog에서 net 값들은 〈비트 수(number of bits)〉〈진수(base)〉〈값(value)〉의 형태로 표현된다. 값은 2진수, 10진수, 16진수가 사용되며, 각각 b, d, h로 표기된다.

디지털 회로에서는 종종 여러 신호들이 함께 동작을 수행하는 경우가 있다. 비트들의 1차원 어레이로 구성된 것을 벡터(vector)라 부른다. 만약 4비트 벡터가 *B*라고 이름이 정해지고, 0~3의 인덱스 범위를 갖는다면, `wire` 혹은 `reg` 타입의 4개의 요소가 구성되며, *B*[0], *B*[1], *B*[2], *B*[3]으로 지칭할 수 있다. 그리고 멀티비트의 `wire`로 다음과 같이 쓸 수도 있다.

```
wire B[3:0];
```

`B = 4'b1100`으로 표시된 경우, *B*[3]은 1, *B*[2]는 1, *B*[1]은 0, *B*[0]은 0을 갖게 된다.

그림 2-6은 4개의 AND 게이트 어레이를 보여준다. 입력은 4비트 벡터 *A*, *B*이고, 출력은 4비트 *C*이며, &&가 논리 연산 AND를 표시한다. Verilog의 구문을 4개의 게이트를 이용하여 각각 표현할 수 있지만, 효율적으로 한 줄의 Verilog 구문으로 벡터 *A*, *B*를 비트 연산 AND의 &를 이용하여 간략하게 표현할 수 있다. 벡터가 사용된 경우, & 연산자는 벡터의 각 비트 위치에 맞게 비트 연산 AND를 수행한다.

그림 2-6 AND 게이트의 어레이

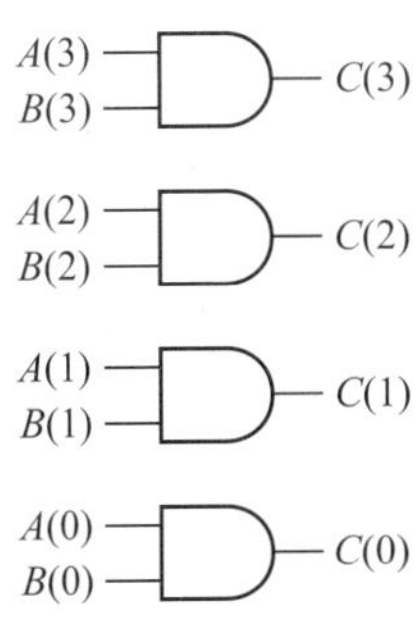


```
// 어려운 방법

assign C[3] = A[3] && B[3];
assign C[2] = A[2] && B[2];
assign C[1] = A[1] && B[1];
assign C[0] = A[0] && B[0];
```

```
// C, A, B를 4비트 벡터로 가정하는 쉬운 방법

assign C = A & B;
```

2.4 Verilog 모듈

일반적인 Verilog 코드의 형태는 모듈을 기반으로 이루어진다. 모듈은 기본적인 동작 블록으로 입력과 출력 신호, 회로의 동작부로 구성된다. 예를 들어, 그림 2-7에서 `module`은 `two_gates`라는 모듈을 선언하고 입력 *A*, *B*, *D*와 출력 *E*를 선언한다. 신호 *C*는 모듈 안에서 이용되는 내부 신호이기 때문에 `wire`로 선언이 되었다. 2개의 동시진행문이 회로에서 사용된 2개의 게이트 동작을 보여주고, 모듈은 `endmodule`을 사용함으로써 끝을 정의한다.

`module`의 I/O 선언부는 그림 2-8에서 보이는 것처럼, 우리가 설계한 블랙박스로 표기된 모듈이 외부와 연결하기 위한 선들로 도식화될 수 있다.

이 짧은 예제에서처럼, Verilog를 이용하여 시스템을 설계할 때는 시스템을 구성하고 있는 부분들의 동작을 모듈로 구성하고(그림 2-9 참조), 입력과 출력을 선언해야 한다. 각 모듈의 선언은 다른 모듈 혹은 외부의 다른 부분과 연결하기 위한 연결 신호, 즉 입력, 출력을 포함해야 한다. 우리는 다음과 같은 형식으로 모듈 선언 방식을 사용할 것이다.

그림 2-7 두 게이트로 이루어진 Verilog 모듈

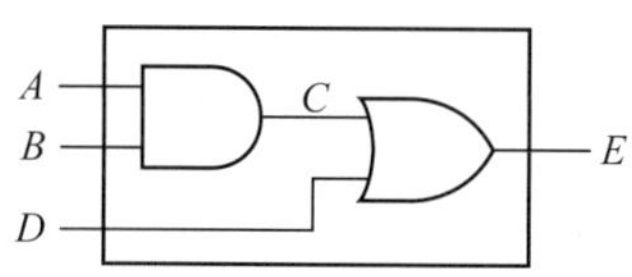


```
module two_gates (A, B, D, E);
output E;

input A, B, D;

wire C;

  assign C = A && B; // 동시
  assign E = C || D; // 진행문
endmodule
```

그림 2-8 블랙박스로 본 2게이트 모듈

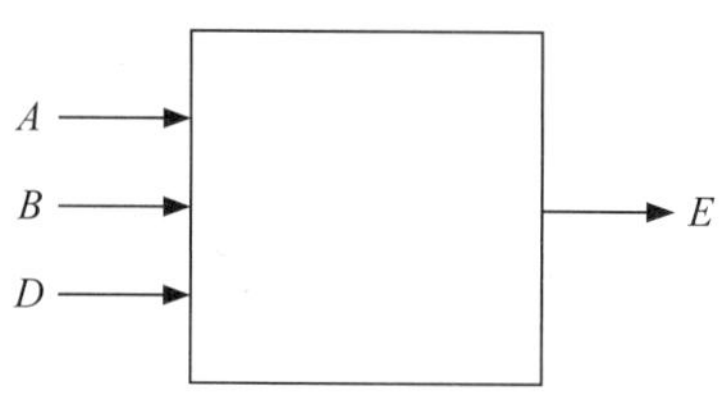

그림 2-9 Verilog 프로그램 구조

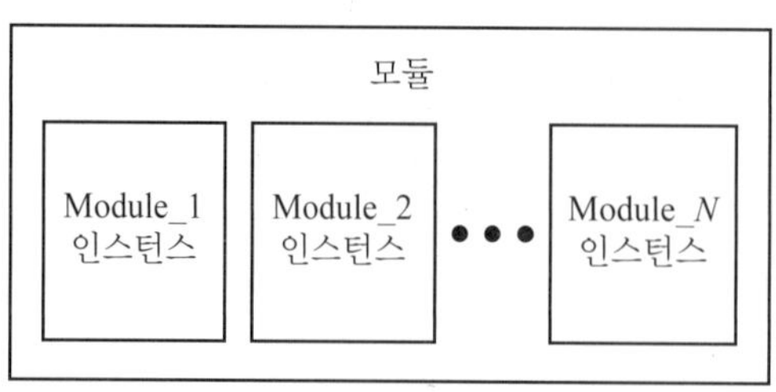

```
module module-name (module interface list);
[list-of-interface-ports]
...
[port-declarations]
...
[functional-specification-of-module]
...
endmodule
```

[ ] 안에 포함된 내용은 선택사항이다. `list-of-interface-ports`의 형태는 일반적으로 다음과 같다.

```
type-of-port list-of-interface-signals
{; type-of-port list-of-interface-signals};
```

{ }는 안의 내용을 0회 혹은 여러 차례 반복할 수 있다. `type-of-port`는 정보가 포트로 들어가는지 아니면 정보가 포트로부터 나오는지의 방향을 이야기한다. 입력 포트는 `input` 키워드를 이용하여 표기하고, 출력 포트는 `output` 키워드, 입력 출력 모두 수행되는 포트(입출력 포트)는 `inout` 키워드를 이용한다. 그리고 `list-of-port`는 모듈의 연결 신호들과 함께 사용될 수 있다.

`port-declarations` 부분은 모듈 안에 사용되는 내부 신호들을 선언하는 데 이용된다. 모듈 안에 다른 곳에서 정의된 모듈을 불러와서 사용할 수 있다.

이제, 전가산기의 Verilog 모듈을 작성할 것이다. 전가산기는 두 비트의 입력들과 한 비트의 캐리가 들어와서 1비트의 합과 1비트의 캐리 출력 비트를 만드는 동작을 한다. 그림 2-10에서 볼 수 있듯이 포트 선언부는 X, Y, C_{in}을 1비트의 입력 신호로 선언하고, C_{out}과 *Sum*을 1비트의 출력 신호로 선언한다.

```
module FullAdder(X, Y, Cin, Cout, Sum);
output Cout, Sum;
input X, Y, Cin;
  assign #10 Sum = X ^ Y ^ Cin;
  assign #10 Cout = (X && Y) || (X && Cin) || (X && Cin);
endmodule
```

이 예제에서 *Sum*과 C_{out}의 동작 선언부는 전가산기의 논리식을 Verilog를 이용하여 표현하고 있고, 실제 논리식은 다음과 같다.

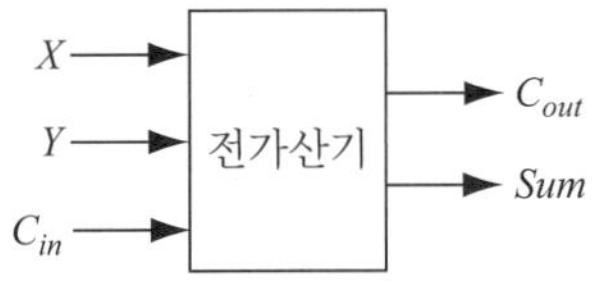

그림 2-10 전가산기의 Verilog 모듈

```
Sum = X ⊕ Y ⊕ Cin
Cout = XY ⊕ YCin + XCin
```

논리식을 이용하지 않고, 진리표나 게이트를 실제로 그려서 그 동작을 Verilog를 이용하여 표현할 수도 있다. Verilog는 NOT 연산을 제외하고 연산자 우선순위가 없기 때문에, C_{out}의 표현에서 괄호를 이용하여 (X && Y)와 같이 표현해야 한다.

4비트 전가산기

다음으로 앞에서 모듈로 만든 FullAdder 4개를 연결하여 4비트 이진 가산기를 설계하는 방법에 대해 이야기할 것이다(그림 2-11 참조). 우선, 4비트 가산기를 모듈로 선언한다(그림 2-12 참조). 입력과 합의 출력은 4비트이기 때문에, 우리는 4비트 벡터로 선언을 하고 [3:0]의 범위를 갖는다(범위를 [1:4]로 사용할 수도 있다).

다음으로, Adder4 모듈 안에 FullAdder 모듈을 인스턴스로 불러온다(그림 2-12).

I/O 포트 선언 후에는 내부 캐리 신호를 처리하기 위한 3비트 신호 C를 wire 데이터 타입으로 선언한다. 그리고 4개의 FullAdder 모듈을 불러오는 작업을 하는데, 설계 자동화 용어로 4개의 FullAdder 인스턴스를 만든다(불러온다)라고도 한다. 각 FullAdder는 포트들을 갖고 있고, 포트들은 회로에서 사용되는 신호들과 일대일 관계를 갖는다. 따라서

그림 2-11 4비트 이진 가산기

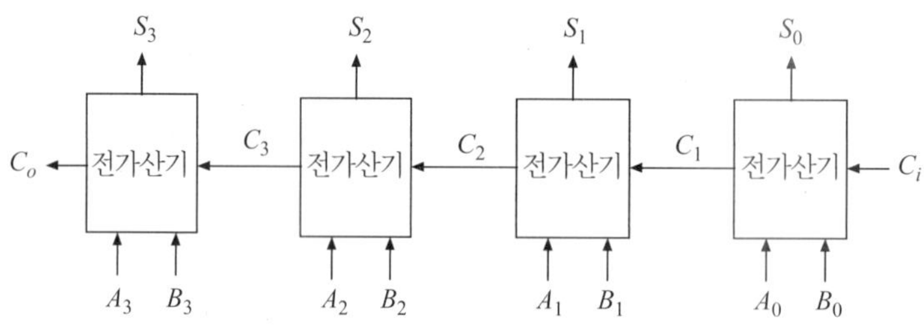

그림 2-12 4비트 가산기의 구조적 표현

```
module Adder4 (S, Co, A, B, Ci);
output [3:0] S;
output Co;
input  [3:0] A, B;
input  Ci;

wire   [3:1] C;  // C는 내부 신호이다.

// 4개의 FullAdder 인스턴스를 만든다.

FullAdder FA0 (A[0], B[0], Ci,   C[1], S[0]);
FullAdder FA1 (A[1], B[1], C[1], C[2], S[1]);
FullAdder FA2 (A[2], B[2], C[2], C[3], S[2]);
FullAdder FA3 (A[3], B[3], C[3], Co,   S[3]);

endmodule
```

A[0], B[0], Ci는 각각 입력 X, Y, C_{in}에 해당한다. C[1]과 S[0]은 가산기 LSB의 *Sum*과 C_{out}에 해당한다. 연결되지 않은 포트들은 비워두어도 괜찮다. 만약 신호들이 이름으로 포트에 연결되지 않는다면, 모듈의 포트 선언부에 나와 있는 포트 순서대로 사용해야 한다. 이 예제에서는 포트를 순서대로 사용하고 있으며, 이 방법을 **변수 위치 연계법**(positional association)이라 한다. 다른 방법은 **변수명 연계법**(named association)으로, 8장에서 다룬다. 변수명 연계법이 사용될 경우, 모듈의 모든 포트가 신호들로 연결이 된다면 신호의 순서는 상관이 없다.

시뮬레이션을 돌리기 위해, FullAdder 모듈과 Adder4 모듈을 같은 프로젝트에 놓고 컴파일한다. 어떤 툴에서는 2개의 모듈을 하나의 파일에 놓아야 하는 경우도 있다.

이 책에서 사용하는 시뮬레이션 예제들은 Mentor Graphics사의 **ModelSim Verilog 시뮬레이터**를 이용한다. 대부분의 다른 Verilog 시뮬레이터들도 비슷한 명령어 파일을 사용하고 결과도 비슷한 형태로 보여준다. 시뮬레이터에 사용되는 명령어 파일을 **do 파일**이라 부른다. 우리는 Adder4를 검증하기 위해 시뮬레이터 명령을 사용한다.

```
add list A B Co C Ci S    // 이 신호들을 출력 리스트에 포함시킨다.
force A 1111              // A 입력을 1111로 설정한다.
force B 0001              // B 입력을 0001로 설정한다.
force Ci 1                // Ci를 1로 설정한다.
run 50ns                  // 50ns 동안 시뮬레이션을 수행한다.
force Ci 0
force A 0101
force B 1110
run 50ns
```

각 입력에 대해 4개의 모든 전가산기에서 캐리가 충분히 마지막 결과를 만들 수 있도록 충분한 시간, 50ns 동안 시뮬레이션을 돌렸다. 위에서 이용한 명령에 대한 시뮬레이션 결과는 다음과 같다.

ns	delta	a	b	co	c	ci	s
0	+0	1111	0001	x	xxx	1	xxxx
10	+0	1111	0001	x	xx1	1	xxx1
20	+0	1111	0001	x	x11	1	xx01
30	+0	1111	0001	x	111	1	x001
40	+0	1111	0001	1	111	1	0001
50	+0	0101	1110	1	111	0	0001
60	+0	0101	1110	1	110	0	0101
70	+0	0101	1110	1	100	0	0111
80	+0	0101	1110	1	100	0	0011

다음 그림은 10ns마다 어떻게 캐리가 이동을 하는지 보여주고 있다. S, C, Co 값을 0으로 초기화함으로써 x 값이 발생하는 것을 방지했다. 이와 같은 조건에서, 시뮬레이션 과정은 다음과 같다.

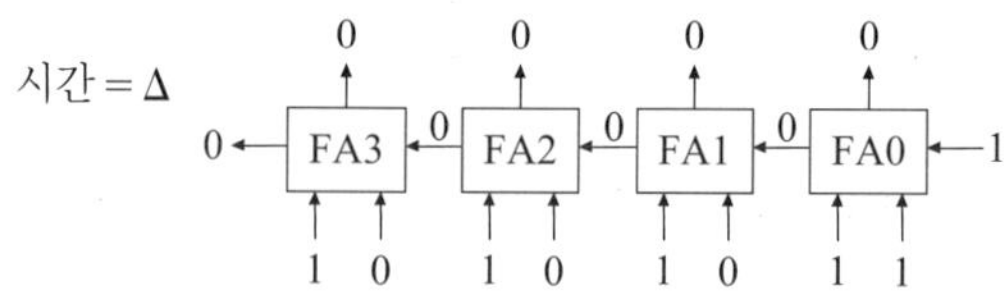

합과 캐리가 각 전가산기에서 계산되어, 10ns 이후에 각 전가산기의 출력으로 나온다.

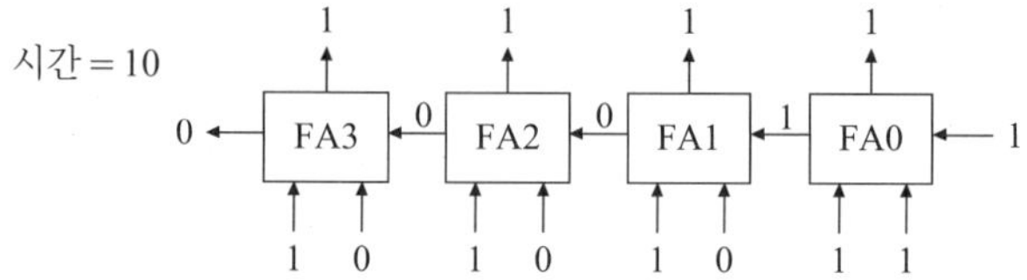

FA1의 입력이 바뀌었기 때문에, 출력이 10ns 이후에 변화된다.

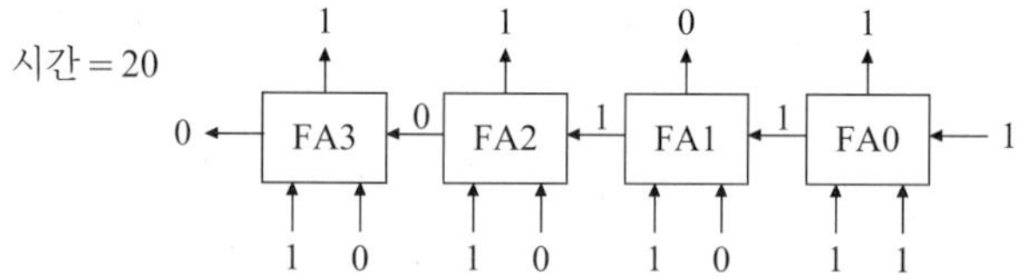

최종 시뮬레이션의 결과는 다음과 같다.

시간 = 40ns일 때: 1111 + 0001 + 1 = 0001 (캐리 1)
시간 = 80ns일 때: 0101 + 1110 + 0 = 0011 (캐리 1)

시뮬레이션은 80ns 이후에 더 이상 값의 변화가 없기 때문에 80ns에서 멈춘다.

inout 모드 사용

그림 2-13의 예제를 살펴보자. 모든 변수가 0ns에 0의 값을 갖고, *A*가 10ns에서 1로 변한다고 가정하자.

그림 2-13에 나와 있는 코드는 대부분의 툴에서 *D*가 출력으로 정의되긴 했지만, 컴파일, 시뮬레에션, 합성에 문제가 없을 것이다. VHDL의 경우, *D*는 반드시 `in` 혹은 `inout` 중 하나로 정의되어야 한다. 하지만 Verilog는 컴파일이 VHDL만큼 엄격하게 이루어지지 않는다. 출력은 같은 모듈 내에서 입력으로 사용될 수도 있다. 하지만 그림 2-14의 예제와 같이 *D*가 `inout`으로 정의되어 있다면, 다른 모듈들의 입력과 출력에 사용될 수 있다.

그림 2-13 출력을 입력 신호로 사용하는 예를 보여주는 Verilog 코드

```
module gates (A, B, C, D, E);
input  A, B, C;
output D, E;

assign #5 D = A || B;   // 구문 1
assign #5 E = C || D;   // 구문 2는 D를 입력으로 사용한다.

endmodule
```

그림 2-14 inout을 사용하는 Verilog 코드

```
module gates (A, B, C, D, E);
input  A, B, C;
output E;
inout  D;

assign #5 D = A || B;   // 구문 1
assign #5 E = C || D;   // 구문 2

endmodule
```

모든 신호는 10ns까지 0의 값을 유지하다가 10ns에 *A*의 값이 1로 변화되면 구문 1이 재계산된다. 그리고 15ns에 *D*의 값은 1이 된다. *D*의 값이 15ns에 1이 되면, 구문 2의 값이 재계산되며, 신호 *E*가 20ns에 1로 바뀐다. 이 예제는 2개의 게이트가 각각 5ns의 지연 시간을 갖는 경우를 보여주고 있다.

2.5 Verilog 지정 할당

Verilog에는 두 가지 지정 할당 방법, 즉 연속 진행 지정문과 순차 진행 지정문이 있다. 연속 진행 지정문은 조합회로의 값을 할당하는 데 사용된다. `assign` 키워드가 사용되어 할당된 `wire`(혹은 net)의 조합회로에서의 연속 진행을 명시적으로 표시하기 위해 사용된다. 내포적 연속 진행문의 할당은 `assign` 키워드를 사용하지 않고 직접 동작문을 신호에 할당하는 식으로 이루어진다. 다음의 예제들이 명시적(explicit), 내포적(implicit) 연속 진행 지정문의 차이를 보여준다.

```
wire C;
assign C = A || B;     // 명시적 연속 진행 지정문
wire D = E && F;       // 내포적 연속 진행 지정문
```

순차 진행 지정문은 레지스터와 유한 상태 머신(finite state machine)에 `always` 키워드를 이용하여 표시한다. 이어서 순차 진행 지정문을 더 자세하게 설명한다.

2.6 순차 진행 지정문

연속 진행 지정문은 조합회로를 설계하는 데 효율적으로 이용된다. 조합회로는 입력의 변화에 항상 동작을 한다. 반면, 순차회로는 클록을 기준으로 변화에 동작한다. 출력과 상태 변화는 정상적인 클록과 함께 변화를 하기 때문에 많은 입력의 변화는 고려되지 않을 수도 있다. 순차회로의 모델링은 클록에서의 선택적 동작 조건, 클록 에지에 의해 동작되는 소

자들, 동작 순서 등을 고려해야 한다. Verilog에서 순차적 할당을 위한 두 가지 방법이 있다. initial 블록은 시간이 0인 순간에 한 번 실행되는 것이며, always 블록은 계속 루프를 돌면서 실행된다. initial 블록과 always 블록은 시간 0에서 시작한다. always 블록은 이벤트가 일어날 때까지 기다리는 데 반하여, initial 블록은 이벤트를 기다리지 않고 시간 0에서 실행을 해버린다. Verilog는 always 블록 안에서 순차적 할당문을 사용할 수 있지만, 이 책에서는 다루지 않는다.

이번 장에서는 순차회로를 설계하기 위한 initial 문과 always 문에 대해 이야기할 것이다. initial 블록은 시뮬레이션과 검증 작업에 유용하게 쓰이지만 always 블록만 합성된다.

initial 문

initial 문의 기본 형태는 다음과 같다.

```
initial
begin
  sequential-statements
end
```

always 문

always 문의 기본 형태는 다음과 같다.

```
always @(sensitivity-list)
begin
  sequential-statements
end
```

always 문이 사용되었을 때, begin과 end 사이의 내용이 순차적으로 수행된다. always 다음에 나오는 괄호 안에 들어가는 것들을 센시티비티 리스트(sensitivity list)라고 칭하며, 센시티비티 리스트 안의 신호가 변화할 때마다 always 구문 안에 있는 begin, end 사이의 동작이 수행된다. 센시티비티 리스트 앞에 @ 기호가 항상 사용된다. 예를 들어 always 문에 @(A, B, C)의 센시티비티 리스트를 가지면, *A*, *B*, *C* 중 하나의 신호라도 변화될 때마다 동작이 수행된다. 센시티비티 리스트의 신호가 변할 때마다 always 블록 안의 순차 진행문들이 차례대로 수행된다. 초기 버전의 Verilog는 센시티비티 리스트에 하나 이상의 신호들이 포함되면, 신호마다 'or'가 사용되었다. 2001년 Verilog 버전부터 센시티비티 리스트에 콤마(,)가 'or' 대신 사용된다. 2001년 Verilog 버전 이후로, always 문에서 센시티비티 리스트에 *를 사용하여 어떤 신호의 변화에도 always 블록을 실행할 수 있도록 했다. always 블록이 실행되고 나면, always 블록 처음으로 돌아가 다시 센시티비티 리스트에 있는 신호의 변화를 기다린다.

always 블록의 = 혹은 <= 왼쪽에 있는 신호는 reg 데이터 타입으로 지정되어야 한다. wire를 포함한 어떤 다른 형태의 데이터 타입도 허용되지 않는다.

할당 연산자 '='는 always 블록 밖에서 사용되었을 때 연속 진행문을 의미한다. 예를 들어, 다음의 코드는

```
C = A && B;    // 동시 수행문
E = C || D;    // always 문 밖에서 사용되었을 때
```

always 블록 밖에서 사용되었기 때문에 연속 동작문이고, 따라서 동작문의 순서는 중요하지 않다. 하지만 할당 연산자가 always 블록 안에 사용되었을 경우, 그것은 동작문이 작성된 순서대로 동작하는 순차 진행 지정문이 된다.

블로킹과 논블로킹 지정문

Verilog에서 순차 진행 지정문은 두 가지 방식, 즉 블로킹과 논블로킹 지정문으로 실행될 수 있다. **블로킹문**(blocking statement)은 오른쪽의 동작 연산이 순차 진행 블록 안의 다음 상태가 동작되기 전까지 끝나야 한다. '=' 연산자는 블로킹 지정문에 사용된다. '블로킹'의 의미는 다음 상태가 실행되기 전까지 블로킹 지정문의 동작이 끝나야 한다는 뜻이다(즉, 순차 진행 블록에서 다음 상태가 실행되는 것을 막는다는 의미를 갖는다). **논블로킹문**(non-blocking statement)은 순차적인 흐름을 막지 않고 실행하는 것을 의미한다. 즉, 여러 지정문들이 동시에 실행되는 것을 말한다. '<=' 연산자가 논블로킹을 뜻하는 데 사용된다.

예를 들어, 다음 예제의 always 블록 안에서 이루어지는 동작을 살펴보자.

```
always @(A, B, D)
begin
  C = A && B;    // 블로킹 연산자가 사용되면
  E = C || D;    // 구문들은 순차적으로 실행된다.
end
```

always 블록은 A, B, 혹은 D의 신호가 바뀌면 한 번 실행된다. 첫 번째 지정문은 두 번째 지정문이 실행되기 전에 C의 값을 갱신한다. 따라서 두 번째 지정문은 C 값이 첫 번째 지정문에서 계산된 새로운 C 값을 입력으로 받아들인다. 만약 블록 안에서 C나 E의 값이 바뀌더라도, 센시티비티 리스트 안에 C가 없기 때문에 always 블록은 다시 수행되지 않는다. '=' 연산자는 Verilog에서 블로킹문을 표현하기 위해 사용된다. 블로킹문은 순차적 블록에서 다음 구문이 실행되는 것을 막는다. 반드시 주의해야 할 점은, '=' 연산자는 always 블록 안에서는 블로킹의 성질을 띠나 always 블록 밖에서 사용되면 동시 실행문의 성격 혹은 논블로킹의 성격을 띤다는 사실이다.

'<=' 연산자는 동시에 여러 개의 구문을 평가하는 데 사용된다. 다음의 코드를 살펴보자.

```
always @(A, B, D)
begin
  C <= A && B;    // 논블로킹 연산자가 사용되었기 때문에
  E <= C || D;    // 구문들은 동시에 실행된다.
end
```

블록은 *A*, *B*, *D* 중 하나의 신호라도 변화가 있을 때 실행된다. 두 구문은 always 블록 시작에서 *A*, *B*, *C*, *D* 값을 이용하여 동시에 연산이 이루어진다. 첫 번째 구문은 두 번째 구분의 연산이 끝나기 전에 *C*의 값을 이용하지 않는다. 따라서 두 번째 구문은 인풋으로 들어온 *C*의 값을 이용하여 연산을 하지, 첫 번째 구문에서 계산된 *C*의 값을 사용하지 않는다. 만약 블록이 연산될 때 *C*의 값이 변한다면, *C*가 센시티비티 리스트에 빠져 있기 때문에 블록이 다시 실행되지는 않는다. '<=' 연산자는 always 블록 안에서 **논블로킹 지정문**(non-blocking assignment)을 사용하기 위해 이용된다. always 블록 밖에서는 '=' 연산자가 연속 진행 지정문으로 이용되고, always 블록 안에서는 '<=' 연산자가 연속 진행 지정문으로 이용된다. *C*와 *E*는 지정문의 always 블록 안의 왼쪽에서 사용되었기 때문에 reg 데이터 타입으로 지정되어야 하고, reg는 always 블록 안에서 '=' 혹은 '<=' 왼쪽에 사용된 신호의 데이터 타입으로 유일하게 사용 가능하다.

그림 2-15는 블로킹과 논블로킹 지정문을 비교하고 있다. posedge 키워드는 Verilog에서 센시티비티 리스트에서 신호들이 상승 에지에 트리거되는 것을 표현하기 위해 사용된다. 신호 *A*와 *B*는 블로킹문에, 신호 *C*와 *D*는 논블로킹문에 사용되었다. 신호들의 초기값이 $A = C = 1\text{'b1}$, $B = D = 1\text{'b0}$으로 정해져 있다고 가정하자. 블로킹 지정문의 경우, *A*와 *B*는 1'b0이 될 것이다. 첫 번째 지정문 동작이 끝날 때까지 두 번째 동작문이 실행되지 않기 때문에, 첫 번째 지정문에서 계산된 새로운 *A* 값이 두 번째 지정문 *B*에 전달될 것이다. 반면에, 논블로킹 지정문은 블록 안에 있는 모든 지정문의 동작을 한꺼번에 실행하기 때문에, 지정문의 순서와 상관없이 동작을 한다. 따라서 논블로킹 지정문을 이용하고 있기 때문에, $C = 1\text{'b0}$, $D = 1\text{'b1}$의 값을 갖게 된다. *C*와 *D*의 값 변화 과정과, *A*와 *B*의 변화 과정

그림 2-15 블로킹과 논블로킹 지정문

```
module sequential_module (A, B, C, D, clk);
input  clk;
output A, B, C, D;
reg    A, B, C, D;

always @(posedge clk)
begin
  A = B;        // 블로킹문 1
  B = A;        // 블로킹문 2
end

always @(posedge clk)
begin
  C <= D;       // 논블로킹문 1
  D <= C;       // 논블로킹문 2
end

endmodule
```

은 다르다.

always 문은 조합회로와 순차회로를 모델링하는 데 사용할 수 있다. 하지만 always 문은 조합회로를 모델링하기 위해 반드시 필요한 것은 아니고, 순차회로를 설계하기 위해서는 반드시 필요하다. always 문을 이용하여 조합회로를 설계할 때는 주의를 기울여야 한다. 만약 입력 신호 중 하나라도 센시티비티 리스트에서 빠진다면, 시뮬레이션과 합성 과정에서 불일치를 보일 것이고, 큰 문제를 초래한다. 따라서 Verilog 2001 이후 버전으로 always 문을 사용하여 조합회로를 설계할 때는 always @*를 사용하여 발생할 수 있는 오류를 피해야 한다. 센시티비티 리스트에 *가 사용되었다면, 어떤 입력 신호의 변화에도 블록은 동작할 것이다.

그림 2-16의 예제에서, always 문은 2개의 연결된 게이트를 모델링하고 있다. always 문 안에서 사용된 = 혹은 <= 왼쪽의 신호가 가질 수 있는 데이터 타입은 reg이기 때문에, *D*와 *E*는 reg로 정의되었다. 또한 첫 번째 게이트의 출력이 외부로 나가는 동작을 하므로, *D*는 출력으로도 정의가 되어 있다. 만약 *D*가 inout으로 정의되어 있다면, *D*는 reg 타입이기 때문에 컴파일 오류가 발생할 것이다. 일반적으로 input과 inout 포트는 net(혹은 wire) 데이터 타입을 갖는다. 이 예제에서는 블로킹 지정문이 사용되었기 때문에 지정문들의 순서가 중요하다.

0ns에서 모든 신호가 초기값으로 0을 갖는다고 가정하자. 그리고 10ns에 *A*가 1로 바뀌었다. *A* 신호의 변화로 인해 모듈은 동작을 하게 된다. always 구문은 한차례 순차적으로 동작한다. *D*는 15ns에 1이 되고, *E*는 20ns에 1이 된다.

always 구문 안에서 블로킹과 블로킹 지정문의 분명한 차이를 보여주는 예제들이 2.14절에 있다. 순차회로는 블로킹 지정문을 '=' 연산자를 이용하여 모델링할 수 있지만, 일반적으로 사용하지 않는 편이 좋다. 합성이 가능한 Verilog 코드를 만드는 좋은 코딩 습관은 always 문 안에서 논블로킹 지정문을 '<=' 연산자를 이용하여 순차회로를 만들고, 블로

그림 2-16 always 블록 안에 블로킹문을 사용하여 표현한 조합회로의 Verilog 코드

```
module two_gates (A, B, C, D, E);
input  A, B, C;
output D, E;

reg D, E;

always @(*)
begin
  #5 D = A || B;  // 블로킹문 1
  #5 E = C || D;  // 블로킹문 2
end

endmodule
```

킹 지정문을 '=' 연산자를 이용하여 조합회로를 구성하는 것이다.

또 다른 좋은 습관은 하나의 always 블록 안에 블로킹과 논블로킹 지정문을 섞어 쓰지 않는 것이다. 각 always 블록을 작성할 때는 순차회로를 설계할지 조합회로를 설계할지를 생각하고, 조합회로를 설계한다고 하면 블로킹 지정문을 사용하는 방법이 좋다.

센시티비티 리스트

always 블록을 이용하여 조합회로를 만들거나 순차회로를 만들 경우, 센시티비티 리스트 안에는 일련의 이벤트들이 포함되어야 한다. always 블록의 동작은 하나의 이벤트라도 발생하면 이루어진다. 조합회로의 경우, 조건문에 사용된 모든 신호와 지정문의 오른쪽에 사용된 모든 신호가 센시티비티 리스트에 포함되어야 한다. 반면에 순차회로의 경우, 클록, 리셋, 지정된 신호 이벤트라는 세 가지 센시티비티 리스트를 포함할 수 있다. 조합회로의 경우 센시티비티 리스트에 @(*)를 사용하면 모든 신호의 변화를 감지할 수 있기 때문에 좋다. always 키워드 사용에 센시티비티 리스트가 빠지게 되면, always 블록 안에 지연 시간 혹은 시간을 조정한 이벤트와 같은 것이 반드시 사용되어야 한다. always 블록에 대한 자세한 설명은 2.8절을 참조하면 된다.

wire와 reg

지금까지 이 책에서 언급한 Verilog의 데이터 타입은 wire와 reg(2.11절에서 더 많은 데이터 타입을 살펴볼 것이다)이다. wire는 실제 회로의 신호선과 같은 역할을 하고, reg는 신호선과 같은 역할을 하지만 레지스터처럼 정보를 저장한다. wire와 reg 신호의 선언은 모듈 안의 initial 혹은 always 블록 밖에서 이루어져야 한다. wire의 초기값은 *z*(하이 임피던스)이고, reg의 초기값은 *x*(미지(unknown) 값)이다.

Verilog에서 wire는 1비트나 혹은 다중 비트로 이용이 가능하며, 값을 저장하는 데 사용할 수 없다. wire는 조합회로를 모델링하는 데 이용되며, 반드시 어떤 신호에 의해 그 값이 인가되어야 한다. wire는 assign 문의 왼쪽에 사용되는 신호의 데이터 타입이지만, always @ 문 안에서 =이나 <= 연산자 왼쪽에 사용되는 신호의 데이터 타입은 될 수 없다.

reg 데이터 타입은 다음 상태까지 값을 저장하기 위해 사용된다. (always 블록 안의) 순차회로의 출력은 반드시 reg로 정의되어야 한다. 그렇지 않으면 자동적으로 wire로 선언된다. reg를 조합회로나 순차회로를 설계하는 데 이용할 수 있다. reg는 always 블록과 (일반적으로 테스트 벤치에 사용되는) initial 블록의 = 혹은 <= 연산자 왼쪽에 사용되는 신호들의 데이터 타입이다. assign 문의 왼쪽 신호를 reg로 선언할 수 없다. 2.11절에서 더 많은 데이터 타입을 설명할 것이다.

Verilog HDL의 기본적인 데이터 값은 다음의 네 가지 값을 가질 수 있다.

- 0은 논리 0 혹은 거짓 조건을 의미한다.

- 1은 논리 1 혹은 참 조건을 의미한다.
- *x*는 논리의 미지 값을 의미한다.
- *z*는 하이 임피던스를 의미한다(혹은 삼상태 값으로도 불린다).

논리의 네 가지 값은 8장에서 더 자세하게 다룬다.

순차처리문과 always 문 동작을 더 깊이 이해하기 위해, 예제를 좀 더 살펴볼 것이다. 다음 절에서는 always 문을 이용하여 간단히 플립플롭을 설계하고, Verilog 시뮬레이션의 기초적인 과정을 설명하겠다.

2.7 always 블록을 이용한 플립플롭 모델링

플립플롭은 클록 상승 에지 혹은 하강 에지의 상태를 바꿀 수 있다. 이러한 동작은 Verilog의 always 블록을 사용하여 모델링할 수 있다. 그림 2-17은 *CLK*의 상승 에지에 동작하는 *Q* 출력을 갖는 D 플립플롭을 보여준다.

그림 2-17의 예제에서, *CLK*의 상승 에지에 always 블록은 한 번 동작을 하고 다음 *CLK* 상승 에지에 다시 always 블록을 처음부터 다시 실행할 것이다. always 블록의 **센시티비티 리스트**(sensitivity list)는 *CLK*의 상승 에지이고, *CLK*의 상승 에지에 *D*의 값이 *Q*에 전달된다. posedge(혹은 negedge)는 에지에 트리거되는 회로의 동작을 표현하기 위해 사용된다. CLK가 0에서 1로 변하는 순간을 상승 에지, CLK가 1에서 0으로 변하는 순간을 하강 에지라 한다.

만약 플립플롭에서 클록의 상승 에지로부터 5ns의 지연 시간 후 *Q*로 값이 나온다고 한다면, 앞의 always 블록에서 Q <= D; 대신 Q <= #5 D;로 표현되어야 한다.

always 블록 안의 begin과 end 사이에 표현된 구문들은 순차처리문으로 동작한다. 앞의 예에서 Q <= D;는 *CLK*의 상승 에지에 동작하는 순차회로이다. 반면에, 동시 진행 구문은 Q = D;로 쓰고, 이것은 *D*가 변할 때마다 동작하는 조합회로이다. 이 코드들을 가지고 합성을 진행하면, 순차회로의 경우 합성 툴은 *Q*가 *CLK* 상승 에지마다 동작하는 플릭플롭으로 생각할 것이고, 조합회로는 *D*와 *Q*를 연결하는 wire 혹은 버퍼로 받아들여질 것이다.

그림 2-17에서 플립플롭은 *D* 값의 변화에 동작하는 것이 아니기 때문에, *D*는 센시티비

그림 2-17 간단한 D 플립플롭의 Verilog 코드

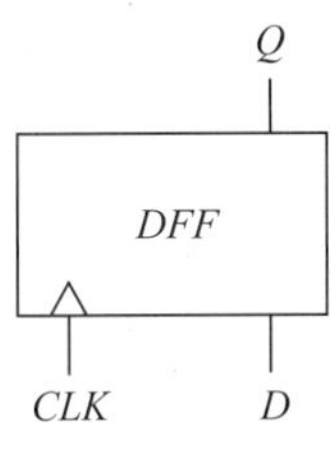


```
always @ (posedge CLK)
begin
  Q <= D;
end
```

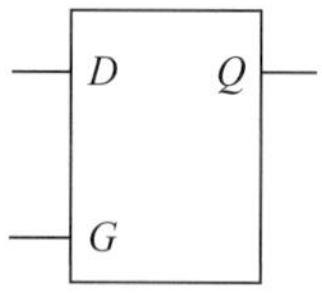


```
always @ (G or D)
begin
 if (G)
   Q <= D;
end
```

그림 2-18 투과형 래치의 Verilog 코드

티 리스트에 포함되지 않는다. 그림 2-18은 투과형 래치와 그 Verilog 코드를 보여준다. 센시티비티 리스트에 *G*와 *D*가 포함되어 있고, *G* = 1이고 *D* 값이 변하면 *Q* 값이 변한다. 만약 *G* = 0이면, `always` 블록이 실행되더라도 *Q* 값은 변하지 않는다. 센시티비티 리스트는 (*G* or *D*) 혹은 (*G*, *D*) 모두 사용 가능하다.

만약 플립플롭이 클록과 상관없이 리셋을 시키는 0 활성화 비동기 클리어 입력(*ClrN*)을 갖는다면, 그림 2-17의 코드는 *CLK*와 *ClrN*에 의해 변화하는 회로로 동작하도록 수정되어야 한다. 따라서 우선 *ClrN*을 센시티비티 리스트에 추가한다. 비동기 클리어를 갖는 D 플립플롭 Verilog 코드는 그림 2-19에 나와 있다. 비동기 *ClrN* 신호는 *CLK*를 덮어쓰기 때문에, *ClrN* 신호의 값을 우선 확인하고 *ClrN*이 0이면 플립플롭을 클리어한다. 그렇지 않으면, *CLK*를 확인하고 *CLK*의 상승 에지에 *Q*를 갱신한다.

다음 예제에서, `if` 문을 이용한 2개의 순차처리문을 보여준다. 기본적인 `if` 문은 다음과 같이 사용된다.

```
if (condition)
  sequential statements1
else
  sequential statements2
```

조건은 부울 대수의 조건을 TRUE과 FALSE로 판단한다. 만약 TRUE이면 `sequential statements1`이 실행되고, 그렇지 않으면 `sequential statement2`가 실행된다.

Verilog의 `if` 구문은 `always` 블록(혹은 `initial` 블록) 안에서 순차처리문으로 사용되지만, `always` 구문 밖에서 동시진행문으로 사용될 수 없다. `if` 문의 일반적인 형태는 다음과 같다.

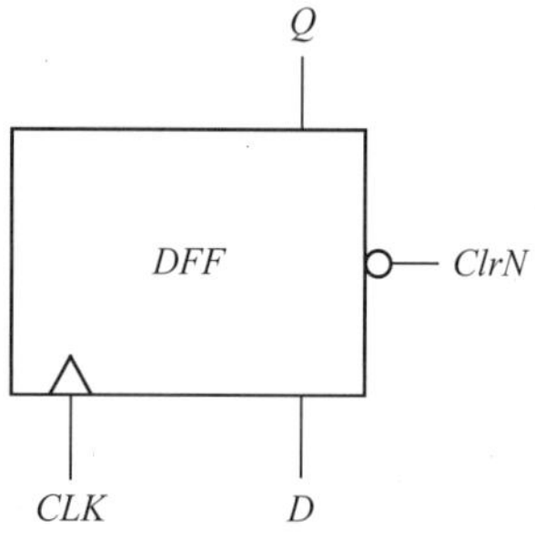


```
always @ (posedge CLK or negedge ClrN)
begin
  if (~ClrN)
    Q <= 0;
  else
    Q <= D;
end
```

그림 2-19 비동기 클리어를 갖는 D 플립플롭의 Verilog 코드

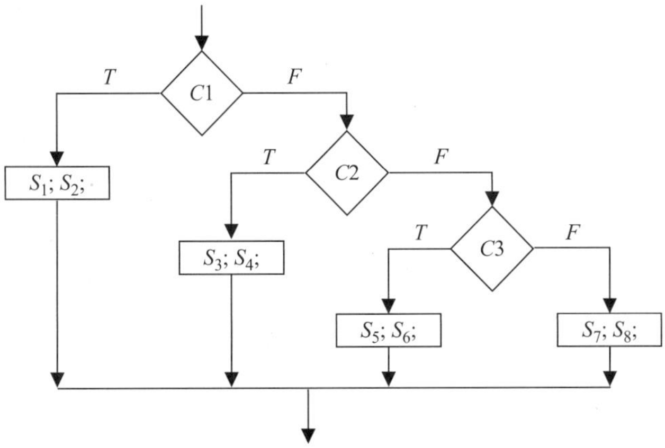


```
if (C1)
begin
  S1; S2;
end
else if (C2)
begin
  S3; S4;
end
else if (C3)
begin
  S5; S6;
end
else
begin
  S7; S8;
end
```

그림 2-20 중첩된 if와 else를 사용한 플로우 차트의 등가 표현

```
if (condition)
  sequential statements
  // 0 또는 그 이상의 else if 절이 포함될 수 있다.
else if (condition)
  sequential statements}
[else  sequential statements]
```

{ }는 여러 개의 else if가 사용될 수 있음을 이야기하는 것이고, [ ]는 else 문이 옵션임을 보여준다. 그림 2-20의 예제는 중첩된 if와 else if를 활용하여 플로우 차트를 나타내는 방법을 보여준다. 이 예제에서 *C*1, *C*2, *C*3는 참 혹은 거짓으로 판단되는 조건을 보여주고, S_1, S_2, ···, S_8은 순차처리문들을 보여준다. if 블록 안에 한 줄 이상의 구문이 포함될 경우, begin과 end를 이용해야 한다.

다음으로 그림 2-21에서 보여주는 J-K 플립플롭을, Verilog를 이용하여 구성할 것이다. 이 플립플롭은 0 활성화 비동기 프리셋(*SN*) 신호와 클리어(*RN*) 신호를 갖는다. 클록의 하강 에지에 *J*, *K* 값에 따라 상태가 변화한다. *SN* = *RN* = 0이 되는 조건은 발생하지 않는다고 가정하자. 이번 장에서 *N*으로 표현된 것은 0 활성화 신호를 나타낸다.

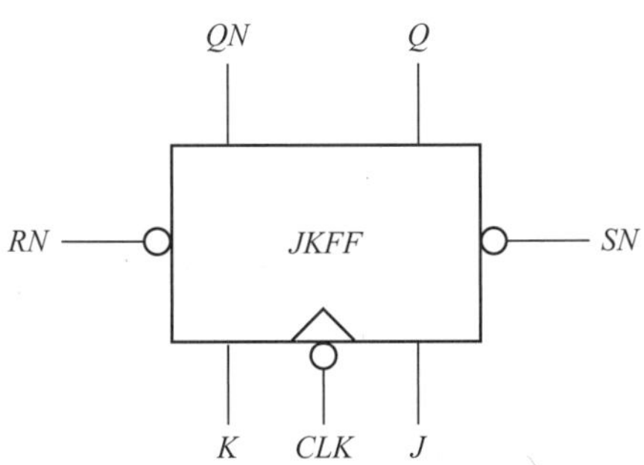

그림 2-21 J-K 플립플롭

그림 2-22 J-K 플립플롭 모델

```
module JKFF (SN, RN, J, K, CLK, Q, QN);
input  SN, RN, J, K, CLK;
output Q, QN;
reg Qint;
always @(negedge CLK or RN or SN)
begin
  if (~RN)
    #8  Qint <= 0;                                  // 구문 1
  else if (~SN)
    #8  Qint <= 1;                                  // 구문 2
  else
    Qint <= #10 ((J && ~Qint) || (~K && Qint)); // 구문 3
end
assign Q = Qint;                                    // 구문 4
assign QN = ~Qint;                                  // 구문 5
endmodule
```

그림 2-22는 J-K 플립플롭을 구성한 Verilog 코드를 보여준다. `module` 선언문 다음에 입력과 출력 신호들이 쓰여 있다. 모듈에 플립플롭 상태를 보여주기 위한 내부 신호가 `reg` *Qint*로 선언되었다. 2개의 동시진행문(구문 4, 구문 5)이 내부 신호를 플립플롭 출력 *Q*, *QN*으로 보내준다. 플립플롭이 *SN*, *RN*, *CLK* 신호의 동작 상태를 바꾸기 때문에, 이 세 신호가 `always` 블록의 센시티비티 리스트에 사용된다. *RN*, *SN*은 0 활성화 신호이다. 만약 *RN* = 0이면 플립플롭은 리셋(reset)이 되고, *SN* = 0이면 플립플롭은 셋(set)이 된다. *RN*, *SN* 신호는 *CLK*와 무관하게 플립플롭을 리셋, 셋시키기 때문에, 그 값들을 먼저 확인해야 한다. 만약 *RN*, *SN* 모두 1이면, 클록의 하강 에지에서 값을 확인한다. `if` 문에서 (~RN) 혹은 (RN == 1'b0)이 모두 사용될 수 있다.

(negedge CLK)의 조건은 *CLK*가 1에서 0으로 변화할 때 TRUE이다. 플립플롭의 다음 상태(next state)는 아래의 관계식에 의해 결정된다.

$$Q^{+} = JQ' + K'Q$$

8ns의 지연 시간은 *SN* 혹은 *RN*이 0으로 되고, 플립플롭이 클리어 혹은 셋이 될 때까지의 시간을 의미한다. 10ns의 지연 시간은 클록의 하강 에지 후 *Q* 값이 변화할 때까지 걸리는 시간을 보여준다.

2.8 이벤트 제어를 통한 always 블록

센시티비티 리스트 대신에 wait 혹은 이벤트 제어를 통해 always 블록을 사용할 수 있다. 만약 always 키워드에서 센시티비티 리스트가 사용되지 않는다면, 지연 시간 혹은 시간 제어를 통한 이벤트가 always 블록 안에 반드시 쓰여야 한다. 예를 들어,

```
always
begin
#10 clk <= ~clk;
end
```

는 지연 시간이 0이 아닌 한 동작을 할 것이다.

always 블록은 wait 문과 센시티비티 리스트를 함께 포함할 수 없다. wait 문을 이용한 always 블록은 다음과 같은 형태이다.

```
always
begin
  sequential-statements
  wait-statement
  sequential-statements
  wait-statement
  . . .
end
```

always 블록은 또한 다음과 같이 표현할 수도 있다.

```
always
begin
  rst = 1;  // 순차 구문
  @(posedge CLK);  // posedge CLK까지 기다린다.
  // 순차 구문
end
```

이 always 블록에서 sequential-statements는 wait(이벤트 제어) 문을 만날 때까지 동작할 것이다. 그리고 쓰여진 조건이 만족될 때까지 기다릴 것이다. 그리고 다음 sequential-statements가 다음 wait 문을 만날 때까지 수행된다. 이러한 방식으로 always 블록의 맨 마지막까지 수행된다. 그리고 다시 always 블록의 처음으로 가게 된다.

wait 문은 레벨 반응(level sensitive) 이벤트 제어를 이용한다. wait 문은 일반적으로 다음과 같이 사용된다.

```
wait (Boolean-expression)
```

순차처리문은 부울 논리식의 값이 FALSE이면 기다린다. 논리식 값이 TRUE이면, 구문이 실행된다. 논리 값 '0', 'x', 'z'는 FALSE로 받아들여진다. 논리 값 1은 TRUE이다. 다음 예제는 wait 문이 FALSE일 때 순차처리문의 동작이 멎어 있는 것을 보여준다.

wait 문은 다음 예제에서 보여주는 것처럼 2개의 프로세스를 동기화하거나 핸드셰이크(handshake)하는 데 사용된다.

```
always
begin
  wait (WR)
    MEM = DATA_IN;
  wait (~WR)
    DATA_OUT = MEM;
end
```

WR 신호가 참이 되면 DATA_IN이 MEM에 쓰여지고, WR 신호가 거짓이 되면 MEM 값이 DATA_OUT에 전달된다.

예제 반가산기에서 sum과 carry는 sum = x XOR y, carry = x AND y에 의해 구성된다. add 신호가 1이면 동작하는 반가산기의 아래 코드에서 무엇이 잘못되었는지를 찾아라.

```
always @(*)
begin
if (add == 1)
   sum = x ^ y;
   carry = x & y;
end
```

(a) 컴파일은 되지만, 시뮬레이션의 결과가 잘못될 것이다.
(b) 컴파일과 시뮬레이션은 정상적으로 되지만, 합성이 정상적으로 이루어지지 않을 것이다.
(c) 시뮬레이션과 합성에서 정상적으로 동작할 것이다.
(d) 컴파일도 이루어지지 않을 것이다.

해답

(a). 이 코드는 컴파일은 되지만, 시뮬레이션이 정상적으로 이루어지지 않을 것이다. if 문이 begin, end를 포함하고 있지 않다. 따라서 sum 구문만이 if 문에 속하게 된다. carry 구문은 add 신호와 무관하게 동작할 것이다. 정상적인 동작을 하기 위해서는 if 문의 begin과 end 사이에 sum, carry 구문을 포함시켜야 한다. 이렇게 하면 정상적인 시뮬레이션 결과를 얻을 수 있다. 하지만 여전히 합성에서 래치를 생성할 것이다. 래치는 always 구문의 시작 부분에 sum과 carry를 0으로 초기화하거나, else 문을 추가함으로써 없앨 수 있다.

예제 add 신호가 1이면 동작하는 반가산기의 아래 코드에서 무엇이 잘못되었는지를 찾아라.

```
always @(*)
begin
if (add == 1)
   sum = x ^ y;
   carry = x & y;
 else
   sum = 0;
   carry = 0;
end
```

(a) 컴파일은 되지만, 시뮬레이션의 결과가 잘못될 것이다.

(b) 컴파일과 시뮬레이션은 정상적으로 되지만, 합성이 정상적으로 이루어지지 않을 것이다.

(c) 시뮬레이션과 합성에서 정상적으로 동작할 것이다.

(d) 컴파일도 이루어지지 않을 것이다.

해답

(d). 이 코드는 `if` 문 안에 begin과 end가 포함되어 있지 않기 때문에, 컴파일조차 되지 않는다. 컴파일러가 `else` 문을 확인하면, 컴파일러는 해당 `if` 문을 찾는다. `if`, `else` 문에 모두 begin, end가 빠져 있다. 만약 begin, end를 모두 추가하면, 시뮬레이션과 합성이 모두 정상적으로 이루어진다.

2.9 Verilog의 지연 시간

이 장의 앞부분에서 다음 예제를 보여줬다.

```
assign #5 D = A && B;
```

지연 시간이 5ns(시간 단위가 1ns라 가정할 경우)인 AND 게이트를 모델링하고 있다. 이 예제는 AND 게이트를 모델링하지만, 독자들이 일반적으로 생각지 못한 문제점을 야기한다. 만약 이 AND 게이트의 입력이 자주 바뀐다면(1ns, 2ns, 3ns 등의 지연 시간을 갖고), 시뮬레이션의 출력은 변화하지 않을 것이다. 이것은 Verilog의 지연 시간 때문이다.

기본적으로 Verilog의 지연 시간은 전달 지연과 관성 지연의 두 가지 모델로 나뉜다. 조합 블록에서 전달 지연은 다음과 같은 세 가지 방법으로 표현할 수 있다.

```
// 명시적 연속 진행 지정
wire D;
assign #5 D = A && B;
```

```
// 내포적 연속 진행 지정
wire #5 D = A && B;

// net 선언
wire #5 D;
assign D = A && B;
```

A, *B*의 어떤 변화도 출력 값이 변화하기 전까지 5ns의 지연 시간을 갖는다. 만약 *A*나 *B*의 값이 *D* 출력이 계산되기 5ns 전에 변한다면, 값의 변화가 계산될 것이다. 하지만 입력 펄스가 지연 시간보다 더 짧은 시간을 갖는다면 그 값은 출력으로 전달되지 않을 것이다. 이를 **전달 지연**(transport delay)이라 칭한다. 전달 지연은 짧은 펄스를 입력에서 출력으로 전달하지 않는 게이트나 회로를 모델링하기 위해 제안되었다. 만약 게이트가 *T*의 전달 지연 시간을 가지면, *T*보다 짧은 펄스를 갖는 신호는 무시된다. 예를 들어 게이트가 5ns의 전달 지연 시간을 가지면, 5ns의 펄스를 갖는 신호는 통과하지만 4.999ns 크기의 펄스를 갖는 신호는 사라져버린다.

관성 지연(inertial delay)은 배선에 의해 발생하는 지연 시간을 모델링하기 위함이다. 관성 지연은 단순히 쓰여진 시간 동안을 입력 신호에 추가한다. 이 지연 시간을 모델링하기 위해, 지연 시간이 구문의 오른쪽에 쓰여야 한다. 그림 2-23은 전달 지연과 관성 지연을 Verilog 코드에서 보여준다. 다음 코드를 살펴보자.

```
always @ (X)
begin
  Z1 <= #10 (X);        // 관성 지연
end
assign #10 Z2 = X;     // 전달 지연
```

첫 번째 구문은 관성 지연을, 두 번째 구문은 전달 지연을 보여준다. 그림 2-23에서 볼 수 있듯이, 신호의 펄스가 10ns보다 작으면 그 값은 두 번째 구문에서 출력으로 전달되지 않는다. 오직 10~20ns에서 발생하는 10ns의 펄스 크기를 갖는 신호만 Z_2의 출력으로 전달되고, 그 밖의 입력 신호는 전달되지 않는다. 하지만 Z_1은 모든 입력 값을 10ns의 관성

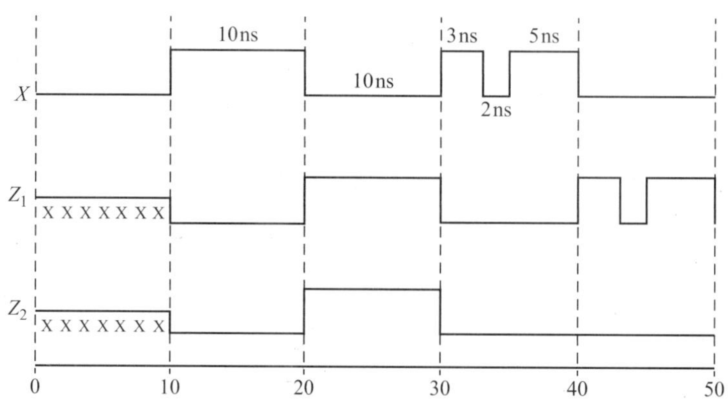

그림 2-23 전달 지연과 관성 지연

지연 시간 후 보여준다. Z_1, Z_2의 출력이 0으로 0ns에 초기화되어 있다고 가정하자. Z1 <= #10 X; 구문에서 사용된 지연 시간을 **구문 내부 지연 시간**(intra-assignment delay)이라 부른다. 이 표현은 오른쪽의 값이 계산되지만 지연 시간이 지날 동안 Z_1에 인가되지 않는다(이를 **지연 할당**(delayed assignment)이라고도 한다). 하지만 #10 Z1 <= X;는 우선 #10의 지연 시간이 지나고, 그 구문이 평가되고, 그 값이 Z_1에 인가된다(이를 **지연 평가**(delayed evaluation)라고도 한다).

동시진행문에서는 오른쪽에 지연 시간을 사용할 수 없다. 따라서 다음 구문들은 올바르지 않고, 컴파일 시에 오류가 발생할 것이다.

```
assign a = #10 b;
```

Verilog 또한 net 지연 시간이라 불리는 지연 시간 타입을 갖는다. 다음의 코드를 보자.

```
wire C1;
wire #10 C2; // 와이어 C2의 net 지연 시간

assign #30 C1 = A || B;    // 구문 1 - 관성 지연
assign #20 C2 = A || B;    // 구문 2 - 관성 지연
                           // 와이어 C2에 할당되기 전에
                           // net 지연 시간이 더해진다.
```

와이어 C_2는 10ns의 net 지연 시간을 갖지만, C_1은 지연 시간이 명기되어 있지 않기 때문에 net 지연 시간을 갖지 않는다. net 지연 시간은 net의 값이 갱신되고 변화될 때, 드라이버가 값을 변경하는 데 걸리는 시간을 이야기한다. 구문 1에서 C_1이 30ns, 구문 2에서 C_2가 20ns의 전달 지연 시간을 갖는다. 이것들은 게이트 지연 시간을 표현한다. 구문 2에서 20ns 후에 진행될 때, 10ns의 net 지연 시간이 추가로 붙는다. 그림 2-24(a)는 C_1과 C_2의 차이를 보여준다. C_1은 크기가 30ns보다 작은 펄스를 무시하지만, C_2는 크기가 20ns보다 작은 펄스만을 무시한다.

그림 2-24(b)에서 보여주는 Y와 연관된 다음의 두 예제를 살펴보자.

```
wire #3 D;  // 와이어 D의 net 지연 시간
assign #7 D = Y;   // 구문 1 - 관성 지연

wire #7 E; // 와이어 E의 net 지연 시간
assign #3 E = Y;  // 구문 1 - 관성 지연
```

D의 할당문은 7ns의 전달 지연 시간을 가지므로, 7ns보다 작은 크기의 펄스 신호는 무시된다. 따라서 Y에서 3ns, 2ns, 5ns 펄스의 신호는 다 사라진다. 3ns의 net 지연 시간이 할당문으로부터 나오는 신호의 wire 문에 추가되었다. E의 경우, 3ns보다 작은 펄스 신호는 모두 무시된다. 따라서 Y에서 5ns, 3ns 크기의 신호는 통과되어 E에 나타나지만, 2ns 크기의 펄스 신호는 무시된다. 따라서 3ns, 5ns 신호가 합쳐져서 출력 E에 10ns 펄스로 생성된다. wire 문에서 7ns의 net 지연 시간이 할당문을 빠져나올 때 추가된다. 만약 7ns

그림 2-24 net 지연 시간 예제

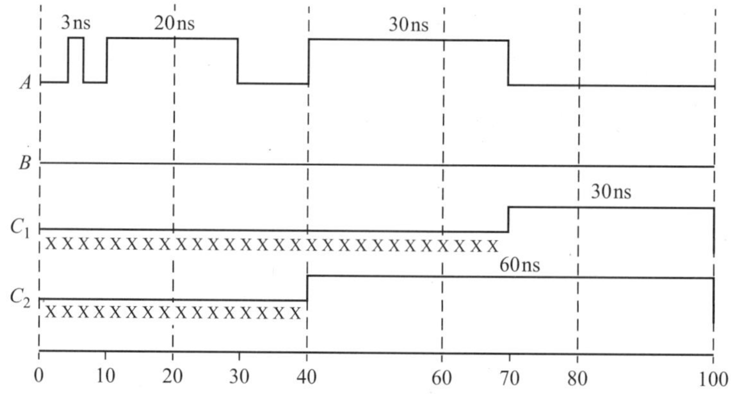

(a)

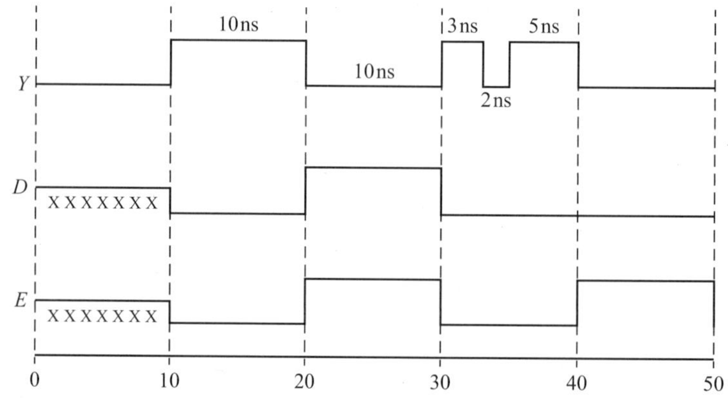

(a)

보다 작은 펄스를 갖는 신호가 net 지연 시간이 추가될 때 발생하면, 그 신호는 사라지게 된다. 그림 2-24(b)는 D와 E의 예제를 보여준다.

지연 시간은 시뮬레이션에만 관련되어 있다. Verilog 시뮬레이션에서 전달 지연이 어떻게 동작하는지를 이해해두면 처음 Verilog를 접하는 사람들에게 도움이 된다. 전달 지연으로 인해 펄스가 사라지는 것은 많은 출력 변화를 없앨 수 있다. 기본적인 게이트나 작은 회로를 구현하고 시뮬레이션할 때, 사용된 게이트나 회로의 전달 지연 시간보다 큰 펄스의 신호를 넣어야 한다는 사실을 잊으면 안 된다. 이 책의 목표는 합성이 가능한 Verilog 코드를 작성하는 것이기 때문에 모든 지연 시간은 사용되지 않을 것이고, 시뮬레이션을 위한 지연 시간에 대한 언급은 더 이상 하지 않을 것이다.

2.10 Verilog 코드의 컴파일레이션, 시뮬레이션, 합성

Verilog로 디지털 시스템을 구성한 후 Verillog 코드를 시뮬레이션하는 데는 다음과 같은 두 가지 중요한 이유가 있다. 첫째는 Verilog 코드가 의도한 대로 설계를 정확히 구현했는지 검증할 필요가 있고, 둘째는 설계가 명세를 만족하는지 확인할 필요가 있기 때문이다. 먼저 설계한 것을 시뮬레이션하고, FPGA 또는 주문형 ASIC 같은 목표 기술로 합성한다. 이 절에서는 먼저 시뮬레이션 단계를 설명하고 나서 합성을 소개한다. 그림 2-25에서 설명한 바와 같이, Verilog 코드의 시뮬레이션은 **분석**(**컴파일레이션**(compilation)), **상세화**(elaboration), **시뮬레이션**(simulation)의 세 단계로 이루어진다.

디지털 시스템의 Verilog 모델을 시뮬레이션하기 위해서는 먼저 Verilog 코드를 컴파일해야 한다. **분석기**(analyzer)라고도 하는 Verilog 컴파일러는 Verilog 소스 코드가 Verilog 구문과 의미론적 규칙에 맞는지 확인한다. 만약 세미콜론을 빼먹는 것과 같은 구문 오류나 서로 호환되지 않는 두 신호를 더할 때 발생하는 의미론적 오류가 있을 때, 컴파일러는 오류 메시지를 출력한다. 컴파일러는 또한 라이브러리에 대한 참조가 올바르게 되었는지도 검사한다. 만약 Verilog 코드가 모든 규칙에 맞게 작성되었다면, 컴파일러는 시뮬레이터나 합성기에 의해 사용되는 임시 코드를 생성한다.

시뮬레이션에 대한 준비로, Verilog 임시 코드를 시뮬레이터가 사용할 수 있는 형태로 바꾸어야 하는데, 이 단계를 **상세화**(elaboration)라고 한다. 이 과정에서, 각 신호에 대한 **드라이버**(driver)가 생성된다. 각 드라이버 신호의 현재 값과 다음 신호 값을 저장하기 위한 큐(queue)를 갖고 있다. 신호가 앞으로 변화될 예정이라면, 스케줄링된 변경 시간과 함께 새로운 값이 큐에 저장된다. 또한 컴포넌트의 각 인스턴스에 대한 포트가 생성된다. 이때 필요한 신호를 위한 메모리 저장소가 할당되고, 포트 신호 간의 상호연결이 명시되며, Verilog 실행문이 올바른 순서로 진행되기 위한 메커니즘이 정해진다. 최종 데이터 구조는 시뮬레이션을 수행할 수 있는 디지털 시스템을 나타낸다.

시뮬레이션 과정은 **초기화 단계**(initialization phase)와 실제 **시뮬레이션**(simulation)으로 구성된다. 시뮬레이터는 디지털 시스템의 시뮬레이션을 제어하고, 필요한 시뮬레이터 출

그림 2-25 Verilog 코드의 컴파일레이션, 상세화, 시뮬레이션

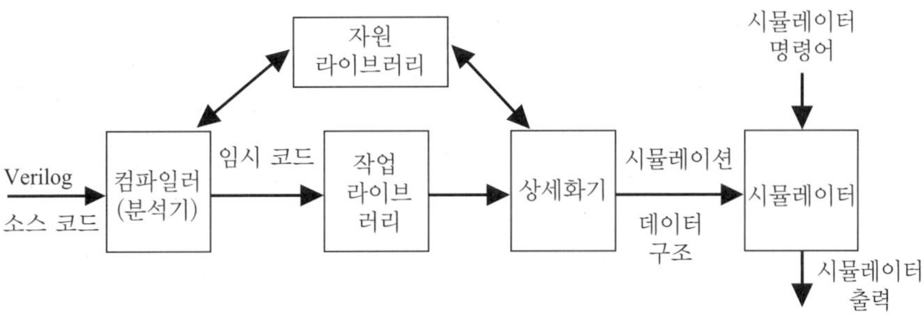

력을 지시하는 시뮬레이션 명령어를 받아들인다. Verilog 시뮬레이션은 **이산 이벤트 시뮬레이션**(discrete event simulation)이라는 방법을 사용한다. 이 방법은 불연속적으로 시간을 변화시키면서 시뮬레이션한다. 초기화 단계는 신호의 초기값을 정하기 위해 수행되며, 정확한 초기화를 위해 초기값은 Verilog 모델에 쓰여질 수 있다. 초기값이 사용되지 않았다면, 일부 시뮬레이터 패키지에는 신호의 종류에 따라 초기값이 지정되기도 한다. 여기서 말하는 초기화 단계는 시뮬레이션을 위한 초기화이고 합성을 위한 초기화는 아니다.

디자인은 프로세스나 실행 스레드(thread)의 구성으로 이루어져 있다. 프로세스는 값이 계산되거나, 상태를 갖거나, 어떤 입력에 출력을 만드는 구성을 이야기한다. 프로세스는 모듈, `initial`, `always` 순차 블록, 동시진행문, 순차 진행 지정문, 시스템 작업 등을 포함한다.

net이나 회로 변수의 변화는 **이벤트 갱신**(event update)으로 인식되며, 프로세스는 이벤트 갱신에 반응한다. 이벤트가 발생하면, 그 이벤트에 관련된 모든 프로세스는 무작위적인 순서로 계산된다. 프로세스의 계산도 하나의 이벤트이며, 이것을 **이벤트 계산**(event evaluation)이라 부른다. **시뮬레이션 시간**(simulation time)은 시뮬레이터에서 회로 시뮬레이션에 드는 시간을 이야기한다.

이벤트는 언제든지 일어날 수 있다. 이벤트를 관리하고 바른 순서대로 처리될 수 있도록 하기 위해, 이벤트는 **이벤트 큐**(event queue)에 시뮬레이션 시간순으로 저장된다. 이벤트를 큐에 저장하는 동작을 **이벤트 스케줄링**(event scheduling)이라고 한다.

Verilog 이벤트 큐는 다음의 다섯 영역으로 나뉜다.

1. **활성 이벤트 영역**: 현재 시뮬레이션에서 발생하는 이벤트들은 이 영역에 속한다. 이벤트들은 다섯 영역에 모두 추가될 수 있지만, 활성 이벤트 영역에서만 삭제될 수 있다. 이 영역에서는 순서에 상관없이 이벤트들이 처리될 수 있다(활성 이벤트의 직접 처리를 위해 이벤트를 선택하는 것이 Verilog HDL 비결정성의 발생 근원이 된다).
2. **비활성 이벤트 영역**: 현재 시뮬레이션 시간 동안에 발생하는 이벤트이지만 활성 이벤트들이 처리되고 나서 처리될 이벤트들은 이 영역에 속한다. 이 영역에서, 0 지연 시간을 갖는 블로킹 지정문은 활성 영역으로 옮겨지기 전까지 이곳에 놓인다.
3. **논블로킹 할당 갱신 영역**: 과거의 시뮬레이션 시간 동안 이루어진 이벤트이지만, 모든 활성, 비활성 이벤트가 처리되고 난 뒤 현재 시뮬레이션에 사용될 이벤트들이 이곳에 놓인다.
4. **모니터 이벤트 영역**: 모든 활성, 비활성, 논블로킹 할당 갱신 이벤트들 이후에 처리되어야 할 이벤트들이 이 영역에 놓이며, 이러한 것을 모니터(monitor) 이벤트라 한다.
5. **미래 이벤트 영역**: 후에 발생하는 시뮬레이션에 필요한 이벤트들이 이 영역에 저장되고, 그것들을 미래(future) 이벤트라 한다. 미래 이벤트는 미래 비활성 이벤트와 미래 논블로킹 할당 갱신 이벤트로 나뉜다.

각 Verilog 구문이 실행될 때, 이벤드들이 다양한 큐 영역에 다음의 구문 구분에 따라 저장된다.

1. **연속 진행 지정문**: RHS를 계산하고 활성 갱신 이벤트로 활성 영역에 추가한다.
2. **순차 지정문**: RHS를 계산하고 갱신 이벤트로 활성 영역에 추가한다.
3. **지연 시간을 갖는 블로킹 지정문**: RHS를 계산하고 약간의 지연 시간 후에 미래 이벤트 영역에 추가한다.
4. **지연 시간을 갖지 않는 블로킹 지정문**: RHS를 계산하고 바로 비활성 영역에 추가한다.
5. **지연 시간을 갖지 않는 논블로킹 지정문**: RHS를 계산하고 지연 시간이 없으면 바로 논블로킹 지정 이벤트로 스케줄링한다.
6. **지연 시간을 갖는 논블로킹 지정문**: RHS를 계산하고 지연 시간이 없으면 미래의 논블로킹 지정 이벤트로 스케줄링한다.
7. **`$monitor`, `$strobe` 시스템 작업**: 이러한 시스템 작업을 위해 모니터 이벤트를 생성한다(이 이벤트들은 지속적으로 모든 시간 스텝마다 계속 생성된다).

모든 활성 이벤트의 처리를 **시뮬레이션 사이클**(simulation cycle)이라 한다.

시뮬레이션이 이루어질 때, 다음의 작업이 순서대로 이루어진다.

1. 모든 활성 갱신 이벤트를 처리한다(활성 갱신 이벤트가 있을 때마다, 해당 작업이 수정되고 새로운 이벤트다 다양한 이벤트 큐 영역에 갱신을 위한 관련 작업들이 추가된다).
2. 그리고 모든 비활성 이벤트들을 활성화한다(활성화되었기 때문에, 그것들을 처리한다).
3. 모든 논블로킹 지정 갱신 이벤트들을 활성화하고 처리한다.
4. 모든 모니터 이벤트를 활성화하고 처리한다.
5. 다음 이벤트로 시뮬레이션 시간을 이동하고 1번 작업부터 다시 진행한다.

위의 다섯 단계는 동시에 이루어지지만, 이벤트는 활성, 비활성, 논블로킹 갱신, 모니터 이벤트 순으로 발생한다.

> VHDL은 델타(Δ)라고 불리는 매우 작은 지연 시간의 개념을 가지고 동일한 시뮬레이션 시간 안에 다양하게 다양한 업데이트 시간을 가질 수 있도록 분명하게 표현한다. 하지만 Verilog 언어 레퍼런스 모델(LRM)에서는 델타 지연 시간을 명기하지 않는다. 우리가 실험에 사용했던 Verilog 시뮬레이터에서는, 델타 지연 시간이 0 지연 시간을 갖는 논블로킹 구문에 있었다. 논블로킹 구문이나 연속문에서는 0 지연 시간을 갖는 델타 지연 시간이 관찰되지 않았다. 그렇지만 시뮬레이션은 내부적으로 정확한 순서를 나타내기 위해 앞에서 언급한 5개 이벤트 큐 영역 사이의 순서를 정한다. 우선적으로, 비활성 큐 영역에 있는 0 지연 시간을 갖는 블로킹 구문이 연속진행 지정문 이후에 실행된다. 이때 지연 시간을 나타내기 위해 델타 지연 시간을 표시하지 않는다. 시뮬레이션에서의 불확실성은 대체로 발생하지 않지만, Verilog 하드웨어 언어에서는 활성 큐 영역에서 즉시 처리되어야 할 활성 이벤트들을 선택하는 데 있어 자유로움이 있기 때문에 불확실성이 발생할 수 있다.

그림 2-26 불확실성 예제

```
module determinate;
reg a;
initial a = 0;
always begin
a <= #5 0;
a <= #5 1;
end
// begin부터 end까지 나열된 순서가 있기 때문에
// a의 값은 확실하게 결정된다.
endmodule
```

(a)

```
module nondeterminate;
reg a;
initial a = 0;
always a <= #5 0;
always a <= #5 1;
// a의 값은 불확실하다.
Endmodule
```

(b)

IEEE 1364 표준 Verilog 언어 레퍼런스 매뉴얼(LRM)[1]은 다양한 시뮬레이터들이 갖춰야 할 다양한 Verilog 구조의 해석과 정의를 제공한다. 하지만 정의에 있어서의 선택과 시뮬레이터 동작에서의 차이는 시뮬레이터마다 발생할 수 있다. VHDL의 델타 지연 시간에 익숙한 사람들은 Verilog 시뮬레이션 결과에 약간 실망할 수도 있다. Verilog는 회로 합성을 주된 목적으로 만들어졌기 때문에 같은 시뮬레이션에서 발생하는 여러 개의 이벤트에 대한 동작 순서를 Verilog 시뮬레이션에서는 분명하게 보여주지 않을 수 있다. IEEE 1364 표준 Verilog 언어 레퍼런스 매뉴얼은(LRM) 델타라는 용어 자체를 사용하지 않는다.

기본적으로, 시뮬레이터는 '<='과 함께 다음과 같이 동작한다. 입력이 변할 때마다, 출력은 정해진 지연 시간 혹은 지연 시간이 명기되어 있지 않으면 Δ 지연 시간 후, 변화하도록 스케줄링한다. 현재의 모든 이벤트가 처리되면, 시뮬레이션 시간은 다음 처리를 위한 이벤트로 진행된다. 만약 시뮬레이션 진행 시간이 일정 시간만큼 진행이 되면(예: 1ns), Δ 카운터는 리셋이 되고 시뮬레이션은 진행된다. 현재 시뮬레이션과 연관된 모든 이벤트가 처리되지 않으면 시뮬레이션은 앞으로 진행되지 않는다.

만약 2개의 논블로킹 갱신이 하나의 변수를 바꾸게 되면, 두 번째 갱신이 현재 타임 스텝까지 결과를 결정한다. 예를 들어, 그림 2-26(a)에서 begin ... end로 인해 소스 코드의 이벤트 큐에 이벤트들이 추가된다. 그리고 두 갱신이 순서대로 이루어진다. 따라서 변수 a는 우선 0으로 할당되고, 다시 1로 바뀐다. 이 코드에는 비결정성이 없다. 하지만 그림 2-26(b)의 예제 코드에서, 2개의 always 블록은 동시에 발생하고, 그 사이에는 순서가 없다. 따라서 a 값에 할당된 값은 비결정성을 갖는다.

2.10.1 여러 프로세스를 시뮬레이션하기(initial 혹은 always 블록)

모델이 하나 이상의 프로세스를 포함하고 있을 때, 모든 프로세스는 다른 프로세스들과 함께 동시에 동작이 이루어져야 한다. 만약 always 문 밖에 동시진행문이 있다고 하면, 그것들은 동시에 동작이 이루어져야 한다. 각 always 문 안에서는 순차적으로 동작한다. 프로세스는 wait 문이 사용되지 않았다면 바로 수행된다. 여러 프로세스들을 수행하는 예제로 그림 2-27에서 보여주는 Verilog 코드의 수행 과정을 살펴볼 것이다.

그림 2-27 시뮬레이션 프로세스를 보여주기 위한 Verilog 코드

```
module twoprocess
  reg A,B;

initial
begin
  A = 0;
  B = 0;
end

// 프로세스 P1
always @(B)
begin
  A <= 1;
  A <= #5 0;
end

// 프로세스 P2
always @(A)
begin
   if (A)
        B <= #10 ~B;
end
```

그림 2-28은 시뮬레이션 진행 시 *A*와 *B* 신호의 드라이버를 보여준다. `initial` 문이 없다면, 각 드라이버는 신호의 디폴트 초기값인 *x* 값을 갖게 된다. 시뮬레이션이 시작되면, `initial` 문에 의해 모든 드라이버의 값을 0으로 초기화한다. 2개의 `always` 문은 센시티비티 리스트 안의 신호에 변화가 있을 때까지 기다린다. 여기서의 `initial` 문은 `always` 문이 수행될 수 있는 신호를 변경하는 작업을 한다. `initial` 문이 없다면, 강제적으로 시뮬레이션 명령어를 이용하여 입력 값의 변화를 만들 수도 있다. 프로세스 *P1*이 0의 시간에서 수행되면, *A*에 2개의 변화가 예약된다(*A*가 Δ 시간에 1로 변화하고 5ns에 다시 0으로 돌아온다). 그러는 동안 프로세스 *P2*가 0의 시간에서 수행되지만, *A* 값이 0의 시간에는 여전히 0의 값을 갖기 때문에 *B*에는 아무런 변화가 일어나지 않는다. 시간이 Δ로 증가하면, *A*는 1로 바뀐다. *A*가 1로 변화하기 때문에 *P2*가 동작하고, *B*는 10ns에 1로 변화가 되는 것이 예약된다. *A*가 0으로 변할 때, 다음 5ns에서의 예약 동작이 이루어진다. 이로 인해 *P2*가 수행되지만 *B*의 값은 변화가 없다. *B*는 10ns에서 1로 변한다. *B*의 변화는 *P1*을 동작시키고, *A*의 두 가지 변화가 예약된다. *A*가 $10 + \Delta$에서 1로 변할 때, *P2*가 동작되고, *B*는 20ns에서 1로 변화가 되는 것이 예약된다. 15ns에서 *A*는 변화하고 시뮬레이션은 이와 같은 방식으로 시뮬레이션 마지막에 다다를 때까지 이루어진다. *A*의 변화는 $15 + \Delta$가 아닌 15ns에서 변화가 일어남을 반드시 이해해야 한다. Δ 지연 시간은 단순히 지연 시간이 명기되지 않았기 때문에 이해를 돕기 위해 이용된 것이다.

Verilog 시뮬레이터는 앞의 예제에서 보여주는 것처럼 이벤트 발생 기반의 시뮬레이션을 한다. *A*와 같은 신호의 변화를 이벤트라 한다. 매번 이벤트가 발생하면, 그 이벤트를 기

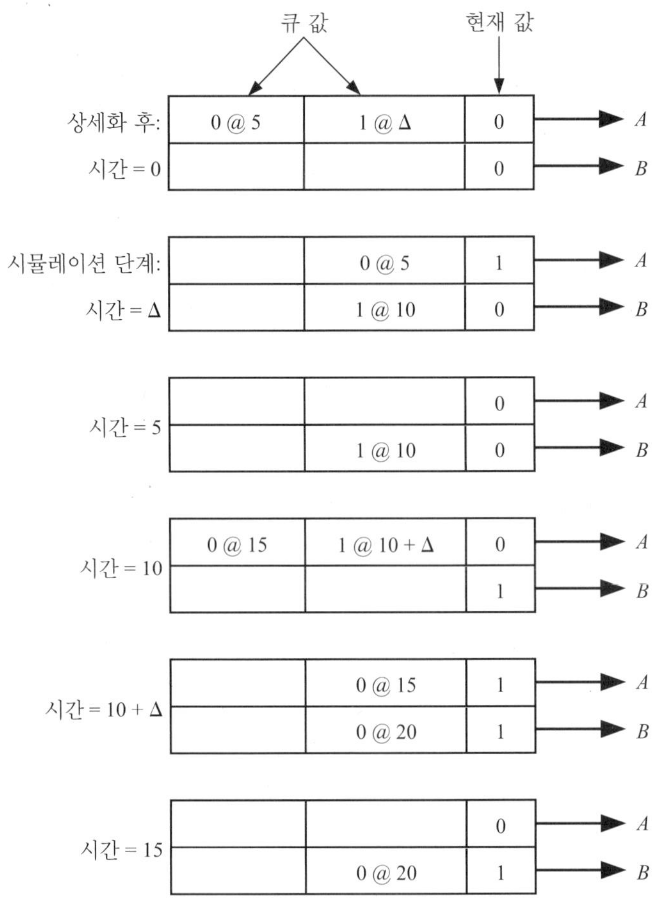

그림 2-28 시뮬레이션 예제의 신호 드라이버

다리고 있었던 프로세스들이 동작을 하고, 신호의 변화로 인한 결과물들이 다음번에 일어날 수 있도록 큐에 저장된다. 모든 현재 진행되고 있는 프로세스가 종료되면, 시뮬레이션은 다음 이벤트가 예약되어 있는 다음 시간으로 이동하게 된다. 그리고 시뮬레이터는 그 이벤트를 처리한다. 이런 식으로 모든 이벤트 발생이 더 이상 없거나 혹은 정해진 시뮬레이션의 시간에 다다를 때까지 동작이 이루어진다.

관성 지연은 다음과 같이 설명할 수 있다. 각 입력의 변화는 시뮬레이터가 변화를 예약하게 할 수 있다. 그리고 그 변화는 정해진 지연 시간 이후에 이루어진다. 하지만 정해진 지연 시간이 지나기 전에 아무런 입력의 동작 변화가 없다면 첫 번째 변화는 시뮬레이터 드라이버 큐에서 빠지게 된다. 따라서 오직 정해진 지연 시간보다 더 큰 펄스만이 출력에 보이게 된다.

Verilog를 이용하는 가장 중요한 목적 중의 하나는 합성을 하거나, Verilog를 이용하여 하드웨어를 자동적으로 구성하는 것이다. Verilog **합성**(synthesis) 소프트웨어는 Verilog 코드를 컴포넌트들과 컴포넌트들을 연결하는 구성으로 분석을 한다. 그림 2-25에서 보여주는 초기 과정(분석과 상세화 과정)은 Verilog 시뮬레이션이나 합성에서 모두 공통적으로

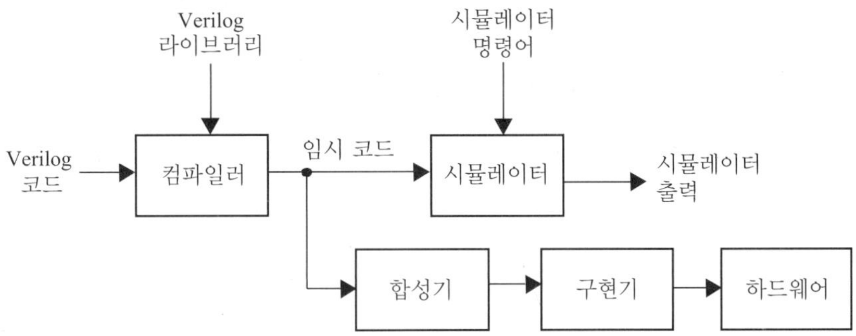

그림 2-29 Verilog 코드의 컴파일레이션, 시뮬레이션, 합성

일어난다. 그림 2-29는 시뮬레이션과 합성 과정을 보여준다.

합성은 시뮬레이션과 병행으로 이루어질 수 있지만, 실제적으로는 설계자들이 합성 전에 오류들을 우선 잡기 위해 시뮬레이션을 돌린다. Verilog 코드가 디지털 시스템이 오류 없이 동작함을 시뮬레이션을 통해 확인한 다음, Verilog 코드는 필요한 컴포넌트들과 이것들의 연결들로 구성되는 **넷리스트**(netlist)로 합성이 된다. 합성기는 디지털 시스템을 구성하기 위한 CPLD, FPGA 혹은 ASIC 같은 하드웨어로 구현할 수 있도록 한다. 설계 자동화 소프트웨어는 CPLD나 FPGA로 변환하는 데 필요한 중요 정보를 만드는 데 사용된다. Verilog 코드로부터 합성과 구현을 하는 자세한 내용은 6장에 나와 있다.

2.11 Verilog 데이터 타입과 연산자

2.11.1 데이터 타입

Verilog는 크게 두 가지 데이터 타입(변수 데이터 타입과 net 데이터 타입)의 그룹을 갖는다. 두 그룹은 값을 저장하는 방법과 할당되는 방식이 다르며, 하드웨어 구조 또한 다르다.

net 데이터 타입은 게이트처럼 회로를 구성하는 요소들의 물리적 연결을 표현하기 위해 사용된다. 일반적으로 값을 저장하지는 않는다. 대신, 게이트나 연속 진행 지정문 같은 드라이버에 의해 값이 결정된다. net 데이터 타입으로 많이 사용되는 것이 `wire`이다. `tri`(tristate), wand(wired and), wor(wired or)와 같이 net 종류로 정해져 있는 데이터 타입이 있다.

변수 데이터 타입은 데이터 저장 요소의 추상화 형태이다. 변수는 하나의 할당 지정문에서 다른 값으로 가는 값을 저장한다. 순차적 할당 지정문은 저장 장치에 값을 변화시키는 트리거와 같은 동작을 한다. 많이 사용되는 변수 데이터 타입은 `reg`이다. `reg` 외에도 `time`, `integer`, `real`, `realtime`과 같은 변수 데이터 타입이 있다.

VHDL과는 달리, Verilog에서는 모든 변수가 Verilog 언어 자체에 의해 정해져 있다. 많이 사용되는 데이터 타입은 다음과 같다.

net	하드웨어 요소들의 연결(`wire`와 같은 키워드로 지정)
variable	값을 저장할 수 있는 데이터 저장 요소(`reg`와 같은 키워드로 지정)
integer	정수 데이터 타입(`integer` 키워드로 지정)
real	실수 데이터 타입과 부동소수점의 변수 데이터 타입(`real` 키워드로 지정)
time	시간 정보를 저장하기 위한 특별 변수 데이터 타입(`time` 키워드로 지정)
vector	`wire`나 `reg` 데이터 타입은 벡터로 지정될 수 있음(다중 비트)([범위1:범위2]의 형태로 지정)

이전 버전의 Verilog 표준에서는 `register`가 `reg`, `integer`, `time`, `real`, `realtime`의 타입을 포함하는 용어로 사용되었지만, 2005년부터 사용된 IEEE 1364 표준에 의해, `register`는 Verilog 데이터 타입으로 더 이상 사용되지 않는다. 범위를 표시하지 않은 net 혹은 `reg` 선언은 1비트의 크기를 갖는 것으로 인식되며, 이를 **스칼라**(scalar)라고 한다. 다중 비트의 net, `reg`는 비트의 크기를 선언해줘야 하며, 이를 **벡터**(vector)라 한다.

VHDL은 신호나 다른 종류들의 변수들이 일반적으로 동일한 할당문에 사용될 수 없는 강형 언어(strongly typed language)인 데 반해, Verilog는 그 제약 조건이 약해서, 비슷한 데이터 타입들이 함께 사용되는 것을 허용한다.

2.11.2 Verilog 연산자

Verilog 연산자는 C 언어의 연산자와 비슷하다. Verilog 연산자는 몇몇 그룹으로 나뉜다.

1. 단항 연산자

+ −	단항 부호 연산자
&	리덕션(reduction) and(벡터들의 연산을 1비트 결과로 줄여줌)
~&	리덕션 NAND
|	리덕션 or(벡터들의 연산을 1비트 결과로 줄여줌)
~|	리덕션 NOR
^	리덕션 XOR
~^ 혹은 ^~	리덕션 XNOR
!	논리 부정
~	비트 단위 부정

2. 산술 연산자: 지수

**	지수승

3. 산술 연산자: 곱, 모듈로 연산

*	곱셈
/	나눗셈

% 모듈로 연산(나머지)

4. 산술 연산자: 덧셈

+ 덧셈

– 뺄셈

5. 시프트 연산자

<< 논리 왼쪽 시프트

>> 논리 오른쪽 시프트

<<< 산술 왼쪽 시프트

>>> 산술 오른쪽 시프트

6. 관계 연산자

> 크다

< 작다

>= 크거나 같다

<= 작거나 같다

7. 논리, 비트 연산자: 등식, 부등식

== 논리 등가

!= 논리 부정 등가

=== 케이스 등가

~== 케이스 부정 등가

8. 비트 연산자

& 비트 단위 and

9. 논리, 비트 연산자

^ 비트 단위 xor

^~ 혹은 ~^ 비트 단위 등가

| 비트 단위 or

10. 논리 and

&& 논리 and

11. 논리 or

|| 논리 or

12. 조건 연산자

? : 조건 연산자

13. 결합 연산과 복제 연산

{ } 결합 연산

{{ }} 복제 연산

괄호가 사용되지 않았을 때, 1번의 우선순위가 가장 높고, 2번, 3번 등의 순서로 우선순위가 낮아진다. 13번의 우선순위가 가장 낮기 때문에, 제일 마지막에 동작한다. 우선순위가 같은 연산자들은 왼쪽에서 쓰인 연산자가 오른쪽에 쓰인 연산자보다 먼저 계산이 된다. 괄호를 사용하여 연산자의 실행 순서를 바꿀 수도 있다. { } 연산자는 2개의 벡터를 결합하여 더 긴 하나의 벡터를 구성하는 데 사용된다. 예를 들어 {010, 1}은 0101이 되며, {"ABC", "DEF"}는 "ABCDEF"가 된다. *A*, *B*, *C*, *D* 벡터가 사용된 다음 예제를 살펴보자.

```
({A, ~B} | C >> 2 & D) == 110010
```

이 관계 연산식은 할당문이 아니고 등가를 확인하는 것이다. ( ) 안의 내용을 평가하는데, 다음의 순서로 연산자 우선순위를 갖는다.

```
>>, &, |
```

| 연산을 수행하기 위해, |의 피연산자부가 우선적으로 결합해야 한다. 따라서 | 연산이 수행되기 전에 결합을 하고 ~ 연산자, {} 연산을 우선 수행해야 한다.

> **연산자 우선순위**
>
> 다양한 언어마다 나름대로의 연산자 우선순위가 존재하기 때문에, 많은 언어를 접해본 사람은 서로 다른 언어의 연산자 우선순위로 인해 문제를 접할 수 있다. 따라서 혼동되지 않도록 괄호를 써서 코드를 쉽게 이해할 수 있도록 연산 순위를 정하는 방법을 사용하는 편이 좋다.

$A = 110$, $B = 111$, $C = 011000$, $D = 111011$이면, 연산 과정은 다음과 같다.

```
C >> 2                        = 000110           (우측으로 2비트 이동)
C >> 2 & D                    = 000010           (비트 단위 and)
~ B = 000                                        (비트 단위 부정)
{A, ~ B}                      = 110000           (결합)
({A, ~ B}) | (C >> 2&D)       = 110010           (비트 단위 or)
[({A, ~ B} | C >> 2) & D) == 110010] = TRUE      (괄호는 등가 테스트가
                                                  제일 마지막에
                                                  이루어지게 하고
                                                  그 결과는 참이다.)
```

관계 연산자를 수행한 결과는 항상 부울(FALSE 혹은 TRUE)이다. 등가(==)와 부정 등가(!=)는 거의 모든 타입에 적용할 수 있다. 그 밖의 관계 연산자들은 일부 어레이 타입과 많은 숫자 타입에 적용된다. 예를 들어 $A = 5$, $B = 4$, $C = 3$인 경우, (A >= B) && (B <= C) 연산 결과는 FALSE이다. 할당문의 좌측에 다음의 예제와 같이 결합 연산자를 사용해도 괜찮다.

```
{Carry, Sum} = A + B;
```

A와 B를 더하고 그 연산 결과가 Sum과 Carry로 간다. 연산의 MSB가 Carry가 된다. 논리

등가(==)와 논리 부정 등가 연산자(!=)의 경우, 피연산자에 미지 값이나 하이 임피던스 값으로 인해 관계식이 모호해지면, 결과는 1비트의 미지 값을 만든다. 케이스 등가(===)와 케이스 부정 등가(!==)의 경우, x나 z 값 또한 비교될 수 있기 때문에, 연산 결과는 1 혹은 0이다.

시프트 연산자는 부호가 있는 그리고 부호가 없는 레지스터에 사용될 수 있다. 부호 있는 레지스터를 다음과 같은 방식으로 정의할 수 있다.

```
reg signed [7:0] A = 8'hA5; // 부호 있는 레지스터 A
```

부호 없는 레지스터는 다음과 같이 정의할 수 있다.

```
reg [7:0] B = 8'hA5; // 부호 없는 레지스터 B
```

부호 없는 레지스터의 경우, 산술 시프트와 논리 시프트 동작은 동일하다. 다음의 예제는 부호 있는 데이터와 부호 없는 데이터를 이용하여 부호 있는 시프트와 부호 없는 시프트 동작의 차이를 설명한다.

```
reg signed [7:0] A = 8'hA5; // A는 부호 있는 1010 0101이다.

A >> 4 is 00001010    (4만큼 논리적 우측 시프트, '0'으로 채움)
A >>> 4 is 11111010   (4만큼 산술적 우측 시프트, 부호 비트로 채움)
A  << 4 is 01010000   (논리적 좌측 시프트, '0'으로 채움)
A <<< 4 is 01010000   (산술적 좌측 시프트, 맨 우측 비트와 상관없이 0으로 채움)

reg [7:0] B = 8'hA5; // B는 부호 없는 1010 0101이다.

B >> 4 is 00001010    (4만큼 논리적 우측 시프트, '0'으로 채움)
B >>> 4 is 00001010   (4만큼 산술적 우측 시프트, B가 부호가 없기 때문에 '0'으로 채움)
B  << 4 is 01010000   (논리적 좌측 시프트, '0'으로 채움)
B <<< 4 is 01010000   (산술적 좌측 시프트, 맨 우측 비트와 상관없이 0으로 채움)
```

정수 A는 다음과 같이 정의될 수 있다.

```
integer signed A = 8'hA5;
```

A>>>4는 00001010의 결과를 보여준다(부호를 고려한 4번 우측 시프트 동작, 정수는 32비트 데이터이지만 여기서 사용된 숫자는 8비트이기 때문에 부호를 포함하지 않고 있다).

하지만 A가 다음과 같이 8'shA5의 값을 갖는다면

```
integer A = 8'shA5;
```

A>>>4는 11111010의 결과를 보여준다(부호를 고려한 4번 우측 시프트 동작, A의 부호 비트는 1). 'sh는 부호를 가진 16진수 값을 나타낸다.

하지만 reg 선언에서, 만약 부호를 가진 레지스터가 필요하다면, 부호를 가진 레지스터 선언이 필요하다. 예를 들어,

```
reg [7:0] A = 8'shA5
```

는 부호를 가진 레지스터를 만들지 않는다. 반드시 다음과 같이

```
reg signed [7:0] A = 8'hA5
```

로 정의되어야 한다.

+, − 연산자는 정수, 실수를 포함한 어떤 종류의 피연산자 타입에도 적용될 수 있다. 타입이 섞여서 사용될 때는 피연산자의 타입에 따라 스스로 연산을 한다. 만약 a, b가 각각 16비트라면, (a + b)의 연산 결과는 16비트가 된다. 하지만 (a + b + 0)의 연산 결과는 실수이다. 만약 어떤 피연산자가 정수라면, 그 결과는 정수일 것이다. **만약 피연산자가 부호가 없는 경우라면, 결과는 연산자에 상관없이 부호가 없다.**

연산이 이루어질 때 만약 피연산자들의 비트 길이가 다르고, 하나 혹은 모든 피연산자가 부호가 없는 피연산자라면, 더 짧은 피연산자에 '0'을 채움으로써 더 긴 피연산자의 비트 길이로 맞춘다. 만약 두 피연산자 모두 부호를 갖는다면, 더 짧은 피연산자가 부호 비트를 채움으로써 더 긴 피연산자의 비트 길이로 맞춘다. 만약 상수의 비트 길이가 더 늘어나야 한다면, 부호를 갖는 상수는 부호 비트를 채우고, 부호를 갖지 않는 상수는 '0'을 채움으로써 길이를 늘린다.

*와 / 연산자는 정수, 부동소숫점의 곱셈, 나눗셈 연산을 한다. ** 연산자는 정수, 부동소숫점의 지수승에 사용 가능하고, %(모듈로) 연산자는 정수 피연산자의 나머지를 계산한다.

> Verilog 언어 레퍼런스 매뉴얼(LRM)에 따르면, 모듈로 연산자는 첫 번째 피연산자의 부호를 취한다. 예를 들어
>
> −10 % 3
>
> 의 연산 결과는 앞의 피연산자 부호를 취하기 때문에 −1이다. 하지만 수리론에서는 **mod m**을 {0, 1, 2, ⋯, m−1} 범위의 결과를 갖는다고 정의한다. 따라서 −10 mod 3의 연산 결과는 2가 된다. 하지만 **mod m** 정의에 따라, −1 mod 3의 결과는 2가 되므로 문제가 없다. Verilog에서 −1은 수에서의 2와 실제적으로 같은 수이다. VHDL은 모듈로 연산과 나머지 연산을 다른 연산자로 처리한다. VHDL의 나머지 연산은 첫 번째 피연산의 부호에 따라 부호가 정해지지만, 모듈로 연산은 수리론의 **mod m** 연산 정의에 따른 동작을 따른다.

2.12 간단한 합성 예제

합성 툴은 Verilog 코드를 자세히 '살펴보면서' 필요한 하드웨어 컴포넌트를 유추하려고 노력한다. 코드가 정확히 합성되려면 일정한 관례를 따라야 한다. Verilog 코드를 작성할 때는 단순히 컴퓨터 프로그램을 작성하는 것이 아니라 하드웨어를 설계하고 있다는 사

실을 명심하기 바란다. 각 Verilog 처리문은 어떤 하드웨어가 필요함을 의미한다. 따라서 Verilog 코드를 서툴게 작성하면 불완전하게 설계된 하드웨어가 만들어질 수 있다. 비록 Verilog 코드가 시뮬레이션에서는 정확한 결과를 주더라도 합성 시에는 정확하게 동작하는 하드웨어가 생성되지 않을 수도 있다. 시뮬레이션 결과가 정확하더라도 타이밍 문제로 인해 하드웨어가 올바르게 동작하지 않을 수도 있다.

그림 2-30에 나타낸 코드를 살펴보자(*B*가 `always` 문에서 센시티비티 리스트에서 빠져 있음을 주목하자). 이 코드를 시뮬레이션하면 다음과 같다. *A*가 변할 때마다, 프로세스가 한 번 실행되게 한다. 프로세스가 실행되면, *C*의 값은 *A*와 *B* 값을 반영할 것이다. 만약 *B*가 변하면, 프로세스는 실행되지 않는다.

만약 이 코드를 합성하면, 대부분의 합성기는 그림 2-31과 같이 OR 게이트를 출력할 것이다. 합성기는 B가 `always` 문의 센시티비티 리스트에 빠져 있다고 경고할 것이다. 그러나 계속 진행하면 코드를 합성할 것이다. 또한 합성기는 위의 처리문에 사용된 5ns 지연 시간을 무시할 것이다. 만약 5ns 지연 시간을 정확히 모델링하고 싶으면 카운터를 사용해야 한다. `always` 문은 B가 변할 때 실행되지 않으므로, 시뮬레이터의 출력은 합성기의 출력과 일치하지 않을 것이다. 이것은 합성기가 작성된 것 이상으로 추정하게 되는 설계의 예이다. 합성기는 설계자가 아마도 OR 게이트를 의도했을 것이라고 가정하여 그러한 회로를 생성한다(경고와 함께). 그러나 이 회로는 합성 전에 시뮬레이션한 것과 다르게 동작한다. 센시티비티 리스트에서 빠진 신호에 대한 합성기의 경고를 항상 확인하는 일은 매우 중요하다. 합성기가 도움을 줄 수도 있지만 설계자가 의도하지 않은 하드웨어를 생성할 수도 있다.

그림 2-30 시뮬레이션과 합성의 출력이 서로 다른 Verilog 코드의 예제

```
module Q1 (A, B, C);
input   A;
input   B;
output  C;

reg      C;

always @(A)
  C = #5 A | B;
endmodule
```

그림 2-31 그림 2-30의 코드에 대한 합성기의 출력

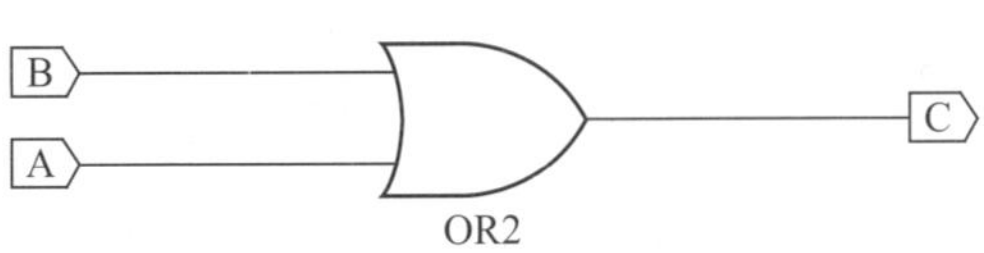

그림 2-32 예제 Verilog 코드

```
module Q3 (A, B, F, CLK, G);
input   A;
input   B;
input   F;
input   CLK;
output  G;

reg     G;
reg     C;

always @(posedge CLK)
begin
  C <= A & B;   // 구문 1
  G <= C | F;   // 구문 2
end

endmodule
```

지금부터 그림 2-32의 Verilog 크기를 살펴보자. 이 코드를 합성하면 어떤 하드웨어를 얻을 수 있을까?

내부의 상세한 것에 대해서는 걱정하지 말고 이 코드가 나타내는 회로의 블록도에 관해 생각해보자. 블록도는 그림 2-33에서 보여주는 바와 같다. 만족스런 시스템을 설계하기 위해서는 자세한 부분을 감출 수 있는 능력과 추상화를 사용할 수 있는 능력이 중요하다. *C*는 내부 신호이기 때문에 블록도에는 나타나지 않는다는 점을 주목하기 바란다.

다음으로 이 블록 내부의 세부 회로를 살펴보자. 이 회로는 직렬로 연결된 두 게이트가 아니다. 신호 할당문이 `always` 문(프로세스) 안에 있다. 신호 할당문 앞의 클록 구문에 posedge 혹은 negedge를 사용함으로써 에지에서 트리거되는 클록을 의미함을 나타낼 수 있다. 클록 에지 이후에 *C*와 *G* 값은 유지되어야 하므로, *C*와 *G* 각각에 대해 플립플롭이 필요하다. 구문 1에서 *C*의 값이 변해도, 현재 진행 중인 프로세스에서 구문 2가 실행될 때는 반영되지 않는다. 이 *C* 값의 변화는 그 다음에 실행될 때 고려되고, *C*를 위한 플립플롭도 하드웨어 내에서 이런 방식으로 동작한다. 따라서 이 코드는 그림 2-34에 나타낸 하드웨어를 의미한다.

다음 코드는 D 래치를 나타낸다고 앞에서 보았다.

그림 2-33 그림 2-32 Verilog 코드의 블록도

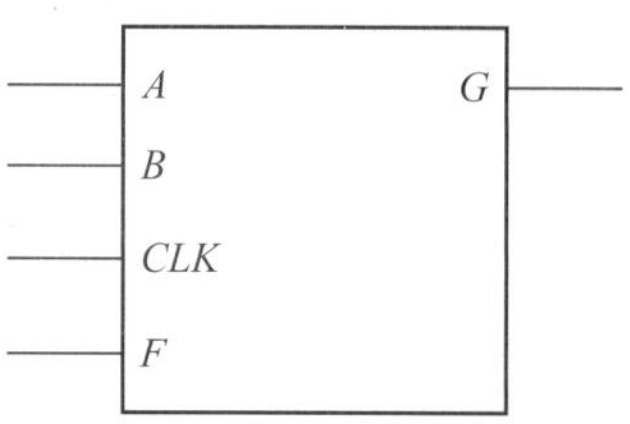

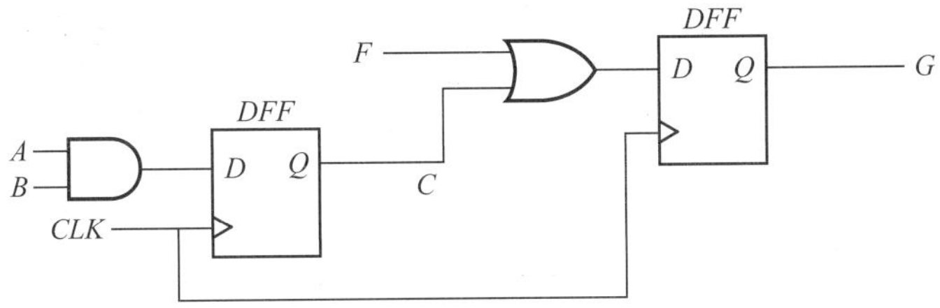

그림 2-34 그림 2-32의 Verilog 코드에 해당하는 하드웨어

```
always @(G or D)
begin
 if (G)  Q <= D;
end
```

이 코드가 G와 D를 입력으로 갖는 AND 게이트를 나타내지 않는 이유를 살펴보자. 만약 $G = 1$이면, AND 게이트에서는 if 문과 일치하는 정확한 출력이 나온다. 그러나 현재 $Q = 1$이고 G는 0으로 바뀐다면, 어떻게 되겠는가? G가 0으로 바뀔 때, AND 게이트는 이것을 출력으로 보낼 것이다. 그러나 여기서 모델링한 디바이스는 그렇게 동작하지 말아야 한다. 만약 G가 1이 아니면, 출력은 바뀌지 않는다고 생각한다. 따라서 AND 게이트가 아닌 D 래치가 되어야 하는 것이 분명하다.

클록 신호의 상승 에지에서 동작하는 플립플롭이나 레지스터를 나타내기 위해, 대부분의 합성기는 always 문의 센시티비티 리스트에 다음과 같은 상승 에지 신호를 넣어야 한다.

```
always @(posedge CLK)
```

always 문의 모든 할당문에서, 레지스터나 플립플롭이 할당문의 좌측에 있는 신호를 위해 생성된다. 이 설명으로부터 알 수 있겠지만, 만약 불필요한 플립플롭을 만들고 싶지 않으면, 클록이 있는 always 문에 신호를 사용하지 말아야 한다. 만약 always 문에서 클록이 빠진다면, 합성기는 래치를 만들 것이다.

그림 2-35의 Verilog 코드를 살펴보자. 만약 이 코드를 합성하면, 합성기는 비어 있는 블록도를 만들 것이다. 그 이유는 이 블록의 출력인 D에 어떠한 값도 할당되지 않기 때문이

그림 2-35 합성되지 않는 Verilog 코드의 예제

```
module no_syn (A, B, CLK, D);
input   A;
input   B;
input   CLK;
output  D;

reg      C;

always @(posedge CLK)
  C <= A & B;

endmodule
```

며, 합성기로부터는 다음과 같은 경고문이 나올 것이다.

```
Input <CLK> is never used.
Input <A> is never used.
Input <B> is never used.
Output <D> is never assigned.
```

2.13 멀티플렉서의 Verilog 모델

멀티플렉서는 조합회로이며, 동시진행문을 사용하거나 always 문을 사용하여 모델링할 수 있다. always 문 없이 조건 연산자를 이용하여 assign 문으로 멀티플렉서를 만들 수 있다. case 문이나 if-else 문을 이용하여 always 문 없이 멀티플렉서를 모델링할 수 있다.

2.13.1 조건 연산자 사용

그림 2-36은 2개의 데이터 입력과 1개의 제어 입력을 갖는 2:1 멀티플렉서(MUX)를 보여준다. MUX 출력은 $F = A' \cdot I_0 + A \cdot I_1$이다. 이에 해당하는 Verilog 처리문은 다음과 같다.

```
assign F = (~A && I0) || (A && I1);
```

여기서는 단일 병행 신호 할당문으로 MUX를 모델링할 수 있다. 또 다른 방법으로는 그림 2-36에 나타낸 바와 같이 조건적 신호 할당문으로 MUX를 표현할 수 있다. 이 처리문은 A, I_0, I_1이 변할 때마다 실행된다. MUX의 출력은 $A = 0$일 때 I_0이고, 그렇지 않으면 I_1이다. 이 조건문에서, I_0, I_1, F는 1비트 혹은 다중 비트일 수 있다.

조건적 신호 할당문의 일반적인 형태는 다음과 같다.

```
assign signal_name = condition ? expression_T : expression_F;
```

이 동시진행문은 표현(expression)이나 조건(condition)에서 사용된 신호들 중 어느 하나라도 변하면 실행된다. 만약 condition이 참이면, signal_name은 expression_T의 값을 갖고, 그렇지 않고 condition이 거짓이면 expression_F의 값을 갖게 된다. 그림

그림 2-36 2:1 멀티플렉서

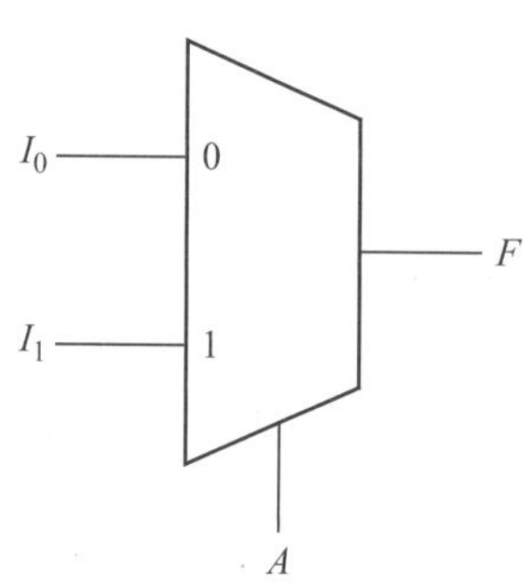


```
// 조건적 신호 할당문
assign F = (A) ? I1 : I0;
```

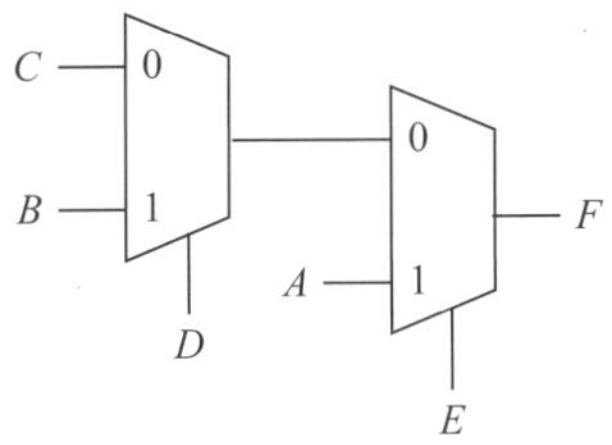

그림 2-37 조건부 할당을 이용한 직렬로 연결된 2:1 MUX

```
assign F = E ? A : ( D ? B : C );
// 중첩된 조건 할당
```

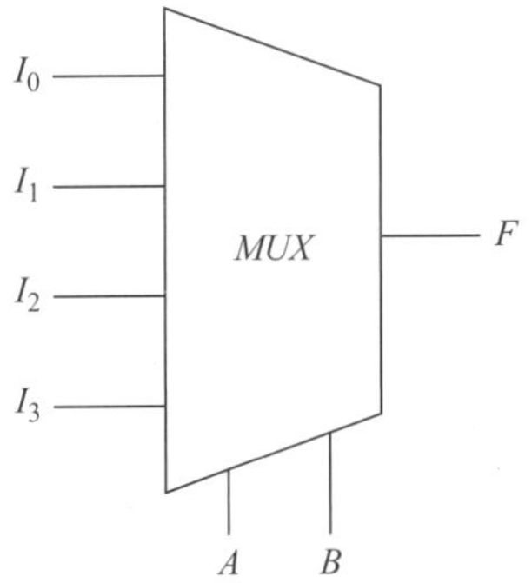

그림 2-38 4:1 멀티플렉서

2-37은 조건적 신호 할당문을 사용하여 직렬로 연결된 2개의 MUX를 어떻게 나타내는지 보여준다. 두 번째 MUX 출력은 *E*의 조건이 참이면 *A*가 선택되고, *E*의 조건이 거짓이면 첫 번째 MUX의 출력을 선택한다. 첫 번째 MUX 출력은 *D*의 조건이 참이면 *B*가 선택되고, 그렇지 않으면 *C*가 선택된다.

그림 2-38은 4개의 데이터 입력과 2개의 제어 입력 *A*, *B*를 갖는 4:1 MUX를 보여준다. 제어 입력은 데이터 입력 중 어떤 것이 출력으로 전달되는지 선택한다. 4:1 MUX의 논리식은 다음과 같다.

$$F = A'B'I_0 + A'B\,I_1 + A\,B'I_2 + A\,B\,I_3$$

따라서 MUX를 Verilog로 모델링하는 한 가지 방법은 다음과 같다.

```
assign F = (~A && ~B && I0) || (~A && B && I1) ||
       A && ~B && I2) || (A && B && I3);
```

4:1 MUX를 모델링하는 또 다른 방법은 다음과 같이 조건 할당문을 사용하는 것이다.

```
assign F = (A) ? (B ? I3 : I2) : ( B ? I1 : I0 );
```

2.13.2 always 블록 안에서 if-else 혹은 case 문 이용하기

always 문 안에 MUX가 모델링될 경우, 동시진행문은 사용될 수 없다. always 블록 안에서 case 문을 이용하여 모델링할 수 있다.

```
always @ (Sel or I0 or I1 or I2 or I3)
  case Sel
    2'b00 : F = I0;
    2'b01 : F = I1;
    2'b10 : F = I2;
    2'b11 : F = I3;
  endcase
```

MUX가 4개의 데이터 입력을 갖고 2개의 제어 입력을 갖기 때문에, Sel 신호는 2비트 신호이다. 제어 입력은 2'b00, 2'b01, 2'b10, 2'b11로 표현되는 〈비트수〉'〈진수〉〈값〉의 형태를 갖는다. 이진수를 표현하기 위한 b가 여기서 사용되었다. 일반적인 case 문의 형태는 다음과 같다.

```
case expression
  choice1 : sequential statements1
  choice2 : sequential statements2
  . . .
  [default : sequential statements]
endcase;
```

expression이 제일 먼저 계산이 된다. 그 결과가 choice1과 같다면 sequential statement1이 실행되고, choice2와 같다면 sequential statement2가 실행된다. 이와 같은 방식으로 실행이 된다. expression에서 가질 수 있는 모든 가능한 값이 choice에 반드시 포함되어야 한다. 만약 모든 값이 쓰이지 않는다면, default 문이 case 문에 반드시 포함되어야 한다. 다른 방법으로, always 블록 안에 if-else 문을 이용하여 모델링할 수 있다.

```
always @ (Sel or I0 or I1 or I2 or I3)
begin
  if       (Sel == 2'b00)    F = I0;
  else if  (Sel == 2'b01)    F = I1;
  else if  (Sel == 2'b10)    F = I2;
  else if  (Sel == 2'b11)    F = I3;
end
```

조합회로는 동시진행문이나 순차처리문을 이용하여 설계할 수 있다. 순차회로는 항상 always 문을 이용해야 한다. always 문은 조합회로나 순차회로를 설계하기 위해 사용할 수 있다.

다음은 조합회로 설계를 위해 합성 가능한 Verilog 코딩 방법을 보여준다.

(a) 조합회로를 설계하기 위해서는 가능한 한 동시진행문(예: assign 문)을 사용한다.

(b) 순차 진행 지정문(always 문)을 이용하여 조합회로를 설계할 때, 블로킹문(예: =)을 사용한다.

(c) Verilog 2001 이후 버전을 사용하면, 센시티비티 리스트에 신호를 각각 쓰는 대신에 always @*를 이용하여 센시티비티 리스트에 신호를 빠뜨리는 실수를 범하지 않도록 한다. 실수로 신호를 빠뜨리면, 시뮬레이션과 합성이 다른 하드웨어 구현을 가져올 수 있다.

2.14 Verilog always 문을 이용한 레지스터와 카운터의 모델링

여러 플립플롭이 같은 클록 에지에서 상태가 바뀌면, 이 플립플롭들을 나타내는 구문들은 클록이 있는 동일 always 문 안에 넣을 수 있다. 그림 2-39는 3개의 플립플롭이 서로 연결된 **순환 시프트 레지스터**(cyclic shift register)를 보여준다. 이 플립플롭들은 클록의 상승 에지 이후에 상태를 바꾼다. 클록 에지에서 출력이 변할 때까지 5ns의 지연 시간이 있다고 가정하자. 클록 에지 직후에 always 문 안에 3개의 구문은 어떤 지연도 없이 순차적으로 실행된다. 그리고 Q의 값은 5ns 후에 새로운 값으로 바뀌도록 스케줄링된다. 만약 지연을 생략하고 다음과 같은 순차처리문으로 대체하면, 그 동작은 기본적으로 같다.

```
Q1 <= Q3;    Q2 <= Q1;    Q3 <= Q2;
```

3개의 처리문은 0 시간 안에 순서대로 실행되고, Q의 값은 델타 지연 후 바뀐다. 두 경우 모두 Q_1, Q_2, Q_3의 이전 값이 새로운 값을 계산하는 데 사용된다. 처음에는 이상하게 보일 수 있으나, 이것이 하드웨어가 동작하는 방식이다. 클록의 상승 에지에서 모든 D 입력이 플립플롭에 로딩되지만, 지연 시간이 지날 때까지는 상태 변화가 일어나지 않는다.

논블로킹 할단 연산자 '<='가 사용되었을 때, 구문의 순서는 중요하지 않다. 구문의 순서가 거꾸로 나와 있다 하더라도 결과는 동일하다.

```
always @ (posedge CLK)
begin
  Q3 <= #5 Q2;
  Q2 <= #5 Q1;
  Q1 <= #5 Q3;
end
```

그림 2-39 순환 시프트 레지스터

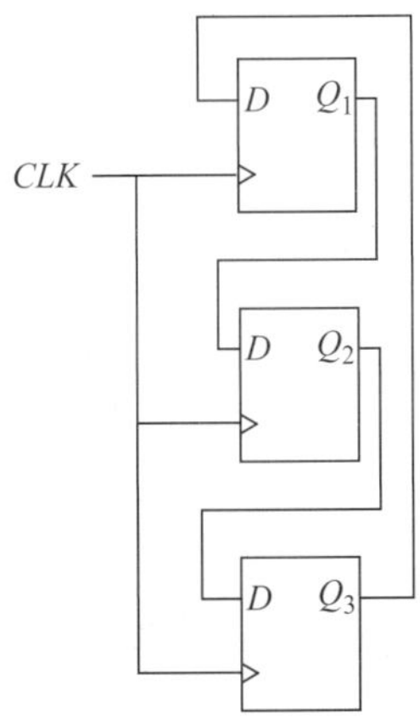


```
always @ (posedge CLK)
begin
  Q1 <= #5 Q3;
  Q2 <= #5 Q1;
  Q3 <= #5 Q2;
end
```

예제 1 다음의 코드를 합성하면 어떤 하드웨어가 만들어지는가?

```
module reg3 (Q1,Q2,Q3,A,CLK);
input    A;
input    CLK;
output   Q1,Q2,Q3;

reg      Q1,Q2,Q3;

always @(posedge CLK)
begin
  Q3 = Q2;   // 구문 1
  Q2 = Q1;   // 구문 2
  Q1 = A;   // 구문 3

end

endmodule
```

해답

3비트 시프트 레지스터

풀이

구문들은 위에서 아래의 순으로 진행된다. 블로킹 연산자가 사용되었기 때문에, 첫 번째 구문이 끝나고 두 번째 구문이 실행된다. 합성의 결과로 직렬 입력 A를 갖고 출력 Q_1, Q_2, Q_3를 갖는 3비트 시프트 레지스터가 생성된다.

참고

이 예제와 같이 블로킹 연산자 '='를 이용하여 레지스터를 모델링할 수 있지만, 이렇게 사용하지 않는 편이 좋다. 앞에서 언급했듯이, always 블록 안에서는 논블로킹 연산자 '<='를 이용하여 의도한 순차회로를 구성하고, 블로킹 연산자 '='를 이용하여 조합회로를 꾸미는 것이 합성이 가능한 코딩 방법이다.

예제 2 다음의 코드를 합성하면 어떤 하드웨어가 만들어질까? 위의 예제와 동일한 코드가 사용되었지만 always 블록 안에서 구문의 순서가 거꾸로 되어 있다.

```
module reg31 (Q1,Q2,Q3,A,CLK);
input    A;
input    CLK;
output   Q1,Q2,Q3;

reg      Q1,Q2,Q3;
```

```
always @(posedge CLK)
begin
  Q1 = A;   // 구문 1
  Q2 = Q1;   // 구문 2
  Q3 = Q2;   // 구문 3
end
endmodule
```

해답

1비트 플립플롭

풀이

구문들은 위에서 아래의 순으로 진행된다. 블로킹 연산자가 사용되었기 때문에, 첫 번째 구문이 끝나고 두 번째 구문이 실행된다. 구문 1이 실행되면 Q_1은 직렬 입력 A의 값을 갖는다. 구문 2에서는 같은 값이 Q_2로 전달되고, 구문 3에서 같은 값이 Q_3로 전달된다. 그 결과로 입력 A의 값이 Q_3로 전달된다. 최신 합성 툴들은 이 코드를 합성하면 입력 A인 1비트 플립플롭을 만들 것이다. 출력 Q_1, Q_2, Q_3는 하나의 같은 플립플롭 출력에 연결될 것이다. 만약 합성 툴이 좋은 최적화 알고리즘을 갖고 있지 않다면, 위의 코드는 입력이 A, 각 출력이 Q_1, Q_2, Q_3인 3개의 병렬 플립플롭을 만들 것이다. 예제 1에서 설명했듯이, 순차회로를 만들기 위해 블로킹 연산자 '='를 사용하는 것은 좋지 못한 코딩 습관이다. 논블로킹문을 사용했다면, 구문의 순서는 중요치 않다.

그림 2-40은 클록의 상승 에지에서 로딩되거나 클리어되는 간단한 간단한 레지스터를 보여준다. 만약 $CLR = 1$이면 레지스터가 클리어되고, $Ld = 1$이면 D 입력은 레지스터 내로 로딩된다. 이 레지스터는 완전히 동기화되어 있기 때문에, 출력 Q는 클록 에지에만 반응하여 그 값을 바꾸고, Ld 또는 CLR의 변화에는 반응하지 않는다. 레지스터의 Verilog 코드에서, Q와 D는 `[3:>]` 범위를 갖는 4비트 벡터이다. 레지스터의 출력은 클록의 상승 에지에서만 변할 수 있기 때문에, CLR과 Ld는 센시티비티 리스트에 들어 있지 않다. CLR

그림 2-40 동기화된 클리어와 로드 신호가 있는 레지스터

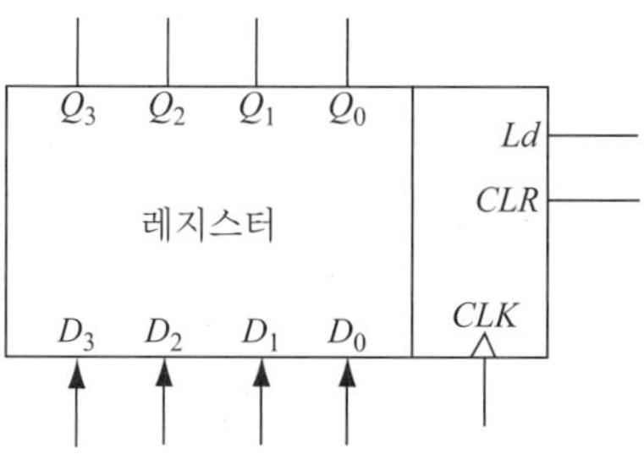


```
always @ (posedge CLK)
begin
 if (CLR)          Q <= 4'b0000;
 else if (Ld)      Q <= D;
end
```

과 *Ld* 신호는 클록의 상승 에지 이후에 테스트된다. 만약 *CLR* = *Ld* = 0이면, 출력 *Q*는 변하지 않는다. *CLR*은 *Ld*보다 먼저 테스트되기 때문에, 만약 *CLR* = 1이라면 `else if`는 *Ld*가 테스트되는 것을 막고 *CLR*은 *Ld*를 덮어쓴다.

다음으로, Verilog의 `always` 문을 이용하여 좌측 시프트 레지스터를 모델링할 것이다. 그림 2-41의 레지스터는 좌측 시프트 제어 입력(*LS*)을 제외하면 그림 2-40의 레지스터와 비슷하다. *LS*가 1일 때, 레지스터의 내용은 좌측으로 시프트되고 맨 우측 비트는 *Rin*과 같게 셋(set)된다. 시프트는 *Q*의 맨 우측 3비트인 `Q[2:0]`을 취하여 *Rin*과 결합됨으로써 수행된다. 예를 들어 *Q* = 1101이고 *Rin* = 0이면, `{Q[2:0], Rin}` = 1010이고, 이 값은 *CLK*의 상승 에지에서 *Q* 레지스터에 다시 로딩된다. 만약 *CLR* = *Ld* = *LS* = 0이라면, *Q*는 변하지 않고 그대로 있게 된다.

그림 2-42는 간단한 동기 카운터를 보여준다. 클록의 상승 에지에서 *ClrN* = 0이면 카운터는 클리어되고, *ClrN* = *En* = 1일 때 증가한다. 이 예에서 신호 *Q*는 카운터 내에 저장된 4비트 값을 나타낸다. *Q*는 4비트 `reg` 타입으로 정의되었다. 구문 `Q <= Q + 1;`은 카운터를 증가시킨다. 카운터가 1111 상태에 있을 때 증가시키면, 카운터의 상태는 다시 0000으로 돌아간다.

다음은 범용 카운터 74163의 Verilog 모델을 만들어보자. 이것은 TTL과 CMOS 논리 계열에서 모두 이용할 수 있는 완전히 동기화된 4비트 이진 카운터이다. 비록 현재의 새로운 설계에서는 좀처럼 사용되지 않지만, 많은 CAD 설계 라이브러리에서 찾을 수 있는 카운터의 일반적인 타입을 나타낸다. 카운팅 기능을 수행하는 것 외에 클리어시키거나 병렬

그림 2-41 동기화된 클리어와 로드 신호가 있는 좌측 시프트 레지스터

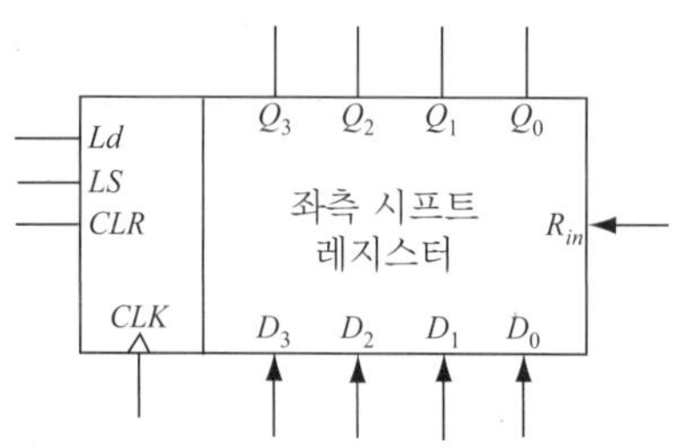


```
always @ (posedge CLK)
begin
 if (CLR)          Q <= 4'b0000;
 else if (Ld)      Q <= D;
 else if (LS)      Q <= {Q[2:0], Rin};
end
```

그림 2-42 간단한 동기 카운터의 Verilog 코드

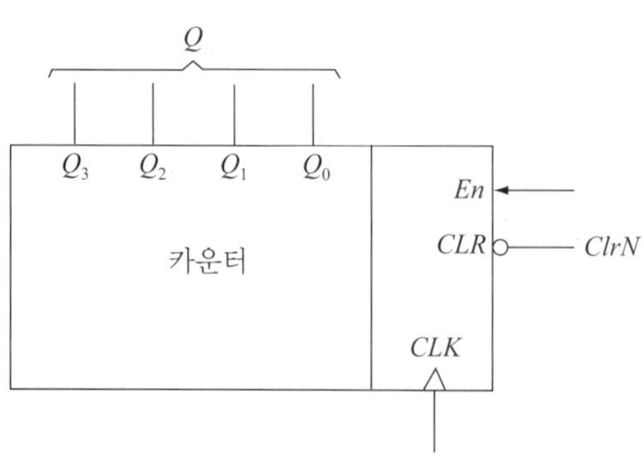


```
reg Q[3:0];

always @ (posedge CLK)
begin
 if (~ClrN)      Q <= 4'b0000;
 else if (En)   Q <= Q + 1;
end
```

그림 2-43 74163 카운터 동작

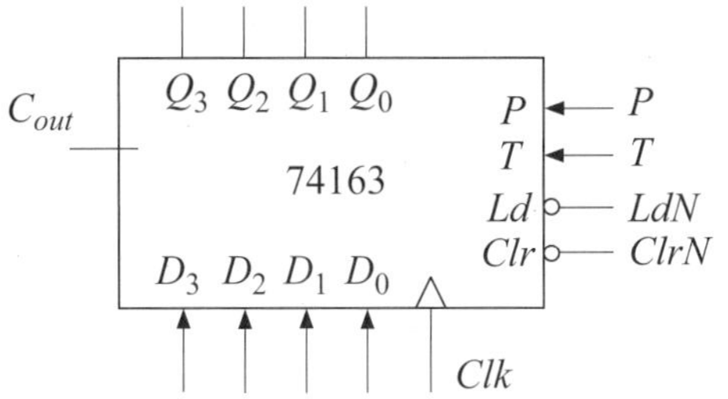

제어 신호			다음 상태				
ClrN	*LdN*	*PT*	Q_3^+	Q_2^+	Q_1^+	Q_0^+	
0	X	X	0	0	0	0	(클리어)
1	0	X	D_3	D_2	D_1	D_0	(병렬 로딩)
1	1	0	Q_3	Q_2	Q_1	Q_0	(변화 없음)
1	1	1	현재 상태 + 1				(카운트 증가)

로 로딩할 수 있다. 모든 동작은 클록에 의해 동기화되고, 모든 상태 변화는 클록의 상승 에지 이후에 일어난다. 카운터의 블록도는 그림 2-43에 나타나 있다.

이 카운터는 4개의 제어 입력을 갖고 있다(*ClrN*, *LdN*, *P*, *T*). *P*와 *T*는 카운팅 기능을 작동시키기 위해 사용된다. *P*는 일반적인 4비트 카운터를 동작시키기 위한 신호이고, *T*는 여러 개의 카운터가 직렬로 연결되었을 때 캐리 신호를 연결해주는 데 사용되는 신호이다. 카운터는 다음과 같이 동작한다.

1. 만약 $ClrN = 0$이면, 모든 플립플롭은 클록의 상승 에지 후에 0으로 셋된다.
2. 만약 $ClrN = 1$이고 $LdN = 0$이면, *D* 입력은 클록의 상승 에지 후에 병렬로 로딩된다.
3. 만약 $ClrN = LdN = 1$이고, $P = T = 1$이면, 카운트는 작동하고 카운터 상태는 클록의 상승 에지 후 1 증가할 것이다.

만약 $T = 1$이면, 카운터는 상태 15에서 캐리(C_{out})를 발생시킨다. 따라서 캐리는 다음과 같이 나타낼 수 있다.

$$C_{out} = Q_3\, Q_2\, Q_1\, Q_0\, T$$

그림 2-43의 진리표는 카운터의 동작을 요약한 것이다. *ClrN* 입력은 로딩이나 카운터 기능을 덮어쓴다. 따라서 $ClrN = 0$이면 *LdN*, *P*, *T*의 값에 관계없이 출력 *Q*는 클리어된다. 마찬가지로 *LdN*은 카운터 기능을 덮어쓴다(우위에 있다). 74163의 *ClrN* 입력은 클록과 동기가 되어 카운터를 클리어시키기 때문에 **동기화된** 클리어 입력이라고 한다. 따라서 클록 펄스가 없으면, 카운터는 클리어되지 않는다.

카운터의 Verilog 표현은 그림 2-44에 나타나 있다. *Q*는 카운터를 구성하는 4개의 플립플롭을 나타낸다. 카운터 출력 *Qout*은 *Q*가 변할 때마다 바뀐다. 그리고 캐리 출력은 *Q* 또는 *T*가 변할 때마다 계산된다. `always` 문은 *Clk*의 상승 에지마다 동작할 것이다. 클리어

그림 2-44 74163 카운터 모델

```
// 74163 완전 동기화된 카운터
module c74163(LdN, ClrN, P, T, Clk, D, Cout, Qout);
input         LdN;
input         ClrN;
input         P;
input         T;
input         Clk;
input [3:0]   D;
output        Cout;
output [3:0]  Qout;

reg [3:0]     Q;

assign Qout = Q;
assign Cout = Q[3] & Q[2] & Q[1] & Q[0] & T;

always @(posedge Clk)
begin
  if (~ClrN)          Q <= 4'b0000;
  else if (~LdN)      Q <= D;
  else if (P & T)     Q <= Q + 1;
end
```

는 로드와 카운터 동작보다 우위에 있기 때문에, 첫 번째 `if` 문에서 *ClrN*을 확인한다. 로드는 카운터 동작보다 우위에 있기 때문에, *LdN*을 그 다음에 테스트한다. 마지막으로, *P*와 *T*의 값이 모두 1이면 카운터는 그 값을 증가시킨다.

카운터를 테스트하기 위해 2개의 74163을 연결하여 8비트 카운터를 구성했다(그림 2-45). 우측 카운터의 상태가 1111이고 $T1 = 1$이면, $Carry1 = 1$이다. 이때 좌측 카운터에서 $P = 1$이면 $PT = 1$이 된다. $PT = 1$이면 다음 클록에서 좌측 카운터는 증가하고 동시에 우측 카운터는 0000이 된다. 그림 2-46은 8비트 카운터의 Verilog 코드를 보여준다. 이 코드에서 c74163 모델을 컴포넌트로 이용하고, 컴포넌트를 복사하여 2개의 인스턴스를 만들었다. c74163 모듈은 `eight_bit_counter` 모듈이 정의된 파일에 함께 놓거나, 혹은 다른 파일에 놓일 수도 있다. 하위 4비트를 위한 인스턴스는 다음과 같이 사용되었다.

```
c74163 ct1(LdN, ClrN, P, T1, Clk, Din1, Carry1, Qout1);
```

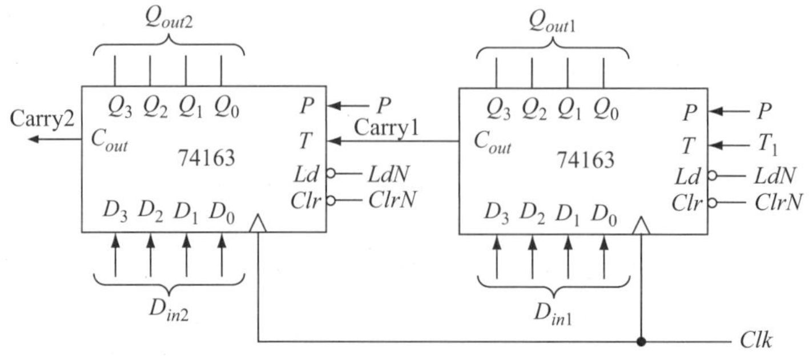

그림 2-45 2개의 74163 카운터 직렬 연결을 통한 8비트 카운터 구성

그림 2-46 4비트 카운터 모듈을 이용한 8비트 카운터 Verilog

```
// 그림 2-44의 모델을 이용하여 2개의 74163 카운터를 사용한 8비트 카운터
module eight_bit_counter(ClrN, LdN, P, T1, Clk, Din1, Din2, Count, Carry2);
input          ClrN;
input          LdN;
input          P;
input          T1;
input          Clk;
input [3:0]   Din1;
input [3:0]   Din2;
output [7:0]   Count;
output         Carry2;

wire           Carry1;
wire [3:0]     Qout1;
wire [3:0]     Qout2;

c74163 ct1(LdN, ClrN, P, T1, Clk, Din1, Carry1, Qout1); // 인스턴스 1(우측)
c74163 ct2(LdN, ClrN, P, Carry1, Clk, Din2, Carry2, Qout2);  // 인스턴스 2(좌측)

assign Count 5 {Qout2, Qout1};

endmodule
```

여기서 c74163은 전에 정의된 컴포넌트 모듈이고, 그 인스턴스 이름은 ct1이다. 입력과 출력은 Din1, Qout1 및 기타 제어 신호들과 매핑되어 있다. VHDL에서 인스턴스를 만들기 위해서는 port-map 키워드를 사용해야 하지만 Verilog에서는 아무런 키워드가 필요하지 않다. 이와 같은 인스턴스를 부르는 작업은 기존의 모듈과 연결을 하는 **구조적 모델링**(structural modeling)에 필요하다. 인스턴스들은 always 문 밖에서 사용되어야 한다.

다음으로 그림 2-41의 좌측 시프트 레지스터에 대한 Verilog 코드를 합성해보자. 합성을 시작하기 전에 어떠한 컴포넌트들이 사용 가능한지 합성기가 알게 하기 위해 목표 디바이스(예를 들어, 특정 FPGA 또는 CPLD)를 지정해야 한다. 클록 인에이블 있는 D 플립플롭(D-CE 플립플롭)을 갖고 있는 CPLD 또는 FPGA를 목표로 가정하자. Q와 D는 4비트의 길이를 갖는다. Q의 값은 CLK의 상승 에지 후에 갱신되므로, Q는 4개의 플립플롭으로 구성된 레지스터가 되어야 함을 의미한다. 레지스터의 각 플립플롭은 Q_3, Q_2, Q_1, Q_0로 이름을 붙인다. 플립플롭의 상태는 Clr, Ld, 또는 Ls가 1일 때 바뀌므로, $Clr + Ld + Ls$ 연산을 하는 OR 게이트의 출력을 클록 인에이블에 연결한다. 플립플롭에 로딩되는 데이터를 선택하기 위한 게이트를 D 입력에 연결한다. $Clr = 0$이고 $Ld = 1$이면, D는 클록의 상승 에지에서 레지스터에 로딩된다. $Clr = Ld = 0$이고 $Ls = 1$이면 Q_2는 Q_3로 Q_1은 Q_2로 로딩된다. 나머지 플립플롭들도 같은 방식으로 로딩된다. 그림 2-47은 처음 두 플립플롭의 논리회로를 보여준다. 만약 $Clr = 1$이면 D 플립플롭의 입력은 0이 되고, 따라서 레지스터는 클리어된다.

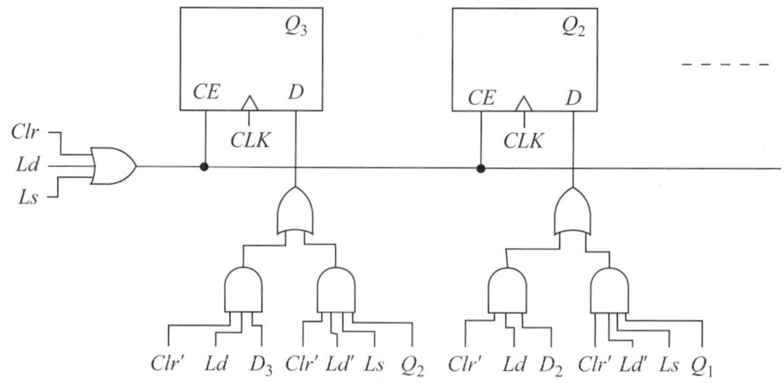

그림 2-47 그림 2-41의 좌측 시프트 레지스터에 대한 Verilog 코드의 합성

> Verilog 합성기는 지연 시간을 합성할 수 없다. 대부분의 합성기에서 '# 지연 시간' 형태의 절을 무시한다. 그러나 몇몇 합성기에서는 '# 지연 시간' 절을 제거해야 한다.
>
> 마찬가지로, initial 블록도 합성 툴에 의해 무시된다. 비록 신호의 초기값을 포트와 신호 선언부에서 명시할 수 있지만, 그 초기값들은 대체로 합성기에 의해 무시된다. 만약 하드웨어가 특정 초기 상태로 되어야 한다면 리셋 신호를 사용해야 한다. 그렇지 않으면 하드웨어의 초기 상태는 알려지지 않고, 하드웨어는 제대로 동작하지 않을 것이다. 한 가지 예외사항으로는, 일부 합성 툴에서 FPGA에 initial 블록과 초기값을 이용하기 위해 FPGA로 다운로드하는 경우가 있다. 하지만 일반적인 하드웨어의 합성에서 초기값과 initial 블록은 무시된다.

원하지 않는 래치 생성을 피하는 방법

Verilog 신호들은 현재의 값이 변할 때까지 그 값을 유지한다. 이러한 이유로 Verilog 코드가 합성되었을 때, 원치 않게 래치가 발생한다. 예를 들어, 다음의 구문으로 만들어진 조합회로를 구성하기 위한 always 블록은

```
always @ (Sel or I0 or I1 or I2)
begin
 if       (Sel == 2'b00)  F = I0;
 else if  (Sel == 2'b01)  F = I1;
 else if  (Sel == 2'b10)  F = I2;
end
```

Sel 신호가 2'b11로 바뀌면 그 값을 유지하기 위해 래치를 생성할 것이다. 이 회로는 MUX를 구성하기 위한 코드로 작성한 경우라면 합성을 했을 때 래치가 발생할 것이고, 래치가 포함된 회로는 조합회로가 아니다. 래치는 타이밍 문제와 원치 않는 동작을 만든다. 1비트가 아니라 F가 8비트 신호라면 8개의 래치가 생성될 것이다.

원치 않는 래치를 피하고 조합회로를 만들기 위해, always 블록 안에 조합 신호의 모든 가능한 조합을 넣어주어야 한다. 따라서 모든 if 문에는 else 문을 함께 사용하거나 입력의 모든 가능한 케이스를 다 넣어주어야 한다.

```
always @ (Sel or I0 or I1 or I2 or I3)
begin
 if         (Sel == 2'b00)  F = I0;
 else if    (Sel == 2'b01)  F = I1;
 else if    (Sel == 2'b10)  F = I2;
 else if    (Sel == 2'b11)  F = 0;
end
```

예를 들어, 위의 예제는 래치를 생성하지 않고 MUX를 만든다. `if`, `else` 문이나 `case` 문에서 모든 조합을 다 명기하는 것이 중요하다.

래치를 생성하지 않는 또 다른 방법으로는 `always` 문 앞에서 초기화 과정을 거치는 것이다. 예를 들어, 다음 코드는 4개의 가능한 조합 중 3개만 쓰고 있지만 래치가 발생하지 않는다.

```
always @ (Sel or I0 or I1 or I2 or I3)
F = 0;
begin
 if         (Sel == 2'b00)  F = I0;
 else if    (Sel == 2'b01)  F = I1;
 else if    (Sel == 2'b10)  F = I2;
end
```

다음은 순차회로를 만들기 위해 합성 가능한 Verilog 코드를 작성하는 중요한 코딩 방법을 설명하고 있다.

(a) 센시티비티 리스트에 posedge나 negedge 키워드를 사용하여 에지 트리거 클록 신호를 사용하라.

(b) `always` 블록 안에 블로킹 연산자(=)를 이용하여 순차회로를 만들 수도 있지만, 논블로킹 연산자(<=)를 이용하여 순차회로를 만들어라.

(c) `always` 블록 안에 블로킹 연산자와 논블로킹 연산자를 섞어 쓰지 마라.

(d) 하나의 `always` 블록 안에서 하나의 변수에 한 번만 값을 할당하라(같은 변수에 값을 여러 번 할당하면 안 된다). 컴파일 오류로 잡히지 않기 때문에 확인하기가 어렵다.

(e) `always` 블록에서 발생할 수 있는 모든 신호의 조합을 사용하여 원치 않는 래치가 발생하는 것을 막아라. 다음과 같은 방법을 사용하라.

1. `if` 문에 항상 `else` 절을 함께 사용하라.
2. case 문을 이용할 때는 반드시 마지막에 `default` 절을 사용하거나
3. `always` 블록의 맨 앞에 모든 조합회로의 출력 값을 초기화해야 한다.

2.15 동작적 Verilog와 구조적 Verilog

모든 회로나 디바이스는 다양한 형태의 추상화로 나타낼 수 있다. 그림 2-48에 나타낸 바와 같이 서로 다른 형태로 표현된 NAND 게이트에 대해 생각해보자. NAND라는 말을 들었을 때, 각 설계자는 설계 레벨의 범위에 따라 동일한 NAND 디바이스에 대해 이처럼 서로 다르게 표현된 것을 생각한다. 어떤 사람들은 그림 2-48(a)에서 나타낸 것처럼 NAND 연산자의 동작을 나타내는 블록만을 생각할 것이다. 또 어떤 사람들은 그림 2-48(b)처럼 CMOS 7400 칩 내의 네 게이트를 생각할지도 모른다. 논리 레벨에서 일하는 설계자는 그림 2-48(c)처럼 NAND 게이트의 논리 기호를 생각한다. 그리고 트랜지스터 레벨의 회로 설계자는 그림 2-48(d)처럼 NAND 기능을 수행하는 트랜지스터 레벨의 회로를 생각한다. 물리 레벨 설계자의 머리에 떠오르는 것은 그림 2-48(e)와 같이 NAND 게이트의 레이아웃이다. 이와 같이 모든 그림은 같은 디바이스를 나타내지만, 각 표현에서 나타내는 세부

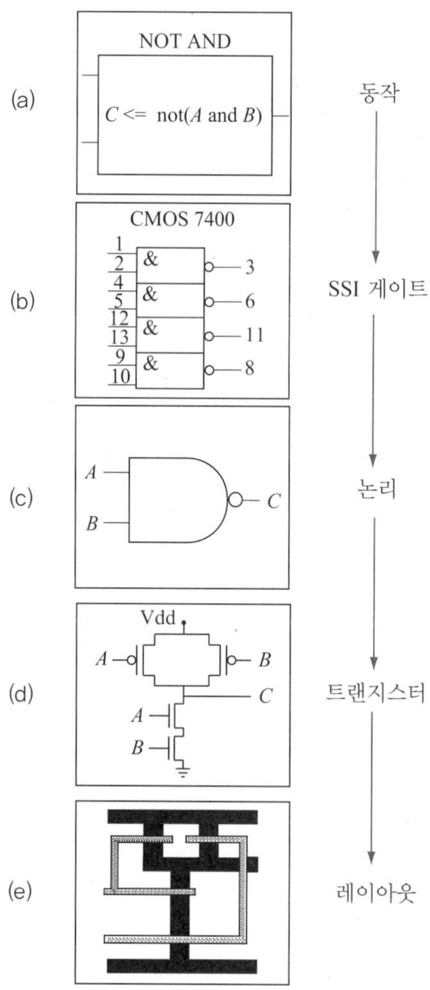

그림 2-48 NAND 디바이스의 각기 다른 추상화 레벨

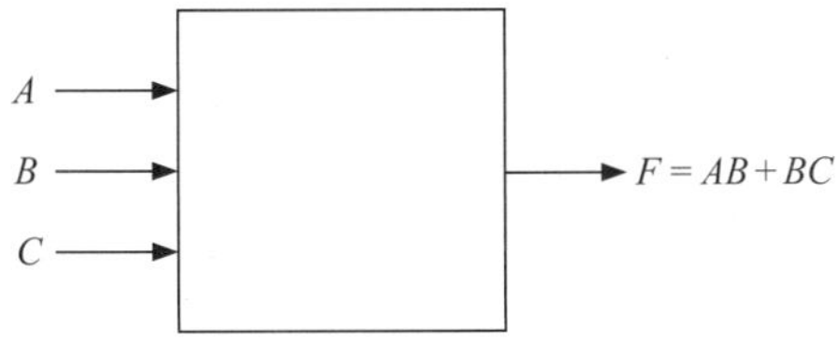

그림 2-49 *A*, *B*, *C*를 입력으로, *F*=*AB*+*BC*를 출력으로 갖는 블록도

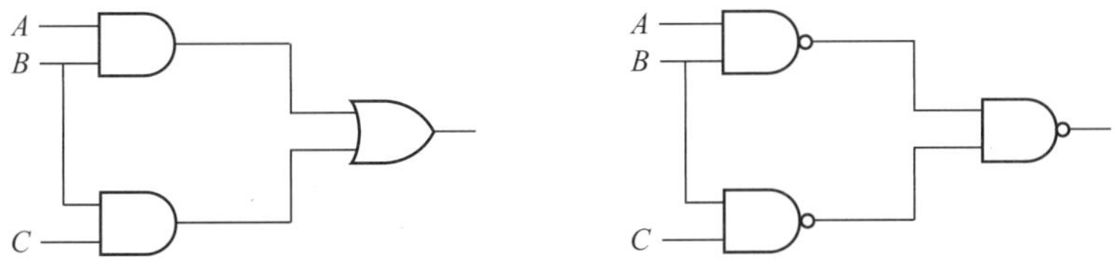

그림 2-50 *F*=*AB*+*BC*의 두 가지 구현

적인 내용은 서로 다르다.

NAND 게이트를 여러 가지 방법으로 표현할 수 있듯이, 어떤 논리회로든 상세한 정도가 서로 다른 여러 레벨로 표현할 수 있다. 그림 2-49는 논리 함수 $F = ab + bc$를 동작 레벨에서 표현한 것인 데 반해, 그림 2-50(a)와 2-50(b)는 동일한 기능의 구조적 표현 두 가지를 나타낸다. 그림 2-49에서 추상적 표현으로 기술된 기능은 여러 가지 방법으로 구현될 수 있다. 한 가지 방법은 2개의 AND 게이트와 1개의 OR 게이트를 사용하는 것이고, 또 다른 방법은 3개의 NAND 게이트를 사용하는 것이다. 그림 2-50(a)와 2-50(b)에 대한 구조적 표현은 서로 다르다. 따라서 동일한 동작적 표현이지만, 구조적 표현에서는 서로 다른 두 가지 표현 중의 하나가 된다. 동작적 표현은 추상적인 레벨에서 동작만을 기술하지만, 구조적 표현은 좀 더 상세히 기술한다.

이와 같이 동일한 회로를 서로 다른 방법으로 표현할 수 있음을 알았다. 마찬가지로, Verilog에서도 다양한 레벨의 추상화로 설계를 표현할 수 있다. 일반적으로 **동작적 모델**(behavioral model), **데이터 흐름 모델**(data flow(RTL) model), **구조적 모델**(structural model)로 추상화 레벨을 분류한다. 동작적 Verilog 모델은 어떤 특정한 구조나 기술을 나타내지 않는 상위 추상화 레벨에서 회로나 시스템을 표현한다. 단지 전체적인 동작만을 기술한다. 이에 반해, 구조적 모델에서는 사용되는 컴포넌트와 컴포턴트 간의 상호연결 구조가 분명히 기술된다. 구조적 모델은 특정한 라이브러리/패키지의 개별 게이트나 플립플롭의 사용을 지정할 수 있을 정도로 자세하다. 구조적 Verilog 모델의 하위 추상화 레벨에서 표현된 것이다. Verilog 코드는 기본적인 동작 레벨이나 구조적 레벨뿐만 아니라 중간의 추상화 레벨에서도 기술될 수 있는데, 이것을 데이터 흐름 레벨이나 RTL 레벨이라고 한다. 레지스터 전송 언어(Register Transfer Language)는 동기 시스템의 동작을 기술하기 위해 수십 년간 사용돼왔다. 여기서 시스템은 레지스터와 그 레지스터에 데이터를 로딩하고 조작하기 위한 제어 논리로 구성된다고 볼 수 있다. 데이터 흐름 모델에서는 데이터 경로와 제어 신호를 명시해야 한다. 시스템의 동작은 레지스터 간의 데이터 전송에 의해 기술된다.

만약 설계를 상위 추상화 레벨에서 기술한다면, 이를 구현하기 위해서는 하위 레벨로 변환해주어야 한다. 설계 자동화 초기에는 이러한 변환을 하기 위한 자동화 소프트웨어 툴이 충분하지 않았다. 따라서 설계를 하위 추상화 레벨에서 기술할 필요가 있었다. 설계는 회로도 그리기를 이용하거나 다른 하위 추상화 레벨을 이용하여 입력할 수 있었다. 그러나 오늘날의 합성 툴은 매우 효율적으로 동작 레벨 설계를 목표 기술로 변환한다.

동작적 설계와 구조적 설계 기술은 보통 함께 사용된다. 시스템의 여러 부분들은 보통 서로 다른 기술로 설계된다. 최신의 설계 자동화 툴은 논리회로와 산술회로에 대해 효율적인 하드웨어를 생성한다. 그러므로 이러한 부분의 설계는 대부분 동작 레벨에서 수행된다. 그러나 메모리 구조는 보통 수동 최적화가 필요하며, 자동 합성이 아닌 주문형 설계로 만들어진다.

2.15.1 순차 머신의 모델링

이 절에서는 순차 머신을 Verilog로 표현하는 몇 가지 방법을 설명한다. 그림 2-51의 상태표가 나타내는 밀리 순차회로의 동작적 모델을 작성한다고 가정하자(이것은 1장에서 설계한, BCD를 3초과 코드로 바꾸는 변환기임을 주목하기 바란다). 그림 2-51은 이 상태 머신의 블록도도 보여준다. 엔티티(entity)를 기술할 때는 회로를 이러한 방식으로 봐야 한다. 현재 상태와 다음 상태를 외부에서는 볼 수 없다는 점에 주의하기 바란다.

여러 가지 방법으로 이 순차 머신을 모델링할 수 있다. 첫 번째 접근 방법은 두 부분의 회로를 나타내기 위해 2개의 `always` 블록을 사용하는 것이다. 한 `always` 블록은 회로의 조합 부분을 모델링하고, 다음 상태의 정보와 출력을 만든다. 또 다른 `always` 블록은 상태 레지스터를 모델링하고, 클록의 적절한 에지에서 상태를 갱신한다. 그림 2-52는 밀리 머신을 이러한 방식으로 모델링한 것을 보여준다. 첫 번째 `always` 블록은 조합회로를 나타낸다. 동작 레벨에서, 0으로 초기화되는 정수 신호를 사용하여 회로의 현재 상태와 다음 상태를 나타낸다. 이러한 초기화는 오직 시뮬레이션에서만 의미가 있음을 기억하기 바란다. *State*나 *X*가 변할 때, 회로의 출력인 *Z*와 *Nextstate*는 바뀔 수 있기 때문에 센시티비티

그림 2-51 순차 머신의 상태표와 블록도

PS	NS X=0	NS X=1	Z X=0	Z X=1
S_0	S_1	S_2	1	0
S_1	S_3	S_4	1	0
S_2	S_4	S_4	0	1
S_3	S_5	S_5	0	1
S_4	S_5	S_6	1	0
S_5	S_0	S_0	0	1
S_6	S_0	—	1	—

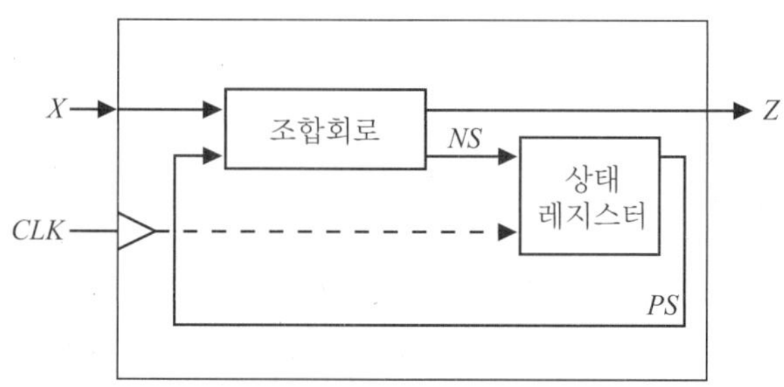

리스트에 *State*와 *X*를 모두 포함시킨다. case 문에서는 *State*의 값을 테스트한 다음, *X* 값에 따라 *Z*와 *Nextstate*에 새로운 값을 할당한다. 두 번째 always 블록은 상태 레지스터를 나타낸다. 클록의 상승 에지가 일어날 때마다 *State*는 *Nextstate*의 값으로 갱신되기 때문에, 센시티비티 리스트에 *CLK*를 포함시킨다. 두 번째 always 블록을 다음과 같이 작성하면, 시뮬레이션은 정확히 동작한다.

```
always @ (CLK)            // 상태 레지스터
begin                     // 클록의 상승 에지(시뮬레이션)
  State <= Nextstate;
end
```

그러나 에지 트리거 플립플롭으로 합성하기 위해서는 다음과 같이 posedge 혹은 negedge를 사용해야 한다.

```
always @ (posedge CLK)          // 상태 레지스터
begin                           // (합성)
  State <= Nextstate;           // 클록의 상승 에지
end
```

그림 2-52에서, *State*는 3비트 레지스터로 정의되어 있다. 만약 *State*가 정수로 정의되어 있다면, 일부 합성 툴은 32비트 레지스터로 합성하는 경우도 있지만, 대부분의 최신 합성 툴은 3비트 레지스터로 합성할 것이다. 출력과 *State*의 다음 상태가 명확하게 표현되어 있다면 default 문은 필요 없다. 하지만 8개의 상태 중 하나라도 나와 있지 않다면 default 문은 반드시 포함되어야 한다. 비어 있는 구문은 어떠한 동작도 하지 않음을 나타내는데, 이는 *State*의 모든 가능한 값이 이미 나왔기 때문이다. case 문에서 *State*의 비트 수는 지정되어야 하고, 그렇지 않으면 결과는 예상치 못할 것이다.

그림 2-52를 테스트하기 위해 사용될 수 있는 시뮬레이터 명령어 파일은 다음과 같다.

```
add wave CLK X State Nextstate Z
force CLK 0 0, 1 100 -repeat 200
force X 0 0, 1 350, 0 550, 1 750, 0 950, 1 1350
run 1600
```

첫 번째 명령은 파형 출력에 포함시킬 신호를 지정한다. 그 다음 명령은 200ns의 주기를 갖는 클록을 정의한다. *CLK*는 0ns에서 0, 100ns에서 1, 200ns마다 이러한 동작을 반복한다. 다음과 같은 형태의 명령에서,

```
force signal_name v1 t1, v2 t2, ...
```

signal_name은 시간 t1에서 v1 값, 시간 t2에서 v2 값을 갖고, 나머지 시간에서도 같은 식으로 변한다. *X*는 시간 0ns에서 0, 시간 350ns에서 1로 변하고, 550ns에서는 0으로 변하며, 나머지 시간에 대해서도 같은 방식으로 변한다. *X* 입력은 시퀀스 0010 1001에 해당하고, *X*가 바뀌는 시간만 명시되어 있다. 위의 명령어 파일을 실행시키면, 그림 2-53에 나타낸 것과 같은 파형을 얻는다.

그림 2-52 3초과 코드 변환기의 동작적 모델

```
// 아래의 코드는 (그림 2-51) 상태표 기반의 밀리 상태 머신의 동작적 모델이다.
// 출력(Z)과 다음 상태는 클록의 상승 에지 이전에 계산된다.
// 상태 변화는 클록의 상승 에지에서 이루어진다.

module Code_Converter(X, CLK, Z);

input X, CLK;
output Z;

reg   Z;
reg   [2:0] State;
reg   [2:0] Nextstate;

initial
begin
  State = 0;
  Nextstate = 0;
end

always @(State or X)
begin                                // 조합회로
case(State)
  0 : begin
          if(X == 1'b0)
          begin
               Z = 1'b1;
               Nextstate = 1;
          end
          else
          begin
               Z = 1'b0;
               Nextstate = 2;
          end
  end
  1 : begin
          if(X == 1'b0)
          begin
               Z = 1'b1;
               Nextstate = 3;
          end
          else
          begin
               Z = 1'b0;
               Nextstate = 4;
          end
  end
  2 : begin
          if(X == 1'b0)
          begin
               Z = 1'b0;
               Nextstate = 4;
          end
          else
          begin
```

```
                Z = 1'b1;
                Nextstate = 4;
            end
    end
    3 : begin
            if(X == 1'b0)
            begin
                Z = 1'b0;
                Nextstate = 5;
            end
            else
            begin
                Z = 1'b1;
                Nextstate = 5;
            end
    end
    4 : begin
            if(X == 1'b0)
            begin
                Z = 1'b1;
                Nextstate = 5;
            end
            else
            begin
                Z = 1'b0;
                Nextstate = 6;
            end
    end
    5 : begin
            if(X == 1'b0)
            begin
                Z = 1'b0;
                Nextstate = 0;
            end
            else
            begin
                Z = 1'b1;
                Nextstate = 0;
            end
    end
    6 : begin
            if(X == 1'b0)
            begin
                Z = 1'b1;
                Nextstate = 0;
            end
            else
            begin
                Z = 1'b0;
                Nextstate = 0;
            end
            end
    default : begin
    // 발생하지 않는다.
    end
endcase
```

```
end
  always @(posedge CLK)            // 상태 레지스터
  begin                            // 클록의 상승 에지
  State <= Nextstate;
  end
endmodule
```

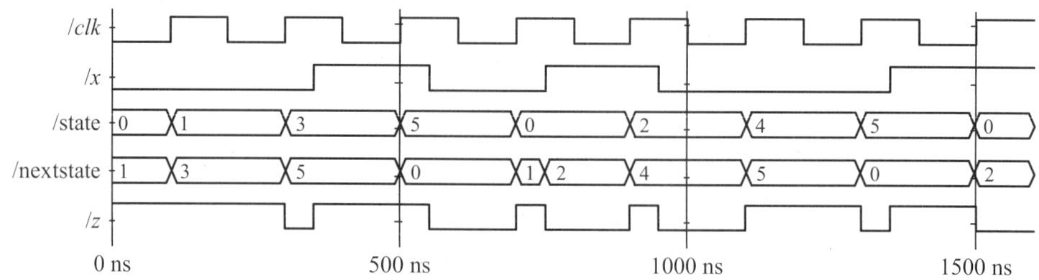

그림 2-53 3초과 코드 변환기의 시뮬레이터 출력

1장에서는 이 상태 머신을 수작업으로 설계했다(그림 1-26). 이 회로는 3개의 플립플롭, 4개의 3입력 NAND 게이트, 2개의 3입력 NAND 게이트, 1개의 인버터로 구성되었다. 그림 2-52의 동작적 모델의 합성 결과는 이 회로와 정확히 같지 않을 수도 있다. 실제로 Xilinx ISE 툴을 사용하여 합성하면 7개의 D 플립플롭, 15개의 2입력 AND 게이트, 3개의 2입력 OR 게이트, 1개의 7입력 OR 게이트로 구성된 회로를 얻는다. 분명히 Xilinx 합성 툴은 인코딩된 상태 할당 대신에, 기본적으로 one-hot 상태 할당을 사용하는 것 같다. one-hot 설계는 일반적으로 플립플롭이 많은 FPGA에서 사용되는 접근 방법이다.

그림 2-54는 코드 변환기의 또 다른 동작적 모델을 보여준다. 여기서는 2개의 `always` 블록 대신에 1개의 `always` 블록을 사용했다. 다음 상태가 명시적으로 계산되는 대신에, 상태 레지스터는 클록의 상승 에지에서 적절한 다음 상태 값으로 곧바로 갱신된다. *Z*는 *State*나 *X*가 변할 때마다 바뀔 수 있기 때문에, 클록이 있는 블록에서 사용될 수 없다. 따라서 그 대신에 *Z*를 계산하기 위한 조건 할당문을 사용했다. 만약 클록이 있는 `always` 블록에서 *Z* 값이 갱신된다면 *Z*를 저장하기 위한 플립플롭이 생성되고, 따라서 *Z* 값은 엉뚱한 시간에 갱신될 것이다. 일반적으로, 상태 머신에 대한 2개의 `always` 블록을 사용하는 편이 하나의 `always` 블록을 사용하는 것보다 바람직한데, 그 이유는 전자가 조합회로와 상태 레지스터를 사용하는 하드웨어 구현에 좀 더 가깝기 때문이다.

밀리 머신을 모델링하는 또 다른 방법은 **데이터 흐름 접근법**(즉, 방정식 사용)을 사용하는 것이다. 그림 2-55의 데이터 흐름 Verilog 모델은 1장(그림 1-25)에서 유도한 다음 상태 식과 출력 식을 기반으로 한 것이다. `always` 블록의 센시티비티 리스트인 *CLK*의 상승 에지에서 갱신된다. 클록에서 상승 에지가 발생할 때, Q_1, Q_2, Q_3는 모두 새로운 값이 할당된다. 클록의 상승 에지에서 플립플롭의 출력이 변할 때까지의 전파 지연을 나타내기 위해 10ns 지연 시간을 포함시킨다. 비록 `always` 블록 안의 할당문은 순차적으로 실행되지

그림 2-54 단일 프로세스를 사용하는 코드 변환기의 동작적 모델

```
// 다음은 BCD를 3초과 코드로 바꾸는 변환기에 대한
// 밀리 상태 머신의 동작적 모델을 상태표 기반으로 작성한 것이다.
// 상태 변화는 클록의 상승 에지에서 일어난다.
// 출력은 상태나 Z가 변할 때마다 조건적 할당문에 의해 계산된다.
module Code_Converter(X, CLK, Z);
input X, CLK;
output Z;
wire   X;               // X, CLK, Z는 중복 선언됨
wire   CLK;             // 입력과 출력 신호는 기본적으로 데이터 타입이 wire이다.
wire   Z;
reg    [2:0] State;
initial
begin
  State = 0;
end
always @(posedge CLK) begin
  case(State)
    0 : begin
      if(X == 1'b0)
        State <= 1;
      else
        State <= 2;
    end
    1 : begin
      if(X == 1'b0)
        State <= 3;
      else
        State <= 4;
    end
    2 :
      State <= 4;
    3 :
      State <= 5;
    4 : begin
      if(X == 1'b0)
        State <= 5;
      else
        State <= 6;
    end
    5 :
      State <= 0;
    6 :
      State <= 0;
    default : begin
    end
  endcase
end
  assign Z = (State == 0 && X == 1'b0) || (State == 1 && X == 1'b0) ||
  (State == 2 && X == 1'b1) || (State == 3 && X == 1'b1) ||
  (State == 4 && X == 1'b0) || (State == 5 && X == 1'b1) ||
  State == 6 ? 1'b1 : 1'b0;
endmodule
```

그림 2-55 방정식을 사용한 순차 머신 모델

```
// 다음은 BCD를 3초과 코드로 바꾸는 변환기에 대한 순차 머신을
// 그림 1-25에서 얻은 상태식을 이용하여 표현했다.
// 다음과 같은 상태 할당이 사용되었다.
// S0-->0; S1-->4; S2-->5; S3-->7; S4-->6; S5-->3; S6-->2

module Code_Converter(X, CLK, Z);
   input   X;
   input   CLK;
   output  Z;

   reg     Q1;
   reg     Q2;
   reg     Q3;

   always @(posedge CLK)

   begin
     Q1 <= #10 (~Q2);
     Q2 <= #10 Q1;
     Q3 <= #10 (Q1 & Q2 & Q3) | ((~X) & Q1 & (~Q3)) |
               (X & (~Q1) & (~Q2));
   end

   assign #20 Z =  ((~X) & (~Q3)) | (X & Q3);

endmodule
```

만, Q_1, Q_2, Q_3는 동일한 시간 $T+\Delta$에 갱신된다. 여기서 T는 클록에서 상승 에지가 발생하는 시간이다. 따라서 Q_1의 이전 값은 Q_2^+를 계산하는 데 사용되고, Q_1, Q_2, Q_3의 이전 값들은 Q_3^+를 계산하는 데 사용된다. Z에 대한 동시 할당문은 X나 Q_3가 변할 때마다 Z를 갱신한다. 20ns 지연 시간은 2개의 게이트 지연을 나타낸다. 이 레벨에서 Verilog 모델을 만들려면 상태 할당을 하고, 다음 상태 식을 유도하는 등의 일을 해야 한다. 반면에 동작 레벨에서는 상태표만 있으면 Verilog 모델을 만들 수 있다.

앞서 말한 밀리 머신의 Verilog 모델을 기술하기 위한 또 다른 접근 방법은 회로 내의 게이트와 플립플롭을 나타내는 **구조적 모델**을 만드는 것이다. 그림 2-58은 그림 1-26의 회로에 대한 구조적 Verilog 표현을 보여준다. 그림 2-58과 같이 모델을 만들기 위해, 설계자는 수작업으로 설계하여 게이트 레벨 회로를 얻어야 한다는 점을 주목하기 바란다. 그림 1-26의 설계에는 7개의 NAND 게이트, 3개의 D 플립플롭, 1개의 인버터가 사용되었다. 게이트나 플립플롭 같은 기본 컴포넌트들이 필요할 때, 각 컴포넌트는 개별 Verilog 모듈에서 정의될 수 있다. 사용하는 CAD 툴에 따라, 컴퍼넌트 모듈을 주된 Verilog 표현이 들어 있는 파일에 포함시킬 수도 있고, Verilog 프로젝트 내의 별도 파일들에 집어넣을 수도 있다. 그림 2-58의 코드는 컴포넌트 모듈로 `DFF`, `Nand3`, `Nand2`, `Inverter`를 필요로 한다. CAD 툴은 비슷한 컴포넌트들이 들어 있는 패키지를 포함할 수 있다. 만약 이러한 패키지가 사용된다면, 정확한 컴포넌트 이름과 패키지에 들어 있는 컴포넌트의 입출력 신호를 맞

추어야 한다. DFF 모듈은 그림 2-56과 같다.

Nand3 모듈은 그림 2-57과 같다.

Nand2와 Inverter 모듈은 입력의 개수를 제외하고는 비슷하다. 여기서 각 컴포넌트에서 10ns 지연 시간이 있다고 가정했는데, 이는 사용되는 하드웨어의 실제 지연을 나타내기 위해 쉽게 바뀔 수 있다.

Q1, *Q2*, *Q3*의 초기값은 0이기 때문에, 플립플롭의 보수 출력(*Q1N*, *Q2N*, *Q3N*)은 1로 초기화된다. *G1*은 입력 *Q1*, *Q2*, *Q3*와 출력 *A1*을 갖는 3입력 NAND 게이트이다. *FF1*은 D 플립플롭으로, 입력 *D*는 *Q2N*과 연결된다. 다음과 같은 시뮬레이션 명령어 파일을 실행시키면, 그림 1-39와 매우 비슷한 그림 2-59의 파형이 출력된다.

그림 2-56 D 플립플롭

```
// D 플립플롭

module DFF(D, CLK, Q, QN);
   input    D;
   input    CLK;
   output   Q;
   output   QN;

   reg      Q;
   reg      QN;

   initial
   begin
     Q  = 1'b0;
     QN = 1'b1;
   end

   always @(posedge CLK)
      begin
         Q  <= #10 D;
         QN <= #10 (~D);
      end

endmodule
```

그림 2-57 3입력 NAND 게이트

```
// 3입력 NAND 게이트

module Nand3(A1, A2, A3, Z);
   input    A1;
   input    A2;
   input    A3;
   output   Z;

   assign #10 Z = (~(A1 & A2 & A3));

endmodule
```

그림 2-58 순차 머신의 구조적 모델

```
// 다음은 BCD를 3초과 코드로 바꾸는 변환기를 구현하기 위한
// 회로의 구조적 Verilog 표현이다. 그림 1-26은 이 회로를 보여준다.
// 사용된 컴포넌트들은 NAND3, NAND2, INVERTER, DFF이다.
// 컴포넌트 모듈들은 동일한 파일에 포함시킬 수도 있고,
// 별도 파일들에 포함시킬 수도 있다.

module Code_Converter(X, CLK, Z);

input X, CLK;
output Z;
wire   X;
wire   CLK;
wire   Z;
wire   A1;
wire   A2;
wire   A3;
wire   A5;
wire   A6;
wire   D3;
wire   Q1;
wire   Q2;
wire   Q3;
wire   Q1N;
wire   Q2N;
wire   Q3N;
wire   XN;

Inverter I1(X, XN);
Nand3 G1(Q1, Q2, Q3, A1);
Nand3 G2(Q1, Q3N, XN, A2);
Nand3 G3(X, Q1N, Q2N, A3);
Nand3 G4(A1, A2, A3, D3);
DFF FF1(Q2N, CLK, Q1, Q1N);
DFF FF2(Q1, CLK, Q2, Q2N);
DFF FF3(D3, CLK, Q3, Q3N);
Nand2 G5(X, Q3, A5);
Nand2 G6(XN, Q3N, A6);
Nand2 G7(A5, A6, Z);

endmodule
```

그림 2-59 코드 변환기의 파형

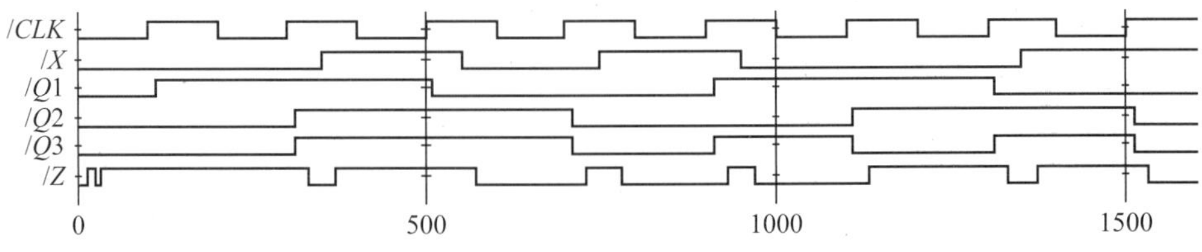

```
add wave CLK X Q1 Q2 Q3 Z
force CLK 0 0, 1 100 -repeat 200
force X 0 0, 1 350, 0 550, 1 750, 0 950, 1 1350
run 1600
```

만약 이 구조적 표현을 합성하면, 머릿속으로 생각했던 회로와 정확히 같은 것을 얻을 것이다. 이 회로는 3개의 D 플립플롭, 3개의 2입력 NAND 게이트, 4개의 3입력 NAND 게이트만으로 구성된다. 이것과 그림 2-52를 합성했을 때 생성된 7개의 D 플립플롭, 15개의 2입력 AND 게이트, 3개의 2입력 OR 게이트, 1개의 7입력 OR 게이트와 비교해보길 바란다. 설계자가 모든 컴포넌트와 이들 상호 간의 접속을 명시할 때, 합성기 툴은 추론하거나 '추측'할 필요가 없다.

> **정수 합성**
>
> 정수는 일반적으로 32비트로 처리된다. 합성이 가능한 코드를 작성할 때, 정수를 사용하는 방법 대신에, 변수들에 필요한 비트 수를 계산하고 그에 합당한 비트 수를 할당하는 방법이 좋다. 정수는 확실하게 어떻게 합성이 될지 모르는 경우 사용해야 한다(예: 루프 변수). 앞에서 언급했듯이, 상태 변수에 정수가 사용되었다면 합성 툴은 상태 변수가 실제로 3비트인 경우 3비트로 처리할 것이다. 하지만 어떤 툴에서는 32비트의 레지스터를 합성할 수 있음을 알아야 한다.

어셈블리 인라이닝(assembly inlining)을 사용하여 C 코드를 작성해본 경험이 있는 사람은 여기서 발생한 현상과 비슷한 것을 느꼈을 것이다. 어셈블리 코드를 인라인으로 작성함으로써 실행하고 싶은 마이크로프로세서의 명령어 순서를 정확하게 기술할 수 있고, 컴파일러는 그와 같은 일을 가능하게 한다. 비슷한 방법으로, 합성기는 설계자가 작성한 어떤 구조적 표현도 실제로 변환할 필요가 없다. 설계자가 구조적으로 명시한 하드웨어를 있는 그대로 만든다. 몇몇 최적화 툴은 불완전하게 기술된 회로를 최적화할 수 있다. 일반적으로, 구조적으로 설계를 기술하면, 생성되는 회로를 쉽게 관리할 수 있다. 그러나 상태 할당을 하고, 다음 상태 식을 유도하는 등의 일을 해야 하므로, 구조적 모델을 만드는 일은 많은 노력을 필요로 한다. **시장적기출시**(time-to-market)는 IC 시장에서 성공하기 위한 중요한 평가 기준이다. 따라서 설계자는 개발 시간을 단축하기 위해 흔히 동작적 설계를 사용한다. 그뿐 아니라 CAD 툴은 지난 10년간 상당히 발전했고, 따라서 대부분의 합성 툴은 산술과 논리 회로에 대해 효율적인 하드웨어를 만들 수 있다.

2.16 상수

Verilog는 변수와 net 외에 상수를 제공하는, 세 가지 방법으로 상수를 사용할 수 있다. 첫 번째 방법은 `` `define``을 다음과 같이 사용하는 것이다.

```
`define    constant_name   constant_value
```

`define은 Verilog에서 컴파일러에 사용되는 지시어 중 하나로, 숫자나 표현을 의미 있는 문장/단어로 정의하는 데 사용된다. `define의 맨 앞에 사용되는 그레이브 악센트(grave accent, ASCII 0x60) '는 아포스트로피(apostrophe, ASCII 0x27) '와는 다르다. 8장에서 컴파일러에 사용되는 지시어를 더 살펴볼 것이다.

`define 컴파일러 지시어는 'constant_name을 constant_value로 바꾼다. 예를 들어

```
`define wordsize 16
 reg [1:`wordsize] data;
```

에서 wordsize는 16으로 치환된다. 그리고 data가 wordsize의 크기를 갖는 레지스터 선언을 보여준다.

상수를 만드는 또 다른 방법은 다음과 같이 parameter 키워드를 사용하는 것이다.

```
parameter constant_name = constant_value;
```

예를 들어, 다음과 같이 사용할 수 있다.

```
parameter msb = 15;  // msb가 상수 값 15로 정의됨
parameter [31:0] decim = 1'b1;  // 그 값이 32비트로 변환됨
```

상수를 만드는 마지막 방법은 localparam을 사용하는 방법이다.

```
localparam constant_name = constant_value;
```

localparam은 parameter와 비슷하지만, 값을 직접 변경하지 못한다. localparam은 값이 변하지 않는 상수를 선언하는 데 이용된다.

Verilog는 매개변수(parameter)를 사용하여 모듈 안에 상수 값을 선언할 수 있다. 매개변수는 모듈 인스턴스를 필요에 맞추어 설정하는 데 사용될 수 있다. 매개변수를 사용하는 대표적인 예는 변수의 크기와 지연 시간을 모듈별로 바꾸는 것이다.

Verilog HDL의 매개변수는 변수나 net의 그룹에 속하지 않는다. 매개변수는 변수가 아니라 상수이다. 매개변수가 상수이기 때문에, 동작 중에 그 값을 바꾸는 것은 허용되지 않는다. 하지만 매개변수는 컴파일 동안 값을 바꿀 수 있기 때문에, 다른 값을 갖도록 정의문에서 설정할 수는 있다. 이를 통해 모듈 인스턴스들을 다양하게 변경할 수 있다. defparam 문을 통해, 모듈 인스턴스들을 불러올 때 매개변수 값을 바꿀 수 있다. 8장에 더 자세한 설명이 나와 있다.

2.17 어레이

VLSI 회로의 주요 특징 중 하나는 비슷한 구조를 반복 사용한다는 점이다. Verilog에서 어레이는 반복적인 것을 모델링하면서 사용될 수 있다. 디지털 시스템은 흔히 메모리 어레이를 사용한다. Verilog 어레이는 이 메모리 어레이에 저장되는 값을 명시하는 데 사용될 수 있다. Verilog에서 어레이를 사용할 때는 어레이의 최상단과 최하단의 범위를 정해야 한다. 이 두 범위가 어레이의 크기를 결정한다.

한 가지 방법으로, 어레이의 범위는 변수 타입 선언(reg 혹은 net)부와 변수 이름 사이에 놓이고, 어레이의 크기를 표시한다. 만약 어레이의 범위가 [7:0]으로 아래의 예제과 같이 명기되어 있다면,

```
reg   [7:0]   eight_bit_register;
```

eight_bit_register 변수에 1바이트(8비트)의 정보를 저장할 수 있다. 8비트 레지스터는 00000001의 갖도록 초기값을 다음과 같이 설정할 수 있다.

```
eight_bit_register  =  8'b00000001;
```

두 번째 방법으로는 어레이의 범위가, 어레이 이름 뒤에 쓰이는 것이다. 다음의 예제는 *n*개의 1비트 레지스터로 rega를 선언하고, 1개의 *n*비트 레지스터 regb를 선언하는 모습을 보여준다.

```
reg  rega [1:n];  // n개의 1비트 레지스터로 구성된 어레이
reg [1:n] regb;  // n비트 레지스터
```

하나의 어레이 선언에 여러 개의 8비트 레지스터들을 선언할 수 있는데, 이 경우에는 추가적인 어레이 최상단과 최하단 범위가 어레이 앞에 선언되어야 한다. 다음의 코드는 16비트 레지스터와, 각 레지스터가 1바이트(8비트) 벡터 정보를 저장하는 선언을 보여준다.

```
reg  [7:0]  eight_bit_register_array [15:0];
```

위의 선언은 16개의 어레이 각각에 8비트 벡터 정보가 저장될 수 있다는 의미이며, 다음과 같이 초기화할 수 있다.

```
eight_bit_register_array[15]  =  8'b00001100;
eight_bit_register_array[14]  =  8'b00000000;

                  . . . . . . . .
eight_bit_register_array[1]   =  8'b11001100;
eight_bit_register_array[0]   =  8'b00010001;
```

어레이는 다양한 데이터 타입을 가질 수 있다. wire와 정수형의 어레이는 다음과 같이 정의될 수 있다.

```
wire wire_array[5:0]; // 6개의 와이어 어레이 선언
integer inta[1:64]; // 64 정수 값을 저장할 수 있는 어레이 선언
```

행렬

다차원 어레이 타입은 2차원 이상으로 정의될 수 있다. 다음 예는 정수를 갖는 2차원 어레이 변수로 4개의 행과 3개의 열을 가지며, 각각 8비트 정보를 갖는 초기화 예를 보여준다.

```
reg  [7:0]  matrixA [0:3][0:2] = { { 1,  2,  3},
                                   { 4,  5,  6},
                                   { 7,  8,  9},
                                   {10, 11, 12}};
```

어레이 maxtrixA[3][1] 요소는 네 번째 행의 두 번째 열의 값, 즉 11을 참조한다.

어레이와 매개변수를 사용한 룩업 테이블 방법

매개변수와 어레이 구조를 함께 사용하여 룩업 테이블을 만들 수 있다. ROM이나 룩업 테이블(look-up table, LUT) 방법을 이용하여 조합회로를 만들 수 있다.

예제 패리티 비트는 오류 검출과 정정을 위해 디지털 통신에서 자주 사용된다. 그중 가장 간단한 방법은 데이터에 1개의 패리티 비트를 추가하여 전송하는 것이다. 4비트로 입력된 수에 홀수 패리티를 추가하여 5비트 데이터를 출력하는 패리티 생성기를 Verilog 어레이를 사용하는 룩업 테이블 방식으로 표현하라.

풀이

입력되는 단어는 4비트 이진수이다. 홀수 패리티를 사용하는 5비트 출력 단어는 1의 개수가 정확하게 홀수이다. ROM을 16엔트리×5비트 크기의 룩업 테이블로 사용하여 패리티 생성기를 구현할 수 있다. 그림 2-60은 이 룩업 테이블을 보여준다.

그림 2-60 패리티 코드 생성기의 LUT

입력(LUT 어드레스)				출력(LUT 데이터)				
A	B	C	D	P	Q	R	S	T
0	0	0	0	0	0	0	0	1
0	0	0	1	0	0	0	1	0
0	0	1	0	0	0	1	0	0
0	0	1	1	0	0	1	1	1
0	1	0	0	0	1	0	0	0
0	1	0	1	0	1	0	1	1
0	1	1	0	0	1	1	0	1
0	1	1	1	0	1	1	1	0
1	0	0	0	1	0	0	0	0
1	0	0	1	1	0	0	1	1
1	0	1	0	1	0	1	0	1
1	0	1	1	1	0	1	1	0
1	1	0	0	1	1	0	0	1
1	1	0	1	1	1	0	1	0
1	1	1	0	1	1	1	0	0
1	1	1	1	1	1	1	1	1

그림 2-61 LUT 방법을 사용한 패리티 코드 생성기

```
module parity_gen(X, Y);
input  [3:0] X;
output [4:0] Y;

wire          ParityBit;

parameter [0:15] OT = {1'b1, 1'b0, 1'b0, 1'b1, 1'b0, 1'b1, 1'b1, 1'b0, 1'b0, 1'b1,
1'b1, 1'b0, 1'b1, 1'b0, 1'b0, 1'b1};

assign ParityBit = OT[X];
assign Y = {X, ParityBit};

endmodule
```

그림 2-61은 패리티 생성기의 Verilog 코드를 보여준다. 출력의 처음 4비트는 입력과 동일하다. 따라서 출력의 5비트 모두를 저장하는 대신에 패리티 비트만을 저장하고, 출력은 입력 비트에 이 패리티 비트를 결합하면 된다. 매개변수 구조는 1비트의 `ParityBit`와 4비트 입력 데이터, 1비트 `ParityBit`가 결합된 패리티 코드 출력을 만들기 위해 사용되었다.

2.18 Verilog의 루프

우리는 어떤 동작이 반복적으로 일어나는 시스템을 자주 볼 수 있다. Verilog의 루프문은 이러한 동작을 표현하기 위해 사용할 수 있다. 루프문은 순차처리문이다. Verilog에는 `for` 루프, `while` 루프, `repeat` 루프를 비롯한 몇 종류의 루프문이 있다.

무한 루프

무한 루프를 일반 컴퓨터 언어에서 사용하는 것은 바람직하지 않다. 그러나 디바이스가 연속적으로 동작하거나 전원이 끊어질 때까지 동작을 계속하는 하드웨어의 모델링에서는 유용하게 쓸 수 있다. 무한 루프의 기본적인 예제는 다음과 같다.

```
begin
  clk = 1'b0;
  forever #10 clk = ~clk;
end
```

for 루프

기본 루프의 기능을 확장하는 한 가지 방법은 `for` 루프를 사용하는 것이다. `for` 루프에서는 루프를 호출하는 횟수를 명시할 수 있다. 문법은 C 언어와 비슷하지만 { }를 사용하는 방법 대신, `begin`과 `end`를 사용한다. 참고로, C 언어와 달리 Verilog에서는 ++, - 연산자를 사용하지 않고, `i = i + 1`과 같이 완전한 동작문을 사용해야 한다. `for` 루프의 일반적인 형태는 다음과 같다.

```
for (initial_statement; expression; incremental_statement)
begin

   sequential statement(s);

end
```

다음은 eight_bit_register_array를 for 루프를 사용하여 초기화하는 예제를 보여준다.

```
reg  [7:0]  eight_bit_register_array [15:0];

for (i=0; i<16; i=i+1)
begin

  register A[i] = 8'b00000000;

end
```

이러한 종류의 루프는 동작적 레벨에서 사용될 수 있다. 다음에 인용한 코드는 4비트 가산기 모델이다. for 루프에 들어갈 때, 루프 인덱스(i)는 0으로 초기화되고, 그러고 나서 순차 처리문이 실행될 것이다. $i = 1$, $i = 2$, $i = 3$에 대해 반복 실행된 후, 루프는 종료할 것이다. 한 번 실행하면서 계산되는 캐리 출력(C_{out})은 그 루프가 끝나기 전에 캐리 입력(C_{in})으로 복사된다. 합과 캐리 비트에 대해 변수가 사용되기 때문에, 캐리 출력은 그 즉시 업데이트된다. 이와 같은 코드는 8장에서 설명하는 Verilog 함수와 작업에서 흔히 사용된다.

```
for (i=0; i<4; i=i+1)
begin

 Cout = (A[i] && B[i]) || (A[i] && Cin) || (B[i] && Cin);
   sum[i] = A[i] ^ B[i] ^ Cin;
   Cin = Cout;

end
```

기본 셀의 여러 복사본을 생성하기 위해 for 루프문을 사용할 수 있다. 위의 코드를 합성하면, 일반적으로 합성의 결과로 리플 캐리로 연결된 4개의 1비트 가산기를 만들 것이다. 만약 하나의 1비트 가산기를 만들고 직렬 가산기처럼 여러 차례 가산기를 만든다면 순차회로를 만들 수 있을 것이다. 루프 구조는 그 동작이 합성되지 않을 것이다.

while 루프

while 루프는 많은 언어에서 사용되는 것처럼, 매번 반복될 때마다 조건이 테스트된다. 그 조건이 거짓이면 루프는 끝난다. while 루프의 일반적인 형태는 다음과 같다.

그림 2-62 while 루프의 사용

```
`define MAX 100
  module counter_100;
  integer count;
  initial begin
    count = 0;
    while (count < `MAX) begin
      count = count + 1;
    end // while
    $display("number = %d ", count);
  end // initial begin
  endmodule
```

```
while condition
begin
  sequential statements;
end
```

while 루프는 주로 시뮬레이션에서 사용된다.

그림 2-62는 while 루프를 사용하여 업 카운터를 모델링하는 것을 보여준다. while 문은 카운트 값을 증가시키면서 MAX 값을 넘어가면 루프에서 빠져나오게 된다.

repeat 루프

repeat 루프는 순차처리문으로 실행 횟수를 정하고 그 실행 횟수만큼 동작하게 할 수 있다. 루프 횟수는 상수나 논리식 표현으로 정할 수 있다.

```
repeat( 8 )
  begin
     x = x + 1;
     y = y + 2;
  end
```

2.19 Verilog 모델 테스트

시스템의 Verilog 모델이 만들어지면, 그 다음 단계는 Verilog 모델을 테스트하는 것이다. Verilog 모델이 성공적으로 사용되려면 동작을 테스트하고 검증하는 과정을 거쳐야 한다.

테스트 벤치(test bench)는 작성된 시스템의 Verilog 모델을 테스트하기 위해 입력 조합을 인가할 수 있는 코드를 말한다. 테스트 벤치는 테스트를 하고자 하는 시스템이나 회로

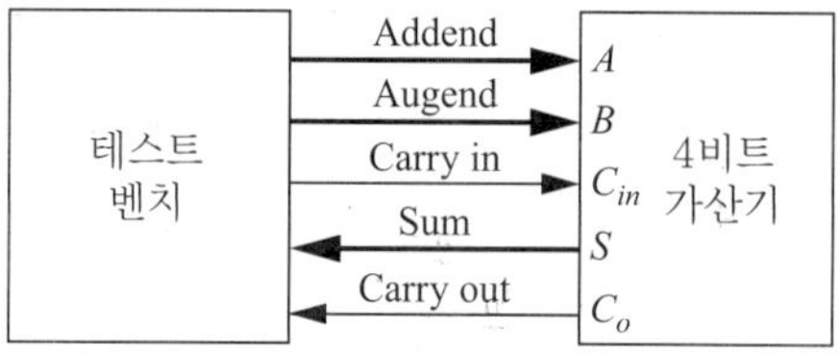

그림 2-63 테스트 벤치와 4비트 가산기 사이의 인터페이스 신호

에 대한 테스트용 입력 패턴을 제공한다. 시뮬레이션하는 동안 테스트되는 회로나 Verilog 모델에 일련의 입력을 제공하기 위해 테스트 벤치를 자주 사용한다. 그림 2-63은 이 장의 앞부분에서 만든 4비트 이진 가산기를 테스트하기 위한 테스트 벤치를 보여준다. 테스트되고 있는 가산기는 1개의 컴포넌트로 취급되어 테스트 벤치 프로그램 안에 내장된다. 그림 2-63에 나타낸 것처럼, 테스트 벤치의 신호는 가산기와 연결된다. 오른쪽의 모듈은 테스트하고 있는 모듈을 나타낸다.

그림 2-64는 assertion 모니터를 사용하지 않은 4비트 가산기를 위한 테스트 벤치를 보여준다.

assertion 문은 System Verilog와 같은 언어에서 회로의 동작을 확인하고 쉽게 검증하기 위한 방법으로 사용된다. Verilog는 assertion 문을 제공하지 않는다. 따라서 테스트 벤치에서는 테스트 입력을 넣고 모듈에서 나오는 출력 값이 우리가 기대하는 값과 같은가를 비교한다. 테스트 벤치 모듈에서는 외부 입력, 출력이 없음을 확인할 수 있을 것이다. 따라서 포트 리스트는 모듈 선언부 구문 1에서 볼 수 있듯이 비어 있다. Verilog 매개변수 구성부는 구문 2이고 매개변수 선언을 확인할 수 있다.

그림 2-64 4비트 가산기를 위한 테스트 벤치

```
module TestAdder_v2; // 구문 1

parameter  N = 11;   // 구문 2
reg   [3:0] addend;
reg   [3:0] augend;
reg         cin;
wire  [3:0] sum;
wire        cout;

reg  [3:0]  addend_array[1:N];
reg  [1:N]  cin_array;
reg  [3:0]  augend_array[1:N];
reg  [3:0]  sum_array[1:N];
reg  [1:N]  cout_array;

initial
begin
   // added_array의 초기화
   addend_array[1]  =  4'b0111;
   addend_array[2]  =  4'b1101;
   addend_array[3]  =  4'b0101;
   addend_array[4]  =  4'b1101;
```

```
addend_array[5] = 4'b0111;
addend_array[6] = 4'b1000;
addend_array[7] = 4'b0111;
addend_array[8] = 4'b1000;
addend_array[9] = 4'b0000;
addend_array[10] = 4'b1111;
addend_array[11] = 4'b0000;

// cin_array의 초기화
cin_array[1] = 1'b0;
cin_array[2] = 1'b0;
cin_array[3] = 1'b0;
cin_array[4] = 1'b0;
cin_array[5] = 1'b1;
cin_array[6] = 1'b0;
cin_array[7] = 1'b0;
cin_array[8] = 1'b0;
cin_array[9] = 1'b1;
cin_array[10] = 1'b1;
cin_array[11] = 1'b0;

// augend_array의 초기화
augend_array[1] = 4'b0101;
augend_array[2] = 4'b0101;
augend_array[3] = 4'b1101;
augend_array[4] = 4'b1101;
augend_array[5] = 4'b0111;
augend_array[6] = 4'b0111;
augend_array[7] = 4'b1000;
augend_array[8] = 4'b1000;
augend_array[9] = 4'b1101;
augend_array[10] = 4'b1111;
augend_array[11] = 4'b0000;

// sum_array 초기화(예상되는 합의 출력 값들)
sum_array[1] = 4'b1100;
sum_array[2] = 4'b0010;
sum_array[3] = 4'b0010;
sum_array[4] = 4'b1010;
sum_array[5] = 4'b1111;
sum_array[6] = 4'b1111;
sum_array[7] = 4'b1111;
sum_array[8] = 4'b0000;
sum_array[9] = 4'b1110;
sum_array[10] = 4'b1111;
sum_array[11] = 4'b0000;

// cout_array 초기화(예상되는 캐리 출력 값)
cout_array[1] = 1'b0;
cout_array[2] = 1'b1;
cout_array[3] = 1'b1;
cout_array[4] = 1'b1;
cout_array[5] = 1'b0;
cout_array[6] = 1'b0;
cout_array[7] = 1'b0;
cout_array[8] = 1'b1;
cout_array[9] = 1'b0;
cout_array[10] = 1'b1;
```

```
  cout_array[11] = 1'b0;
end

integer i;

always
begin
  for(i = 1 ; i <= N ; i = i + 1)
  begin
    $display(i);
    addend <= addend_array[i]; // addend(가수) 테스트 벡터 적용
    augend <= augend_array[i]; // augend(피가산수) 테스트 벡터 적용
    cin <= cin_array[i]; // 캐리 인을 적용한다.

    #(40); // 가산기 동작이 40시간 유닛이 걸림

    if(!(sum == sum_array[i] & cout == cout_array[i]))
    begin
      $write("ERROR: ");
      $display("Wrong Answer ");
    end
    else begin
      $display("Correct!!");
    end
  end
  $display("Test Finished");
end

Adder4 add1(addend, augend, cin, sum, cout); // 테스트를 하기 위한 모듈이 불려짐

endmodule
```

입력과 출력 벡터는 테스트 벤치에 하드코딩되어 있다. 가산기는 9개의 입력 비트(4비트 가수, 4비트 피가산수, 1비트의 캐리 입력)를 갖기 때문에, 가산기 모듈은 모든 경우를 다루기 위해 총 512개의 테스트를 필요로 한다. 여기서 우리는 11개의 테스트를 무작위로 선택하여 보여준다.

`$display`나 `$write` 문은 테스트 결과를 출력하기 위해 사용된다. 이 두 가지는 비슷하지만 `$display`는 자동으로 출력의 마지막에 뉴 라인 캐릭터(new line character)를 추가하고 `$write`는 추가하지 않는다. Verilog에서 $로 시작하는 것은 시스템 작업(system task)이나 시스템 함수(system function)로 해석된다. $ 기호는 사용자 정의 시스템 작업이나 함수를 만들 수 있도록 하기 위해 제안되었다. 시스템 작업은 설계와 관련된 것이 아니라 시뮬레이터의 기능을 불러오는 작업을 한다.

테스트 모듈은 테스트 벤치의 `always` 문 밖에서 인스턴스로 불려야 한다. 그림 2-12의 `Adder4`라는 가산기 모듈을 예로 들어보자. 테스트 벡터 안에서 불리며 테스트 벡터가 입력에 매핑되어 있다. 테스트 벤치에서 적절하게 지연 시간을 사용하는 것이 매우 중요하다. #(40) 지연 시간이 입력을 가한 뒤 주어져 있다. 이것은 시뮬레이션 모델이 결과를 확인하는 데 걸리는 시간을 보장하기 위해 주어진 것이다. 이 지연 시간은 그림 2-10의 리플

캐리 가산기에서 각 가산기가 10ns씩 걸리기 때문에 결과를 만들 수 있는 시간인 40ns를 부여한 것이다. 지연 시간을 잘못 주면 결과 값이 의도와는 다르게 나올 수 있다. 테스트 벤치를 잘못 작성하면, 잘 설계된 회로를 잘못 설계된 회로라고 결론 내릴 수도 있다.

$display와 비슷하게, Verilog에는 $strobe, $monitor와 같이 출력 값을 확인할 수 있는 다른 방법들이 있다. 다음에서 볼 수 있듯이, C/C++와 비슷하게 문장을 포함하거나, 진수 표현과 같은 포맷 표현도 가능하다.

```
$display ("Value is %d", para1);
$strobe ("Value is %d", para1);
$monitor ("Value is %d", para1);
```

$display와 $strobe는 매번 실행될 때마다(즉, 매번 $display, $strobe 문을 만날 때마다) 한 번 실행된다. 하지만 $monitor는 매개변수가 변화할 때 한 번 동작을 한다. $strobe는 현 시뮬레이션의 끝에서 매개변수들을 보여주는 데 반해, $display는 그 값이 계산되는 순간 출력을 보여준다는 차이점이 있다.

2.20 기억해야 할 사항

Verilog는 신호를 할당하고 표현하는 다양한 방법이 있다. 어떻게 회로를 꾸미는가는 Verilog 모델의 목적에 따라 달라진다. Verilog는 다음과 같은 세 가지 목적으로 사용될 수 있다.

1. 하드웨어를 설계하기 위해(즉, 하드웨어를 모델링하고 합성하기 위해)
2. 하드웨어를 모델링하기 위해(즉, 합성이 필요 없는 모델의 시뮬레이션을 위해)
3. 하드웨어 검증을 위해(즉, 설계를 테스트하기 위해)

다음은 모든 모델에서 사용이 불가능한 것들이다.

```
assign a <= b;       // 구문 1
assign a <= #10 b;   // 구문 2
assign a = #10 b;    // 구문 3
```

assign 문은 '='로만 사용이 가능하고 '<='는 사용이 불가능하다. 따라서 위의 두 구문은 사용이 불가능하다. 구문 3은 지연 시간이 포함되었지만, 할당문과 사용될 수 없는 경우를 보여준다. 연속 진행 지정문의 우측에는 어떤 지연 시간도 포함될 수 없다. 따라서 구문 3은 사용될 수 없다.

다음 표현은 정상적으로 사용이 가능하다.

```
assign a = b;        // 구문 4
assign #10 a = b;    // 구문 5
```

구문 4는 동시진행문이다. 따라서 다른 동시진행문 및 `always` 블록과 동시에 동작이 이루어진다. 구문 5는 관성 지연을 갖는 동작을 보여준다.

어떤 Verilog 코드를 작성해야 하느냐에 따라, 어떤 진행문을 사용하는지, 블로킹/논블로킹을 사용하는지가 결정이 된다. 각 목적에 적합한 모델을 선택하는 데 다음의 전략을 이용하면 좋다.

1. **하드웨어 설계를 위해(즉, 하드웨어를 모델링하고 합성하기 위해)**: 이것이 일반적으로 Verilog를 사용하는 가장 큰 목적이며, 다음 지침을 따르는 것이 매우 중요하다.
   (a) `initial` 블록을 사용하지 마라. 일부 FPGA 합성 툴을 제외하고 거의 모든 합성 과정에서 `initial` 문은 무시된다.
   (b) 지연 시간을 사용하지 마라(관성 지연 및 전달 지연을 사용하지 마라). 합성 과정에서 지연 시간은 무시된다.
   (c) 조합회로를 사용하는 데 있어, 가능하면 `assign` 문을 이용한 동시진행문을 사용하라.
   (d) 조합회로나 순차회로를 사용할 때, `always` 블록 안에서 순차 진행 지정문을 사용할 수 있다.
   (e) 순차 진행 지정문(`always` 블록)을 이용하여 조합회로를 만들 때, 블로킹문(예: '=')을 이용하라. Verilog 2001 이후 버전에서는, 센시티비티 리스트에 신호를 빠뜨리지 않기 위해 `always@*`를 사용하라.
   (f) 순차 진행 지정문(`always` 블록)을 이용하여 순차회로를 만들 때, 논블로킹문(예: '<=')을 이용하라.
   (g) 하나의 `always` 블록 안에서 블로킹문과 논블로킹문을 섞어 쓰지 마라.
   (h) 하나의 `always` 블록 안에서 같은 변수에 한 번만 값을 할당하라. 이것은 컴파일 오류는 아니지만, 디버깅이 굉장히 힘든 타이밍 문제를 야기할 것이다.
   (i) `always` 블록 안에 조합회로의 출력을 만드는 모든 가능한 조건을 다 넣음으로써, 원치 않는 래치가 생기는 것을 막아라. 다음을 통해 래치 생성을 막을 수 있을 것이다.
      1) `if` 문 다음에는 `else` 절을 항상 포함하고
      2) `case` 문에는 반드시 마지막에 `default` 절을 포함하거나
      3) `always` 블록의 맨 앞에 조합회로의 모든 출력에 대한 초기값을 설정해놓는다.
2. **하드웨어 모델링을 위해(즉, 합성이 필요 없는 모델의 시뮬레이션을 위해)**: 합성이 필요하지 않은 경우, 여러 종류의 처리문을 사용할 수 있다. 다음 사항들을 기억해두자.
   (a) 지연 시간 모델링이 필요 없는 경우, 조합회로에는 블로킹문(예: A = B)을, 순차회로에서는 논블로킹문(예: A <= B)을 사용한다.
   (b) 블로킹문이 지연 시간 없이 사용되었다면(예: A = B), 새로운 값은 델타 지연 시간 없이 즉시 할당된다. 하지만 논블로킹문이 지연 시간 없이 사용되었다면(예:

A <= B), 변화는 델타 시간 이후에 일어난다.

(c) 관성 지연을 갖는 조합회로를 모델링하기 위해, 블로킹문 안에 지연된 계산의 형태 (예: #10 A = B;)를 사용한다.

(d) 전달 지연을 갖는 조합회로를 모델링하기 위해, 논블로킹문에 전달 지연된 할당의 형태(예: A <= #10 B;)를 사용한다. 이것은 논블로킹문이 사용되었기 때문에 always 문 안에서만 사용되어야 한다.

(e) 지연 시간을 이용하여 순차회로를 모델링할 때, 논블로킹문에 전달 지연된 할당의 형태(예: A <= #10 B;)를 사용한다. 논블로킹문은 always 문 밖에서 사용이 불가능하기 때문에, always 문 안에서만 사용되어야 한다.

(f) 만약 펄스 신호를 없애는 동작이 필요하다면 관성 지연을 사용하라. 관성 지연이 사용되면, 시뮬레이션 출력 값을 확인할 때 관성 지연을 사용하고 있음을 반드시 기억하라. 만약 입력 펄스가 관성 지연 시간보다 짧다면 출력 값의 변화는 일어나지 않을 것이고, 설계자가 이 사실을 인지하지 못하고 있다면 제대로 모델링되었음에도 불구하고 모델링이 잘못되었다고 생각할 것이다.

(g) 하나의 always 블록 안에서 같은 변수에 한 번만 값을 할당하라. 이것은 컴파일 오류는 아니지만, 문제를 찾기 위해 디버깅에 많은 시간을 쏟아야 할 수도 있다. 회로가 때로는 제대로 동작하고, 때로는 제대로 동작하지 않는 결과가 나올 수도 있다.

Verilog 언어 레퍼런스 모델(LRM)은 시뮬레이션에서 레이스(race) 문제 발생의 가능성을 이야기한다. 연산 실행 동작과 net 갱신 이벤트들이 막 섞여서 발생할 수 있기 때문에 문제가 발생할 수 있다. 예를 들어, 다음 코드를 살펴보자.

```
assign p = q;
initial begin
q = 1;
#1 q = 0;
$display(p);
end
```

Verilog 언어 레퍼런스 모델은 시뮬레이터 값이 0 혹은 1을 보여주는 것을 정확한 동작을 한다고 이야기한다. q에 0을 할당하면 p의 갱신 이벤트를 가능하게 한다. 시뮬레이터는 동작을 계속하거나, $display 작업을 수행하거나, 혹은 p를 위한 갱신 작업을 수행하고 $display 작업을 수행한다.

3. **하드웨어 검증을 위해(즉, 설계를 테스트하기 위해)**: (그림 2-64의 예제에서 볼 수 있듯이) 검증 모델과 테스트 벤치는 블로킹문과 지연 시간을 이용하여 initial 블록을 만든다. 검증 모델에서는 어떠한 종류의 할당문도 사용할 수 있다. 지연 시간은 테스트하는 회로에 테스트 입력을 넣어주기 위해 사용되고, 일정 지연 시간 후 회로가 제대로 동작하는지 출력 값을 확인하기 위해 사용된다. 다음 사항들을 잘 기억해두고 시뮬레이션

에 이용하자.

(a) 검증 모델에서는 어떤 종류의 할당문도 사용 가능하지만, 가능하면 블로킹문을 사용하라.

(b) 지연 시간이 사용되었을 때, 관성 지연의 동작을 주의 깊게 살펴보라.

(c) `initial` 블록에 테스트 입력 값을 하드 코딩(직접 입력)하라.

(d) 상수 값을 사용하기 위한 매개변수를 선언하고 테스트 벤치를 쉽게 변형이 가능하도록 하라.

(e) `$display`, `$strobe`, `$monitor`의 차이점을 알고, 회로 결과를 분석하라.

1) `$monitor`는 매개변수 중 하나라도 변화가 있을 때마다 출력을 한다.

2) `$strobe`는 현재 시뮬레이션의 시간 단위의 끝에서 출력을 한다.

3) `$display`는 매번 동작이 이루어질 때마다 출력을 한다.

이번 장에서는 기본적인 Verilog에 대해 살펴봤다. Verilog를 이용하여 조합회로와 순차회로를 어떻게 모델링하는지 알아봤다. Verilog는 하드웨어를 서술하기 위한 언어이기 때문에, 일반적인 다른 언어들과는 많은 부분에서 차이가 있다. 하드웨어의 모든 컴포넌트가 동시에 동작을 하듯이, 하드웨어의 동작을 기술하는 Verilog 구문들은 동시에 동작이 이루어지는 병행 처리를 한다. `always` 구문의 동작들은 순차적으로 이루어지긴 하지만, `always` 블록 자체는 다른 부분들과 동시에 동작이 이루어진다. 8장에서 Verilog의 고급 기능을 살펴볼 것이다.

Problem 연습문제

2.1 다음 Verilog 코드에서 *A*, *B*, *C*, *D*는 10ns에서 0의 값을 갖는다. 만약 20ns에서 *D*가 1로 바뀐다면, *A*, *B*, *C*가 변하는 시간과 그때 각각이 갖게 될 값은 얼마인가?

```
(a)
always @(D)
begin
        #5 A <= 1;
        B <= A + 1;
        #10 C <= B;
end
```

```
(b)
always @(D)
begin
        A <= #5 1;
        B <= A + 1;
        C <= #10 B;
end
```

2.2 (a) 다음 Verilog 코드는 어떤 디바이스를 나타내는가?

```
always @(CLK, Clr, Set)
begin
  if(Clr == 1'b1)
    Q <= 1'b0;
  else if(Set == 1'b1)
    Q <= 1'b1;
  else if(CLK == 1'b0)
    Q <= D;
  else begin
  end
end
```

(b) 만약 (a)의 디바이스에서 $Clr = Set = 1$이면 어떤 일이 일어나는가?

2.3 `always` 블록을 이용하여 S-R 래치를 Verilog로 표현하라.

2.4 M-N 플립플롭은 클록의 하강 에지에서 다음과 같이 동작한다.

$M = N = 0$이면 플립플롭은 상태를 바꾼다.

$M = 0$이고 $N = 1$이면, 플립플롭의 출력은 1로 셋된다.

$M = 1$이고 $N = 0$이면 플립플롭의 출력은 0으로 셋된다.

$M = N = 1$이면 플립플롭의 상태는 변하지 않는다.

$CLRn = 0$이면 플립플롭은 비동기적으로 클리어된다.

M-N 플립플롭을 구현하는 완전한 Verilog 모듈을 작성하라.

2.5 DD 플립플롭은 클록 입력의 상승 에지 및 하강 에지에서 모두 상태($Q^+ = D$)를 변경할 수 있다는 점을 제외하면 D 플립플롭과 비슷하다. DD 플립플롭은 직접 리셋 입력 R을 갖고 있으며, $R = 0$이면 클록과 관계없이 플립플롭은 $Q = 0$으로 리셋된다. 마찬가지로, 클록과 관계없이 플립플롭을 1로 셋시키는 직접 셋 입력 S를 갖고 있다. DD 플립플롭을 Verilog로 표현하라.

2.6 (a) $D_1 = 0$, $D_2 = 5$라 하자. D_1이 10ns에 1로 변할 때, 다음의 코드가 수행되면 D_1과 D_2의 값은 어떻게 될까? D_1과 D_2의 값이 바뀌는가?

```
always @ (D1)
begin
     D2 <= D1;
     D1 <= D2;
end
```

(b) $D_1 = 0$, $D_2 = 5$라 하자. D_1이 10ns에 1로 변할 때, 다음의 코드가 수행되면 D_1과 D_2의 값은 어떻게 될까? D_1과 D_2의 값이 바뀌는가?

```
always @ (D1)
begin
     D2 = D1;
     D1 = D2;
end
```

(c) 다음의 코드가 합성되었을때, 몇 개의 래치가 만들어지는가? B는 3비트라고 가정하자.

```
always @ (State) begin
        case(State)
        2'b00: B = 5;
        2'b01: B = 3;
        2'b10: B = 0;
        endcase
end
```

다음 중 맞는 것을 찾아라.

1) 하나의 case 문이 빠져 있기 때문에 하나의 래치가 생성된다.

2) State가 2비트이므로 2개의 래치가 생성된다.

3) B가 3비트이므로 3개의 래치가 생성된다.

4) B가 3비트, State가 2비트이므로 5개의 래치가 생성된다.

5) 위에 맞는 답은 없고, ___개의 래치가 생긴다.

2.7 add 신호가 1이면 덧셈 동작을 하는 반가산기의 코드에서 무엇이 잘못되었는가?

```
always @(x)
begin
   if (add == 1)
   begin
         sum = x ^ y;
         carry = x & y;
   end
   else
```

```
        begin
            sum = 0;
            carry = 0;
        end
    end
```

(a) 컴파일은 되지만, 시뮬레이션 결과가 다르다.

(b) 정상적으로 컴파일, 시뮬레이션이 되지만, 합성이 제대로 되지 않는다.

(c) 시뮬레이션과 합성이 제대로 된다.

(d) 컴파일조차 되지 않는다.

2.8 다음 Verilog 코드에서, *D*는 5ns에서 1로 변한다고 가정하자. 어떤 변화가 일어날 때마다 *A*, *B*, *C*, *D*, *E*, *F* 값을 말하라. 즉, 5ns, $5+\Delta$, $5+2\Delta$, … 등에서 그 값을 말하라. 20단계가 될 때까지 계속하거나, 또는 이러한 변화가 더 이상 일어나지 않거나 반복적인 패턴이 나타날 때까지 수행하라.

```
module prob(D);
inout D;
wire A, C;
reg B,E,F,temp_D;

initial
begin
    B = 1'b0;
    E = 1'b0;
    F = 1'b0;
    temp_D = 1'b0;
end

assign C = A;
assign A = (B & !E) | D;
assign D = temp_D;

always @(A)
begin
    B = A;
end

always
begin
    wait(A)
    E <= #5 B;
    temp_D <= 1'b0;
    F <= E;
end
endmodule
```

2.9 *B*는 다음과 같은 시뮬레이터 명령어에 의해 구동된다고 가정하자.

```
force B 0 0, 1 10, 0 15, 1 20, 0 30, 1 35
```

다음의 동시진행문이 실행될 때, *A*, *B*, *C*가 어떻게 변하는지 타이밍도를 그려라.

```
always @(B)
begin
A = #5 B;
end
assign #8 C = B;
```

2.10 *B*는 다음과 같은 시뮬레이터 명령어에 의해 구동된다고 가정하자.

```
force B 0 0, 1 4, 0 10, 1 15, 0 20, 1 30, 0 40
```

다음의 동시진행문이 실행될 때, *A*, *B*, *C*가 어떻게 변하는지 타이밍도를 그려라.

```
always @(B)
begin
A <= #5 B;
end
assign #5 C <= B;
```

2.11 (a) 아래에 그린 4:1 MUX를 나타내기 위한 조건적 신호 할당문을 작성하라. 본래 MUX는 입력이 바뀐 후 출력이 변할 때까지 10ns의 지연이 있다고 가정한다.

(b) `if-else` 문을 사용하여 (a)를 반복하라.

(c) `case` 문을 사용하여 (a)를 반복하라.

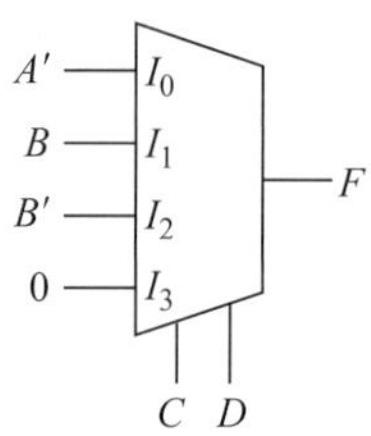

2.12 다음의 Verilog 코드가 나타내는 회로를 그려라.

```
always @(clk,clr)
begin
    if(clr == 1'b1)
        Q <= 1'b0;
    else if(clk == 1'b0 && CE == 1'b1)
        begin
        if(C == 1'b0)
                Q <= A & B;
        else
                Q <= A | B;
        end
end
```

센시티비티 리스트에 *C*는 없는 반면, *clr*은 포함된 이유가 무엇인가?

2.13 클록 인에이블이 있는 D 플립플롭, 멀티플렉서, 가산기, 그리고 필요한 모든 게이트를 사용하여 다음 Verilog 코드를 구현하라. *Ad*와 *Ora*는 동시에 1이 될 수 없고, *Ad* 또는 *Ora*가 1인 경우에만 플립플롭이 인에이블된다고 가정하자.

```
module module1(A,B,Ad,Ora,clk,
input Ad,Ora,clk;
input [2:0]A,B;
output reg[2:0]C;

initial
begin
    C = 3'd0;
end

always @(posedge clk)
begin
    if(Ad == 1'b1)
          C <= A + B;
    if(Ora == 1'b1)
          C <= A | B;
end
endmodule
```

2.14 다음의 Verilog 코드를 살펴보자.

```
module Q3(A,B,C,F,Clk,E);
input A,B,C,F,Clk;
output reg E;

reg D,G;

initial
begin
    E = 1'b0;
    D = 1'b0;
    G = 1'b0;
end

always @(posedge Clk)
begin
    D <= A & B & C;
    G <= ~A & ~B;
    E <= D | G | F;
end
endmodule
```

(a) 회로의 블록도를 그려라(게이트 레벨이 아닌 블록 레벨에서).

(b) 위의 코드에 의해 생성되는 회로를 그려라(게이트 레벨에서).

2.15 A = 101, B = 011, C = 010이면 다음 구문의 값은 얼마인가? A, B, C는 `reg` 타입이라고 가정한다. 결과를 도출하는 데 필요하면 많은 비트를 사용해도 괜찮다.

(a) `{A,B} | {B,C}`

(b) `A >> 2`

(c) `A >>> 2`

(d) `{A,(~B)} == 111110`

(e) `A | B & C`

2.16 다음 Verilog 코드에서 *A*, *B*, *C*, *D*는 4ns에서 0의 값을 갖는 레지스터들이다. *A*가 5ns에서 1로 변하는 경우에, 18ns까지 시간의 함수로 *A*, *B*, *C*, *D*의 값을 나타내는 표를 작성하라. 표에 델타 지연 시간을 포함시켜 작성하라. 각 프로세스가 시작하는 시간을 나타내라.

```
always @(A)
begin
    B <= #5 A;
    C <= #2 B;
end

always
begin
    wait(B);
    A <= ~B;
    D <= ~A ^ B;
end
```

2.17 다음의 타이밍도에서 주어진 *Y*를 이용하여, *D*와 *E*를 그려라.

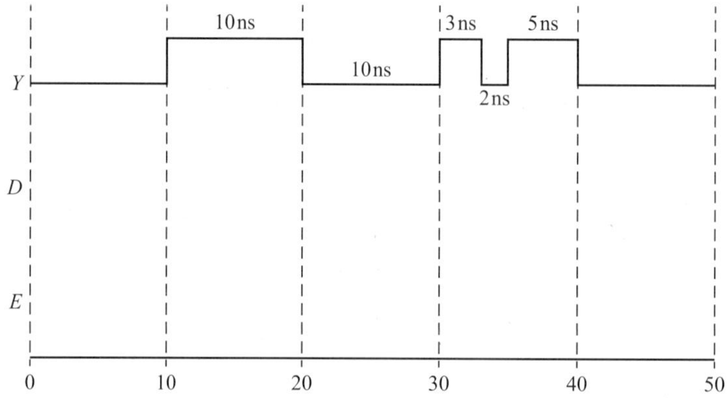


```
wire #3 D; // 와이어 D의 net 지연 시간
assign #5 D = Y; // 구문 1 - 관성 지연

wire #5 E; // 와이어 E의 net 지연 시간
assign #3 E = Y; // 구문 1 - 관성 지연
```

2.18 다음의 타이밍도에서 주어진 *Y*를 이용하여, *D*와 *E*를 그려라.

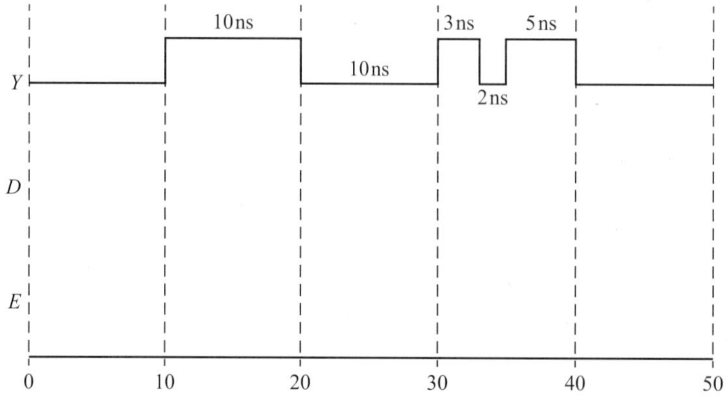

```
wire #4 D;  // 와이어 D의 net 지연 시간
assign #6 D = Y;  // 구문 1 - 관성 지연

wire #6 E;  // 와이어 E의 net 지연 시간
assign #4 E = Y;  // 구문 1 - 관성 지연
```

2.19 B는 다음과 같은 시뮬레이터 명령어에 의해 구동된다고 가정하자.

```
force B 0 0, 1 4, 0 10, 1 15, 0 20, 1 30, 0 40
```

다음 구문이 실행될 때 A, B, C가 어떻게 변하는지 타이밍도를 그려라.

(a)
```
always @(A,B)
begin
#5 C <= A && B;
end
```

(b)
```
always @(A,B)
begin
#5 C = A && B;
end
```

(c)
```
always @(A,B)
begin
C <= #5 A && B;
end
```

(d)
```
always @(A,B)
begin
C = #5 A && B;
end
```

2.20 토글(toggle)이 제어되는 어떤 플립플롭이 입력으로 I_0, I_1, T, *Reset*을 갖고 있고, 출력으로 Q와 QN을 갖고 있다. *Reset*은 액티브 하이이고, 다른 입력의 동작보다 우선순위가 높다. 플립플롭은 다음과 같이 동작한다. $I_0 = 1$이면, 플립플롭은 T의 상승 에지에서 상태가 변한다. 만약 $I_1 = 1$이면, 플립플롭은 T의 하강 에지에서 상태가 변한다. 만약 $I_0 = I_1 = 0$이면, 상태는 변하지 않는다(리셋일 경우는 제외). T에서 출력까지의 지연 시간은 8ns이고, 리셋에서 출력까지의 지연 시간은 5ns라고 가정한다.

(a) 위 플립플롭의 완전한 Verilog 모델을 작성하라.

(b) $I_1 = 1$로 한 다음, T를 두 번 토글시키고, $I_1 = 0$, $I_0 = 1$로 한 다음, T를 다시 두 번 토글시키는 입력 순서로 플립플롭을 테스트하는 시뮬레이터 명령어의 시퀀스를 작성하라.

2.21 다음의 값을 계산하라.

```
A >> 4
        A >>> 4
        A  << 4
        A <<< 4
```

(a) `reg signed [7:0] A = 8'hC7;`

(b) `reg [7:0] A = 8'hA5;`

(c) `reg signed [7:0] A = 8'hC7;`

(d) integer signed A = 8'hC7;

(e) integer A = 8'hC7;

(f) integer A = 8'shC7;

(g) integer signed A = 8'shC7;

(h) integer signed A = 32'hFFFFFFC7;

2.22 다음 Verilog 코드에서, *A*, *B*, *C*, *D*는 10ns에서 모두 0의 값을 갖는 레지스터들이다. *E*가 20ns에서 0에서 1로 변한다면, 각각의 신호는 언제 바뀌고, 어떤 값으로 바뀌는지 자세히 시간순으로 나열하라.

```
always
begin
    wait(E);
    A <= #5 1;
    B <= A + 1;
    C <= #10 B;
    D <= #3 B;
    A <= #15 A + 5;
    B <= B + 7;
end
```

2.23 다음의 코드가 주어졌을 때,

```
reg [7:0] C;
reg signed [7:0] D;
reg [7:0] A = 8'hD5;
```

다음을 계산하라.

1) C = A >> 4

2) C = A >>> 4

3) C = A << 4

4) C = A <<< 4

5) D = A >> 4

6) D = A >>> 4

7) D = A << 4

8) D = A <<< 4

2.24 다음 Verilog 코드에서 *A*, *B*, *C*, *D*는 10ns에서 모두 0의 값을 갖는 레지스터들이다. *E*가 20ns에서 0에서 1로 변한다면, 각각의 신호는 언제 바뀌고, 어떤 값으로 바뀌는지 자세히 시간순으로 나열하라.

```
always @(E)
begin
    A <= #5 1;
    B <= A + 1;
    C <= #10 B;

    D <= #3 B;
    A <= #15 A + 5;
    B <= B 1 7;
end
```

2.25 다음의 코드가 주어졌을 때,

```
reg [7:0] C;
reg signed [7:0] D;
reg [7:0] A = 8'shD5;
```

다음을 계산하라.

1) C = A >> 4

2) C = A >>> 4

3) C = A << 4

4) C = A <<< 4

5) D = A >> 4

6) D = A >>> 4

7) D = A << 4

8) D = A <<< 4

2.26 다음의 코드가 주어졌을 때,

```
wire a = 1'b1;
wire [1:0] b = 2'b10;
wire [2:0] c = 3'b101;
```

다음을 계산하라.

1) {b, c}

2) {a, b, c, 2'b01}

3) {a, b[0], c[1]}

2.27 다음의 코드가 합성되었을 때 나오는 하드웨어를 그려라.

```
module  reg3 (Q1,Q2,Q3,Q4, A,CLK);
input   A;
input   CLK;
output  Q1,Q2,Q3,Q4;
reg      Q1,Q2,Q3,Q4;

always @(posedge CLK)
begin
  Q4 = Q3;
  Q3 = Q2;
  Q2 = Q1;
  Q1 = A;
end

endmodule
```

2.28 다음의 코드가 주어졌을 때,

```
wire a = 1'b0;
wire [1:0] b = 2'b10;
wire [2:0] c = 3'b101;
```

다음을 계산하라.

1) { 4{a} }

2) { 4{a}, 2{b} }

3) { 4{a}, c}

2.29 다음의 코드가 합성되었을 때 나오는 하드웨어를 그려라.

```
module  reg3 (Q1,Q2,Q3,Q4, A,CLK);
input   A;
input   CLK;
output  Q1,Q2,Q3,Q4;
reg     Q1,Q2,Q3,Q4;

always @(posedge CLK)
begin
  Q1 = A;
  Q2 = Q1;
  Q3 = Q2;
  Q4 = Q3;
end

endmodule
```

2.30 다음의 코드가 주어졌을 때,

```
reg [7:0] C;
reg signed [7:0] D;
reg signed [7:0] A = 8'hD5;
```

다음을 계산하라.

1) C = A >> 4

2) C = A >>> 4

3) C = A << 4

4) C = A <<< 4

5) D = A >> 4

6) D = A >>> 4

7) D = A << 4

8) D = A <<< 4

2.31 다음 2개의 모듈이 합성되었을 때 나오는 하드웨어를 그리고, 차이를 설명하라.

```
module  reg3 (Q1,Q2,Q3,Q4,A,CLK);
input   A;
input   CLK;
output  Q1,Q2,Q3,Q4;

reg     Q1,Q2,Q3,Q4;

// 첫 번째
always @(posedge CLK)
begin
  Q1 <= A;
  Q2 <= Q1;
```

```
    Q3 <= Q2;
    Q4 <= Q3;
  end

  endmodule


  module  reg3 (Q1,Q2,Q3,Q4,A,CLK);
  input   A;
  input   CLK;
  output  Q1,Q2,Q3,Q4;

  reg     Q1,Q2,Q3,Q4;

  // 첫 번째 -> 두 번째
  always @(posedge CLK)
  begin
    Q4 <= Q3;
    Q3 <= Q2;
    Q2 <= Q1;
    Q1 <= A;
  end

  endmodule
```

2.32 2개의 입력(X_1과 X_2)과 하나의 출력(Z)을 갖는 무어 순차 머신의 상태표가 다음과 같다.

현재 상태	다음 상태 $X_1X_2 = 00$	01	10	11	출력(Z)
1	1	2	2	1	0
2	2	1	2	1	1

동작 레벨에서 이 머신을 표현하는 Verilog 코드를 작성하라. 상태 변화는 클록의 하강 에지 후 10ns에서 발생하고, 출력 변화는 상태 변화 후 10ns에서 발생한다.

2.33 다음 순서로 카운트하는 카운터를 구현하기 위해, 아래의 Verilog 코드를 완성하라. $Q = 1000$, 0111, 0110, 0101, 0100, 0011, 1000, 0111, 0110, 0101, 0100, 0011, ⋯ (반복). $Ld8 = 1$일 때 카운터는 클록에 의해 동기화되어 1000으로 로딩된다. $Enable = 1$일 때 카운터는 정해진 순서로 진행한다. 카운터는 0101 상태가 될 때마다 출력 $S_5 = 1$을 발생시킨다. 어떤 식으로든 주어진 모듈의 구성을 바꾸지 마라. 작성된 코드는 합성이 가능해야 한다.

```
module countQ1(clk,Ld8,Enable,S5,Q);
input clk,Ld8,Enable;
output reg S5;
output reg[3:0] Q;
.
.
.
endmodule
```

2.34 다음 상태표를 구현하기 위한 Verilog 코드를 작성하라. 2개의 `always` 블록을 사용하라. 상태 변화는 클록의 하강 에지에서 일어난다. 병행 조건 할당문을 사용하여 Z_1과 Z_2 출력을 구현하라. 순차회로의

조합 부분은 10ns의 전파 지연을 가지며, 상승 에지에서 상태 레지스터 출력까지의 전파 지연은 5ns 라고 가정한다.

현재 상태	다음 상태 $X_1X_2 = 00$	01	11	출력(Z_1Z_2)
1	3	2	1	00
2	2	1	3	10
3	1	2	3	01

2.35 동기 4비트 UP/DOWN 이진 카운터는 동기 클리어 신호 *CLR*과 동기 로딩 신호 *LD*를 갖고 있다. *CLR*은 *LD*보다 우선순위가 높다. *CLR*과 *LD*는 모두 액티브 하이에서 동작한다. *D*는 카운터의 4비트 입력이고, *Q*는 4비트 출력이다. *UP*은 카운트 방향을 제어하는 신호이다. 만약 *CLR*과 *LD*가 활성화 되지 않고 $UP = 1$이면, 카운터는 증가한다. 만약 *CLR*과 *LD*가 활성화되지 않고 $UP = 0$이면, 카운터는 감소한다. 모든 변화는 클록의 하강 에지에서 일어난다.

(a) 카운터의 동작적 Verilog 표현을 작성하라.

(b) 1~6까지 카운트하는 동기 모듈로 6 카운터를 구현하기 위해 위의 UP/DOWN 카운터를 사용하라. 이 모듈로 6 카운터는 카운트를 1로 만드는 외부 리셋을 갖고 있다. 카운트 인에이블 신호 *CNT*는 클록 펄스가 들어올 때마다 카운트 값이 1씩 증가하여 시퀀스가 1, 2, 3, 4, 5, 6, 1, 2, ⋯ 이 되도록 한다. 모든 필요한 논리를 사용하여 카운트 값이 6이 된 다음에 1이 되도록 만들어라. 모듈로 6 카운터는 UP 시퀀스로만 동작한다. 이 카운터를 구현하기 위한 접근 방법을 그림과 함께 설명하라.

(c) (b)의 모듈로 6 카운터에 대한 동작적 Verilog 표현을 작성하라.

2.36 다음 코드에서 state와 nextstate는 0~2의 범위를 갖는 정수이다.

```
always @(state,X)
begin
      case(state)
      0:begin
             if(X == 1'b1)
                    nextstate = 2'b01;
      end
      1:begin
             if(X == 1'b0)
                    nextstate = 2'b10;
      end
      2:begin
             if(X == 1'b1)
                    nextstate = 2'b00;
      end
      endcase
end
```

(a) 코드가 합성될 때 래치가 생성되는 이유를 설명하라.

(b) 래치 출력에는 어떤 신호가 나타나는가?

(c) 래치가 생성되지 않는 코드로 변경하라.

(d) case 문 밖에서 수정을 하여 래치를 없앨 수 있는가?

2.37 다음의 Verilog 코드를 살펴보고 질문에 답하라.

```
module Problem(X,CLK,Z1,Z2);
input X,CLK;
output Z1,Z2;

reg [1:0]State,Nextstate;

initial
begin
     State = 2'b00;
     Nextstate = 2'b00;
end

always @(State,X)
begin
   case(State)
   0:begin
         if(X == 1'b0)begin
               Z1 = 1'b1;
               Z2 = 1'b0;
               Nextstate = 2'b00;
         end
         else begin
               Z1 = 1'b0;
               Z2 = 1'b0;
               Nextstate = 2'b01;
         end
   end
   1:begin
         if(X == 1'b0)begin
               Z1 = 1'b0;
               Z2 = 1'b1;
               Nextstate = 2'b01;
         end
         else begin
               Z1 = 1'b0;
               Z2 = 1'b1;
               Nextstate = 2'b10;
         end
   end
   2:begin
         if(X == 1'b0)begin
               Z1 = 1'b0;
               Z2 = 1'b1;
               Nextstate = 2'b10;
         end
         else begin
               Z1 = 1'b0;
               Z2 = 1'b1;
               Nextstate = 2'b11;
         end
   end
   3:begin
         if(X == 1'b0)begin
```

```
                    Z1 = 1'b0;
                    Z2 = 1'b0;
                    Nextstate = 2'b00;
              end
              else begin
                    Z1 = 1'b1;
                    Z2 = 1'b0;
                    Nextstate = 2'b01;
              end
        end
              endcase
        end

        always @(posedge CLK)
        begin
            State <= Nextstate;
        end
        endmodule
```

(a) 위의 코드가 나타내는 회로의 블록도를 그려라.

(b) 이 코드에 의해 동작하는 상태표를 만들어라.

2.38 다음의 4:1 MUX 모델에서 무엇이 잘못되었는가?(구문상의 오류는 아님)

```
reg [1:0]sel;
always @(A,B,I0,I1,I2,I3)
begin
     sel = 0;
     if(A == 1'b1)
          sel = sel + 1;
     else
     begin
     end
     if(B == 1'b1)
          sel = sel + 2;
     else
     begin
     end
     case(sel)
         0:begin
                 F = I0;
          end
         1:begin
                 F = I1;
         end
         2:begin
                 F = I2;
         end
         3:begin
                 F = I3;
         end
         endcase
end
```

2.39 (a) 연습문제 1.30에서 설계한 상태 머신의 동작적 Verilog 표현을 작성하라. 상태 변화는 클록의 하강 에지에서 일어난다고 가정한다. `if-else` 문을 사용하는 방법 대신에, 어레이로 상태표와 출력표를 나타내라. 작성한 코드를 컴파일한 후 다음과 같은 테스트 시퀀스를 사용하여 시뮬레이션을 수행하라.

$$X = 1101\ 1110\ 1111$$

X는 클록의 상승 에지 후에 1/4 클록 주기로 변해야 한다.

(b) 상태 머신을 표현하기 위한 다음 상태 식과 출력 식을 사용하여 데이터 흐름 Verilog 표현을 작성하라. 시뮬레이션 출력에서 S와 V가 언제 읽히는지 나타내라.

(c) 게이트와 D 플립플롭 간의 상호연결을 기술하는 상태 머신의 구조적 Verilog 모델을 작성하라.

2.40 다음 Verilog 코드에 대해 시뮬레이션을 수행할 때, A는 5ns에서 1로 바뀐다. 40ns까지 A, B, D에서 발생하는 모든 변화와 그 시간을 보여주는 표를 작성하라.

```
module Q1F00(A)
inout A;
reg B,C;
wire D;
assign #10 D = A ^ B;
always @(D)
begin
    C = ~D;
    if(C == 1'b1)
          A <= #15 ~A;
    B <= D;
end
endmodule
```

2.41 (a) 연습문제 1.29에서 설계한 상태 머신의 동작적 Verilog 표현을 작성하라. 상태 변화는 클록의 하강 에지에서 일어난다고 가정한다. 상태표를 나타내기 위해 `if-else` 문과 `case` 문을 함께 사용하라. 작성한 코드를 컴파일한 후 다음과 같은 테스트 시퀀스를 사용하여 시뮬레이션을 수행하라.

$$X = 1011\ 0111\ 1000$$

X는 클록의 상승 에지 후에 1/4 클록 주기로 변해야 한다.

(b) 상태 머신을 표현하기 위한 다음 상태 식과 출력 식을 사용하여 데이터 흐름 Verilog 표현을 작성하라. 시뮬레이션 출력에서 D와 B가 언제 읽히는지 나타내라.

(c) 게이트와 J-K 플립플롭 간의 상호연결을 기술하는 상태 머신의 구조적 Verilog 모델을 작성하라.

2.42 다음 Verilog 코드는 어떤 디바이스의 동작을 보여주는가?

```
reg Qtmp;

  always @(CLK,RST)
  begin
     if(RST == 1'b1)
           Qtmp = 1'b0;
```

```
        else if(CLK == 1'b1 && T == 1'b1)
                Qtmp = ~Qtmp;
        else begin
        end
        Q <= Qtmp;
    end
```

2.43 (a) 4개의 입력과 3개의 출력을 갖는 LUT의 Verilog 모델을 작성하라. 3비트 출력은 LUT 입력에 있는 1의 개수를 나타내는 이진수가 되어야 한다.

(b) 12비트 수에 있는 1의 개수를 카운트하는 회로를 위한 Verilog 모델을 작성하라. (a)의 모듈 3개와 오버로드된 덧셈 연산자를 사용하라.

(c) 코드를 시뮬레이션하고, 다음 데이터 입력에 대해 테스트하라.

111111111111, 010110101101, 100001011100

2.44 LUT를 사용하여 3:8 디코더를 구현하라. LUT 진리표와 Verilog 코드를 작성하라. 입력은 A, B, C이고 출력은 8비트 부호 없는 벡터이다.

2.45 A는 20개의 4비트 레지스터를 갖는 어레이이다. 어레이에서 가장 큰 정수를 찾는 Verilog 코드를 작성하라.

(a) `for` 루프를 사용

(b) `while` 루프를 사용

2.46 1개의 입력(X)과 1개의 출력(Z)을 갖는 밀리 순차회로를 테스트하기 위한 Verilog 코드를 작성하라. 테스트 코드는 밀리 회로를 컴포넌트로 사용해야 한다. 밀리 회로는 CLK의 상승 에지에서 상태를 바꾼다고 가정한다. 테스트 코드는 100ns 주기의 클록을 발생시켜야 한다. 또한 이 코드는 다음의 테스트 시퀀스를 발생시켜야 한다.

$$X = 0, 1, 1, 0, 1, 1, 0, 1, 1, 1, 0, 0$$

X는 CLK의 상승 에지에서 10ns 지난 후에 변해야 한다. 테스트 코드는 적절한 시간에 Z를 읽어야 하고, 다음의 출력 신호가 발생했는지 확인해야 한다.

$$Z = 1, 0, 0, 1, 1, 0, 1, 1, 0, 1, 1, 0$$

만약 밀리 회로에서 나온 출력 시퀀스가 부정확하다면, 오류가 발생했다는 것을 출력한다. 그렇지 않으면 'sequence correct'를 출력한다. 테스터에 대한 다음 아키텍처를 완성하라.

```
module tester;
reg CLK;reg[11:0]X;
reg[11:0]Z;
initial
begin
     X = 12'b011011011100;
     Z = 12'b100110110110;
     CLK = 1;
```

```
end
.
.
.
.
.
endmodule
```

2.47 그림 2-58의 순차회로에 대한 Verilog 코드를 테스트하는 Verilog 테스트 벤치를 작성하라. 테스트 벤치는 10개의 가능한 입력 시퀀스를 발생시켜야 하고(0000, 0001, 0010, ..., 1001), 출력 시퀀스가 정확한지 확인해야 한다. 컴포넌트에는 10ns 지연 시간이 있다는 사실을 기억하라. 입력은 클록의 상승에지 후에 1/4 클록 주기로 변해야 하고, 출력은 적절한 시간에 읽혀야 한다. 모든 시퀀스가 정확하다면 'Pass'를 출력하고, 그렇지 않으면 'Fail'을 출력한다.

2.48 연습문제 2.33의 카운터를 테스트하기 위한 테스트 벤치를 작성하라. 테스트 벤치는 100ns 주기의 클록을 발생시켜야 한다. 카운터는 첫 번째 클록에 로딩되어야 한다. 그런 다음 다섯 클록 동안 카운트해야 한다. 그러고 나서 두 클록 동안에는 아무런 동작도 하지 말아야 한다. 그 다음 열 클록 동안 계속 카운트해야 한다. 테스트 벤치의 포트는 $S_5 = 1$일 때 현재 시간을 출력해야 한다. 동시진행문만을 사용하여 테스트 벤치를 작성하라.

2.49 순차회로 SMQ1에 대한 테스트 벤치를 구현하기 위한 다음의 Verilog 코드를 완성하라. SMQ1 순차회로 모듈의 Verilog 코드는 이미 사용 가능하다고 가정한다. 반주기가 50ns인 클록을 사용한다. 테스트 벤치는 입력 시퀀스 $X = 1, 0, 0, 1, 1$을 사용하여 회로를 테스트해야 한다. 이 입력 시퀀스에 대한 정확한 출력 시퀀스는 1, 1, 0, 1, 0이라고 가정한다. X 시퀀스를 발생시키기 위해 단일 동시진행문을 사용하라. 테스트 벤치는 적절한 시간에 출력 Z의 값을 읽어야 하고, 그 값을 Z의 정확한 값과 비교해야 한다. 정확한 값은 상수로 초기화된다.

$$answer = 11010;$$

만약 답이 맞으면 *correct* 신호가 TRUE로 셋되고, 그렇지 않으면 FALSE로 셋되어야 한다. 정확한 시간에 Z를 읽어야 한다. `wait` 문을 이용하여 테스트 벤치를 작성하라.

```
module testSMQ1(correct);
output reg correct;
reg CLK;
reg [4:0] X;
reg [4:0] Z;
reg [4:0] answer;

initial
begin
 correct = 1;
 X = 5'b10011;
 Z = 5'b11010;
 answer = 5'b11010;
```

```
end
.
.
.
.
endmodule
```

2.50 (a) 다음의 의사코드와 같은 Verilog 모듈을 2개 이상 작성하라.

```
A = B1 when C = 1 else B2 when C = 2 else B3 when C = 3 else 0;
```

(b) 다음의 처리문을 구현하기 위한 회로를 그려라.

```
A = B1 when C1 = 1 else B2 when C2 = 1 else B3 when C3 = 1
else 0;
```

2.51 16비트 직렬 입력, 직렬 출력 시프트 레지스터를 나타내는 Verilog 모듈을 작성하라. 이 시프트 레지스터는 입력으로 *SI*(직렬 입력), *EN*(인에이블), *CK*(클록, 상승 에지에서 시프트)를 가지며, 출력으로 *SO*를 갖는다.

2.52 SR 래치를 Verilog로 작성하라.

(a) 조건 할당문을 사용하라(즉, 동작 모델을 작성하라).

(b) 특성 방정식을 이용하라.

(c) SR 래치의 게이트 구조를 이용하라.

2.53 다음은 4비트 양방향 시프트 레지스터인 74194의 설명이다.

CLRb 입력은 비동기이고 액티브 로우이며, 다른 모든 제어 입력의 동작보다 우선순위가 높다. 그 외의 모든 상태 변화는 클록의 상승 에지 후에 일어난다. 만약 제어 입력이 $S_1 = S_0 = 1$이면, 레지스터는 병렬로 로딩된다. 만약 $S_1 = 1$이고 $S_0 = 0$이면, 레지스터는 우측으로 시프트되고, *SDR*(serial data right)은 Q_3로 시프트된다. 만약 $S_1 = 0$이고 $S_0 = 1$이면, 레지스터는 좌측으로 시프트되고, *SDL*은 Q_0로 시프트된다. 만약 $S_1 = S_0 = 0$이면, 어떠한 동작도 일어나지 않는다.

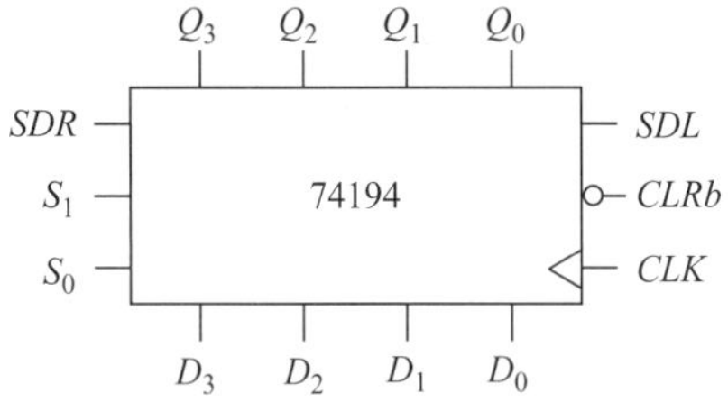

(a) 동작 레벨에서 74194의 Verilog 모델을 작성하라.

(b) 2개의 74194 컴포넌트를 사용하여 8비트 양방향 시프트 레지스터의 블록도를 그리고, Verilog를 사용하여 표현하라. 8비트 레지스터의 병렬 입력과 출력은 *X*([7:0]), *Y*([7:0])가 되어야 한다. 직렬 입력은 *RSD*와 *LSD*가 되어야 한다.

2.54 다음의 코드가 주어졌을 때,

```
reg [3:0] A = 4'b1101;
reg [2:0] B = 3'b111;
reg signed [3:0] C = 4'b1101;
reg signed [2:0] D = 3'b111;
reg signed [7:0] S;
```

다음을 계산하라.

1) S = A + B;

2) S = A + B + 0;

3) S = C + D;

4) S = C + D + 0;

5) S = A + D;

6) S = A + D + 0;

2.55 출력 Q를 갖는 동기 (4비트) 업/다운 십진 카운터는 다음과 같이 동작한다. 비동기 클리어(CLR) 신호를 제외하고, 모든 상태 변화는 클록의 상승 에지에서 일어난다. $CLR = 0$일 때, 카운터는 다른 입력 신호와 관계없이 리셋된다.

$LOAD$ 입력이 0이면, 데이터 입력 D는 카운터에 로딩된다.

$LOAD = ENT = ENP = UP = 1$이면, 카운터는 증가한다.

$LOAD = ENT = ENP = 1$이고, $UP = 0$이면, 카운터는 감소한다.

$ENP = UP = 1$이면, 카운터의 상태가 9일 때 캐리 출력$(CO) = 1$이다.

$ENT = 1$이고 $UP = 0$이면, 카운터의 상태가 0일 때 캐리 출력$(CO) = 1$이다.

(a) 카운터를 Verilog로 표현하라.

(b) 위의 카운터 2개를 사용하여 00에서 99까지 증가하거나, 또는 99에서 00까지 감소하는 십진 업/다운 카운터를 만들려고 한다. 이 십진 카운터의 블록도를 그리고, Verilog를 사용하여 표현하라.

(c) 다음 순서로 시뮬레이션을 수행하라: 카운터에 98을 로딩한 다음, 세 번 증가시킨다. 그리고 두 클록에 대해서는 그대로 둔 후 네 번 감소시키고, 그러고 나서 클리어시킨다.

2.56 다음의 코드가 주어졌을때,

```
integer A = 8'shA5;
integer B = 8'shB6;
integer C = 8'hA5;
integer D= 8'hB6;
reg signed [31:0] S;
```

다음을 계산하라.

1) S = A + B;

2) S = A + B + 0;

3) S = C + D;

4) S = C + D + 0;

5) `S = A + D;`

6) `S = A + D + 0;`

2.57 동기 4비트 업/다운 카운터인 74HC192에 대해 Verilog 모델을 작성하라. 모든 타이밍 데이터는 무시하라. 코드는 `always @(DOWN, UP, CLR, LOADB)` 형태의 구문을 포함해야 한다.

2.58 4비트 크기 비교기(magnitude comparator) 칩(예: 74LS85)은 2개의 4비트 수인 A와 B를 비교하여, $A<B$, $A=\mathrm{B}$, 또는 $A>B$인지 나타내는 결과를 출력한다. 이 조건을 각각 나타내기 위한 3개의 출력 신호가 있다. 출력 라인 중 정확히 하나만 하이이고, 나머지 두 출력 라인은 로우가 되는 것을 주목하라. 칩은 직렬로 연결할 수 있으며, 8비트 또는 그 이상의 크기 비교기를 만들기 위한 3개의 입력($A>B.IN$, $A=B.IN$, $A<B.IN$)을 갖고 있다.

(a) 4비트 크기 비교기의 블록도를 그려라.

(b) 4비트 크기 비교기를 이용하여, 8비트 크기 비교기를 구성하는 방법을 블록도로 나타내라.

(c) 동작 레벨에서 4비트 크기 비교기를 Verilog로 표현하라.

(d) 2개의 4비트 크기 비교기를 컴포넌트로 사용하여, 8비트 비교기의 Verilog 코드를 작성하라.

2.59 병렬로 입력 데이터를 로딩할 수 있는 8비트 양방향 동기 시프트 레지스터를 보자. 입출력 핀을 나타내기 위해 사용되는 기호의 설명은 다음과 같다.

CLR	비동기 클리어, 다른 모든 입력의 동작보다 우선순위가 높다.
$Q(7{:}0)$	8비트 출력
$D(7{:}0)$	8비트 입력
S_0, S_1	모드 제어 입력
LSI	좌측 시프트를 위한 직렬 입력
RSI	우측 시프트를 위한 직렬 입력

모드 제어 입력은 다음과 같이 동작한다.

S_0	S_1	동작
0	0	변화 없음
0	1	우측 시프트
1	0	좌측 시프트
1	1	데이터 병렬 로딩(즉, $Q=D$)

(a) 시프트 레지스터의 Verilog 모듈을 작성하라.

(b) 신호 L과 R에 의해 제어되는 16비트 순환 시프트 레지스터를 만들기 위해 위 시프트 레지스터 2개를 어떻게 연결하는지 블록도를 그려서 설명하라. 만약 $L=1$이고 $R=0$이면, 16비트 레지스터는 좌측으로 순환한다. 만약 $L=0$이고 $R=1$이면, 레지스터는 우측으로 순환한다. 만약 $L=R=1$이면, 16비트 레지스터는 $X(15{:}0)$으로부터 로딩된다. 만약 $L=R=0$이면 레지스터는 변화하지 않는다.

(c) (a)에서 작성한 모듈을 이용하여 (b)의 Verilog 모듈을 작성하라.

2.60 (a) HDL과 FPGA는 각각 무엇을 나타내는 말인가?

(b) Verilog와 같은 하드웨어 기술 언어와 일반 프로그래밍 언어의 차이점은 무엇인가?

(c) 설계 과정에서, 설계도 그리기와 비교하여 하드웨어 기술 언어를 사용할 때의 장점은 무엇인가?

2.61 (a) 다음 중 어떤 것이 올바른 Verilog 식별자인가?

`123A, A_123, _A123, A123_, c1__c2, and, and1`

(b) 다음 식별자 중 어떤 것이 같은가?

`aBC, ABC, Abc, abc`

2.62 다음의 Verilog 동시진행문에서

```
assign #3 B = A && C;
assign #2 C = !B;
```

(a) 구문을 나타내는 회로를 그려라.

(b) 초기에 $A = B = 0$, $C = 1$이고 5ns에 A가 1로 바뀐다고 할 때, 각 신호의 타이밍도를 그려라.

2.63 다음 조합회로를 Verilog의 동시진행문을 사용하여 표현하라. 인버터는 2ns의 지연 시간을 갖고, 나머지 게이트는 5ns의 지연 시간을 갖는다.

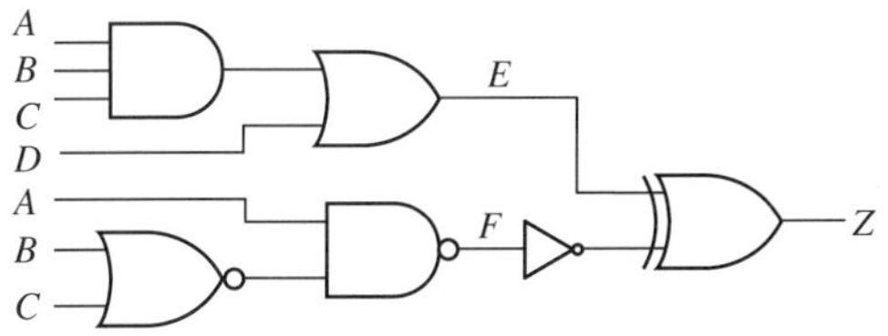

2.64 (a) 논리식을 사용하여 전감산기에 대한 Verilog 코드를 작성하라.

(b) (a)에 정의된 모듈을 컴포넌트로 사용하여 4비트 감산기의 Verilog 코드를 작성하라.

2.65 다음 회로에 대해 Verilog 코드를 작성하라. 게이트 지연 시간은 무시할 수 있다고 가정하자.

(a) 동시진행문을 사용하라.

(b) `always` 문을 사용하라. 래치는 생성되면 안 된다.

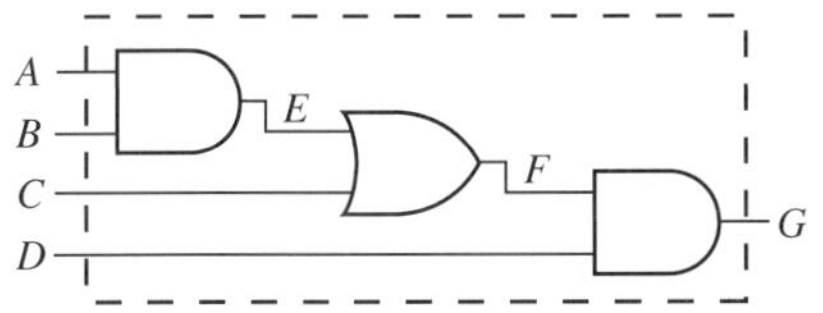

CHAPTER 3

프로그래머블 로직 디바이스 소개

1장에서는 동일한 디지털 회로를 다양한 표준 빌딩 블록들을 이용하여 어떻게 구현할 수 있는지 보여주었다. 만일 하나의 집적회로(IC) 내에 이러한 여러 가지 빌딩 블록을 넣을 수 있고, 그 구성을 변경할 수 있는 메커니즘을 사용자에게 제공할 수 있다면, 거의 모든 회로를 하나의 칩 내에 구현할 수 있다. 이것이 프로그래머블 로직 디바이스의 일반적인 원리이다.

이 장에서는 디지털 설계를 할 때 프로그래머블 로직 디바이스를 사용하는 방법을 소개한다. 읽기 전용 메모리(ROM), 프로그래머블 로직 어레이(PLA), 프로그래머블 어레이 로직(PAL) 디바이스에 대해 먼저 논한다. 다음은 복잡한 프로그래머블 로직 디바이스(CPLD)와 필드 프로그래머블 게이트 어레이(FPGA)를 소개한다. 이러한 디바이스들을 사용함으로써 많은 게이트와 플립플롭을 필요로 하는 복잡한 논리 기능을 하나의 IC 칩을 사용하여 구현할 수 있다. 이 장에서 FPGA를 소개하긴 하나, 개요만 제시한다. FPGA에 대한 자세한 내용은 6장에서 다룰 것이다.

3.1 프로그래머블 로직 디바이스의 간단한 개요

설계자들은 디지털 회로를 구현할 때 PAL과 FPGA 같은 프로그래머블 로직 디바이스를 항상 선호해왔다. 첫째, 상당한 집적 능력이 있기 때문에 하나의 물리적인 칩 내에 많은 양의 기능을 구현할 수가 있다. 프로그래머블 로직 디바이스는 여러 개의 기성품 디바이스의 필요성을 없애줄 뿐만 아니라, 외부 연결선과 연계되는 불편함, 비신뢰성을 함께 없애준다. 둘째, 설계를 변경할 수 있는 능력이 증가한다. 많은 프로그래머블 디바이스에서는 재프로그래밍을 쉽게 할 수 있다. 일반적으로, 오류가 있거나 설계 사양이 변경되는 경우 설

그림 3-1 주요 프로그래머블 로직 디바이스

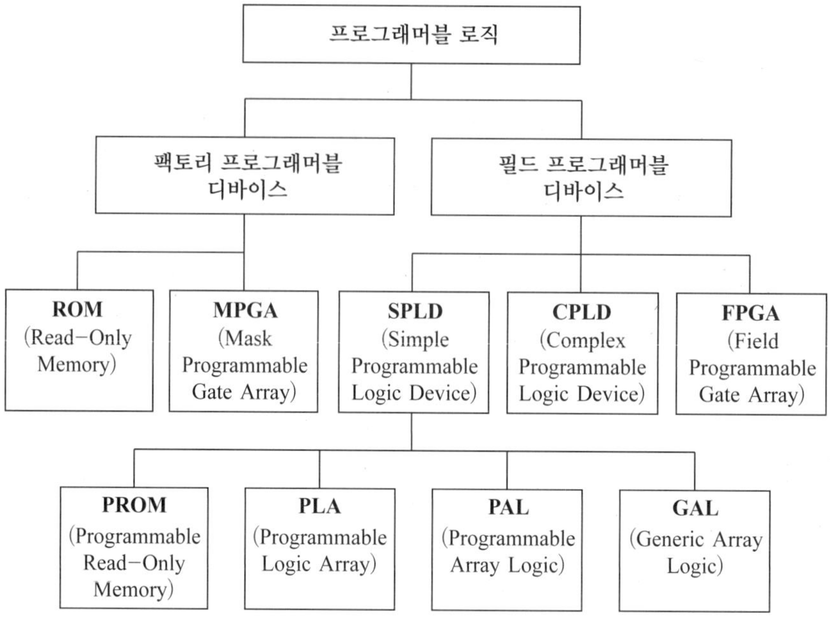

계를 변경하는 것이 더 쉬운 해결책이다. 현재 프로그래머블 로직 디바이스는 두 가지 형태로 공급된다. 즉, 한 번만 프로그램할 수 있는 디바이스와 여러 번 재프로그램할 수 있는 디바이스로 구분된다.

그림 3-1은 많이 사용되는 프로그래머블 로직 디바이스들을 분류한 것이다. 프로그래머블 로직은 크게 필드 프로그래머블 로직(field-programmable logic)과 팩토리 프로그래머블 로직(factory-programmable logic)으로 분류할 수 있다. **필드**(field)라는 용어는 이러한 유형의 디바이스가 반도체를 제조할 때 프로그램되는 것이 아니라, 사용자의 '사용 현장'에서 프로그램된다는 뜻이다. 흔히 프로그래머블 로직이라고 하면 필드 프로그래머블 디바이스를 의미한다. 그러나 팩토리 프로그래머블 디바이스도 있다. 이러한 디바이스는 소비자의 요구를 충족시키기 위해 공장에서 프로그램되는 디바이스를 포괄적으로 나타낸다. 이 프로그래밍 기술은 되돌릴 수 없는 공정을 사용한다. 따라서 프로그래밍은 오직 한 번만 할 수 있다. 팩토리 프로그래머블 로직의 예로서 마스크 프로그래머블 게이트 어레이(mask-programmable gate array, MPGA)와 읽기 전용 메모리(read-only memory, ROM)가 있다. 많은 초기 세대의 프로그래머블 디바이스들은 공장에서만 프로그램할 수 있는 디바이스였다.

읽기 전용 메모리(ROM)는 프로그래머블 로직의 초기 형태라고 생각할 수 있다. ROM은 주로 메모리로 사용된다는 의미를 갖지만, ROM을 사용하면 어떤 종류의 조합회로라도 구현할 수 있다. 이에 대해서는 나중에 ROM 관련 절에서 설명하겠다. MPGA는 마스크 설계를 필요로 하는 전통적인 게이트 어레이이다. MPGA는 흔히 **게이트 어레이**(gate array)라고 간단히 부르며, 주문형 집적회로(application-specific integrated circuit, ASIC)

를 만들기 위한 보편적인 기술이 되었다.

AND-OR 회로 형태를 갖는 사용자 프로그래머블 로직은 1970년대 초반에 개발되었다. 1972~1973년에는 1회용 필드 프로그래머블 로직 어레이가 출현하여 설계자들이 즉각적인 맞춤형 설계를 할 수 있게 되었다. 이러한 디바이스를 필드 프로그래머블 로직 어레이, 즉 FPLA라고 한다. MMI(Monolithic Memories Inc.)사는 20~24핀 패키지 안에 프로그래머블 로직 어레이(programmable logic array, PLA)라는 집적회로를 만들었는데, 5~20개의 기성품 칩들과 대등한 기능을 수행할 수 있었다. 이 회사는 나중에 AMD(Advanced Micro Devices)사가 인수했다. 이와 유사한 디바이스로는 프로그래머블 어레이 로직, 즉 PAL이 있다.

PAL과 PLA는 게이트들의 어레이를 포함하고 있다. PLA 내에는 프로그래머블 AND 어레이와 프로그래머블 OR 어레이가 있어서, 사용자가 조합 함수를 두 레벨의 게이트 형태로 구현할 수 있다. PAL의 OR 어레이는 고정되어 있고 AND 어레이에 대해서만 프로그램할 수 있다는 점에서 PAL은 PLA의 특별한 경우라고 할 수 있다. 플립플롭을 포함하는 PAL도 많이 있다.

1970년대와 1980년대에는 PAL과 PLA가 많이 사용되었다. 인기를 얻었던 이유 중 하나는 설계를 쉽게 할 수 있기 때문이었다. MMI사와 AMD사는 부울식을 쉽게 PLA 구성설정으로 변환할 수 있도록 PALASM이라는 간단한 프로그래밍 언어를 개발했다. PALASM은 PAL과 PLA의 프로그래밍을 비교적 용이하게 해주었다.

초기 프로그래머블 디바이스에서는 오직 한 번만 프로그래밍이 가능했다. 프로그래머블 로직을 도운 그 다음 기술 혁신은 프로그래머블 디바이스의 데이터 삭제 기술의 발전이었다. 초기에는 자외선을 사용하여 프로그래머블 로직의 데이터를 삭제했다. 자외선을 사용하여 디바이스의 구성설정을 지우기 위해서는 회로에서 디바이스를 제거한 다음, 그 디바이스를 자외선 환경 속에 두어야 한다. 따라서 회로 내에서 직접 데이터를 삭제하는 것은 불가능했다. 자외선 삭제기는 속도가 느려서 삭제하는 데 보통 10~15분 정도가 필요했다. 그 이후에 전기적으로 데이터를 삭제하는 기술이 출현했다. 이 기술은 보드에서 칩을 제거하지 않고 쉽고 빠르게 데이터를 삭제하고 재프로그램할 수 있는 필드 프로그래머블 로직 어레이의 개발로 이어졌다.

초기 PAL과 PLA에 이어서 전기적으로 데이터를 삭제할 수 있는 CMOS 프로그래머블 로직 디바이스(programmable logic device, PLD)가 등장했다. PLD라는 용어는 모든 프로그래머블 로직 디바이스에 대해 사용할 수도 있지만, 많이 보급된 PALCE22V10과 같이 흔히 PLD라고 부르는 디바이스들이 따로 있다. PLD는 게이트들의 어레이, 멀티플렉서, 플립플롭 또는 기타 표준 빌딩 블록들을 갖고 있는 매크로블록을 포함하고 있다. PLD에는 이러한 매크로블록들이 여러 개 있다. Lattice Semiconductor사는 쉽게 재프로그램할 수 있는 기능을 갖춘 비슷한 종류의 디바이스를 개발했으며, 이러한 디바이스 계열을

GAL(generic array logic)이라고 불렀다.

시장에 나온 또 다른 유형의 제품인 복잡한 PLD(CPLD)와 구별하기 위해, 지금은 PLA, PAL, GAL, PLD, PROM을 총괄하여 간단한 PLD(SPLD)라고 부른다. 이름이 암시하듯이, CPLD는 SPLD에 비해 집적 능력이 크다. CPLD의 크기는 500~16,000 게이트의 범위를 갖는다. CPLD는 본질적으로 단일 칩에 여러 개의 PLD와 크로스바 스위치 같은 상호연결 회로를 넣은 것이다.

1980년대 말엽, Xilinx사는 프로그래머블 디바이스에 대한 구성설정 정보를 저장하기 위해 정적 RAM을 사용했고, 상당히 많은 양의 로직을 집적할 수 있는 필드 프로그래머블 게이트 어레이(FPGA)라는 디바이스를 개발했다. 그 이름이 나타내는 것과는 달리, 이 디바이스의 기본적인 빌딩 블록은 게이트들의 어레이가 아닌 정적 RAM과 멀티플렉서를 포함하는 더 크고 복잡한 블록이었다. 곧바로 여러 PLD 벤더와 게이트 어레이 회사들이 시장에 뛰어들어 다양한 FPGA 구조를 창안해내기 시작했다. 재프로그램이 가능한 기술을 사용하는 구조도 있었고, 일회용 프로그래머블 퓨즈 기술을 사용하는 구조도 있었다. FPGA 기술은 지난 15년 동안 꾸준히 발달해왔으며, 오늘날에는 5백만 게이트 이상을 갖

표 3-1 프로그래머블 디바이스의 비교

	SPLD	CPLD	FPGA
밀도	낮음 수백 게이트	낮음~중간 500~1,200 게이트	중간~높음 3,000~5,000,000 게이트
타이밍	예측 가능	예측 가능	예측 불가능
원가	낮음	낮음~중간	중간~높음
주요 벤더	Lattice Cypress AMD	Xilinx Altera	Xilinx Altera Lattice Microsemi
디바이스 계열의 예	**Lattice** GAL16LV8 GAL22V10 **Cypress** PALCE16V8 **AMD** 22V10	**Xilinx** CoolRunner XC9500 **Altera** MAX	**Xilinx** Kintex Artix Virtex Spartan **Altera** Stratix Cyclone Arria **Lattice** Mach ECP **Microsemi** Axcelerator Fusion

고 있는 FPGA도 있다.

근본적으로 프로그래머블 로직 디바이스는 사용자가 요구하는 어떤 기능이라도 구현하기 위해 사용될 수 있는 기본적인 빌딩 블록들의 어레이로 이루어져 있다. 프로그래머블 디바이스들은 빌딩 블록의 종류나 프로그램할 수 있는 정도가 서로 다르다. 표 3-1은 여러 종류의 프로그래머블 로직 디바이스를 비교한 것이다. FPGA는 CPLD보다 더 크고 복잡하다. FPGA의 배선 자원은 간단한 프로그래머블 디바이스보다 복잡하다. 다양한 우회 경로는 신호가 사용하는 경로를 예측할 수 없게 만든다. FPGA는 CPLD와 SPLD보다 가격이 비싸고 프로그래밍에 대한 오버헤드가 크다. 이 장에서는 SPLD, CPLD, FPGA를 포함하여 다양한 프로그래머블 디바이스를 설명한다.

> 이 분야의 많은 용어와 약어는 특별한 의미는 없지만 역사적으로 프로그래머블 디바이스의 특정 유형을 나타내기 위해 사용돼왔다. PAL과 PLA를 생각해보자. 두 종류 모두 로직의 어레이로 이루어져 있다. PLA는 프로그래머블 AND 어레이와 프로그래머블 OR 어레이를 갖고 있고, PAL은 단지 프로그래머블 AND 어레이만을 갖고 있다는 사실은 단순히 역사적인 이유일 뿐이다. PAL과 PLA의 이름을 반대로 해도 아무 문제가 없었을 것이다. 그러나 다른 설계자나 설계 팀과의 원활한 의사소통을 위해, 학생들은 이 용어들의 일반적인 뜻을 이해하고 있어야 한다. 관례는 의사소통을 원활하게 하는 데 있어 중요하다.

3.2 간단한 프로그래머블 로직 디바이스

CPLD와 FPGA의 등장으로 ROM, PAL, PLA, PLD와 같은 초기 세대의 프로그래머블 로직 디바이스들을 총괄하여 간단한 프로그래머블 로직 디바이스(simple programmable logic device, SPLD)라고 부를 수 있게 되었다. 이 절에서는 간단한 PLD를 사용하여 디지털 회로를 구현하는 방법을 설명한다.

3.2.1 읽기 전용 메모리(ROM)

읽기 전용 메모리(read-only memory, ROM)는 이진 데이터의 어레이를 저장하기 위해 상호연결된 반도체 디바이스의 어레이로 구성되어 있다. 일단 이진 데이터가 ROM에 저장되면 필요할 때 언제든지 읽을 수 있다. 그러나 저장된 데이터를 정상적인 동작 상태에서는 변경할 수 없다. 그림 3-2(a)는 3개의 입력 라인과 4개의 출력 라인을 갖고 있는 ROM을 보여준다. 그림 3-2(b)는 ROM의 입력과 출력을 관련시키는 전형적인 진리표를 보여준다. 3개의 입력 라인에 들어가는 각 입력 값의 조합에 대응되는 0과 1의 패턴이 ROM 출력 라인에 나타난다. 예를 들어, 만약 조합 $ABC = 010$이 입력 라인에 인가되면 $F_0F_1F_2F_3 = 0111$이 출력 라인에 나타난다. ROM에 저장된 각각의 출력 패턴을 워드(word)

그림 3-2 8워드 × 4비트 ROM

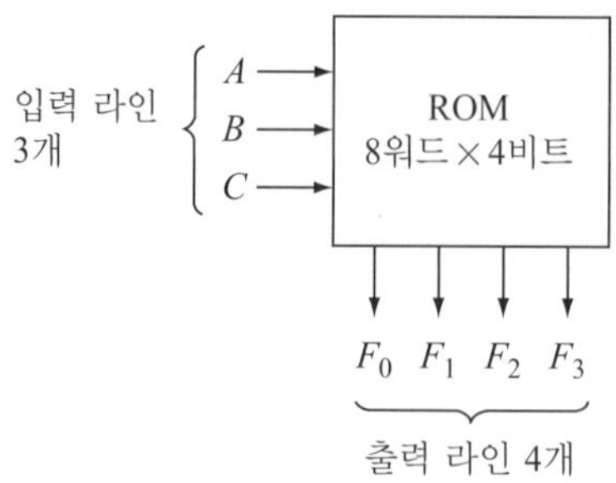

(a) 블록도

A	B	C	F_0	F_1	F_2	F_3
0	0	0	1	0	1	0
0	0	1	1	0	1	0
0	1	0	0	1	1	1
0	1	1	0	1	0	1
1	0	0	1	1	0	0
1	0	1	0	0	0	1
1	1	0	1	1	1	1
1	1	1	0	1	0	1

ROM에 저장되는 전형적인 데이터 (2^3개의 4비트 워드)

(b) ROM의 진리표

라고 한다. ROM이 3개의 입력 라인을 갖고 있으므로, 서로 다른 입력 값의 조합은 $2^3 = 8$개가 된다. 각 입력 조합은 메모리에 저장된 8개의 워드 중 하나를 선택할 수 있는 어드레스(address)의 역할을 수행한다. 4개의 출력 라인이 있기 때문에, 각 워드의 길이는 4비트이고, 따라서 이 ROM의 크기는 8워드 × 4비트이다.

n개의 입력 라인과 m개의 출력 라인을 갖고 있는 ROM(그림 3-3)은 각 워드의 길이가 m비트이고, 전체 워드 수가 2^n개인 어레이를 포함하고 있다. 입력 라인은 2^n개의 워드 중 하나를 선택하기 위한 어드레스의 역할을 수행한다. 입력 조합을 ROM에 인가하면, 메모리 내의 해당되는 워드에 저장된 0과 1의 패턴이 출력 라인에 나타난다. 그림 3-3에 있는 예제에서 00…11이 ROM의 입력(어드레스 라인)에 인가되면, 워드 110…010이 선택되어 출력 라인에 전달될 것이다. $2^n \times m$ ROM은 2^n개의 행과 m개의 열을 갖는 진리표를 저장할 수 있으므로, n개의 변수를 갖는 m개의 함수를 구현할 수 있다. 보통 시중에서 구입할 수 있는 ROM의 전형적인 크기는 32워드 × 4비트에서 512K워드 × 8비트의 범위이거나, 혹은 그 이상이다.

ROM은 기본적으로 디코더와 메모리 어레이로 구성된다. n개의 0과 1로 이루어진 패턴이 디코더 입력에 인가되면, 2^n개의 디코더 출력 중 정확히 하나만 1이 된다. 이 디코더 출력 라인은 메모리 어레이 내의 워드 중 하나를 선택하고, 이 워드에 저장된 비트 패턴이 메모리 출력 라인에 전달된다.

ROM의 기본적인 유형으로는 마스크 프로그래머블 ROM(mask-programmable ROM),

그림 3-3 n개의 입력과 m개의 출력을 갖는 읽기 전용 메모리

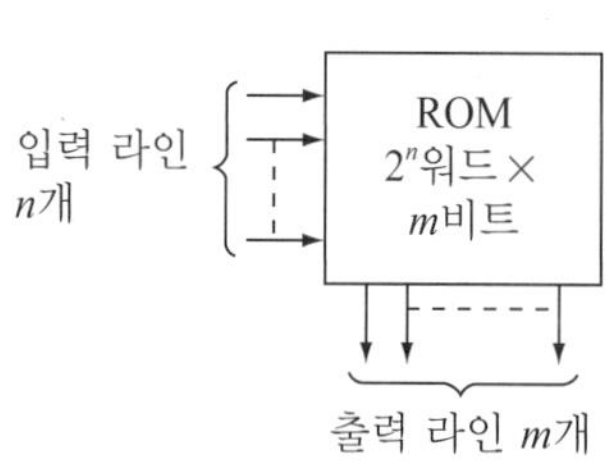

입력 변수 n개	출력 변수 m개
00 ··· 00	100 ··· 110
00 ··· 01	010 ··· 111
00 ··· 10	101 ··· 101
00 ··· 11	110 ··· 010
⋮	⋮
11 ··· 00	001 ··· 011
11 ··· 01	110 ··· 110
11 ··· 10	011 ··· 000
11 ··· 11	111 ··· 101

ROM에 저장되는 전형적인 데이터(2^n개의 m비트 워드)

사용자 프로그래머블 ROM(user-programmable ROM, PROM), 삭제가능형 프로그래머블 ROM(erasable programmable ROM, EPROM), 전기적 삭제가능형 프로그래머블 ROM(electrically erasable and programmable ROM, EEPROM), 플래시 메모리(flash memory)가 있다. 마스크 프로그래머블 ROM에서, 데이터 어레이는 제조 당시 영구적으로 저장된다. 메모리 어레이에서 행과 열이 교차하는 곳의 스위칭 소자를 선택적으로 포함하거나 생략함으로써 영구적 데이터 저장이 이루어진다. 이를 위해 집적회로를 제조할 때 사용되는 특별한 '마스크'의 준비가 필요하다. 이러한 마스크의 준비에는 많은 비용이 들며, 따라서 마스크 프로그래머블 ROM은 동일한 데이터 어레이를 갖는 많은 수량(보통 수천 개 혹은 그 이상)의 ROM이 필요한 경우에만 경제적인 관점에서 적합하다. 사용자가 1회만 프로그램할 수 있는 ROM, 즉 PROM도 있다.

ROM에 저장된 데이터의 수정은 디지털 시스템의 개발 단계에서 필요한 경우가 많으므로, 마스크 프로그래머블 ROM 대신 EPROM이 사용된다. EPROM은 메모리 어레이의 스위칭 소자를 활성화하거나 비활성화하기 위해 특별한 전하 충전 메커니즘을 이용한다. 메모리 어레이의 기억장소에 전하를 충전하기 위한 적절한 전압 펄스를 생성하기 위해 EPROM 프로그래머가 사용된다. 이러한 방법으로 저장된 데이터는 일반적으로 자외선을 사용하여 지워질 때까지 계속 유지된다. 삭제 후에는 새로운 데이터를 EPROM에 저장할 수 있다.

전기적 삭제가능형 PROM, 즉 EEPROM은 자외선 대신 전기 펄스를 사용하여 삭제한다는 점을 제외하면 EPROM과 비슷하다. 전통적인 EEPROM은 제한된 횟수, 보통 100~1000회에 한해 삭제하거나 재프로그램할 수 있다. **플래시 메모리**는 다른 종류의 전하 충전 메커니즘을 사용한다는 점을 제외하면 EEPROM과 비슷하다. 플래시 메모리는 보통 내장된 프로그래밍 기능과 삭제 기능을 갖고 있기 때문에, 별도의 프로그래머 없이 회로 내에서 플래시 메모리에 데이터를 쓸 수 있다.

ROM은 어떤 조합회로라도 구현할 수 있다. 본질적으로 모든 입력 조합에 대한 출력이 ROM에 저장된다면, ROM에 저장된 표를 통해 출력을 '조회(look-up)'할 수 있다. 이러한 이유로 ROM 방법을 **룩업 테이블**(Look-Up Table, LUT) 방법이라고도 부른다.

ROM을 사용하여 2비트 가산기를 구현하는 방법을 생각해보자. 이 가산기는 2개의 2비트 수를 더해야 한다. 2비트 수의 최대값은 3이고 합은 최대 6이 되므로, 합을 나타내려면 3비트가 필요하다. 이러한 가산기의 진리표를 그림 3-4에 나타내었다. 2개의 2비트 수 외에 캐리 입력을 포함시키면, 2비트 전가산기도 설계할 수 있다.

이러한 2비트 가산기는 16×3 ROM으로 구현될 수 있다. 입력 숫자(X와 Y)는 4개의 어드레스 라인에 연결되어야 하고, 3개의 데이터 라인은 합을 출력한다.

그림 3-5는 ROM을 사용하여 2비트 전가산기를 구현한 모습을 보여준다. 그림과 같이 연결하면, ROM 내의 16개 기억장소에는 각각 0, 1, 2, 3, 1, 2, 3, 4, 2, 3, 4, 5, 3, 4, 5,

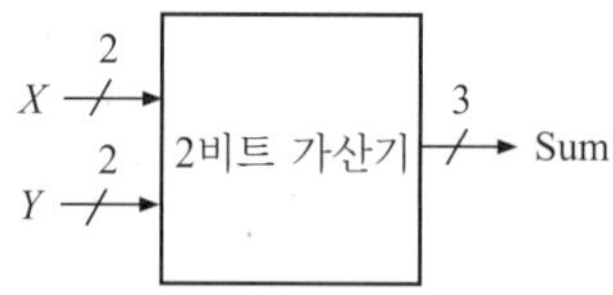

X_1	X_0	Y_1	Y_0	S_2	S_1	S_0
0	0	0	0	0	0	0
0	0	0	1	0	0	1
0	0	1	0	0	1	0
0	0	1	1	0	1	1
0	1	0	0	0	0	1
0	1	0	1	0	1	0
0	1	1	0	0	1	1
0	1	1	1	1	0	0
1	0	0	0	0	1	0
1	0	0	1	0	1	1
1	0	1	0	1	0	0
1	0	1	1	1	0	1
1	1	0	0	0	1	1
1	1	0	1	1	0	0
1	1	1	0	1	0	1
1	1	1	1	1	1	0

그림 3-4 2비트 가산기의 블록도와 진리표

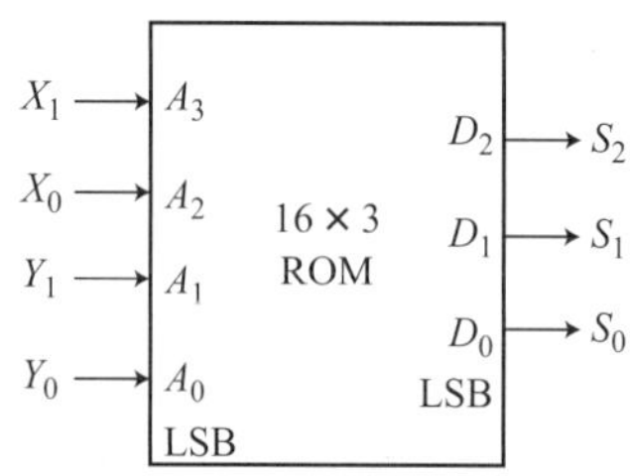

그림 3-5 ROM을 사용한 2비트 전가산기의 구현

6(10진수로 표기한 것임)이 저장되어야 한다. 합의 LSB는 데이터 버스의 LSB로부터 만들어진다.

예제 8:3 우선순위 인코더(priority encoder)를 구현하는 데 필요한 ROM의 크기를 계산하라.

풀이

인코더는 디코더의 역함수를 수행한다. 8:3 우선순위 인코더는 그림 3-6에 나타나 있다. 만일 입력 y_i만 1이고 그 밖의 입력들은 0이면, abc 출력은 i와 동일한 값의 이진수를 나타낸다. 또 다른 출력 d는 출력의 유효성을 나타내기 위해 사용된다. 비트 d의 값이 1이면, 출력 비트 a, b, c가 유효하다는 뜻이다. 우선순위 인코더에서 1개 이상의 입력이 1이면, 가장 높은 번호의 입력이 출력을 결정한다. 그림 3-6의 진리표는 각 입력 조합에 대한 출

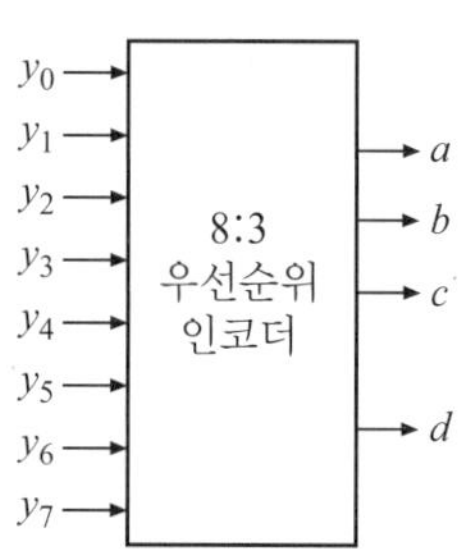

y_0	y_1	y_2	y_3	y_4	y_5	y_6	y_7	a	b	c	d
0	0	0	0	0	0	0	0	0	0	0	0
1	0	0	0	0	0	0	0	0	0	0	1
X	1	0	0	0	0	0	0	0	0	1	1
X	X	1	0	0	0	0	0	0	1	0	1
X	X	X	1	0	0	0	0	0	1	1	1
X	X	X	X	1	0	0	0	1	0	0	1
X	X	X	X	X	1	0	0	1	0	1	1
X	X	X	X	X	X	1	0	1	1	0	1
X	X	X	X	X	X	X	1	1	1	1	1

그림 3-6 8:3 우선순위 인코더

력 조합을 나타낸다. 진리표에서 X는 '돈케어(don't care)'를 나타낸다. 그림에서 나타낸 것처럼, 8:3 우선순위 인코더는 8개의 입력과 4개의 출력을 갖고 있다. 따라서 $2^8 \times 4$비트의 ROM이 필요하다.

해설

이 ROM에는 256개의 엔트리가 있다. 그림 3-6의 진리표에서 모든 '돈케어'를 확장하면 256개의 엔트리로 귀결된다.

예제 그림 3-7에 주어진 상태표를 갖는 순차 머신을 ROM으로 구현하라. 이것은 1장에서 설계했던, BCD를 3초과 코드로 바꾸는 변환기임을 참고하라.

풀이

순차회로는 ROM과 플립플롭을 사용하여 쉽게 설계할 수 있다. 순차회로의 조합 부분은 ROM을 사용하여 구현할 수 있다. ROM은 출력 함수와 다음 상태 함수를 구현하기 위해 사용할 수 있다. 회로의 상태는 D 플립플롭 레지스터에 저장될 수 있고, ROM의 입력으로 피드백될 수 있다. J-K 플립플롭보다 D 플립플롭을 사용하는 편이 더 바람직한데, 그 이유는 2입력 플립플롭을 사용하면 플립플롭의 입력(즉, ROM의 출력) 수가 증가하기 때문이다. ROM의 크기는 입력과 출력 수에 의해서만 결정되고, 구현되는 논리식의 복잡도와는 무관하다. 따라서 D 플립플롭 입력 식이 일반적으로 J-K의 입력 식보다 더 많은 게이트를 필요로 한다는 사실은 의미가 없어진다. 이러한 이유로 상태 할당을 하는 방법은 별로 중요하지 않다. 일반적으로 단순히 이진 순서로 상태 할당을 하는 것이 다른 어떤 방법 못지않게 우수하다.

이러한 순차 머신을 구현하기 위해서는 1개의 ROM과 3개의 D 플립플롭이 필요하다. ROM은 현재 상태와 입력 X로부터 다음 상태 식과 출력 Z를 생성할 것이다. 따라서 ROM은 4개의 어드레스 라인이 필요하고(3개는 플립플롭으로부터, 1개는 X로부터 온다), 4개의 출력(3개는 다음 상태 비트, 1개는 출력 Z)을 발생시켜야 한다. 그림 3-8은 이렇게 구현된 일반적인 구조를 보여준다. ROM은 4개의 입력을 갖고 있으므로, $2^4 = 16$개의 워드를

그림 3-7 예제 순차회로의 상태표

	NS		*Z*	
PS	$X=0$	$X=1$	$X=0$	$X=1$
S_0	S_1	S_2	1	0
S_1	S_3	S_4	1	0
S_2	S_4	S_4	0	1
S_3	S_5	S_5	0	1
S_4	S_5	S_6	1	0
S_5	S_0	S_0	0	1
S_6	S_0	—	1	—

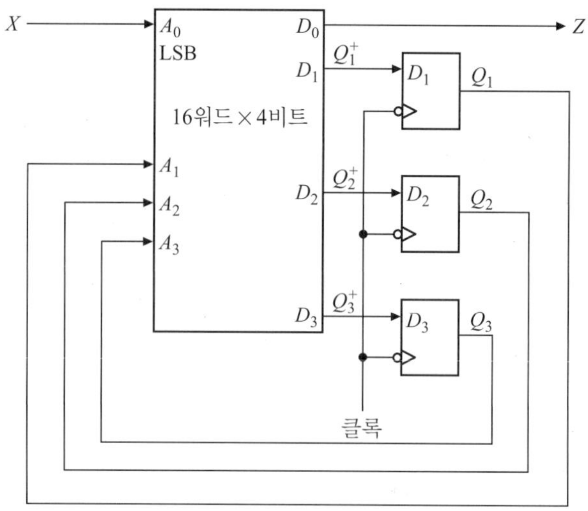

그림 3-8 ROM을 사용하여 구현한 밀리 순차회로

포함하고 있다. 일반적으로 i개의 입력, j개의 출력, k개의 상태 변수를 갖는 밀리(Mealy) 순차회로는 k개의 D 플립플롭, $i+k$개의 입력(2^{i+k}개의 워드)과 $j+k$개의 출력을 갖는 ROM을 사용하여 구현될 수 있다.

이제 ROM의 내용을 구해보자. 그림 3-7의 상태표에서 '돈케어'를 0으로 대체하고 단순한 이진 상태 할당을 사용하면, 순차회로를 구현할 수 있는 표 3-2의 진리표를 얻는다.

X가 LSB가 되도록 Q_1, Q_2, Q_3, X를 어드레스 라인에 순서대로 연결한다고 가정하면, 이 순차 머신을 구현하기 위한 ROM의 내용은 3, 4, 6, 8, 9, 8, A, B, B, C, 0, 1, 1, 0, 0,

표 3-2 ROM의 진리표

Q_1	Q_2	Q_2	X	Q_1^+	Q_2^+	Q_3^+	Z
0	0	0	0	0	0	1	1
0	0	0	1	0	1	0	0
0	0	1	0	0	1	1	1
0	0	1	1	1	0	0	0
0	1	0	0	1	0	0	0
0	1	0	1	1	0	0	1
0	1	1	0	1	0	1	0
0	1	1	1	1	0	1	1
1	0	0	0	1	0	1	1
1	0	0	1	1	1	0	0
1	0	1	0	0	0	0	0
1	0	1	1	0	0	0	1
1	1	0	0	0	0	0	1
1	1	0	1	0	0	0	0
1	1	1	0	0	0	0	0
1	1	1	1	0	0	0	0

0(16진수로 표현)이다. 16진수(hex) 표현은 출력을 나타내기 위한 간단하고 편리한 방법이다. 출력 Z는 데이터 라인의 LSB로부터 나온다. 다음 상태 정보는 ROM 데이터 라인의 MSB 쪽 세 자리에 들어 있다.

3.2.2 프로그래머블 로직 어레이(PLA)

프로그래머블 로직 어레이(programmable logic array, PLA)가 수행하는 기본적인 기능은 ROM과 동일하다. n개의 입력과 m개의 출력(그림 3-9)을 갖고 있는 PLA는 n개의 변수를 갖는 m개의 함수를 구현할 수 있다. PLA의 내부 구조는 ROM과 다르다. ROM의 디코더가 PLA에서는 입력 변수들에 대한 선택된 곱의 항들을 구현하는 AND 어레이로 대체된다. OR 어레이는 출력 함수를 구성하는 데 필요한 곱의 항들에 대해 OR 연산을 수행한다.

그림 3-10은 다음과 같은 함수들을 구현하는 PLA를 나타낸다.

$$F_0 = \Sigma m(0, 1, 4, 6) = A'B' + AC \tag{3-1}$$

$$F_1 = \Sigma m(2, 3, 4, 6, 7) = B + AC'$$

$$F_2 = \Sigma m(0, 1, 2, 6) = A'B' + BC'$$

$$F_3 = \Sigma m(2, 3, 5, 6, 7) = AC + B$$

위의 논리 함수는 3개의 변수를 포함하고 있다. PLA로 구현하기 위해서는, 먼저 논리식에 포함된 각 곱의 항을 만든 다음, 필요한 곱의 항들에 대해 OR 게이트를 이용하여 OR 연산을 수행한다. 따라서 PLA에서 논리식들은 곱의 항들을 서로 공유할 수 있다. 각각의 식을 개별적으로 최소화하는 대신, 전체 곱의 항의 수를 최소화하는 것이 바람직하다. 위에 나타낸 4개의 식에는 서로 다른 5개의 곱의 항이 있다. 그림 3-10은 3개의 입력, 5개의 곱의 항, 4개의 출력을 갖는 PLA를 사용하여 위의 4개의 식을 구현한 모습을 보여준다. 모든 출력에서 필요로 하는 곱의 항을 모두 생성할 수 있는 AND 게이트만 있으면, 각각의 식에 포함되어 있는 항의 개수는 중요하지 않다는 점에 유의하라.

그림 3-9 프로그래머블 로직 어레이 구조

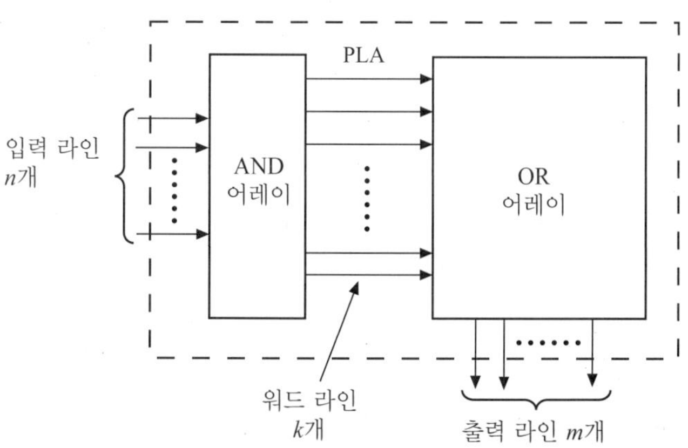

그림 3-10 3개의 입력, 5개의 곱의 항, 4개의 출력을 갖는 PLA(논리 레벨)

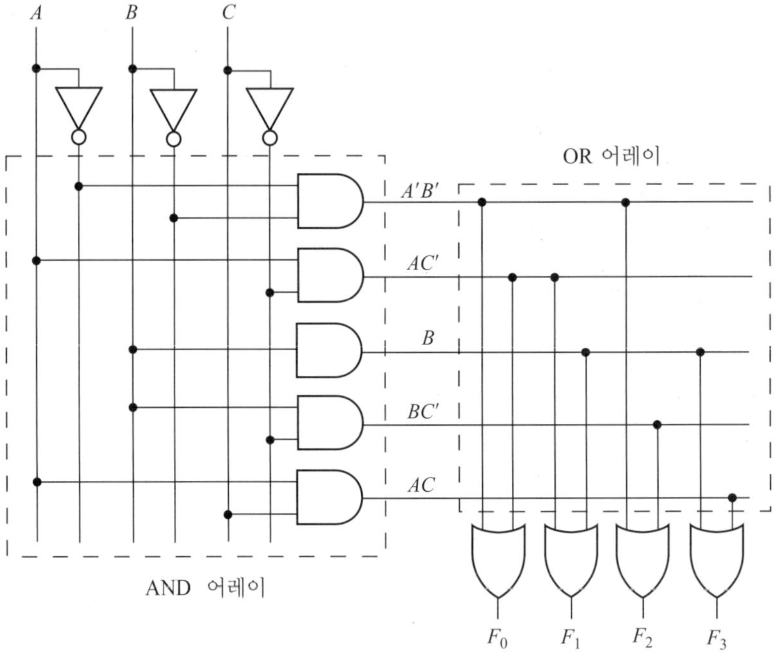

그림 3-11 3개의 입력, 5개의 곱의 항, 4개의 출력을 갖는 PLA(트랜지스터 레벨)

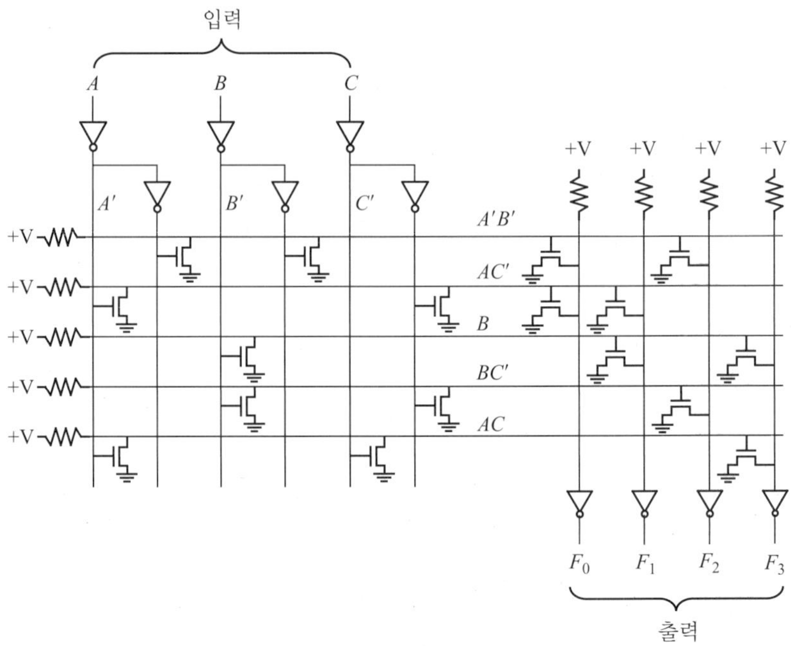

내부적으로 PLA는 AND-OR 논리 대신에 NOR-NOR 논리를 사용할 수도 있다. 따라서 그림 3-10에 나타낸 어레이는 그림 3-11의 nMOS PLA 구조와 동일하다. 이 어레이에서 행 라인과 열 라인 사이를 nMOS 스위칭 트랜지스터로 연결함으로써 논리 게이트를 구현할 수 있다.

그림 3-12 nMOS NOR 게이트

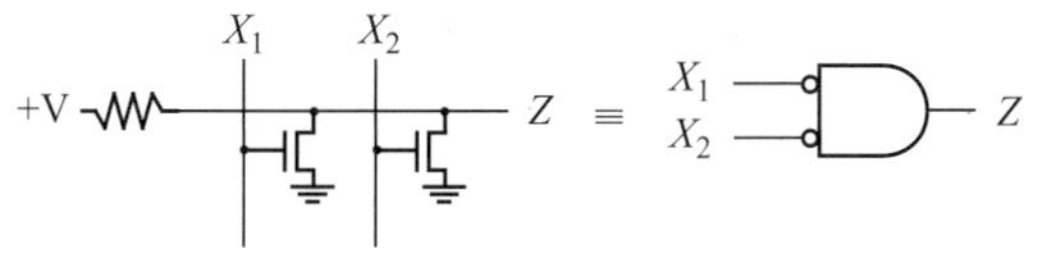

그림 3-13 NOR-NOR를 AND-OR로 변환

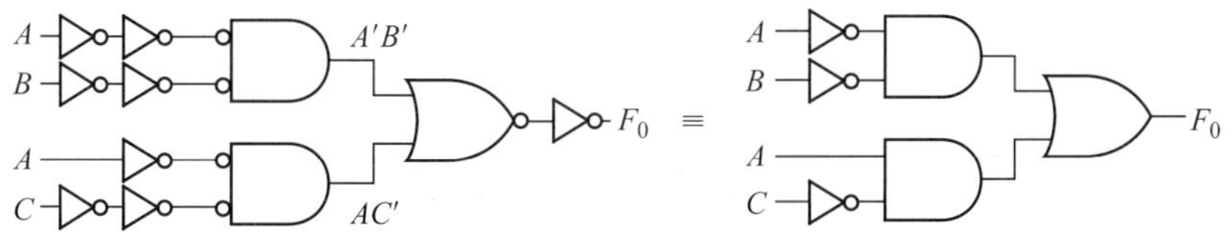

그림 3-12는 nMOS 트랜지스터를 시용하여 2입력 NOR 게이트를 구현하는 방법을 보여준다. 트랜지스터는 스위치로 동작한다. 따라서 게이트 입력이 논리 0이면, 트랜지스터는 OFF가 된다. 게이트 입력이 논리 1이면, 트랜지스터는 접지점으로 전류가 흐르는 경로를 생성한다. 만일 $X_1 = X_2 = 0$이면, 두 트랜지스터가 모두 OFF이고, 풀업 저항은 출력 Z를 논리 1 레벨(+V)로 만든다. 만일 X_1이나 X_2가 1이면, 해당되는 트랜지스터가 ON이 되고, $Z = 0$이 된다. 따라서 $Z = (X_1 + X_2)' = X_1'X_2'$가 되고, 이것은 NOR 게이트에 해당된다. PLA 어레이에서, F_0를 구현한 부분은 그림 3-13에 나타낸 NOR-NOR 게이트 구조와 같다. 추가로 삽입된 반전들을 삭제하면, AND-OR 구조로 단순화된다.

> 소스, 드레인, 게이트는 금속 산화 반도체(metal oxide semiconductor, MOS) 트랜지스터의 3개 단자의 명칭이다. 게이트는 ON/OFF 동작을 제어하기 위해 사용된다. MOS 트랜지스터에는 nMOS와 pMOS의 두 가지 유형이 있다. 이 절의 그림에서는 nMOS 트랜지스터를 사용한다. 1990년대 이후 많이 보급된 기술은 nMOS와 pMOS 트랜지스터가 보수의 관계로 함께 사용되는 상보형 MOS(complementary MOS, CMOS)이다.

PLA의 내용은 수정된 진리표로 나타낼 수 있다. 표 3-3은 그림 3-10의 PLA를 나타낸 것이다. 표의 입력 부분은 곱의 항들을 나타낸다. 기호 0, 1, −는 해당되는 곱의 항에서 변수가 보수인지, 보수가 아닌지, 혹은 존재하지 않는지를 나타낸다. 표의 출력 부분은 각각의 출력 함수에 어떤 곱의 항들이 나타나는지 보여준다. 1 또는 0은 주어진 곱의 항이 해당하는 출력 함수에 있는지 혹은 없는지를 나타낸다. 따라서 표 3-3의 첫 번째 행은 $A'B'$ 항이 출력 함수 F_0와 F_2에 있음을 나타내고, 두 번째 행은 AC' 항이 F_0와 F_1에 있음을 나타낸다.

이번에는 PLA를 사용하여 다음과 같은 함수들을 구현할 것이다.

$$F_1 = \Sigma m(2, 3, 5, 7, 8, 9, 10, 11, 13, 15) \quad (3\text{-}2)$$
$$F_2 = \Sigma m(2, 3, 5, 6, 7, 10, 11, 14, 15)$$
$$F_3 = \Sigma m(6, 7, 8, 9, 13, 14, 15)$$

표 3-3 식 (3-1)의 PLA 표

곱의 항	입력			출력			
	A	B	C	F_0	F_1	F_2	F_3
$A'B'$	0	0	–	1	0	1	0
AC'	1	–	0	1	1	0	0
B	–	1	–	0	1	0	1
BC'	–	1	0	0	0	1	0
AC	1	–	1	0	0	0	1

만일 각각의 함수를 개별적으로 최소화한다면, 그 결과는 다음과 같다.

$$F_1 = bd + b'c + ab' \quad (3\text{-}3)$$
$$F_2 = c + a'bd$$
$$F_3 = bc + ab'c' + abd$$

이렇게 간략화된 식들을 PLA에서 구현한다면, 모두 8개의 서로 다른 곱의 항(c 포함)이 필요하다.

각 함수를 개별적으로 최소화하는 대신, PLA 표에서 전체 행의 수를 최소화하는 것이 바람직하다. PLA의 크기는 논리식에 들어 있는 항의 수와 무관하므로, 이 경우 각 식에 포함된 항의 수는 중요하지 않다. 그림 3-14는 식 (3-3)을 카노 맵(Karnaugh map)으로 그린 것이다. $ab'c'$ 항은 F_3를 위해 이미 필요하므로, F_1에서는 ab' 대신에 $ab'c'$를 사용할 수 있다. 카노 맵에서 ab'에 해당하는 4개의 1 중 $ab'c'$에 속하지 않는 2개의 1은 $b'c$ 항이 포함한다. 이렇게 하면, PLA 표에서 ab'에 해당하는 행을 사용하지 않아도 된다. $a'bd$ 항과 abd 항은 F_2와 F_3에서 각각 필요하므로, F_1의 bd는 $a'bd + abd$로 대체할 수 있다. 따라서 bd에 해당하는 행을 제거할 수 있다. $b'c$ 항과 bc 항은 F_1과 F_3에서 각각 사용되므로, F_2의 c는 $b'c + bc$로 대체할 수 있다. 이 결과로 얻은 식 (3-4)는 축소된 PLA 표(표 3-4)에 해당된다. PLA에서 행의 수를 줄이기 위해 카노 맵을 사용하는 대신, 에스프레소(Espresso) 알고리즘을 사용할 수 있다. 이 복잡한 알고리즘은 Brayton이 'Logic Minimization Algorithms for VLSI Synthesis'[10]에서 제안했다.

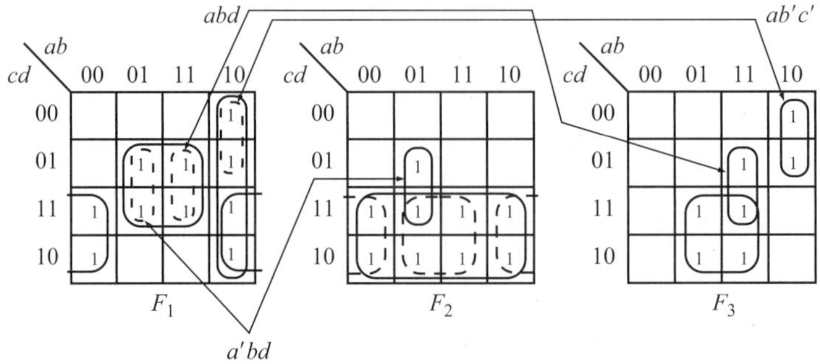

그림 3-14 다중 출력 카노 맵

표 3-4 축소된 PLA 표

a	b	c	d	F_1	F_2	F_3
0	1	–	1	1	1	0
1	1	–	1	1	0	1
1	0	0	–	1	0	1
–	0	1	–	1	1	0
–	1	1	–	0	1	1

$$F_1 = a'bd + abd + ab'c' + b'c \tag{3-4}$$

$$F_2 = a'bd + b'c + bc$$

$$F_3 = abd + ab'c' + bc$$

식 (3-4)에는 5개의 서로 다른 곱의 항들이 포함되어 있으므로, PLA 표는 5개의 행만 갖는다. 이것은 8개의 곱의 항을 필요로 하는 식 (3-3)에 비해 크게 향상된 것이다. 그림 3-15는 이에 해당하는 PLA 구조를 나타낸 것으로서, 4개의 입력, 5개의 곱의 항, 3개의 출력을 갖고 있다. 워드 라인과 입력 라인 혹은 워드 라인과 출력 라인이 교차하는 곳의 점은 스위칭 소자가 존재한다는 것을 나타낸다.

PLA 표는 ROM의 진리표와 크게 다르다. ROM 진리표에서 각 행은 최소항을 나타낸다. 따라서 입력 값의 각 조합에 의해 정확히 한 행만 선택된다. 선택된 행의 출력 부분에 있는 0과 1은 해당하는 출력 값을 결정한다. 이에 반해, PLA 표의 각 행은 일반적인 곱의 항을 나타낸다. 따라서 입력 값의 각 조합은 1개의 행도 선택하지 못할 수도 있고, 1개 이상의 행을 선택할 수도 있다. 주어진 입력 조합에 대한 F 값은 PLA 표에서 선택된 행들에 해당하는 F 값들을 OR 연산하여 결정되어야 한다. 표 3-4에 있는 PLA 표를 참조하여 다음의 예제를 살펴보자. 만일 $abcd = 0001$이면 어떤 행도 선택되지 않고, 따라서 모든 F_i는 0이다. 만일 $abcd = 1001$이면 세 번째 행만 선택되고, 따라서 $F_1F_2F_3 = 101$

그림 3-15 식 (3-4)의 PLA 구현

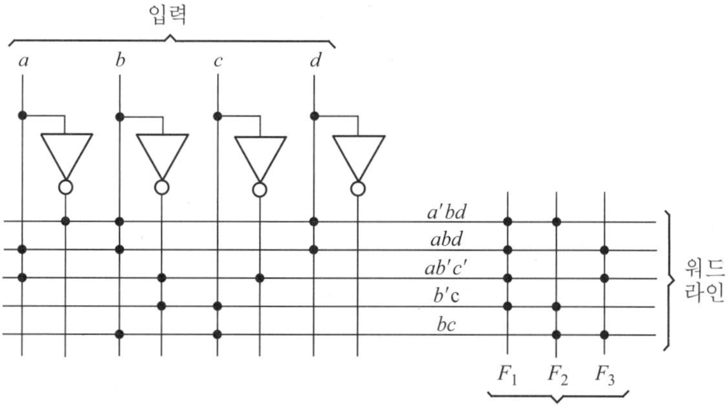

표 3-5 PLA 표

곱의 항	Q_1	Q_2	Q_3	X	Q_1^+	Q_2^+	Q_3^+	Z
Q_2'	–	0	–	–	1	0	0	0
Q_1	1	–	–	–	0	1	0	0
$Q_1Q_2Q_3$	1	1	1	–	0	0	1	0
$Q_1Q_3'X'$	1	–	0	0	0	0	1	0
$Q_1'Q_2'X$	0	0	–	1	0	0	1	0
$Q_3'X'$	–	–	0	0	0	0	0	1
Q_3X	–	–	1	1	0	0	0	1

이다. 만일 $abcd = 0111$이면, 첫 번째와 다섯 번째 행이 선택된다. 따라서 $F_1 = 1 + 0 = 1$, $F_2 = 1 + 1 = 1$, $F_3 = 0 + 1 = 1$이다.

다음으로 1개의 PLA와 3개의 D 플립플롭을 사용하여 그림 1-23의 BCD를 3초과 코드로 변환하는 순차 머신을 구현해보자. 회로 구조는 ROM이 PLA로 대체되는 점을 제외하면 그림 3-8과 같다. 표 3-5는 그림 1-25에 주어진 식을 기반으로 하여 작성된 PLA 표이다.

3.2.3 프로그래머블 어레이 로직(PAL)

프로그래머블 어레이 로직(programmable array logic, PAL)은 프로그래머블 로직 어레이의 특별한 경우로서, AND 어레이는 프로그램할 수 있고 OR 어레이는 고정되어 있다. PAL의 기본 구조는 그림 3-9에 나타낸 PLA와 동일하다. AND 어레이만 프로그램할 수 있기 때문에, PAL은 더 범용적인 PLA보다 제조 비용이 싸고 프로그램하기가 쉽다. 이러한 이유로 인해 논리 설계자들은 여러 논리 기능을 구현해야 할 때, 개별 논리 게이트를 대체하기 위해 흔히 PAL을 사용한다.

그림 3-16(a)는 프로그램되지 않은 PAL의 한 부분을 보여준다. 다음 기호는 입력 버퍼를 보여준다.

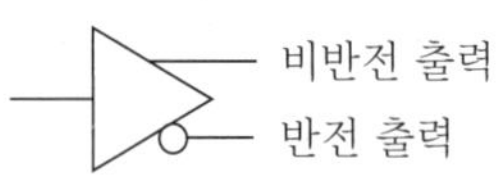

이 입력 버퍼는 논리적으로 다음 회로와 등가이다.

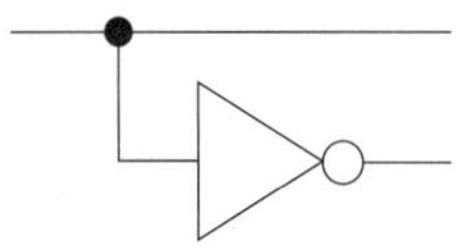

PAL의 각 입력은 여러 개의 AND 게이트 입력을 구동해야 하므로 버퍼가 사용된다. PAL을 프로그램할 때, AND 게이트 입력들과 원하는 연결을 하려면 몇 개의 상호연결점들을 프로그램한다. PAL에서 AND 게이트 입력으로의 연결은 다음 그림에서 보여주는 것처럼 ×로 표시된다.

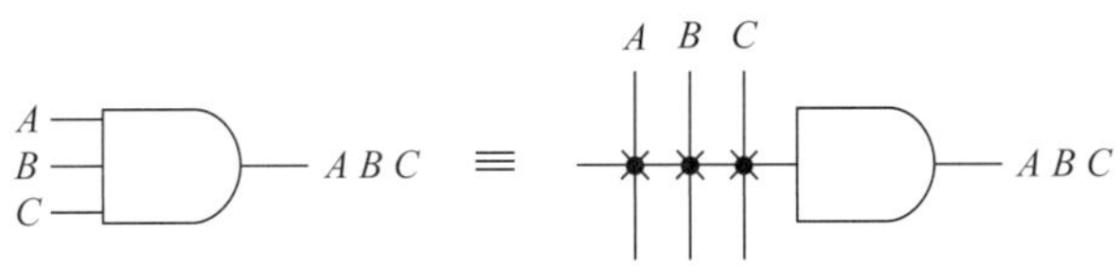

예로서 함수 $I_1I_2' + I_1'I_2$를 구현하기 위해 그림 3-16(a)에 나타낸 PAL의 한 부분을 사용해보자. 그림 3-16(b)의 ×는 I_1과 I_2' 라인이 첫 번째 AND 게이트에 연결되고, I_1'와 I_2 라인은 나머지 게이트에 연결됨을 나타낸다.

PAL을 이용하여 설계할 경우, 논리식을 단순화하여 사용 가능한 PAL 중의 하나(혹은 그 이상)에 넣을 수 있어야 한다. 좀 더 범용적인 PLA와 달리, AND 항들은 2개 이상의 OR 게이트들 간에 서로 공유할 수 없다. 따라서 구현될 각 함수는 공통항을 고려하지 않고 개별적으로 간소화될 수 있다. PAL의 유형에 따라, 각 출력 OR 게이트로 연결되는 AND 항의 수는 고정되고, 제한되어 있다. 만일 단순화한 함수에서 AND 항의 수가 너무 많다면, 출력의 개수는 적지만 게이트의 입력은 더 많은 PAL을 선택해야 하는 경우도 발생한다.

PAL을 프로그램하는 예로서, 전가산기를 구현해보자. 전가산기의 논리식은 다음과 같다.

$$Sum = X'Y'C_{in} + X'YC_{in}' + XY'C_{in}' + XYC_{in}$$
$$C_{out} = XC_{in} + YC_{in} + XY$$

그림 3-16 PAL의 한 부분

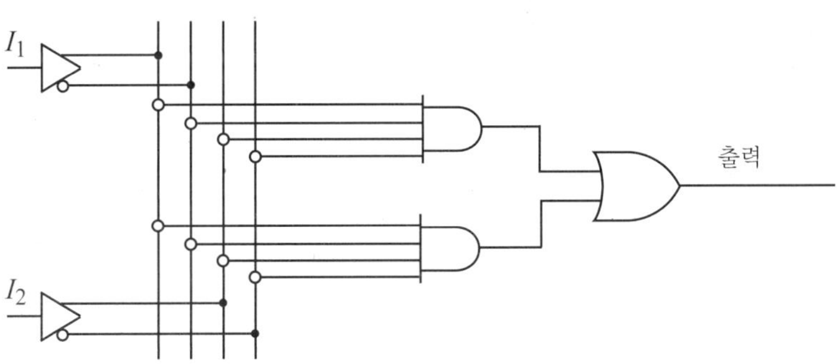

(a) 프로그램되지 않은 상황

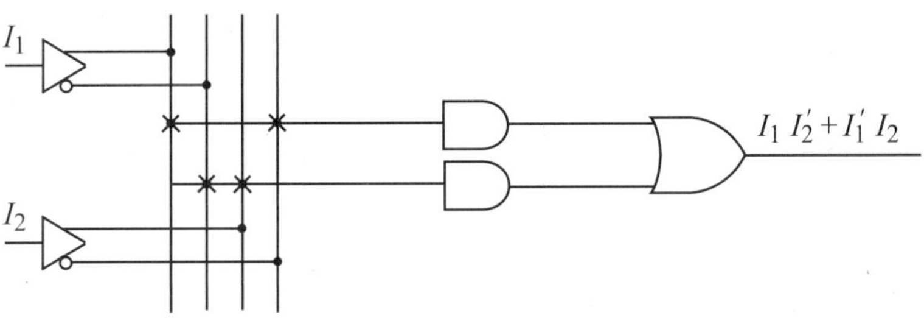

(b) 프로그램된 상황

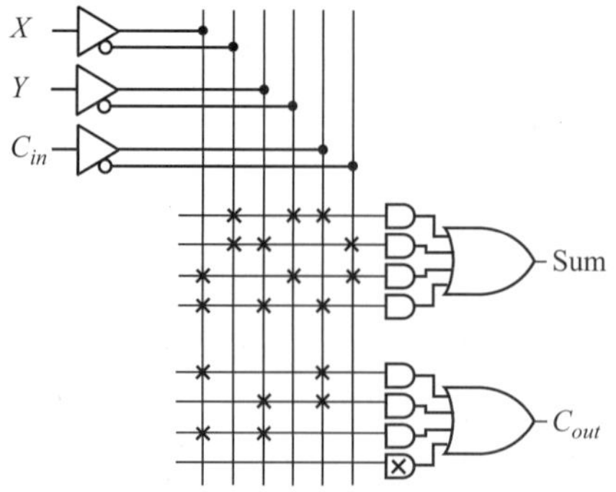

그림 3-17 PAL을 사용한 전가산기의 구현

그림 3-17은 각각의 OR 게이트가 4개의 AND 게이트에 의해 구동되는 PAL의 한 부분을 보여준다. 그림상의 ×는 전가산기 식을 구현하기 위해 PAL에서 프로그램되는 연결을 나타낸다. 예를 들어 ×의 첫 번째 행은 곱의 항 $X'Y'C_{in}$을 구현한 것이다.

전형적인 조합 PAL은 10~20개의 입력과 2~10개의 출력을 갖고 있고, 각각의 OR 게이트를 구동하는 AND 게이트의 수는 2~8개이다. 또한 프로그래머블 어레이 로직으로부터 구동되는 입력을 갖고 있는 D 플립플롭이 내장된 PAL도 있다. 이러한 PAL을 순차 PAL이라고 한다. 이러한 PAL을 이용하면 순차회로를 편리하게 구현할 수 있다. 그림 3-18은 순차 PAL의 한 부분을 보여준다. D 플립플롭은 OR 게이트로부터 구동되고, OR 게이트는 다시 2개의 AND 게이트로부터 입력을 받는다. 플립플롭의 출력은 버퍼를 거쳐서 프로그램 가능한 AND 어레이로 피드백된다. 따라서 AND 게이트의 입력은 A, A', B, B', Q, Q'에 연결될 수 있다. 그림 3-18의 그림은 아래의 다음 상태 식을 구현한 것이다.

$$Q^+ = D = A'BQ' + AB'Q$$

플립플롭 출력은 $EN = 1$일 때 활성화되는 반전 삼상태 버퍼에 연결된다.

수십 년 전, PAL은 디지털 시스템 설계자들 사이에서 매우 인기 있었다. 상당히 인기가 있던 PAL은 16R4였다. 이 PAL은 16개의 입력 변수를 갖는 AND 게이트 어레이와 4개의 D 플립플롭을 갖고 있다. 오늘날에는 GAL(다음 절에서 설명), CPLD, FPGA와 같은 여러 가지 프로그래머블 디바이스가 등장했다. PAL은 실질적으로 사용되지 않고 있으므로,

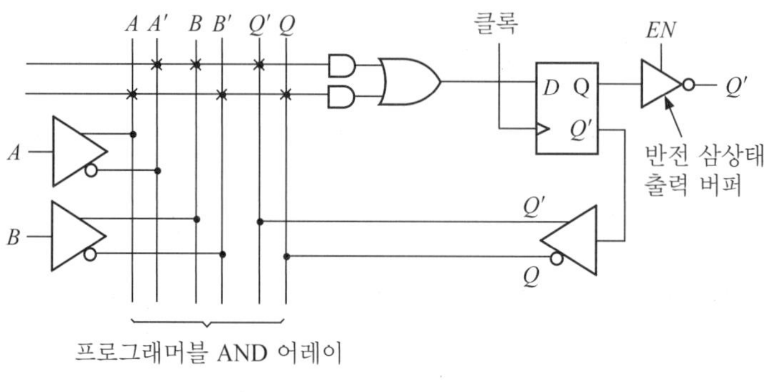

그림 3-18 순차 PAL의 한 부분

전통적인 PAL 디바이스에 대한 설명은 더 이상 하지 않으려고 한다.

3.2.4 프로그래머블 로직 디바이스(PLD)/제네릭 어레이 로직(GAL)

PAL과 PLA는 설계자들이 자주 필요로 하는 소규모의 회로와 인터페이스 논리를 구현할 때 매우 인기가 있었다. 집적회로 기술이 발달하면서 다양한 종류의 프로그래머블 로직 디바이스들을 사용할 수 있게 되었다. 전통적인 PAL은 재프로그램이 되지 않는다. 그러나 현재는 삭제 및 재프로그램이 가능한 플래시 PAL이 있으며, 이것을 보통 PLD 혹은 GAL(generic array logic)이라고 한다.

22CEV10(그림 3-19)은 조합회로뿐만 아니라 순차회로를 구현하는 데도 사용할 수 있는, 전기적으로 삭제가 가능한 CMOS PLD이다. PLD라는 약어는 모든 프로그래머블 로직 디바이스를 의미하는 포괄적인 용어로 사용돼왔지만, 22CEV10과 같은 특정 디바이스를 나타내기도 한다. 대부분의 PLD는 PAL이 갖고 있는 AND-OR 어레이뿐만 아니라, 일종의 매크로블록을 갖고 있는데, 이 매크로블록에는 멀티플렉서와 부가적인 프로그램 기능이 포함되어 있다. 이러한 PLD는 입력과 출력 역량에 따라 이름을 붙인다. 예를 들어, 22CEV10은 입력으로만 사용될 수 있는 12개의 핀과 입력 혹은 출력으로 프로그램될 수 있는 10개의 핀을 갖고 있다. 이 디바이스는 10개의 D 플립플롭과 10개의 OR 게이트를 갖고 있다. 각 OR 게이트의 입력을 구동하는 AND 게이트의 수는 8~16개이다. 각

그림 3-19 22V10의 블록도

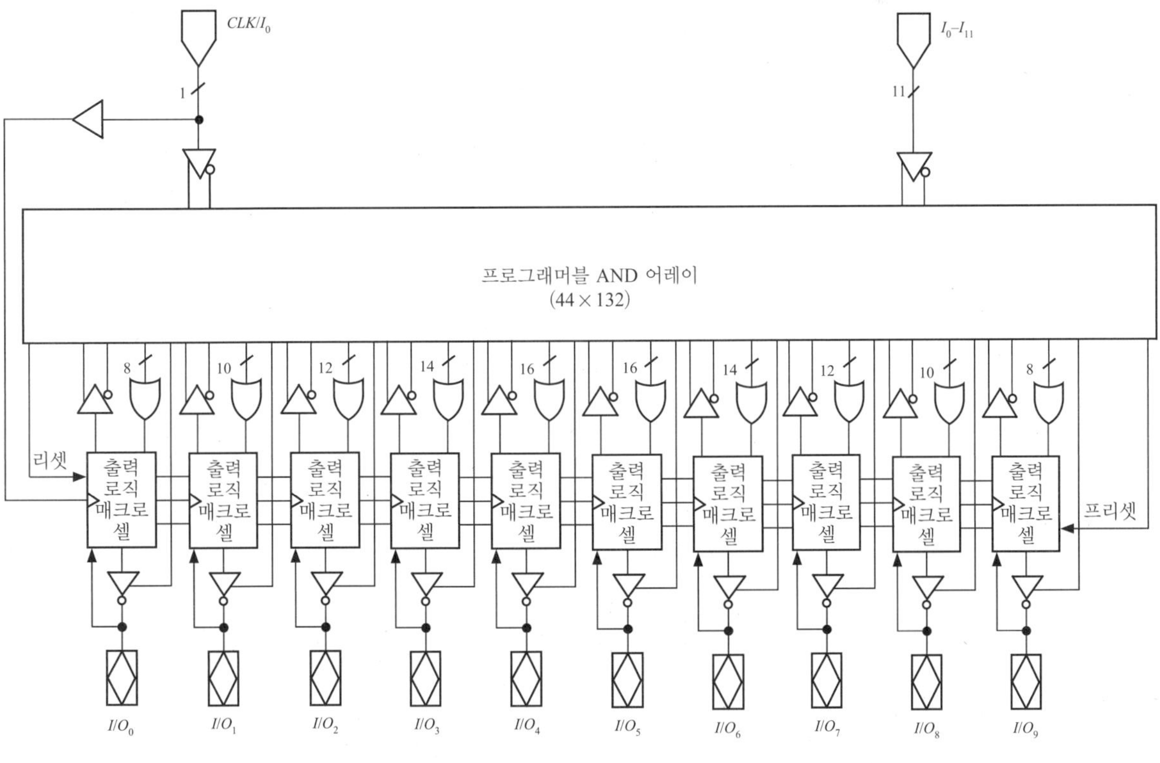

각의 OR 게이트는 **출력 로직 매크로셀**(output logic macrocell)을 구동한다. 각 매크로셀은 전체 10개의 D 플립플롭 중 하나를 갖고 있다. 플립플롭들은 공통 클록, 비동기 리셋(asynchronous reset, *AR*) 입력, 공통 동기 프리셋(synchronous preset, *SP*) 입력을 갖고 있다. 22V10이라는 이름은 전체 입출력 핀이 22개이고, 그중 10개는 양방향 입출력 핀인 다목적 PAL을 의미한다.

그림 3-20은 22CEV10의 출력 매크로셀을 자세히 보여준다. 이 매크로셀을 프로그램함으로써 출력 핀과의 연결을 제어할 수 있다. 출력 MUX의 제어 입력 S_1과 S_0는 데이터 입력들 중 하나를 선택한다. 예를 들어 $S_1S_0 = 10$은 데이터 입력 2를 선택한다. 각 매크로셀에는 프로그램하여 연결할 수 있는 비트가 2개 있다. S_1이나 S_0는 해당 비트를 프로그램하면 접지(논리 0)로 연결된다. 한 비트를 삭제하면, 제어 라인(S_1 또는 S_0)은 접지로부터 끊어져서 부동 상태의 논리 1이 된다. $S_1 = 1$이면, 플립플롭을 우회하여 출력을 OR 게이트로부터 받는다. OR 게이트 출력은 멀티플렉서와 출력 버퍼를 통해 입출력 핀에 연결된

그림 3-20 PLD 출력 매크로셀

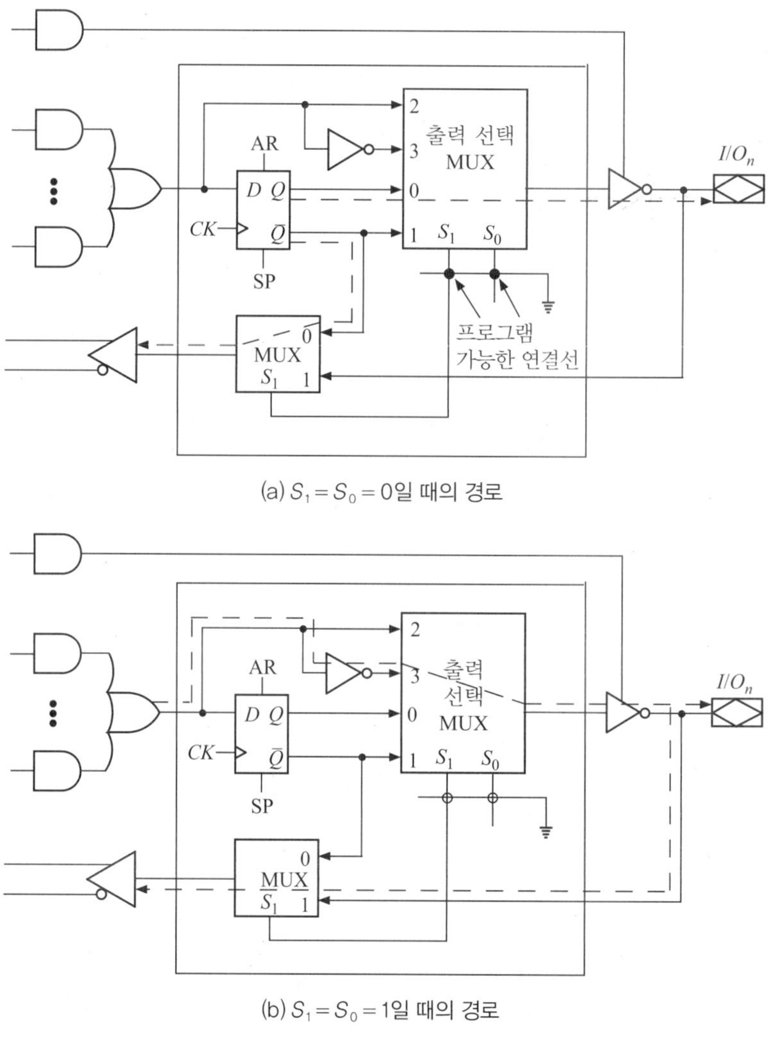

(a) $S_1 = S_0 = 0$일 때의 경로

(b) $S_1 = S_0 = 1$일 때의 경로

다. 또한 OR 게이트의 출력은 피드백되어 AND 게이트 어레이의 입력으로 사용될 수 있다. 만일 $S_1 = 0$이면, 플립플롭의 출력은 출력 핀으로 연결되고, 또한 피드백되어 AND 게이트의 입력으로 사용될 수 있다. 만일 $S_0 = 1$이면, 출력은 반전되지 않으므로 액티브 하이가 된다. 만일 $S_0 = 0$이면, 출력은 반전되고 액티브 로우가 된다. 출력 핀은 삼상태 반전 버퍼에 의해 구동된다. 버퍼 출력이 하이 임피던스 상태이면, OR 게이트와 플립플롭은 출력 핀으로부터 끊어지고, 그 핀은 입력으로 사용될 수 있다. 그림 3-20(a)에서 점선은 S_1과 S_0가 모두 0일 때의 경로를 보여주고, 그림 3-20(b)에서 점선은 S_1과 S_0가 모두 1일 때의 경로를 보여준다. 첫 번째의 경우 플립플롭의 출력 Q는 출력 버퍼에 의해 반전되고, 두 번째의 경우 OR 게이트 출력은 두 번 반전되기 때문에 결과적으로 반전이 없다는 사실에 유의하라.

22V10과 비슷한 여러 가지 PLD가 많이 사용돼왔다. 보통 이러한 PLD는 8~12개의 입출력 핀을 갖고 있다. 각 출력 핀은 대개 출력 매크로셀과 연결되고, 각 매크로셀은 하나의 D 플립플롭을 갖고 있다. 입출력 핀은 프로그램에 의해 입력으로 동작하거나, 조합논리의 출력, 또는 플립플롭의 출력으로 동작한다. 일부 PLD들은 전용 클록 입력을 갖고 있고, 다른 PLD들은 클록 혹은 입력으로 사용될 수 있는 이중 목적의 핀을 갖고 있다. 모든 PLD는 보통 출력에 삼상태 버퍼를 갖고 있고, 그중 일부는 전용 출력 인에이블($\overline{OE}$)을 갖고 있다.

Lattice Semiconductor사는 회로 내에서 프로그램할 수 있는 이와 유사한 디바이스를 만들었는데, 이것을 **제네릭 어레이 로직**(GAL)이라고 한다. GAL은 흔히 '글루(glue)' 로직이라고 부르는 소규모의 인터페이스 논리를 구현하기에 완벽한 디바이스이다. PALCE22V10, PALCE20V8 등 많이 시용되는 대부분의 PLD에 대해서는 GAL22V10, GAL20V8 같은 등가 GAL이 있다.

PLD를 위한 설계 흐름

PAL과 PLD를 위한 컴퓨터 지원 설계(computer aided design, CAD) 프로그램들이 많이 보급되어 있다. 이러한 프로그램은 논리식, 진리표, 상태 그래프, 또는 상태표를 입력으로 받아서 필요한 비트 패턴을 자동적으로 생성한다. 생성된 패턴을 PLD 프로그래머로 다운로드하면, 이 프로그래머는 PAL 내에서 필요한 연결을 만들고 동작을 검증한다. 좀 더 새로운 유형의 많은 PLD는 EPROM이나 EEPROM과 비슷한 방법으로 삭제와 재프로그램을 할 수 있다. 따라서 이러한 새로운 디바이스에서는 소프트웨어를 통해 필요한 EEPROM 내용에 상응하는 비트 패턴을 생성한다.

PALASM과 **ABEL**은 PAL 및 PLD와 함께 많이 사용되었던 언어들이다. PALASM은 MMI사와 AMD사에서 만든 PLD 설계 언어이다. ABEL은 DATA I/O사에서 만든 PLD 설계 언어이다. Intel사도 PLD를 생산한 적이 있었고, PLDShell이라는 PLD 언어를 갖고 있다. PALASM과 ABEL은 지금도 사용될 수 있지만, 요즘에는 VHDL이나 Verilog 같은 하드웨어 기술 언어를 사용하여 GAL 설계가 이루어진다.

3.3 복잡한 프로그래머블 로직 디바이스(CPLD)

집적회로 기술의 향상은 하나의 칩 안에 여러 개의 PLD에 해당하는 프로그래머블 IC 구현을 가능하게 했다. 이러한 칩을 복잡한 프로그래머블 로직 디바이스(complex programmable logic device, CPLD)라고 부른다. 플립플롭과 같은 저장 요소를 하나의 IC 상에 포함시키면, 소형 디지털 시스템을 하나의 CPLD만으로도 구현할 수 있다.

CPLD는 PAL 개념의 확장이다. 일반적으로, CPLD는 PAL과 유사한 여러 개의 로직 블록들로 구성되며, 여기에 프로그램 가능한 연결선 행렬 구조를 추가한 IC이다. CPLD는 보통 500~10,000개의 논리 게이트를 갖고 있다. CPLD는 근본적으로 몇 개의 PLD들을 크로스바와 유사한 스위치를 사용하여 연결하고 하나의 IC 내에 제조하는 것이다. $N \times M$ 크로스바 스위치는 N개의 입력 라인 각각이 M개의 출력 라인 중 어디에도 동시에 연결될 수 있는 구조이다. 이러한 스위치를 만드는 데는 비용이 많이 든다. 하지만 이러한 스위치를 사용함으로써 타이밍이 예측 가능해진다. 많은 CPLD는 전자적으로 삭제할 수 있고 재프로그램할 수 있어서 종종 EPLD(erasable PLD)라고도 한다.

표 3-6 주요 CPLD와 대략적 용량

벤더	CPLD 계열	게이트 수
Xilinx	CoolRunner-II CoolRunner XPLA3 XC9500XV XC9500 XC9500XL	750~12K 750~12K 800~6400 800~6400 800~6400
Atmel	CPLD ATF15 CPLD-2 22V10 CPLD-Proprietary	700~3000(사용 가능한 게이트) 500(사용 가능한 게이트) 2500
Cypress	Delta39K Flash370i Quantum38K Ultra37000 MAX340 high-density EPLDs	30K~200K 800~3200 30K~100K 960~7700 600~3750
Lattice	ispXPLD 5000MX ispMACH 4000B/C/V/Z	75K~300K 640~10,240
Altera	MAX II MAX3000 MAX7000	240~2,210(논리 소자) 600~10K(사용 가능한 게이트) 600~10K(사용 가능한 게이트)

전형적인 CPLD는 여러 개의 매크로셀을 갖고 있는데, 이 매크로셀들이 모여서 기능 블록이 된다. 기능 블록들 사이의 연결은 상호연결 어레이에 의해 이루어진다. 각각의 매크로셀은 플립플롭과 OR 게이트를 포함하고 있는데, OR 게이트의 입력들은 AND 게이트 어레이와 연결된다. 일부 CPLD는 PAL에 기반을 두고 있는데, 이 경우 각각의 OR 게이트는 고정된 AND 게이트들과 연계되어 있다. 그 외의 CPLD는 PLA에 기반을 두고 있으며, 이 경우 기능 블록 안의 AND 게이트의 출력은 어느 것이든 그 블록 안의 모든 OR 게이트 입력에 연결될 수 있다.

Xilinx사, Altera사, Lattice Semiconductor사, Cypress사, Atmel사는 현재 시장의 주요 CPLD 제조사들이다. 시장에 출시되어 있는 주요 품목들이 표 3-6에 나열되어 있다. 어떤 벤더는 게이트 용량을 사용 가능한 게이트 수로 표시하고, 또 어떤 벤더는 논리 소자 수로 표시하기도 한다.

3.3.1 예제 CPLD: Xilinx사의 CoolRunner

Xilinx사는 2개의 주요 CPLD, 즉 CoolRunner와 XC9500을 보유하고 있다. 그림 3-21은 CoolRunner 계열의 CPLD인 Xilinx XCR3064XL의 기본 구조를 보여준다. 이 CPLD는 4개의 기능 블록을 갖고 있으며, 각각의 기능 블록은 16개의 연관된 **매크로셀**(macrocell, MCI, MC2, ...)을 갖고 있다. 각각의 기능 블록은 PLA처럼 구성되어 있는 프로그램 가능한 AND-OR 어레이이다. 각각의 매크로셀은 플립플롭과 멀티플렉서를 갖고 있으며, 이러한 플립플롭과 멀티플렉서는 기능 블록에서 입출력(I/O) 블록 또는 **상호연결 어레이**(interconnect array, IA)와의 신호 연결을 해준다. 상호연결 어레이는 매크로셀의 출력 또는 I/O 블록의 신호들을 선택하고 이들을 기능 블록의 입력에 다시 연결해준다. 따라서 하나의 기능 블록 안에서 생성된 신호는 다른 기능 블록의 입력으로 사용될 수 있다. I/O 블록은 IC의 양방향성 I/O 핀들과 CPLD 내부 사이의 인터페이스를 제공한다.

그림 3-22는 PLA(기능 블록)에서 생성된 신호가 어떻게 매크로셀을 통해 I/O 핀에 전

그림 3-21 Xilinx CoolRunner XCR3064XL CPLD의 구조

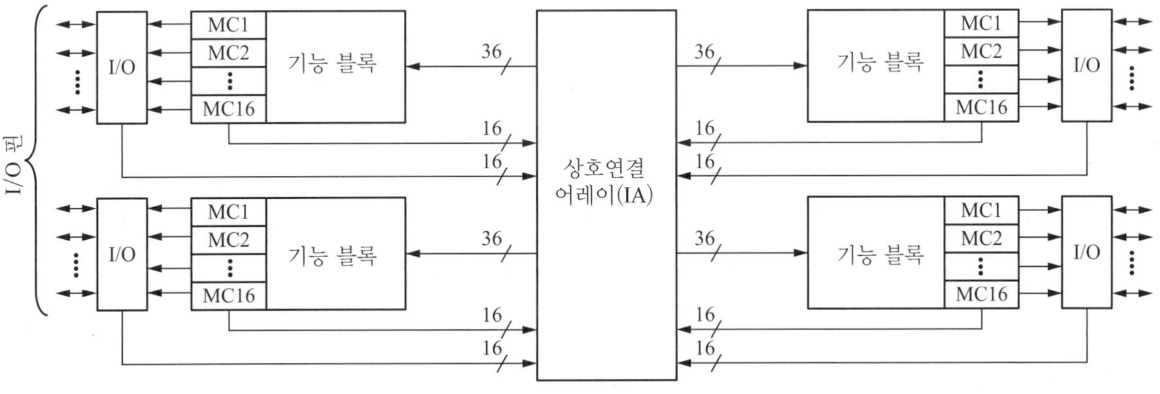

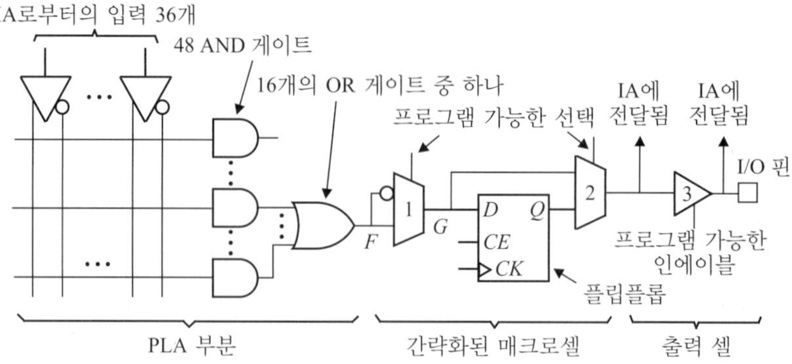

그림 3-22 CPLD 기능 블록과 매크로셀(XCR3064XL의 개략도)

해지는지 보여준다. IA로부터의 36개의 입력(또는 그들의 보수) 모두는 48개의 AND 게이트 입력 어디에라도 연결될 수 있다. 각각의 OR 게이트는 AND 어레이로부터 곱의 항 입력을 48개까지 받을 수 있다. 이 그림에 있는 매크로셀 로직은 실제 로직을 간략화하여 표현한 것이다. 첫 번째 MUX(1)는 OR 게이트의 출력 또는 그 보수를 선택하기 위해 프로그램될 수 있다. 매크로셀의 출력단에 있는 두 번째 MUX(2)는 조합논리 출력(G) 또는 플립플롭 출력(Q)을 선택하기 위해 프로그램될 수 있다. 이 출력이 상호연결 어레이와 출력 셀에 전달된다. 출력 셀은 I/O 핀을 구동하기 위한 삼상태 버퍼(3)를 갖고 있다. 버퍼 인에이블 입력은 몇 가지 소스로부터 프로그램될 수 있다. I/O 핀이 입력으로 사용될 때, 버퍼는 반드시 디스에이블되어야 한다.

그림 3-23은 2개의 입력과 2개의 출력, 2개의 플립플롭을 갖고 있는 밀리 순차 머신(Mealy sequential machine)이 어떻게 CPLD로 구현되는지 보여준다. 플립플롭의 D 입력을 생성하기 위해 2개의 매크로셀, Z 출력을 생성하기 위해 2개의 매크로셀, 총 4개의 매크로셀이 필요하다. 플립플롭 출력들은 상호연결 행렬(이 그림에는 나타나 있지 않음)을 경유하여 AND 어레이 입력에 피드백된다. 필요한 곱의 항 수는 D와 Z에 대한 식의 복잡도에 달려 있다.

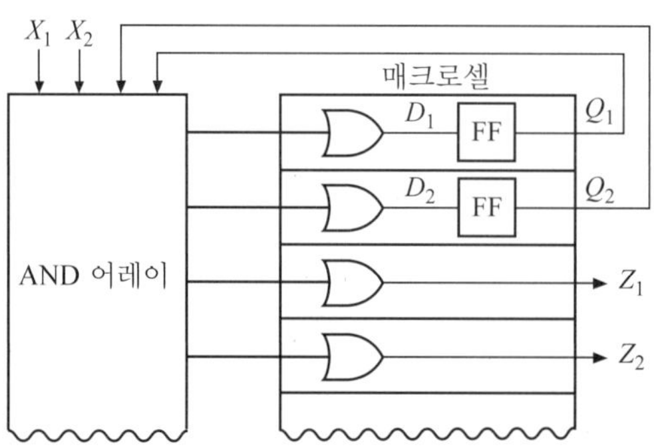

그림 3-23 밀리 머신의 CPLD 구현

누산기를 갖는 병렬 가산기의 CPLD 구현

그림 3-24에 나타낸 것과 같이, CPLD에 누산기를 갖는 가산기를 구현해야 한다고 가정해 보자. 누산기 레지스터는 각 비트마다 하나의 플립플롭이 필요하다. 또한 각 비트는 그 비트에 해당되는 합과 캐리 비트를 생성할 필요가 있다.

그림 3-25는 누산기를 갖는 3비트 병렬 가산기를 어떻게 CPLD를 이용하여 구현하는지 보여준다. 가산기의 각 비트는 2개의 매크로셀을 필요로 한다. 매크로셀 중 하나는 합 기능과 누산기 플립플롭을 구현한다. 나머지 매크로셀은 AND 어레이로 피드백되는 캐리를 구현한다. *Ad* 신호는 AND 게이트(나타나 있지 않음)를 경유하여 각 플립플롭의 인에이블 입력(*CE*)에 연결될 수 있다. 가산기의 각 비트는 8개의 곱의 항(합에 대해 4개, 캐리에 대해 3개, *CE*에 대해 1개)을 필요로 한다. 각각의 가산기 플립플롭에 대한 식은 다음과 같다.

$$D_i = X_i^+ = S_i = X_i \oplus Y_i \oplus C_i$$

만일 T 플립플롭을 사용하여 프로그램할 수 있다면, 합에 대한 논리식이 간략화될 수 있다. 각 누산기 플립플롭의 논리식은 다음과 같다.

그림 3-24 누산기를 갖는 *N*비트 병렬 가산기

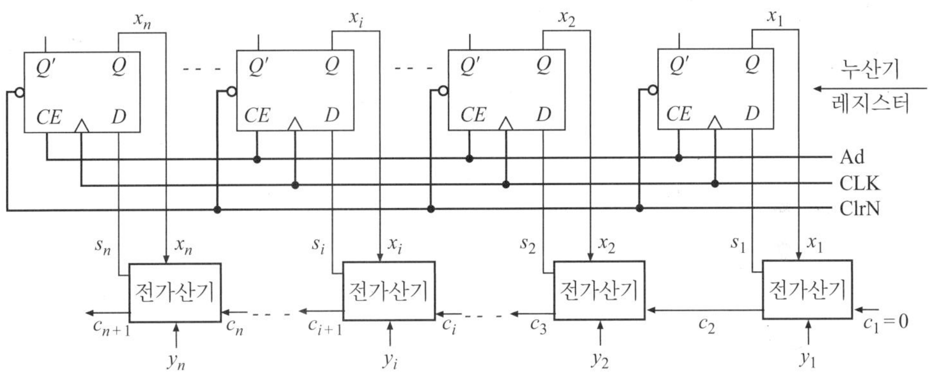

그림 3-25 누산기를 갖는 병렬 가산기의 CPLD 구현

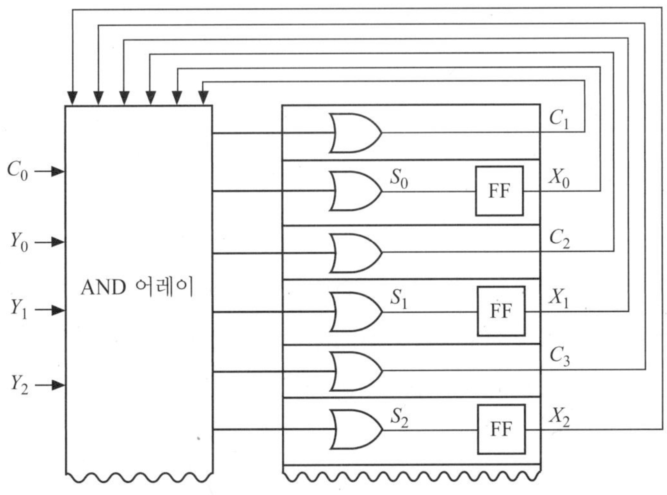

$$X_i^+ = X_i \oplus Y_i \oplus C_i$$

그러므로 T 입력은 다음과 같이 된다.

$$T_i = X_i^+ \oplus X_i = Y_i \oplus C_i$$

덧셈 신호를 T_i 입력과 AND 하면, $Ad = 1$일 때만 플립플롭의 상태가 바뀔 수 있다.

$$T_i = Ad(Y_i \oplus C_i) = Ad\ Y_i\ C_i' + Ad\ Y_i'\ C_i$$

캐리에 대한 식은 다음과 같다.

$$C_{i+1} = X_iY_i + X_iC_i + Y_iC_i$$

3.4 필드 프로그래머블 게이트 어레이(FPGA)

이 절에서는 필드 프로그래머블 게이트 어레이(field-programmable gate array, FPGA)를 소개한다. FPGA는 동일한 로직 블록들의 어레이와 프로그램 가능한 연결선으로 이루어진 IC이다. 사용자는 각각의 로직 블록과 이 블록들 사이의 연결선에 의해 구현되는 기능을 프로그램할 수 있다. FPGA는 세상에서 시제품화와 설계가 이루어지는 방법에 있어 대변혁을 일으켰다. FPGA를 재프로그램함으로써 얻는 설계 유연성은 설계 과정을 향상했다. 여러 가지 종류의 프로그래머블 디바이스들이 있었지만, Xilinx사에서 SRAM 저장 소자들을 이용하여 프로그래머블 로직 블록을 생성하고 이를 기반으로 1985년 XC2000 디바이스 계열을 출시했을 때, 전 세계는 완전히 새롭고 강력한 기술로 받아들였다. 현재 시장에는 다양한 종류의 FPGA 제품들이 있다. Xilinx, Altera, Lattice Semiconductor, Microsemi는 FPGA를 설계하고 판매하는 대표 회사들이다.

FPGA는 기존의 게이트 어레이나 **마스크 프로그래머블 게이트 어레이**(mask-programmable gate array, MPGA)에 비해 여러 가지 장점이 있다. 기존의 게이트 어레이는 임의의 회로 구현에 사용될 수 있지만, 공장에서만 프로그램을 할 수 있다. 특정 회로와 짝이 되는 특정 마스크가 게이트 어레이를 제조하기 위해 제작된다. 게이트 어레이 기반 IC의 설계 시간은 수개월이 소요된다. FPGA는 표준화된 기성품이다. MPGA 대신 FPGA를 채택함에 따라 제조 시간이 수개월에서 수 시간으로 단축된다. FPGA를 사용하면 반복 설계가 더 쉬워진다. 이는 제품의 출시 시간 측면에서 엄청난 장점이다. 설계자들이 범하는 실수들도 수정하기 쉬워진다. 실수와 설계 사양 변경에 따르는 비용이 감소하고, 시제품화 비용도 감소한다. 소량 생산의 경우, FPGA는 MPGA보다 저렴하다.

FPGA도 단점은 있다. FPGA는 기존의 MPGA보다 집적도가 낮다. FPGA에서는 많은 자원을 단지 프로그램 능력을 확보하기 위해 소모한다. MPGA가 FPGA보다 성능이 더 좋다. 프로그램 가능한 지점에 저항(resistance)과 커패시턴스(capacitance)가 있어서 이들이 신호의 속도를 감소시키므로, FPGA는 기존의 게이트 어레이에 비해 느리다. 또한 FPGA에서는 연결선의 지연 시간을 예측하기 어렵다. PAL, GAL과 같은 PLD는 단순하고 값이 비싸지 않다. CPLD는 FPGA보다 빠르고 가격이 저렴하다. PAL과 CPLD에서는 프로그램 능력에 대한 오버헤드가 상당히 낮은 편이다. FPGA와 비교하여 CPLD의 주요 장점은 낮은 원가와 타이밍 예측의 용이성이다.

여러 가지 상용 FPGA들이 표 3-7에 나열되어 있다. 표에서 볼 수 있듯이, 일부는 5백만 게이트 급이다. 일부 FPGA의 설계 용량은 LUT(look-up table)의 수로 표시한다. 큰 용량으로 인해 하나의 FPGA 내에 프로토타입이나 큰 시스템을 구현할 수 있다. 이 장에서는 FPGA의 기본 구조를 설명한다. FPGA를 이용한 설계 예제들은 6장에서 제시한다.

표 3-7 상용 FPGA의 예

벤더	FPGA 제품	대략의 용량(게이트 수 또는 LUT 수)
Xilinx	Kintex 7	41,000~298,600(LUT)
	Artix 7	63,400~134,600(LUT)
	Virtex-6	46,560~474,240(LUT)
	Spartan-3	50K~5M
	Virtex-5	19,200~207,360(LUT)
Altera	Arria V	76,800~516,096(LUT)
	Arria II	45,125~256,500(LUT)
	ACEX 1K	56K~257K
	APEX II	1.9M~5.25M
	FLEX 10K	10K~50K
	Stratix/Stratix II	10,570~132,540(논리 소자)
Lattice	LatticeECP2	6K~68K(LUT)
	Lattice SC	15.2K~115.2K(LUT)
	ispXPGA	139K~1.25M
	MachXO	256~2280(LUT)
	LatticeECP	6.1K~32.8K(LUT)
Microsemi	Fusion	90K~1.5M(시스템 게이트)
	IGLOO	15K~3M(시스템 게이트)
	Axcelerator	125K~2M
	eX	3K~12K
	ProASIC3	30K~3M
	MX	3K~54K
Quick Logic	Eclipse/EclipsePlus	248K~662K
	Quick RAM	45K~176K
	pASIC 3	5K~75K
Atmel	AT40K	5K~40K
	AT40KAL	5K~50K

3.4.1 FPGA의 구조

그림 3-26은 전형적인 FPGA의 레이아웃을 보여준다. FPGA의 내부는 보통 프로그램이 가능한 세 부분으로 구성된다.

- 프로그래머블 로직 블록
- 프로그래머블 입력/출력 블록
- 프로그래머블 배선 자원

프로그래머블 로직 블록의 어레이들은 FPGA 내부에 분산되어 있다. 이러한 로직 블록들은 입력/출력(I/O) 인터페이스 블록들에 둘러싸여 있다. 이러한 I/O 블록들은 칩의 주변에 있다고 생각하면 된다. 이 블록들은 논리 신호들을 FPGA 핀들과 연결한다. 로직 블록들 사이의 공간은 로직 블록들의 연결선 배선에 사용된다.

FPGA에서 '사용 현장' 프로그램 능력은 재구성 가능한 소자들을 통해 얻어지며, 이 소자들은 사용자가 프로그램할 수도 있고 재구성할 수도 있다. 이미 언급했듯이, FPGA에는

그림 3-26 전형적인 FPGA의 레이아웃

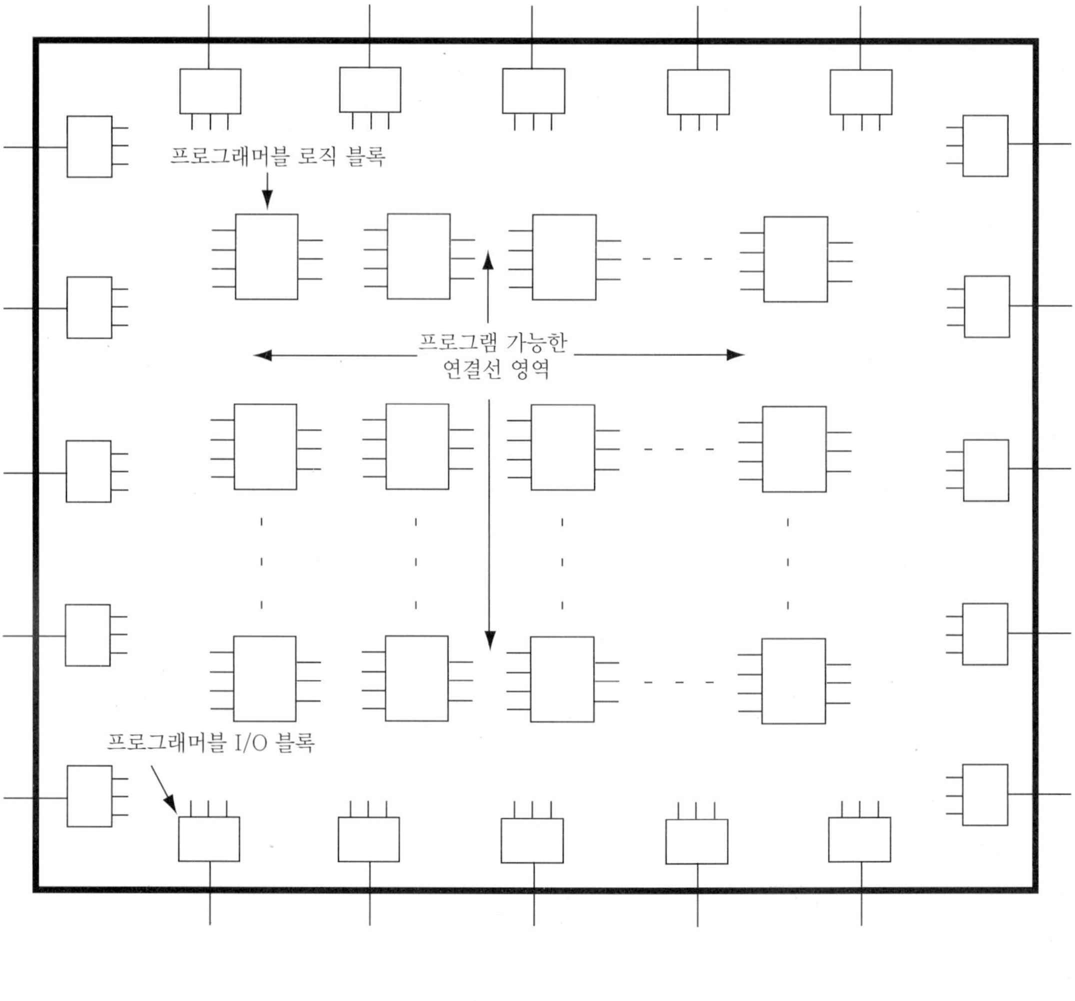

로직 블록, 연결선, 입력/출력 블록의 세 가지 프로그램 가능한 소자들이 있다. 프로그래머블 로직 블록은 멀티플렉서, 룩업 테이블, AND-OR 또는 NAND-NAND 어레이에 의해 만들어진다. 로직 블록을 '프로그램'한다는 것은 멀티플렉서로 향하는 입력 또는 제어 신호를 변경한다든지, 룩업 테이블의 내용을 변경한다든지, AND-OR 게이트 블록에서 특정 게이트를 선택 혹은 비선택하는 것을 의미한다. 프로그래머블 연결선에서 '프로그램'한다는 것은 특정 연결을 만든다든지 또는 끊는 것을 의미한다. 이것은 칩 내부의 다양한 블록들을 연결하고, 특정 I/O 핀을 특정 로직 블록과 연결하기 위해 필요하다. 프로그래머블 I/O 블록은 입력, 출력 또는 양방향성 라인으로 프로그램될 수 있는 블록을 의미한다. 보통 이 블록은 반전/비반전, 삼상태, 수동 풀업과 같은 버퍼의 속성을 조정하거나, 심지어는 **슬루 레이트**(slew rate), 즉 그 핀에서의 신호 변화 속도를 조정하기 위해 프로그램될 수 있다.

FPGA가 CPLD와 분명하게 다른 점은 유연한 범용 연결선이다. CPLD에서 연결선은 상당히 제한적이다. FPGA의 범용 연결선은 커다란 유연성을 제공하지만 속도가 느려진다는 단점도 있다. 칩의 한 부분에서 다른 부분으로 연결하는 것은 여러 개의 프로그래머블 연결선을 거쳐야 할 수도 있으므로, 값이 크거나 예측하기 어려운 신호 지연 시간으로 귀결된다.

그림 3-26은 FPGA의 일반적인 구조를 보여주는 데 사용되었지만, 모든 FPGA가 이러한 모양을 갖는 것은 아니다. 상용 FPGA의 구조는 다양하다. FPGA의 구조나 조직이란 FPGA 내부에 로직 블록들과 연결선 자원들이 배치되어 있는 방식을 의미한다. 그림 3-26에 제시된 구조는 흔히 **대칭적 어레이 구조**(symmetrical array architecture)라고 부른다. 1980년대 말부터 시장에 등장하기 시작한 다양한 FPGA들을 조사한다면, 다음과 같은 네 가지 구조로 분류할 수 있다.

- 행렬 기반(대칭적 어레이) 구조
- 행 기반 구조
- 계층적 PLD 구조
- sea-of-gates 구조

이러한 구조들은 그림 3-27에서 보여준다. 이 분류는 FPGA 내에 있는 범용 로직 영역의 레이아웃에 기반을 둔 것이다. 현대적인 FPGA들은 마이크로프로세서와 같은 특정 목적의 블록들을 포함하며, 이 특정 목적 블록들은 보통 가운데나 주변에 내장된다.

행렬 기반(대칭적 어레이) 구조

이러한 유형의 FPGA에서 로직 블록들은 그림 3-27(a)에 나타낸 것처럼 행렬과 같은 형태로 구성된다. 대부분의 Xilinx FPGA들이 이 부류에 속한다. 이러한 구조에서 로직 블록들은 보통 큰 규모(4개 이상의 변수를 갖는 함수를 구현할 수 있는)를 갖는다. 이러한 구조는

그림 3-27 FPGA의 전형적인 구조

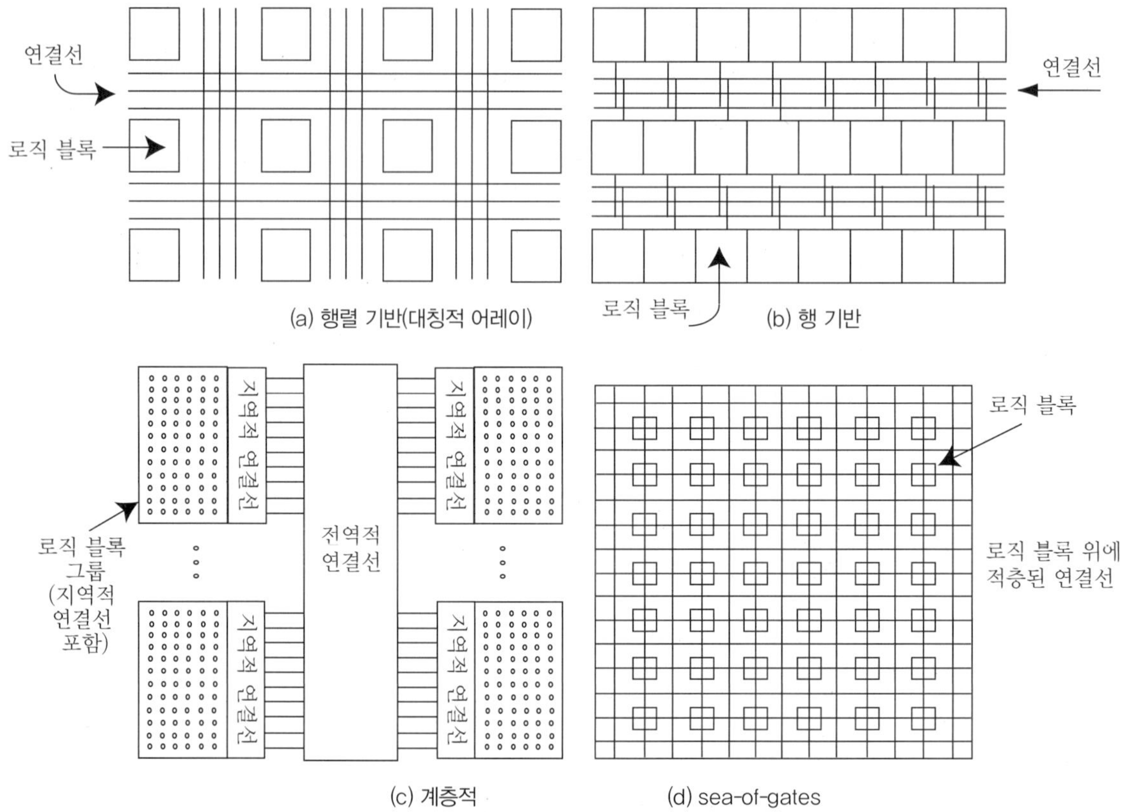

보통 작은 칩에서는 8×8 어레이, 큰 칩에서는 100×100 이상의 어레이를 포함하고 있다. 배선 자원은 로직 블록들 사이에 퍼져 있다. 배선 자원은 보통 수평 및 수직 방향으로 존재하기 때문에, 이 구조에서의 배선을 흔히 2차원 채널 배선이라고 부른다.

행 기반 구조

이 구조는 기존의 게이트 어레이에서 영감을 받은 것이다. 이 구조에서 로직 블록들은 그림 3-27(b)에 나타낸 것처럼 행들로 구성되어 있다. 따라서 로직 블록들의 행과 배선 자원이 존재한다. 행 사이에 퍼져 있는 배선 자원들은 여러 로직 블록들을 상호연결하기 위해 사용될 수 있다. 전통적인 마스크 프로그래머블 게이트 어레이가 매우 유사한 구조를 이용한다. 배선 자원은 로직 자원의 행 사이에 있는 채널에 위치하므로, 이 구조에서의 배선은 흔히 1차원 채널 배선이라고 부른다. Microsemi사의 일부 FPGA들이 이 구조를 채택하고 있다.

계층적 구조

일부 FPGA에서는 로직 셀의 블록들이 지역적 연결선을 통해 그룹을 이루고, 그러한 여러 그룹들이 또 다른 레벨의 연결선을 통해 서로 연결된다. 예를 들어, Altera APEX20과

APEX II FPGA는 10개 정도의 논리 소자가 연결되어 Altera사의 로직 어레이 블록(LAB)과 같은 블록을 형성하고, 몇 개의 LAB들을 연결하여 MEGALAB을 구성한다. 따라서 이러한 FPGA의 구조에는 계층이 존재한다. 이러한 FPGA들은 상호연결을 위한 지역적 자원을 갖는 로직 블록의 클러스터들을 포함하고 있다. 전역적 연결선 네트워크는 FPGA 내의 로직 블록 클러스터들 사이의 연결에 사용된다.

sea-of-gates 구조

sea-of-gates 구조는 FPGA에서 로직 블록들과 연결선들을 구성하기 위한 또 다른 방법이다. 일반적인 FPGA 구조는 많은 수의 게이트들로 구성되어 있다. 이에 추가하여 그림 3-27(d)에 나타낸 것처럼 sea-of-gates 위에 적층되어 있는 연결선이 존재한다. 1990년대 중반 FPGA 시장에 있었던 제조사인 Plessey사가 이 구조의 FPGA를 고안했다. Xilinx사와 같은 제조사에서 사용하던 큰 기본 셀과 대조적으로 이 구조에서 사용된 기본 셀은 NAND 게이트였다. sea-of-gates가 가장 널리 알려진 용어이지만, 많은 입자 규모의 로직 셀을 갖는 FPGA의 구조를 표현하기 위해 **'sea of cells'**와 **'sea of tiles'**라는 용어도 사용한다. Microsemi Fusion FPGA는 'sea of tiles'를 포함하고 있으며, 각각의 타일은 3입력 논리 함수 또는 플립플롭/래치로 재구성될 수 있다.

3.4.2 FPGA 프로그래밍 기술

FPGA는 많은 수의 로직 블록과 그 사이에 퍼져 있는 프로그램 가능한 연결선으로 구성된다. 로직 블록은 동일한 빌딩 블록이 원하는 회로의 생성을 위해 '프로그램' 또는 '구성'될 수 있다는 측면에서 프로그램이 가능하다. 또한 로직 블록들 사이의 연결선에도 프로그램 기능이 존재한다.

FPGA들 사이에서 프로그램 가능한 연결선을 확보하기 위해 여러 가지 기술이 사용돼 왔다. 이 책에서는 FPGA에서의 프로그램 기능을 확보하는 기술을 나타내기 위해 **프로그래밍 기술**(programming technology)이라는 용어를 사용한다. 정적 RAM 셀의 내용을 바꿈으로써 재구성 기능을 확보하는 디바이스도 있고, 플래시 메모리 셀을 사용함으로써 재구성 기능을 확보하는 디바이스도 있다. 또 다른 디바이스는 금속 연결선을 용해함으로써 이 기능을 확보한다. 일반적으로 FPGA는 아래의 프로그래밍 방법 중 하나를 사용한다.

- 정적 RAM 프로그래밍 기술
- EPROM/EEPROM/플래시 프로그래밍 기술
- 안티퓨즈(AntiFuse) 프로그래밍 기술

SRAM 프로그래밍 기술

SRAM 프로그래밍 기술은 정적 RAM(SRAM) 셀에 저장되어 있는 비트들로 재구성 기능을 생성하는 것을 포함한다. 로직 블록, I/O 블록, 연결선은 SRAM에 저장되어 있는 구성

그림 3-28 정적 RAM 프로그래밍을 이용한 배선

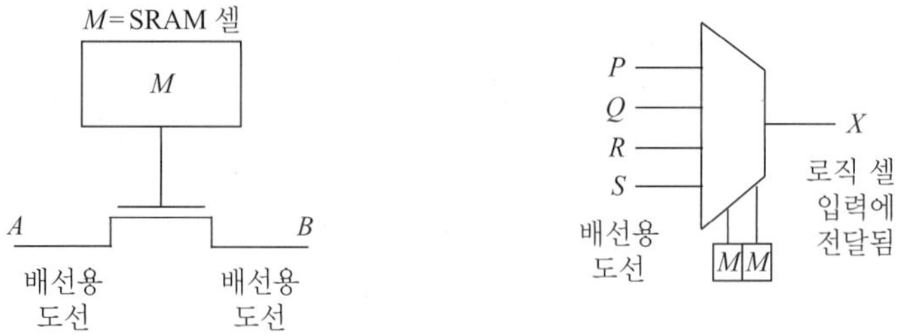

(a) 두 지점을 연결하는 패스 트랜지스터

(b) 2개의 메모리 셀에 의해 제어되는 멀티플렉서

설정 비트들을 이용하여 프로그램될 수 있도록 만든다. 재구성 가능한 로직 블록들은 룩업 테이블(LUT)로 쉽게 구현할 수 있는데, 이는 3.2.1절에서 설명한 ROM 방법과 동일한 접근 방식이다. 16개의 SRAM 셀은 4개의 변수를 갖고 있는 함수는 어떤 것이라도 구현할 수 있다. 프로그램 가능한 연결선 역시 SRAM에 의해 확보될 수 있다. 핵심 아이디어는 패스(pass) 트랜지스터를 사용하여 스위치를 생성하고, SRAM 내용을 이용하여 그 스위치를 제어하는 것이다. 그림 3-28(a)에 있는 방식을 생각해보자. SRAM 셀이 패스 트랜지스터의 게이트에 연결되어 있다. SRAM 셀의 내용이 0이면, 패스 트랜지스터는 OFF가 되고, A 지점과 B 지점은 연결되지 않는다. SRAM 셀의 내용을 1로 만들어줌으로써 패스 트랜지스터를 ON 시켜서 A 지점과 B 지점 사이에 연결된 경로를 형성할 수 있다. SRAM 비트들은 그림 3-28(b)에서 보여준 것처럼 멀티플렉서를 사용하여 배선 행렬을 구성하는 데 사용될 수 있다. 그림 3-28(b)의 방식에서 SRAM의 내용을 변경함으로써 설계자는 지점 X에 무엇이 연결될 것인지 변경할 수 있다. LUT 기능이나 연결선을 결정하기 위해 SRAM에 저장되어 있는 비트를 **구성설정 비트**(configuration bit)라고 부른다.

SRAM 셀은 그림 3-29에 나타낸 것처럼 보통 6개의 트랜지스터를 갖는다. 4개의 교차 결합된 트랜지스터가 래치를 생성하는 데 필요하고, 2개의 추가적인 트랜지스터가 래치로 데이터 비트를 보내는 것을 제어하는 데 사용된다. 워드 라인이 1이 되면, 비트 라인 값이 셀에 저장된다. 이것이 쓰기 동작이다. 읽기 동작은 비트 라인과 비트 라인′를 논리 1로 미리 충전한 다음, 워드 라인에 1을 가해줌으로써 수행된다. 그러면 셀 안에 저장되어 있는 내용이 비트 라인에 나타나게 된다. 일부 SRAM 셀은 5개의 트랜지스터로만을 사용하여 구현된다. 정적 RAM을 사용할 때의 장점 중 하나는 휘발성이기 때문에 사용자가 반복적으로 새로운 값을 쓸 수 있다. 이러한 점이 시제품화와 설계 단계에서 유연성을 발휘한다. 또 다른 장점은 SRAM 셀을 만드는 제조 과정이 로직을 만드는 제조 과정과 다르지 않다는 점이다. SRAM 프로그래밍 기술의 주요 단점은 SRAM 셀마다 5~6개의 트랜지스터가 사용된다는 것이다. 이는 칩 원가를 엄청나게 상승시킨다. 예를 들어, FPGA가 백만 개의 프로그램 가능한 지점을 갖고 있다면 대략 5~6백만 개의 트랜지스터가 프로그램 기능을 확보하는 데 사용된다는 뜻이다.

그림 3-29 전형적인 6트랜지스터 SRAM 셀

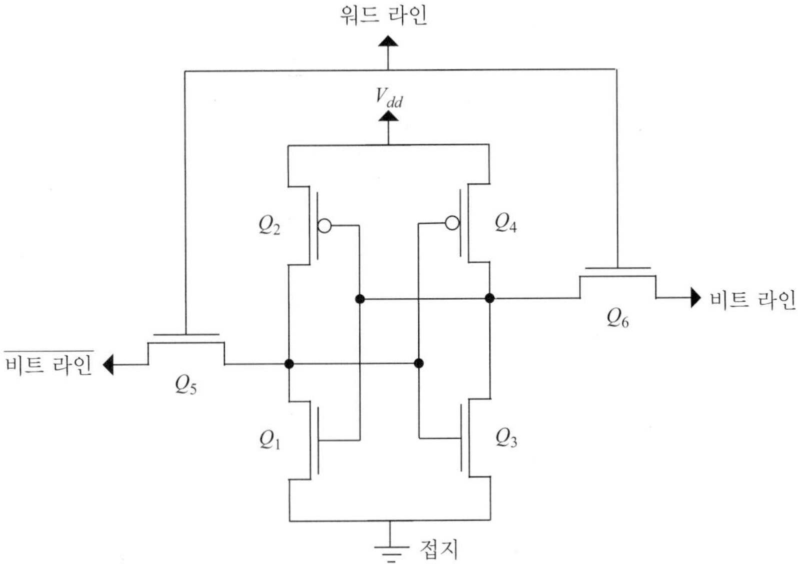

FPGA가 최종 제품으로 사용될 때는 휘발성이 오히려 단점이 될 수 있다. 따라서 SRAM FPGA를 사용할 때, 구성설정 비트를 영구적으로 저장하기 위해서는 EPROM 같은 비휘발성 디바이스가 사용되어야 한다. 보통 EPROM은 '부트 ROM'으로 사용되고, 전원이 켜지면 EPROM의 내용이 SRAM에 전달된다.

Xilinx FPGA가 프로그래밍 기술에 SRAM을 사용한 최초의 FPGA이다. 사실 SRAM FPGA가 널리 사용된 이유는 이 FPGA의 유연성과 재프로그램 능력 때문이다. 현재는 많은 회사가 FPGA 제품을 위해 SRAM 프로그래밍 기술을 사용한다.

EPROM/EEPROM 프로그래밍 기술

EPROM/EEPROM 프로그래밍 기술에서 EPROM 셀은 프로그램 가능한 연결선을 제어하기 위해 사용된다. 그림 3-28에서 SRAM 셀 대신 EPROM/EEPROM 셀이 사용된다고 가정하자. 부동 게이트와 제어 게이트의 2개의 게이트를 가진 트랜지스터가 EPROM 셀을 만드는 데 사용된다. 그림 3-30은 EPROM 셀을 보여준다. 풀업 저항이 트랜지스터의 드레인을 전원(그림에서 V_{DD}로 표기되어 있음)에 연결한다. 트랜지스터를 OFF 시키기 위해 제어 게이트와 트랜지스터의 드레인 사이의 높은 진압을 이용하여 부동 게이트에 전하가 주입될 수 있다. 이 전하가 트랜지스터의 문턱 전압을 상승시켜서 트랜지스터를 OFF 시킨다. 부동 게이트를 자외선에 노출시킴으로써 전하를 제거할 수 있다. 그러면 트랜지스터의 문턱 전압이 낮아져서 트랜지스터가 정상 동작을 하게 된다.

EPROM은 SRAM보다 느리므로, SRAM 기반의 FPGA는 더 빠른 속도로 프로그램될 수 있다. 또한 EPROM은 SRAM보다 제조 공정의 단계들이 더 많이 필요하다. EPROM 기반의 스위치는 ON 저항이 크고, 정적 전력 소모도 많다. EEPROM은 EPROM과 유사

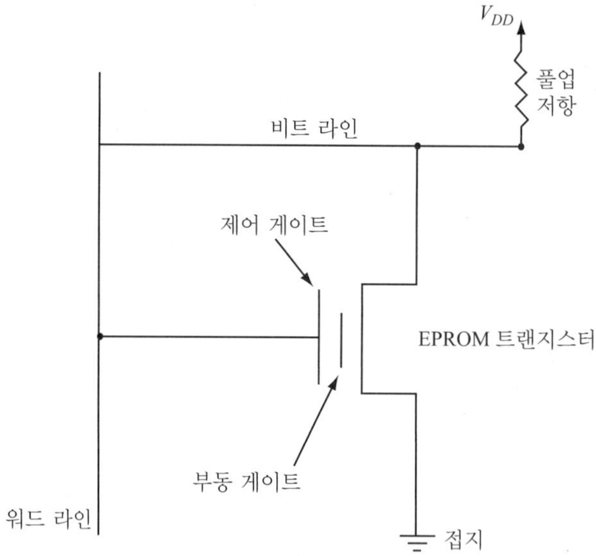

그림 3-30 EPROM 프로그래밍 기술

하지만, 게이트 전하의 제거가 전기적으로 이루어질 수 있다.

플래시 메모리는 한 번의 동작으로 여러 위치의 데이터 삭제를 허용하는 EEPROM의 한 형태이다. 플래시 메모리는 전통적인 EPROM과 같이 부동 게이트 트랜지스터에 정보를 저장한다. 부동 게이트는 절연 산화층에 의해 격리되어 있어서 그곳에 위치한 전자들은 갇히게 된다. 셀은 제어 게이트에 특정 전압을 인가하면 읽힌다. 읽기 위한 전압이 인가되면 셀의 문턱 전압에 따라서 전류가 흐르거나 흐르지 않을 것이다. 이때 문턱 전압은 부동 게이트 내에 갇힌 전자들의 수에 의해 제어된다. 일부 디바이스에서 정보는 전류가 없는지 혹은 있는지로 저장된다. 좀 더 발전된 디바이스에서는 전류의 양이 감지되므로, 한 셀에 여러 비트의 정보를 저장할 수 있다. 데이터 삭제를 위해서는 제어 게이트와 소스 사이의 큰 전압 차이를 발생시켜서 전자들을 빼낸다. 플래시 메모리는 세그먼트/섹터 단위로 데이터를 삭제한다. 즉, 하나의 블록 내의 모든 셀이 동시에 지워진다.

안티퓨즈 프로그래밍 기술

일부 FPGA에서는 서로 다른 지점들 사이의 프로그램 가능한 연결이 '안티퓨즈(antifuse)'라는 것에 의해 이루어진다. 높은 전류가 통과할 때 끊어져 버리는 퓨즈선과 대조적으로, '안티퓨즈' 프로그래밍 소자는 높은 전압이 인가될 때 높은 저항(끊어진 상태)에서 낮은 저항(연결된 상태)으로 변한다. 안티퓨즈는 N+ 확산 층과 폴리실리콘 층 사이에 유전체 층을 사용하여 만들거나, 금속 층 사이에 비결정 실리콘을 사용하여 만든다. 안티퓨즈는 평소에 OFF 상태이다. 프로그램을 하면, 영구적인 연결선이 생성된다. 이 과정은 되돌릴 수 없기 때문에, 안티퓨즈 FPGA는 오직 한 번만 프로그램을 할 수 있다. 안티퓨즈를 프로그래밍하기 위해서는 높은 전압을 인가하여 정상적인 전류를 초과하는 전류가 흐르게 해야

표 3-8 주요 FPGA 프로그래밍 기술의 특징

프로그래밍 기술	휘발성/비휘발성	재프로그램 기능	면적 오버헤드	저항	커패시턴스
SRAM	휘발성	회로 내 재프로그램 가능	큼	보통~높음	높음
EPROM	비휘발성	회로 내 재프로그램 가능	작음	높음	높음
EEPROM/플래시	비휘발성	회로 내 재프로그램 가능	보통~높음	높음	높음
안티퓨즈	비휘발성	재프로그램 불가능	작음	작음	작음

한다. 프로그래밍을 수행하려면 정상적인 트랜지스터보다 큰 특수한 프로그래밍 트랜지스터가 디바이스에 포함되어야 한다. 다양한 안티퓨즈 기술들이 있는데, 널리 사용되는 기술은 비아(Via) 안티퓨즈 기술이다.

안티퓨즈 기술은 프로그램 가능한 스위치가 차지하는 면적이 작다는 장점이 있다. 또 다른 장점은 안티퓨즈 기반의 연결선이 SRAM이나 EEPROM 기반의 스위치보다 빠르다는 점이다. 안티퓨즈의 단점은 재프로그램이 불가능하다는 것이다. 영구적인 연결이므로, 오류가 있거나 설계 변경 때문에 재프로그램을 하려면 새 디바이스를 사용해야 한다.

프로그래밍 기술 비교

표 3-8은 FPGA가 사용하는 주요 프로그래밍 기술들의 특징을 비교한 것이다. SRAM과 EEPROM 프로그래밍 기술만이 회로 내 프로그램 기능을 허용한다. 회로 내 프로그램 기능의 의미는 FPGA를 사용하고 있는 보드에서 그 FPGA를 제거하지 않으면서 재프로그램을 할 수 있다는 뜻이다. 회로 내 프로그램 기능은 전통적인 EPROM 기반의 디바이스에서는 가능하지 않지만, EEPROM과 플래시 기술은 회로 내 재프로그램 기능을 허용한다.

SRAM FPGA는 높은 면적 오버헤드, 긴 지연 시간, 휘발성 등 여러 가지 단점이 있다. 그러나 회로 내 프로그램 기능과 빠른 프로그램 기능 때문에 아주 널리 보급되었다. SRAM FPGA는 프로그램 가능한 지점마다 6개의 트랜지스터를 사용하므로, 다른 유형의 FPGA보다 가격이 비싸다. 이러한 추가적인 하드웨어는 재프로그램 기능에만 기여할 뿐이고, FPGA에 실현되는 실제 회로에 기여하는 것은 아니다. EEPROM 기반의 FPGA와 플래시 기반의 FPGA는 여러 가지 관점에서 SRAM FPGA와 비교할 만하지만, SRAM FPGA만큼 빠르지는 않다.

3.4.3 프로그래머블 로직 블록 구조

과거에는 FPGA들이 기본 빌딩 블록으로 서로 다른 종류의 프로그래머블 로직 블록을 채택했다. 이 절에서는 상용 FPGA의 전형적인 빌딩 블록을 일반화하여 제시한다.

로직 블록은 사용되는 기본 컴포넌트에 따라 달라진다. 예를 들어, 어떤 FPGA는 룩업 테이블(LUT) 기반의 로직 블록을 사용하고, 또 어떤 FPGA는 로직 블록을 구성하기 위해 멀티플렉서와 논리 게이트를 사용한다. 로직 블록이 단순히 트랜지스터 쌍으로 구성된 FPGA도 있었다(예: Crosspoint FPGA). 초기 Altera FPGA에서는 로직 빌딩 블록이 PLD 블록이었다. 빌딩 블록으로 NAND 게이트를 사용한 FPGA도 있었다(예: Plessey).

로직 블록은 구조나 크기에 따라서도 달라진다. 어떤 FPGA는 큰 기본 블록을 사용하여 큰 함수(여러 개의 5변수 함수나 4변수 함수)를 구현할 수 있으며, 각각의 기본 블록에 몇 개의 플립플롭을 갖고 있다. 이와 대조적으로, 하나의 블록 안에 3변수 함수나 플립플롭만을 허용하는 FPGA 빌딩 블록도 있다. 어떤 FPGA는 래치된 출력, 래치되지 않은 출력, 혹은 두 종류의 출력을 모두 끌어낼지를 선택할 수 있게 한다. 또 어떤 FPGA는 실현되는 플립플롭의 유형을 제어할 수 있게 한다. 플립플롭에 포지티브 에지 / 네거티브 에지 클록, 직접 셋/리셋 입력 등을 허용하는 FPGA도 있다.

서로 다른 FPGA 제조사들은 그들의 로직 블록을 표시하는 이름(흔히 상표 등록이 되어 있음)을 다르게 한다. Xilinx사의 문헌에서는 프로그래머블 로직 블록을 **CLB**(Configurable Logic Block)라고 부른다. Altera사는 기본 블록을 **LE**(Logic Element), 8~10개의 LE 집합을 **LAB**(Logic Array Block)라고 부른다. Microsemi Fusion FPGA의 기본 셀은 '**VersaTile**'이라고 한다.

룩업 테이블 기반의 프로그래머블 로직 블록

많은 룩업 테이블 기반의 FPGA들은 기본 소자로서 4변수 룩업 테이블에 플립플롭을 더해서 사용하며, 이러한 기본 소자들 몇 개를 다양한 형태로 조합한다. 그림 3-31의 구조를 생각해보자. 이 프로그래머블 로직 블록에는 2개의 4변수 룩업 테이블(흔히 줄여서 **LUT4**라고 표기함)과 2개의 플립플롭이 있다. LUT4는 임의의 4변수 함수를 생성할 수 있기 때문에 **4변수 함수 생성기**(4-variable function generator)라고도 한다. 2개의 LUT4는 2개의 4변수 함수를 생성할 수 있다. X함수 생성기의 입력은 X_1, X_2, X_3, X_4이고, Y함수 생성기의

그림 3-31 룩업 테이블 기반의 프로그래머블 로직 블록

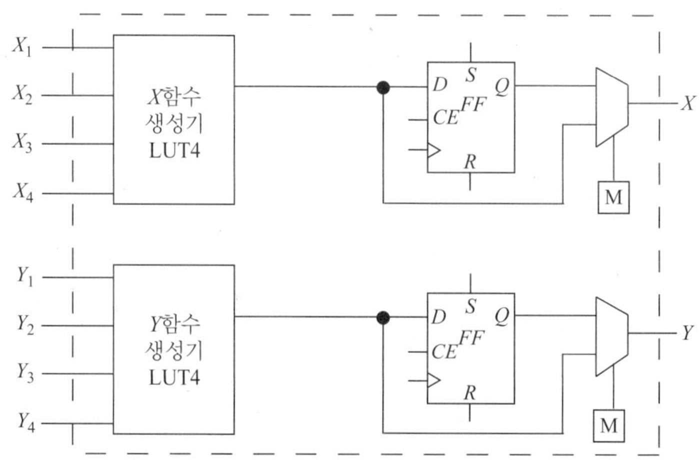

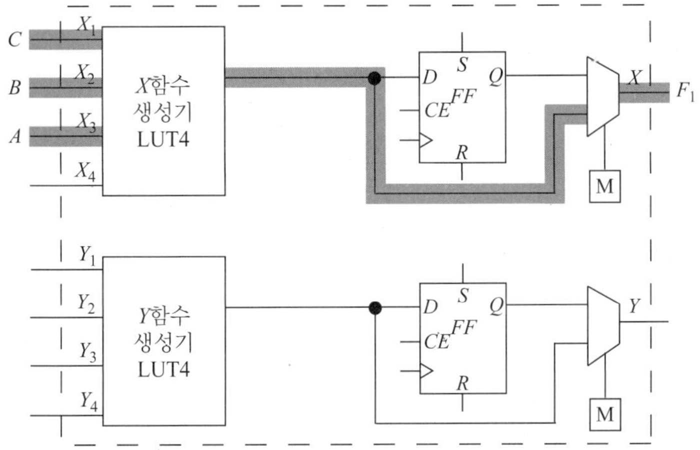

그림 3-32 함수 F_1에 대해 하이라이트된 경로

입력은 Y_1, Y_2, Y_3, Y_4이다. 함수들을 블록의 출력(X와 Y)에서 조합 형태나 래치 형태로 이끌어낼 수 있다. 로직 블록 안에는 2개의 D 플립플롭이 있다. 이 플립플롭들은 클록 인에이블, 다이렉트 셋, 다이렉트 리셋 입력을 갖고 있다는 측면에서 다목적이다. 멀티플렉서는 조합회로 출력과 래치 형태의 출력 중 하나를 선택한다. 'M'이라고 표기된 작은 네모칸(멀티플렉서 바로 밑에 있음)은 함수의 래치된 형태와 래치되지 않은 형태 중 하나를 선택하기 위한 적절한 선택 신호를 제공하는 데 필요한 메모리 셀을 나타낸다. 초기의 Xilinx FPGA인 XC3000은 이 구조와 매우 비슷한 빌딩 블록을 사용했다.

그림 3-31에 나타낸 것처럼 프로그래머블 로직 블록을 갖고 있는 FPGA를 사용하여 함수 $F_1 = A'B'C + A'BC' + AB$를 구현하기 원한다고 가정하자. 이 함수는 3변수 함수이므로, 이것을 구현하기 위해서는 4입력 LUT면 충분하고도 남는다. 그림 3-32에서 하이라이트된 경로는 X함수 생성기(위쪽 LUT)가 사용된다고 가정한 것이다. X_1은 LUT의 LSB이고, X_4는 LUT의 MSB라고 가정하자. 함수 F_1은 3개의 입력만을 사용하므로, X_4 입력은 사용되지 않는다. 이 함수를 표현하기 위해 진리표를 작성할 수 있으며, LUT의 내용을 유도할 수 있다.

함수 F_1을 구현하기 위한 LUT의 내용은 0, 1, 1, 0, 0, 0, 1, 1, 0, 1, 1, 0, 0, 0, 1, 1이 될 것이다. 함수를 진리표 형태로 표현할 때, LUT에 있는 처음 8비트는 진리표 출력을 반영한다. 입력 X_4가 접지되어 있지 않으므로, X_4 입력이 사용되지 않을 때 논리 1 상태에 머물러 있어야 할 가능성에 신경을 쓰기 위해 처음 8비트를 다시 반복한다. 함수가 룩업 테이블(LUT) 형태로 저장되어 있으므로, 함수에서 항의 수는 중요하지 않다. 항의 수를 줄이려는 일반적인 최소화 작업은 관련이 없다. 중요한 것은 변수의 수이다.

많은 상용 FPGA는 LUT를 사용한다. 그 예로서 Xilinx Spartan/Virtex, Altera Cyclone II/APEX II, QuickLogic Eclipse/PolarPro, Lattice Semiconductor ECP가 있다. 많은 FPGA가 블록 안에 2개 이상의 4입력 LUT를 다양한 형태로 넣는다. 일부 FPGA는 룩업

테이블뿐만 아니라 멀티플렉서도 제공한다.

멀티플렉서와 게이트에 기반을 둔 로직 블록

일부 FPGA는 멀티플렉서를 기본 빌딩 블록으로 사용한다. 이미 알고 있듯이, 어떤 조합회로든지 멀티플렉서만으로 구현할 수 있다. 가장 고지식한 방법으로 4:1 멀티플렉서는 임의의 2입력 함수를 생성할 수 있다. 만일 반전된 입력이 제공된다면, 4:1 멀티플렉서는 임의의 3입력 함수를 생성할 수 있다. 멀티플렉서 기반의 기본 블록의 예가 그림 3-33에 주어져 있다. 이와 유사한 로직 블록이 ACT I, ACT II와 같은 초기 Microsemi FPGA에서 사용되었다.

4:1 멀티플렉서로 구성된 프로그래머블 로직 블록을 갖는 FPGA를 이용하여 함수를 구현하기 원한다고 가정하자. 3입력 변수 중 2개는 멀티플렉서의 선택 라인에 연결될 수 있다. 그런 다음, 이 함수를 구현하기 위해서는 멀티플렉서의 데이터 입력 라인에 적절한 신호를 제공해주어야 한다. 이 입력을 유도하기 위해 먼저 다음과 같이 함수의 진리표를 만든다.

A	B	C	F	{0, 1, C, C'}로 나타낸 멀티플렉서 입력
0	0	0	0	} C
0	0	1	1	
0	1	0	1	} C'
0	1	1	0	
1	0	0	0	} 0
1	0	1	0	
1	1	0	1	} 1
1	1	1	1	

A와 B가 멀티플렉서의 선택 입력과 연결된다고 가정하자. 다음은 이 함수의 세 번째 변수를 가지고 멀티플렉서 입력 라인에 제공할 입력 값들을 유도할 것이다. 세 번째 변수는

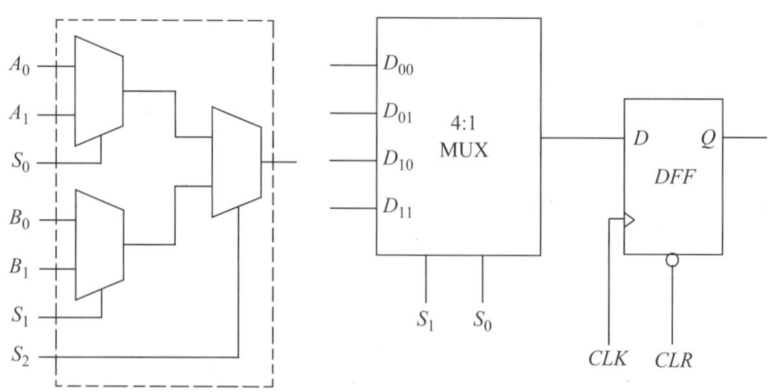

(a) 3개의 2:1 MUX를 갖는 로직 블록

(b) 4:1 MUX와 플립플롭을 갖는 로직 블록

그림 3-33 FPGA에서 멀티플렉서 기반의 로직 블록

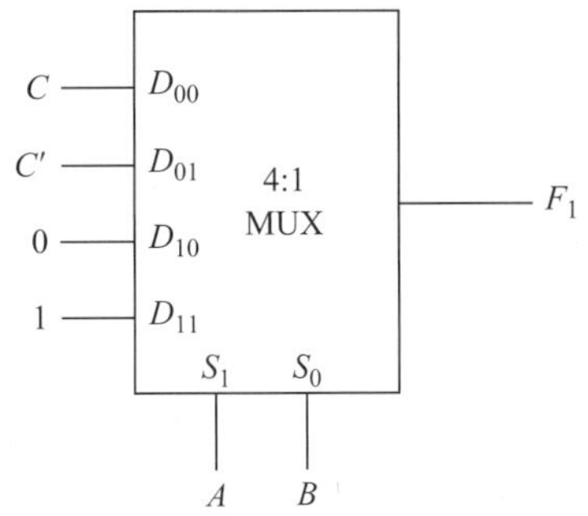

그림 3-34 함수 F_1을 구현한 멀티플렉서

C인데, 4개의 값 {C, C', 0, 1} 중 하나를 제공함으로써 3변수 함수를 표현할 수 있다. 진리표에서 처음 두 행을 살펴보면, $AB = 00$일 때 $F = C$임을 알 수 있다. 이와 마찬가지로, 진리표의 세 번째와 네 번째 행을 살펴보면 $AB = 01$일 때 $F = C'$이다. $AB = 10$일 때 C의 값에 상관없이 $F = 0$이다. 이와 마찬가지로, $AB = 11$일 때 함수의 값은 1이다. 진리표의 마지막 열은 필요한 멀티플렉서의 입력을 표시한다. 따라서 그림 3-34에서 보여주는 것처럼 연결된 4:1 멀티플렉서는 함수 F_1을 구현할 수 있다.

앞의 세 절에서는 FPGA를 구성하기 위해 사용할 수 있는 일반적인 구조, 로직 블록의 유형, 프로그래밍 기술의 개요를 제시했다. 몇 가지 상용 FPGA 예제의 일반적인 구조, 프로그래밍 기술, 로직 블록 유형이 표 3-9에 요약되어 있다. LUT 기반의 FPGA가 매우 흔하며, Xilinx사와 Altera사는 특히 더 그렇다. Microsemi사는 멀티플렉서 기반의 FPGA 제조사이다. SRAM 프로그래밍 기술은 값이 비싸지만 역시 흔하다.

표 3-9 상용 FPGA의 구조, 기술, 로직 블록 유형

제조회사	디바이스 이름	일반적인 구조	로직 블록 유형	프로그래밍 기술
Microsemi	IGLOO	Sea of Tiles	LUT	플래시
	ProASIC/ ProASIC3/ ProASIC^{plus}	Sea of Tiles	멀티플렉서와 기본 게이트	플래시, SRAM
	SX/SXA/eX/MX	Sea of Modules	멀티플렉서와 기본 게이트	안티퓨즈
	Axcelerator	Sea of Modules	멀티플렉서와 기본 게이트	SRAM
	Fusion	Sea of Tiles	멀티플렉서와 기본 게이트	플래시, SRAM
Xilinx	Kintex	대칭적 어레이	LUT	SRAM
	Virtex	대칭적 어레이	LUT	SRAM
	Spartan	대칭적 어레이	LUT	SRAM
Atmel	AT40KAL	셀 기반	멀티플렉서와 기본 게이트	SRAM
QuickLogic	Eclipse II	유연성 있는 클록	LUT	SRAM
	PolarPro	셀 기반	LUT	SRAM
Altera	Cyclone II	2차원 행렬 기반	LUT	SRAM
	Stratix II	2차원 행렬 기반	LUT	SRAM
	APEX II	행렬 기반 계층적 연결선	LUT	SRAM

3.4.4 프로그래머블 배선

FPGA의 핵심 요소는 프로그래머블 로직 블록 사이에 퍼져 있는 범용 프로그래머블 연결선이다. 모든 상용 FPGA마다 연결선 자원의 유형이 다르다. 모든 벤더마다 자신의 FPGA 연결선 유형에 특정한 명칭을 사용한다.

대칭적 어레이 FPGA의 연결선

이 절에서는 대칭적 어레이 FPGA에서 연결선에 사용되는 일부 기본 요소들을 논한다.

범용 연결선: 많은 FPGA는 배선 사이의 연결을 위해 스위치 행렬을 이용한다. 그림 3-35(a)는 FPGA에서 스위치 행렬을 이용하여 로직 블록들을 연결하는 모습을 보여준다. 많은 FPGA가 이러한 유형의 연결을 이용한다. 전형적인 스위치 행렬이 그림 3-35(b)에 나타나 있으며, 각 교차점(즉, 선들이 교차하는 모든 곳)에 스위치가 있다. 모든 선에서 다

그림 3-35 FPGA에서의 범용 연결선을 위한 배선 행렬 (Xilinx 기반)

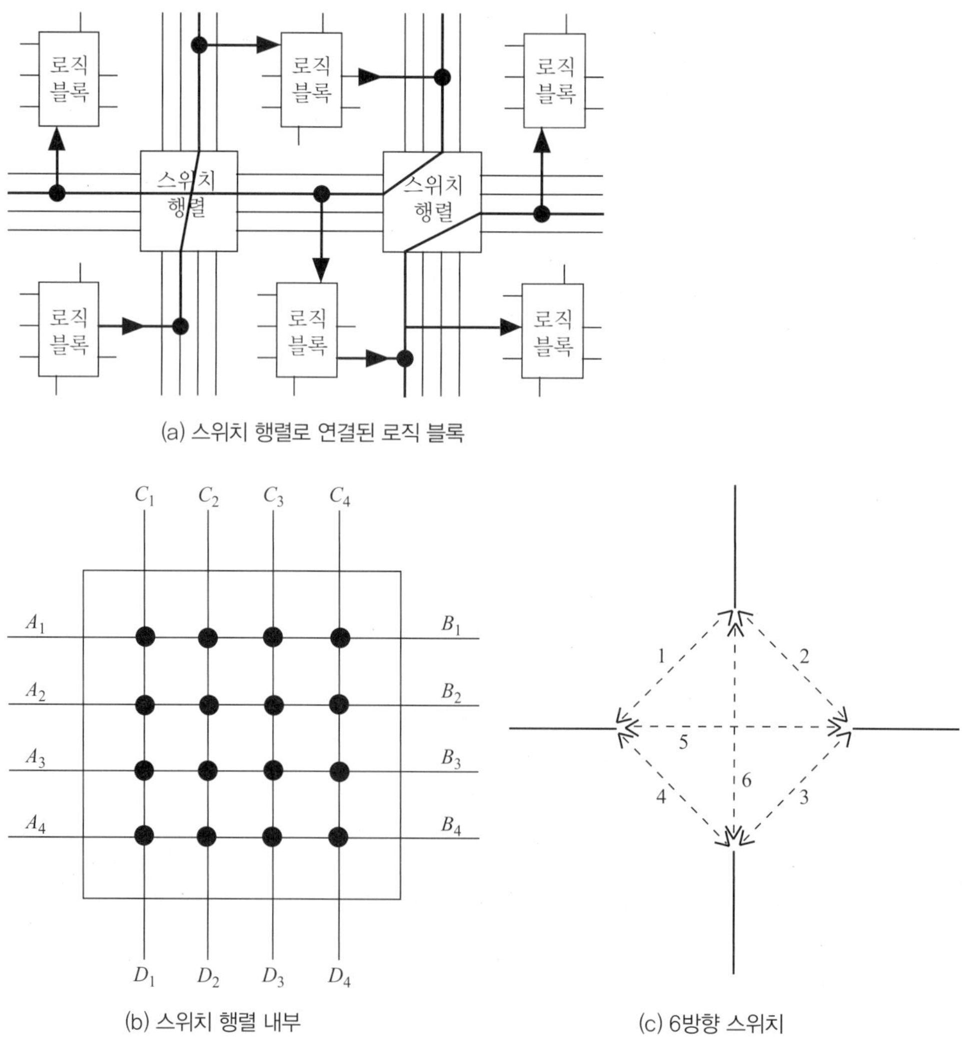

(a) 스위치 행렬로 연결된 로직 블록

(b) 스위치 행렬 내부

(c) 6방향 스위치

른 모든 선으로 모든 연결이 가능하도록 만든 스위치 행렬은 가격이 매우 비싸다. 연결성은 흔히 모든 연결의 일부분으로 제한된다. 더구나 동시에 모든 연결을 할 수 있는 것도 아니다. 그림 3-35(b)에서 보여준 스위치 행렬에서, 스위치 옆으로부터의 각 선은 스위치들을 조합하여 다른 선들과 연결될 수 있다. 이러한 유형의 연결을 지원하기 위해서는 그림 3-35(c)에 나타낸 것처럼 스위치 행렬의 각 교차점은 6개의 연결이 가능하도록 지원해야 한다.

프로그래밍 기술에 따라서 SRAM 셀, 플래시 메모리 셀, 또는 안티퓨즈 연결이 스위치의 구성을 제어한다. FPGA 안의 로직 블록들 사이에 퍼져 있는 스위치 행렬은 칩 내 임의의 지점들 사이의 범용 연결성이 가능하도록 한다. 그러나 스위치 행렬은 면적과 타이밍(지연 시간) 측면에서 비싸다. 만일 어떤 신호가 이러한 스위치 행렬 몇 개를 통과한다면, 상당한 신호 지연을 초래할 것이다. 더구나 지연 시간은 각 신호에 연관된 스위치 행렬의 수에 따라 변화할 수 있고 예측이 어렵다. 이와 대조적으로 CPLD의 연결선 자원은 더 제한적이다. 그러나 CPLD의 연결선은 값이 더 작고 예측 가능한 지연 시간으로 귀결된다.

직접적 연결선: 많은 FPGA는 인접한 로직 블록들 사이에 특수한 연결선을 제공한다. 이러한 연결선은 배선 행렬을 통과하지 않기 때문에 속도가 빠르다. 많은 FPGA는 4개의 가장 인접한 이웃(상, 하, 좌, 우)에 직접적 연결선을 제공한다. 그림 3-36은 직접적 연결선의 예를 보여준다. 어떤 경우에는 대각선 방향으로 위치한 로직 블록을 포함하여 총 8개의 인접 로직 블록과의 특별한 연결선이 있다(그림 3-36(b)). 직접적 연결선은 스위치 행렬을 통과하지는 않지만, 전용 스위치로 구현되어 지연 시간이 작아진다. 이러한 유형의 직접적 연결선은 일부 Xilinx FPGA에서 사용된다.

전역적 연결선: 높은 팬아웃(fan-out), 낮은 스큐(skew) 클록 분배와 같은 목적을 위해 대부분의 FPGA는 디바이스 전체의 폭과 높이에 걸친 배선 라인을 제공한다. 많은 FPGA는 수평과 수직 방향으로 이와 같은 전역적 연결선을 제한된 개수(2개 또는 4개)만큼 제공한다. 그림 3-37은 예제 FPGA에서 **긴 수평 연결선**(전역적 연결선)을 보여준다. 로직 블록들은 전역적 연결선과의 연결을 위해 흔히 삼상태 버퍼를 갖고 있다.

클록 스큐(clock skew)

최신 FPGA 칩에는 수백만 개의 게이트가 있다. 클록이 이러한 큰 칩의 여러 부분에 배분될 때, 클록을 전달하는 연결선의 지연 시간으로 인해 클록의 에지가 도달하는 시간이 각 부분마다 달라진다. 클록이 서로 다른 플립플롭이나 소자에 도달할 때 실제 클록 에지의 차이를 클록 스큐라고 한다. 클록 스큐는 최신 마이크로프로세서를 비롯한 큰 시스템에서 문제가 된다. 대부분의 큰 시스템에서 클록 스큐의 영향을 최소화하기 위해 신중하게 계획된 클록 배분 회로가 구현되고 있다. 최신 FPGA는 충분한 구동 능력과 낮은 스큐를 갖는 클록을 생성하기 위해 특별한 클록 배분 회로를 제공한다.

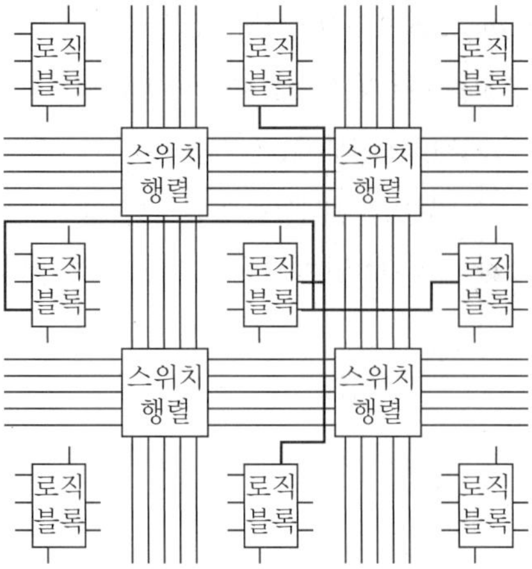

(a) 4개의 가까운 이웃에 대한 직접적 연결선

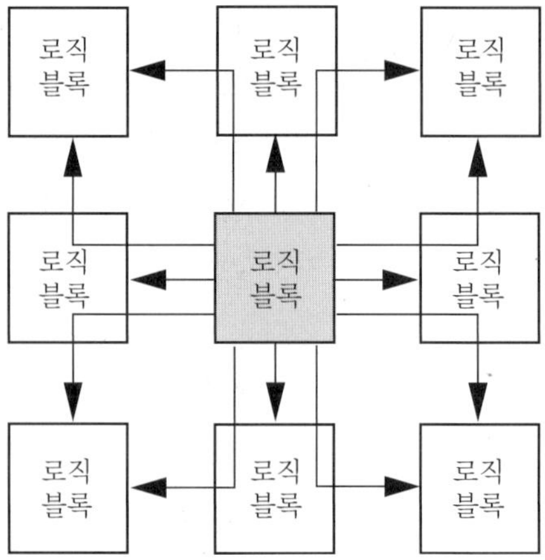

(b) 8개의 이웃에 대한 특별한 연결선

그림 3-36 인접한 CLB 사이의 직접적 연결선(Xilinx 기반)

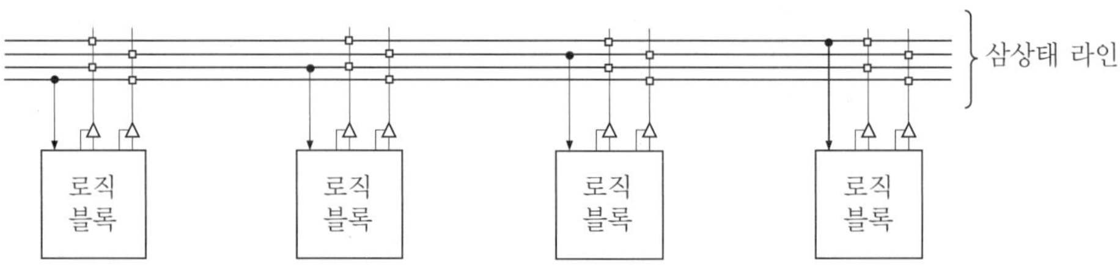

그림 3-37 전역적 연결선(Xilinx 기반)

행 기반 FPGA의 연결선

앞에서 언급한 많은 연결선 자원은 로직 블록들의 2차원 어레이를 갖는 대칭적 어레이 디바이스의 특성을 갖는다(예: Xilinx). 행 기반의 디바이스에서는 로직 블록 행이 있고, 로직 블록들 사이의 연결을 가능하게 만드는 스위치 채널이 있다. 여러 스위치들은 한 행의 로직 블록에서 칩 내 다른 곳에 있는 로직 블록으로 신호의 길을 만들어주는 데 사용된다. 로직 행들 사이에는 배선 채널 안에 스위치들의 어레이가 있다. 이러한 FPGA들의 배선 자원은 전통적인 게이트 어레이에서의 배선과 매우 유사하다.

행 기반 채널 구조의 연결선은 비분할형 배선(non-segmented routing)과 분할형 배선(segmented routing)의 두 가지로 분류할 수 있다. 서로 다른 유형의 채널 배선을 이해하기 위해 그림 3-38(a)에서 연결선 x, y, z를 생각해보자. 그림 3-38(b)는 **비분할형 채널 배선** 구조를 표시하고 있다. 이 그림에서 3개의 수평 행 또는 트랙이 있다. 교차점마다 몇 개의 수직 연결선과 스위치가 있다. 이러한 유형의 배선을 사용하는 FPGA는 보통 안티퓨즈 FPGA이지만, 기술적으로 스위치는 어떠한 프로그래밍 기술(SRAM, EPROM, 혹은 안티퓨즈)이든지 사용할 수 있다. 원하는 연결은 스위치들을 적절히 프로그램함으로써 얻을 수 있다. 'x'로 표시된 지점들 사이의 연결은 1번째 행과 1번째 열에 있는 스위치, 1번째 행과 4번째 열에 있는 스위치를 연결함으로써 이루어진다. 이것을 보통 네트 'x'라고 한다. 네트

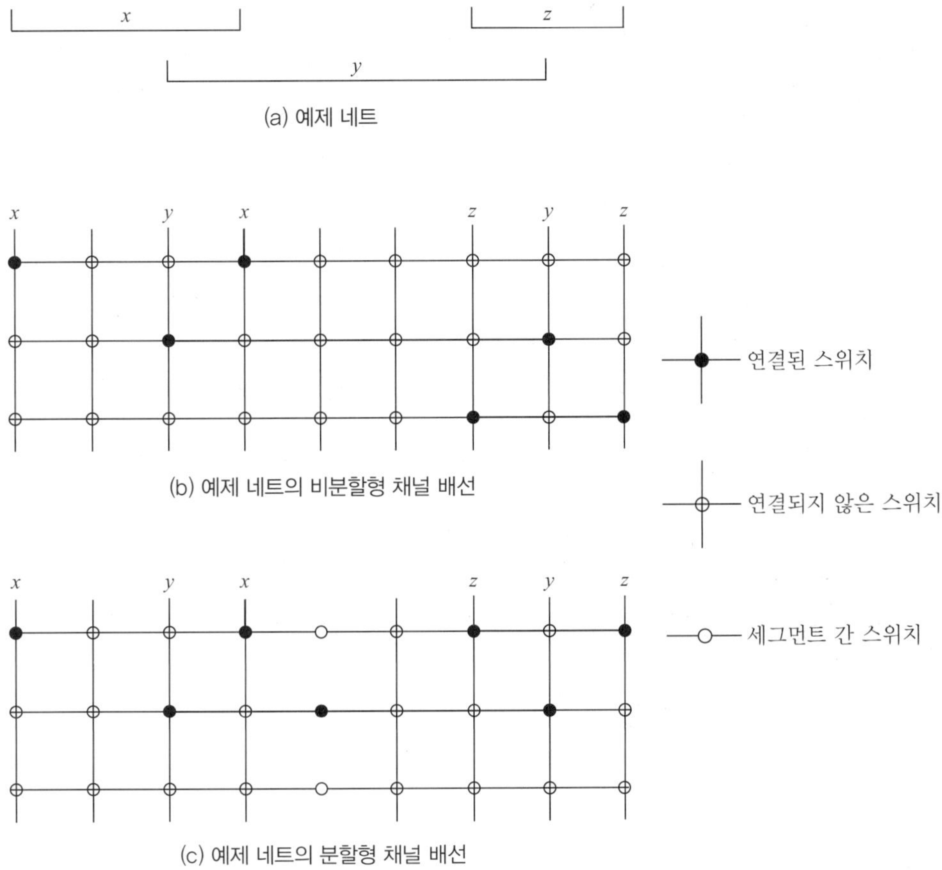

그림 3-38 행 기반 FPGA에서의 전형적인 배선 자원

'x'는 'x'라는 이름의 연결선을 단순히 의미한다. 네트 'y'에 대한 연결은 2번째 행과 2번째 열에 있는 스위치, 2번째 행과 7번째 열에 있는 스위치를 연결함으로써 이루어진다. 1번째 행은 네트 'x' 외의 연결에는 사용될 수 없다는 점에 유의하라. 마찬가지로, 2번째 행은 네트 'y'를 위해서만 배타적으로 사용된다. 따라서 이러한 유형의 연결 자연의 문제점은 짧은 네트에 대해서도 전체 길이의 트랙(즉, 행 전체)이 사용된다는 점이다. 이러한 이유로 인해 이러한 유형의 배선의 면적 오버헤드는 매우 높다.

각 네트에 대해 전체 길이의 트랙을 사용한 것에 연계되는 면적 오버헤드를 줄이기 위해 그림 3-38(c)에 나타낸 것처럼 **분할형 트랙**(segmented track)을 사용할 수 있다. 전체 길이 대신, 트랙을 분할한다. 1번째 행에 있는 트랙이 두 부분으로 분할되면, 동일한 트랙을 또 다른 네트를 위해 사용할 수도 있다. 예를 들어, 그림 3-38(c)에서 네트 'x'와 'z'는 모두 1번째 행에 배선될 수 있다. 이것이 분할형 트랙 배선의 원리이다. 더 많은 네트가 같은 수의 트랙을 가지고 배선될 수 있다. 그러나 긴 네트가 필요하다면, 부분들을 연결하기 위해 세그먼트 간 스위치가 사용되어야 한다. 이러한 스위치는 네트에 저항과 커패시턴스를 더 많이 발생시킨다. 그러나 분할형 배선을 하면 전체적인 배선 자원 면적이 줄어든다.

3.4.5 FPGA의 프로그래머블 I/O 블록

FPGA에 있는 I/O 패드는 프로그래머블 입력/출력 블록과 연결되어 있는데, FPGA 로직 블록에서 외부로 원하는 형태와 형식에 맞추어 신호를 연결하기 편하게 해준다. 최신 FPGA의 I/O 블록은 핀을 입력, 출력, 또는 입출력으로 사용하도록 허용하고, 직접적(조합적) 또는 래치 형태로 사용하도록 허용하며, 삼상태 비반전 또는 삼상태 반전 형태로 사용하도록 허용하고, 또한 다양한 I/O 표준들과 함께 사용하도록 허용한다.

그림 3-39는 구성 가능한 입력/출력 블록(I/OB)의 예이다. 각각의 I/OB는 여러 개의 I/O 선택사항을 갖고 있으며, 이것은 그림에서 'M'이라는 네모칸으로 표시되어 있는 구성 메모리에 의해 선택될 수 있다. I/O 패드는 출력 또는 입력으로 프로그램될 수 있다. 셀을 출력으로 사용하려면, 삼상태 버퍼가 인에이블되어야 한다. 셀을 입력으로 사용하려면, 출력 핀을 구동하는 삼상태 버퍼가 하이 임피던스 상태에 놓이도록 삼상태 제어가 이루어져야 한다.

입력과 출력 값들을 I/O 블록 내에 저장하기 위해 플립플롭이 제공된다. 직접적 입력 또는 출력을 원하는 경우에는 플립플롭을 우회한다. 많은 FPGA에서 입력 플립플롭은 에지 트리거되는 D 플립플롭이나 투과형 래치로 동작하도록 프로그램된다. I/O 핀이 사용되지 않는다 하더라도, I/O 플립플롭은 여전히 데이터를 저장하는 데 사용될 수 있다.

구성 메모리 셀('M'으로 표시됨)은 I/O 블록과 연관된 다양한 측면의 제어를 허용한다.

그림 3-39 FPGA의 프로그래머블 I/O 블록(Xilinx 기반)

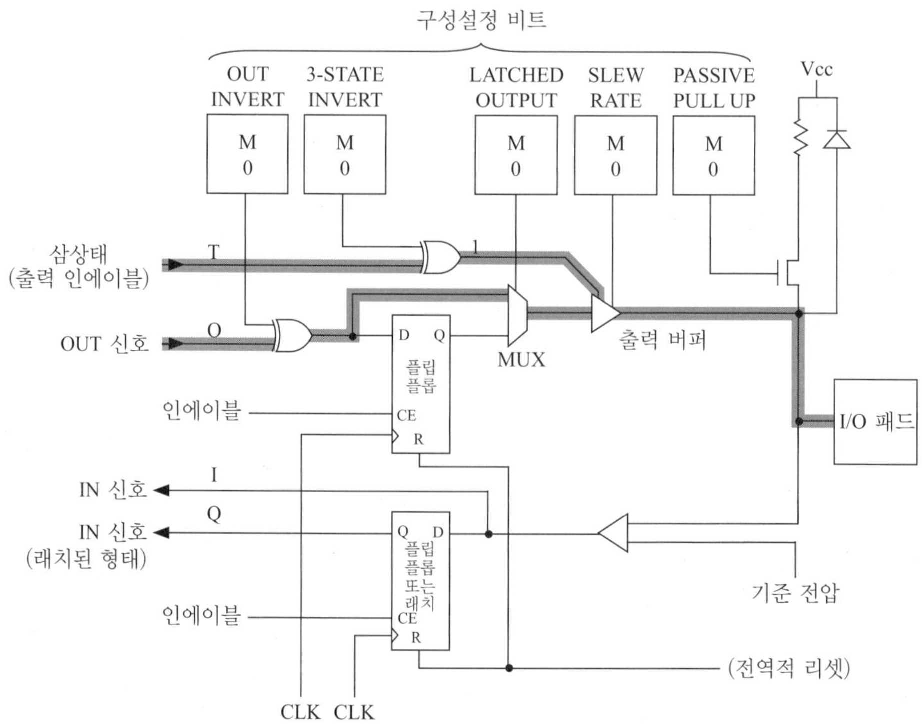

원한다면 출력 신호는 I/O 블록에 의해 반전될 수 있다. 반전은 XOR 게이트를 사용하여 이루어진다. 출력 신호가 XOR 게이트를 통과할 때, 반전 여부는 OUT INVERT 셀에 있는 구성설정 비트의 내용에 따라 결정된다. 3-STATE INVERT 구성설정 비트는 액티브 하이 또는 액티브 로우 삼상태 제어 신호를 생성하는 것을 허용한다. 만일 삼상태 신호가 1이고 3-STATE INVERT 비트가 0이면(또는 삼상태 신호가 0이고 3-STATE INVERT 비트가 1이면), 버퍼는 출력 신호를 I/O 패드로 보낸다. I/O 패드가 입력으로 사용될 때, 출력 버퍼는 하이 임피던스 상태에 있어야 한다. I/O 패드로 들어온 외부 신호는 버퍼를 통과한 다음, D 플립플롭의 입력에 도달한다. 버퍼 출력은 로직 어레이에 DIRECT IN 신호를 제공한다. 그렇지 않으면, 입력 신호는 D 플립플롭에 저장될 수 있고, 이로 인해 로직 어레이에 LATCHED IN 신호가 제공된다.

LATCHED OUTPUT 구성설정 비트는 출력을 래치된 형태 또는 조합적 형태로 제공할 수 있게 한다. LATCHED OUTPUT 비트가 어떻게 프로그램되는지에 따라서 OUT 신호 또는 플립플롭 출력 신호가 출력 버퍼로 전달된다. SLEW RATE 비트는 출력 신호가 변화할 수 있는 속도를 제어한다. 출력이 외부 디바이스를 구동할 때, 출력이 빠른 속도로 변화하면 발생할 수 있는 유도 노이즈를 감소시키기 위해 슬루 레이트의 감소는 바람직하다. PASSIVE PULL UP 비트가 1이 되면, 풀업 저항이 I/O 패드에 연결된다. 이러한 내부 풀업 저항은 입력이 부동 상태가 되는 것을 피하기 위해 사용될 수 있다. 그림에서 하이라이트된 경로는 삼상태가 인에이블된 상황에서 출력 구성부의 I/O 블록을 나타낸다.

I/O 표준

초기의 FPGA들은 TTL과 CMOS 신호 호환성을 제공했지만, 최근에는 입력/출력 신호에 대한 더 많은 표준이 있다. 최신 FPGA의 I/O 블록은 신호를 다양한 I/O 신호 표준으로 변환해준다. 이 중 일부를 살펴보면 다음과 같다.

- LVTTL: low-voltage transistor-transistor logic
- PCI: peripheral component interconnect
- LVCMOS: low-voltage complementary metal-oxide semiconductor
- LVPECL: low-voltage positive emitter-coupled logic
- SSTL: stub-series terminated logic
- AGP: advanced graphics port
- CTT: center tap terminated
- GTL: gunning transceiver logic
- HSTL: high-speed transceiver logic

일부 표준은 5V를 사용하며, 일부는 3.3V를 사용하고, 심지어 1.5V를 사용하는 것도 있다. LVTTL은 5V 신호를 허용하는 3.3V 표준의 예이다. LVCMOS2는 5V 신호를 허용하는 2.5V 신호 표준의 예이다. PCI 표준은 5V와 3.3V 버전이 있다. 일부 표준은 입력 전압 기준을 필요로 한다.

3.4.6 FPGA의 전용 특수 컴포넌트

초기의 FPGA는 단순히 프로그래머블 I/O, 연결선과 함께 집적된 중간 또는 낮은 복잡도의 로직 블록들이었다. 최근에 이르러 FPGA 벤더들은 임베디드 프로세서, DSP 프로세서, 전용 곱셈기, 전용 메모리, 아날로그-디지털(A/D) 변환기 등을 FPGA에 추가해왔다. 이러한 전용 컴포넌트는 제공되는 특수 목적의 기능을 효율적으로 달성하는 데 도움이 된다. 예를 들어 전용 곱셈기가 제공되지 않으면, 비록 비효율적인 방법일지라도 범용 로직 블록을 이용하여 곱셈기를 구현해야 할 것이다.

전용 메모리

최신 FPGA의 핵심적인 특징은 전용 메모리 블록(RAM)을 칩에 내장하는 것이다. 임베디드 RAM은 설계하는 회로에서 필요한 메모리를 구현하는 데 사용될 수 있다. 이는 처리 과정 동안 상수/계수를 저장하는 테이블일 수도 있고, FPGA를 이용하여 설계하고 있는 임베디드 프로세시를 위한 메모리 구현일 수도 있다. 최신 FPGA는 16K~10M비트의 메모리를 포함한다. 임베디드 RAM의 폭은 대부분 조정할 수 있게 만든다. RAM 블록들로 제공되는 32K비트의 SRAM이 있다고 가정하자. 이 RAM은 32K×1, 16K×2, 8K×4, 4K×8로 사용될 수 있다. 기본적으로 여러 개의 메모리 타일 혹은 블록이 있으며, 여러 가지 가로 세로 비율을 얻기 위해 각기 다른 방법으로 배치할 수 있다. 표 3-10에 나타낸 것처럼 가로 세로 비율에 따라 어드레스 라인과 데이터 라인의 수가 조정된다.

전용 산술회로

많은 FPGA 사용자는 산술 논리의 구현을 위해 이를 이용한다. 로직이 FPGA 로직 블록에 구현될 때, 일반적으로 주문형 구현보다 면적, 전력 소모가 크고 속도가 느리다. 따라서 만일 대부분의 대상 사용자가 가산기와 곱셈기 같은 산술회로를 사용한다면, 칩 안에서 그와 같은 전용 연산을 지원하는 것이 유리하다. 대부분의 FPGA는 고속 가산기를 생성하기 위해 전용 고속 캐리 로직을 제공한다. 최근 많은 FPGA는 전용 곱셈기도 포함하고 있다(표 3-11 참조). 그러므로 곱셈기를 여러 개의 로직 블록들에 매핑하는 대신, FPGA 구조에서 제공하는 전용 곱셈기를 사용할 수 있다. 이러한 전용 곱셈기는 FPGA에 있는 프로그래머블 로직을 사용하여 구현하는 곱셈기보다 더 효율적이다. 표 3-11에 나타낸 것처럼, 많은 Xilinx와 Altera FPGA가 18비트×18비트 곱셈기를 제공한다. Xilinx Virtex-5와

표 3-10 가변 폭을 갖는 RAM의 가로 세로 비율

폭	깊이	어드레스 버스	데이터 버스
1	32 K	15비트	1비트
2	16 K	14비트	2비트
4	8 K	13비트	4비트
8	4 K	12비트	8비트
16	2 K	11비트	16비트

표 3-11 전용 곱셈기를 갖고 있는 FPGA의 예

FPGA	전용 곱셈기
Xilinx Virtex-4, Virtex-II Pro/X, Spartan-3E, Spartan 3/3L	18×18 곱셈기
Xilinx Virtex-5, Virtex-6	25×18 곱셈기
Altera	18×18 곱셈기
Stratix II, III, IV	
Cyclone II, III, IV	

Virtex-6 계열은 25×18 곱셈기를 포함하는데, 디지털 신호처리(digital signal processing, DSP) 응용에 극히 유용하다고 광고되고 있다.

디지털 신호처리(DSP) 블록

DSP에서 곱셈은 보편적인 연산이다. 그러므로 전용 곱셈기는 DSP 응용을 돕는다. Xilinx Virtex 5 FPGA는 25×18 곱셈기, 48비트 덧셈 등을 포함하는 DSP 슬라이스를 제공한다. 대부분의 FPGA는 덧셈을 편리하게 하는 캐리 체인을 포함한다. Altera Stratix IV FPGA는 각각의 로직 모듈 내에 내장된 가산기를 포함한다. 가산기 및 곱셈기처럼, FPGA 벤더는 FFT(fast Fourier transform), FIR(finite impulse response) 필터, IIR(infinite impulse response) 필터 등에 대한 하드웨어와 같은 빌딩 블록을 제공할 수 있다. 암호화/복호화, 압축/복원, 보안 기능도 제공될 수 있다. 일단 많은 양의 특수한 컴포넌트들이 제공되면, 그러한 특수한 컴포넌트들의 사용을 보장하지 않는 응용에서는 FPGA의 많은 부분이 사용되지 않을 수도 있다. 일부 FPGA에서는 DSP 지원이 전용 곱셈기로 국한된다.

임베디드 프로세서

많은 최신 FPGA가 프로세서 코어 전체를 포함하고 있다. 이것은 혼성 솔루션, 즉 시스템의 일부는 프로그래머블 프로세서 내에 있지만 시스템의 일부는 하드웨어로 구현하는 경우에 극히 유용하다. 많은 유연성을 필요로 하는 회로는 마이크로프로세서 내에 구현할 수 있지만, 프로그래머블 프로세서보다 더 좋은 성능을 필요로 하는 회로 부분은 FPGA 로직 블록들로 구현될 수 있다. 어떤 FPGA는 MIPS R 4000과 같은 작은 MIPS 프로세서 코어

표 3-12 임베디드 마이크로프로세서를 갖고 있는 FPGA의 예

FPGA	임베디드 프로세서
Xilinx Virtex-4, Virtex-II PRO/X	IBM PowerPC
Xilinx Spartan-3E, Spartan 3/3l	MicroBlaze PicoBlaze
Xilinx Kintex	MicroBlaze
Altera Stratix II, Cyclone II	Nios II
Altera APEX, APEX II	ARM, MIPS, Nios
Altera Excalibur	ARM 9
Altera Arria	ARM 9
Microsemi Fusion	ARM 7

를 포함하고, 또 어떤 FPGA들은 IBM PowerPC 프로세서의 임베디드 버전을 포함한다. 일부 FPGA는 Xilinx사의 MicroBlaze, Altera사의 Nios 프로세서와 같이 FPGA 벤더가 설계한 주문형 프로세서를 포함한다.

컨텐트 어드레서블 메모리(CAM)

일부 FPGA에서는 메모리 블록이 **컨텐트 어드레서블 메모리**(content addressable memory, CAM)로 사용될 수 있다. 메모리의 일반적인 개념은 사용자가 메모리 주소(어드레스)를 제공하면 메모리 회로가 그 내용(컨텐트)으로 응답하는 것이다. CAM은 메모리 탐색을 위해 주소가 아닌 내용이 사용되는 특별한 종류의 메모리이다. 사용자가 데이터 요소를 제공하면 CAM은 그 데이터가 발견된 주소로 응답한다. CAM은 RAM보다 더 많은 로직을 포함한다. 왜냐하면 메모리의 모든 위치를 동시에 탐색해서 특정 내용이 어느 위치에 있는지 알아내야 하기 때문이다. 일부 FPGA는 임베디드 CAM을 허용한다(예: Altera APEX II).

그림 3-40 Microsemi Fusion 칩의 개요(Xilinx 기반)

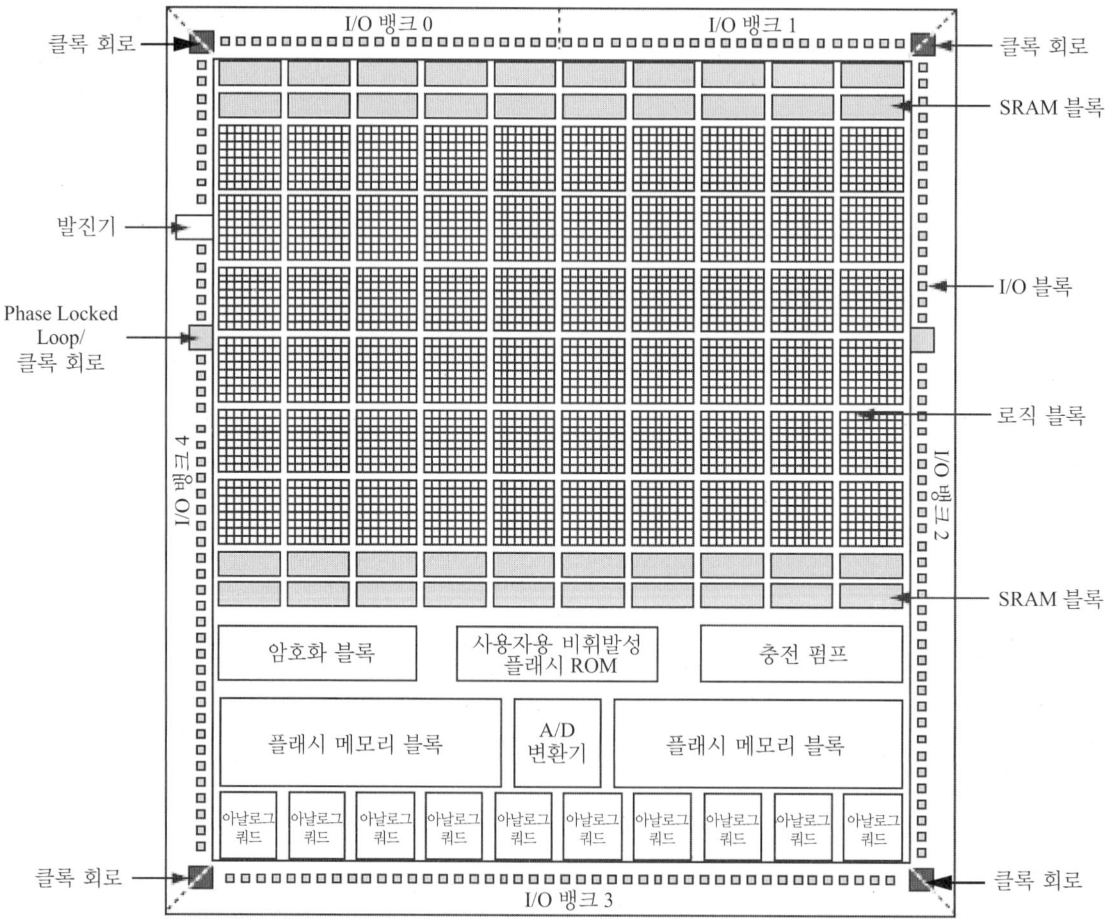

> 그림 3-40에서 보여주는 **Microsemi Fusion** 구조는 임베디드 RAM, 복호화, A/D 변환기를 포함하는 여러 개의 전용 컴포넌트를 제공한다. 칩의 코어에 로직 블록들의 타일(Microsemi사의 용어로는 VersaTile)이 있다. 임베디드 RAM은 로직 블록들의 타일 위와 아래에 SRAM 블록들의 행 형태로 있다. 여러 개의 특수한 컴포넌트들이 아래쪽 SRAM 블록 밑에 보인다. AES 복호화 알고리즘을 구현하는 전용 복호화 회로가 있다(AES는 'advanced encryption standard'를 나타내며, 2001년부터 미국 정부의 암호화 표준이었다). FPGA가 수신하는 아날로그 신호를 조절하는 회로인 여러 개의 아날로그 쿼드로부터 입력을 받는 아날로그-디지털 변환기(analog-to-digital converter, ADC)가 있다. 아날로그 쿼드는 전압, 전류, 온도에 따라 신호를 관찰하고 조절하는 회로를 포함한다.

3.4.7 FPGA의 응용

FPGA는 다양한 응용 분야에 대해 널리 알려진 회로 구현 방법이 되었다.

빠른 시제품화

FPGA는 대형 시스템에 대한 빠른 시제품 구축에 매우 유용하다. 설계자는 FPGA를 이용하여 개념 검증 시스템을 매우 빨리 구축할 수 있다. FPGA는 500만 개 이상의 게이트를 포함하고 있을 정도로 충분히 크기 때문에, 많은 대형 실제 시스템을 하나의 FPGA만을 이용하여 시제품화할 수 있다. 하나의 FPGA가 충분하지 않다면, 여러 개의 FPGA를 연결하여 대형 시스템을 실현할 수 있다. 대형 시스템에 대한 빠른 시제품화는 여러 개의 FPGA가 장착된 보드를 이용하고, 여러 개의 보드를 백플레인(마더보드)에 꽂음으로써 이루어진다.

중간 속도 시스템에서 최종 제품으로서의 FPGA

FPGA를 사용하여 실현하는 회로는 보통 150~200MHz의 클록 속도로 동작한다. 이러한 속도면 충분한 응용에 대해 FPGA는 시제품이 아니라 그 자신이 최종 제품으로 사용될 수 있다. FPGA가 최종 제품으로 사용되면, 시스템 개선은 하드웨어 변경이 아니라 소프트웨어 갱신처럼 이루어질 수 있다. 최신 FPGA의 처리 속도는 많은 응용에서 충분하다.

재구성 가능한 회로와 시스템

FPGA의 재프로그램 능력은 재구성 가능한 회로와 시스템을 동적으로 구축할 수 있게 한다. SRAM 기반의 FPGA는 '소프트'한 하드웨어의 구현을 가능하게 한다. 시간마다 기능이 달라져야 하는 회로와 시스템 설계에 FPGA가 사용돼왔다.

예를 들어, 미국 해군이 FPGA를 이용하여 설계했던 재프로그램 가능한 토마호크(Tomahawk) 미사일을 생각해보자[TomaHawk 인용]. 기존의 토마호크는 다양한 임무를 수행하기 위해 설계된 장거리 해군 순항 미사일이다. 해군은 현재 임무에 따라 두 가지 모드 중 하나로 동작할 수 있는 재구성 가능한 토마호크를 설계했다. 각 모드에 따라 별도의 로직을 설계하는 대신, 미사일 설계자는 각 모드의 구성 정보를 보드상의 ROM에 저장할 수 있도록 FPGA를 사용했다. 동작 모드에 따라 날아가는 도중에 FPGA를 재구성할 수 있었다.

글루 로직

FPGA는 모듈과 컴포넌트들 간의 인터페이스나 글루 로직(glue logic) 구현을 위해 선택되는 매체가 되었다. 인터페이스 프로토콜이나 형식이 작게라도 변하면 기존에는 새로운 인터페이스 논리를 구축해야 했을 것이다. SRAM FPGA를 사용하면, 동일한 FPGA에 소프트웨어 갱신처럼 새로운 인터페이스 논리를 구현할 수 있다.

하드웨어 가속기/코프로세서

코프로세서(coprocessor)나 가속기(accelerator)가 응용 소프트웨어의 일부 핵심 루틴/커널을 하드웨어로 구현할 수 있으면, 기존의 시스템에서 실행되는 응용 소프트웨어를 가속시킬 수 있다. FPGA를 핵심 커널의 구현에 사용할 수 있다. SRAM 기반의 재구성 가능한 FPGA는 이렇게 사용하는 데 잘 맞는다. 왜냐하면 응용 소프트웨어의 실행에 따라 서로 다른 커널을 FPGA에 동적으로 프로그램할 수 있기 때문이다. 이러한 접근 방식은 패턴 매칭 같은 응용 분야에서 입증되었다. FPGA 기반의 하드웨어는 컴퓨터 구조 시뮬레이터 가속기, 에뮬레이션 보드, 하드웨어 검사/검증 등 여러 가지 응용 분야에서 사용된다.

3.4.8 FPGA의 설계 흐름

프로그래머블 게이트 어레이를 사용하는 시스템 설계를 돕기 위한 세련된 CAD 툴이 보급되어 있다. 설계는 여러 가지 방법으로 입력될 수 있다.

FPGA 초기 단계에서 설계는 설계도 입력이나 그보다 더 낮은 레벨의 설계 입력 툴을 이용하여 입력되었다. 낮은 레벨의 설계 입력은 덜 추상화된 것을 의미하며, 높은 레벨은 더 높은 추상화 레벨에서 설계를 입력하는 것을 의미한다(예: 동작적 Verilog/VHDL 기술). 초기의 FPGA 툴은 논리식, 카노 맵 등을 FPGA의 특정 로직 블록에 입력하기 위한 낮은 레벨의 수단들을 허용했다. 설계도를 그리는 기법은 설계자가 설계도를 만든다는 것을 의미한다. 표준 하드웨어 컴포넌트를 이용하는 설계도를 만들고 이것을 CAD 소프트웨어에 입력한다.

최근에는 시스템에 대한 Verilog 기술을 입력으로 받아서 게이트와 플립플롭들이 상호 연결된 것을 생성함으로써 그 시스템을 실현할 수 있는 자동 합성 툴이 보급되어 있다. 상당히 효율적으로 동작적 모델을 설계 구현으로 변환할 수 있다. 지난 십여 년간 합성 툴은 크게 발전했다. FPGA를 가지고 디지털 시스템을 설계하는 가장 보편적인 방법은 다음과 같은 단계를 이용한다.

1. 설계에 대한 동작적, RTL, 또는 구조적 모델을 Verilog나 VHDL 같은 하드웨어 기술 언어로 작성한다.

2. 설계에 대한 시뮬레이션과 교정을 한다.
3. 원하는 디바이스를 목표로 합성을 한다.
4. 매핑/분할 프로그램을 실행한다. 이 프로그램은 논리도를 구성 가능한 로직 블록에 맞도록 분할한다.
5. 자동 배치 배선 프로그램을 실행한다. 이것은 로직 블록들을 FPGA 내의 적절한 위치에 배치해주고, 로직 블록들 사이의 연결선을 배선한다.
6. FPGA를 프로그램하기 위해 필요한 비트 패턴을 생성할 프로그램을 실행한다.
7. 비트 패턴을 FPGA 내부 구성 셀에 다운로드하고 FPGA의 동작을 검사한다.

최신 CAD 툴에서 3, 4, 5단계는 대개 통합되어 있다. 그러나 이들 단계에서 언급된 과정은 한 단계나 여러 단계로 이루어진다. 이는 범용 컴파일러가 컴파일 단계와 어셈블 단계를 어떻게 통합했는가와 유사하다. 상위 레벨 언어의 컴파일러 초기에는 컴파일이란 어셈블리 언어 형식으로의 변환만을 의미했다. 어셈블리 언어에서 기계어 코드로의 변환은 어셈블러의 일이라고 여겼다. 요즘은 대부분 상위 레벨 언어의 컴파일 환경에서 이 단계들은 통합되어 있다.

SRAM 기반의 FPGA에서 최종 단계가 완료되면 FPGA 프로그래밍을 위한 비트 패턴이 보통 EPROM에 저장되며, 전원이 들어오면 자동적으로 FPGA에 로딩된다. 그림 3-41에 나타낸 것처럼, EPROM이 FPGA에 연결되어 있다. FPGA는 전원이 인가된 후 자신을 리셋한다. 그런 다음, EPROM 입력에 일련의 주소들을 제공하고 FPGA 내부의 구성 메모리 셀에 EPROM 출력 데이터를 저장함으로써 EPROM으로부터 구성 데이터를 읽는다. 플래시 기술은 비휘발성이므로, 플래시 메모리 기반 FPGA에서는 이 과정이 필요하지 않다. 안티퓨즈 FPGA에서 구성설정 비트는 영구적으로 스위치들을 변경한다.

이 장에서는 여러 가지 유형의 프로그래머블 로직 디바이스를 소개하고, 회로 설계를 할 때 이들을 사용했다. ROM, PAL, PLA와 같은 초기의 프로그래머블 로직 디바이스의 바탕이 되는 기술을 먼저 살펴본 다음, 간단한 PLD와 GAL을 살펴봤다. 간단한 논리 함수들을 이러한 로직 디바이스에 구현하는 방법을 보여주는 예제들도 살펴봤다. FPGA에 대한 논의는 이러한 디바이스 부류의 바탕이 되는 일반적인 기술에 대한 개요로 국한했다. FPGA의 일반적인 구조, 로직 블록의 일반적인 구조, 전형적인 프로그래밍 기술 등을 논의했다. FPGA에 대한 좀 더 자세한 설명은 6장에서 이어진다.

그림 3-41 SRAM FPGA의 초기화를 위한 EPROM 연결

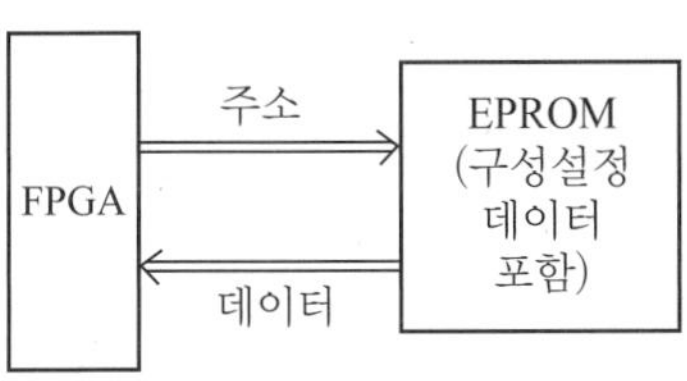

Problem 연습문제

3.1 22V10의 출력 매크로셀을 기술하는 Verilog 코드를 작성하라(그림 3-20의 점선에 포함된 부분). 모듈은 S_1과 S_0를 포함해야 한다. 플립플롭은 비동기 리셋(*AR*)과 동기 프리셋(*SP*)을 갖고 있다는 점에 유의하라.

3.2 *N*비트 양방향성 시프트 레지스터가 *N*개의 병렬 데이터 입력, *N*개의 출력, 좌측 직렬 입력(*LSI*), 우측 직렬 입력(*RSI*), 클록 입력 및 다음과 같은 제어 신호들을 갖고 있다.

Load: 병렬 데이터를 레지스터에 로드한다(로드는 시프트보다 우위에 있음).
Rsh: 레지스터를 우측으로 시프트한다(*LSI*가 좌측 끝으로 전달됨).
Lsh: 레지스터를 좌측으로 시프트한다(*RSI*가 우측 끝으로 전달됨).

(a) 레지스터가 22V10을 이용하여 구현된다면, *N*의 최대값은 얼마인가?
(b) 최우측 2개의 셀에 대한 식을 구하라.

3.3 (a) 어느 응용 분야에서 설계자가 FPGA보다 CPLD를 사용해야 하는가?
(b) 어느 응용 분야에서 설계자가 FPGA보다 MPGA를 사용해야 하는가?
(c) 어느 응용 분야에서 설계자가 MPGA보다 FPGA를 사용해야 하는가?
(d) 어떤 회사가 지금 첫 번째 버전의 실험적 제품을 설계하고 있다. 그 제품은 여러 번의 수정을 거칠 것으로 예상된다. 회사의 계획은 실제품을 위해 FPGA를 사용하는 것이다. 어떤 유형의 FPGA(SRAM 또는 안티퓨즈)를 사용해야 하는가?
(e) 어떤 회사가 FPGA를 사용하여 제품을 설계하고 있다. 회사의 계획은 실제품을 위해 FPGA를 사용하는 것이다. 제품은 여러 번의 수정을 거쳐 상당히 안정되었다. 면적, 전력 소모, 비용을 최소화하는 일이 회사에 중요하다. 어떤 유형의 FPGA(SRAM 또는 안티퓨즈)를 사용해야 하는가?
(f) 어떤 회사가 제품을 설계하고 있다. 1000개의 제품이 팔릴 것으로 예상된다. 이 회사는 이 제품에 대해 MPGA와 FPGA 중 어느 것을 사용해야 하는가?
(g) 어떤 회사가 제품을 설계하고 있다. 1억 개의 제품이 팔릴 것으로 예상된다. 이 회사는 이 제품에 대해 MPGA와 FPGA 중 어느 것을 사용해야 하는가?

3.4 (a) 함수 $F_1 = A'BC + B'C + ABC$를 4:1 멀티플렉서로 구성된 프로그래머블 로직 블록을 갖고 있는 FPGA를 이용하여 구현하라. 입력과 그 보수는 그림 3-34와 같다고 가정하라.
(b) 함수 $F_1 = A'B + AB' + AC' + A'C$를 멀티플렉서를 이용하여 구현하라. 입력과 그 보수가 제공된다고 가정하면, 필요한 가장 작은 멀티플렉서의 크기는 얼마인가?

3.5 그림 2-41의 좌측 시프트 레지스터가 CPLD를 이용하여 어떻게 구현될 수 있는지 보여라. 그림 3-25와 유사한 다이어그램을 작성하라. 플립플롭의 D 입력에 대한 식을 구하라.

3.6 4개의 출력 변수를 갖는 밀리 순차회로가 22V10을 사용하여 구현된다. 가질 수 있는 입력 변수의 최대 개수는 얼마인가? 상태의 최대 개수는 얼마인가? 이러한 입력과 출력을 갖는 밀리 회로는 22V10에서 실현될 수 있는가? 설명하라.

3.7 (a) 전통적 게이트 어레이와 FPGA의 차이점은 무엇인가?

(b) 구조(조직)를 기반으로 하여 FPGA의 서로 다른 유형들에는 어떤 것들이 있는가?

(c) FPGA의 프로그래밍 기술에는 어떤 것들이 있는가?

(d) SRAM FPGA의 주요 장점은 무엇인가?

(e) 안티퓨즈 FPGA의 주요 장점은 무엇인가?

(f) FPGA에서 주된 프로그래머블 컴포넌트들은 무엇인가?

(g) SRAM FPGA의 단점은 무엇인가?

(h) 안티퓨즈 FPGA의 단점은 무엇인가?

(i) SRAM 셀을 만드는 데 보통 몇 개의 트랜지스터가 필요한가?

(j) MPGA는 무엇인가?

(k) CPLD와 FPGA의 차이점은 무엇인가?

(l) FPGA와 비교하여 CPLD의 장점은 무엇인가?

(m) CPLD와 비교하여 FPGA의 장점은 무엇인가?

(n) 3개의 CPLD 벤더를 나열하라.

(o) 3개의 FPGA 벤더를 나열하라.

3.8 (a) 다음 그림과 같은 비분할형 트랙에서 'w', 'x', 'y', 'z' 네트를 배선하라. 가능한 최소 개수의 트랙을 사용하라.

(b) 다음 그림과 같은 분할형 트랙에서 'w', 'x', 'y', 'z' 네트를 배선하라. 가능한 최소 개수의 트랙을 사용하라.

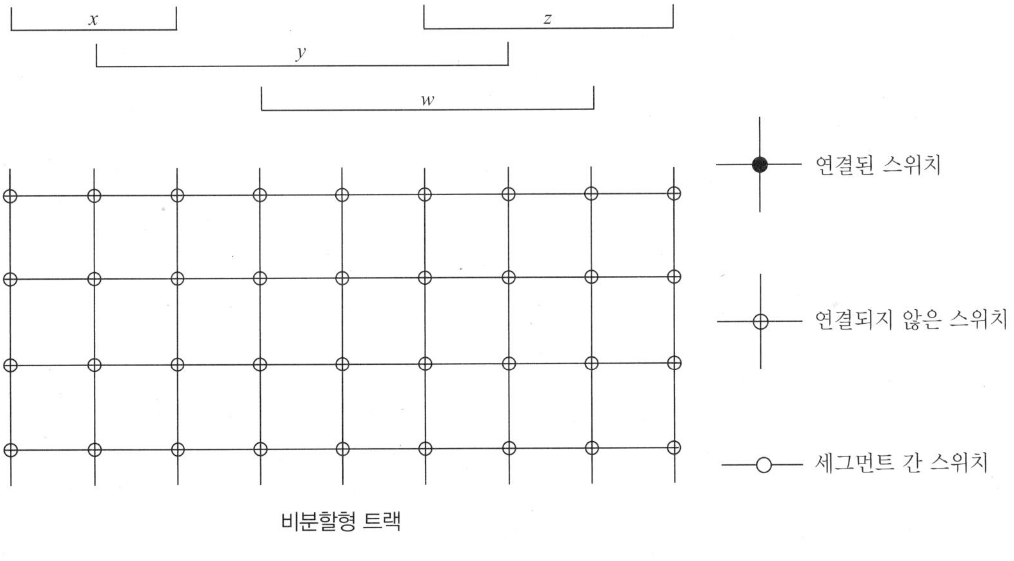

비분할형 트랙

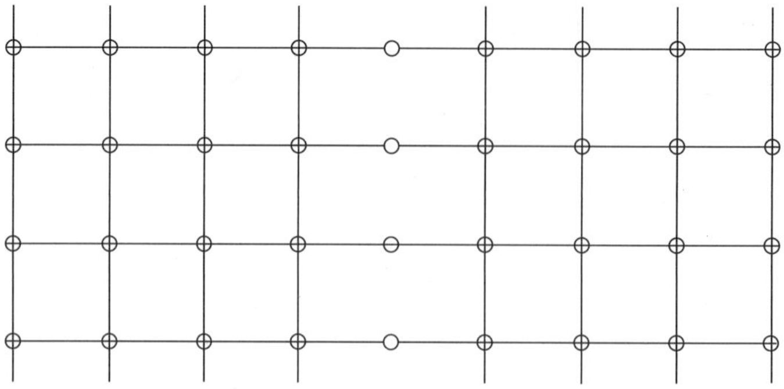

분할형 트랙

3.9 다음과 같은 프로그래머블 I/O 블록을 생각해보자. 이러한 I/O 블록을 INPUT 핀으로 구성하기 위한 연결 경로를 하이라이트하라. 5개의 구성설정 비트를 지정하라.

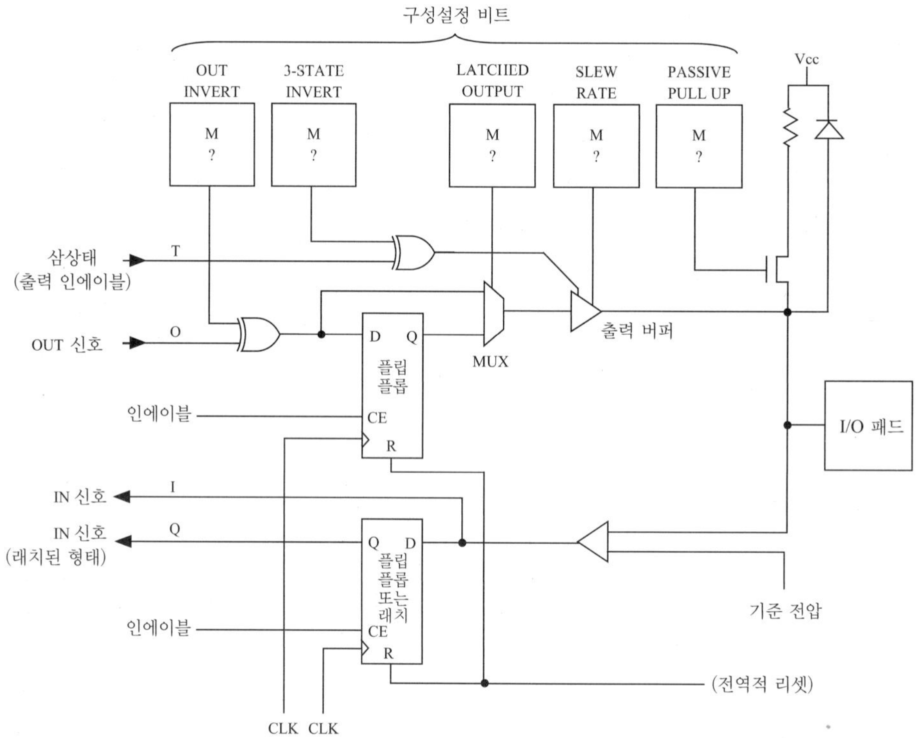

3.10 다음을 구현하는 데 필요한 최소 ROM의 크기는 얼마인가?

(a) 8비트 전가산기(캐리 입력과 캐리 출력을 가정함)

(b) BCD-이진 변환기(2개의 BCD 디지트(digit))

(c) 4:1 멀티플렉서

(d) 32비트 가산기(2개의 32비트 수를 더하여 33비트 합을 구함)

(e) 3:8 디코더

(f) 32비트 가산기(캐리 입력과 캐리 출력 없음)

(g) 16×16비트 곱셈기

(h) 16비트 전가산기(캐리 입력과 캐리 출력 있음)

(i) 8:3 우선순위 인코더

(j) 10:4 우선순위 인코더

(k) 8:1 멀티플렉서

3.11 다음 3개의 함수를 구현하기 위한 최소 행의 PLA를 구하라.

$$f(A, B, C, D) = \Sigma m(3, 6, 7, 11, 15)$$
$$g(A, B, C, D) = \Sigma m(1, 3, 4, 7, 9, 13)$$
$$h(A, B, C, D) = \Sigma m(4, 6, 8, 10, 11, 12, 14, 15)$$

(a) 공통항을 찾기 위해 카노 맵을 이용하라. 공통항을 밑줄 친 논리식, PLA 표, 그림 3-15와 유사한 PLA 다이어그램을 작성하라.

(b) LogicAid 내의 에스프레소(Espresso) 다중 출력 단순화 루틴을 사용하라. LogicAid 결과와 (a) 결과를 비교하라. LogicAid 에스프레소는 최소 행의 표만을 찾기 때문에 두 결과는 정확히 일치하지 않을 수 있다. LogicAid 에스프레소는 각각의 AND 항에서 변수의 수를 반드시 최소화하지는 않는다. **참고:** 변수 이름 A, B, C, D, F, G, H를 LogicAid에 입력하라. X_1, X_2, X_3, X_4 등의 변수 이름으로 출력하는 것은 허용되지 않는다.

3.12 $F = A'B' + BC'$와 $G = AC + B'$가 주어져 있다. 8워드×2비트 ROM을 이용하여 함수 F와 G를 실현하는 완성된 Verilog 모듈을 작성하라. ROM의 내용을 정의하는 어레이 유형 선언과 상수 선언을 포함하라.

3.13 다음 함수들을 구현하기 위한 최소 행의 PLA 표를 구하라.

(a) $f_1(A, B, C, D) = \Sigma m(0, 2, 3, 6, 7, 8, 9, 11, 13)$
$f_2(A, B, C, D) = \Sigma m(3, 7, 8, 9, 13)$,
$f_3(A, B, C, D) = \Sigma m(0, 2, 4, 6, 8, 12, 13)$

(b) $f_1(A, B, C, D) = cd + ad + a'bc'd'$
$f_2(A, B, C, D) = bc'd' + ac' + ad'$

3.14 1개의 ROM과 2개의 D 플립플롭을 이용하여 다음과 같은 상태표를 구현하라. 직접 이진 상태 할당을 이용하라.

현재 상태	다음 상태		출력(Z)	
	$X=0$	$X=1$	$X=0$	$X=1$
S_0	S_0	S_1	0	1
S_1	S_2	S_3	1	0
S_2	S_1	S_3	1	0
S_3	S_3	S_2	0	1

(a) 블록도와 ROM 진리표를 보여라. 진리표의 열은 $Q_1\ Q_0\ X\ D_1\ D_0\ Z$의 순서로 작성하라.

(b) 구현을 위한 Verilog 코드를 작성하라. ROM 표를 나타내는 데 어레이를 사용하고, 2개의 프로세스를 사용하라.

3.15 (a) 다음 식들을 구현하기 위한 최소 행의 PLA 표를 구하라.

$$x(A, B, C, D) = \Sigma m(0, 1, 4, 5, 6, 7, 8, 9, 11, 12, 14, 15)$$
$$y(A, B, C, D) = \Sigma m(0, 1, 4, 5, 8, 10, 11, 12, 14, 15)$$
$$z(A, B, C, D) = \Sigma m(0, 1, 3, 4, 5, 7, 9, 11, 15)$$

(b) (a)에서 구한 답을 구현하기 위해 그림 3-15와 유사한 다이어그램상에 PLA를 프로그램할 때 이루어져야 하는 연결선을 표시하라.

3.16 아래의 상태표가 1개의 ROM과 2개의 D 플립플롭(하강 에지 동작)을 이용하여 구현된다.

	$Q_1^+Q_2^+$		Z	
Q_1Q_2	$X=0$	$X=1$	$X=0$	$X=1$
00	01	10	0	1
01	10	00	1	1
10	00	01	1	0

(a) 블록도를 작성하라.

(b) 시스템을 기술하는 Verilog 코드를 작성하라. ROM은 10ns의 지연 시간을 갖고 있고, 각각의 플립플롭은 15ns의 전달 지연 시간을 갖고 있다고 가정하라.

CHAPTER 4

설계 예제

이 장에서는 소규모 디지털 시스템의 설계를 보여주기 위한 Verilog 설계 예제들을 제시한다. 설계를 제어기(controller)와 데이터 경로(data path)로 분할하고 디지털 시스템에서 동작 순서를 제어하는 제어회로를 이용하는 개념을 제시한다. Verilog를 이용하여 디지털 시스템을 동작적 레벨에서 기술함으로써, 사용된 알고리즘을 검사하기 위한 시스템을 시뮬레이션할 수 있다. 또한 특정 하드웨어 구조가 생성되어야 한다면 설계를 구조적으로 어떻게 코딩해야 하는지도 보여준다.

어떤 설계를 하든지 우선 주어진 문제와 설계 명세서를 확실히 이해해야 한다. 만일 문제가 명확하게 언급되지 않았다면, 명확한 설계 명세서를 받도록 노력하라. 현실 세계의 설계에서 다른 팀이나 고객 회사가 명세서를 제공하는 경우, 정확하고 명확한 설계 명세서를 받으면 나중에 겪을 많은 고통을 피할 수 있다. 설계를 잘하는 것은 확실한 명세서로부터 시작한다.

일단 문제가 명확히 언급되었으면, 설계자들은 대체로 명세된 것을 달성하는 데 필요한 기본 블록들에 대해 생각하기 시작한다. 설계자들은 대개 가산기, 시프트 레지스터, 카운터 등의 표준 빌딩 블록들에 대해 생각한다. 전통적인 설계 방법론에서는 설계를 '데이터 경로'와 '제어기'로 나눈다. '데이터 경로'라는 용어는 실제로 데이터 처리를 수행하는 하드웨어를 의미한다. 제어기는 그림 4-1에서 보여주는 것처럼 제어 신호나 명령을 데이터 경로에 보낸다. 제어기는 데이터 경로로부터 상태 신호의 형태로 피드백을 받을 수 있다.

마이크로프로세서의 맥락으로 보면, 데이터 경로는 데이터 처리의 핵심을 수행하는 ALU(Arithmetic and Logic Unit)이다. 제어기는 데이터 경로에 적절한 제어 신호를 보내는 제어 논리이며, 데이터 경로에게 덧셈, 곱셈, 시프트 연산, 또는 명령어가 요구하는 모든 동작을 수행하도록 지시한다. 많은 사용자가 '데이터 경로'라는 용어를 '데이터 버스'와

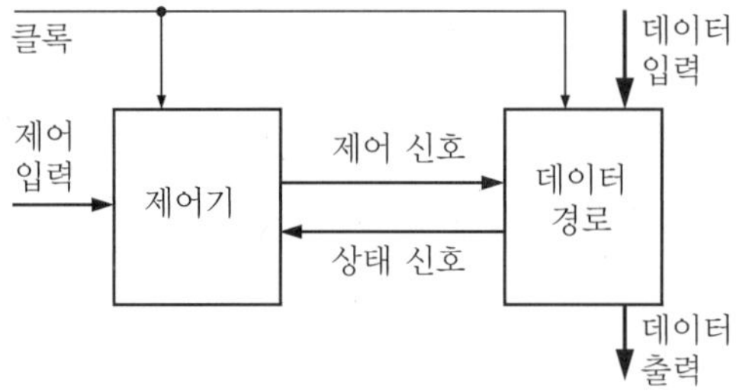

그림 4-1 데이터 경로와 제어기로 설계 분할

동의어라고 잘못 생각하는 경향이 있지만, 전통적 설계 용어에서 '데이터 경로'는 실제적인 데이터 처리 장치이다.

데이터 경로와 제어기를 분리하여 생각하면 디버깅(즉, 설계 오류를 찾는 것)에 도움이 된다. 설계를 수정할 때도 도움이 된다. 많은 경우 설계 수정은 제어 경로만을 변경함으로써 이루어질 수 있다. 왜냐하면 동일한 데이터 경로가 새 요구 조건도 만족시키기 때문이다. 제어기는 수정된 설계의 기능을 성취하기 위한 새로운 제어 신호 시퀀스를 생성할 수 있다. 설계는 종종 데이터 경로와 제어기의 반복적인 개선 작업을 포함한다.

이 장에서는 다양한 설계 예제들을 논할 것이다. 몇 가지 산술 및 비산술 예제가 제시된다. 비산술 예제로는 7세그먼트 디코더, 신호등, 스코어보드, 키패드 스캐너가 있다. 가산기, 곱셈기, 나눗셈기와 같은 산술회로도 제시된다.

4.1 BCD-7세그먼트 디스플레이 디코더

7세그먼트 디스플레이는 디지털 카운터, 시계, 클록에서 디지트(digit)를 표시할 때 자주 사용된다. 디지털 시계는 7세그먼트 디스플레이에 있는 세그먼트들의 조합을 켜서 시간을 표시한다. 예를 들어 세그먼트들은 다음과 같이 라벨이 붙고, 디지트는 그림 4-2와 같은 형태를 갖는다.

BCD-7세그먼트 디스플레이 디코더를 설계하자. BCD는 '이진화 십진수(binary coded decimal)'를 나타낸다. 이 형식에서 십진수의 각 디지트는 4비트 이진수 표현으로 인코딩된다. 이 디코더는 순수한 조합회로이므로, 상태 머신은 관계가 없다. 디코더의 블록도가 그림 4-3에 나타나 있다. 1개의 BCD 디지트에 대한 디코더가 제시된다.

그림 4-4와 같이, 이 조합회로를 모델링하기 위해 case 문을 갖는 하나의 프로세스를

그림 4-2 7세그먼트 디스플레이

그림 4-3 BCD-7세그먼트 디스플레이 디코더의 블록도

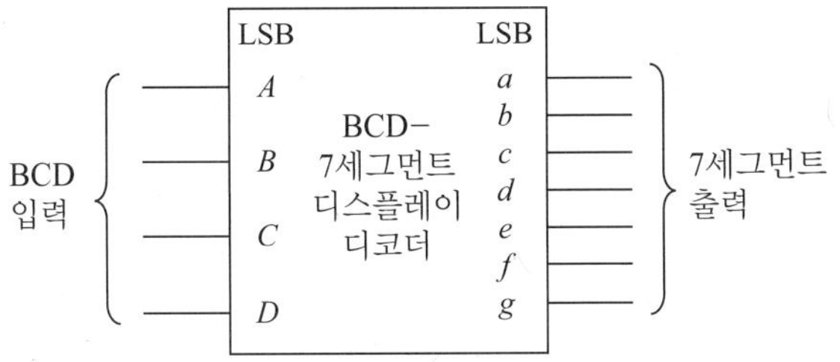

그림 4-4 BCD-7세그먼트 디코더의 동작적 Verilog 코드

```
module bcd_seven (bcd, seven);
  input [3:0] bcd;
  output[7:1] seven;

  reg   [7:1] seven;

  always @(bcd)
  begin
    case (bcd)
      4'b0000 : seven = 7'b0111111 ;
      4'b0001 : seven = 7'b0000110 ;
      4'b0010 : seven = 7'b1011011 ;
      4'b0011 : seven = 7'b1001111 ;
      4'b0100 : seven = 7'b1100110 ;
      4'b0101 : seven = 7'b1101101 ;
      4'b0110 : seven = 7'b1111101 ;
      4'b0111 : seven = 7'b0000111 ;
      4'b1000 : seven = 7'b1111111 ;
      4'b1001 : seven = 7'b1101111 ;
      default : seven = 7'b0000000 ;
    endcase
  end
endmodule
```

사용하여 BCD-7세그먼트 디코더에 대한 동작적 Verilog 기술을 만들고자 한다. 프로세스의 센시티비티 리스트는 4비트 BCD 숫자로 구성된다.

4.2 BCD 가산기

이 예제에서는 2개의 BCD 수를 더하여 BCD 형식으로 합을 만드는 2디지트 BCD 가산기를 설계한다. BCD 표현에서 각각의 십진수 디지트는 이진수로 인코딩된다. 예를 들어, 십진수 97은 BCD 형식으로 1001 0111로 표현되는데, 첫 번째 4비트는 십진수 9, 다음 4비트는 십진수 7을 나타낸다. 이러한 BCD 표현은 97의 이진수 표현, 즉 110001과 다르다는 점에 유의하라. 97을 BCD로 표현하는 데 8비트가 필요한 것에 비해, 97의 이진수 표

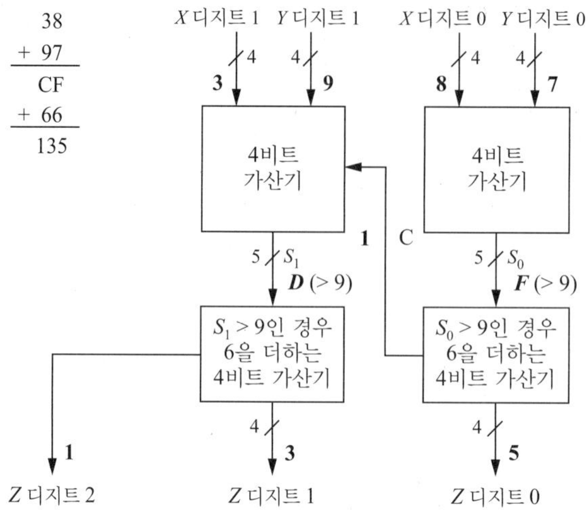

그림 4-5 2개의 BCD 수에 대한 덧셈

현(110001)은 6비트만 필요하다. 16진수 A부터 F까지에 해당되는 4비트 이진수의 조합 1010, 1011, 1100, 1101, 1110, 1111은 BCD 표현에서는 사용되지 않는다. 4비트로 가능한 16개 표현 중 6개가 제외되므로, BCD 수는 대응되는 이진수 표현보다 더 많은 비트를 필요로 한다.

BCD 수들을 더할 때, 6개의 사용되지 않는 코드들을 건너뛰도록 각각의 합 디지트를 조정해야 한다. 예를 들어, 십진수 형식으로는 6과 8을 더하면 합은 14이다. 이진 가산기는 1110을 만들 것이다. 그러나 BCD 합의 최하위 디지트는 4이다. 올바른 BCD 디지트를 얻기 위해서는, 9보다 클 때마다 6을 더해야 한다. 그림 4-5는 2개의 BCD 디지트들을 더하는 데 필요한 하드웨어를 보여준다. 이진 가산기가 최하위 디지트를 더한다. 합이 9보다 크면, 가산기는 올바른 합 디지트 및 다음 디지트와 함께 더해질 캐리 디지트를 만들기 위해 6을 더한다. 높은 자릿수의 덧셈도 이와 유사한 방법으로 이루어진다.

BCD 가산기의 Verilog 코드는 그림 4-6에서 보여준다. 입력 BCD 수는 X와 Y로 표현된다. 2개의 2디지트 BCD 수에 대한 BCD 합은 2개의 디지트를 초과하므로, 합 Z를 위해 3개의 BCD 디지트가 제공된다. 컴파일러 지시어인 `define`은 각 BCD 수의 각각의 디지트를 나타내는 데 사용될 수 있다. 예를 들어, X의 상위 디지트는 다음과 같은 Verilog 구문을 사용하여 `Xdig1`로 나타낼 수 있다.

```
`define     Xdig1     X[7:4]
```

이 구문은 X의 상위 디지트를 지칭하고 싶을 때마다 `Xdig1`이라는 이름을 사용할 수 있도록 허용한다. BCD 수 97과 38을 더하면 합은 135이다. 따라서 `Zdig2`는 1, `Zdig1`은 3, `Zdig0`은 5가 된다. Verilog 코드에서 `define`된 이름은 기호 \`와 함께 사용되어야 한다(예: `` `Xdig1 `` 혹은 `` `Zdig2 ``).

두 번째 디지트를 더하는 동안, `Xdig0`과 `Ydig0`의 덧셈에서 발생하는 캐리 디지트도 더

그림 4-6 BCD 가산기의 Verilog 코드

```
`define Xdig1 X[7:4]
`define Xdig0 X[3:0]
`define Ydig1 Y[7:4]
`define Ydig0 Y[3:0]
`define Zdig2 Z[11:8]
`define Zdig1 Z[7:4]
`define Zdig0 Z[3:0]

 module BCD_Adder (X, Y, Z);

   input[7:0] X;
   input[7:0] Y;
   output[11:0] Z;

   wire[4:0] S0;
   wire[4:0] S1;
   wire C;

   assign S0 = `Xdig0 + `Ydig0 ;
   assign `Zdig0 = (S0 > 9) ? S0[3:0] + 6 : S0[3:0] ;
   assign C = (S0 > 9) ? 1'b1 : 1'b0 ;

   assign S1 = `Xdig1 + `Ydig1 + C ;
   assign `Zdig1 = (S1 > 9) ? S1[3:0] + 6 : S1[3:0] ;
   assign `Zdig2 = (S1 > 9) ? 4'b0001 : 4'b0000 ;

endmodule
```

해진다. 따라서 두 번째 디지트의 덧셈은 다음 구문에 의해 이루어진다.

```
assign S1 = `Xdig1 + `Ydig1 + C ;
```

4.3 32비트 가산기

32비트 가산기를 설계해야 한다고 가정하자. 가산기를 구성하는 간단한 방법은 그림 4-7에서처럼 **리플-캐리 가산기**(ripple-carry adder)를 만드는 것이다. 이러한 유형의 가산기에서는 1비트 전가산기 32개가 연속으로 연결되어 32비트 가산기가 생성된다. 최하위 비트부터 최상위 비트까지 캐리가 '리플', 즉 물결처럼 전파된다. 게이트 지연 시간이 t_g라면,

그림 4-7 32비트 리플-캐리 가산기

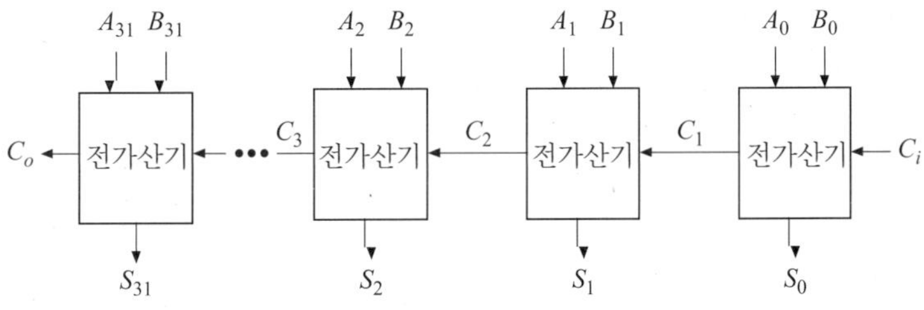

1비트 가산기의 지연 시간은 2^*t_g(합과 캐리에 대한 곱의 합 표현을 가정하고 인버터의 지연 시간을 무시하면)가 되고, 32비트 리플-캐리 가산기는 1개의 게이트 지연 시간의 대략 64배만큼을 필요로 할 것이다. 예를 들어, 게이트 지연 시간이 1ns라면 32비트 리플-캐리 가산기가 동작할 수 있는 최대 주파수는 16MHz가 된다. 이는 많은 응용 분야에서 불충분하다. 따라서 설계자들은 대개 더 빠른 가산기를 생각하게 된다.

캐리 룩 어헤드 가산기

널리 알려진 고속 덧셈 기법으로 캐리 룩 어헤드(carry look-ahead, CLA) 덧셈이 있다. 캐리 룩 어헤드 가산기에서는 입력 신호를 바탕으로 캐리 신호를 미리 계산한다. i번째 비트 위치에 대해, 이에 대응되는 입력 비트(즉, A_i, B_i)가 모두 1이거나 또는 그 비트에 캐리 입력이 있고 입력 비트(즉, A_i, B_i) 중 적어도 하나가 1이면, 다음 단에 전해질 캐리가 발생된다는 것을 알 수 있다. 다시 말해, i번째 비트는 A_i와 B_i가 1이면 캐리 출력이 발생한다(비트 i에 입력되는 캐리에 관계없이). 또한 C_i가 1이고 A_i, B_i 둘 중 하나가 1인 경우에도 캐리 출력이 발생한다. 따라서 i번째 비트의 캐리 출력은 다음과 같다.

$$C_{i+1} = A_iB_i + (A_i \oplus B_i) \cdot C_i \tag{4-1}$$

'$\oplus$'는 XOR(exclusive OR) 연산을 의미한다. 식 (4-1)은 스스로 캐리를 생성하거나(예: $A_iB_i = 1$) 또는 하위 비트로부터 넘겨받은 캐리를 단순히 전달해도(즉, $(A_i \oplus B_i) \cdot C_i$), 해당 비트 위치에서 캐리 출력이 발생한다는 것을 표현하고 있다.

$A_iB_i = 1$은 그 단계에서 캐리가 생성된다는 뜻이므로, 일반적인 **생성 함수**(generate function) G_i를 다음과 같이 정의할 수 있다.

$$G_i = A_iB_i \tag{4-2}$$

마찬가지로, $(A_i \oplus B_i)$는 하위 단계에서 받은 캐리를 전달할 것인지를 나타내므로, 일반적인 **전달 함수**(propagate function) P_i는 다음과 같이 정의할 수 있다.

$$P_i = A_i \oplus B_i \tag{4-3}$$

전달 함수와 생성 함수는 입력 비트에 의해서만 결정되며, 1개나 2개의 게이트 지연 시간을 갖도록 실현될 수 있다는 점에 유의하라. A_i, B_i 중 하나가 1이거나 모두 1이면 캐리가 발생할 것이므로, 전달식을 다음과 같이 XOR 연산을 OR 연산으로 치환하여 쓸 수도 있다.

$$P_i = A_i + B_i \tag{4-4}$$

논리적으로 이 전달 함수도 캐리 출력을 올바르게 산출한다. 그러나 전통적으로 전달 함수를 XOR로 정의하는 것이 관례이다. 즉, 그 비트의 위치는 단순히 캐리를 전달만 한다는 것이다(캐리를 스스로 생성하는 것이 아님). 또한 일반적으로 합 신호는 다음과 같이 표현된다.

$$S_i = A_i \oplus B_i \oplus C_i = P_i \oplus C_i \tag{4-5}$$

P_i가 $A_i \oplus B_i$로 정의되어 있는 경우에만 표현식 $P_i \oplus C_i$가 사용될 수 있다.

캐리 출력 식은 식 (4-2), (4-3)의 G_i, P_i를 식 (4-1)에 대입함으로써 다음과 같이 쓸 수 있다.

$$C_{i+1} = G_i + P_iC_i \tag{4-6}$$

4비트 가산기에서 다음과 같이 식 (4-6)을 반복적으로 적용함으로써 C_i들을 생성할 수 있다.

$$C_1 = G_0 + P_0C_0 \tag{4-7}$$

$$C_2 = G_1 + P_1C_1 = G_1 + P_1G_0 + P_1P_0C_0 \tag{4-8}$$

$$C_3 = G_2 + P_2C_2 = G_2 + P_2G_1 + P_2P_1G_0 + P_2P_1P_0C_0 \tag{4-9}$$

$$C_4 = G_3 + P_3C_3 = G_3 + P_3G_2 + P_3P_2G_1 + P_3P_2P_1G_0 + P_3P_2P_1P_0C_0 \tag{4-10}$$

이러한 캐리 비트들이 룩 어헤드 캐리 비트들이다. 이들은 P_i, G_i, C_0의 조합으로 표현된다. 따라서 어떤 단계에서도 이전의 모든 단계를 거쳐서 캐리가 전달되어 오기를 기다릴 필요 없이 합과 캐리를 계산할 수 있다. G_i와 P_i가 1개나 2개의 게이트 지연 시간으로 생성될 수 있기 때문에, C_i는 3개나 4개의 게이트 지연 시간으로 구할 수 있다. 리플-캐리 가산기와 달리 덧셈의 비트 수와 관계없이 이러한 지연 시간들이 일정하다는 것이 장점이다. 물론 이 방법은 룩 어헤드 캐리를 생성하기 위한 추가적인 게이트를 사용해야 한다. 4비트 캐리 룩 어헤드 가산기는 그림 4-8에서 나타낸 것처럼 만들 수 있다. 부분적인 전가산기 출력은 **합**(sum, S) 외에 **전달**(propagate, P)과 **생성**(generate, G)이 추가될 것이다. **캐리**(carry, C)는 부분적인 전가산기가 아닌 캐리 룩 어헤드 로직에 의해 생성될 것이다. C_4는 다음 식에 의해 생성될 수 있다.

그림 4-8 4비트 CLA의 블록도

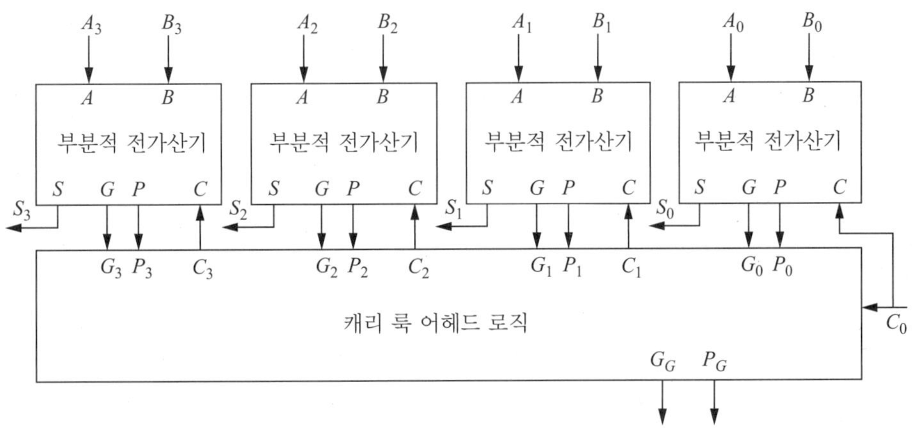

$$C_4 = G_G + P_G C_0 \tag{4-11}$$

위 식은 **그룹 전달**(group propagate, P_G)과 **그룹 생성**(group generate, G_G) 신호에 의해 얻어지는데, 이들은 **캐리 룩 어헤드 로직**(carry look-ahead logic)에 의해 만들어진다.

$$P_G = P_3 P_2 P_1 P_0 \tag{4-12}$$

$$G_G = G_3 + P_3 G_2 + P_3 P_2 G_1 + P_3 P_2 P_1 G_0 \tag{4-13}$$

캐리 룩 어헤드 가산기의 단점은 식 (4-7)~(4-13)에서 나타낸 것처럼 룩 어헤드 캐리 로직이 간단하지 않다는 것이다. 4비트보다 커지면 상당히 복잡해진다. 이러한 이유로 캐리 룩 어헤드 가산기는 보통 4비트 모듈로 구현되며, 4비트의 배수를 갖는 가산기를 실현할 때는 계층적 구조로 4비트 모듈을 사용한다. 그림 4-9는 16비트 캐리 룩 어헤드 가산기의 블록도를 보여준다. 앞에서 소개한 것과 유사한 4개의 캐리 룩 어헤드 가산기가 사용된다. 각각의 4비트 가산기가 캐리 출력을 다음 4비트 가산기로 전해주는 대신, **블록 캐리 룩 어헤드 로직**이 그룹 전달(P_G)과 그룹 생성(G_G) 신호를 이용하여 각각의 4비트 가산기에 공급할 입력 캐리 비트를 생성한다. 이때 P_G와 G_G는 각각의 4비트 가산기가 생성한다. 다음 단계의 캐리 룩 어헤드 로직은 이러한 그룹 전달과 그룹 생성을 이용하여 필요한 캐리 비트들을 병렬로 생성한다. 그룹 내의 모든 전달이 참이면 그룹 전달은 참이 된다. MSB가 캐리를 생성하거나, 또는 하위 비트가 캐리를 생성하고 그룹 내의 모든 상위 비트가 캐리를 전달한다면, 그룹 생성은 참이 된다.

그룹 전달 P_G와 그룹 생성 G_G는 각각 3~4개의 게이트 지연 시간 후에 만들어진다(P_i와 G_i 신호보다 각각 1개나 2개의 추가적인 지연 시간이 필요함). 블록 캐리 룩 어헤드 로직에 대한 캐리식은 다음과 같다.

$$C_4 = G_{G0} + P_{G0} C_0 \tag{4-14}$$

그림 4-9 16비트 CLA의 블록도

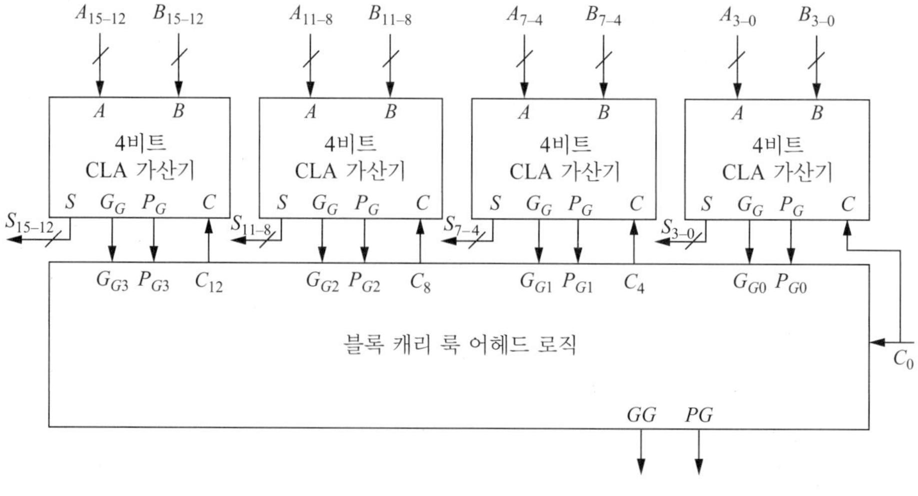

$$C_8 = G_{G1} + P_{G1}G_{G0} + P_{G1}P_{G0}C_0 \tag{4-15}$$

$$C_{12} = G_{G2} + P_{G2}G_{G1} + P_{G2}P_{G1}G_{G0} + P_{G2}P_{G1}P_{G0}C_0 \tag{4-16}$$

16비트 CLA의 최종 캐리인 C_{16}은 다음과 같다.

$$C_{16} = GG + PG\ C_0 \tag{4-17}$$

블록 캐리 룩 어헤드에 대한 전달(PG)식과 생성(GG)식은 식 (4-12), (4-13)과 유사한 방법으로 유도할 수 있다.

그림 4-10은 4비트 캐리 룩 어헤드 가산기에 대한 Verilog 기술을 보여준다.

그림 4-10 4비트 캐리 룩 어헤드 가산기의 Verilog 기술

```
module CLA4 (A, B, Ci, S, Co, PG, GG);
   input[3:0] A;
   input[3:0] B;
   input Ci;
   output[3:0] S;
   output Co;
   output PG;
   output GG;

   wire[3:0] G;
   wire[3:0] P;
   wire[3:1] C;
   CLALogic CarryLogic (G, P, Ci, C, Co, PG, GG);
   GPFullAdder FA0 (A[0], B[0], Ci, G[0], P[0], S[0]);
   GPFullAdder FA1 (A[1], B[1], C[1], G[1], P[1], S[1]);
   GPFullAdder FA2 (A[2], B[2], C[2], G[2], P[2], S[2]);
   GPFullAdder FA3 (A[3], B[3], C[3], G[3], P[3], S[3]);
endmodule

module CLALogic (G, P, Ci, C, Co, PG, GG);
   input[3:0] G;
   input[3:0] P;
   input Ci;
   output[3:1] C;
   output Co;
   output PG;
   output GG;

   wire GG_int;
   wire PG_int;

   assign C[1] = G[0] | (P[0] & Ci) ;
   assign C[2] = G[1] | (P[1] & G[0]) | (P[1] & P[0] & Ci) ;
   assign C[3] = G[2] | (P[2] & G[1]) | (P[2] & P[1] & G[0]) | (P[2] & P[1] &
                 P[0] & Ci) ;
   assign PG_int = P[3] & P[2] & P[1] & P[0] ;
   assign GG_int = G[3] | (P[3] & G[2]) | (P[3] & P[2] & G[1]) | (P[3] & P[2] &
                   P[1] & G[0]) ;
```

```
    assign Co = GG_int | (PG_int & Ci) ;
    assign PG = PG_int ;
    assign GG = GG_int ;
endmodule

module GPFullAdder (X, Y, Cin, G, P, Sum);
    input X;
    input Y;
    input Cin;
    output G;
    output P;
    output Sum;

    wire P_int;

    assign G = X & Y ;
    assign P = P_int ;
    assign P_int = X ^ Y ;
    assign Sum = P_int ^ Cin ;
endmodule
```

그림 4-11 32비트 가산기의 동작적 모델

```
module Adder32 (A, B, Ci, S, Co);

    input[31:0] A;
    input[31:0] B;
    input Ci;
    output[31:0] S;
    output Co;

    wire[32:0] Sum33;

    assign Sum33 = A + B + Ci ;
    assign S = Sum33[31:0] ;
    assign Co = Sum33[32] ;
endmodule
```

16비트 캐리 룩 어헤드 가산기의 Verilog 코드는 4비트 캐리 룩 어헤드 가산기를 4번 복사하여 사용하고, 추가적으로 캐리 룩 어헤드 로직을 1번 복사하여 사용함으로써 만들 수 있다. 64비트 가산기는 한 단계 위의 캐리 룩 어헤드 로직을 사용하여 만들 수 있다. 가산기의 크기가 16비트에서 64비트로 증가할 때, 지연 시간은 2개의 게이트 지연 시간만큼만 증가한다. 16비트와 64비트 캐리 룩 어헤드 로직의 Verilog 코드 개발은 연습문제로 남겨둔다.

그림 4-11은 32비트 가산기에 대해 '+' 연산자를 이용한 동작적 Verilog 코드를 보여준다. 이 코드를 합성하면, 사용하는 합성 툴, 목표 공정 기술에 따라 리플-캐리 가산기와 고속 이단 가산기 사이의 특성을 갖는 가산기가 얻어질 것이다. 다양한 회로 구조에 따라 면적, 전력 소모, 지연 시간 특성이 달라진다.

예제 게이트 지연 시간이 t_g라면, 가장 빠른 32비트 가산기의 지연 시간은 얼마인가? 사용되는 하드웨어의 양에는 제한이 없다고 가정하라. 오직 속도만 중요하다.

풀이

32비트 가산기의 각각의 합 비트를 입력 비트들의 곱의 합 형식으로 표현할 수 있다. 캐리 출력 비트에 대한 1개의 식을 포함하여, 33개의 식이 있을 것이다. 이 식들은 매우 길 것이며, 그중 일부는 60개 이상의 변수를 포함하는 곱 항도 있을 수 있다. 그럼에도 불구하고, 입력의 개수가 몇 개이든지 상관이 없는 게이트를 사용할 수 있다면 이론적으로는 2단 가산기를 만들 수 있다. 비록 실용적이지는 않지만, 게이트 지연 시간이 t_g라면 이론적으로 가장 빠른 가산기의 지연 시간은 $2t_g$가 될 것이다.

예제 리플-캐리 가산기가 가장 작은 32비트 가산기인가?

풀이

32비트 리플-캐리 가산기는 32개의 1비트 가산기를 사용한다. 1개의 1비트 전가산기를 이용하여 32비트 직렬 가산기를 설계할 수도 있다. 입력 값은 매번 1비트씩 가산기로 시프트되어 입력되고, 각 비트 쌍의 덧셈 결과로부터 발생하는 캐리는 플립플롭에 저장되었다가 다음번 덧셈 연산에 피드백된다. 그림 4-12에서 보여주는 하드웨어가 이것을 구현한다. 가산기의 지연 시간은 $32*(2t_g + t_{ff})$가 된다. 여기서 $2t_g$는 1비트 전가산기의 지연 시간, t_{ff}는 플립플롭의 지연 시간(셋업 시간을 포함함)이다. 플립플롭의 지연 시간이 최소한 2개의 게이트 지연 시간이라면, 32비트 직렬 가산기의 지연 시간은 최소한 $128t_g$가 될 것이다. 가산기의 하드웨어 구조는 간단하다. 그러나 32개의 시프트 신호를 생성하는 데 필요한 제어 회로도 있어야 한다. 또한 피연산자를 저장할 레지스터들이 시프트 기능을 가져야 한다.

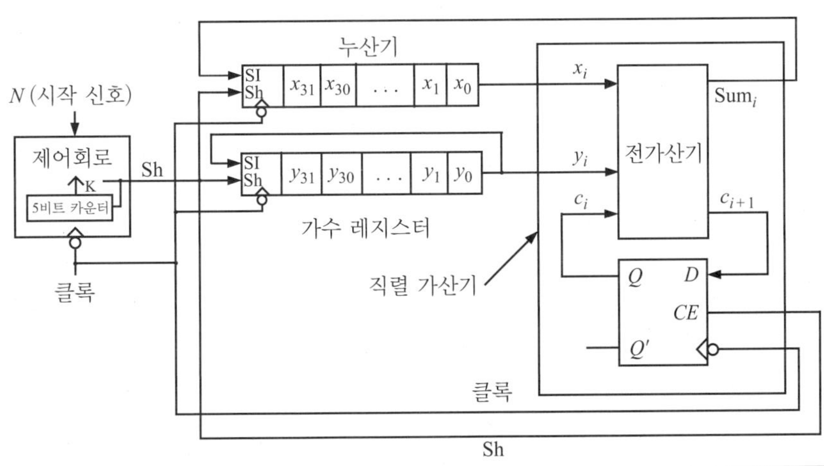

그림 4-12 1개의 1비트 가산기를 이용하여 구현한 32비트 직렬 가산기

표 4-1 리플-캐리와 캐리 룩 어헤드 가산기의 비교

가산기 크기	리플-캐리 가산기의 지연 시간	CLA의 지연 시간	직렬 가산기의 지연 시간
4비트	8 t_g	5-6 t_g	16 t_g
16비트	32 t_g	7-8 t_g	64 t_g
32비트	64 t_g	9-10 t_g	128 t_g
64비트	128 t_g	9-10 t_g	256 t_g

그림 4-10과 같이 데이터 흐름 식 기반의 Verilog 코드를 작성해도, 합성기가 지금까지 논의한 지연 시간 특성을 갖는 캐리 룩 어헤드 가산기를 생성한다는 보장이 되는 것은 아니다. 소프트웨어는 목표 공정 기술 내에서 사용 가능한 특정 하드웨어 컴포넌트에 따라 합성 출력을 최적화할 수 있다. 예를 들어, 고속 가산기를 지원하는 FPGA를 사용한다면 소프트웨어는 일부 기능을 고속 가산기 회로에 매핑할 것이다. FPGA 로직 블록과 연결선 수에 따라, 지연 시간은 손으로 계산한 것과 달라질 것이다. 게이트를 기반으로 구현하는 경우, 리플-캐리, 캐리 룩 어헤드, 직렬 가산기의 지연 시간이 여러 가지 가산기의 크기에 따라 표 4-1에 제시되어 있다. 큰 가산기를 설계할 때는 캐리 룩 어헤드 가산기가 매우 유용하다는 사실을 확인할 수 있다.

4.4 신호등 제어기

도로 A와 B의 교차로에 대한 순차 신호등 제어기를 설계하자. 각 도로에는 교차로에 진입하거나 정지해 있는 차량의 유무를 감지하는 교통 센서가 있다. $Sa = 1$은 도로 A에 차량이 진입하는 것을 의미하고, $Sb = 1$은 도로 B에 차량이 진입하는 것을 의미한다. 도로 A가 주된 도로이며, 차량이 B에 진입할 때까지 녹색등이 켜진다. 차량이 B에 진입하면 신호등이 바뀌고 B에 녹색등이 켜진다. 도로 B에 차량이 있고 도로 A에 차량이 없는 경우가 아니라면, 50초 후에 신호가 바뀐다. 만일 도로 B에 차량이 있고 도로 A에 차량이 없으면, B에 10초의 추가 시간이 할당된다. 도로 B에 차량들이 계속 도달하고 도로 A에 차량이 없으면, B에는 계속 녹색등이 켜진다. A에 녹색등이 켜진 경우, 적어도 60초 이상 켜져 있고, B에 차량이 진입할 때만 신호등이 바뀐다. 그림 4-13은 제어기의 외부 연결을 보여준

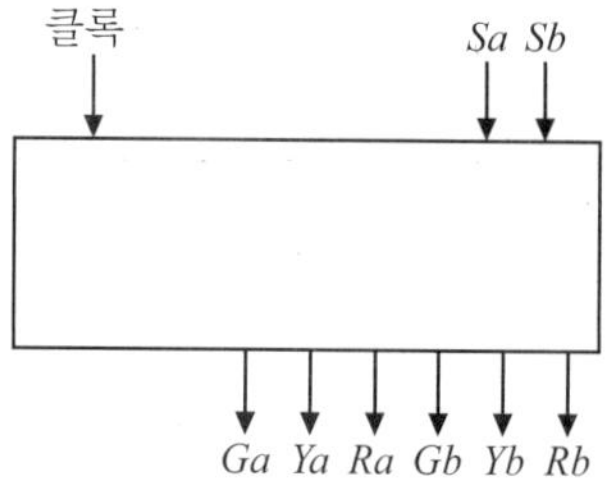

그림 4-13 신호등 제어기의 블록도

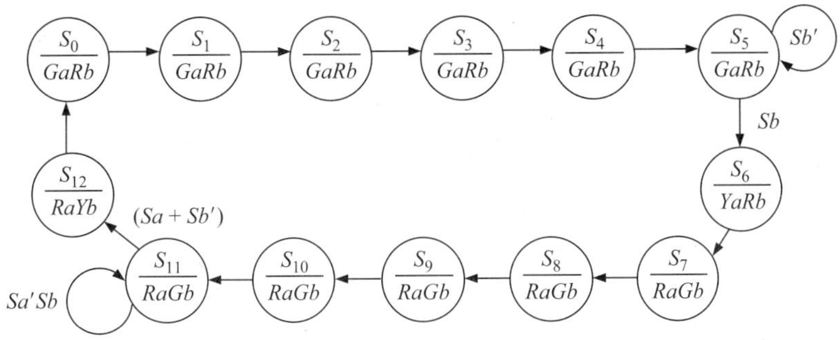

그림 4-14 신호등 제어기의 상태 그래프

다. 3개의 출력(Ga, Ya, Ra)은 도로 A의 녹색, 황색, 적색등을 구동한다. 나머지 3개의 출력(Gb, Yb, Rb)은 도로 B의 신호등을 구동한다.

그림 4-14는 제어기에 대한 무어(Moore) 상태 그래프를 보여준다. 시간 조절을 위해 순차회로를 10초의 주기를 갖는 클록으로 구동한다. 따라서 상태의 변화는 10초마다 최대 1번씩 발생할 수 있다. 다음과 같은 표기법이 사용된다. 상태에서 $GaRb$는 $Ga = Rb = 1$이고, 나머지 출력 변수들은 모두 0이라는 뜻이다. 화살표에 있는 $Sa'Sb$는 $Sa = 0$, $Sb = 1$이 화살표 방향으로의 천이를 일으킨다는 뜻이다. 라벨이 없는 화살표는 입력 변수에 관계없이 클록만 발생하면 상태 변화가 발생한다는 뜻이다. 따라서 A 녹색등이 6개의 클록 사이클 동안(60초) 켜져 있고 도로 B에서 차량이 기다리고 있으면, 황색등으로 바뀐다.

신호등 제어기의 Verilog 코드(그림 4-15)는 상태 머신을 2개의 always 문으로 표현한다. 상태 Sa나 Sb가 변할 때마다, 첫 번째 always 문은 출력과 nextstate를 갱신한다. 클록에 상승 에지가 발생할 때, 두 번째 always 문은 상태 레지스터를 갱신한다. case 문은 여러 개의 case 숫자를 사용하는 것을 보여준다. 상태 S_0부터 S_4는 동일한 출력을 가지며 다음 상태는 숫자 시퀀스로 되어 있으므로, 5개의 별도 case 동작 대신 여러 개의 case 숫자들을 함께 사용한다.

```
0, 1, 2, 3, 4 :
        begin
           Ga_tmp  =  1'b1 ;
           Rb_tmp  =  1'b1 ;
           nextstate  =  state + 1 ;
        end
```

각각의 상태에 대해 값이 1인 신호들만 case 문 내에 나열했다. Verilog에서 신호는 바뀌기 전까지 그 값을 유지하기 때문에, 다음 상태에 도달할 때 각 신호를 꺼야 한다. 상태 6에서는 Ga를 0으로 설정해야 하고, 상태 7에서는 Ya를 0으로 설정해야 하고, 등등이다. 이것은 각각의 case에 적절한 구문을 삽입함으로써 가능해진다. 예를 들어, 상태가 6인 경우 (case 6) Ga = 0이라는 구문을 삽입할 수도 있다. 출력을 끄기 위한 좀 더 쉬운 방법은 그림 4-15에서처럼 case 문 이전에 모두 0으로 설정하는 것이다. 얼핏 보기에는 1을 유지해야 하는 신호에 0을 할당하면 출력에 글리치(glitch)가 발생할 것처럼 보인다. 그러

그림 4-15 신호등 제어기의 Verilog 코드

```
module traffic_light (clk, Sa, Sb, Ra, Rb, Ga, Gb, Ya, Yb);
input clk;
input Sa;
input Sb;
inout Ra;
inout Rb;
inout Ga;
inout Gb;
inout Ya;
inout Yb;

reg Ra_tmp;
reg Rb_tmp;
reg Ga_tmp;
reg Gb_tmp;
reg Ya_tmp;
reg Yb_tmp;

reg[3:0] state;
reg[3:0] nextstate;
parameter[1:0] R = 0;
parameter[1:0] Y = 1;
parameter[1:0] G = 2;
wire[1:0] lightA;
wire[1:0] lightB;

assign Ra = Ra_tmp;
assign Rb = Rb_tmp;
assign Ga = Ga_tmp;
assign Gb = Gb_tmp;
assign Ya = Ya_tmp;
assign Yb = Yb_tmp;

initial
begin
   state = 0;
end

always @(state or Sa or Sb)
begin
   Ra_tmp = 1'b0 ;
   Rb_tmp = 1'b0 ;
   Ga_tmp = 1'b0 ;
   Gb_tmp = 1'b0 ;
   Ya_tmp = 1'b0 ;
   Yb_tmp = 1'b0 ;
   nextstate = 0;

   case (state)
      0, 1, 2, 3, 4 :
               begin
                  Ga_tmp = 1'b1 ;
                  Rb_tmp = 1'b1 ;
                  nextstate = state + 1 ;
               end
      5 :
```

```
                begin
                   Ga_tmp = 1'b1 ;
                   Rb_tmp = 1'b1 ;
                   if (Sb == 1'b1)
                   begin
                      nextstate = 6 ;
                   end
                   else
                   begin
                      nextstate = 5 ;
                   end
                end
         6 :
                begin
                   Ya_tmp = 1'b1 ;
                   Rb_tmp = 1'b1 ;
                   nextstate = 7 ;
                end
         7, 8, 9, 10 :
                begin
                   Ra_tmp = 1'b1 ;
                   Gb_tmp = 1'b1 ;
                   nextstate 5 state + 1 ;
                end
         11 :
                begin
                   Ra_tmp = 1'b1 ;
                   Gb_tmp = 1'b1 ;
                   if (Sa == 1'b1 | Sb == 1'b0)
                   begin
                      nextstate = 12 ;
                   end
                   else
                   begin
                      nextstate = 11 ;
                   end
                end
         12 :
                begin
                   Ra_tmp = 1'b1 ;
                   Yb_tmp = 1'b1 ;
                   nextstate = 0 ;
                end
   endcase
end

always @(posedge clk)
begin
   state <= nextstate ;
end

assign lightA = (Ra==1'b1) ? R : (Ya==1'b1) ? Y : (Ga==1'b1) ? G : lightA;
assign lightB = (Rb==1'b1) ? R : (Yb==1'b1) ? Y : (Gb==1'b1) ? G : lightB;

endmodule
```

나 이것은 문제가 되지 않는다. 왜냐하면 always 문 내의 순차처리문들은 즉각적으로 실행되기 때문이다. 예를 들어, 시간이 20ns일 때 상태가 S_2에서 S_3로 바뀐다고 하자. *Ga*와 *Rb*가 1이 된다. 그러나 always 문이 실행되기 시작하자마자 코드의 첫 번째 줄이 실행되고, *Ga*와 *Rb*는 시간 $20 + D$에서 0으로 바뀌도록 스케줄링된다. 그런 다음 case 문이 실행되고, *Ga*와 *Rb*는 시간 $20 + D$에서 1로 바뀌도록 스케줄링된다. 이것은 이전과 동일한 시간이므로, 새로운 값(1)이 이전에 스케줄링된 값(0)을 우선하게 되어 신호는 결코 0으로 바뀌지 않는다.

다음 구문이 case 문 전에 있음을 알 수 있다.

```
nextstate = 0;
```

이 구문은 모든 경우가 지정되지 않아도 nextstate에 대한 래치가 발생하지 않도록 한다. 이 예제에서 nextstate를 0으로 설정하는 default 문이 없을 때, 16가지 경우 중 13가지만 지정되면 nextstate에 대한 래치가 생성될 것이다. 기억해야 할 기본 사항은 nextstate는 조합 신호이고, state가 플립플롭 내에 상태 값을 유지하는 실제 신호라는 점이다.

신호등 제어기 설계를 완료하기 전에 설계 명세서를 만족하는지 확인하기 위해 Verilog 코드를 검사하고자 한다. 최소한 상태 그래프상의 모든 화살표를 적어도 한 번 이상 거쳐가도록 검사 시퀀스를 만들어야 한다. 다양한 교통 상황에 대한 타이밍을 점검하기 위한 추가적인 검사를 수행하기 원할 수도 있다. A와 B에 모두 교통량이 많은 경우, A와 B에 모두 교통량이 적은 경우, A에만 교통량이 많은 경우, B에만 교통량이 많은 경우, 녹색등일 때 차량이 움직이지 못한 특별한 경우, 적색등일 때 차량이 교차로를 통과한 특별한 경우 등이 이에 속한다.

시뮬레이터 출력을 쉽게 해석하기 위해 R, Y, G 값을 갖는 'light'라는 데이터 타입과 이러한 값을 가질 수 있는 신호 *lightA*, *lightB*를 정의한다. 적색등일 때 *lightA*를 R로 설정하고, 황색등일 때 *lightA*를 Y로 설정하고, 녹색등일 때 *lightA*를 G로 설정하는 구문을 추가한다. 다음과 같은 시뮬레이터 명령어 파일은 먼저 상태 그래프상의 자체 루프를 따르는 경우를 검사하고, 그 다음에는 자체 루프를 따르지 않는 경우를 검사한다.

```
add wave clk Sa Sb state lightA lightB
force clk 0 0, 1 5 sec -repeat 10 sec
force Sa 1 0, 0 40, 1 170, 0 230, 1 250 sec
force Sb 0 0, 1 70, 0 100, 1 120, 0 150, 1 210, 0 250, 1 270 sec
run 300 sec
```

그림 4-16의 검사 결과는 신호등이 지정된 시간에서 바뀌는지 여부를 검증한다.

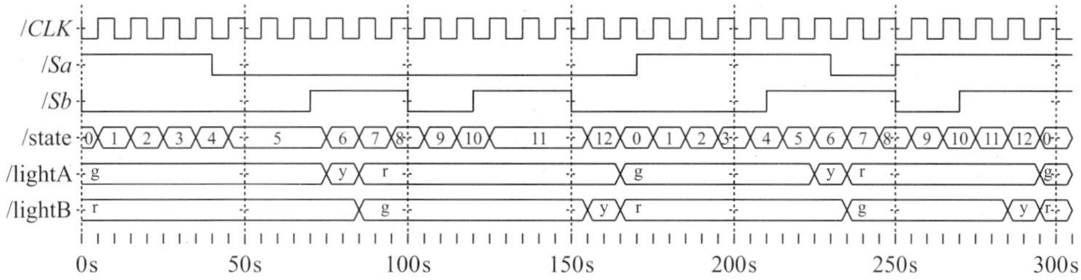

그림 4-16 신호등 제어기에 대한 검사 결과

4.5 제어회로의 상태 그래프

다른 예제들을 더 살펴보기 전에, 제어 상태 그래프의 표기법을 설명하고, 적합한 상태 그래프를 갖기 위해 만족시켜야 하는 조건들을 언급한다. 보통 제어 상태 그래프에서는 0과 1 대신, 변수 이름을 사용하여 라벨을 붙인다. 이것은 그래프를 좀 더 읽기 쉽게 한다. 특히 입력과 출력의 수가 많으면 더욱 그러하다. 밀리(Mealy) 상태 그래프의 화살표에 X_iX_j/Z_pZ_q로 라벨을 붙인다면, 이 의미는 입력 X_i와 X_j가 1이면(다른 입력 값들은 신경 쓰지 않음) 출력 Z_p와 Z_q가 1이고(나머지 출력들은 0), 이 화살표를 따라 다음 상태로 천이하는 것이다. 예를 들어, 4개의 입력(X_1, X_2, X_3, X_4)과 4개의 출력(Z_1, Z_2, Z_3, Z_4)을 갖는 회로가 있다면 X_1X_4'/Z_2Z_3는 1--0/0110을 의미한다. 일반적으로 입력 표현식으로 화살표에 라벨 I를 붙이면, $I = 1$일 때 화살표를 따라 천이한다. 예를 들어, 입력 라벨이 $AB + C'$라 하면 $AB + C' = 1$일 때 화살표를 따라 천이한다.

모든 입력 조합에 대해 다음 상태가 항상 유일하게 정의되는 완전하게 명세된 올바른 상태 그래프를 가지려면, 모든 상태 S_k에 대해 입력 라벨에 다음과 같은 제약 조건을 지정해야 한다.

1. I_i와 I_j가 상태 S_k에서 빠져나오는 화살표에 있는 입력 라벨의 쌍이면, $i \neq j$일 때 $I_iI_j = 0$이다.
2. n개의 화살표가 상태 S_k를 빠져나오고 n개의 화살표가 각각 입력 라벨 I_1, $I_2, \cdots$, I_n을 갖는다면, $I_1 + I_2 + \cdots + I_n = 1$이다.

조건 1은 어떤 주어진 시간에 최대 1개의 입력 라벨이 1이 될 수 있음을 나타내며, 조건 2는 어떤 주어진 시간에 적어도 1개의 입력 라벨이 1임을 나타낸다. 따라서 정확히 1개의 입력 라벨이 1이 되고, 다음 상태는 모든 입력 조합에 대해 유일하게 정의된다. 예를 들어, $I_1 = X_1$, $I_2 = X_1'X_2'$, $I_3 = X_1'X_2$인 그림 4-17의 부분 상태 그래프를 생각해보자.
조건 1과 조건 2가 S_k에 대해 만족된다.

불완전하게 명세된 올바른 상태 그래프는 항상 조건 2를 만족해야 하며, 각각의 상태 S_k에 대해 발생할 수 있는 모든 입력 변수 값의 조합에 대해 조건 1을 만족해야 한다. 따라서

그림 4-17 예제 부분 상태 그래프

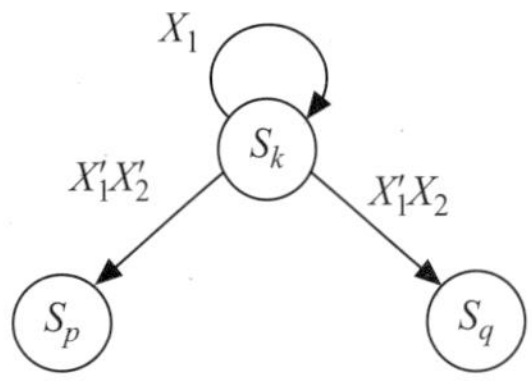

$$(X_1)(X_1'X_2')=0$$
$$(X_1)(X_1'X_2)=0$$
$$(X_1'X_2')(X_1'X_2)=0$$
$$X_1+X_1'X_2'+X_1'X_2=1$$

그림 4-18 예제 부분 상태 그래프

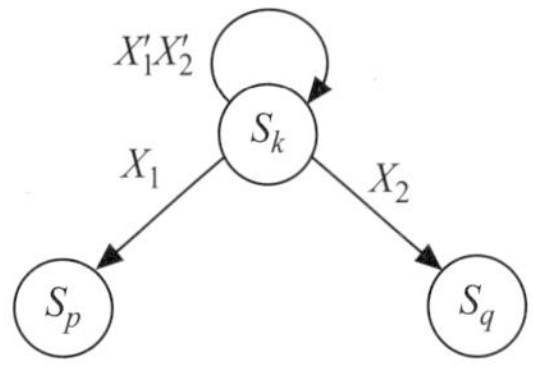

그림 4-18의 부분 상태 그래프는 상태 S_k에서 입력 조합 $X_1=X_2=1$은 발생할 수 없을 때만 올바른 부분 상태 그래프를 나타낸다.

만일 3개의 입력 변수(X_1, X_2, X_3)가 있다면, 그림 4-18의 부분 상태 그래프는 다음과 같은 상태표를 나타낸다.

	000	001	010	011	100	101	110	111
S_k	S_k	S_k	S_q	S_q	S_p	S_p	–	–

4.6 스코어보드와 제어기

이번 예제에서는 점수를 십진수 0에서 99까지 표시할 수 있는 간단한 스코어보드를 설계할 것이다. 시스템의 입력은 리셋 신호와 점수를 올리거나 내리는 제어 신호로 구성된다. 증가 신호가 참이면 2디지트 십진 카운트가 1씩 증가하고, 감소 신호가 참이면 1씩 감소한다. 증가 신호와 감소 신호가 동시에 참이면, 아무 동작도 하지 않는다.

현재의 카운트는 7세그먼트 디스플레이에 표시된다. 사고로 지워지는 경우를 방지하기 위해, 스코어보드를 지우려면 리셋 버튼을 연속해서 5사이클 동안 눌러야 한다. 스코어보드는 실수(잘못해서 필요한 것 이상으로 증가시킨 경우)를 교정하기 위한 하향 카운트를 허용한다.

데이터 경로

이번 설계의 핵심에는 카운트를 수행하는 2디지트 BCD 카운터가 있을 것이다. 2개의 7세그먼트 디스플레이가 현재의 점수를 표시하기 위해 필요하다. 또한 각각의 BCD 디지트 표시를 편리하게 하는 BCD-7세그먼트 디코더도 필요하다. 그림 4-19는 이 시스템의 블록도를 보여준다. 리셋을 5개 클록 사이클 동안 누른 후에 실제 리셋이 이루어지기 때문에,

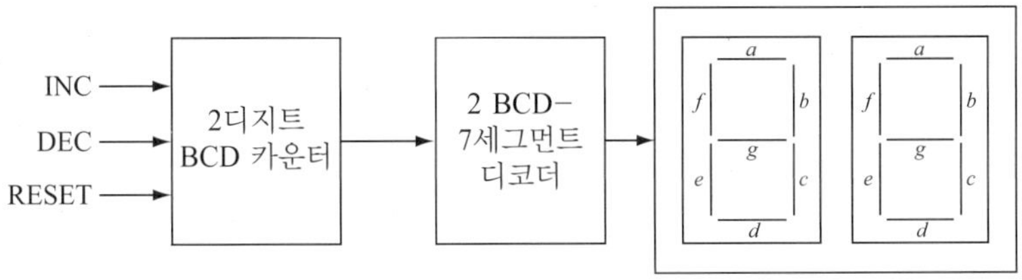

그림 4-19 간단한 스코어보드의 개요

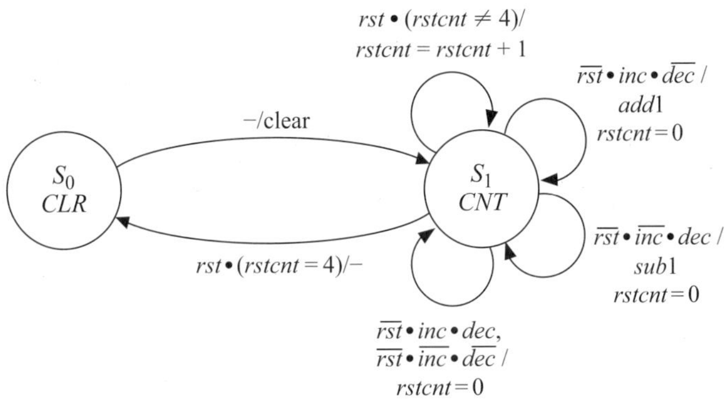

그림 4-20 스코어보드의 상태 그래프

3비트 리셋 카운터 *rstcnt*가 사용될 것이다.

제어기

이 회로의 제어기는 다음과 같이 동작한다. 그림 4-20에 표시된 것처럼, 이 유한 상태 머신(finite state machine, FSM)에는 2개의 상태가 있다. 초기 상태(S_0)에서 BCD 카운터가 클리어된다. 리셋 카운터 역시 0으로 초기화된다. 근본적으로 S_0는 모든 카운터가 클리어되는 초기화 상태이다. 초기화 상태 이후, FSM은 카운팅이 이루어지는 다음 상태(S_1)로 이동한다. 이 상태에서 매 클록 사이클마다 입력 신호에 따라 증가 또는 감소가 이루어진다. 리셋 신호 *rst*가 도달하면, *rstcnt*가 증가한다. 리셋 카운트가 이미 4에 이르렀고 리셋 명령이 5번째 클록 사이클에서도 지속되면, S_0 상태로 천이가 일어난다. *inc* 신호가 들어오고 *dec* 신호는 들어오지 않으면, BCD 카운터가 증가한다. 우측 상단의 화살표에 있는 *add*1은 BCD 카운터가 증가하는 것을 표시하기 위해 사용한다. *dec* 신호가 들어오고 *inc* 신호가 들어오지 않으면, BCD 카운터는 감소된다. 우측 하단의 화살표에 있는 *sub*1은 BCD 카운터가 감소되는 것을 표시하기 위해 사용한다. 리셋 신호가 들어오지 않는 사이클에서는 *rstcnt*가 클리어된다. *inc*와 *dec* 신호가 동시에 참이 되거나 어느 것도 참이 아니라면, 리셋 카운터(*rstcnt*)는 클리어되고 BCD 카운터는 변화하지 않는다.

Verilog 모델

스코어보드의 Verilog 코드가 그림 4-21에 있다. 2개의 7세그먼트 디스플레이 `seg7disp1`, `seg7disp0`이 부호 없는 7비트 벡터로 선언된다. 7세그먼트 디스플레이의 세그먼트를 그림 4-19에서처럼 *a*부터 *g*로 라벨을 붙인다. 부호 없는 타입을 사용하기 때문에 오버로드

그림 4-21 스코어보드의 Verilog 코드

```
module Scoreboard (clk, rst, inc, dec, seg7disp1, seg7disp0);

   input clk;
   input rst;
   input inc;
   input dec;
   output[6:0] seg7disp1;
   output[6:0] seg7disp0;

   reg[0:0] State; // 2개의 상태만 있으므로 1비트면 충분함
   reg[3:0] BCD1;
   reg[3:0] BCD0;
   reg[2:0] rstcnt;
   reg[6:0] seg7Rom[0:9];

   initial
   begin
      BCD1 = 4'b0000;
      BCD0 = 4'b0000;
      rstcnt = 0;
      State = 0;

      seg7Rom[0] = 7'b0111111;
      seg7Rom[1] = 7'b0000110;
      seg7Rom[2] = 7'b1011011;
      seg7Rom[3] = 7'b1001111;
      seg7Rom[4] = 7'b1100110;
      seg7Rom[5] = 7'b1101101;
      seg7Rom[6] = 7'b1111100;
      seg7Rom[7] = 7'b0000111;
      seg7Rom[8] = 7'b1111111;
      seg7Rom[9] = 7'b1100111;
   end

   always @(posedge clk)
   begin
         case (State)
            0 :
                     begin
                        BCD1 <=4'b0000 ;
                        BCD0 <= 4'b0000 ;
                        rstcnt <= 0 ;
                        State <= 1 ;
                     end
            1 :
                     begin
                        if (rst == 1'b1)
                        begin
                           if (rstcnt == 4)
                           begin
                              State <= 0 ;
                           end
                           else
                           begin
```

```
                        rstcnt <= rstcnt + 1 ;
                    end
                end
                else if (inc == 1'b1 && dec == 1'b0)
                begin
                    rstcnt <= 0 ;
                    if (BCD0 < 4'b1001)
                    begin
                        BCD0 <= BCD0 + 1 ;
                    end
                    else if (BCD1 < 4'b1001)
                    begin
                        BCD1 <= BCD1 + 1 ;
                        BCD0 <= 4'b0000 ;
                    end
                end
                else if (dec == 1'b1 && inc == 1'b0)
                begin
                    rstcnt <= 0 ;
                    if (BCD0 > 4'b0000)
                    begin
                        BCD0 <= BCD0 - 1 ;
                    end
                    else if (BCD1 > 4'b0000)
                    begin
                        BCD1 <= BCD1 - 1 ;
                        BCD0 <= 4'b1001 ;
                    end
                end
                else if (inc == 1'b1 && dec == 1'b1)
                begin
                   rstcnt <= 0 ;
                end
            end
        endcase
    end
    assign seg7disp0 = seg7Rom[BCD0] ;
    assign seg7disp1 = seg7Rom[BCD1] ;

endmodule
```

된 '+' 연산자가 카운터를 1씩 증가시키는 데 사용될 수 있다. 7세그먼트 디스플레이 디코더는 어레이 또는 룩업 테이블로 구현할 수 있다. 룩업 테이블은 10개의 7비트 벡터로 구성된다. reg 데이터 타입의 seg7Rom은 각각의 BCD 디지트에 해당하는 7세그먼트 값들의 어레이를 위해 선언된다. 부호 없는 7비트 벡터가 10개 있는 2차원 어레이이다. 룩업 테이블은 BCD 디지트를 주소로 하여 사용되어야 하며, 다음 구문은 십진수 디지트를 7세그먼트 형태로 변환하기 위해 어레이 seg7Rom으로부터 적절한 값을 가져온다.

```
assign seg7disp0 = seg7rom[BCD0];
```

BCD 덧셈은 합이 9보다 크면 그 합을 조정함으로써 이루어진다. 현재의 카운트가 9보다 작으면, 증가된다. 9이면, 1을 더함으로써 결과가 0이 되지만 다음 디지트가 증가된다. 마찬가지로, 0에서 감소하면 다음 상위 디지트에서 1을 빌려와서 수행된다.

4.7 동기화와 디바운싱

앞서 살펴본 설계에서 스코어보드에 인가되는 *inc*, *dec*, *rst* 신호는 외부 입력이다. 외부 입력을 갖는 시스템에서 쟁점은 동기화이다. 키패드나 푸시 버튼 스위치로부터의 출력은 시스템 클록 신호와 동기화되지 않는다. 그러나 이러한 신호들은 동기식 순차회로에 입력으로 사용될 것이므로, 동기화되어야 한다.

외부 입력을 갖는 시스템에서 또 하나의 쟁점은 스위치 바운스(bounce)이다. 기계적인 스위치가 닫히거나 열릴 때 스위치 접촉이 바운스를 일으켜서 그림 4-22(a)처럼 스위치 출력에 잡음을 발생시킨다. 스위치 접촉은 최종 값으로 안정되기 전까지 수 밀리초 동안 바운싱한다. 스위치가 닫힌 것이 감지된 후, 키를 읽기 전 바운스가 안정되기를 기다려야 한다. 기계적인 스위치와 연관되는 모든 회로에서는 스위치를 디바운싱(debouncing)해야 한다. 디바운싱이란 스위치의 출력에서 과도적인 현상을 제거하는 것을 의미한다.

접촉이 동기화되고 디바운싱되어야 할 때 플립플롭은 매우 유용한 소자이다. 그림 4-22(b)는 제안된 디바운싱 및 동기화 회로를 보여준다. 이 설계에서 클록 주기는 바운스 시간보다 길다. 신호가 바운스되는 동안 클록의 상승 에지가 발생하면, t_1에서 0 또는 1이 플립플롭에 인가될 것이다. 만일 0이 인가되었다면, 그 다음에 활성화되는 클록 에지(t_2)에서는 1이 인가될 것이다. 결과적으로 Q_A는 접촉의 닫힘에 대한 디바운싱 및 동기화 버전이 된다. 그러나 홀드 시간 또는 셋업 시간의 위반과 같이 스위치가 클록의 에지에 매우 근접한 시간에서 변화한다면 실패할 가능성이 존재한다. 이러한 경우 플립플롭 출력 Q_A가 발

그림 4-22 기계적 스위치의 디바운싱

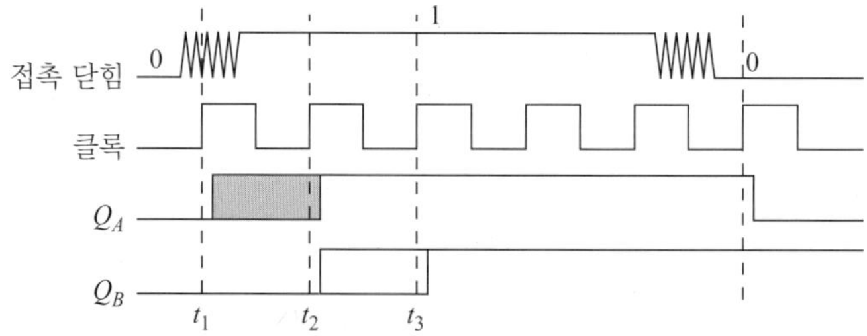

(a) 스위치 바운싱

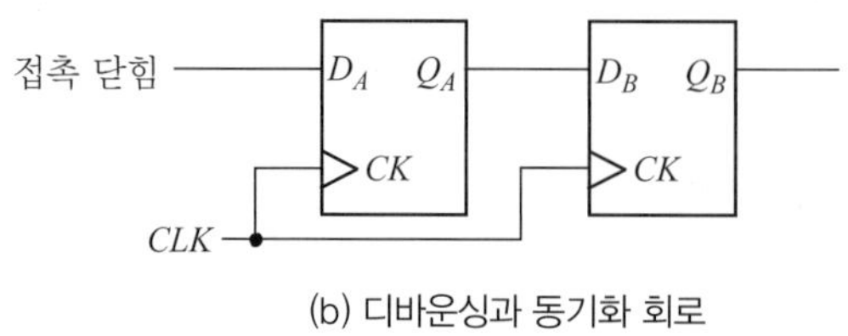

(b) 디바운싱과 동기화 회로

진하거나 그렇지 않으면 오동작할 수 있다. 이러한 상황이 자주 발생하지는 않지만, 두 번째 플립플롭을 추가함으로써 이를 방지하는 것이 최선이다. Q_A의 출력에서의 발진이 클록의 다음번 활성화 에지 전에 사라져서 입력 D_B가 활성화된 클록 에지에서 항상 안정되도록 클록 주기를 선택할 것이다. 다바운싱된 신호 Q_B는 스위치가 닫힌 후 2개 클록 사이클만큼 지연되지만, 항상 깨끗하며 클록과 동기화될 것이다.

단일 펄서

스코어보드 설계에서 *inc*, *dec* 신호가 공급될 때마다 1개의 클록 사이클 동안만 지속된다고 가정했다. 일반적으로 디지털 시스템은 인간의 행동보다 빠른 속도로 동작하며, 따라서 사람이 1개의 클록 펄스 동안만 유지되는 신호를 만드는 것은 현실적으로 매우 어렵다. 버튼을 누르는 것이 1개의 클록 사이클 이상 동안 지속되면, 앞서 말한 설계에서 카운터는 계속 증가될 것이다. 이 문제의 해결책은 버튼이나 스위치를 누르는 사람의 행동에 대해 단일 펄스를 생성하는 회로를 개발하는 것이다. 이와 같은 회로는 사람, 푸시 버튼, 스위치에 연관되는 다양한 응용 분야에서 사용될 수 있다.

그러면, 버튼이 눌렸을 때 단일 클록 사이클 길이만큼의 동기화된 펄스를 공급하는 단일 펄서(pulser) 회로를 설계하자. 이 회로는 버튼을 누르는 것을 감지해야 하고, 1개의 클록 사이클 동안 출력 신호를 활성화해야 한다. 그런 다음 버튼을 놓을 때까지 출력은 비활성화 상태를 유지한다.

단일 펄서를 위한 상태도를 작성하자. 단일 펄서 회로는 2개의 상태를 가져야 한다. 하나는 키를 누르는 것을 감지하는 것이고, 또 하나는 키를 놓는 것을 감지하는 것이다. 첫 번째 상태를 S_0라 하고, 두 번째 상태를 S_1이라 하자. SYNCPRESS를 동기화된 키 누름을 나타내는 기호로 사용하자. 회로가 S_0 상태에 있고 버튼이 눌리면, 시스템은 단일 펄스를 만들고 S_1 상태로 이동한다. 단일 펄스는 상태가 S_0에서 S_1으로 변할 때의 밀리(Mealy) 출력이다. 일단 시스템이 S_1 상태에 있으면, 버튼이 놓이기를 기다린다. 버튼이 놓이는 즉시 출발 상태 S_0로 이동하여 다음번 버튼 누름을 기다린다. 단일 펄스 출력은 S_0에서 S_1으로 천이하는 동안만 참이다. 상태도는 그림 4-23에서 보여준다.

이 회로에는 2개의 상태만 있기 때문에 1개의 플립플롭을 사용하여 구현할 수 있다. 단일 펄서는 그림 4-24와 같이 구현할 수 있다. 첫 번째 블록은 그림 4-22의 회로로 구성되며 동기화된 버튼 누름 SYNCPRESS를 생성한다. 플립플롭은 상태 머신의 2개 상태를 구현한다. 상태 할당 $S_0 = 0$과 $S_1 = 1$을 가정하자. 이러한 경우에 두 번째 플립플롭의 출력 Q

그림 4-23 단일 펄스의 상태도

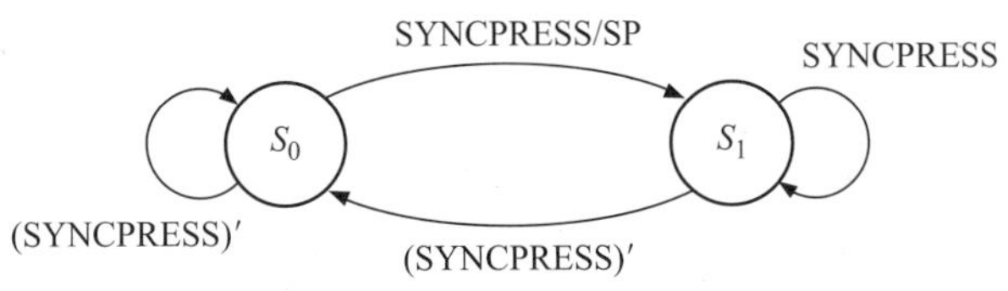

그림 4-24 단일 펄서와 동기화 회로

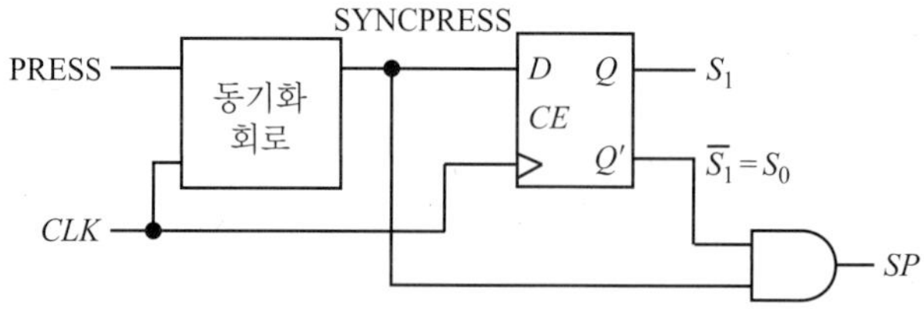

는 S_1과 같고, 두 번째 플립플롭의 Q' 출력은 S_0와 같다. 단일 펄스 SP의 식은 다음과 같다.

$$SP = S_0 \cdot \text{SYNCPRESS}$$

$S_0 = S_1'$라는 점에도 유의하라. 동기화 블록 내의 2개의 플립플롭을 포함하여 3개의 플립플롭이 디바운싱, 동기화, 단일 펄싱 기능을 제공한다. 버튼 누름 정보가 이와 같은 회로를 통해 전달될 수 있으면, 시스템 클록에 디바운싱되고 동기화된 단일 펄스가 얻어질 수 있다. 제어되고 예측 가능한 동작을 달성하기 위해 외부의 푸시 버튼 신호를 이와 같은 회로를 통해 공급하는 것은 좋은 습관이다.

4.8 시프트와 더하기 동작 곱셈기

이 절에서는 부호 없는 이진수에 대한 곱셈기를 설계하려고 한다. 곱셈 $A \times B$에서 첫 번째 피연산자(A)는 피승수(multiplicand), 두 번째 피연산자(B)는 승수(multiplier)라고 한다. 여기서 보이는 것과 같이, 이진 곱셈은 시프트와 덧셈만을 필요로 한다. 다음 예제에서 13_{10}과 11_{10}을 이진수로 곱한다.

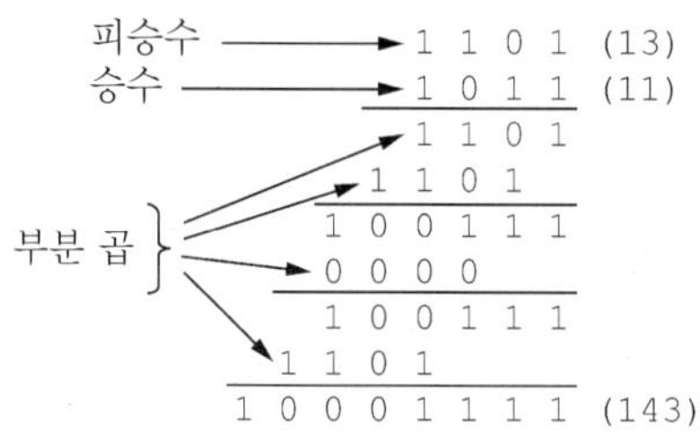

각각의 부분 곱은 피승수(1101)를 적절한 횟수만큼 시프트한 것이거나 0임에 유의하라. 모든 부분 곱을 먼저 다 구한 다음 더하는 대신, 각각의 새로운 부분 곱이 만들어지면 즉시 더함으로써 2개를 초과하는 이진수들을 한 번에 더할 필요성을 제거한다.

2개의 4비트 수에 대한 곱셈은 4비트 피승수 레지스터, 4비트 승수 레지스터, 4비트 전가산기, 곱을 저장하기 위한 8비트 레지스터를 필요로 한다. 곱 레지스터는 부분 곱의 합을 누적하는 누산기의 역할을 한다. 앞의 예제에서 수행했듯이, 피승수가 누산기에 더해지기 전에 매번 좌측으로 시프트된다면, 8비트 가산기가 필요했을 것이다. 따라서 그림 4-25의 블록도와 같이 곱 레지스터의 내용을 매번 우측으로 시프트하는 것이 더 좋다.

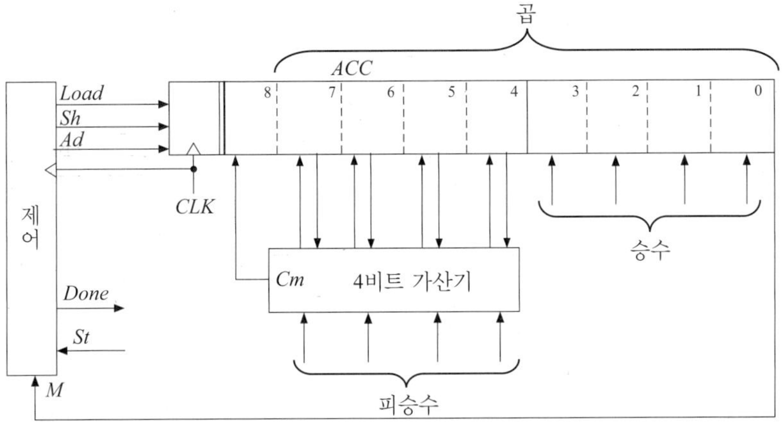

그림 4-25 이진 곱셈기의 블록도

이러한 유형의 곱셈기를 직렬-병렬 곱셈기라고 한다. 왜냐하면 승수 비트들이 직렬로 처리되지만 덧셈은 병렬로 이루어지기 때문이다. 그림에서 화살표로 나타낸 것처럼, 누산기(ACC)로부터의 4비트, 피승수 레지스터로부터의 4비트가 가산기의 입력에 연결된다. 가산기로부터의 합 4비트와 캐리 출력이 다시 누산기에 연결된다. 덧셈 신호(*Ad*)가 발생하면, 가산기 출력은 다음번 클록 펄스에 의해 누산기에 전달되어 피승수가 누산기에서 더해진다. 곱 레지스터의 좌측 끝에 있는 추가적인 비트는 피승수가 누산기에 더해질 때 발생하는 캐리를 임시로 저장한다. 시프트 신호(*Sh*)가 발생하면, ACC의 모든 9비트는 다음번 클록 펄스에서 우측으로 시프트된다.

곱 레지스터의 하위 4비트는 처음에는 사용되지 않기 때문에, 승수를 별도의 레지스터 대신 이 장소에 저장한다. 각각의 승수 비트가 사용되면서 레지스터의 우측 끝으로부터 시프트되어 나옴으로써 추가적인 곱 비트에 대한 공간이 마련된다. 시프트 신호(*Sh*)는 곱 레지스터의 내용(승수를 포함하여)이 다음번 클록 펄스가 발생할 때 우측으로 한 칸씩 시프트되도록 한다. 제어회로는 시작 신호($St = 1$)가 수신된 후 덧셈과 시프트 신호의 적절한 시퀀스를 내어준다. 현재의 승수 비트(*M*)가 1이면, 피승수는 누산기에 더해진 다음 우측으로 시프트된다. 승수 비트가 0이면, 덧셈은 건너뛰고 우측 시프트만 이루어진다. 매 클록 시간마다 레지스터 안의 비트 위치를 보여주기 위해 곱셈 예제(13×11)를 다시 수행한다.

곱 레지스터의 초기 내용	00000 1011 ← *M*	(11)
(*M*=1이므로 피승수를 더함)	1101	(13)
덧셈 이후	01101 1011	
시프트 이후	001101 101 ← *M*	
(*M*=1이므로 피승수를 더함)	1101	
덧셈 이후	100111 101	
시프트 이후	0100111 10 ← *M*	
(*M*=0이므로 덧셈 건너뜀)		
시프트 이후	00100111 1 ← *M*	
(*M*=1이므로 피승수를 더함)	1101	
덧셈 이후	10001111 1	
시프트 이후(최종 답)	010001111	(143)

곱과 피승수 사이의 분할선

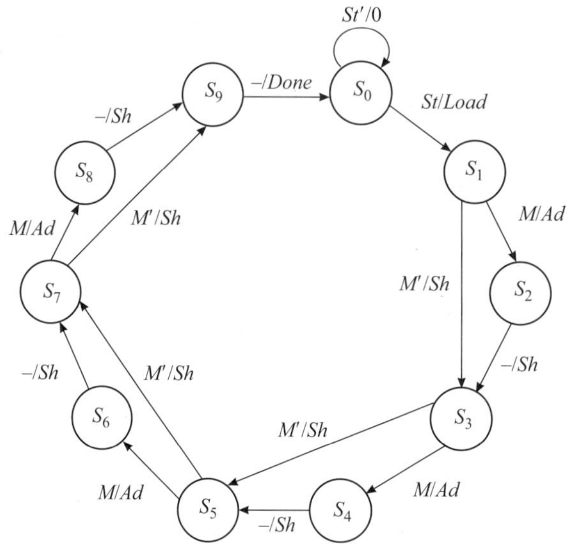

그림 4-26 이진 곱셈기 제어에 대한 상태 그래프

제어회로는 덧셈과 시프트 신호의 적절한 시퀀스를 출력하도록 설계해야 한다. 그림 4-26은 제어회로의 상태 그래프를 보여준다. 그림 4-26에서 S_0는 리셋 상태이며, 회로는 시작 신호($St = 1$)가 수신될 때까지 S_0를 유지한다. 시작 신호가 수신되면, *Load* 신호를 생성하여 누산기(ACC)의 하위 4비트에 승수를 저장하고, 누산기의 상위 5비트가 클리어되게 한다. 상태 S_1에서는 승수의 하위 비트(M)를 검사한다. $M = 1$이면 덧셈 신호가 생성되고, $M = 0$이면 시프트 신호가 생성된다. 마찬가지로 S_3, S_5, S_7 상태에서도 덧셈 또는 시프트 신호를 발생시킬지 여부를 결정하기 위해 현재의 승수 비트(M)를 검사한다. 시프트 신호는 항상 덧셈 신호(상태 S_2, S_4, S_6, S_8)의 다음번 클록 시간에서 발생한다. 4번의 시프트 신호가 생성된 후 제어회로는 S_9 상태로 가고, 초기 상태 S_0로 되돌아가기 전에 완료 신호가 생성된다.

동작적 Verilog 모델(그림 4-27)은 이 상태 그래프에 직접 대응된다. 10개의 상태가 있기 때문에, 상태 신호에 대해 0~9 범위의 정수를 선언했다. 신호 *ACC*는 9비트 누산기 출력을 나타낸다. 다음 구문은 *ACC*[0] 대신 *M*이란 이름을 사용할 수 있도록 허용한다.

```
`define M ACC[0]
```

1, 3, 5, 7 :이라는 표현은 상태가 1 또는 3 또는 5 또는 7일 때 해당 동작이 일어난다는 뜻이다. 모든 레지스터 연산과 상태 변화는 클록의 상승 에지에서 발생한다. 예를 들어 상태 0에서 *St*가 1이면, 상태는 1로 바뀜과 동시에 승수가 누산기에 저장된다. 표현식 `{1'b0, ACC[7:4]} + Mcand`는 2개의 부호 없는 4비트 벡터의 합을 5비트 결과로 계산하기 위해 사용된다. 이는 상태 카운터가 증가함과 동시에 *ACC*에 저장되는 가산기 출력을 나타낸다. *ACC*에 대한 우측 시프트는 0에 *ACC*의 상위 8비트를 연결한 다음 이를 *ACC*에 저장함으로써 이루어진다. 표현식 `{1'b0, ACC[8:1]}`은 `ACC >> 1`로 대체할 수 있다.

그림 4-27 4×4 이진 곱셈기의 동작적 모델

```
// 다음은 부호 없는 이진수에 대한 곱셈기의 동작적 모델이다.
// 4비트 피승수에 4비트 승수를 곱하여 8비트 곱을 구한다.

// 곱셈에 필요한 최대 클록 수는 10이다.

`define M ACC[0]

module mult4X4 (Clk, St, Mplier, Mcand, Done, Result);

   input Clk;
   input St;
   input[3:0] Mplier;
   input[3:0] Mcand;
   output Done;
   output[7:0] Result;

   reg[3:0] State;
   reg[8:0] ACC;

   initial
   begin
      State = 0;
      ACC   = 0;
   end

   always @(posedge Clk)
   begin
         case (State)
            0 :
                    begin
                       if (St ==1'b1)
                       begin
                          ACC[8:4] <= 5'b00000 ;
                          ACC[3:0] <= Mplier ;
                          State <= 1 ;
                       end
                    end
            1, 3, 5, 7 :
                    begin
                     if (`M == 1'b1)
                     begin
                        ACC[8:4] <= {1'b0, ACC[7:4]} + Mcand ;
                          State <= State + 1 ;
                       end
                       else
                       begin
                         ACC <= {1'b0, ACC[8:1]} ;
                          State <= State + 2 ;
                       end
                    end
            2, 4, 6, 8 :
                    begin
```

```
                        ACC <= {1'b0, ACC[8:1]} ;
                        State <= State + 1 ;
                     end
            9 :
                     begin
                        State <= 0 ;
                     end
         endcase
   end

   assign Done = (State == 9) ? 1'b1 : 1'b0 ;
   assign Result = (State == 9) ? ACC[7:0] : 8'b01010101 ;

endmodule
```

Done 신호는 상태 9에서만 ON 되어야 한다. *State* = 9의 동작에 대해 `State <= 0; Done <= 1;`이라는 구문을 사용했더라면, *State*가 0으로 바뀜과 동시에 *Done*이 ON 되었을 것이다. 하지만 이것은 너무 늦다. 왜냐하면 *State*가 9가 될 때 *Done*이 ON 되기를 원하기 때문이다. 그러므로 별도의 동시 할당문을 사용했다. *State*가 바뀔 때마다 *Done*이 갱신되도록 이 구문을 프로세스 바깥에 둔다.

곱셈기의 상태 그래프가 나타내듯이, 제어는 두 가지 기능을 수행한다. 즉, 필요할 때 덧셈 또는 시프트 신호를 발생시키거나, 시프트 횟수를 카운트한다. 비트 수가 너무 크면, 제어회로를 그림 4-28(a)와 같이 카운터와 덧셈-시프트 제어부로 분리하는 것이 편리하다. 먼저 덧셈-시프트 제어를 위한 상태 그래프를 유도한다(그림 4-28(b)). 이는 *St*와 *M*을 검사하고 덧셈과 시프트 신호에 대한 적절한 시퀀스를 출력하는 것이다. 그런 다음 카운터로부터의 완료 신호(*K*)를 추가한다. 이 신호는 적절한 횟수만큼의 시프트가 완료된 후 곱셈기를 중단시킨다. 시작 신호 $St = 1$이 수신되면, 그림 4-28(b)의 S_0에서 시작하여 로드 신호가 생성되고 회로는 상태 S_1으로 이동한다. 그런 다음, $M = 1$이면, 덧셈 신호가 생성되고 회로는 상태 S_2로 이동한다. $M = 0$이면, 시프트 신호가 생성되고 회로는 S_1에 머무른다. S_2에서는 시프트 신호가 생성된다. 왜냐하면 시프트는 항상 덧셈을 뒤따르기 때문이다. 그림 4-28(b)의 그래프는 덧셈과 시프트 신호에 대한 적절한 시퀀스를 생성할 것이지만, 곱셈을 멈출 방법을 제공하지는 못한다.

곱셈 완료 시점을 결정하기 위해 시프트 신호가 발생될 때마다 카운터가 증가된다. 승수가 *n*비트이면, *n*번의 시프트가 필요하다. $n - 1$번의 시프트가 발생한 후 완료 신호(*K*)를 생성하도록 카운터를 설계하고자 한다. $K = 1$일 때, 필요하다면 회로는 덧셈을 한 번 더 수행하고, 그 다음에 마지막 시프트를 수행한다. 그림 4-28(c)의 제어 동작은 $K = 0$인 경우에는 그림 4-28(b)와 동일하다. 상태 S_1에서, $K = 1$이면 평소대로 *M*을 검사한다. $M = 0$이면, 최종 시프트 신호를 출력하고 완료 상태(S_3)로 이동한다. 그러나 $M = 1$이면, 시프트를 하기 전에 덧셈을 하고 상태 S_2로 이동한다. 상태 S_2에서, $K = 1$이면 시프트 신호를 하

그림 4-28 카운터를 이용한 곱셈기 제어

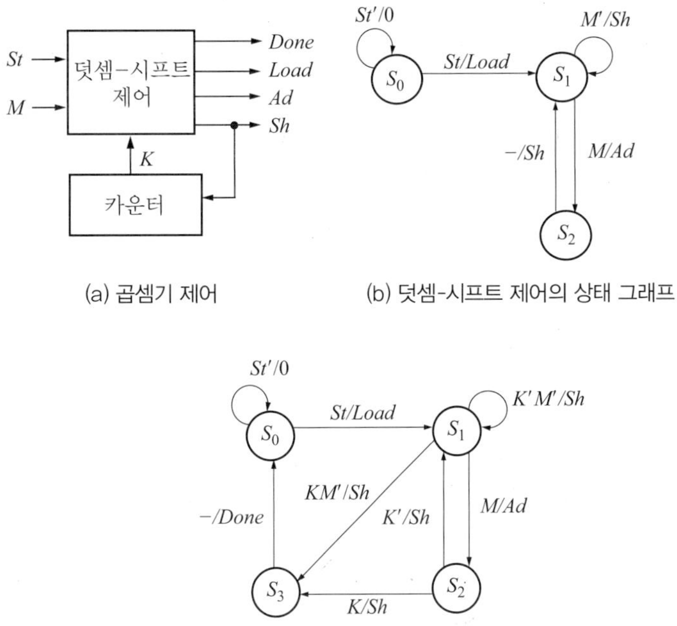

(a) 곱셈기 제어

(b) 덧셈-시프트 제어의 상태 그래프

(c) 덧셈-시프트 제어의 최종적인 상태 그래프

나 더 출력하고 S_3로 이동한다. 마지막 시프트 신호는 카운터를 0으로 증가시키고 동시에 덧셈-시프트 제어는 완료 상태로 이동한다.

예로서 그림 4-25의 곱셈기를 생각해보는데, 제어회로는 그림 4-28(a)로 대체하자. $n=4$이므로, 4번의 시프트를 카운트하기 위해 2비트 카운터가 필요하다. 카운터가 상태 $3(11_2)$에 있을 때 $K=1$이다. 표 4-2는 1101에 1011을 곱할 때 곱셈기의 동작을 보여준다. S_0, S_1, S_2, S_3는 제어회로의 상태를 나타낸다(그림 4-28(c)). 각 단계에서의 곱 레지스터 내용은 앞에서 주어진 것과 동일하다.

시간 t_0에서 제어는 리셋되고 시작 신호를 기다린다. 시간 t_1에서 시작 신호 St는 1이고 *Load* 신호가 생성된다. 시간 t_2에서 $M=1$이므로 *Ad* 신호가 생성된다. 다음번 클록이 발

표 4-2 카운터를 이용한 곱셈기의 동작

시간	상태	카운터	곱 레지스터	*St*	*M*	*K*	*Load*	*Ad*	*Sh*	*Done*
t_0	S_0	00	000000000	0	0	0	0	0	0	0
t_1	S_0	00	000000000	1	0	0	1	0	0	0
t_2	S_1	00	000001011	0	1	0	0	1	0	0
t_3	S_2	00	011011011	0	1	0	0	0	1	0
t_4	S_1	01	001101101	0	1	0	0	1	0	0
t_5	S_2	01	100111101	0	1	0	0	0	1	0
t_6	S_1	10	010011110	0	0	0	0	0	1	0
t_7	S_1	11	001001111	0	1	1	0	1	0	0
t_8	S_2	11	100011111	0	1	1	0	0	1	0
t_9	S_3	00	010001111	0	1	0	0	0	0	1

생할 때, 가산기의 출력은 누산기에 저장되고 제어는 S_2로 이동한다. t_3에서 Sh 신호가 생성되므로 다음번 클록에서 시프트가 일어나고 카운터가 증가한다. t_4에서 $M=1$이므로 $Ad=1$이 되고, 가산기의 출력은 다음번 클록에서 누산기에 저장된다. t_5와 t_6에서 시프트와 카운팅이 일어난다. t_7에서 3번의 시프트가 일어나고, 카운터 상태는 11이 되며, $K=1$이 된다. $M=1$이므로 덧셈이 수행되고, 제어는 S_2로 이동한다. t_8에서 $Sh=K=1$이므로 다음번 클록에서 마지막 시프트가 일어나고, 카운터가 증가하여 다시 00 상태로 된다. t_9에서 *Done* 신호가 생성된다.

여기서 주어진 곱셈기 설계는 단순히 레지스터 크기와 카운터의 비트 수를 증가시킴으로써 8, 16, 또는 그 이상의 비트로 쉽게 확장될 수 있다. 덧셈-시프트 제어는 변하지 않는다.

4.9 어레이 곱셈기

어레이 곱셈기는 부분 곱을 병렬 방식으로 생성하는 병렬 곱셈기이다. 다양한 부분 곱들이 만들어지는 즉시 더해진다. 표 4-3에 나타나 있듯이 곱셈 과정을 생각해보자. 2개의 4비트 부호 없는 수 $X_3X_2X_1X_0$와 $Y_3Y_2Y_1Y_0$가 곱해져서 최대 8비트 곱을 생성한다. X_iY_j 곱의 각각의 비트는 AND 게이트에 의해 생성될 수 있다. 부분 곱들의 이전까지의 합에 가산기들의 행을 이용하여 각각의 부분 곱을 더할 수 있다. 첫 번째 2개의 부분 곱을 더하는 가산기들의 첫 번째 행에 대한 합 출력은 $S_{13}S_{12}S_{11}S_{10}$이며, 캐리 출력은 $C_{13}C_{12}C_{11}C_{10}$이다. 가산기들의 또 다른 2개의 행에 대해서도 유사한 결과가 발생한다(가산기들의 i번째 행에 대한 합과 캐리를 표현하기 위해 S_{ij}와 C_{ij}라는 표기법을 사용했다).

그림 4-29는 이러한 곱셈을 수행하기 위한 AND 게이트들과 가산기들의 어레이를 보여준다. 가산기가 3개의 입력을 갖고 있으면 전가산기(FA)가 사용되지만, 가산기가 2개의 입

표 4-3 4비트 곱셈기의 부분 곱

				X_3	X_2	X_1	X_0	피승수
				Y_3	Y_2	Y_1	Y_0	승수
				X_3Y_0	X_2Y_0	X_1Y_0	X_0Y_0	부분 곱 0
			X_3Y_1	X_2Y_1	X_1Y_1	X_0Y_1		부분 곱 1
			C_{12}	C_{11}	C_{10}			첫 번째 행 캐리
		C_{13}	S_{13}	S_{12}	S_{11}	S_{10}		첫 번째 행 합
		X_3Y_2	X_2Y_2	X_1Y_2	X_0Y_2			부분 곱 2
		C_{22}	C_{21}	C_{20}				두 번째 행 캐리
	C_{23}	S_{23}	S_{22}	S_{21}	S_{20}			두 번째 행 합
	X_3Y_3	X_2Y_3	X_1Y_3	X_0Y_3				부분 곱 3
	C_{32}	C_{31}	C_{30}					세 번째 행 캐리
C_{33}	S_{33}	S_{32}	S_{31}	S_{30}				세 번째 행 합
P_7	P_6	P_5	P_4	P_3	P_2	P_1	P_0	최종 곱

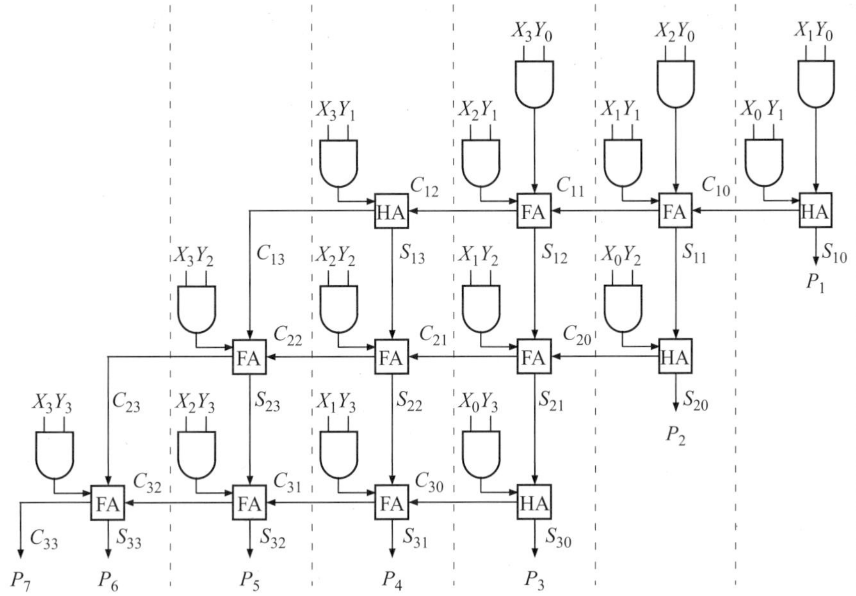

그림 4-29 4×4 어레이 곱셈기의 블록도

력만을 갖고 있으면 반가산기(HA)가 사용된다. 반가산기는 입력 중 하나를 0으로 설정한 전가산기와 동일하다. 이 곱셈기는 16개의 AND 게이트, 8개의 전가산기, 4개의 반가산기를 필요로 한다. X와 Y 입력이 인가된 후, 캐리는 셀들의 각각의 행을 따라 전달되어야 하고, 합은 행에서 행으로 전달되어야 한다. 곱셈을 완료하는 데 소요되는 시간은 주로 가산기의 지연 시간에 따라 결정된다. 입력에서 출력까지 가장 긴 경로는 8개의 가산기를 거친다. t_{ad}가 가산기의 최악의 경우(가능한 가장 긴) 지연 시간이고, t_g는 가장 긴 AND 게이트 지연 시간이라면, 곱셈을 완료하기 위한 최악의 경우 시간은 $8t_{ad}+t_g$가 된다.

일반적으로 n비트×n비트 어레이 곱셈기는 n^2개의 AND 게이트, $n(n-2)$개의 전가산기, n개의 반가산기를 필요로 한다. 그래서 필요한 컴포넌트의 수는 제곱으로 증가한다. 앞에서 설계한 직렬-병렬 곱셈기의 경우, 제어회로 외에 필요한 하드웨어의 양은 n에 대해 선형적으로 증가한다.

$n \times n$ 어레이 곱셈기의 경우, 입력에서 출력까지 가장 긴 경로는 최상위 행에 있는 n개의 가산기, 최하위 행에 있는 $n-1$개의 가산기, 중간 행에 있는 $n-3$개의 가산기를 통과한다. 대응되는 최악의 경우 곱셈 시간은 $(3n-4)t_{ad}+t_g$이다. 회로에서 가장 긴 지연 시간을 임계 경로(critical path)라 한다. 각 가산기로부터의 캐리 출력을 왼쪽에 있는 가산기 대신 대각선 방향의 아래쪽 가산기로 전달함으로써 최악의 경우 지연 시간을 $2nt_{ad}+t_g$로 개선할 수 있다. $n=4$일 때, 두 식은 동일하다. 그러나 n이 커지면 캐리를 왼쪽으로 전달하는 것보다 대각선 방향으로 넘겨주는 것이 이롭다. 이 곱셈기에는 순차 로직이나 레지스터가 없다는 점에 유의하라.

앞에서 설계했던 시프트와 더하기 동작 곱셈기는 최악의 경우 곱셈을 완료하는 데 $2n$개의 클록을 필요로 하지만, 다음 절에서 논할 기법을 사용하면 n개의 클록으로 줄일 수 있다. 최소 클록 주기는 누산기 플립플롭의 전달 지연 시간과 셋업 시간뿐만 아니라 n비트 가산기의 전달 지연 시간에도 영향을 받는다.

Verilog 코딩

구조가 정확하게 설계자가 원하는 것이어야 한다면, 구조적 코딩을 해야 한다. 구조를 지정하지 않고 곱셈기의 동작적 모델을 만들면, 합성기가 생성하는 구조는 합성 툴의 영향을 받을 것이다. 그림 4-30에서 어레이 곱셈기의 구조적 모델을 제시한다. 전가산기와 반가산기 모듈을 만들어서 어레이 곱셈기를 위한 컴포넌트로 사용한다. 전가산기와 반가산기는 어레이 곱셈기의 구조에 맞게 연결된다. 이러한 목적에 맞도록 몇 개의 인스턴스 생성 구문이 사용되었다.

그림 4-30 4×4 어레이 곱셈기의 Verilog 코드

```
module Array_Mult (X, Y, P);

   input[3:0] X;
   input[3:0] Y;
   output[7:0] P;

   wire[3:0] C1;
   wire[3:0] C2;
   wire[3:0] C3;
   wire[3:0] S1;
   wire[3:0] S2;
   wire[3:0] S3;
   wire[3:0] XY0;
   wire[3:0] XY1;
   wire[3:0] XY2;
   wire[3:0] XY3;

   assign XY0[0] = X[0] & Y[0] ;
   assign XY1[0] = X[0] & Y[1] ;
   assign XY0[1] = X[1] & Y[0] ;
   assign XY1[1] = X[1] & Y[1] ;
   assign XY0[2] = X[2] & Y[0] ;
   assign XY1[2] = X[2] & Y[1] ;
   assign XY0[3] = X[3] & Y[0] ;
   assign XY1[3] = X[3] & Y[1] ;
   assign XY2[0] = X[0] & Y[2] ;
   assign XY3[0] = X[0] & Y[3] ;
   assign XY2[1] = X[1] & Y[2] ;
   assign XY3[1] = X[1] & Y[3] ;
   assign XY2[2] = X[2] & Y[2] ;
   assign XY3[2] = X[2] & Y[3] ;
   assign XY2[3] = X[3] & Y[2] ;
   assign XY3[3] = X[3] & Y[3] ;
```

```
    FullAdder FA1 (XY0[2], XY1[1], C1[0], C1[1], S1[1]);
    FullAdder FA2 (XY0[3], XY1[2], C1[1], C1[2], S1[2]);
    FullAdder FA3 (S1[2], XY2[1], C2[0], C2[1], S2[1]);
    FullAdder FA4 (S1[3], XY2[2], C2[1], C2[2], S2[2]);
    FullAdder FA5 (C1[3], XY2[3], C2[2], C2[3], S2[3]);
    FullAdder FA6 (S2[2], XY3[1], C3[0], C3[1], S3[1]);
    FullAdder FA7 (S2[3], XY3[2], C3[1], C3[2], S3[2]);
    FullAdder FA8 (C2[3], XY3[3], C3[2], C3[3], S3[3]);
    HalfAdder HA1 (XY0[1], XY1[0], C1[0], S1[0]);
    HalfAdder HA2 (XY1[3], C1[2], C1[3], S1[3]);
    HalfAdder HA3 (S1[1], XY2[0], C2[0], S2[0]);
    HalfAdder HA4 (S2[1], XY3[0], C3[0], S3[0]);

    assign P[0] = XY0[0] ;
    assign P[1] = S1[0] ;
    assign P[2] = S2[0] ;
    assign P[3] = S3[0] ;
    assign P[4] = S3[1] ;
    assign P[5] = S3[2] ;
    assign P[6] = S3[3] ;
    assign P[7] = C3[3] ;
endmodule

// 전가산기와 반가산기 모듈을 포함시켜야 한다.

module FullAdder (X, Y, Cin, Cout, Sum);

    input X;
    input Y;
    input Cin;
    output Cout;
    output Sum;

    assign Sum = X ^ Y ^ Cin ;
    assign Cout = (X & Y) | (X & Cin) | (Y & Cin) ;
endmodule

module HalfAdder (X, Y, Cout, Sum);

    input X;
    input Y;
    output Cout;
    output Sum;

    assign Sum = X ^ Y ;
    assign Cout = X & Y ;
endmodule
```

4.10 부호 있는 정수/소수 곱셈기

부호 있는 이진수의 곱셈을 위해 몇 가지 알고리즘을 이용할 수 있다. 다음 절차는 곱셈을 수행하는 간단한 방법이다.

1. 승수가 음수이면 보수를 취함
2. 피승수가 음수이면 보수를 취함
3. 2개의 양의 이진수를 곱함
4. 곱이 음수여야 하면 보수를 취함

이 방법이 개념적으로는 간단하지만, 다른 일부 방법들보다 더 많은 하드웨어와 계산 시간을 필요로 한다.

다음에 서술하는 방법은 피승수의 보수를 취하는 능력만을 필요로 한다. 승수나 곱의 보수를 취하는 것은 불필요하다. 이 방법은 정수나 소수에 대해 동일하게 잘 동작하지만, 나중에 이 곱셈기를 부동소수점 수 곱셈기의 일부분으로 사용할 것이므로 여기서는 소수에 대한 방법을 보여준다. 음수에 대해 2의 보수를 사용함으로써, 부호 있는 이진 소수를 다음과 같은 형태로 표현할 것이다.

$$0.101 \qquad +5/8 \qquad 1.011 \qquad -5/8$$

이진 소수점의 좌측 디지트는 부호 비트인데, 양의 소수에 대해서는 0, 음의 소수에 대해서는 1이다. 일반적으로, 이진 소수 F의 2의 보수 $F^* = 2 - F$이다. 따라서 $-5/8$은 $10.000 - 0.101 = 1.011$로 표현된다(소수의 2의 보수를 이렇게 정의하는 방법은 정수의 경우와 일관성이 있다($N^* = 2^n - N$). 왜냐하면 이진 소수점을 $n-1$번 좌측으로 이동하는 것은 2^{n-1}로 나누는 것과 동일하기 때문이다). 소수의 2의 보수는 우측 끝에서부터 시작하여 첫 번째 1의 좌측에 있는 모든 디지트의 보수를 취하여 얻을 수 있고, 이것은 정수의 경우와 동일하다. 2의 보수 소수 1.000...은 특별한 경우이다. 이것은 실제로는 숫자 -1을 나타낸다. 왜냐하면 부호 비트가 음수이고, 1.000...의 2의 보수는 $2 - 1 = 1$이기 때문이다. 이와 같은 2의 보수 소수 체계에서는 $+1$을 표현하지 못한다. 왜냐하면 0.111...이 가장 큰 양의 소수이기 때문이다.

이진 고정소수점 소수

고정소수점 수는 십진 소수점이나 이진 소수점이 고정된 위치에 있는 숫자 형식이다. 고정소수점 8비트 수 형식에서 이진 소수점이 4비트 후에 있다고 가정할 수 있다(즉, 소수 부분에 대해 4비트, 정수 부분에 대해 4비트). 이진 소수점이 2비트만큼 더 우측에 있다면, 정수 부분에 대해 6비트가 있고, 소수 부분에 대해 2비트가 있을 것이다. 서로 다른 형식에서 표현될 수 있는 수의 범위와 정밀도는 이진 소수점의 위치의 영향을 받는다. 예를 들어 소수 부분에 대해 4비트가 있고 정수 부분에 대해 4비트가 있다면, 부호 없는 수를 가정할 때 범위는 0.00부터 15.925이다. 소수 부분에 2비트만 허용되고 정수 부분에 대해 6비트가 있으면, 범위는 증가하지만 정밀도는 감소한다. 이때 범위는 0.00부터 63.75가 되겠지만, 소수 부분은 0.25의 배수로만 지정될 수 있다.

-13.45를 4개의 소수 비트를 갖는 2의 보수 고정소수점 수 표현 방식으로 나타낼 필요가 있다고 하자. 십진 소수를 이진 소수로 변환하는 한 가지 기법은 소수 부분(각 중간 과정에서의 소수 부분만)을 2로 계속 곱하는 것이다. 그러면 0.45에서 시작하여, 반복되는 곱셈은 다음과 같이 귀결된다.

0.90
1.80
1.60
1.20
0.40
0.80
1.60
1.20

이제 굵은 글씨의 디지트들을 생각함으로써 이진수 표현을 구할 수 있다. 적절한 표현은 가능한 비트의 수에 따라 결정된다(예를 들어 4비트를 사용할 수 있으면 0111, 8비트를 사용할 수 있으면 01110011, 등등). 십진수 13.45를 4개의 이진수 자리를 갖는 고정소수점 형식으로 표현하면 다음과 같다.

13.45: 1101.0111

표현된 수는 실제 수의 근사치임을 유의하라. 표현된 수를 다시 십진수로 변환할 수 있는데, 13.4375가 된다(시작한 수에서 약간 벗어남). 표현된 수는 이진수 자리를 추가할수록 실제 수에 근접한다.

음의 소수는 2의 보수 형태로 표현될 수 있다. −13.45를 2의 보수 형태로 표현하자. 정수에 대해 4자리만을 갖고 있다면 표현이 불가능하다. 부호를 다루려면 정수에 대해 적어도 5비트를 가질 필요가 있다. 정수에 대해 5비트를 사용할 수 있다고 가정하면, 9비트 형식은 다음과 같다.

13.45:	01101.0111
1의 보수	10010.1000
2의 보수	10010.1001

따라서 이 표현 방식에서 −13.45 = 10010.1001이다.

부호 있는 이진수를 곱할 때, 네 가지 경우를 고려해야 한다.

피승수	승수
+	+
−	+
+	−
−	−

승수와 피승수가 모두 양수일 때는 평범한 이진 곱셈을 사용한다. 예를 들면 다음과 같다.

0.1 1 1	(+7/8)	← 피승수
× 0.1 0 1	(+5/8)	← 승수
(0. 0 0)0 1 1 1	(+7/64)	← 참고: 소수 부분 곱의 적절한 표현은 괄호 안에서 표기한 것처럼 이진 소수점 뒤로 부호 비트의 확장을 필요로 한다(이러한 확장 방법은 하드웨어에서는 불필요하다).
(0.)0 1 1 1	(+7/16)	←
0. 1 0 0 0 1 1	(+35/64)	

피승수가 음수이고 승수가 양수일 때, 한 가지 사항만 제외하고는 앞의 경우와 절차가 동일하다. 다른 점은 피승수의 부호 비트를 확장해야 한다는 것인데, 이렇게 하여 부분 곱

과 최종 곱은 올바른 음수가 된다. 예를 들면 다음과 같다.

```
      1.1 0 1      (−3/8)
    × 0.1 0 1      (+5/8)
 ──────────────
(1. 1 1)1 1 0 1    (−3/64)     ← 참고: 부호 비트의 확장은
(1.)1 1 0 1        (−3/16)     ← 음의 곱에 대한 올바른 표현을 제공한다.
 ──────────────
 1. 1 1 0 0 0 1    (−15/64)
```

승수가 음수이고 피승수가 양수일 때는 곱셈 절차를 약간 변경해야 한다. 1.g 형태로 표현되는 음의 소수는 숫자 값으로 $-1+0.g$를 갖는다. 예를 들어, $1.011=-1+0.011=-(1-0.011)=-0.101=-5/8$이다. 그러므로 1.$g$ 형태의 음의 소수를 곱할 때, 소수 부분(.g)을 양의 소수로 취급하지만 부호 비트는 -1로 취급한다. 따라서 곱셈은 정상적인 방법으로 진행되어 소수의 각 비트를 곱하고 부분 곱을 누적한다. 그러나 음의 부호 비트에 이르러서는 피승수 자체를 더하는 대신, 피승수의 2의 보수를 더해야 한다. 다음 예는 이러한 것을 보여준다.

```
      0.1 0 1      (+5/8)
    × 1.1 0 1      (−3/8)
 ──────────────
(0.0 0)0 1 0 1     (+5/64)
(0.)0 1 0 1        (+5/16)
 ──────────────
(0.)0 1 1 0 0 1
 1. 0 1 1          (−5/8)      ← 참고: 피승수의 2의 보수는
 ──────────────                   여기서 더해진다.
 1. 1 1 0 0 0 1    (−15/64)
```

피승수와 승수가 모두 음수일 때는 절차가 이전과 동일하다. 각 단계에서, 적절한 음의 부호를 유지하기 위해 부분 곱의 부호 비트를 확장하는 데 주의해야 한다. 마지막 단계에서는 승수의 부호 비트가 음수이기 때문에 피승수의 2의 보수를 더해야 한다. 예를 들면 다음과 같다.

```
      1.1 0 1      (−3/8)
    × 1.1 0 1      (−3/8)
 ──────────────
(1. 1 1) 1 1 0 1   (−3/64)     ← 참고: 부호 비트를 확장함
(1.)1 1 0 1        (−3/16)
 ──────────────
 1. 1 1 0 0 0 1
 0. 0 1 1          (+3/8)      ← 피승수의 2의 보수를 더함
 ──────────────
 0. 0 0 1 0 0 1    (+9/64)
```

요약하면, 부호 있는 2의 보수 이진 소수에 대한 곱셈 절차는 한 가지 사항만 제외하고는 양의 이진 소수를 곱하는 것과 동일하다. 다른 점은 각 단계에서 부분 곱의 부호를 유지

그림 4-31 2의 보수 곱셈기의 블록도

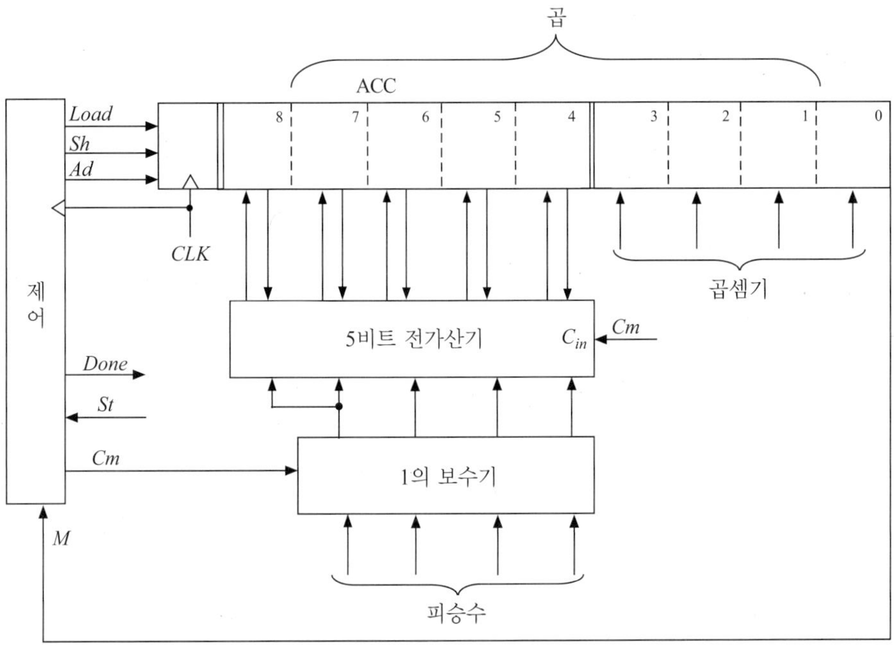

하기 위해 주의해야 한다는 것이다. 승수의 부호가 음수이면, 마지막 단계에서 피승수를 더하기 전에 피승수의 보수를 취해야 한다. 하드웨어는 피승수에 대한 보수기가 추가되어야 한다는 점 외에는 양수 곱셈에 사용되는 것과 거의 동일하다.

그림 4-31은 2개의 4비트 소수(부호 비트를 포함하여)를 곱하는 데 필요한 하드웨어를 보여준다. 5비트 가산기를 사용한다. 그리하여 부호 비트 위치로 들어가는 캐리로 인한 합의 부호 유실은 없다. 제어회로에 들어오는 *M* 입력은 곱셈기에서 현재 활성화된 비트이다. 제어 신호 *Sh*는 누산기가 부호 확장을 하면서 우측으로 한 자리 시프트하도록 한다. *Ad*는 가산기 출력이 누산기의 좌측 5비트에 저장되도록 한다. 2의 보수 덧셈을 하고 있기 때문에, 가산기의 마지막 비트로부터의 캐리 출력은 버린다. *Cm*은 피승수(Mcand)가 가산기 입력으로 들어오기 전에 보수(1의 보수)가 되도록 한다. *Cm*은 또한 가산기의 캐리 입력과도 연결되어 있어서, $Cm = 1$일 때 가산기는 1과 Mcand의 1의 보수를 누산기에 더하는데, 이것은 Mcand의 2의 보수를 더하는 것과 동일하다. 그림 4-32는 제어회로의 상태 그래프를 보여준다. 각 승수 비트(*M*)를 검사하여, 더하고 시프트할 것인지 여부 혹은 단지 시프트만 할 것인지 여부를 결정한다. 상태 S_7에서 *M*은 부호 비트이고, 만일 $M = 1$이면 피승수의 보수가 누산기에 더해진다.

그림 4-31의 하드웨어가 사용될 때, 덧셈과 시프트 연산은 2개의 별도 클록 시간에서 이루어져야 한다. 가산기 출력으로부터의 연결선들을 우측으로 한 자리씩 이동시킴으로써(그림 4-33) 곱셈기의 연산 속도를 향상할 수 있다. 그렇게 하면 가산기의 출력은 누산기에 저장될 때 이미 한 자리씩 시프트된 것이기 때문이다. 이 방법을 사용하면 덧셈과 시프

그림 4-32 2의 보수 곱셈기의 상태 그래프

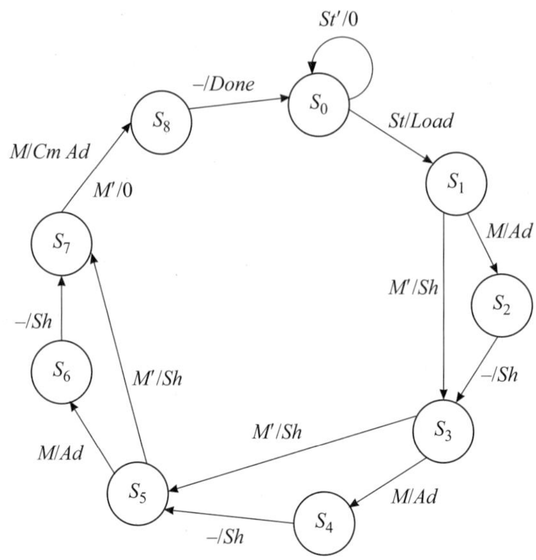

트 연산은 동일한 클록 시간에서 일어날 수 있고, 그림 4-34의 제어 상태 그래프로 귀결된다. 곱셈이 완료될 때, 곱(6비트 더하기 부호)은 *A*의 하위 3비트와 *B*가 된다. 그러면 이진 소수점은 *A* 레지스터의 중간에 있게 된다. 만일 이진 소수점이 좌측 2비트 사이에 있기를 원했다면, *A*와 *B*를 좌측으로 한 자리씩 시프트시켜야 할 것이다.

이 곱셈기의 동작적 Verilog 모델이 그림 4-35에 있다. 다음의 순차처리문들에 의해 *A*와 *B* 레지스터를 함께 시프트하는 것이 이루어진다.

```
A <= {A[3], A[3:1]} ;
B <= {A[0], B[3:1]} ;
```

그림 4-33 고속 곱셈기의 블록도

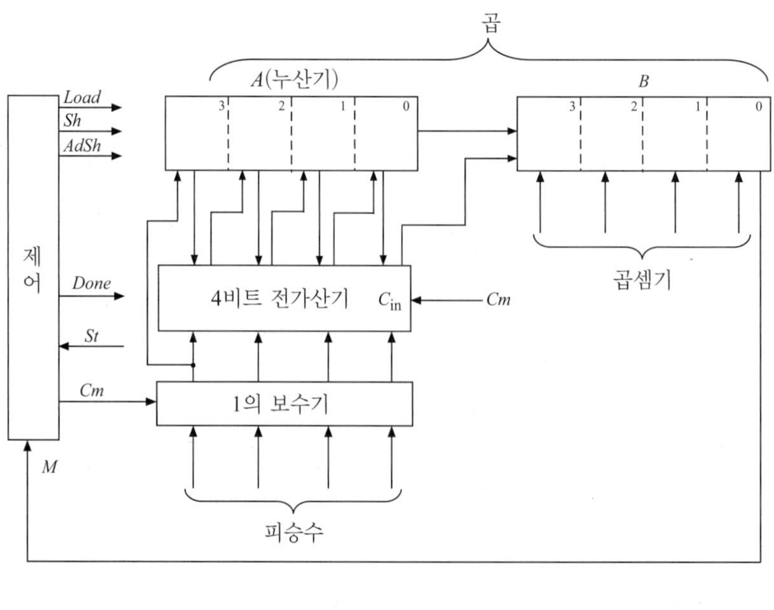

그림 4-34 고속 곱셈기의 상태 그래프

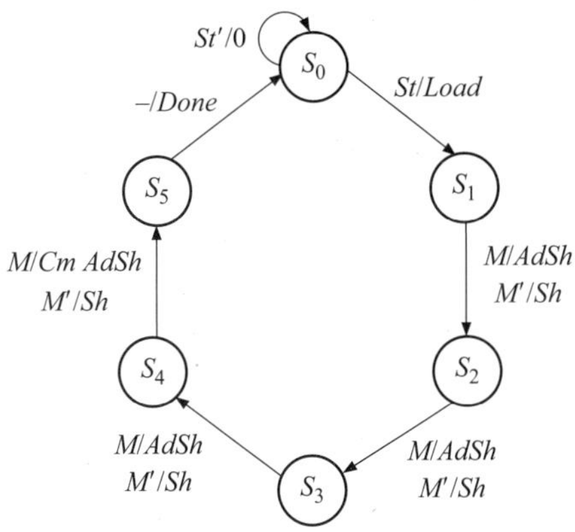

그림 4-35 2의 보수 곱셈기의 동작적 모델

```
`define M B[0]
module mult2C (CLK, St, Mplier, Mcand, Product, Done);
   input CLK;
   input St;
   input[3:0] Mplier;
   input[3:0] Mcand;
   output[6:0] Product;
   output Done;
   reg[2:0] State;
   reg[3:0] A;
   reg[3:0] B;
   reg[3:0] addout;

   initial
   begin
      State = 0;
   end

   always @(posedge CLK)
   begin
         case (State)
            0 :
                    begin
                       if (St == 1'b1)
                       begin
                          A <= 4'b0000 ;
                          B <= Mplier ;
                          State <= 1 ;
                       end
                       else
                          State <= 0;
                    end
            1, 2, 3 :
                    begin
```

```
                    if (`M == 1'b1)
                    begin
                      addout = A + Mcand;
                      A <= {Mcand[3], addout[3:1]} ;
                      B <= {addout[0], B[3:1]} ;
                    end
                    else
                    begin
                      A <= {A[3], A[3:1]} ;
                      B <= {A[0], B[3:1]} ;
                    end
                    State <= State + 1 ;
                  end
          4 :
                  begin
                    if (`M == 1'b1)
                    begin
                      addout = A + ~Mcand + 1;
                      A <= {~Mcand[3], addout[3:1]} ;
                      B <= {addout[0], B[3:1]} ;
                    end
                    else
                    begin
                      A <= {A[3], A[3:1]} ;
                      B <= {A[0], B[3:1]} ;
                    end
                    State <= 5 ;
                  end
          5 :
                  begin
                   State <= 0 ;
                  end

      default :
                  begin
                    State <= 0 ;
                  end

        endcase
        end
    assign Done = (State == 5) ? 1'b1 : 1'b0 ;
    assign Product = {A[2:0], B} ;

endmodule
```

이 구문들은 순차적으로 실행되지만, *A*와 *B*는 모두 동일한 델타 시간에서 갱신되도록 스케줄링된다. 따라서 *B*의 새로운 값이 계산될 때, *A*[0]의 이전 값이 사용된다.

레지스터 *addout*은 가산기의 5비트 출력을 나타내기 위해 정의되었다. 상태 1부터 4까지에서, 현재 승수 비트 *M*이 1이면, 피승수의 부호 비트에 이어서 *addout*의 3비트가 *A*에 저장된다. 동시에, *addout*의 하위 비트는 *B*의 상위 3비트와 함께 *B*에 저장된다. 제어가 상태 5로 이동할 때, *Done* 신호가 ON 된다. 그런 다음, 곱의 새로운 값이 출력된다.

설계를 계속하기 전에, 알고리즘이 맞는지 그리고 하드웨어 블록도와 일치하는지 확인하기 위해 동작적 레벨의 Verilog 코드를 검사할 것이다. 검사의 초기 단계에서는 곱셈기의 내부 동작을 검증하고 디버깅을 돕기 위해 필요하다면 단계별로 프린트를 할 수도 있다. 곱셈기가 올바르게 작동하고 있다고 생각하면, 많은 경우에 대해 신속하게 검사할 수 있도록 최종 곱의 출력만을 확인하려고 할 것이다.

그림 4-36은 +5/8와 −3/8을 곱하는 경우의 명령어 파일과 검사 결과를 보여준다. 클록은 20ns 주기로 정의된다. *St* 신호는 2ns에서 ON 되고, 1개의 클록 주기 후에 OFF 된다. 상태 그래프를 점검하여, 곱셈은 6개의 클록을 필요로 하므로 실행 시간은 120ns로 설정된다.

곱셈기를 완전하게 검사하려면, 네 가지 평범한 경우(++, +−, −+, −−)뿐만 아니라 특수한 경우와 한계 상황도 검사할 필요가 있다. 피승수와 승수에 대한 검사 값은 0, 가장 큰 양의 소수, 가장 작은 음의 소수, 모두 1인 경우들을 포함해야 한다. 곱셈기를 검사하기 위한 Verilog 테스트 벤치를 작성할 것이다. **테스트 벤치**(test bench)는 피승수와 승수에 대한 값의 시퀀스를 제공할 것이다. 따라서 테스트 벤치는 검사하고 있는 시스템, 즉 곱셈기에 입력 값들을 공급한다. 또한 테스트 벤치는 곱셈기 출력이 맞는지 확인할 수도 있다. 검사하고 있는 곱셈기는 하나의 컴포넌트로 취급되어 테스트 벤치 프로그램에 내장된다. 테스트 벤치 안에서 생성된 신호들은 그림 4-37과 같이 곱셈기와 연결된다.

그림 4-36 (+5/8×−3/8)에 대한 명령어 파일과 시뮬레이션 결과

```
// 부호 있는 곱셈기를 검사하기 위한 명령어 파일
add list CLK St State A B Done Product
force St 1 2, 0 22
force CLK 1 0, 0 10 - repeat 20
// (5/8 * -3/8)
force Mcand  0101
force Mplier 1101
run 120
```

ns	delta	CLK	St	State	A	B	Done	Product
0	+1	1	0	0	0000	0000	0	0000000
2	+0	1	1	0	0000	0000	0	0000000
10	+0	0	1	0	0000	0000	0	0000000
20	+1	1	1	1	0000	1101	0	0000000
22	+0	1	0	1	0000	1101	0	0000000
30	+0	0	0	1	0000	1101	0	0000000
40	+1	1	0	2	0010	1110	0	0000000
50	+0	0	0	2	0010	1110	0	0000000
60	+1	1	0	3	0001	0111	0	0000000
70	+0	0	0	3	0001	0111	0	0000000
80	+1	1	0	4	0011	0011	0	0000000
90	+0	0	0	4	0011	0011	0	0000000
100	+2	1	0	5	1111	0001	1	1110001
110	+0	0	0	5	1111	0001	1	1110001
120	+1	1	0	0	1111	0001	0	1110001

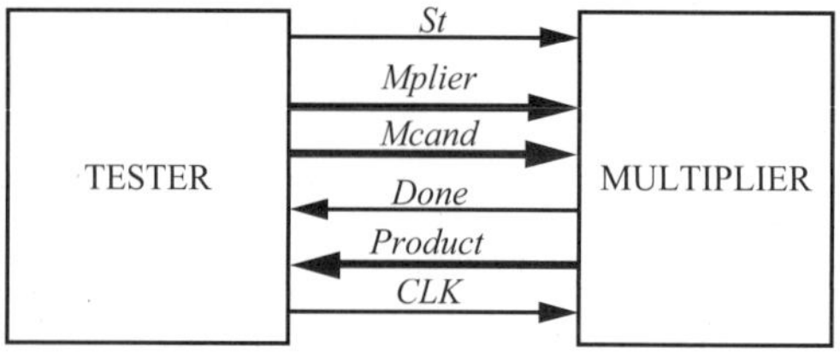

그림 4-37 곱셈기와 테스트 벤치의 연결

그림 4-38은 곱셈기 테스트 벤치에 대한 Verilog 코드를 보여준다. 검사 시퀀스는 *Mcandarr*과 *Mplierarr* 어레이에서 제공하는 11개의 피승수와 승수 집합으로 구성된다. 곱셈기 출력이 맞는지 확인하기 위해 곱셈기로부터의 예상 출력이 또 다른 어레이 *Productarr*에서 제공된다. 검사 값과 결과는 Verilog 코드에서 상수 어레이에 위치하고 있다. 다음과 같이 곱셈기 인스턴스가 생성되고 모든 신호는 검사 시퀀스에 매핑된다.

```
mult2C mult1 (CLK, St, Mplier, Mcand, Product, Done);
```

테스트 벤치도 클록과 시작 신호를 생성한다. for 루프는 *Mcandarr*, *Mplierarr* 어레이에서 값을 읽은 다음, 시작 신호를 1로 설정한다. 다음번 클록 후에 시작 신호는 OFF 된다. 그런 다음 테스트 벤치는 *Done* 신호를 기다린다. *Done*의 하강 에지가 도달할 때, 곱셈기의 출력을 *Productarr* 어레이에 있는 예상 출력과 비교한다. 답이 일치하지 않으면 오류가 보고된다. *Done* 신호가 OFF 되고 동시에 곱셈기 제어가 다시 S_0로 돌아가므로, 프로세스는 *Mcand*와 *Mplier*의 새로운 값을 공급하기 위해 다음번 반복 구문을 수행하기 전에 *Done*의 하강 에지를 기다린다. 곱셈기 인스턴스 생성 구문은 입력 값들을 생성하는

그림 4-38 부호 있는 곱셈기에 대한 테스트 벤치

```
module testmult ();

   parameter N = 11;
   reg[3:0] Mcandarr[1:N];
   reg[3:0] Mplierarr[1:N];
   reg[6:0] Productarr[1:N];
   reg CLK;
   reg St;
   wire Done;
   reg[3:0] Mplier;
   reg[3:0] Mcand;
   wire[6:0] Product;
   integer i;

   initial
   begin
      CLK = 1'b1;
      Mcandarr[1] = 4'b0111;
      Mcandarr[2] = 4'b1101;
```

```
        Mcandarr[3] = 4'b0101;
        Mcandarr[4] = 4'b1101;
        Mcandarr[5] = 4'b0111;
        Mcandarr[6] = 4'b1000;
        Mcandarr[7] = 4'b0111;
        Mcandarr[8] = 4'b1000;
        Mcandarr[9] = 4'b0000;
        Mcandarr[10] = 4'b1111;
        Mcandarr[11] = 4'b1011;
        Mplierarr[1] = 4'b0101;
        Mplierarr[2] = 4'b0101;
        Mplierarr[3] = 4'b1101;
        Mplierarr[4] = 4'b1101;
        Mplierarr[5] = 4'b0111;
        Mplierarr[6] = 4'b0111;
        Mplierarr[7] = 4'b1000;
        Mplierarr[8] = 4'b1000;
        Mplierarr[9] = 4'b1101;
        Mplierarr[10] = 4'b1111;
        Mplierarr[11] = 4'b0000;
        Productarr[1] = 7'b0100011;
        Productarr[2] = 7'b1110001;
        Productarr[3] = 7'b1110001;
        Productarr[4] = 7'b0001001;
        Productarr[5] = 7'b0110001;
        Productarr[6] = 7'b1001000;
        Productarr[7] = 7'b1001000;
        Productarr[8] = 7'b1000000;
        Productarr[9] = 7'b0000000;
        Productarr[10] = 7'b0000001;
        Productarr[11] = 7'b0000000;
    end

    always
    begin
        #10 CLK <= ~CLK ;
    end

    always @(posedge CLK)
    begin
        for(i = 1; i <= N; i = i + 1)
        begin
            Mcand <= Mcandarr[i] ;
            Mplier <= Mplierarr[i] ;
            St <= 1'b1 ;
            @(posedge CLK);
            St <= 1'b0 ;
            @(negedge Done);
            if (~(Product == Productarr[i])) //compare with expected answer
                $display("Incorrect Product (error)");
        end
        $display("TEST COMPLETED (ERROR)");
    end

    mult2C mult1 (CLK, St, Mplier, Mcand, Product, Done);

endmodule
```

always 문 외부에 있다는 점에 유의하라. 곱셈기는 끊임없이 입력을 받고 이에 해당하는 출력을 생성한다.

그림 4-39는 명령어 파일과 시뮬레이터의 출력을 보여준다. 검사 결과를 해석하기 위해 시뮬레이터 출력에 주석을 달았다. `list` 문에서 `-NOtrigger`는 `-Trigger`와 함께 *Done* 신호가 변할 때만 출력이 표시되도록 한다. `-NOtrigger`와 `-Trigger`가 없으면, `list`에 있는 어떤 신호든지 변할 때마다 출력이 표시된다. 특수한 경우인 $-1 \times -1(1.000 \times 1.000)$을 제외하면, 모든 곱 출력이 맞다. 이 경우는 $+1$ 대신 $1.000000(-1)$을 내준다. 이것은 비트를 추가하지 않으면 $+1$을 표현할 수 없기 때문에 발생한다.

다음으로, 각 제어 신호가 assert 되었을 때 발생하는 제어 신호와 동작을 명시적으로 정의함으로써 부호 있는 곱셈기의 Verilog 모델을 개선할 것이다. Verilog 코드(그림 4-40)는 그림 1-17의 밀리 머신 모델과 유사한 방법으로 구성된다. 첫 번째 프로세스에서 *Nextstate*와 출력 제어 신호가 각각의 현재 *State*에 대해 정의된다. 두 번째 프로세스에서 클록의 상승 에지를 기다린 후에 적절한 레지스터들을 갱신하고 *State*를 갱신한다. 그림

그림 4-39 부호 있는 곱셈기의 명령어 파일과 시뮬레이션

```
// 부호 있는 곱셈기의 결과를 검사하기 위한 명령어 파일
add list -NOtrigger Mplier Mcand Product -Trigger Done
run 1320

  ns   delta  Mplier Mcand Product  Done
   0    +0     xxxx   xxxx xxxxxxx    x
   0    +2     0101   0111 xxxxxxx    0
 100    +2     0101   0111 0100011    1  5/8 * 7/8 = 35/64
 120    +2     0101   1101 0100011    0
 220    +2     0101   1101 1110001    1  5/8 * -3/8 = -15/64
 240    +2     1101   0101 1110001    0
 340    +2     1101   0101 1110001    1  -3/8 * 5/8 = -15/64
 360    +2     1101   1101 1110001    0
 460    +2     1101   1101 0001001    1  -3/8 * -3/8 = 9/64
 480    +2     0111   0111 0001001    0
 580    +2     0111   0111 0110001    1  7/8 * 7/8 = 49/64
 600    +2     0111   1000 0110001    0
 700    +2     0111   1000 1001000    1  7/8 * -1 = -7/8
 720    +2     1000   0111 1001000    0
 820    +2     1000   0111 1001000    1  -1 * 7/8 = -7/8
 840    +2     1000   1000 1001000    0
 940    +2     1000   1000 1000000    1  -1 * -1 = -1 (error)
 960    +2     1101   0000 1000000    0
1060    +2     1101   0000 0000000    1  -3/8 * 0 = 0
1080    +2     1111   1111 0000000    0
1180    +2     1111   1111 0000001    1  -1/8 * -1/8 = 1/64
1200    +2     0000   1011 0000001    0
1300    +2     0000   1011 0000000    1  0 * -3/8 = 0
1320    +2     0000   1011 0000000    0
```

그림 4-40 제어 신호를 갖는 2의 보수 곱셈기의 모델

```
`define M B[0]

// 다음의 Verilog 모델은 제어 신호를 명시적으로 정의한다.
module mult2C2 (CLK, St, Mplier, Mcand, Product, Done);

   input CLK;
   input St;
   input[3:0] Mplier;
   input[3:0] Mcand;
   output[6:0] Product;
   output Done;

   reg Done;
   reg[2:0] State;
   reg[2:0] Nextstate;
   reg[3:0] A;
   reg[3:0] B;
   wire[3:0] compout;
   wire[3:0] addout;
   reg AdSh;
   reg Sh;
   reg Load;
   reg Cm;

   always @(State or St or `M)
   begin
      Load = 1'b0 ;
      AdSh = 1'b0 ;
      Sh = 1'b0 ;
      Cm = 1'b0 ;
      Done = 1'b0 ;
      Nextstate = 1'b0;
      case (State)
         0 :
                  begin
                     if (St == 1'b1)
                     begin
                        Load = 1'b1 ;
                        Nextstate = 1 ;
                     end
                     else
                     begin
                        Load = 1'b0 ;
                        Nextstate = 0 ;
                     end
                  end
         1, 2, 3 :
                  begin
                     if (`M == 1'b1)
                     begin
                       AdSh = 1'b1 ;
                     end
                     else
```

```
                  begin
                     Sh = 1'b1 ;
                  end
                  Nextstate = State + 1 ;
               end
      4 :
               begin
                  if (`M == 1'b1)
                  begin
                     Cm = 1'b1 ;
                     AdSh = 1'b1 ;
                  end
                  else
                  begin
                     Sh = 1'b1 ;
                  end
                  Nextstate = 5 ;
               end
      5 :
               begin
                  Done = 1'b1 ;
                  Nextstate = 0 ;
               end
   default:
               begin
                  Done = 1'b0 ;
                  Nextstate = 0 ;
               end

   endcase
end

assign compout = (Cm == 1'b1) ? ~Mcand : Mcand ;
assign addout = A + compout + Cm ;

always @(posedge CLK)
begin
   if (Load == 1'b1)
   begin
      A <= 4'b0000 ;
      B <= Mplier ;
   end
   if (AdSh == 1'b1)
   begin
      A <= {compout[3], addout[3:1]} ;
      B <= {addout[0], B[3:1]} ;
   end
   if (Sh == 1'b1)
   begin
      A <= {A[3], A[3:1]} ;
      B <= {A[0], B[3:1]} ;
   end
```

```
      State <= Nextstate ;
   end

   assign Product = {A[2:0], B} ;
endmodule
```

4-40의 Verilog 코드를 앞에서 사용했던 동일한 검사 파일을 이용하여 검사하고, 동일한 곱 출력을 얻는지 검증할 수 있다.

4.11 키패드 스캐너

이번 예제에서는 그림 4-41처럼 3개의 열과 4개의 행을 갖는 키패드에 대한 스캐너를 설계한다. 키패드는 각 행과 열의 교차점에 스위치를 갖는 행렬 형태로 연결되어 있다. 키를 누르면 행과 열의 연결이 이루어진다. 스캐너의 목적은 어느 키가 눌렸는지 결정하고, 키 숫자에 해당하는 이진수 $N = N_3N_2N_1N_0$를 출력하는 것이다. 예를 들어 키 5를 누르면 0101을 출력해야 하고, * 키를 누르면 1010을 출력해야 하며, # 키를 누르면 1011을 출력해야 한다. 유효한 키가 감지되었을 때, 스캐너는 한 클록 시간 동안 신호 V를 출력해야 한다. 한 번에 1개의 키만 눌린다고 가정하라. 설계는 키패드 바운스에 의한 오동작으로부터 회로를 보호하는 하드웨어를 포함해야 한다.

회로의 전반적인 블록도가 그림 4-42에 제시되어 있다. 키패드는 접지점에 연결된 저항들을 갖고 있다. 스위치가 눌릴 때, 해당하는 열 라인에서 접지점으로 경로가 형성된다. 전원이 열 라인 C_0, C_1, C_2에 인가될 수 있으면, 눌린 키에 해당하는 행 라인에 전압이 얻어진다. 행 R_0, R_1, R_2, R_3 중 하나가 활성화된 신호를 갖게 된다.

그림 4-43과 같이, 설계를 몇 개의 모듈로 나누려고 한다. 설계의 첫 번째 부분은 키패드의 행과 열을 스캔하는 스캐너가 될 것이다. 키스캔 모듈은 키패드를 스캔하기 위해 열 신호를 생성한다. 디바운스 모듈은 키가 눌렸을 때 신호 K를 생성하고, 디바운싱된 후 신호 Kd를 생성한다. 유효한 키가 감지될 때, 디코더는 행과 열 숫자로부터 키 숫자를 결정한다.

그림 4-41 3개의 열과 4개의 행을 갖는 키패드

1	2	3
4	5	6
7	8	9
*	0	#

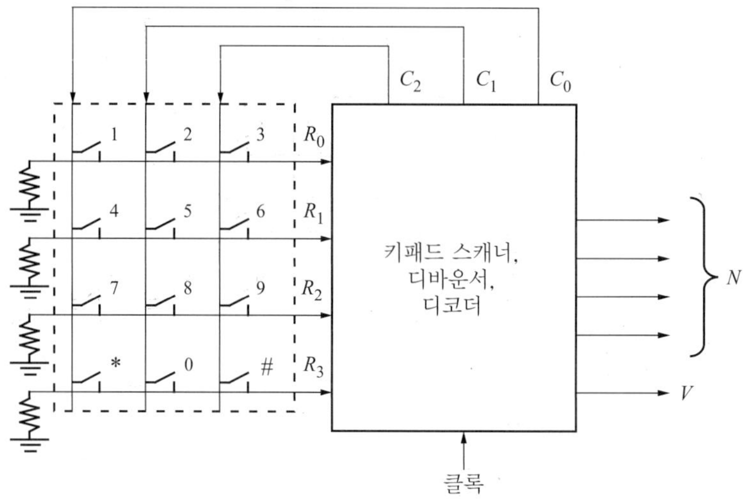

그림 4-42 키패드 스캐너의 블록도

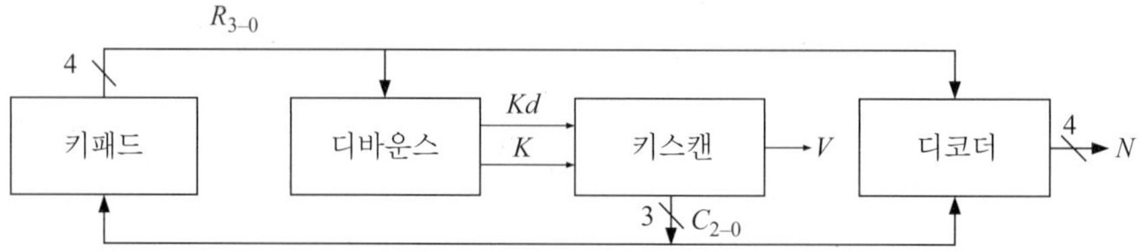

그림 4-43 스캐너 모듈

스캐너

키패드를 스캔하기 위해 다음과 같은 절차를 사용할 것이다. 열 C_0, C_1, C_2에 논리 1을 인가하고 기다린다. 어떤 키가 눌리면, R_0, R_1, R_2, 또는 R_3에 1이 나타날 것이다. 그런 다음, C_0에만 1을 인가한다. R_i 중에 1이 있으면, 유효한 키가 감지된 것이다. R_0가 수신되면, 스위치 1이 눌렸음을 알 수 있다. R_1, R_2, 또는 R_3가 수신되면, 스위치 4, 7, 또는 *가 눌렸음을 표시한다. 만일 그렇다면, $V = 1$로 설정하고 대응되는 N을 출력하라. 첫 번째 열에서 아무 키도 감지되지 않으면, C_1에 1을 인가하고 반복한다. 두 번째 열에서 아무 키도 감지되지 않으면, C_2에 대해 반복한다. 유효한 키가 감지되면, C_0, C_1, C_2에 1을 인가하고, 아무 키도 누르지 않을 때까지 기다린다. 키가 눌릴 때마다 오직 하나의 유효한 신호만을 생성하기 위해 이 마지막 단계가 필요하다.

디바운서

스코어보드 예제에서 논의했듯이, 스위치 바운스에 기인한 오동작을 피하기 위해 디바운싱할 필요가 있다. 그림 4-44는 제안된 디바운싱 및 동기화 회로를 보여준다. 4개의 행 신호가 OR 게이트와 연결되어 신호 K를 형성한다. 키가 눌리고 열 스캔 신호가 인가될 때, K는 1이 된다. 디바운싱된 신호 Kd는 순차회로에 공급된다.

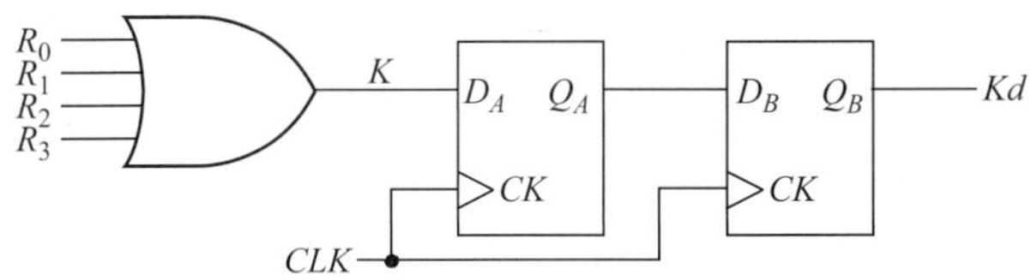

그림 4-44 디바운싱 및 동기화 회로

표 4-4 디코더의 진리표

R_3	R_2	R_1	R_0	R_0	R_1	R_2	N_3	N_2	N_1	N_0	
0	0	0	1	1	0	0	0	0	0	1	
0	0	0	1	0	1	0	0	0	1	0	
0	0	0	1	0	0	1	0	0	1	1	
0	0	1	0	1	0	0	0	1	0	0	
0	0	1	0	0	1	0	0	1	0	1	
0	0	1	0	0	0	1	0	1	1	0	
0	1	0	0	1	0	0	0	1	1	1	
0	1	0	0	0	1	0	1	0	0	0	
0	1	0	0	0	0	1	1	0	0	1	
1	0	0	0	1	0	0	1	0	1	0	(*)
1	0	0	0	0	1	0	0	0	0	0	
1	0	0	0	0	0	1	1	0	1	1	(#)

디코더의 논리식

$$N_3 = R_2C_0' + R_3C_1'$$

$$N_2 = R_1 + R_2C_0$$

$$N_1 = R_0C_0' + R_2'C_2 + R_1'R_0'C_0$$

$$N_0 = R_1C_1 + R_1'C_2 + R_3'R_1'C_1'$$

디코더

디코더는 표 4-4에 주어진 진리표를 이용하여 행과 열 숫자로부터 키 숫자를 결정한다. 진리표는 12개의 키 각각에 대해 1개의 행을 갖고 있다. 한 번에 1개의 키만 눌린다고 가정했기 때문에, 나머지 행들은 돈케어(don't care) 출력을 갖는다. 디코더는 조합회로이므로, 키패드가 스캔될 때 출력이 변할 것이다. 유효한 키가 감지될 때($K=1$, $V=1$), 출력은 정확한 값을 가질 것이고, 회로가 S_5로 이동함과 동시에 이 값은 레지스터에 저장될 수 있다.

제어기

그림 4-45는 키패드 스캐너에 대한 제어기의 상태도이다. S_1에서 $C_0=C_1=C_2=1$을 출력하며 키가 눌릴 때까지 대기한다. S_2에서, $C_0=1$이다. 그래서 눌린 키가 열 0에 있으면, $K=1$이 되고, 회로는 유효한 신호를 출력하고, S_5로 이동한다. 키 누름이 이미 디바운싱되었으므로, Kd 대신 신호 K가 사용된다. 열 0에서 아무런 키 누름이 발견되지 않으면, S_3

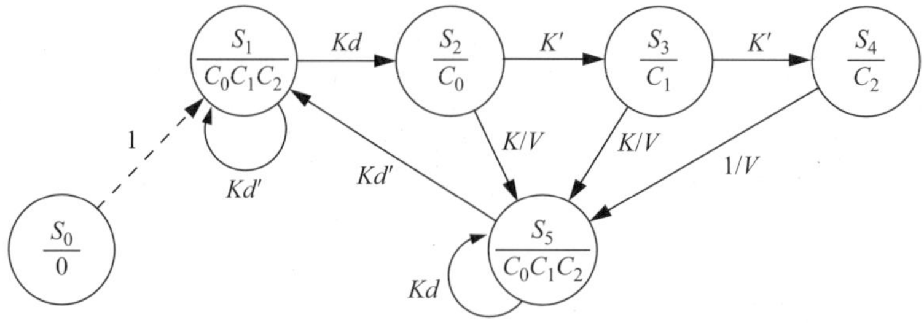

그림 4-45 키패드 스캐너의 상태 그래프

에서 열 1을 검사하고, 또 필요한 경우 열 2를 S_4에서 검사한다. S_5에서, 모든 키 누름이 해제될 때까지 회로가 기다리며, 리셋되기 전에 Kd는 0이 된다.

앞서 말한 상태도는 많은 경우에 대해 동작하지만, 몇 가지 타이밍 문제가 있다. 다음과 같은 상황을 분석해보자.

1. **버튼이 눌릴 때마다 K는 참인가?**

   아니다. 행 신호 R_1, R_2, R_3, R_4 중의 어느 하나라도 참이면 K는 참이다. 하지만 버튼이 눌려도 열 스캔 신호가 활성화되어 있지 않으면, $R_1 \sim R_4$는 참이 아니다.

2. **버튼이 계속 눌리고 있을 때 Kd가 거짓이 될 수 있는가?**

   그렇다. 신호 Kd는 K가 2개의 클록 사이클만큼 지연된 것일 뿐이다. 버튼이 눌리고 있는 동안에도 스캔 과정 중에 K는 0이 될 수 있다. 예를 들어, 맨 우측 열의 키가 눌리는 경우를 생각해보자. 처음 2개의 열을 스캔하는 동안 K는 0이 된다. K가 어떤 시간에 0이 되면, Kd는 두 사이클 후에 0이 될 것이다. 따라서 K와 Kd는 모두 버튼을 누르는 것과 동일하지 않다.

3. **버튼이 아직 눌리고 있을 때 S_5에서 S_1으로 이동할 수 있는가?**

   그림 4-45의 상태도에서, S_4에서 S_5로의 천이는 Kd가 거짓일 때 일어날 수 있다. C_0와 C_1을 스캔하는 동안 Kd는 거짓이 될 수도 있다. 그러므로 키가 아직 눌리고 있을 때 S_1으로 되돌아가는 것이 가능하다. 예를 들어, C_2 열에 있는 버튼이 눌린다고 가정하자. 이것은 S_4에서 감지된다. 그러나 S_2와 S_3에서의 스캔 과정 동안 K는 0이다. 그러므로 버튼을 누른 상태에 있더라도 두 사이클 후에 Kd는 0이 될 것이다. S_4에서 스캔하는 동안, 올바른 키가 발견될 수 있다. 그러나 Kd가 아직 0일 때 시스템은 S_5에 도달할 수 있고, 오동작이 일어날 수 있다. S_5는 키의 놓임을 감지하는 것이 목적이다. 그러나 Kd는 버튼을 누르는 것과 동의어는 아니고, Kd'는 버튼이 놓였음을 진정으로 의미하는 것은 아니다. Kd'는 버튼이 아직 눌리고 있을 때 나타날 수 있으므로, 만일 이전 상태에서의 스캔 동작에 의해 Kd'가 참일 때 S_5에 도달하면, 키를 놓지 않아도 시스템은 S_5에서 S_1으로 이동할 수 있다. 이러한 경우에서는 동일한 키가 여러 번 읽힐 수 있다.

4. **만일 키가 한 클록 또는 두 클록 사이클 동안 눌리면 어떻게 될 것인가?**

   만일 키가 눌리고 아주 빠르게 놓인다면, 특히 키가 3번째 열에 있을 경우에 문제가 있

그림 4-46 키패드 스캐너의 수정된 상태 그래프

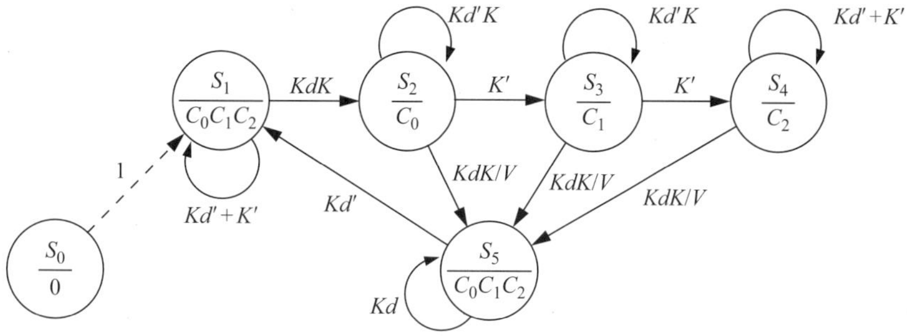

을 수 있다. 스캐너가 상태 S_4에 도달할 때까지, 키는 이미 놓여 있을 것이다. 스캐너가 S_0부터 S_5까지 상태 그래프상의 가장 긴 경로를 통과하기에 충분할 만큼 키가 오랫동안 눌려야 한다. 이것은 심각한 문제가 아닐 수도 있다. 왜냐하면 디지털 시스템 클록은 보통 기계적인 스위치보다 훨씬 빠르기 때문이다.

이러한 문제들은 Kd가 참인 경우에만 S_5에 도달할 수 있게 함으로써 해결할 수 있다. 수정된 상태도가 그림 4-46에 제시되어 있다. S_5로 천이하기 전, 이 회로는 Kd도 1이 될 때까지 S_2, S_3, S_4 상태에서 기다린다.

Verilog 코드

설계를 구현하기 위해 사용된 Verilog 코드를 그림 4-47에서 보여준다. K와 V에 대한 식뿐만 아니라 디코더 식도 동시진행문으로 구현된다. 프로세스는 키스캔과 디바운스 플립플롭에 대한 다음 상태 식을 구현한다.

그림 4-47 스캐너의 Verilog 코드

```
module scanner (R0, R1, R2, R3, CLK, C0, C1, C2, N0, N1, N2, N3, V);
   input R0;
   input R1;
   input R2;
   input R3;
   input CLK;
   inout C0;
   inout C1;
   inout C2;
   output N0;
   output N1;
   output N2;
   output N3;
   output V;

   reg V;
   reg C0_tmp, C1_tmp, C2_tmp;
   reg QA;
   wire K;
```

```
reg Kd;
reg[2:0] state;
reg[2:0] nextstate;

assign C0 = C0_tmp;
assign C1 = C1_tmp;
assign C2 = C2_tmp;

assign K = R0 | R1 | R2 | R3 ;
assign N3 = (R2 & ~C0) | (R3 & ~C1) ;
assign N2 = R1 | (R2 & C0) ;
assign N1 = (R0 & ~C0) | (~R2 & C2) | (~R1 & ~R0 & C0) ;
assign N0 = (R1 & C1) | (~R1 & C2) | (~R3 & ~R1 & ~C1) ;

initial
begin
   state = 0;
   nextstate = 0;
end

always @(state or R0 or R1 or R2 or R3 or C0 or C1 or C2 or K or Kd or QA)
begin
  C0_tmp = 1'b0 ;
  C1_tmp = 1'b0 ;
  C2_tmp = 1'b0 ;
  V = 1'b0 ;
  case (state)
      0 :
                begin
                   nextstate = 1 ;
                end
      1 :
                begin
                  C0_tmp = 1'b1 ;
                  C1_tmp = 1'b1 ;
                  C2_tmp = 1'b1 ;
                   if ((Kd & K) == 1'b1)
                   begin
                      nextstate = 2 ;
                   end
                   else
                   begin
                      nextstate = 1 ;
                   end
                end
     2 :
                begin
                  C0_tmp = 1'b1 ;
                   if ((Kd & K) == 1'b1)
                  begin
                      V = 1'b1 ;
                     nextstate = 5 ;
                  end
                  else if (K == 1'b0)
                  begin
                     nextstate = 3 ;
                  end
                  else
```

```
                    begin
                      nextstate = 2 ;
                    end
                 end
        3 :
                 begin
                    C1_tmp = 1'b1 ;
                    if ((Kd & K) == 1'b1)
                    begin
                       V = 1'b1 ;
                       nextstate = 5 ;
                    end
                    else if (K == 1'b0)
                    begin
                       nextstate = 4 ;
                    end
                    else
                    begin
                       nextstate = 3 ;
                    end
                 end
        4 :
                 begin
                    C2_tmp <= 1'b1 ;
                    if ((Kd & K) == 1'b1)
                    begin
                       V <= 1'b1 ;
                       nextstate = 5 ;
                    end
                    else
                    begin
                       nextstate = 4 ;
                    end
                 end
        5 :
                 begin
                    C0_tmp = 1'b1 ;
                    C1_tmp = 1'b1 ;
                    C2_tmp = 1'b1 ;
                    if (Kd == 1'b0)
                    begin
                       nextstate = 1 ;
                    end
                    else
                    begin
                       nextstate = 5 ;
                    end
                 end
    endcase
  end
  always @(posedge CLK)
  begin
        state <= nextstate ;
        QA <= K ;
        Kd <= QA ;
  end
endmodule
```

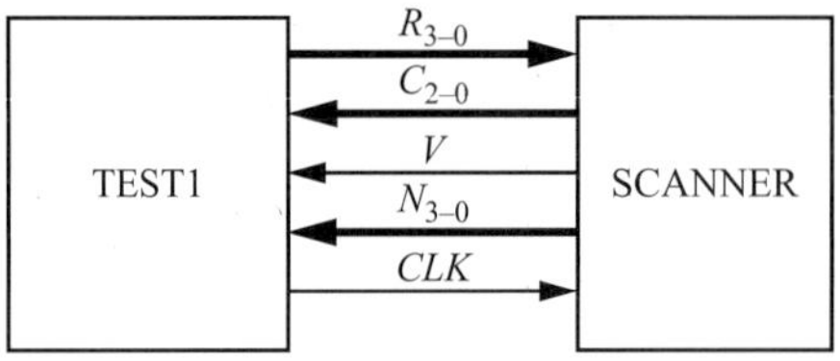

그림 4-48 테스트 벤치의 연결

키패드 스캐너에 대한 테스트 벤치

이 Verilog 코드는 입력 R_0, R_1, R_2, R_3에 대한 파형을 제공하는 방법으로 검사하기가 매우 어려울 것이다. 왜냐하면 이러한 입력들은 열 출력(C_0, C_1, C_2)에 의존하기 때문이다. 스캐너를 검사하는 훨씬 좋은 방법은 Verilog로 작성한 테스트 벤치를 사용하는 것이다. 검사하고 있는 스캐너는 하나의 컴포넌트로 취급되고 테스트 벤치 프로그램 안에 내장될 것이다. 테스트 벤치 안에서 생성된 신호들은 그림 4-48에서 나타낸 것처럼 스캐너에 연결된다. 테스트 벤치는 스캐너로부터의 C 신호에 반응하여 적절한 R 신호를 공급하는 것으로 키 누름을 시뮬레이션한다. 테스트 벤치가 스캐너로부터 $V=1$을 수신할 때, N 값이 눌린 키에 해당하는지 확인한다.

키패드 테스트 벤치의 Verilog 코드를 그림 4-49에서 보여준다. TEST1 모듈 안에 스캐너 모듈 인스턴스를 하나 생성하고, 입력/출력 매핑을 하여 연결한다. 검사를 위한 키 숫자의 시퀀스가 어레이 KARRAY에 저장된다. 검사기는 R_0, R_1, R_2, R_3에 대한 동시진행문들을 이용하여 키패드 동작을 시뮬레이션한다. C_0, C_1, C_2 또는 키 숫자(KN)가 바뀔 때마다, R에 대한 새로운 값이 계산된다. 예를 들어 $KN=5$(키 5를 누른 것을 시뮬레이션함)이면, $C_0C_1C_2=010$일 때 $R_0R_1R_2R_3=0100$이 스캐너에 전달된다. 검사 절차는 다음과 같다.

1. 키 누름을 시뮬레이션하기 위해 어레이에서 키 숫자를 읽는다.
2. $V=1$과 클록의 상승 에지가 발생할 때까지 기다린다.
3. 스캐너로부터의 출력 N과 키 숫자가 부합하는지 검증한다.
4. 키 눌림이 없는 것을 시뮬레이션하기 위해 $KN=15$로 설정한다(15는 유효한 키 숫자가 아니므로, 모든 R은 0이 된다).
5. 새로운 키를 선택하기 전, $Kd=0$이 될 때까지 기다린다.

KARRAY에 있는 다양한 숫자들을 사용하여 행 순서와 열 순서로 키를 누르는 것을 시도한다. 테스트 벤치는 보고된 숫자가 눌린 키와 부합하는지 검사할 것이다. `display` 문은 스캐너가 잘못된 키 숫자를 생성하면 '숫자가 부합되지 않음'이라고 보고할 것이다. 또한 모든 키가 검사되고 나면, '검사 완료'라고 보고할 것이다.

그림 4-49 스캐너 테스트 벤치의 Verilog

```
module scantest ();

   integer KARRAY[0:23];
   wire C0;
   wire C1;
   wire C2;
   wire V;
   reg CLK;
   wire R0;
   wire R1;
   wire R2;
   wire R3;
   wire[3:0] N;
   integer KN;
   integer i;

   initial
   begin
       CLK = 0;
      KARRAY[0] = 2;
      KARRAY[1] = 5;
      KARRAY[2] = 8;
      KARRAY[3] = 0;
      KARRAY[4] = 3;
      KARRAY[5] = 6;
      KARRAY[6] = 9;
      KARRAY[7] = 11;
      KARRAY[8] = 1;
      KARRAY[9] = 4;
      KARRAY[10] = 7;
      KARRAY[11] = 10;
      KARRAY[12] = 1;
      KARRAY[13] = 2;
      KARRAY[14] = 3;
      KARRAY[15] = 4;
      KARRAY[16] = 5;
      KARRAY[17] = 6;
      KARRAY[18] = 7;
      KARRAY[19] = 8;
      KARRAY[20] = 9;
      KARRAY[21] = 10;
      KARRAY[22] = 11;
      KARRAY[23] = 0;
   end

   always #20 CLK = ~CLK ;
   assign R0 = ((C0 == 1'b1 & KN == 1) | (C1 == 1'b1 & KN == 2)
               | (C2 == 1'b1 & KN == 3)) ? 1'b1 : 1'b0 ;
   assign R1 = ((C0 == 1'b1 & KN == 4) | (C1 == 1'b1 & KN == 5)
               | (C2 == 1'b1 & KN == 6)) ? 1'b1 : 1'b0 ;
   assign R2 = ((C0 == 1'b1 & KN == 7) | (C1 == 1'b1 & KN == 8)
               | (C2 == 1'b1 & KN == 9)) ? 1'b1 : 1'b0 ;
   assign R3 = ((C0 == 1'b1 & KN == 10) | (C1 == 1'b1 & KN == 0)
               | (C2 == 1'b1 & KN == 11)) ? 1'b1 : 1'b0 ;
```

```
    always @(posedge CLK)
    begin
       for(i = 0; i <= 23; i = i + 1)
       begin
          KN <= KARRAY[i] ;
          @(posedge CLK);
          if (V == 1'b1)
             if (~(N == KN)) $display("Numbers don't match.");

          KN <= 15 ;
          @(posedge CLK);
          @(posedge CLK);
          @(posedge CLK);
       end

       $display("Test Complete.");
    end

    scanner scanner1(R0, R1, R2, R3, CLK, C0, C1, C2, N[0],N[1],
    N[2],N[3],V);

endmodule
```

4.12 이진 나눗셈기

부호 없는 나눗셈기

양의 이진수에 대한 병렬 나눗셈기의 설계를 생각해볼 것이다. 예를 들어, 8비트 피제수를 4비트 제수로 나누어서 4비트 몫을 얻는 회로를 설계할 것이다. 다음 예제는 나눗셈 과정을 보여준다.

```
                        1010       몫
   제수    1101 / 10000111         피제수
                  1101
(135 ÷ 13 = 10    0111
     나머지 5)    0000
                   1111
                   1101
                    0101
                    0000
                    0101       나머지
```

이진수 곱셈이 일련의 덧셈과 시프트 연산으로 수행될 수 있는 것처럼, 나눗셈도 일련의 뺄셈과 시프트 연산으로 수행될 수 있다. 나눗셈기를 만들기 위해, 그림 4-50에서 보인 것과 같이 9비트 피제수 레지스터와 4비트 제수 레지스터를 사용할 것이다. 나눗셈 과정 동안, 각각의 뺄셈 전에 제수를 우측으로 시프트하는 대신, 피제수를 좌측으로 시프트할 것이다. 피제수 레지스터의 좌측 끝에 추가적인 비트가 필요하다는 점에 유의하라. 이를 통해 피제수가 좌측으로 시프트될 때 한 비트도 잃지 않는다. 몫을 저장하는 별도의 레지스터를 사용하는 대신, 피제수가 좌측으로 시프트될 때 피제수 레지스터의 우측 끝으로 몫을

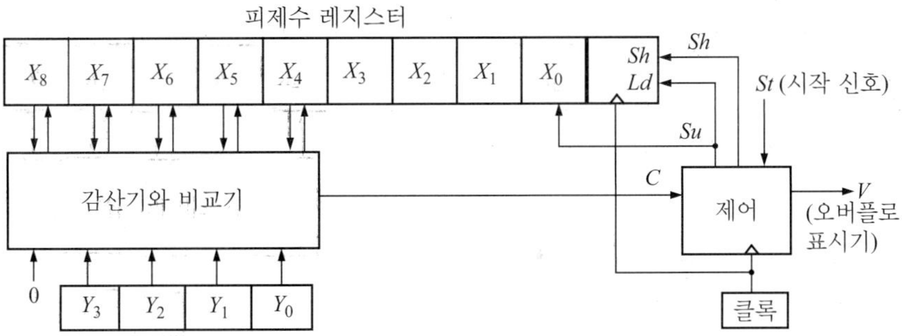

그림 4-50 병렬 이진 나눗셈기의 블록도

한 비트씩 넣을 것이다.

다음에는 앞의 나눗셈 예제(135 나누기 13)를 매 클록 시간마다 레지스터 안의 비트 위치를 보이면서 다시 수행해본다. 초기에는 피제수와 제수가 다음과 같이 시작된다.

0	1	0	0	0	0	1	1	1
	1	1	0	1				

음의 결과 없이 뺄셈을 수행할 수는 없으므로, 뺄셈 전에 시프트를 할 것이다. 제수를 우측으로 한 자리 시프트하는 대신, 피제수를 좌측으로 한 자리 시프트할 것이다.

```
1 0 0 0 0 1 1 1 | 0  ←— 피제수와 몫 사이의 경계선
  1 1 0 1       |    ↖ 시프트 후에 피제수 레지스터의 최우측 위치는
                         비어 있다는 점에 유의하라.
```

이제 뺄셈이 수행되고, 첫 번째 몫 디지트 1이 피제수 레지스터의 사용되지 않는 위치에 저장된다.

```
0 0 0 1 1 1 1 1 | 1  ←— 첫 번째 몫 디지트
```

다음에는 피제수를 좌측으로 한 자리 시프트한다.

```
  0 0 1 1 1 1 1 | 1 0
    1 1 0 1     |
```

뺄셈이 음의 결과를 내줄 것이기 때문에, 피제수를 좌측으로 다시 시프트하고 두 번째 몫 비트는 0을 유지한다.

```
    0 1 1 1 1 1 | 1 0 0
      1 1 0 1   |
```

이제 뺄셈이 수행되고, 세 번째 몫 디지트 1이 피제수 레지스터의 사용되지 않는 위치에 저장된다.

0 0 0 1 0 1 ⋮ 1 0 1 ← 세 번째 몫 디지트

마지막 시프트가 수행되고 네 번째 몫 비트가 0으로 설정된다.

$$\underbrace{0\ 0\ 1\ 0\ 1}_{\text{나머지}}\ \vdots\ \underbrace{1\ 0\ 1\ 0}_{\text{몫}}$$

최종 결과는 첫 번째 예제에서 얻은 것과 일치한다.

나눗셈 연산의 결과로서 몫을 저장하기 위해 할당된 것보다 더 많은 비트를 몫이 포함하면 오버플로(overflow)가 발생했다고 말한다. 그림 4-50의 나눗셈기에서 몫이 15보다 크면, 몫을 저장하기 위해 4비트만 공급되기 때문에 오버플로가 발생할 것이다. 오버플로 상태가 존재하는지 여부를 결정하기 위해 나눗셈을 수행하는 일은 실제로 필요하지는 않다. 왜냐하면 피제수와 제수를 초기에 비교함으로써 몫이 너무 클 것인지 알 수 있기 때문이다. 예를 들어, 135를 7로 나누려고 하면 레지스터의 초기 내용은 다음과 같다.

0 1 0 0 0 0 1 1 1
  0 1 1 1

뺄셈이 음수가 아닌 결과로 수행될 수 있으므로, 피제수에서 제수를 빼고 몫 비트 1을 피제수 레지스터의 최우측 자리에 넣는다. 그러나 그렇게 할 수는 없다. 왜냐하면 최우측 자리는 피제수의 최하위 비트를 포함하고 있기 때문이다. 여기서 몫 비트를 넣으면, 그 피제수 비트를 없애버릴 것이다. 그러므로 할당된 4비트에 저장하기에는 몫이 너무 크며, 오버플로 상태가 감지된 것이다. 일반적으로, 그림 4-50에서 초기에 $X_8X_7X_6X_5X_4 \geq Y_3Y_2Y_1Y_0$이면(즉, 피제수의 좌측 5비트가 제수를 초과하거나 같다면), 몫은 15보다 클 것이며 오버플로가 발생한다. $X_8X_7X_6X_5X_4 \geq Y_3Y_2Y_1Y_0$이면, 몫은 다음과 같다는 점에 유의하라.

$$\frac{X_8X_7X_6X_5X_4X_3X_2X_1X_0}{Y_3Y_2Y_1Y_0} \geq \frac{X_8X_7X_6X_5X_4 0000}{Y_3Y_2Y_1Y_0} = \frac{X_8X_7X_6X_5X_4 \times 16}{Y_3Y_2Y_1Y_0} \geq 16$$

나눗셈기의 동작은 그림 4-50의 블록도로 설명할 수 있다. 시프트 신호(*Sh*)는 피제수를 좌측으로 한 자리 시프트시킬 것이다. 뺄셈 신호(*Su*)는 피제수 레지스터의 좌측 5비트에서 제수를 빼고 몫 비트(피제수 레지스터의 최우측 비트)를 1로 설정할 것이다. 제수가 피제수의 좌측 5비트보다 크면, 비교기 출력은 $C=0$이 된다. 그렇지 않으면, $C=1$이 된다. $C=0$일 때마다, 음의 결과 없이 뺄셈이 일어날 수 없으며, 따라서 시프트 신호가 생성된다. $C=1$일 때마다, 뺄셈 신호가 생성되고 몫 비트는 1로 설정된다. 제어회로는 시프트와 뺄셈에 대해 필요한 시퀀스를 생성한다.

그림 4-51은 제어회로의 상태 그래프이다. 시작 신호(*St*)가 발생할 때, 8비트 피제수와 4비트 제수가 적절한 레지스터에 저장된다. *C*가 1이면, 몫은 5개 이상의 비트를 필요로 할

그림 4-51 나눗셈기 제어회로의 상태 그래프

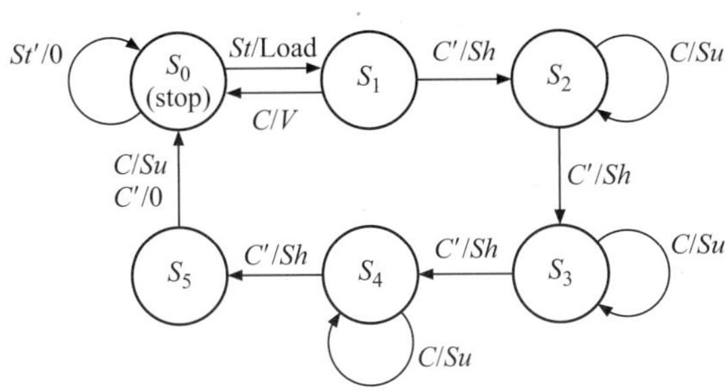

표 4-5 나눗셈기 제어회로의 상태표

상태	StC 00	01	11	10	StC 00	01	11	10
S_0	S_0	S_0	S_1	S_1	0	0	Load	Load
S_1	S_2	S_0	–	–	*Sh*	*V*	–	–
S_2	S_3	S_2	–	–	*Sh*	*Su*	–	–
S_3	S_4	S_3	–	–	*Sh*	*Su*	–	–
S_4	S_5	S_4	–	–	*Sh*	*Su*	–	–
S_5	S_0	S_0	–	–	0	*Su*	–	–

것이다. 4비트 몫을 위한 공간만 제공되므로, 이 상태는 오버플로가 된다. 따라서 나눗셈기는 동작을 멈추고, 오버플로 표시기가 V 출력으로 설정된다. 정상적으로는 C의 초기값은 0이고, 따라서 시프트가 처음 일어나고 제어회로는 상태 S_2로 이동할 것이다. 그런 다음, $C = 1$이면 뺄셈이 수행된다. 뺄셈 연산이 완료된 후, C는 항상 0이 되고, 따라서 다음 번 클록 펄스가 시프트를 만들 것이다. 4번의 시프트가 발생하고 제어가 상태 S_5에 있을 때까지 이 과정이 계속된다. 그런 다음 필요하다면 뺄셈이 수행되고, 제어는 정지 상태로 되돌아간다. 이번 예제에서 시작 신호(St)가 발생할 때, 첫 번째 클록에서 1일 것이고, 그런 다음 제어회로가 다시 상태 S_0로 되돌아올 때까지 0을 유지한다고 가정할 것이다. 그러므로 St 신호는 상태 S_1부터 S_5까지 항상 0일 것이다.

표 4-5는 제어회로의 상태표이다. 상태 S_1, S_2, S_3, S_4에서 $St = 0$이라고 가정했기 때문에, 다음 상태와 출력은 $St = 1$일 때 이러한 상태들에 대해 '돈케어(don't care)'이다. 출력표에 있는 항목들은 출력이 1임을 나타낸다. 예를 들어 항목 Sh는 $Sh = 1$이고, 그 외의 출력은 0임을 의미한다.

이 예제는 부호 없는 이진수에 대한 나눗셈기를 설계하는 일반적인 방법을 보여준다. 이 설계는 16비트 나누기 8비트 또는 32비트 나누기 16비트와 같이 큰 숫자로 쉽게 확장할 수 있다. 시프트가 4번보다 더 필요하면, 시프트 횟수를 세기 위한 별도의 카운터를 이용하는 것을 추천한다.

부호 있는 나눗셈기

이제 32비트 피제수를 16비트 제수로 나누어서 16비트 몫을 내주는 부호 있는(2의 보수)

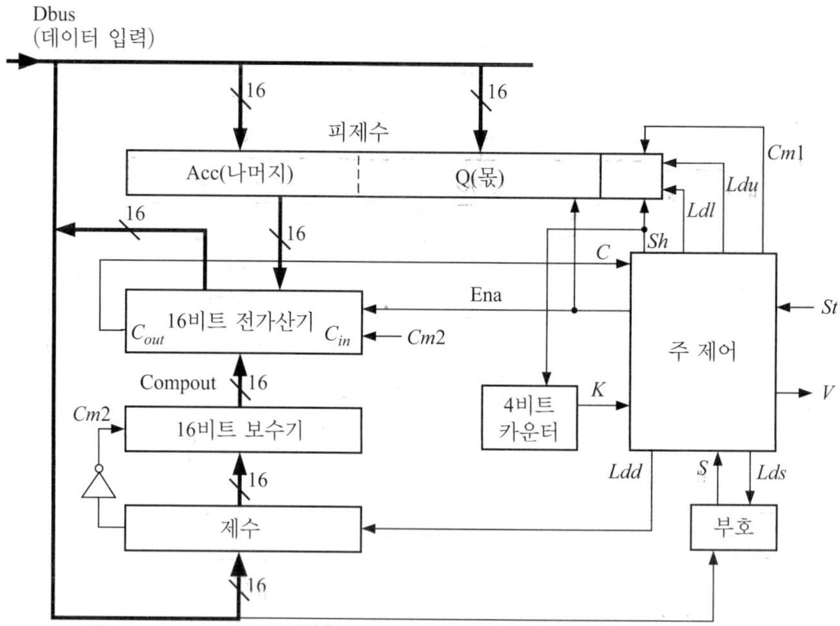

그림 4-52 부호 있는 나눗셈기의 블록도

이진수에 대한 나눗셈기를 설계한다. 부호 있는 수를 직접 나누는 알고리즘이 존재하지만, 다소 복잡하다. 그래서 쉬운 길을 택하기로 한다. 피제수와 제수가 음수이면, 보수를 취한다. 나눗셈이 완료될 때, 몫이 음수이면 보수를 취한다.

그림 4-52는 나눗셈기의 블록도를 보여준다. 레지스터에 저장하기 위해 16비트 버스를 사용한다. 피제수가 32비트이므로, 피제수 레지스터의 상위부와 하위부에 저장하는 데 2개의 클록이 필요하다. 제수를 저장하기 위해 1개의 클록이 필요하다. 피제수의 부호를 저장하기 위해 추가적인 부호 플립플롭이 사용된다. 내장된 2의 보수기를 갖는 피제수 레지스터를 사용할 것이다. 감산기는 가산기와 보수기로 구성되어 있어서, 뺄셈은 제수의 2의 보수를 피제수 레지스터에 더함으로써 이루어질 수 있다. 제수가 음수이면, 보수를 취하기 위한 별도의 단계가 필요 없다. 단순히 보수기를 비활성화하고, 제수의 보수를 빼는 대신 음의 제수를 더한다. 제어회로는 두 부분으로 나뉜다. 즉, 시프트와 뺄셈의 시퀀스를 결정하는 주 제어부와 시프트 횟수를 세기 위한 카운터이다. 15번의 시프트가 완료될 때, 카운터는 신호 $K = 1$을 출력한다. 제어 신호들은 다음과 같이 정의된다.

LdU 버스로부터 피제수의 상위 16비트를 로드함

LdL 버스로부터 피제수의 하위 16비트를 로드함

Lds 피제수의 부호를 부호 플립플롭에 로드함

S 피제수의 부호

*Cm*1 피제수 레지스터를 보수화함(2의 보수)

Ldd 버스로부터 제수를 로드함

Su 버스에 가산기 출력을 내보내고(*Ena*), 버스로부터 피제수의 상위 16비트를 로드함

Cm2 보수기를 활성화함(*Cm2*는 제수의 부호 비트의 보수와 동일하고, 따라서 양의 제수는 보수화하고 음의 제수는 보수화하지 않는다.)

Sh 피제수 레지스터를 좌측으로 한 자리 시프트하고 카운터를 증가시킴

C 가산기로부터의 캐리 출력($C = 1$이면, 피제수 상위 16비트에서 제수를 뺀다.)

St 시작

V 오버플로

Qneg 몫이 음수가 될 것이다(피제수와 제수의 부호가 서로 다를 때, $Qneg = 1$이다).

부호 있는 나눗셈을 수행하는 절차는 다음과 같다.

1. 버스로부터 피제수 상위 16비트를 로드한다. 피제수의 부호를 부호 플립플롭에 복사한다.
2. 버스로부터 피제수 하위 16비트를 로드한다.
3. 버스로부터 제수를 로드한다.
4. 피제수가 음수이면, 보수를 취한다.
5. 오버플로 상태가 존재하면, 완료 상태로 이동한다.
6. 그렇지 않으면 일련의 시프트와 뺄셈에 의해 나눗셈을 수행한다.
7. 나눗셈이 완료될 때, 필요하면 몫을 보수화하고 완료 상태로 이동한다.

오버플로에 대한 검사는 부호 없는 나눗셈기의 경우보다 약간 더 복잡하다. 우선, 모두 양수인 경우를 생각해보자. 제수와 몫이 각각 15비트와 부호 비트가 있으므로, 최대값은 7FFFh이다. 나머지는 제수보다 작아야 하므로, 최대값은 7FFEh이다. 따라서 오버플로가 없는 경우 최대 피제수는 다음과 같다.

$$\text{제수} \times \text{몫} \div \text{나머지} = 7FFFh \times 7FFFh + 7FFEh = 3FFF7FFFh$$

피제수가 최대값보다 1만큼 크면(3FFF8000h), 7FFFh(또는 이보다 작은 수)로 나누는 것은 오버플로를 발생시킨다. 피제수를 좌측으로 한 자리 시프트시키고 피제수의 상위 16비트(divu)를 제수와 비교함으로써 오버플로 상태를 검사할 수 있다. 만일 divu ≥ 제수이면 몫이 최대값보다 클 것이고, 따라서 오버플로 상태이다. 앞의 예처럼, 3FFF8000h를 좌측으로 한 번 시프트하면 7FFF0000h가 된다. 7FFFh가 제수와 동일하기 때문에, 오버플로가 존재한다. 반면에 3FFF7FFFh를 좌측으로 시프트하면 7FFEFFFEh가 되며, 7FFEh < 7FFFh이므로, 7FFFh로 나눌 때는 오버플로가 발생하지 않는다.

오버플로에 대한 검사 전에 피제수를 좌측으로 시프트해야 하는 또 다른 검증 방법은 다음과 같다. 피제수를 좌측으로 한 자리 시프트시키고 나서 divu ≥ 제수이면, 뺄셈을 하고 몫 비트 1을 생성할 수도 있다. 그러나 이 비트는 몫의 부호 비트 위치로 가야 할 것이다. 그러면 몫을 음수가 되게 할 텐데, 이것은 틀린 것이다. 오버플로를 검사한 후 피제수를 좌

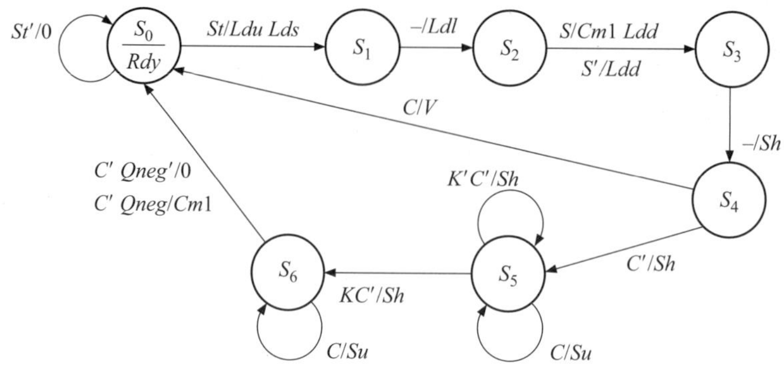

그림 4-53 부호 있는 나눗셈기 제어회로의 상태 그래프

측으로 다시 시프트해야 하는데, 이것은 부호 비트 뒤에 첫 번째 몫 비트를 저장할 장소를 제공한다. 음의 피제수나 음의 제수에 대한 보수를 사용하고 있기 때문에, 오버플로를 검출하는 이 방법은 피제수가 80000000h(가장 큰 음수)인 특수한 경우를 제외하고는 음수에 대해 동작할 것이다. 이 경우에 오버플로를 검출하기 위한 설계 수정은 연습문제로 남겨둔다.

그림 4-53은 제어회로의 상태 그래프를 보여준다. $St = 1$일 때, 레지스터가 로드된다. S_2에서는, 피제수의 부호(S)가 1이면 피제수가 보수화된다. S_3에서는, 피제수를 좌측으로 한 자리 시프트하고 S_1에서 오버플로를 검사한다. $C = 1$이면, 뺄셈이 가능한데 오버플로를 암시하며, 회로는 완료 상태로 이동한다. 그렇지 않으면 피제수를 좌측으로 시프트시킨다. S_5에서 C를 검사한다. $C = 1$이면 $Su = 1$이 되고, *Ldu*와 *Ena*를 암시한다. 이에 따라 가산기 출력이 버스로 전달되어 피제수 레지스터 상위 부분에 로드되어 뺄셈이 이루어진다. 그렇지 않으면 $Sh = 1$이 되고, 피제수 레지스터는 시프트된다. 이 과정은 $K = 1$일 때까지 반복되며, $C = 0$이면 마지막 시프트 연산이 일어날 때 회로는 S_6로 이동한다. 제수의 부호와 피제수의 저장된 부호가 서로 다르면, 피제수 레지스터는 보수화되어 몫이 올바른 부호를 갖게 될 것이다.

부호 있는 나눗셈기의 Verilog 코드를 그림 4-54에서 보여준다. 1의 보수기와 가산기는 조합회로이므로, 동시진행문으로 동작을 표현했다. 레지스터 출력을 나타내는 모든 신호는 클록의 상승 에지에서 갱신되고, 따라서 이 신호들은 *CLK*가 1로 바뀔 때를 기다린 후에 프로세스에서 갱신된다. 카운터는 신호 *count*에 의해 시뮬레이션된다. 시뮬레이터 출력을 열거하기 편하도록, 준비 신호(*Rdy*)를 추가했다. 이 신호는 나눗셈이 완료되었음을 표시하는 S_0에서 ON 된다.

그림 4-54 32비트 부호 있는 나눗셈기의 Verilog 모델

```
`define Acc Dividend[31:16]

module sdiv (CLK, St, Dbus, Quotient, Remainder, V, Rdy);
```

```
input CLK;
input St;
input[15:0] Dbus;
output[15:0] Quotient;
output[15:0] Remainder;
output V;
output Rdy;

reg V;
reg[2:0] State;
reg[3:0] Count;
reg Sign;
wire C;
wire Cm2;
reg[15:0] Divisor;
wire[15:0] Sum;
wire[15:0] Compout;
reg[31:0] Dividend;

assign Cm2 = ~Divisor[15] ;
assign Compout = (Cm2 == 1'b0) ? Divisor : ~Divisor ;
assign Sum = `Acc + Compout + Cm2;
assign C = ~Sum[15] ;
assign Quotient = Dividend[15:0] ;
assign Remainder = Dividend[31:16];
assign Rdy = (State == 0) ? 1'b1 : 1'b0 ;

initial
begin
  State = 0;
end

always @(posedge CLK)
begin

       case (State)
          0 :
                    begin
                       if (St == 1'b1)
                       begin
                          `Acc <= Dbus ;
                          Sign <= Dbus[15] ;
                          State <= 1 ;
                          V <= 1'b0 ;
                          Count <= 4'b0000 ;
                       end
                    end
         1 :
                    begin
                       Dividend[15:0] <= Dbus ;
                       State <= 2 ;
                    end
         2 :
                    begin
                       Divisor <= Dbus ;
                       if (Sign == 1'b1)
```

```
                    begin
                       Dividend <= ~Dividend + 1 ;
                    end
                    State <= 3 ;
                 end
         3 :
                 begin
                    Dividend <= {Dividend[30:0], 1'b0} ;
                    Count <= Count + 1 ;
                    State <= 4 ;
                 end
          4 :
                 begin
                    if (C == 1'b1)
                    begin
                       V <= 1'b1 ;
                       State <= 0 ;
                    end
                    else
                    begin
                       Dividend <= {Dividend[30:0], 1'b0}
                       Count <= Count + 1 ;
                       State <= 5 ;
                    end
                 end
          5 :
                 begin
                    if (C == 1'b1)
                    begin
                       `Acc <= Sum ;
                       Dividend[0] <= 1'b1 ;
                    end
                    else
                    begin
                       Dividend <= {Dividend[30:0], 1'b0}
                       if (Count == 15)
                       begin
                          State <= 6 ;
                       end
                       Count <= Count + 1 ;
                    end
                 end
          6 :
                 begin
                    State <= 0 ;
                    if (C == 1'b1)
                    begin
                       `Acc <= Sum ;
                       Dividend[0] <= 1'b1 ;
                       State <= 6 ;
                    end
                    else if ((Sign ^ Divisor[15]) == 1'b1)
                    begin
                      Dividend[15:0] <= ~Dividend[15:0] + 1 ;
                      if(Sign == 1)
                    begin
```

```
                    Dividend [31:16] <= ~Dividend[31:16] + 1;
                    end
                  end
                  else begin
                    if(Sign && Divisor[15])
                    begin
                    Dividend [31:16] <= ~Dividend[31:16] + 1;
                    end
                end
              end
      endcase
      end

endmodule
```

이제 Verilog 시뮬레이터를 이용하여 나눗셈기 설계를 검사할 준비가 되었다. 나눗셈 과정에서 발생할 수 있는 모든 여러 가지 특수한 경우를 검사할 종합적인 검사 예제들이 필요하다. 우선 제수와 피제수 부호의 서로 다른 조합(++, +−, −+, −−)에 대해 나눗셈기의 기본 동작을 검사할 필요가 있다. 또한 이 네 가지 경우에 대해 오버플로 검출도 검사할 필요가 있다. 몫이 가장 큰 경우, 몫이 0인 경우 등 한계적 상황도 검사해야 한다. 검사 데이터가 특정 시간에 순서대로 공급되어야 하고, 나눗셈을 완료하는 데 소요되는 시간은 검사 데이터에 따라 결정되기 때문에, Verilog 테스트 벤치를 사용하는 것이 편리하다. 그림 4-55는 나눗셈기에 대한 테스트 벤치를 보여준다. 테스트 벤치는 검사 데이터를 위한 피제수 어레이와 제수 어레이를 포함하고 있다. `32'h07FF00BB`라는 표기는 비트열에 대한 16진수 표현이다. `testsdiv`에 있는 프로세스는 우선 상위 피제수를 *Dbus*에 보내고 시작 신호를 공급한다. 클록을 기다린 후, 하위 피제수를 *Dbus*에 보낸다. 다음번 클록 후, 제수를 *Dbus*에 보낸다. 다음 과정을 계속하기 전에 *Rdy* 신호가 나눗셈 과정이 완료되었음을 표시할 때까지 기다린다. *Count*는 반복문 인덱스와 동일하게 설정되어서, *Count*의 변화

그림 4-55 부호 있는 나눗셈기에 대한 테스트 벤치

```
module testsdiv;
  parameter N = 12;
  reg[31:0] dividendarr[1:N];
  reg[15:0] divisorarr[1:N];

  // sdiv 모듈에 보내는 입력은 reg 타입이어야 한다.
  reg CLK;
  reg St;
  reg[15:0] Dbus;

  // sdiv 모듈에서 받는 출력은 wire 타입이어야 한다.
  wire[15:0] Quotient;
  wire[15:0] Remainder;
  wire V;
  wire Rdy;
```

```
reg[15:0] Divisor;
reg[31:0] Dividend;
reg[3:0] Count;
reg[31:0] dividendarr_tmp;
reg [15:0] quotientarr[1:N];
reg [15:0] remainderarr[1:N];

integer i;

always
begin
  #10 CLK <= ~CLK;
end

initial
begin
  // 피제수 어레이의 초기화
  dividendarr[1] = 32'h0000006F;
  dividendarr[2] = 32'h07FF00BB;
  dividendarr[3] = 32'hFFFFFE08;
  dividendarr[4] = 32'hFF80030A;
  dividendarr[5] = 32'h3FFF8000;
  dividendarr[6] = 32'h3FFF7FFF;
  dividendarr[7] = 32'hC0008000;
  dividendarr[8] = 32'hC0008000;
  dividendarr[9] = 32'hC0008001;
  dividendarr[10] = 32'h00000000;
  dividendarr[11] = 32'hFFFFFFFF;
  dividendarr[12] = 32'hFFFFFFFF;

  // 제수 어레이의 초기화
  divisorarr[1] = 16'h0007;
  divisorarr[2] = 16'hE005;
  divisorarr[3] = 16'h001E;
  divisorarr[4] = 16'hEFFA;
  divisorarr[5] = 16'h7FFF;
  divisorarr[6] = 16'h7FFF;
  divisorarr[7] = 16'h7FFF;
  divisorarr[8] = 16'h8000;
  divisorarr[9] = 16'h7FFF;
  divisorarr[10] = 16'h0001;
  divisorarr[11] = 16'h7FFF;
  divisorarr[12] = 16'h0000;

  // 몫 어레이의 초기화
  quotientarr[1] = 16'h000F;
  quotientarr[2] = 16'hBFFE;
  quotientarr[3] = 16'hFFF0;
  quotientarr[4] = 16'h07FC;
  quotientarr[5] = 16'h0000;
  quotientarr[6] = 16'h7FFF;
  quotientarr[7] = 16'h0000;
  quotientarr[8] = 16'h7FFF;
  quotientarr[9] = 16'h8001;
  quotientarr[10] = 16'h0000;
  quotientarr[11] = 16'h0000;
  quotientarr[12] = 16'h0002;
```

```
    // 나머지 어레이의 초기화
    remainderarr[1] = 16'h0006;
    remainderarr[2] = 16'h00C5;
    remainderarr[3] = 16'hFFE8;
    remainderarr[4] = 16'hF2F2;
    remainderarr[5] = 16'h7FFF;
    remainderarr[6] = 16'h7FFE;
    remainderarr[7] = 16'h7FFF;
    remainderarr[8] = 16'h0000;
    remainderarr[9] = 16'h8002;
    remainderarr[10] = 16'h0000;
    remainderarr[11] = 16'hFFFF;
    remainderarr[12] = 16'h0000;

    CLK = 0;
    Count = 0;

  @(posedge CLK);
  @(negedge CLK);

  for(i = 1 ; i <= N ; i = i + 1)
  begin
    St = 1'b1;
    dividendarr_tmp = dividendarr[i];
    Dbus = dividendarr_tmp[31:16];

    @(posedge CLK);
    Dbus = dividendarr_tmp[15:0];

    @(posedge CLK);
    Dbus = divisorarr[i];
    St = 1'b0;
    Dividend = dividendarr_tmp[31:0];
    Divisor = divisorarr[i];

    @(posedge Rdy);
    Count = i;
     if(quotientarr[i] == Quotient)
      begin
      $display("quotient[%d] is correct",i);
      end
     else
      begin
      $display("quotient[%d] is wrong",i);
      end
     if(remainderarr[i] == Remainder)
      begin
      $display("remainder[%d] is correct",i);
      end
   else
   begin
      $display("remainder[%d] is wrong",i);
   end
  end
  $display("TESTS DONE");
end

  sdiv sdiv1(CLK, St, Dbus, Quotient, Remainder, V, Rdy);
endmodule
```

그림 4-56 부호 있는 나눗셈기의 시뮬레이션 검사 결과

```
// 부호 있는 나눗셈기의 결과를 검사하기 위한 명령어 파일
add list -hex -notrigger Dividend Divisor Quotient Remainder V -trigger Count
run 5300

  ns   delta  dividend  divisor  quotient  remainder  v  count
   0    +0   xxxxxxxx    xxxx      xxxx      xxxx     x    x
 490    +3   0000006F    0007      000F      0006     0    1
 930    +3   07FF00BB    E005      BFFE      00C5     0    2
1350    +3   FFFFFE08    001E      FFF0      FFE8     0    3
1930    +3   FF80030A    EFFA      07FC      F2F2     0    4
2030    +3   3FFF8000    7FFF      0000      7FFF     1    5
2730    +3   3FFF7FFF    7FFF      7FFF      7FFE     0    6
2830    +3   C0008000    7FFF      0000      7FFF     1    7
3530    +3   C0008000    8000      7FFF      0000     0    8
4230    +3   C0008001    7FFF      8001      8002     0    9
4630    +3   00000000    0001      0000      0000     0    A
5030    +3   FFFFFFFF    7FFF      0000      FFFF     0    B
5130    +3   FFFFFFFF    0000      0002      0000     1    C
```

가 출력 나열을 유발하도록 사용될 수 있다.

그림 4-56은 시뮬레이터 명령어 파일과 출력을 보여준다. `list` 문에서 `-notrigger`는 `-trigger count`와 함께 *count* 신호가 변할 때만 출력이 표시되도록 한다. 시뮬레이터 출력을 조사해보면, 다음 경우를 제외하고는 모든 검사 경우에 대해 나눗셈기 동작이 올바르다는 사실을 알 수 있다.

$$\text{C0008000h} \div \text{7FFFh} = -\text{3FFF8000} \div \text{7FFFh} = -\text{8000h} = \text{8000h}$$

이 경우에는 오버플로가 ON 되어서 나눗셈 연산이 일어나지 않는다. 일반적으로, 나눗셈기는 몫이 8000h(가장 큰 음수인 경우)일 때마다 오버플로를 표시한다. 그 이유는 나눗셈기는 기본적으로 양수를 나누며, 가장 큰 양의 몫은 7FFFh이기 때문이다. 8000h라는 몫을 생성할 수 있는 것이 중요하다면, 이와 같이 특수한 경우에 오버플로를 생성하지 않도록 오버플로 검출을 수정할 수 있다.

이 장에서는 몇 가지 설계 예제를 제시했다. 예제에는 산술 또는 비산술 회로가 포함된다. 7세그먼트 디스플레이, BCD 가산기, 신호등 제어기, 스코어보드, 키패드 스캐너는 이 장에서 제시한 비산술 회로의 예제이다. 또한 부호 없는 이진수와 부호 있는 이진수의 덧셈, 곱셈, 나눗셈에 대한 알고리즘도 설명했다. 캐리 룩 어헤드 가산기와 어레이 곱셈기 같은 특정한 설계들도 제시했다. 이러한 알고리즘을 구현하기 위한 디지털 시스템을 설계했다. 그러한 시스템에 대한 블록도를 개발하고 필요한 제어 신호들을 정의한 다음, 적절한 시퀀스에 따라 제어 신호를 생성하는 순차 머신을 정의하기 위해 상태 그래프를 사용했다. 설계한 시스템의 올바른 동작에 대해 시뮬레이션하고 검사할 수 있도록, 여러 가지 레벨에서 시스템을 기술하는 데 Verilog를 사용했다.

Problem 연습문제

4.1 이 문제는 부호와 크기 표기법으로 표현된 8비트 숫자에 대한 병렬 가산기-감산기 설계를 다룬다. 입력 X와 Y는 부호와 크기 표기법으로 표현되며, 출력 Z도 부호와 크기 표기법으로 표현되어야 한다. 내부 연산은 2의 보수 또는 1의 보수를 바탕으로 하면 된다(본인이 사용한 방식을 명시하라). 그러나 입력 X와 Y가 1의 보수 또는 2의 보수로 이미 표현되어 있다고 가정한다면 점수를 받지 못할 것이다. 입력 신호 $Sub = 1$이면 $Z = X - Y$, 그렇지 않으면 $Z = X + Y$이다. 설계할 회로는 모든 양수와 음수 입력 조합에 대해 덧셈과 뺄셈을 할 수 있어야 한다. 다음 컴포넌트들만 사용할 수 있다. 즉, 8비트 가산기, 1의 보수기(입력 Y를 위한), 두 번째 보수기(1의 보수기 또는 2의 보수기. 본인이 사용한 방식을 명시하라), 제어 신호를 생성하는 조합논리회로이다. 힌트: $-X + Y = -(X - Y)$. 또한 연산 결과가 8비트 부호와 크기 표기법으로 표현될 수 없을 경우 1이 되는 오버플로 신호를 생성하라.

(a) 블록도를 작성하라. 레지스터, 멀티플렉서, 삼상태 버스는 허용되지 않는다.

(b) 필요한 제어 신호를 생성하는 논리회로의 진리표를 제시하라. 진리표 입력은 Sub, Xs, Ys의 순서여야 한다. 여기서 Xs는 X의 부호, Ys는 Y의 부호이다.

(c) 어떻게 오버플로를 결정할 것인지 설명하고, 적절한 식을 제시하라.

4.2 부호 없는 8비트 수를 부호 없는 4비트 수로 나누어서 4비트 몫을 생성하는 나눗셈기의 블록도가 다음과 같이 주어져 있다. 감산기의 입력 X_i는 좌측으로 한 자리 시프트된다. 이는 시프트-뺄셈 연산이 두 클록 시간이 아닌 한 클록 시간에 완료될 수 있다는 뜻이다. 감산기로부터의 빌림에 따라, 시프트 또는 시프트-뺄셈 연산이 매 클록 시간마다 일어난다. 나눗셈은 레지스터가 로드된 후 항상 4 클록 시간 안에 완료될 수 있다. 오버플로는 무시하라. 시작 신호(St)가 1일 때, X와 Y 레지스터가 로드된다. 시작 신호(St)는 한 클록 시간 동안만 1이라고 가정하라. Sh는 X에 0을 채우면서 좌측으로 시프트시킨다. $SubSh$는 감산기 출력이 X의 좌측 부분에 로드되게 하고, 동시에 X의 나머지 부분은 좌측으로 시프트된다.

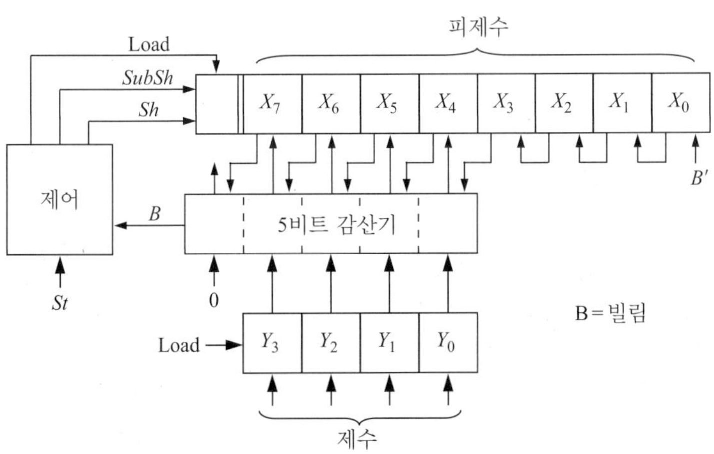

(a) 제어기의 상태 그래프를 작성하라(5개 상태).

(b) 다음 Verilog 코드를 완성하라. 오버로드된 연산자가 사용될 수 있도록 레지스터와 신호들은 부호 없는 타입이어야 한다. 하나의 always 블록을 사용하는 동작적 코드를 작성하라.

```
module divu(dividend, divisor, St, clk, quotient);
input[7:0] dividend;
input[3:0] divisor;
input St,clk;
output[3:0] quotient;
.
.
.

endmodule
```

4.3 4개의 푸시 버튼(B_0, B_1, B_2, B_3)이 논리회로의 입력으로 사용된다. 버튼이 눌릴 때마다 디바운싱되고, 회로는 버튼 숫자를 이진수 형태로 2비트 레지스터(N)에 로드한다. 예를 들어, B_2가 눌리면 레지스터의 출력은 $N = 10_2$이 된다. 레지스터는 다른 버튼이 눌릴 때까지 이 값을 유지한다. 디바운싱을 위해 총 2개의 플립플롭을 사용하라. 디바운싱을 위한 느린 클록을 제공하기 위해 10비트 카운터를 클록 나눗셈기로 사용하라. Kd는 버튼이 눌리고 디바운싱될 때 1이 되는 신호이다.

(a) $Kd = 1$일 때 레지스터를 로드하는 신호를 생성하기 위한 상태 그래프(2개 상태)를 작성하라.

(b) 10비트 카운터, 2비트 레지스터 N, 모든 필요한 게이트와 플립플롭을 보여주는 논리회로도를 작성하라.

4.4 썬더버드 자동차의 오래전 모델에는 3개의 좌측 후미등(LA, LB, LC)과 3개의 우측 후미등(RA, RB, RC)이 있는데, 좌회전과 우회전을 표시하기 위해 독특한 형태로 켜진다.

LEFT 회전 패턴 RIGHT 회전 패턴

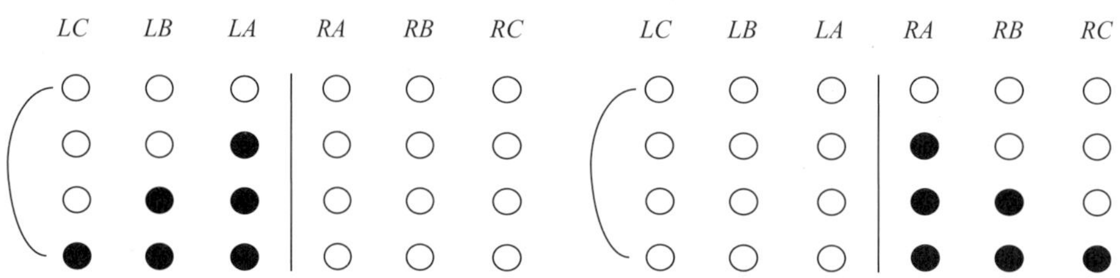

이 후미등을 제어하는 무어(Moore) 순차회로를 설계하라. 이 회로는 3개의 입력 $LEFT$, $RIGHT$, HAZ를 갖는다. $LEFT$와 $RIGHT$는 운전자의 회전 신호 스위치로부터 오며, 동시에 1이 될 수는 없다. 그림에 나타낸 것과 같이, $LEFT = 1$일 때 후미등은 LA 켜짐, LA-LB 켜짐, LA-LB-LC 켜짐, 모두 꺼짐의 패턴을 반복한다. $RIGHT = 1$일 때도 그림의 오른쪽에 표기한 것처럼 RA, RB, RC 후미등에 유사한 시퀀스가 나타난다. 후미등 시퀀스 중간에 $LEFT$에서 $RIGHT$로(또는 반대로) 스위치가 발생하면, 회로는 즉시 $IDLE$(후미등 꺼짐) 상태로 이동하고 새로운 시퀀스를 시작해야 한다. HAZ는 위험 스위치로부터 온다. $HAZ = 1$일 때 모든 6개의 후미등이 일제히 켜졌다가 꺼진다. $LEFT$와 $RIGHT$도 함께 켜져 있다면, HAZ가 우선권을 갖는다.

원하는 불빛 속도와 동일한 주파수를 갖는 클록 신호가 제공된다고 가정하라.

(a) 상태 그래프를 작성하라(8개 상태).

(b) 6개의 D 플립플롭을 사용하여 회로를 실현하라. 각 플립플롭의 출력이 6개의 후미등 중 하나를 직접 구동하도록 one-hot 상태 할당문을 만들어라(LogicAid를 사용해도 된다).

(c) 적절하게 인코딩된 상태 할당문을 결정하기 위해 1.7절의 가이드라인을 활용하여 3개의 D 플립플롭을 사용하는 회로를 실현하라. (b)와 (c)에서 플립플롭을 더 사용할 것인지 게이트를 더 사용할 것인지에 대한 절충에 유의하라.

4.5 다음과 같은 키패드 설계도에 대한 4×4 키패드 스캐너를 설계하라.

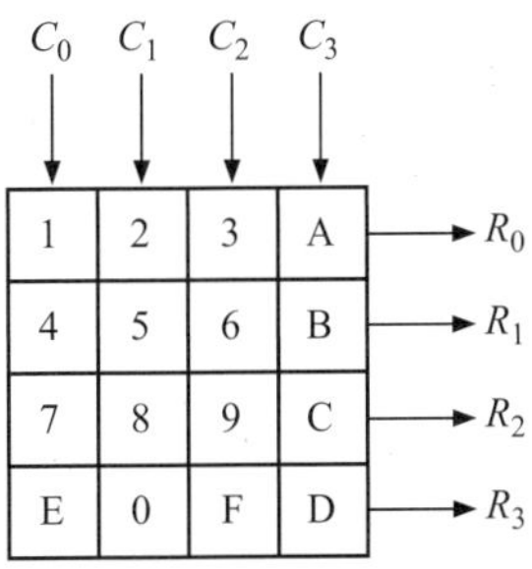

(a) 한 번에 하나의 키만 눌릴 수 있다고 가정하여, 주어진 $R_{3\text{-}0}$과 $C_{3\text{-}0}$의 숫자 디코더에 대한 식을 구하라. 디코더 출력은 키의 이진수 값에 해당한다. 예를 들어 F 키는 $N_{3\text{-}0} = 1111$, 즉 15를 내준다.

(b) 키가 눌렸거나 놓였을 때를 감지하는 다바운스 회로를 설계하라. 스위치 바운스는 1개 또는 2개 클록 사이클 안에 사라진다고 가정하라. 키가 눌렸을 때, $K = 1$이고 Kd는 디바운스된 신호이다.

(c) (b)에서 구한 입력을 이용하여, 유효한 키가 눌렸을 때 키스캔을 수행하고 유효한 펄스를 내주는 상태 그래프를 설계하고 작성하라.

(d) 디코더, 디바운싱 회로, 스캐너를 포함하는 키패드 스캐너의 Verilog 코드를 작성하라.

4.6 테이프 재생기(tape player)의 모터를 제어하는 순차회로를 설계하라. 논리회로는 5개의 입력과 3개의 출력을 갖는다. 입력 중 4개는 테이프 재생기의 제어 버튼이다. 재생 버튼이 눌리면, 입력 PL은 1이다. 되감기 버튼이 눌리면, 입력 RE는 1이다. 빨리 감기 버튼이 눌리면, 입력 FF는 1이다. 정지 버튼이 눌리면, 입력 ST는 1이다. 제어회로의 다섯 번째 입력은 M이다. 특수한 '음악 센서'가 현재 테이프 위치에서 음악을 감지하면, M은 1이 된다. 제어회로의 3개의 출력은 P, R, F이며, 그 값이 1일 때 각각 테이프 재생, 되감기, 빨리 감기를 만든다. 2개 이상의 출력이 동시에 1이 될 수는 없다. 모든 출력이 0이면 모터가 정지한다. 버튼은 다음과 같이 테이프를 재생한다. 재생 버튼이 눌리면, 테이프 재생기는 테이프 재생을 시작한다(출력 $P = 1$). 재생 버튼이 눌린 상태에서 되감기 버튼이 눌렸다가 놓이면, 테이프 재생기는 현재 노래의 처음까지 되감기를 수행하고($M = 0$일 때까지 출력 $R = 1$) 다시 재생을 시작한다. 재생 버튼이 눌린 상태에서 빨리 감기 버튼이 눌렸다가 놓이면, 현재 노래의 끝까지 빨리 감기를 수행하고($M = 0$일 때까지 출력 $F = 1$) 다시 재생을 시작한다. 재생이 해제되어 있는 동안, 되감기나 빨리 감기 버튼이 눌리면, 테이프 재생기는 테이프의 되감기나 빨리 감기를 수행한다. 언제라도 정지 버튼이 눌리면 테이프 재생기 모터를 중지해야 한다.

(a) 테이프 재생기 제어기의 상태 그래프를 작성하라. 주어진 시간에 4개의 버튼 중 하나만 눌릴 수 있다고 가정해도 된다.

(b) 제어기의 Verilog 코드를 작성하라.

4.7 이 문제는 16비트 피제수를 8비트 제수로 나누어 8비트 몫을 구하는 부호 없는 이진수에 대한 나눗셈기의 설계를 다룬다. 시작 신호($ST = 1$)는 정확히 한 클록 시간 동안만 1이라고 가정하라. 몫이 8비트보다 많이 필요하면, 나눗셈기는 즉시 동작을 멈추고 오버플로를 나타내기 위해 $V = 1$을 출력해야 한다. 17비트 피제수 레지스터를 사용하고 몫을 이 레지스터의 하위 8비트에 저장하라. 시프트 횟수를 카운트하기 위한 4비트 카운터를 사용하고, 뺄셈-시프트 제어기도 사용하라.

(a) 나눗셈기의 블록도를 작성하라.

(b) 뺄셈-시프트 제어기(3개 상태)의 상태 그래프를 작성하라.

(c) 나눗셈기에 대한 Verilog 기술을 작성하라. 그림 4-40과 같이, 2개의 `always` 블록을 사용하라.

(d) 나눗셈기에 대한 테스트 벤치를 작성하라(그림 4-55와 유사함).

4.8 16비트 2의 보수 직렬 감산기에 대한 블록도가 주어져 있다. $St = 1$일 때, 레지스터가 로드되고 뺄셈이 일어난다. 시프트 카운터 C는 15번의 시프트 후에 신호 $C15 = 1$을 생성한다. 오버플로가 발생하면, V는 1로 설정되어야 한다. 2의 보수를 만들기 위해 로드 과정 중 캐리 플립플롭을 1로 설정하라. St는 한 클록 시간 동안 1로 유지된다고 가정하라.

(a) 제어의 상태도를 작성하라(2개 상태).

(b) 시스템의 Verilog 코드를 작성하라. 2개의 `always` 블록을 사용하라. 첫 번째 `always` 블록은 다음 상태와 제어 신호들을 결정해야 한다. 두 번째 `always` 블록은 클록의 상승 에지에서 레지스터를 갱신해야 한다.

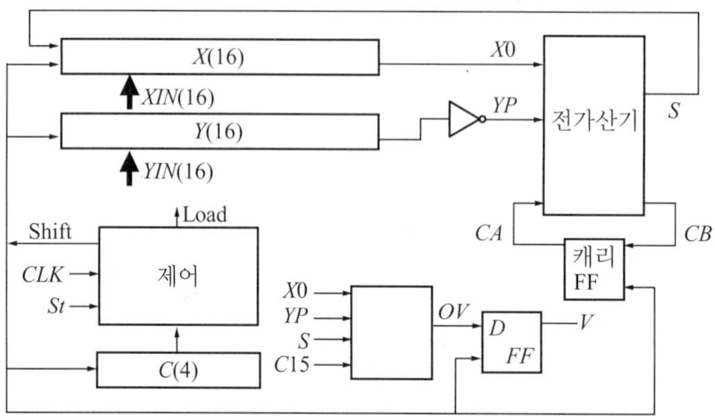

4.9 부호 없는 이진수에 대한 나눗셈기의 블록도와 상태 그래프가 아래에 주어져 있다. 이 나눗셈기는 16비트 피제수를 16비트 제수로 나누어서 16비트 몫을 생성한다. 제수는 1에서 $2^{16} - 1$까지 범위의 어떤 수든 될 수 있다. 오버플로가 발생할 수 있는 유일한 경우는 제수가 0일 때이다. 제어 신호들은 다음과 같이 정의된다. $Ld1$은 입력 버스로부터 제수를 로드한다. $Ld2$는 입력 버스로부터 피제수를 로드하고 ACC를 클리어한다. Sh는 ACC와 피제수를 좌측으로 시프트한다. Su는 감산기 출력을 ACC에 로드하고 몫의 하위 비트를 1로 설정한다. 15번의 시프트 연산이 이루어졌을 때 $K = 1$이 된다. 나눗셈기의 Verilog 코드를 완성하라. `always` 블록을 사용하라.

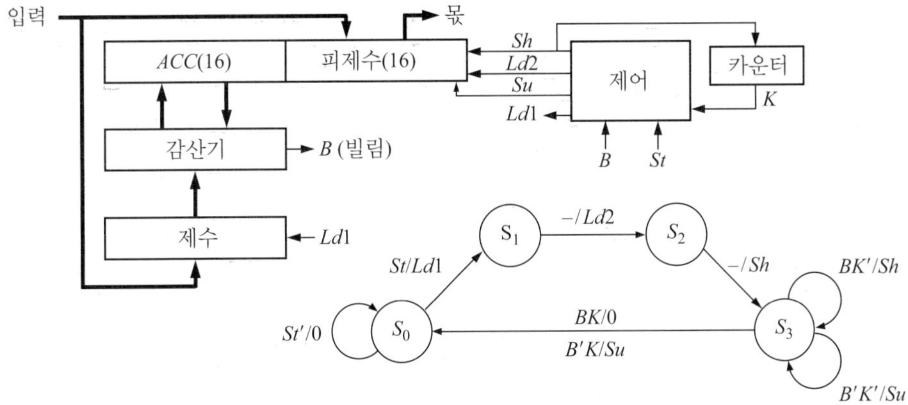

4.10 이 문제는 BCD-이진 변환기의 설계를 다룬다. 초기에 3비트 BCD 숫자가 *A* 레지스터에 저장된다. *St* 신호를 받을 때, 이진수로의 변환이 일어나고, 결과 이진수는 *B* 레지스터에 저장된다. 변환의 각 단계에서, 전체 BCD 숫자(이진수와 함께)는 우측으로 한 자리 시프트된다. 주어진 10진 자리에서의 결과가 1000 이상이면, 교정 회로는 해당 10진 자리에서 0011을 뺀다(결과가 1000보다 작으면, 교정 회로는 10진 자리의 내용을 바꾸지 않고 그대로 유지한다). 시프트 카운터는 시프트의 횟수를 세기 위해 제공된다. 변환이 완료될 때, *B*의 최대값은 999(이진수)가 될 것이다. 참고: *B*는 10비트이다.

(a) BCD 숫자 857에서 시작하는 알고리즘을 나타내라. 각 단계별로 *A*와 *B* 값을 보여라.

(b) BCD-이진 변환기의 블록도를 작성하라.

(c) 제어회로의 상태도(3개 상태)를 작성하라. 다음과 같은 제어 신호들을 사용하라. *St*: 변환을 시작하라. *Sh*: 우측으로 시프트하라. *Co*: 필요하면 교정분을 감산하라. *C*9: 카운터가 상태 9에 있다. *C*10: 카운터가 상태 10에 있다(*C*9 또는 *C*10 둘 중 하나만 사용하고, 둘 다는 사용하지 마라).

(d) 시스템의 Verilog 기술을 작성하라.

4.11 그림 4-29와 같이, $n \times n$ 어레이 곱셈기는 곱을 계산하기 위해 $3n-4$개의 가산기 지연 시간 더하기 1개의 게이트 지연 시간을 필요로 한다. $n>4$인 경우에 대해 이보다 더 빠른 어레이 곱셈기를 설계하라(힌트: 캐리 출력을 왼쪽 가산기에 전달하는 대신, 임계 경로의 속도를 높이기 위해 대각선 아래쪽으로 전달하라. 이러한 구조를 '캐리 저장 가산기를 이용한 곱셈기'라고 부른다).

4.12 이 문제는 홀수 정수를 빼는 방법을 이용하여 8비트 부호 없는 이진수 *N*의 제곱근을 찾는 회로의 설계를 다룬다. *N*의 제곱근을 찾기 위해, *N*에서 1을 빼고, 다음에는 3을 빼고, 다음에는 5를 빼고, 이러한 과정을 결과가 음수가 되지 않을 때까지 계속한다. 뺄셈을 하는 횟수는 *N*의 제곱근과 동일하다. 예를 들어, $\sqrt{27}$: $27-1=26$; $26-3=23$; $23-5=18$; $18-7=11$; $11-9=2$; $2-11$(뺄 수 없음)이 된다. 5번 뺄셈을 했으므로, $\sqrt{27}=5$가 된다. 마지막 홀수 정수는 $11_{10}=1011_2$임에 유의하라. 이것은 제곱근($101_2=5_{10}$)에 1을 붙인 것으로 구성된다.

(a) 제곱근기의 블록도를 작성하라. *N*을 저장할 레지스터, 감산기, 홀수 정수를 저장할 레지스터, 제어회로를 포함하라. 최종적인 제곱근 값을 읽을 곳을 표시하라. 블록도에서 사용되는 제어 신호들을 정의하라.

(b) 최소 개수의 상태를 갖는 제어회로의 상태 그래프를 작성하라. $St=1$일 때, N 레지스터가 로드되어야 한다. 제곱근 계산이 완료될 때, 제어회로는 완료 신호를 생성하고 리셋 전에 $St=0$이 될 때까지 대기해야 한다.

4.13 부호 있는(2의 보수) 이진수에 대한 곱셈기의 블록도가 그림 4-33에 있다. 피승수 $=-1/8$, 승수 $=-3/8$일 때, 매 클록 펄스 후에 A와 B 레지스터의 내용을 제시하라.

4.14 이 문제는 4비트 수에 16비트 수를 곱하여 20비트 곱을 생성하는 부호 없는 이진수에 대한 곱셈기의 설계를 다룬다. 곱셈 속도를 높이기 위해, 매 클록 시간마다 1비트만 곱하는 대신, 한 클록 시간에 4비트를 곱할 수 있도록 4×4 어레이 곱셈기를 사용한다. 설계할 하드웨어는 24비트 누산기 레지스터를 갖고 있는데, 제어 신호 *Sh*4를 이용하여 한 번에 4비트씩 우측으로 시프트할 수 있다. 어레이 곱셈기는 4비트에 4비트를 곱하여 8비트 곱을 생성한다. 이 곱은 *Ad* 제어 신호를 이용하여 누산기에 더해진다. *St* 신호가 발생할 때, 16비트의 승수가 *A* 레지스터의 하위 부분에 로드된다. 완료 신호는 곱셈이 완료될 때 ON 된다. 어레이 곱셈기와 가산기는 모두 조합회로이므로, 4비트 곱셈과 8비트 덧셈은 동일한 클록 사이클에서 완료될 수 있다. 이레이 곱셈기 로직을 코드에 포함시키지 바라. 오버로드된 '*' 연산자를 사용하라. *D*와 *E*가 4비트 부호 없는 수이면, *D* * *E*는 8비트 곱을 계산할 것이다.

(a) 제어기의 상태 그래프를 작성하라(10개 상태).

(b) 곱셈기의 Verilog 코드를 작성하라. 2개의 `always` 블록을 사용하라(조합회로에 대한 `always` 블록과 클록 기반의 `always` 블록).

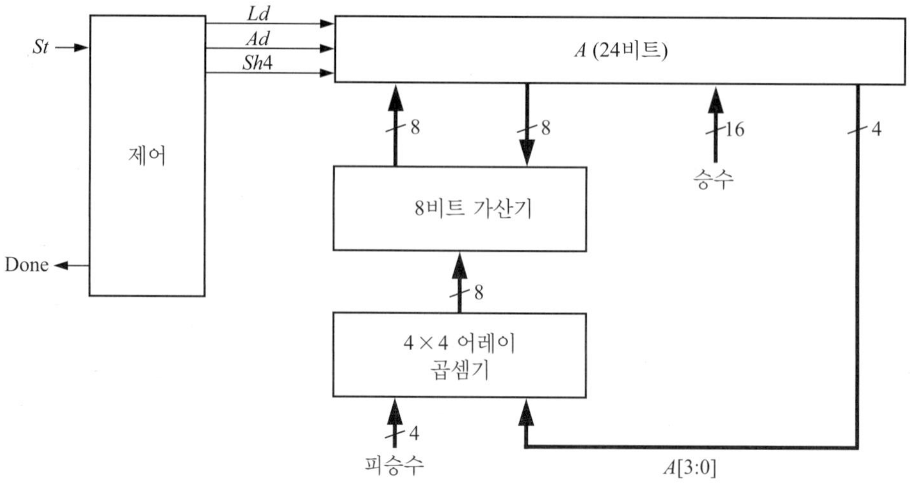

4.15 4.10절에서 부호 있는 이진 소수를 곱하는 알고리즘을 개발했다. 이때 음의 소수는 2의 보수로 표현했다.

(a) 1.0111에 1.101을 곱함으로써 알고리즘을 보여라.

(b) 승수가 부호를 포함하여 4비트이고 피승수가 부호를 포함하여 5비트인 경우에 대한 알고리즘을 구현하는 데 필요한 하드웨어의 블록도를 작성하라.

4.16 (a) 8×8 어레이 곱셈기의 구조를 그리고, 필요한 전가산기, 반가산기, AND 게이트의 개수를 계산하라.

(b) (a)의 답에서 임계 경로를 표시하라(등가의 경로가 많이 있다면, 그중 하나를 표시하라).

(c) 8×8 어레이 곱셈기에서 가장 긴 지연 시간은 얼마인가? AND 게이트 지연 시간은 $t_g = 1\text{ns}$, 가산기 지연 시간(전가산기와 반가산기)은 $t_{ad} = 2\text{ns}$라 가정하라.

(d) 8×8 덧셈-시프트 곱셈기(그림 4-25와 유사함)에 대해 (c)와 동일한 시간에 곱셈을 완료하려면 클록은 얼마나 빨라야 하는가?

4.17 이 문제의 목적은 부스(Booth) 알고리즘을 이용하여 부호 있는 이진수에 대한 곱셈기를 기술하고 시뮬레이션하기 위해 Verilog를 사용하는 것이다. 음수는 2의 보수로 표현되어야 한다. 부스 알고리즘은 다음과 같이 동작한다. 각각의 수는 부호를 포함하여 n비트라고 가정한다. 누산기에 대해 $(n+1)$비트 레지스터(A)를 사용하라. 이렇게 함으로써 오버플로가 발생해도 부호 비트를 잃지 않게 된다. 또한 승수를 저장하는 $(n+1)$비트 레지스터(B)와 피승수를 저장하는 n비트 레지스터(C)를 사용하라.

1. A(누산기)를 클리어하고, B의 상위 n비트에 승수를 로드하고, B_0를 클리어하고, C에 피승수를 로드하라.
2. B의 하위 두 비트(B_1B_0)를 검사하라.

   $B_1B_0 = 01$이면, C를 A에 더하라(C는 $(n+1)$비트로 부호 확장되고 $(n+1)$비트 가산기를 이용하여 A에 더해져야 한다).

   $B_1B_0 = 10$이면, C의 2의 보수를 A에 더하라.

   $B_1B_0 = 00$ 또는 11이면, 이 단계를 생략하라.
3. A와 B를 모두 부호 확장하여 우측으로 한 자리 시프트하라.
4. 2단계와 3단계를 $(n-1)$번 반복하라.
5. 곱은 B_0를 무시하는 것을 제외하면, A와 B에 있게 된다.

$n = 5$인 경우의 예제: -9에 -13을 곱하라.

	A	B	B_1B_0	
1. 레지스터를 로드하라.	000000	100110	10	$C = 10111$
2. C의 2의 보수를 A에 더하라.	<u>001001</u>			
	001001	100110		
3. A와 B를 시프트하라.	000100	110011	11	
3. A와 B를 시프트하라.	000010	011001	01	
2. C를 A에 더하라.	<u>110111</u>			
	111001	011001		
3. A와 B를 시프트하라.	111100	101100	00	
3. A와 B를 시프트하라.	111110	010110	10	
2. C의 2의 보수를 A에 더하라.	<u>001001</u>			
	000111	010110		
3. A와 B를 시프트하라.	000011	101011		

최종 결과: 0001110101 = +117

(a) $n = 8$인 경우의 시스템 블록도를 작성하라. A와 B를 위한 9비트 레지스터, 9비트 전가산기, 8비트 보수기, 3비트 카운터, 제어회로를 사용하라. 시프트의 횟수를 세기 위해 카운터를 사용하라.

(b) 제어회로의 상태 그래프를 작성하라. 카운터가 상태 111에 있을 때, 마지막 시프트가 일어나는 시간에 시작 상태로 돌아간다(3개 상태이면 충분해야 한다).

(c) 곱셈기의 동작적 Verilog 코드를 작성하라.

(d) 다음과 같은 검사 경우를 이용하여 Verilog 설계를 시뮬레이션하라(각 쌍에서, 두 번째 숫자가 승수임).

$$01100110 \times 00110011$$
$$10100110 \times 01100110$$
$$01101011 \times 10001110$$
$$11001100 \times 10011001$$

결과가 올바른지 검증하라.

4.18 (a) 16비트×16비트 어레이 곱셈기에 대해 몇 개의 AND 게이트와 가산기가 필요한지 추정하라.

(b) 16비트×16비트 어레이 곱셈기에서 가장 긴 지연 시간은 얼마인가? AND 게이트의 지연 시간은 t_g, 가산기의 지연 시간(전가산기와 반가산기)은 t_{ad}라고 가정한다.

4.19 2개의 16비트 부호 있는 이진 정수를 곱하여 32비트 몫을 생성하는 곱셈기를 설계하라. 음수는 2의 보수 형태로 표현되어야 한다. 다음과 같은 방법을 사용하라. 먼저 승수와 피승수가 음수이면 보수를 취하고, 양수인 상태에서 곱한 다음, 필요하면 몫에 대해 보수를 취하라. 레지스터가 로드된 후 곱셈이 16클록 안에 완료될 수 있도록 곱셈기를 설계하라.

(a) 곱셈기의 블록도를 작성하라. 시프트 횟수를 세기 위해 4비트 카운터를 사용하라(카운터는 상태 15에 있을 때 $K = 1$을 출력한다).

(b) 최소 개수의 상태(5개 상태)를 이용하여 곱셈기 제어의 상태도를 작성하라. 곱셈이 완료될 때, 제어회로는 완료 신호를 출력하고 상태 S_0로 돌아가기 전 $ST = 0$이 되기를 기다려야 한다.

(c) 제어 신호의 사용 없이(예로서 그림 4-35 참조) 곱셈기의 Verilog 동작적 기술을 작성하고 검사하라.

(d) 제어 신호를 사용하여(예로서 그림 4-40 참조) Verilog 동작적 기술을 작성하고 검사하라.

4.20 S_0에 대해 Z 디지트 0과 C를 계산하는 BCD 가산기의 교정 회로를 설계하라(그림 4-5와 4-6 참조). 이 교정 회로는 $S_0 > 9$이면, S_0에 0110을 더한다. 이것은 S_0에 $0AA0$을 더하는 것과 동일하다. 이때 $S_0 > 9$이면, $A = 1$이다. 1개의 전가산기, 3개의 반가산기, A를 계산하는 논리회로를 사용하여 교정 회로에 대한 블록도를 작성하라. 최소 개수의 게이트를 사용하여 A에 대한 회로를 설계하라. S_0의 가능한 최대값은 10010임에 유의하라.

4.21 (a) 게이트 지연 시간이 5ns이면, 가장 빠른 4비트 리플-캐리 가산기의 지연 시간은 얼마인가? 계산 과정을 설명하라.

(b) 게이트 지연 시간이 5ns이면, 가장 빠른 4비트 가산기의 지연 시간은 얼마인가? 어떤 종류의 가산기인가? 계산 과정을 설명하라.

4.22 그림 4-10의 4비트 가산기를 모듈로 이용하여 16비트 캐리 룩 어헤드 가산기의 Verilog 모델을 개발하라.

4.23 그림 4-9의 16비트 캐리 룩 어헤드 가산기에 대해 0101 1010 1111 1000과 0011 1100 1100 0011을 더하는 동안, 생성, 전달, 그룹 생성, 그룹 전달, 최종 합, 캐리 출력을 유도하라.

4.24 (a) 누산기를 갖는 1비트 전가산기를 기술하는 Verilog 모듈을 작성하라. 이 모듈은 2개의 제어 입력 *Ad*와 *L*을 가져야 한다. $Ad = 1$이면, *Y* 입력(그리고 캐리 입력)이 누산기에 더해진다. $L = 1$이면, *Y* 입력은 누산기에 로드된다.

(b) (a)에서 정의된 모듈을 사용하여 누산기를 갖는 4비트 감산기의 Verilog 기술을 작성하라. 음수는 1의 보수로 표현된다고 가정하라. 감산기는 제어 입력 *Su*(뺄셈)와 *Ld*(로드)를 가져야 한다.

4.25 (a) 로직이 추가된 모듈로 13 카운터를 사용하여 그림 4-14의 신호등 제어기를 구현하라. 카운터는 두 가지 예외를 제외하고 매 클록마다 증가해야 한다. 출력을 생성하기 위해 ROM을 사용하라.

(b) (a)의 해답에 대한 Verilog 기술을 작성하라.

(c) (b)에 대한 테스트 벤치를 작성하여 제어기가 올바르게 동작하는지 검증하라. *Sa*와 *Sb*의 검사 입력을 생성하기 위해 동시진행문을 사용하라.

4.26 다음의 상태 그래프가 적절하고 완전하게 정의된 상태 그래프가 되는 데 필요한 사항들을 추가하라. 제시한 답이 올바른지 보여라. 입력과 출력에 대해 0과 1을 사용하여 그래프를 상태표로 변환하라.

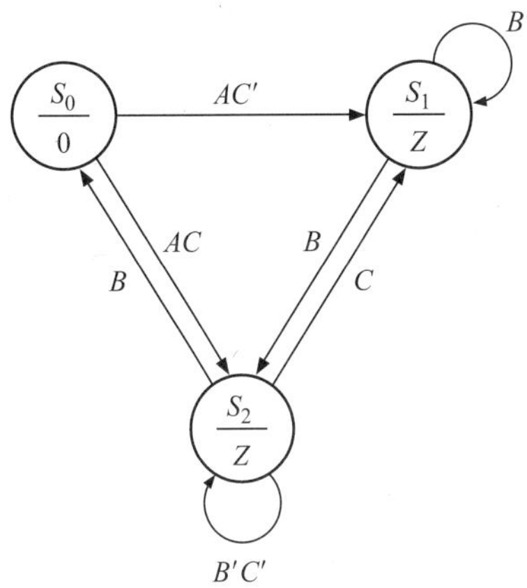

4.27 아래의 파형(*W*)을 생성하는 합성 가능한 Verilog 코드를 작성하라. 하나의 `always` 블록을 사용하라. 1 μs 주기의 클록이 입력으로 제공된다고 가정하라.

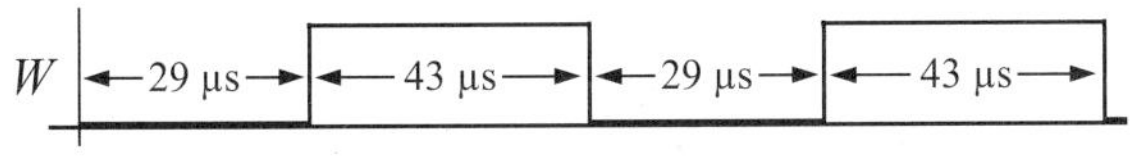

4.28 BCD 가산기는 2개의 BCD 숫자(각각 0부터 9까지의 범위)를 더하고 합을 BCD 형태로 생성한다. 예를 들어, 9(1001)와 8(1000)을 더하면 결과는 17(1 0111)이 될 것이다. 4비트 이진 가산기와 적절한 제어회로를 사용하여 이와 같은 BCD 가산기를 구현하라. 2개의 BCD 숫자는 이미 2개의 4비트 레지스터(*A*와 *B*)에 로드되어 있고, 5비트 합 레지스터(*S*)를 사용할 수 있다고 가정하라. BCD 형태로 합을

얻기 위해서는 일종의 교정이 필요하다. 왜냐하면 이진 가산기는 0000부터 1111까지의 범위(일부 경우에는 캐리가 추가됨)로 결과를 생성하기 때문이다. 교정을 위해 덧셈이 필요하면, 동일한 가산기를 사용하라(즉, 한 종류의 가산기만 사용할 수 있다). 각 사이클에서 가산기에 적절한 숫자를 보내기 위해 가산기 입력에 멀티플렉서를 사용하라. 덧셈을 시작하는 시작 신호와 완료를 표시하는 완료 신호를 가정하라.

(a) 시스템의 블록도를 작성하라. 각 컴포넌트의 기능과 크기를 나타내기 위해 적절하게 라벨을 붙여라.

(b) 덧셈을 수행하기 위해 사용할 알고리즘을 단계별로 기술하라. 교정 단계를 설명하고 보여라.

(c) 제어기의 상태 그래프를 작성하라.

4.29 16비트 시프트 레지스터, 제어기, 4비트 다운 카운터를 포함하는 시프트 레지스터 모듈의 Verilog 코드를 작성하라. 시프터는 모듈에 제공되는 카운트 수에 따라 가변 개수의 비트만큼 시프트할 수 있다. 모듈의 입력은 1~15 범위의 숫자 N(시프트 카운트를 나타냄), 16비트 벡터 *par_in*, 클록, 시작 신호 St이다. $St = 1$일 때, N이 다운 카운터에 로드되고, *par_in*이 시프트 레지스터에 로드된다. 그런 다음 시프트 레지스터는 좌측으로 N번 시프트를 수행하고, 제어기는 시작 상태로 돌아간다. St는 한 클록 시간 동안만 1이라고 가정하라. 모든 연산은 클록의 하강 에지에 동기화된다.

(a) 시스템의 블록도를 작성하고, 필요한 제어 신호를 정의하라.

(b) 제어기의 상태 그래프를 작성하라(2개 상태).

(c) 시프트 레지스터 모듈의 Verilog 코드를 작성하라. 2개의 `always` 블록을 사용하라(회로의 조합 부분에 대해 1개, 레지스터 갱신에 대해 1개).

4.30 (a) 그림 4-12는 누산기를 갖고 있는 32비트 직렬 가산기의 블록도를 보여준다. 제어회로는 5비트 카운터를 사용하는데, 상태 11111에 있을 때 신호 $K = 1$을 출력한다. 시작 신호(St)가 수신될 때, 레지스터가 로드되어야 한다. St는 덧셈이 완료될 때까지 1을 유지한다고 가정하라. 덧셈이 완료될 때 제어회로는 정지 상태로 이동하여, St가 0으로 다시 바뀔 때까지 정지 상태를 유지한다. 제어회로에 대한 상태도를 작성하라(카운터는 제외함).

(b) 전체 시스템의 Verilog를 작성하고, 올바르게 동작하는지 검증하라.

CHAPTER 5

SM 차트와 마이크로프로그래밍

상태 머신은 단계적 과정 또는 그 알고리즘을 수행하는 디지털 시스템의 제어에 자주 사용한다. 원 안에 상태를 표현하여 작성하는 상태도 또는 상태 변화를 기술해놓은 상태 그래프는 제어기의 상태에 따른 동작을 기술하기 위해 널리 사용돼왔다.

상태 그래프를 이용하여 특수한 형태의 플로우 차트로 표현하는 방법을 상태 머신 차트 (state machine chart) 또는 **SM 차트**라고 한다. 이러한 차트들을 또한 알고리즘 상태 머신 차트(algorithmic state machine chart), 또는 **ASM 차트**라고도 한다. SM 차트는 디지털 시스템의 제어부를 설계하는 데 자주 사용된다.

이 장에서는 SM 차트의 특성과 이것들이 상태 머신을 설계하는 데 어떻게 사용되는지 먼저 알아보고, 곱셈기와 주사위 게임 제어기 설계에 SM 차트를 이용하는 예를 살펴본다. SM 차트로부터 시스템들의 Verilog 코드를 작성하고, 정확히 동작하는지 시뮬레이션을 수행해본다. 그런 다음 SM 차트를 어떻게 하드웨어로 구현할 수 있는지 살펴본다. 마지막으로, SM 차트를 구현하는 하나의 방법으로 **마이크로프로그래밍**(microprogramming)을 소개한다.

5.1 상태 머신 차트

SM 차트는 소프트웨어 프로그래밍을 위해 작성하는 플로우 차트와 유사하다. 플로우 차트는 소프트웨어를 설계함에 있어서 오랜 기간 아주 유용한 방법이었고, 마찬가지로 하드웨어를 설계하는 데도 유용한 방법이었다. 이는 실제로 동작서술형 레벨 설계에서 매우 유용하다.

SM 차트는 상태 그래프와 비교하여 몇 가지 장점이 있다. 동일한 동작을 나타내는 상태 그래프 대신에 SM 차트를 보여줌으로써 디지털 시스템의 동작을 더 쉽게 이해할 수 있다. 적절한 상태 그래프는 몇 가지 조건을 만족해야 한다. (1) 언제나 1개의 상태로부터 하나의 이동은 항상 참(true)이어야 한다. (2) 다음 상태는 모든 입력 조합에 대해 유일하게 정의되어야 한다. 이러한 조건들은 당연히 SM 차트 방법으로 만족시킬 수 있고 직접 하드웨어로 구현할 수 있다. 몇 가지 동일한 형태로 전환될 수 있으며, 각각 다른 형태로 표현함에 따라 구조적으로 다르게 구현할 수 있다. 따라서 설계자는 SM 차트를 구현하려는 형태/기술에 따라 최적화하고 재구성해야 한다.

SM 차트는 설계하는 데 특별한 규칙을 따라야 한다는 점이 일반적인 플로우 차트와 구별된다. 이러한 규칙을 만족하면, SM 차트는 상태 그래프와 동일한 기능을 갖게 되고 직접 하드웨어로 구현할 수 있다.

그림 5-1은 SM 차트를 구성하는 세 가지 중요한 컴포넌트이다. 시스템의 상태는 상태 박스(state box)로 구현한다. 상태 박스는 상태 이름과 '/' 다음에 추가적으로 **출력 리스트**(output list)를 표현한다. 상태 할당이 이루어지고 나면 **상태 코드**(state code)가 박스의 바깥 윗부분에 위치한다. 결정 박스(decision box)는 다이아몬드 모양이며, 참과 거짓의 가지들로 나뉜다. 박스 안에 있는 조건에 따라 어디로 이동할 것인지 구하기 위한 부울 표현식이다. 타원 모양으로 표현된 **조건부 출력 박스**(conditional output box)는 **조건부 출력 리스트**(conditional output list)를 포함하고 있다. 조건부 출력은 시스템의 상태와 입력에 따라 결정된다.

SM 차트는 SM 블록으로부터 설계된다. 각 SM 블록(그림 5-2)은 1개의 상태 박스를 포함하고 있으며, 그와 더불어 이 상태에 맞는 결정 박스와 조건부 출력 박스들을 포함하고 있다. SM 블록은 1개의 **입구 경로**(entrance path)와 1개 이상의 **출구 경로**(exit path)를 갖고 있다. 각 SM 블록은 시스템이 어떤 상태에 있을 때 그때의 동작을 서술한다. 시스템이 각 SM 블록의 상태로 들어갈 때 해당하는 상태 박스의 출력 리스트에 있는 출력들이 참이 된다. 결정 박스에 있는 조건들은 SM 블록이 어느 경로를 따라갈 것인지를 결정한다. 조건부 출력 박스가 어느 특정한 경로에 도달하면 해당되는 조건부 출력이 참이 된다. 만약 출력이 경로를 지나지 않으면, 기본적으로 출력은 거짓이 된다. SM 블록에서 입구에서 출구까지의 경로를 **링크 경로**(link path)라고 한다.

그림 5-1 SM 차트의 주요 컴포넌트

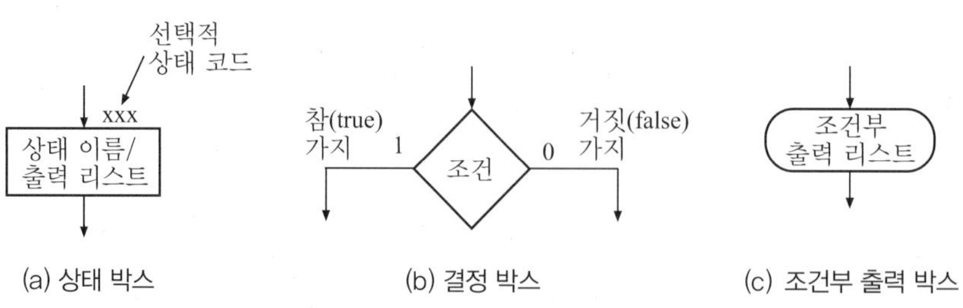

그림 5-2 SM 블록의 예

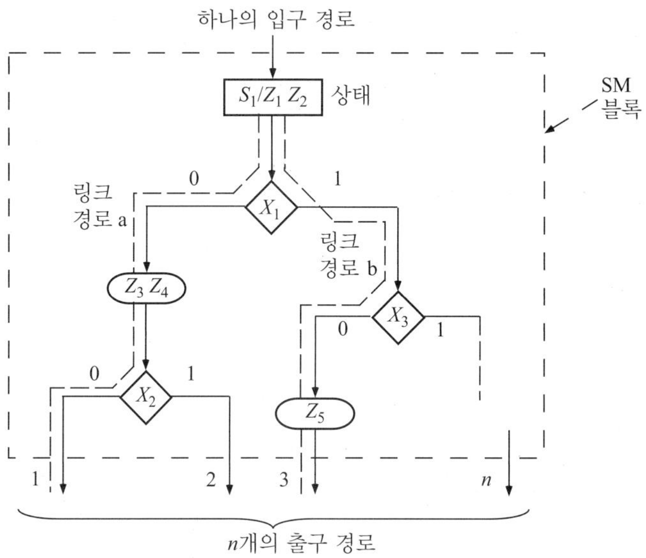

그림 5-2의 예에서 상태 S_1으로 들어오면, Z_1, Z_2는 1이 된다. 만약 입력 $X_1=0$이면, Z_3, Z_4 또한 1이 된다. 만약 $X_1=X_2=0$이면, 상태 머신은 출구 경로 1을 통해 다음 상태로 이동한다. 반면에 $X_1=1$이고 $X_3=0$이면, 출력 $Z_5=1$이 되고 출구 경로 3을 통해 다음 상태로 이동한다. Z_3와 Z_4가 이 링크 경로를 통해 만나지 않기 때문에 디폴트 값으로 $Z_3=Z_4=0$이 된다.

주어진 SM 블록은 일반적으로 몇 가지 다른 형태로 그릴 수 있다. 그림 5-3은 2개의 동일한 SM 블록을 보여준다. (a)와 (b) 둘 다 출력 $X_1=0$일 때 $Z_2=1$이다. $X_2=0$일 때 다음 상태는 S_2이고, $X_2=1$일 때 다음 상태는 S_3가 된다. 예에서 보여주는 바와 같이, 입력이 테스트되는 순서에 따라 SM 차트의 복잡도(complexity)에 영향을 줄 수도 있다.

그림 5-4(a)와 (b)의 SM 차트는 각각 같은 조합회로를 표현한다. 왜냐하면 단지 1개의 상태만 있고 상태 변화가 없기 때문이다. $A+BC=1$이면 출력 $Z_1=1$이고, 그렇지 않으면

그림 5-3 같은 기능을 표현하는 등가의 SM 블록

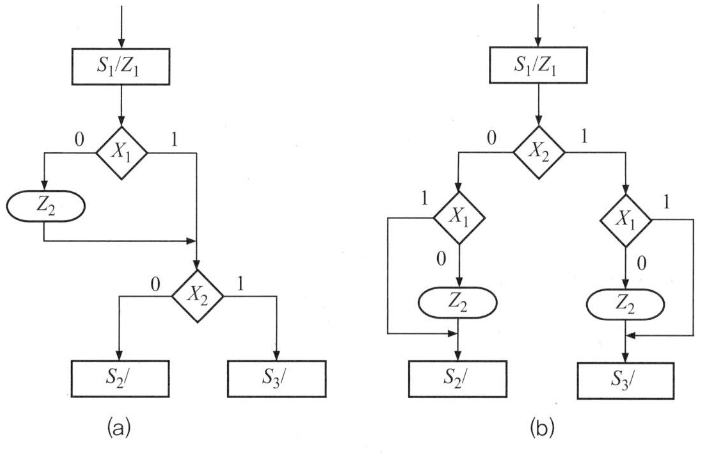

그림 5-4 같은 조합회로를 나타내는 2개의 등가 SM 차트

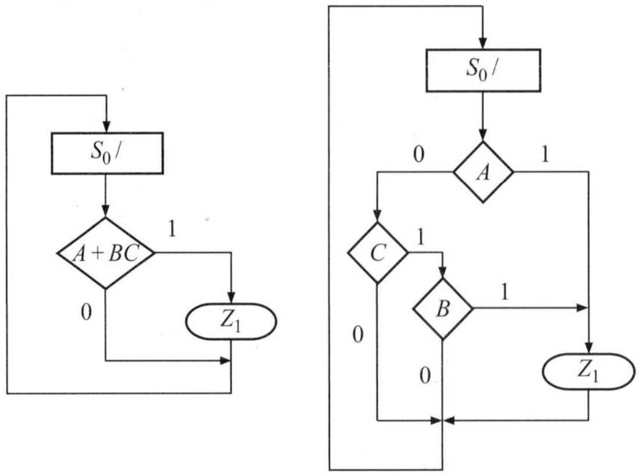

(a) (b)

$Z_1 = 0$이다. 그림 5-4(b)는 모든 입력 변수가 각각 테스트되는 구조로서 (a)와 동일한 SM 차트이다. 만약 $A = 1$이거나 또는 $A = 0$, $B = 1$, $C = 1$일 때, 출력은 $Z_1 = 1$이다.

$$Z_1 = A + A'BC = A + BC$$

위의 부울 식은 그림 5-4(a)의 SM 차트와 동일한 출력을 생성하는 함수이다.

SM 블록을 설계할 때는 특정한 규칙을 따라야 한다. 첫째, 모든 유효한 입력의 조합에 대해 정확히 하나의 출구 경로가 정의되어야 한다. 이 조건은 각각의 허용되는 입력의 조합에 따라 하나의 다음 상태를 유도해야 하기 때문에 꼭 필요하다. 둘째, SM 블록 안에서 피드백은 허용되지 않는다. 그림 5-5는 피드백이 있는 SM 블록을 작성할 때 옳은 방법과 옳지 않은 방법을 보여준다.

그림 5-6(a)와 같이 SM 블록은 동일한 출구 경로를 갖는 몇 개의 병렬 경로(parallel path)를 가질 수 있고, 이 경로들 중 하나 이상이 동시에 활성화될 수 있다. 예를 들어 $X_1 = X_2 = 1$이고 $X_3 = 0$이면, 링크 경로는 점선으로 표시된 경로가 활성화되고 출력 Z_1, Z_2, Z_3는 1이 된다. 비록 그림 5-6(a)가 직렬 계산(serial computer) 프로그램을 위한 유효한 플로우 차트는 아니지만 상태 머신의 구현에는 아무런 문제가 없다. 상태 머신은 Z_1, Z_2, Z_3를 동시에 생성하는 여러 개의 출력회로를 가질 수 있다. 그림 5-6(b)는 직렬 SM 블록 구조로서, 그림 5-6(a)와 동일한 SM 블록이다. 직렬 블록에서는 입구에서 출구까지 단지 하

그림 5-5 피드백이 있는 SM 블록

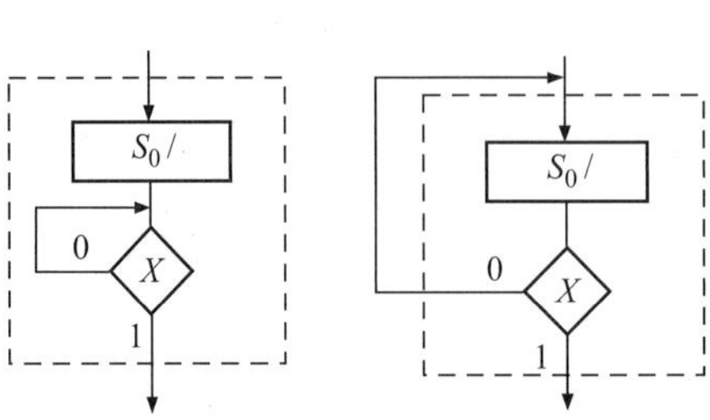

(a) 옳지 않은 방법 (b) 옳은 방법

그림 5-6 등가의 SM 블록

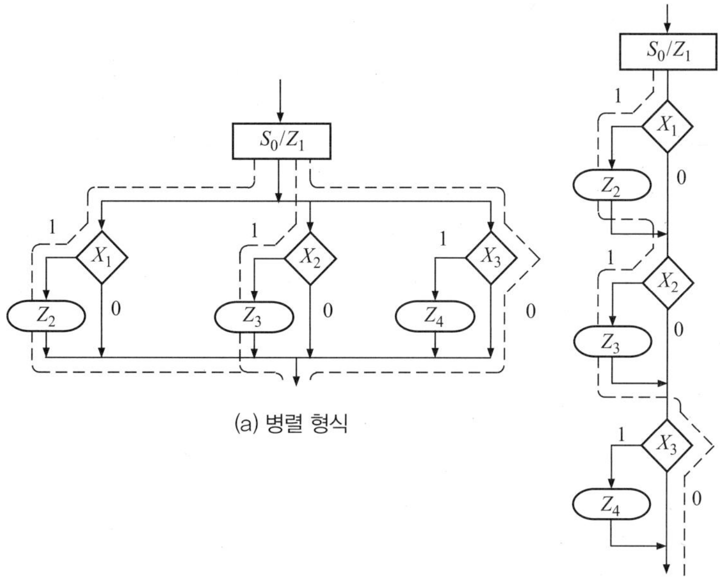

(a) 병렬 형식

(b) 직렬 형식

나의 링크 경로가 활성화되어야 한다. 입력 값의 조합이 어떤 것이 들어오든지 출력은 병렬 형식(parallel form)과 동일할 것이다. 그림에서 점선 부분은 $X_1 = X_2 = 1$이고 $X_3 = 0$일 때 링크 경로를 나타내고, 출력은 Z_1, Z_2, Z_3에서 만난다. SM 블록을 직렬 또는 병렬 구조로 그리는 것과 상관없이 모든 테스트는 한 클록 시간에 이루어져야 한다. 이후로는 직렬 구조의 SM 차트만을 사용할 것이다.

순차 머신의 상태 그래프를 동일한 SM 차트로 변환하는 방법은 아주 쉽다. 그림 5-7(a)의 상태 그래프는 무어(Moore)와 밀리(Mealy) 출력을 동시에 갖고 있다. 동일한 SM 차트는 각각의 상태마다 하나씩 3개의 블록을 갖고 있다. 무어 출력(Z_a, Z_b, Z_c)은 입력에 의존하지 않으므로 상태 박스 내부에 위치한다. 밀리 출력(Z_1, Z_2)은 입력과 상태에 따라 결정되므로 조건부 출력 박스에 위치한다. 이 예에서 각각의 SM 블록은 1개의 입력 값이 테스트되므로 1개의 결정 박스만을 갖고 있다. 상태 그래프와 SM 차트의 경우 상태 S_2에서 $Z_c = 1$이다. 만약 상태 S_2에서 $X = 0$, $Z_1 = 1$이면, 다음 상태는 S_0가 된다. 만약 $X = 1$, $Z_2 = 1$이면, 다음 상태는 S_2가 된다. 상태 박스 옆에 상태 할당을 표시했다($S_0 = 00$, $S_1 = 01$, $S_2 = 11$).

그림 5-8은 그림 5-7의 SM 차트를 위한 타이밍 차트이고, 입력 시퀀스는 $X = 1, 1, 1, 0, 0, 0$이다. 이 예에서 모든 상태는 클록의 상승 에지에서 변한다. 무어 출력(Z_a, Z_b, Z_c)이 상태에만 의존하므로 이들은 상태가 변할 때만 바뀔 수 있다. 밀리 출력(Z_1, Z_2)은 입력이나 상태가 변할 때 바뀔 수 있다. 어떤 경우이든 모든 출력은 활성 클록 에지에서 정확한 값을 갖게 된다.

그림 5-7 상태 그래프에서 SM 차트로 변환

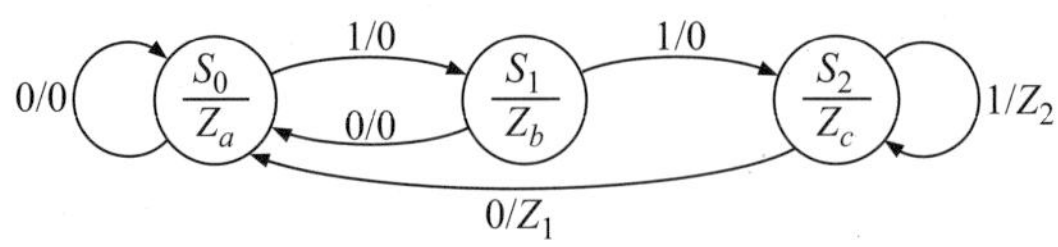

(a) 상태 그래프

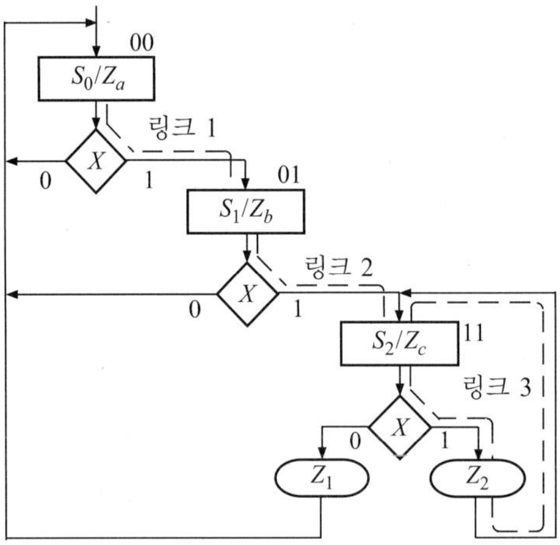

(b) 등가 SM 차트

그림 5-8 그림 5-7의 타이밍 차트

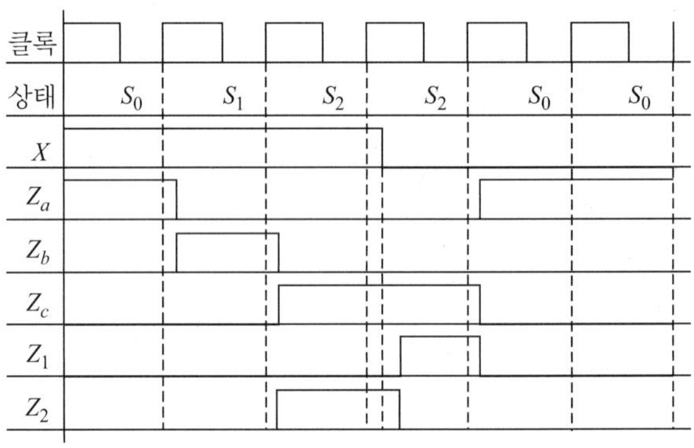

5.2 SM 차트의 유도

순차제어회로의 SM 차트를 유도하는 방법은 상태 그래프를 유도하는 방법과 유사하다. 먼저 제어하려는 시스템의 블록도를 작성한다. 다음으로 제어회로에 필요한 입력과 출력 신호를 결정한다. 그러면 입력 신호에 따라 적절한 출력 신호들을 만들어내는 SM 차트를 설계할 수 있다. 이 절에서는 2개의 SM 차트 유도 예제를 살펴보겠다.

5.2.1 이진 곱셈기

첫 번째 예는 그림 4-26과 4-28(a)에 나타낸 이진 곱셈기의 제어를 위한 SM 차트이다. 덧셈 시프트(add-shift) 제어는 제어에 필요한 덧셈 시프트 신호의 조합을 생성해낸다. 카운터는 시프트의 횟수를 카운트하며, 마지막 시프트가 발생하기 전 출력 $K = 1$을 생성한다. 곱셈기 제어(그림 5-9)를 위한 SM 차트는 그림 4-28(c)의 상태 그래프와 일치한다. 상태 S_0에서 시작 신호 $St = 1$이면, 레지스터에 값들이 로드된다. 상태 S_1에서 승수 비트 M을 검사한다. 만약 $M = 1$이면, 덧셈 신호(add signal)가 생성되고 다음 상태는 S_2가 된다. 만약 $M = 0$이면, 시프트 신호(shift signal)가 생성되고 K 값을 체크한다. 만약 $K = 1$이면, 이는 마지막 시프트 연산이고 다음 상태는 S_3가 된다. 덧셈 연산 이후에는 항상 시프트 연산이 뒤따라 발생하므로 상태 S_2에서 시프트 신호가 생성된다. 만약 $K = 1$이면, 회로는 마지막 시프트 연산이 일어날 때 S_3로 이동한다. 그렇지 않으면 다음 상태는 S_1이 된다. 상태 S_3에서 완료 신호(done signal)가 1이 된다.

SM 차트를 Verilog 코드로 쉽게 변환할 수 있다. `case` 문은 각각의 상태에서 어떤 동작이 일어나는지를 표현하기 위해 사용된다. 각각의 상태 박스는 `if` 문(또는 `else`)으로 정확히 대응한다. 그림 5-10은 그림 5-9의 SM 차트에 대한 Verilog 코드를 보여준다. 여기에는 2개의 `always` 문이 사용되었다. 첫 번째 `always` 문은 조합회로 부분을 표현하며, 두 번째 `always` 문은 상태 레지스터를 클록의 상승 에지에 맞춰 갱신한다. *Load*, *Sh*, *Ad* 신호들은 적절한 상태에서 켜지며('1'), 상태가 바뀔 때 꺼진다('0'). 이를 실행하기 위한 쉬운 방법은 `always` 문이 시작될 때 모두 0으로 설정하는 것이다. 이 Verilog 코드는 단지 제어회로를 위한 것이다. 가산기와 시프터(시프터 레지스터)가 곱셈기에 존재하고, 레지스터를 로드하고, 더하고, 시프트하는 적절한 신호들을 생성한다고 가정했다.

그림 5-9 이진 곱셈기의 SM 차트

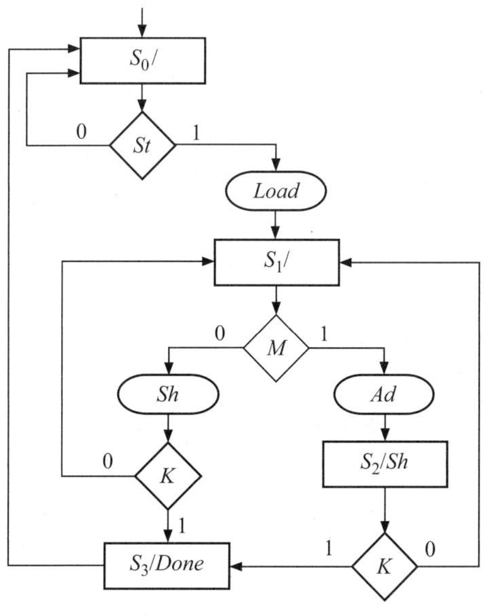

그림 5-10 곱셈기 제어기의 동작서술형 Verilog 코드(그림 5-9의 SM 차트)

```
module Mult (CLK, St, K, M, Load, Sh, Ad, Done);
  input CLK;
  input St;
  input K;
  input M;
  output Load;
  output Sh;
  output Ad;
  output Done;

  reg Ad;
  reg Sh;
  reg Load;
  reg Done;

  reg[1:0] State;
  reg[1:0] Nextstate;

  initial
  begin
      State = 0;
      Nextstate = 0;
  end

  always @(St or K or M or State)
  begin
      Load = 1'b0;
      Sh = 1'b0;
      Ad = 1'b0;
      Done = 1'b0;
      case (State)
         0 :
                  begin
                     if (St == 1'b1) begin
                        Load = 1'b1;
                        Nextstate = 1;
                     end
                     else begin
                        Nextstate = 0;
                     end
                  end
         1 :
                  begin
                     if (M == 1'b1) begin
                        Ad = 1'b1;
                        Nextstate = 2;
                     end
                     else begin
                        Sh = 1'b1;
                        if (K == 1'b1) begin
                           Nextstate = 3;
                        end
                        else begin
                           Nextstate = 1;
                        end
```

```
                    end
                end
        2 :
                begin
                    Sh = 1'b1;
                    if (K == 1'b1) begin
                        Nextstate = 3;
                    end
                    else begin
                        Nextstate = 1;
                    end
                end
        3 :
                begin
                    Done = 1'b1;
                    Nextstate = 0;
                end
        endcase
    end

    always @(posedge CLK)
    begin
        State <= Nextstate;
    end
endmodule
```

5.2.2 주사위 게임

SM 차트 설계의 두 번째 예로 전자 주사위 게임(dice game)을 설계해본다. 주사위 게임은 미국에서 대중적으로 즐기는 게임으로, 1~6까지의 숫자가 적힌 주사위 2개로 하는 게임이다. 2개의 카운터를 사용하여 주사위 굴리기 시뮬레이션에 이용한다. 각각의 카운터는 1, 2, 3, 4, 5, 6, 1, 2, ...의 순서로 카운트한다. 따라서 주사위를 굴리고 난 후에는 카운터 2개의 합은 2부터 12가 된다. 게임의 규칙은 다음과 같다.

1. 주사위를 처음 굴리고 난 후, 합이 7 또는 11이면 게임자가 게임에서 이긴다. 만약 합이 2, 3, 12이면 게임에서 진다. 그렇지 않으면 게임자의 주사위 합이 점수가 되어 다시 주사위를 던진다.
2. 두 번째 또는 이후에 주사위를 던질 때, 앞의 점수와 같으면 게임에서 이기고, 합이 7이면 게임에서 진다. 그렇지 않으면 승패가 결정될 때까지 주사위를 계속 던진다.

그림 5-11은 주사위 게임의 블록도이다. 주사위 게임의 입력은 2개의 푸시 버튼(push button), *Rb*(던짐 버튼)와 *Reset*이다. *Reset* 버튼은 게임을 초기화할 때 사용한다. 던짐 버튼(*Rb*)을 누르면 주사위 카운터가 고속으로 카운트를 하여 그 값을 화면상에 보여주지 못하다가 던짐 버튼을 떼면 2개 카운터의 값이 표시된다.

그림 5-12는 주사위 게임의 플로우 차트이다. 주사위를 굴리고 난 후 그 합을 체크한

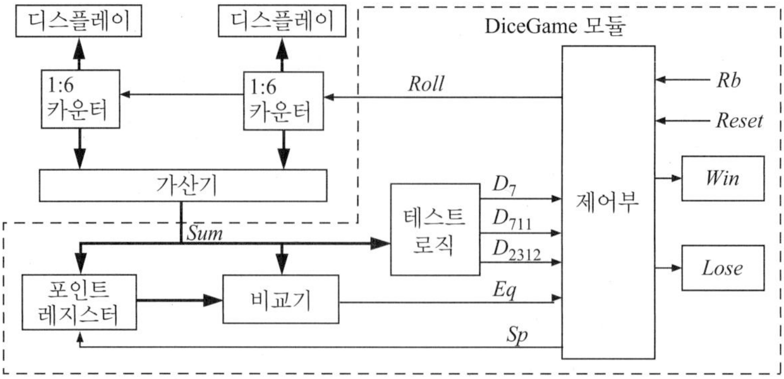

그림 5-11 주사위 게임의 블록도

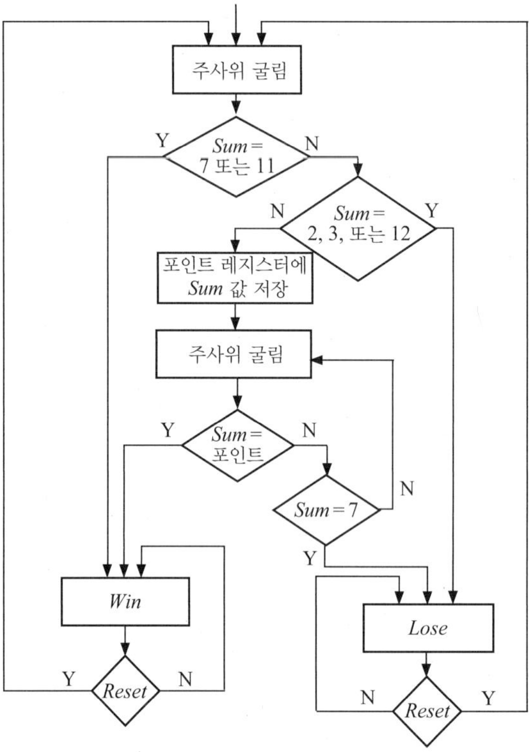

그림 5-12 주사위 게임의 플로우 차트

다. 합의 결과가 7 또는 11이면 게임자가 승리하고, 2, 3, 12이면 게임자는 패한다. 그렇지 않으면 첫 번째 결과가 레지스터에 저장되고 게임자는 주사위를 다시 던진다. 만약 새 합(new sum)의 값이 레지스터에 저장된 값과 같으면 게임자가 승리한다. 만약 7이면 게임에서 진다. 두 경우가 모두 아니면 게임자는 주사위를 다시 던진다. 승(*Win*) 또는 패(*Lose*)를 알리는 LED가 켜지지 않으면, 게임자는 입력 버튼을 계속 반복해서 승패가 결정될 때까지 누른다. 승패가 결정되면 새 게임을 하기 위해 *Reset* 버튼을 누른다. 이 시점에서 입력 버튼은 적절히 디바운스 기능이 들어가 있으며, *Rb* 신호는 클록과 동기되어 있다고 가정한다. 디바운스와 동기화의 방법은 4장에서 이미 다루었다.

주사위 게임의 컴포넌트는 그림 5-11의 블록도에 나타내었다. 2개의 카운터 숫자를 더하기 위한 가산기, 합을 저장할 레지스터, 승패 조건을 결정할 테스트 로직, 제어회로가 주사위 게임을 구성한다. 제어회로의 입력 신호는 다음과 같이 정의된다.

$D_7 = 1$	주사위의 합이 7일 경우
$D_{711} = 1$	주사위의 합이 7 또는 11일 경우
$D_{2312} = 1$	주사위의 합이 2, 3, 12일 경우
$Eq = 1$	포인트 레지스터에 저장된 값과 합의 값이 같을 경우
$Rb = 1$	던짐 버튼이 눌렸을 경우
$Reset = 1$	리셋 버튼이 눌렸을 경우

제어회로의 출력 신호는 다음과 같다.

$Roll = 1$	주사위 카운터를 활성화한다.
$Sp = 1$	포인트 레지스터에 합의 값을 저장할 때
$Win = 1$	승(win)을 알리는 LED가 켜졌을 때
$Lose = 1$	패(lose)를 알리는 LED가 켜졌을 때

*Rb*와 *Roll* 신호는 같은 동작처럼 보이나 실제는 서로 다르다. 전자회로를 이용하여 주사위 카운터를 사용할 때, *Roll*은 카운터를 계속 카운트 동작을 하도록 한다. *Rb*는 주사위를 던지도록 요청하는 입력 버튼 신호이다. 따라서 *Rb*는 제어회로의 입력인 반면에, *Roll*은 제어회로의 출력이다. 제어회로가 새로 주사위 던짐을 기다리고 있을 때, 입력 버튼이 눌릴 때마다(예: *Rb*가 활성화됨) 제어회로는 *Roll* 신호를 생성한다.

이제 위에서 정의한 제어 신호들을 사용하여 주사위 게임의 플로우 차트를 SM 차트로 변환한다. 그림 5-13이 완성된 SM 차트이다.

제어회로는 상태 S_0에서 던짐 버튼(roll button)의 입력이 들어오기 전까지($Rb = 1$) 대기 상태를 유지한다. 이후에 카운터가 $Rb = 1$인 동안에 카운터는 계속 활성화되고 상태 S_1으로 이동한다. 던짐 버튼을 떼는 순간에($Rb = 0$) D_{711}을 체크한다. 이때 카운트 결과의 합이 7 또는 11이면, 회로는 상태 S_2로 이동하고 *Win* LED를 켠다. 그렇지 않으면 D_{2312}를 검사한다. 만약 합이 2, 3, 12이면, 회로는 S_3 상태로 이동하며 *Lose* LED를 켠다. 그렇지 않으면 신호 *Sp*가 1이 되고 합을 포인트 레지스터에 저장한다. 이후 상태 S_4로 이동한 후 다시 '주사위를 던지는' 과정으로 되어 입력을 기다린다. 상태 S_5로 이동하고 게임에서 이긴다. 만약 $D_7 = 1$이면, 합이 7이고 상태 S_3로 이동하며 게임에서 지게 된다. 그렇지 않으면 제어회로는 상태 S_4로 다시 이동하며 게임자가 주사위를 다시 굴리도록 한다. S_2 또는 S_3의 상태에 있을 때 *Reset*이 입력되면 게임이 초기화되어 S_0 상태로 이동한다.

SM 차트를 사용하는 대신에 플로우 차트로부터 동일한 기능을 표현하는 상태 그래프를 사용하여 구현할 수 있다. 그림 5-14는 주사위 게임 제어기의 상태 그래프이다. 상태 그래

그림 5-13 주사위 게임의 SM 차트

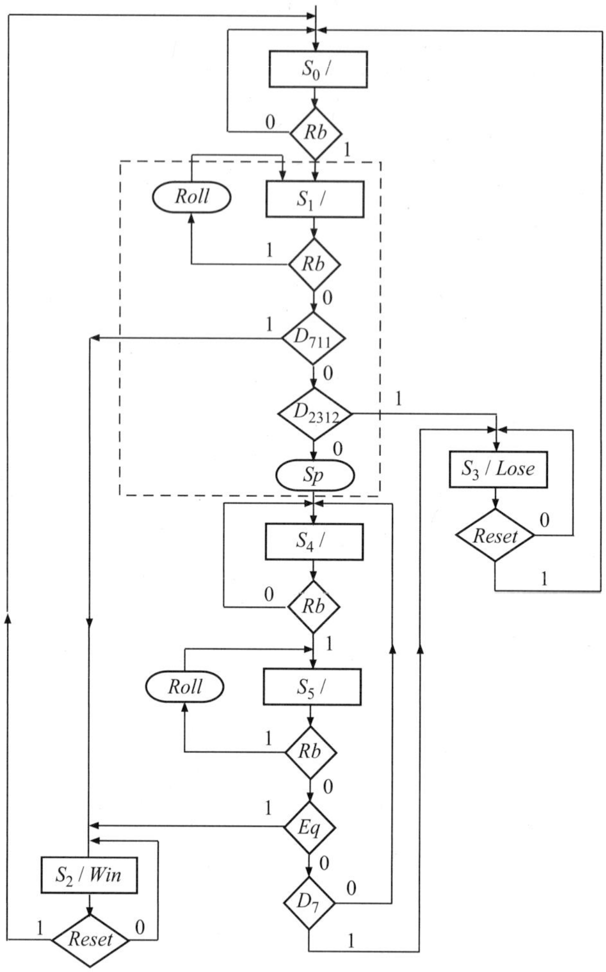

그림 5-14 주사위 게임 제어기의 상태 그래프

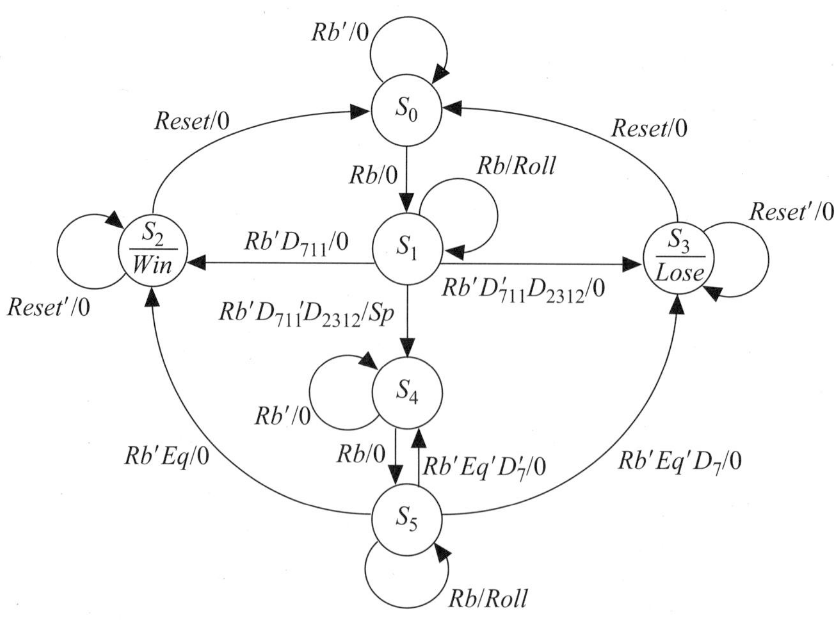

프는 SM 차트와 마찬가지로 동일한 상태, 입력, 출력 신호를 갖고 있다. 상태 그래프의 상태 이동 조건들은 4.2절에서 주어진 상태 그래프의 작성 방법과 일치하게 표기되어 있다. 따라서 S_1 상태에서 출발하는 화살표들에 Rb, $Rb'D_{711}$, $Rb'D'_{711}D_{2312}$, $Rb'D'_{711}D'_{2312}$ 신호가 표시되어 있다.

설계를 계속하기 전에 SM 차트(또는 상태도)가 맞는지 검증하는 일이 중요하다. SM 차트를 기반으로 동작서술형 Verilog 코드를 작성하고 테스트 벤치를 작성하여 시뮬레이션을 수행할 것이다. 먼저 제어회로, 포인트 레지스터, 비교기(그림 5-11 참조)를 포함하는 주사위 게임 모듈을 작성한다. 이후 카운터와 가산기를 추가하여 주사위 게임의 시뮬레이션을 수행할 수 있도록 한다.

해당하는 주사위 게임의 Verilog 코드는 그림 5-15에 나타내었다. 상태를 테스트하는 첫 번째 `always` 문 안에 있는 `case` 문과 중첩된 `if-else`(또는 `else if`) 문을 조건을 검사하기 위해 사용했다. 상태 1에서 *Roll* 신호가 $Rb = 1$일 때 켜진다. 만약 모든 조건이 거짓으로 검사되면, *Sp*가 1이 되고 다음 상태는 4가 된다. 두 번째 `always` 문에서 상태는 매 클록의 상승 에지에서 업데이트되고, 만약 $Sp = 1$이면 주사위의 합을 점수 레지스터에 저장한다.

그림 5-15 주사위 게임 제어기의 동작서술형 Verilog 모델

```
module DiceGame (Rb, Reset, CLK, Sum, Roll, Win, Lose);
   input Rb;
   input Reset;
   input CLK;
   input[3:0] Sum;
   output Roll;
   output Win;
   output Lose;

   reg Roll;
   reg Win;
   reg Lose;

   reg[2:0] State;
   reg[2:0] Nextstate;
   reg[3:0] Point;
   reg Sp;

   initial
   begin
      State = 0;
      Nextstate = 0;
      Point = 2;
   end

   always @(Rb or Reset or Sum or State)
   begin
```

```
Sp = 1'b0;
Roll = 1'b0;
Win = 1'b0;
Lose = 1'b0;
Nextstate = 0;
case (State)
   0 :
            begin
               if (Rb == 1'b1) begin
                  Nextstate = 1;
               end
            end
   1 :
            begin
               if (Rb == 1'b1) begin
                  Roll = 1'b1;
               end
               else if (Sum == 7 | Sum == 11) begin
                  Nextstate = 2;
               end
               else if (Sum == 2 | Sum == 3 | Sum == 12) begin
                  Nextstate = 3;
               end
               else begin
                  Sp = 1'b1;
                  Nextstate = 4;
               end
            end
   2 :
            begin
               Win = 1'b1;
               if (Reset == 1'b1) begin
                  Nextstate = 0;
               end
            end
   3 :
            begin
               Lose = 1'b1;
               if (Reset == 1'b1) begin
                  Nextstate = 0;
               end
            end
   4 :
            begin
               if (Rb == 1'b1) begin
                  Nextstate = 5;
               end
            end
   5 :
            begin
               if (Rb == 1'b1) begin
                  Roll = 1'b1;
               end
               else if (Sum == Point) begin
                  Nextstate = 2;
               end
```

```
                      else if (Sum == 7) begin
                         Nextstate = 3;
                      end
                      else begin
                         Nextstate = 4;
                      end
                   end
    default :
                   begin
                      Nextstate = 0;

                   end
     endcase
    end

    always @(posedge CLK)
    begin
          State <= Nextstate;
          if (Sp == 1'b1) begin
             Point <= Sum;
          end
    end
endmodule
```

이제 주사위 게임의 동작서술형 모델의 코드를 테스트할 준비가 되었다. 테스트를 수행함에 있어서, 우리는 모든 주사위를 던진 결과 값에 대해 SM 차트의 모든 경로에서 테스트해보기를 원하므로 초기 테스트에서 임의 숫자(random number)를 생성하는 카운터를 사용하는 것은 불편하다. 그래서 *Rb*, *Sum*, *Reset*의 신호 열들을 생성하는 시뮬레이터 명령어 파일(simulator command file)을 준비한다. 이는 아주 주의 깊게 적절한 시간에 입력 신호의 변화를 주기 위한 타이밍 분석이 요구된다. 동작을 검증하기 위한 좀 더 나은 테스트 방법은 주사위 게임에 입력된 신호들에 대한 출력 신호를 살펴볼 수 있는 테스트 벤치 Verilog 코드를 작성하는 것이다.

그림 5-16은 DiceGame이 GameTest와 연결된 구조를 보여준다. GameTest는 다음의 기능을 수행한다.

1. 초기에 *Rb*의 값을 공급한다.

그림 5-16 주사위 게임과 테스트 벤치

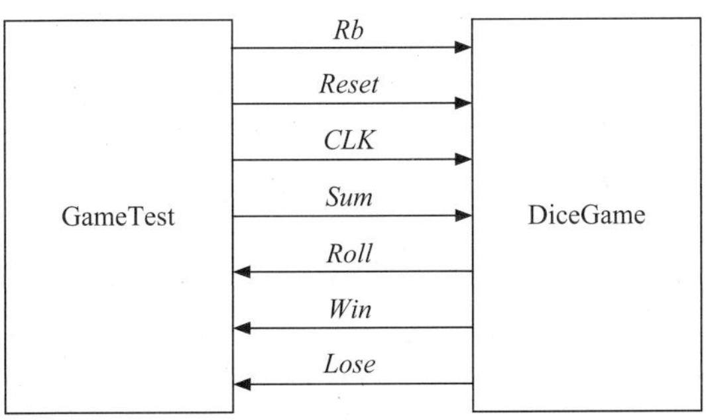

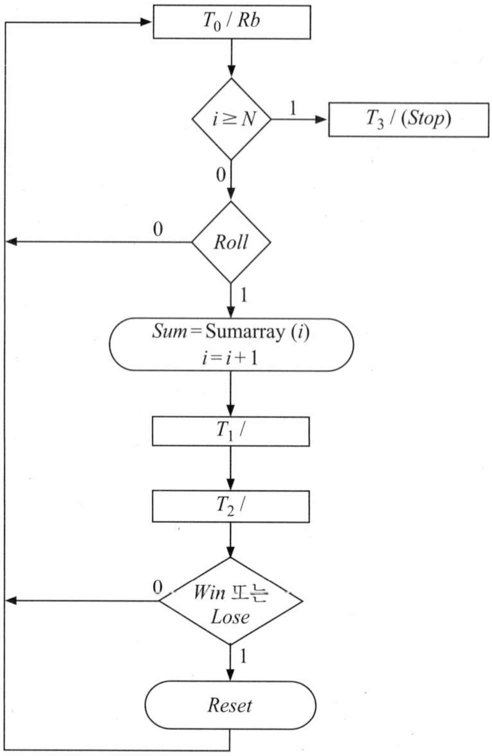

그림 5-17 주사위 게임의 테스트를 위한 SM 차트

2. DiceGame이 *Roll* 신호로 응답하면 두 주사위의 합인 *Sum* 신호를 공급한다.
3. DiceGame으로부터 *Win* 또는 *Lose* 신호가 생성되지 않으면 주사위를 다시 던지기 위해 1단계와 2단계를 반복한다.
4. *Win* 또는 *Lose* 신호가 감지되면 *Reset* 신호를 생성하고 처음으로 돌아간다.

그림 5-17은 GameTest 모듈의 SM 차트이다. 신호 *Rb*는 상태 T_0에서 생성된다. DiceGame이 *Rb* 신호를 감지하면, 상태 S_1으로 이동하며 *Roll* 신호를 생성한다. GameTest 모듈이 *Roll* 신호를 감지하면, 다음번 굴렸던 주사위의 신호 *Sum*이 *Sumarray*(*i*)로부터 읽히고 *i*는 증가한다. 상태가 T_1으로 이동하면 *Rb*는 0이 된다. DiceGame은 S_2, S_3, S_4로 이동하고 GameTest는 T_2로 이동한다. 출력 *Win* 또는 *Lose*를 상태 T_2에서 검사한다. 만약 *Win* 또는 *Lose* 신호가 검출되면, *Reset* 신호가 다음 주사위를 던지기 전에 생성된다. *N*번째 주사위를 던지고 난 후, GameTest는 상태 T_3로 이동하고 더 이상 동작이 일어나지 않는다.

GameTest(그림 5-18)의 Verilog 코드는 GameTest 모듈의 SM 차트를 구현해놓은 것이다. 이는 테스트 데이터의 어레이와 클록을 생성할 동시진행문 및 2개의 always 문을 포함하고 있다. 첫 번째 always 문은 *Roll*, *Win*, *Lose*, *Tstate*의 값이 변할 때마다 *Rb*, *Reset*, *Tnext*(다음 상태) 신호들을 생성한다. 두 번째 always 문은 *Tstate*(GameTest의 상태)를 갱신한다. 시뮬레이터를 실행할 때 주사위를 던진 결과를 단지 한 줄에 걸쳐서만 출력하기를 원하므로, 이를 위해 T_2 상태로 들어갈 때마다 변하는 신호 *Trig*1을 추가했다.

그림 5-18 주사위 게임의 테스트 모듈

```
module GameTest (Rb, Reset, Sum, CLK, Roll, Win, Lose);
   output Rb;
   output Reset;
   output[3:0] Sum;
   input CLK;
   input Roll;
   input Win;
   input Lose;
   reg[3:0] Sum;
   reg Reset;
   reg Rb;
   reg[1:0] Tstate;
   reg[1:0] Tnext;
   reg Trig1;
   integer Sumarray[0:11];
   integer i;
   initial
   begin
      Sumarray[0] = 7;
      Sumarray[1] = 11;
      Sumarray[2] = 2;
      Sumarray[3] = 4;
      Sumarray[4] = 7;
      Sumarray[5] = 5;
      Sumarray[6] = 6;
      Sumarray[7] = 7;
      Sumarray[8] = 6;
      Sumarray[9] = 8;
      Sumarray[10] = 9;
      Sumarray[11] = 6;
      i = 0;
      Tstate = 0;
      Tnext = 0;
      Trig1 = 0;
   end
   always @(Roll or Win or Lose or Tstate)
   begin
      case (Tstate)
         0 :
                  begin
                     Rb = 1'b1;
                     Reset = 1'b0;
                     if (i >= 12) begin
                        Tnext = 3;
                     end
                     else if (Roll == 1'b1) begin
                        Sum = Sumarray[i];
                        i = i + 1;
                        Tnext = 1;
                     end
                  end
```

```
        1 :
                begin
                   Rb = 1'b0;
                   Tnext = 2;
                end
        2 :
                begin
                   Tnext = 0;
                   Trig1 = ~Trig1;
                   if ((Win || Lose) == 1'b1) begin
                      Reset = 1'b1;
                   end
                end
        3 :
                begin
                end
      endcase
   end

   always @(posedge CLK)
   begin
      Tstate <= Tnext;
   end
endmodule
```

그림 5-19 주사위 게임의 테스터

```
module tester ();

   wire rb1;
   wire reset1;
   reg clk1;
   wire roll1;
   wire win1;
   wire lose1;
   wire[3:0] sum1;

   initial
     begin
        clk1 = 0;
     end

   always #20 clk1 <= ~clk1;

   DiceGame Dice (rb1, reset1, clk1, sum1, roll1, win1, lose1);
   GameTest Dicetest (rb1, reset1, sum1, clk1, roll1, win1, lose1);

endmodule
```

테스터(그림 5-19)는 DiceGame과 GameTest 모듈을 연결한다. 이를 통해 설계한 게임을 테스트해볼 수 있다. 그림 5-20은 시뮬레이터 명령어 파일과 그 출력이다. 주사위가 던져질 때마다 *Trig*1 신호에 따라 입력 신호의 리스트가 바뀐다. run 2000 명령어는 모든 테스트 데이터를 수행해볼 수 있는 충분한 시간을 보장한다.

그림 5-20 주사위 게임 테스터의 시뮬레이션과 명령어 파일

```
add list /Dicetest/Trig1 -notrigger sum1 win1 lose1 /Dice/Point run 2000

   ns  delta    trig1  sum1  win1  lose1  point
    0   +1        0     x     x     x      2
  100   +3        0     7     1     0      2
  260   +3        0    11     1     0      2
  420   +3        0     2     0     1      2
  580   +2        1     4     0     0      4
  740   +3        1     7     0     1      4
  900   +2        0     5     0     0      5
 1060   +2        1     6     0     0      5
 1220   +3        1     7     0     1      5
 1380   +2        0     6     0     0      6
 1540   +2        1     8     0     0      6
 1700   +2        0     9     0     0      6
 1860   +3        0     6     1     0      6
```

5.3 SM 차트의 구현

SM 차트를 구현하는 방법은 상태 그래프를 구현하는 방법과 유사하다. 모든 순차회로는 조합회로와 회로의 상태를 저장할 플립플롭으로 구성된다. 몇몇 경우에서, 동일한 상태임이 확인되면 상태표를 작성할 때와 같은 방법으로 SM 차트에서 중복된 상태를 제거할 수 있을 것이다. 그러나 SM 차트는 일반적으로 모든 상태에서 모든 입력에 대한 검증이 이루어지지 않아서 불완전하게 서술되어 있기 때문에 절차를 줄이기가 좀 더 어렵다. 비록 SM 차트의 상태 수를 줄일 수 있다고 해도 SM 차트의 분석을 어렵게 만들 수 있으므로 상태 수를 줄이기 위한 과정이 항상 요구되는 것은 아니다.

SM 차트로부터 다음 상태와 출력 식을 유도하기 전에 상태 할당이 먼저 이루어져야 한다. 상태 할당을 위한 최상의 방법은 어떻게 SM 차트를 구현할 것인가에 달려 있다. 만약 게이트와 플립플롭(등가 PLD 구현)이 사용된다면 1.7절에서 주어진 상태 할당 지침이 유용할 것이다. 만약 프로그래머블 게이트 어레이(programmable gate array)가 사용된다면, 6.9절에서 설명한 one-hot 상태 할당 방법이 최상일 것이다.

SM 차트의 구현 예로서 그림 5-21의 SM 차트를 살펴보자. S_0는 $AB = 00$, S_1은 $AB = 01$, S_2는 $AB = 11$로 상태 할당을 했다. 상태 할당이 이루어지고 난 후에는 출력과 다음 상태 식은 SM 차트로부터 바로 읽을 수 있다. 상태 00에서만 무어(Moore) 출력 Z_a가 1이므로 $Z_a = A'B'$이다. 이와 마찬가지로, $Z_b = A'B$이고 $Z_c = AB$이다. Z_1을 통과하는 유일한 링크 경로는 $AB = 11$에서 출발하여 $X = 0$일 때로 분기하기 때문에 조건부 출력 $Z_1 = ABX'$이다. 마찬가지로, Z_2는 ABX가 된다. 이 SM 차트에는 3개의 링크 경로가 있고 (그림 5-21에 링크 1, 링크 2, 링크 3으로 표시), $B = 1$일 때 상태를 종료한다. 링크 1은 현

그림 5-21 SM 차트 구현 예

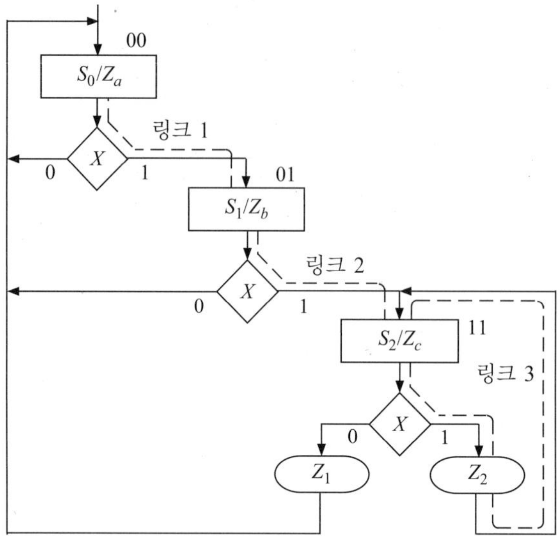

재 상태 $AB = 00$에서 시작하여 $X = 1$로 분기하고 $B = 1$인 값을 갖는 상태에서 종료된다. 그러므로 $B(B^+)$의 다음 상태는 $A'B'X = 1$일 때 1이 된다. 링크 2는 상태 01에서 시작하여 $X = 1$로 분기하고 상태 11에서 종료된다. 따라서 B^+는 $A'BX$를 갖는다. 비슷한 방법으로, B^+는 링크 3에서 ABX를 갖는다. 따라서 B의 다음 상태 식은 3개의 링크 경로 항을 갖게 된다.

$$B^+ = \underbrace{A'B'X}_{\text{링크 1}} + \underbrace{A'BX}_{\text{링크 2}} + \underbrace{ABX}_{\text{링크 3}}$$

마찬가지로, 두 링크 경로는 $A = 1$을 갖는 상태에서 종료되므로

$$A^+ = A'BX + ABX$$

가 된다. 이러한 출력과 다음 상태 식들은 카노 맵(Karnaugh map)을 사용하여 할당되지 않은 상태($AB = 10$)를 '돈케어(don't care)' 조건으로 처리함으로써 줄일 수 있다.

플립플롭 A와 B를 위해, 위에서 열거한 방법에서처럼 SM 차트로부터 플립플롭 Q에 대한 다음 상태 식을 유도하는 방법은 다음과 같이 이루어진다.

1. $Q = 1$인 모든 상태를 찾아낸다.
2. 이러한 모든 상태에서 상태 안에서 유도할 수 있는 모든 링크 경로를 찾는다.
3. 이러한 모든 링크 경로를 위해 링크 경로가 수반될 때 1이 되는 곳을 찾는다. 이것은 만약 머신이 상태 S_i에 있고 S_j가 존재할 수 있는 조건이 만족된다면, S_i부터 S_j까지의 링크 경로를 위해 그 값이 1이 된다.
4. Q^+의 표현을 위해(Q의 다음 상태) 3단계에서 찾은 값들을 OR 동작을 이용하여 찾는다.

이진 곱셈 제어기의 구현

그림 5-22에서 곱셈기 제어를 다시 한 번 설계해봄으로써 SM 차트에 대해 알아본다. 이것은 2개의 플립플롭과 조합회로를 갖는 SM 차트로 구현할 수 있다. 상태 할당을 S_0는 $AB = 00$, S_1은 $AB = 01$, S_2는 $AB = 10$, S_3는 $AB = 11$이라고 가정한다.

곱셈기 제어와 다음 상태 식의 논리식은 SM 차트에서 링크 경로를 탐색해봄으로써 유도할 수 있고 결과식을 간단히 할 수 있다. 먼저 제어 신호들에 대해 생각해보자. *Load*는 S_0에서 *St*가 참(1)일 때만 참(1)이 된다. 따라서 $Load = S_0$, $St = A'B'St$이다. 마찬가지로, *Ad*는 S_1에서 *M*이 참일 때만 참이 된다. 따라서 $Ad = A'BM$이다. *Done* 신호는 S_3에서 무어 출력이고, 따라서 $Done = S_3 = AB$이다. 정리하면 곱셈기 제어의 논리식은 다음과 같다.

$$Load = A'B'St$$
$$Sh = A'BM'(K' + K) + AB'(K' + K) = A'BM' + AB'$$
$$Ad = A'BM$$
$$Done = AB$$

다음 상태 식은 SM 차트를 살펴보고 상태 할당에 대해 생각해봄으로써 유도할 수 있다. *A*는 상태 S_2와 S_3에 있을 때 참이다. 상태 S_2는 현재 상태가 S_1이고 *M*이 참($A'BM$)일 때 다음 상태가 된다. 상태 S_3는 현재 상태가 S_1이고 *M*이 거짓일 때 그리고 *K*가 참($A'BM'K$)일 때 다음 상태가 되고, 현재 상태가 S_2일 때는 *K*가 참($AB'K$)일 때 다음 상태가 된다. 따라서 정리하면 다음과 같이 쓸 수 있다.

$$A^+ = A'BM'K + A'BM + AB'K = A'B(M + K) + AB'K$$

유사한 방법으로, *B*를 위한 다음 상태 식을 ASM도(ASM diagram)를 살펴봄으로써 유도할 수 있다.

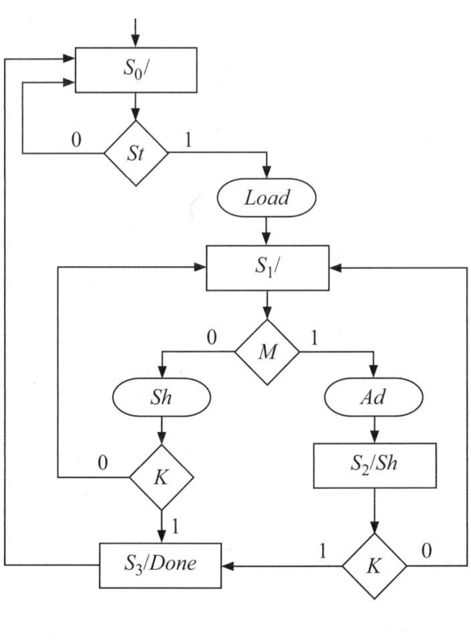

그림 5-22 곱셈기 제어의 SM 차트

$$B^+ = A'B'St + A'BM'(K' + K) + AB'(K' + K) = A'B'St + A'BM' + AB'$$

곱셈기 제어기는 두 플립플롭과 약간의 논리 게이트를 연결하여 구현할 수 있다. 논리 게이트는 다음 상태 식과 제어 신호 식을 구현한다. 곱셈기 회로는 개별 게이트 또는 PLA, CPLD 또는 FPGA를 이용하여 구현할 수 있다.

표 5-1은 곱셈기 제어의 상태 천이표이다. 각각의 행은 SM 차트의 링크 경로에 해당한다. S_0에 2개의 출구 경로가 있기 때문에 표에서 상태 S_0를 표현하기 위해 2개의 행이 있다. 첫 번째 행은 $St = 0$인 출구 경로에 해당하고, 따라서 다음 상태와 출력은 0이다. 두 번째 행에서 $St = 1$이므로, 다음 상태는 01이 되고 다른 출력들은 1000이다. St가 상태 S_1, S_2, S_3에서 테스트되지 않기 때문에 St는 해당 행에서 '돈케어'이다. 각 행의 출력은 SM 차트에서 각각에 해당하는 링크 경로를 탐색하여 채워진다. 예를 들면 S_1에서 S_2까지의 링크 경로는 조건부 출력 Ad를 거쳐간다. 따라서 이 행에서 $Ad = 1$이 된다. S_2가 무어 출력 Sh를 갖고 있으므로 $AB = 10$에 대해 두 행 모두 $Sh = 1$이 된다.

곱셈기의 설계는 또한 ROM을 이용하여 구현될 수 있다. 만약 ROM을 사용하여 구현한다면 ROM의 크기를 다음과 같은 방법으로 계산해야 한다. 5개의 다른 입력이 조합회로에 있다(A, B, St, M, K). 따라서 ROM은 32가지의 조합이 있어야 한다. 조합회로는 6개의 신호(4개의 제어 신호와 2개의 다음 상태)를 생성해야 한다. 그래서 각각의 조합은 6비트 크기여야 한다. 따라서 이 곱셈기 설계는 32×6 ROM과 2개의 D 플립플롭을 이용하여 구현할 수 있다.

만약 ROM을 사용하면 입력이 5개이므로, 표는 $2^5 = 32$행으로 확장되어야 한다. 표를 확장하려면, 각 행에서 선이 그어진 부분(−)은 모든 가능한 0과 1의 조합으로 교체해야 한다. 만약 행에서 선이 그어진 부분이 n개 있다면 2^n개의 행으로 교체해야 한다. 예를 들어 표 5-1에서 다섯 번째 행은 다음의 4개의 행으로 교체해야 한다.

표 5-1 곱셈기 제어의 상태 천이표

	A	B	St	M	K	A^+	B^+	$Load$	Sh	Ad	$Done$
S_0	0	0	0	−	−	0	0	0	0	0	0
	0	0	1	−	−	0	1	1	0	0	0
S_1	0	1	−	0	0	0	1	0	1	0	0
	0	1	−	0	1	1	1	0	1	0	0
	0	1	−	1	−	1	0	0	0	1	0
S_2	1	0	−	−	0	0	1	0	1	0	0
	1	0	−	−	1	1	1	0	1	0	0
S_3	1	1	−	−	−	0	0	0	0	0	1

0	1	**0**	1	**0**	1	0	0	0	1	0
0	1	**0**	1	**1**	1	0	0	0	1	0
0	1	**1**	1	**0**	1	0	0	0	1	0
0	1	**1**	1	**1**	1	0	0	0	1	0

추가된 입력 조합들은 굵은 글씨로 표현했다.

5.4 주사위 게임의 구현

그림 5-23에서처럼 조합회로와 D 플립플롭 3개를 이용하여 주사위 게임(그림 5-13)의 SM 차트를 구현할 수 있다. 우리는 이진 상태 할당을 사용한다. 조합회로는 9개의 입력과 7개의 출력을 갖고 있다. 3개의 입력은 현재 상태와 대응하고, 3개의 출력은 다음 상태 정보를 출력한다. 모든 입력과 출력은 표 5-2의 맨 위에 나열했다. 상태 천이표는 SM 차트의 각 링크 경로를 위한 하나의 행을 갖고 있다. 상태 $ABC = 000$일 때 다음 상태는 Rb의 값에 따라 $A^+B^+C^+ = 000$ 또는 001이 된다. 상태 001에서는 4개의 출구 경로가 있으므로, 표에는 이에 대응하는 4개의 행이 있다. Rb가 1일 때, *Roll*은 1이고 상태 변화는 일어나지 않는다. Rb가 0이고 D_{711}이 1일 때, 다음 상태는 010이 된다. $Rb = 0$, $D_{2312} = 1$일 때, 다음 상태는 011이 된다. 상태 001에서 100까지의 링크 경로에 대해 Rb, D_{711}, D_{2312}는 모두 0이며, Sp는 조건적 출력이다. 이 경로는 $Sp = 1$, $A^+B^+C^+ = 100$인 상태 천이표의 네 번째 행과 일치한다. 상태 010에서 *Win* 신호가 항상 켜지며, *Reset* 신호에 따라 다음 상태는 010이나 000이 된다. 마찬가지로, *Lose* 신호는 상태 011에서 항상 켜진다. 상태 101에서, $Eq = 1$이면 $A^+B^+C^+ = 010$이고, 그렇지 않으면 D_7의 값에 따라 $A^+B^+C^+ = 011$ 또는 100이 된다. 상태 110과 111은 사용되지 않기 때문에, $ABC = 110$ 또는 111일 때 다음 상태와

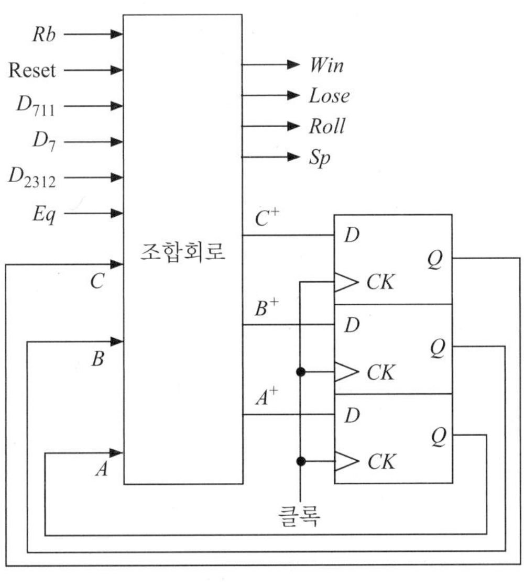

그림 5-23 주사위 게임 제어기의 구현

표 5-2 주사위 게임의 상태 천이표

	ABC	Rb	Reset	D_7	D_{711}	D_{2312}	Eq	A^+	B^+	C^+	Win	Lose	Roll	Sp
1	000	0	–	–	–	–	–	0	0	0	0	0	0	0
2	000	1	–	–	–	–	–	0	0	1	0	0	0	0
3	001	1	–	–	–	–	–	0	0	1	0	0	1	0
4	001	0	–	–	0	0	–	1	0	0	0	0	0	1
5	001	0	–	–	0	1	–	0	1	1	0	0	0	0
6	001	0	–	–	1	–	–	0	1	0	0	0	0	0
7	010	–	0	–	–	–	–	0	1	0	1	0	0	0
8	010	–	1	–	–	–	–	0	0	0	1	0	0	0
9	011	–	1	–	–	–	–	0	0	0	0	1	0	0
10	011	–	0	–	–	–	–	0	1	1	0	1	0	0
11	100	0	–	–	–	–	–	1	0	0	0	0	0	0
12	100	1	–	–	–	–	–	1	0	1	0	0	0	0
13	101	0	–	0	–	–	0	1	0	0	0	0	0	0
14	101	0	–	1	–	–	0	0	1	1	0	0	0	0
15	101	0	–	–	–	–	1	0	1	0	0	0	0	0
16	101	1	–	–	–	–	–	1	0	1	0	0	1	0
17	110	–	–	–	–	–	–	–	–	–	–	–	–	–
18	111	–	–	–	–	–	–	–	–	–	–	–	–	–

출력은 '돈케어'가 된다.

표 5-2를 제어 신호와 다음 상태 식을 유도하는 데 사용할 수 있다. 필요한 식들은 맵 입력 변수(map-entered variable) 방법(1장 참조) 또는 LogicAid 같은 CAD 툴을 사용한 표 5-2로부터 유도할 수 있다. 또한 이러한 식들은 SM 차트의 링크 경로의 분석을 통해 유도할 수 있으며, 이후에 사용하지 않는 '돈케어' 부분을 제거하여 간략화할 수 있다.

그림 5-24는 A^+, B^+, *Win*에 대한 카노 맵(K-map)이며 상태 천이표로부터 바로 작성했다. *A*, *B*, *C*, *Rb*가 표의 행에서 맨 앞쪽에 할당되어 있으므로 이 4개의 변수가 카노 맵을 작성하는 기준이 되었으며, 남아 있는 변수들은 맵 안에 표시했다(1장에서 카노 맵 안에 변수를 기입하는 방법을 잘 설명해놓았다). 맵에서 E_1, E_2, E_3, E_4 맵의 수식을 표현한다. 표의 A^+ 열에서 네 번째 행의 값이 1이므로 맵 안의 *ABCRb*의 $D'_{711}D'_{2312}$의 칸에 1을 표시

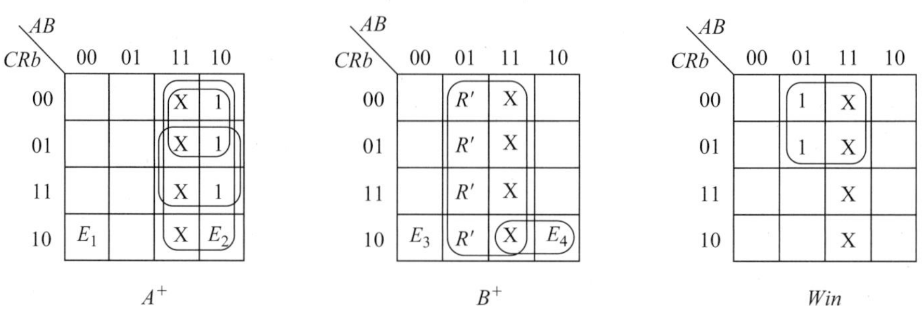

그림 5-24 표 5-2로부터 유도된 카노 맵

해야 한다. 공간을 절약하기 위해 $E_1 = D'_{711}D'_{2312}$라 정의하고, 맵 안에는 E_1이라 표시했다. A^+는 11, 12 16번째 행에서 1이므로 $ABCRb = 1000$, 1001, 1011의 위치에 1로 표기했다. 13행을 위해 1010 위치에 $E_2 = D'_7Eq'$를 표시했다. 7, 8행에서 Win은 $ABC = 010$일 때 항상 1이므로, Win 맵의 해당되는 칸에 1을 표시했다.

$$E_1 = D'_{711}D'_{2312} \qquad R = Reset$$
$$E_2 = D'_7Eq' \qquad E_3 = D_{711} + D'_{711}D_{2312} = D_{711} + D_{2312}$$
$$E_4 = Eq + Eq'D_7 = Eq + D_7$$

따라서 결과식은 다음과 같다.

$$\begin{aligned}
A^+ &= A'B'C\,Rb'D'_{711}D'_{2312} + AC' + ARb + AD'_7Eq' \qquad (5\text{-}1)\\
B^+ &= A'B'C\,Rb'(D_{711} + D_{2312}) + BReset' + AC\,Rb'(Eq + D_7)\\
C^+ &= B'Rb + A'B'C\,D'_{711}D_{2312} + BC\,Reset' + AC\,D_7Eq'\\
Win &= BC'\\
Lose &= BC\\
Roll &= B'CRb\\
Sp &= A'B'C\,Rb'D'_{711}D'_{2312}
\end{aligned}$$

이 식들은 어떤 것들을 이용해서든지 구현할 수 있다(개별 게이트, PAL, GAL, CPLD, FPGA 등).

주사위 게임 제어기는 또한 ROM을 사용하여 구현할 수 있다. ROM(LUT)은 512개의 조합(9개의 입력이 있으므로)이 필요하다. 각각의 조합은 7비트 크기(다음 상태 3비트, 출력 4비트)여야 한다. 많은 수의 입력이 있기 때문에 ROM으로 사용하여 구현할 때는 로직이 매우 커진다. ROM 구현 방법은 입력이 많은 경우에는 적용하기 좋지 않은 설계 방법이다.

이제 그림 5-11의 블록도와 식 (5-1)을 기반으로 데이터 흐름(data flow) Verilog 코드를 작성할 수 있다. 대응하는 Verilog 코드는 그림 5-25에 나타내었다. `always` 문에서 클록의 상승 에지에서 플립플롭의 상태와 점수 레지스터가 갱신된다. 제어 신호와 D 플립플롭의 입력 식을 생성하는 것은 동시진행문을 사용하여 처리했다. 특히 D_7, D_{711}, D_{2312}, Eq 신호는 조건적 신호 할당을 이용하여 구현했다. 또 다른 방법으로서, 모든 신호와 입력 식은 센시티비티 리스트(sensitivity list)에 A, B, C, Sum, $Point$, Rb, D_7, D_{711}, D_{2312}, Eq, $Reset$을 포함하는 `always` 문을 사용하여 구현할 수 있다. 만약 그림 5-25의 Verilog 코드를 그림 5-19의 테스트 벤치 코드를 사용하여 테스트하면 그 결과는 동작서술형 구조인 그림 5-15의 코드와 동일하게 나온다.

주사위 게임의 Verilog 코드 구현을 완성하기 위해 그림 5-26, 5-27과 같이 2개의 모듈

그림 5-25 주사위 게임의 데이터 흐름 모델(식 (5-1)을 기반으로 함)

```
module DiceGame (Rb, Reset, Clk, Sum, Roll, Win, Lose);

   input Rb;
   input Reset;
   input Clk;
   input[3:0] Sum;
   output Roll;
   output Win;
   output Lose;

   wire Sp;
   wire Eq;
   wire D7;
   wire D711;
   wire D2312;
   wire DA;
   wire DB;
   wire DC;
   reg A;
   reg B;
   reg C;
   reg[3:0] Point;

   initial
   begin
     A = 0;
     B = 0;
     C = 0;
   end

   always @(posedge Clk)
   begin
     A <= DA ;
     B <= DB ;
     C <= DC ;
     if (Sp == 1'b1)
         Point <= Sum ;
   end

   assign Win = B & ~C ;
   assign Lose = B & C ;
   assign Roll = ~B & C & Rb ;
   assign Sp = ~A & ~B & C & ~Rb & ~D711 & ~D2312 ;
   assign D7 = (Sum == 7) ? 1'b1 : 1'b0 ;
   assign D711 = ((Sum == 11) | (Sum == 7)) ? 1'b1 : 1'b0 ;
   assign D2312 = ((Sum == 2) | (Sum == 3) | (Sum == 12)) ? 1'b1 : 1'b0 ;
   assign Eq = (Point == Sum) ? 1'b1 : 1'b0 ;
   assign DA = (~A & ~B & C & ~Rb & ~D711 & ~D2312) | (A & ~C) | (A & Rb) | (A
          & ~D7 & ~Eq) ;
   assign DB = ((~A & ~B & C & ~Rb) & (D711 | D2312)) | (B & ~Reset) | ((A & C
          & ~Rb) & (Eq | D7)) ;
   assign DC = (~B & Rb) | (~A & ~B & C & ~D711 & D2312) | (B & C & ~Reset) |
          (A & C & D7 & ~Eq) ;

endmodule
```

그림 5-26 주사위 게임의 카운터

```
module Counter (Clk, Roll, Sum);

    input Clk;
    input Roll;
    output [3:0] Sum;

    reg [2:0] Cnt1;
    reg [2:0] Cnt2;

    initial
    begin
        Cnt1 = 1;
        Cnt2 = 1;
    end

    always @(posedge Clk)
    begin
        if (Roll == 1'b1) begin
            if (Cnt1 == 6) begin
                Cnt1 <= 1;
            end
            else begin
                Cnt1 <= Cnt1 + 1 ;
            end
            if (Cnt1 == 6) begin
                if (Cnt2 == 6) begin
                    Cnt2 <= 1;
                end
                else begin
                    Cnt2 <= Cnt2 + 1;
                end
            end
        end
    end

    assign Sum = Cnt1 + Cnt2;

endmodule
```

그림 5-27 완성된 주사위 게임

```
module Game (Rb, Reset, Clk, Win, Lose);

    input Rb;
    input Reset;
    input Clk;
    output Win;
    output Lose;

    wire roll1;
    wire[3:0] sum1;

    DiceGame Dice (Rb, Reset, Clk, sum1, roll1, Win, Lose);
    Counter Count (Clk, roll1, sum1);

endmodule
```

로 6 카운터를 추가한다. 카운터를 1로 초기화하여 2개의 주사위 합이 항상 2에서 12까지 나올 수 있도록 한다. *Cnt*1이 상태 6에 있을 때 다음 클록에서 1이 되며, *Cnt*2가 증가된다 (또는 *Cnt*2가 상태 6에 있을 때 1이 된다).

이 절에서는 SM 차트를 사용하여 설계하는 방법을 다루었다. 회로의 구현은 이산 게이트, PLA, ROM, 또는 PAL을 이용하여 구현할 수 있다. 약간의 회로를 추가하여 ROM 또는 PLA의 크기를 줄이는 다른 방법도 가능하다. 이러한 방법들은 SM 차트를 다른 형태와 기술을 사용하여 변형함을 기반으로 한다. 마이크로프로그래밍 같은 방법이 대표적인 예이다.

5.5 마이크로프로그래밍

마이크로프로그래밍은 디지털 시스템의 제어회로를 구현하는 한 방법이다. 제어부를 설계하기 위해서는 SM 차트 또는 상태도를 관찰해야 하고, 제어회로의 출력과 다음 상태 식들을 만들어야 하며, 게이트와 플립플롭을 사용하여 상태 머신을 구현해야 한다. 5.3절과 5.4절에서 주사위 게임과 이진 곱셈기의 예를 통해 위의 방법들을 살펴봤다. 이러한 구현 방법을 **직접배선**(hardwiring) 방법이라 하며, 이는 고정된 논리회로를 사용하여 제어 신호를 생성한다.

반면에 다른 방법으로서 복잡한 디지털 시스템의 제어회로 설계를 위해 **마이크로프로그래밍**(microprogramming) 기법이 개발되었다. 1951년 Maurice Wilkes가 제안한 이 방법은 특수 컴퓨터의 설계를 위해 알고리즘적인 플로우 차트를 실행하고 시스템의 제어부를 표현한다. 이 방법의 개발이 4장 앞부분에서 다루었던 아키텍처(architecture)와 제어기(controller) 분리의 모태가 되었다. 아키텍처와 제어기를 명확하게 묘사해놓기만 하면, 제어기 플로우 차트는 처음의 리셋 상태(reset state)로부터 파생되는 다른 모든 상태에 대한 제어 신호를 생성하는 모든 제어회로 신호를 규칙적으로 생성할 수 있다. 그림 5-28(a)의 덧셈-시프트 곱셈기의 SM 차트를 살펴봄으로써 그림 5-28(b)에 나타낸 곱셈기 제어기 동작의 의사코드(pseudocode)를 작성할 수 있다. 이 곱셈기는 4장에서 이미 자세히 다루었다.

이러한 제어회로의 서술 방법은 일반 컴퓨터 프로그램의 제어기 동작에서 쉽게 찾아볼 수 있다. 마이크로프로그래밍은 정확히 이와 같은 구현 방법으로부터 개발되었다.

만약 각 상태의 모든 입력 조합에 대해 모든 제어 신호와 다음 상태의 정보를 메모리에 저장할 수 있다면, 메모리를 이용한 '**시퀀싱**(sequencing)'을 통해 쉽게 구현할 수 있다. 이러한 이유 때문에 마이크로프로그래밍된 제어기를 시퀀서(sequencer)라고도 한다. 제어 신호의 워드를 저장하는 메모리를 **제어 저장기**(control store) 또는 **마이크로프로그램 메모리**(microprogram memory)라고 한다.

그림 5-28 곱셈기의 SM 차트와 동작 흐름도

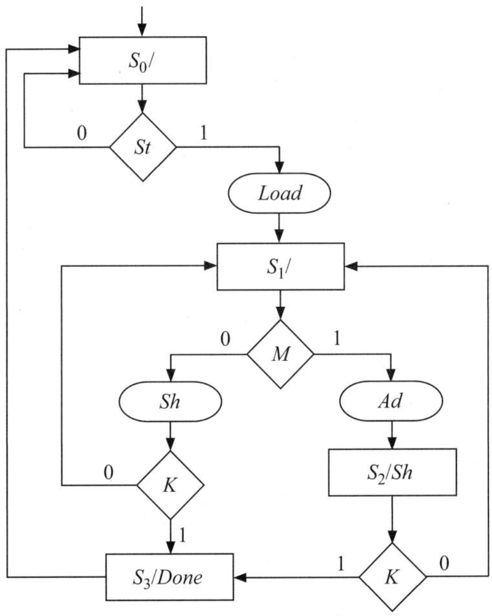

(a) 곱셈기의 SM 차트

S_0: *St*가 '참'이면, *Load* 신호를 생성하고 S_1 상태로 이동,
*St*가 '거짓'이면 S_0로 되돌아옴

S_1: *M*이 '참'이면, *Ad* 신호를 생성하고 S_2 상태로 이동,
아니면 *Sh*를 생성하고, *K*가 '1'인지 체크;
*K*가 1이면 S_3로 이동;
*K*가 0이면 S_1으로 이동;

S_2: *Sh* 신호 생성;
만일 *K*가 0이면 S_1으로 이동;
*K*가 1이면 S_3로 이동;

S_3: *Done* 신호를 생성하고 S_0로 상태 이동

(b) 곱셈기 제어기 동작을 나타내는 의사코드

마이크로프로그래밍은 복잡한 디지털 시스템을 구현할 수 있을 것이라고 상상도 못 하던 때부터 발전해왔기 때문에 그 기원에 있어서 매우 흥미롭다. 이러한 시절에 디버깅은 일일이 수작으로 이루어졌으며, 오류를 발견하고 수정하기가 매우 어려웠다. 마이크로프로그램의 이러한 규칙적인 특징 덕분에 시스템의 디버깅 작업을 좀 더 쉽게 할 수 있었다. 시스템을 바꾸는 것을 상대적으로 쉽게 구현할 수 있게 되었고, 이에 따라 오류를 쉽게 발견하고 수정할 수가 있었다. 이는 마이크로프로그래밍이 대중화된 이유이기도 하다.

마이크로프로그래밍의 단점은 매우 느리다는 것이다. 메모리에 접근하려면 제어 저장기로부터 제어 워드에 접근해야 한다. 직접배선된 제어 신호들은 논리 게이트로부터 생성되고, 이는 보통 메모리보다 훨씬 빠르다.

Intel 8086, Motorola 68000 같은 초창기의 마이크로프로세서들은 마이크로프로그래밍된 방식이었다. 이러한 마이크로프로세서는 기본 레지스터와 인덱스 레지스터에 기반한 다양한 메모리 어드레싱 방법을 지원했다. 피연산자(operand)가 메모리에 접근하여 메모리에 직접 쓸 수 있도록 지원했다. 기본 연산의 조합을 통해 복잡한 연산을 수행하기 위한 명령어들이 이러한 프로세서에서 가능했다. 마이크로프로그래밍은 복잡한 명령어를 수행하는 연산자를 위한 제어 신호가 마이크로프로그램 워드 안에 규칙적으로 명세화되어 사용하기에 편리하다. 이러한 마이크로프로세서를 직접배선으로 구현하는 것은 현재까지도 매우 어려운 일이다.

그때 이후로 많은 것이 변했다. 1970년대 후반에 많은 마이크로프로세서에서 칩 크기의 절반 이상을 제어부가 차지하기 시작했다(프로세서의 데이터 경로(data path)가 칩 면적의 절반 이하를 차지함). 마이크로프로세서의 복잡도는 연구자와 개발자를 RISC 프로세서의 개발로 이끌었다. RISC 마이크로프로세서는 작은 크기의 메모리와 어드레싱 모드와 간단한 제어회로만을 필요로 하므로 그 구조가 간단하다. CAD 툴이 발전하고 설계자의 디버깅 능력이 향상되었다. 오늘날 마이크로프로그래밍은 단지 복잡한 명령어 구조(instruction set architecture, ISA)의 마이크로프로세서에 사용될지도 모른다. 그러나 이는 매우 막강하고 명쾌한 개념을 갖고 있다.

마이크로프로그래밍은 다양한 방법을 사용하여 구현할 수 있다. 일반적인 방법은 각각의 상태에 부합하는 제어 워드(control word)를 저장하는 것이다. 제어 워드는 **마이크로명령어**(microinstruction)라고도 한다. 마이크로명령어는 생성할 출력 신호들을 정의한다. 또한 어디서 다음 마이크로명령어를 검색해야 하는지 정의한다. 이것은 SM 차트 또는 상태도에서 상태가 변화하는 것과 부합한다.

그림 5-29는 전형적인 마이크로프로그램 구현을 위한 하드웨어의 적절한 배치도이다. 각 ROM의 위치에는 제어 워드 또는 마이크로명령어를 저장한다. ROM으로의 유일한 입력은 상태 레지스터로부터 입력된다. 각각의 상태에서 적어도 하나의 변수를 선택적으로 테스트하기 위해 각 입력의 멀티플렉서가 사용된다. 이 멀티플렉서는 선택된 제어 신호(TEST에 의해 지시된 것처럼)가 참인지 거짓인지를 나타낸다. 다른 멀티플렉서들은 어느

그림 5-29 마이크로프로그래밍의 전형적인 하드웨어 배치

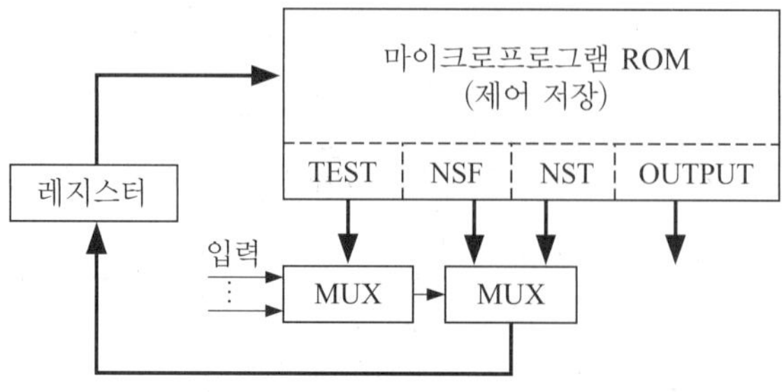

분기가 다음 상태에서 제어될 것인지를 선택하는 데 사용한다. 이러한 기술을 이중 어드레스 마이크로코드라 한다. 왜냐하면 다음 상태에 부합하는 테스트된 신호의 참과 거짓의 상태가 마이크로명령어에서 뚜렷하게 명세되어 있기 때문이다.

ROM의 출력은 TEST, NSF, NST, OUTPUT이라는 4개의 필드를 갖고 있다. TEST는 각 상태에서 테스트되기 위한 1개의 입력을 선택하는 데 사용되는 입력 MUX를 제어한다. 만약 이 입력이 0(거짓)이면, 두 번째 MUX가 다음 상태로서 NSF 필드를 선택한다. 만약 입력이 1(참)이면, 그것은 다음 상태로서 NST 필드를 선택한다. OUTPUT 비트들은 제어 신호들과 대응한다. 이러한 하드웨어 배치를 사용하기 위해 출력은 상태에 대해서만 관련이 있으므로, SM 차트는 무어 출력만을 갖고 있어야 한다는 점에 주의하기 바란다.

마이크로프로그래밍을 위한 SM 차트의 변환

이 과정은 쉽고 효율적인 방법으로 SM 차트를 마이크로프로그래밍으로 변환한다. 모든 입력 조합과 현재 상태가 직접 표현된 단순한 룩업 테이블 방법을 원하지는 않는다. 상태마다 필요한 단지 1개의 조합을 갖는 방법으로 SM 차트를 변환할 것이다. 이러한 변환 과정 도중에 일부는 그 상태의 수가 증가하는 경우도 있다. 그러나 그 결과 얻어지는 마이크로프로그램의 크기는 분명히 LUT 기반의 ROM 크기보다는 작다.

조건적 출력의 제거

조건적 제어 신호가 없어지도록 무어 머신으로 제어기를 설계하는 것이 바람직하다. 만약 제어 신호가 어떤 입력에 대해 조건부라면, 이 입력에 대한 각기 다른 제어 신호의 조합을 저장해야 한다. 따라서 SM 차트를 쉽게 마이크로프로그래밍하기 위해 이를 무어 상태 머신으로 변환하는 것이다. 어떤 밀리 머신이든지 적절한 수의 상태를 추가함으로써 무어 머신으로 바꿀 수 있다.

상태마다 단일 자격자만을 허용

상태 머신의 각 상태에서 테스트되는 입력들을 마이크로프로그래밍에서는 **자격자**(qualifier)라고 한다. 예를 들면 그림 5-28에서 St, M, K는 자격자이다. 상태 S_0와 S_2는 단지 하나의 자격자만 있지만, 상태 S_1은 자격자 M과 K를 테스트한다. S_1에서의 다중 자격자(multiple qualifier)는 그림 5-28의 의사코드에서 중첩된 `if` 문을 사용하게 한다. 마이크로프로그래밍은 매 상태마다 다중 자격자를 사용하여 만들 수 있다. 그러나 상태마다 하나의 변수만을 테스트하는 경우에는 마이크로프로그래밍을 설계하는 편이 더 간단하다.

따라서 마이크로프로그래밍은 SM 차트에서 아래 두 변환 과정을 통해 쉽게 이루어진다.

1. 무어 머신으로 변환함으로써 모든 조건적 출력을 제거한다.
2. 각 상태마다 하나의 입력(자격자)만을 테스트한다.

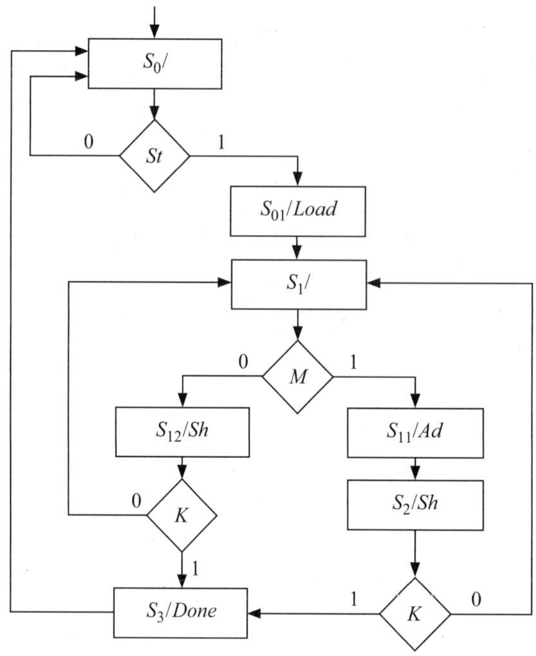

그림 5-30 조건부 출력이 없는 곱셈기의 SM 차트(그림 5-28로부터 유도)

곱셈기의 SM 차트를 마이크로프로그래밍으로 변환해보자. 먼저 조건부 출력(즉, SM 차트에서 타원 모양)에 대해 상태를 추가함으로써 무어 머신으로 변환한다. 이는 상태 S_0에서 조건부 출력 *Load*를 위해 S_{01}, S_1 상태에서 조건부 출력 *Ad*를 위해 S_{11}, S_1 상태의 조건부 출력 *Sh*를 위해 S_{12}의 상태가 추가된다. 수정된 SM 차트는 그림 5-30에 나타내었다.

이에 대응하는 동작은 아래 의사코드처럼 표현될 수 있다.

S_0: 만일 *St*가 참이면 S_{01}로 이동,
  '거짓'이면 S_0로 이동;
S_{01}: *Load* 신호 생성; S_1으로 이동;
S_1: 만일 *M*이 참이면 S_{11}으로 이동, '거짓'이면 S_{12}로 이동;
S_{11}: *Ad* 신호 생성; S_2로 이동;
S_{12}: *Sh* 신호 생성; 만일 $K=0$이면 S_1 상태로 이동; 아니면 S_3로 이동;
S_2: *Sh* 신호 생성;
  만일 $K=0$이면 S_1 상태로 이동;
  아니면 S_3 상태로 이동;
S_3: *Done* 신호 생성; S_0 상태로 이동;

이 과정에서, 변환된 SM 차트는 중복된 상태의 제거를 위해 살펴볼 수 있다. S_{11}과 S_2 상태가 합쳐질 수 있는가? 덧셈 연산이 시프트 연산 전에 이루어지기 때문에 *Ad* 제어 신호가 *Sh* 제어 신호 앞에 나와야 한다. 따라서 상태 S_{11}과 S_2는 합쳐질 수 없다.

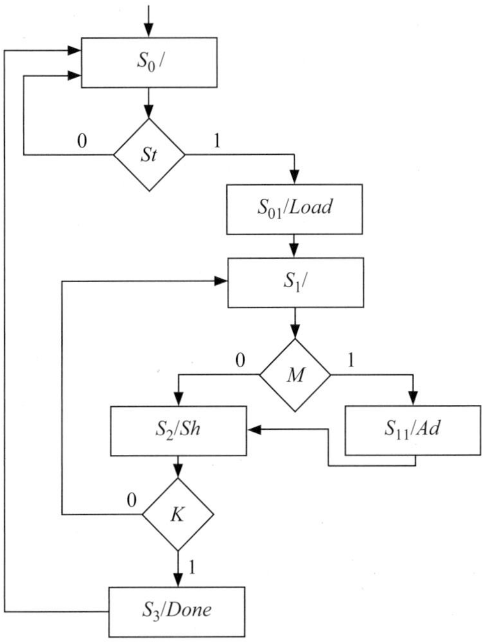

그림 5-31 그림 5-30에 상태 축약을 적용하여 수정한 곱셈기의 SM 차트

그러면 상태 S_{12}와 S_2를 보자. 상태 S_{12}와 S_2는 완전히 동일한 임무를 수행하며, 동일한 다음 상태를 갖고 있다. 따라서 이들은 합칠 수 있다. 이 예는 변환 과정 이후에 잠재적 상태 축약에 대한 예이다. 새로 합쳐진 상태를 라고 재정의하자. 상태가 축약되어 향상된 SM 차트는 그림 5-31에 나타내었다.

S_0, S_{01}, S_1, S_{11}, S_2, S_3에 대해 직접 이진 상태 할당을 한다고 가정하면, 마이크로프로그램은 표 5-3처럼 보일 것이다. 3개의 입력 *St*, *M*, *K*가 있기 때문에 4:1 MUX를 이용하여 자격자들을 선택한다. 멀티플렉서의 연결은 그림 5-32와 같다고 가정한다.

표 5-3 곱셈기의 이중 어드레스 마이크로프로그래밍. NST와 NSF 명세화(그림 5-29와 대응)

상태	*ABC*	TEST	NSF	NST	*Load*	*Ad*	*Sh*	*Done*
S_0	000	00	000	001	0	0	0	0
S_{01}	001	11	010	010	1	0	0	0
S_1	010	01	100	011	0	0	0	0
S_{11}	011	11	100	100	0	1	0	0
S_2	100	10	010	101	0	0	1	0
S_3	101	11	000	000	0	0	0	1

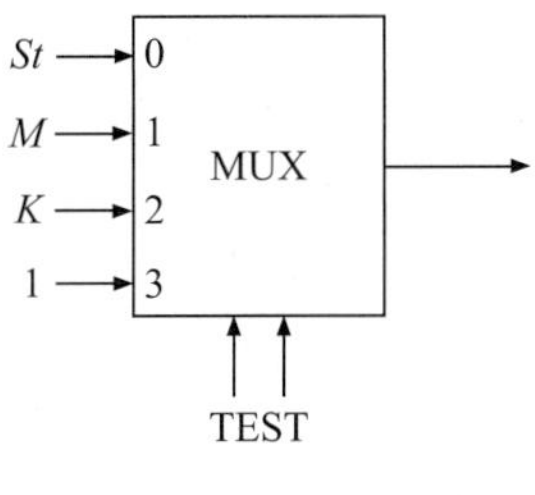

그림 5-32 곱셈기 마이크로프로그래밍의 4:1 MUX(이중 어드레스 마이크로코드)

표 5-3의 첫 행을 살펴보자. 이것은 상태 000으로 인코딩된 S_0와 대응한다. 테스트된 입력은 *St*이다. *St*는 멀티플렉서의 입력 0과 연결되어 있기 때문에, 이 행의 TEST 필드는 00이 된다. 만약 *St*가 거짓이면, 다음 상태는 S_0가 되고 NSF 필드는 000이 된다. 만약 *St*가 참이면, 다음 상태는 S_{01}이 되고 NST 필드를 001로 만든다. 제어 신호 *Load*, *Ad*, *Sh*, *Done*은 상태 S_0에서 모두 0이다.

상태 S_{01}의 마이크로코드는 두 번째 행에서 보여준다. S_{01}은 *Load* 신호를 생성하고 제어기의 상태를 S_1으로 바꾼다. 입력 신호는 검사되지 않는다. 그림 5-32의 멀티플렉서에서 마지막 사용되지 않는 입력에는 '1'을 할당한다. 따라서 TEST 필드는 11로서 멀티플렉서의 마지막 입력과 부합한다. 상태 S_1에서 입력 신호 *M*이 테스트된다. *M*이 멀티플렉서의 입력 포트 1과 연결되어 있으므로 세 번째 행의 TEST 필드는 01이 된다. 이와 비슷한 방법으로 표 5-3에 있는 행들의 값을 채운다.

6개의 상태가 존재하므로 이를 저장하려면 3개의 플립플롭이 필요하다. 마이크로프로그램을 저장할 ROM은 각각의 상태마다 하나씩 6개의 엔트리가 필요할 것이다. 각각의 엔트리(entry)는 TEST 2비트, NSF 3비트, NST 3비트, 제어 신호(*Load*, *Ad*, *Sh*, *Done*) 4비트의 총 12비트가 필요하다. *ABC*는 어느 어드레스에 마이크로명령어가 저장되어 있는지를 나타낸다.

그림 5-29의 하드웨어 배열 구조는 이중 다음 상태 어드레스와 상태마다 단일 자격자를 갖는 마이크로프로그래밍이다. 단일 자격자 마이크로프로그래밍의 의미는 2개의 가능한 입력 값의 다음 상태(예: 입력이 참일 때 다음 상태(NST), 입력이 거짓일 때 다음 상태(NSF))가 제어 워드에 정확히 명세되어 있음을 의미한다(OUTPUT 필드를 OUTPUTF와 OUTPUTT로 바꾸고 2개의 출력 필드를 선택할 수 있도록 하는 MUX를 추가하여 밀리(Mealy) 출력이 가능하도록 그림 5-29를 수정할 수 있다).

단일 자격자, 단일 어드레스 마이크로코드

앞의 마이크로프로그램에서 각각의 마이크로명령어는 2개의 잠재적 다음 상태(입력이 참인 경우와 거짓인 경우의 다음 상태)로 명세화할 수 있다. 각각 다른 상태들에 대한 마이크로코드는 어느 조합 열 어디에서든지 위치할 수 있다. 왜냐하면 각 상태에 대한 다음의 마이크로명령어는 디폴트 제어 순서에 대해 어떠한 것도 가정하지 않았기 때문이다.

앞서 언급한 마이크로프로그램은 소프트웨어와 유사하지만 전통적 프로그램에서 제어 흐름은 분기와 점프 명령어를 제외하고는 순차적으로 이루어진다. 만약 분기가 일어나지 않으면, 제어 흐름은 간단하게 다음 명령어를 따라 실행하면 된다. 만약 이와 유사한 구조로 사용하려면, 마이크로프로그램에서 각각의 엔트리들은 단 하나의 다음 상태 어드레스로만 명세해야 한다.

이제 다음 행에 디폴트 다음 상태(default next state)를 만들기 위해 무엇을 해야 하는지

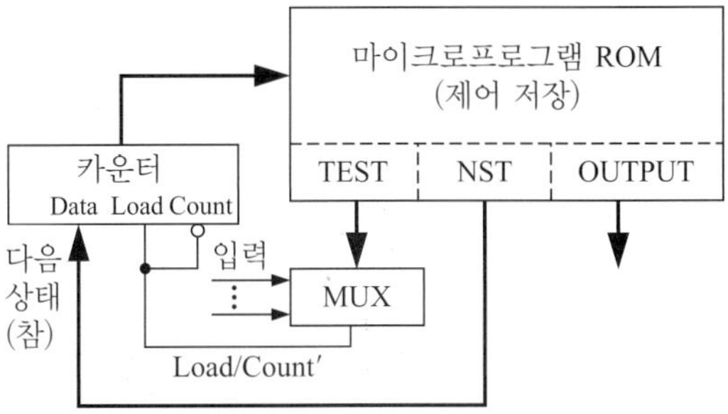

그림 5-33 단일 어드레스 마이크로코드의 마이크로프로그램 시스템

생각해보자. 이 경우에 상태 할당은 다음과 같이 되어야 한다. 만약 자격자(입력)가 거짓이면, 다음 상태는 현재 상태를 1만큼 증가시킨다. 자격자가 참일 때 다음 상태는 마이크로코드에 정확하게 명세할 수 있다. 만약 자격자가 거짓이면, 제어는 다음 마이크로명령어를 갖기 위해 다음의 행으로 이동한다.

이러한 종류의 마이크로프로그램은 그림 5-33과 같은 하드웨어 배치도로 구현할 수 있다. 제어가 일반적으로 다음 위치로 전진하기 때문에 카운터가 유용하게 쓰일 수 있다. 이 카운터는 마이크로프로세서의 프로그램 카운터(program counter, PC)와 유사하다. 카운터는 제어기의 현재 상태를 가리키므로 다음 명령어를 인출하기 위한 PC와 유사하다. 각각의 ROM에는 제어 워드 또는 마이크로코드를 저장한다. OUTPUT 비트들은 제어 신호와 대응한다. TEST 비트들은 테스트할 자격자들을 명세하고, NST는 자격자가 참이면 목표 마이크로명령어를 지시한다. 멀티플렉서는 선택된 제어 신호(TEST로 표시된)가 참인지 거짓인지를 나타내기 위해 사용된다. 만약 자격자가 거짓이면, 카운터는 다음 마이크로명령어를 가리키기 위해 증가한다. 이는 디폴트 설정된 다음 상태에 부합한다. 만약 자격자가 참이면, 제어기는 다음 마이크로명령어의 위치로서 NST 비트를 로드한다. 이는 정확하게 다음 상태를 명세할 수 있다. 병렬 로드를 할 수 있는 카운터는 이 모듈을 위한 가장 이상적인 빌딩 블록이다. 멀티플렉서는 적절한 자격자를 선택하고, 카운터를 순차적으로 카운트할지 또는 NST에 의해 지시된 다음 상태를 선택할지를 결정하기 위해 그 출력을 사용한다.

단일 어드레스 마이크로코드의 상태 할당은 주의해서 해야 한다(반면에 앞서 살펴본 이중 어드레스 마이크로프로그램은 어떤 상태 할당도 가능하다). 현재의 기법에서는 모든 상태에 대해 만족해야 하고, 다음 상태 중 하나는 현재 상태 할당에서 1만큼 증가된 것이어야 한다(디폴트 다음 상태). 각각의 조건 박스, 모든 거짓 분기(false branch)에 대해 다음 상태는 가능하다면 반드시 순차적으로 할당되어야 한다. 만약 이것이 불가능하다면 별도의 상태(X상태)를 추가해야 한다. 필요한 X상태의 수는 시퀀스에서 상태의 문자열을 할당함으로써 줄일 수 있다. 좀 더 편리한 방법으로는 테스트할 몇 개의 변수를 보수화하는 것이 필요하다.

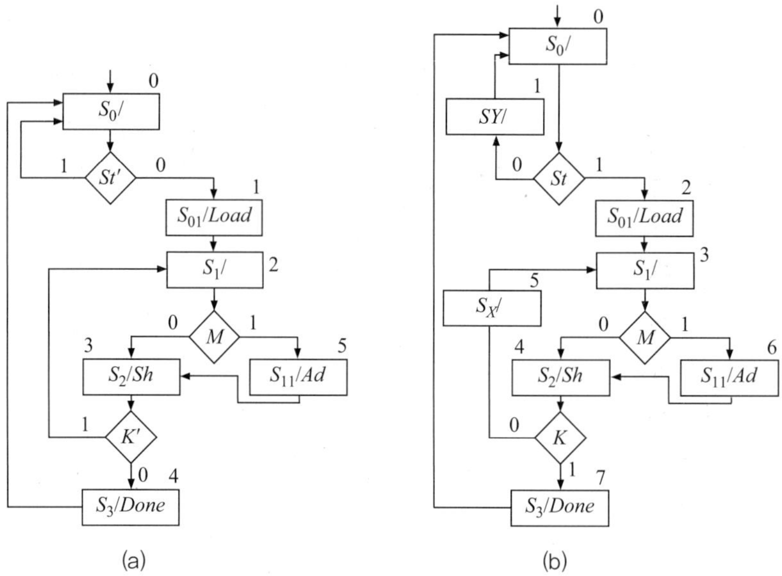

그림 5-34 단일 어드레스 마이크로코드를 위해 직렬 상태 할당을 이용한 이진 곱셈기의 수정된 SM 차트

그림 5-34는 단일 어드레스 마이크로코드를 위해 직렬 상태 할당을 사용한 이진 곱셈기의 수정된 SM 차트이다. 상태 S_0를 위해 St를 보수화했다. 따라서 S_{01}은 그림 5-34(a)에서처럼 디폴트 다음 상태가 된다. 만약 입력 St가 보수화되지 않으면 그림 5-34(b)에서처럼 별도의 상태가 필요하다. 상태 S_2는 상태 S_1의 디폴트로 정해진 다음 상태이다. 상태 S_2에서 K'를 사용하여 S_3가 S_2의 디폴트로 정해진 다음 상태가 되도록 한다. 따라서 그림 5-34(a)의 상태 S_0, S_{01}, S_1, S_2, S_3는 0부터 4까지의 순차적인 값으로 할당될 수 있다. 자격자가 참인 경우에 대응하는 명백한 다음 상태는 어떤 할당이든지 가능하다. 상태 S_{11}을 5로 할당한다. K가 0일 때, 만약 변수 K가 K'를 대신하여 사용된다면 별도의 상태가 S_2와 S_1의 경로 사이에 필요하다. 그림 5-34(b)에서처럼 입력 변수를 보수로 취할 수 없을 때는 2개

표 5-4 곱셈기의 단일 어드레스 마이크로프로그래밍 (NST만 명세)

상태	*ABC*	TEST	NST	Load	*Ad*	*Sh*	*Done*
S_0	000	00	000	0	0	0	0
S_{01}	001	11	010	1	0	0	0
S_1	010	01	101	0	0	0	0
S_2	011	10	010	0	0	1	0
S_3	100	11	000	0	0	0	1
S_{11}	101	11	011	0	1	0	0

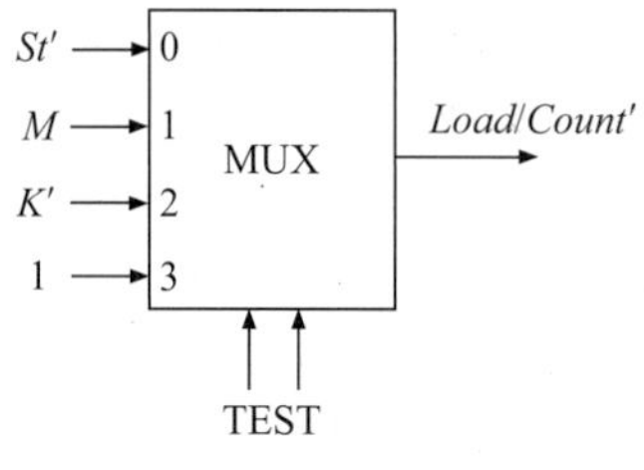

그림 5-35 곱셈기의 마이크로프로그래밍을 위한 멀티플렉서 (단일 어드레스 마이크로코드)

표 5-5 곱셈기 제어를 위한 구현 방법의 비교

방법	ROM의 크기 엔트리 개수 × 데이터 폭	비트 수
원본 SM 차트를 이용한 ROM 방법	32×6	192비트
이중 어드레스 마이크로코드	6×12	72비트
단일 어드레스 마이크로코드	6×9	54비트

의 별도 상태가 필요하다.

표 5-4는 곱셈기의 단일 어드레스 마이크로프로그램이다. 최소 상태의 수(그림 5-34(a))를 갖고 있는 수정된 SM 차트를 사용했다. 3개의 입력 St', M, K'가 있으므로 4:1 MUX가 자격자들을 선택하기에 충분하다. 멀티플렉서의 배선은 그림 5-35와 같다고 가정한다.

표 5-4에서 단일 어드레스 마이크로프로그램은 9비트 6개의 엔트리로 구성되어 있다. 반면에 표 5-3의 이중 어드레스 마이크로프로그램은 12비트 6개의 엔트리로 되어 있다.

만약 곱셈기의 제어회로를 ROM(LUT) 방법으로 구현한다면, ROM의 크기는 32×6이 되어야 한다. 4개의 상태와 2개의 플립플롭이 필요하며 2개의 다음 상태 식이 필요하다. 또한 입력은 St, M, K의 총 3개가 있다. 따라서 이 상태 머신을 위한 상태표는 32개의 행을 갖는다. 2개의 다음 상태 식과 4개의 출력이 있으므로 각 엔트리마다 6비트가 필요하다. ROM(LUT) 방법과 마이크로코드 구현 방법을 비교한 것이 표 5-5에 나와 있다. 만약 상태 머신이 다수의 입력을 갖고 있다면, 단순히 LUT를 사용하는 ROM 방식이 엄청나게 클 것이다.

5.5.1 주사위 게임 제어기의 마이크로프로그래밍

앞서 다루었던 주사위 게임의 제어를 마이크로프로그래밍으로 다시 설계해보자. 설계할 때 이중 어드레스와 단일 어드레스의 두 가지 방법을 모두 사용하여 마이크로프로그래밍을 할 수 있다.

주사위 게임 제어기의 이중 어드레스 마이크로코드 구현

먼저 그림 5-29에서 하드웨어 배치를 이용한 주사위 게임 제어기의 이중 어드레스 마이크로코드에 대해 논의한다. 마이크로코드를 수행하려면 SM 차트를 수정할 필요가 있다. 첫째, 모든 출력을 무어 출력으로 바꾸어야 한다. 둘째, 각 상태마다 단 하나의 입력만을 테스트해야 한다. 이것은 그림 5-29의 블록도와 정확히 부합한다. 왜냐하면 TEST 필드가 각각의 상태에서 단지 하나의 입력만을 테스트하고, 출력은 상태에 따라 결정되기 때문이다. 그림 5-36은 주사위 게임의 수정된 SM 차트이다.

다음으로, 표 5-6에서 보여주는 바와 같이 직접 이진 상태 할당을 이용하여 마이크로프로그램을 유도해야 한다. 변수 Rb, D_{711}, D_{2312}, Eq, D_7, $Reset$을 테스트해야 하므로 8:1 MUX(그림 5-37 참조)를 사용해야 한다. TEST = 001일 때 Rb가 선택되며, TEST = 010

그림 5-36 상태마다 단일 자격자와 무어 출력을 갖고 있는 SM 차트

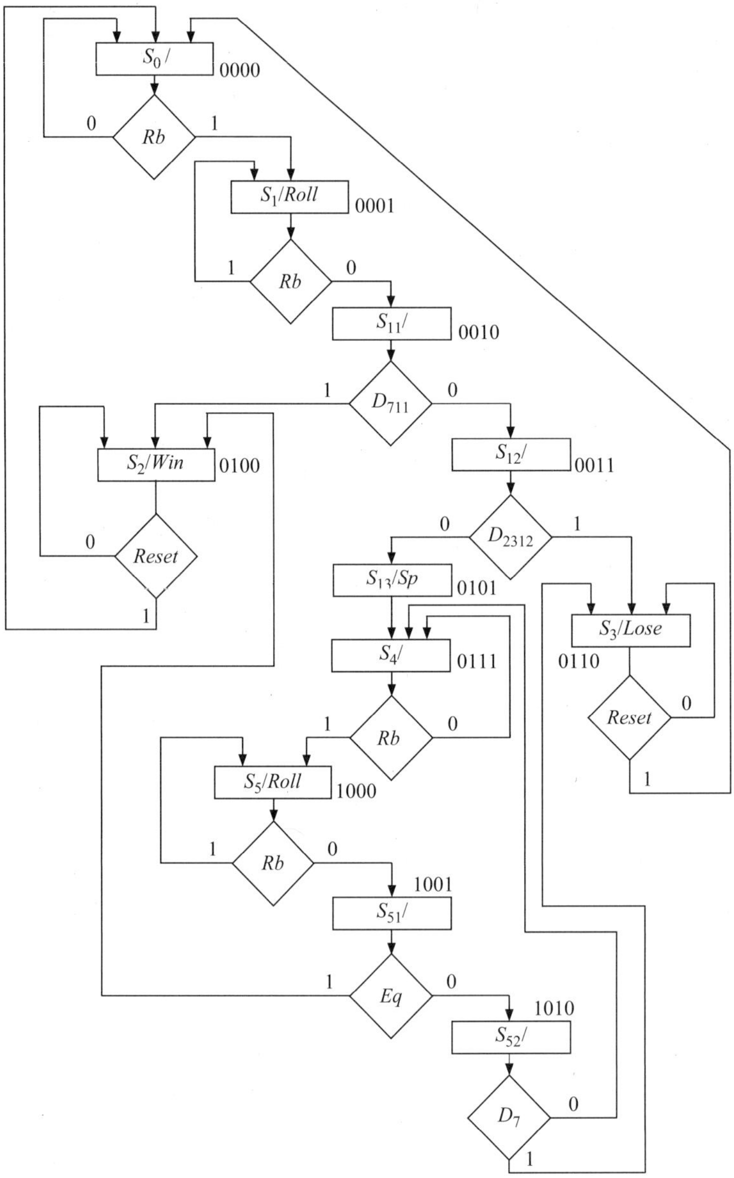

표 5-6 주사위 게임의 이중 어드레스 마이크로프로그램

상태	*ABCD*	TEST	NSF	NST	*ROLL*	*Sp*	*Win*	*Lose*
S_0	0000	001	0000	0001	0	0	0	0
S_1	0001	001	0010	0001	1	0	0	0
S_{11}	0010	010	0011	0100	0	0	0	0
S_{12}	0011	011	0101	0110	0	0	0	0
S_2	0100	110	0100	0000	0	0	1	0
S_{13}	0101	xxx	0111	0111	0	1	0	0
S_3	0110	110	0110	0000	0	0	0	1
S_4	0111	001	0111	1000	0	0	0	0
S_5	1000	001	1001	1000	1	0	0	0
S_{51}	1001	100	1010	0100	0	0	0	0
S_{52}	1010	101	0111	0110	0	0	0	0

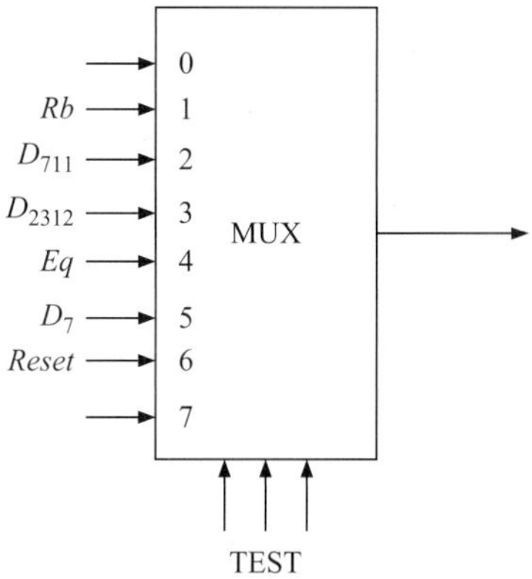

그림 5-37 주사위 게임의 이중 어드레스 마이크로코드에서의 MUX

이면 D_{11}이 선택되고, TEST 값에 따라 각기 다른 입력이 선택된다. 상태 S_{13}에서 다음 상태는 항상 0111이므로 NSF = NST = 0111이고, TEST 필드가 '돈케어'가 된다. SM 차트의 링크 경로는 ROM 표의 각각의 행과 대응한다. 예를 들면 S_2에서 테스트 필드가 110이면 *Reset*을 선택한다. 만약 $NSF = 0100$이 선택되면 $Reset = 0$이다. $NST = 0000$이 선택되면 $Reset = 1$이다. 상태 S_2에서 출력 $Win = 1$이고, 나머지 출력들은 모두 0이다.

주사위 게임 제어기의 단일 어드레스 마이크로코드

단일 어드레스 마이크로코드는 그림 5-33의 블록도와 같은 하드웨어를 사용한다. 이 회로는 상태 레지스터 대신에 카운터를 사용한다. 설계에서 유일한 목표는 NST 필드의 값을 결정하는 것이다. TEST 필드는 각 상태마다 테스트할 하나의 입력을 선택하는 것이다. 만약 선택된 입력이 1(참)이면, NST 필드가 카운터에 로드된다. 만약 선택된 입력이 0이면 카운터를 증가시킨다.

이 방법은 그림 5-38에서처럼 SM 차트의 수정이 필요하며, 상태 할당은 직렬 방식으로 이루어진다. 만약 직렬 상태 할당 방법이 불가능하면 별도의 상태를 추가해야 한다. 필요한 X상태의 수는 상태의 긴 문자열(string)들을 할당함으로써 줄일 수 있다. 좀 더 편리한 방법으로는 테스트할 몇 개의 변수에 대한 보수를 취하는 것이 필요하다. 그림 5-38에서 *Rb*와 *Reset*은 각각 두 곳에서 보수화되어 위치하며, 0과 1 분기들을 매번 바꾸어 일어나게 한다. 이러한 변화에 맞추어 0000, 0001, ... , 1000이 상태의 순차적인 열을 이룬다. X상태가 추가되기 전에 S_3는 1001로 할당되고, $NSF = 0000$, $NST = 1001$이었으므로, 다음 상태는 두 경우 다 없다. 따라서 X상태 S_X는 순차적 할당으로 1010이 된다. S_X의 다음 상태는 항상 0000이다. 만약 1011을 S_2로 할당하면, 다음 상태는 1011과 0000이 되고, 두 가지 외 다른 다음 상태 값들을 가질 수가 없다. 이는 X상태를 추가함으로써 문제를 해결했다. 좀 더 좋은 접근 방법은 S_2를 그림에서처럼 1111로 할당하는 것이다. 1111에서 증가되면 0000이 되고, 다음 상태 중 하나는 순서대로 상태 값을 가지므로 X상태가 필요 없다.

그림 5-39에서 MUX에 의해 테스트된 입력은 그림 5-37에서와 비슷하다. 다만 D_7과

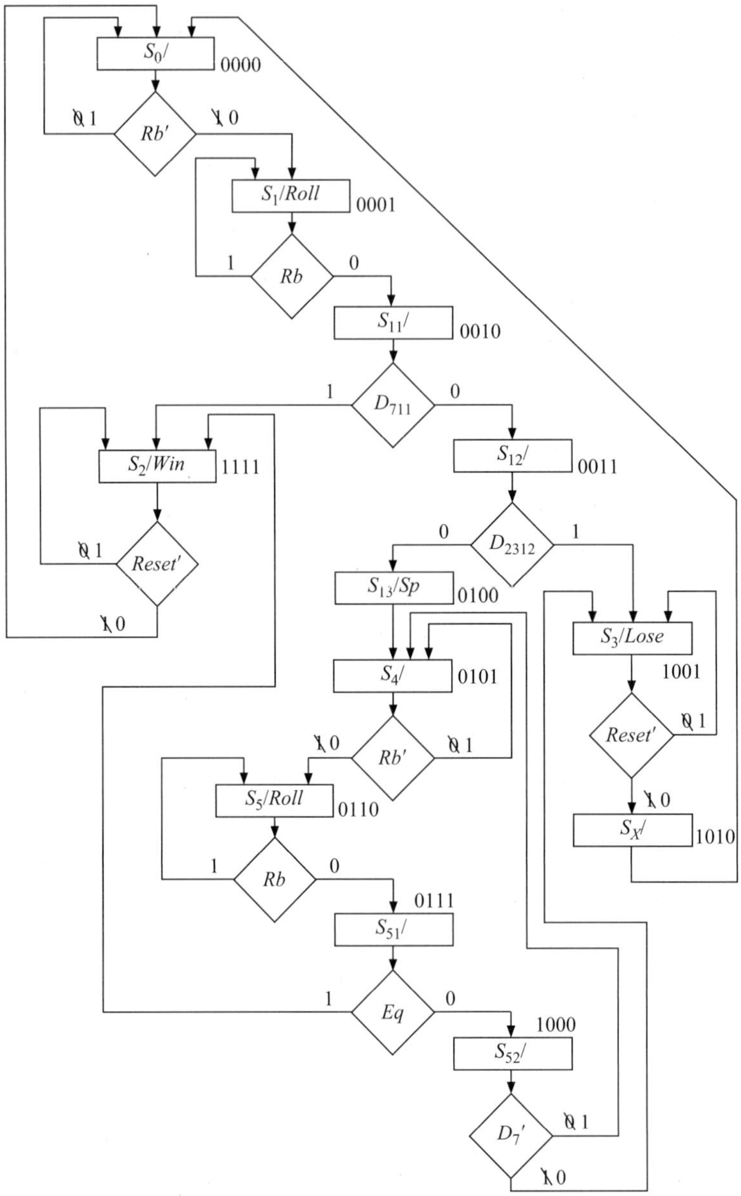

그림 5-38 직렬 상태 할당과 덧셈된 X상태를 가진 SM 차트

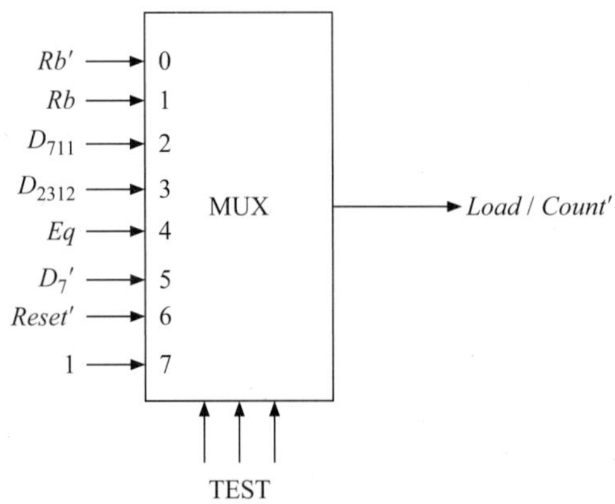

그림 5-39 주사위 게임을 위한 단일 어드레스 마이크로코드의 MUX

표 5-7 주사위 게임을 위한 단일 어드레스 마이크로코드의 마이크로프로그램

상태	*ABCD*	TEST	NST	*ROLL*	*Sp*	*Win*	*Lose*
S_0	0000	000	0000	0	0	0	0
S_1	0001	001	0001	1	0	0	0
S_{11}	0010	010	1111	0	0	0	0
S_{12}	0011	011	1001	0	0	0	0
S_{13}	0100	111	0101	0	1	0	0
S_4	0101	000	0101	0	0	0	0
S_5	0110	001	0110	1	0	0	0
S_{51}	0111	100	1111	0	0	0	0
S_{52}	1000	101	0101	0	0	0	1
S_3	1001	110	1001	0	0	0	1
S_x	1010	111	0000	0	0	0	0
S_2	1111	110	1111	0	0	1	0

표 5-8 주사위 게임 제어를 위한 구현 방법의 비교

방법	ROM의 크기 엔트리 개수 × 데이터 폭	비트 수
원본 SM 차트를 이용한 ROM 방법	512×7	3584비트
이중 어드레스 마이크로코드	11×15	165비트
단일 어드레스 마이크로코드	12×11	132비트

*Reset*의 보수화는 제외해야 하며, *Rb*와 *Rb'*가 둘 다 필요하다. 상태 S_{13}에서 NST가 항상 0101이므로, 입력 1이 멀티플렉서에 필요하다. 이에 부합하는 마이크로프로그램 ROM 표가 표 5-7이다.

단순 LUT(ROM)를 사용한 구현 방법과 마이크로프로그램 구현 방법의 비교는 표 5-8에 주어져 있다. 원본 SM 차트(그림 5-13)를 이용한 ROM 구현 방법은 3개의 상태 변수와 6개의 입력이 있으므로 2^9개의 엔트리가 필요하다. 3개의 다음 상태 변수와 4개의 출력이 있으므로 각 엔트리마다 7비트가 필요하다. 이중 어드레스 마이크로코드의 엔트리는 표 5-7을 기반으로 하며, 단일 어드레스 마이크로코드의 엔트리는 표 5-6을 기반으로 한다.

SM 차트의 구현을 위해 지금껏 공부해온 방법이 마이크로프로그래밍이다. 그림 5-33의 카운터는 실행될 다음 명령어가 있는 곳의 어드레스를 제공하는 컴퓨터의 프로그램 카운터(PC)와 유사하다. ROM의 출력은 **마이크로명령어**(microinstruction)이고 이는 나머지 하드웨어에 의해 실행된다. 각각의 마이크로명령어는 입력에 따라 다른 어드레스로 분기(참이면 분기, 그렇지 않으면 순차 실행)하는 조건부 분기 명령어와 유사하다. 마이크로명령어의 출력 필드는 하드웨어의 동작을 제어할 비트를 갖고 있다.

5.6 연결된 상태 머신

순차 머신이 매우 크고 복잡한 경우에는 서로 연결되어 있는 몇 개의 작은 머신으로 만들 필요가 있다. 작게 분할된 각각의 머신들이 구현하기에 훨씬 용이하다. 또한 이러한 하위 머신들은 주 머신(main machine)에 의해 호출된다. 이것은 아주 큰 소프트웨어를 절차별로 분할하고 주 프로그램에서 호출하는 형식과 유사하다.

그림 5-40은 직렬로 연결된 2개의 SM 차트이다. 주 머신(머신 A)은 하위 머신(머신 B)을 호출하기 전까지 SOME STATES를 수행한다. 상태 S_A에 이르면 출력 신호 Z_A가 머신 B를 활성화한다. 머신 B는 IDLE 상태에 대기하다가 OTHER STATES를 수행한다. 그리고 작업이 끝나면 IDLE 상태로 돌아가기 전 신호 Z_B를 출력한다. 머신 A가 Z_B를 받으면 이어서 OTHER STATES를 수행한다. 그림 5-40에서 두 머신은 동일한 클록을 사용한다고 가정했다.

연결된 상태 머신의 예로서 그림 5-13의 SM 차트를 2개의 연결된 SM 차트로 만들어봤다. 그림 5-13에서, *Rb*는 상태 S_0와 S_1에서 주사위의 굴림을 제어하는 데 사용되며 S_4와 S_5에서도 동일하다. 이러한 기능이 두 곳에서 반복되므로 그림 5-41(b)에서처럼 주사위 굴림을 제어하는 부분(roll control machine)을 조직적으로 분리할 수 있다. 이렇게 제어 부분을 분리하여 설계함으로써 주 주사위 게임 제어부(main dice control)가 6개 상태에서 4개 상태를 갖도록 줄일 수 있다. 주 제어부는 *En_roll*(주사위 굴림 동작을 활성화) 신호를 T_0에 생성하고 계속 진행하기 전에 *Dn_roll*(주사위를 던짐) 신호를 기다린다. 유사한 동작이 T_1에서도 일어난다. 주사위 굴림 제어 머신은 상태 S_0에서 *En_roll* 신호가 주 제어부로 입

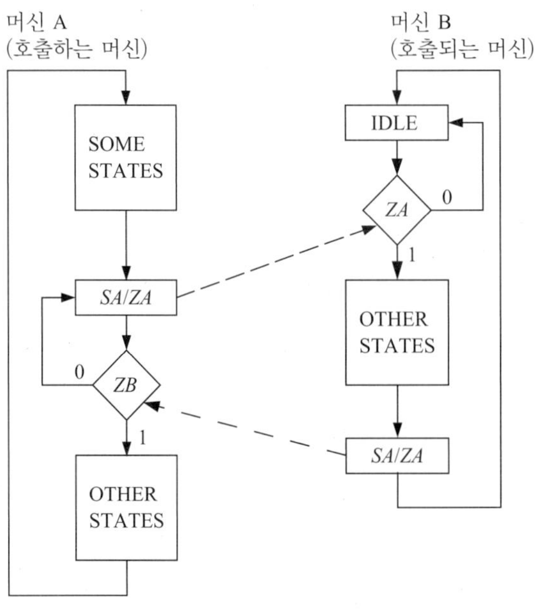

그림 5-40 직렬로 연결된 상태 머신의 SM 차트

그림 5-41 주사위 게임의 연결된 SM 차트

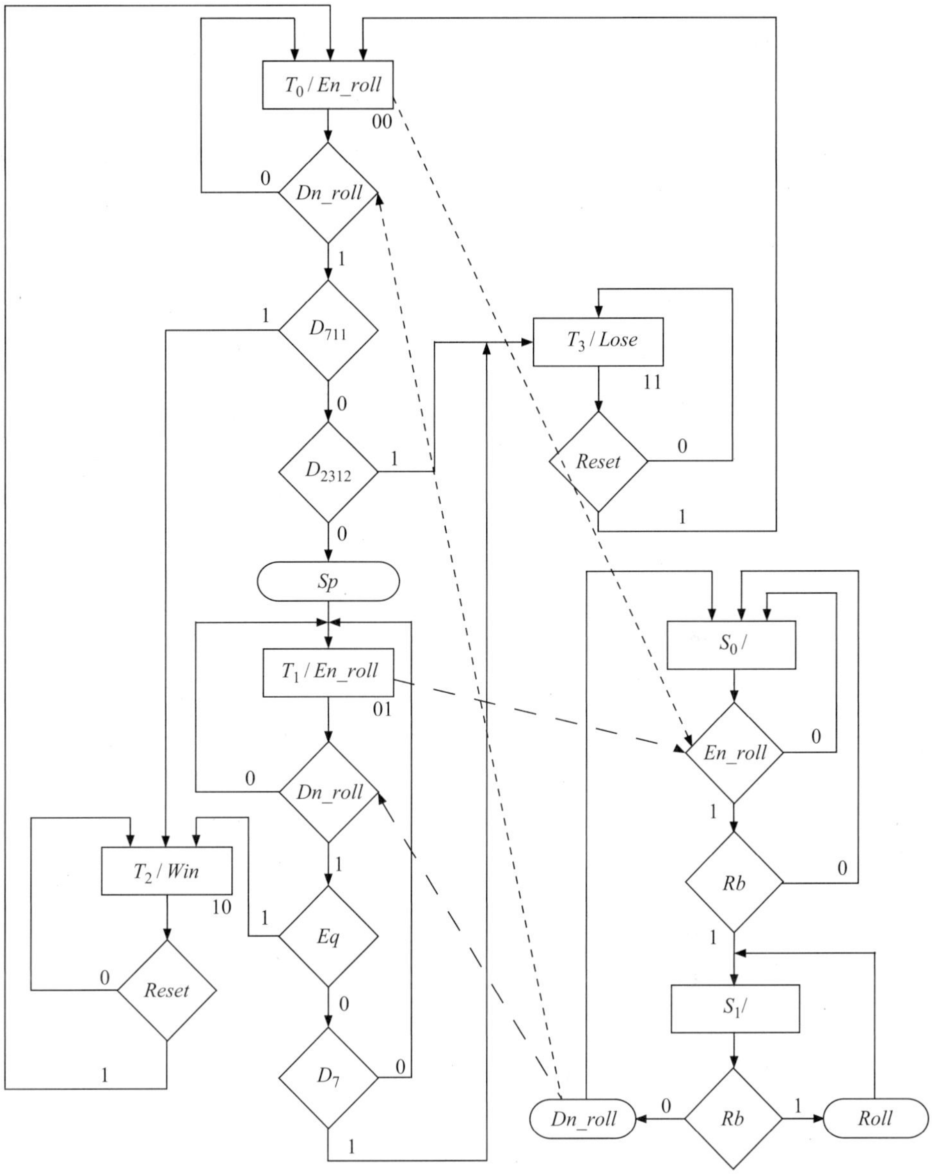

(a) 주 주사위 게임 제어부 (b) 주사위 굴림 제어부

력될 때까지 기다린다. 그러고 나서 굴림 버튼이 눌리면($Rb = 1$), 머신은 S_1 상태로 이동하며 *Roll* 신호를 생성한다. $Rb = 0$이 될 때까지 S_1 상태로 기다리며, 이 경우에 *Dn_roll* 신호가 생성되며 머신은 S_0 상태로 돌아간다.

이 장에서는 SM 차트를 기반으로 디지털 시스템을 설계하는 절차를 알아봤다. SM 차트는 상태 그래프와 동일하지만, 일반적으로 SM 차트를 관찰함으로써 시스템의 동작을 좀 더 쉽게 이해할 수 있다. 시스템의 블록도를 작성한 후 제어부를 SM 차트로 그려보고, 이후 동작서술형 Verilog 기술을 작성해봤다. Verilog로 작성된 테스트 벤치를 이용하여 스펙에서 정의된 시스템의 기능이 잘 동작하는지 검증했다. 또한 SM 차트와 Verilog 코드에 수정할 부분을 만들어서 고쳐봄으로써 시스템을 좀 더 자세하게 설계하고 분석해봤다. 제어 신호와 논리식을 통해 시스템의 동작을 기술하기 위해 재작성된 Verilog 코드는 우리가 설계한 것이 맞는지 검증해볼 수 있도록 했다.

또한 이 장에서는 직접배선과 마이크로프로그래밍을 통한 제어부의 구현 방법도 알아봤다. SM 차트에서 링크 경로를 추측해봄으로써 어떻게 쉽게 논리식이 유도되는지 알아봤다. 직접배선된 제어부는 이러한 식을 이용하여 쉽게 구현할 수 있었다. 또한 마이크로프로그래밍에 대해서도 알아봤으며, 이러한 기술은 제어 워드를 마이크로프로그램 메모리에 저장함으로써 구현했다. SM 차트를 상태마다 단지 하나의 입력만을 테스트하는 형태로 변환함으로써 마이크로프로그램의 크기를 줄일 수 있었다. 복잡한 시스템의 경우, 연결된 상태 머신을 사용함으로써 제어부를 몇 개의 부분으로 나누어서 설계할 수 있다.

Problem 연습문제

5.1 연습문제 4.10에 나온 BCD-이진 변환기의 SM 차트를 그려라.

5.2 (a) 다음의 상태표에 해당하는 SM 차트를 작성하라. 각 결정 박스에서는 단 1개의 변수를 테스트하라. 결정 박스를 최소화하라.

(b) SM 차트를 기반으로 상태 머신의 Verilog 코드를 작성하라.

현재 상태	다음 상태 $X_1X_2=$	00	01	10	11	출력(Z_1Z_2) $X_1X_2=$	00	01	10	11
S_0		S_3	S_2	S_1	S_0		00	10	11	01
S_1		S_0	S_1	S_2	S_3		10	10	11	11
S_2		S_3	S_0	S_1	S_1		00	10	11	01
S_3		S_2	S_2	S_2	S_0		00	00	01	01

5.3 연습문제 4.12에 나온 제곱근 회로의 SM 차트를 그려라.

5.4 다음의 상태표에 해당하는 SM 차트를 작성하라. 각 결정 박스에서는 단 1개의 변수를 테스트하라. 밀리와 무어 출력을 SM 차트에서 보여라.

현재 상태	다음 상태 $X_1X_2=$	00	01	10	11	출력($Z_1Z_2Z_3$) $X_1X_2=$	00	01	10	11
S_0		S_1	S_1	S_1	S_1		000	100	110	010
S_1		S_1	S_1	S_0	S_0		001	001	001	001

5.5 연습문제 4.19에 나온 이진 곱셈기 회로의 SM 차트를 그려라.

5.6 어떤 단체에 15명의 투표인단이 있다. 최소한 과반수(8명 이상)가 참석해야 유효한 회의를 개최할 수 있다(8명이 회의를 열 수 있는 최소 정족수임). 기밀한 안건은 2/3 이상의 인원이 참여해야만 회의를 하고 투표를 할 수 있다. 의장은 회의가 개최되는 조건이 만족되면 두 표를 행사할 수 있고 의장을 포함하여 참가한 멤버가 짝수여야 한다. 회의실 문 위에는 3개의 등(GREEN, BLUE, RED)이 있고 이는 회의장의 상태를 나타낸다. 최소 정족수가 만족되었음을 나타내는 경우(GREEN), 기밀 안건을 처리하는 회의가 열리는 경우(BLUE), 회의 참여 인원이 짝수인 경우(RED)를 표현하는 시스템의 SM 차트를 유도하라. GREEN과 RED 등 또는 GREEN, BLUE, RED 등은 동시에 켜질 수 있다.

회의실에는 단 하나의 문만 있다고 가정하고 문 안쪽(PHOTO1)과 바깥쪽(PHOTO2)에 각각 광센서가 설치되어 있다고 하자. 광센서의 빔(beam)은 거짓(false) 신호를 출력하고 있으며, 이것은 빔이 교란받았을 때만 참(true)이 된다고 하자. 한 사람이 문을 완전히 통과해야 다음 사람이 들어오거나 나갈 수 있다(한 번에 한 사람씩만 나가거나 들어올 수 있음). 만약 PHOTO1 신호가 PHOTO2에 뒤따라 들어오면 센서는 *LEAVE* 신호를 생성하고, PHOTO2 신호가 PHOTO1 신호에 따라오면 센서는 *ENTER* 신호를 생성한다. 적어도 하나의 *ENTER* 또는 *LEAVE* 신호가 매번 참이 될 것이다. 이러한 신호들이 당신이 읽기 전까지 참이 된다고 가정한다. 기본적으로 당신이 신호를 읽고 문의 제어기에 사람이 들어오거나 나갈 수 있도록 문이 *READY* 되었다는 것을 다음 사람에게 알리는 신호를 제공한다고 가정한다.

(a) 이 회로의 데이터 부분(data section)에 대한 블록도를 작성하라. *ENTER*와 *LEAVE* 신호는 설계자가 사용할 수 있다고 가정한다(예: 이 문제에서 이 신호들을 생성할 필요는 없다).

(b) 제어기의 SM 차트를 작성하라. 설계를 하는 데 필요한 과정을 작성하라. 사용되는 모든 신호를 정의하라.

(c) *ENTER*와 *LEAVE* 신호를 생성하는 회로의 SM 차트를 작성하라.

5.7 10비트 이진수를 3디지트 BCD 수로 변환하는 이진-BCD 변환기를 설계하라. 이진수는 ≤999라고 가정한다. 초기값으로 이진수는 레지스터 B에 저장되어 있다. *St* 신호가 수신되면 BCD로 변환이 일어나고, 결과로 BCD 수가 레지스터 A(12비트)에 저장된다. 레지스터 A의 초기값은 0000 0000 0000이다. 변환 과정은 다음과 같다. 만약 A(12비트)에서 숫자가 ≥0101이면, 그 12비트에 0011을 더한다. 이후에 A와 B 레지스터를 좌측으로 한 비트 시프트한다. 시프트가 10번 이루어질 동안 반복한다. 각각의 단계에서 좌측 시프트가 발생하면 이는 효과적으로 BCD 수의 두 배를 취할 수 있고 이진수의 다음 비트를 더한다.

(a) 이진수 100011101을 BCD 수로 변환하는 과정을 보여라.

(b) 이진-BCD 변환기의 블록도를 작성하라. 시프트 횟수를 카운트할 카운터를 사용하라. 카운터는 10번의 시프트 연산이 발생하면 신호 C_{10}을 출력해야 한다.

(c) 변환기의 SM 차트를 작성하라(3개 상태).

(d) 변환기의 Verilog 코드를 작성하라.

5.8 (a) 8비트 피제수를 5비트 제수로 나누어 3비트 몫을 만들어내는 나눗셈기의 블록도를 그려라. $St = 1$이면 피제수 레지스터에 로드된다.

(b) 제어회로의 SM 차트를 그려라.

(c) Verilog 코드를 작성하라. Verilog 코드는 필요한 제어 신호를 반드시 만들어야 한다.

(d) 93 나누기 17 동작을 테스트하는 시뮬레이터 명령어 시퀀스를 보여라.

5.9 2층짜리 건물의 엘리베이터 제어기에 대한 블록도가 아래에 주어져 있다. 입력 FB_1과 FB_2는 엘리베이터 안의 층 버튼이다. $CALL_1$, $CALL_2$는 건물의 엘리베이터 호출 입력이다. 입력 FS_1, FS_2는 엘리베이터가 1층, 2층에 멈추었을 때 1을 출력하는 스위치이다. 출력 *UP*, *DOWN*은 모터를 제어하고 $UP = DOWN = 0$일 때 엘리베이터는 멈춘다. N_1, N_2는 엘리베이터가 1층 또는 2층에서 필요할 때를 나타내기 위한 플립플롭이다. R_1, R_2는 플립플롭을 리셋하는 신호이다. 엘리베이터 문이 열리면 $DO = 1$, 문이 닫힐 때 $DC = 1$이다. 엘리베이터 제어를 위한 SM 차트를 작성하라(4개 상태).

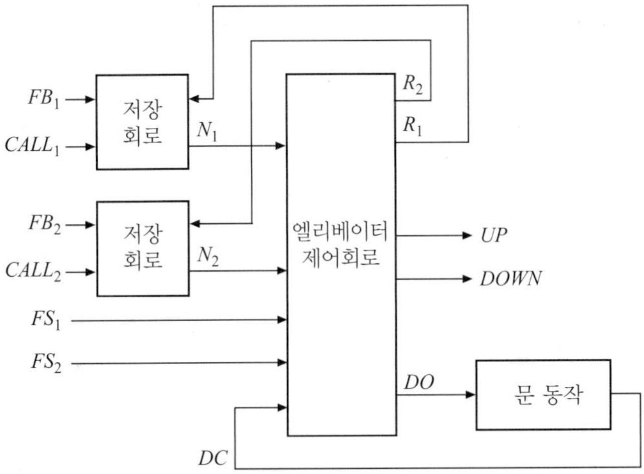

5.10 아래 SM 차트를 최소 입력 개수, 멀티플렉서, 로드 가능한 카운터(74163 같은)를 갖는 ROM으로 구현하라. ROM은 NST 신호를 생성해야 한다. 멀티플렉서의 입력은 SM 차트 옆의 표에서처럼 선택된다.

(a) 블록도를 작성하라.

(b) SM 차트를 적절한 형태로 변환하라. 최소 개수의 추가적인 상태(extra state)를 사용하라.

(c) 적절한 상태 할당을 하고 ROM 표의 상위 5개 행을 작성하라.

(d) ROM을 사용하여 구현한 시스템의 Verilog 코드를 작성하라.

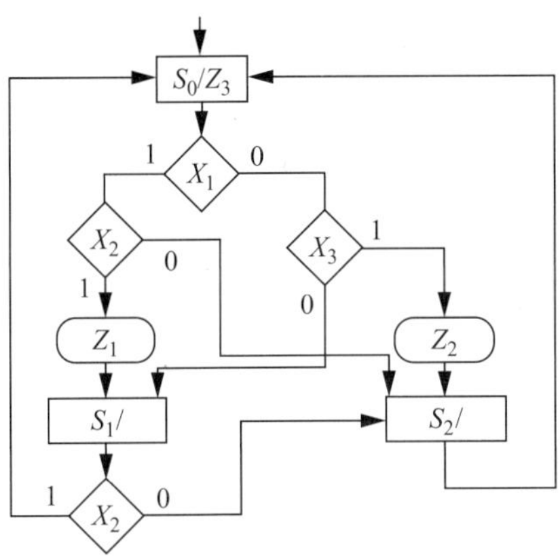

T_1 T_2	
00	1
01	X_1
10	X_1
11	X_1

5.11 16비트 이진 정수의 곱셈기를 설계하라. 그림 4-33과 그림 4-34의 구조를 참고하라.

(a) 블록도를 작성하라. 시프트 연산 횟수를 카운트할 카운터를 제어회로에 추가하라.

(b) 제어기의 SM 차트를 작성하라(3개 상태). 15번의 시프트 연산 후에 카운터의 출력 $K = 1$이라 가정한다.

(c) 설계한 곱셈기의 Verilog 코드를 작성하라.

5.12 3개의 연결된 머신의 SM 차트가 아래에 주어져 있다. 모든 상태는 동일 클록을 사용하고 하강 에지에서 동작한다. *ST*, *Wa*, *A*, *B*, *C*, *D*를 포함하는 타이밍도를 작성하라. 모든 상태 머신은 별표(*) 부분에서 시작한다.

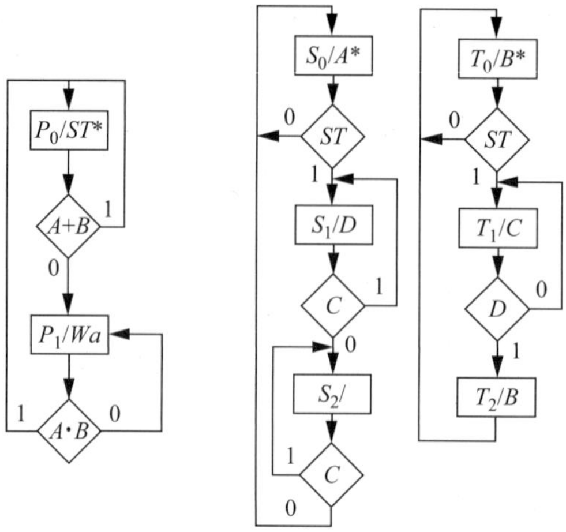

5.13 아래의 SM 차트는 그림 5-29에서처럼 이중 어드레스 마이크로프로그래밍을 사용하여 구현된다.

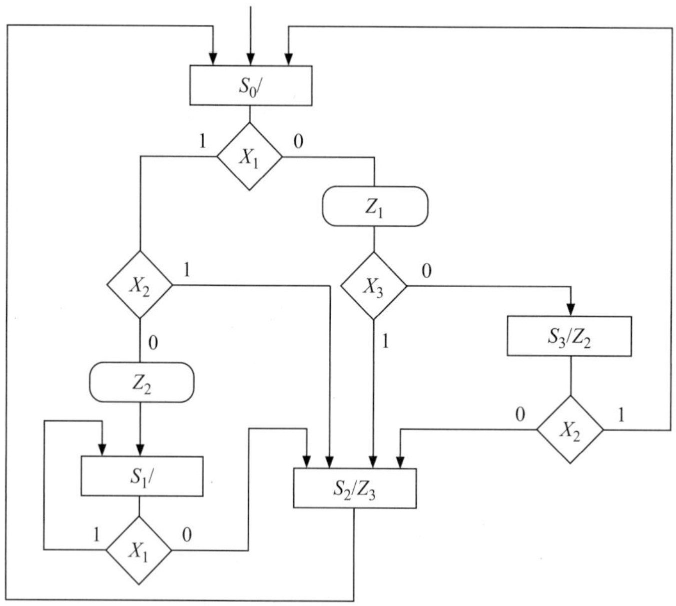

(a) 주어진 그림에서 최소 개수의 상태만을 추가하여 SM 차트를 적절히 변환하라. 적당히 상태 할당을 하라.

(b) SM 차트의 구현에 필요한 마이크로프로그램을 작성하라.

(c) ROM과 멀티플렉서, 플립플롭을 이용하여 SM 차트가 어떻게 구현되는지에 대한 블록도를 작성하라.

Q_c	Q_b	Q_a	T_1	T_0	C_F	B_F	A_F	C_T	B_T	A_T	Z_1	Z_2	Z_3
0	0	0											

5.14 (a) 다음 SM 차트의 Verilog 코드를 작성하라. 상태 변화는 클록의 하강 에지에서 이루어진다고 가정하고, 2개의 프로세스(process) 구문을 사용하라.

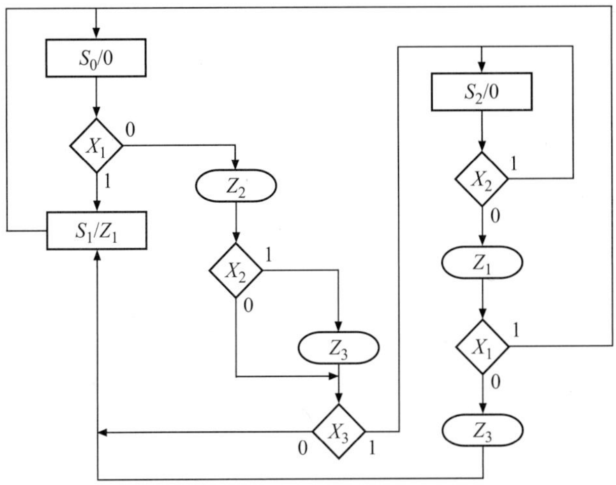

(b) 주어진 SM 차트가 PLA와 2개의 플립플롭(A와 B)을 사용하여 구현될 것이다. 아래의 상태 천이 표(PLA 표)를 링크 경로를 분석하여 완성하라. PLA 표를 분석하여 A^+의 식을 찾아라.

A	B	X_1	X_2	X_3	A^+	B^+	Z_1	Z_2	Z_3

(c) 아래에 주어진 타이밍도를 완성하라.

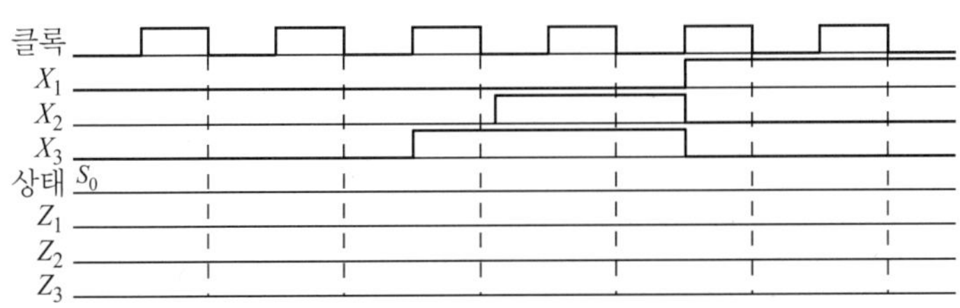

5.15 (a) 그림 5-33과 같이 카운터, ROM, 멀티플렉서를 갖는 단일 어드레스 마이크로프로그램으로 설계하려면 SM 차트가 어떠한 조건들을 만족해야 하는가?

(b) 연습문제 5.13의 SM 차트를 이러한 종류의 마이크로프로그래밍(단일 어드레스)으로 구현하기 위한 필요한 상태 할당을 보이고, 수정된 SM 차트를 작성하라.

5.16 2개의 연결된 상태 머신의 SM 차트가 주어져 있다. 머신 T는 상태 T_0에서 시작하고, 머신 S는 S_0에서 시작한다. 10클록 동안의 CLK, 상태 T와 S, 신호 P, R, D를 보여주는 타이밍도를 작성하라. 모든 상태는 클록의 상승 에지에서 변한다.

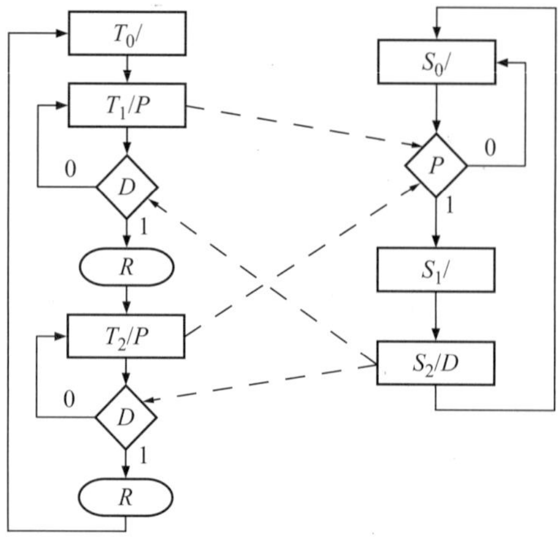

5.17 2개의 연결된 상태 머신의 SM 차트가 주어져 있다.

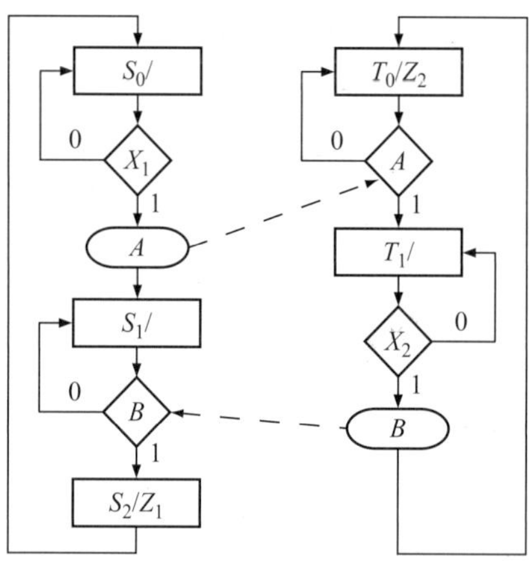

(a) 아래에 주어진 타이밍도를 완성하라.

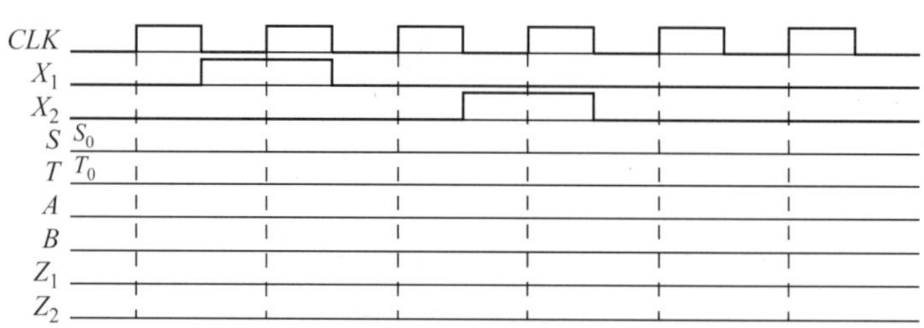

(b) 왼쪽의 SM 차트를 위해 one-hot 상태 할당을 하고, SM 차트를 분석하여 D 플립플롭의 입력과 출력 식을 유도하라.

5.18 간단한 벤딩 머신의 SM 차트가 아래에 주어져 있다. 벤딩 머신은 다임(10센트)과 니클(5센트) 동전만 받아들인다. 소다 1개의 값은 15센트이다.

D: 다임 동전(Dime), N: 니클 동전(Nickel), Z_0: 0센트, Z_1: 5센트, Z_2: 10센트, Z_3: 15센트, Z_4: 소다

(a) 주어진 그림에 벤딩 머신을 리셋하는 기능을 하나 추가하라. 이 리셋 동작은 주문을 취소한다.

(b) 다음 상태 식을 유도하고 상태도를 그려라.

(c) 주어진 SM 차트(리셋 기능 포함)를 ROM으로 구현한다면 얼마나 큰 크기의 ROM이 필요한가? 계산 결과를 설명하라.

(d) SM 차트(리셋 기능 포함)를 최소의 추가 상태를 넣어 적절히 변형하라.

(e) 단일 어드레스 마이크로프로그래밍을 사용하여 적절한 SM 차트를 구현하는 마이크로코드를 작성하라.

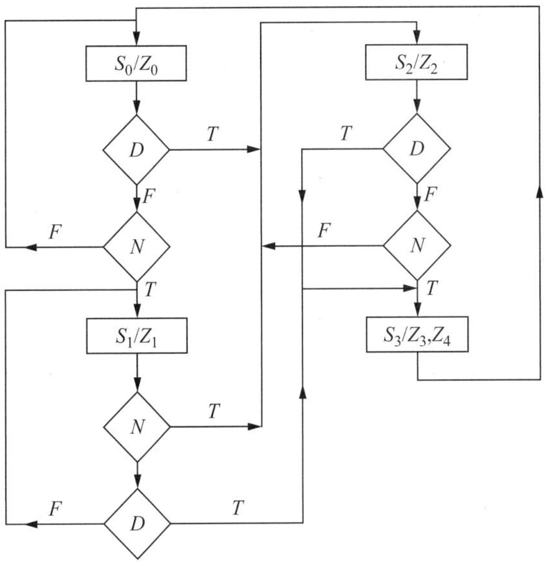

5.19 아래의 SM 차트를 단일 어드레스 마이크로프로그래밍으로 구현할 것이다.

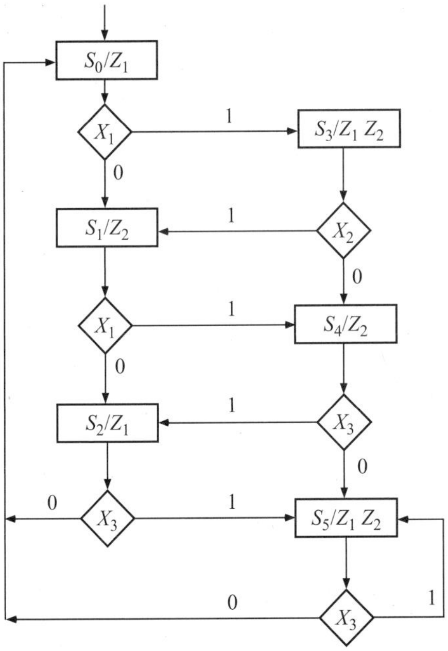

(a) 상태 할당과 SM 차트를 새로 다시 작성하라. MUX의 입력은 1, X_1, X_2, X_3이다. 입력의 순서를 바꾸지는 말고, 필요하다면 상태를 추가하라.

(b) 단일 어드레스 마이크로프로그래밍을 이용한 이 상태 머신의 구현을 위한 마이크로코드를 작성

하라.

(c) 만약 주어진(원본) SM 차트를 전형적인 ROM 방법을 사용하여 구현한다면, 얼마나 큰 크기의 ROM이 필요한가? 계산 결과를 설명하라.

5.20 다음 SM 차트가 주어져 있다.

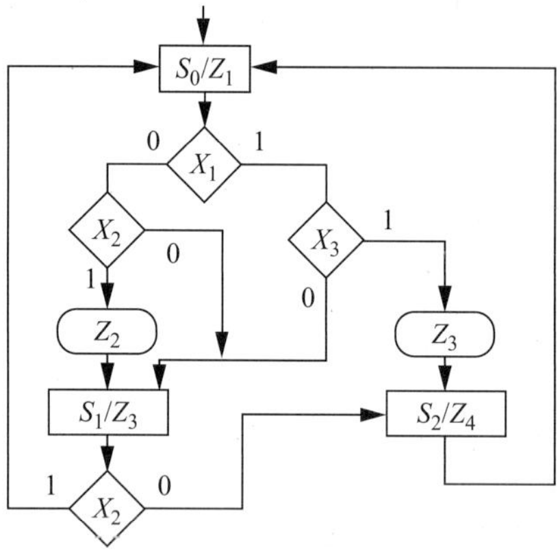

(a) 다음 상태와 출력 식을 유도하라. 상태의 할당은 $S_0 = 00$, $S_1 = 01$, $S_2 = 10$이라고 가정한다.

(b) 마이크로프로그램에서 단지 다음 상태만이 참(NST)으로 명세된 단일 어드레스 마이크로프로그래밍을 구현하기 위해 SM 차트의 어느 부분을 수정해야 하는가? 상태 할당을 새로 하고 SM 차트를 새로 작성하라.

(c) 이 회로를 구현하기 위한 단일 어드레스 마이크로프로그램을 작성하라.

(d) 수정된 SM 차트의 단일 어드레스 마이크로프로그래밍을 위한 마이크로프로그램 ROM 크기는 얼마인가?

5.21 그림 5-29의 이중 어드레스 마이크로프로그래밍 구조를 사용하여 연습문제 5.10의 SM 차트를 구현하라.

(a) SM 차트를 최소 개수의 상태를 추가하여 적절히 변환하라.

(b) 회로를 구현하는 데 필요한 마이크로프로그램을 작성하라.

(c) 마이크로프로그래밍을 하기 위해 ROM의 크기는 얼마가 필요한가?

(d) 만약 마이크로프로그램이 사용되지 않는다면, ROM의 크기는 얼마가 필요한가? 전형적인 ROM 방법이 SM 차트의 구현에 적용된다면, ROM의 크기는 얼마가 필요한가?

5.22 연습문제 5.9의 엘리베이터 제어기의 테스트 벤치를 작성하라. 테스트 벤치는 2개의 기능을 갖는다. 1. 엘리베이터 동작(문 동작 포함)을 시뮬레이션하는 기능, 2. 버튼 푸시 시퀀스를 제공하여 제어기 동작을 테스트하는 기능

엘리베이터 시뮬레이션: 만약 엘리베이터가 1층에 있고($FS_1 = 1$), UP 신호가 도착하면, 1초 기다렸다가 FS_1을 OFF 시킨다. 그런 다음 10초 기다렸다가 FS_2를 ON 시킨다. 이것은 엘리베이터가 1층에서 2층으로 이동하는 것을 시뮬레이션한다. 엘리베이터가 2층에 있고($FS_2 = 1$), $DOWN$ 신호가 도착하면 내려오는 동작을 같은 방법으로 수행한다. 문 열림 동작 신호가 오면($DO = 1$) 문을 닫고(DC를 0으로 설정), 5초 기다린 다음 DC를 1로 설정한다.

테스트 시퀀스: CALL1,2, FB2, 4, FB1, 1, CALL2, 10, FB2

각 버튼은 1초 동안 눌렀다가 뗀다고 가정한다. 버튼과 버튼 사이 숫자는 버튼 푸시 간의 초 단위 지연 시간을 표시하고, 이 지연 시간은 버튼을 누르고 있는 1초를 포함하고 있다.

다음의 테스트 벤치를 완성하라.

```
module test_el;
.
.
.
elev_control eltest(CALL1, CALL2, FB1, FB2, FS1, FS2, DC, CLK,
UP, DOWN, DO);
.
.
.
.
endmodule
```

5.23 (a) 그림 5-33과 같이 카운터, ROM, 멀티플렉서를 갖는 단일 어드레스 마이크로프로그램으로 설계하려면 SM 차트가 어떠한 조건들을 만족해야 하는가?

(b) 연습문제 5.10의 SM 차트를 이러한 종류의 마이크로프로그래밍(단일 어드레스)으로 구현하기 위한 필요한 상태 할당을 보이고, 수정된 SM 차트를 작성하라.

5.24 다음 SM 차트를 보고 물음에 답하라.

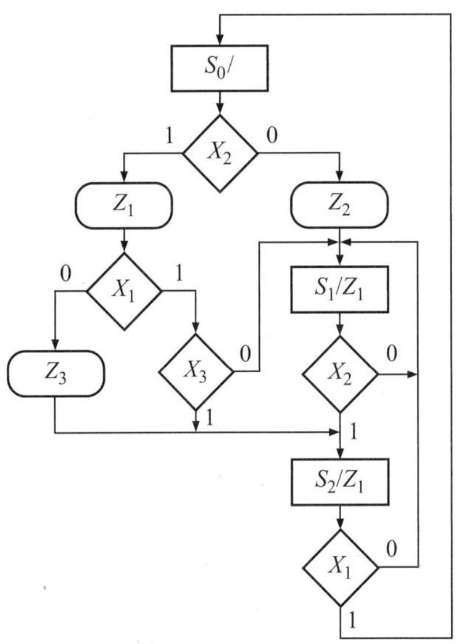

(a) 클록 신호, 상태(S_0, S_1, S_2), 입력(X_1, X_2, X_3)이 포함된 타이밍 차트를 그려라. 입력 시퀀스 $X_1X_2X_3 = 011$, 101, 111, 010, 110, 101, 001이다. 상태는 클록의 상승 에지에서 변하고, 입력은 클록 펄스 구간 동안 변한다.

(b) 상태 할당(S_0: $AB = 00$, S_1: $AB = 01$, S_2: $AB = 10$)을 이용하라. 링크 경로를 따라가면서 다음 상태와 출력 식을 유도하라. 돈케어 상태($AB = 11$)를 이용하여 식을 단순화하라.

(c) PLA와 D 플립플롭을 이용하여 차트를 구현하라. PLA 표(상태 천이표)도 보여라.

(d) PLA 대신에 ROM이 사용된다면 ROM 크기를 구하라. 상위 5개 행의 ROM 표를 작성하라. 전형적인 ROM(룩업 테이블 방식)이 사용된다고 가정하라.

5.25 아래 주어진 SM 차트를 ROM, 카운터, 4:1 멀티플렉서를 이용하여 구현하라.

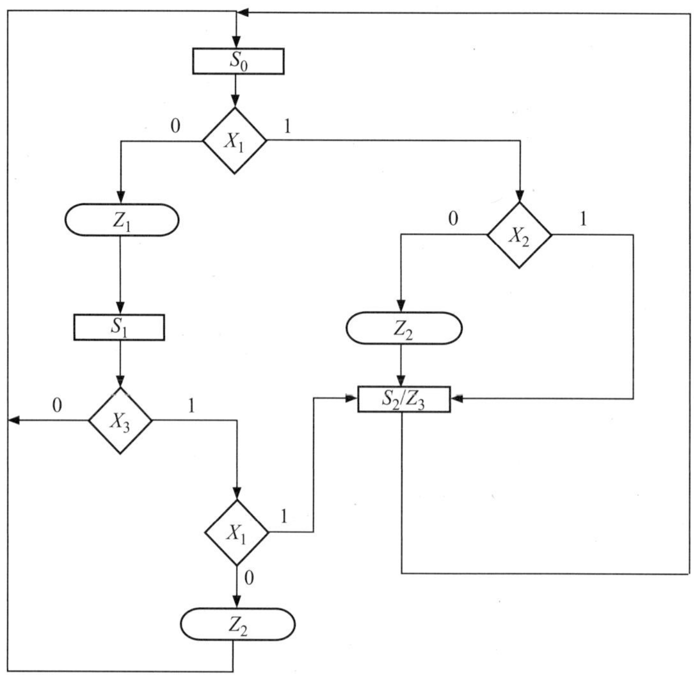

(a) 블록도를 작성하고 MUX의 입력이 무엇인지 보여라.

(b) SM 차트를 적절한 형태로 변환하라. 수정이 필요한 부분을 위의 차트에 표시하라.

(c) 적절한 상태 할당을 하고 상위 6개 행의 ROM 표를 작성하라.

5.26 아래 SM 차트가 주어져 있다.

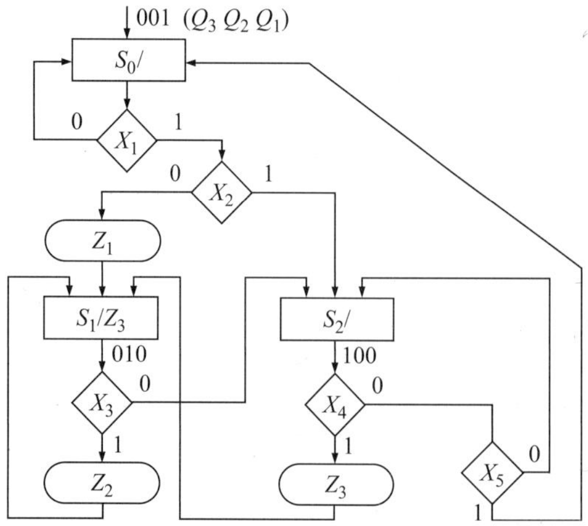

(a) 아래에 주어진 타이밍도를 완성하라($X_1 = 1$, $X_2 = 0$, $X_3 = 0$, $X_5 = 1$, X_4는 그림에 보이는 대로). 플립플롭들은 클록의 하강 에지에서 변한다.

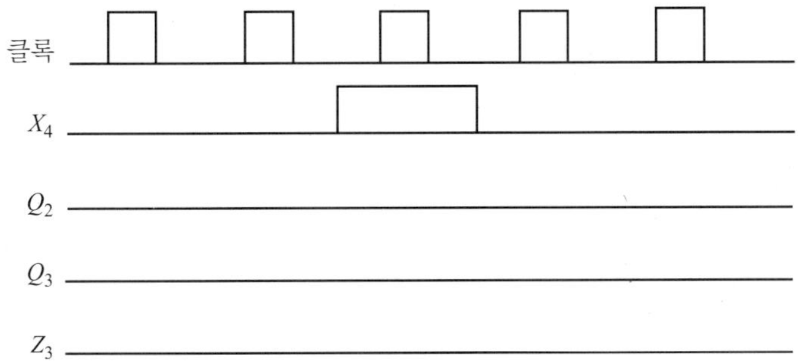

(b) one-hot 상태 할당을 이용하여, SM 차트를 분석하여 최소 다음 상태와 출력 식을 유도하라.

(c) 위의 디지털 시스템 동작을 서술하는 Verilog 문을 작성하라.

5.27 연습문제 5.15의 SM 차트를 그림 5-29에서처럼 이중 어드레스 마이크로프로그래밍 하드웨어 구조를 사용하여 구현하라.

(a) 주어진 그림에서 최소 개수의 상태를 추가하여 SM 차트를 적절히 변환하라. 어떤 변환이 필요한가?

(b) 이 하드웨어의 상태 머신을 구현하기 위한 마이크로코드를 작성하라. 상태 이름을 비트로 할당하는 대신에 S_0, S_1의 상태 이름을 사용하여 마이크로코드에 상태를 표시하라. 작성한 마이크로코드를 설명하기 위한 MUX의 배선구조(입력)를 작성하라.

(c) 마이크로코드의 ROM 크기는 얼마인가? 계산 결과를 설명하라.

(d) 만약 주어진(원본) SM 차트를 전형적인 ROM 방법을 사용하여 구현한다면, 얼마나 큰 크기의 ROM이 필요한가? 계산 결과를 설명하라.

5.28 (a) 그림 4-46의 상태 그래프에 부합하는 SM 차트를 작성하라.

(b) 만약 SM 차트가 PLA와 3개의 플립플롭(A, B, C)을 사용하여 구현된다면, PLA 표(상태 천이표)를 작성하라. 직접 이진 상태 할당을 사용하라.

(c) PLA 표를 분석하여 A^+를 위한 식을 작성하라.

(d) one-hot 상태 할당을 사용할 경우 다음 상태와 출력 식을 작성하라.

CHAPTER 6

FPGA를 이용한 설계

이번 장에서는 FPGA를 사용한 설계 구현과 관련된 여러 가지 이슈를 다룬다. 기본적인 FPGA 빌딩 블록 구조 때문에 설계 구조상 유연성을 발휘해야 하는 이유를 설명하기 위해 몇 가지 단순한 설계를 FPGA에 직접 매핑하는 것을 살펴본다. 대형 구조를 섀논 확장 이론을 이용하여 소형 구조로 분할하는 방법을 보여준다. 이 장에서 논의하는 상태 할당의 one-hot 방법은 특히 FPGA를 이용한 설계에서 유용하다. 설계 진행, 합성, 매핑, 배치 등을 간단히 설명하고, 몇 가지 상업용 FPGA의 특징을 예제를 통해 소개한다. 상용 FPGA의 전체 구조에 대한 설명은 피하는 대신, 전반적인 원리를 다루었다. FPGA 설계 기초를 이해하고 나면, FPGA 제조사에 데이터 북이나 웹 페이지를 참조하여 알고 싶은 또는 사용하고자 하는 특정 디바이스의 상세한 설명을 찾을 수 있다.

6.1 FPGA에서의 함수 구현

일반적으로 자동 CAD나 VHDL, Verilog 등으로 만들어진 동작서술형, RTL 또는 구조적 모델은 FPGA에 합성되고 매핑, 분할, 배치 및 배선 과정을 거친다. FPGA에 설계를 분할하는 것과 관련된 이슈들을 이해하기 위해 작은 컴포넌트를 설계해보자.

그림 6-1(a)의 로직 블록을 가진 FPGA를 사용하여 4:1 MUX를 설계한다고 가정하자. 이것은 2개의 4변수 함수 생성기(X, Y)와 2개의 플립플롭이 사용된다. X 함수 생성기는 X_1, X_2, X_3, X_4의 모든 함수를, Y 함수 생성기는 Y_1, Y_2, Y_3, Y_4의 모든 함수를 만들 수 있다. 래치된 형태든 래치 안 된 형태든 로직 블록의 출력단으로 나올 수 있다. 래치된 형태의 출력은 QX, QY이고 래치 안 된 출력은 X, Y로 나타냈다. MUX의 입력이 I_0, I_1, I_2, I_3이고 MUX 선택 신호 S_1, S_0가 사용되면 MUX의 출력 식은 다음과 같이 쓸 수 있다.

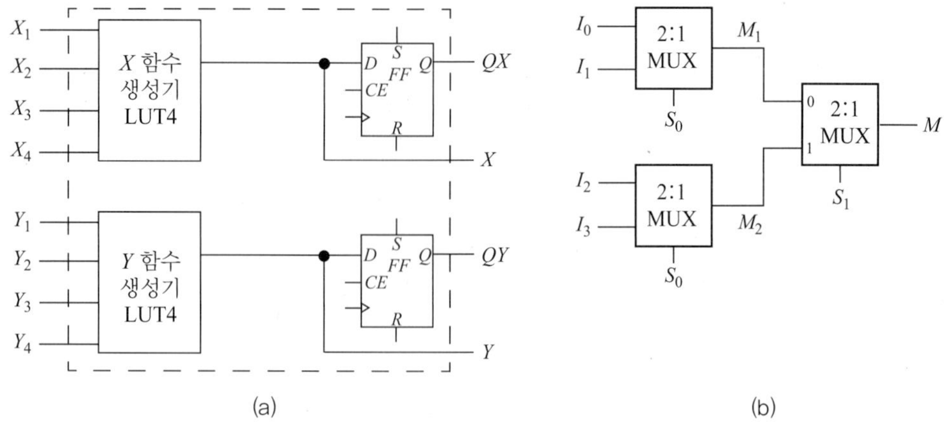

그림 6-1 FPGA 빌딩 블록 예제: (a) 룩업 테이블과 플립플롭, (b) 멀티플렉서

$$M = S_1'S_0'I_0 + S_1'S_0I_1 + S_1S_0'I_2 + S_1S_0I_3 \tag{6-1}$$

4:1 MUX는 3개의 2:1 MUX로 나타낼 수 있다(그림 6-1(b)).

$$M_1 = S_0'I_0 + S_0I_1$$
$$M_2 = S_0'I_2 + S_0I_3$$

세 번째 2:1 MUX는 4:1 MUX 출력과 동일한 결과를 만들어내야 한다.

$$M = S_1'M_1 + S_1M_2$$

출력은 4:1 MUX 출력(M)과 동일하다. 처음 2개 2:1 MUX의 출력인 M_1, M_2는 하나의 로직 블록에 구현되고, 두 번째 로직 블록은 세 번째 MUX를 구현하는 데 사용된다. 따라서 4:1 MUX를 구현하기 위해 2개의 로직 블록이 필요함을 알 수 있다. 첫 번째 로직 블록에 의해 생성된 함수는 다음과 같다.

$$X = M_1 = S_0'I_0 + S_0I_1$$
$$Y = M_2 = S_0'I_2 + S_0I_3$$

두 번째 로직 블록의 반만 사용되었다. X 함수 생성기는 다음 함수를 만들어낸다.

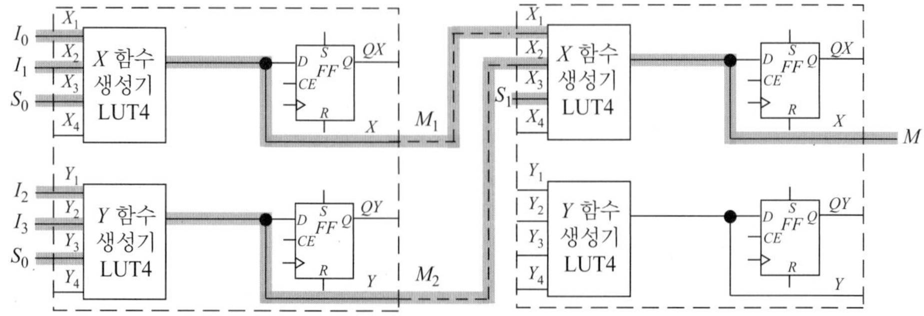

그림 6-2 4:1 MUX를 거치는 경로 하이라이트

$$M = S_1'M_1 + S_1M_2$$

그림 6-2에 표시된 것은 M_1, M_2의 경로이다. 플립플롭은 사용되지 않았다.

최신 FPGA는 4입력 룩업 테이블(**LUT**)을 기본 빌딩 블록으로 사용한다. 이것을 **LUT4**로 지칭한다. 이것을 사용하면 4입력 변수의 함수를 구현할 수 있다. SRAM 기술을 사용한 4입력 LUT를 구현하기 위해 SRAM의 16비트가 사용된다.

예제 그림 6-2의 MUX를 구현하는 LUT의 내용은 무엇인가?

풀이

그림에 나타난 바와 같이 M_1, M_2, M 함수를 구현하기 위해 3개의 LUT가 사용된다. 모두 기본적으로 2:1 MUX이다. X_1과 Y_1이 LSB 위치이고, X_4와 Y_4가 MSB 위치라면, 각 LUT의 진리표를 다음과 같이 만들 수 있다. S_0가 0이면 출력(X)은 I_0와 같고, S_0가 1이면 출력은 I_1과 같다. 3개의 LUT에 번호를 붙여 LUT-M1, LUT-M2, LUT-M3으로 명명하자.

입력				출력
X_4	$X_3(S_0)$	$X_2(I_1)$	$X_1(I_0)$	X
x	0	0	0	0
x	0	0	1	1
x	0	1	0	0
x	0	1	1	1
x	1	0	0	0
x	1	0	1	0
x	1	1	0	1
x	1	1	1	1

각 LUT의 MSB는 사용되지 않는다. LUT의 처음 8개 지점의 내용은 다음 8개 지점과 같다. 왜냐하면 X_4의 값과 상관없이 2:1 MUX로 동작할 것이기 때문이다. 따라서 LUT-M1의 내용은 다음과 같다.

LUT-M1 – 0, 1, 0, 1, 0, 0, 1, 1, 0, 1, 0, 1, 0, 0, 1, 1

그림 6-2에서 3개의 LUT는 2:1 MUX를 구현하기 때문에 입력 연결 내용이 같다. 즉, 두 번째와 세 번째 LUT 내용은 다음과 같다.

LUT-M2 – 0, 1, 0, 1, 0, 0, 1, 1, 0, 1, 0, 1, 0, 0, 1, 1

LUT-M3 – 0, 1, 0, 1, 0, 0, 1, 1, 0, 1, 0, 1, 0, 0, 1, 1

어떤 FPGA는 2개의 4입력 변수 함수 생성기와 2개의 함수 생성기 출력을 결합하는 방법을 제공한다. 그림 6-3의 로직 블록을 보자. 이러한 프로그래머블 로직 블록은 9개의 입

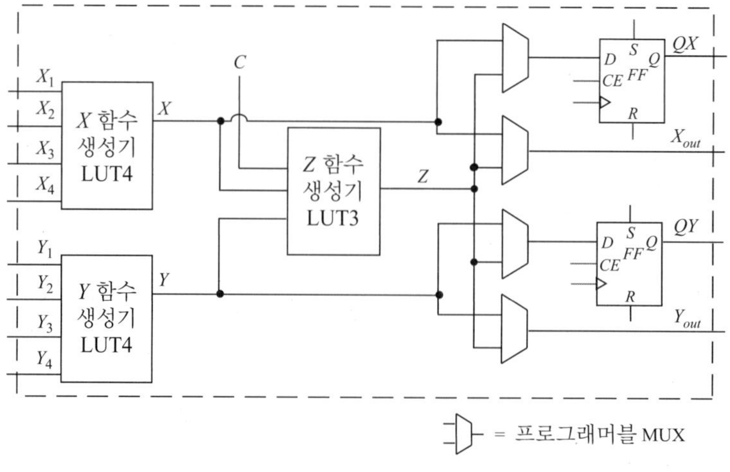

그림 6-3 3개의 룩업 테이블을 사용하는 프로그래머블 로직 예(Xilinx 기반)

력(X_1, X_2, X_3, X_4, Y_1, Y_2, Y_3, Y_4, C)을 갖는데, 다음과 같이 4개의 입력 변수를 가진 2개의 독립직인 함수를 만들어낸다.

$$f_1(X_1, X_2, X_3, X_4) \text{ 그리고 } f_2(Y_1, Y_2, Y_3, Y_4)$$

로직 블록은 f_1, f_2, C에 관련된 함수 Z도 만들어낼 수 있다. 몇 개의 프로그래머블 MUX는 조합논리 출력(X, Y)과 순차논리 출력(QX, QY)을 선택하기 위해 사용된다. 이러한 블록은 $Z = f_1(F_1, F_2, F_3, F_4) \cdot C' + f_2(F_1, F_2, F_3, F_4) \cdot C$ 형태의 5변수 함수를 만들어낼 수 있다. 또한 6개, 7개, 8개, 9개의 변수를 갖는 논리 함수를 만들어낸다. Xilinx의 FPGA XC4000은 이러한 구조를 갖는다.

이제 FPGA를 이용하여 4:1 MUX 구현을 해보자. 4:1 MUX는 이러한 형태의 FPGA로는 그림 6-4에 나타낸 것처럼 하나의 로직 블록으로 구현할 수 있다. X 함수 생성기(LUT4)는 $M_1 = S_0'I_0 + S_0I_1$ 함수를 구현하고, Y 함수 생성기(LUT4)는 $M_2 = S_0'I_2 + S_0I_3$를,

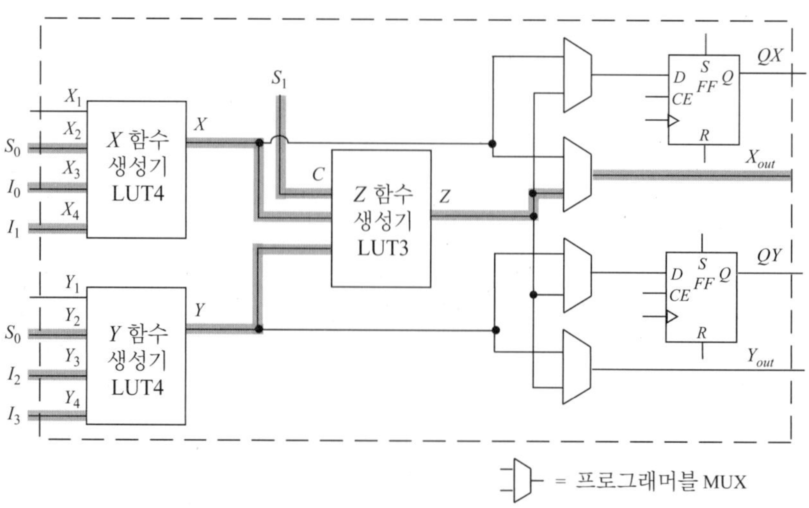

그림 6-4 3개의 함수 생성기를 사용한 4:1 MUX

Z 함수 생성기는 $M = S_1'M_1 + S_1M_2$ 함수를 구현한다. 입력 C는 Z 함수 생성용 선택 신호 S_1을 만들어내는 데 사용된다. 이런 식의 설계는 플립플롭이나 래치가 필요 없다.

종종 동일한 설계를 매핑하는 데 여러 방법이 있을 수 있다. 4:1 MUX(그림 6-4에 나타냄)는 블록의 C 입력을 사용하여 만들어진다. MUX는 C 입력을 사용하지 않더라도 생성이 가능하다. MUX 식의 처음 2개의 항은(식 (6-1)) 4개의 변수(S_0, S_1, I_0, I_1)를 갖는다. 세 번째 항과 네 번째 항도 4개의 변수를 갖는다(S_0, S_1, I_2, I_3). 따라서 4변수 함수 생성기는 처음 2개의 항을 생성하고, 다른 4변수 함수 생성기는 세 번째와 네 번째 항을 구현할 수 있다. Z 함수 생성기는 2개의 4변수 함수 생성기의 출력을 결합하는 데 사용된다. 이 경우 X 함수 생성기(LUT4)는 다음의 함수를 만들어낸다.

$$F_1 = S_1'S_0'I_0 + S_1'S_0I_1 \tag{6-1a}$$

이 식은 식 (6-1)의 절반에 해당되는 식이다.

Y 함수 생성기(LUT4)는

$$F_2 = S_1S_0'I_2 + S_1S_0I_3 \tag{6-1b}$$

를 만들어내는데, 이것은 식 (6-1)의 두 번째 절반에 해당된다. Z 함수 생성기(LUT3)는 OR 기능을 수행하여

$$Z = F_1 + F_2 \tag{6-2}$$

를 만든다. 이 경우 C 입력은 필요가 없다. 이것은 목표 기술에 맞도록 회로를 매핑할 때 매핑하는 소프트웨어의 선택에 따라 구현이 달라짐을 보여주는 예이다.

앞의 예에서는 LUT를 사용하여 MUX를 생성하는 데 비용이 많이 든다는 사실을 보여주었다. 4:1 MUX를 만들어내는 데 4입력 함수 생성기(LUT4)가 3개 필요하다. LUT4를 구현하는 데 16개의 SRAM 셀이 필요하므로, 그림 6-2의 FPGA 빌딩 블록을 사용하여 4:1 MUX를 구현하는 데 48개의 메모리 셀이 필요하다.

3변수 함수 생성기(LUT3)를 만드는 데는 8개의 메모리 셀이 필요하다. 따라서 그림 6-3의 MUX는 40개의 메모리 셀(X: 16개, Y: 16개, Z: 8개)이 필요하다. 메모리 셀들의 값은 FPGA에 다운로드되어야 할 값이다.

프로그래머블 로직 블록이 꽤 복잡한 여러 개의 변수 함수를 구현할 수 있는 큰 유닛이라면 각 로직 블록의 대부분은 사용되지 않을 수도 있다. 예를 들어보자. 그림 6-1(a)와 유사한 4비트 순환형 시프트 레지스터를 구현한다고 가정하자. 순환형 시프트 레지스터는 오른쪽 끝 플립플롭의 출력이 왼쪽 끝의 플립플롭으로 피드백된다. 이런 형태를 '**링 카운터**(ring counter)'라고도 한다. 4비트 시프트 레지스터는 4개의 플립플롭이 필요하므로, 2개의 기본 빌딩 블록이 요구된다. 4개의 다음 상태 방정식은 $D_1 = Q_4$, $D_2 = Q_1$, $D_3 = Q_2$, $D_4 = Q_3$이다. 2개의 다음 상태 방정식은 하나의 로직 블록 내의 조합논리 함수 생성기를

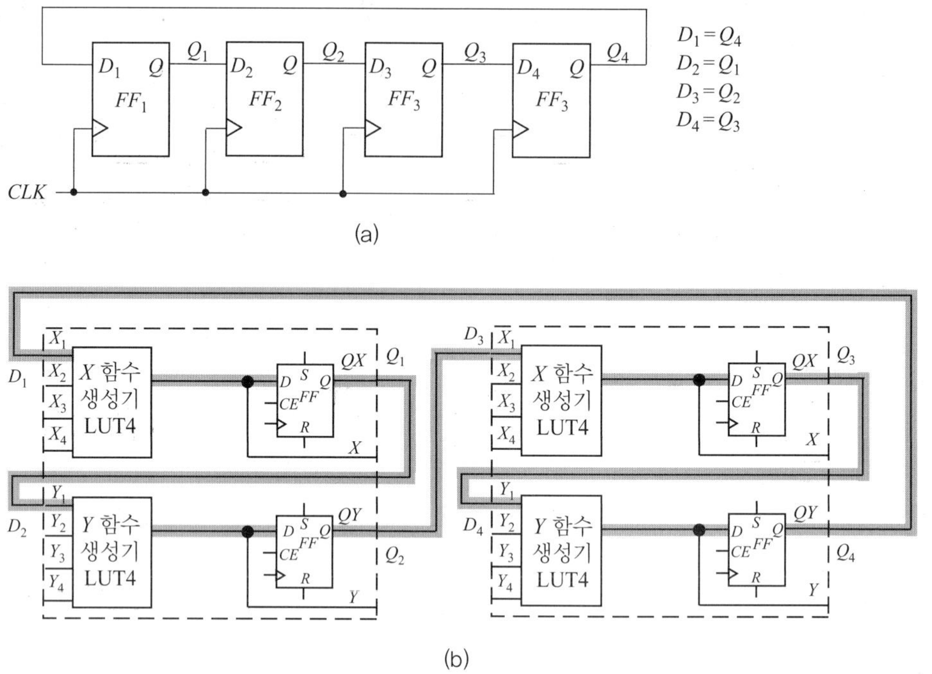

그림 6-5 LUT 기반 FPGA를 이용한 시프트 레지스터 구현: (a) 4비트 시프트 레지스터, (b) FPGA로 구현 (활성화 경로 표시)

사용하여 구현 가능하다. 그림 6-5(b)는 시프트 레지스터의 활성화된 경로를 보여준다. X 함수 생성기는 $D_1 = Q_4$를 생성하는 데 사용되고, Y 함수 생성기는 $D_2 = Q_1$을 생성하는 데 사용된다.

이 예에서 4변수 함수 생성기는 대부분 사용되지 않는다. 왜냐하면 플립플롭의 다음 상태 방정식이 다소 간단하기 때문이다(이전 플립플롭의 현재 상태에 따른다. 즉, 단일 변수 함수). 함수 생성기가 단일 변수 함수용으로 사용되더라도 남아 있는 나머지 부분은 사용될 수가 없다.

예제 3:8 디코더를 설계하는 데 그림 6-1(a)와 같은 프로그래머블 로직 블록이 몇 개나 필요할까?

풀이

4개. 3:8 디코더는 3개의 입력과 8개의 출력을 갖는다. 각 출력은 3변수 함수 생성기가 필요하다. 그림 6-1(a)의 로직 블록에는 4변수 함수 생성기가 들어 있으므로 1개의 출력을 만들기 위해 하나의 함수 생성기를 사용해야 한다. 따라서 8개의 함수 생성기(즉, 8개의 4입력 LUT)가 필요하다. 그림 6-1(a)의 로직 블록 1개는 2개의 출력을 만들 수 있다. 따라서 4개의 프로그래머블 로직 블록은 3:8 디코더를 구현할 수 있다.

만약 LUT가 SRAM 기반이라면 128개의 SRAM 셀이 요구된다. 이러한 디코더는 로직 게이트로만 구현하면 8개의 3입력 AND 게이트와 3개의 인버터가 필요하다. 따라서 LUT로 구현하는 편이 오히려 상당히 비싼 대가를 치른다.

몇몇 FPGA는 MUX와 게이트로 빌딩 블록을 구성한다. 또 다른 FPGA(예: Xilinx Sparatan)는 LUT와 MUX를 제공한다. 매핑 소프트웨어는 FPGA에 따라 목표 기술에서 사용 가능한 자원을 체크하여 설계를 구현 가능한 빌딩 블록에 옮긴다.

6.2 샤논 분해를 사용한 함수 구현

샤논 확장(Shannon's expansion) 이론은 여러 개의 변수 함수를 작은 변수로 분해하는 데 사용할 수 있다. 앞 절에서 4:1 MUX를 2:1 MUX로 분할하여 4변수 함수 생성기를 사용하여 로직 블록에 구현했다.

샤논 확장 이론은 어떤 함수에도 적용 가능한 일반적인 분해 기법을 제공한다. 6변수 함수 $Z(a, b, c, d, e, f)$를 구현하는 데 샤논 분해(decomposition) 기법을 적용하는 방법을 보자. 먼저, 함수를 다음과 같이 확장한다.

$$Z(a, b, c, d, e, f) = a' \cdot Z(0, b, c, d, e, f) + a \cdot Z(1, b, c, d, e, f) = a'Z_0 + aZ_1 \quad (6\text{-}3)$$

식 (6-3)이 올바르다는 사실은 a에 0과 1을 대입해서 확인 가능하다. $a=0$과 $a=1$일 때 방정식이 항상 참이므로 식 (6-3)은 항상 성립한다. 방정식 (6-3)은 그림 6-6(a)의 회로로 구현되는데, Z_0와 Z_1을 구현하는 데 2개의 셀을 사용했다. 3변수 함수 $Z=a'Z_0+aZ_1$은 세 번째 셀의 절반이 사용된다.

예를 들어 다음 함수를 보자.

$$Z = abcd'ef' + a'b'c'def' + b'cde'f$$

그림 6-6 분해를 이용한 함수 구현: (a) 5변수 함수 생성기를 이용한 6변수 함수, (b) 4변수 함수 생성기를 이용한 6변수 함수

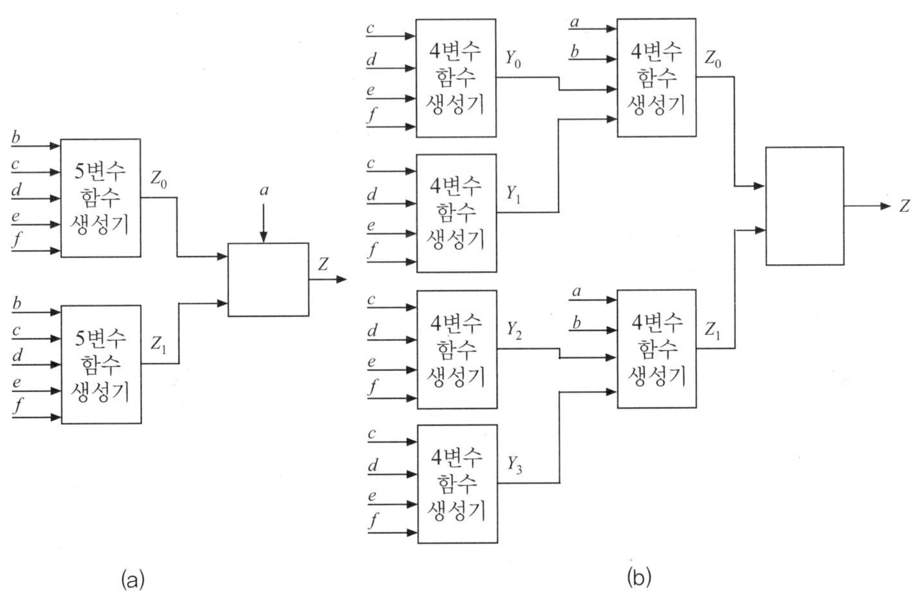

$a=0$으로 놓으면

$$Z_0 = 0 \cdot bcd'ef' + 1 \cdot b'c'def' + b'cde'f = b'c'def' + b'cde'f$$

$a=1$로 놓으면

$$Z_1 = 1 \cdot bcd'ef' + 0 \cdot b'c'def' + b'cde'f = bcd'ef' + b'cde'f$$

Z_0와 Z_1이 5변수 함수이므로 각각 5입력 LUT가 필요하다. 함수의 항의 개수와 상관없이, 5개의 변수가 필요한 이상, 하나의 5입력 LUT만 있으면 된다. 다음 Z_0와 Z_1에서 Z를 만들어내기 위해서는 2:1 MUX나 또 다른 LUT5가 필요하다.

만약 4입력 LUT만 사용 가능하면 5변수 함수는 분해하여 4변수 함수로 만들어야 한다. 샤논 확장 이론을 두 번 적용하면 되는데, 처음은 a에 관해 다음은 b에 관해 적용하면 된다. 또는 한 번의 단계로 다음과 같이 4개의 컴포넌트 함수로 분해할 수도 있다.

$$\begin{aligned} Z(a, b, c, d, e, f) &= a'b' \cdot Z(0, 0, c, d, e, f) + a'b \cdot Z(0, 1, c, d, e, f) \\ &\quad + ab' \cdot Z(1, 0, c, d, e, f) + ab \cdot Z(1, 1, c, d, e, f) \\ &= a'b' \cdot Y_0 + a'b \cdot Y_1 + ab' \cdot Y_2 + ab \cdot Y_3 \end{aligned} \tag{6-4}$$

그림 6-6(b)는 4변수 함수를 사용하여 일반적인 6변수 함수를 구현하는 모양을 도시했다.

이제, 다음 함수를 4변수 함수로 분해하는 방법을 알아보자.

$$Z = abcd'ef' + a'b'c'def' + b'cde'f$$

샤논 확장 이론을 a와 b에 대해 적용하면

- $a=b=0$일 때 $Y_0 = c'def' + cde'f$
- $a=0,\ b=1$일 때 $Y_1 = 0$
- $a=1,\ b=0$일 때 $Y_2 = cde'f$
- $a=b=1$일 때 $Y_3 = cd'ef'$

일반적인 구현에서는 그림 6-6(b)의 6변수 함수를 구현하는 데 7개의 4변수 함수 생성기가 필요하다. 그러나 위의 예제에서는 분해를 통해 구한 4변수 함수 중 하나는 널 함수(null function)이고, 따라서 간단한 함수로 주어진다.

$$Z = a'b' \cdot Y_0 + ab' \cdot Y_2 + ab \cdot Y_3$$

5개의 4변수 함수 생성기는 위의 식을 구현하는 데 충분하다(Y_0, Y_2, Y_3에 각각 1개, $Z_1 = ab' \cdot Y_2 + ab \cdot Y_3$를 생성하는 데 1개, $a'b' \cdot Y_3 + Z_1$을 구현하는 데 1개, 총 5개). 그림 6-7은 4변수 함수 생성기만 사용하여 함수 $Z = abcd'ef' + a'b'c'def' + b'cde'f$를 구현한 그림을 보여준다.

7변수 함수는 6개 또는 그보다 적은 LUT5를 이용하여 구현할 수 있다. 일반적인 7변수

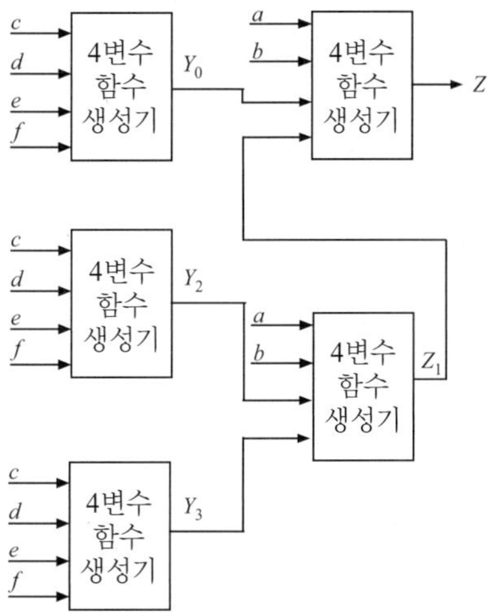

그림 6-7 4변수 함수 생성기를 사용한 함수 구현의 예

함수의 확장은 아래 식과 같다.

$$\begin{aligned} Z(a, b, c, d, e, f, g) &= a'b' \cdot Z(0, 0, c, d, e, f, g) + a'b \cdot Z(0, 1, c, d, e, f, g) \\ &\quad + ab' \cdot Z(1, 0, c, d, e, f, g) + ab \cdot Z(1, 1, c, d, e, f, g) \\ &= a'b' \cdot Y_0 + a'b \cdot Y_1 + ab' \cdot Y_2 + ab \cdot Y_3 \end{aligned} \tag{6-5}$$

여기서 Y_0, Y_1, Y_2, Y_3는 변수 c, d, e, f, g의 5변수 함수이다. 식 (6-5)는 샤논 확장 이론을 두 번 적용하여 얻어진다. 처음은 a에 관해, 다음은 b에 관해 확장하면 된다. 예를 들어 7변수 함수를 보자.

$$Z = c'de'fg + bcd'e'fg' + a'c'def'g + a'b'd'ef'g' + ab'defg'$$

- $a = b = 0$일 때 $Y_0 = c'de'fg + c'def'g + def'g'$
- $a = 0$, $b = 1$일 때 $Y_1 = c'de'fg + cde'fg' + c'def'g$
- $a = 1$, $b = 0$일 때 $Y_2 = c'de'fg + defg'$
- $a = b = 1$일 때 $Y_3 = c'de'fg + cd'e'fg'$

이 함수는 6개의 5변수 함수 생성기로 구현 가능하다. 함수 생성기 중 4개는 Y_0, Y_1, Y_2, Y_3를 구현한다. 다섯 번째 함수 생성기는 4변수 함수 $Z_0 = a'b' \cdot Y_0 + a'b \cdot Y_1$을 구현하고, 나머지 하나의 함수 생성기는 $Z = Z_0 + ab' \cdot Y_2 + ab \cdot Y_3$를 구현한다.

샤논 분해 기법은 n변수 함수를 2개의 $n-1$변수 함수와 MUX로 바꾼다. 이 장의 앞부분에서 살펴봤듯이, MUX와 LUT로 구현하는 것은 매우 비효율적이다. 변수의 숫자(n)가 증가할수록 n변수 함수를 구현하기 위한 룩업 테이블의 수가 급격히 증가한다. MUX의 사용 또한 LUT의 사용 개수를 줄인다. 이러한 이유로 몇몇 FPGA는 LUT4와 MUX를 동시에 제공한다.

예제 4입력 LUT와 2:1 MUX를 사용하여 7변수 함수를 구현하라.

풀이

샤논 확장으로 다음의 분해식을 얻을 수 있다.

7변수 함수 생성기 = 2개의 6변수 함수 생성기 + 2:1 MUX ... (i)

6변수 함수 생성기 = 2개의 5변수 함수 생성기 + 2:1 MUX ... (ii)

5변수 함수 생성기 = 2개의 4변수 함수 생성기 + 2:1 MUX ... (iii)

식 (iii)을 식 (ii)에 대입하면

6변수 함수 생성기 = 4개의 4변수 함수 생성기 + 3개의 2:1 MUX ... (iv)

식 (iv)를 식 (i)에 대입하면

7변수 함수 생성기 = 8개의 4변수 함수 생성기 + 7개의 2:1 MUX

따라서 7변수 함수는 그림 6-8처럼 구현 가능하다.

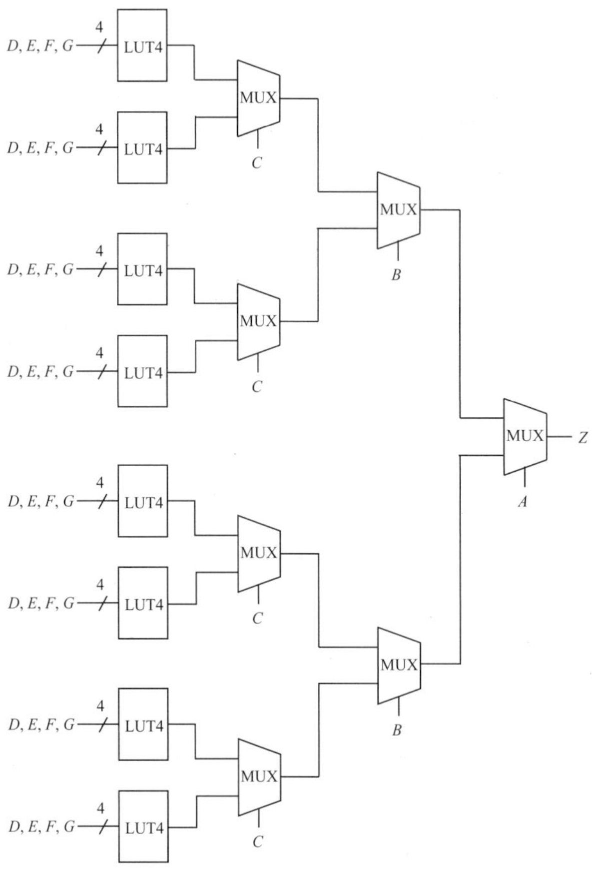

그림 6-8 4입력 LUT와 2:1 MUX를 사용한 7변수 함수

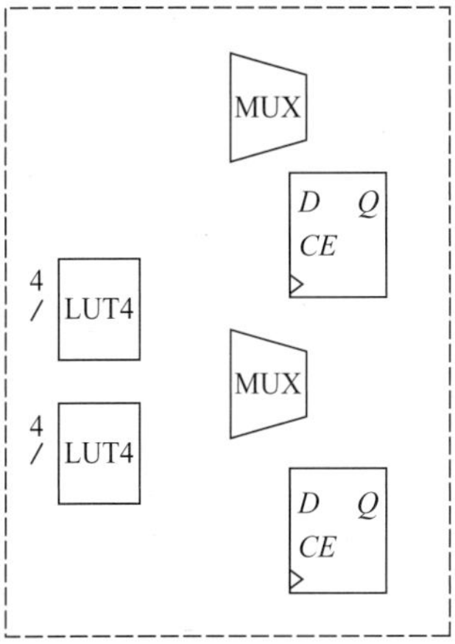

그림 6-9 Xilinx Spartan 슬라이스 내부의 단순화된 사용 가능 블록들 (Xilinx 기반)

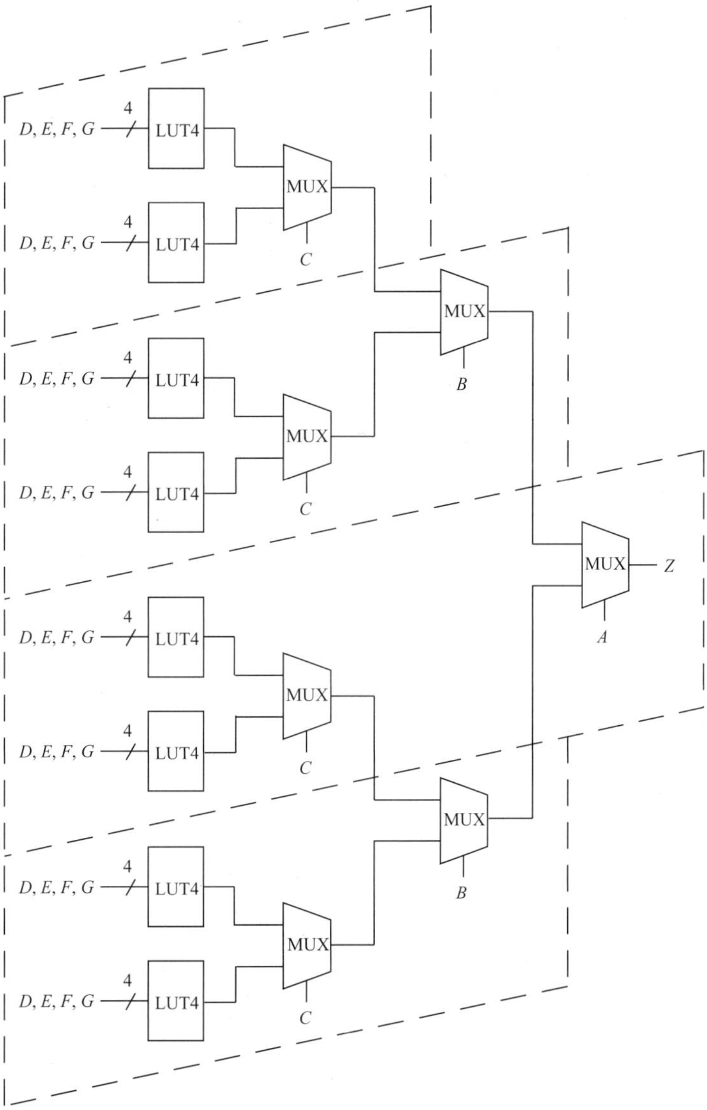

그림 6-10 4개의 Xilinx Spartan 슬라이스를 사용한 7변수 함수 구현 (Xilinx 기반)

만약 4변수 LUT만 존재한다면 7변수 함수는 15개의 4변수 LUT가 필요하다. 2:1 MUX는 4입력 LUT보다 값이 싸다. 따라서 그림 6-8과 같이 8개의 4변수 LUT나 7개의 2:1 MUX로 구현할 수 있다.

Xilinx Spartan FPGA는 4변수 LUT와 MUX를 제공하는 제품이다. 이러한 FPGA에서 논리부는 **슬라이스**(slice)라고 하고, 하나의 슬라이스는 그림 6-9처럼 블록이 구성된다. 2개의 4입력 LUT와 2개의 2:1 MUX를 포함하고 있다(그 외 로직이 있으나 그림에 나타내지 않았다). 7변수 함수는 그림 6-10처럼 4개의 슬라이스로 구현할 수 있다. 점선은 각 슬라이스를 나타낸다.

또 다른 예로서, 4변수 함수 생성기로 패리티(parity) 함수를 만들어보자. 패리티 함수는 다음과 같이 정의된다.

$$F = A \oplus B \oplus C \oplus D \oplus E$$

이 패리티 함수는 곱의 합 항으로 정리하면 16개의 항을 가지며, 5변수 함수이다. 어떤 종류의 5변수 함수라도 샤논 확장 이론을 이용하여 2개의 4변수 함수로 분해되며, 2개의 4입력 LUT와 2:1 MUX로 구현할 수 있다. 만약 4변수 함수 생성기만을 사용한다면 3개의 4변수 함수 생성기가 필요하다.

6.3 FPGA의 캐리 체인

FPGA를 이용하여 가산기를 구현하는 가장 단순한 방법은 'sum'과 'carry'를 만드는 로직 블록을 사용하는 것이다. 하나의 4변수 LUT(현재 표준 빌딩 블록)는 'sum'을 생성할 수 있고, 또 다른 LUT4는 'carry'를 구현하는 데 필요하다. 각 비트의 캐리 출력은 상호연결선을 이용하여 다음 비트로 전달되어야 한다.

덧셈 동작은 기본적이고 광범위하게 사용되므로 많은 FPGA 소자가 캐리를 생성하고 전달하는 회로부를 제공한다. 일반적으로 캐리 체인 회로가 구현되어 있다. 예를 들어 그림 6-11의 캐리 체인을 보자. 각 LUT는 해당하는 입력 비트(a, b, *Carry-in*)에 해당하는 'sum' 값을 만들어낸다. 캐리 체인은 캐리를 생성해내고 다음 자릿수의 'sum'을 계산하기 위해 연결선을 이용하여 전달된다.

그러한 캐리 체인이 없으면 n비트 가산기는 $2n$개의 로직 블록(로직 블록이 LUT4라면)이 필요하다. 반면에 캐리 체인을 사용하면 n개의 로직 블록(비록 추가적인 회로가 필요하지만)이면 충분하다. 덧셈 동작 전용 회로는 캐리를 생성하고 다음 LUT4에 직접 배선한다. 캐리 생성을 위한 하드웨어는 많은 회로에서 자주 사용되지는 않지만, 덧셈 동작은 FPGA 로직 블록에 포함시킬 필요가 있다.

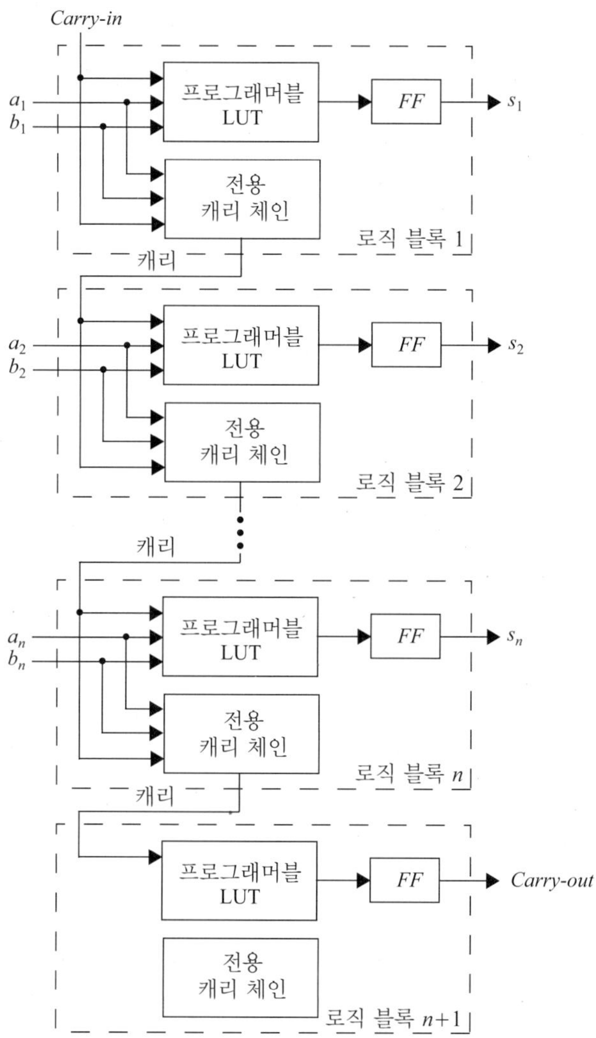

그림 6-11 고속 덧셈 연산을 위한 캐리 체인(Xilinx 기반)

6.4 FPGA에서의 캐스케이드 체인

몇몇 FPGA는 FPGA 블록들의 출력을 직렬로 연결하는 기능을 포함하고 있다. 일반적인 캐스케이딩 형태로는 AND형과 OR형이 있다. 로직 블록 출력에 AND 또는 OR 동작을 수행하기 위해 따로 블록을 사용하기보다 하나의 로직 블록 출력이 캐스케이드 회로에 직접 연결되어 AND 또는 OR 동작이 되도록 한다. 그림 6-12는 LUT4를 함수 생성기로 사용하는 FPGA의 캐스케이드 체인을 보여준다. 따라서 32개 변수의 OR 동작이 필요하면, 8개의 로직 블록을 사용하여 만들 수 있다. 각 로직 블록은 4변수 OR를 생성하고, 캐스케이드된 OR 게이트는 이전 로직 블록의 출력들을 OR 동작시키는 데 사용된다. 어떤 FPGA는 AND와 XOR 게이트의 캐스케이딩도 가능하다. 룩업 테이블 기반의 FPGA에서 이러한 형태의 캐스케이드 체인은 'LUT 체인'이라고도 한다.

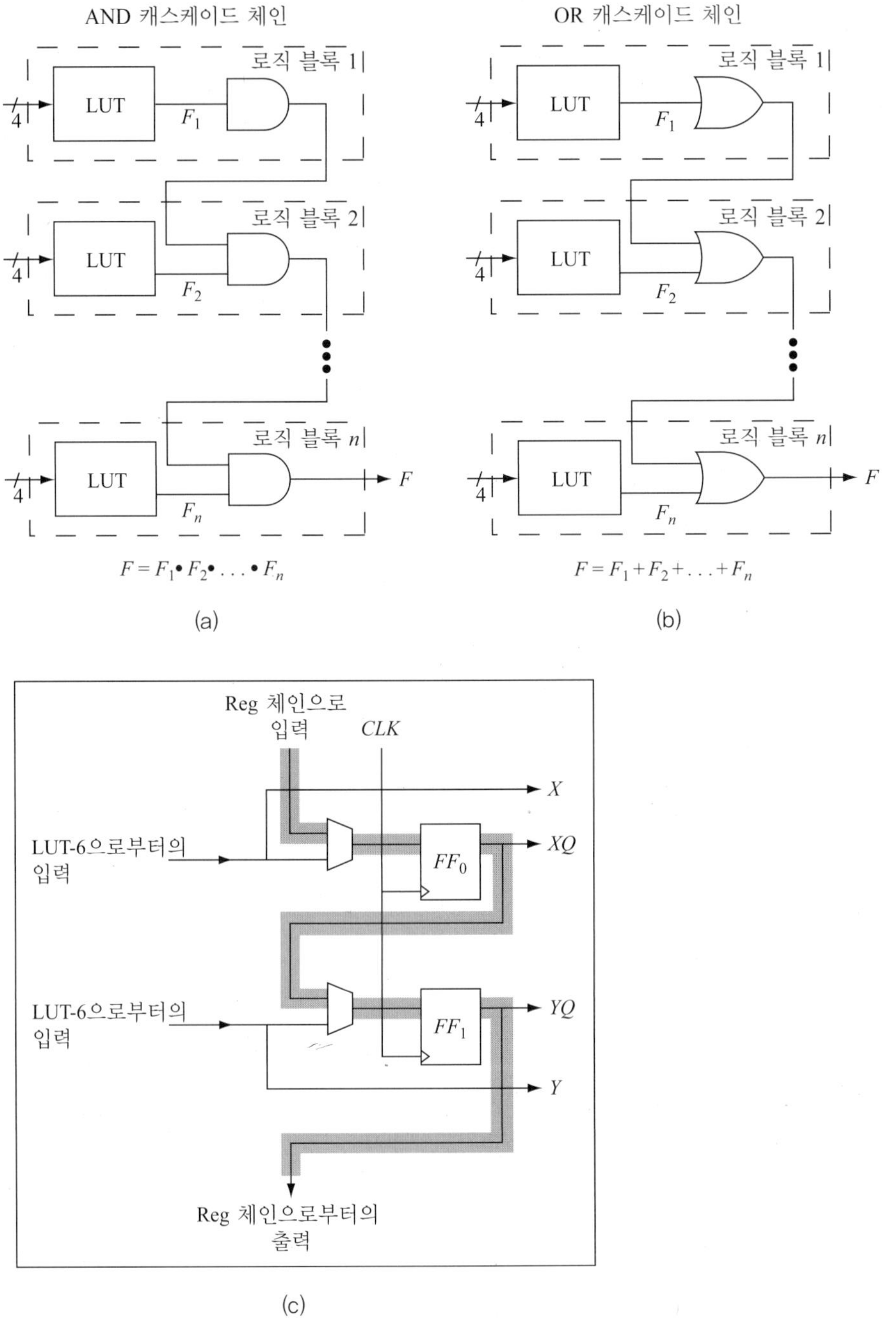

그림 6-12 캐스케이드 체인 예: (a) AND 캐스케이드 체인, (b) OR 캐스케이드 체인(Xilinx 기반), (c) 레지스터 캐스케이드 체인(Altera 기반)

예제 32변수 AND 함수를 구현하는 데 AND 캐스케이드 체인을 사용할 때와 사용하지 않을 때 각각 몇 개의 LUT4 블록이 요구되는가?

풀이

AND 캐스케이드 체인을 사용하지 않을 때 11개의 로직 블록이 필요하다. 각각의 4변수 AND를 만들기 위해 8개의 로직 블록이 사용되고 결과적으로 8개의 하부 함수(subfunction)가 필요하다. 이 8개의 함수는 2개의 로직 블록으로 공급되고 AND 기능을 만들기 위해 또 다른 로직 블록이 필요하다. AND 캐스케이드 체인은 8개 로직 블록 출력의 AND 동작을 구현하는 데 사용된다.

FPGA에서의 레지스터 체인

다양한 FPGA에서 로직 블록 내 플립플롭으로의 입력은 LUT 또는 로직 요소를 통해 공급할 수밖에 없다. 그림 6-5에 나타낸 바와 같이 시프트 레지스터는 LUT를 통해 플립플롭의 입력을 공급하기 위해 LUT를 와이어로 사용했다. 더욱이 그림 6-5의 로직 블록은 다른 회로를 구현하는 데는 사용할 수 없다. 그러나 Altera사의 Stratix IV 같은 경우 그림 6-12(c)에 나타낸 것처럼 LUT를 사용하지 않고 레지스터 체인 구조를 지원할 수 있다. 플립플롭 입력으로 별도의 레지스터 체인 입력이 있고, 다른 논리 함수를 위해 LUT를 사용 가능하며, 조합논리 출력 *X*, *Y*를 이용하여 출력을 만들어내어 잠재적으로 FPGA 블록 사용도를 높이는 결과를 만든다.

6.5 상업용 FPGA의 로직 블록 예

상업용 FPGA 로직 블록의 세 가지 예(Xilinx, Altera, Microsemi)를 살펴보자. Xilinx와 Altera 로직 블록 구조는 기본 빌딩 블록으로 6변수 LUT를 사용한다. Microsemi의 경우는 4변수 LUT를 사용하거나, MUX와 논리 게이트를 사용한다.

Xilinx Kintex 디바이스의 구성 가능한 로직 블록

Xilinx Kintex FPGA는 그림 6-13에서 볼 수 있듯이 **슬라이스**라는 기본 블록을 4개 사용하여 구성 가능한 로직 블록(Configurable Logic Block, CLB)을 만든다. CLB는 Xilinx 계열 FPGA에서 프로그램 가능한 로직 블록에 사용되는 용어이다. Kintex는 6변수 LUT를 사용한다.

반면에 Xilinx Virtex와 Spartan은 LUT4를 사용한다. 각 슬라이스는 2개의 함수 생성기 *F*, *G*를 갖는다. 거기에다 2개의 MUX, F_5와 *FX*를 갖는다. 4변수 LUT를 구현하기 위해 16개의 SRAM 비트가 필요하다. 따라서 하나의 슬라이스는 32비트의 SRAM이 포함된 조합논리를 만드는 데 사용된다. F_5 MUX는 2개의 4변수 함수 생성기를 결합하여 5변수 함수 생성기를 만드는 데 사용된다. MUX의 선택 입력 신호는 5번째의 입력 변수로 공급된다. *FX* MUX의 모든 입력은 외부에서 제어 가능하며 여러 개의 2변수 함수를 만들 수 있다. 이 MUX는 2개 슬라이스의 F_5 출력을 결합하여 6입력 함수를 만들 수 있다. 각 슬라

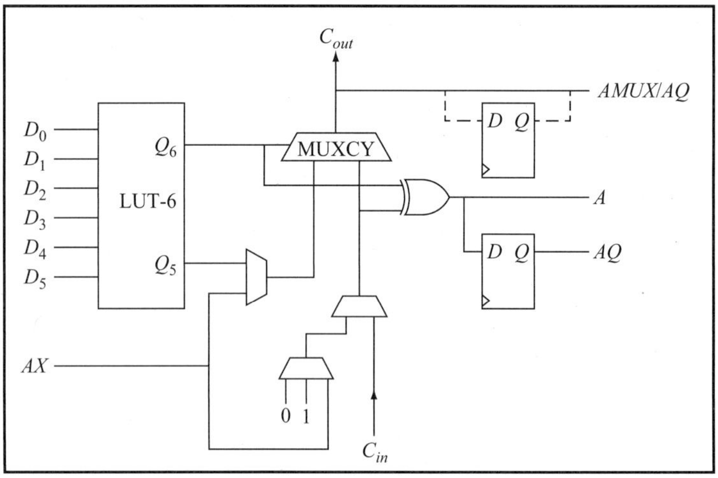

그림 6-13 Xilinx Kintex 슬라이스 (CLB의 1/4, Xilinx 기반)

이스는 그 외 2개의 플립플롭이 포함되어 있고, 에지 반응의 D 플립플롭 또는 레벨 반응의 래치회로로 재구성될 수 있다. 덧셈 동작을 위한 고속 캐리 생성 기능도 포함되어 있다. 범용 4변수 LUT와 몇 개의 특정 용도용 논리 함수를 만들어내는 로직이 추가로 들어 있다.

Altera Stratix IV 로직 모듈

Altera사의 기본 로직 블록은 로직 모듈(logic module, LM)이라고 불린다. 그림 6-14는 Altera Stratix IV FPGA 로직 모듈의 단순화된 도식을 보여준다. 각 LM은 2개의 6변수 LUT와 2개의 플립플롭을 갖고 있다. 각 LUT6는 2개의 독립적인 입력과 4개의 공유 입력을 갖는다. 그림 6-14에 나타낸 바와 같이 기본적으로 2개의 LUT는 4개의 입력을 공유한다. 어떤 종류의 2개의 6변수 함수를 구현할 수 있다. 출력은 조합논리 또는 플립플롭에서 뽑아 쓸 수 있다. 2개의 1비트 내장 캐리 체인을 가진 가산기가 있다. Stratix IV 로직 모듈의 또 다른 특징은 시프트 레지스터와 다른 형태의 플립플롭 어레이를 만들고, LUT들로부터 별도의 플립플롭을 사용하는 레지스터 체인을 갖고 있다는 점이다. 그림은 상당히 단순화된 형태이므로 상세한 부분은 표시되어 있지 않다. Stratix V 로직 모듈은 로직 모듈당 4개의 플립플롭을 사용한다는 점을 제외하고 Stratix IV(로직 모듈당 2개)와 유사하다.

Microsemi Fusion VersaTile

Microsemi사 역시 LUT 기반의 FPGA를 만든다. 그러나 전형적인 LUT 기반 구조와 상당히 다른 빌딩 블록을 갖고 있다. Fusion 칩 구조의 MUX와 게이트로 구성된 빌딩 블록은 그림 6-15에 나타내었다. Microsemi사의 기본 로직 블록을 **VersaTile**이라 부른다. VersaTile 블록은 4개의 입력 X_1, X_2, X_3, X_c를 갖는다. 각 VersaTile은 다음 중 어느 형태로도 재구성될 수 있다.

• 3입력 논리 함수

그림 6–14 Altera Stratix IV FPGA 로직 모듈의 단순화된 도식(Altera 기반)

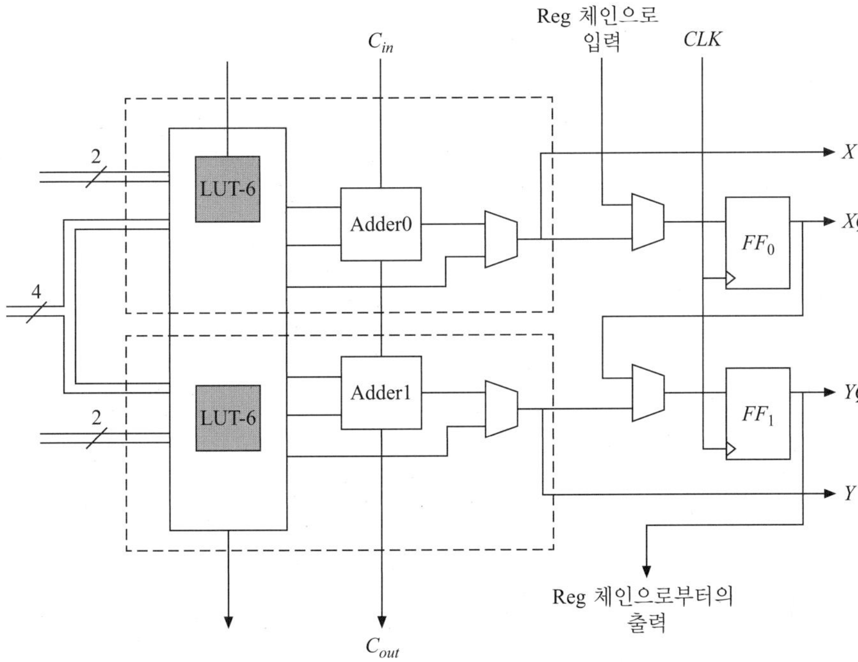

그림 6–15 Microsemi Fusion 로직 블록의 단순화된 도식(Microsemi 기반)

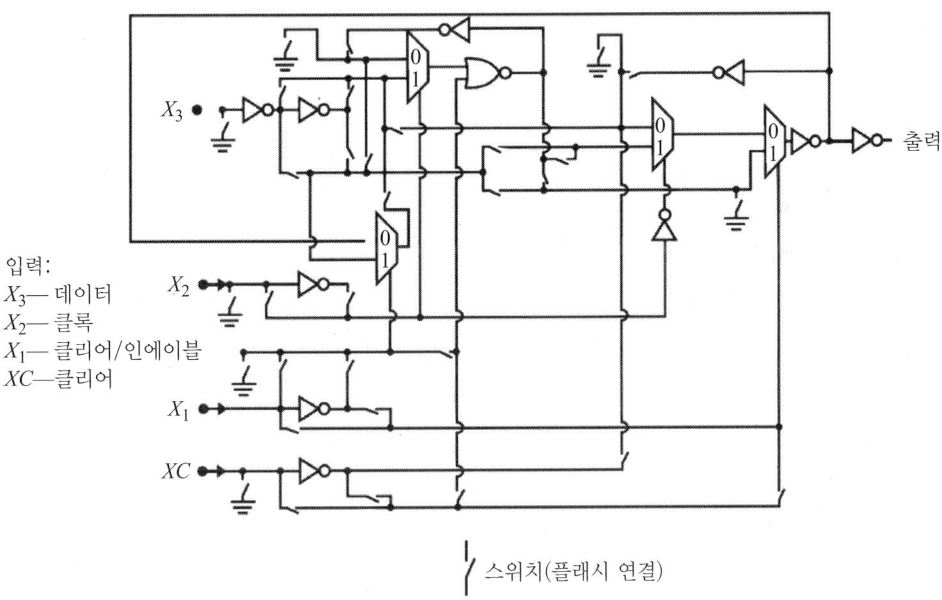

- 클리어(clear)/셋(set) 기능이 있는 래치
- 클리어/셋 기능이 있는 D 플립플롭
- 인에이블(enable)/클리어/셋 기능이 있는 D 플립플롭

3입력 논리 함수로 사용될 때는 입력이 X_1, X_2, X_3가 사용된다. 래치, 플립플롭으로 사용될 경우 입력 X_2는 클록 신호에 사용된다. 입력 X_1, X_c는 플립플롭의 인에이블과 클리어 신

호에 사용된다. 로직 블록은 고속 국부 연결용(fast local connection)으로 맞춰진 출력 또는 효율적인 장거리 연결을 제공하나 그림 6-15에는 하나의 출력만 나타내었다. VersaTile은 다른 FPGA의 4입력 LUT보다 훨씬 미세한 로직 구조를 갖는다. 빌딩 블록은 표준 게이트 어레이(마스크 프로그래머블 게이트 어레이 구조) 구조만큼 미세하게 재구성할 수 있다.

6.6 FPGA에 내장된 전용 메모리

많은 응용에 메모리가 필요하다. 메모리는 신호처리에 필요한 상수들을 보관하고 표를 저장하거나 내장형 프로세서에서 명령어나 데이터를 저장하기 위해 사용될 수 있다. 초기의 FPGA에는 따로 메모리가 들어 있지 않았다. 설계자들은 메모리가 필요할 때 FPGA를 외부 메모리와 접속하여 사용했다. 칩의 집적도가 높아지자 전용 메모리 블록을 FPGA 안에 넣을 수 있게 되었다.

최신형 FPGA는 16K~10M비트의 전용 메모리를 포함하고 있다. 표 6-1은 전용 RAM 크기를 보여준다. 예를 들어 Xilinx Virtex-5는 1~10M비트의 전용 메모리를 갖는다. Altera Stratix II는 409K~9M비트의 메모리를 갖는다. Microsemi Fusion은 27~270K비트의 메모리를 갖는다. 전용 메모리는 전용 SRAM 구조의 큰 블록 여러 개(4~1000)를 사용하여 구현된다. 그림 6-16은 전용 RAM 블록용 구조를 보여주는데, 많은 FPGA에서 주로 로직 블록 어레이의 바깥쪽에 배치된다(예: Xilinx Virtex/Spartan, Microsemi Fusion). 다른 FPGA(예: Altera Stratix)의 경우 FPGA 내에서 여러 곳에 분산되어 위치한다. FPGA 종류에 따라 SRAM 블록이 하나의 크기(예: 18Kb Xilinx Virtex)로 구성되기도 하고 다른 여러 메모리 크기를 갖기도 한다. Altera FPGA의 경우 4Kb, 9Kb, 20Kb, 144Kb, 512Kb 블록 등을 갖는다. 많은 FPGA가 같은 칩 내에 다양한 메모리 빌딩 블록을 갖는다. 예를 들어 Altera Stratix IV는 9Kb와 144Kb 블록을 갖는다. Xilinx FPGA의 전용 메모리는 **블록 RAM**(block RAM)이라 불린다. 몇몇 FPGA는 SRAM에 패리티 비트도 제공한다. 패리티 비트는 메모리 크기 계산에 조합되기도 하고, 포함시키지 않는 회사 제품도 있다.

최신형 FPGA의 전용 RAM 특징은 RAM의 데이터 출력 비트 수를 조절할 수 있다는 점이다. 표 6-1에 나타낸 것처럼 메모리의 블록이 다양하게 구성된다. 적절한 데이터 출력 비트 수에 따라 조정할 수 있다. 예를 들어, 32Kb SRAM이 있다고 가정할 때 32K×1, 16K×2, 8K×4, 4K×8 등으로 사용될 수 있다. 따라서 RAM의 출력 데이터 폭은 응용에 따라 조정된다. 어떤 때는 8비트 출력이 필요하고, 어떤 응용에는 64비트 출력이 사용되기 때문이다.

표 6-1 FPGA 제품별 전용 RAM의 크기

FPGA 계열	전용 RAM 크기(Kb)	구조
Xilinx Kintex 7	4680~34380	270~1910 18Kb 블록 135~955 36Kb 블록
Xilinx Artix 7	1800~13140	100~730 18Kb 블록 50~365 36Kb 블록
Xilinx Virtex 6	5616~38304	312~2128 18Kb 블록 156~1064 36Kb 블록
Xilinx Virtex 5	1152~18576	64~1032 18Kb 블록 32~516 36Kb 블록
Xilinx Spartan 3E	72~648	4~36 18Kb 블록
Xilinx Spartan 6	216~4824	12~268 18Kb 블록
Altera Stratix V	13760~53200	688~2660 20Kb 블록
Altera Stratix IV	6462~20736	462~1280 9Kb 블록 16~64 144Kb 블록
Altera Cyclone IV	540~6480	60~720 9Kb 블록
Altera Arria V GT	10510~24140	1051~2414 10Kb 블록
Altera Arria II GZ	11366~16794	1235~1248 9Kb 블록 24~36 144Kb 블록
Lattice SC	1054~7987	56~424 18Kb 블록
Microsemi Fusion	27~270	6~60 4Kb 블록

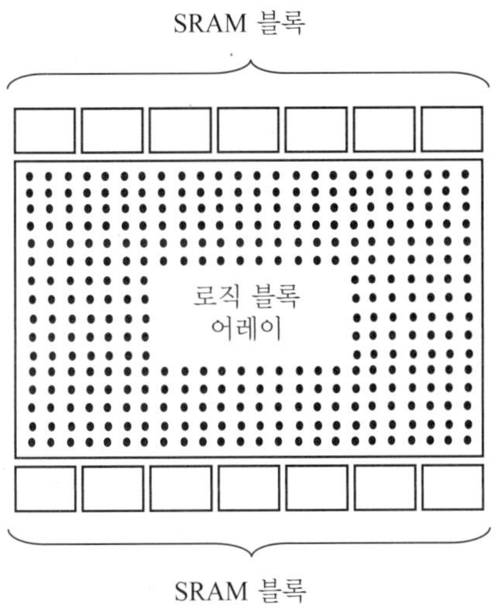

그림 6-16 FPGA에 내장된 RAM

LUT 기반의 FPGA는 다른 메모리 사용 방법을 제공한다. 작은 메모리 크기가 요구되면 LUT를 변형하여 메모리로 쓸 수 있다. 4변수 LUT의 경우 16비트 기억장소를 갖는데, 2개의 4입력 LUT(그림 6-17)를 사용하면 32×1, 또는 16×2의 메모리로 쓸 수 있다. 32×1 메모리로 사용될 경우 5개의 어드레스 라인과 하나의 데이터 라인(D_1, D_2가 이때

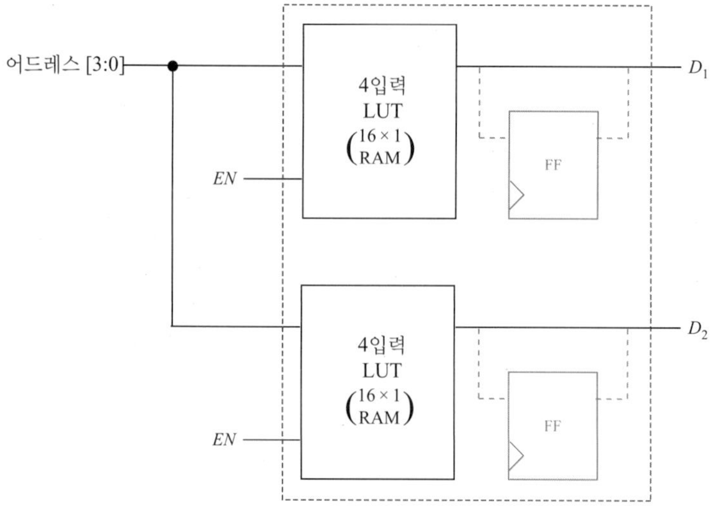

그림 6-17 LUT로부터 메모리 생성(Xilinx 기반)

표 6-2 FPGA 제품별 LUT 기반 RAM

FPGA 계열	제품별 LUT 기반 RAM(Kb)	LUT 개수
Xilinx Kintex 7	838~6788	41000~298600
Xilinx Artix 7	400~2888	63400~134600
Xilinx Virtex 6	1045~8280	46560~474240
Xilinx Virtex 5	320~3420	19200~207360
Xilinx Virtex 4	96~987	12288~126336
Xilinx Virtex-II	8~1456	512~93184
Xilinx Spartan 3E	15~231*	1920~29504
Altera Stratix V	2781~11225	44496~179600
Altera Stratix IV	195~2242**	12480~143520
Altera Cyclone II	72~1069**	4608~68416
Altera Arria V	1200~8064	76800~516096
Altera Arria II	705~4007	45125~256500
Lattice SC	245~1884	15200~115200
Lattice ECP2	12~136	6000~68000

* 모든 LUT를 분산 RAM으로 사용하지 않음
** LUT 수로부터 계산

연결되어야 한다)이 필요하다. 위쪽의 LUT는 어드레스의 MSB가 0일 때 인에이블되어야 하고 아래쪽의 LUT는 어드레스의 MSB가 1일 때 인에이블된다. 이러한 기능은 어드레스의 최상위 비트와 인버터를 사용하여 가능하다. 16×2 메모리로 사용될 때 2개의 LUT가 모두 인에이블되어야 하고, 데이터 라인 D_1과 D_2가 병렬로 모두 사용된다.

LUT 셀로부터 만들어지는 메모리를 Xilinx에서는 **분산 메모리**(Distributed Memory)

라고 한다. 용어에서 암시하듯이 이러한 메모리는 로직 안에서 칩 전체에 분산하여 분포한다. 분산 메모리의 단점은 LUT 메모리가 이렇게 사용되면 해당 로직 블록은 사용할 수가 없다는 것이다. LUT 메모리는 비동기형 메모리로 사용되고, 동기 메모리로 만들기 위해서는 로직 블록 플립플롭과 같이 사용되어야 한다. 표 6-2는 FPGA에 따라 사용 가능한 LUT 기반 메모리 크기를 보여준다.

FPGA의 내장된 메모리용 Verilog 모델

FPGA에서 임베디드 메모리는 동작서술형 Verilog 모델을 이용하여 모델링할 수 있다. 메모리 동작은 동기 또는 비동기 동작이 가능하다. 비동기 읽기 동작은 지정한 주소의 데이터가 클록에 관계없이 출력 버스에 올려지는 것을 의미한다. 반면에 동기 메모리에서 읽기, 쓰기 제어 라인은 클록이 액티브일 때만 동작한다. 어떤 메모리의 경우 쓰기는 동기 동작, 읽기는 비동기 동작도 가능하다.

FPGA 벤더들이 제공하는 최신의 로직 합성 툴은 임베디드 메모리를 만들어내고, 모델링할 수 있다. 그림 6-18은 동기-쓰기, 비동기-읽기 동작 메모리를 만드는 Verilog 코드를 보여준다. 메모리 어레이는 레지스터 어레이로 나타내었다. 메모리 어레이(DATAMEM)는 초기화되지 않았다. 그러나 원하는 어떤 값으로도 초기화 가능하다. 쓰기 동작은 always 문 내에서 클록의 상승 에지에서 동작한다. 읽기 동작은 always 문 바깥에서 수행되어 클록 동작과 관계없이 일어난다. 'auto' 동작 옵션을 이용하여, 현재 Xilinx 툴로 합성을 수행하면 해당 코드는 분산 메모리를 만들어낸다. 분산 메모리는 비동기 메모리에 적합한데, 이유는 LUT가 출력을 비동기식으로 만들어내기 때문이다. 반면에 그림 6-19의

그림 6-18 일반적으로 LUT 기반 메모리를 만들어내는 동작서술형 Verilog 코드

```
module Memory (Address, CLK, MemWrite, Data_In, Data_Out);
   input[6:0] Address;
   input CLK;
   input MemWrite;
   input[31:0] Data_In;
   output[31:0] Data_Out;
   wire[31:0] Data_Out;

   reg[31:0] DataMEM[0:127];

   always @(posedge CLK)
   begin
     if (MemWrite == 1'b1)
     begin
        DataMEM[Address] <= Data_In;   // 동기식 쓰기
     end
   end

   assign Data_Out = DataMEM[Address];       // 비동기식 읽기

endmodule
```

그림 6-19 일반적으로 전용 메모리를 만들었지만 Tool 메뉴를 사용하여 LUT RAM을 만들 수 있는 동작서술형 Verilog 코드

```
module Memory (Address, CLK, MemWrite, Data_In, Data_Out);

   input[6:0] Address;
   input CLK;
   input MemWrite;
   input[31:0] Data_In;
   output[31:0] Data_Out;
   reg[31:0] Data_Out;

   reg[31:0] DataMEM[0:127];

   always @(posedge CLK)
   begin
     if (MemWrite == 1'b1)
     begin
        DataMEM[Address] <= Data_In;     // 동기식 쓰기
     end
     Data_Out <= DataMEM[Address];       // 동기식 읽기
   end

endmodule
```

코드는 블록 RAM을 만들어낸다. 이 코드에서는 읽기 동작이 always 문 내에 있으며, 클록의 상승 에지에서 동작한다.

현재 FPGA의 합성 툴에서 LUT 기반 RAM을 만들 것인지 블록 RAM을 만들 것인지 표시할 수 있다. 이 기능은 툴 내의 메뉴 옵션에서 가능하다. 따라서 그림 6-19의 코드는 디폴트로 블록 RAM을 만들지만 메뉴 옵션을 이용하여 LUT 기반 RAM으로 합성하도록 강제할 수 있다. 그러나 그림 6-18의 코드에서는 디폴트로 LUT 기반 RAM을 합성하는데 블록 RAM을 강제하면 툴은 비동기식 읽기 동작을 블록 RAM에서는 얻을 수 없다는 경고(warning)가 뜨고 LUT 기반 RAM으로 합성해버린다. 요약하면 동기식 읽기/쓰기 동작의 메모리는 블록 RAM이나 LUT 기반 RAM을 만들지만, 비동기식 읽기 동작은 LUT 기반 RAM에서만 얻을 수 있다.

만일 회로 구현에 ROM 방법을 사용한다면 합성 툴은 룩업 테이블을 구현하기 위해 RAM을 합성해낸다. 예를 들어 룩업 테이블을 사용하여, 그림 6-20의 Verilog 코드에 나타낸 것처럼 4×4 곱셈기를 만들어보자. 룩업 테이블 방법을 사용하므로 각 입력 조합의 곱셈 값은 룩업 테이블에 저장된다. 피승수와 승수가 각각 4비트이므로 256가지의 곱셈 조합이 가능하다. 곱셈 결과 값들이 상수 어레이에 저장된다. 피승수는 처음 16개의 입력 값으로 '0000'을 쓴다. 따라서 처음 16개 입력 값의 곱셈 결과는 0이다. 다음 16개의 피승수는 '0001'이며, 곱셈 결과는 승수가 0~15(10진수)로 변하면 0~15로 된다.

그림 6-20에 곱셈기의 Verilog 코드가 주어졌다. 이 코드가 합성되면 현재의 Xilinx 합성 툴은 곱셈 결과 저장을 위해 분산 메모리는 비동기 읽기 동작을 구현하는데, 이는 입력

이 변화될 때 출력을 계속 갱신해야 하기 때문이다. 이 경우 클록이 사용되지 않는다. 만일 합성 툴에서 메뉴 옵션을 사용하여 블록 RAM을 강제로 생성하려면 현재의 Xilinx 툴은 경고 또는 오류 메시지를 내지 않으나 LUT 기반 RAM만 만들어낸다. 만일 어레이들을 전용 블록 RAM에 저장하고 싶으면, 특히 메모리 구현에 LUT를 낭비하고 싶지 않다면 다음 구문

```
assign      PRODuct = PROD_ROM[{Mplier, Mcand}];
```

은 아래와 같이 동기 모드로 코딩해야 한다.

```
always @(posedge CLK)
begin
  PRODuct = PROD_ROM[{Mplier, Mcand}];
  // PRODuct 값을 클록 동기화하여 읽음
end
```

코드를 수정하여 Xilinx의 합성 툴은 256개의 곱셈 결과 저장을 위해 전용 블록 RAM을 만든다. 만일 읽기 동작이 동기적으로 작동하면 합성 툴의 메뉴 옵션에서 LUT RAM이나 블록 RAM을 강제할 수 있다. 설계자는 항상 합성 결과 리포트를 체크해야 하며, 메뉴 옵션이나 경고 메시지에 의존하지 않고 원하는 타입의 메모리가 만들어졌는지 확인해야 한다.

그림 6-20 룩업 테이블 기반의 4×4 곱셈기

```
module LUTmult (Mplier, Mcand, PRODuct);
   input    [3:0] Mplier;
   input    [3:0] Mcand;
   output   [7:0] PRODuct;
   reg      [7:0] PROD_ROM [0:255];
   initial
   begin
     PROD_ROM[0]  = 8'h00;
     PROD_ROM[1]  = 8'h00;
     PROD_ROM[2]  = 8'h00;
     PROD_ROM[3]  = 8'h00;
     PROD_ROM[4]  = 8'h00;
     PROD_ROM[5]  = 8'h00;
     PROD_ROM[6]  = 8'h00;
     PROD_ROM[7]  = 8'h00;
     PROD_ROM[8]  = 8'h00;
     PROD_ROM[9]  = 8'h00;
     PROD_ROM[10] = 8'h00;
     PROD_ROM[11] = 8'h00;
     PROD_ROM[12] = 8'h00;
     PROD_ROM[13] = 8'h00;
     PROD_ROM[14] = 8'h00;
     PROD_ROM[15] = 8'h00;
     PROD_ROM[16] = 8'h00;
     PROD_ROM[17] = 8'h01;
```

```
PROD_ROM[18] = 8'h02;
PROD_ROM[19] = 8'h03;
PROD_ROM[20] = 8'h04;
PROD_ROM[21] = 8'h05;
PROD_ROM[22] = 8'h06;
PROD_ROM[23] = 8'h07;
PROD_ROM[24] = 8'h08;
PROD_ROM[25] = 8'h09;
PROD_ROM[26] = 8'h0A;
PROD_ROM[27] = 8'h0B;
PROD_ROM[28] = 8'h0C;
PROD_ROM[29] = 8'h0D;
PROD_ROM[30] = 8'h0E;
PROD_ROM[31] = 8'h0F;
PROD_ROM[32] = 8'h00;
PROD_ROM[33] = 8'h02;
PROD_ROM[34] = 8'h04;
PROD_ROM[35] = 8'h06;
PROD_ROM[36] = 8'h08;
PROD_ROM[37] = 8'h0A;
PROD_ROM[38] = 8'h0C;
PROD_ROM[39] = 8'h0E;
PROD_ROM[40] = 8'h10;
PROD_ROM[41] = 8'h12;
PROD_ROM[42] = 8'h14;
PROD_ROM[43] = 8'h16;
PROD_ROM[44] = 8'h18;
PROD_ROM[45] = 8'h1A;
PROD_ROM[46] = 8'h1C;
PROD_ROM[47] = 8'h1E;
PROD_ROM[48] = 8'h00;
PROD_ROM[49] = 8'h03;
PROD_ROM[50] = 8'h06;
PROD_ROM[51] = 8'h09;
PROD_ROM[52] = 8'h0C;
PROD_ROM[53] = 8'h0F;
PROD_ROM[54] = 8'h12;
PROD_ROM[55] = 8'h15;
PROD_ROM[56] = 8'h18;
PROD_ROM[57] = 8'h1B;
PROD_ROM[58] = 8'h1E;
PROD_ROM[59] = 8'h21;
PROD_ROM[60] = 8'h24;
PROD_ROM[61] = 8'h27;
PROD_ROM[62] = 8'h2A;
PROD_ROM[63] = 8'h2D;
PROD_ROM[64] = 8'h00;
PROD_ROM[65] = 8'h04;
PROD_ROM[66] = 8'h08;
PROD_ROM[67] = 8'h0C;
PROD_ROM[68] = 8'h10;
PROD_ROM[69] = 8'h14;
PROD_ROM[70] = 8'h18;
PROD_ROM[71] = 8'h1C;
PROD_ROM[72] = 8'h20;
PROD_ROM[73] = 8'h24;
```

```
PROD_ROM[74]  =  8'h28;
PROD_ROM[75]  =  8'h2C;
PROD_ROM[76]  =  8'h30;
PROD_ROM[77]  =  8'h34;
PROD_ROM[78]  =  8'h38;
PROD_ROM[79]  =  8'h3C;
PROD_ROM[80]  =  8'h00;
PROD_ROM[81]  =  8'h05;
PROD_ROM[82]  =  8'h0A;
PROD_ROM[83]  =  8'h0F;
PROD_ROM[84]  =  8'h14;
PROD_ROM[85]  =  8'h19;
PROD_ROM[86]  =  8'h1E;
PROD_ROM[87]  =  8'h23;
PROD_ROM[88]  =  8'h28;
PROD_ROM[89]  =  8'h2D;
PROD_ROM[90]  =  8'h32;
PROD_ROM[91]  =  8'h37;
PROD_ROM[92]  =  8'h3C;
PROD_ROM[93]  =  8'h41;
PROD_ROM[94]  =  8'h46;
PROD_ROM[95]  =  8'h4B;
PROD_ROM[96]  =  8'h00;
PROD_ROM[97]  =  8'h06;
PROD_ROM[98]  =  8'h0C;
PROD_ROM[99]  =  8'h12;
PROD_ROM[100]  =  8'h18;
PROD_ROM[101]  =  8'h1E;
PROD_ROM[102]  =  8'h24;
PROD_ROM[103]  =  8'h2A;
PROD_ROM[104]  =  8'h30;
PROD_ROM[105]  =  8'h36;
PROD_ROM[106]  =  8'h3C;
PROD_ROM[107]  =  8'h42;
PROD_ROM[108]  =  8'h48;
PROD_ROM[109]  =  8'h4E;
PROD_ROM[110]  =  8'h54;
PROD_ROM[111]  =  8'h5A;
PROD_ROM[112]  =  8'h00;
PROD_ROM[113]  =  8'h07;
PROD_ROM[114]  =  8'h0E;
PROD_ROM[115]  =  8'h15;
PROD_ROM[116]  =  8'h1C;
PROD_ROM[117]  =  8'h23;
PROD_ROM[118]  =  8'h2A;
PROD_ROM[119]  =  8'h31;
PROD_ROM[120]  =  8'h38;
PROD_ROM[121]  =  8'h3F;
PROD_ROM[122]  =  8'h46;
PROD_ROM[123]  =  8'h4D;
PROD_ROM[124]  =  8'h54;
PROD_ROM[125]  =  8'h5B;
PROD_ROM[126]  =  8'h62;
PROD_ROM[127]  =  8'h69;
PROD_ROM[128]  =  8'h00;
PROD_ROM[129]  =  8'h08;
```

```
PROD_ROM[130] = 8'h10;
PROD_ROM[131] = 8'h18;
PROD_ROM[132] = 8'h20;
PROD_ROM[133] = 8'h28;
PROD_ROM[134] = 8'h30;
PROD_ROM[135] = 8'h38;
PROD_ROM[136] = 8'h40;
PROD_ROM[137] = 8'h48;
PROD_ROM[138] = 8'h50;
PROD_ROM[139] = 8'h58;
PROD_ROM[140] = 8'h60;
PROD_ROM[141] = 8'h68;
PROD_ROM[142] = 8'h70;
PROD_ROM[143] = 8'h78;
PROD_ROM[144] = 8'h00;
PROD_ROM[145] = 8'h09;
PROD_ROM[146] = 8'h12;
PROD_ROM[147] = 8'h1B;
PROD_ROM[148] = 8'h24;
PROD_ROM[149] = 8'h2D;
PROD_ROM[150] = 8'h36;
PROD_ROM[151] = 8'h3F;
PROD_ROM[152] = 8'h48;
PROD_ROM[153] = 8'h51;
PROD_ROM[154] = 8'h5A;
PROD_ROM[155] = 8'h63;
PROD_ROM[156] = 8'h6C;
PROD_ROM[157] = 8'h75;
PROD_ROM[158] = 8'h7E;
PROD_ROM[159] = 8'h87;
PROD_ROM[160] = 8'h00;
PROD_ROM[161] = 8'h0A;
PROD_ROM[162] = 8'h14;
PROD_ROM[163] = 8'h1E;
PROD_ROM[164] = 8'h28;
PROD_ROM[165] = 8'h32;
PROD_ROM[166] = 8'h3C;
PROD_ROM[167] = 8'h46;
PROD_ROM[168] = 8'h50;
PROD_ROM[169] = 8'h5A;
PROD_ROM[170] = 8'h64;
PROD_ROM[171] = 8'h6E;
PROD_ROM[172] = 8'h78;
PROD_ROM[173] = 8'h82;
PROD_ROM[174] = 8'h8C;
PROD_ROM[175] = 8'h96;
PROD_ROM[176] = 8'h00;
PROD_ROM[177] = 8'h0B;
PROD_ROM[178] = 8'h16;
PROD_ROM[179] = 8'h21;
PROD_ROM[180] = 8'h2C;
PROD_ROM[181] = 8'h37;
PROD_ROM[182] = 8'h42;
PROD_ROM[183] = 8'h4D;
PROD_ROM[184] = 8'h58;
PROD_ROM[185] = 8'h63;
```

```
PROD_ROM[186] = 8'h6E;
PROD_ROM[187] = 8'h79;
PROD_ROM[188] = 8'h84;
PROD_ROM[189] = 8'h8F;
PROD_ROM[190] = 8'h9A;
PROD_ROM[191] = 8'hA5;
PROD_ROM[192] = 8'h00;
PROD_ROM[193] = 8'h0C;
PROD_ROM[194] = 8'h18;
PROD_ROM[195] = 8'h24;
PROD_ROM[196] = 8'h30;
PROD_ROM[197] = 8'h3C;
PROD_ROM[198] = 8'h48;
PROD_ROM[199] = 8'h54;
PROD_ROM[200] = 8'h60;
PROD_ROM[201] = 8'h6C;
PROD_ROM[202] = 8'h78;
PROD_ROM[203] = 8'h84;
PROD_ROM[204] = 8'h90;
PROD_ROM[205] = 8'h9C;
PROD_ROM[206] = 8'hA8;
PROD_ROM[207] = 8'hB4;
PROD_ROM[208] = 8'h00;
PROD_ROM[209] = 8'h0D;
PROD_ROM[210] = 8'h1A;
PROD_ROM[211] = 8'h27;
PROD_ROM[212] = 8'h34;
PROD_ROM[213] = 8'h41;
PROD_ROM[214] = 8'h4E;
PROD_ROM[215] = 8'h5B;
PROD_ROM[216] = 8'h68;
PROD_ROM[217] = 8'h75;
PROD_ROM[218] = 8'h82;
PROD_ROM[219] = 8'h8F;
PROD_ROM[220] = 8'h9C;
PROD_ROM[221] = 8'hA9;
PROD_ROM[222] = 8'hB6;
PROD_ROM[223] = 8'hC3;
PROD_ROM[224] = 8'h00;
PROD_ROM[225] = 8'h0E;
PROD_ROM[226] = 8'h1C;
PROD_ROM[227] = 8'h2A;
PROD_ROM[228] = 8'h38;
PROD_ROM[229] = 8'h46;
PROD_ROM[230] = 8'h54;
PROD_ROM[231] = 8'h62;
PROD_ROM[232] = 8'h70;
PROD_ROM[233] = 8'h7E;
PROD_ROM[234] = 8'h8C;
PROD_ROM[235] = 8'h9A;
PROD_ROM[236] = 8'hA8;
PROD_ROM[237] = 8'hB6;
PROD_ROM[238] = 8'hC4;
PROD_ROM[239] = 8'hD2;
PROD_ROM[240] = 8'h00;
PROD_ROM[241] = 8'h0F;
```

```
        PROD_ROM[242]  = 8'h1E;
        PROD_ROM[243]  = 8'h2D;
        PROD_ROM[244]  = 8'h3C;
        PROD_ROM[245]  = 8'h4B;
        PROD_ROM[246]  = 8'h5A;
        PROD_ROM[247]  = 8'h69;
        PROD_ROM[248]  = 8'h78;
        PROD_ROM[249]  = 8'h87;
        PROD_ROM[250]  = 8'h96;
        PROD_ROM[251]  = 8'hA5;
        PROD_ROM[252]  = 8'hB4;
        PROD_ROM[253]  = 8'hC3;
        PROD_ROM[254]  = 8'hD2;
        PROD_ROM[255]  = 8'hE1;
    end
    assign      PRODuct = PROD_ROM[{Mplier, Mcand}];
endmodule
```

6.7 FPGA에 내장된 전용 곱셈기

최신형 FPGA는 전용 곱셈기도 내부에 제공한다. 만약 설계자가 16×16 곱셈기를 설계 시스템에 넣고 싶을 때 전용 곱셈기가 없다면 여러 개의 로직 블록을 사용해야 한다. 그렇게 구성된 곱셈기는 여러 개의 블록 및 연결선이 소비되고, 여러 연결선을 거치므로 동작 속도도 느리다. 따라서 전용 곱셈기는 로직 블록을 사용하여 구현한 것보다 면적도 적고, 동작 속도도 빠르다. 곱셈 동작은 여러 응용에 매우 중요하기 때문에 현재 많은 상용 FPGA에서 전용 곱셈기를 제공한다. 예를 들어 Xilinx Virtex-4/Spartan-3, Altera Stratix/Cyclone FPGA는 18×18 곱셈기를 포함하고 있다. 이러한 곱셈기는 2개의 18비트 수를 받아, 36비트 곱셈을 만들어낸다(그림 6-21). 레지스터 피승수와 승수를 저장하고 곱셈 레지스터에 곱셈 결과를 올릴 수 있다. 곱셈기의 입력은 외부 핀을 통하거나 FPGA의 다른 로직에서 제공된다.

곱하는 수가 18비트 이상일 때 여러 개의 전용 곱셈기가 함께 사용된다. 만약 *A*와 *B*가 32비트이고, *C*, *D*, *E*, *F*가 *A*, *B*의 16비트 컴포넌트라면

그림 6-21 전용 곱셈기 구조

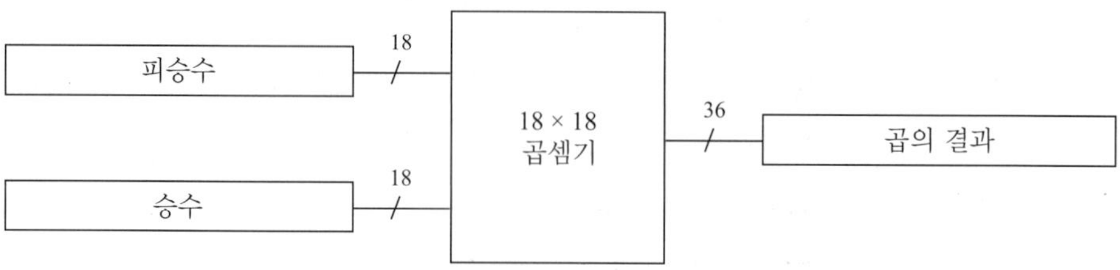

그림 6-22 전용 곱셈기를 생성하는 Verilog 코드

```
module multiplier (A, B, C);
   input[31:0] A;
   input[31:0] B;
   output[63:0] C;
   wire[63:0] C;
   assign C = A * B ;
endmodule
```

$$A = C \times 2^{16} + D$$
$$B = E \times 2^{16} + F$$

일 때, $AB = CE \times 2^{32} + (DE + CF) \times 2^{16} + DF$이다. 이것은 부분 곱 CE, DE, CF, DF를 계산하기 위한 4개의 곱셈기와 여러 개의 가산기가 필요함을 의미한다.

합성 툴은 FPGA 내에 곱셈기를 생성할 수 있다. 예를 들어, 그림 6-22의 Verilog 코드가 Xilinx ISE 툴을 사용하여 Xilinx의 Spartan 소자에서 합성되면 합성 툴은 4개의 18×18 전용 곱셈기를 가져온다. 그림 6-22의 코드가 합성되면 4개의 곱셈기 외에 FPGA 내부의 여러 개의 로직 블록이 사용된다. 이 로직 블록들은 부분 곱들을 더하기 위한 가산기를 구현하기 위해 사용된다. 64개의 I/O 핀이 피승수와 승수, 출력 신호를 위해 사용된다. 외부 핀이 곱셈기의 입력을 위해 사용되나, 내장된 메모리나 기타 레지스터에서 곱셈기 입력이 제공되기도 한다.

6.8 프로그래밍 비용

프로그램을 통한 FPGA의 제어는 꽤 많은 하드웨어 비용이 따라온다. SRAM 기반의 FPGA에서(예: Xilinx Virtex, Spartan 계열) SRAM은 로직 블록, 프로그래머블 연결, 프로그래머블 I/O 블록을 생성하는 데 사용된다. 최근 많은 FPGA에서 로직 블록들은 4변수 함수 생성기를 포함하고 있다. 4변수 함수 생성기는 16비트 SRAM이 들어간다. 논리 함수는 LUT에 적절한 값을 로딩함으로써 구현된다. 부가적으로 여러 개의 MUX가 사용되어 생성된 여러 함수로부터 선택하거나 래치 또는 래치되지 않은 출력들을 선택하거나 더 많은 변수 함수를 생성하는 데 사용된다. 하나의 SRAM 비트가 2:1 MUX의 선택 신호를 만들어내는 데 필요하고, 2개의 SRAM 비트는 4:1 MUX의 선택 신호를 만들어내는 데 필요하다. 그림 6-23의 로직 블록을 보자. 네모 속의 'M'자는 MUX를 프로그램하기 위한 메모리 셀을 표시한다. 메모리 셀은 외부의 클록 인에이블(clock-enable) 신호를 선택하는 데 사용된다. 또 다른 메모리 셀은 클록을 반전시키기 위해 사용된다. 로직 블록을 구성하

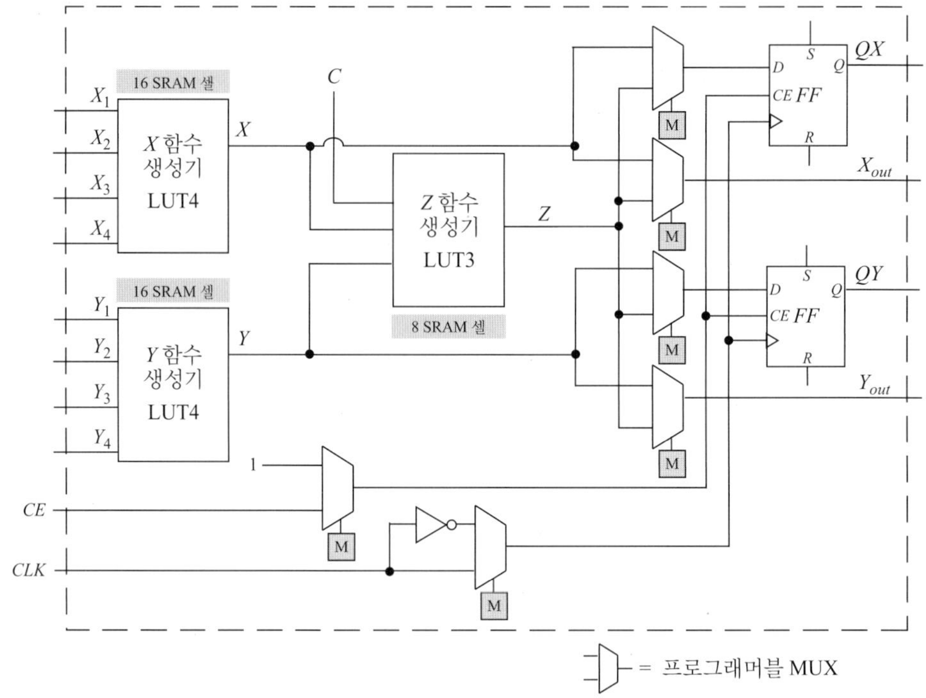

그림 6-23 여러 개의 프로그래머블 SRAM 셀을 가진 로직 블록

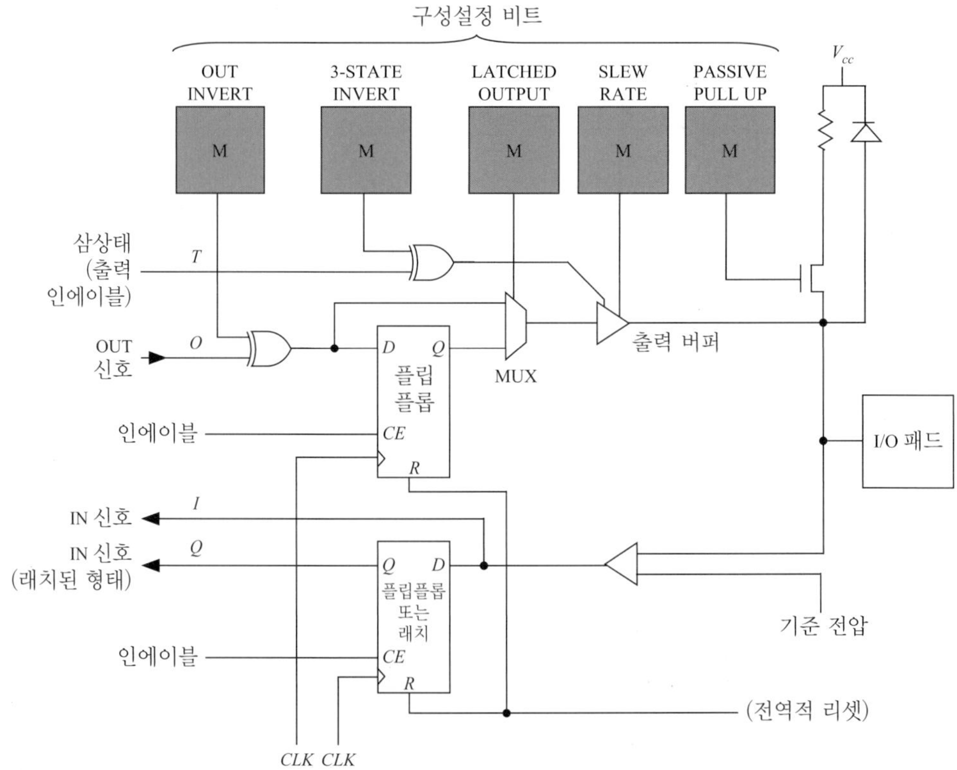

그림 6-24 FPGA I/O 블록의 프로그램 가능 지점('M'으로 표시한 네모들. Xilinx 기반)

기 위해 총 46개의 메모리 셀이 필요하다. 3개의 함수 생성기(LUT) 안의 메모리 셀 40개는 단순한 변수 하나짜리 함수나 복잡한 5변수 함수를 구현할 수 있다.

프로그래밍의 오버헤드(비용)를 보여주는 또 다른 예를 살펴보자. 그림 6-15는 Microsemi Fusion FPGA의 로직 블록을 보여준다. 그림 속의 각 스위치는 플래시 메모리 셀이 필요하다. 여러 종류의 플래시 메모리 셀은 로직 구성에 있는 프로그램을 위한 추가 비용이 된다.

I/O 블록들도 프로그램 가능한 여러 지점이 있다. 그림 6-24의 I/O 블록을 보자. 구성을 위한 메모리 비트들은 'M'이 포함된 네모에 있다. 그들은 삼상태 출력을 인에이블하고, 출력을 반전시키고, 출력을 래치시키고, 출력 신호의 슬루 레이트(slew rate)를 제어하고 풀업(pull-up) 저항을 구동시키는 등의 일을 한다.

각 SRAM 셀은 6개의 트랜지스터로 구성된다. 플래시 메모리 셀은 SRAM 셀에 비해 약 25%의 면적을 차지한다. 여러 개의 프로그램 가능한 지점들은 FPGA의 유연성을 증대

표 6-3 구성설정 비트 수와 FPGA 종류

벤더	소자 계열	소자	구성설정 비트 수	로직 블록 수	LUT 수	사용 가능한 I/O 핀
Xilinx	Kintex 7	7K70T	23M	10,250	41,000	300
		7K40T	143M	74,650	298,600	400
Xilinx	Artix 7	7A100T	29M	15,850	63,400	300
		7A200T	74M	33,650	134,600	500
Xilinx	Virtex-6	XC6VLX75T	26M	11,640	46,560	360
		XC6VLX760	177M	118,560	474,240	120
Xilinx	Virtex-5	XC5VLX30	8.4M	4,800	19,200	400
		XC5VLX330	79.7M	51,840	207,360	1200
Xilinx	Virtex-II	XC2V40	0.3M	256	512	88
		XC2V8000	26.2M	46,592	93,184	1108
Xilinx	Spartan 3E	XC3S100E	0.6M	960	1,920	108
		XC3S1600E	6.0M	14,752	29,504	376
Xilinx	Spartan 6	XC6SLX4	2.7M	600	2400	132
		XC6SLX150	33.9M	23,038	92,152	576
Altera	Stratix II	EP2S15	4.7M	6,240	12,480	366
		EP2S180	49.8M	71,760	143,520	1170
Altera	Stratix	EP1S10	3.5M	10,570	10,570	426
		EP1S80	23.8M	79,040	79,040	1238
Altera	Arria V	5AGXA1	71M	28,302	76,800	416
		5AGXB7	185.9M	190,240	516,096	704
Altera	Arria II	EP2AGX45	29.6M	18,050	45,125	364
		EP2AGX260	86.9M	102,600	256,500	612
Altera	Cyclone II	EP2C5	1.3M	4,608	4,608	158
		EP2C70	14.3M	68,416	68,416	622

시키지만 이러한 유연성에 SRAM 플래시 메모리 셀이 사용됨에 따라 비용이 따른다. 표 6-3은 Xilinx Spartan과 Virtex FPGA의 구성설정에 필요한 비트 수를 보여준다. Virtex-II FPGA와 XC2V40은 512개의 4변수 LUT를 갖고 있는데, 총 338976개의 구성설정 비트를 갖는다. 또 다른 Virtex-II FPGA인 XC2V8000은 93,184개의 4변수 LUT를 갖는데, 2천6백만 개의 구성설정 비트를 갖는다. 따라서 FPGA의 유연성과 프로그램을 위해 높은 비용이 따른다는 사실을 알 수 있다.

6.9 FPGA와 one-hot 상태 할당

FPGA 설계 시 사용되는 플립플롭의 수를 최소화하는 것이 중요하지 않을 수 있다. 대신에 사용된 논리 셀들의 전체 수 줄이기를 시도해야 하고, 셀들 사이의 상호연결 라인 수를 줄이려고 해야 한다. 좀 더 빠른 논리를 설계하기 위해, 각 논리식을 구현하는 데 필요한 셀들의 수를 줄여야 한다. one-hot 상태 할당을 사용하면 가능하다. one-hot 상태 할당은 인코딩된 상태 할당법보다 많은 플립플롭이 필요하지만 다음 상태 논리식은 간단하다.

one-hot 할당은 각 상태에 1개의 플립플롭을 사용한다. 그래서 N개의 상태를 갖는 상태 머신은 N개의 플립플롭이 필요하다. 정확하게 1개의 플립플롭만 각 상태에서 1로 설정한다. 예를 들면 4개의 상태를 갖는 시스템은 아래와 같은 상태 할당을 갖는 4개의 플립플롭을 사용한다.

$$T_0\text{: } Q_0Q_1Q_2Q_3 = 1000, \quad T_1\text{: } 0100, \quad T_2\text{: } 0010, \quad T_3\text{: } 0001 \tag{6-6}$$

4비트로 표현할 수 있는 나머지 12가지 조합들은 사용되지 않는다.

SM 차트의 링크 경로를 추적하거나 상태 그래프를 검사함으로써 다음 상태와 출력 방정식을 유도할 수 있다. 그림 6-25에서 주어진 상태 그래프의 일부분을 생각해보자. 플립플롭에 대한 다음 상태 식은 아래와 같이 쓸 수 있다.

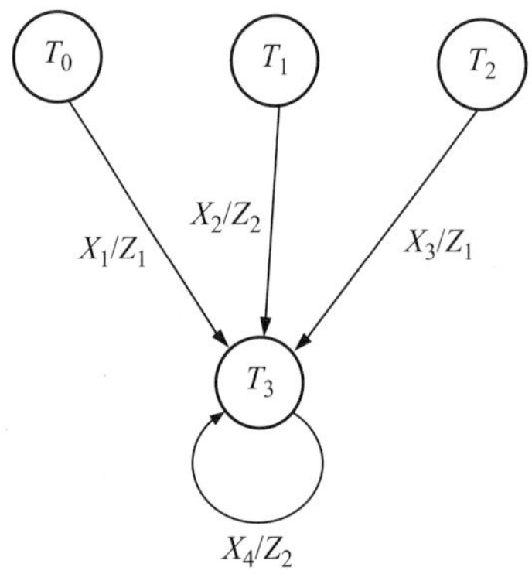

그림 6-25 부분 상태 그래프

$$Q_3^+ = X_1Q_0Q_1'Q_2'Q_3' + X_2Q_0'Q_1Q_2'Q_3' + X_3Q_0'Q_1'Q_2Q_3' + X_4Q_0'Q_1'Q_2'Q_3$$

그러나 $Q_0 = 1$은 $Q_1 = Q_2 = Q_3 = 0$을 의미하기 때문에, $Q_1'Q_2'Q_3'$ 항은 중복 표현(redundant)이어서 제거될 수 있다. 따라서 다음 상태 식은 아래와 같이 줄어든다.

$$Q_3^+ = X_1Q_0 + X_2Q_1 + X_3Q_2 + X_4Q_3$$

각 항에 정확히 1개의 상태 변수가 있음에 유의해야 한다. 마찬가지로, 각 출력 방정식의 각 항도 정확하게 하나의 상태 변수만 담고 있다.

$$Z_1 = X_1Q_0 + X_3Q_2, \qquad Z_2 = X_2Q_1 + X_4Q_3$$

one-hot 할당이 사용될 때, 각 플립플롭에 대한 다음 상태 방정식은 대응되는 상태로 이끄는 각 화살표에 대해(또는 그 상태로 이끄는 각 링크 경로에 대해) 하나의 항을 포함할 것이다. 일반적으로, 모든 다음 상태 방정식과 모든 출력 방정식에서의 각 항은 정확히 하나의 상태 변수를 포함할 것이다.

one-hot 할당이 사용될 때, 시스템을 리셋하는 데 모든 플립플롭을 0으로 리셋하는 대신에 하나의 플립플롭만 1로 설정하면 된다. 만약 사용된 플립플롭들이 PRESET 입력을 갖지 않는다면(Xilinx 3000 시리즈의 경우), Q_0를 Q_0'로 대체함으로써 one-hot 할당을 수정할 수 있다. 수정된 할당은 다음과 같다.

$$T_0\text{: } Q_0Q_1Q_2Q_3 = 0000, \qquad T_1\text{: } 1100, \qquad T_2\text{: } 1010, \qquad T_3\text{: } 1001 \tag{6-7}$$

그리고 수정된 논리식은 다음과 같다.

$$Q_3^+ = X_1Q_0' + X_2Q_1 + X_3Q_2 + X_4Q_3$$
$$Z_1 = X_1Q_0' + X_3Q_2, \qquad Z_2 = X_2Q_1 + X_4Q_3$$

one-hot 할당 방식을 수정하지 않고 리셋 문제를 해결하는 또 다른 방법은 플립플롭의 식에 출발 상태에서 '1'로 만들어진 또 하나의 항을 추가하는 것이다. 전원이 켜진 후 시스템이 상태 '0000'에 리셋되면 Q_0^+ 식을 유도하기 위해 또 다른 항 $Q_0'Q_1'Q_2'Q_3'$를 추가할 수 있다. 그러면 첫 번째 클록 후 상태는 '0000'에서 '1000'(T_0)으로 변하는데, 이것은 올바른 출발 상태이다.

일반적으로, 최소 상태 변수 할당과 one-hot 할당 중 어떤 것이 가장 작은 수의 논리 셀들로 구성되는 설계를 이끌어내는지 체크해야 한다. 그러나 만약 동작 속도가 중요하다면, 가장 빠른 논리를 유도하는 설계를 선택해야 한다. one-hot 할당이 사용되었을 때 더 많은 다음 상태 방정식이 필요하지만, 일반적으로 다음 상태와 출력 방정식들이 좀 더 적은 개수의 변수를 포함할 것이다. 좀 더 적은 변수를 갖는 방정식은 일반적으로 구현하는 데 있어 좀 더 적은 개수의 논리 셀들이 필요하다. 더 많은 셀이 직렬로 연결될수록 전파 지연은 길어지고 동작이 느려진다.

6.10 FPGA 용량: 최대 게이트 수 vs. 사용 가능한 게이트 수

설계자는 ASIC 세계에서 *X*개의 게이트를 사용하는 설계가 어떤 특정한 FPGA에 맞을지 알고 싶어한다. 설계자들에게 이런 질문에 답하도록 도와주기 위해 FPGA 벤더들은 FPGA의 용량 수치를 제공하는데, 등가적인 게이트 수 또는 로직 블록의 수이다. 알다시피 많은 FPGA는 게이트 어레이 구조로 만들어지지 않았다. 몇몇은 룩업 테이블의 단순 어레이 구조이다. 그러면 FPGA의 게이트 수는 무엇인가?

FPGA 사용자에게 그냥 단순히 FPGA를 구성하는 데 들어간 게이트 수는 중요하지 않다. 사용자에게 유용한 것은 특정 FPGA에 맞춰 들어갈 수 있는 회로의 수이다. 이것은 **등가 게이트 수**(equivalent gate count)라고 한다. 그러나 이런 형태의 사용 가능한 게이트 수는 회로의 형태와, 회로들 간의 연결 형태에 따라 달라진다. 따라서 이러한 게이트 카운트 산정은 매우 어렵다.

게이트 수는 여러 가지 방법으로 추정할 수 있다. 로직 블록 하나의 대략적인 등가 게이트 수는 하나의 로직 블록에서 구현된 회로들을 보면 추정 가능하다. 예를 들어 2:1 MUX는 4개의 게이트로 되어 있고 3입력 XOR는 6개의 게이트로 만들어진다. 4입력 XOR는 9개의 게이트로 구성되며 클리어 가능한 플립플롭은 6~7개의 게이트로 구성된다. FPGA에서 프로그래머블 로직에 사용되는 등가적인 게이트 수는 이와 같은 방법으로 얻어진다. 총 게이트 수는 등가 게이트 수에 사용되는 로직 블록 수를 곱함으로써 계산된다. 이 게이트 수는 실제 FPGA에 사용되는 게이트 수보다는 많다.

게이트 수를 추정하는 좀 더 나은 방법은 벤치마크 회로를 사용하는 것이다. **PREP** (Programmable Electronics Performance Company)는 ASIC이나 FPGA의 벤치마킹을 위해 사용되는 표준 벤치마크 회로의 구성체이다. 어떤 회로가 ASIC에서 2000개의 게이트가 필요하다고 가정하자. 어떤 FPGA가 이 회로를 20개 정도 넣을 수 있다면 FPGA 제조사는 그 FPGA의 최대 게이트 수를 40K로 추정할 수 있다. 그런데 이 추정 값은 단순히 계산되었고 회로들 간의 실제 연결회로가 없으므로 이 숫자는 FPGA에 구성될 실제 회로의 게이트 수보다 높을 것이다. 몇몇 FPGA 제조사들은 최대 게이트 수에 가중치를 두어 일반적인 게이트 수를 제공한다.

로직이 LUT로 구현된 FPGA의 게이트 수를 추정하는 일은 매우 어렵다. 4입력 LUT는 4변수 논리 함수를 구현하거나 또는 16비트 정보를 저장하는 데 사용될 수 있다. LUT들이 RAM으로 사용될 때 많은 게이트가 사용될 것이다. 따라서 RAM으로 사용되는 LUT

개수에 따라 같은 FPGA라도 다른 게이트 수가 사용될 수 있다. 제조사들은 RAM을 CLB의 20~30% 정도로 가정하여 '시스템 게이트'를 계산한다.

Altera는 APEX 계열 제품의 두 종류 게이트 수에 대한 정보를 주는데, 바로 최대 게이트 수와 사용 가능한 게이트 수이다. APEX II는 최대 게이트 수가 1,900,000개부터 5,250,000개에 이른다. 그러나 일반적으로 게이트 숫자는 60만 개에서 300만 개로 발표한다. 몇몇 FPGA 제조사는 칩 용량을 게이트 수보다 로직 블록 수(로직 요소)로 제공한다.

PREP 벤치마크

PREP(Programmable Electronics Performance Company)는 프로그래밍 가능한 ASIC용 벤치마크를 모으고 제공하는 비영리단체이다. PREP 1.3에 들어 있는 9개의 PREP 벤치마크 회로는 다음과 같다.

1. 4:1 MUX와 레지스터, 시프트 레지스터로 구성된 8비트 데이터 경로
2. 2개의 레지스터, 4:1 MUX, 카운터, 비동기로 구성된 8비트 타이머 카운터
3. 소형 상태 머신(8개 상태, 8개 입력, 8개 출력)
4. 대형 상태 머신(16개 상태, 8개 입력, 8개 출력)
5. 4×4 곱셈기, 8비트 가산기, 8비트 레지스터로 구성된 ALU
6. 16비트 누산기
7. 동기형 로드와 인에이블 기능을 가진 16비트 카운터
8. 로드와 인에이블 기능을 가진 16비트 프리스케일 카운터
9. 16비트 어드레스 디코더

PREP 비트 슬라이스 프로세서, 곱셈기, R4000 MIPS RISC 마이크로프로세서 등이 포함된 합성 벤치마크도 제공한다. PREP 회로는 현재의 FPGA에 비해 매우 작다. 최근에는 PREP의 활동이 보고되지 않고 있다.

6.11 설계 변환(합성)

이 장의 앞부분에서는 설계된 것을 FPGA 로직 블록에 손으로 직접 매핑했다. 이러한 과정은 마이크로프로세서에 어셈블리 언어를 쓰는 것과 비슷하다. 즉, 과정이 지루하다. 이러한 설계 과정으로 시스템을 구현한다면 설계자의 생산성이 매우 낮을 것이다. 현재 대부분의 프로그램이 상위 레벨 언어인 C로 작성되어 컴파일러로 변환되듯이, 대부분의 디지털 설계는 동작서술형 또는 RTL 레벨에서 작성된 다음 목표 제품에 변환 구현된다. 이것은 FPGA와 ASIC 설계 모두에 해당된다.

현재 많은 CAD 툴이 Verilog/VHDL 서술을 받아서 자동으로 회로 구현으로 바꿔준다. 이 과정을 **합성**(synthesis)이라 한다. 즉, 상위 레벨의 설계 서술을 회로로, 특히 로직 설계도로 바꿔주는 것을 합성이라 한다. CAD 툴의 입력은 동작서술형 또는 구조적 VHDL/

Verilog 모델이다. 합성 후 출력은 연결선이 포함된 로직 설계 도면이다. 이 설계 도면은 게이트, 플립플롭, 레지스터, 카운터, MUX, 가산기를 비롯한 기본 로직들 간의 연결 형태로 보여준다. 이러한 것을 **넷리스트**(netlist)라 한다. 이 넷리스트를 이용하여 FPGA, CPLD, 또는 ASIC에 구현할 수가 있다.

전형적인 CAD 플로우는 다음 단계로 진행된다.

- 설계 합성 및 최적화
- 매핑
- 배치
- 배선

이 과정은 그림 6-26에 나타내었다. 이번 절에서는 설계 합성과 최적화 과정을 살펴볼 것이다. 매핑, 배치, 배선은 다음 절에서 설명한다.

Verilog/VHDL 코드가 컴파일되고 시뮬레이션이 제대로 진행되더라도 합성이 제대로 된다는 보장은 없다. 합성이 되더라도 결과가 썩 효율적이지 않을 수도 있다. 일반적으로 합성 툴은 Verilog/VHDL의 일부분만 입력으로 받아들인다. 따라서 적절히 Verilog/VHDL 서술에서 변화를 주어야 합성 툴이 코드를 이해하게 된다. 그리고 효율적인 회로

그림 6-26 CAD 설계 플로우

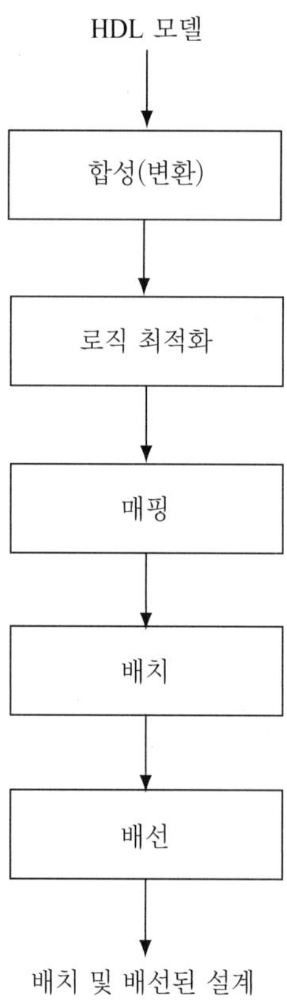

구현을 위해 Verilog/VHDL 코드를 많이 수정해야 할 때도 있다.

Verilog에서 신호는 플립플롭이나 레지스터의 출력을 나타내거나 조합논리의 출력을 표현한다. 합성 툴은 코드로부터 의도된 로직이 무엇인지 결정하게 된다. 예를 들어 동시진행문

```
assign A = B & C;
```

는 조합 논리를 사용하여 *A*를 구현해야 함을 의미한다. 반면에 순차처리문의 경우 always 문 내부에 나타내며, *A*는 클록의 상승 에지에 상태가 바뀌는 레지스터(또는 플립플롭)로 서술된다.

```
always @(posedge CLK)
begin
  A = B & C;
end
```

대부분 Verilog 합성기는 Verilog의 각 라인을 별다른 최적화 과정을 거치지 않고 게이트, 레지스터, MUX 및 기타 로직 요소로 변환한다. 그 다음 단계로 최적화 과정을 진행한다. 합성기는 특정 Verilog 구문을 특정 하드웨어로 변환한다. 예를 들어 case 문은 MUX로 변환한다. '+', '−', 비교문 등은 가산기를 구현하고, 시프트 동작은 시프트 레지스터로 구현한다.

Verilog 코드의 최초 변환 과정과 최적화 과정에서 합성기는 라이브러리 내에 사용 가능한 컴포넌트를 선택한다. 여러 개의 컴포넌트 라이브러리는 다른 기술을 사용할 때 적용할 수 있다. ASIC 설계는 저전력이나 소면적, 또는 고속 동작의 목표를 가진 회로들을 라이브러리에 포함할 수 있다. 구체적 설계 목표에 따라 합성 과정은 면적, 전력 소비, 동작 속도 등 구체적 요구 조건에 맞도록 맞춰진다. 물론 이러한 목표들은 세 가지 목표 간에 조정이 이루어져야 하고 요구 조건에 따라 우선하는 설계 목표가 달라진다.

case 문의 합성

그림 6-27의 예에서는 case 문을 MUX와 그 외 게이트로 합성하는 방법을 알아본다. 이때 Synopsys Design Compiler라는 합성 툴을 사용했다. 그림 6-27(a)는 코드를 보여준다. 정수 *a*와 *b*는 2비트 이진수로 구현되며, 2개의 4:1 MUX가 필요하다. *a*의 2비트는 MUX의 제어 신호로 사용된다. MUX 입력은 1 또는 0을 직접 입력한다. 그림 6-27(b)는 합성기로 만들어진 하드웨어를 보여준다.

대부분의 최신 합성기는 생성되는 회로를 최소화하기 위해 최적화 과정을 거친다. MUX 입력은 정해진 값이므로 그림 6-27(c)의 진리표를 이용하여 MUX나 로직 게이트를 줄일 수 있다. 최적화된 출력 방정식은 $b_1 = a_1'a_0 = (a_1 + a_0')'$, $b_0 = (a_1a_0')'$이다. 최적화된 회로는 NOR, NAND, NOT 게이트만으로 구성할 수 있다. 그림 6-27(d)는 최적화 후의 최종 회로를 보여준다.

그림 6-27 case 문 합성

```
module case_example (a, b);

   input[1:0] a;
   output[1:0] b;
   reg[1:0] b;

   always @(a)
   begin
      case (a)
         0 :
                  begin
                     b <= 1 ;
                  end
         1 :
                  begin
                     b <= 3 ;
                  end
         2 :
                  begin
                     b <= 0 ;
                  end
         3 :
                  begin
                     b <= 1 ;
                  end
      endcase
   end

endmodule
```

(a) case 예제의 Verilog 코드

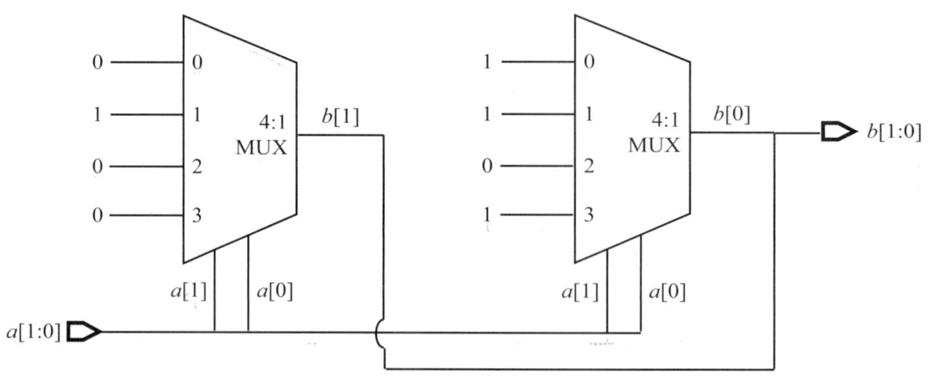

(b) 최적화 전 합성된 회로

a_1	a_0	b_1	b_0
0	0	0	1
0	1	1	1
1	0	0	0
1	1	0	1

$$b_1 = a_1' \cdot a_0$$
$$= (a_1 + a_0')'$$
$$b_0 = (a_1 \cdot a_0')'$$

(c) 로직 최적화

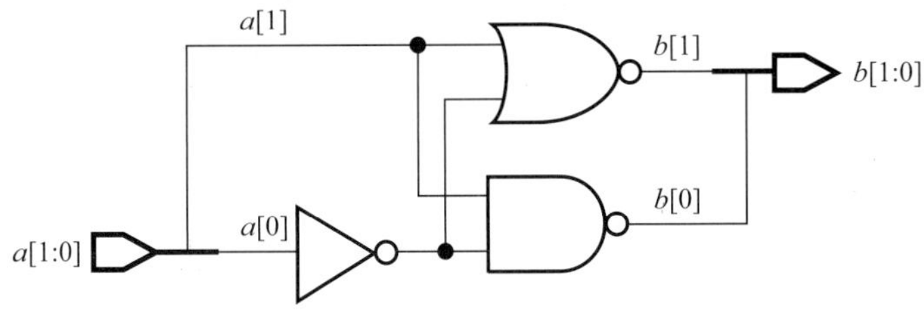

(d) 최적화 후 합성된 회로

의도하지 않은 래치의 생성

일반적으로 Verilog 신호가 값을 할당할 때 새로운 값이 할당되기 전까지 그 값을 유지한다. 이러한 성질 때문에 몇몇 합성기는 설계자가 의도하지 않은 래치를 만들어낸다. 그림 6-28(a)는 의도하지 않은 래치를 만들어내는 case 문을 사용한 예를 보여준다. case 문은 4:1 MUX를 만들어내는데, 각 입력이 case별로 지정된다. 선택 신호는 a 값에 의해 결정된다. a가 0, 1, 2가 아니면 b 값이 정의되지 않으므로 $a=3$일 때 합성기는 b 값이 래치로 유지되는 것으로 생각한다.

$a=3$일 때 앞에서 정해진 b 값이 출력으로 사용된다. 따라서 D 입력이 a_0인 래치가 필요해진다. 래치의 값을 홀드하기 위해 $a=3$일 때 래치 게이트 제어 신호 G는 0이 되어야 한다. 따라서 $G=(a_1a_0)'$이다. 그러므로 합성기는 그림 6-28(c)와 같이 4:1 MUX와 래치를 만들어낸다. 그림 6-28(b)와 같이 $a=3$인 경우 Verilog 코드 b <= 1'b0를 넣음으로써 래치 생성을 방지할 수 있다. 코드를 수정할 경우 대부분의 합성기는 MUX만 만들어낸다.

그림 6-28 의도하지 않은 래치 생성의 예

```
module latch_example (a, b);

   input[1:0] a;
   output b;
   reg b;

   always @(a)
   begin
      case (a)
         0 :
                     b <= 1'b1 ;
         1 :
                     b <= 1'b0 ;
         2 :
                     b <= 1'b1 ;
      endcase
   end

endmodule
```

(a) 래치를 만들어내는 Verilog 코드

```
module latch_example (a, b);

   input[1:0] a;
   output b;
   reg b;

   always @(a)
   begin
      case (a)
         0 :
                  begin
                     b <= 1'b1 ;
                  end
         1 :
                  begin
                     b <= 1'b0 ;
                  end
         2 :
                  begin
                     b <= 1'b1 ;
                  end
         3 :
                  begin
                     b <= 1'b0 ;
                  end
      endcase
   end

endmodule
```

(b) 래치를 만들어내지 않는 Verilog 코드

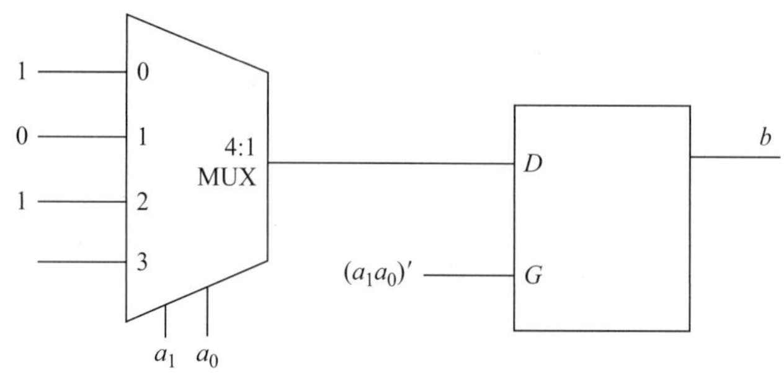

(c) 코드 (a)로 합성된 회로

a_1	a_0	b
0	0	1
0	1	0
1	0	1
1	1	이전 값 b

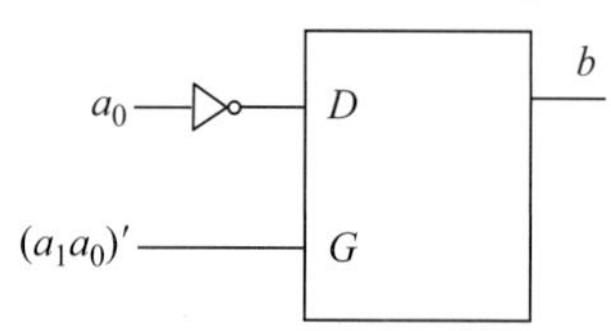

(d) 코드 (a)의 최적화된 회로

a_1	a_0	b
0	0	1
0	1	0
1	0	1
1	1	0

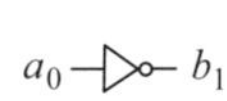

$b_1 = a_0'$

(e) 코드 (b)의 최적화된 회로

대부분의 최신 합성기는 최적화 과정을 통해 로직을 줄인다. 위의 예제에서처럼 4:1 MUX를 만들지 않고 좀 더 단순화된 회로를 만든다. 그림 6-28(d)의 진리표를 활용하여 최적화된 로직을 만든다. a가 0, 1, 2일 때 $b = a_0'$임을 알 수 있다. 최적화된 합성기는 그림 6-28(e)와 같이 하나의 NOT 게이트를 만들어낸다. $a = 3$인 경우를 넣지 않으면 이 최적화 합성기는 그림 6-28(d)처럼 래치를 만들어낸다.

if 문의 합성

`if` 문이 사용되면 조건에 따라 규정되는 값이 달라지므로 주의해야 한다. 예를 들어 설계자가

```
if (A == 1'b1)
begin
  Nextstate <= 3;
  Z <= 1;
end
```

라고 코딩하면, $A \neq 1$인 경우 *Nextstate*는 그 전 값을 유지하리라 가정하고 실제 시뮬레이션도 올바르게 나온다. 그러나 합성기는 이 코드를 $A \neq 1$인 경우 *Nextstate*가 미지(unknown, X) 값으로 해석하고 합성 결과가 틀릴 수도 있다. 또한 Z에 대해 래치를 만든다. 이러한 이유 때문에 모든 `if` 문에 `else` 절을 포함시켜야 한다. 예를 들어

```
if (A == 1'b1)

begin
  Nextstate <= 3;
  Z <= 1;
end
else
begin
  Nextstate <= 2;
  Z <= 0;
end
```

로 코딩하면 명확해진다.

그림 6-29의 예는 전형적인 합성기가 MUX와 게이트를 사용하여 `if-then-else if-else` 문을 어떻게 구현하는지 보여준다. 그림 6-29(b)는 여러 입력 조합에 대응하는 진리표이다. $A = 1$일 때 C가 선택되고, $A = 0$이고 $B = 0$일 때 D가 선택된다. $A = 0$이고 $B = 1$일 때 E가 선택된다. 그림 6-29(c)는 합성된 하드웨어를 보여준다. A와 B는 MUX의 선택 신호로 사용된다.

그림 6-29 if 문의 합성

```
module if_example (A, B, C, D, E, Z);

   input A;
   input B;
   input[2:0] C;
   input[2:0] D;
   input[2:0] E;
   output[2:0] Z;

   reg[2:0] Z;

   always @(A or B)
   begin
      if (A == 1'b1)
      begin
         Z <= C ;
      end
      else if (B == 1'b0)
      begin
         Z <= D ;
      end
      else
      begin
         Z <= E ;
      end
   end

endmodule
```

(a) if 문을 사용하는 Verilog 코드

A	*B*	*Z*
0	0	*D*
0	1	*E*
1	0	*C*
1	1	*C*

(b) 등가 진리표

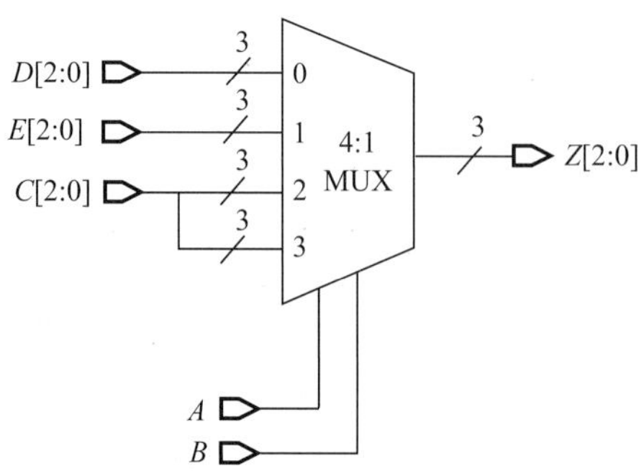

(c) 코드 (a)로 합성된 하드웨어

예제 다음 구문이 만들어내는 하드웨어 구성은 어떻게 되는가?

```
assign LE = (A <= B);
```

*A*와 *B*는 4비트 벡터라고 가정하라.

풀이

4비트 비교기이다. <= 표시는 할당문을 나타낸다. *A*와 *B* 사이의 <=는 관계 연산자이다. 할당문 우측 항은 *A*가 *B*보다 작거나 같으면 참(TRUE) 또는 1을 되돌려준다. 따라서 *A*가 *B*보다 작거나 같으면 *LE*는 1로 설정된다. 그렇지 않으면 *LE*는 0가 될 것이다.

동일한 하드웨어를 만들기 위해 `always` 블록 내부에 다음과 같은 구문을 사용할 수 있다.

```
LE <= (A <= B);
```

이 구문은 2개의 <= 심볼이 다른 의미를 가지므로 혼동될 수 있다. 첫 번째 <= 심볼은 할당 동작으로 사용되고, 두 번째 심볼은 관계 동작을 나타낸다.

대부분의 표준 비교기는 EQUAL_TO(*EQ*), GREATER_THAN(*GT*), LESS_THAN(*LT*) 출력을 낸다. 이 경우 *LE*는 EQUAL_TO와 LESS_THAN이 참이면 1이 된다. 그림 6-30은 하드웨어를 보여준다.

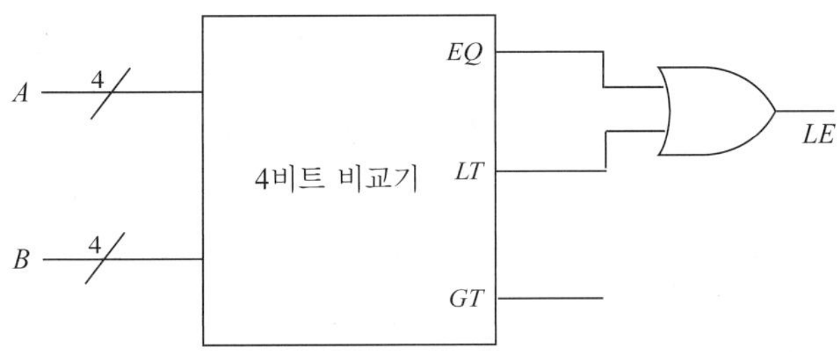

그림 6-30 Less Than 또는 Equal To 검사기

산술 로직들의 합성

합성용 CAD 툴은 `numeric` 패키지에 정의된 동작을 구현하는 컴포넌트들을 포함한 설계 라이브러리를 갖고 있다. 이 코드가 합성되었을 때 결과는 4비트 비교기, 누산기를 가진 4비트 이진 가산기, 4비트 카운터 등을 구현하는 라이브러리 컴포넌트를 갖게 된다. 어떤 합성 툴은 0001 입력을 가진 4비트 가산기와 카운터를 구현한 다음 불필요한 게이트를 제거하는 방법으로 최적화할 것이다. 그림 6-31(b)에 합성된 하드웨어를 나타내었다.

그림 6-31 합성과 해당 하드웨어를 위한 Verilog 코드 예제

```
module examples (clock, A, B, ge, acc, count);

   input clock;
   input[3:0] A;
   input[3:0] B;
   output ge;
   inout[3:0] acc;
   inout[3:0] count;

   reg[3:0] acc_temp;
   reg[3:0] count_temp;

   assign acc = acc_temp;
   assign count = count_temp;

   assign ge = (A >= B) ;

   always @(posedge clock)
   begin
      acc_temp <= acc + B ;
      count_temp <= count + 1 ;
   end

endmodule
```

(a) Verilog 코드

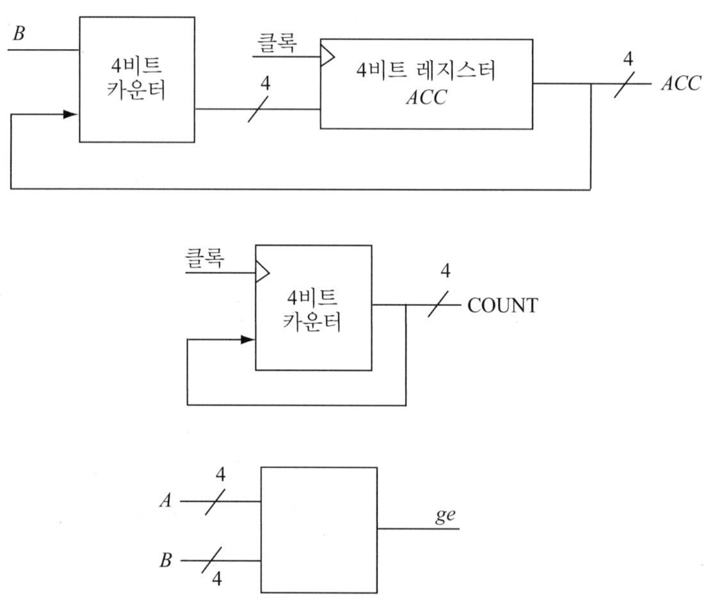

(b) 코드 (a)로 합성된 하드웨어

예제 A가 4비트 벡터임을 가정하고, 다음 문장의 최적화된 하드웨어를 생성하라.

```
assign EQ3 = (A == 3);
```

풀이

4비트 비교기가 사용된다. 비교기의 하나의 입력은 A이고, 다른 입력은 3(즉, 0011)이다. 하나의 입력이 상수인 3임을 알고 있으므로 그림 6-32처럼 AND 게이트와 2개의 인버터를 만들어내어 최적화한다.

어떤 합성기는 이러한 최적화된 하드웨어를 자동으로 못 만들 수도 있다. 이 경우 Verilog 코드를 바꾸어 쓰면 그림 6-32와 같은 4입력 AND 게이트를 만들어낸다.

```
assign EQ3 = ~A[3] & ~A[2] & A[1] & A[0];
```

다른 종류의 기술을 사용하면 다른 방법의 최적화가 필요하다. 예를 들어 절대(absolute) 게이트 수를 줄이는 것은 게이트 기반 목표 기술에 있어 중요하다. 그러나 LUT를 사용하는 FPGA를 목표로 하면 최적화는 게이트 수 줄이는 것을 고려하지 않는다. 이 경우 최적화된 LUT의 개수를 줄여야 한다.

여러 종류의 FPGA는 예를 들어 내장된 곱셈기 같이 구체적인 산술부를 포함한다. 이러한 FPGA의 합성 툴은 이러한 하드웨어부에 직접 매핑되도록 함수들을 인식한다. 6.7절에서 곱셈기 합성에 대해 서술했다. 캐리 체인의 사용은 합성 툴이 다룰 수 있는 또 다른 FPGA를 사용한 설계에서 최적화 방법 중 하나이다.

그림 6-32 등가 체커 회로로 최적화된 하드웨어

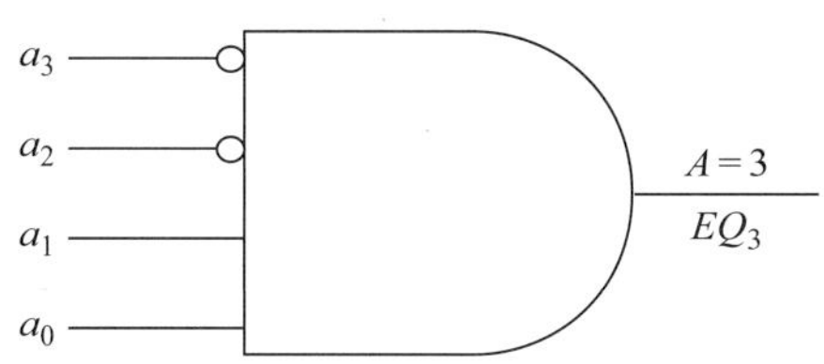

면적, 전력 소비, 지연 시간 최적화

대부분의 Verilog 합성기는 최대 동작 속도 또는 최소 칩 면적 등으로 최적화할 수 있다. 전력 소비 또한 면적 및 지연 시간과 더불어 중요한 설계 사양이 되었다. 일반적으로 하나의 설계 사양을 최적화하면 그 밖의 조건들이 나빠진다. 즉, 동작 속도를 빠르게 하면 면적이 넓어진다. 동작 속도를 향상하려면 직렬로 동작하던 것을 병렬로 처리한다. 따라서 동작 속도가 향상된다는 것은 많은 수의 로직 컴포넌트가 사용된다는 뜻이다. 4비트 덧셈 동작을 하는 직렬 가산기와 빠른 동작 속도로 많은 하드웨어가 소비되는 완전 병렬 4비트 가

산기를 비교하면 알 수 있다. 면적을 최적화할 때 컴포넌트 수를 줄여야 하는데, 이것은 **최장 경로**(critical path)를 증가시킨다. 최장 경로는 회로에서 최대 지연 시간을 의미한다.

> **CAD 툴의 주요 제공사**
> - Cadence
> - Synopsys
> - Mentor Graphics

CAD 툴은 게이트 라이브러리를 통합한다. 라이브러리들은 면적, 속도, 전력 소비 등의 조건에 여러 가지 옵션을 제공한다. 게이트와 빌딩 블록이 면적, 속도, 전력 소비 등의 개별 조건에 최적화되어 생성되고 2개 또는 그 이상의 최적화 조건에 따라 생성되기도 한다. 설계자의 사양에 따라 라이브러리 내의 적절한 설계 요소들이 사용된다.

면적과 지연 시간은 최적화 시 서로 상반된 조건이 된다. 에너지와 지연 시간은 서로 역비례한다. **면적-시간**(Area-Time, AT) 곱과 **에너지-지연 시간**(Energy-Delay, ED) 곱은 회로에 대한 중요한 척도이다. **AT²**과 **ED²** 또한 회로와 시스템의 중요한 척도가 된다.

> **FPGA 툴의 주요 제공사**
> - Xilinx
> - Altera
> - Microsemi
> - Lattice

면적과 지연 시간 또는 에너지와 지연 시간이 서로 반비례 관계에 있으나 면적, 지연 시간, 전력 소비를 동시에 개선하는 최적화 방법이 존재한다. 예를 들어 그림 6-27(b)에서 (d)까지 보인 최적화와 그림 6-28(c)에서 (e)까지의 최적화를 보자. 이러한 로직 레벨에서의 최적화는 보다 적은 하드웨어, 보다 적은 면적, 보다 적은 전력 소비, 최소화된 최장 경로 등을 달성하는 데 사용된다.

FPGA를 이용하여 설계할 때 개별 게이트를 최적화하는 것은 제일 좋은 방법이 아니다. 예를 들어 함수 최소화를 생각하자. SRAM FPGA에서는 표현식에서 변수를 줄이는 것이 중요하다. 논리식에서 항의 개수를 줄이는 것은 필요하지 않다. 왜냐하면 전체 진리표가 LUT 형식으로 저장되기 때문이다.

6.12 매핑, 배치, 배선

설계가 합성되고 넷리스트가 생성되면 특정 구현 기술에 매핑되어야 한다. 구현 기술은 게이트 어레이, FPGA, CPLD, ASIC 등이 있다. 매핑, 배치, 배선은 이러한 적절한 구현 기술로 변환하는 데 중요한 3단계이다.

매핑

매핑은 설계를 목표 기술 관련 회로로부터 목표 기술과는 무관한 회로로 구현하는 것이다. 알다시피 설계는 다양한 방법으로 구현이 가능하다(MUX, ROM, LUT, NAND 게이트, NOR 게이트, AND-OR 게이트 등을 사용하여). 또한 이러한 여러 방법을 조합하여 구현할 수 있다.

만약 표준 셀 기반의 게이트 어레이를 사용하면, 넷리스트는 표준 셀에 매핑된다. LUT 기반의 FPGA를 사용하면 설계는 LUT에 매핑된다. 4:1 MUX의 FPGA를 사용하면 설계는 MUX 구조로 매핑된다. 목표 기술이 그 입력 NAND 게이트만 있으면 설계는 2입력 NAND 게이트 회로로 매핑된다. 이 장의 초반부에서 시프트 레지스터와 MUX를 어떻게

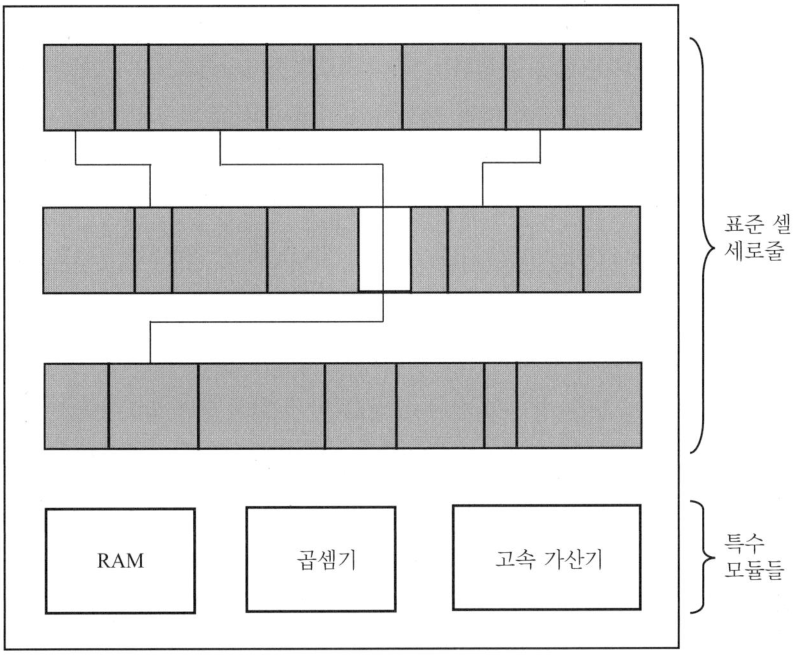

그림 6-33 표준 셀 레이아웃의 예제

매핑하는지 알아봤다. CAD 툴은 매핑 소프트웨어를 사용하여 매핑 작업을 수행한다.

> **표준 셀 방식**
>
> 표준 셀 설계는 집적회로 설계에서 잘 사용되는 방식이다. 설계는 표준 로직 게이트의 라이브러리에 매핑된다. 일반적으로 NOT, AND, NAND, OR, NOR, XOR, XNOR 등이 들어 있다. 또한 MUX, 디코더, 인코더, 비교기, 카운터 등의 주요 표준 빌딩 블록과 복잡한 함수 기능이 포함되어 있다. 설계는 라이브러리에 있는 셀들로만 매핑이 가능하다. 그림 6-33과 같이 배선 채널 간격을 두고 일렬로 배치된다. 셀들 간의 연결만을 위한 셀도 있다. 그러한 셀은 'feedthrough' 셀이라고 한다. 좀 더 효과적인 표준 셀 방식을 위해 셀의 높이가 같아야 한다. 메모리 모듈이나 산술 모듈 등이 포함되기도 한다.

배치와 배선

배치(placement)는 매핑되어 정해진 조직과 I/O들을 목표 기술로 구현하는 과정에서 물리적 위치를 정하는 과정을 말한다. 설계에서 하부 블록들의 위치를 결정하는 것이다. 배치 선택은 매우 중요하다. 왜냐하면 로직 위치에 따라 배선이 달라지기 때문이다. 좋은 배치 알고리즘은 면적과 지연 시간을 줄여준다. 면적과 지연 시간은 배선에 의해 결정된다. 배치 알고리즘은 배선 길이를 추정하고 적절한 배치를 결정한다. 복잡한 배치 알고리즘은 실행 시간이 너무 오래 걸리기 때문에 적절하지 않다.

배선(routing)은 하부 블록들 간의 연결 과정을 말한다. 배선 알고리즘은 배치에 따라 크게 좌우되고 따라서 배치와 배선은 같이 진행된다. 배선은 다단계로 진행된다. 글로벌 배선 결정은 최소 배선 길이 알고리즘이 적용되고 세부 부분별 배선이 이루어진다. 최초의 일부분이 바뀌면 그에 따른 점차적인 배선 방법이 유용하다.

일반적으로 배선을 수행하는 데 휴리스틱스(heuristics)가 사용된다. 대부분의 배치 방법은 초기 해(solution)에 따라 시작하고 다른 배치에 따른 개선을 시도한다. 예를 들어 2개의 블록 배치를 바꾸어 배선 길이를 추정하고 개선되는지 체크한다. 더 이상 개선되지 않을 때까지 이러한 과정이 계속 반복된다.

배치와 배선 과정에서 **시뮬레이티드 어닐링**(simulated annealing) 기법이 사용된다. 원래 '어닐링'은 금속학에서 사용되는 용어이다. 시뮬레이티드 어닐링 알고리즘은 큰 상태 공간에서 빠르고 효과적으로 최적화된 해법을 찾는다. 이것은 최적화된 해법을 보장하진 못하지만 모든 방법을 다 시도해보는 것보다 훨씬 짧은 시간에 글로벌 최소값(global minimum)에 가까운 해법을 제공한다. 시뮬레이티드 어닐링 방법은 해결 가능한 해법(반드시 최적은 아니지만)으로부터 출발한다. 다음으로 무작위 변화(permutation)를 통해 좀 더 나은 해법을 찾는다. **반복적 개선**(iterative improvement) 알고리즘은 각 단계에서 좀 더 나은 해법만 받아들인다. 이렇게 보다 좋은 방법만 받아들이는 알고리즘을 **그리디 알고리즘**(greedy algorithm)이라 한다. 만약 좀 더 나은 배치만 진행하면 로컬 최소값(local minimum)에 갇히게 된다. 따라서 때로 나쁜 방법도 받아들여 글로벌 최소값에 도달되도록 한다.

나쁜 방법을 알고리즘에 채택하는 것은 바람직하지 못하다. 이러한 위험성은 시뮬레이티드 어닐링 과정 초기에는 적용 가능하지만, 단계가 진행될수록 좋은 방법을 택해야 한다. 왜냐하면 단계가 올라갈수록 알고리즘에서 점차 시간이 더 걸리기 때문이다. 시뮬레이티드 어닐링 알고리즘에는 금속학에서처럼 온도 개념이 포함된다. 초기에 온도가 높다가 점차 감소한다. 시뮬레이티드 어닐링 알고리즘은 온도에 따라 위험성이 있는 알고리즘이다. 온도가 줄어들면 나쁜 방법을 채택하는 확률이 줄어든다. 결국 알고리즘은, 좋은 방법만 받아들이는 그리디 알고리즘이 된다. 그림 6-34는 시뮬레이티드 어닐링과 반복적 개선 알고리즘의 차이를 보여준다. *y*축은 비용(성능 지수)을 나타낸다. *x*축은 배선 과정의 단계수를 표시한다.

시뮬레이티드 어닐링 배치-배선 알고리즘에서 초기 배치가 가정되고 다른 배치를 쓸 경우 비용이 추정된다. 일반적으로 배치의 비용은 배선양을 나타낸다. 단계별 좋은 해법은 보다 나은 비용을 발생시키는 것이다(예: 배선 길이).

설계의 매핑과 배선은 툴의 알고리즘과 사용자 측의 로직 세밀도에 달려 있다. 그림 6-35는 배선이 완료된 FPGA를 보여준다(5장의 주사위 게임을 Xilinx FPGA XC3000으로 배선한 것이다). 주변부의 네모들은 I/O 블록을 나타낸다. 그림에서 확실히 알 수 있듯이 왼쪽 상단 구석 쪽의 I/O와 아래쪽 I/O가 사용되었다. 로직 블록은 중앙 부분의 것이 주로 사용되었다. 합성 툴은 사용한 로직 개수와 사용률, 플립플롭의 사용 개수와 사용률 등을 제공한다.

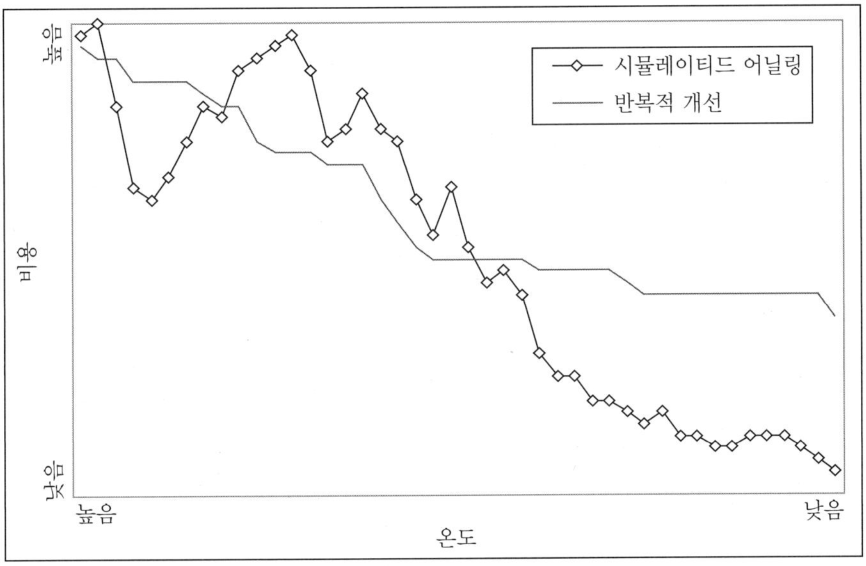

그림 6-34 시뮬레이티드 어닐링 기법과 반복적 개선 알고리즘의 비교

FPGA의 사용 효율성은 로직 블록의 특성, 매핑 툴의 효용성, 배선, 배선 효율성 등에 좌우된다. 로직 블록의 로직 세밀도가 낮으면 로직 블록의 부분들이 사용되지 않을 확률이 높다. 예를 들어 그림 6-5에서 시프트 레지스터는 함수 생성기의 많은 부분을 활용하지 않았다. 마찬가지로 그림 6-2, 6-4의 MUX 설계에서 플립플롭을 사용하지 않았다.

이 장에서는 여러 종류의 FPGA와 설계 과정을 설명했다. 최근에는 고성능의 CAD 툴이 존재하지만 먼저 CAD 툴의 기본 원리를 알 수 있도록 손으로 하는 설계 과정을 살펴봤다. 그리고 여러 개의 변수를 가진 함수를 적은 변수를 가진 함수 여러 개로 분해하여 설계하는 방법을 알아봤다. 내장형 메모리, 내장형 곱셈기, 캐리, 캐스케이드 체인이 장착된 최신 FPGA도 설명했다. 합성, 매핑, 배치, 배선 과정에 대한 전반적인 내용을 설명했다.

그림 6-35 배선이 완료된 FPGA

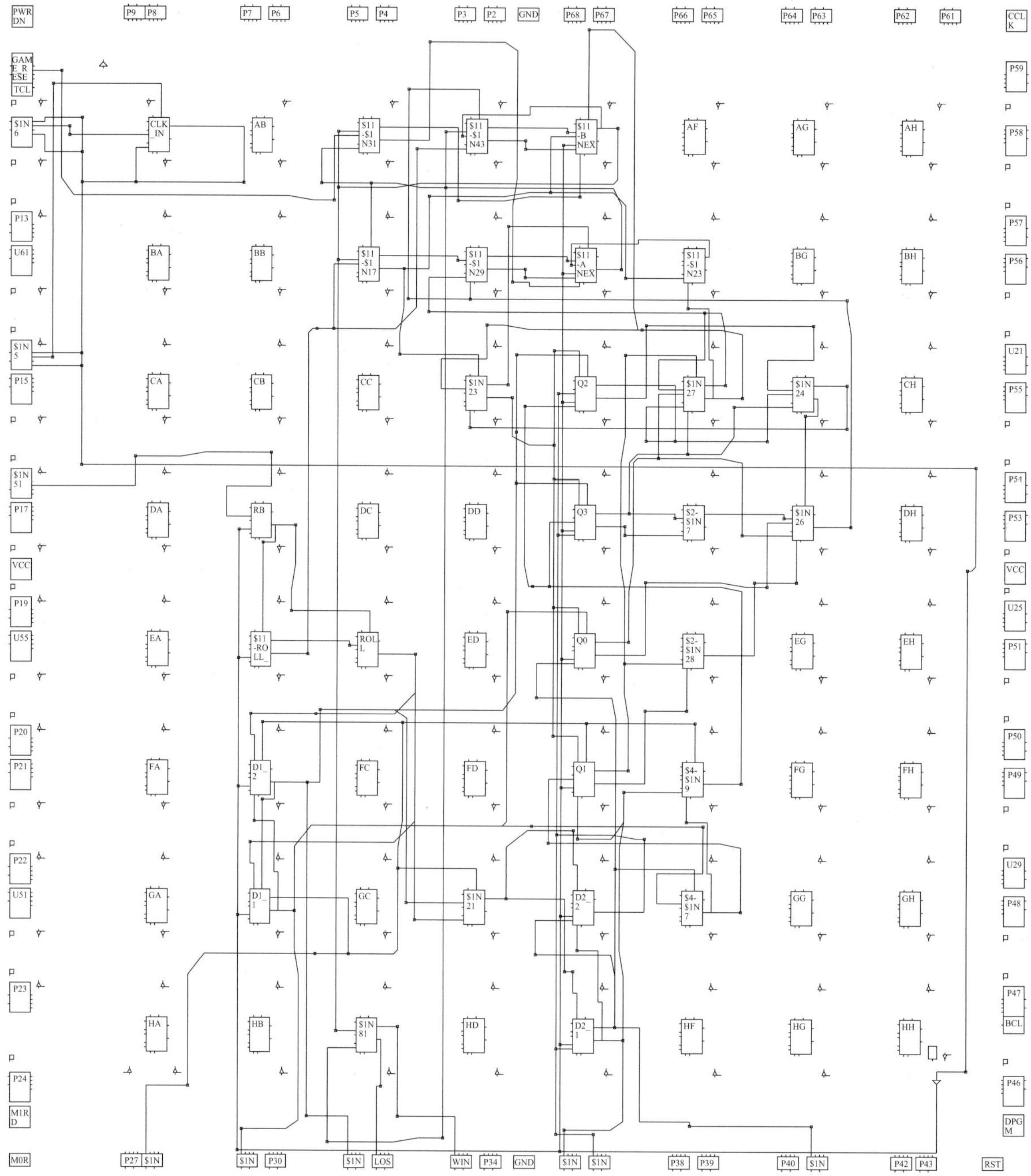

Problem 연습문제

6.1 그림 6-1(a)의 로직 블록을 가진 FPGA를 이용하여 병렬 로드 기능을 가진 8비트 오른쪽 시프트 레지스터를 구현하고자 한다. 플립플롭들은 $X_7X_6X_5X_4X_3X_2X_1X_0$로 표시되었다. 제어 신호는 N과 S인데, 다음과 같이 동작한다. $N=0$일 때 아무런 동작이 없다. $NS=11$일 때 오른쪽 시프트, $NS=10$일 때 로드 동작을 한다. 오른쪽 시프트를 위한 입력은 SI이다.

(a) 몇 개의 로직 블록이 필요한가?

(b) 그림 6-1(a)를 이용하여 회로 연결도를 보여라(N부터 CE까지 연결하라).

(c) 이 블록의 함수 생성기 출력을 보여라.

6.2 그림 6-1(a)의 로직 블록 1개를 사용하여 2비트 이진 카운터를 구현하라. A_0는 LSB이고, A_1은 MSB이다. 카운터는 동기식 로드(Ld) 신호를 갖는다. 카운터 동작은 다음과 같다.

$En=0$	변화 없다.	
$En=1$,	$Ld=1$	A_0와 A_1을 외부 입력 U와 V를 통해 클록 상승 에지에 로딩한다.
$En=1$,	$Ld=0$	클록 상승 에지에서 카운터 값이 증가한다.

(a) A_0와 A_1에 대한 다음 상태 논리식을 적어라.

(b) 그림 6-1(a) 회로에 필요한 입력과 연결을 보여라. 연결선은 두껍게 표시하라. CE 입력을 사용하라. 각각의 4입력 LUT에 의해 구현된 함수를 보여라.

6.3 그림 6-1(a)의 로직 블록을 사용하여 4비트 오른쪽 시프트 레지스터를 구현하라. 레지스터가 클로킹할 때 $Ld=1$, $En=1$이면 레지스터 값이 로딩된다. $Ld=0$, $En=1$이면 오른쪽으로 시프트한다. $En=0$일 때 변화가 없다. S_i와 S_o는 레지스터의 시프트 입력과 출력이다. $D_{3\text{-}0}$와 $Q_{3\text{-}0}$는 병렬 입력과 출력이다. 왼쪽 끝 플립플롭에 대한 다음 상태 식은 $Q_3^+=En'Q_3+En(Ld\,D_3+Ld'\,S_i)$이다.

(a) 나머지 세 플립플롭의 다음 상태 식을 적어라.

(b) 시프트 레지스터를 구현하는 데 필요한 최소 로직 블록 개수(그림 6-1(a))를 결정하라.

(c) 그림 6-1(a) 회로에 입력 연결과 내부 경로를 표시하라. 그리고 X, Y 함수를 적어라.

6.4 2개의 플립플롭(Q_1, Q_2), 입력 신호 R, S, T, 출력 P를 가진 순차회로의 다음 상태 논리식은 아래와 같다.

$$D_1=Q_1^+=Q_2R+Q_1S$$
$$D_2=Q_2^+=Q_1+Q_2'T$$

출력식은 $P=Q_2RT+Q_1ST$이다.

(a) 이 순차회로는 그림 6-3의 로직 블록 하나로 구현될 수 있음을 설명하라. 함수 생성기에서 구현할 논리식을 적어라.

(b) 그림 6-3을 이용하여 입력 신호, 상태, 출력 변수, 그리고 활성화되는 경로를 표시하라.

6.5 (a) 그림 6-1(a)에서 보인 로직 블록의 최소 개수를 이용하여 8:1 MUX를 구현하라. 각 블록의 X, Y 함수를 보이고 블록 간의 연결을 보여라.

(b) 그림 6-3의 로직 블록을 이용하여 (a) 문제를 풀어라. 각 블록의 X, Y, Z 함수를 보여라.

(c) (a)의 설계에서 LUT 내용은?

(d) (b)의 설계에서 LUT 내용은?

6.6 (a) 그림 6-1(a)에 서술된 로직 블록의 Verilog 코드를 적어라. 다음의 모듈을 사용하라.

```
module Figure6_1a(X_in,Y_in,clk,CE,Qx,Qy,X,Y,XLUT,YLUT);
input[1:4]X_in,Y_in;
input CE,clk;
input[0:15] XLUT,YLUT;
inout X,Y;
output Qx,Qy;
.
.
.

endmodule
```

(b) 그림 6-2의 4:1 MUX를 구현하도록 2개의 그림 6-1(a)를 이용하여 구조적인 Verilog 코드를 적어라. 블록을 불러올 때 각 LUT에서 생성된 함수를 규정하기 위해 *XLUT*, *YLUT*에 저장된 실제 비트 패턴을 사용하라.

6.7 (a) 그림 6-3의 로직 블록에 서술된 Verilog 코드를 적어라. 연습문제 6.6(a)와 비슷한 모듈을 사용하라. *ZLUT*, *SA*, *SB*, *SC*, *SD*를 추가하라. *SA*, *SB*, *SC*, *SD*는 4개의 MUX를 제어하기 위한 프로그래머블 선택 비트 나타낸다. 이 비트들은 블록 컴포넌트가 불릴 때 0 또는 1로 할당된다.

(b) 그림 1-26의 코트 변환기를 구현하는 데 2개의 그림 6-3 블록 컴포넌트를 불러와 사용하는 구조적 Verilog 구문을 작성하라. 블록 컴포넌트를 불러올 때 각 LUT에서 생성된 함수를 규정하기 위해 *XLUT*, *YLUT*, *ZLUT*에 저장된 실제 비트 패턴을 사용하라.

6.8 (a) 4:16 디코더를 만들기 위해 그림 6-1(a)의 로직 블록이 몇 개나 필요한가?

(b) 첫 번째 로직 블록의 LUT 내용을 보여라.

6.9 (a) 8:3 우선순위 인코더를 만들기 위해 그림 6-3과 같은 로직 블록이 몇 개나 필요한가?

(b) 첫 번째 로직 블록의 LUT 내용을 보여라.

6.10 그림 6-1(a)의 로직 블록 2개를 사용하여 다음의 조합논리회로를 어떻게 구현할지 보여라. 그림 6-1(a)의 연결선을 보이고, 각 블록에서 X, Y 함수를 보여라.

$$F = X_1'X_2X_3'X_6 + X_2'X_3'X_4X_6' + X_2X_3'X_4' + X_2X_3X_4'X_6 + X_3'X_4X_5X_6' + X_7$$

6.11 그림 6-1(a) 로직 블록의 최소 개수를 사용하여 다음 상태 논리식을 구현하려고 한다. 로직 블록의 연결선을 보이고, 각 셀의 X, Y 함수를 보여라(논리식은 이미 최소화되어 있다).

$$Q^+ = UQV'W + U'Q'VX'Y' + UQX'Y + U'Q'V'Y + U'Q'XY + UQVW' + U'Q'V'X$$

6.12 그림 6-13에 나타낸 최소의 Kintex 로직 슬라이스를 사용하여 다음 상태 식을 어떻게 구현할 것인지 보여라. 로직 요소들 간의 연결을 보여주는 다이어그램을 그리고, 몇 개의 CLB를 사용했는지 표시하라.

$$Q_1^+ = X_1'X_2'Q_1 + Q_2X_3X_4$$
$$Q_2^+ = X_3X_2Q_1 + X_1'Q_3$$
$$Q_3^+ = X_4Q_2$$
$$C = X_1'Q_2Q_3Q_1'$$

6.13 다음 논리식을 구현하는 데 적용한 최소 개수의 그림 6-3 로직 블록은 얼마인가?

$$X = X_1'X_2'X_3'X_4'X_5 + X_1X_2X_3X_4X_5 + X_5'X_6X_7'X_8'X_9 + X_5'X_6'X_7X_8X_9'$$

만약 답이 1이면 그림 6-3을 이용하여 필요한 입력 연결선을 보이고, 굵은 선으로 내부 연결 경로를 표시하라. 답이 1보다 크면 셀 간의 입력과 연결선을 보이는 블록도를 그려라. 어떤 경우든 *X*, *Y*, *Z* 함수 생성기에 의해 구현된 함수식을 적어라.

6.14 최소의 Stratix IV 로직 모듈을 사용하여 다음 식을 어떻게 구현할 것인지 보여라. 다이어그램을 그려 입력/출력을 표시하고 데이터 경로를 하이라이트하라.

$$X^+ = A'BY + E'FX + B'E + A'F';$$
$$Y^+ = A'D'X' + BC + AB'C'G;$$
$$Z^+ = X'Y'ZA + B'G + YBA';$$

6.15 $Z(T, U, V, W, X, Y) = VW'X + U'V'WY + TV'WY'$ 식에 대해 답하라.

(a) 그림 6-3의 로직 블록 1개를 사용하여 *Z*를 어떻게 구현할지 보여라. 그림 6-3을 이용하여 셀 입력을 보여라. 내부 입력 연결과 *X*, *Y*, *Z* 함수를 규정하라.

(b) 그림 6-1(a) 로직 블록 2개를 사용하여 *Z*를 어떻게 구현할지 보여라. 각 셀의 입력과 셀들 간 연결선, 각 셀의 *X*, *Y* 함수를 보이는 다이어그램을 그려라.

6.16 샤논 분해 이론을 사용하여 변수 X_6를 중심으로 다음 함수를 분해하라.

$$F = X_1'X_2X_3'X_4X_6 + X_2'X_3'X_4X_6' + X_2'X_4' + X_3X_4X_5X_6 + X_3'X_4X_6' + X_1X_3$$

분해된 함수와 X_6를 사용하여 *F*에 대한 식을 적어라.

6.17 *a*와 *b*에 대한 샤논 확장 이론을 사용하라.

$$Y = abcde + cde'f + a'b'c'def + bcdef' + ab'cd'ef' + a'bc'de'f + abcd'e'f$$

4변수 함수 생성기만을 사용하여 *Y*를 어떻게 구현하는지 블록도를 그려라. 각 4변수 함수 생성기에 의해 구현된 함수를 표시하라.

6.18 *e*와 *f*에 대한 샤논 확장 이론을 사용하라. 그리하여 4변수 함수 생성기만을 사용하여

$$Y = ab'cdef + a'bc'd'e + b'c'ef' + abcde'f$$

를 구현하려고 한다. 4변수 함수 생성기만을 사용하여 *Y*를 어떻게 구현하는지 블록도를 그려라. 각 4변수 함수 생성기에 의해 구현된 함수를 표시하라.

6.19 (a) a에 대한 샤논 확장 이론을 사용하여 4변수 함수로 구현될 수 있도록 하라.

$$Y = ab'cd'e + a'bc'd'e + b'c'e + abcde$$

(b) 확장된 함수를 사용하여 그림 6-3의 로직 블록 1개를 사용하여 어떻게 Y가 구현되는지 보여라.

(c) 3개의 LUT 내용을 보여라.

6.20 (a) 그림 6-1(a)의 로직 블록이 사용되면 누산기가 있는 4비트 가산기를 구현하는 데 몇 개의 LUT가 필요한가?

(b) 그림 6-11처럼 캐리 체인 로직이 내부에 내장되어 있으면 몇 개의 4입력 LUT가 요구되는가?

(c) 캐리 체인 로직과 4입력 LUT를 가진 FPGA를 사용하여 누산기가 있는 4비트 가산기-감산기를 설계한다. *Su* 제어 신호가 0일 때 덧셈, 1일 때 뺄셈을 한다. 그림 6-11과 같은 연결선을 회로 다이어그램에 보여라. 그리고 각 LUT에 구현된 함수를 적어라.

6.21 4 × 4 곱셈기(그림 4-29)를 FPGA에 구현하려고 한다.

(a) 그림 6-1(a)의 로직 블록이 최소 개수가 되도록 곱셈기 로직을 나누어라. 하나의 로직 블록에 맞도록 각 컴포넌트 세트 간의 연결을 그려라. 필요한 4입력 LUT 개수를 계산하라.

(b) 캐리 체인 로직이 있다고 가정하고 (a)를 반복하라.

6.22 (a) 다음 식을 변수 A에 대해 샤논 확장 이론을 적용하고, D에 대해 각 하부 함수를 확장하라.

$$Z = AB'CD'E'F + A'BC'D'EF' + B'C'E'F + A'BC'E'F' + ABCDE$$

(b) 확장된 함수를 2개의 Xilinx Kintex FPGA 슬라이스(그림 6-13)로 구현 가능함을설명하라. 슬라이스 회로도에 LUT의 입력을 표시하고 슬라이스 내부에 연결선을 그려라. 각 LUT에 의해 구현된 함수 생성기를 보여라.

6.23 (a) 다음 함수를 구현하기 위해 그림 6-15의 스위치 연결을 표시하라.

$$Z = AB'C + A'BC' + BC$$

(b) 다음 함수를 구현하기 위해 그림 6-15의 스위치 연결을 표시하라.

$$F = AB + A'C$$

(c) 그림 2-18의 래치를 구현하기 위해 그림 6-15의 스위치 연결을 표시하라.

(d) D 플립플롭을 구현하기 위해 그림 6-15의 스위치 연결을 표시하라.

6.24 5개의 입력과 2개의 플립플롭, 2개의 출력을 가진 순차회로의 논리식은 다음과 같다.

$$Q_1^+ = Q_1(Q_2ABC) + Q_1'(Q_2'CDE)$$
$$Q_2^+ = Q_1'$$
$$Z_1 = Q_1'Q_2'AB + Q_1'Q_2'A'B' + Q_1Q_2'AB' + Q_1Q_2(A' + B + C)$$
$$Z_2 = Q_1A' + Q_1B + Q_2'$$

플립플롭을 포함하여 위의 논리식들을 구현하는 데 몇 개의 Kintex 슬라이스(그림 6-13)가 필요한가? 각 슬라이스의 입력과 각 LUT에 의해 구현되는 함수를 구체적으로 설명하라.

6.25 Xilinx Spartan FPGA 슬라이스 4개를 사용하여 생성한 다음 구조가 아래의 각 함수를 구현할 수 있는지 표시하라('모든'은 모든 가능한 함수를 의미하고, '어떤'은 최소 하나의 함수를 의미한다).

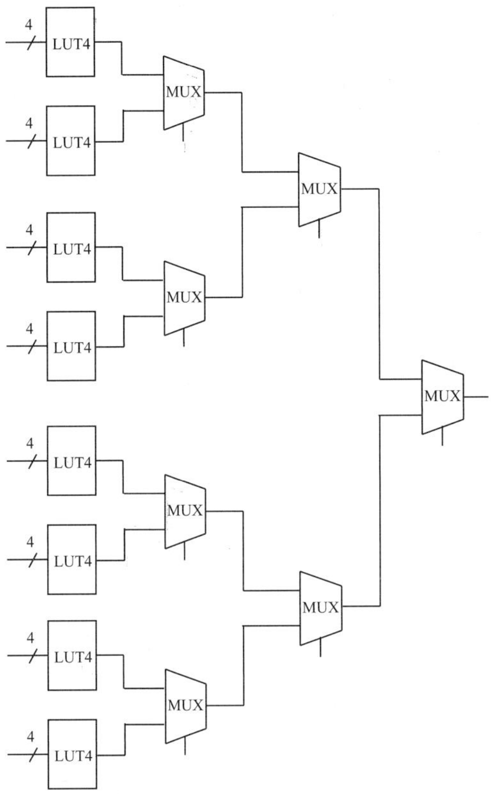

(i) 모든 32변수 함수
(ii) 어떤 32변수 함수
(iii) 모든 8변수 함수
(iv) 어떤 8변수 함수
(v) 모든 7변수 함수
(vi) 어떤 7변수 함수
(vii) 모든 6변수 함수
(viii) 어떤 6변수 함수
(ix) 모든 36변수 함수
(x) 어떤 36변수 함수
(xi) 모든 39변수 함수
(xii) 어떤 39변수 함수
(xiii) 어떤 40변수 함수

6.26 현재 시장에서 구할 수 있는 FPGA를 조사하라.

(a) 현재 FPGA들에 대해 표 6-1과 같이 만들어라.
(b) 현재 FPGA들에 대해 표 6-2와 같이 만들어라.

6.27 Stratix IV와 Stratix V는 둘 다 Altera FPGA의 인기 제품이다. 두 칩의 로직 모듈의 가장 중요한 차이를 설명하라.

6.28 32×32비트 부호가 없는 곱셈을 4개의 16×16 곱셈기와 몇 개의 가산기를 사용하여 어떻게 구현하는지 보여라. 필요한 연결선을 보이는 블록도를 그려라.

6.29 빠른 시프트 동작은 전용 곱셈기를 통해 구현할 수 있다. 왼쪽으로 N비트 시프트하는 것은 2^N을 곱하는 것과 동일하다.

(a) A가 16비트 부호가 없는 수이고 $0 \leq N \leq 15$일 때 곱셈기와 디코더를 사용하여 왼쪽 시프터를 어떻게 구현하는지 보여라.

(b) 이러한 시프터를 서술하는 Verilog 코드를 작성하라.

(c) 오른쪽 시프터에 대해 (a), (b) 문제를 반복하라(힌트: 2^{15-N}을 곱하고 32비트 곱의 결과 중 적절한 16비트를 선택하라).

6.30 그림 4-28(c)의 one-hot 상태 할당을 하라. 다음 상태와 출력 논리식을 유도하라.

6.31 그림 4-53의 one-hot 상태 할당을 하라. 다음 상태와 출력 논리식을 유도하라. 그런 다음, S_0에 0000000, S_1에 1100000, S_2에 1010000 이런 방식으로 상태 할당을 한 다음 논리식을 다시 작성하라.

6.32 one-hot 상태 할당을 사용하여 4개의 상태를 갖는 순차회로를 가정하자. 플립플롭은 프리셋(preset) 입력을 갖지 않는다. 플립플롭은 리셋(reset) 입력은 있다. 따라서 출발 상태를 0000으로 하는 것이 좋다. one-hot 상태 할당 방식을 사용하여 다른 상태들은 어떻게 할당하는 것이 좋은지 설명하라.

6.33 아래의 상태 그래프를 보고 답하라.

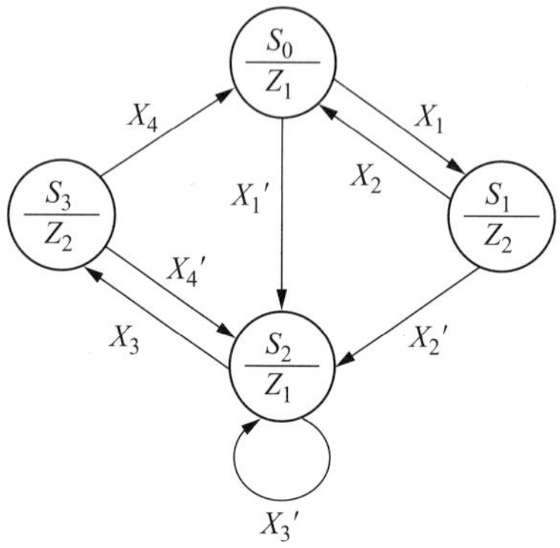

(a) 다음 상태와 출력 논리식을 유도하라. 다음과 같은 one-hot 상태 할당을 사용하라. $S_0 = 1000$, $S_1 = 0100$, $S_2 = 0010$, $S_3 = 0001$

(b) 위의 논리식을 구현하는 데 몇 개의 Kinex 슬라이스(그림 6-13)를 사용해야 되는가?

6.34 그림 4-15의 신호등 제어기를 래치 없이 합성되도록 Verilog 코드를 수정하라. 적절한 FPGA나 CPLD를 목표로 정한 다음 합성하라.

6.35 현재 구할 수 있는 합성 툴을 사용하여 그림 4-35의 2의 보수 곱셈기의 Verilog 모델을 합성하라. 제어 신호(그림 4-40)도 합성하고 결과를 비교하라(플립플롭 수, LUT 수, 슬라이스 수 등). 다른 합성 옵션(면적이나 동작 속도, one-hot, 축약 등 다른 유한 상태 머신 알고리즘 사용)을 사용하여 다시 합성하여 결과를 비교하라. 어떤 옵션들이 최소 하드웨어가 요구되는가?

6.36 다음의 Verilog 코드를 보자.

```
module example(a,b);
input[1:0] a;
output[1:0] b;
reg[1:0] b;

always @(a)
begin
   case(a)
   0: b = 2'd3;
   1: b = 2'd2;
   2: b = 2'd1;
   3: b = 2'd1;
   endcase
end

endmodule
```

(a) 최적화를 하지 않고 Verilog 코드를 합성했을 때 얻어지는 하드웨어를 보여라. 결과에 대해 설명하라.

(b) 최소 면적을 중요시하는 최적화를 행한 다음 얻어지는 하드웨어를 보여라. 결과에 대해 단계별로 설명하라.

6.37 다음의 코드가 합성해서 만들어내는 하드웨어 구조를 그려라. *A*, *B*, *E*는 4비트 벡터이고 *C*, *D*는 2비트 수, *clock*은 1비트 신호이다. 구조를 그리고 입출력을 표시하라.

(a)
```
always @(clock)
begin
        A <= {A[3], A[3:1]};
        B <= {A[0], B[3:1]};
end
```

(b)
```
always @(C)
begin
        case(C)
        0: D = 2'b11;
        1: D = 2'b10;
        2: D = 2'b00;
        default: begin
        end
        endcase
end
```

(c)
```
always @(C)
begin
        case(C)
        0: E = A + B;
```

```
        1: E = A >>> 2;
        2: E = A - B;
        3: E = A;
        endcase
end
```

6.38 (a) 다음 Verilog 코드를 합성했을 때 만들어지는 논리도(게이트, 가산기, MUX, D 플립플롭)를 그려라. *A*, *B*, *C*는 부호 없는 3비트 벡터이다.

```
always @(negedge CLK)
begin
        if(CO == 1)
                C <= ~A;
        if(Ad == 1)
                C <= A + B;
        if(Sh == 1)
                C <= C >>> 1;
end
```

(b) 이 회로가 무슨 동작을 하는지 한두 문장으로 서술하라.

6.39 다음 코드가 합성되었을 때 만들어내는 하드웨어 구조를 그려라. 코드상 불확실한 것이 있으면 어떻게 가정하고 해석했는지 설명하라. 최적화된 하드웨어와 최적화되지 않은 하드웨어를 보여라.

(a)
```
always @(a)
begin
        case(a)
        0: b = 2;
        1: b = 0;
        2: b = 3;
        3: b = 1;
        endcase
end
```

(b)
```
if((arg1 > arg2)&&(arg1 > arg3))
        result <= arg1;
else
        result <= 0;
```

6.40 다음 구문이 만드는 하드웨어는 무엇인가?

```
F = (A >= B);
```

A, *B*는 8비트 벡터임을 가정하라.

6.41 *A*가 4비트 벡터임을 가정하고 최적화된 하드웨어를 보여라.

```
F = (A = 9);
```

CHAPTER 7

부동소수점 연산

부동소수점(floating-point)은 컴퓨팅 시스템에서 수치 계산을 위해 빈번히 사용된다. 부동소수점에 대한 산술 연산장치는 고정소수점(fixed-point)일 때보다 훨씬 복잡하다. 부동소수점 수는 매우 크거나 작은 수에 표현이 가능하다. 이 장은 먼저 부동소수점 표현법을 간단히 설명하고, IEEE 부동점 표준에 대해 다룬다. 다음으로 Verilog를 사용한 부동소수점 곱셈을 위한 알고리즘을 만들고 테스트한다. 그 다음에 FPGA를 사용하여 부동소수점 곱셈기를 구현한다. 부동소수점 덧셈, 뺄셈, 나눗셈도 간단히 기술된다.

7.1 부동소수점 수의 표현

부동소수점(또는 실수) N의 간단한 표현은 가수(fraction, F), 베이스(base, B), 지수(exponent, E)를 사용한다. 따라서 $N = F \times B^E$으로 표현된다. 베이스는 2, 10, 16 등 어떤 수도 될 수 있다. 가수와 지수는 여러 형태로 표현이 가능하다. 예를 들어 2의 보수 형태나 부호 크기 형식, 다른 수 표현 방식 등이다. F나 E를 표현하는 데 몇 비트를 사용할 수 있는지, 베이스가 무언지, F나 E에 대해 음수를 어떻게 표현할 것인지에 따라 여러 가지 방식으로 부동소수점 표현이 가능하다. 베이스는 확실히 표현하든지 아니면 의미만 주든지 할 수 있다. 이러한 모든 선택에 따라 다양한 종류의 부동소수점 표현이 존재한다.

7.1.1 2의 보수 형식을 이용한 부동소수점 표현 방식

이 절에서는 2의 보수 형식으로 음의 가수와 지수를 사용한 부동소수점 형식을 설명한다. 베이스는 2이다. 즉, $N = F \times 2^E$으로 나타낸다. 전형적인 부동소수점 수 시스템에서 F는 16~64비트 길이를 갖고, E는 8~15비트이다. 이 장에서는 보기들을 단순하고 간단한 상태로 유지하기 위해 4비트짜리 가수와 4비트짜리 지수를 사용할 것이다. 그러나 표현된 개념들은 더 많은 비트로 쉽게 확장할 수 있다.

2의 보수 형식으로 음의 가수와 지수를 사용할 것이다(2의 보수 체계는 4.10절을 참고하라). 4비트짜리 가수 그리고 4비트짜리 지수를 사용할 것이다. 가수 부분은 맨 앞의 부호 비트와 나머지 3비트의 실제 가수 부분으로 구성된다. 첫 번째 비트 이후가 소수점 포인트이다. 부호 비트는 0일 때 양수, 1일 때 음수를 나타낸다.

예를 들어 십진수 2.5를 8비트 2의 보수 부동소수점 형식으로 표시해보자.

$$\begin{aligned} 2.5 &= 0010.1000 \\ &= 1.010 \times 2^1 && \text{(표준화된 표현 형식)} \\ &= 0.101 \times 2^2 && \text{(4비트 2의 보수 형식)} \end{aligned}$$

따라서

$$F = 0.101 \qquad E = 0010 \qquad N = 5/8 \times 2^2$$

만약 −2.5라면 같은 지수가 사용되나 가수는 음수로 바뀐다. 가수의 2의 보수 형태는 1.011이다. 따라서

$$F = 1.011 \qquad E = 0010 \qquad N = -5/8 \times 2^2$$

그 외 4비트 가수와 4비트 지수를 사용한 부동소수점 수의 예는 다음과 같다.

$$\begin{aligned} &F = 0.101 && E = 0101 && N = 5/8 \times 2^5 \\ &F = 1.011 && E = 1011 && N = -5/8 \times 2^{-5} \\ &F = 1.000 && E = 1000 && N = -1 \times 2^{-8} \end{aligned}$$

F에서의 모든 비트를 활용하고 최대한의 유효 숫자를 갖고 있기 위해, F의 절대값이 가능한 한 크도록 정규화(normalization)되어야 한다. 만약 F가 정규화되어 있지 않으면, 부호 비트와 그 다음 비트가 다를 때까지, 왼쪽으로 시프트시켜 F를 정규화할 수 있다. F를 왼쪽으로 시프트하는 것은 2를 곱하는 것과 동일하다. 따라서 매번 시프트시킬 때마다, N이 동일한 값을 유지하기 위해 E를 1만큼 감소시켜야 한다. 정규화된 상태에서는, 더 이상의 시프트가 부호 비트를 바꾸기 때문에 F의 절대값은 가장 큰 값을 갖는다. 다음 예에서 F는 초기 상태에서 비정규화되었다. 그러나 왼쪽 방향 시프트에 의해 정규화되는 과정을 보여주고 있다.

비정규화된 상태:	$F = 0.0101$	$E = 0011$	$N = 5/16 \times 2^3 = 5/2$
정규화된 상태:	$F = 0.101$	$E = 0010$	$N = 5/8 \times 2^2 = 5/2$
비정규화된 상태:	$F = 1.11011$	$E = 1100$	$N = -5/32 \times 2^{-4} = -5 \times 2^{-9}$
(F를 왼쪽으로 시프트)	$F = 1.1011$	$E = 1011$	$N = -5/16 \times 2^{-5} = -5 \times 2^{-9}$

정규화된 상태: $F = 1.011 \quad E = 1010 \quad N = -5/8 \times 2^{-6} = -5/2^{-9}$

지수는 −8에서 7 사이의 어떤 수도 가능하다. 가수는 −1에서 0.875 사이의 어떤 수도 가능하다.

0(zero)은 정규화될 수 없다. 그래서 $F = 0.000$일 때 $N = 0$이다. 이때 지수는 어떤 값이든 사용될 수 있다. 그러나 표준화된 0의 표현을 갖는 편이 좋다. 최대 음의 지수 값을 가수 0의 표현에 이용한다. 4비트 2의 보수 정수 시스템에서 최대 음수는 1000이고, 이는 −8을 나타낸다. 그래서 F와 E가 4비트일 때, 0은 아래와 같이 표현 가능하다.

$$F = 0.000 \qquad E = 1000 \qquad N = 0.000 \times 2^{-8}$$

몇몇 부동소수점 시스템은 보상된 지수(biased exponent)를 사용한다. 이 경우 $E = 0$인 것은 $F = 0$과 연관이 된다.

7.1.2 IEEE 754 부동소수점 방식

IEEE 754는 1985년 IEEE에 의해 구축된 부동소수점 표준이다. 두 가지 표현 방식이 있는데 하나는 IEEE 단일정밀도(single precision) 형식이고, 다른 하나는 IEEE 이중정밀도(double precision) 형식이다. IEEE 754 단일정밀도 형식은 32비트를 사용하고, 이중정밀도 시스템은 64비트를 사용한다.

2의 보수를 음수 표현에 적용하는 것이 통용되어 있지만 IEEE의 부동소수점 표현은 가수부나 지수부에 2의 보수를 사용하지 않는다. IEEE 754의 설계자들은 분류하기 쉬운 양식을 원하여 **가수부**에는 **부호 크기 방식**(sign-magnitude system)을, **지수부**에는 **바이어스형 표현 방식**(biased notation)을 채택했다.

IEEE 754 부동소수점 형식은 부호, 가수, 지수라는 3개의 서브필드가 있다. 가수부는 부호 크기 형식으로 나타낸다(가수부에는 부호 비트(S)가 있다). 양수일 때 부호는 0이고, 음수일 때 1이다. 정규화된 이진 과학 표현법(scientific notation)에서 이진 소수점 맨 앞자리는 항상 1이다. 따라서 IEEE 형식 설계자들은 이진 소수점 이하의 값들로 소수를 표현한다. 일반적으로 다음과 같이 표현된다.

$$N = (-1)^S \times (1 + F) \times 2^E$$

여기서 S는 부호 비트이고, F는 가수 부분, E는 지수부를 나타낸다. 지수의 베이스는 2이고, 이것은 암묵적으로 진행된다. 가수 맨 앞의 수는 1이므로 나타내는 수의 크기는 $1 + F$이다. 가수의 또 다른 이름은 'significant'이며 크기는 $1 + F$이다. 'significant'와 'fraction'은 모두 가수를 나타내는 말이다.

IEEE 부동소수점에서 지수부는 바이어스 방식을 사용하여 표현된다. 바이어스 표현 방식은 숫자 플러스 어떤 바이어스로 표현된다. IEEE 단일정밀도 표현 방식에서는 바이어스는 127이다. 따라서 지수가 +1이면 지수 표현은 $1 + 127 = 128$이다. 지수가 −2이면 지수 표현은 $-2 + 127 = 125$이다. 따라서 127보다 작은 지수 표현은 실제 음의 지수 값을 나타내고, 127보다 큰 지수 표현은 실제 양의 지수 값을 나타낸다. 이중정밀도에서는 바이어스가 1023이다.

양의 지수 값이 너무 커서 지수 필드에 맞지 않으면 **오버플로**(overflow)가 발생한다. 만약 음의 지수가 너무 커서 지수 필드에 맞지 않으면 **언더플로**(underflow)가 발생한다.

IEEE 단일정밀도 양식

IEEE 단일정밀도 양식은 부동소수점을 나타내는 데 32비트를 사용하는데, 그림 7-1에 나타낸 것처럼 3개의 서브필드가 있다. 첫 번째 필드는 가수의 부호 비트이다. 두 번째 필드는 지수를 표현하는 데 8비트를 사용하고, 나머지 23비트는 가수부를 표현한다.

부호 비트는 가수의 부호를 나타내고 양수는 0, 음수는 1을 나타낸다. IEEE 단일정밀도의 수를 표현하기 위해 먼저 이진 소수점 앞에 하나의 비트를 표시하는 정규화된 과학 표현법으로 바꾼 다음 지수 값을 조정한다.

지수 표현은 실제 지수에 127을 더하여 표현한다. 지수는 1에서 254까지 표현되며, 0과 255는 특수한 용도로 할당해놓았다.

23비트 가수 표현은 맨 처음 '1'을 뺀 정규화된 과학 표현법이다. 영(0)은 사용될 수 없고 특별한 경우에 해당한다. 모든 과학 표현법의 숫자는 맨 앞에 '1'이 오므로, 이 '1'은 빼고 가수부에 다른 하나의 비트를 포함시킬 수 있다. 따라서 24비트 가수는 23비트로 표현이 가능하다. IEEE 양식의 설계자들은 지수와 가수부 표현에 모든 비트를 활용하고자 했다.

IEEE 양식을 이해하기 위해 13.45를 IEEE 부동소수점 표현으로 나타내보자. 0.45는 이진 소수이므로

$$13.45 = 1101.01\ 1100\ 1100\ 1100 \ldots \ldots \ldots \text{(1100 반복)}$$

정규화된 과학 표현법은 다음과 같다.

$$13.45 = 1.10101\ 1100\ 1100 \ldots \times 2^3$$

양수이므로 부호 비트는 0이다.

지수는 $127 + 3 = 130$이고 2진 표현은 10000010이다. 가수는 1.10101 1100 1100 … … …이다. 맨 앞의 '1'을 생략하면 가수부의 23비트는

10101 1100 1100 1100 1100 11

그림 7-1 IEEE 단일정밀도 부동소수점 양식

부호	지수	가수
1비트	8비트	23비트

그림 7-2 13.45의 IEEE 단일정밀도 부동소수점 표현

부호	지수	가수
0	10000010	10101110011001100110011

이다. 따라서 32비트의 부동소수 표현은 다음과 같다(그림 7-2 참조).

0 100 0001 0 101 01 11 00 11 00 11 00 11 00 11

32비트는 16진수로 표현하면 편리하다.

4157 3333

−13.45는 부호 비트만 바꾸면 된다. 따라서 C157 3333은 −13.45의 IEEE 단일정밀도 표현이다.

IEEE 이중정밀도 양식

IEEE 이중정밀도 양식은 그림 7-3과 같이 64비트를 사용한다. 첫 번째 비트는 부호이고, 다음 11비트는 지수, 나머지 52비트는 가수 부분을 나타낸다.

단일정밀도 양식과 같이 부호 비트 0은 양수, 1은 음수를 나타낸다.

지수 표현은 정규화 후 실제 지수 값에 바이어스 값 1023을 더해서 표현된다. 지수 범위는 1~2046이며, 0과 2047은 특수한 경우에 사용된다.

52비트 가수 표현은 정규화된 가수 표현에 맨 앞의 '1'을 빼고 표현한다. 예를 들어 13.45를 IEEE 이중정밀도 표현식으로 나타내보자.

13.45 = 1101.01 1100 1100 1100 … … … (1100 반복)

따라서 정규화된 표현은

$$13.45 = 1.10101\ 1100\ 1100 \ldots \times 2^3$$

지수는 1023 + 3 = 1026이고, 이진 표현은 다음과 같다.

10000000010

가수는 1.10101 1100 1100 … … …인데, 맨 앞의 '1'을 뺀 52비트 표현은 다음과 같다.

10101 1100 1100 1100 1100 1100 1100 1100 1100 1100 1100 1100 110

따라서 64비트 표현은 아래와 같다(그림 7-4 참조).

그림 7-3 IEEE 이중정밀도 부동소수점 양식

부호	지수	가수
1비트	11비트	52비트

그림 7-4 13.45의 IEEE 이중정밀도 부동소수점 표현

부호	지수	가수
0	10000000010	10101110011001100110

가수(계속)
01100110011001100110011001100110

0 10000000010 10101 1100 1100 1100 1100 1100 1100 1100 1100 1100 1100 1100 110

64비트의 16진수 형식은 다음과 같다.

402A E666 6666 6666

−13.45는 부호 비트만 바꾸면 되고, IEEE 754의 이중정밀도 16진수 표현은 다음과 같다.

C02A E666 6666 6666

IEEE 754 표준의 특별한 경우

IEEE 754 표준은 그림 7-5에 나타낸 것처럼 여러 개의 특별한 경우가 있다. 영(0), 무한대, 비정규화 진수, NaN(Not a Number) 등이다. 최소 또는 최대 지수 표현들이 특별한 경우를 나타내는 데 사용된다.

영(0)

IEEE 양식에서 0은 모든 비트가 0일 때를 규정한다. 실제 수 0을 나타내기 위해 영(0)은 특별한 경우로 규정되어 있다. 보통 수는 가수부에 '1'이 나타나지만 실제 '0'에서는 나타나지 않는다.

비정규화 진수

단일정밀도에서 최소 정규화 진수는 다음과 같이 나타낼 수 있다.

$$1.0 \times 2^{-126}$$

이 수와 0 사이에는 정규화된 형태로 수를 표현할 수 없다. 정규화가 필요조건이 아니면 1.0×2^{-126}보다 더 작은 수도 표현이 가능하다. 따라서 IEEE 부동소수점 양식은 비정규화 진수를 특별한 경우로 취급한다. 지수가 0이고 가수부가 존재하면(0이 아니면) 비정규화된

그림 7-5 IEEE 754 부동소수점 양식의 특별한 경우

단일정밀도		이중정밀도		표현의 의미
지수	가수	지수	가수	
0	0	0	0	0
0	nonzero	0	nonzero	±비정규화 수
255	0	2047	0	±무한대
255	nonzero	2047	nonzero	NaN(Not a Number)

것으로 취급한다. 최소수는 다음과 같이 나타낸다.

$$0.00000000000000000000001 \times 2^{-126}, \text{ 즉 } 1.0 \times 2^{-149}$$

따라서 비정규화는 1.0×2^{-126}과 1.0×2^{-149} 사이의 수를 나타내는 데 허용된다. 이중정밀도에서는 비정규화 범위가 $1.0 \times 2^{-1022} \sim 1.0 \times 2^{-1074}$이다.

무한대

무한대는 가수부 0과 함께 최대 지수로 표현된다. 단일정밀도에서는 지수가 255, 이중정밀도에서는 2047이다.

NaN

IEEE 754 표준은 0/0과 같은 유효하지 않은 동작을 나타내는 특수 표현을 갖고 있다. 이러한 특수 표현은 NaN(Not a Number)으로 불린다. 만약 지수가 255이고 가수는 0이 아닌 어떤 수이면 그 수는 NaN라고 한다.

라운딩

어떤 수를 나타내는 데 필요한 비트수가 모자라면 라운딩(rounding) 동작이 일어난다. 가장 가까운 값으로 라운딩해야 한다. 숫자가 반보다 크면 라운드 업하고, 반보다 작으면 라운드 다운한다. 또 다른 옵션으로, 아예 어느 이상 비트 값을 잘라버리는 것(절사)도 있다. 좀 더 정확한 표현을 위해서는 중간 단계 표현에서 더 많은 비트 수를 가지고 가야 한다. IEEE 표준은 좀 더 나은 라운딩을 위해 중간 단계 표현에서 2개의 여분 비트가 필요하다. 이 2개의 비트를 **가드와 라운드**(guard and round)라고 한다. 때로는 가드와 라운드 비트 외에 세 번째 중간 단계 비트가 사용되는데, 이것은 **스티키 비트**(sticky bit)라고 한다. 스티키 비트는 라운드 비트의 오른쪽으로 영이 아닌 비트가 있을 때 '1'로 설정된다.

제일 어려운 점은 숫자가 가운데 걸쳐 있을 때이다. IEEE 표준은 4개의 라운딩 동작 모드를 갖는다.

- **라운드 업**(round up): 양의 무한대로 라운딩. 다음 높은 수로 올림
- **라운드 다운**(round down): 음의 무한대로 라운딩. 다음 낮은 수로 내림
- **절사**(truncate): 0으로 라운딩. 허용된 비트 이상의 것은 버린다. 부호 크기 표현 방식에서도 같다.
- **바이어스되지 않음**(unbiased): 숫자가 딱 가운데 걸쳐 있을 때 한 번은 라운드 업하고 한 번은 라운드 다운한다. 이런 방식의 라운드 업이란 최하위 비트가 1이면 1을 더하고, 0이면 잘라낸다. 이것은 최하위 비트의 0과 1은 같은 확률로 나타난다는 가정에서 비롯된다. 이러한 라운딩 기법을 적용하면, 라운딩된 수의 최하위 자리는 항상 0을 갖는다.

7.2 부동소수점 곱셈

이 절에서는 부동소수점 곱셈기를 설계하고자 한다. 음수를 2의 보수로 사용하는 방식으로 4비트 가수 및 4비트 지수를 사용한다. 주어진 부동소수점 수에 대해, 그 곱은 다음과 같다.

$$(F_1 \times 2^{E_1}) \times (F_2 \times 2^{E_2}) = (F_1 \times F_2) \times 2^{(E_1 + E_2)} = F \times 2^E$$

곱의 결과 가수부는 각 가수들의 곱이다. 그리고 곱의 지수부는 각 지수들의 합이다. 따라서 부동소수점 곱셈기는 아래 2개의 컴포넌트로 구성된다.

- 가수부 곱셈기
- 지수부 가산기

부동소수점 곱셈의 자세한 내용은 가수 곱과 지수 덧셈이 이루어지는 방식에 따라 달라진다.

지수 곱셈은 여러 가지 방식이 있다. IEEE 양식이 사용되면 크기의 곱이 수행되고 부호는 조정된다. 2의 보수로 가수가 표현되면 부호 있는 2의 보수를 다루는 가수부 곱셈기를 사용하면 된다. 그러한 가수부 곱셈기는 4장에서 다루었다.

지수 덧셈은 이진 가산기로 구현할 수 있다. 만약 IEEE 양식이 사용되면 지수 결과 값은 양식에 맞게 재조정되어야 한다. 예를 들어 바이어스 형식의 두 부동소수점 수의 지수가 더해지면 결과 값은 두 배의 바이어스 값을 갖게 된다. 올바른 값이 되려면 바이어스 값을 빼주어야 한다.

2의 보수 체계는 산술 연산 시 주의해야 하는 사항들이 있다. 따라서 부동소수 연산 단위를 2의 보수 형식으로 바꾼 다음 2의 보수 연산을 사용한다. 그런 다음 계산 결과를 다시 IEEE 표준 양식으로 변환해주어야 한다.

일반적인 부동소수점 곱셈 연산 과정은 다음과 같다.

1. 2개의 지수를 더한다.
2. 2개의 가수를 곱한다.
3. 곱셈 결과 0이면 0을 나타내는 적절한 표현으로 바꾼다.
4. a. 곱셈 결과가 너무 크면 오른쪽으로 시프트하여 정규화하고 지수를 증가시킨다.
   b. 곱셈 결과가 너무 작으면 왼쪽으로 시프트하여 정규화하고 지수를 감소시킨다.
5. 지수의 오버플로나 언더플로가 발생하면 예외나 오류 메시지를 보낸다.
6. 적절한 비트 수로 라운딩한다. 라운딩 결과 정규화 과정이 없어지면 4번 단계로 돌아간다.

지수의 덧셈과 가수의 곱셈 동작 외에 곱의 값의 정규화, 오버플로, 언더플로, 적절한 비트 수로 라운딩 등의 추가 과정이 필요하다. 곱셈 전에 두 수는 정규화된 수들이고, 최종 결과 또한 정규화되어야 한다.

이제 부동소수점 곱셈기 설계를 살펴보자. 4비트 가수와 4비트 지수를 갖고 있고, 음수는 2의 보수 형식으로 표현된다. 두 수가 적절히 정규화된 상태에서 시작한다고 가정한다. 그리고 최종 결과 또한 정규화되어야 한다. 기본적으로 해야 할 일은 지수들을 더하고(1단계) 가수들을 곱하는(2단계) 것이다. 그러나 몇몇 특수한 경우를 고려해야 한다. 만약 F가 0이면, 가장 큰 음수 값(1000)으로 지수 E를 설정해야 한다(3단계). 만약 -1로 -1을 곱하면(1.000×1.000) 그 결과는 $+1$이 된다. 2의 보수 표현 방식으로 가수 $+1$을 표현할 수 없기 때문에, 이 특별한 경우에는 4단계처럼 오른쪽 시프팅이 필요하다. 이 상황을 정정하기 위해, 가수부를 오른쪽 시프트하고 지수를 증가시킨다. 즉, $F = 1/2(0.100)$로 설정하고, E에 1을 더해야 한다. 이것은 $1 \times 2^E = 1/2 \times 2^{E+1}$이기 때문에 올바른 결과이다.

가수들을 곱할 때, 그 결과는 비정규화될 수도 있다. 예를 들면 다음과 같다.

$$(0.1 \times 2^{E_1}) \times (0.1 \times 2^{E_2}) = 0.01 \times 2^{E_1 + E_2} = 0.1 \times 2^{E_1 + E_2 - 1}$$

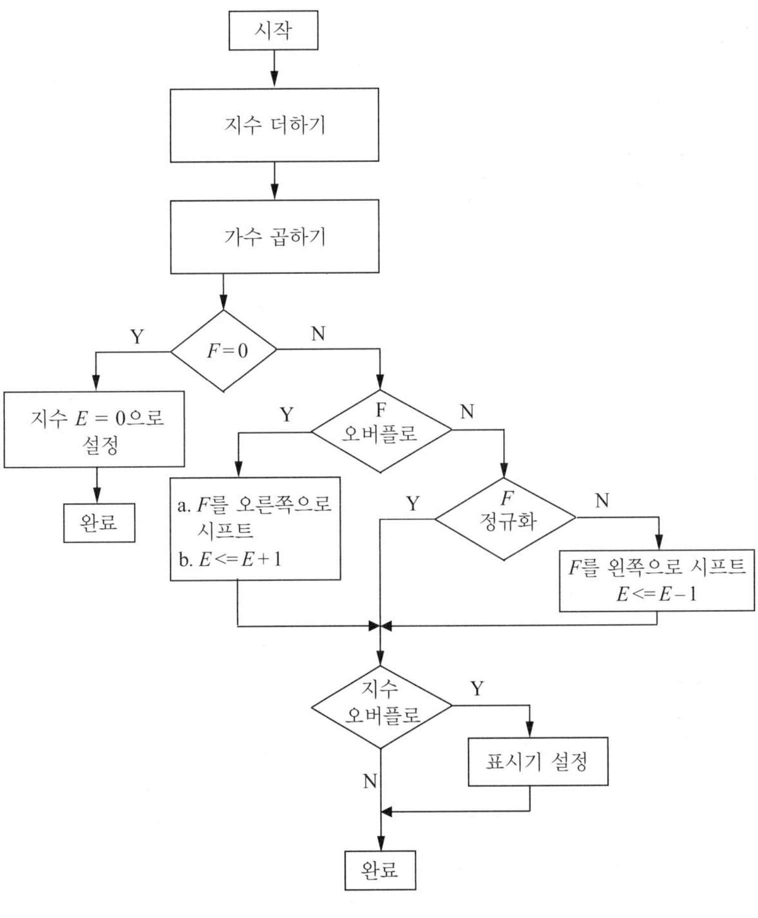

그림 7-6 2의 보수 형식의 가수/지수를 사용한 부동소수점 곱셈의 플로우 차트

이것은 앞의 4b단계에서 발생한다. 이 경우 가수부를 왼쪽으로 1자릿수만큼 시프트시켜 정규화하고, 지수를 보상하기 위해 1을 뺄셈해서 그 결과를 정규화한다. 최종적으로, 만약 그 결과로서 생긴 지수가 우리가 사용하는 수 체계에서 절대값이 너무 커서 표현될 수 없다면, 지수 오버플로가 발생한 것이다(때때로, 음의 방향으로의 오버플로는 언더플로(underflow)라고 한다). 4비트 지수를 사용하고 있기 때문에, 만약 그 지수가 1000~0111(−8~+7)의 범위에 있지 않으면 오버플로가 일어난 것이다. 지수 오버플로가 정정될 수 없기 때문에, 오버플로 표시기(indicator)가 켜져야 한다(5단계).

부동소수점 곱셈기를 플로우 차트로 표현한 것은 그림 7-6과 같다. 가수부 곱셈이 완료된 후에, 모든 특별한 경우가 검사된다. F_1과 F_2가 정규화된 표현이므로, 곱에 대한 가장

그림 7-7 부동소수점 곱셈기의 주요 컴포넌트

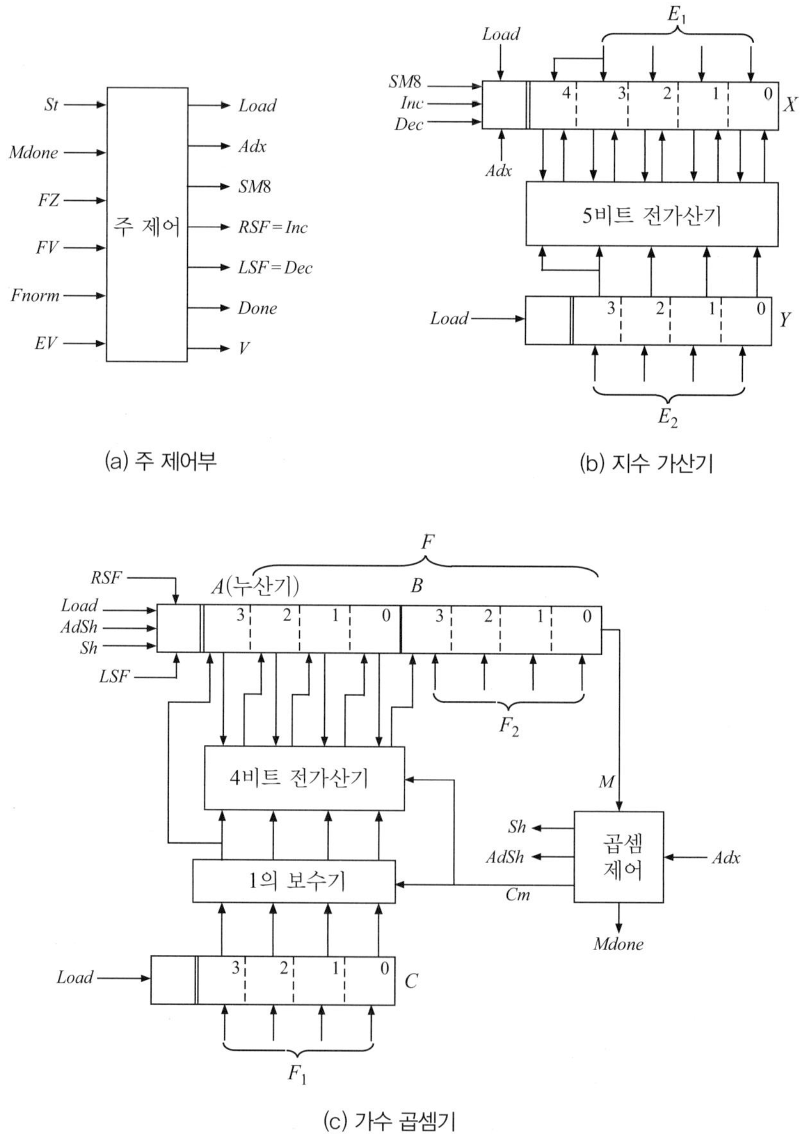

(a) 주 제어부

(b) 지수 가산기

(c) 가수 곱셈기

작은 절대값은 앞의 예에서 나타낸 것처럼 0.01이 된다. 그러므로 단지 F를 정규화하기 위해 한 자리만 왼쪽으로 시프트하면 된다.

곱셈기(그림 7-7)를 구현하기 위해 요구되는 하드웨어는 지수 가산기와 가수 곱셈기와 오른쪽 시프팅, 왼쪽 시프팅, 지수 증가/감소를 위한 신호를 제공하는 제어부로 구성된다.

지수 가산기: 2의 보수 덧셈 과정이 진행되므로 지수 가산기 설계는 단순하다. 그림 7-7에서 나타낸 것처럼 지수 덧셈을 위해 5비트 전가산기가 사용된다. 가수부가 정규화되면 지수는 그에 따라 증가되거나 감소된다. 곱이 0일 경우 특별한 경우에 해당되어 레지스터는 1000으로 설정된다. 레지스터는 증가, 감소, 최대 음수(*SM*8)로 설정되는 제어 신호를 갖는다.

합의 값을 갖고 있는 레지스터는 특별한 상황을 다루기 위해 5비트 레지스터로 만들어졌다. 지수들이 더해질 때, 오버플로가 일어날 수 있다. 만약 E_1과 E_2가 양수일 때 그 합이 음수(E)로 나타나고, 만약 E_1과 E_2가 음수일 때 그 합이 양수가 되면 그 결과는 2의 보수 오버플로이다. 그러나 이 오버플로는 정규화 과정이나 가수 오버플로 정정 과정에서 E에 1을 더하거나 뺌으로써 해결할 수 있다. 이런 동작이 가능하게끔, 5비트 길이의 X 레지스터를 만들었다. E_1이 X로 로딩될 때, 올바른 2의 보수 표현을 유지하도록 부호 비트가 확장되어야 한다. 2개의 부호 비트가 있기 때문에, 만약 E_1과 E_2의 덧셈 결과 오버플로가 발생하면 하위 부호 비트가 변하지만 상위 부호 비트는 변하지 않는다. 다음 예들은 하위 부호 비트가 잘못된 값을 갖고 있기 때문에 오버플로를 갖게 된다.

$$7 + 6 = 00111 + 00110 = 01101 = 13 \quad \text{(최대 허용 값은 7이다.)}$$

$$-7 + (-6) = 11001 + 11010 = 10011 = -13 \ \text{(최대 허용 음수 값은 −8이다.)}$$

다음 예는 가수 오버플로와 지수 오버플로가 동시에 일어난 특별한 경우를 설명하고 있다. 그러나 그 지수 오버플로는 가수 오버플로가 정정될 때 같이 정정된다.

$$(1.000 \times 2^{-3}) \times (1.000 \times 2^{-6}) = 01.000000 \times 2^{-9} = 00.100000 \times 2^{-8}$$

가수 곱셈기: 가수 곱셈기는 4장의 2의 보수 곱셈기와 유사하다. 따라서 그것을 사용하여 부동소수점 곱셈기를 설계한다. 시프트-덧셈 곱셈기 알고리즘을 사용하여 구현한다. 양의 3비트와 양의 3비트 곱셈이므로, 그 결과는 6비트 양의 부호일 것이다. 가수 곱셈 후에, 7비트의 결과(F)는 A(누산기)의 하위 3비트와 B 레지스터 값이 통합되어 나타난다. 곱셈기는 제어부를 가지며 승수 비트에 따라 시프트와 덧셈 동작을 적절히 수행한다.

주 제어부: 부동소수점 곱셈기의 주요 제어기(그림 7-8)에 대한 SM 차트는 플로우 차트에 바탕을 두고 있다. 주 제어기와 연결된 곱셈기에 대한 제어기를 구별하기 위해 주요 제어기라 한다.

그림 7-8 부동소수점 곱셈기의 SM 차트

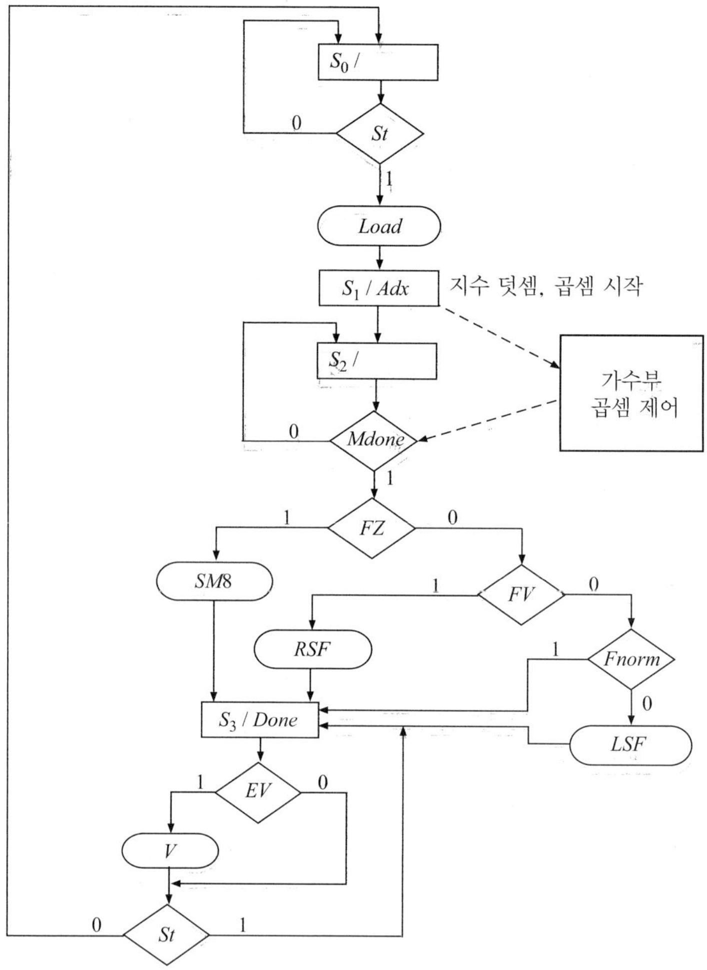

SM 차트는 다음 입력들과 제어 신호를 사용한다.

St: 부동소수점 곱셈을 시작한다.

Mdone: 가수 곱셈이 완료됨

FZ: 가수는 0이다.

FV: 가수 오버플로

Fnorm: *F*는 정규화된다.

EV: 지수 오버플로

Load: F_1, E_1, F_2, E_2 값을 적절한 레지스터들에 로드한다.

Adx: 지수들을 더한다. 이 신호는 또한 가수 곱셈기를 시작하게 한다.

SM8: 지수를 마이너스 8에 설정한다.

RSF: 가수부를 오른쪽으로 시프트한다. 또한 *E*를 증가시킨다.

LSF: 가수부를 왼쪽으로 시프트한다. 또한 *E*를 감소시킨다.

V: 오버플로 표시기

Done: 부동소수점 곱셈이 완료된다.

주요 제어기를 위한 SM 차트에는 4개의 상태가 있다. S_0에서 레지스터들은 시작 신호가 1일 때 로딩된다. S_1 상태에서 지수들이 더해지고 가수부 곱셈이 시작된다. S_2 상태에서는 가수 곱셈이 완료될 때까지 기다렸다가 결과의 특별한 경우를 테스트하고 그에 따라 적절한 동작을 수행한다. 플로우 차트에서는 순차적으로 수행되는데 *FZ*, *FV*, *Fnorm*에 대한 테스트가 모두 같은 상태에서 수행될 수 있다는 사실이 이상할 수 있다. 그러나 *FZ*, *FV*, *Fnorm*은 조합회로의 출력으로 병렬로 동작하므로 같은 상태에서 테스트될 수 있다. 그러나 지수가 S_3 상태에서 오버플로가 됐는지를 확인하기 전에 다음 클록에서 지수가 증가 혹은 감소되는지 기다려야 한다. S_3에서 *Done* 신호는 켜지고 제어기는 S_0에 돌아가기 전에 $St = 0$이 되기를 기다리고 있다.

곱셈기 제어를 위한 상태 그래프(그림 7-9)는 그림 4-34와 비교하여 로드(load) 상태가 필요 없다는 점을 제외하곤 유사하다. 이것은 레지스터가 주요 제어기에 의해 로딩되기 때문이다. 그림 7-7(c)에 나타낸 것처럼 덧셈-시프트 동작이 하나의 상태에서 이루어진다. 합의 결과는 1비트 시프트되어 누산기에 로딩된다. $Adx = 1$일 때 곱셈기는 시작된다. 그리고 *Mdone*은 곱셈이 완료될 때 켜진다.

Verilog 동작서술형(그림 7-10)은 3개의 `always` 문을 사용한다. 주 `always` 문은 SM 차트를 근거로 하여 제어 신호들을 만든다. 두 번째 `always` 문은 가수 곱셈기를 위한 제어 신호들을 만든다. 세 번째 `always` 문은 제어 신호들을 테스트하고 클록의 상승 에지에서 적절한 레지스터의 내용을 갱신한다. 주 `always` 문의 상태 S_2에서(SM 차트에서 $FZ = 1$) $F = 0$은 $A = 0000$임을 의미한다. 만약 1.000과 1.000을 곱하면 그 결과 $A\&B = 01000000$이 되고, 가수 오버플로가 일어난다($FV = 1$). 만약 $A(2) = A(1)$이면, F의 부호 비트와 그 다음 비트가 같고 F는 비정규화된다($Fnorm = 0$이다). 상태 S_3에서 만약 X의 가장 높은 자리 비트 2개가 서로 다르면 지수 오버플로($EV = 1$)가 일어난 것이다.

그림 7-9 곱셈기 제어의 상태 그래프

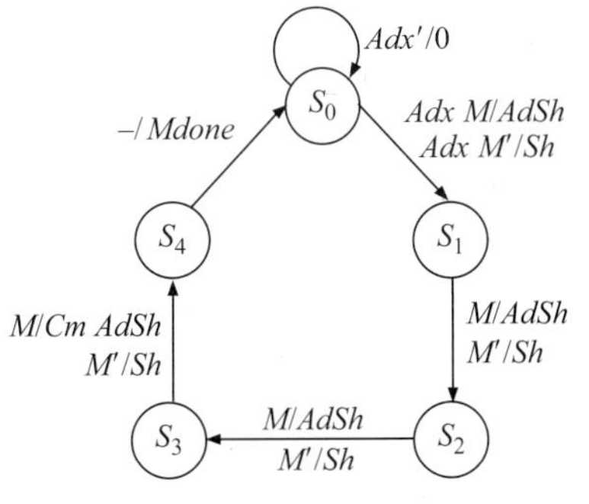

그림 7-10 부동소수점 곱셈기의 Verilog 코드

```
module FMUL (CLK, St, F1, E1, F2, E2, F, V, done);
   input CLK;
   input St;
   input[3:0] F1;
   input[3:0] E1;
   input[3:0] F2;
   input[3:0] E2;
   output[6:0] F;
   output V;
   output done;
   reg[6:0] F;
   reg done;
   reg V;
   reg[3:0] A;
   reg[3:0] B;
   reg[3:0] C;
   reg[4:0] X;
   reg[4:0] Y;
   reg Load;
   reg Adx;
   reg SM8;
   reg RSF;
   reg LSF;
   reg AdSh;
   reg Sh;
   reg Cm;
   reg Mdone;
   reg[1:0] PS1;
   reg[1:0] NS1;
   reg[2:0] State;
   reg[2:0] Nextstate;
   initial
   begin
     State  = 0;
     PS1 = 0;
     NS1 = 0;
     Nextstate =0;
   end
   always @(PS1 or St or Mdone or X or A or B)
   begin : main_control
      Load = 1'b0 ;
      Adx = 1'b0 ;
      NS1 = 0 ;
      SM8 = 1'b0 ;
      RSF = 1'b0 ;
      LSF = 1'b0 ;
      V = 1'b0 ;
      F = 7'b0000000 ;
      done = 1'b0 ;
      case (PS1)
         0 :
```

```
            begin
                F = 7'b0000000 ;
                done = 1'b0 ;
                V = 1'b0 ;
                if (St == 1'b1)
                begin
                    Load = 1'b1 ;
                    NS1 = 1 ;
                end
           end
1 :
            begin
                Adx = 1'b1 ;
                NS1 = 2 ;
            end
2 :
            begin
                if (Mdone == 1'b1)
                begin
                    if (A == 0)
                    begin
                        SM8 = 1'b1 ;
                    end
                    else if (A == 4 & B == 0)
                    begin
                        RSF = 1'b1 ;
                    end
                    else if (A[2] == A[1])
                    begin
                        LSF = 1'b1 ;
                    end
                    NS1 = 3 ;
                end
                else
                begin
                    NS1 = 2 ;
                end
            end
3 :
            begin
                if (X[4] != X[3])
                begin
                    V = 1'b1 ;
                end
                else
                begin
                  V = 1'b0 ;
                end
                done = 1'b1 ;
                F = {A[2:0], B} ;
                if (St == 1'b0)
                begin
                    NS1 = 0 ;
                end
            end
```

```
    endcase
end

always @(State or Adx or B)
begin : mul2c
    AdSh = 1'b0 ;
    Sh = 1'b0 ;
    Cm = 1'b0 ;
    Mdone = 1'b0 ;
    Nextstate = 0 ;
    case (State)
      0 :
                begin
                    if (Adx == 1'b1)
                    begin
                        if ((B[0]) == 1'b1)
                        begin
                            AdSh = 1'b1 ;
                        end
                        else
                        begin
                            Sh = 1'b1 ;
                        end
                        Nextstate = 1 ;
                    end
                end
       1, 2 :
                begin
                    if ((B[0]) == 1'b1)
                    begin
                        AdSh = 1'b1 ;
                    end
                    else
                    begin
                        Sh = 1'b1 ;
                    end
                    Nextstate = State + 1 ;
                end
      3 :
                begin
                    if ((B[0]) == 1'b1)
                    begin
                        Cm = 1'b1 ;
                        AdSh = 1'b1 ;
                    end
                    else
                    begin
                        Sh = 1'b1 ;
                    end
                    Nextstate = 4 ;
                end
      4 :
                begin
                    Mdone = 1'b1 ;
                    Nextstate = 0 ;
                end
```

```
        endcase
    end

    wire[3:0] addout;
    assign addout = (Cm == 1'b0)? (A + C) : (A - C);

    always @(posedge CLK)
    begin : update

        PS1 <= NS1 ;
        State <= Nextstate ;
        if (Load == 1'b1)
        begin
            X <= {E1[3], E1} ;
            Y <= {E2[3], E2} ;
            A <= 4'b0000 ;
            B <= F1 ;
            C <= F2 ;
        end
        if (Adx == 1'b1)
        begin
            X <= X + Y ;
        end
        if (SM8 == 1'b1)
        begin
            X <= 5'b11000 ;
        end
        if (RSF == 1'b1)
        begin
            A <= {1'b0, A[3:1]} ;
            B <= {A[0], B[3:1]} ;
            X <= X + 1 ;
        end
        if (LSF == 1'b1)
        begin
            A <= {A[2:0], B[3]} ;
            B <= {B[2:0], 1'b0} ;
            X <= X + 31 ;
        end
        if (AdSh == 1'b1)
        begin
            A <= {(C[3] ^ Cm), addout[3:1]} ;
            B <= {addout[0], B[3:1]} ;
        end
        if (Sh == 1'b1)
        begin
            A <= {A[3], A[3:1]} ;
            B <= {A[0], B[3:1]} ;
        end
    end
endmodule
```

레지스터들은 세 번째 always 문에서 갱신된다. 변수 *addout*은 가수 곱셈기의 일부인 4비트 전가산기의 출력을 표현하고 있다. 이 가산기는 $Cm = 1$일 때, C의 2의 보수를 A에 더한다. $Load = 1$일 때, 부호 확장된 지수들이 X와 Y로 로딩된다. $Adx = 1$일 때 벡터 X와 Y를 더한다. $SM8 = 1$일 때, -8이 X에 로드된다. $AdSh = 1$일 때, A는 가산기 출력의 세 번째 자리에서 첫 번째 자리까지의 비트들과 C의 비트(또는 만약 $Cm = 1$이면, 부호 비트의 보수)를 통합하여 로딩되고 *addout*의 나머지 비트들은 B 레지스터로 이동된다.

부동소수점 곱셈기의 Verilog 코드는 양과 음의 지수들뿐만 아니라 양과 음의 가수들의 연산에서 발생할 수 있는 모든 특수한 경우를 고려하여 주의 깊게 테스트해야 한다. 그림 7-11은 명령 파일과 몇몇 테스트 결과를 보여준다. 그러나 모든 경우를 고려한 완벽한 테스트는 아니다.

그림 7-11 부동소수점 곱셈기의 테스트 데이터와 시뮬레이션 결과

```
add list  F X F1  E1 F2  E2  V done
force F1  7 0, 9 200, 8 400, 0 600, 7 800
force E1  1 0, 9 200, 7 400, 8 600, 7 800
force F2  7 0, 9 200, 8 400, 0 600, 9 800
force E2  8 0, 1 200, 9 400, 8 600, 1 800
force St  1 0, 0 20,  1 200, 0 220, 1 400, 0 420, 1 600, 0 620, 1 800, 0 820
force CLK 0 0, 1 10 -repeat 20
run 1000

 ns delta    F       X     F1   E1   F2   E2  V  done
  0    +0 xxxxxxx xxxxx 0111 0001 0111 1000 x  x
  0    +2 0000000 xxxxx 0111 0001 0111 1000 0  0     (0.111 × 2^1) × (0.111 × 2^-8)
 10    +0 0000000 00001 0111 0001 0111 1000 0  0
 30    +0 0000000 11001 0111 0001 0111 1000 0  0
110    +1 0110001 11001 0111 0001 0111 1000 0  1     = 0.110001 × 2^-7
130    +1 0000000 11001 0111 0001 0111 1000 0  0
200    +0 0000000 11001 1001 1001 1001 0001 0  0     (1.001 × 2^-7) × (1.001 × 2^1)
230    +0 0000000 11010 1001 1001 1001 0001 0  0
310    +1 0110001 11010 1001 1001 1001 0001 0  1     = 0.110001 × 2^-6
330    +1 0000000 11010 1001 1001 1001 0001 0  0
400    +0 0000000 11010 1000 0111 1000 1001 0  0     (1.000 × 2^7) × (1.000 × 2^-7)
410    +0 0000000 00111 1000 0111 1000 1001 0  0
430    +0 0000000 00000 1000 0111 1000 1001 0  0
510    +0 0000000 00001 1000 0111 1000 1001 0  0

 ns delta    F       X     F1   E1   F2   E2  V  done
510    +1 0100000 00001 1000 0111 1000 1001 0  1     = 0.100000 × 2^1
530    +1 0000000 00001 1000 0111 1000 1001 0  0
600    +0 0000000 00001 0000 1000 0000 1000 0  0     (0.000 × 2^-8) × (0.000 × 2^-8)
610    +0 0000000 11000 0000 1000 0000 1000 0  0
630    +0 0000000 10000 0000 1000 0000 1000 0  0
710    +0 0000000 11000 0000 1000 0000 1000 0  0
710    +1 0000000 11000 0000 1000 0000 1000 0  1     = 0.0000000 × 2^-8
730    +1 0000000 11000 0000 1000 0000 1000 0  0
800    +0 0000000 11000 0111 0111 1001 0001 0  0     (0.111 × 2^7) × (1.001 × 2^1)
```

```
810    +0 0000000 00111 0111 0111 1001 0001 0  0
830    +0 0000000 01000 0111 0111 1001 0001 0  0
910    +1 1001111 01000 0111 0111 1001 0001 1  1      = 1.001111 × 2^8 (오버플로)
930    +1 0000000 01000 0111 0111 1001 0001 0  0
```

Verilog 코드가 완전히 검증된 후에 Xilinx Spartan-3/Virtex-4 구조에 Xilinx ISE 툴을 사용하여 합성한 결과 38개의 슬라이스와 29개의 플립플롭, 72개의 4입력 LUT, 27개의 I/O 블록과 하나의 글로벌 클록 회로가 사용되었다. 출력 신호 V, *Done*, F는 원치 않는 래치 발생을 방지하기 위해 0으로 설정되었다. RTL 레벨 설계로 시도할 수도 있으나 RTL 설계는 합성된 동작서술형 설계보다 좋지 않은 결과를 보였다.

이제 그 기본적인 설계가 완성되었으므로, 그 부동소수점 곱셈기가 얼마나 빨리 동작하는지와 최대 클록 주파수를 결정지어야 한다. 대부분의 CAD 툴은 로직 블록들 내의 지연과 연결선 지연 모두를 고려한 최종 회로를 시뮬레이션하는 방법을 제공한다. 만약 이 타이밍 분석에서 설계 사양들을 충족하기에 충분히 빨리 동작하지 않으면, 몇몇 다른 선택이 가능하다. 대부분의 FPGA는 몇 개의 다른 속도 등급을 갖는다. 그래서 한 가지 옵션은 좀 더 빠른 디바이스를 선택하는 것이다. 또 다른 접근은 회로에서 최장 지연 경로를 찾아내어 그 연결들을 재배선하거나 혹은 지연을 줄이기 위해 회로의 그 일부를 재설계하는 방법이다.

7.3 부동소수점 덧셈

다음으로 부동소수점 수에 대한 가산기의 설계를 살펴보자. 2개의 부동소수점 수는 부동소수점 합을 형성하도록 더해질 것이다.

$$(F_1 \times 2^{E_1}) + (F_2 \times 2^{E_2}) = F \times 2^E$$

더해질 수들이 알맞게 정규화되고, 결과가 정규화된 형식으로 표현되어야 한다고 가정할 것이다. 두 가수를 더하기 위해 두 수의 지수는 같은 값을 가져야 한다. 그래서 만약 그 지수들 E_1과 E_2가 다르면 가수 하나의 정규화된 양식을 해체하여 지수를 조정해야 한다. 처리 과정을 설명하기 위해 다음과 같은 2개의 수를 더해보자.

$$F_1 \times 2^{E_1} = 0.111 \times 2^5 \text{ and } F_2 \times 2^{E_2} = 0.101 \times 2^3$$

$E_2 \neq E_1$이므로 오른쪽으로 두 번을 시프트시키고 지수에 2를 더함으로써 비정규화한다(정규화 해체).

$$0.101 \times 2^3 = 0.0101 \times 2^4 = 0.00101 \times 2^5$$

한 자리 우측으로의 시프트는 2로 나누는 것과 동등하다는 점에 주의해야 한다. 그래서 시프트할 때마다 보상하기 위해 지수에 1을 더해야 한다. 지수들이 같아졌을 때 가수들을 더한다.

$$(0.111 \times 2^5) + (0.00101 \times 2^5) = 01.00001 \times 2^5$$

이 덧셈 결과는 부호 비트 위치에 오버플로가 발생했다. 그래서 가수 오버플로를 정정하기 위해 기수를 오른쪽 시프트하고 지수에 더하기 1을 수행한다. 그 최종 결과는 다음과 같다.

$$F \times 2^E = 0.100001 \times 2^6$$

가수들 중의 하나가 음수일 때, 가수들을 더한 결과는 다음 예에 설명한 것과 같이 비정규화될 것이다.

$(1.100 \times 2^{-2}) + (0.100 \times 2^{-1})$
$= (1.110 \times 2^{-1}) + (0.100 \times 2^{-1})$($F_1$을 시프트한 후)
$= 0.010 \times 2^{-1}$(가수 덧셈 결과 정규화 안 됨)
$= 0.100 \times 2^{-2}$(왼쪽으로 시프트하고 지수에서 1을 빼줌으로써 정규화됨)

요약하자면, 부동소수점 덧셈을 실행하기 위해 요구되는 단계는 다음과 같다.

1. 지수들을 비교한다. 만약 지수들이 같지 않으면 가장 작은 지수를 갖는 가수를 오른쪽으로 시프트시킨다. 그리고 지수에 1을 더한다. 그 지수들이 같을 때까지 되풀이한다.
2. 가수들을 더한다.
3. 만약 그 가수가 0이면 적절한 값으로 지수를 설정해야 한다. 그리고 완료한다.
4. 만약 가수 오버플로가 일어나면 오버플로를 정정하기 위해 오른쪽으로 시프트하고 지수에 1을 더한다.
5. 만약 가수가 비정규화되면, 가수가 정규화될 때까지 왼쪽으로 시프트하고 지수로부터 1을 뺀다.
6. 지수 오버플로를 확인한다. 오버플로 표시기를 작동시킨다.
7. 적절한 비트 수로 라운딩한다. 정규화되었는지 체크하여 아니면 4단계로 돌아간다.

그림 7-12는 이러한 과정을 그림으로 나타내었다. 최적화 과정은 1단계에서 추가될 수 있다. 두 수가 크게 다른 경우를 따로 처리할 수 있다. 만약 $E_1 >> E_2$이고 F_2가 양이면 지수들을 동일하게 하기 위해 F_2를 오른쪽으로 시프트함에 따라 F_2는 모두 0이 될 것이다. 이런 경우 그 결과는 $F = F_1$과 $E = E_1$이다. 그러므로 시프트를 하는 것은 시간 낭비이다. 만약 $E_1 >> E_2$이고 F_2가 음이면 지수들을 균일하게 하기 위해 F_2를 오른쪽으로 시프트함에 따라 F_2는 모두 1이(모든 0 대신에) 될 것이다. 따라서 가수들을 더할 때, 잘못된 답을 얻을 것이다. 이 문제를 피하기 위해 $E_1 >> E_2$일 때 시프트를 하지 않고 $F = F_1$과 $E = E_1$

그림 7-12 부동소수점 덧셈을 위한 플로우 차트

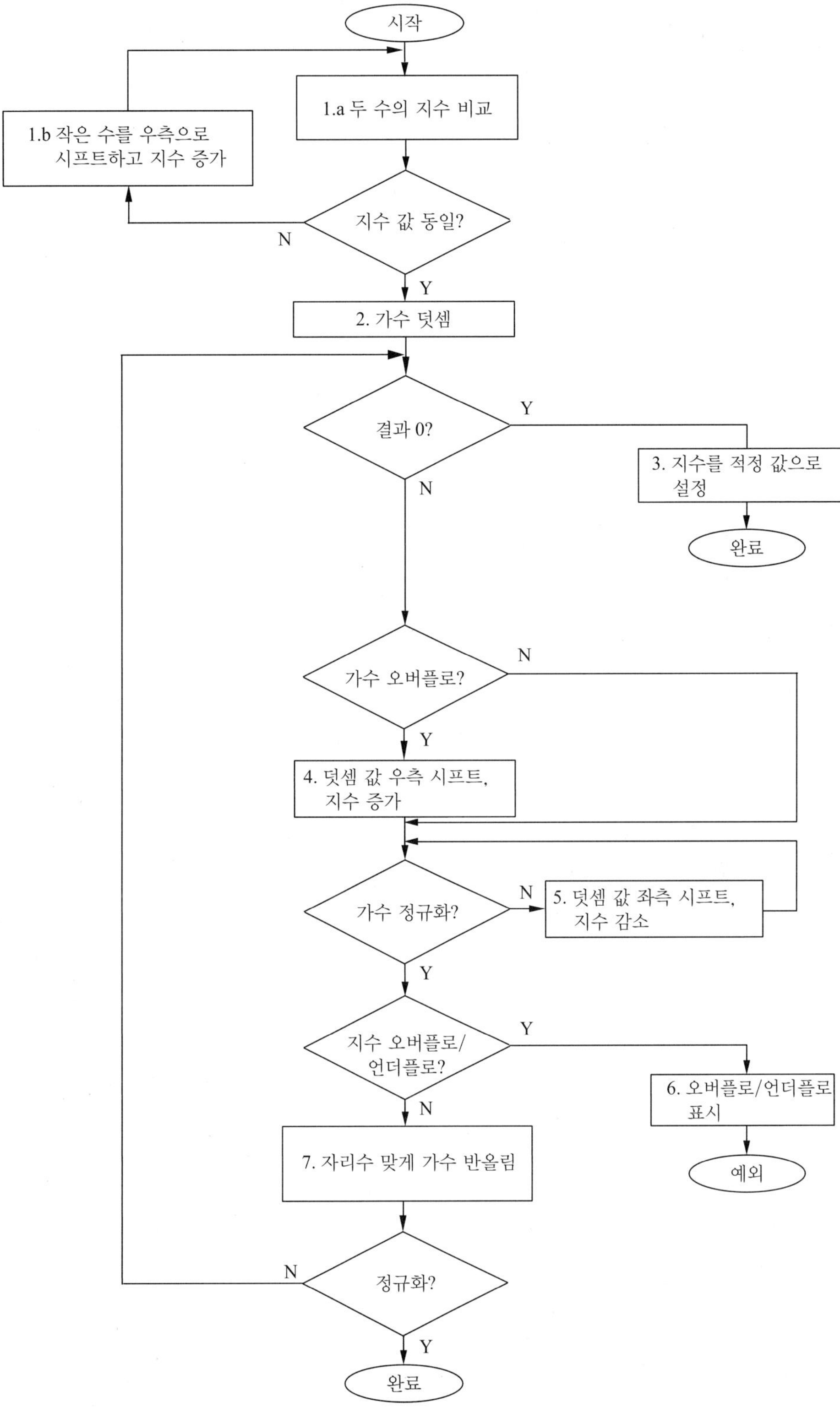

로 설정한다. 마찬가지로, $E_2 >> E_1$일 때 시프트를 하지 않고 $F = F_2$와 $E = E_2$로 설정한다.

예제의 4비트 가수에서 만약 $|E_1 - E_2| > 3$이면 시프트를 생략할 수 있다. IEEE 단일정밀도 수에서 소수점 자리 이후 23비트가 있다. 따라서 지수의 차이가 23 이상이면 작은 수는 지수가 같아지기 전에 0이 된다. 일반적으로 지수 차이가 나타낼 수 있는 가수 비트보다 클 경우 그 합은 큰 수보다는 커야 한다. 만약 $E_1 >> E_2$이면 결과는 $F = F_1$과 $E = E_2$이다. 만약 $E_2 >> E_1$이면 결과는 $F = F_2$와 $E = E_2$이다.

앞의 과정을 정리하면 부동소수점 곱셈기를 구현하는 데 다음과 같은 하드웨어가 필요함을 알 수 있다.

- 지수 비교를 위한 가산기(감산기)(1a단계)
- 좀 더 작은 수를 오른쪽으로 시프트하기 위한 시프트 레지스터(1b단계)
- 가수의 덧셈을 위한 ALU(가산기)(2단계)
- 양방향 시프터, 상향기/하향기(4, 5단계)
- 오버플로 검출기(6단계)
- 라운딩 하드웨어(7단계)

이러한 컴포넌트들은 중복해서 사용할 수 있다. 예를 들어 가수를 저장하는 레지스터는 시프트 동작과 함께 사용하는 시프트 레지스터로 사용한다. 지수를 저장하는 레지스터는 상향/하향 기능의 카운터로 사용할 수 있다. 그림 7-13은 부동소수점 가산기의 하드웨어 구조이다. 주요 컴포넌트는 지수 비교기와 가수 가산기이다. 가수 덧셈은 2의 보수 덧셈 알고리즘을 적용한다. 연산 값은 I/O 버스를 통해 전달된다고 가정한다. 숫자들은 IEEE 형식에서 부호 크기 형식을 취하면 2의 보수 형식으로 바뀐 다음 더해진다. 표현 양식에 따라 특별한 경우를 다룰 수 있어야 한다. 합의 결과는 그림 7-13에 나타낸 Addend 레지스터로 쓰인다.

그림 7-14는 IEEE 단일정밀도 부동소수점 양식에 기반을 둔 부동소수점 가산기의 Verilog 코드이다. 이 코드는 IEEE 표준의 완전한 서술은 아니다. 결과 값이 특별한 경우

그림 7-13 부동소수점 가산기의 전체 블록도

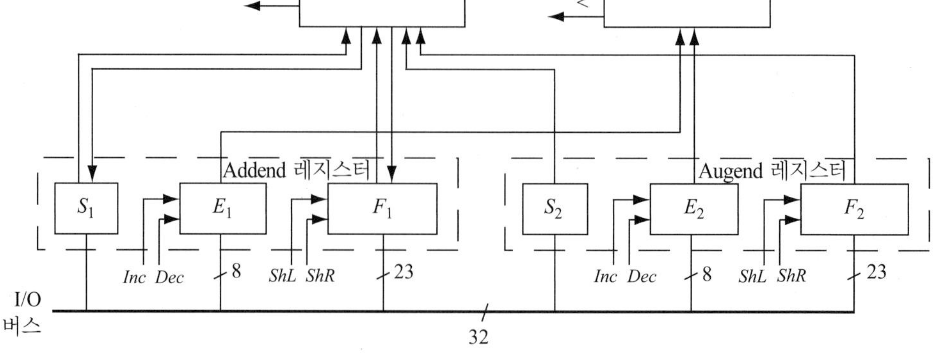

그림 7-14 부동소수점 가산기의 Verilog 코드

```
module FPADD (CLK, St, done, ovf, unf, FPinput, FPsum);
   input CLK;
   input St;
   output done;
   output ovf;
   output unf;
   input[31:0] FPinput;
   output[31:0] FPsum;

   reg done;
   reg ovf;
   reg unf;

   reg[25:0] F1;
   reg[25:0] F2;
   reg[7:0] E1;
   reg[7:0] E2;
   reg S1;
   reg S2;
   wire FV;
   wire FU;
   wire[27:0] F1comp;
   wire[27:0] F2comp;
   wire[27:0] Addout;
   wire[27:0] Fsum;
   reg[2:0] State;

  initial
  begin
    State = 0;
    done = 0;
    ovf = 0;
    unf = 0;
    S1 = 0;
    S2 = 0;
    F1 = 0;
    F2 = 0;
    E1 = 0;
    E2 = 0;
  end

   assign F1comp = (S1 == 1'b1) ? ~({2'b00, F1}) + 1 : {2'b00, F1} ;
   assign F2comp = (S2 == 1'b1) ? ~({2'b00, F2}) + 1 : {2'b00, F2} ;
   assign Addout = F1comp + F2comp ;
   assign Fsum = ((Addout[27]) == 1'b0) ? Addout : ~Addout + 1 ;
   assign FV = Fsum[27] ^ Fsum[26] ;
   assign FU = ~F1[25] ;
   assign FPsum = {S1, E1, F1[24:2]} ;

   always @(posedge CLK)
   begin
         case (State)
            0 :
                     begin
                        if (St == 1'b1)
                        begin
```

```
                E1 <= FPinput[30:23] ;
                S1 <= FPinput[31] ;
                F1[24:0] <= {FPinput[22:0], 2'b00} ;
                if (FPinput == 0)
                begin
                   F1[25] <= 1'b0 ;
                end
                else
                begin
                   F1[25] <= 1'b1 ;
                end
                done <= 1'b0 ;
                ovf <= 1'b0 ;
                unf <= 1'b0 ;
                State <= 1 ;
            end
          end
  1 :
          begin
             E2 <= FPinput[30:23] ;
             S2 <= FPinput[31] ;
             F2[24:0] <= {FPinput[22:0], 2'b00} ;
             if (FPinput == 0)
             begin
                F2[25] <= 1'b0 ;
             end
             else
             begin
                F2[25] <= 1'b1 ;
             end
             State <= 2 ;
          end
 2 :
          begin
             if (F1 == 0 | F2 == 0)
             begin
                State <= 3 ;
             end
             else
             begin
                if (E1 == E2)
                begin
                   State <= 3 ;
                end
                else if (E1 < E2)
                begin
                   F1 <= {1'b0, F1[25:1]} ;
                   E1 <= E1 + 1 ;
                end
                else
                begin
                   F2 <= {1'b0, F2[25:1]} ;
                   E2 <= E2 + 1 ;
                end
             end
          end
```

```
            3 :
                      begin
                         S1 <= Addout[27] ;
                         if (FV == 1'b0)
                         begin
                            F1 <= Fsum[25:0] ;
                         end
                         else
                         begin
                            F1 <= Fsum[26:1] ;
                            E1 <= E1 + 1 ;
                         end
                         State <= 4 ;
                      end
            4 :
                      begin
                         if (F1 == 0)
                         begin
                            E1 <= 8'b00000000 ;
                            State <= 6 ;
                         end
                         else
                         begin
                            State <= 5 ;
                         end
                      end
           5 :
                      begin
                         if (E1 == 0)
                         begin
                            unf <= 1'b1 ;
                            State <= 6 ;
                         end
                         else if (FU == 1'b0)
                         begin
                            State <= 6 ;
                         end
                         else
                         begin
                            F1 <= {F1[24:0], 1'b0} ;
                            E1 <= E1 - 1 ;
                         end
                      end
            6 :
                      begin
                         if (E1 == 255)
                         begin
                            ovf <= 1'b1 ;
                         end
                         done <= 1'b1 ;
                         State <= 0 ;
                      end
         endcase

   end
endmodule
```

0일 때는 다룰 수 있으나 무한대, 비정규화되었을 때, NaN일 때는 다루지 않는다. 최종 결과는 라운딩되지 않고 잘린다. 부호 크기 형식과 바이어스 지수 표현 양식은 2의 보수를 제외하고 전체 과정에 적용된다.

FPinput은 입력 버스이고 입력 수는 IEEE 표준 양식에서 정규화된 부동소수점 수를 나타낸다. 상태 0에서 첫 번째 숫자를 쪼개 S_1, F_1, E_1으로 로딩된다. 각각 가수의 부호, 가수의 크기, 바이어스된 지수를 나타낸다. F_1이 로딩되면 23비트의 가수는 특별한 경우 0을 제외하고(첫 번째 비트가 0) 맨 앞에 1이 쓰인다. IEEE 표준(가드 및 라운드 비트)에 맞추기 위해 가수의 끝 부분에 2개의 0이 붙는다. 상태 1에서는 더해질 두 번째 수가 S_2, F_2, E_2에 로딩된다. 상태 2에서는 작은 쪽 지수의 가수부가 오른쪽 시프트를 통해 비정규화되고 지수 값을 증가시킨다. 이 동작이 완성되면 지수는 같아진다(F_1, $F_2 = 0$인 경우 제외).

가수부는 2의 보수 연산 방식에 의해 더해진다. 입력된 가수들은 2의 보수 형식으로 바뀐다. 2개의 부호 비트는 F_1의 맨 앞에 오고 S_1이 1이 되면서 2의 보수가 만들어진다. 2개의 부호 비트가 사용되는 이유는 가수부 덧셈 후 오버플로에 의해 처음 부호 비트에 영향을 미쳐도 원래 부호 비트를 유지하기 위해서이다. F_2는 비슷한 방식으로 처리된다. 결과 F1comp와 F2comp가 더해지고 합의 결과가 Addout에 할당된다. 가산기 출력은 상태 3에 읽힌다. Fsum은 가수의 크기를 나타내는데, Addout은 값이 음수이면 반전되어야 한다. 정상 동작의 경우 Fsum의 2개의 부호 비트는 00인데, 버려진 다음 부동소수점 누산기인 F_1에 다시 저장된다. 부호 비트는 Addout의 MSB에 있다. 가수 오버플로와 언더플로는 FV나 FU에 의해 표시된다. 가수 오버플로는 Addout의 최상위 2비트를 XOR 하여 계산된다. 가수 오버플로의 경우 Fsum의 부호 비트는 01이고, 따라서 FV = 1이 된다. Fsum은 F_1에 저장되기 전에 오른쪽으로 시프트되고 E_1은 증가된다. F_1의 덧셈 결과 0이면 상태 4에서 $E_1 = 0$이 되고 부동소수점 연산이 종료된다. 결과 값 F_1이 정규화되지 않았다면 상태 5에서 F_1을 왼쪽으로 시프트하고 E_1을 감소시켜 정규화한다. 지수 오버플로나 언더플로는 ovf, unf로 표시된다. 바이어스된 지수의 범위는 1~254이므로 E_1이 0에 도달하면 언더플로이고 상태 5에서 unf = 1이 된다. 상태 6에서 $E_1 = 255$이면 지수 오버플로이므로 ovf = 1이 된다. done 신호는 상태 6에서 발생한다. S_1, E_1, F_1은 최종 FPsum으로 합쳐져서 표시된다.

부동소수점의 가산기 코드 동작은 다음과 같은 값들을 이용하여 테스트한다.

Addend		Augend		Sum	
수(이진)	IEEE 단일정밀도	수(이진)	IEEE 단일정밀도	수(이진)	IEEE 단일정밀도
0	x00000000	0	x00000000	0	x00000000
1×2^0	x3F800000	1×2^0	x3F800000	1×2^1	x40000000
-1×2^0	xBF800000	-1×2^0	xBF800000	-1×2^1	xC0000000
1×2^0	x3F800000	-1×2^0	xBF800000	0	x00000000
$1.111\ldots\times2^{127}$	x7F7FFFFF	1×2^0	x3F800000	$1.111\ldots\times2^{127}$	x7F7FFFFF
$-1.111\ldots\times2^{127}$	xFF7FFFFF	-1×2^0	xBF800000	$-1.111\ldots\times2^{127}$	xFF7FFFFF
$1.111\ldots\times2^{127}$	x7F7FFFFF	$1.111\ldots\times2^{127}$	x7F7FFFFF	오버플로	
$-1.111\ldots\times2^{127}$	xFF7FFFFF	$-1.111\ldots\times2^{127}$	xFF7FFFFF	오버플로	
1.11×2^8	x43E00000	-1.11×2^6	xC2E00000	1.0101×2^8	x43A80000
-1.11×2^8	xC3E00000	1.11×2^6	x42E00000	-1.0101×2^8	xC3A80000
$1.111\ldots\times2^{127}$	x7F7FFFFF	$0.0\ldots01\times2^{127}$	x73800000	오버플로	
$-1.111\ldots\times2^{127}$	xFF7FFFFF	$-0.0\ldots01\times2^{127}$	xF3800000	오버플로	
$1.1\ldots10\times2^{127}$	x7F7FFFFE	$0.0\ldots01\times2^{127}$	x73800000	1.111×2^{127}	x7F7FFFFF
$-1.1\ldots10\times2^{127}$	xFF7FFFFE	$-0.0\ldots01\times2^{127}$	xF3800000	-1.111×2^{127}	xFF7FFFFF
1.1×2^{-126}	X00C00000	1.0×2^{-126}	x80800000	오버플로	

7.4 그 외 부동소수점 연산

뺄셈

부동소수점 뺄셈법은 부동소수점 덧셈과 동일한데, 가수를 더하는 대신에 빼야 한다.

나눗셈

부동소수점 수 2개의 나눗셈은 다음과 같이 표현된다.

$$(F_1 \times 2^{E_1}) \div (F_2 \times 2^{E_2}) = (F_1 / F_2) \times 2^{(E_1 - E_2)} = \mathrm{F} \times 2^E$$

그러므로 부동소수점 나눗셈을 위한 기본적인 규칙은 가수들을 나누고 지수들을 빼는 것이다. 곱셈 수행 시 고려하는 특별한 경우들 외에도, 나눗셈의 경우 나눗셈을 하기 전 0으로 나누는 경우를 검사해야만 한다. 만약 F_1과 F_2가 정규화되면 그 가장 큰 양의 몫(positive quotient, F)은

$$0.1111... / 0.1000... = 01.111...$$

일 것이다. 이것은 10_2보다 작으므로 가수 오버플로는 쉽게 정정된다. 예를 들면,

$$(0.110101 \times 2^2) \div (0.101 \times 2^{-3}) = 01.010 \times 2^5 = 0.101 \times 2^6$$

다른 방법으로 $F_1 \geq F_2$이면, 나누기 전에 F_1을 오른쪽으로 시프트함으로써 무엇보다도 먼저 가수 오버플로를 피할 수 있다. IEEE 양식에서 나누기 0이 수행되면 결과는

NaN(Not a Number)이 된다.

이 장에서는 부동소수점 표현 방식, IEEE 단일정밀도, 이중정밀도에 대해 서술했다. 2의 보수를 사용한 부동소수점 표현 방식도 다루었다. 다음으로 부동소수점 곱셈기의 설계를 설명하고, 부동소수점끼리의 덧셈에 대해서도 논의했다. 곱셈기 설계는 다음과 같은 단계를 밟아 설계했다.

1. 모든 특별한 경우를 고려한 부동소수점 곱셈을 위한 알고리즘을 개발한다.
2. 시스템의 블록도를 그린다. 그리고 필요한 제어 신호들을 정의한다.
3. 가수 곱셈 제어를 위해 다른 하나의 연결된 상태 머신을 이용하는 제어 상태 머신용 SM 차트(상태도)를 구성한다.
4. Verilog 코드를 작성한다.
5. 곱셈기의 그 상위 수준 설계가 정확한지를 검증하기 위해 Verilog 코드를 테스트한다.
6. CAD 소프트웨어를 사용하여 곱셈기를 합성한다. 원하는 목표 기술(ASIC, FPGA 등)로 구현한다.

Problem 연습문제

7.1 (a) 4비트 가수, 4비트 지수로 8비트 2의 보수 부동소수점 형식으로 표시할 수 있는 최대 수는 얼마인가?

(b) 4비트 가수, 4비트 지수로 8비트 2의 보수 부동소수점 형식으로 표시할 수 있는 최소 수는 얼마인가?

(c) IEEE 단일정밀도 부동소수점 형식으로 나타낼 수 있는 최대 정규화 수는 얼마인가?

(d) IEEE 단일정밀도 부동소수점 형식으로 나타낼 수 있는 최소 정규화 수는 얼마인가?

(e) IEEE 이중정밀도 부동소수점 형식으로 나타낼 수 있는 최대 정규화 수는 얼마인가?

(f) IEEE 이중정밀도 부동소수점 형식으로 나타낼 수 있는 최소 정규화 수는 얼마인가?

7.2 다음 십진수를 IEEE 단일정밀도 형식으로 표현하라.

(i) 25.25 (ii) 2000.25 (iii) 1 (iv) 0 (v) 1000 (vi) 8000 (vii) 10^6

(viii) -5.4 (ix) 1.0×2^{-140} (x) 1.5×10^9

7.3 다음 십진수를 IEEE 이중정밀도 형식으로 표현하라.

(i) 25.25 (ii) 2000.25 (iii) 1 (iv) 0 (v) 1000 (vi) 8000 (vii) 10^6

(viii) -5.4 (ix) 1.0×2^{-140} (x) 1.5×10^9

7.4 다음의 16진수 표현 수가 IEEE 단일정밀도 형식으로 표현되었다면 각 실제 수는 얼마인가?

(i) ABABABAB (ii) 45454545 (iii) FFFFFFFF (iv) 00000000 (v) 11111111 (vi) 01010101

7.5 다음의 16진수 표현 수가 IEEE 이중정밀도 형식으로 표현되었다면 각 실제 수는 얼마인가?

(i) ABABABAB 00000000 (ii) 45454545 00000001 (iii) FFFFFFFF 10001000

(iv) 00000000 00000000 (v) 11111111 10001000 (vi) 01010101 01010101

7.6 (a) -35.25를 IEEE 단일정밀도 형식으로 표현하라.

(b) 16진수 ABCD0000이 IEEE 단일정밀도 형식으로 표현되었다면 실제 수는 얼마인가?

7.7 (a) 25.625를 IEEE 단일정밀도 형식으로 표현하라.

(b) -15.6을 IEEE 단일정밀도 형식으로 표현하라.

7.8 이 문제는 8비트 부호화된 정수를(음수들이 2의 보수로 표현된다) 부동소수점 수로 바꾸는 디지털 시스템 설계에 관한 것이다. 가수가 8비트이고 지수가 4비트인 점만 제외하면 본문에서 사용된 부동소수점 형태와 유사한 구조를 지니고 있다. 가수는 정규화되어야 한다.

7.9 (a) 다음 부동소수점 수들을 곱하라. 정규화된 형태로 결과를 보여라. 각 가수, 지수는 2의 보수 표현을 사용한 4비트이다.

$$F_1 = 1.011,\ E_1 = 0101,\ F_2 = 1.001,\ E_2 = 0011$$

(b) 아래 수에 대해 반복하라.

$$F_1 = 1.011,\ E_1 = 1011,\ F_2 = 0.110,\ E_2 = 1101$$

7.10 부동소수점 수 시스템은 음수의 경우 2의 보수로 표현하는 방식으로 4비트 가수와 4비트 지수를 사용한다. 어떤 수에 -4를(마이너스 4) 곱하는 효율적인 시스템을 설계하라. 계산에서 모든 특수한 경우를 고려하고, 정규화된 결과를 보여라. 처음에 가수는 올바르게 정규화되었거나, 0이라고 가정하라. 참고: 이 시스템은 오직 -4만을 곱한다.

(a) (곱하기(-4)의 과정에서) 일어날 수 있는 정상적인 경우와 특수한 경우들의 예를 나타내어라.

(b) 시스템의 블록도를 그려라.

(c) 제어 장치를 SM 차트로 그려라. 사용된 모든 신호를 정의하라.

7.11 그림 7-7의 부동소수점 곱셈기를 지수와 가수 계산을 위한 2개의 가산기를 사용하는 대신에 버스에 연결된 공통 5비트 전가산기를 사용하여 재설계하라.

(a) 블록도를 다시 그리고 버스에 연결들을 반드시 포함시키고 모든 제어 신호를 포함하라.

(b) 새로운 제어를 위해 SM 차트를 다시 그려라.

(c) 곱셈기를 Verilog로 기술하라. 또는 기존의 Verilog 서술에서 바꾸어야 할 곳을 명시하라.

7.12 이 문제는 부동소수점 수 $F \times 2^E$의 제곱을 계산하는 회로 설계이다. F는 정규화된 5비트 가수이다. E는 5비트 정수이다. 음수들은 2의 보수로 표현된다. 그 결과는 정규화되어야 한다. $(-F)^2 = F^2$이라는 사실을 이용하라.

(a) 회로의 블록도를 그려라(1개의 가산기와 1개의 보수기를 사용하라).

(b) 모든 특수한 경우를 고려하여 계산 절차를 서술하라. 아래의 실제 예에 대해 계산 절차를 보여라.

$$F = 1.0110 \qquad E = 00100$$

(c) 주요 제어기를 위한 SM 차트로 그려라. 곱셈은 또 다른 제어 회로를 사용하여 수행된다고 가정하라. 곱셈이 완료되면 $Mdone = 1$ 신호를 출력해야 한다.

(d) 시스템을 Verilog로 기술하라.

7.13 IEEE 단일정밀도 형식을 사용하여 부동소수점 곱셈기에 대한 동작서술형 Verilog 코드를 작성하라. 덧셈-시프트 곱셈기 대신에 오버로딩 곱셈 연산자를 사용하라. 무한대, 비정규화된 결과, NaN 등의 특별한 경우는 무시하라. 라운딩 대신에 절사하라.

7.14 그림 7-14 코드의 테스트 벤치를 작성하라.

7.15 다음 부동소수점 수들을 더하라(각 단계를 나타낼 것). 각 가수가 5비트(부호 포함)라고 가정한다. 그리고 각각의 지수는 음수의 경우 2의 보수 표현을 사용한 5비트이다(부호 포함).

$$F_1 = 0.1011 \qquad E_1 = 11111$$

$$F_2 = 1.0100 \qquad E_2 = 11101$$

7.16 2개의 부동소수점 수가 부동소수점 합을 만들기 위해 더해진다.

$$(F_1 \times 2^{E_1}) + (F_2 \times 2^{E_2}) = F \times 2^E$$

F_1과 F_2는 정규화되었다고 가정하고 결과도 역시 정규화되어야 한다.

(a) 모든 특수한 경우를 포함하여 부동소수점 덧셈을 실행하는 데 필요한 단계들을 적어라.

(b) $F_1 = 1.0101$, $E_1 = 1001$, $F_2 = 0.1010$, $E_2 = 1000$일 때 위의 단계들을 통해 계산 과정을 설명하라. 부호를 포함하여 그 가수들이 5비트임에 주의하고 그 지수들은 기호를 포함하여 4비트이다.

(c) 시스템을 Verilog로 기술하라.

7.17 그림 7-14의 부동소수점 가산기에 대해 Verilog 코드를 다음 조건이 만족되도록 수정하라.

(a) IEEE 표준 단일정밀도의 정규화되지 않은 수가 입력과 출력으로 사용되도록 한다.

(b) 상태 2에서 지수 차이가 23 이상일 때 프로세싱이 빨라지도록 한다.

(c) 결과 가수 값을 라운딩하지 않고 절사한다.

7.18 (a) 부동소수점 덧셈을 수행하라.

(b) $F_1 \times 2^{E_1}$과 $F_2 \times 2^{E_2}$을 더하는 부동소수점 가산기의 SM 차트를 그려라. 가수는 초기에 정규화(또는 0)되었다고 가정하고, 최종 결과 또한 정규화(또는 0)된다. 0의 가수는 지수 값 -8을 갖는다. 가수 오버플로 플래그(EV)는 최종 결과에서 지수 오버플로가 발생하면 설정된다. 부동소수점 수는 음수의 경우 2의 보수로 표현하는 방식으로 4비트 가수와 4비트 지수를 사용한다. 모든 레지스터(F_1, E_1, F_2, E_2)는 St 신호를 받으면 하나의 클록 사이클에 모두 로딩된다. 만약 $E_1 > E_2$이면 제어 신호 $GT = 1$이 되고 $E_1 < E_2$이면 제어 신호 $LT = 1$이 된다. 그 외에 사용된 모든 제어 신호를 정의하라. $|E_1 - E_2| > 3$의 특별한 경우를 포함하라.

7.19 (a) 부동소수점 뺄셈기를 위해 블록도를 그려라. 뺄셈기에 그 입력들이 알맞게 정규화되었다고 가정하고 계산 결과도 알맞게 정규화되어야 한다. 가수들은 부호를 포함하여 5비트이다. 음수들은 2의 보수로 표현된다.

(b) 부동소수점 뺄셈기에 사용되는 제어회로를 위한 SM 차트를 그려라. 사용된 제어 신호들을 정의하고 제어회로에 입력으로 사용된 각 제어 신호에 대한 논리 방정식을 세워라.

(c) 부동소수점 뺄셈기를 Verilog로 기술하라.

7.20 (a) 특수한 경우를 포함한 부동소수점 뺄셈을 실행하는 데 필요한 계산 과정을 단계별로 서술하라. 처음에 수들이 정규화된 형식으로 되어 있다고 가정하고, 그 최종 결과도 정규화된 형식이어야만 한다.

(b) 다음의 수를 뺄셈하라(가수들은 2의 보수이다).

$$(1.0111 \times 2^{-3}) - (1.0101 \times 2^{-5})$$

(c) 시스템을 Verilog로 기술하라. 가수는 부호를 포함하여 5비트이고, 지수는 부호 포함 4비트이다.

7.21 이 문제는 부동소수점 수의 나눗셈기 설계에 관한 것이다.

$$(F_1 \times 2^{E_1})/(F_2 \times 2^{E_2}) = F \times 2^E$$

F_1과 F_2는 알맞게 정규화된 가수(또는 0)라고 가정한다(음의 가수의 경우 2의 보수로 나타낸다). 그 지수들도 음수의 경우는 2의 보수로 표현된 정수들이다. 만약 0이 아니면 결과는 알맞게 정규화되어야 한다. 가수는 부호 포함 8비트, 지수는 부호 포함 5비트로 표현한다.

(a) 부동소수점 나눗셈기를 위해 플로우 차트를 그려라. 2개의 이진 가수를 나누어 가수를 결과로 내는 나눗셈기가 사용 가능하다고 가정하라. 플로우 차트에 가수들의 나누기 과정을 개별적으로 나타내지 말고 '나누기 과정'임을 표시하라. 나눗셈이 실행되기 전에 $|F_2| > |F_1|$을 확인해야 한다.

(b) 다음의 계산 절차를 설명하라.

$$0.111 \times 2^3 / 1.011 \times 2^{-2}$$

F_2로 F_1을 나눌 때 개별 단계들을 나타낼 필요는 없으며, 나누기 결과만 보여라.

(c) 시스템을 Verilog로 기술하라.

7.22 A, B, C는 IEEE 단일정밀도 형식으로 표현된 부동소수점 수이고 덧셈을 수행한다. 만약 $A = 2^{40}$, $B = -2^{40}$, $C = 1$이면

(a) $A + (B + C)$는 얼마인가?(즉, $B + C$를 먼서 수행하고 A를 더하라.)

(b) $(A + B) + C$는 얼마인가?(즉, $A + B$를 먼저 수행하고 C를 더하라.)

7.23 A, B, C는 IEEE 이중정밀도 형식으로 표현된 부동소수점 수이고 덧셈을 수행한다. 만약 $A = 2^{40}$, $B = -2^{40}$, $C = 1$이면

(a) $A + (B + C)$는 얼마인가?(즉, $B + C$를 먼저 수행하고 A를 더하라.)

(b) $(A + B) + C$는 얼마인가?(즉, $A + B$를 먼저 수행하고 C를 더하라.)

7.24 A, B, C는 IEEE 단일정밀도 형식으로 표현된 부동소수점 수이고 덧셈을 수행한다. 만약 $A = 2^{65}$, $B = -2^{65}$, $C = 1$이면

(a) $A + (B + C)$는 얼마인가?(즉, $B + C$를 먼저 수행하고 A를 더하라.)

(b) $(A + B) + C$는 얼마인가?(즉, $A + B$를 먼저 수행하고 C를 더하라.)

7.25 A, B, C는 IEEE 이중정밀도 형식으로 표현된 부동소수점 수이고 덧셈을 수행한다. 만약 $A = 2^{65}$, $B = -2^{65}$, $C = 1$이면

(a) $A + (B + C)$는 얼마인가?(즉, $B + C$를 먼저 수행하고 A를 더하라.)

(b) $(A + B) + C$는 얼마인가?(즉, $A + B$를 먼저 수행하고 C를 더하라.)

CHAPTER 8

Verilog의 추가 주제

지금까지 Verilog의 기본 기능과 이것이 디지털 시스템 설계 과정에서 어떻게 사용되는지를 설명했다. 이 장에서는 Verilog 모델링에 힘과 유연성을 더하는 추가 기능을 기술한다. Verilog 함수와 작업을 소개한 다음, 사용자 정의 프리미티브, `generate` 문, 컴파일러 지시어, 내장형 프리미티브, 파일 입출력 등의 추가 기능을 알아본다. 그리고 삼상태 신호의 사용을 설명하기 위해 간단한 메모리 모델을 소개한다.

8.1 Verilog 함수

VLSI 회로의 주요 특징은 유사한 구조의 반복적인 사용이다. Verilog는 동일 기능의 반복 호출 또는 구조들의 반복 사용을 용이하게 표현할 수 있는 함수(function)와 작업(task)을 제공한다. Verilog 함수는 이후에 기술할 Verilog 작업과 유사하다. 함수가 작업과 다른 점은, 함수는 출력 하나만을 구동할 수 있고 함수 내에 시간 지연을 포함할 수 없다는 것이다.

함수는 사용될 모듈 내에서 정의할 수 있다. 함수를 별도 파일에 정의할 수도 있는데, 파일에 함수를 포함하기 위해 컴파일러 지시어 `` `include``를 사용한다(컴파일러 지시어는 8.12절에서 설명한다). 함수는 지연 시간 없이 실행되어야 하는데, 즉 함수에는 어떤 종류의 타이밍 지연도 포함할 수 없다는 뜻이다. 함수는 임의 수의 입력 인수를 가질 수 있지만, 단 하나의 출력을 반환한다.

함수는 함수명에 값을 지정함으로써 결과 값을 반환한다. 함수의 반환 값은 단일 비트 또는 다중 비트일 수 있다. 함수 안에 선언되는 변수는 지역 변수이지만, 함수는 어떤 지역 변수도 사용되지 않을 때 전역 변수를 사용할 수 있다. 지역 변수가 사용될 때 기본적으로 출력은 함수 실행의 마지막에서 지정된다. 함수는 다른 함수를 호출할 수 있지만 작업은 호출할 수 없다. 함수는 타입 변환에 자주 사용된다.

함수는 순차 알고리즘을 실행하고 호출한 프로그램에 단일 값을 반환한다. 아래의 함수가 호출되면 1개의 비트씩 오른쪽으로 순환한 값을 반환한다.

```
function [7:0] rotate_right;
  input [7:0] reg_address;

  begin
    rotate_right = reg_address >> 1;
  end
endfunction
```

함수 호출은 그 표현이 사용될 수 있는 어느 곳에서나 사용될 수 있다. 예를 들어, *A*의 값이 10010101인 경우 다음 구문이 실행되면

```
B <= rotate_right(A);
```

*B*의 값은 11001010이 되고 *A*의 값은 변하지 않는다.

함수 선언의 일반적인 형태는 다음과 같다.

```
function <range or type> function-name
  input [declarations]
<declarations>      // reg, parameter, integer 등

  begin
  sequential statements
  end
endfunction
```

함수 호출의 일반 형태는 다음과 같다.

```
function_name(input-argument-list)
```

입력 인수 목록(input-argument-list)의 매개변수 개수와 타입은 함수 선언의 입력 선언과 일치해야 한다. 매개변수들은 입력 값으로 처리되고, 함수가 실행되는 동안 변경될 수 없다.

예제 4비트 수의 짝수 패리티 비트를 생성하는 Verilog 함수를 작성하라. 입력은 4비트 수이며, 출력은 데이터와 패리티 비트를 포함하는 코드 워드이다.

정답은 그림 8-1에 제시되어 있다. 함수명과 함수로부터 반환되는 최종 출력은 동일해야 한다.

패리티 회로가 시스템 내의 여러 부분에서 사용된다면 그 함수는 필요할 때마다 호출할 수 있어야 한다. 함수는 다음과 같이 호출할 수 있다.

그림 8-1 함수를 사용한 패리티 생성기

```
// 루프를 사용하지 않는 함수 예제 코드
// 이 함수는 4비트 벡터를 입력으로 받아들인다.
// 짝수 패리티를 포함한 5비트 코드를 반환한다.

function [4:0] parity;
  input [3:0] A;
  reg temp_parity;

  begin
    temp_parity = A[0] ^ A[1] ^ A[2] ^ A[3];
    parity = {A, temp_parity};
  end
endfunction
```

```
module function_test(Z);
  output reg [4:0] Z;
  reg [3:0] INP;
  initial
  begin
    INP = 4'b0101;
    Z = parity(INP);
  end

endmodule
```

그림 8-2는 for 루프를 사용하는 함수를 보여준다. 그림 8-2에서 루프 인덱스 *i*는 for 루프에 들어갈 때 0으로 초기화될 것이고, 순차처리문이 실행될 것이다. 인덱스 *i* 값 1, 2, 3에 대해 실행이 반복된 다음, 루프가 종료될 것이다.

그림 8-2 덧셈 함수

```
// 이 함수는 2개의 4비트 벡터와 캐리를 더한다.
// 함수 생성과 루프의 사용을 보여준다.
// 5비트의 합을 반환한다.

function [4:0] add4;
  input [3:0] A;
  input [3:0] B;
  input       cin;

  reg   [4:0] sum;
  reg         cout;

  begin
    integer i;
    for (i=0; i<=3; i=i+1)
    begin
      cout = (A[i] & B[i]) | (A[i] & cin) | (B[i] & cin);
      sum[i] = A[i] ^ B[i] ^ cin;
```

```
      cin = cout;
  end

   sum[4] = cout;
   add4 = sum;
  end
endfunction
```

그림 8-2의 함수는 2개의 4비트 벡터와 캐리를 더하여 5비트의 합을 반환한다. 함수명은 *add4*이고, 입력 인수는 *A*, *B*와 *carry*이며, *add4*가 반환될 것이다. 지역 변수 C_{out}과 *sum*은 계산 과정의 중간 값을 저장하기 위해 지정되었다. 함수가 호출될 때 C_{in}이 *carry* 값으로 초기화될 것이다. for 루프는 직렬 가산기와 같은 방법으로 *A*와 *B*의 비트들을 순차적으로 더한다.

첫 루프 실행은 *A*[0], *B*[0], C_{in}을 사용하여 C_{out}과 *sum*[0]이 계산된다. 이때 C_{in} 값은 새로운 C_{out} 값으로 갱신되고 루프 실행이 반복된다. 두 번째 루프 실행에서 C_{out}과 *sum*[1]이 *A*[1]과 *B*[1], 그리고 새로운 C_{in}을 사용하여 계산된다. 네 번의 반복 루프 실행 후에 *sum*의 모든 값이 계산되고 *sum*이 반환된다.

```
add4(A, B, carry)
```

위와 같은 형태로 함수가 호출되고, 여기서 *A*와 *B*는 3 downto 0 형태의 결과를 반환하는 표현식으로 대체될 수 있으며, *carry*는 비트의 결과를 내는 표현식으로 교체될 수 있다. 예를 들어 다음 문장은 *add4* 함수를 호출한다.

```
Z <= add4(X, ~Y, 1);
```

매개변수 *A*, *B*, *carry*는 각각 *X*, ~*Y*, 1의 값을 갖는다. *X*와 *Y*는 3:0의 다중 비트여야 한다. 이 함수는 다음 식을 계산하여 결과를 반환한다.

$$Sum = A + B + carry = X + \sim Y + 1$$

$\sim Y + 1$이 *Y*의 2의 보수와 같으므로, 이 계산은 2의 보수를 더하는 방법의 뺄셈과 동일하다. *Z*[4]에 저장된 캐리를 무시한다면 결과는 $Z[3:0] = X - Y$이다.

그림 8-3은 수의 제곱을 계산하는 함수와 함수 호출을 보여준다. 보여준 함수 호출에서 수는 4비트 크기이다.

함수 실행의 시뮬레이션 시간은 0이다. 함수는 어떤 종류의 타이밍 제어문이나 지연 이벤트를 포함해서는 안 된다. 함수는 적어도 하나 이상의 입력 인수를 가져야만 한다. 함수는 output 또는 inout 인수를 가질 수 없다.

함수는 재귀적일 수 있다. 재귀 함수는 함수가 호출될 때마다 다른 메모리가 할당되도록 automatic으로 선언되어야 한다. 그렇지 않으면 함수가 재귀적으로 호출될 때 각 호출은 이전 호출 시에 할당된 메모리에 덮어쓰기를 할 것이다.

그림 8-3 제곱 연산을 위한 함수와 함수 호출

```
module test_squares (CLK);

   input CLK;
   reg[3:0] FN;
   reg[7:0] answer;

   function [7:0] squares;
      input[3:0] Number;

      begin
        squares = Number * Number;
      end
   endfunction

   initial
   begin
      FN = 4'b0011;
   end

   always @(posedge CLK)
   begin
     answer = squares(FN);
   end
endmodule
```

8.2 Verilog 작업

작업은 Verilog 코드를 모듈로 분해할 수 있게 한다. 암시적으로 함수명을 이용하여 하나의 값을 반환하는 함수와 다르게, 작업은 여러 값을 반환할 수 있다. 작업 선언의 형태는 다음과 같다.

```
task task_name
  input [declarations]
  output [declarations]

 <declarations>       // reg, parameter, integer 등

begin
  sequential statements
end task_name;
```

formal-parameter-list는 작업의 입력과 출력, 데이터 타입을 명시한다. 작업 호출은 다음 형태의 순차처리문 또는 동시진행문이다.

```
task_name(actual-parameter-list);
```

함수와는 달리 작업은 0이 아닌 시뮬레이션 시간에 실행할 수 있다. 작업은 지연 시간, 이벤트, 또는 타이밍 제어문을 포함한다. 작업은 입력형, 출력형, 입출력형을 사용하지 않거

그림 8-4 다중 비트를 덧셈하는 작업

```
// 이 작업은 2개의 4비트 데이터와 캐리를 더한다.
// n비트 합과 캐리를 반환한다.
// Add1과 Add2는 같은 길이이고 3 downto 0 크기로 가정한다.

    task Addvec;
      input [3:0] Add1;
      input [3:0] Add2;
      input Cin;
      output [3:0] sum;
      output cout;

      reg C;

      begin
         C = Cin;
         integer i;
         for(i = 0; i <= 4; i = i + 1)
            begin
               sum[i] = Add1[i] ^ Add2[i] ^ C ;
               C = (Add1[i] & Add2[i]) | (Add1[i] & C) | (Add2[i] & C);
            end
         cout = C ;
      end
    endtask
```

나 하나 이상의 인수를 사용할 수 있다. 작업은 값을 반환하지 않지만 output과 inout 인수를 통해 다수의 결과 값을 전달할 수 있다.

예제로 2개의 4비트 데이터와 캐리를 더해서 4비트의 합과 캐리를 전달하는 *Addvec* 작업을 기술할 텐데, 다음과 같은 형태의 작업 호출을 사용할 것이다.

```
Addvec(A, B, Cin, Sum, Cout);
```

여기서 *A*, *B*, *Sum*은 4비트 데이터이고, C_{in}과 C_{out}은 1비트 데이터이다.

그림 8-4는 해당 작업 코드이다. *Add1*, *Add2*, C_{in}은 입력 매개변수이고 *sum*과 C_{out}은 출력 매개변수이다. 덧셈 알고리즘은 본질적으로 *add4* 함수에서 사용한 것과 동일하다. 루프를 반복할 때마다 *C* 값이 새로워져야 하기 때문에 *C*는 변수이다. 그래서 reg형으로 선언되었다. 루프를 4번 반복한 이후에 4비트의 *sum*이 모두 계산된다. 작업 내에서 블로킹문과 논블로킹문을 혼용하는 것은 바람직하지 않다.

작업은 함수가 사용되는 모듈 내에 정의될 수 있다. 또한 별도의 파일 안에 정의될 수도 있는데, 컴파일 지시어 `include(8.12절에 기술)가 작업을 파일에 포함시키기 위해 사용될 것이다. 작업 내에 선언한 변수는 작업의 지역 변수이다. 지역 변수가 전혀 사용되지 않았을 때 전역 변수가 입력과 출력을 위해 사용될 것이다. 작업 내에 단지 지역 변수만이 사용되었을 때 작업의 지난 실행의 지역 변수가 호출자에게 전달될 것이다.

함수

- 적어도 하나의 입력 인자가 필요하지만 출력과 입출력 인자는 없음
- 함수명에 값을 할당함으로써 하나의 값을 반환
- 다른 함수를 호출할 수 있지만 작업은 호출할 수 없음
- 시간 지연, wait 문, 시간 제어문을 내재할 수 없음
- 0(zero) 실행 시간
- 재귀적일 수 있음
- 논블로킹 지정문 또는 순차진행문을 포함할 수 없음

작업

- 임의 수의 입력, 출력, 입출력 인자들
- 출력은 작업 이름을 사용할 필요 없음
- 다른 함수나 작업을 호출할 수 있음
- 시간 제어문을 포함해도 좋음
- 자신을 재귀적으로 호출할 수 있음

8.3 다중 값 논리와 신호 분해

이전 장들에서는 Verilog 코드에서 이중 값을 갖는 비트 논리를 대부분 사용했다. 삼상태 버퍼와 버스를 표현하기 위해 하이 임피던스 상태인 세 번째 값 Z를 표현할 수 있어야 한다. 또한 때때로 미지 상태를 표현하기 위해 네 번째 값 X를 표현할 필요가 있다. 미지 상태는 신호의 초기값을 알 수 없을 때나, 0과 1 같이 2개의 값이 동시에 신호를 구동해서 충돌할 때 발생한다. 만약 게이트의 입력이 Z이면 게이트의 출력은 미지 값 X로 가정한다.

8.3.1 4-valued 논리 시스템

4-valued 로직 신호는 X, 0, 1, Z의 네 가지 값을 가지며, 각 심볼은 다음과 같이 정의된다.

- X: 미지 상태 값
- 0: 0
- 1: 1
- Z: 하이 임피던스

하이 임피던스 상태는 삼상태 버퍼와 버스 모델링을 위해 사용할 수 있다. 미지 상태는 신호의 초기값을 알 수 없을 때나, 0과 1 같이 2개의 충돌하는 값이 동시에 신호를 구동할 때 사용할 수 있다. Verilog는 4-valued 논리 시스템을 기본으로 한다.

4-valued 로직을 이용하여 삼상태 버퍼의 모델을 만들어보자. 그림 8-5에는 출력을 하나로 연결한 2개의 삼상태 버퍼를 보여주고, 그림 8-6은 대응되는 두 가지 방법의 Verilog

그림 8-5 액티브 하이 출력 인에이블을 가진 삼상태 버퍼

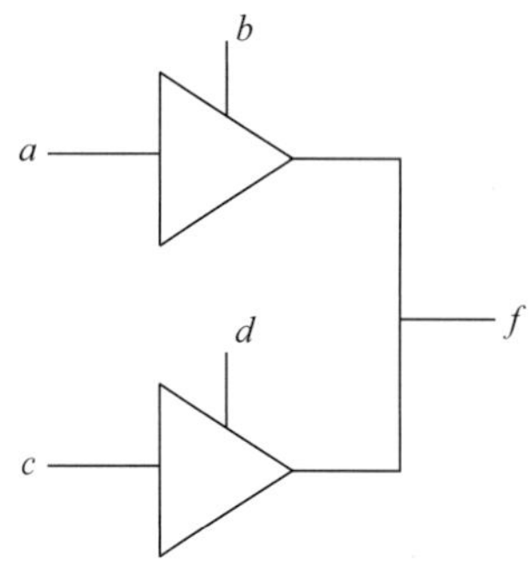

표현을 보여준다. 네 가지 값 X, 0, 1, Z를 갖는 데이터 타입 X01Z로 가정한다.

삼상태 버퍼가 액티브 하이 출력 인에이블을 가져서 $b=1$, $d=0$일 때 $f=a$이고 $b=0$, $d=1$일 때 $f=c$이며 $b=d=0$일 때 출력 f는 하이 임피던스 상태이다. 만약 $b=d=1$이면 출력에서 충돌이 일어난다. 삼상태 버퍼는 출력에서의 충돌을 피하기 위해 단 하나의 액티브 하이 출력만이 가능하게 하는 버스 관리에 이용된다.

그림 8-6 삼상태 버퍼의 Verilog 코드

```
module t_buff_exmpl (a, b, c, d, f);

   input a;
   input b;
   input c;
   input d;
   output f;
   reg f;

   always @(a or b)
   begin : buff1
      if (b == 1'b1)
         f = a ;
      else
         f = 1'bz ;  // 인에이블이 아니면 하이 임피던스 z 출력
   end

   always @(c or d)
   begin : buff2
      if (d == 1'b1)
         f = c ;
      else
         f = 1'bz ;  // 인에이블이 아니면 하이 임피던스 z 출력
   end

endmodule
```

(a) always 문을 사용한 삼상태 모듈

```
module t_buff_exmpl2 (a, b, c, d, f);
  input a;
```

```
    input b;
    input c;
    input d;
    output f;

    assign f = b ? a: 1'bz ;
    assign f = d ? c: 1'bz ;

endmodule
```

(b) assign 문을 사용한 삼상태 모듈

4-valued 로직의 삼상태 버스 동작은 다음 표에 의해 명시된다.

	X	1	0	Z
X	X	X	X	X
0	X	0	X	0
1	X	X	1	1
Z	X	0	1	Z

이 표는 입력의 각 쌍에 대해 결정된 신호의 값을 제공한다. *Z*와 쌍이 되는 값은 그 값으로 결정된다. *X*와 다른 값들 사이에서는 *X*로 결정되고, 0과 1 사이에서는 *X*로 결정된다. 만약 다음 표와 같이 표시된 시간에 s(0), s(1), s(2) 와이어의 값이 변한다면 마지막 열의 R 신호가 결정된 결과를 보여준다.

시간	s(0)	s(1)	s(2)	R
0	Z	Z	Z	Z
2	0	Z	Z	0
4	0	1	Z	X
6	Z	1	Z	1
8	Z	1	1	1
10	Z	1	0	X

4-valued 논리형의 AND와 OR 함수는 다음 표와 같이 정의된다.

AND	X	0	1	Z
X	X	0	X	X
0	0	0	0	0
1	X	0	1	X
Z	X	0	X	X

OR	X	0	1	Z
X	X	X	1	X
0	X	0	1	X
1	1	1	1	1
Z	X	X	1	X

첫 번째 표는 4-valued 입력을 가진 AND 게이트의 동작과 일치한다. AND 게이트의 한 입력이 0이면 출력은 항상 0이다. 만약 두 입력 모두 1이면 출력은 1이다. 이 외의 경우는 하이 임피던스 게이트 입력은 0 또는 1과 같이 역할을 하므로 출력이 미지(*X*)의 값이다. OR 게이트에서는 한 입력이 1이면 출력은 항상 1이다. 두 입력 모두 0이면 출력은 0이다. 이 외의 경우는 출력이 *X*이다.

8.4 내장된 프리미티브

이 책에서는 동작서술형 레벨 모델링에 중점을 둔다. 이런 이유로 우리는 이것을 허용하는 Verilog 구문에 중점을 두었다. 하지만 Verilog는 상세한 스위치 레벨 모델링도 허용하며, 이를 위해 사전 정의된 여러 개의 프리미티브를 갖는다. 그중에서도 특히 드라이브 세기를 갖는 사전 정의된 게이트 레벨 프리미티브가 있다. 게이트 레벨과 스위치 레벨의 모델링 기능을 제공하기 위해 14개의 사전 정의된 게이트 레벨 프리미티브가 있고 12개의 사전 정의된 스위치 프리미티브가 있다. 게이트 레벨과 스위치 레벨 모델링에는 여러 이점이 있다.

- 게이트는 의도한 회로와 모델 사이에 아주 밀접한 일대일 매핑을 제공하기 때문에 합성 도구는 의도한 회로로 쉽게 매핑할 수 있다.
- 연속 진행 지정문을 사용하여 모델링할 수 없는 양방향 전달 게이트와 같은 프리미티브가 있다.

그림 2-7의 Verilog 모듈은 내장된 프리미티브를 사용하면 그림 8-7과 같이 정의된다. and와 or는 다중 입력과 단일 출력의 내장된 프리미티브이다. 출력 터미널은 다음과 같이 첫 번째로 기재하고, 뒤따라서 입력들이 목록에 기재된다.

```
and (out, in_1, in_2, ..., in_n);
```

Verilog는 또한 삼상태 게이트를 위한 내장된 프리미티브를 제공한다. bufif0는 액티브 로우 제어 입력을 갖는 비반전 버퍼 프리미티브이다. 반면에 bufif1은 액티브 하이 제어 입력을 갖는다. notif0와 notif1은 각각 액티브 로우와 하이 제어 입력을 갖는 반전 버퍼이다. 이 프리미티브는 다중 출력을 지원한다. 출력이 가장 먼저 목록에 기재되고 뒤따라 입력을 기재하고 마지막으로 삼상태 제어 입력이 기재된다. 4개의 반전 삼상태 버

그림 8-7 내장형 프리미티브를 사용한 Verilog 게이트 모듈

```
module two_gates (A, B, D, E);        // 그림 2-7은 내장된 프리미티브를 사용하는
   output E;                          // 대신에 동시진행문을 사용하는
   input A, B, D;                     // 동일 모듈을 보여준다.

   wire C;

   or    (E,C,D);                     // 출력 포트 먼저, 뒤이어 입력 포트
   and   (C,A,B);                     // 출력 포트 먼저

endmodule
```

그림 8-8 내장형 프리미티브를 사용한 삼상태 버퍼의 Verilog 어레이

```
module tri_driver (in, out, tri_en);
   input [3:0] in;
   output [3:0] out;
   input tri_en;

   bufif0 buf_array[3:0] (out, in, tri_en); // 삼상태 버퍼의 어레이

endmodule
```

퍼의 어레이는 그림 8-8에 나타낸 것 같이 만들 수 있다. 그림 8-8의 다음 문장은 buf_array[3:0]을 인스턴스 이름으로 사용한다.

```
bufif0 buf_array[3:0] (out, in, tri_en);    // 인스턴스 이름
                                            // 색인됨
```

인스턴스 이름은 여기에 색인된다는 점을 주목하라. 이 문장은 아래와 같이 대체될 수 있으며, 인스턴스 이름은 색인을 하지 않는다.

```
bufif0 buf_array3 (out[3], in[3], tri_en); // 인스턴스 이름
                                           // 색인되지 않음
bufif0 buf_array2 (out[2], in[2], tri_en);
bufif0 buf_array1 (out[1], in[1], tri_en);
bufif0 buf_array0 (out[0], in[0], tri_en);
```

인스턴스 이름은 신호 이름이 아니다.

그림 8-6에서 동작서술형 모델로 보여준 그림 8-5의 회로는 그림 8-9와 같이 Verilog의 내장된 프리미티브를 사용하여 기술할 수 있다.

표 8-1은 Verilog의 내장된 프리미티브를 열거한다. 처음 12개는 게이트 레벨 프리미티브이고, 나머지는 스위치 레벨 프리미티브이다. 스위치 레벨 모델은 이 책에서 논의하지 않지만 로우 레벨 모델의 설계가 작성된다면 유용하다.

내장된 프리미티브는 선택적인 지연 명세를 가질 수 있다. 지연 명세는 게이트의 종류에 따라 3개까지 지연 값을 가질 수 있다. 세 가지 지연 명세에서

그림 8-9 내장형 프리미티브를 사용한 Verilog 삼상태 버퍼 모듈

```
module tri_buffer (a,b,c,d,f);
   input a,b,c,d;
   output f;

   bufif1 buf_one (f,a,b);  // 출력 먼저, 뒤이어 입력, 제어 신호 마지막
   bufif1 buf_two (f,c,d);

endmodule
```

표 8-1 Verilog의 내장형 게이트와 스위치 프리미티브

내장된 프리미티브 타입	프리미티브
n입력 게이트	and, nand, nor, or, xnor, xor
n출력 게이트	buf, not
삼상태 게이트	bufif0, bufif1, notif0, notif1
pull 게이트	pulldown, pullup
MOS 스위치	cmos, nmos, pmos, rcmos, rnmos, rpmos
양방향 스위치	rtran, rtranif0, rtranif1, tran, transif0, tranif1

- 첫 번째 지연은 상승 전이(즉, 1로 전이)를 가리킨다.
- 두 번째 지연은 하강 전이(즉, 0으로 전이)를 가리킨다.
- 세 번째 지연은 하이 임피던스 값으로 전이(즉, 단절)를 가리킨다.

단 하나의 지연이 지정되었다면 상승 지연을 의미한다. 2개의 지연이 제시되었다면 상승 지연과 하강 지연을 표시한다. 단절 지연이 표시되어야 한다면 세 가지 지연 모두 제시되어야 한다. pullup과 pulldown 인스턴스의 선언에는 지연 명세가 포함되어서는 안 된다. 다음은 1개, 2개, 3개의 지연을 갖는 내장된 프리미티브의 사용 예이다.

```
and #(10) a1 (out, in1, in2);                // 단일 지연
                                             // (상승 지연 = 10)
and #(10,12) a2 (out, in1, in2);             // 상승 지연 = 10과
                                             // 하강 지연 = 12
bufif0 #(10,12,11) b3 (out, in, ctrl);       // 상승, 하강, 단절 지연
```

8.5 사용자 정의 프리미티브

Verilog에서 사전 정의된 게이트 프리미티브는 사용자 정의 프리미티브(user-defined primitive, UDP)로 불리는 새로운 프리미티브 요소와 함께 확장될 수 있다. 사용자 정의 프리미티브는 진리표나 상태표 형태로 프리미티브의 기능을 정의한다. 이러한 프리미티브가 사용자에 의해 작성되면 새로운 사용자 정의 프리미티브의 인스턴스는 내장된 게이트 프리미티브가 인스턴스화하는 것과 똑같은 방법으로 만들 수 있다. 내장된 프리미티브는 단지 조합회로를 제공하지만, 사용자 정의 프리미티브는 조합회로 또는 순차회로가 될 수 있다.

조합회로 사용자 정의 프리미티브는 출력의 다음 값을 결정하기 위해 입력 값을 사용한다. 순차회로 사용자 정의 프리미티브는 출력 값을 결정하기 위해 입력 값과 출력의 현재 값을 사용한다. 순차회로 사용자 정의 프리미티브는 플립플롭과 래치 같은 순차회로 모델을 만드는 방법을 제공한다. 순차회로 사용자 정의 프리미티브는 레벨 반응 동작과 에지 반응 동작 모두 모델링할 수 있다.

사용자 정의 프리미티브는 다중 입력 포트를 가질 수 있지만 단 하나의 출력 포트만을 갖는다. 양방향 입출력 포트는 사용자 정의 프리미티브에서는 허용하지 않는다. 사용자 정의 프리미티브의 모든 포트는 스칼라 타입이고, 벡터 포트는 허용하지 않는다. 각 사용자 정의 프리미티브 포트는 0, 1, *X*의 세 가지 상태 중 하나일 수 있다. 삼상태 또는 하이 임피던스 상태 값 *Z*는 지원하지 않는다. *Z* 값이 사용자 정의 프리미티브 입력으로 전달된다면 그 값은 *X* 값처럼 취급될 것이다. 순차회로 사용자 정의 프리미티브에서 출력은 항상 내부 상태와 같은 값을 갖는다.

사용자 정의 프리미티브는 `primitive` 키워드로 시작하고 뒤이어 사용자 정의 프리미티브의 이름을 쓴다. 프리미티브의 기능은 진리표 또는 상태표로 정의하고 각 표는 `table` 키워드로 시작하고 `endtable` 키워드로 끝난다. 사용자 정의 프리미티브 정의는 `endprimitive` 키워드로 끝난다. 사용자 정의 프리미티브의 진리표는 각 입력당 하나씩의 세로 열과 뒤이어 콜론을 찍고 마지막으로 출력 세로 열로 구성한다. 그림 2-36에 연속 진행 지정문을 이용해 정의한 멀티플렉서가 그림 8-10에서 사용자 정의 프리미티브로 재정의되었다.

그림 8-10의 진리표 첫 번째 행은 다음과 같이 설명될 수 있다. A가 0, I0가 1, I1이 0과 같다면 출력 F는 1과 같다. 0xx 입력 조합(A = 0, I0 = x, I1 = x)은 지정되지 않았다. 시뮬레이션 과정에서 이 조합의 입력이 들어오면 출력 포트 F의 값은 x가 될 것이다. 사용

그림 8-10 2:1 멀티플렉서를 위한 사용자 정의 프리미티브

```
primitive mux1 (F, A, I0, I1);
  output F;
  input A, I0, I1;  // A는 선택 입력이다.

table
  // A   I0  I1      F
     0   1   0   :   1   ;
     0   1   1   :   1   ;
     0   1   x   :   1   ;
     0   0   0   :   0   ;
     0   0   1   :   0   ;
     0   0   x   :   0   ;
     1   0   1   :   1   ;
     1   1   1   :   1   ;
     1   x   1   :   1   ;
     1   0   0   :   0   ;
     1   1   0   :   0   ;
     1   x   0   :   0   ;
     x   0   0   :   0   ;
     x   1   1   :   1   ;
endtable

endprimitive
```

그림 8-11 '?'를 사용한 2:1 멀티플렉서를 위한 사용자 정의 프리미티브

```
primitive mux2 (F, A, I0, I1);
  output F;
  input A, I0, I1;

table
  // A   I0  I1       F
       0   1   ?   :   1   ;      // ?는 0, 1, x일 수 있다.
       0   0   ?   :   0   ;
       1   ?   1   :   1   ;
       1   ?   0   :   0   ;
       x   0   0   :   0   ;
       x   1   1   :   1   ;
endtable

endprimitive
```

자 정의 프리미티브 내의 표의 각 행은 세미콜론으로 종료한다.

멀티플렉서 모델은 사용자 정의 프리미티브에서 ?를 사용하여 간결하게 명시할 수 있다. 연산자 ?는 ?와 함께 표시된 신호는 0, 1, x의 값을 받을 수 있음을 의미한다. 연산자 ?를 사용하여 멀티플렉서를 그림 8-11에서와 같이 정의할 수 있다.

사용자 정의 프리미티브는 내장된 프리미티브와 같이 인스턴스화할 수 있다. 예를 들면 직전의 멀티플렉서는 다음 문장으로 인스턴스화할 수 있다.

```
mux1 (outF, Sel, in1, in2)
```

여기서 outF는 출력 신호, Sel은 선택 신호, in1과 in2는 각각 데이터 입력 1과 데이터 입력 2 신호이다.

그림 8-12 D 플립플롭을 위한 사용자 정의 프리미티브

```
primitive DFF (Q, CLK, D);
  output Q;
  input CLK, D;

  reg Q;

table
  // CLK,   D,     Q,  Q+
     (01)   0   : ? : 0   ; // 입력 0이고 상승 에지
     (01)   1   : ? : 1   ; // 입력 1이고 상승 에지
     (0?)   1   : 1 : 1   ; // 상승 에지 또는 안정된 클록에서 현재 상태 1
     (?0)   ?   : ? : -   ; // 하강 에지 또는 안정된 클록에서 출력 변화 없음
      ?   (??)  : ? : -   ; // 안정된 클록 구간에서 입력 무시, 출력 변화 없음
endtable

endprimitive
```

순차회로 사용자 정의 프리미티브의 예로 D 플립플롭 표현을 그림 8-12에 제시한다. 순차회로 사용자 정의 프리미티브에서 출력은 reg로 정의되어야 한다. 에지 반응 동작은 에지의 이전과 이후의 값을 나열함으로써 표 형태로 나타낼 수 있다. 예를 들어 (01)은 상승 에지를 의미하고, (10)은 하강 에지를 의미한다. 순차회로 사용자 정의 프리미티브에서 상태표의 현재 상태의 입력들을 분리하기 위해 부가적인 콜론을 사용한다.

표에서 첫 번째 줄의 (01)은 상승 에지 클록을 가리킨다. 출력 열의 '-'는 그 줄에서 어떤 상황에서도 출력은 변하지 말아야 함을 의미한다. 예를 들어 다음 줄은 입력과 현재 상태 값이 0, 1, x 여부에 상관없이 하강 에지 또는 안정된 클록이 있다면 출력은 변하지 말아야 한다는 뜻이다.

```
(?0) ? ? : - ;
```

이 줄은 각각의 ?가 3개의 가능성을 나타내므로 실제로 27가지의 가능성을 나타낸다. 이 줄이 코드상에 없었다면 이 경우 시뮬레이터는 x 출력의 결과를 낼 것이다. 모든 가능한 경우를 명시함으로써 가능한 한 명확하게 진리표를 만드는 것이 중요하다. 코드의 마지막 줄은 안정된 클록 구간(즉, 클록 에지 없음)에서 더 명확해진다. 플립플롭은 모든 입력을 무시한다.

```
? (??) : ? : - ;
```

프리미티브 진리표의 행들은 순서가 필요 없다. 따라서 다음 행들의 순서는 허용된다.

```
0 1 0 : 1 ;
0 0 0 : 0 ;
```

시뮬레이터는 진리표를 위에서 아래로 스캔한다. 비동기 셋과 리셋 같은 레벨 반응 동작이 에지 반응 동작과 함께 표에 같이 있다면 레벨 반응 동작이 에지 반응 동작 전에 위치해야 한다.

8.6 SRAM 모델

이 절에서는 정적 메모리(SRAM)의 동작을 표현하기 위한 Verilog 모델을 개발한다. RAM은 랜덤 액세스 메모리를 말하며, 그것은 메모리에 저장된 서로 다른 워드들이 같은 시간에 접근할 수 있음을 의미한다. 엄밀히 말해 ROM 메모리도 랜덤 액세스 방식이지만, 역사적으로 RAM이란 용어는 일반적으로 읽기-쓰기 메모리에만 적용한다. 이 모델은 다중 값 논리 시스템의 유용성을 설명한다. 다중 값 논리는 메모리 데이터 라인의 삼상태 조건을 모델링하는 데 사용한다.

그림 8-13은 *n*개의 어드레스 라인과 *m*개의 데이터 라인 및 3개의 제어 라인을 가진 정

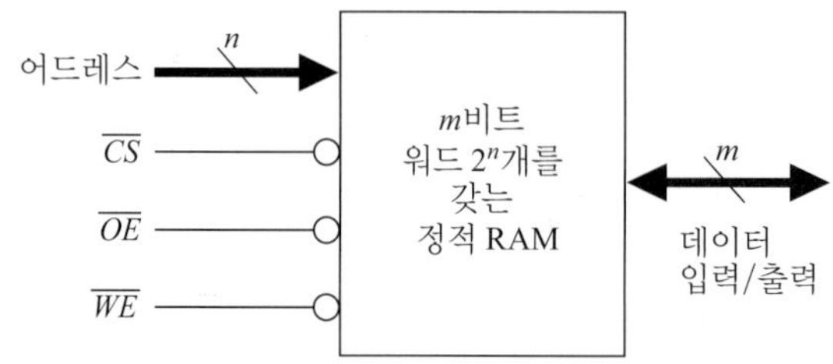

그림 8-13 정적 RAM의 블록도

적 RAM의 블록도를 보여준다. 데이터 라인은 필요한 핀의 수를 줄이고 메모리 칩의 패키지 크기를 줄이기 위해 양방향이다. RAM으로부터 읽을 때 데이터 라인은 출력이고, RAM에 쓸 때 데이터 라인은 입력의 역할을 한다. 3개의 제어 라인 기능은 다음과 같다.

$\overline{CS}$ 선이 로우로 assert 될 때 칩 선택 신호는 메모리 읽기와 쓰기 동작이 가능하도록 메모리 칩을 선택한다.

$\overline{OE}$ 선이 로우로 assert 될 때 출력 인에이블 신호는 메모리 출력이 외부 버스에 연결할 수 있게 한다.

$\overline{WE}$ 선이 로우로 assert 될 때 쓰기 인에이블 신호는 RAM에 데이터를 쓰도록 허용한다.

신호가 액티브 상태일 때 신호가 assert 되었다고 한다. 액티브 로우 신호는 값이 로우일 때 assert 되고 액티브 하이 신호는 값이 하이일 때 assert 된다.

RAM의 진리표(표 8-2)는 기본 동작을 기술한다. I/O 열의 high-Z는 출력 버퍼가 high-Z 출력을 갖고, 데이터 입력이 사용되지 않는다는 뜻이다. 읽기 모드에서 어드레스 라인이 *m*개의 메모리 셀을 선택하기 위해 디코딩되고 메모리 접근 시간이 지난 후 데이터가 I/O 라인으로 나온다. 쓰기 모드에서 $\overline{WE}$가 로우일 때 선택된 메모리 셀의 래치 입력으로 보내진다. 그러나 메모리 셀의 래치에 쓰기는 $\overline{WE}$가 하이로 바뀌거나 칩이 선택해제될 때까지 완료되지 않는다. 진리표는 메모리 타이밍을 고려하지 않았다.

우리는 타이밍을 고려하지 않은 메모리를 위한 간단한 Verilog 모델을 작성한다. 그림 8-14에서 메모리 어레이는 레지스터의 어레이(*RAM1*)로 표현한다. 이 메모리는 256 워드를 가지며 각 워드는 8비트이다. 칩이 선택되지 않으면 RAM 프로세스는 I/O 라인을 high-Z 상태로 놓는다. *We_b* = 1이면 RAM은 읽기 모드이고, *IO*는 메모리 어레이로부터의 데이터 읽기이다. *We_b* = 0이면 메모리는 쓰기 모드이고, I/O 라인의 데이터는 *We_b*의 상승 에지에서 *RAM1*에 저장된다. 이것은 비동기 읽기와 동기 쓰기 기능의 RAM이다.

표 8-2 정적 RAM의 진리표

$\overline{CS}$	$\overline{OE}$	$\overline{WE}$	모드	I/O 핀
H	X	X	선택 안 됨	high-Z
L	H	H	출력 디스에이블	high-Z
L	L	H	읽기	데이터 출력
L	X	L	쓰기	데이터 입력

그림 8-14 간단한 메모리 모델

```
module RAM6116 (Cs_b, We_b, Oe_b, Address, IO);

   input Cs_b;
   input We_b;
   input Oe_b;
   input[7:0] Address;
   inout[7:0] IO;

   reg[7:0] RAM1[0:255];

   assign IO = (Cs_b == 1'b1 | We_b == 1'b0 | Oe_b == 1'b1) ?
           8'bZZZZZZZZ : RAM1[Address] ; // RAM에서 읽기

   always @(We_b, Cs_b)
   begin
      @(negedge We_b)    // We_b의 하강 에지
      if(Cs_b == 1'b0)
      begin
       RAM1[Address] <= IO ;    // RAM에 쓰기
      end
   end
endmodule
```

8.7 SRAM 읽기/쓰기 시스템 모델

다중 값 논리의 사용을 좀 더 설명하기 위해 **양방향 삼상태 버스**(bidirectional tristate bus)를 예제로 제시한다. RAM으로부터 32개의 저장 공간의 내용을 읽어서 각 데이터의 값을 증가시키고 다시 RAM에 저장하는 메모리 읽기-쓰기 시스템을 설계할 것이다. 각 데이터 값을 증가시키고 RAM에 다시 저장하는 시스템의 블록도는 그림 8-15에 나타나 있다. 메모리로부터 읽은 워드를 일시 저장하기 위해 **데이터 레지스터**(data register)를 사용한다. 접근해야 할 메모리의 주소를 일시 저장하기 위해 **메모리 주소 레지스터**(memory address register, MAR)를 사용한다. 이 시스템은 RAM에서 워드를 읽어서 데이터 레지스터에 적재하고 데이터 레지스터를 증가시키고 RAM에 다시 저장한다. 그 다음, 메모리 주소 레지스터를 증가시킨다. 이 과정은 메모리 주소가 32와 같을 때까지 계속된다.

그림 8-15 RAM 읽기-쓰기 시스템의 블록도

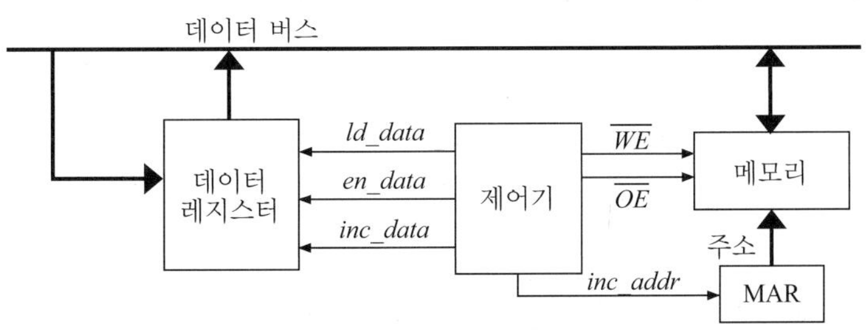

데이터 버스는 **양방향 버스**(bidirectional bus)를 사용한다. 읽기 동작 과정 중 메모리 출력이 버스상에 나타나고, 데이터 레지스터의 버스 방향 출력은 삼상태 조건이 될 것이다. 쓰기 동작 중에 데이터 레지스터의 출력은 데이터 버스에 올라가고, 메모리는 그것을 입력 데이터로 사용할 것이다.

시스템 동작을 위한 제어 신호는 다음과 같다.

ld_data	데이터 버스로부터 데이터 레지스터를 적재
en_data	데이터 버스 방향 데이터 레지스터의 출력 인에이블 신호
inc_data	데이터 레지스터 값이 1씩 증가
inc_addr	MAR이 1씩 증가
$\overline{WE}$	SRAM의 쓰기 인에이블
$\overline{OE}$	SRAM의 출력 인에이블

그림 8-16은 시스템을 위한 SM 차트를 보여준다. SM 차트는 4개의 상태를 사용한다. 상태 S_0에서 SRAM은 메모리 데이터를 버스에 올리고 메모리 데이터가 데이터 레지스터에 적재된다. 이 상태에서 제어 신호 $\overline{OE}$와 *ld_data*는 참 값을 갖는다. S_1에서 데이터 레지스터 값이 증가한다. *en_data* 제어 신호는 S_2에서 참 값이므로 데이터 레지스터가 버스를 구동한다. 쓰기 인에이블 $\overline{WE}$는 S_2에서만 로우로 assert 되는 액티브 로우 신호이다. 결과적으로 $\overline{WE}$는 다른 상태에서는 하이이다. RAM에 쓰기는 S_2에서 시작해서 S_2에서 S_3로 천이되는 동안 일어나는 $\overline{WE}$의 상승 에지에서 완성된다. 이 과정은 주소가 32가 될 때까지 계속된다. 상태 S_3는 이것을 확인하며 주소가 32에 도달하면 *done* 신호를 생성한다.

그림 8-17은 RAM 시스템의 Verilog 코드를 보여준다. 첫 번째 `always` 문은 SM 차트를 표현하고, 두 번째 `always` 문은 클록의 상승에서 레지스터가 갱신된다. 주소가 변하기 전에 메모리 쓰기가 완료됨을 확실히 하기 위해 짧은 지연 시간이 부가된다. 동시진행문은

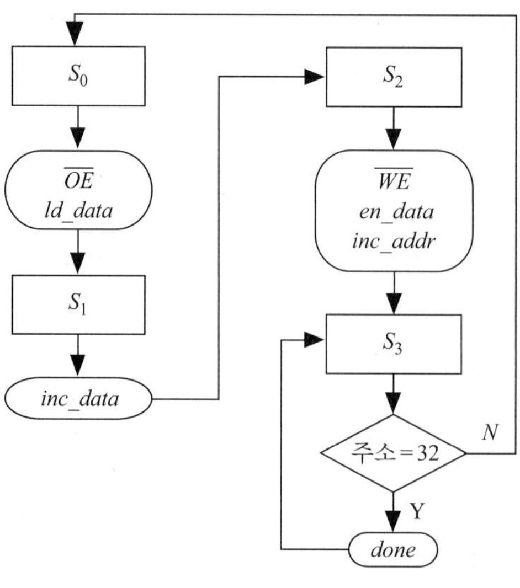

그림 8-16 RAM 시스템의 SM 차트

그림 8-17 RAM 시스템의 Verilog 코드

```
// SRAM 읽기-쓰기 시스템 모델

module RAM6116_system ();

   reg[1:0] state;
   reg[1:0] next_state;
   reg inc_adrs;
   reg inc_data;
   reg ld_data;
   reg en_data;
   reg Cs_b;
   reg clk;
   reg Oe_b;
   reg done;
   reg We_b;
   reg[7:0] Data;
   reg[7:0] Address;
   wire[7:0] IO;

   initial
   begin
      inc_adrs = 1'b0;
      inc_data = 1'b0;
      ld_data = 1'b0;
      en_data = 1'b0;
      clk = 1'b0;
      Cs_b = 1'b0;
      Oe_b = 1'b0;
      done = 1'b0;
      We_b = 1'b1; // 읽기 모드로 초기화
      Address = 8'b00000000; // 주소 레지스터
   end

   RAM6116 RAM1 (Cs_b, We_b, Oe_b, Address, IO);

   always @(state or Address)
   begin : control
      ld_data = 1'b0 ;
      inc_data = 1'b0 ;
      inc_adrs = 1'b0 ;
      en_data = 1'b0 ;
      done = 1'b0 ;
      We_b = 1'b1 ;
      Cs_b = 1'b0 ;
      Oe_b = 1'b1 ;


      case (state)
         0 :
                    begin
                       Oe_b = 1'b0 ;
                       ld_data = 1'b1 ;
                       next_state = 1 ;
                    end
```

```
          1 :
                    begin
                       inc_data = 1'b1 ;
                       next_state = 2 ;
                    end
          2 :
                    begin
                       We_b = 1'b0 ;
                       en_data = 1'b1 ;
                       inc_adrs = 1'b1 ;
                       next_state = 3 ;
                    end
          3 :
                    begin
                       if (Address == 8'b00100000)
                       begin
                          done = 1'b1 ;
                          next_state = 3 ;
                       end
                       else
                       begin
                          next_state = 0 ;
                       end
                    end
      endcase
   end

   always @(posedge clk)  // 데이터 레지스터 갱신을 위한 always 블록
   begin : register_update
      state <= next_state ;
      if (inc_data == 1'b1)
      begin
         Data <= Data + 1 ;  // 데이터 레지스터 값 증가
      end
      if (ld_data == 1'b1)
      begin
         Data <= unsigned(IO) ; // 버스로부터 데이터 레지스터 적재
      end
      if (inc_adrs == 1'b1)
      begin
         Address <= #1 Address + 1 ; // 메모리 쓰기 완료 허용을 위해 부가된 지연
      end
   end

// 동시진행문
   always #100 clk = ~clk ;
   assign IO = (en_data ==1'b1) ? Data : 8'bZZZZZZZZ ;

endmodule
```

삼상태 버퍼를 시뮬레이션하기 위해 사용되며, 이것은 데이터 레지스터의 출력이 I/O 라인에 전달될 수 있게 한다.

이 시스템은 전체 SRAM의 정확성을 테스트하기 위해 모든 메모리 위치를 포함하도록

수정될 수 있다. 메모리 시스템은 모든 위치에 체커보드(checkerboard) 패턴(0과 1을 교대로 반복)을 쓰게 함으로써 테스트를 한다. 예를 들어 01010101(16진수 55)을 모든 홀수 주소 위치에 쓰고, 10101010(16진수 AA)을 모든 짝수 주소 위치에 쓸 수 있다. 그 다음, 홀수와 짝수 위치를 교환한다. 이러한 시스템의 Verilog 코드의 개발은 연습문제로 남겨 두었다.

8.8 게이트의 상승 및 하강 지연 시간

8.4절에서 지연 명세를 갖는 내장형 프리미티브를 설명했다. 이번 절에서는 어떻게 모듈이 지연 시간을 변수로 하여 생성되는지 살펴본다. 매개변수는 모듈이 인스턴스화할 때 값을 명시함으로써 모듈에 상수 값을 명시하는 데 주로 사용된다. 예를 들면 게이트의 상승과 하강 지연 시간을 매개변수로 명시할 수 있다. 다른 수치의 매개변수 값을 각 게이트 인스턴스에 할당할 수 있다. 그림 8-18의 예는 상승과 하강 지연 시간이 게이트의 로드의 수에 의해 결정되는 두 입력 NAND 게이트를 표현한다. NAND2 모듈 선언에서 *Trise*, *Tfall*, *load*는 각각 상승 시간, 하강 시간, 로드의 수를 나타내는 디폴트 값으로 명시된 매개변수이다. *a* 또는 *b*가 변할 때마다 내부 *nand_value*가 계산된다. *nand_value*가 1로 변하는 순간에 상승 출력이 발생하고, 게이트의 지연 시간은 다음과 같이 산출한다.

```
Trise + 3ns * load
```

여기서 3ns는 각 로드당 더해지는 지연 시간이다. 그렇지 않은 경우에는 하강 출력이 발생하고 게이트 지연 시간은 다음과 같이 계산된다.

```
Tfall + 2ns * load
```

여기서 2ns는 각 로드당 더해지는 지연 시간이다.

모듈 NAND2_test는 NAND2 컴포넌트를 테스트한다. 모듈의 매개변수 선언부에서

그림 8-18 매개변수를 이용한 상승/하강 시간 모델링

```
module NAND2 (a, b, c);

   parameter Trise  = 3;
   parameter Tfall  = 2;
   parameter load   = 1;

   input a;
   input b;
   output c;

   reg c;
```

```
    wire nand_value;

    assign nand_value = ~(a & b) ;

    always @ (nand_value)
    begin
      if (nand_value == 1'b1)
        #(Trise + 3 * load) c = 1'b1;
      else
        #(Tfall + 3 * load) c = 1'b0;
    end
endmodule

module NAND2_test (in1, in2, in3, in4, out1, out2);
    input in1;
    input in2;
    input in3;
    input in4;
    output out1;
    output out2;

    NAND2 #(2, 1, 2) U1 (in1, in2, out1);
    NAND2 U2 (in3, in4, out2);
endmodule
```

Trise, *Tfall*, *load*의 디폴트 값을 명시한다. *U1*이 인스턴스화되었을 때 매개변수 맵은 *Trise*, *Tfall*, *load*의 다른 값을 명시한다. *U2*가 인스턴스화되었을 때 어떤 매개변수 맵도 포함되지 않았으므로 디폴트 값을 사용한다. *U1*을 인스턴스화하는 다른 방법은 다음과 같이 defparam을 사용하는 것이다.

```
defparam U1.Trise = 2;
defparam U1.Tfall = 1;
defparam U1.load = 2;
NAND2 U1 (in1,in2, out1);
NAND2 U2 (in3, in4, out2);
```

8.9 변수명 연계

지금까지는 인스턴스화 문의 일부인 포트 맵과 매개변수 맵에서 변수 위치 연계를 사용했다. 예를 들어 전가산기의 모듈 선언이 다음과 같다고 가정하자.

```
module FullAdder (Cout, Sum, X, Y, Cin);

output Cout;
output Sum;
input X;
input Y;
```

```
input Cin;
.........
endmodule
```

다음 구문은 전가산기를 생성하고 *A*[0]을 가산기의 *X* 입력에 연결하고 *B*[0]을 *Y* 입력에, *Ci*[0]은 C_{in} 입력, *Co*[0]은 C_{out} 출력, *S*[0]은 *Sum* 출력에 각각 연결한다.

```
FullAdder FA0 (Co[0], S[0], A[0], B[0], Ci[0]);
```

포트 맵의 첫 번째 신호는 모듈 선언에서 첫 번째 신호와 연계되고, 두 번째 신호는 두 번째 신호와 연계되는 등으로 진행된다.

다른 방식으로 **변수명 연계** 방법을 사용할 수 있는데, 포트 맵의 각 신호는 모듈 선언의 포트 신호와 명시적으로 연계된다. 예를 들어 다음 구문은 이전 인스턴스화 문과 똑같은 연결을 만든다. 즉, *Sum*은 *S*[0], C_{out}은 *Co*[0], *X*는 *A*[0]에 연결된다.

```
FullAdder FA0 (.Sum(S[0]), .Cout(Co[0]), .X(A[0]), .Y(B[0]),
.Cin(Ci[0]));
```

변수명 연계가 사용될 때 연결이 열거되는 순서는 중요하지 않고 열거되지 않은 포트 신호는 연결되지 않은 채로 남겨진다. 변수명 연계 방식은 코드를 읽기 쉽게 만들고 신호의 열거되는 순서에 융통성을 제공한다.

변수명 연계가 매개변수 맵에서 사용될 때, 연계되지 않은 매개변수는 디폴트 값으로 가정한다. 예를 들어 그림 8-18의 *U1*을 다음 구문으로 대치한다면, 여기서 *Tfall*의 디폴트 값은 2ns로 가정한다.

```
NAND2 #(.load(3), .Trise(4)) U1 (in1, in2, out1);
```

8.10 generate 문

2장에서 4비트 가산기를 만들기 위해 4개의 전가산기를 인스턴스화하고 그것들을 연결했다. 8비트 이상의 가산기라면 전가산기의 각 인스턴스에 포트 맵을 작성하는 일은 매우 지루한 작업이다. 동일한 동작 또는 모듈 인스턴스의 반복적인 어레이가 필요할 때 `generate` 문은 이 컴포넌트를 인스턴스화할 수 있는 쉬운 방법을 제공한다. 그림 8-19의 예는 어떻게 `generate` 문이 4비트 가산기를 생성하기 위해 4개의 1비트 전가산기를 인스턴스화하는 데 사용할 수 있는지를 보인다. 5비트 벡터는 캐리를 표현하는 데 사용하며, C_{in}은 *C*(0), C_{out}은 *C*(4)와 같다. `for` 루프문은 전가산기 4개의 복사본을 생성하고, 각 가산기 사이의 연결선을 명시하기 위해 적절한 **포트 맵**(port map)이 작성된다.

그림 8-19 generate 문을 사용한 가산기

```
module Adder4 (A, B, Ci, S, Co);
   input[3:0] A; // 입력
   input[3:0] B;
   input Ci;
   output[3:0] S; // 출력
   output Co;

   wire[4:0] C;

   assign C[0] = Ci ;

   genvar i;
   generate
   for (i=0; i<4; i=i+1)
     begin: gen_loop
       FullAdder FA (A[i], B[i], C[i], C[i+1], S[i]);
     end
   endgenerate

   assign Co = C[4] ;

endmodule

module FullAdder (X, Y, Cin, Cout, Sum);
   input X; // 입력
   input Y;
   input Cin;
   output Cout; // 출력
   output Sum;

   assign #10 Sum = X ^ Y ^ Cin ;
   assign #10 Cout = (X & Y) | (X & Cin) | (Y & Cin) ;
endmodule
```

generate 문이 유용한 또 다른 예는 어레이 곱셈기이다. 4장의 어레이 곱셈기 Verilog 코드는 각 모듈을 인스턴스화하기 위해 포트 맵 문을 반복 사용하여 만들었다. 포트 맵 문은 generate 문으로 대체할 수 있다.

직전 예제에서는 다음과 같은 형태의 generate 문을 사용했다.

```
genvar gen_variable1,…;
generate
for (  for_loop_condition with gen_variables )
  concurrent statement(s)
endgenerate
```

컴파일할 때 동시진행문의 한 세트가 주어진 범위 안에서 식별자의 각 값들이 생성된다. 그림 8-19에서는 하나의 동시진행문(모듈 인스턴스화 문)이 사용된다. generate 절 안의 다음 구문이 4개 구문의 효과를 생성한다.

```
FullAdder FA (A[i], B[i], C[i], C[i+1], S[i]);
```

generate 문 자체는 동시진행문으로 정의되어 중첩 generate 문이 허용된다.

```
FullAdder FA (A[0], B[0], C[0], C[1], S[0]);
FullAdder FA (A[1], B[1], C[1], C[2], S[1]);
FullAdder FA (A[2], B[2], C[2], C[3], S[2]);
FullAdder FA (A[3], B[3], C[3], C[4], S[3]);
```

조건 generate 문

if 절과 함께 쓰는 generate 문은 조건부로 한 세트의 동시진행문을 생성한다. 이러한 유형의 generate 문은 다음과 같은 형태를 갖는다.

```
generate
if condition
  concurrent statement(s)
endgenerate
```

이 경우에 동시진행문은 조건이 참이라면 컴파일할 때 생성된다. 조건 컴파일은 `ifdef 컴파일 지시어를 사용하여 성취할 수도 있으며 8.12절에서 설명한다. 조건 컴파일은 다음과 같을 때 유용하다.

- 동작서술형, 구조서술형, 또는 스위치 레벨 모델을 필요할 때 선택적으로 포함시키는 경우
- 다른 타이밍 또는 구조적 정보를 선택적으로 포함시키는 경우
- 다른 상황하에서 다른 실행을 위한 다른 테스트 입력을 선택적으로 포함시키는 경우
- 다른 고객들로부터 유사하지만 서로 다른 요구에 따른 모듈 기능을 선택적으로 채택해야 하는 경우

그림 8-20은 if 절과 generate 문을 함께 이용하여 조건 컴파일을 사용하는 법을 설명한다. *Lshift*가 참이면 다음 generate 문을 이용하여 *N*비트 왼쪽 방향 시프트 레지스터가 생성된다.

```
generate
  if(Lshift)
    assign shifter = {Q[N - 1:1], Shiftin} ;
  else
    assign shifter = {Shiftin, Q[N:2]} ;
endgenerate
```

*Lshift*가 거짓이면 오른쪽 방향 시프트 레지스터가 또 다른 조건 generate 문에 의해 생성된다. 이 예제는 매개변수와 generate 문이 어떻게 함께 사용될 수 있는지를 보여준다. 인스턴스화되었을 때 크기와 함수를 변경할 수 있는 매개변수를 가진 Verilog 모델을 작성하기 위해 매개변수의 용도를 설명한다. 이것은 변수명 연계의 또 다른 예를 보여준다.

그림 8-20 조건 컴파일을 사용한 시프트 레지스터

```
module shift_reg (D, Qout, CLK, Ld, Sh, Shiftin);
   parameter N = 4;
   parameter Lshift = 1;

   output[N:1] Qout;
   input[N:1] D;
   input CLK;
   input Ld;
   input Sh;
   input Shiftin;

   reg[N:1] Q;
   wire[N:1] shifter;

   assign Qout = Q ;

   generate
     if(Lshift)
       assign shifter = {Q[N - 1:1], Shiftin} ; // 왼쪽 방향 시프트 레지스터
     else
       assign shifter = {Shiftin, Q[N:2]} ; // 오른쪽 방향 시프트 레지스터
   endgenerate

   always @(posedge CLK)
   begin
     if (Ld == 1'b1)
       begin
         Q <= D ;
       end
     else if (Sh == 1'b1)
       begin
         Q <= shifter ;
       end
   end
endmodule
```

8.11 시스템 함수

사용자가 생성할 수 있는 작업과 함수 외에 Verilog에는 시스템 레벨의 작업과 함수가 있다. Verilog의 시스템 작업과 함수는 $ 표시로 시작한다. 이제까지 우리가 사용했던 시스템 작업은 `$display`, `$monitor`, `$write`를 포함한다. 8.13절에서 논의하는 파일 I/O 함수 또한 시스템 작업이다. 이러한 시스템 함수는 합성을 위한 것이 아니고 시뮬레이션 과정의 편의를 위해 의도되었다. 시스템 작업은 시뮬레이션 과정에서 텍스트 또는 데이터 출력을 위한 디스플레이 작업, 파일 I/O 작업, `$finish`와 `$stop` 같은 시뮬레이션 제어 작업을 주로 포함한다. 이 절에서는 시스템 작업과 함수 중 일부를 기술한다.

8.11.1 디스플레이 작업

디스플레이 작업은 시뮬레이션 과정에서 출력을 확인하는 데 매우 유용하다. 여러 가지가 있고 데이터를 이진 형식, 16진 형식, 8진 형식으로 표현하기 위한 변형도 있다(예: $displayb, $displayh, $displayo). 주요 작업은 다음과 같다.

$display	텍스트 또는 데이터를 즉시 출력하고 다음 줄로 넘어간다.
$write	텍스트 또는 데이터를 즉시 출력하되 다음 줄로 넘어가지 않는다.
$strobe	현재 시뮬레이션 단계의 끝에서 텍스트 또는 데이터를 출력한다.
$monitor	신호에 이벤트가 일어날 때마다 텍스트 또는 데이터를 표시한다.

8.11.2 파일 I/O 작업

파일 I/O 작업은 8.13절에서 상세히 기술한다.

8.11.3 시뮬레이션 제어 작업

시뮬레이션을 제어하기 위해 $stop과 $finish라는 두 가지 시스템 작업이 있다. $stop 작업은 상호작용을 위해 시뮬레이션을 일시적으로 중단시키는 시스템 함수이다. $finish는 시뮬레이션으로부터 빠져나오게 하는 시스템 함수이다. $finish 시스템 작업은 단순히 시뮬레이터에서 빠져나와 호스트 운영체제에 제어를 넘겨준다. 두 작업 모두 출력되는 진단 메시지의 종류를 결정하는 선택적인 표현 인수(0, 1, 2)를 받아들인다.

8.11.4 시뮬레이션 시간 함수

시뮬레이션 시간에 접근할 수 있는 것은 도움이 된다. 다음 시스템 함수는 현재 진행되는 시뮬레이션 시간에 접근할 수 있는 방법을 제공한다.

$time	호출하는 모듈의 시간 단위로 조정된 64비트의 시간 정수 반환
$stime	호출하는 모듈의 시간 단위로 조정된 32비트의 부호가 없는 시간 정수 반환. 실제 시뮬레이션 시간이 32비트에 맞지 않는다면 현 시뮬레이션 시간의 하위 32비트가 반환
$realtime	$time과 같이 호출하는 모듈의 시간 단위로 조정된 실수 값 시간 반환

다음 구문은 시뮬레이션 시간을 출력하기 위해 사용할 수 있다.

```
$monitor($time);
```

다음과 같이 다른 변수를 지정할 수 있다.

```
time simtime; // 시간은 변수 데이터 타입 중의 하나이다.
simtime = $time; // 현재 시뮬레이션 시간을 변수 simtime에 지정한다.
```

8.11.5 변환 함수

데이터 타입 간의 변환을 담당하는 시스템 함수도 있다.

$signed( )와 $unsigned( )

시스템 함수 `$signed()`와 `$unsigned()`는 표현식의 타입 캐스팅(type casting)을 처리하기 위해 사용된다. 이 함수들은 입력 식을 평가하여 입력 식의 값과 같은 크기이면서 함수에 의해 정의된 타입의 값을 반환한다.

```
reg [3:0] regA;
reg signed [7:0] regB;

regA = $unsigned(-4);          // regA = 4'b1100
regB = $signed (8'b11111100);  // regB = -4
```

$realtobits와 $bitstoreal

시스템 함수 `$realtobits`와 `$bitstoreal`은 타입 변환(type conversion)에 유용하다. Verilog가 강형 언어(strongly typed language)는 아니지만 다수의 연산자에 타입의 제한이 있다. 예를 들어 결합, 복제, 모듈로, 케이스 등가, 리덕션, 시프트, 비트 단위 연산자는 실수 피연산자를 사용할 수 없다. 앞서 언급한 변환 함수를 사용하여 실수는 비트로 변환할 수 있고 그 반대의 변환도 가능하다. 시스템 함수 `$realtobits`와 `$bitstoreal`은 상대 쪽이 실수로 정의되었을 때 모듈 포트를 가로질러 비트 패턴을 전달하기 위해 사용될 수 있다. 예로, 다음 코드를 보자.

```
module bus_driver (net_bus);
  output net_bus;

  real sig;
  wire [64:1] net_bus = $realtobits(sig);

endmodule
```

실수형 변수 `sig`가 다음 구문을 사용하여 비트로 변환되어 `net_bus`에 전달되었다.

```
wire [64:1] net_bus = $realtobits(sig);
```

8.11.6 확률 함수

Verilog에는 확률 분포 또는 랜덤 수를 생성할 수 있는 시스템 함수가 있다. `$random` 함수는 부호가 있는 임의의 32비트 정수를 반환한다.

8.12 컴파일러 지시어

Verilog에는 Verilog 모듈의 개발과 유지보수를 위해 프로그래밍의 편의성을 더해주는 다양한 컴파일러 지시어가 있다. 모든 Verilog 컴파일러 지시어에는 ` 문자가 선행한다. 이 문자를 그레이브 악센트(grave accent, ASCII 0x60)라고 한다. 아포스트로피(apostrophe) 문자(ASCII 0x27)인 '와 구별된다. 컴파일러 지시어의 범위는 처리되는 시점부터 처리되는 모든 파일을 거쳐서 또 다른 컴파일러 지시어가 그것을 대체할 때까지 또는 처리 과정이 종료할 때까지이다. 컴파일러 지시어가 있는 줄의 끝에는 세미콜론을 사용하지 않는다.

8.12.1 `define

`define 지시어는 텍스트 대체 매크로를 생성한다. 이 지시어는 모듈 정의의 안과 밖에서 사용될 수 있다. 텍스트 매크로가 정의되면 ` 문자 뒤이어 매크로명을 사용함으로써 원천 표현 내에서 사용할 수 있다. 이 지시어는 상수 또는 표현식을 정의하기 위해 사용할 수 있다. 예를 들어 다음 표현은 문자열 wordsize를 16으로 대체한다.

```
`define wordsize 16
```

이와 같은 대체는 코드의 가독성과 수정 가능성을 향상한다.

다음 예에서 max 매크로는 표현식을 표현하기 위해 정의된다. 매크로를 호출하기 위해 `max를 사용해야 한다. 예를 들면 다음 문장이 매크로를 정의한다.

```
`define max(a,b)((a) > (b) ? (a) : (b))
```

이 매크로에 의해 2개의 피연산자 중 큰 것을 반환한다. 다음 구문은 매크로를 호출한다.

```
n = `max(p+q, r+s) ;
```

이 매크로는 다음과 같이 확장된다.

```
n = ((p+q) > (r+s)) ? (p+q) : (r+s) ;
```

여기서 (p+q)와 (r+s) 중 더 큰 표현은 두 번 평가될 것이다.

8.12.2 `include

이 지시어는 컴파일할 때 한 원천 파일의 내용을 다른 파일에 삽입하는 데 사용된다(즉, 파일 포함을 위해). 그 결과 `include 컴파일러 지시어의 자리에 포함될 원천 파일의 내용이 위치하게 된다. `include 컴파일러 지시어는 전역 또는 자주 사용하는 정의와 작업 모듈의 영역 안에서 반복 코드의 캡슐화 없이 작업들을 포함시킬 때 사용될 수 있다. 이것은 모듈라 코드 개발을 도와주며 설계에서 파일들의 구조화된 조직을 용이하게 한다. 이것은 설계 소스 코드를 편리하게 관리하는 데 큰 도움을 준다.

컴파일러 지시어의 뒤에 포함시킬 파일명이 위치한다. 공백문자 또는 주석만을 `include 컴파일 지시어와 같은 줄에 쓸 수 있다. `include 컴파일 지시어를 사용하여 원천 파일에 포함되는 파일은 다른 `include 컴파일 지시어를 포함해도 된다. 중첩되는 레벨의 수는 Verilog 컴파일러마다 다르다. 다음은 `include 컴파일 지시어를 사용하는 유효한 예이다.

```
`include "lab3/sevenseg.v"
`include "myfile"
`include "myfile"  // myfile을 포함. 주석 또는 공백문자만을 허용
```

sub.v 파일이 다음 라인들을 포함하고

```
reg g;
initial
   g = 0;
```

main.v 파일이 다음 라인들을 포함한다면

```
module main;
`include sub.v
always @(posedge clk)
   g <= ~g;
endmodule;
```

이것은 다음과 같이 한 파일로 구성한 것과 동등하다.

```
module main;
reg g;
initial
   g = 0;
always @(posedge clk)
   g <= ~g;
endmodule;
```

8.12.3 `ifdef

Verilog에는 조건 컴파일을 위한 여러 컴파일러 지시어가 있다. 이 지시어들은 컴파일 과정 동안 Verilog HDL 소스 코드의 라인들을 선택적으로 포함시키는 것을 허용한다. 조건 컴파일은 8.10절의 조건 generate 문을 사용하여 성취될 수 있다. 하지만 C와 같은 상위 레벨 언어에서 유사한 지시어가 이용되므로 `ifdef 컴파일러 지시어가 편리하다. 많은 설계자가 이미 C의 유사한 지시어에 익숙하다.

코드에서 `ifdef 컴파일러 지시어에 이어 텍스트 매크로명이 뒤따른다. 컴파일할 때 컴파일러는 텍스트 매크로명을 확인한다. 만일 텍스트 매크로명이 정의되었으면 `ifdef 지시어에 이은 라인이 포함된다. 그렇지 않으면 `else 절의 문장이 포함된다. 구문의 마지

막은 `endif로 표현된다. 8.10절에서 언급했듯이 조건 컴파일은 다음과 같은 경우에 유용하다.

- 동작적 모델, 구조적 모델, 또는 스위치 레벨 모델을 필요할 때 선택적으로 포함시키는 경우
- 다른 타이밍 또는 구조적 정보를 선택적으로 포함시키는 경우
- 다른 상황하에서 다른 실행을 위한 다른 테스트 입력을 선택적으로 포함시키는 경우
- 다른 고객들로부터 유사하지만 서로 다른 요구에 따른 모듈 기능을 선택적으로 채택해야 하는 경우

이어지는 예제는 동작적 설계와 구조적 설계 중 하나를 선택하기 위한 `ifdef 지시어의 간단한 사용을 보인다. 동작적 식별자가 정의되면 연속적인 net 지정문이 컴파일될 것이다. 아니면 내장형 게이트 프리미티브 and가 인스터스화될 것이다. and a1 (f, a, b)에서 a1은 인스턴스화된 게이트 인스턴스의 이름이고, and는 8.4절에서 소개한 내장형 게이트 프리미티브이다.

```
module selective_and (f, a, b);
  output f;
  input a, b;

  `ifdef behavioral
     wire f = a & b;
  `else
     and a1 (f,a,b);
  `endif

endmodule
```

8.13 파일 I/O 함수

파일과 텍스트를 처리할 수 있는 능력은 대형 Verilog 설계를 테스트하는 동안에 매우 귀중하다. 이 절에서는 Verilog에서의 파일 입출력을 소개한다. 파일은 소스에 테스트 데이터를 제공하고 테스트 결과를 위한 저장 공간을 제공하기 위한 테스트 벤치와 함께 자주 사용된다. 파일 I/O의 형식은 fopen과 fclose 같은 C 표준 I/O 함수에 기반한다. 파일은 읽고 쓰기 위해 다음과 같이 $fopen 함수를 이용하여 열 수 있다.

```
integer file_r, file_w;
file_r = $fopen("filename",r);      // 파일로부터 읽기
file_w = $fopen("filename",w);      // 파일에 쓰기
```

파일명은 큰따옴표 사이의 문자열 또는 파일명 정보를 가진 reg가 될 수 있다. $fopen은

다중 모드를 가질 수 있다. 모드는 읽기를 위해 'r', 쓰기를 위해 'w', 추가를 위해 'a'를 쓴다. 파일이 성공적으로 열리면 파일 번호를 나타내는 정수를 반환한다. 파일이 열릴 때 오류가 발생하면 NULL 값이 반환될 것이다. 열린 파일을 닫기 위해 **$fclose** 함수가 사용된다. **$fclose**가 인자 없이 사용된다면 열려 있는 모든 파일이 닫힌다. 만약 인자가 명시된다면 기술자(descriptor)가 주어진 파일만을 닫을 것이다.

```
$fclose(file_r);       // 하나의 파일만을 닫음
$fclose();             // 열려 있는 모든 파일을 닫음
```

Verilog는 다음과 같은 파일 처리 방법을 지원한다.

$fopen/$fclose	읽기 또는 쓰기를 위해 현재 사용되는 파일의 열림/닫힘

$feof	파일의 끝을 테스트한다. 파일에서 읽기를 하는 동안 만약 파일의 끝에 도달한다면 0이 아닌 값을 반환한다. 그렇지 않으면 0을 반환한다.
	`integer file;`
	`reg eof;`
	`eof = $feof(file);`

$ferror	파일의 오류 상황을 반환한다. 파일에서 읽기를 하는 동안 오류가 일어난다면 $ferror는 0이 아닌 값을 반환한다. 그렇지 않으면 0을 반환한다.
	`integer file;`
	`reg error;`
	`error = $ferror(file);`

$fgetc	지정된 파일에서 하나의 문자를 읽고 그것을 반환한다. 파일의 끝에 도달하면 $fgetc는 EOF를 반환한다.
	`integer file, char;`
	`char = $fgetc(file);`

$fputc	하나의 문자를 파일에 쓴다. 오류가 있으면 EOF를 반환하고 그렇지 않으면 0을 반환한다.
	`integer stream, r, char;`
	`r = $fputc(stream, char);`

$fscanf	형식에 따라 파일로부터 오는 형식화된 텍스트를 구문 분석하고 결과를 args에 쓴다.
	`integer file, count, tmp_a;`
	`count = $fscanf(file,"%d", tmp_a);`
	`//    count = $fscanf(file, format, args);`

$fprintf	형식화된 문자열을 파일에 쓴다.
	`integer file, tmp_a, tmp_b, ret;`
	`file = $fopen("test.log", w);`
	`ret = $fprintf(file, "%d : %x", tmp_a, tmp_b);`

$fread	파일 기술자에 의해 지정된 파일로부터 이진 데이터를 레지스터 또는 메모리로 읽는다.
	`integer rd, file;`
	`reg rd_value;`
	`rd = $fread(file, rd_value);`

$fwrite	레지스터의 이진 데이터를 파일 기술자가 지정하는 파일에 쓴다.
	`integer file;`
	`reg tmp_a, tmp_b;`
	`tmp_a = 0;`
	`tmp_b = 0;`
	`file = $fopen("test.log");`
	`$fwrite(file,"A=%d B=%d",tmp_a,tmp_b);`

$readmemb
$readmemh
	파일로부터 데이터를 읽고 그것을 메모리에 저장하기 위해 $readmemb와 $readmemh를 사용한다. $readmemb 작업은 이진 데이터를 읽는다. $readmemh는 16진 데이터를 읽는다. 데이터는 텍스트 파일에 실재해야 한다.
	`$readmemb("file", memory [,start_addr [,finish_addr]]);`
	`$readmemh("file", memory [,start_addr [,finish_addr]]);`
	`$readmemb("file.bin", mem);`
	`$readmemh("file.hex", mem);`

그림 8-21은 $readmemh를 사용하여 파일로부터 16진 데이터를 읽는 Verilog 코드를 제공한다. 4개의 32비트 데이터가 'data.txt' 파일에 저장되어 있다. $readmemh는 데이터를 읽어서 저장 공간에 저장할 것이다.

그림 8-22는 명령어, 주소, 데이터 값을 가진 파일을 읽는 Verilog 코드를 보여준다. 이 코드는 파일에 접근하기 위해 $fopen을 사용하고 각 라인의 구문 분석을 위해 $fscanf를 이용한다. 그림 8-22에서 disable 문은 'file_read'로 명칭된 블록을 종료하기 위해 사용된다. 작업명 또는 블록명이 뒤따르는 disable 문은 작업과 지명된 블록만을 비활성화할 것이다. 이것은 함수를 비활성화할 수 없다.

그림 8-21 $readmemh를 사용하여 파일로부터 16진 데이터를 읽는 Verilog 코드

```
module example_readmemh;
  reg [31:0] data [0:3];

  initial $readmemh("data.txt", data);

  integer i;

  initial begin
    $display("read hexa_data:");
    for (i=0; i < 4; i=i+1)
    $display("%d:%h",i,data[i]);
  end
endmodule
```

그림 8-22 $fopen을 사용하여 읽기와 구문 분석을 하는 Verilog 코드

```
  `define NULL 0
  `define EOF 32'hffffffff
```

```
module file_read;
integer file, ret;
reg [31:0] r_w, addr, data;

initial
   begin : file_read

   file = $fopen("data", r);
   if (file == `NULL)
       disable file_read;

  while (!$feof(file))
       begin
       ret = $fscanf(file, "%s %h %h\n", r_w, addr, data);
       case (r_w)
        "rd":
            $display("READ mem[%h] => %h", addr, data);
         "wr":
            $display("WRITE mem[%h] <= %h", addr, data);
         default:
            $display("Unknown command '%s'", r_w);
       endcase
       end

   ret = $fclose(file);
   end
endmodule
```

8.14 타이밍 확인

Verilog는 여러 가지 타이밍 체크를 용이하게 한다. 예를 들어 플립플롭의 셋업(setup) 시간과 홀드(hold) 시간의 충족 여부를 확인하기 쉽다. 타이밍 확인 작업은 $로 시작하지만 시스템 작업은 아니다. 타이밍 확인은 절차 코드에 사용하면 안 된다. 타이밍 확인은 `specify ... endspecify` 블록 내에서 나타나야 한다. Verilog는 여러 가지 타이밍 확인을 제공하지만, 몇 가지만 다음 예제에서 논의할 것이다.

`$setup`	이 타이밍 확인은 셋업 시간을 충족시키지 못하면 경고를 표시한다. 데이터 이벤트, 참조 이벤트, 한계(셋업 시간)를 다음과 같이 지정해야 한다. `$setup` (data-event, reference_event, limit) 예를 들면, `$setup` (D, posedge CLK, 10)
`$hold`	이 타이밍 확인은 홀드 시간을 충족시키지 못하면 경고를 표시한다. 데이터 이벤트, 참조 이벤트, 한계(홀드 시간)를 다음과 같이 지정해야 한다. `$hold` (reference_event, data_event,limit) 예를 들면, `$hold` (posedge CLK, D, 2)

`$skew`	이 타이밍 확인은 스큐(skew)가 한계를 초과하면 경고를 표시한다. 데이터 이벤트, 참조 이벤트, 한계를 다음과 같이 지정해야 한다. `$skew` (reference_event, data-event, limit) 예를 들면, `$skew` (posedge CLK1, posedge CLK2, 4)
`$width`	이 타이밍 확인은 펄스의 폭이 한계보다 짧으면 경고를 표시한다. 데이터 이벤트, 참조 이벤트, 한계가 필요하지만 데이터 이벤트는 명시적으로 지정하지 않는다. 데이터 이벤트는 반전 에지를 갖는 참조 이벤트 신호에 의해 참조 이벤트로부터 얻는다. 펄스 폭은 타이밍 위반을 피하기 위해 한계보다 크거나 같아야 한다. 참조 이벤트는 에지에 의해 트리거되는 이벤트여야 한다. 펄스 폭은 다음과 같이 지정된다. `$width` (reference_event, limit) 예를 들면, `$width` (posedge CLK, 20)

Problem 연습문제

8.1 자동적으로 시프트의 수를 세는 다음 모듈을 완성할 수 있는 Verilog 함수를 작성하라. 입력 값의 최상위 비트가 1이 될 때까지 워드를 왼쪽으로 시프트해야 한다.

```
module word_shift(in_word, num_shifts);
  input [7:0] in_word;
  output [7:0] num_shifts;
  assign num_shifts = shift_count(in_word);
  // 아래에 함수를 작성하라.
  ….
  ….
  ….
endmodule
```

8.2 (a) *N*비트 벡터의 2의 보수를 생성하는 Verilog 함수를 작성하라. comp2(bit_vec, N) 형태의 호출을 사용하라. 여기서 *bit_vec*는 벡터이며, *N*은 벡터의 길이이다. 루프를 사용하여 비트별로 보수를 취하라. 호출 모듈에서 *N*을 전역 매개변수로 선언할 수 있다.

(b) (a)에서 만든 함수를 호출하는 Verilog 모듈을 작성하라.

8.3 다음 Verilog 코드는 재귀적으로 숫자의 계승(factorial)을 수행하는 함수를 정의한다. automatic 키워드는 해당 함수가 재귀 호출될 수 있게 한다. 다음 코드에서 빈 부분을 채워라.

```
module factorial_test;

  function automatic integer factorial;
  input [31:0] num;

  /*
           계승을 구현하는 당신의 코드를 삽입하라.
  */

  endfunction

  integer result;

  initial begin
  /*
           9 계승을 계산하기 위한 당신의 코드를 삽입하라.
  */
  $display("factorial = %d", result);
  end
endmodule
```

8.4 (a) *A*, *B*는 부호 없는 이진 숫자를 나타내는 비트 벡터다. 만약 $A > B$이면 TRUE(1)를 반환하는 Verilog 함수를 작성하라. 함수 호출은 GT(A, B, N) 형태로 되어야 한다. 여기서 *N*은 비트 벡터의 길이를 나타낸다. 힌트: 먼저 *A*와 *B*의 최상위 비트를 먼저 비교하고, 왼쪽에서 오른쪽으로 진행하라. 같지 않은 비트 쌍을 찾는 순간 $A > B$인지 아닌지 결정할 수 있다. 예를 들어 $A = 1011010$,

$B = 1010110$이면 네 번째 비교를 했을 때 $A > B$임을 결정할 수 있다. 호출 모듈에서 N을 전역 매개변수로 선언하여 사용할 수 있다.

(b) (a)에서 만든 함수를 호출하는 Verilog 모듈을 작성하라.

8.5 Verilog 함수와 Verilog 작업의 가장 큰 차이점은 무엇인가?

8.6 텍스트 파일로부터 숫자를 한 줄씩 읽어서 그 숫자를 사용자 정의 작업에 따라 정렬할 수 있는 Verilog 모듈을 작성하라. 그 텍스트 파일의 이름은 'sort.txt'이고 10개의 양의 정수를 포함하고 있다. 10개의 입력은 다음과 같이 선언된 전역 정수 어레이에 저장되어 있다.

```
integer ARRAY [9:0];
```

이 전역 어레이를 오름차순으로 정렬하는 작업을 작성하라. 정렬된 어레이는 같은 전역 어레이에 저장될 수 있다. 정렬을 위한 모든 임시 공간은 작업 안에서 정의될 수 있다.

8.7 (a) $N(\leq 31)$만큼 길어질 수 있는 입력 비트 벡터의 1의 개수를 세는 Verilog 작업을 작성하라. 출력은 5비트여야 한다. 작업 호출은 `(N, A, B)` 형태를 따라야 하며, A는 입력, B는 출력이다. 호출 모듈에서 N을 전역 매개변수로 선언할 수 있다.

(b) (a)에서 만든 작업을 호출하는 Verilog 모듈을 작성하라.

8.8 누산기와 연결된 4디지트(digit) BCD 가산기를 구현하는 Verilog 모듈을 작성하라(다음의 블록도를 참조하라). LD가 1이면 $BCDacc$의 값이 $BCDacc + BCDin$으로 교체된다.

2개의 BCD 디지트와 캐리를 더하고 BCD 디지트와 캐리를 반환하는 작업을 작성하라. 이 작업이 동시에 4번 호출되도록 코드를 작성하라.

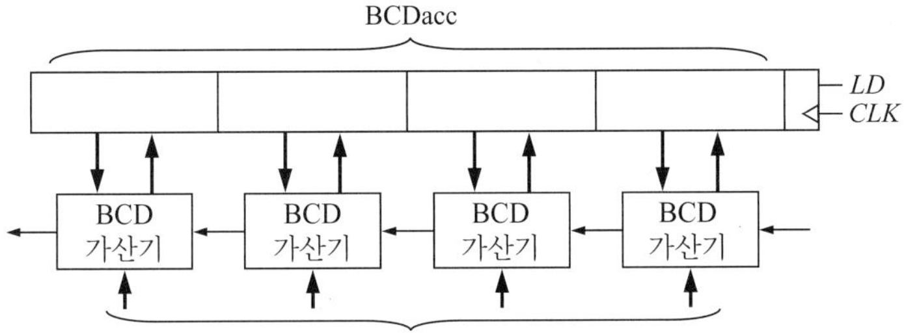

8.9 다음 Verilog 코드에서 변화가 있을 때마다 B와 C의 값을 열거하라. 모든 델타(delta)를 포함하고 시간이 8ns일 때까지 B와 C의 값을 열거하라. B가 5ns일 때 0110으로 변한다고 가정한다. $P1$ 작업이 호출되는 시간을 나타내라.

```
module Q1(B,C);
  input[3:0] B;
  output[3:0] C;
  integer i;

  task P1;
  input[3:0] A;
  output reg[3:0] D;
  begin
      for(i  =  1;  i<= 3;i  =  i+1)
```

```
                D[i] <= A[i-1];
        D[0] <= A[3];
    end
    endtask

    always @(B)
    begin
         P1(B,C);
         #1;
         P1(B,C);
    end

    assign C = B;

endmodule
```

8.10 해밍(Hamming) 코드는 통신과 메모리 시스템에서 오류를 감지하고 수정하는 데 사용된다. 오류를 감지하고 수정하는 능력은 추가적인 비트들을 데이터 워드에 넣는 것과 관련이 있다. 하나의 패리티 비트를 추가함으로써 홀수 개의 비트 뒤집힘(flip)을 찾아낼 수 있지만, 하나의 패리티 비트로 오류를 수정할 수 없다. (7, 4) 해밍 코드는 3개의 패리티 비트를 포함한 전체 7개의 비트 중 4개 비트의 데이터를 갖는다. 이것은 두 가지 오류를 감지할 수 있고 하나의 오류를 수정할 수 있다. 이 코드는 다음과 같이 만들 수 있다. 만약 데이터 비트를 $d_4d_3d_2d_1$이라 표현하면 인코딩된 코드는 $d_4d_3d_2p_4d_1p_2p_1$으로 표현된다. 여기서 p_4, p_2, p_1은 패리티 비트이다. 짝수 패리티를 위해 패리티 비트들은 다음 조건을 만족해야 한다.

$$p_4 = d_2 \text{ XOR } d_3 \text{ XOR } d_4; \text{ ....(1)}$$
$$p_2 = d_1 \text{ XOR } d_3 \text{ XOR } d_4; \text{ ....(2)}$$
$$p_1 = d_1 \text{ XOR } d_2 \text{ XOR } d_4; \text{ ....(3)}$$

7개의 비트를 받아들여서 인코딩하면 오류 syndrome 값 $S_3S_2S_1$은 다음과 같이 계산된다.

$$p_4 \text{ XOR } d_2 \text{ XOR } d_3 \text{ XOR } d_4 = S_3; \text{ ....(4)}$$
$$p_2 \text{ XOR } d_1 \text{ XOR } d_3 \text{ XOR } d_4 = S_2; \text{ ....(5)}$$
$$p_1 \text{ XOR } d_1 \text{ XOR } d_2 \text{ XOR } d_4 = S_1; \text{ ....(6)}$$

syndrome은 어떤 비트가 잘못됐는지 알려준다. 예를 들어, syndrome이 110이면 오른쪽 끝에서부터 여섯 번째 비트(즉, d_3)가 역전되었음을 나타낸다. $S_3S_2S_1$이 000이면 오류는 없다.

(a) 코드 워드가 0110111이면 오류가 존재하는가? 만약 그렇다면 어느 비트에 오류가 있는가? 원본 데이터는 무엇인가? 오류가 수정된 코드 워드는 무엇인가?

(b) 홀수 패리티를 위해 위의 6개 방정식을 어떻게 수정해야 하는가? 홀수 패리티를 위한 6개 방정식을 써라.

(c) 작업들을 사용하지 않고 오류를 감지할 수 있는 Verilog 모듈을 작성하라. 모듈의 입력은 인코딩된 7비트 데이터 워드와 패리티 타입이고 출력은 syndrome이다. 패리티 타입은 홀수 패리티의 경우 0, 짝수 패리티의 경우 1로 인코딩한다.

```
module  error_detector(data, PARITY, Syndrome)
{
}
```

(d) Verilog 작업을 사용하여 (c)의 Verilog 모듈을 수정하라. 주어진 코드 워드의 오류 syndrome을 생성하는 필요한 Verilog 작업(들)을 작성하라. 이 작업의 입력은 데이터이고 출력은 syndrome이다. 각각의 패리티 타입별로 필요한 작업(들)을 호출해야 한다.

```
task  error_p(data, Syndrome)
{
}
```

8.11 오직 내장된 프리미티브만을 사용하여 다음 회로를 구현할 수 있는 Verilog 모델을 작성하라.

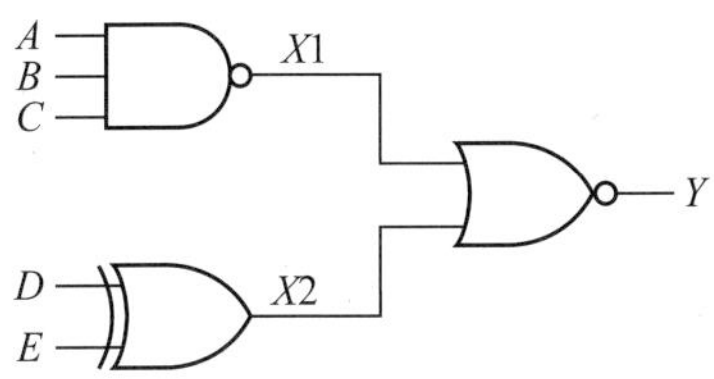

NAND 게이트의 상승 지연은 15ns이다.

XOR 게이트의 상승 지연은 14ns이고, 하강 지연은 16ns이다.

NOR 게이트의 상승 지연은 12ns이고, 하강 지연은 14ns이다.

8.12 필요하다면 '?'를 이용하여 비동기 클리어(clear)와 프리셋(preset)을 가진 J-K 플립플롭의 사용자 정의 프리미티브(UDP)를 생성하라.

8.13 4비트 입력 데이터를 위해 홀수 패리티를 생성하는 Verilog 사용자 정의 프리미티브를 작성하라.

8.14 입력 *A*, *B*와 출력 *C*, *D*를 갖는 Verilog 모듈이 있다. *A*, *B*는 하이 상태로 초기화됐다. *A*가 로우가 될 때마다, 5ns 후에 *C*는 하이 상태가 된다. *A*가 다시 변하면 5ns 후에 *C*는 변한다. *A*가 바뀐 후 3ns 동안 *B*의 상태가 변하지 않으면 *D*는 변할 것이다. 참고: 타이밍 확인은 내부에서 수행한다(`specify ... endspecify`).

(a) 출력 *C*, *D*를 결정하는 `always` 블록을 가진 Verilog 모듈을 작성하라.

(b) *A*가 하이가 되기 2ns 전부터 하이가 된 후 1ns 동안 *B*가 안정적이었는지 검사하는 `always` 블록을 작성하라. 이 `always` 블록은 10ns보다 작은 시간 간격 동안 *B*가 로우가 된다면 오류를 보고해야 한다.

8.15 주소 디코더와 주소 일치 감지기의 Verilog 모듈을 작성하라. 주소 디코더의 한 입력은 8비트 주소 *addr*이다. 두 번째 입력은 6비트 벡터 체크다. 8비트 주소의 상위 6개 비트와 6비트 체크 벡터가 일치한다면, 주소 디코더는 *Sel* = 1을 출력할 것이다. 예를 들면 *addr* = 10001010이고 *check* = 1000XX이면, *Sel* = 1이다. *addr*의 가장 왼쪽 6개의 비트만이 비교되고 나머지 비트는 무시된다. 체크 벡터의 *X* 값은 돈케어(don't care)로 취급된다.

8.16 74HC374(삼상태 출력을 가진 8개 D형 플립플롭. D형 플립플롭의 셋업 시간은 15ns, 홀드 시간은 5ns, 펄스 폭 시간은 15ns이다)의 한 플립플롭을 위한 Verilog 모듈을 작성하라. 모든 로직 값은 *x*, 0, 1, *z*라고 가정한다. `monitor` 문을 사용하여 셋업, 홀드, 펄스폭 사양을 확인하라. 만약 출력이 *z*가 아니라면, *CLK* 또는 *OC*가 *x*이거나 또는 *x*가 플립플롭에 저장되어 있었다면 출력은 *x*여야 한다. 참고: 타이밍 확인은 내부에서 수행한다(`specify` ... `endspecify`).

8.17 2개의 8비트 벡터가 같은지 비교하는 Verilog 함수를 작성하라. 만약 둘 중 한 벡터의 어떤 비트라도 0, 1, *z*가 아니면 오류를 보고하라. 함수의 호출은 벡터만을 전달한다. 함수는 만약 벡터들이 같다면 TRUE(1), 다르면 FALSE(0)를 반환한다. *z* 값을 포함해서 비교해야 한다(즉, *z*는 단지 *z*와 일치한다).

8.18 다음 코드에서 모든 신호는 1비트이다. 다음 코드에 해당하는 논리회로를 그려라. *CE* 입력을 가진 D 플립플롭을 이용할 수 있다고 가정한다.

```
assign F = (EA == 1) ? A: ((EB == 1)? B : Z);
always @(posedge CLK)
begin
 if(Ld == 1)
        A <= B;
 if(Cm == 1)
        A <= ~A;
end
```

8.19 정적 RAM 메모리의 첫 256바이트를 테스트하는 메모리 테스트 시스템을 설계하라. 이 시스템은 아래에 나타낸 것과 같이 단순한 제어기, 8비트 카운터, 비교기, 메모리로 구성된다. 0을 주소 0, 1을 주소 1, 2를 주소 2, ⋯, 255를 주소 255에 쓰기 위해 카운터는 주소와 데이터(IO) 버스 두 곳 모두에 연결된다. 그 후 데이터를 주소 0, 주소 1,⋯, 주소 255로부터 다시 읽어와서 주소 값과 비교한다. 만약 데이터가 일치하지 않으면, 데이터 불일치를 감지하자마자 제어기는 실패 상태가 된다. 모든 256개 위치의 데이터가 일치하면 통과 상태가 된다. $OE\_b = 0$, $CS_b = 0$으로 가정한다.

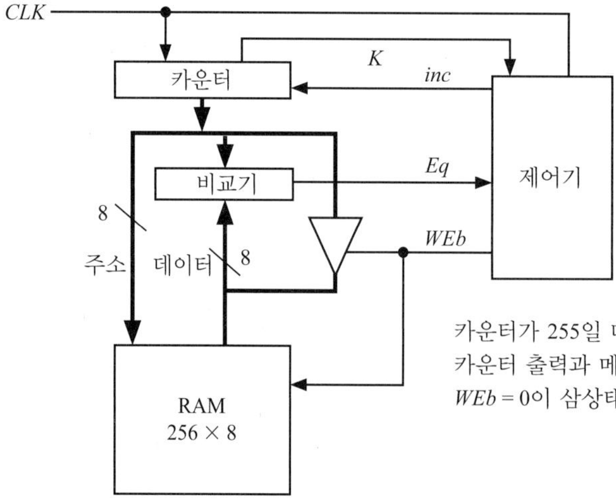

카운터가 255일 때 $K = 1$
카운터 출력과 메모리의 데이터가 같을 때 $Eq = 1$
$WEb = 0$이 삼상태 버퍼를 인에이블시킴

(a) 제어기(5가지 상태)의 SM 차트 또는 상태 그래프를 그려라. 클록 주기는 모든 클록 주기마다 워드 하나를 읽을 수 있게 충분히 길다고 가정한다.

(b) 메모리 테스트 시스템의 Verilog 코드를 작성하라.

8.20 체커보드 패턴으로 메모리에 쓰는 것을 제외하고는 연습문제 8.18과 유사한 메모리 테스트 시스템을 설계하라(01010101을 주소 0에 넣고, 10101010을 주소 1에 넣는 등). 블록도와 SM 차트를 그려라.

8.21 6116 정적 RAM(그림 8-15)이 정확하게 동작하는지 검증할 수 있는 메모리 테스터를 설계하라. 테스터는 모든 메모리 위치에 체커보드 패턴을 저장하고(짝수 주소에 0과 1을 교대로 쓰고 모든 홀수 주소에는 1과 0을 교대로 쓴다) 그 값을 다시 불러온다. 테스터는 반전 패턴을 사용하여 테스트를 반복해야 한다.

(a) 메모리 테스터의 블록도를 그려라. 모든 제어 신호를 보이고 설명하라.

(b) 제어기를 위한 SM 차트 또는 상태 그래프를 그려라. 간단한 RAM 모델을 이용하고 타이밍을 무시하라.

(c) 테스터를 위한 Verilog 코드를 작성하고 동작을 검증하기 위해 테스트 벤치를 사용하라.

8.22 클록이 있는 T 플립플롭은 *CLK*의 상승 에지로부터 *Q*와 *Q'*의 변화까지 다음과 같은 전파 지연을 갖는다. *Q*(또는 *Q'*)가 1로 바뀌는 경우 $t_{plh} = 8\text{ns}$, *Q*(또는 *Q'*)가 0으로 바뀌는 경우 $t_{phl} = 10\text{ns}$. 최소 클록 펄스 폭은 $t_{ck} = 15\text{ns}$이고 *T* 입력에 대한 셋업 시간은 $t_{su} = 4\text{ns}$, 홀드 시간은 $t_h = 2\text{ns}$이다. 전파 지연 시간을 포함하는 T 플립플롭의 Verilog 모델을 작성하고 타이밍 사양을 충족시키지 못하면 보고하라. 디폴트 값을 매개변수로 사용해 모델을 만들어라. 참고: 타이밍 확인은 내부에서 수행한다(`specify` ... `endspecify`).

8.23 (a) 직접 클리어 입력을 갖는 D 플립플롭의 모델을 작성하라. 타이밍 매개변수 t_{plh}(10ns), t_{phl}(10ns), t_{su}(5ns), t_h(3ns), t_{cmin}(20)을 사용하라. t_{cmin}은 클록 주기의 최소 허용 값이다. 만약 타이밍이 충족되지 않으면 해당 오류를 보고하라. 참고: 타이밍 확인은 내부에서 수행한다(`specify` ... `endspecify`).

(b) 작성한 모델을 테스트하기 위해 테스트 벤치를 작성하라. 모든 오류 조건을 위한 테스트를 포함하라.

8.24 반복 회로를 이용한 *N*비트 비교기의 Verilog 모델을 작성하라. 모듈에서 입력 비트 벡터 *A*와 *B*의 길이를 정의하기 위해 매개변수 *N*을 사용하라. 만약 $A = B$이면 비교기의 출력은 $EQ = 1$이고, $A > B$이면 $GT = 1$이다. 상위 비트부터 시작해서 비트별로 비교하기 위해 `for` 루프를 사용하라. 비교가 한 비트씩 진행된다 하더라도 *EQ*, *GT*의 최종 값은 전체적으로 *A*와 *B*에 적용한다.

8.25 그림에 나타낸 것과 같이 4개의 RAM 메모리가 CPU 버스에 연결되어 있다. 다음 RAM 컴포넌트가 사용 가능하다고 가정한다.

```
module SRAM(cs-b, we-b, oe-b, address, data);
input cs-b,we-b,oe-b;
input[14:0] address;
inout[7:0] data;

endmodule
```

4개의 RAM을 버스에 연결하는 Verilog 코드 세그먼트를 작성하라. generate 문, 변수명 연계를 사용하라.

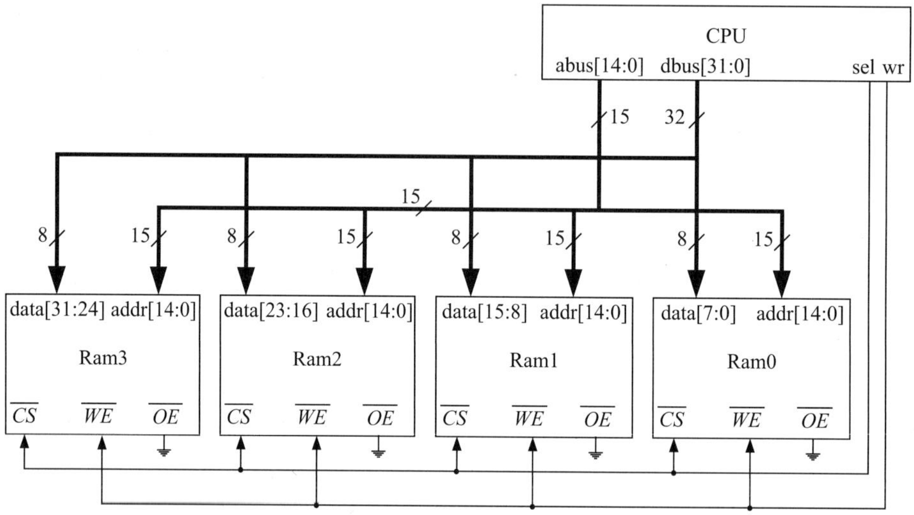

8.26 직렬 입력, 직렬 출력을 갖는 *N*비트 오른쪽 시프트 레지스터 모듈의 구조적 Verilog 코드를 작성하라. 시프트 레지스터의 입력은 비트 신호이다. *SI*(직렬 입력), *Sh*(시프트 가능), *CLK*. generate 문을 사용해야 한다. 클록 인에이블(*CE*)을 가진 D 플립플롭이 사용 가능하다고 가정한다.

8.27 *N*비트 벡터 *A*와 제어 신호 *B*(1비트)를 입력으로 갖는 모듈의 구조적 Verilog 코드를 작성하라. 이 모듈은 *N*비트 출력 벡터 *C*를 갖는다. $B=1$일 때, $C \leq A$이다. $B=0$일 때, *C*는 모두 0이다. *N*의 값(디폴트 값 = 4)을 결정하기 위해 매개변수를 사용하라. 로직의 구현을 위해 *N*개의 2입력 AND 게이트를 인스턴스화하는 generate 문을 사용하라.

8.28 다음의 구조적 Verilog 코드는 상승/하강 시간을 매개변수로 정의한 2입력 NOR 게이트이다.

```
module NOR2(a, b, c);
  parameter Trise = 3;
  parameter Tfall = 2;
  parameter load = 1;

  input a, b;
  output reg c;

  wire nor_value;

  assign nor_value = ~(a | b);

  always @(nor_value)
  begin
     if(nor_value == 1'b1)
        #(Trise + 3*load) c = 1'b1;
     else
        #(Tfall + 3*load) c = 1'b0;
  end
  endmodule
```

```
module NOR2_TEST(in1, in2, in3, in4, out1, (
input in1, in2, in3, in4;
output out1, out2;

NOR2 U1 (in1, in2, out1);

/*
                    당신의 새로운 코드를 여기에 작성하라.
*/

endmodule
```

(a) 매개변수 맵 방식을 이용해 NOR2(U2)의 인스턴스를 만들어라(Trise = 5, Tfall = 4, load = 3).

(b) 타이밍 값을 사전 정의하기 위해 defparam을 이용하여 NOR2(U3)의 인스턴스를 만들어라(상승 시간 = 4, 하강 시간 = 3, 로드 = 2).

(c) U1의 상승 시간, 하강 시간, 팬아웃 시간은 얼마인가?

(d) NOR2(U2)의 상승 및 하강 지연 시간은 얼마인가?

8.29 generate 문을 이용해 4 × 4 어레이 곱셈기를 만들어라. 4장의 전가산기, 반가산기, AND 게이트를 이용하라.

8.30 *B*는 integer B [4:0]으로 선언된 정수 어레이다. 'FILE2' 파일의 텍스트 한 줄에서 5개의 정수를 읽어온 후 그 5개의 정수를 어레이 *B*에 저장하는 Verilog 코드 세그먼트를 작성하라.

8.31 정수 신호와 파일 이름을 매개변수로 가진 작업을 작성하라. 파일의 각 줄에는 지연 시간 값과 정수 값이 포함되어 있다. 이 작업은 파일에서 한 줄을 읽고 지연 시간만큼 기다린 후 정수 값을 신호에 할당한다. 그 다음에 다음 줄을 읽는다. 이 작업은 파일의 마지막에 도달했을 때 반환된다.

8.32 비트 벡터 신호 값의 기록을 텍스트 파일에 저장하는 작업을 작성하라. 신호 값이 바뀔 때마다 현재 시간과 신호 값을 파일에 기록하라. Verilog에는 현재 시뮬레이션 시간을 나타내는 $time이라는 내장 함수가 있다.

8.33 다음 명령어들이 모두 실행된 후 regA와 regB의 십진수 값을 표현하라.

```
reg[8:0] regA;
reg[8:0] regB;

regA <= $unsigned -9;
regB <= $signed 9'b100000000;
```

8.34 (a) 매크로 *Sum*을 정의함으로써 다음 코드를 완성하라. 9와 11의 숫자를 초기화하기 위해 매개변수를 사용하라.

```
always @(posedge clk)
begin
   $display("The sum of %d and %d is %d", A, B, Sum(A,B));
   $stop;
   $display("This sentence should be on the screen");
end
```

(b) 실행한 후 완성된 코드의 화면 출력 값은 무엇인가?

8.35 `$stop`과 `$finish`의 차이점은 무엇인가?

8.36 삼상태 버스 회로(그림 1-56)에서 4-valued 로직을 이용해 다음 표를 채워라. RegA, RegB, RegC에 저장된 값은 각각 8'd5, 8'd10, 8'd15이다. Eni는 0이라고 가정한다.

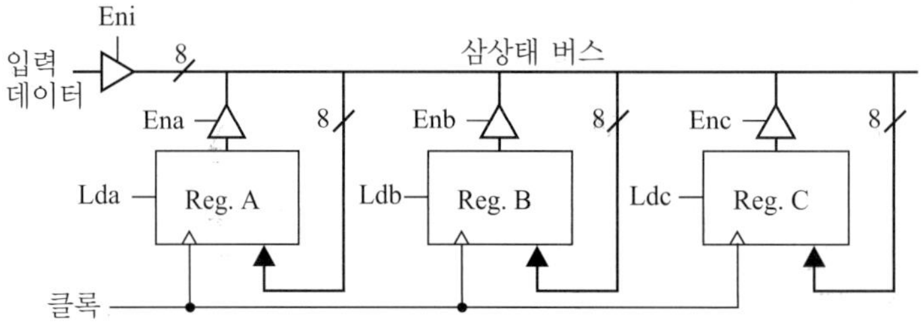

시간	Enc	Ena	Enb	버스
0	Z	Z	Z	z
2	1	0	0	
4	0	1	0	
6	0	0	1	
8	1	1	1	
10	1	1	1	

CHAPTER 9

RISC 마이크로프로세서 설계

마이크로프로세서는 복잡한 디지털 시스템의 예이다. 이 장에서는 MIPS Technology 사의 MIPS R2000 마이크로프로세서를 설명하고 마이크로프로세서 명령어 집합 구조(instruction set architecture, ISA)의 일부분을 구현한다. ISA는 어셈블리어 프로그래머에게 보이는 이용 가능한 레지스터의 수, 주소지정(어드레싱) 방식, 동작코드(opcode)를 포함한 명령어를 보여준다. RISC의 철학을 소개하고 이어서 MIPS ISA를 설명한다. ISA의 일부분을 구현한 설계와 함께 MIPS의 산술, 메모리 접근, 제어 전송 명령어를 소개한다. 다음으로 MIPS 일부분의 합성 가능한 Verilog 모델이 제시된다. 설계 테스트를 위한 테스트 벤치의 사용을 설명한다.

9.1 RISC 철학

Intel 8086과 Motorola 68000 같은 초기의 많은 마이크로프로세서는 다양한 효과적인 명령어와 주소지정 방식을 포함했다. 자연스럽게 복잡한 설계 결과를 초래했고, 특히 제어부가 복잡했다. 이 마이크로프로세서들은 복잡한 디지털 시스템을 위한 직접배선 제어부의 설계와 오류 개선이 어렵기 때문에 마이크로프로그램 제어부를 포함했다(마이크로프로그래밍과 직접배선 간의 절충은 5장을 참고하라).

1970년대 말과 1980년대 초에 단순함의 가치가 더 명확해졌다. 그 결과는 **RISC** 또는 축소 명령어 집합 계산 철학의 출현이었다. RISC 프로세서는 다양하고 복잡한 명령어와 다용도의 주소지정 방식보다는 적은 수와 간단한 명령어 집합을 사용하는 마이크로프로세서 형식이다. 1970년대 말과 1980년대 초에 IBM, 스탠퍼드 대학교, UC 버클리 대학교에서 첫 RISC 프로젝트가 출현했다. IBM 801, Stanford MIPS, Berkeley RISC 1과 2

가 모두 RISC로 알려진 유사한 철학으로 설계되었다. 그에 반하여 Intel 8086과 Motorola 68000/68020 같은 이전 프로세서는 RISC 철학의 출현 후에 **CISC** 또는 복잡 명령어 집합 컴퓨터로 불리기 시작했다. 1세대 RISC 프로세서는 MIPS사의 MIPS R2000, Sun Microsystems사의 SPARC, IBM사의 RS/6000을 포함한다. IBM사의 RS/6000은 POWERPC와 POWER 구조로 진화한다.

> **MIPS**
>
> MIPS Technologies사는 1980년대 MIPS R2000 프로세서로 시작하여 여러 RISC 마이크로프로세서를 설계하고 판매하는 컴퓨터 제조사이다. MIPS라는 용어는 1초에 100만 개의 명령어 실행을 나타내는 성능 지표로 컴퓨터 설계자에게 널리 알려져 있다. 하지만 MIPS사의 MIPS는 그것의 약어를 의미하는 것이 아니다. 원래는 'Microprocessor without Interlocked Pipelined Stages'의 머리글자이다. 파이프라인 프로세서에서 명령어 사이의 의존성을 강제할 수 있는 장치가 있어야 한다. 한 명령어가 이전 명령어의 결과가 필요하다면 첫 번째 명령어의 결과가 준비될 때까지 두 번째 명령어는 진행할 수 없다. 이와 같은 의존성의 강제는 보통 하드웨어에 의해 수행된다. 하지만 첫 MIPS 프로세서는 하드웨어 연동 장치를 갖지 않았다. 이것은 소프트웨어가 할 수 있는 것은 소프트웨어가 수행해야 한다는 초기 RISC 정신을 반영한 것이다. 초기 MIPS 프로세서에서 파이프라인 연동은 의존하는 명령어들 사이에 적절한 수의 nop(no operation) 명령어를 삽입함으로써 소프트웨어적으로 구현되었다.

다음과 같은 설계 특징이 대부분의 RISC 프로세서의 특성이 되어왔다.

- **균일한 명령어 길이**: 모든 명령어는 32비트의 동일한 길이를 갖는다. 이것은 작게는 1바이트에서 크게는 16바이트 길이의 명령어를 갖는 이전 프로세서들과 확연히 대비된다.
- **적은 수의 명령어 형식**: RISC ISA는 가능한 한 적은 수의 명령어 형식을 갖는 것과 명령어의 필드들을 가능한 한 균일하게 인코딩하는 것을 강조했다. 이것이 명령어 디코딩을 매우 단순화한다.
- **적은 수의 주소지정 방식**: 대부분 RISC 프로세서는 하나 또는 2개의 메모리 주소지정 방식을 지원한다. 주소지정 방식은 명령어가 접근해야 할 메모리 주소를 나타낼 수 있는 다른 방법을 제공한다. 예를 보면 직접 주소지정, 즉시 주소지정, 기저-플러스-오프셋 주소지정, 기저 인덱스 주소지정, 간접 주소지정이다. 일반적으로 이들 주소지정 방식은 레지스터와 오프셋으로 주소를 지정한다.
- **많은 수의 레지스터**: RISC 설계 철학은 일반적으로 메모리에 자주 접근함으로써 발생하는 성능 저하를 방지하기 위해 많은 수의 레지스터를 포함한다. RISC 프로세서는 또한 **레지스터-레지스터 구조**(register-register architecture)라고 불린다. 모든 산술 연산은 레지스터 피연산자에 동작한다. CISC 구조는 일반적으로 8개 또는 12개의 레지스터를 갖는다. 반면에 대부분 RISC 구조는 32개의 레지스터를 갖는다.
- **로드/저장 구조**: RISC 구조는 또한 로드/저장 구조라 불린다. 직접적으로 메모리 피연산

자를 사용하는, 즉 메모리로부터 하나 이상의 피연산자를 사용하는 산술 명령어가 없다는 것이 핵심 아이디어이다. 메모리 접근을 허용하는 유일한 명령어가 로드와 저장 명령어이다. 로드 명령어는 데이터를 레지스터에 옮기고 산술 연산은 이 레지스터의 데이터에 동작한다. 연산 동작을 위한 입력 및 출력 피연산자가 레지스터에 있기 때문에 이 구조를 레지스터-레지스터 구조라고도 부른다. 로드/저장 구조는 본질적으로 레지스터-레지스터 구조임을 의미한다.

- **암묵 피연산자 또는 부작용**: 대부분의 초기 ISA는 누산기 또는 캐리, 오버플로, 음의 값과 같은 조건을 나타내는 플래그(조건 코드)와 암묵 결과(**부작용**)를 갖는다. 암묵 피연산자와 부작용은 파이프라인과 병렬처리 구현에 어려움이 되고 도전의 원인이 될 수 있다. RISC 구조의 원리는 최소한의 암묵 피연산자/연산과 부작용을 갖는 것이다.

RISC 철학은 이러한 특징을 고수해왔고 설계의 단순화를 수용하고 있다. RISC와 CISC 용어는 반대말로 자주 사용되지만 어떻게 축소가 복잡함의 반대 개념인지 분명하지 않다. RISC 프로세서가 이전 CISC 프로세서보다 적은 명령어 집합을 갖는다는 것도 불분명하다. 어떤 RISC 프로세서는 100개 이상의 명령어를 갖는다. 반면에 어떤 CISC 프로세스는 단지 80개의 명령어를 갖는다. 하지만 80개의 CISC 명령어는 다양한 주소지정 방식을 갖는다고 추정할 수 있다. Motorola 68020 CISC 프로세스는 20개의 다른 주소지정 방식을 지원한다. 명령어가 가질 수 있는 다른 모든 형식을 고려하면 대부분의 RISC ISA가 CISC ISA에 비해 적은 수의 명령어를 포함한다. RISC 철학의 핵심은 단순한 기본 동작, 단순한 명령어 형식, 적은 수의 주소지정 방식, 복잡한 동작을 제거한 단순함의 강조에 있다. 이러한 컴퓨터 패러다임은 단순 명령어 집합 컴퓨팅(simple instruction set computing, SISC)으로 불려왔지만, SISC는 CISC와 음이 같다.

CISC 구조가 장점이 없는 것은 아니다. 명령어 인코딩이 RISC보다 CISC가 더 조밀하다. RISC의 고정된 명령어 길이는 어떤 명령어에서는 필요한 것보다 더 많은 비트를 사용한다. CISC ISA에서는 모든 명령어가 필요한 만큼의 길이가 된다. 이와 같이 CISC의 경우 코드의 크기가 더 작다. 임베디드 환경에서와 같이 명령어 메모리의 크기를 작게 유지하려면 CISC ISA가 장점을 갖는다.

대부분의 현대 마이크로프로세서는 RISC ISA를 갖는다. MIPS R12000, Sun UltraSPARC, IBM PowerPC, HP PA-RISC가 그 예이다. 일반적으로 Pentuim 4 또는 x86 프로세서는 CISC ISA를 가진 현대 프로세서의 예이다(x86이라는 용어는 Intel 8086 프로세서로부터 유래한 ISA를 사용한 다른 프로세서를 부르는 데 사용된다. 이 리스트에는 Intel 8086, 80286, 80386, 80486, Pentium과 AMD K5, K6, Opteron 등의 프로세서가 포함된다).

RISC가 더 좋은가, 아니면 CISC가 더 좋은가는 1980년대와 1990년대에 진지한 토론의 주제였다. 지금은 디코딩과 처리에 RISC ISA가 용이하다는 사실을 이해하게 되었다. 하드웨어가 복잡한 CISC 형태 명령어를 RISC 형태 명령어로 번역하여 처리할 수 있음을 보였다. Pentium 4와 현재의 다른 고성능 x86 프로세서는 CISC ISA를 갖지만 각 CISC 명령어를 파이프라인이 쉽게 될 수 있도록 하나 또는 그 이상의 RISC 형태의 명령어 또는 마이크로오퍼레이션(**uops** 또는 **R-ops**로 불림)으로 변환하는 하드웨어를 사용한다. 모든 논쟁에도 불구하고 RISC ISA의 구현이 더 용이하다는 점에는 논쟁의 여지가 없다.

MIPS 명령어 구조는 초창기 RISC ISA 중의 하나이고 가장 단순한 것 중 하나이다. 이것은 단 하나의 메모리 주소지정 방식을 갖는다. 반면에 다른 초기 RISC 구조인 SPARC는 2개의 메모리 주소지정 방식을 갖는다. MIPS ISA는 Gerry Kane이 지은 『MIPS RISC Architecture』에 자세히 설명되어 있다. MIPS 구조는 David A. Patterson과 John L. Hennessey가 지은 『Computer Organization and Architecture: A Hardware Software Interface』에 더 자세히 설명되어 있다. MIPS ISA의 간략한 설명이 다음 절에 제시된다.

> **단일 명령어 컴퓨터**
>
> 과거에 마이크로프로세서가 단일 명령어로 설계될 수 있음을 보였다. 이 단일 명령어는 메모리 피연산자에 접근할 수 있어야 하고 산술 연산을 처리하며 제어 전송을 할 수 있어야 한다. 메모리 피연산자로 연산하고 결과를 메모리에 쓰며 뺄셈 결과가 음수이면 주소로 분기하는 뺄셈 명령어는 어떤 프로그램도 작성할 수 있다. 이와 같은 단일 명령어 마이크로프로세서가 RISC로 불릴 자격이 있을 것인가? 아마도 아닐 것이다. 비록 단일 명령어 컴퓨터이지만 레지스터-레지스터 구조가 아니며, 단순 연산을 지원하는 ISA가 아니다. 모든 명령어가 복잡한 분기와 메모리 접근 명령어이기 때문에 CISC 범주로 분류한다. 이런 컴퓨터와 단일 명령어를 사용하여 작성된 프로그램에 대한 설명은 참고자료 [Patterson/Hennessey]에서 찾을 수 있다.

9.2 MIPS ISA

MIPS ISA는 단순한 산술, 논리, 메모리 접근, 분기, 점프 명령어의 집합을 포함한다. 이 구조는 단순함을 강조하며, 대부분의 일반 명령어보다 길이가 더 긴 명령어는 제외한다.

MIPS 구조에는 32개의 범용 레지스터를 사용한다. 각 레지스터는 32비트 길이이다. MIPS 레지스터는 흔히 $0, $1, $2, ..., $31로 부른다. MIPS 명령어는 ALU 명령어를 위해 **3주소 형식**(three-address format)을 따르며, 이것은 2개의 근원지 주소와 하나의 목적지 주소를 지정하는 것을 의미한다. 예를 들면, 레지스터 $3과 레지스터 $4를 더하고 레지스터 $5에 결과를 저장하는 덧셈 명령어는 다음과 같이 작성한다.

```
add $5, $3, $4
```

각 그룹의 명령어는 이어지는 절들에서 설명한다.

산술 명령어

MIPS ISA는 덧셈, 뺄셈, 곱셈, 나눗셈의 정수 연산을 위한 명령어를 포함한다. 다양한 산술 명령어가 표 9-1에 정리되어 있다. 부호 있는 수와 부호 없는 수의 덧셈과 뺄셈 연산은 add, addu, sub, subu 명령어를 사용하여 수행할 수 있다. 부호 있는 산술 명령어는 오버플로를 감지하는 반면에 부호 없는 산술 명령어는 오버플로를 감지하지 않는다.

예를 들면, 다음 명령어는 레지스터 $3으로부터 레지스터 $4를 빼고 결과를 레지스터 $5에 저장할 것이다.

```
sub $5, $3, $4
```

부호 있는 연산 명령어이므로 오버플로 조건이 감지될 것이다. 오버플로가 발생하면 예외를 통해 처리될 것이다. 예외를 발생시킨 명령어 주소는 보존되고 운영체제로 제어가 넘어가서 예외가 처리된다.

명령어에 명시된 수치 값과 레지스터에 저장된 값의 덧셈 연산은 addi와 addiu 명령어를 사용하여 수행될 수 있다. 다음 명령어는 레지스터 $3의 값과 수치 상수 400을 더하고 그 결과를 레지스터 $5에 저장할 것이다.

```
addi $5, $3, 400
```

수치 상수는 덧셈 연산 전에 부호가 확장된다. addiu 명령어는 오버플로 예외는 결코 일어나지 않는다는 점을 제외하고는 addi 명령어의 동작과 유사하다.

표 9-1 MIPS ISA의 산술 명령어

명령어	예	의미	비고
Add	add $s1, $s2, $s3	$s1 = $s2 + $s3	오버플로 감지
Subtract	sub $s1, $s2, $s3	$s1 = $s2 − $s3	오버플로 감지
Add immediate	addi $s1, $s2, k	$s1 = $s2 + k	k는 16비트 상수; 부호 확장 후 가산; 2의 보수 오버플로 감지
Add unsigned	addu $s1, $s2, $s3	$s1 = $s2 + $s3	오버플로 감지 않음
Subtract unsigned	subu $s1, $s2, $s3	$s1 = $s2 − $s3	오버플로 감지 않음
Add immediate unsigned	addiu $s1, $s2, k	$s1 = $s2 + k	k는 부호 없는 16비트 상수
Move from co-processor register	mfc0 $s1, $epc	$s1 = $epc	epc는 예외 프로그램 카운터
Multiply	mult $s2, $s3	Hi, Lo = $s2 × $s3	Hi, Lo의 64비트 부호 있는 곱
Multiply unsigned	multu $s2, $s3	Hi, Lo = $s2 × $s3	Hi, Lo의 64비트 부호 없는 곱
Divide	div $s2, $s3	Lo = $s2 / $s3	Lo = 몫
Divide unsigned	divu $s2, $s3	Hi = $s2 mod $s3 Lo = $s2 / $s3	Hi = 나머지 부호 없는 몫과 나머지
Move from Hi	mfhi $s1	Hi = $s2 mod $s3	
Move from Lo	mfio $s1	$s1 = Hi $s1 = Lo	Hi를 $s1에 복사 Lo를 $s1에 복사

표 9-2 MIPS ISA의 논리 명령어

명령어	예	의미	비고
and	and $s1, $s2, $s	$s1 = $s2 AND $s3	논리 AND
or	or $s1, $s2, $s3	$s1 = $s2 OR $s3	논리 OR
and immediate	andi $s1, $s2, k	$s1 =$s2 AND k	k는 16비트 상수; k는 먼저 0 확장
or immediate	ori $s1, $s2, k	$s1 = $s2 OR k	k는 16비트 상수; k는 먼저 0 확장
shift left logical	sll $s1, $s2, k	$s1 = $s2 << k	5비트 상수 k만큼 왼쪽으로 시프트
shift right logical	srl $s1, $s2, k	$s1 = $s2 >> k	5비트 상수 k만큼 오른쪽으로 시프트

두 32비트 수의 곱셈은 하나의 MIPS 레지스터에 저장할 수 없는 64비트의 결과를 산출한다. MIPS 프로세서에서는 Hi와 Lo라고 불리는 2개의 특수 레지스터가 값을 저장하기 위해 사용된다. 이와 같은 특수 레지스터의 사용은 이 레지스터들로부터 필요한 목적지 레지스터로 데이터를 전송하기 위한 특수 명령어가 또한 필요하다. `mfhi`와 `mflo` 명령어가 이 작업을 수행한다.

논리 명령어

MIPS ISA의 논리 명령어가 표 9-2에 제시되어 있다. MIPS ISA는 레지스터 내용에 비트 단위로 AND와 OR 연산을 수행하는 논리 명령어를 포함한다. `and`와 `or` 명령어는 레지스터 피연산자에 이러한 동작을 수행한다. `andi`와 `ori` 명령어는 한 피연산자는 레지스터에 위치하고 다른 피연산자는 수치 상수일 때 사용될 수 있다. `sll`과 `srl`은 논리 왼쪽과 오른쪽 시프트를 수행한다. 자리 이동의 수는 명령어에 수치 값으로 코드화된다.

메모리 접근 명령어

MIPS ISA에서 메모리에 접근할 수 있는 명령어는 로드와 저장 명령어뿐이다. 로드 명령어는 메모리로부터 특정 레지스터로 데이터를 전송한다. 저장 명령어는 레지스터로부터 특정 메모리 주소로 데이터를 전송한다.

RISC 연구자들은 C 같은 상위 수준 언어의 프로그램을 효율적으로 코드화하기 위한 주소지정 방식의 수를 조사했다. 그들은 기저 레지스터와 오프셋을 갖는 주소지정 방식 한 가지이면 충분하다고 결론 내렸다. MIPS 프로세서에서 메모리 명령어를 지원하는 유일한 주소지정 방식이 하나의 기저 레지스터와 오프셋을 갖는 주소지정 방식이다. 메모리 주소는 레지스터의 내용과 명령어에 지정된 오프셋을 더하여 계산된다.

다음 MIPS 로드 명령어를 고려해보자.

```
lw $5, 100($4)
```

표 9-3 MIPS ISA의 메모리 접근 명령어

명령어	예		의미	비고
load word	lw	\$s1, k(\$s2)	\$s1 = Memory[\$s2 + k]	메모리로부터 32비트 워드 읽기; 메모리 주소 = 레지스터 값 + k; k는 16비트 오프셋
store word	sw	\$s1, k(\$s2)	Memory[\$s2 + k] = \$s1	메모리에 32비트 워드 쓰기; 메모리 주소 = 레지스터 값 + k; k는 16비트 오프셋
load half word	lh	\$s1, k(\$s2)	\$s1 = Memory[\$s2 + k]	메모리로부터 16비트 하프워드 읽기; 부호 확장 및 레지스터 적재
store half word	sh	\$s1, k(\$s2)	Memory[\$s2 + k] = \$s1	메모리에 16비트 하프워드 쓰기
load byte	lb	\$s1, k(\$s2)	\$s1 = Memory[\$s2 + k]	메모리로부터 바이트 읽기; 부호 확장 및 레지스터 적재
store byte	sb	\$s1, k(\$s2)	Memory[\$s2 + k] = \$s1	메모리에 바이트 쓰기
load byte unsigned	lbu	\$s1, k(\$s2)	\$s1 = Memory[\$s2 + k]	메모리로부터 바이트 읽기; 바이트는 0 확장
load upper immediate	lui	\$s1, k	$\$s1 = k * 2^{16}$	레지스터의 상위 16비트에 상수 k 적재

이 명령어는 레지스터 \$4의 값과 오프셋 100의 합으로 메모리 주소를 계산한다. 그러므로 레지스터 \$4의 값이 4000이라면 유효 주소는 4100이다. 메모리 주소 4100의 값이 프로세서의 레지스터 \$5로 옮겨진다. `sw $6, 100($8)`의 경우에는 레지스터 \$6의 값이 레지스터 \$8의 내용 값과 100의 합인 메모리 주소의 공간에 저장된다.

MIPS 프로세서에서는 32비트를 워드라고 부른다. MIPS는 워드, 하프워드(16비트), 바이트(8비트)를 로드하고 저장하는 명령어를 갖는다. 표 9-3에 이 명령어들을 요약해둔다.

제어 이동 명령어

전형적인 프로그램 실행은 순차적으로 진행되지만 루프(loop), 프로시저(procedure), 함수(function), 서브루틴(sub-routine)은 프로그램의 순서를 바꾼다. 마이크로프로세서는 비순차적인 제어 흐름이 필요할 때마다 순서 제어를 수행하기 위해 분기 및 점프 명령어가 필요하다. MIPS ISA는 표 9-4에 나타낸 것과 같이 beq(branch on equal)와 bne(branch on not equal)의 두 가지 조건 분기 명령어를 포함한다.

```
beq $5, $4, 25
```

위의 MIPS 명령어는 레지스터 \$5와 레지스터 \$4의 값을 비교하여 두 값이 같으면 PC + 4 + 100으로 분기할 것이다. 분기 명령어에서 제공된 상수 오프셋은 현재 PC(프로그램 카운터)로부터 오프셋으로 명령의 수로써 지정된다. MIPS는 바이트 주소를 사용한다. 그러므로 바이트의 오프셋을 구하려면 워드 내의 오프셋에 4를 곱해야 한다. 프로그램 카운터는 이미 PC + 4의 다음 명령어를 가리키고 있다고 가정할 수 있으므로 분기 목적지 주

표 9-4 MIPS ISA의 조건 제어 관련 명령어

명령어	예	의미	비고
branch on equal	beq $s1, $s2, k	If ($s1 == $s2) go to PC + 4 + k * 4	레지스터 값이 같으면 분기; PC 상대 분기; 목적지 주소 = PC + 4 + 오프셋 * 4; k는 부호 확장
branch on not equal	bne $s1, $s2, k	If ($s1 ! = $s2) go to PC + 4 + k * 4	레지스터 값이 다르면 분기; PC 상대 분기; 목적지 주소 = PC + 4 + 오프셋 * 4; k는 부호 확장
set on less than	slt $s1, $s2, $s3	If ($s2 < $s3) $s1 = 1; else $s1 = 0;	비교 및 셋(2의 보수)
set on less than immediate	slti $s1, $s2, k	If ($s2 < k) $s1 = 1; else $s1 = 0;	비교 및 셋; k는 16비트 상수; 부호 확장 및 비교
set on less than unsigned	sltu $s1, $s2, $s3	If ($s2 < $s3) $s1 = 1; else $s1 = 0;	비교 및 셋; 자연수
set on less than immediate unsigned	sltiu $s1, $s2, k	If ($s2 < k) $s1 = 1; else $s1 = 0;	비교 및 셋; 자연수; 16비트 k는 부호 확장; 오버플로 없음

소는 PC + 4 + 4 * 오프셋으로 계산된다. 오프셋은 16비트 길이이지만 한 비트는 부호로 사용된다. 그러므로 분기는 단지 +/− 32K 범위에서 가능하다.

두 가지 조건 분기 명령어를 갖는 것은 CISC 프로세서와 대비된다. CISC 프로세서는 branch on less than, branch on greater than, branch on higher than, branch on lower than, branch on carry, branch on overflow, branch on negative 등 여러 조건 분기 명령어를 제공한다. MIPS 철학은 단지 두 가지 조건 분기 명령어이면 충분하고 다른 조건의 확인은 다른 명령어를 사용하여 수행할 수 있다는 것이다. 작거나 큰 조건을 확인하기 위해 MIPS ISA는 `slt`(set on less than) 명령어를 제공한다. 이 명령어들은 비교 결과에 따라 목적지 레지스터의 값이 0 또는 1을 갖는 명시적 비교 명령어이다. `slt` 명령어는 branch on less than, branch on greater than 등의 효과를 갖기 위해 bne 또는 beq 명령어와 함께 사용된다. 이 명령어들은 상위 수준 언어의 **루프**문과 `if-then-else` 문을 구현하는 데 사용된다.

MIPS ISA는 또한 표 9-5에 나타낸 것과 같은 세 가지 무조건 점프 명령어를 포함한다. 이 명령어들은 함수와 프로시저의 호출뿐 아니라 복귀를 구현하기 위해 사용된다.

`j`(jump) 명령어는 명령어에 명시된 주소로 제어가 이동한다. MIPS 명령어가 32비트이기 때문에 주소 인코딩을 위해 이용할 수 있는 비트의 수는 (32 – 동작코드 비트의 수)가 될 것이다. MIPS에서 동작코드는 6비트를 사용하므로 26비트가 점프 명령어에서 주소를 위해 사용될 수 있다. 주소의 범위를 증가시키기 위해 MIPS 설계자는 워드 주소(바이트 주소 대신에)로서 명시적 주소를 고려하고 명시적 주소에 4를 곱하여 바이트 주소를 얻는다.

표 9-5 MIPS ISA의 무조건 제어 이동 명령어

명령어	예	의미	비고
jump	j addr	Go to addr * 4; i.e., PC <= addr * 4	목적지 주소 = 즉시 오프셋 * 4; 주소는 26비트
jump register	jr $reg	Go to $reg; i.e., PC <= $reg	$reg는 32비트 목적지 주소를 포함한다.
jump and link	jal addr	return address = PC + 4 go to addr * 4	프로시저 호출 시 사용. 복귀 주소는 링크 레지스터 $31에 저장

`jr`(jump register) 명령어는 **간접 점프**(indirect jump)이다. 그에 반해서 이전 단락에서 설명한 점프 명령어 `j`는 목적지 주소가 명령어 자체에 직접적으로 명시되기 때문에 **직접 점프**(direct jump)라 부른다. `jr` 명령어의 경우 목적지 주소는 레지스터에 있다. 이러한 분기 명령어는 상위 수준 언어의 `case` 문을 구현하는 데 매우 유용하다.

`jal`(jump and link) 명령어는 프로시저 호출을 위해 특별히 설계되었다. 이 명령어는 명령어에 명시된 오프셋으로부터 목적지 주소를 계산한다. 그 주소로 제어를 이동하는 것뿐 아니라 링크 레지스터 $31에 복귀 주소를 저장한다. 복귀 주소는 주소 제어가 서브루틴 또는 프로시저 호출이 완료된 후 복귀되어야 하는 주소를 의미한다. 모든 명령어는 4바이트이고 PC + 4는 현재 실행 명령어(`jal` 명령어)의 다음 명령어 주소이므로 복귀 주소는 PC + 4와 같다.

MIPS ISA의 주요 명령어 종류를 알아봤다. 명령어들과 친숙해지기 위해 어셈블리어 언어 프로그래밍을 연습해보자.

예제1 각각 100개의 요소를 갖는 2개의 어레이 `x(i)`와 `y(i)`의 덧셈 연산을 위한 MIPS 어셈블리어 언어 프로그램을 작성하라.

```
for i=0; i<100; i++          ; 100번 반복
y(i) = x(i) + y(i)           ; 어레이의 i번째 요소를 더한다.
```

x와 y 어레이는 각각 십진수 4000번지와 8000번지에서 시작한다고 가정하라.

풀이

```
         andi   $3, $3, 0        ; 루프 카운터 $3을 0으로 초기화
         andi   $2, $2, 0        ; 루프 범위 레지스터 0으로 초기화
         addi   $2, $2, 400      ; 루프 범위
$label:  lw     $15, 4000($3)    ; x(i)를 R15에 적재
         lw     $14, 8000($3)    ; y(i)를 R14에 적재
         add    $24, $15, $14    ; x(i) + y(i)
         sw     $24, 8000($3)    ; 새로운 y(i) 저장
```

```
addi    $3, $3, 4         ; 주소 레지스터 갱신
                            주소 = 주소 + 4
bne     $3, $2, $label   ; 루프 카운터 = 루프 범위 여부 확인
```

1980년대에 MIPS R2000이 설계된 이후에 여러 MIPS ISA 계열 마이크로프로세서들이 설계되었다. 그 당시 메인 프로세서는 부동소수점 연산기를 통합할 수 없었다. 이런 이유로 부동소수점 연산기는 MIPS R2010 수학 코프로세서로 구현되었다. 현재 부동소수점 연산기는 주 CPU와 통합되었다. MIPS R2000 이후로 MIPS R3000, MIPS R4000, MIPS R8000, MIPS R10000, MIPS R12000, MIPS R14000이 구현되었다. 모두 같은 MIPS ISA이지만 고성능을 얻기 위해 다른 파이프라인 수준과 다른 기술을 적용하여 다르게 구현되었다.

9.3 MIPS 명령어 인코딩

RISC 철학에 충실하기 위해 MIPS 프로세서의 모든 명령어는 32비트의 같은 크기를 갖는다. 단순화를 위해 MIPS 명령어에는 단지 세 가지 명령어 형식이 있다. 표 9-6에 나타낸 것과 같이 세 가지 형식은 **R형식**, **I형식**, **J형식**으로 부른다.

R형식은 주로 3개의 피연산자가 필요한 ALU 명령어를 위한 것이다. 이 ALU 명령어는 2개의 원천 피연산자(입력 레지스터)들과 하나의 목적지 주소(결과 레지스터)를 갖는다. 점프 레지스터 명령어도 이 형식을 사용한다. 이 명령어는 6개의 필드로 구성하며 첫 번째가 6비트의 **동작코드**(opcode) 필드이다. 동작코드 필드 뒤에는 각각이 5비트로 구성되는 **rs**, **rt**, **rd**의 3개 레지스터 필드가 있다. 첫 2개는 원천 레지스터 필드이고, 세 번째는 목적지 레지스터 필드이다. 다음 필드는 시프트 양(**shamt**) 필드로 시프트 명령 실행 시 시프트되는 이동량을 지정하기 위해 사용된다. 0부터 31 사이의 어떤 수든 시프트 양으로 지정될 수 있다. 마지막 필드는 함수 필드 **funct** 또는 **f_code**로 불리는 추가 동작코드 필드이다. MIPS 프로

표 9-6 MIPS ISA의 명령어 형식

형식	필드						비고
	6비트 31 .. 26	5비트 25 .. 21	5비트 20 .. 16	5비트 15 .. 11	5비트 10 .. 6	6비트 5 .. 0	모든 MIPS 명령어는 32비트이다.
R형식	동작코드	rs	rt	rd	shamt	f_code (funct)	즉시, 점프 레지스터를 제외한 ALU 명령어
I형식	동작코드	rs	rt	주소/즉시			Load, store, Immediate ALU, beq, bne
J형식	동작코드	목적지 주소					점프(J)

표 9-7 MIPS 명령어를 위한 명령어 인코딩

이름	형식	필드 비트 31 .. 26	 비트 25 .. 21	 비트 20 - 16	 비트 15 - 11	 비트 10 - 6	 비트 5 .. 0	명령어 (operation dest, src1, src2)
Add	R	0	2	3	1	0	32	add $1, $2, $s3
Sub	R	0	2	3	1	0	34	sub $1, $2, $3
addi	I	8	2	1	100			addi $1, $2, 100
addu	R	0	2	3	1	0	33	addu $1, $2, $3
subu	R	0	2	3	1	0	35	subu $1, $2, $3
addiu	I	9	2	1	100			addiu $1, $2, 100
mfc0	R	16	0	1	14	0	0	mfc0 $1, $epc
mult	R	0	2	3	0	0	24	mult $2, $3
multu	R	0	2	3	0	0	25	multu $2, $3
div	R	0	2	3	0	0	26	div $2, $3
divu	R	0	2	3	0	0	27	divu $2, $3
mfhi	R	0	0	0	1	0	16	mfhi $1
mflo	R	0	0	0	1	0	18	mflo $1
and	R	0	2	3	1	0	36	and $1, $2, $3
or	R	0	22	3	1	0	37	or $1, $2, $3
andi	I	12	2	1	100			andi $1, $2, 100
ori	I	13	2	1	100			ori $1, $2, 100
sll	R	0	0	2	1	10	0	sll $1, $2, 10
srl	R	0	0	2	1	10	2	srl $1, $2, 10
lw	I	35	2	1	100			lw $1, 100($2)
sw	I	43	2	1	100			sw $1, 100($2)
lui	I	15	0	1	100			lui $1, 100
beq	I	4	1	2	25			beq $1, $2, 100
bne	I	5	1	2	25			bne $1, $2, 100
slt	R	0	2	3	1	0	42	slt $1, $2, $3
slti	I	10	2	1	100			slti $1, $2, 100
sltu	R	0	22	3	1	0	43	sltu $1, $2, $3
sltiu	I	11	2	1	100			sltiu $1, $2, 100
j	J	2	2500					j 10000
jr	R	0	31	0	0	0	8	jr $31
jal	J	3	2500					jal 10000

세서는 다른 로드(바이트 로드, 하프워드 로드, 워드 로드, 부동소수점 로드 등)의 변화를 고려하면 64개 이상의 명령어를 갖는다. 그러므로 모든 명령어를 지정하기 위해 6비트 이상이 필요하다. MIPS 설계자들은 R형식 명령어를 위해 처음 6비트를 모두 0으로 지정하고 명령어들을 구체적으로 분별하기 위해 추가 필드를 이용하는 방식을 선택했다. R형식 ALU 명령어의 경우 명령어의 마지막 6비트가 명령어들을 구체적으로 구별하기 위해 사용된다.

I형식은 로드/저장 명령어, 분기 명령어, 명령어에 명시되는 수치 상수가 필요한 ALU 명령어를 위한 것이다. 이 명령어들은 수치 상수 외에 지정되어야 하는 단지 2개의 레지스터가 필요하다. 동작코드 필드가 6비트를 차지하고 2개의 레지스터 필드가 각각 5비트를 차지한다. 남은 16비트가 addi와 같이 명령어의 피연산자를 지정하기 위한 수치 상수로서 사용되거나 조건 분기 명령어에서 분기 오프셋을 지정하기 위해 사용된다.

J형식은 점프 명령어를 위한 것이다. 명령어 워드의 첫 6비트가 동작코드로 사용되고 명령어의 남은 26비트가 분기 목적지를 지정하기 위해 사용된다. 분기 목적지 주소는 26비트 목적지에 4를 곱해서 계산한다. 왜냐하면 점프 오프셋은 바이트 주소가 아니라 워드 주소로 지정되기 때문이다. MIPS에서는 명령어와 데이터를 접근하기 위해 바이트 주소 방식을 사용한다.

표 9-7은 우리가 논의했던 MIPS 명령어를 위한 명령어 인코딩을 보여준다. 동작코드, 원천, 목적지 레지스터 필드는 명령어 형식에서 가능한 한 많이 같은 필드에 지정된다. 세 형식 모두에서 첫 6비트(비트 31~26)는 동작코드이다. 원천, 목적지 레지스터 필드는 명령어 형식에서 가능한 한 많이 유사한 위치(비트 25~21, 비트 20~16, 비트 15~11)에 있다. 이것이 디코딩을 매우 간단하게 한다.

인코딩은 매우 규칙적이지만 같은 길이에 다양한 명령어를 수용하기 위해 절충한 것이다. 예를 들면 목적지 레지스터는 3레지스터 형식과 2레지스터 형식에서 다른 필드에 나타난다. 마찬가지로, 로드 명령어에서 두 번째 레지스터 필드는 목적지 레지스터인 반면에 저장 명령어에서는 저장될 데이터의 원천 레지스터이다. 이러한 비규칙성에도 불구하고 인코딩은 대체로 규칙적이라고 말할 수 있다.

MIPS 명령어 인코딩과 친숙해지기 위해 기계어 코딩을 연습해보자.

예제 2 다음 어셈블리어 언어 프로그램과 동등한 기계어 코드를 생성하라.

```
         andi   $3, $3, 0          ; 루프 카운터 $3을 0으로 초기화
         andi   $2, $2, 0          ; 루프 범위 레지스터 0으로 초기화
         addi   $2, $2, 4000       ; 루프 범위 레지스터
$label:  lw     $15, 4000($3)      ; x(i)를 R15에 적재
         lw     $14, 8000($3)      ; y(i)를 R14에 적재
         add    $24, $15, $14      ; x(i) + y(i)
```

```
sw      $24, 8000($3)     ; 새로운 y(i) 저장
addi    $3, $3, 4         ; 주소 레지스터 갱신
                            주소 = 주소 + 4
bne     $3, $2, $label
```

풀이

첫 명령어 andi $3, $3, 0은 다음과 같이 해석될 수 있다. 표 9-7은 andi의 동작코드가 12라고 보여준다. 그러므로 첫 명령어의 처음 6비트는 표 9-8의 첫 번째 줄에 나타난 것과 같이 001100이 될 것이다. 원천 레지스터 필드가 다음이다. 이것은 원천 레지스터가 $3이므로 00011이다. 목적지 레지스터 필드가 다음이다. 목적지 레지스터가 $3이므로 이것은 00011이다. 수치 상수는 0이고 비트 0부터 15까지 16개의 0이 이어진다. 이것이 첫 번째 줄에 대한 설명이다. 16진수 표현으로 3063 0000이다.

우리는 또한 마지막 명령어인 bne $3, $2, label의 인코딩을 설명할 것이다. 동작코드는 5이다(즉, 000101). 다음 필드는 레지스터 $3에 해당되므로 00011이다. 다음 필드는 레지스터 $2를 나타내는 00010이다. 바이트 오프셋은 −24이지만 명령어는 워드 오프셋을 가져야 하므로 워드 오프셋은 −24를 4로 나눈 것(즉, −6)이다. 2의 보수 표현에서 이것은 1010이다. 16비트를 채우기 위해 부호를 확장하여 비트 0부터 15까지 차지하는 1111111111111010을 얻는다. 모든 명령어에 해당하는 기계어 코드가 표 9-8에 나타나 있다.

표 9-8 예제 2를 위한 기계어 코드(2진수와 16진수 표현)

명령어	비트 31~26	비트 25~21	비트 20~16	비트 15~11	비트 10~6	비트 5~0	등가 16진수
andi $3, $3, 0	001100	00011	00011	00000	00000	000000	3063 0000
andi $2, $2, 0	001100	00010	00010	00000	00000	000000	3042 0000
addi $2, $2, 4000	001000	00010	00010	00001	11110	100000	2042 0FA0
lw $15, 4000($3)	100011	00011	01111	00001	11110	100000	8C6F 0FA0
lw $14, 8000($3)	100011	00011	01110	00011	11101	000000	8C6E 1F40
add $24, $15, $14	000000	01111	01110	11000	00000	100000	01EE C020
sw $24, 8000($3)	101011	00011	11000	00011	11101	000000	B478 1F40
addi $3, $3, 4	001000	00011	00011	00000	00000	000100	2063 0004
bne $3, $2, −6	000101	00011	00010	11111	11111	111010	1462 FFFA

9.4 MIPS 일부분 구현

이 절에서는 MIPS ISA의 일부분에 대한 간단한 구현을 설명한다. 표 9-9에 제시된 것은 ALU, 메모리 접근, 분기 명령어의 대부분 중요한 명령어를 포함한다. 이 절에서 우리가 제시한 것은 이 명령어 집합의 최적화하지 않은 구현이다. 현대 마이크로프로세서는 다중

표 9-9 9장에서 구현한 MIPS 명령어의 일부

산술	add subtract add immediate
논리	and or and immediate or immediate shift left logical shift right logical
데이터 이동	load word store word
조건 분기	branch on equal branch on not equal set on less than
무조건 분기	jump jump register

명령어 인출, 순서 없는 실행, 분기 예측, 파이프라인 등의 기능을 구현한다. 단순함을 위해 여기에 제시된 것은 순서가 정해진 비 파이프라인 구조의 간단한 구현이다. 뒤쪽의 연습문제에서 더 나은 성능을 제공하는 다른 구현을 설명한다.

데이터 경로 설계

마이크로프로세서를 설계하기 위해 먼저 명령어가 실행되는 동안 진행되는 동작의 시퀀스를 검토할 것이다. 그런 다음 명령어 실행을 위해 필요한 하드웨어의 특성을 설명할 것이다. 일반적으로 마이크로프로세서는 다음과 같은 방식으로 동작한다.

1. 프로세서가 명령어를 **인출**한다.
2. 인출된 명령어를 **디코딩**한다. 디코딩은 무슨 명령어인지 분별하는 것을 의미한다.
3. 피연산자를 읽고 명령어를 **실행**한다. RISC ISA의 산술 명령어를 위한 피연산자는 레지스터에 있다. 입력 피연산자를 저장한 레지스터를 원천 레지스터라 부른다. 메모리 접근 명령어에서 주소는 레지스터를 이용하여 계산하고 메모리를 접근한다. 실행 후에 프로세서는 명령어 실행 결과를 목적지에 **저장**한다. 결과를 메모리에 저장해야 하는 저장 명령어를 제외한 모든 명령어의 목적지는 레지스터이다.

그러므로 설계에는 명령어를 **인출하는 장치**, 명령어를 **디코딩하는 장치**, 명령어 실행을 위한 **ALU**(Arithmetic and Logic Unit), 피연산자 저장을 위한 **레지스터 파일**, 명령어와 데이터 저장을 위한 **메모리**를 포함해야 한다. 이 컴포넌트들을 자세히 살펴보자.

명령어 인출 장치

일반적으로 마이크로프로세서는 명령어 메모리 또는 명령어 캐시에서 다음 명령어를 가리키는, 프로그램 카운터(PC)라 부르는 특수 레지스터를 갖는다. PC는 주소를 명령어 메모리에 보내고 메모리는 해당되는 명령어를 보낸다. 프로세서는 다음에 인출될 명령어를 가리킬 수 있도록 PC를 증가시킨다. 이 장치의 블록도가 그림 9-1에 나타나 있다.

다음 PC 값은 현재 명령어에 따라서 아래 중 하나이다.

(a) **PC + 4**: 명령어가 4바이트이므로 분기와 점프 명령어 외의 다른 명령어의 다음 명령어는 PC + 4의 주소에 위치한다.

(b) **PC_Branch**: 분기 명령어(bne와 beq)에서 다음 PC 값은 현재 PC 값에 명령어의 오프셋을 더해서 구할 수 있다. MIPS ISA에서 분기 오프셋은 부호 있는 워드 오프셋(전후로 점프할 수 있는 워드의 수)으로 제공된다. 먼저 워드 오프셋의 부호를 확장하고 4를 곱해서 바이트 오프셋으로 변환하고, 마지막으로 현재 PC 값을 더한다. 그러므로 분기 명령어를 위한 다음 PC 값은 다음과 같다.

```
PC_Branch = PC + 4 + Offset * 4
```

(c) **PC_Jump**: 점프(j) 명령어에서 점프 목적지 주소는 명령어 자체에서 제공한다. MIPS ISA에서 동작코드 필드는 32비트 중 6비트를 차지한다. 그러므로 인코딩될 수 있는 가장 큰 점프 주소는 단지 26비트 길이이다. 32비트 점프 주소를 계산하기 위해 먼저 명령어의 26비트 워드 주소가 왼쪽으로 2비트 시프트되어 바이트 주소인 28비트 주소가 된다. 그 다음 PC의 상위 4비트를 결합하여 32비트 주소를 산출한다. 그러므로 점프 명령어의 다음 PC 값은 아래와 같다.

```
PC_Jump = PC[31..28] || Address * 4
```

여기서 || 는 결합을 의미한다. 이 심볼은 Verilog의 결합 심볼과 다르다. 이것은 MIPS ISA의 참고문헌[Kane, Gerry, *MIPS RISC Architecture* Prentice Hall, 1989]에서 사용되는 전형적인 심볼이다.

그림 9-1 명령어 인출 블록도

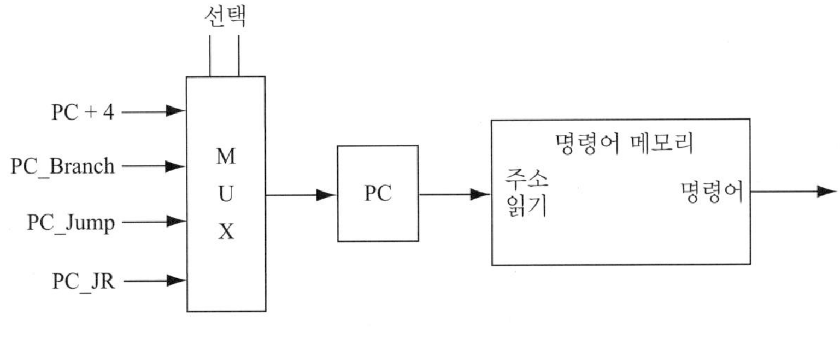

(d) **PC_JR**: 점프 레지스터(jr) 명령어에서 점프 목적지는 명령어에 명시된 레지스터로부터 얻는다. 그러므로 JR 명령어를 위한 다음 PC는 아래와 같다.

```
PC_JR = [REG]
```

여기서 [REG]는 레지스터의 내용을 표시한다.

적절한 목적지 주소는 계산되고 PC로 옮겨진다. 멀티플렉서는 명령에 따라 분기 목적지, 점프 목적지, 점프 레지스터 목적지, PC + 4 중 하나를 선택하는 데 사용된다.

목적지 주소가 계산될 때와 관련해서 여러 가지 선택이 있다. 기본 목적지, PC + 4는 PC 그 자체 외의 정보가 필요 없기 때문에 명령어를 인출할 때 자체적으로 계산될 수 있다. 조건 분기 명령어에서 분기 목적지(PC_Branch)는 명령어가 읽히면 계산될 수 있지만 분기가 일어날지는 레지스터를 읽은 후 비교될 때까지 알 수 없을 것이다. 점프 명령어의 경우 목적지(PC_Jump)는 목적지에 대한 정보가 명령어 자체에 있기 때문에 명령어가 인출되는 즉시 계산될 수 있다. 점프 레지스터(jr) 명령어에서 분기 목적지(PC_JR)는 레지스터를 읽은 이후에 계산될 수 있다.

그림 9-1은 명령어 메모리를 보여준다. 초기 설계에서는 현대 프로세서에서 볼 수 있는 명령어와 데이터 캐시를 분리하는 보편적인 방법과 일치하도록 명령어 메모리와 데이터 메모리를 분리해서 사용할 것이다. 우리는 캐시 메모리를 설계하지 않을 것이지만 프로세서가 주소를 제시한 후 하나의 사이클 안에 접근할 수 있는 명령어 메모리가 존재한다고 가정한다.

명령어 디코딩 장치

RISC ISA가 간단해서 디코딩은 매우 단순하다. MIPS ISA의 명령어 형식은 매우 규칙적이고 균일하다는 사실을 표 9-7에서 관찰할 수 있다. 명령어의 첫 6비트는 대부분의 경우 동작코드를 지정한다. 그러나 9.3절에서 설명했듯이, R형식 ALU 명령어의 첫 6비트는 모두 0이고 **f_code**라고 불리는 명령어의 마지막 6비트가 추가적으로 명령어를 분별하기 위해 사용될 필요가 있다.

동작코드는 명령어와 명령어에 의해 사용되는 명령어 형태를 구별하기 위해 사용된다. 명령어 형식의 균일성은 직접적으로 레지스터 주소와 제어 신호 발생을 위해 사용될 수 있도록 많은 명령어 필드를 허용한다. 명령어 동작코드 비트는 여러 제어 신호를 발생시키는 제어기로 공급된다.

명령어 실행 장치

디코딩 단계에서 명령어가 확인되면 다음 일은 피연산자를 읽고 동작을 수행하는 것이다. RISC 명령어 집합에서 피연산자는 레지스터에 있다. MIPS 구조는 32개의 레지스터를 포함하는데, 이 레지스터들은 **레지스터 파일**(register file)로 총괄적으로 불린다. 이 레지스터 파일은 동시에 2개의 피연산자 읽기를 지원하기 위해 적어도 2개의 읽기 포트를 가져야 하고 하나의 쓰기 포트를 가져야 한다.

레지스터 파일의 동작은 다음과 같다. 입력 피연산자를 저장하는 레지스터들을 **원천 레지스터**(source register)라 부르고, 결과를 저장하는 레지스터를 **목적지 레지스터**(destination register)라 부른다. 원천 레지스터 주소들이 레지스터 파일에 적용된다. 레지스터 파일은 해당 레지스터로부터 데이터를 출력 데이터 라인으로 배출할 것이다. 이 데이터가 명령어를 실행하는 **ALU**로 공급된다. ALU는 가산기, 시프터와 같은 기능 장치를 갖는다. 우리의 제한된 설계에는 곱셈을 포함하고 있지 않지만 곱셈기와 같은 복잡한 장치들을 포함할 수 있다.

대부분 명령어에서는 ALU로부터 나오는 결과를 목적지 레지스터에 써야 한다. 이것을 수행하기 위해 ALU 결과는 레지스터 파일의 입력 데이터 라인에 적용된다. 목적지 레지스터 이름과 **레지스터 쓰기(RegW) 명령**이 레지스터 파일에 적용된다. 이것이 입력 데이터가 목적지 레지스터에 쓰일 수 있게 한다.

또한 그림 9-2는 ALU와 메모리 명령어를 실행하는 데 필요한 데이터 경로의 블록도를 보여준다. 이 데이터 경로는 `add`, `sub`, `and`, `or` 명령어 동작들을 수행하는 ALU를 포함한다. R형식 명령어의 경우 ALU의 두 피연산자를 레지스터 파일로부터 읽는다. I형식 명령어의 경우 명령어의 두 번째 피연산자를 생성하기 위해 수치 상수의 부호가 확장된다. ALU 피연산자 중 하나는 레지스터 파일 또는 부호 확장기로부터 오기 때문에 적절한 피연산자를 선택하기 위해 멀티플렉서가 필요하다.

ALU는 비 산술 명령어를 위해서도 필요하다. 메모리 접근 명령어를 위해 먼저 접근할 주소가 계산되어야 한다. 주소를 계산하기 위해 ALU가 사용된다. 로드와 저장 명령어의 주소 계산을 위해 명령어에 명시된 레지스터로부터 첫 번째 피연산자를 얻고 명령어에 명

그림 9-2 계산과 메모리 명령어를 위해 필요한 데이터 경로

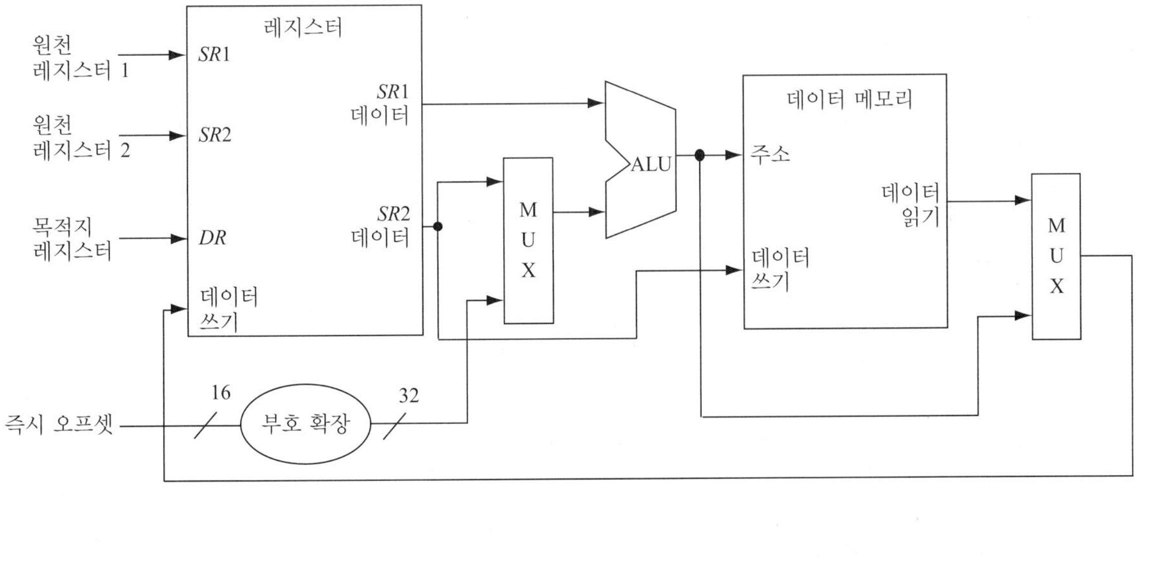

시된 수치 오프셋의 부호를 확장함으로써 두 번째 피연산자를 얻는다.

ALU는 조건 분기 명령어에서도 필요하다. 이미 알고 있듯이 MIPS는 2개의 분기 명령어 beq와 bne만을 갖는다. 레지스터가 같은지를 결정하기 위한 비교는 ALU에서 수행된다. 이 비교를 위한 두 피연산자는 레지스터 파일로부터 획득한다. 데이터 경로는 로드와 저장 명령어가 데이터 메모리에 접근해야 하기 때문에 **데이터 메모리**를 포함해야 한다. 현대 마이크로프로세서는 온칩(on-chip) 데이터 캐시를 갖고 있다. 우리는 캐시 메모리를 설계하지 않을 것이지만 프로세서가 메모리에 주소를 제공한 이후에 한 사이클 내에 메모리를 접근할 수 있는 온칩 데이터 메모리가 존재한다고 가정할 것이다.

그림 9-2는 또한 여러 멀티플렉서의 이용과, 명령어의 다른 비트들이 레지스터 파일에 어떻게 연결되는지를 보여준다. 표 9-6에 나타나 있듯이, 명령어의 비트 21~25는 모든 ALU 명령어에서 원천 레지스터 주소 중 하나를 담고 있다. 그러므로 이 비트들이 레지스터 파일의 첫 번째 원천 레지스터 주소에 직접적으로 연결될 수 있다. 두 번째 원천 레지스터를 갖는 명령어는 비트 16~20에 레지스터 주소를 갖는다. 그러므로 이 비트들은 레지스터 파일의 원천 레지스터 주소에 직접적으로 연결될 수 있다. 그렇지만 목적지 레지스터 주소는 다른 명령어에서 다른 필드에 나타난다. R형식 명령어에서 목적지 레지스터 주소는 비트 11~15에 나타난다. 그렇지만 I형식 명령어에서 목적지 주소는 비트 16~20에 있다. 그러므로 적절한 목적지 레지스터 주소를 선택하기 위해 멀티플렉서가 필요하다. 다른 멀티플렉서는 수치 피연산자 또는 ALU를 위한 레지스터 피연산자를 선택한다. 세 번째 멀티플렉서는 ALU 출력 또는 메모리 데이터 중 어느 것이 목적지 레지스터에 써질 것인가를 선택하기 위해 사용된다.

전체 데이터 경로

전체 데이터 경로가 그림 9-3에 나타나 있다. 이것은 그림 9-1과 그림 9-2의 인출과 실행 하드웨어를 통합하고, 정확한 동작을 위해 필요한 다른 요소들이 추가된다. 게다가 제어 신호들이 표시된다.

그림 9-3은 또한 여러 종류 명령어에서 목적지 주소를 계산하는 세부사항을 보여준다. PC + 4의 디폴트 다음 명령어 주소는 가산기로 계산한다. PC에 분기 오프셋을 더하는 것 또한 별개의 가산기를 사용하여 수행된다.

여러 멀티플렉서가 이 데이터 경로에 나타난다.

- MUX 1은 명령어 형식에 따라 적절한 레지스터 필드로부터 목적지 레지스터 주소를 선택한다. R형식 명령어에서는 비트 20~16이 목적지 주소를 나타내고, I형식 명령어에서는 명령어의 비트 15~11이 목적지 주소를 제공한다.
- MUX 2는 ALU의 두 번째 피연산자가 레지스터로부터 오거나 수치 상수에서 오는지를 선택한다. R형식 ALU 명령어와 조건 분기 명령어에서는 레지스터가 선택된다. I형식

그림 9-3 전체 데이터 경로

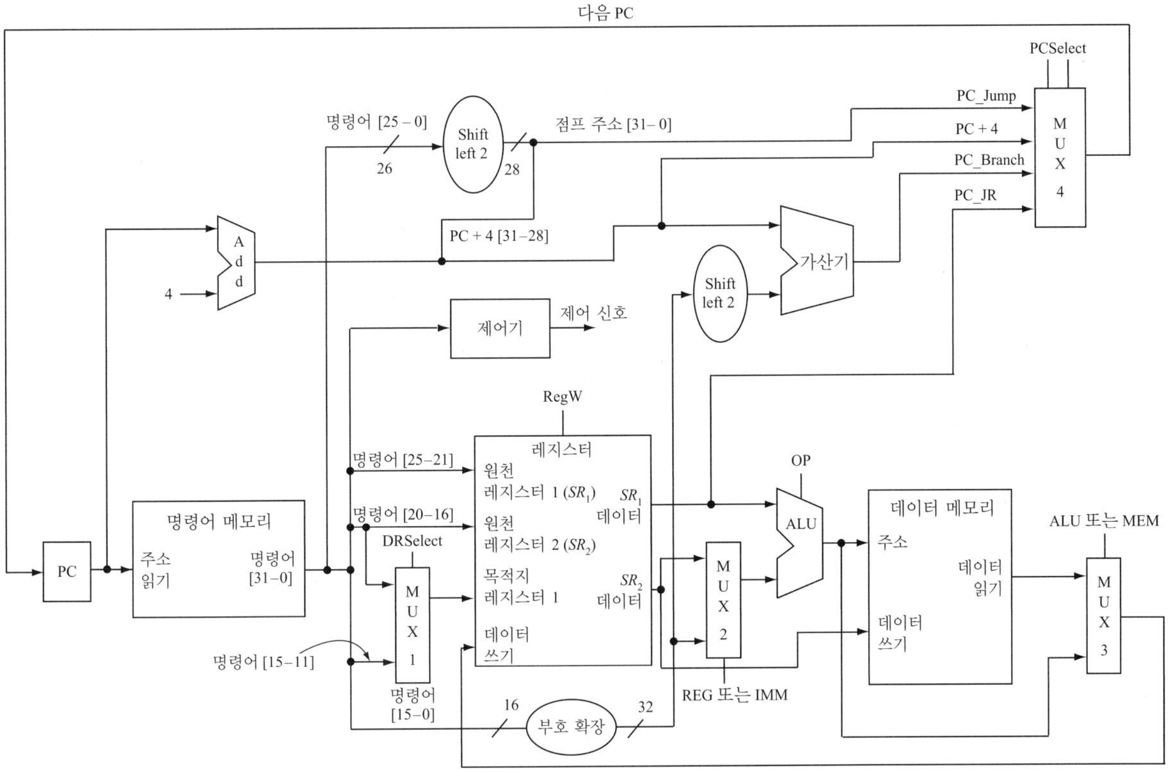

ALU 명령어에서는 수치 상수가 피연산자를 제공한다.

- MUX 3은 목적지 레지스터로 데이터를 보내기 위해 메모리 또는 ALU 출력을 선택한다. 로드 명령어에서는 메모리 데이터가 선택된다.
- MUX 4는 명령어 형태에 따라 4개의 가능한 다음 PC 값 중 하나를 선택한다.

명령어 실행 흐름

그림 9-4는 가능한 구현의 실행 흐름을 보여준다. 첫 번째 단계는 모든 명령어의 인출이다. 프로그램 카운터(PC)의 주소를 명령어 메모리에 보낸다. 모든 명령어는 다음 명령어를 가리키기 위해 PC가 갱신될 필요가 있다. PC가 분기 또는 점프 명령어에서는 다르게 갱신되어야 하는 반면에, 대부분의 명령어에서는 순차적이다. 그러므로 PC는 다음 순서의 명령어를 가리키기 위해 순차적으로 갱신될 수 있다. 분기와 점프 명령어는 후에 PC를 적절하게 수정한다.

두 번째 단계는 디코딩이다. 동작코드에 따라 다른 동작이 뒤따른다. R형 명령어와 일부 I형 명령어(예: bne, beq)에서는 두 ALU 피연산자가 레지스터로부터 읽힌다. 다른 I형 명령어에서는 한 피연산자는 레지스터 파일로부터 읽히고, 다른 피연산자인 명령어의 수치 상수는 부호가 확장된다. 원천 레지스터로부터 읽기는 R형식 명령어인 점프 레지스터(`jr`)

그림 9-4 명령어 프로세싱의 플로우 차트

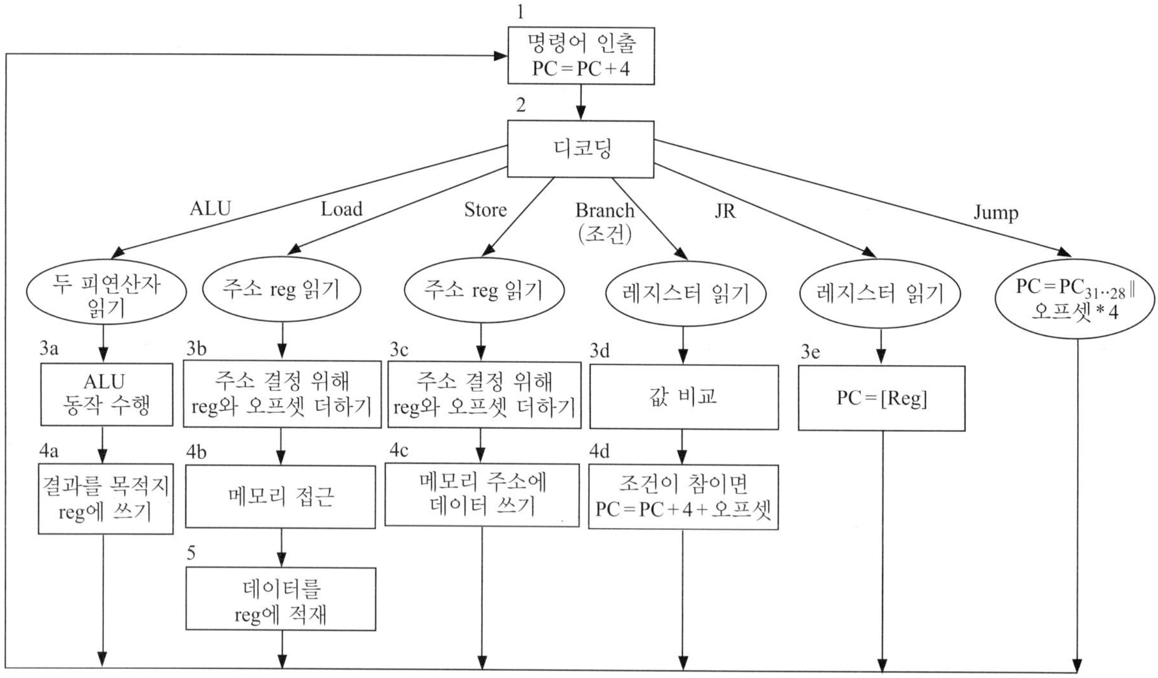

명령어를 위한 요구사항을 만족한다. 각 명령어를 위해 필요한 ALU 동작은 디코딩 단계에서 식별된다. 예를 들면 bne와 beq 명령어는 뺄셈 연산이 필요하다. 로드와 저장 명령어는 덧셈 연산이 필요하다. 점프 동작코드가 발생하면 점프 목적지가 계산된다. 점프 명령어는 더 이상의 동작이 필요 없기 때문에 제어 흐름은 1단계로 진행한다.

3단계는 명령어 실행이다. 명령어에 따라 다른 ALU 동작이 이 단계 동안 수행된다. 다른 명령어 형태를 위한 다른 동작들이 3a, 3b 등으로 표시된 상자에 보인다. 각 명령어는 명령어 형태에 따라 이 동작 중 단지 하나를 따라간다. 점프 명령어 외의 모든 명령어는 산술 동작이 필요하지 않다. 2단계에서 인출된 레지스터의 내용이 PC에 로드되어야 한다. 로드와 저장 명령어에서는 ALU가 메모리 주소를 계산하기 위해 덧셈 연산을 수행한다.

4단계는 명령어들 사이에서 다양하다. 산술과 논리 명령어(R형과 I형)는 연산 결과를 목적지 레지스터에 쓸 수 있다. 분기 명령어는 조건들을 검사하고 분기를 할 것이지 여부를 결정해야 한다. 분기가 된다면 분기 목적지 주소가 계산된다. 로드 명령어에서는 메모리 읽기 동작이 시작된다. 메모리 저장 명령어에서는 두 번째 원천 레지스터로부터 데이터가 메모리로 나아가고 메모리 쓰기 동작이 시작된다. 로드 명령어 외의 모든 명령어에게는 마지막 단계이다.

5단계는 로드 명령어를 위해 필요하다. 메모리로부터 데이터가 목적지 레지스터로 이동한다.

이 명령어의 흐름은 다양한 방법으로 구현할 수 있다. 대부분의 초보적인 구현에서는 매우 느린 클록을 사용할 수 있고 프로세서는 한 클록 사이클 동안 각 명령어의 실행을 위해 필요한 모든 동작을 수행할 것이다. 이 방법의 단점은 모든 명령어는 가장 느린 명령어만큼 느리게 실행된다는 것이다. 왜냐하면 클록 사이클은 가장 느린 명령어를 실행시킬 만큼 충분히 길어야 하기 때문이다. 또 다른 선택은 각 명령어 실행은 여러 사이클이 소요되고 각 명령어 종류에 대해 모든 동작의 완료를 위해 필요한 만큼의 사이클을 소요하게 하는 구현을 하는 것이다. 예를 들면, 그림 9-4에서 각 상자는 한 사이클씩을 소요하는 ASM 차트로 생각할 수 있다. 이런 경우 점프 명령어는 2개의 사이클 만에 종료할 수 있는 반면에 ALU 명령어는 4개의 사이클이 필요하고 로드 명령어는 5개의 사이클이 소요된다. 다음 절에서는 이와 같은 구현의 Verilog 모델을 제시한다.

9.5 Verilog 모델

프로세서를 위한 Verilog 모델은 그림 9-5에 나타낸 것처럼 구성된다. 명령어 메모리, 데이터 메모리, 레지스터 파일이 구조(architecture)와 엔티티(entity)를 갖는 컴포넌트로 생성된다. 주요 코드인 MIPS 엔티티는 명령어를 여러 단계의 동작을 통해 순차적으로 실행하기 위한 제어를 내장한다.

여기서 명령어와 데이터 메모리를 단일 메모리로 통합하고 주소 및 데이터 버스의 사용을 설명한다. 뒤에서는 설계한 모듈의 기능을 테스트하기 위해 테스트 벤치를 사용한다. 우리가 만든 모델은 하드웨어로 합성된다. 모델이 FPGA로 합성된다면 출력을 관찰할 수 있도록 LCD 또는 7세그먼트와 같은 적당한 디스플레이가 포함되어야 한다.

먼저 레지스터와 메모리 컴포넌트의 모델을 만들자.

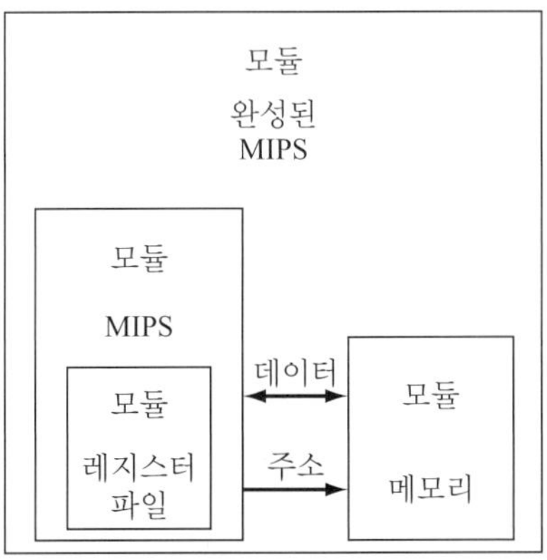

그림 9-5 프로세서를 위한 Verilog 모델의 구조

레지스터 파일을 위한 Verilog 모델

그림 9-6은 레지스터 파일을 위한 Verilog 모델을 보여준다. REG 엔티티는 32비트 MIPS 레지스터를 표현하기 위해 사용한다. 각 레지스터는 길이가 32비트이다. 목적지 레지스터 주소는 *DR*이고, 원천 레지스터 주소는 *SR1*과 *SR2*이다. 32개의 레지스터가 있으므로 *DR*, *SR1*, *SR2*는 각각 5비트이다. 출력 *Reg1*과 *Reg2*는 *SR1*과 *SR2*로 지정되는 레지스터의 내용이다. *Reg1*은 ALU로 직접 공급된다. *Reg2*는 두 번째 ALU 입력으로 사용되거나, 저장 명령어의 경우 데이터 메모리의 입력으로 사용된다. 제어 신호 *RegW*는 레지스터 파일의 쓰기 동작을 제어하기 위해 사용된다. *RegW*가 참이면 *Reg_In* 라인의 데이터를 *DR*에 의해 명시되는 레지스터에 쓴다.

레지스터 읽기는 동기적으로 수행되는 것이 바람직하다. 또한 레지스터 파일을 ALU와 근접하게 배치하는 것이 바람직하다. 이와 같은 이유로 FPGA 기반 설계에서는 레지스터 파일이 분산 RAM에 위치한다. 제공된 코드에서와 같이 읽기가 동적으로 수행된다면 어떤 합성 툴은 레지스터 파일을 분산 RAM으로 매핑하지 않을 것이다(블록 RAM에 매핑될 수 있다). 현대의 합성 툴은 설계자가 메뉴 선택을 통해 원하는 대로 명시적으로 분산 RAM 또는 블록 RAM을 선택하는 것을 허용한다. FPGA 기반 설계에서는 주요 모듈이 설계자가 기대하는 지역으로 매핑되는지 확인하는 일이 중요하다. 이것을 확인하기 위해 FPGA 툴의 합성 결과 리포트를 점검할 수 있다.

그림 9-6 레지스터 파일을 위한 Verilog 모델

```
module Register(CLK, RegW, DR, SR1, SR2, Reg_In, ReadReg1, ReadReg2);
    input CLK, RegW;
    input [4:0] DR, SR1, SR2;
    input [31:0] Reg_In;
    output reg [31:0] ReadReg1, ReadReg2;

    reg [31:0] REG [0:31];
    integer i;

    initial begin
        ReadReg1 = 0;
        ReadReg2 = 0;
          for (i = 0; i < 32; i = i+1) begin
              REG[i] = 0;
          end
    end

    always @(posedge CLK) begin
        if(RegW == 1'b1)
            REG[DR] <= Reg_In[31:0];
        ReadReg1 <= REG[SR1];
        ReadReg2 <= REG[SR2];
    end
endmodule
```

메모리를 위한 Verilog 모델

그림 9-7은 메모리 장치를 위한 Verilog 코드를 보여준다. Verilog 모델은 8장에서 생성한 SRAM 모델과 유사하다. 편의상 그림 9-3과 그림 9-5에서 주소 및 데이터 메모리 버스의 사용을 보여주기 위해 분리된 명령어와 데이터 메모리를 설명했지만, 우리는 명령어와 데이터의 저장을 위해 통합 메모리 모듈을 사용했다. 메모리는 각각 32비트인 128개의 위치로 구성한다. 어레이의 첫 64개 워드는 명령어를 위해 나머지 64개 워드는 데이터를 위해 메모리를 할당한다. 신호 *ADDR*은 읽고 쓰기 위한 메모리 위치를 지정한다. 주소 버스는 실제적으로 32비트 폭이지만 우리는 작은 메모리를 구현하기 때문에 하위 7비트만을 사용한다.

주소 버스는 명령어와 주소 접근을 위해 프로세서에 의해 적절히 구동될 것이다. 주소 입력은 명령어 읽기를 위해 프로그램 카운터로부터 오거나 메모리의 데이터 부분에 접근하기 위한 주소를 계산하는 ALU로부터 온다. 칩 선택(*CS*)과 쓰기 인에이블(*WE*) 신호는 프로세서가 읽기와 쓰기를 제어하게 한다. *CS*와 *WE*가 참일 때 *Mem-Bus*상의 데이터를 주소 *ADDR*이 지정하는 위치에 쓴다. 쓰기는 클록의 하강 에지에서 동기되어 진행된다.

6장에서 배웠듯이, Xilinx Spartan/Vertex FPGA는 전용 블록 RAM을 포함한다. 블록

그림 9-7 통합 명령어/데이터 메모리를 위한 Verilog 코드

```
module Memory(CS, WE, CLK, ADDR, Mem_Bus);
    input CS, WE, CLK;
    input [31:0] ADDR;
    inout [31:0] Mem_Bus;

    reg [31:0] data_out;
    reg [31:0] RAM [0:127];

    integer i;
    reg[6:0] counter;

    initial begin
        for (i=0; i<128; i=i+1)
            begin
                RAM[i] = 32'd0; // 모든 저장 공간 0으로 초기화
            end
            $readmemh("MIPS_Instructions.txt", RAM);
            // 이 선택적 표현은 파일로부터 초기값을 읽기 위해 삽입될 수 있다.
    end

   assign Mem_Bus = ((CS == 1'b0) || (WE == 1'b1)) ? 32'bZ : data_out;

   always @(negedge CLK) begin
        if((CS == 1'b1) && (WE == 1'b1))
            RAM[ADDR] <= Mem_Bus[31:0];
        data_out <= RAM[ADDR];
   end

endmodule
```

RAM을 갖는 것이 바람직하다. 현대의 합성 툴은 필요하다면 설계자들이 명시적으로 분산 RAM 또는 블록 RAM을 선택하는 것을 허용한다.

메모리에 특정 내용을 로드하는 것은 파일로부터 읽는 것으로 완수될 수 있다. 예를 들면, 파일로부터 메모리 모듈로 프로그램을 로드하기 위해 다음 표현을 사용할 수 있다.

```
$readmemh("MIPS_Instructions.txt", RAM);
```

이 표현(텍스트의 주석)은 메모리에 특정 내용이 로드돼야 한다면 코드의 `initial` 블록에 포함될 수 있다. 16진수 값을 읽는 `$readmemh`는 8장에서 설명했다. 이 경우 파일 MIPS_Instruction.txt는 각 줄이 16진수 형식의 32비트 명령어를 갖는 텍스트 파일이라고 가정한다. 우리는 MIPS 명령어를 메모리에 로드할 것이다.

만약 메모리에 로드하기 원하는 MIPS 명령어가 다음과 같다면

```
andi $0, $0, 0
addi $1, $0, 6
```

파일에 저장된 내용은 다음과 같다.

```
30000000
20010006
```

단순함을 위해 Verilog 코드에서 메모리를 위한 주소는 워드 주소로 나타낸다. 실제 프로세서에서 메모리는 바이트 주소이다. 그러므로 각 명령어 메모리 접근은 특정 위치와 그에 연접한 3개의 메모리 위치에 있는 데이터를 읽어야 한다. 예를 들어 주소가 0이면 MEM[0], MEM[1], MEM[2], MEM[3]의 내용이 명령어 레지스터에 로드된다. 명령어는 기기의 엔디안(endian)에 따라 저장된다. 현대의 많은 프로세서는 빅 엔디안(big-endian, 상위 바이트 우선)과 리틀 엔디안(little-endian, 하위 바이트 우선) 방식 둘 다 지원한다.

리틀 엔디안과 빅 엔디안

우리가 16비트 또는 32비트를 바이트 주소 메모리에 저장할 때, 데이터를 저장하는 데는 리틀 엔디안과 빅 엔디안 방식이 있다. 리틀 엔디안 방식에서는 시퀀스의 하위 바이트가 먼저 저장된다. 빅 엔디안 방식에서는 시퀀스의 상위 바이트가 가장 작은 메모리 주소에 저장된다. MIPS 명령어가 어떻게 두 시스템에서 바이트 주소 메모리에 저장될 것인가를 고려해보자. MIPS 명령어 `andi $3, $3, 0`은 **30630000(16진수)**로 인코딩된다. 이 명령어가 주소 2000에 저장될 때 빅 엔디안 또는 리틀 엔디안 시스템을 사용하는가에 따라 메모리는 다음과 같이 보일 것이다.

주소	30630000(16진수)의 빅 엔디안 표현	30630000(16진수)의 리틀 엔디안 표현
2000	30	00
2001	63	00
2002	00	63
2003	00	30

프로세서 CPU의 Verilog 코드

이 절에서는 마이크로프로세서의 중앙처리장치(CPU)를 위한 Verilog 코드를 보여준다. 이전 절에서 생성한 레지스터 모듈이 여기서 사용된다. 그림 9-8은 표 9-9의 MIPS 명령어를 위한 Verilog 모델을 보여준다. 명령어의 인출, 디코딩, 실행 단계를 구현하기 위해 그림 9-4의 흐름을 따른다. 코드에 사용된 여러 구문과 변수는 이어서 설명하겠다.

그림 9-8 MIPS 일부분의 구현을 위한 Verilog 코드

```
`define opcode  instr[31:26]
`define sr1  instr[25:21]
`define sr2  instr[20:16]
`define f_code  instr[5:0]
`define numshift  instr[10:6]

module MIPS (CLK, RST, CS, WE, ADDR, Mem_Bus);
    input CLK, RST;
    output reg CS, WE;
    output [31:0] ADDR;
    inout [31:0] Mem_Bus;

    // 특수 명령어(동작코드 == 000000), F 코드(비트 5-0)의 값
    parameter add  = 6'b100000;
    parameter sub  = 6'b100010;
    parameter xor1 = 6'b100110;
    parameter and1 = 6'b100100;
    parameter or1  = 6'b100101;
    parameter slt  = 6'b101010;
    parameter srl  = 6'b000010;
    parameter sll  = 6'b000000;
    parameter jr   = 6'b001000;
    // 일반 명령어, 동작코드 값
    parameter addi = 6'b001000;
    parameter andi = 6'b001100;
    parameter ori  = 6'b001101;
    parameter lw   = 6'b100011;
    parameter sw   = 6'b101011;
    parameter beq  = 6'b000100;
    parameter bne  = 6'b000101;
    parameter j    = 6'b000010;
    // 명령어 형식
    parameter R = 2'd0;
    parameter I = 2'd1;
    parameter J = 2'd2;
    // 내부 신호
    reg [5:0] op, opsave;
    wire [1:0] format;
    reg [31:0] instr, pc, npc, alu_result;
    wire [31:0] imm_ext, alu_in_A, alu_in_B, reg_in, readreg1, readreg2;
    reg [31:0] alu_result_save;
    reg alu_or_mem, alu_or_mem_save, regw, writing, reg_or_imm,
reg_or_imm_save;
```

```
 reg fetchDorI;
 wire [4:0] dr;
 reg [2:0] state, nstate;

// 조합
 assign imm_ext = (instr[15] == 1)? {16'hFFFF, instr[15:0]} : {16'h0000,
        instr[15:0]};//Sign extend immediate field
 assign dr = (format == R)? instr[15:11] : instr[20:16];
// 목적지 레지스터 멀티플렉서(MUX1)
 assign alu_in_A = readreg1;
 assign alu_in_B = (reg_or_imm_save)? imm_ext : readreg2;
// ALU MUX (MUX2)
 assign reg_in = (alu_or_mem_save)? Mem_Bus : alu_result_save;
// 데이터 MUX
 assign format = (`opcode == 6'd0)? R : ((`opcode == 6'd2)? J : I);
 assign Mem_Bus = (writing)? readreg2 : 32'bZZZZZZZZZZZZZZZZZZZZZZZZZZZZZZZZ;
// 쓰기일 때 메모리 버스 구동
 assign ADDR = (fetchDorI)? pc : alu_result_save;
// ADDR Mux
 REG Register(CLK, regw, dr, `sr1, `sr2, reg_in, readreg1, readreg2);

 initial begin
      op = and1;
      opsave = and1;
      state = 3'b0;
      nstate = 3'b0;
      alu_or_mem = 0;
      regw = 0;
      fetchDorI = 0;
      writing = 0;
      reg_or_imm = 0;
      reg_or_imm_save = 0;
      alu_or_mem_save = 0;
 end
always @(*)
begin
     fetchDorI = 0; CS = 0; WE = 0; regw = 0; writing = 0; alu_result = 32'd0;
     npc = pc; op = jr; reg_or_imm = 0; alu_or_mem = 0;
     case (state)

        0: begin  // 인출
               npc = pc + 32'd1; CS = 1; nstate = 3'd1;
               fetchDorI = 1;
              end

        1: begin  // 디코딩
               nstate = 3'd2; reg_or_imm = 0; alu_or_mem = 0;
               if (format == J) begin  // 점프, 종료
                    npc = {pc[31:26], instr[25:0]};
                    nstate = 3'd0;
               end
               else if (format == R)  // 레지스터 명령어
                    op = `f_code;
               else if (format == I) begin  // 즉시 명령어
                    reg_or_imm = 1;
                    if(`opcode == lw) begin
```

```
                op = add;
                alu_or_mem = 1;
            end
            else if ((`opcode == lw)||(`opcode == sw)||(`opcode == addi))
                    op = add;
            else if ((`opcode == beq)||(`opcode == bne)) begin
                op = sub;
                reg_or_imm = 0;
            end
            else if (`opcode == andi) op = and1;
            else if (`opcode == ori) op = or1;
        end
    end
    2: begin // 실행
        nstate = 3'd3;
        if (opsave == and1) alu_result = alu_in_A & alu_in_B;
        else if (opsave == or1) alu_result = alu_in_A | alu_in_B;
        else if (opsave == add) alu_result = alu_in_A + alu_in_B;
        else if (opsave == sub) alu_result = alu_in_A - alu_in_B;
        else if (opsave == srl) alu_result = alu_in_B >> `numshift;
        else if (opsave == sll) alu_result = alu_in_B << `numshift;
        else if (opsave == slt) alu_result = (alu_in_A < alu_in_B)?
                32'd1 : 32'd0;
        else if (opsave == xor1) alu_result = alu_in_A ^ alu_in_B;
        if (((alu_in_A == alu_in_B)&&(`opcode == beq)) || ((alu_in_A !=
           in_B)&&(`opcode == bne))) begin
            alu_npc = pc + imm_ext;
            nstate = 3'd0;
        end
        else if ((`opcode == bne)||(`opcode == beq)) nstate = 3'd0;
        else if (opsave == jr) begin
            npc = alu_in_A;
            nstate = 3'd0;
        end
    end

    3:  begin // 메모리 쓰기 준비
        nstate = 3'd0;
        if ((format == R)||(`opcode == addi)||(`opcode == andi)||
           (`opcode == ori)) regw = 1;
        else if (`opcode == sw) begin
            CS = 1;
            WE = 1;
            writing = 1;
        end
        else if (`opcode == lw) begin
            CS = 1;
            nstate = 3'd4;
        end
    end

   4:   begin
        nstate = 3'd0;
        CS = 1;
        if (`opcode == lw) regw = 1;
    end
```

```
        endcase
    end //always

    always @(posedge CLK) begin

            if (RST) begin
                state <= 3'd0;
                pc <= 32'd0;
            end
            else begin
                state <= nstate;
                pc <= npc;
            end

            if (state == 3'd0) instr <= Mem_Bus;
            else if (state == 3'd1) begin
                opsave <= op;
                reg_or_imm_save <= reg_or_imm;
                alu_or_mem_save <= alu_or_mem;
            end
            else if (state == 3'd2) alu_result_save <= alu_result;

    end //always

endmodule
```

코드의 가독성을 위해, 표 9-7의 해당 코드와 동작코드를 연관시키는 데 상수 선언을 사용했다. 예를 들어 로드 명령어 lw는 동작코드로 35를 갖고, 저장 명령어는 동작코드로 43을 갖는다. 다음과 같은 구문이 동작코드를 표시하기 위해 사용된다.

```
parameter lw    = 6'b100011;
parameter sw    = 6'b101011;
```

이것은 또한 컴파일러 지시어 `` `define``을 다음과 같이 사용하여 표현된다.

```
`define lw    6'b100011
`define sw    6'b101011
```

하지만 `` `define``을 사용하면 각 매크로 대체와 함께 `` ` ``를 사용해야 함을 기억해야 한다. 예를 들어 `` `define add``가 사용되면

```
op <= add;
```

위 코드는 다음과 같이 대체되어야 한다.

```
op <= `add; // `가 필요하다.
```

명령어 워드의 비트들은 연속 진행 지정문을 사용하여 관련 필드로 디코딩된다. 명령어의 최상위 6비트는 동작코드를 구성한다. 명령어의 최하위 6비트는 f_code라는 별칭으로 표현한다. 시프트 명령어의 시프트 양은 numshift로 표현한다. 두 레지스터 원천 필드는 sr1과 sr2로 별칭한다. 별칭들은 다음 구문으로 처리한다.

```
`define opcode  instr[31:26]
`define sr1  instr[25:21]
`define sr2  instr[20:16]
`define f_code  instr[5:0]
`define numshift  instr[10:6]
```

수치 상수 양의 부호 확장은 다음 구문으로 처리된다.

```
assign imm_ext = (instr[15] == 1)? {16'hFFFF, instr[15:0]} :
{16'h0000, instr[15:0]}; // 즉시 필드 부호 확장
```

다음은 Verilog 모델에서 사용한 신호들이다.

MIPS 프로세서 모델 신호들	
CLK (input)	클록
RST (input)	동기 리셋
CS (output)	메모리 칩 선택. cs는 활성이고 WE는 비활성일 때 메모리 모듈은 Addr에 의해 지정된 주소의 메모리 값을 mem_bus로 출력한다.
WE (output)	메모리 쓰기 인에이블. WE와 cs가 활성일 때 메모리 모듈은 클록의 하강 에지에서 Addr에 의해 지정된 주소에 mem_bus의 값을 저장한다.
ADDR (ouput)	메모리 주소. 상태 0일 때(메모리로부터 명령어 읽기) ADDR은 PC에 연결된다. 그렇지 않은 경우 ALU 결과(32비트)에 연결된다.
Mem_Bus (in/out)	메모리 버스; 메모리 모듈의 데이터를 운반한다. MIPS 모듈은 메모리 쓰기 시 버스로 출력한다. 메모리 모듈은 메모리 읽기일 때 버스로 출력한다. 사용하지 않을 때 버스는 hi-Z(32비트) 상태이다.
Op	ALU 동작 선택; ALU에 의해 수행될 특정 동작(예: add, and, or)을 결정한다. 디코딩할 때 결정
Format	현재 명령이 R, I, J 형식인지 표시
Instr	현재 명령어(32비트)
imm_ext	명령어(32비트)의 부호 확장된 즉시 상수
Pc	현재 프로그램 카운터(32비트)
Npc	다음 프로그램 카운터(32비트)
readreg1	첫 번째 원천 레지스터(sr1)(32비트)의 값
readreg2	두 번째 원천 레지스터(sr2)(32비트)의 값
reg_in	레지스터의 데이터 입력. 적재 명령어를 실행할 때 reg_in은 메모리 버스에 연결된다. 그렇지 않은 경우 ALU 결과(32비트)에 연결된다.
alu_in_A	ALU의 첫 번째 피연산자(32비트)
alu_in_B	ALU의 두 번째 피연산자. alu_in_B는 즉시 모드 명령어일 때 imm_ext에 연결된다. 그렇지 않은 경우 readreg2(32비트)에 연결된다.
alu_result	ALU의 출력(32비트)
alu_or_mem	reg_in 멀티플렉서 선택 신호; 레지스터 입력이 메모리 또는 ALU로부터 오는지 표시

MIPS 프로세서 모델 신호들(계속)	
reg_or_imm	alu_in_B 멀티플렉서 선택 신호; ALU의 두 번째 피연산자가 레지스터 출력 또는 부호 확장된 즉시 상수 여부를 결정
Regw	목적지 레지스터의 쓰기 여부 표시. 어떤 명령어는 레지스터에 결과를 쓰지 않는다(예: branch, store).
fetchDorl	주소 멀티플렉서 선택 신호; 주소가 인출될 명령어의 위치 또는 읽고 쓸 데이터의 위치인지 결정
Writing	MIPS 프로세서 출력을 메모리 버스로 보내기 위한 제어 신호. 메모리 쓰기를 제외하고 출력은 hi-Z 상태로 다른 모듈이 버스를 사용할 수 있다. 참고: WE는 모드 출력이고 쓰기는 모드 입력에서도 사용되기에 쓰기는 WE로 대체될 수 없다.
Dr	목적지 레지스터 주소(5비트)
State	현재 상태
nState	다음 상태

우리가 인출, 디코딩, 실행 동작 등을 위해 분리된 클록 사이클을 사용했기 때문에 이후에 신호들을 사용하기 위해 각 단계에서 생성된 신호를 저장할 필요가 있다. 관련 신호를 저장(명시적 래칭(latching))하기 위해 다음과 같은 클록이 있는 프로세스를 사용한다.

```
opsave <= op;
reg_or_imm_Save <= reg_or_imm;
alu_or_mem_save <= alu_or_mem;
alu_result_save <= alu_result;
```

2개의 always 블록문이 코드에 사용된다. (1) 코드의 순차 부분을 위한 클록이 있는 프로세스와 (2) 조합회로를 위한 블록문.

프로그램 카운터의 입력에 있는 멀티플렉서는 명시적으로 코딩하지 않는다. 다양한 데이터 전송은 여러 상태에서 동작서술형으로 코딩된다. 좋은 합성기는 다양한 데이터 전송

그림 9-9 프로세서와 메모리 모듈을 통합하는 Verilog 코드

```
module Complete_MIPS(CLK, RST, A_Out, D_Out);

    input CLK;
    input RST;
    output [31:0] A_Out;
    output [31:0] D_Out;

    wire CS, WE;
    wire [31:0] ADDR, Mem_Bus;
    assign A_Out = ADDR;
    assign D_Out = Mem_Bus;

    MIPS CPU(CLK, RST, CS, WE, ADDR, Mem_Bus);
    Memory MEM(CS, WE, CLK, ADDR, Mem_Bus);

endmodule
```

을 수행하기 위해 멀티플렉서를 생성할 수 있을 것이다. 마찬가지로, 목적지 레지스터 주소를 선택하기 위한 멀티플렉서 또한 명시적으로 코딩하지 않는다. 합성 툴이 이 멀티플렉서를 이용하는 데이터 전송을 비효율적으로 생성한다면 데이터 경로에 멀티플렉서를 코드로 작성하고 선택 신호를 위한 제어 신호를 생성할 수 있다.

완성된 MIPS

프로세서 모듈과 메모리가 MIPS 완성 모델을 만들기 위해 통합된다. 프로세서와 메모리를 위한 컴포넌트의 서술이 작성된다. 이 컴포넌트들이 MIPS 완성 모델에서 인스턴스화된다. 우리는 상위 수준 엔티티에서 주소와 데이터 버스를 출력으로 지정한다. 어떤 출력도 엔티티에 지정되지 않으면 코드가 합성될 때 빈 블록이 생성된다. 합성 툴에 따라서는 사용되지 않는 신호(및 연결선)는 합성된 회로에서 제외될 수 있다. 주소와 데이터 버스의 사용은 이 버스들을 관찰함으로써 모듈의 테스트를 할 수 있게 한다.

우리는 앞에서 말한 모델을 합성했다. Spartan 3 FPGA를 대상으로 했을 때 Xilinx ISE 툴은 1108개의 4입력 LUT, 660개의 슬라이스, 111개의 플립플롭, 하나의 블록 RAM을 사용한다. 레지스터 파일은 194개의 4입력 LUT를 차지한다. 하나의 LUT가 16비트의 저장 공간을 제공할 수 있기 때문에, 32개의 32비트 레지스터는 64개의 LUT 저장 공간이 필요하다. 레지스터 파일은 2개의 입력 포트를 갖기 때문에 128개의 LUT가 필요하다. 시제품 보드에 설계를 구현하기 위해 입력과 출력 디스플레이 모듈의 인터페이스가 추가되어야 한다.

프로세서 모델 테스트

전체 MIPS Verilog 모델이 테스트 벤치를 사용하여 테스트된다. 테스트 벤치는 구현된 각 명령어의 정확한 동작 여부를 검증해야 한다. 테스트 벤치는 테스트 명령어를 가진 MIPS 프로그램과 프로그램을 메모리에 로드하고 프로그램의 출력을 검증하기 위한 Verilog 코드로 구성한다. 우리는 메모리에 저장될 명령어의 상수 어레이와 프로세서 실행 결과와 비교할 예상 출력의 상수 어레이를 사용한다.

이 모델은 다음 명령어들을 테스트하기 위해 사용된다. 각 명령어의 예상 동작은 다음과 같다.

```
x"30000000", -- andi $0, $0, 0 => $0 = 0
x"20010006", -- addi $1, $0, 6 => $1 = 6
x"34020012", -- ori $2, $0, 18 => $2 = 18
x"00221820", -- add $3, $1, $2 => $3 = $1 + $2 = 24
x"00412022", -- sub $4, $2, $1 => $4 = $2 - $1 = 12
x"00222824", -- and $5, $1, $2 => $5 = $1 and $2 = 2
x"00223025", -- or $6, $1, $2  => $6 = $1 or $2 = 22
x"0022382A", -- slt $7, $1, $2 => $7 = 1 because $1<$2
x"00024100", -- sll $8, $2, 4  => $8 = 18 * 16 = 288
x"00014842", -- srl $9, $1, 1  => $9 = 6/2 = 3
```

```
x"10220001", -- beq $1, $2, 1  => Will not branch. $10 wrong if fails.
x"8C0A0004", -- lw $10, 4($0)  => $10 = 5th instr = x"00412022" = 4268066
x"14620001", -- bne $1, $2, 1  => Branch to PC+1+1 (바이트 주소 대신에
                                  워드 주소 메모리이기 때문에
                                  PC + 4 + 4가 아님)
x"30210000", -- andi $1, $1, 0  => $1 = 0 (bne가 정확히 동작했으면 건너뜀)
x"08000010", -- j 16            => PC = $16.  $2 wrong if j malfunctioned
x"30420000", -- andi $2, $2, 0  => $2 = 0 (j가 정확히 동작했으면 건너뜀)
x"00400008", -- jr $2           => PC = $2 = 18. $3 wrong if jr malfunction
x"30630000", -- andi $3, $3, 0  => $3 = 0 (jr이 정확히 동작했으면 건너뜀)
x"AC010040", -- sw $1, 64($0)   => Mem(64) = $1 = 6
x"AC020041", -- sw $2, 65($0)   => Mem(65) = $2 = 18
x"AC030042", -- sw $3, 66($0)   => Mem(66) = $3 = 24
x"AC040043", -- sw $4, 67($0)   => Mem(67) = $4 = 12
x"AC050044", -- sw $5, 68($0)   => Mem(68) = $5 = 2
x"AC060045", -- sw $6, 69($0)   => Mem(69) = $6 = 22
x"AC070046", -- sw $7, 70($0)   => Mem(70) = $7 = 1
x"AC080047"  -- sw $8, 71($0)   => Mem(71) = $8 = 288
x"AC090048", -- sw $9, 72($0)   => Mem(72) = $9 = 3
x"AC0A0049", -- sw $10, 73($0)  => Mem(73) = $10 = x00412022
```

파일 I/O가 이 명령어들을 메모리 모듈에 로드하기 위해 사용된다. MIPS_Instructions.txt 파일은 다음과 같은 16진수 데이터를 갖는다.

```
30000000
20010006
34020012
00221820
00412022
00222824
00223025
0022382A
00024100
00014842
10220001
8C0A0004
14620001
30210000
08000010
30420000
00400008
30630000
AC010040
AC020041
AC030042
AC040043
AC050044
AC060045
AC070046
AC080047
AC090048
AC0A0049
```

그림 9-7의 메모리 모듈은 코드 메모리를 적절하기 초기화하기 위해 다음 표현을 포함해야 한다.

```
$readmemh("MIPS_Instructions.txt", RAM);
```

이는 이제 메모리가 프로세서와 테스트 벤치에 연결되며 이것은 테스트 벤치와 프로세서가 동시에 두 신호를 제어할 수 있음을 의미한다. 이것을 해결하는 한 방법은 메모리의 입력에 MUX를 놓는 것이다. 이런 목적을 위해 다음과 같은 몇 개의 MUX를 사용한다. *Address_Mux*(주소 선택을 위한), *CS* 신호를 선택하기 위한 *CS_Mux*, *WE_Mux*(*WE* 신호를 선택하기 위한). MUX들을 위한 선택 신호는 *init*이다. *init* 신호가 1일 때 3개의 MUX는 주소, *CS*, *WE* 신호를 선택한다. 그렇지 않으면 프로세서에서 오는 신호들이 선택된다. 테스트 벤치가 명령어를 메모리에 쓰는 작업이 끝날 때까지 CPU가 실행되지 못하게 하기 위해 초기화 작업 동안에 CPU의 리셋을 assert 한다. *init*가 0일 때 CPU와 메모리가 정상 동작을 위해 연결된다.

MIPS 프로그램을 실행할 때 각 테스트 명령어는 다른 레지스터에 실행 결과를 저장한다. 마지막 10개의 명령어는 레지스터 1부터 10까지 메모리에 저장하는 연속적인 sw를 수행한다. 이 명령어들을 각각 실행할 때 다른 레지스터의 내용을 버스로 보낸다. 메모리 쓰기 단계 동안에 테스트 벤치는 이 레지스터의 값들을 예상된 출력들과 비교할 것이다(버스의 값을 관찰함으로써). 분기 명령어를 위한 명시적인 확인은 테스트 시퀀스에는 없다. 그러나 분기가 예상한 대로 실행되지 않으면 분기 명령 후의 다음 명령어들의 결과 레지스터 값이 부정확할 것이므로 오류가 감지될 것이다.

실제 MIPS 프로세서에서 레지스터 $0은 항상 0이다. 우리는 이것을 레지스터 파일에 구현하지 않았다. 테스트 시퀀스의 첫 번째 명령어가 이 작업을 한다. 정상 MIPS 프로세서 코드에서 레지스터 $0이 목적지인 명령어를 발견할 수 없을 것이다. 본질적으로 레지스터 $0에 쓰는 것은 무시된다.

그림 9-10 프로세서 모델을 위한 테스트 벤치

```
module mips_testbench;
    reg CLK;
    wire CS, WE;

    parameter N = 10;
    reg[31:0] expected[N:1];

    wire[31:0] Address, Address_Mux, Mem_Bus_Wire;
    reg[31:0] AddressTB;
    wire WE_Mux, CS_Mux;
    reg init, rst, WE_TB, CS_TB;

    integer i;
```

```
    MIPS CPU(CLK, rst, CS, WE, Address, Mem_Bus_Wire);
    Memory MEM(CS_Mux, WE_Mux, CLK, Address_Mux, Mem_Bus_Wire);

    assign Address_Mux = (init)? AddressTB : Address;
    assign WE_Mux = (init)? WE_TB : WE;
    assign CS_Mux = (init)? CS_TB : CS;

    always
        #10 CLK = ~CLK;

    initial begin
        expected[1] = 32'h00000006; // $1 값 = 십진수 6
        expected[2] = 32'h00000012; // $2 값 = 십진수 18
        expected[3] = 32'h00000018; // $3 값 = 십진수 24
        expected[4] = 32'h0000000C; // $4 값 = 십진수 12
        expected[5] = 32'h00000002; // $5 값 = 십진수 2
        expected[6] = 32'h00000016; // $6 값 = 십진수 22
        expected[7] = 32'h00000001; // $7 값 = 십진수 1
        expected[8] = 32'h00000120; // $8 값 = 십진수 288
        expected[9] = 32'h00000003; // $9 값 = 십진수 3
        expected[10] = 32'h00412022; // $10 값 = 5번째 명령어
        CLK = 0;
   end

   always begin
        rst = 1;
        @(posedge CLK); // 상승 에지 클록 때까지 기다림
        // 테스트 벤치로부터 명령어 초기화
        init <= 1; CS_TB <= 1; WE_TB <= 1;
        @(posedge CLK);
        CS_TB <= 0; WE_TB <= 0; init <= 0;
        @(posedge CLK);
        rst <= 0;
        for(i = 1; i <= N; i = i+1) begin
            @(posedge WE); // 저장된 워드가 실행될 때
            @(negedge CLK);
            if (Mem_Bus_Wire != expected[i])
                $display("Output mismatch: got %d, expect %d", Mem_Bus_Wire,
                        expected[i]);
        end
        $display("Testing Finished:");
        $stop;
    end
endmodule
```

다음 명령어 파일이 Verilog 모델을 테스트하기 위해 사용된다. 시뮬레이션이 정확하게 진행될 수 있도록 신호의 전체 경로 길이가 add list 명령어에 포함된다. 우리가 관심을 갖는 모든 신호는 최상위 엔티티(여기서는 테스트 벤치)에서 이용할 수 없다. 이런 경우에는 정확한 시뮬레이션을 위해 신호를 서술하는 전체 경로(특별히 신호가 나타나는 컴포넌트를 가리킴)가 제공되어야 한다.

```
add list -hex sim:/mips_testbench/CPU/instr
add list -unsigned sim:/mips_testbench/CPU/npc
add list -unsigned sim:/mips_testbench/CPU/pc
add list -unsigned sim:/mips_testbench/CPU/state
add list -unsigned sim:/mips_testbench/CPU/alu_ina
add list -unsigned sim:/mips_testbench/CPU/alu_inb
add list -signed sim:/mips_testbench/CPU/alu_result
add list -signed sim:/mips_testbench/CPU/addr
configure list -delta collapse
run 2000
```

시뮬레이션 결과는 다음 표에 나타난다.

MIPS Instruction	ns	Instr	PC	State	ALU_InA	ALU_InB	ALU_Result	Addr
andi $0, $0, 0	050	30000000	0	0	x	x	0	0
	070	30000000	1	1	0	0	0	X
	090	30000000	1	2	0	0	0	X
	110	30000000	1	3	0	0	0	0
addi $1, $0, 6	130	30000000	1	0	0	0	0	1
	150	20010006	2	1	0	6	0	0
	170	20010006	2	2	0	6	6	0
	190	20010006	2	3	0	6	0	6
ori $2, $0, 18	210	20010006	2	0	0	6	0	2
	230	34020012	3	1	0	18	0	6
	250	34020012	3	2	0	18	18	6
	270	34020012	3	3	0	18	0	18
add $3, $1, $2	290	34020012	3	0	0	18	0	3
	310	00221820	4	1	6	6176	0	18
	330	00221820	4	2	6	18	24	18
	350	00221820	4	3	6	18	0	24
sub $4, $2, $1	370	00221820	4	0	6	18	0	4
	390	00412022	5	1	18	6	0	24
	410	00412022	5	2	18	6	12	24
	430	00412022	5	3	18	6	0	12

and $5, $1, $2	450	00412022	5	0	18	6	0	5
	470	00222824	6	1	6	18	0	12
	490	00222824	6	2	6	18	2	12
	510	00222824	6	3	6	18	0	2
or $6, $1, $2	530	00222824	6	0	6	18	0	6
	550	00223025	7	1	6	18	0	2
	570	00223025	7	2	6	18	22	2
	590	00223025	7	3	6	18	0	22
slt $7, $1, $2	610	00223025	7	0	6	18	0	7
	630	0022382A	8	1	6	18	0	22
	650	0022382A	8	2	6	18	1	22
	670	0022382A	8	3	6	18	0	1
sll $8, $2, 4	690	0022382A	8	0	6	18	0	8
	710	00024100	9	1	0	18	0	1
	730	00024100	9	2	0	18	288	1
	750	00024100	9	3	0	18	0	288
srl $9, $1, 1	770	00024100	9	0	0	18	0	9
	790	00014842	10	1	0	6	0	288
	810	00014842	10	2	0	6	3	288
	830	00014842	10	3	0	6	0	3
beq $1, $2, 1	850	00014842	10	0	0	6	0	10
	870	10220001	11	1	6	18	0	3
	890	10220001	11	2	6	18	-12	3
lw $10, 4($0)	910	10220001	11	0	6	18	0	11
	930	8C0A0004	12	1	0	-	0	-12
	950	8C0A0004	12	2	0	4	4	-12
	970	8C0A0004	12	3	0	4	0	4
	990	8C0A0004	12	4	0	4	0	4
bne $1, $2, 1	1010	8C0A0004	12	0	0	4	0	12
	1030	14620001	13	1	24	1	0	4
	1050	14620001	13	2	24	18	6	4
j 16	1070	14620001	14	0	24	18	0	14
	1090	14620001	15	1	0	0	0	6
jr $2	1110	14620001	16	0	0	0	0	16
	1130	00400008	17	1	18	0	0	6
	1150	00400008	17	2	18	0	0	6
sw $1, 64($0)	1170	00400008	18	0	18	0	0	18
	1190	AC010040	19	1	0	6	0	0
	1210	AC010040	19	2	0	64	64	0
	1230	AC010040	19	3	0	64	0	64

제시된 데이터는 프로세서가 시작되어 명령어가 인출된 이후 사이클에 대응한다(즉, 초기화 사이클은 보여주지 않음). 단지 첫 번째 저장 명령어가 여기에 보인다. 하지만 모든 저장 명령어가 테스트 벤치에서 테스트된다. 10번째 저장 명령어가 1950ns에 끝난다. 좀 더 종합적인 테스트는 메모리에 저장된 위치로부터 데이터를 로드함으로써 고안될 수 있다.

이 장에서는 많이 알려진 RISC 명령어 집합인 MIPS를 소개했다. 명령어 집합의 사양으로부터 시작하여 MIPS 명령어 집합 일부분에 대한 설계를 제시했고, MIPS 일부분에 대한 Verilog 합성 모델도 제시했다. 프로세서 모델을 테스트하기 위한 테스트 벤치의 사용도 설명했다. 프로세서 모델은 동작서술형 레벨에서 작성되었으며, 다른 명령어를 포함시키기 위해 쉽게 확장될 수 있다.

Problem 연습문제

9.1 용어 ISA는 무엇을 의미하는가? Pentium 4 −> IBM POWER7과 Pentium 3 −> IBM POWER8은 같은 ISA를 갖는가?

9.2 마이크로프로세서 *X*는 명령어 집합에 30개의 명령어를 가지고, 마이크로프로세서 *Y*는 명령어 집합에 45개의 명령어를 갖는다. *Y*는 RISC 프로세서이다. *X*가 RISC 프로세서라고 결정적으로 말할 수 있는가? 그 이유는 무엇인가?

9.3 프로세서가 RISC 종류로 결정되는 4개의 중요한 특성을 나열하라.

9.4 RISC ISA와 CISC ISA를 비교하고, 각 ISA의 장점을 나열하라. 일반적으로 어떤 ISA가 명령어당 더 많은 사이클을 소모하는가?

9.5 MIPS에서 `addi` 명령어와 `addiu` 명령어의 차이점은 무엇인가?

9.6 분기 명령어와 점프 명령어의 차이점은 무엇인가?

9.7 다음의 MIPS 명령어를 기계어로 인코딩하라. 답을 16진수로 표현하라. 모든 오프셋은 10진수이다.

(i) `add   $6, $7, $8`

(ii) `lw    $5, 4($6)`

(iii) `addiu $3, $2, -2000`

(iv) `sll   $3, $7, 12`

(v) `beq   $6, $5, -16`

(vi) `j     4000`

9.8 다음의 MIPS 명령어를 기계어로 인코딩하라. 답을 16진수로 표현하라. 모든 오프셋은 10진수이다.

(i) `addi  $5, $4, 4000`

(ii) `sw    $6, 20($3)`

(iii) `addu  $4, $5, $3`

(iv) `bne   $2, $3, $2`

(v) `jr    $5`

(vi) `jal   8000`

9.9 다음의 16진수 수에 해당하는 MIPS 명령어는 무엇인가? 만약 명령어가 표 9-7에 없다면 불법 동작코드로 표시하라.

(i) 33333300

(ii) 8D8D8D8D

(iii) 1777FF00

(iv) BDBD00BD

(v) 01010101

9.10 다음의 16진수 수에 해당하는 MIPS 명령어는 무엇인가? 만약 명령어가 표 9-7에 없다면 불법 동작코드로 표시하라.

(i) 20202020

(ii) 00E70018

(iii) 13D300C8

(iv) 0192282A

(v) 0F6812A4

9.11 다음 의사코드 세그먼트의 MIPS 어셈블리어 프로그램을 작성하라.

```
for(i = 0; i < 100; i++)
  x(i) = x(i) * y(i)
```

9.12 다음 의사코드 세그먼트의 MIPS 어셈블리어 프로그램을 작성하라.

```
for(i = 1; i < 100; i++)
  x(i) = x(i) + x(i-1)
```

9.13 다음 의사코드 세그먼트의 MIPS 어셈블리어 프로그램을 작성하라.

```
for(i = 0; i < 100; i++)
  y(i) = a * x(i) + y(i)
```

9.14 행렬 곱셈을 위한 다음 의사코드 세그먼트의 MIPS 어셈블리어 프로그램을 작성하라.

```
// 세 행렬 A, B, C는 각각 2000, 4000, 6000에 저장된다.
for(i = 0; i < 3 -> n; i ++){
    for(j = 0; j < 3 -> n; j ++){
          for(k = 0; k < 3 -> n; k++){
                C[i][j] += A[i][k]*B[k][j]
          }
    }
}
```

9.15 그림 9-8은 일부 MIPS 명령어를 위한 모델을 보여준다. 최첨단 Xilinx FPGA를 대상으로 하여 현재 Xilinx 소프트웨어를 사용하여 모델을 합성하라. 몇 개의 로직 블록, 플립플롭, 메모리 블록이 사용되는가? (참고: 환경에 맞게 이 문제를 변형하기 위해 다른 FPGA 회사와 소프트웨어로 대체하라.)

9.16 (a) 그림 9-8은 일부 MIPS 명령어를 위한 모델을 보여준다. FPGA 시제품 보드에 입력 스위치와 LED 디스플레이를 위한 인터페이스를 모델에 더함으로써 모델을 향상하라. 인터페이스는 MIPS 프로세서의 동작을 중단시킬 수 있고 $1의 하위 8비트를 8개의 LED에 표시할 수 있어야 한다. 인

터페이스는 느린 클록(예: 8Hz 클록)을 가진 모델에 공급하기 위해 시제품 보드의 내부 클록을 나눌 수 있어야 한다. 다른 LED 또는 디스플레이 장치를 사용하여 시제품 보드의 기능에 따라 추가적인 정보를 보여줄 수 있다. 모델을 합성하고 시제품 보드에 그것을 구현하라.

(b) 이 문제를 위해 (a)의 모델을 사용하라. 순환하는 불빛을 생성하는 MIPS 어셈블리어 프로그램을 작성하라(시제품 보드에 있는 8개의 LED를 사용하여 구현한다). 한 LED로부터 다음 것으로 순환하는 데 1초의 간격을 갖는다. 8Hz 클록을 사용하면 ALU 명령어(add, and 등)는 완료까지 1/2초가 소요되며, `j` 명령어는 완료하는 데 1/4초가 소요된다는 데 유의하라.

(c) 이 문제를 위해 (a)의 모델을 사용하라. 순환하는 신호등 제어기를 생성하는 MIPS 어셈블리어 프로그램을 작성하라. 다음 패턴의 신호등을 구현하라.

거리 A			거리 B			
적색	황색	녹색	적색	황색	녹색	
0	0	1	1	0	0	(5초)
0	1	0	1	0	0	(2초)
1	0	0	1	0	0	(1초)
1	0	0	0	0	1	(5초)
1	0	0	0	1	0	(2초)
1	0	0	1	0	0	(1초), 이후 반복

9.17 많은 마이크로프로세서는 메모리 매핑으로 입출력 동작을 수행한다. 프로세서의 병렬 포트가 메모리의 F0002F2F 위치에 있다고 가정한다. 병렬 포트의 최하위 비트에 대략 10MHz 주파수의 사각파를 발생시키는 MIPS 프로그램을 작성하라. 그림 9-8에 제시한 것과 같은 구조의 100MHz의 클록으로 동작하는 MIPS 프로세서 시제품 보드를 갖고 있다고 가정한다.

9.18 (a) MIPS 부분집합의 Verilog 코드에 `add`와 `addi` 명령어의 오버플로 감지를 추가하라(그림 9-8).

(b) (a)의 코드를 테스트하기 위한 테스트 벤치를 작성하라.

9.19 (a) 그림 9-8에 구현한 MIPS 부분집합에서 오버플로가 가능한 모든 명령어에 오버플로 감지를 더하라.

(b) (a)의 코드를 테스트하기 위한 테스트 벤치를 작성하라.

9.20 (a) MIPS 일부분의 Verilog 코드에 MIPS 명령어 `jal`(jump and link)을 추가하라(그림 9-8). `jal`은 프로시저 호출을 사용한다. `jal jumpaddr`은 복귀 주소 (PC + 1)을 레지스터 파일 $31에 넣고 다음 명령어를 위해 `jumpaddr`로 간다(참고: 본래의 MIPS는 (PC + 4)와 `jumpaddr`*4를 사용한다. 하지만 9장의 구현에서 바이트 주소 대신 워드 주소를 사용하기 때문에 4를 1로 대체한다). `jal` 명령어는 J형식을 사용한다. 그러므로 처음 6비트가 동작코드(3)이며, 나머지 26비트는 `jumpaddr`이다. 필요한 만큼 약간의 Verilog 코드를 변경하라.

(b) 이 명령어를 테스트하기 위한 테스트 벤치를 작성하라.

9.21 (a) 2개의 일반 레지스터의 하반부에 저장되어 있는 2개의 16비트 수를 곱하고 결과를 다른 32비트 레지스터에 저장하는 명령어를 그림 9-8의 프로세서 모델에 추가하라(참고: 이 명령어는 MIPS에 존재하지 않는다).

(b) 이 명령어를 테스트하기 위한 테스트 벤치를 작성하라.

9.22 (a) 많은 ISA는 32비트 또는 64비트 데이터가 4개 또는 8개의 작은 데이터 요소(예: 바이트 또는 하프워드)로 취급되는 벡터 확장을 갖는다. add 명령어는 묵시적으로 4개 또는 8개의 add를 수행한다. RegA[7:0] = RegB[7:0] + RegC[7:0], RegA[15:8] = RegB[15:8] + RegC[15:8]과 같이 바이트로 구성된 2개의 일반 레지스터에 저장된 2개의 32비트 수를 더하는 명령어를 그림 9-8의 MIPS 프로세서 모델에 추가하라.

(b) 이 명령어를 테스트하기 위한 테스트 벤치를 작성하라.

9.23 (a) 어떤 ISA는 비트 반전 명령어를 갖는다. 하나의 32비트 일반 레지스터의 각 비트를 반전하고 다시 목적지 레지스터에 저장하는 명령어를 만들라. 이 명령어를 그림 9-8의 MIPS 프로세서 모델에 추가하라.

(b) 이 명령어를 테스트하기 위한 테스트 벤치를 작성하라.

9.24 (a) 어떤 ISA는 바이트 반전 명령어를 갖는다. 하나의 일반 레지스터의 4바이트를 바이트 단위로 반전시키고 다시 목적지 레지스터에 저장하는 명령어를 만들라. 이 명령어를 그림 9-8의 MIPS 프로세서 모델에 추가하라.

(b) 이 명령어를 테스트하기 위한 테스트 벤치를 작성하라.

9.25 현대 마이크로프로세서는 처리량을 향상하기 위해 파이프라인 방식을 채택한다. 명령어 인출, 디코딩, 명령어 읽기와 실행, 메모리 접근, 레지스터 쓰기로 구성된 5단계의 파이프라인을 고려하자. 첫 번째 단계에서 명령어가 명령어 메모리로부터 인출된다. 두 번째 단계에서 인출된 명령어가 디코딩된다. 이 단계에서 피연산자 레지스터를 읽는다. 세 번째 단계에서 두 번째 단계에서 읽어온 레지스터 데이터를 사용하여 산술 혹은 논리 동작을 수행한다. 네 번째 단계에서 로드와 저장 명령어는 데이터 메모리 읽기 또는 쓰기를 수행한다. 산술 명령어는 이 단계 동안 어떤 동작도 수행하지 않는다. 다섯 번째 단계에서 산술 명령어는 목적지 레지스터에 결과를 쓴다.

(a) 그림 9-8의 MIPS 설계를 파이프라인 방식으로 구현하라. 일반적인 파이프라인 구조를 나타내는 블록도를 그려라. Verilog 코드를 작성하고 FPGA를 대상으로 코드를 합성하고 그것을 FPGA 시제품 보드에 구현하라. 각 단계는 한 클록 사이클이 걸린다고 가정한다. 시제품 보드에 구현할 때 연습문제 9.16에서와 같이 8Hz 클록을 사용하라.

명령어 메모리 접근과 데이터 메모리 접근은 오직 하나의 사이클이 걸린다고 가정하라. 첫 번째 단계부터 네 번째 단계에서 동시에 메모리 접근을 할 수 있기 위해 명령어와 데이터 메모리는 분리되어야 한다(또는 2개의 포트를 가져야 한다).

명령어는 아직 완료되지 않은 명령어(파이프라인에서 앞선 명령어)와의 의존성이 없는 한 두 번째 단계에서 피연산자를 레지스터 파일로부터 읽을 수 있다. 만약 이러한 의존성이 존재한다면, 디코딩 단계의 현재 명령어는 레지스터의 데이터가 준비될 때까지 기다려야 한다. 각 명령어는 이전 명령어들과의 의존성을 테스트해야 한다. 이것은 현재 명령어보다 앞선, 완료되지 않은 명령어의 목적지 레지스터들과 현재 명령어의 원천 레지스터들을 비교함으로써 수행될 수 있다.

5단계에서 레지스터 파일에 쓰고 2단계에서 읽게 된다. 합리적인 가정은 처음 반주기 동안 쓰기를 수행하고 두 번째 반주기 동안 읽기를 진행한다. 첫 번째 반주기 동안 목적지 레지스터에 쓰인 데이터를 같은 주기의 두 번째 반주기 동안 다른 명령어가 읽을 수 있다고 가정하라.

(b) 의존성이 없는 N개의 명령어를 실행하는 데 몇 개의 사이클이 필요한가?

(c) 다음의 명령어 순서를 이 파이프라인을 통해 실행하는 데 몇 개의 사이클이 필요한가?

```
add $5, $4, $3
add $6, $5, $4
add $7, $6, $5
add $8, $7, $6
```

(d) 앞의 코드를 실행한 후에 파이프라인되지 않은 MIPS 시뮬레이터와 파이프라인된 명령어의 명령어당 사이클(CPI)을 계산하라.

9.26 연습문제 9.25에서는 다음 명령어가 데이터를 읽기 전에 명령어의 쓰기 단계 동안 데이터가 레지스터 파일에 쓰인다고 가정했다. 이것은 만약 명령어 $i+1$이 명령어 i에 의존한다면 2개의 유휴 사이클이 나타나게 된다. 많은 프로세서에서 이러한 문제를 해결하기 위해 사용하는 기술은 데이터 전방전달 기법이다. 만약 명령어가 앞선 명령어로부터 결과를 필요로 하면 그 결과는 현재 명령어로 전달된다. 이것은 ALU의 입력에 멀티플렉서를 가짐으로써 해결할 수 있는데, 멀티플렉서는 레지스터 파일로부터 피연산자, ALU 출력의 전방전달 경로, 메모리 접근 단계(네 번째 단계)의 출력을 입력으로 한다. 명령어 사이의 의존성은 명백히 확인되며, 멀티플렉서들은 정확한 데이터 전송을 위해 적절하게 동작한다.

(a) 그림 9-8의 MIPS 설계를 전방전달 경로를 갖는 파이프라인 방식으로 구현하라. 전방전달 경로를 나타내는 블록도를 그려라. Verilog 코드를 작성하고 FPGA를 대상으로 코드를 합성하고 그것을 FPGA 시제품 보드에 구현하라. 시제품 보드에 구현할 때 연습문제 9.16에서와 같이 8Hz 클록을 사용하라.

(b) 연습문제 9.25의 설계와 그림 9-8의 설계를 포함하는 이 설계를 사용하여 연습문제 9.12 및 9.13에 제시된 코드의 성능을 비교하라.

CHAPTER 10

하드웨어 테스트와 테스트를 위한 설계

이 장에서는 디지털 시스템 테스트와 시스템을 좀 더 용이하게 테스트할 수 있도록 만드는 설계 방법을 소개한다. 우리는 설계 과정에서의 테스트 사용에 대해 이미 논의했다. 전체적인 설계와 사용한 알고리즘의 정확성을 검증하기 위해 Verilog 테스트 벤치를 작성했다. 설계가 논리적 오류가 없고 사양에 부합하는지 검증하기 위해 논리 레벨 시뮬레이션을 사용했다. 논리 레벨 IC 설계가 완료된 후 설계가 오류 없이 구현되었는지와 타이밍의 정확성을 검증하기 위해 회로 레벨 시뮬레이션에 의한 부가적인 테스트가 진행될 수 있다.

디지털 시스템이 제작되었을 때 기능 검증을 위한 추가 테스트가 필요하다. 다수의 IC가 제작될 때 제조 공정상의 결함 여부를 검증하기 위해 각 IC를 테스트해야 한다. 이와 같은 테스트 과정은 높은 비용과 많은 시간이 소요될 수 있다. 오늘날의 복잡한 IC에서는 테스트 비용이 제작 비용의 주된 비중을 차지한다. 그러므로 디지털 시스템을 테스트하는 효율적인 방법을 개발하고, 용이하게 테스트할 수 있는 디지털 시스템을 설계하는 일이 중요하다. **테스트를 위한 설계**(design for testability, DFT)는 현대 IC 설계에서 중요한 주제이다.

이 장에서는 조합회로에서 일어날 수 있는 기본적인 결함을 테스트하기 위한 방법을 먼저 논의한다. 그리고 순차회로를 위한 테스트 시퀀스를 결정하는 방법을 설명한다. 회로 및 시스템을 테스트하는 데 필요한 테스트 시퀀스를 생성하기 위해 **자동 테스트 패턴 생성기**(automatic test pattern generator, ATPG)가 이용된다. 테스트해야 하는 회로의 내부 상태가 아닌 입력과 출력에만 접근할 수 있다는 점이 당면한 문제 중 하나이다. 이 상황을 개선하기 위해 내적 테스트 포인트를 IC의 추가 핀을 통해 접근하게 한다. 필요한 테스트 핀의 수를 줄이기 위해 **주사 설계**(scan design)의 개념을 도입한다. 이 방법은 시스템의 상태를 시프트 레지스터에 저장하고 직렬적으로 시프트해서 출력되게 할 수 있다. 마지막으로, **내장형 자기 테스트**(built-in self-test, BIST)의 개념을 논의한다. IC에 컴포넌트를 부가함으로써 테스트 시퀀스를 생성할 수 있고, 높은 비용의 외부 테스트 없이 내부적으로 이러한 테스트 시퀀스에 대한 응답을 검증할 수 있다.

10.1 조합회로 테스트

두 가지 일반적인 고장은 단락회로와 개방회로이다. 만일 게이트의 입력이 접지와 단락되었다면 입력은 논리 0에 고정된 것과 같이 동작한다. 만일 게이트의 입력이 전원공급장치의 (+)극과 단락되었다면 게이트의 입력은 논리 1에 고정된 것과 같이 동작한다. 게이트의 입력이 개방회로이면 사용되는 논리형에 따라 입력은 논리 0 또는 논리 1에 고정된 것과 같이 행동할 수 있다. 이와 같이 s-a-1(stuck-at-1) 또는 s-a-0(stuck-at-0) 고장으로 논리회로의 고장을 모델링하는 것이 일반적인 방법이다. s-a-0으로 게이트 입력을 테스트하기 위해 게이트 입력은 1이 되어야 하고 0으로 변하는 것이 감지될 수 있다. 마찬가지로, s-a-1로 게이트 입력을 테스트하기 위해 정상적인 게이트 입력은 0이 되어야 하고 1로 변하는 것이 감지될 수 있다.

우리는 AND 게이트의 s-a-0 고장을 그림 10-1(a)에서와 같이 모든 입력에 1을 적용하여 테스트할 수 있다. 정상적인 게이트 출력은 1이지만 어떤 입력이라도 s-a-0이면 출력은 0이 된다. 게이트 입력 a의 1 → 0 표현은 a의 정상 값이 1이지만 s-a-0 고장 때문에 0으로 변했음을 의미한다. 게이트 출력의 1 → 0의 표현은 입력의 변화가 게이트의 출력에 전달되었음을 나타낸다. AND 게이트의 s-a-1 고장은 그림 10-1(b)에서와 같이 테스트하는 입력에 0을 적용하고 나머지 입력은 1로 하여 테스트할 수 있다. 정상 게이트 출력은 0이지만 테스트하는 입력이 s-a-1이면 출력은 1이 된다. OR 게이트의 입력의 s-a-1을 테스트하기 위해 모든 입력에 0을 적용한다. 어떤 입력이라도 s-a-1이면 출력은 1로 변할 것이다(그림 10-1(c) 참조). OR 게이트 입력의 s-a-0을 테스트하기 위해 테스트할 입력에 1을 적용하고 나머지 입력은 0으로 한다. 테스트하는 입력이 s-a-0이면 출력은 0으로 변할 것이다(그림 10-1(d)). 게이트 입력의 s-a-0과 s-a-1을 테스트하는 과정에서 게이트 출력에 대한 s-a-0과 s-a-1 고장을 또한 검출할 수 있다.

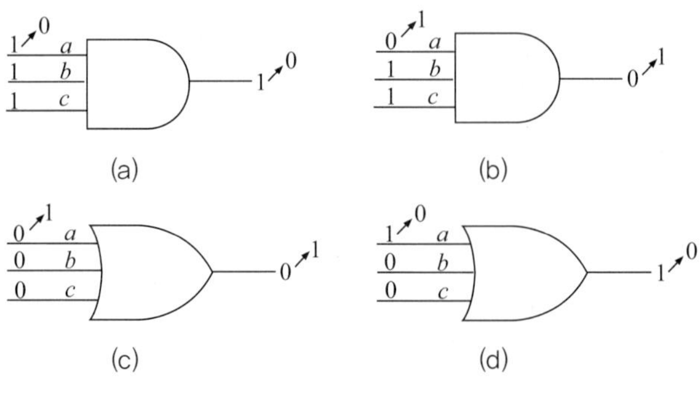

그림 10-1 AND와 OR 게이트에서의 stuck-at 고장 테스트: (a) AND s-a-0, (b) AND s-a-1, (c) OR s-a-1, (d) OR s-a-0

그림 10-2 AND-OR 회로 테스트

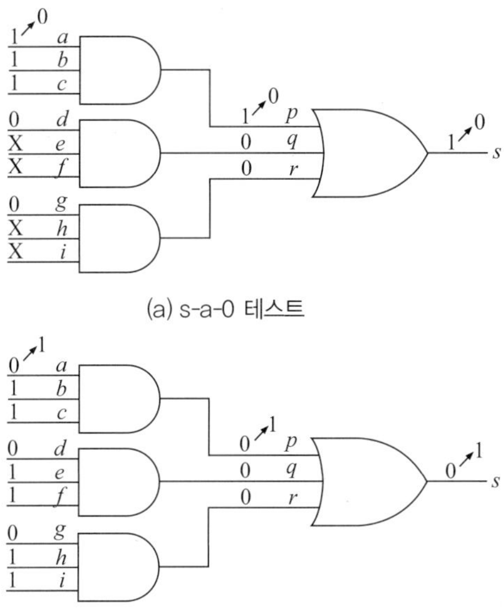

(a) s-a-0 테스트

(b) s-a-1 테스트

그림 10-2의 2단 AND-OR 회로는 9개의 입력과 하나의 출력을 갖는다. OR 게이트의 입력(p, q, r)은 접근할 수 없어서 게이트들을 각각 테스트할 수 없다고 가정한다. 이 회로를 테스트하는 방법 중 하나는 $2^9 = 512$개의 서로 다른 입력 조합을 인가하고 출력을 관찰하는 것이다. 좀 더 효율적인 방법은 표 10-1에서와 같이 모든 s-a-0과 s-a-1 고장에 대한 테스트에 기반을 둔다. AND 게이트 입력 abc의 s-a-0 테스트를 위해 그림 10-2(a)에서와 같이 a, b, c에 1을 적용해야 한다. 어떤 입력이라도 s-a-0이면 게이트 출력(p)은 0이 될 것이다. 이 변화를 OR 게이트 출력에 전달하기 위해 다른 OR 게이트 입력은 0이어야 한다. 이렇게 하기 위해 $d = 0$ 및 $g = 0$으로 한다(e, f, h, i는 돈케어(don't care)). 이 테스트 벡터는 $a0$, $b0$, $c0$뿐만 아니라 $p0$(p s-a-0)를 검출할 것이다. 유사한 방법으로 $d = e = f = 1$과 $a = g = 0$으로 설정하면 $d0$, $e0$, $f0$, $q0$를 테스트할 수 있다. 세 번째 테스트에서 $g = h = i = 1$과 $a = d = 0$으로 설정함으로써 남은 s-a-0 고장을 테스트할 것이다. 입력 a에 대한 s-a-1을 테스트하기 위해 그림 10-2(b)에서와 같이 $a = 0$과 $b = c = 1$로 해야 한다. 그리고 a가 s-a-1이면 p는 1이 될 것이다. 이 변화를 출력에 전달하기 위해 이전과 같이 $q = r = 0$이 되어야 한다. 그러나 $d = g = 0$과 $e = f = h = i = 1$로 하면 $a1$을 테스트하는 동시에 $d1$과 $g1$을 테스트할 수 있다. 이 똑같은 테스트 벡터로 $p1$, $q1$, $r1$을 또한 테스트한다. 표 10-1에서와 같이 하나의 테스트 벡터로 $b1$, $e1$, $h1$을 테스트할 수 있고, 비슷하게 $c1$, $f1$, $i1$을 테스트할 수 있다. 그러므로 여섯 번의 테스트로 s-a-0과 s-a-1 고장을 테스트할 수 있는 반면에 무차별 방식은 512번의 테스트를 필요로 한다. 여섯 번의 테스트를 적용하면 고장의 발생 여부를 판별할 수 있지만, 고장의 정확한 위치를 파악할 수는 없다. 이전 분석에서는 한 번에 단 하나의 고장만이 일어난다고 가정했다. 많은 경우에

표 10-1 그림 10-2의 테스트 벡터

a	b	c	d	e	f	g	h	i	테스트할 고장
1	1	1	0	X	X	0	X	X	a0, b0, c0, p0
0	X	X	1	1	1	0	X	X	d0,e0, f0, q0
0	X	X	0	X	X	1	1	1	g0, h0, i0, r0
0	1	1	0	1	1	0	1	1	a1, d1, g1, p1, q1, r1
1	0	1	1	0	1	1	0	1	b1, e1, h1, p1, q1, r1
1	1	0	1	1	0	1	1	0	c1, f1, i1, p1, q1, r1

그림 10-3 경로 검출을 이용한 고장 검출

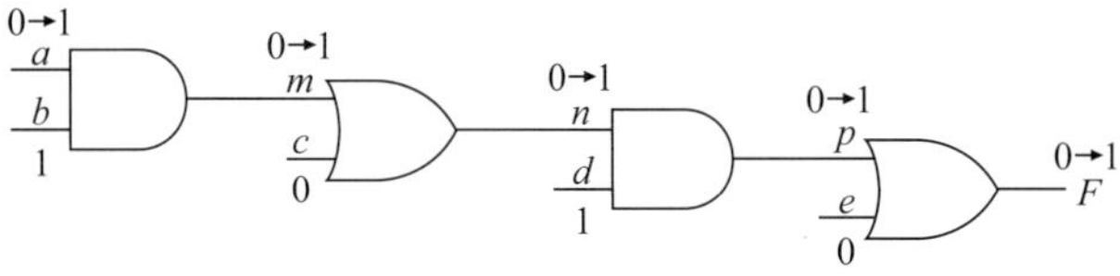

(a) s-a-1 테스트

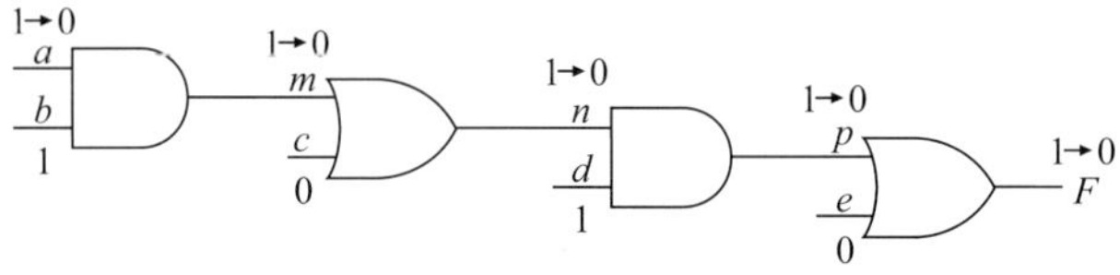

(b) s-a-0 테스트

다중 고장이 발생하는 것을 감지할 수 있을 것이다.

다단 회로의 테스트는 2단 회로 테스트보다 대단히 복잡하다. 회로의 내부 고장을 테스트하기 위해 고장을 활성화하고 그 고장의 효과를 회로의 출력으로 전달할 입력 집합을 선택해야 한다. 그림 10-3에서 a, b, c, d, e는 회로의 입력이다. 게이트 입력 n의 s-a-1을 테스트하려면 n은 0이어야 한다. 그림과 같이 $c = 0$, $a = 0$, $b = 1$로 하면 된다. n s-a-1 고장을 출력 F로 전달하기 위해 $d = 1$과 $e = 0$으로 해야 한다. 이 입력들과 함께 a, m, n, 또는 p가 s-a-1이면 출력 F는 오류 값을 가질 것이고 고장이 검출될 것이다. 더 나아가 a가 1로 바뀌고 a, m, n, 또는 p 게이트 입력이 s-a-0이면 출력 F는 1에서 0으로 변화할 것이다. a, m, n, p 경로상의 어떤 고장도 검출할 수 있기 때문에 이 경로는 검출되었다고 말한다. **경로 검출** 방법은 하나의 회로 입력 집합을 사용하여 여러 stuck-at 고장을 테스트할 수 있도록 해준다.

다음으로 그림 10-4의 회로에서 모든 단일 s-a-1과 s-a-0 고장을 테스트하기 위한 최소의 테스트 벡터 집합을 결정하려 한다. A, B, C, D에 입력을 인가하고 출력 F를 관찰할 수 있지만 내부 게이트 입력과 출력은 접근할 수 없다고 가정한다. 테스트 벡터를 결정하는 일반적인 절차는 다음과 같다.

- 테스트하지 못한 고장을 선택한다.
- 필요한 A, B, C, D 입력을 결정하라.

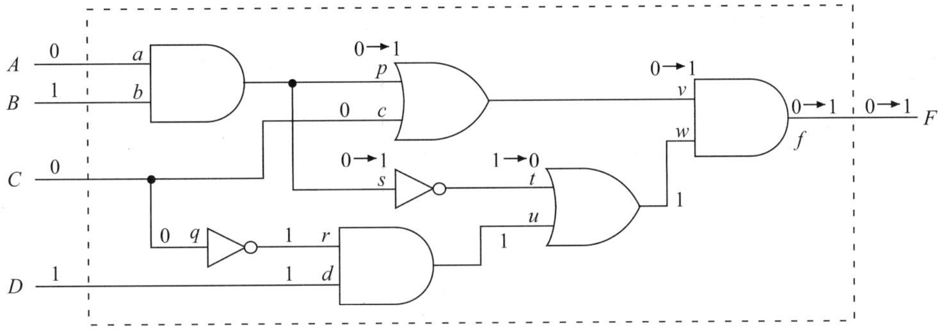

그림 10-4 stuck-at 고장 테스트(*p* s-a-1)의 예제

- 테스트될 수 있는 다른 고장을 결정하라.
- 모든 고장을 찾을 때까지 이 과정을 반복하라.

입력 *p*에서 s-a-1 테스트부터 시작하자. 이를 위해 입력 *A*, *B*, *C*, *D*를 $p=0$이 되도록 선택해야 한다. *p*가 s-a-1이면 이 고장을 관찰할 수 있도록 출력 *F*로 전달해야 한다. 이 고장을 전달하기 위해 $c=0$, $w=1$이어야 한다. $t=1$ 또는 $u=1$로 함으로써 $w=1$로 만들 수 있다. $u=1$로 만들기 위해 $D=r=1$이어야 한다. 다행스럽게도 $C=0$이면 $r=1$이 된다. $p=0$으로 만들기 위해 $A=0$을 선택한다. $B=1$로 선택함으로써 경로 *A-a-p-v-f-F*를 검출할 수 있어서 입력 집합 $ABCD=0101$은 *a*1, *p*1, *v*1, *f*1 고장을 테스트할 것이다. 이 입력 집합은 또한 *c* s-a-1도 테스트한다. *c* s-a-1은 게이트 내부의 고장이어서 *c* s-a-1이 일어나면 $q=0$과 $r=1$이 가능하다고 가정한다.

경로 *A-a-p-v-f-F*를 따라 s-a-0 입력을 테스트하기 위해 입력 $ABCD=1101$을 사용할 수 있다. *a*0, *p*0, *v*0, *f*0 고장을 테스트하는 것 외에 이 입력 벡터는 *b*0, *w*0, *u*0, *r*0, *q*1, *d*0 고장을 테스트한다. 남은 stuck-at 고장을 위한 테스트를 결정하기 위해 테스트하지 않은 고장을 선택하고 필요한 *A*, *B*, *C*, *D* 입력을 결정한다. 그리고 테스트할 다른 고장을 결정한다. 모든 고장에 대한 테스트를 찾을 때까지 이 절차를 반복한다. 표 10-2는 그림 10-4의 모든 단일 stuck-at 고장을 테스트할 5개의 테스트 벡터 집합을 나열한다.

stuck-at 고장 외에 브리지 고장 등이 일어날 수도 있다. 2개의 분리된 신호선이 단락될 때 브리지 고장이 일어난다. 대형 조합회로에서 모든 가능한 고장을 테스트할 최소의 테스트 벡터 집합을 찾는 일은 어렵고 시간이 많이 소요된다. 중복된 게이트를 가진 회로에서

표 10-2 그림 10-4의 stuck-at 고장을 위한 테스트

테스트 벡터				정상 게이트 입력													
A	B	C	D	a	b	p	c	q	r	d	s	t	u	v	w	F	테스트할 고장
0	1	0	1	0	1	0	0	0	1	1	0	1	1	0	1	0	a1 p1 c1 v1 f1
1	1	0	1	1	1	1	0	1	1	1	1	0	1	1	1	1	a0 b0 p0 q1 r0 d0 u0 v0 w0 f0
1	0	1	1	1	0	0	1	1	0	1	0	1	0	1	1	1	b1 c0 s1 t0 v0 w0 f0
1	1	0	0	1	1	1	0	1	1	0	1	0	0	1	0	0	a0 b0 d1 s0 t1 u1 w1 f1
1	1	1	1	1	1	1	1	1	0	1	1	0	0	1	0	0	a0 b0 q0 r1 s0 t1 u1 w1 f1

는 일부 고장은 테스트가 불가능할 수 있다. 포괄적인 테스트 벡터 집합을 찾을 수 있다 하더라도 모든 벡터를 적용하는 데는 오랜 시간과 높은 비용이 들 것이다. 이러한 이유로 대부분의 고장을 테스트할 수 있는 상대적으로 적은 수의 집합을 사용하는 것이 일반적인 방법이다. 대체로 이러한 벡터 집합을 결정하는 것은 어렵고 많은 계산이 필요한 문제이다. 많은 알고리즘과 그에 따른 컴퓨터 프로그램이 테스트 벡터 집합을 생성할 수 있도록 개발돼왔다. 고장이 있는 회로를 시뮬레이션할 수 있는 컴퓨터 프로그램 역시 개발돼왔다. 이러한 프로그램은 주어진 입력 벡터로 테스트할 때 테스트 가능한 고장률을 사용자가 결정하는 것을 허용한다. 입력 벡터가 테스트할 수 있는 가능한 고장률을 테스트 벡터의 **커버리지**(coverage)라 부른다.

10.2 순차회로 테스트

순차회로의 테스트는 테스트를 위해 입력 시퀀스를 사용해야 하기 때문에 조합회로의 테스트보다 훨씬 더 어렵다. 순차회로의 플립플롭 상태가 아닌 단지 입력과 출력 시퀀스만 관찰할 수 있다면 매우 많은 수의 테스트 시퀀스가 필요할 것이다. 근본적으로, 문제는 테스트상의 회로가 정상 동작하는 회로와 동등한지를 결정하는 것이다. 테스트 대상 회로가 리셋 입력을 가져서 알고 있는 초기값으로 리셋할 수 있다고 가정할 것이다. 무차별 방식으로 회로를 테스트한다면 회로를 초기 상태로 리셋하여 테스트 시퀀스를 적용하고 출력 시퀀스를 관찰한다. 출력 시퀀스가 정확하다면 다른 입력 시퀀스로 테스트를 반복한다. 모든 가능한 입력 시퀀스에 대해 이 과정을 반복해야 한다. 상태기의 모든 상태와 모든 상태 천이의 철저한 테스트를 위해 많은 수의 테스트가 필요하다. 무차별 방식이 전적으로 비현실적이기 때문에 회로를 적절하게 테스트할 수 있는 상대적으로 적은 수의 테스트 순서 집합을 유도할 수 있느냐는 질문이 제기된다.

순차회로를 위한 테스트 시퀀스를 만드는 한 방법은 반복회로로 변환하는 것이다. 반복회로는 매번 조합회로 부분의 조건을 표시하기 위해 순차회로의 조합회로 부분이 여러 번 반복되는 것을 의미한다. 반복회로는 조합회로이기 때문에 조합회로를 위한 표준 방법 중 하나를 사용하여 반복회로를 위한 테스트 벡터를 유도할 수 있다.

예제로 그림 10-5는 표준 밀리(Mealy) 순차회로와 상응하는 반복회로를 보여준다. 이 그림에서 X, Z, Q는 단일 변수이거나 벡터일 수 있다. 반복회로는 순차회로에서 사용하는 조합회로와 똑같은 $k+1$개의 회로로 구성된다. $k+1$은 순차회로를 테스트하기 위해 사용하는 시퀀스의 길이이다. 순차회로에서 $X(t)$는 시간상의 입력 시퀀스를 나타낸다. 반복회로에서 $X(0)$ $X(1)$ ... $X(k)$는 공간상의 같은 시퀀스를 나타낸다. 반복회로의 각 셀은 $Q(t)$와 $X(t)$를 이용하여 $Z(t)$와 $Q(t+1)$을 계산한다. 가장 왼쪽 셀은 $t=0$일 때 값을 계산하고 다

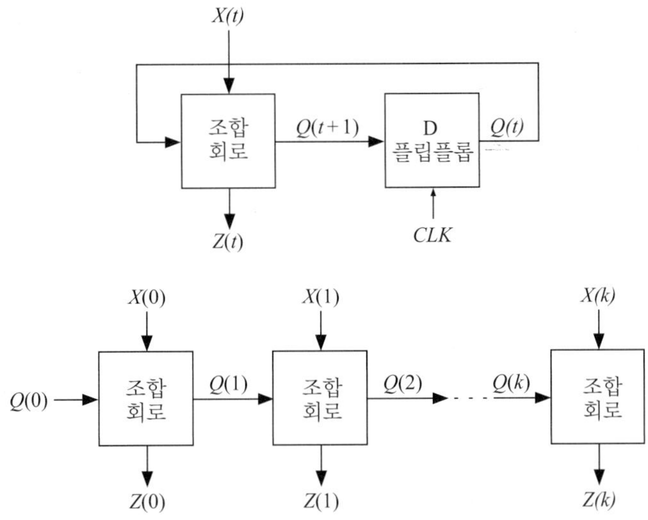

그림 10-5 순차회로 및 반복회로

음 셀은 $t=1$일 때를 나타내는 등 계속 이어진다. 반복회로를 위한 테스트 벡터가 유도된 후 이 벡터들이 원래의 순차회로를 테스트하기 위한 입력 순서로 사용된다. 반복회로의 셀 수는 순차회로 테스트를 위해 필요한 시퀀스 길이에 달려 있다.

적절하게 순차회로를 테스트할 적은 수의 테스트 시퀀스를 유도하는 일은 대체적으로 어렵다. 그림 10-6에 제시한 상태 그래프와 상응하는 상태표(표 10-3)를 고려하라. S_0 상태로 회로를 리셋할 수 있다고 가정한다. 테스트 시퀀스가 회로를 모든 가능한 상태 천이를 따라가도록 유도할 수 있는 것이 확실히 필요하지만 이것은 적절한 테스트가 되지 못한다. 예를 들어 입력 시퀀스 X가 다음과 같다면

X = 0 1 0 1 1 0 0 1 1

이는 상태를 연결하는 모든 화살표를 가로질러서 출력 시퀀스 Z를 다음과 같이 생성한다.

Z = 0 0 1 0 1 1 1 1 0

만일 S_3에서 S_0로 향하는 화살표를 그림에서 점선으로 표시한 것과 같이 셀프루프로 대체

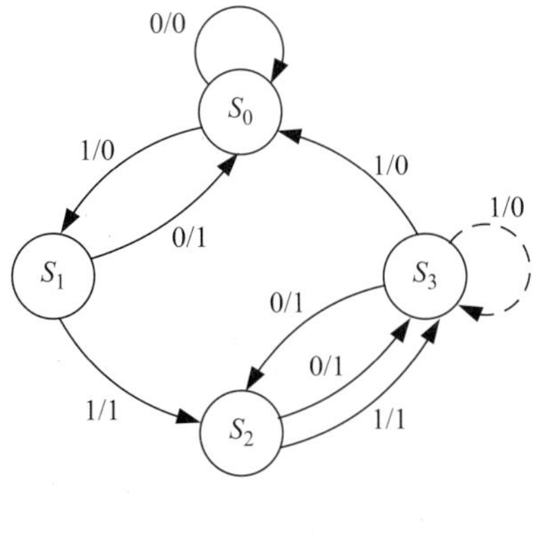

그림 10-6 테스트 예제의 상태 그래프

표 10-3 그림 10-6의 상태표

		다음 상태		출력	
Q_1Q_2	상태	$X = 0$	1	$X = 0$	1
00	S_0	S_0	S_1	0	0
10	S_1	S_0	S_2	1	1
01	S_2	S_3	S_3	1	1
11	S_3	S_2	S_0	1	0

한다면 출력 시퀀스는 동일해지겠지만 새로운 순차회로는 이전의 회로와 동등하지 않다.

모든 다른 상태에서 모든 상태로 도달할 수 있는 상태 그래프를 **강하게 연결**(strongly connected)되었다고 말한다. 강한 연결 상태 그래프를 가지며 동등한 상태들이 없는 순차회로의 일반적인 테스트 전략은 먼저 각 상태와 다른 상태를 구별할 수 있는 입력 시퀀스를 찾는 것이다. 이와 같은 입력 시퀀스를 **구별할 수 있는 시퀀스**(distinguishing sequence)라 부른다. 유한한 입력 시퀀스를 상태 머신 M에 적용했을 때 다른 출력 시퀀스를 유발할 수 있는 적어도 하나의 유한한 입력 시퀀스가 존재한다면 상태 머신 M의 두 상태는 구별할 수 있다. 만일 출력 시퀀스가 모든 가능한 입력 시퀀스에 대해 동일하다면 상태들은 명백하게 동등하다. 상태 머신 M의 두 상태가 구별 가능하다면 두 상태는 $n-1$ 또는 적은 길이의 시퀀스로 구별될 수 있음은 증명된 사실이다. 여기서 n은 상태 머신 M에서의 상태 수이다. 주어진 구별할 수 있는 시퀀스로 상태표에 기입된 것들을 검증할 수 있다.

그림 10-6의 예제에서 하나의 구별할 수 있는 시퀀스는 11이다. 이 구별할 수 있는 시퀀스는 다음과 같이 얻을 수 있다. 상태 S_0, S_1, S_2, S_3를 두 그룹으로 나누어라. 테스트 시퀀스의 길이가 단지 한 비트라면 각 그룹에 속한 상태는 동일하다. 예를 들어, 표 10-3은 1비트 테스트 시퀀스를 적용하여 $\{S_0, S_3\}$와 $\{S_1, S_2\}$의 그룹으로 구별할 수 있음을 보여준다. 입력이 1이면 $\{S_0, S_3\}$의 출력은 0이고, $\{S_1, S_2\}$의 출력은 1이다. 테스트 시퀀스가 단지 1이면 각 분할 내의 상태들은 동등하다. 다시 테스트 입력 1을 적용한다면 $\{S_0, S_3\}$ 그룹의 상태들이 구별될 수 있음을 표 10-3에서 볼 수 있다. $\{S_1, S_2\}$ 그룹의 상태들 또한 테스트 입력 1에 의해 구별될 수 있다. 그러므로 시퀀스 11은 4개의 상태를 구별하기에 충분하다. 최악의 경우 상태 머신 내에 4개의 상태만이 있기 때문에 3비트 시퀀스이면 충분하다. S_0에서 시작한다면 입력 시퀀스 11은 출력 시퀀스 01을 생성한다. S_1 상태에서는 출력이 11이고, S_2 상태에서는 10, S_3 상태에서는 00이다. 이와 같이 입력 시퀀스 11을 사용함으로써 4개의 상태를 구별할 수 있다. 다음 시퀀스를 사용하여 상태표의 모든 기입된 내용을 검증할 수 있다. 여기서 R은 S_0 상태로 리셋하는 것을 의미한다.

그림 10-7 그림 10-6의 회로 구현

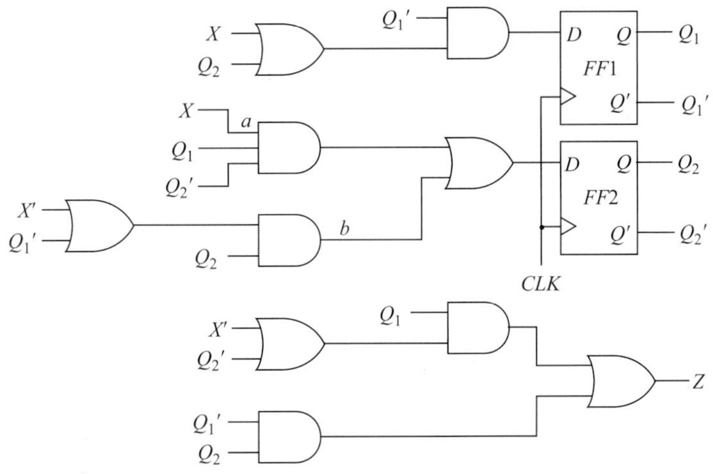

입력	출력	천이 검증
R 0 1 1	0 0 1	(S_0 to S_0)
R 1 1 1	0 1 1	(S_0 to S_1)
R 1 0 1 1	0 1 0 1	(S_1 to S_0)
R 1 1 1 1	0 1 1 0	(S_1 to S_2)
R 1 1 0 1 1	0 1 1 0 0	(S_2 to S_3)
R 1 1 1 1 1	0 1 1 0 0	(S_2 to S_3)
R 1 1 0 0 1 1	0 1 1 1 1 0	(S_3 to S_2)
R 1 1 0 1 1 1	0 1 1 0 0 1	(S_3 to S_0)

테스트 시퀀스를 유도하는 또 다른 방법은 stuck-at 고장을 테스트하는 데 기반을 둔 것이다. 그림 10-7은 다음과 같은 상태 할당을 사용하여 그림 10-6을 구현한 것을 보여준다.

$$S_0,\ 00;\ S_1,\ 10;\ S_2,\ 01;\ S_3,\ 11$$

a s-a-1을 테스트하려면 $Q_1Q_2 = 10$으로 하고 $X = 0$으로 설정하여 S_1 상태로 천이하게 함으로써 먼저 고장을 유발해야 한다. 정상 동작에서 다음 상태는 S_0이다. 그렇지만 *a*가 s-a-1이면 다음 상태는 $Q_1Q_2 = 01$, 즉 S_2이다. 이 테스트 시퀀스는 다음과 같이 작성할 수 있다.

- S_1으로 천이하기 위해 리셋을 시키고 $X = 1$로 한다.
- *a* s-a-1을 테스트하기 위해 $X = 0$으로 한다.
- 도달할 수 있는 상태를 구별하기 위해 $X = 11$로 한다.

최종 시퀀스는 R1011이다. 정상 출력이 0101이고, 고장 출력은 0110이다.

순차회로의 테스트 시퀀스를 유도하는 데 사용하는 방법을 보여주는 간단한 예를 살펴봤다. 회로의 입력 수와 상태 수가 증가할 때 필요한 테스트 시퀀스의 수와 길이가 급속히 증가하고 테스트 시퀀스를 만드는 일도 훨씬 더 어려워진다. 이는 입력과 상태의 수에 따라 회로 테스트를 위한 시간과 비용이 급속하게 증가한다는 뜻이다.

10.3 주사 테스트

회로의 출력을 관찰하는 대신에 모든 플립플롭의 상태를 관찰할 수 있다면 순차회로의 테스트 문제는 대단히 간소화될 수 있다. 플립플롭의 상태와 각 입력 조합에 대해 정확한 회로 출력과 정확한 다음 상태로의 천이를 검증해야 한다. 테스트하는 IC 내의 각 플립플롭 출력을 IC 핀과 연결하는 것이 한 방법이다. IC의 핀 수가 제한적이기 때문에 이 방법은 현실적이지 않다. 그래서 많은 수의 IC 핀을 사용하지 않고 모든 플립플롭의 상태를 관찰할 수 있도록 배치된다면 플립플롭의 상태를 IC의 단일 출력 핀을 사용하여 한 비트씩 밖으로 시프트할 수 있을 것이다. 이것은 **주사 경로 테스트**(scan path test)의 개념으로 이어진다.

그림 10-8은 2개의 포트를 가진 플립플롭에 기반을 둔 주사 경로 테스트의 방법을 보여준다. 일상적으로 순차회로는 조합회로 부분과 플립플롭으로 구성된 상태 레지스터로 나누어진다. 각 플립플롭은 2개의 D 입력과 2개의 클록 입력을 갖는다. C_1에 펄스가 들어오면 D_1 입력이 플립플롭에 저장된다. C_2에 펄스가 들어오면 D_2가 플립플롭에 저장된다. 각 플립플롭의 출력 Q는 시프트 레지스터를 구성하기 위해 다음 플립플롭의 D_2 입력에 연결된다. 조합회로에 의해 생성되는 다음 상태($Q_1^+\ Q_2^+ \ldots Q_k^+$)는 C_1에 펄스가 들어오면 플립플롭에 저장되고 새로운 상태($Q_1\ Q_2 \ldots Q_k$)는 다시 조합회로로 전달된다. 회로가 테스트되지 않을 때는 시스템 클록($SCK = C_1$)이 사용된다. 입력 집합($X_1X_2 \ldots X_n$)이 적용되고 출력($Z_1Z_2 \ldots Z_m$)이 생성된다. SCK에 펄스가 들어오면 회로는 다음 상태로 천이된다.

회로를 테스트할 때 주사 데이터 입력(SDI)과 테스트 클록(TCK)을 사용하여 상태 코드를 레지스터에 시프트함으로써 플립플롭을 특정 상태로 저장할 수 있다. 테스트 입력 벡터($X_1X_2 \ldots X_n$)가 적용되고 출력($Z_1Z_2 \ldots Z_m$)이 검증된다. SCK에 펄스가 들어오면 회로는 다

그림 10-8 2포트 플립플롭을 사용한 주사 경로 테스트 회로

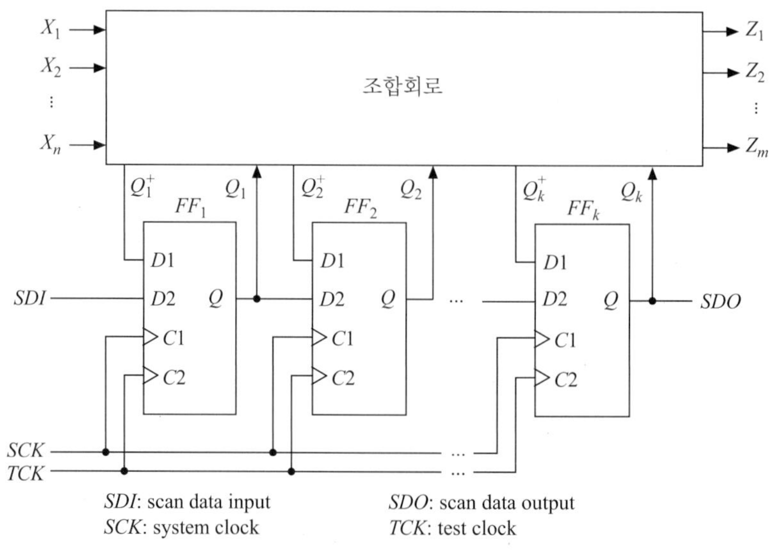

음 상태로 천이한다. TCK에 펄스를 인가함으로써 스캔 데이터 레지스터의 상태 코드가 주사 데이터 출력(SDO)을 통해 시프트되어 다음 상태가 검증된다. 이 방법은 순차회로 테스트 문제를 조합회로의 테스트 문제로 간소화한다. 조합회로의 테스트 벡터 집합을 생성하기 위해 어떤 표준 방법도 사용할 수 있다. n개의 X 입력과 k개의 상태 입력을 조합회로로 인가하기 때문에 각 테스트 벡터는 $(n+k)$비트를 갖는다. 테스트 벡터의 X 부분은 직접 적용되고 Q 부분은 SDI를 통해 시프트된다. 요약하면 테스트 절차는 다음과 같다.

1. 테스트 클록 TCK를 사용하여 테스트 벡터 Q_i 값을 SDI를 통해 주사하라.
2. 상응하는 테스트 값을 X_i 입력에 적용하라.
3. 신호가 조합회로를 통해 전달될 수 있도록 충분한 시간 뒤에 출력 Z_i 값을 검증하라.
4. Q_i^+의 새로운 값을 대응하는 플립플롭에 저장하기 위해 시스템 클록 SCK에 하나의 클록 펄스를 인가하라.
5. 테스트 클록 TCK에 펄스를 인가하여 주사하고 Q_i 값을 검증하라.
6. 각 테스트 벡터에 대해 1단계부터 5단계를 반복하라.

이전 테스트 값을 주사하는 동안에 하나의 테스트 벡터를 주사할 수 있기 때문에 5단계와 1단계는 중첩할 수 있다.

2개의 입력과 3개의 플립플롭, 2개의 출력을 가진 순차회로를 테스트하기 위해 이 방법을 적용할 수 있다. 입력 X_1X_2, 플립플롭 $Q_1Q_2Q_3$, 출력 Z_1Z_2를 가진 회로가 그림 10-8과 같이 구성된다. 상태 천이표의 한 행은 다음과 같다.

		$Q_1^+Q_2^+Q_3^+$				Z_1Z_2			
$Q_1Q_2Q_3$	$X_1X_2 =$	00	01	11	10	00	01	11	10
101		010	110	011	111	10	11	00	01

그림 10-9는 천이표의 이 행을 테스트하기 위한 타이밍도를 보여준다. 맨 처음 101이 TCK를 사용하여 최하위 비트(Q_3)부터 먼저 시프트되어 들어간다. 입력 $X_1X_2 = 00$이 적용되고 $Z_1Z_2 = 10$이 읽힌다. SCK 펄스가 들어오고 회로는 010 상태로 천이된다. TCK를 사용하여 010이 시프트하여 나오고 다음 테스트를 위해 101이 시프트되어 들어간다. 테스트가 완료될 때까지 이 과정을 반복한다.

일반적으로 IC로 구현되는 디지털 시스템은 그림 10-10(a)에서와 같이 조합회로 블록들에 의해 분리된 플립플롭 레지스터들로 구성된다. IC에 주사 테스트를 적용하기 위해 그림 10-10(b)와 같이 플립플롭을 2포트 플립플롭으로 대체하고 모든 플립플롭을 주사 체인으로 연결해야 한다. 그 다음 테스트 데이터를 모든 레지스터에 주사하고 테스트 클록을 적용하여 그 결과를 주사하여 출력할 수 있다.

여러 IC가 PC 보드에 탑재된다면 각 IC의 주사 레지스터들을 함께 체인으로 연결할 수 있기 때문에 단일 직렬 접속 포트를 사용하여 전체 보드를 테스트할 수 있다(그림 10-11).

그림 10-9 주사 테스트의 타이밍도

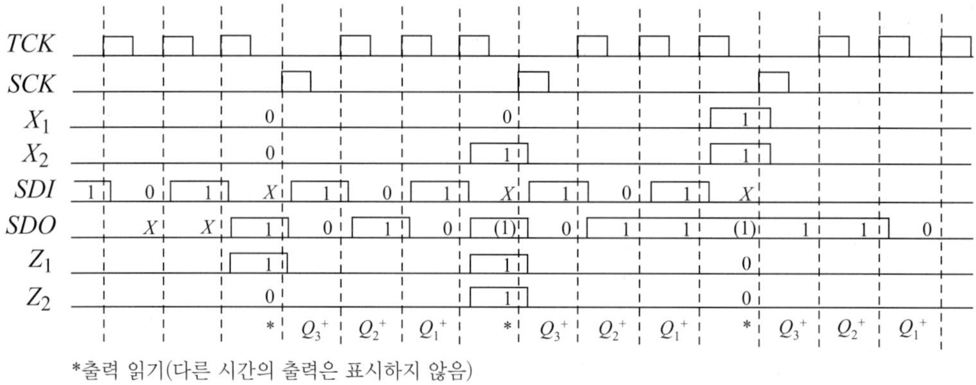

그림 10-10 플립플롭 레지스터와 조합회로 블록으로 구성된 시스템

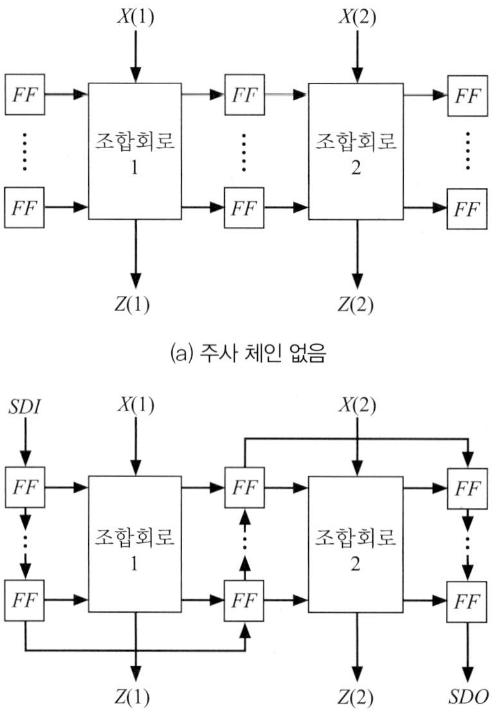

(a) 주사 체인 없음

(b) 주사 체인 포함

그림 10-11 여러 IC들의 주사 테스트를 위한 배치

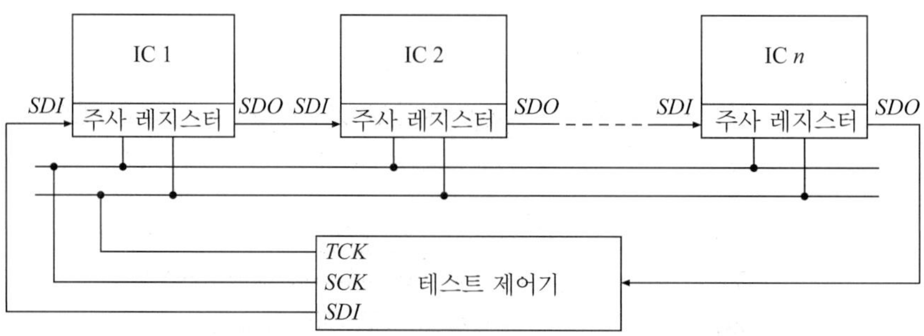

10.4 경계 주사

IC가 더 많은 핀을 갖고 더 복잡해지면서 프린트 회로 기판은 다층 구조와 매우 미세한 배선과 함께 밀도가 더 높아졌다. 복잡한 IC가 탑재되는 이와 같은 PC 보드의 테스트는 매우 어려운 작업이 되었다. 가장자리 커넥터(edge connector)를 사용하는 보드 테스트는 적절한 테스트 방법을 제공하지 못하여 매우 긴 테스트 시퀀스를 요구한다. PC 보드가 덜 밀집되었을 때는 더 넓은 배선을 가져서 **bed-of-nails 테스트 장착물**을 사용하여 테스트를 진행했었다. 이 방법은 미세한 프로브를 보드상의 배선에 접촉하여 테스트 데이터를 인가시키고 보드상의 여러 IC로부터 읽을 수 있었다. bed-of-nails 테스트는 미세한 배선과 복잡한 IC를 갖는 고밀도 PC 보드에는 적합하지 않다.

복잡한 PC 보드의 테스트를 용이하게 하기 위해 경계 주사 테스트 방법론이 도입되었다. 많은 IC를 갖는 회로 보드를 테스트하기 위한 통합 방법이다. 경계 주사 테스트를 위한 표준은 **JTAG**(Joint Test Action Group)에 의해 개발되었고 테스트 접속 포트와 경계 주사 구조 표준인 **ANSI/IEEE Standard 1149.1**로 채택되었다. 많은 IC 제조사가 이 표준을 준수하는 IC를 제작한다. 이와 같은 IC들은 PC 보드에서 서로 연결할 수 있어서 PC 보드의 가장자리 커넥터의 몇 개의 핀만을 사용하여 테스트할 수 있다.

그림 10-12는 IEEE 표준에 따라 경계 주사 논리회로를 추가한 IC를 보여준다. 경계 주사 레지스터(boundary scan register, BSR)의 한 셀이 각 입력 또는 출력 핀과 내부 코어 로직 사이에 위치한다. IC의 4개 또는 5개의 핀이 **테스트 접속 포트**(test-access port, TAP)로 역할을 한다. TAP 제어기와 부가 테스트 로직이 IC의 코어 로직에 추가된다. TAP 핀(표준에 따름)의 기능은 다음과 같다.

- *TDI*: 테스트 데이터 입력(이 데이터가 직렬로 BSR로 시프트된다.)

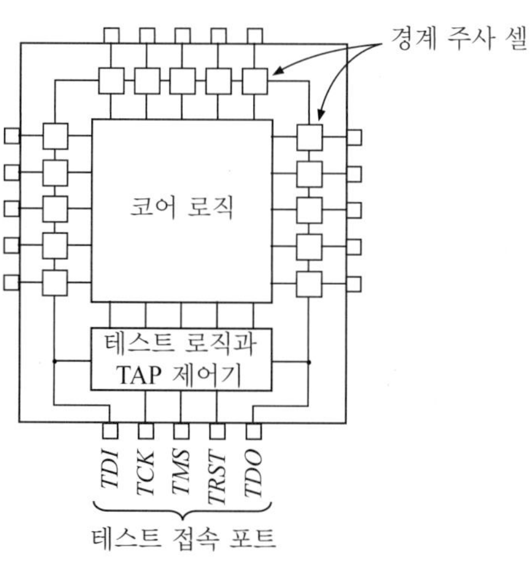

그림 10-12 경계 주사 레지스터와 테스트 접속 포트를 가진 IC

- *TCK*: 테스트 클록
- *TMS*: 테스트 모드 선택
- *TDO*: 테스트 데이터 출력(BSR로부터 직렬로 출력)
- *TRST*: 테스트 리셋(TAP 제어기 및 테스트 로직 리셋; 선택적 핀)

여러 개의 경계 주사 IC를 갖는 PC 보드가 그림 10-13에 나타나 있다. IC 내의 경계 주사 레지스터는 입력 *TDI*와 출력 *TDO*, 단일 체인으로 직렬로 연결된다. *TCK*, *TMS*, *TRST*(사용된다면)는 모든 IC에 병렬로 연결된다. 이 신호들을 이용하여 테스트 명령어와 테스트 데이터가 보드상의 모든 IC에 클록과 함께 들어간다.

그림 10-12는 경계 주사 표준을 준수한 각 IC의 주변에 위치하는 경계 주사 셀을 보여준다. 전형적인 경계 주사 셀의 구조가 그림 10-14에 나타나 있다. 경계 주사 셀은 *TDI* 직렬 입력과 병렬 입력 핀의 2개의 입력을 갖는다. 마찬가지로, 직렬 출력과 병렬 데이터 출력의 2개의 출력을 갖는다. 정상 모드에서 병렬 입력 핀으로부터 들어온 데이터가 IC의 내부 코어 로직으로 전송되거나 코어 로직으로부터 데이터가 출력 핀으로 전송된다. 시프트 모드에서는 이전 셀로부터 직렬 데이터가 클록과 함께 Q_1으로 저장되고 동시에 Q_1에 저장되었던 데이터가 다음 경계 주사 셀로 옮겨간다. Q_2가 갱신된 후에 테스트 데이터가 내부 로직 또는 출력 핀으로 공급될 수 있다.

그림 10-15는 각 경계 주사 IC에 구현된 기본 경계 주사 구조를 보여준다. 경계 주사 레지스터는 두 부분으로 분리되어 있다. BSR1은 경계 주사 셀의 Q_1 플립플롭으로 구성된 시프트 레지스터를 나타낸다. BSR2는 갱신 신호를 받았을 때 BSR1로부터 병렬적으로 입력될 수 있는 Q_2 플립플롭들을 나타낸다. 직렬 입력 데이터(*TDI*)는 바이패스 레지스터 또는 명령어 레지스터를 통해 경계 주사 레지스터(BSR1)로 시프트되어 들어온다. 각 IC의 TAP 제어기는 상태 머신(그림 10-16)을 포함한다. 상태 머신의 입력은 *TMS*이고, *TMS*에 인가되는 0과 1의 시퀀스가 *TDI* 데이터가 명령어 레지스터로 시프트되어 들어갈 것인지 경계 주사 셀로 들어갈 것인지 여부를 결정한다. TAP 제어기와 명령어 레지스터는 경계 주사 셀의 동작을 제어한다.

그림 10-13 경계 주사 기능을 가진 IC들의 PC 보드

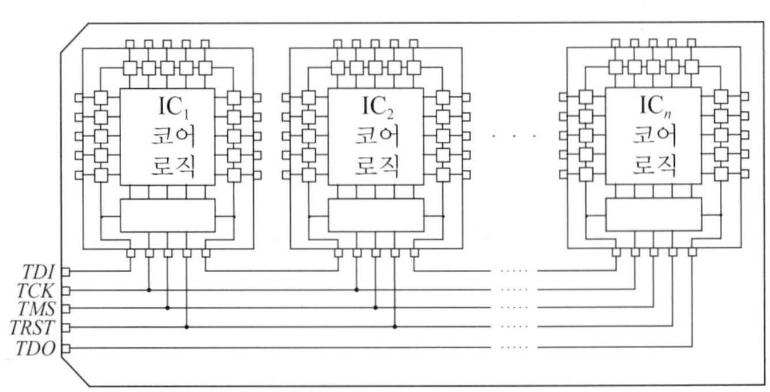

그림 10-14 전형적인 경계 주사 셀

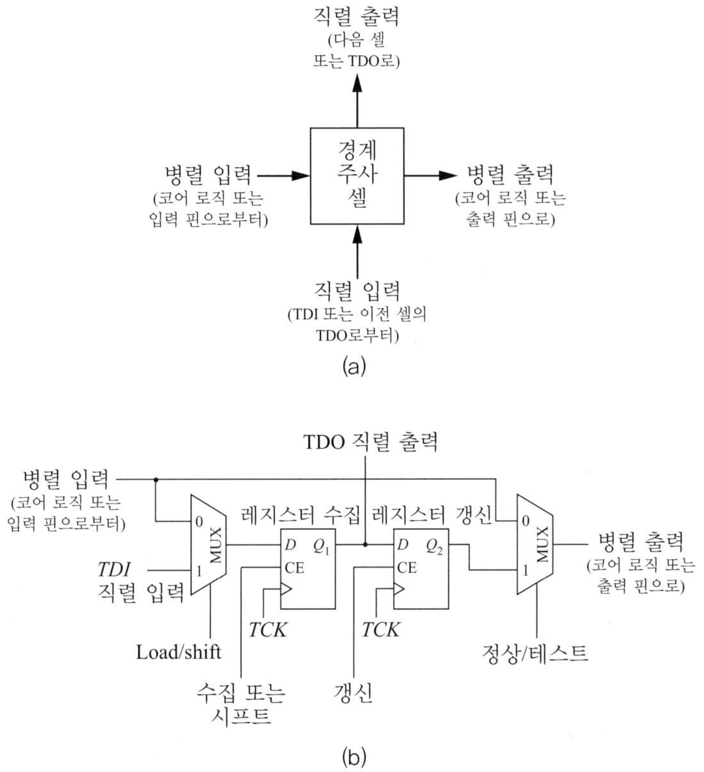

그림 10-15 기본적인 경계 주사 구조

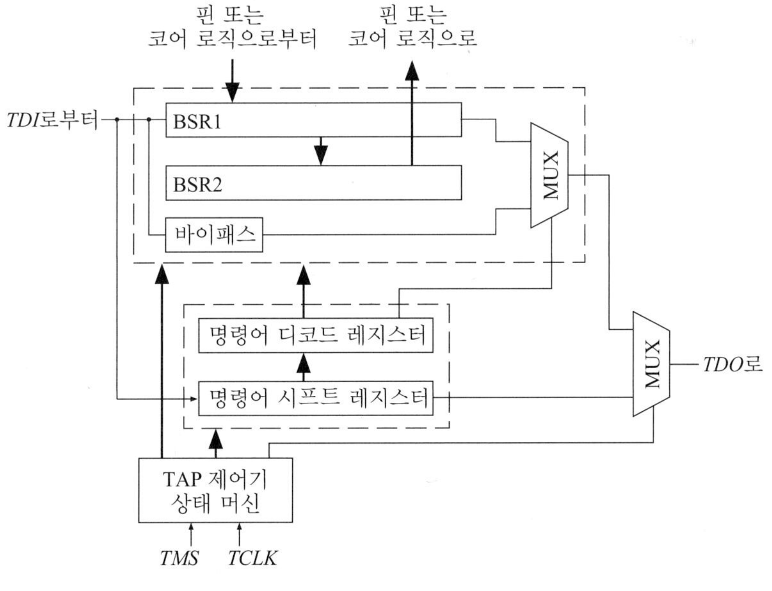

TAP 제어기 상태 머신은 16개의 상태를 갖는다. 상태 9부터 상태 15는 명령어 레지스터를 적재하고 갱신하기 위해 사용하며, 상태 2부터 상태 8은 데이터 레지스터(BSR1)를 적재하고 갱신하기 위해 사용한다. TRST 신호는 Test-Logic-Reset 상태로 리셋시킨다. 초

그림 10-16 TAP 제어기를 위한 상태 머신

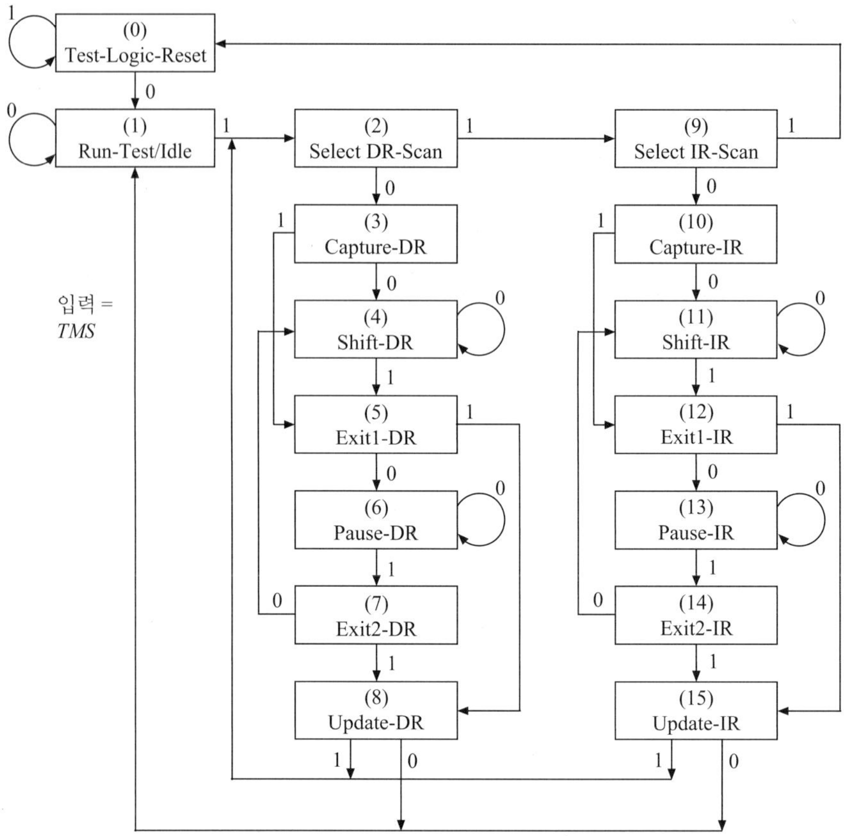

기 상태에 관계없이 *TMS* 입력에 인가되는 5개의 1 시퀀스는 항상 상태 머신을 상태 0으로 리셋하는 성질을 갖는다.

다음 명령어들이 IEEE 표준에 정의된다.

- BYPASS: 이 명령어는 *TDI* 직렬 데이터가 경계 주사 레지스터를 지나가는 대신에 IC 내의 1비트 바이패스 레지스터를 통해 지나가게 한다. 이런 방법으로 PC 보드상의 다른 IC가 테스트되는 동안에 하나 또는 그 이상의 IC를 우회시킬 수 있다.
- SAMPLE/PRELOAD: 이 명령어는 코어 로직의 정상 동작을 방해하지 않고 경계 주사 레지스터의 내용을 살펴보는 데 사용한다. 데이터는 방해 없이 코어 로직과 IC 핀 사이에서 전송하거나 받을 수 있다. 이 데이터는 샘플링될 수 있고, 경계 주사 레지스터를 통해서 조사할 수 있다. 테스트 데이터는 BSR로 시프트될 수 있다.
- EXTEST: 이 명령어는 보드 레벨 연결선의 테스트를 허용한다. 또한 경계 주사 테스트 기능에 포함되지 않는 컴포넌트들의 테스트를 허용한다. 테스트 데이터가 BSR에 시프트되고 출력 핀으로 나간다. 입력 핀으로부터 들어온 데이터는 BSR에 의해 수집된다.
- INTEST(선택적): 이 명령어는 테스트 데이터를 경계 주사 레지스터에 시프트함으로써 코어 로직을 테스트하는 것을 허용한다. BSR로 시프트된 데이터는 입력 핀으로부터 들

어온 데이터를 대신하고 코어 로직으로부터 나온 출력 데이터가 BSR에 적재된다.

- RUNBIST(선택적): 이 명령어는 IC 내의 특수 내장형 자기 테스트(BIST) 로직을 실행하도록 허용한다(10.5절에서 BIST 로직이 어떻게 테스트 시퀀스를 생성하고 테스트 결과를 확인하는 데 사용되는지 설명한다).

그 밖의 여러 선택적 명령어와 사용자 정의 명령어가 포함될 수 있다.

IC 핀들 사이의 데이터 경로, 경계 주사 레지스터, 코어 로직은 실행되는 명령어뿐만 아니라 TAP 제어기의 상태에 의존한다. 그림 10-17, 10-18, 10-19는 SAMPLE/PRELOAD, EXTEST, INTEST 명령어를 위한 데이터 경로를 강조해서 보여준다. 각 경우 경계 주사 레지스터 BSR1과 BSR2가 입력 핀과 관련된 부분과 출력 핀과 관련된 부분의 두 부분으로 나누어진다. 테스트 데이터가 *TDI*로부터 BSR1로 시프트되어 들어오고 *TDO*로 시프트되어 나갈 수 있다.

SAMPLE/PRELOAD 명령어(그림 10-17)에서 코어 로직은 IC의 입력 핀으로부터 들어오는 입력으로 정상 모드에서 동작하여 출력 핀으로 출력을 보낸다. 제어기가 CaptureDR 상태일 때 BSR1은 입력 핀과 코어 로직의 출력으로부터 병렬적으로 적재된다. UpdateDR 상태에서 BSR2는 BSR1로부터 적재된다.

EXTEST 명령어(그림 10-18)에서 코어 로직은 사용되지 않는다. UpdateDR 상태에서

그림 10-17 SAMPLE/PRELOAD 명령어를 위한 신호 경로(굵은 선)

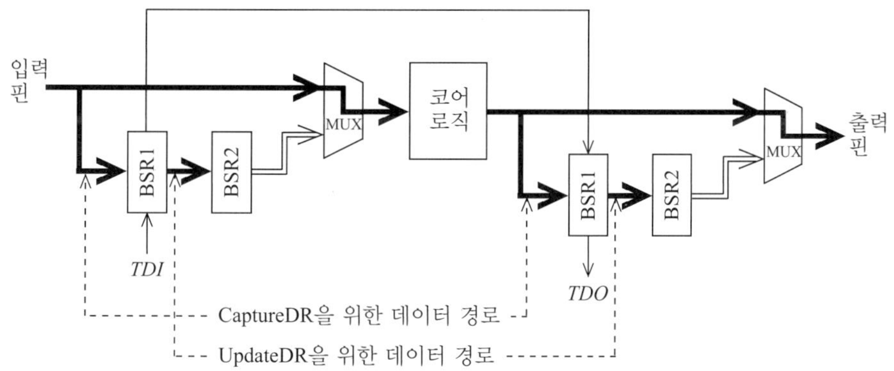

그림 10-18 EXTEST 명령어를 위한 신호 경로(굵은 선)

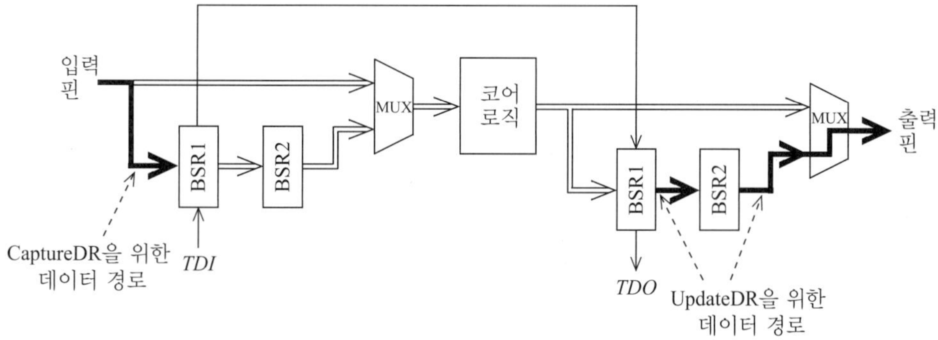

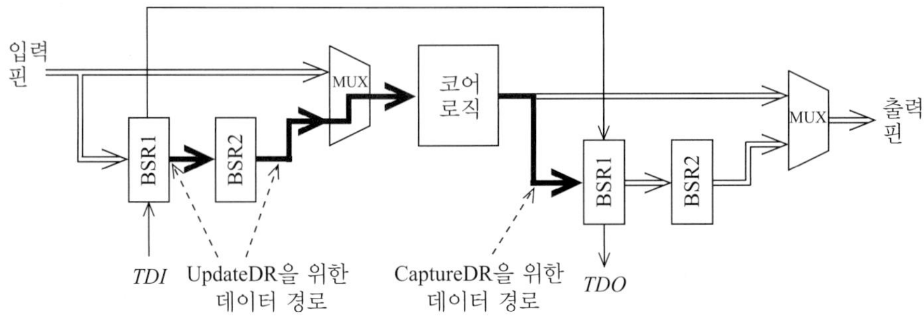

그림 10-19 INTEST 명령어를 위한 신호 경로(굵은 선)

는 BSR1이 BSR2로 적재되고 데이터는 IC의 출력 핀으로 보내진다. CaptureDR 상태에서 입력 핀으로 들어온 데이터가 BSR1로 적재된다.

INTEST 명령어(그림 10-19)에서 IC 핀은 사용되지 않는다. UpdateDR 상태에서는 BSR1로 이전에 시프트되어 들어온 테스트 데이터가 BSR2로 적재되고 코어 로직 입력으로 보내진다. CaptureDR 상태에시 코어 로직으로부터의 데이터가 BSR1에 적재된다.

다음의 간단한 예제는 어떻게 두 IC 사이의 연결이 SAMPLE/PRELOAD와 EXTEST 명령어를 사용하여 테스트될 수 있는지를 설명한다. 이 테스트는 PC 보드 연결선들의 단락과 개방을 확인하기 위한 것이다. 그림 10-20에서 볼 수 있듯이, 두 IC는 각각 2개의 입력 핀과 2개의 출력 핀을 갖는다. 테스트 데이터가 *TDI*를 통해 BSR들로 시프트되어 들어간다. 입력 핀으로부터 들어온 입력은 BSR들에 병렬적으로 적재되고 *TDO*를 통해 밖으로 시프트되어 나간다. 각 IC의 명령어 레지스터는 3개의 비트로 구성되고 EXTEST는 000으로, SAMPLE/PRELOAD는 001로 코드화된 것으로 가정한다. IC1의 코어 로직은 클록 발진기와 2개의 플립플롭을 연결하는 인버터 회로이다. IC2의 코어 로직은 인버터와 XOR 게이트 회로이다. 2개의 IC가 2비트 카운터를 구성하기 위해 상호연결되었다.

IC들 사이의 연결선을 테스트하는 데 필요한 단계는 다음과 같다.

1. *TMS*에 5개의 1의 시퀀스를 입력함으로써 TAP 상태 머신을 Test-Logic-Reset 상태로

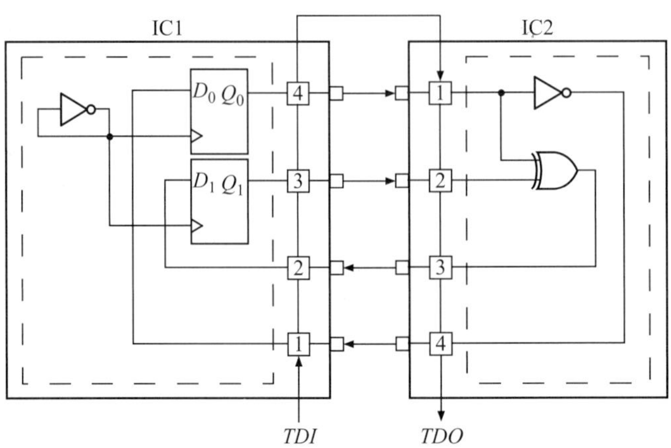

그림 10-20 경계 주사를 이용한 연결선 테스트

초기화하라.

2. 다음의 *TMS* 및 *TDI* 시퀀스를 사용하여 두 IC에 SAMPLE/PRELOAD 명령어를 주사하라.

```
State:    0  1  2  9  10 11 11 11 11 11 11 12 15 2
TMS:      0  1  1  0  0  0  0  0  0  0  1  1  1
TDI:      -  -  -  -  -  1  0  0  1  0  0  -  -
```

TMS 시퀀스 01100이 TAP 제어기를 Shift-IR 상태로 만든다. 이 상태에서 SAMPLE/PRELOAD 명령어(코드 001)가 두 IC의 명령어 레지스터로 시프트된다. Update-IR 상태에서 명령어는 명령어 디코드 레지스터에 적재된다. 그 다음 TAP 제어기는 Select DR-Scan 상태로 돌아간다.

3. *TMS*와 *TDI*를 위한 다음의 시퀀스를 사용하여 첫 테스트 데이터를 IC들에 미리 적재하라.

```
State: 2  3  4  4  4  4  4  4  4  4  5  8 2
TMS:   0  0  0  0  0  0  0  0  0  1  1  1
TDI:   -  -  0  1  0  0  0  1  0  0  -  -
```

Shift-DR 상태에서 데이터가 BSR1로 시프트되고, Update-DR 상태에서 BSR2로 이동된다. 결과는 다음과 같다.

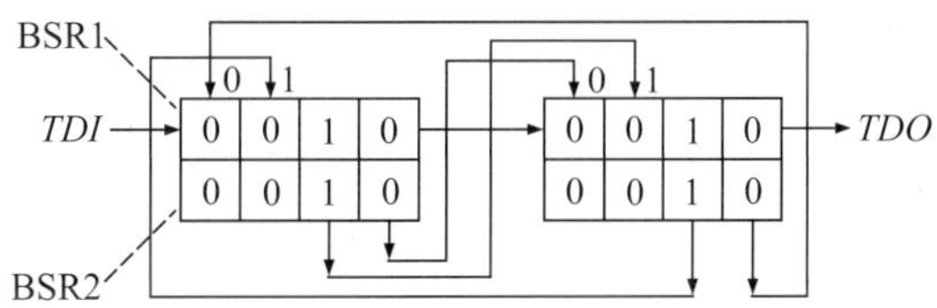

4. 다음 시퀀스를 이용하여 EXTEST 명령어를 두 IC에 주사하라.

```
State: 2  9  10 11 11 11 11 11 11 12 15 2
TMS:   1  0  0  0  0  0  0  0  1  1  1
TDI:   -  -  -  0  0  0  0  0  0  -  -
```

Shift-IR 상태에서 EXTEST 명령어(000)가 명령어 레지스터로 주사되고, Update-IR 상태에서 명령어 디코드 레지스터에 적재된다. 이때 미리 적재된 테스트 데이터가 출력 핀으로 가고 프린트 회로 기판의 연결선을 통해 인접한 IC의 입력 핀으로 전송된다.

5. IC 입력으로부터 테스트 결과를 획득하라. 이 데이터를 *TDO*로 주사하고 다음 시퀀스를 사용하여 두 번째 테스트 데이터 세트를 주사하라.

```
State: 2 3 4 4 4 4 4 4 4 4 5 8 2
TMS:   0 0 0 0 0 0 0 0 0 1 1 1
TDI:   - - 1 0 0 0 1 0 0 0 - -
TDO:   - - x x 1 0 x x 1 0 - -
```

Capture-DR 상태에서 입력 핀으로부터 데이터가 BSR1으로 적재된다. 어떤 고장도 감지되지 않는다면 BSR들은 다음 그림처럼 설정된다. 여기서 X는 테스트와 무관한 획득 데이터를 나타낸다.

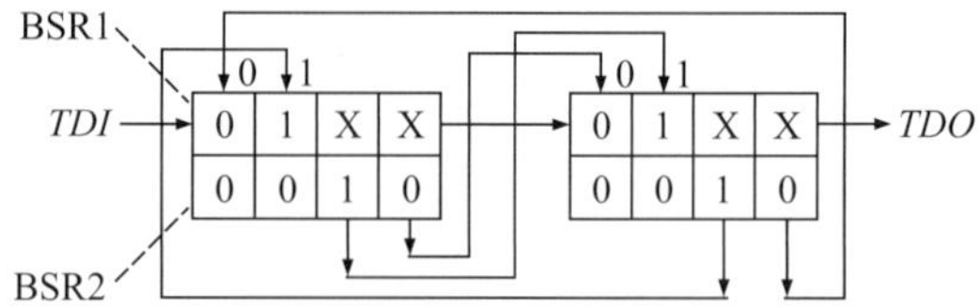

이 테스트 결과는 Shift-DR 상태에서 새로운 테스트 데이터가 시프트되어 들어올 때 BSR1로 시프트된다. Updata-IR 상태에서 새로운 데이터가 BSR2로 적재된다.

6. IC 입력으로부터 테스트 결과를 획득하라. 이 데이터를 *TDO*를 주사하여 출력하고 다음 시퀀스를 사용하여 모두 0을 주사하라.

```
State:  2 3 4 4 4 4 4 4 4 4 5 8 2 9 0
TMS:    0 0 0 0 0 0 0 0 0 1 1 1 1 1
TDI:    - - 0 0 0 0 0 0 0 0 - - - -
TDO:    - - x x 0 1 x x 0 1 - - - -
```

Capture-DR 상태에서 입력 핀으로 데이터가 BSR1로 적재된다. Shift-DR 상태에서 이 데이터가 시프트되어 나가고 0들이 시프트되어 들어온다. Update-DR 상태에서 BSR2에 0들이 적재된다. 그런 다음 제어기는 Test-Logic-Reset 상태로 돌아가고 IC는 정상 상태로 동작한다. 관찰된 *TDO* 시퀀스가 주어진 리스트와 일치하면 연결선 테스트는 통과한다.

그림 10-15의 기본 경계 주사 구조에 대한 Verilog 코드는 그림 10-21에 나타나 있다. 3개의 필수 명령어(EXTEST, SAMPLE/PRELOAD, BYPASS)만이 세 비트의 명령어 레지스터를 이용하여 구현되었다. 이 명령어들이 000, 001, 111로 각각 코딩되었다. BSR의 셀 수는 제네릭(generic) 매개변수이다. 두 번째 제네릭 매개변수 *CellType*은 각 셀이 입력인지 출력인지를 지정하는 비트 벡터이다. case 문은 TAP 제어기의 상태 머신을 구현한다. Capture-IR, Shift-IR, Update-IR 상태에서 명령어가 *IDR*로 주사되어 적재된다. Capture-DR, Shift-DR, Update-IR 상태에서 명령어가 실행된다. 이 상태에서 일어나는 동작은 실행되는 명령어에 달려 있다. *TCK*의 상승 에지에서 레지스터가 갱신되고 상태가 변화한다. Verilog 코드는 IEEE 경계 주사 표준에서 필요한 대부분의 함수를 구현하지만 표준을 완전히 준수하진 못한다.

그림 10-20의 연결선 테스트 예제를 구현한 Verilog 코드가 그림 10-22에 나타나 있다. *TMS*와 *TDI* 테스트 패턴은 2단계부터 6단계에서 사용한 테스트 패턴을 연결한 것이다. 기본 경계 주사 구조를 복사하여 IC1과 IC2를 인스턴스화한다. 외부 연결과 각 IC의 내부 로직이 명시된다. 내부 클록 주파수가 테스트 클록 주파수와 다르게 임의로 선택된다. 테스트 과정은 내부 로직을 동작시키고 그 다음 경계 테스트를 진행하고 다시 내부 로직을 동작시킨다. 테스트 결과는 IC 로직이 올바르게 동작하고 주사 테스트가 예상된 결과를 생성하는지 검증한다.

그림 10-21 기본 경계 주사 구조의 Verilog 코드

```
// 그림 10-15의 경계 주사 구조를 위한 Verilog 코드
module BS_arch (TCK, TMS, TDI, TDO, BSRin, BSRout, CellType);

   parameter[6:0] NCELLS  = 2;                // 범위 2에서 120
   input TCK;
   input TMS;
   input TDI;
   output TDO;

   input[1:NCELLS] BSRin;
   inout[1:NCELLS] BSRout;
   wire[1:NCELLS] BSRout;
   wire[1:NCELLS] BSRout_xhdl0;
   input[1:NCELLS] CellType;

   reg[1:3] IR;                               // 명령어 레지스터
   reg[1:3] IDR;
   reg[1:NCELLS] BSR1;                        // 경계 주사 셀
   reg[1:NCELLS] BSR2;
   reg BYPASS;                                // 바이패스 비트

   // TAP 제어기 상태
   parameter[3:0] TestLogicReset = 0;
   parameter[3:0] RunTest_Idle = 1;
   parameter[3:0] SelectDRScan = 2;
   parameter[3:0] CaptureDR = 3;
   parameter[3:0] ShiftDR = 4;
   parameter[3:0] Exit1DR = 5;
   parameter[3:0] PauseDR = 6;
   parameter[3:0] Exit2DR = 7;
   parameter[3:0] UpdateDR = 8;
   parameter[3:0] SelectIRScan = 9;
   parameter[3:0] CaptureIR = 10;
   parameter[3:0] ShiftIR = 11;
   parameter[3:0] Exit1IR = 12;
   parameter[3:0] PauseIR = 13;
   parameter[3:0] Exit2IR = 14;
   parameter[3:0] UpdateIR = 15;
   reg[3:0] St;

   assign BSRout = BSRout_xhdl0;

   always @(TCK)
   begin
      if (TCK == 1'b1)
      begin
         case (St)
            TestLogicReset :
                     begin
                        if (TMS == 1'b0)
                           St <= RunTest_Idle ;
                        else
                           St <= TestLogicReset ;
                     end
```

```
RunTest_Idle :
            begin
                if (TMS == 1'b0)
                    St <= RunTest_Idle ;
                else
                    St <= SelectDRScan ;
            end
SelectDRScan :
            begin
                if (TMS == 1'b0)
                    St <= CaptureDR ;
                else
                    St <= SelectIRScan ;
            end
CaptureDR :
            begin
                if (IDR == 3'b111)
                    BYPASS <= 1'b0 ; //EXTEST(입력 셀이 핀 데이터 수집)
                else if (IDR == 3'b000)
                    BSR1 <= (~CellType & BSRin) | (CellType & BSR1) ;
                else if (IDR == 3'b001) //SAMPLE/PRELOAD
                    BSR1 <= BSRin ; all cells capture cell input data
                if (TMS == 1'b0)
                    St <= ShiftDR ;
                else
                    St <= Exit1DR ;
            end
ShiftDR :
            begin
                if (IDR == 3'b111)
                    BYPASS <= TDI ;  // 바이패스 레지스터로 데이터 시프트
                else
                    BSR1 <= {TDI, BSR1[1:NCELLS - 1]} ; // BSR로 데이터 시프트
                if (TMS == 1'b0)
                    St <= ShiftDR ;
                else
                    St <= Exit1DR ;
            end
Exit1DR :
            begin
                if (TMS == 1'b0)
                    St <= PauseDR ;
                else
                    St <= UpdateDR ;
            end
PauseDR :
            begin
                if (TMS == 1'b0)
                  St <= PauseDR ;
                else
                    St <= Exit2DR ;
            end
Exit2DR :
            begin
                if (TMS == 1'b0)
                    St <= ShiftDR ;
```

```
                else
                    St <= UpdateDR ;
            end
    UpdateDR :
            begin
              if (IDR == 3'b000) //EXTEST (출력 셀을 위한 출력 레지스터 갱신)
                    BSR2 <= (CellType & BSR1) | (~CellType & BSR2) ;
                else if (IDR == 3'b001) // SAMPLE/PRELOAD
                    BSR2 <= BSR1 ; // 모든 셀의 출력 레지스터 갱신
                if (TMS == 1'b0)
                    St <= RunTest_Idle ;
                else
                    St <= SelectDRScan ;
            end
    SelectIRScan :
            begin
                if (TMS == 1'b0)
                    St <= CaptureIR ;
                else
                    St <= TestLogicReset ;
            end
    CaptureIR :
            begin
              IR <= 3'b001 ; // 표준 규정에 의해 IR이 두 LSB에 01 적재
                if (TMS == 1'b0)
                    St <= ShiftIR ;
                else
                    St <= Exit1IR ;
            end
    ShiftIR :
            begin
                IR <= {TDI, IR[1:2]} ; // 명령어 코드 시프트해서 입력
                if (TMS == 1'b0)
                    St <= ShiftIR ;
                else
                    St <= Exit1IR ;
            end
    Exit1IR :
            begin
                if (TMS == 1'b0)
                    St <= PauseIR ;
                else
                    St <= UpdateIR ;
            end
  PauseIR :
            begin
                if (TMS == 1'b0)
                  St <= PauseIR ;
                else
                    St <= Exit2IR ;
            end
    Exit2IR :
            begin
                if (TMS == 1'b0)
                    St <= ShiftIR ;
```

```
                        else
                           St <= UpdateIR ;
                     end
            UpdateIR :
                     begin
                        IDR <= IR ; // 명령어 디코드 레지스터 갱신
                        if (TMS == 1'b0)
                           St <= RunTest_Idle ;
                        else
                           St <= SelectDRScan ;
                     end
         endcase
      end
   end

   assign TDO = (St == ShiftDR & IDR == 3'b111) ? BYPASS : (St == ShiftDR) ?
                 BSR1[NCELLS] : (St == ShiftIR) ? IR[3] : TDO;
   assign BSRout = (St == TestLogicReset | ~(IDR == 3'b000)) ? BSRin : BSR2 ;
                  // 셀 출력 정의

endmodule
```

그림 10-22 연결선 테스트 예제의 Verilog 코드

```
// 경계 주사 테스터

module system ();

   reg TCK;
   reg TMS;
   reg TDI;
   wire TDO;
   wire TDO1;
   reg Q0;
   reg Q1;
   reg CLK1;
   wire[1:4] BSR1in;
   wire[1:4] BSR1out;
   wire[1:4] BSR2in;
   wire[1:4] BSR2out;
   integer count;
   parameter[0:62] TMSpattern =
          63'b0110000000111000000000111100000000111000000000111000000000111111;
   parameter[0:62] TDIpattern =
           63'b000001001000000001000100000000000000000010001000000000000000000000;

   initial
   begin
      count = 0;
      TCK = 0;
      CLK1 = 0;
   end

   BS_arch BS1 (TCK, TMS, TDI, TDO1, BSR1in, BSR1out, 4'b0011);
   BS_arch BS2 (TCK, TMS, TDO1, TDO, BSR2in, BSR2out, 4'b0011);
   // 각 BSR은 2개의 입력 셀과 2개의 출력 셀을 갖는다.
```

```
    assign BSR1in[1] = BSR2out[4] ;                     // IC1 외부 연결
    assign BSR1in[2] = BSR2out[3] ;
    assign BSR1in[3] = Q1 ;                             // IC1 내부 로직
    assign BSR1in[4] = Q0 ;

    always #7 CLK1 <= ~CLK1;                            // 내부 클록

    always @(posedge CLK1)
    begin
       Q0 <= BSR1out[1] ;                               // D 플립플롭
       Q1 <= BSR1out[2] ;
    end
    assign BSR2in[1] = BSR1out[4] ;                     // IC2 외부 연결
    assign BSR2in[2] = BSR1out[3] ;
    assign BSR2in[3] = BSR2out[1] ^ BSR2out[2] ;        // IC2 내부 로직
    assign BSR2in[4] = ~BSR2out[1] ;
    always #5 TCK <= ~TCK;                              // 테스터 클록

    always
    begin
       TMS <= 1'b1 ;
       #70;                                             // 내부 로직 실행
       @(posedge TCK);
       begin : xhdl_12
          integer i;
          for(i = 0; i <= 62; i = i + 1)                // 스캔 테스트 실행
          begin
             TMS <= TMSpattern[i] ;
             TDI <= TDIpattern[i] ;
             #0;
             count <= i + 1 ;                           // count는 출력 목록을 작성하게 한다.
             @(posedge TCK);
          end
       end
       #70;                                             // 내부 로직 실행
       forever #100000;                                 // 수동 종료 기다림
    end
endmodule
```

10.5 내장형 자기 테스트

디지털 시스템이 점점 더 복잡해지면서 테스트가 더 어려워지고 높은 비용이 요구된다. 이 문제를 위한 해결 방법 중 하나는 자기 스스로 테스트할 수 있도록 IC에 로직을 부가하는 것이다. 이것을 내장형 자기 테스트(built-in self-test, BIST)라고 부른다. 그림 10-23은 BIST를 사용하는 일반적인 방법을 설명한다. 칩 내부의 테스트 생성기가 테스트 대상 회로에 테스트 패턴을 적용한다. 응답 모니터가 출력 결과를 관찰하고 부정확한 출력 패턴을 감지하면 오류 신호를 생성한다.

그림 10-23 일반적인 BIST 방법

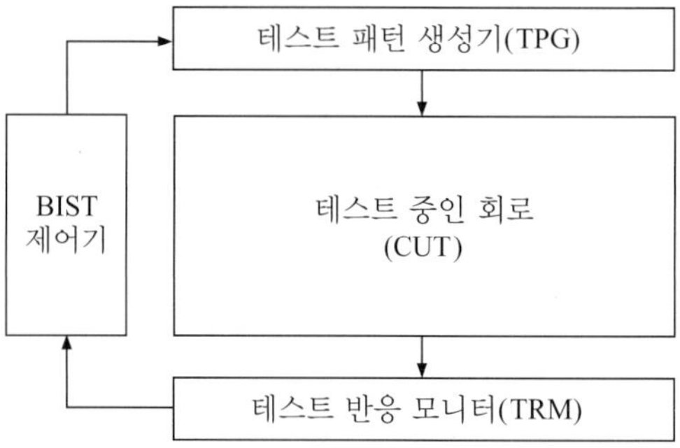

그림 10-24 RAM을 위한 자기 테스트 회로

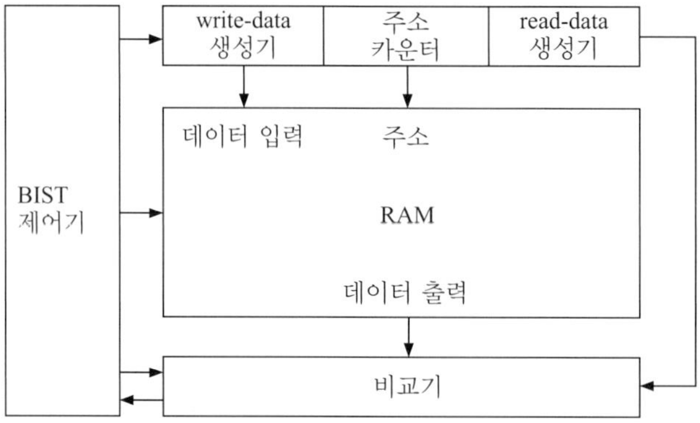

BIST는 메모리 테스트를 위해 자주 사용된다. 메모리 칩의 규칙적인 구조가 테스트 패턴 생성을 쉽게 한다. 그림 10-24는 RAM을 위한 자기 테스트 회로의 블록도를 보여준다. BIST 제어기는 RAM이 각 위치에 데이터를 쓰기 위해 write-data 생성기와 주소 카운터의 동작을 가능하게 한다. 다음에 주소 카운터와 read-data 생성기가 동작 가능해지고 RAM의 각 위치로부터 읽힌 데이터가 올바른 동작을 검증하기 위해 read-data 생성기의 출력과 비교된다. 모든 메모리 위치에 **체커보드**(checkerboard) **패턴**(0과 1이 교대)으로 썼다가 다시 읽음으로써 메모리를 테스트한다. 예를 들면 모든 짝수 주소에 0과 1을 교대로 쓰고, 모든 홀수 주소에는 1과 0을 교대로 쓸 수 있다. 이것들을 다시 읽은 후에 테스트를 완료하기 위해 홀수와 짝수 주소의 패턴을 교환한다. 또 다른 테스트인 **마치 테스트**(March test)에서는 각 셀을 읽고 반전된 값을 쓴다. 이 과정이 모든 메모리 어레이가 가로질러 확인될 때까지 계속된다. 그 다음에 주소가 감소하는 방향으로 이 과정이 반복된다.

테스트 회로는 **시그니처**(signature) 레지스터를 사용함으로써 단순해질 수 있다. 시그니처 레지스터는 출력 데이터를 시그니처라 불리는 짧은 비트열로 압축하고 이 시그니처가 정확하게 동작한 컴포넌트의 시그니처와 비교된다. **다중 입력 시그니처 레지스터**(multiple-input signature register, MISR)는 여러 출력 스트림을 결합하여 단일 시그니처로 압축한다. 그림 10-25는 단순한 형태의 RAM 자기 테스트 회로를 보여준다. read-data 생성기와 비교기는 제외되고 MISR로 대체되었다. MISR의 형태 중 하나는 RAM에 저장된 모든 데

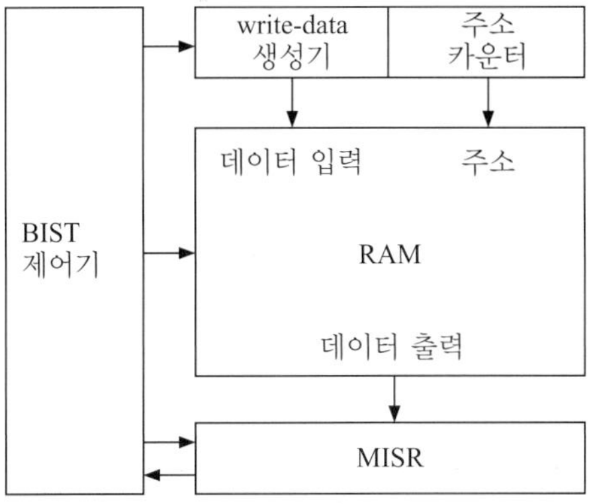

그림 10-25 시그니처 레지스터를 사용한 RAM용 자기 테스트 회로

이터 바이트를 합산하여 체크섬(check sum)을 만든다. ROM을 테스트할 때 그림 10-25는 write-data 생성기가 필요 없기 때문에 좀 더 단순화할 수 있다.

선형 피드백 시프트 레지스터(linear feedback shift register, LFSR)는 테스트 패턴을 생성하고 테스트 출력을 시그니처로 압축하는 데 자주 사용된다. LFSR은 직렬 입력 비트가 시프트 레지스터에 현재 저장되어 있는 일부 비트들의 선형 함수인 시프트 레지스터이다. 직렬 입력에 영향을 주는 위치에 있는 비트들을 **탭**(tap)이라 부른다. 일반적인 형태의 LFSR은 2개 이상의 플립플롭의 출력들이 XOR 되어 첫 번째 플립플롭으로 다시 입력되는 시프트 레지스터이다. **선형**이라는 용어는 배타적 OR이 모듈로(modulo) 2 덧셈과 같고 덧셈은 선형적인 연산인 사실에 기인한다. 그림 10-26은 LFSR의 예제를 보여준다. 첫 번째와 네 번째 플립플롭의 출력이 서로 XOR 되어 첫째 플립플롭의 D 입력으로 되돌아 들어간다. 탭은 1번과 4번 위치이다.

XOR 게이트를 통해 되돌아가는 출력의 적절한 선택으로 n비트 시프트 레지스터와 함께 $2^n - 1$가지의 비트 패턴을 생성할 수 있다. 모두 0인 패턴을 제외하고 모든 가능한 패턴을 생성할 수 있다. 그림 10-26의 LFSR에 의해 생성된 패턴은 다음과 같다.

1000, 1100, 1110, 1111, 0111, 1011, 0101, 1010, 1101, 0110, 0011,
1001, 0100, 0010, 0001, 1000, . . .

이 패턴들은 명확한 순서가 없어서 어느 정도의 무작위성을 갖는다. 이와 같은 LFSR을

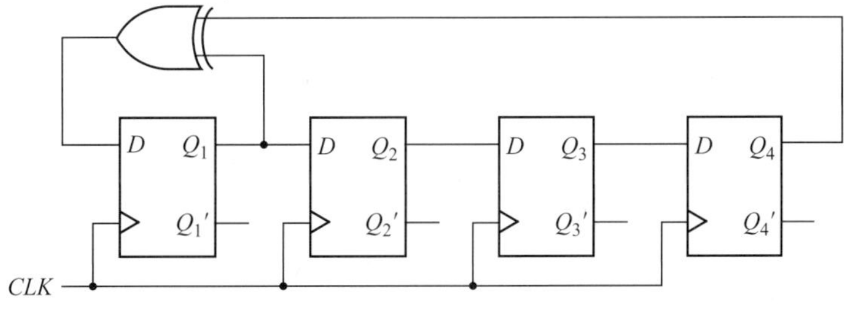

그림 10-26 4비트 선형 피드백 시프트 레지스터(LFSR)

표 10-4 최대 길이 LFSR 시퀀스를 위한 피드백

n	피드백
4, 6, 7	$Q_1 \oplus Q_n$
5	$Q_2 \oplus Q_5$
8	$Q_2 \oplus Q_3 \oplus Q_4 \oplus Q_8$
12	$Q_1 \oplus Q_4 \oplus Q_6 \oplus Q_{12}$
14, 16	$Q_3 \oplus Q_4 \oplus Q_5 \oplus Q_n$
24	$Q_1 \oplus Q_2 \oplus Q_7 \oplus Q_{24}$
32	$Q_1 \oplus Q_2 \oplus Q_{22} \oplus Q_{32}$

의사 랜덤 패턴 생성기(pseudo-random pattern generator, PRPG)라고 부른다. PRPG는 적은 양의 논리회로를 사용하여 많은 수의 테스트 패턴을 생성할 수 있으므로 BIST에 매우 유용하다. 표 10-4는 길이의 범위 n이 4에서 32 사이인 어떤 LFSR의 모든 $2^n - 1$개의 비트 패턴을 생성할 수 있는 피드백 조합 중 하나를 제공한다.

모두가 0인 테스트 패턴이 필요하면 n비트 LFSR은 $n - 1$개의 입력을 가진 AND 게이트를 부가해서 수정할 수 있다. 그림 10-27에서 n은 4이다. 0001 상태의 다음 상태는 0000이고, 0000 상태의 다음 상태는 1000이다. 이 외의 경우는 그림 10-26에서의 시퀀스와 같다.

MISR은 그림 10-28과 같이 LFSR을 수정하고 XOR 게이트를 부가함으로써 구성할 수 있다. 테스트 데이터($Z_1Z_2Z_3Z_4$)는 XOR 되어 각 클록 때 레지스터에 들어가고 최종 결과는 정확히 동작하는 것으로 알려진 컴포넌트의 시그니처와 비교할 수 있는 시그니처를 나타낸다. 이 시그니처 분석 방식은 많은(전부는 아님) 수의 가능한 오류를 잡아낼 수 있다. n비트 시그니처 레지스터는 모든 가능한 입력 스트림을 2^n가지의 가능한 시그니처 중 하나로 매핑한다. 이 중 하나가 정확한 시그니처이고, 다른 것은 오류가 일어났음을 나타낸다. 부정확한 입력 시퀀스가 정확한 시그니처에 매핑될 확률은 대략 $1/2^n$이다.

그림 10-28의 MISR에서 정확한 입력 시퀀스가 1010, 0001, 1110, 1111, 0100, 1011, 1001, 1000, 0101, 0110, 0011, 1101, 0111, 0010, 1100이라고 가정한다. MISR의 초기값이 0000이라고 가정하면 이 시퀀스는 0010 시그니처로 매핑된다. 하나의 비트가 다른 입력 시퀀스들은 다른 시그니처로 매핑될 것이다. 예를 들면 시퀀스 중 0001이 1001로 변

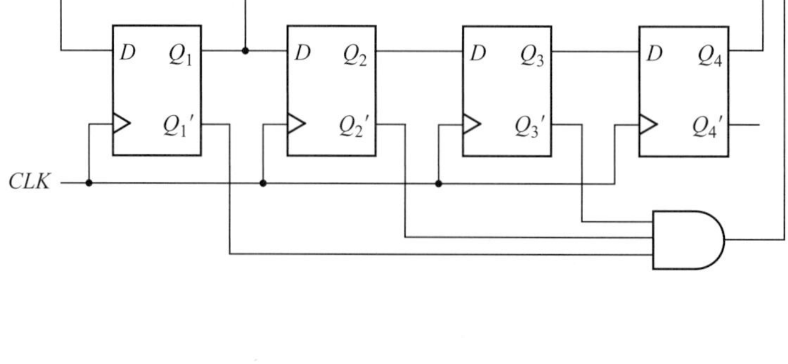

그림 10-27 0000 상태를 갖는 수정된 LFSR

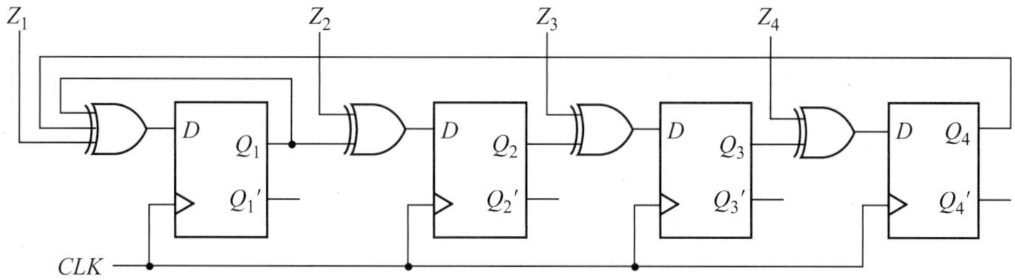

그림 10-28 다중 입력 시그니처 레지스터(MISR)

했다면 결과 시퀀스는 0000에 매핑된다. 2개의 오류를 가진 대부분의 시퀀스는 감지될 테지만, 원래 시퀀스 중 0001이 1001로 바뀌고 0010이 0110으로 바뀐다면 결과는 0010으로 매핑된다. 이것은 정확한 시그니처여서 오류는 감지되지 않는다.

다양한 형태의 BIST 구조가 제안되었다. 인기 있는 두 가지는 STUMPS 구조와 BILBO 구조로, 다음 단락에서 설명한다.

STUMPS는 Self-Testing Using MISP and Parallel SRSG의 약자이다. **SRSG**는 Shift-Register Sequence Generator의 약자이다. STUMPS는 주사 체인을 사용하는 BIST 구조이다. STUMPS 구조의 개요가 그림 10-29에 나타나 있다. 의사 랜덤 패턴 생성기는 주사 체인에 테스트 패턴을 공급하고 수집 사이클 후에 테스트 반응 분석기는 테스트 결과를 수신한다. STUMPS의 테스트 과정은 다음과 같다.

1. 테스트 패턴 생성기로부터의 패턴을 모든 주사 체인으로 주사한다.
2. 정상 기능 모드로 바꾸고 시스템 클록으로 한 클록 진행한다.
3. 테스트 시그니처가 생성되는 테스트 반응 분석기(MISR)로 주사 체인이 시프트되어 나간다.

주사 체인에 100개의 주사 셀이 있다면 1단계와 3단계는 100개의 클록이 소요될 것이다. 모든 주사 체인은 먼저 의사 랜덤 생성기에 의해 채워진다. 그러므로 긴 주사 체인은 긴 테스트 시간이 필요하다. 주사당 하나의 테스트가 진행되기 때문에 STUMPS 구조는 **test-per-scan** 방법이라 불린다. 테스트 시간을 줄이기 위해 많은 수의 병렬 주사 체인을 사용

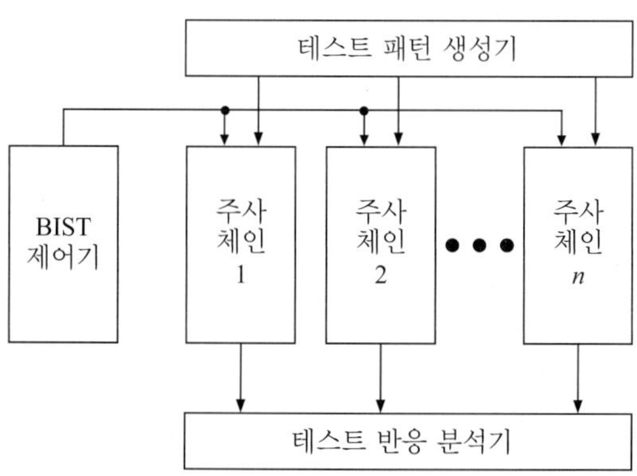

그림 10-29 STUMPS 구조

할 수 있고 모든 주사 체인이 병렬적으로 적재될 수 있기 때문에 테스트를 위해 주사 체인을 채우는 시간이 줄어든다.

STUMPS 구조는 원래 다중 칩 모듈[Bardell 1982]의 자기 테스트를 위해 개발되었다. 각 로직 칩(모듈)의 주사 체인이 의사 랜덤 패턴 생성기로부터 병렬적으로 적재된다. 필요한 클록 사이클의 수는 가장 긴 주사 체인의 플립플롭의 수와 같다. 가장 긴 주사 체인에 m개의 주사 셀이 있다면 첫 번째 테스트가 $2m + 1$ 사이클(주사 입력 m 사이클, 1 수집 사이클, 주사 출력 m 사이클)만큼의 시간이 걸린다. 짧은 주사 체인은 MISR로 오버플로가 일어날 것이지만 최종 시그니처에는 영향을 주지 않을 것이다.

테스트 시간을 줄이기 위해 1단계와 3단계를 중첩시킬 수 있다. 하나의 테스트 후에 주사체인이 MISR로 이동되어 나올 때 동시에 SRSG로부터 다음 순서의 의사 랜덤 패턴이 주사 체인으로 적재될 수 있다. 즉, 테스트 I의 응답이 시프트되어 나올 때 테스트 $I + 1$의 테스트 패턴이 시프트되어 들어갈 수 있다. 테스트의 주사 출력과 다음 테스트의 주사 입력을 중첩한다고 가성하면 각 테스트 벡터는 $m + 1$ 사이클을 사용하며 n개의 테스트 벡터를 적용하면 $n(m + 1) + m$ 사이클이 걸린다. 이는 마지막 주사 출력에 m 사이클이 소요되는 것을 포함한 것이다.

바로 전에 논의한 test-per-scan 방법에 반하여 test-per-clock 방법이 더 빠른 테스트를 위해 사용될 수 있다. 이런 방식을 **BILBO**(built-in logic block observer) 기술이라 한다.

BILBO 방식에서 주사 레지스터의 일부분이 상태 레지스터, 패턴 생성기, 시그니처 레지스터, 시프트 레지스터로 기능할 수 있도록 주사 레지스터가 수정된다. 시프트 레지스터로 사용할 때 일상적인 방법으로 테스트 데이터가 주사되어 들어가고 나온다. 테스트 동안에는 주사 레지스터의 일부가 패턴 생성기(PRPG)로서 사용되고 일부는 조합회로 블록의 하나를 테스트하기 위해 시그니처 레지스터(MISR)로서 사용될 수 있다. 그 다음에 다른 조합회로 블록을 테스트하기 위해 역할이 변경될 수 있다. 테스트가 끝난 후에 주사 레지스터는 정상 동작을 위한 상태 레지스터 모드가 된다. BILBO 레지스터들이 초기화된 후 주사 체인의 경우와 같이 테스트 패턴이 적재되지 않았기 때문에 테스트가 각 클록 주기마다 적용될 수 있다. 그러므로 **test-per-clock** BIST 방법으로 분류된다. BILBO는 테스트 길이가 더 짧지만 더 많은 테스트 하드웨어가 필요하다.

그림 10-30은 2개의 조합회로 블록을 가진 회로를 테스트하기 위한 BILBO 레지스터의 배치를 보여준다. 첫 번째 BILBO가 PRPG로서 사용될 때 조합회로 1이 테스트되고 BILBO가 MISR로서 사용될 때 조합회로 2가 테스트된다. 조합회로 2를 테스트하기 위해 레지스터들의 역할이 반전된다. 정상 동작 모드에서 두 BILBO 모두 관련된 조합회로를 위한 레지스터로 역할을 한다.

그림 10-31은 4비트 BILBO 레지스터 구조의 한 형태를 보여준다. 제어 입력 B_1과 B_2는 동작 모드를 결정한다. Si와 So는 시프트 레지스터 모드의 직렬 입력과 출력이다. Z는 조

그림 10-30 BILBIO 레지스터를 사용하는 BIST

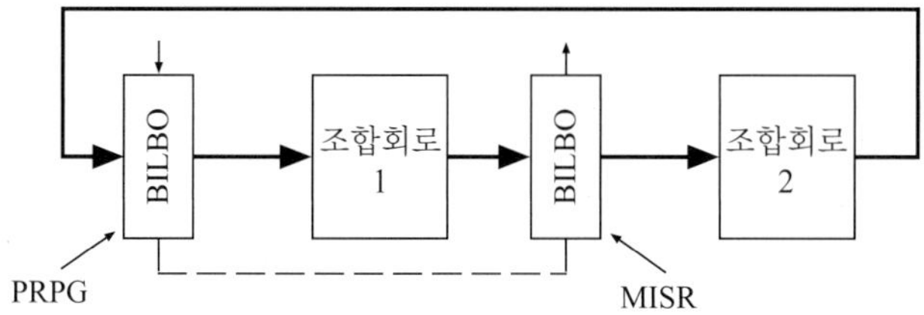

(a) 테스트 조합회로 1

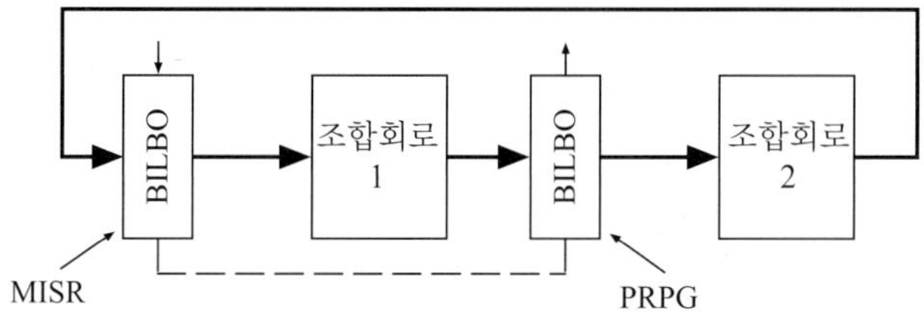

(b) 테스트 조합회로 2

그림 10-31 4비트 BILBO 레지스터

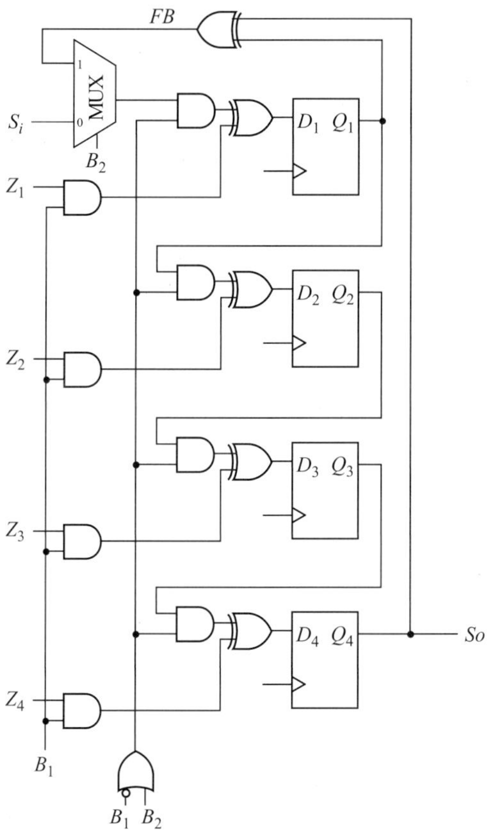

합회로로부터의 입력이다. 이 BILBO 레지스터의 식은 다음과 같다.

$$D_1 = Z_1 B_1 \oplus (Si\, B_2' + FB\, B_2)(B_1' + B_2)$$

$$D_i = Z_i B_1 \oplus Q_{i-1}(B_1' + B_2) \quad (i > 1)$$

$B_1 = B_2 = 0$은 시프트 레지스터 모드에 상응하며, 식은 다음과 같이 간단하게 된다.

$$D_1 = S_i \text{ 그리고 } D_i = Q_{i-1}\ (i > 1)$$

$B_1 = 0$과 $B_2 = 1$은 PRPG 모드에 상응하며, BILBO 레지스터는 그림 10-26과 동등하고 식은 다음과 같이 간단하게 된다.

$$D_1 = FB, \qquad D_i = Q_{i-1}$$

$B_1 = 1$과 $B_2 = 0$은 정상 동작 모드에 상응하며, 식은 다음과 같이 간단하게 된다.

$$D_1 = Z_1, \qquad D_i = Z_i$$

$B_1 = 1$과 $B_2 = 1$은 MISR 모드에 상응하며, BILBO 레지스터는 그림 10-28과 동등하고 식은 다음과 같이 간단하게 된다.

$$D_1 = Z_1 \oplus FB, \qquad D_i = Z_i \oplus Q_{i-1}$$

요약하면, BILBO 동작 모드는 다음과 같다.

B1B2	동작 모드
00	시프트 레지스터
01	PRPG
10	정상
11	MISR

그림 10-32는 n비트 BILBO 레지스터의 Verilog 표현을 보여준다. NBITS는 비트의 수와 같고 4에서 8까지의 범위를 갖는 제네릭 매개변수이다. 레지스터는 클록 인에이블(*CE*) 입력이 부가된 점을 제외하고는 그림 10-31에 나타난 것과 기능적으로 동등하다. LFSR을 위한 피드백(*FB*)은 비트의 수에 의존한다.

그림 10-32 그림 10-31 BILBO 레지스터의 Verilog 코드

```
module BILBO (Clk, CE, B1, B2, Si, So, Z, Q);
   parameter[2:0] NBITS  = 4;
   input Clk;
   input CE;
   input B1;
   input B2;
   input Si;
   output So;
   input[1:NBITS] Z;
   inout[1:NBITS] Q;
   reg[1:NBITS] Q_tmp;
   wire FB;
   wire[1:0] mode;
```

```
    initial
     begin
      Q_tmp = 0;
     end

    assign mode = {B1,B2};
    assign Q = Q_tmp;

    assign FB = Q[1] ^ Q[NBITS] ;

    always @(Clk)
    begin : xhdl_4

    if (Clk == 1'b1 & CE == 1'b1)
    begin
           case (mode)
              2'b00 :                           // 시프트 레지스터 모드
                        begin
                           Q_tmp <= {Si, Q[1:NBITS - 1]} ;
                        end
              2'b01 :                           // 의사 랜덤 패턴 생성기 모드
                        begin
                           Q_tmp <= {FB, Q[1:NBITS - 1]} ;
                        end
              2'b10 :                           // 정상 동작 모드
                        begin
                           Q_tmp <= Z ;
                        end
              2'b11 :                           // 다중 입력 시그니처 레지스터 모드
                        begin
                           Q_tmp <= Z[1:NBITS] ^ ({FB, Q[1:NBITS - 1]}) ;
                        end
           endcase
        end
    end

    assign So = Q[NBITS] ;

endmodule
```

그림 10-33의 시스템은 BILBO 레지스터의 사용을 설명한다. 이 시스템에서 레지스터 *A*와 *B*는 *LdA*와 *LdB* 신호를 사용하여 D 버스로부터 적재될 수 있다. 그 다음에 레지스터 값으로 덧셈 연산을 하고 합과 캐리가 레지스터 *C*에 저장된다. B_1 & $B_2 = 10$일 때 레지스터는 정상 동작 모드($Test = 0$)이며 *LdA*, *LdB*, *LdC*에 의해 레지스터들의 적재가 제어된다. 가산기를 테스트하기 위해 먼저 B_1 & $B_2 = 00$으로 놓고 레지스터를 시프트 레지스터 모드로 전환한 다음 *A*, *B*, *C*의 초기값을 주사하여 입력한다. 그 다음 B_1 & $B_2 = 01$로 놓고, 레지스터 *A*와 *B*는 PRPG 모드로, 레지스터 *C*는 MISR 모드로 전환한다. 15개의 클록이 들어온 후 테스트가 완료된다. 다음 순서로 B_1 & $B_2 = 00$으로 놓고 시그니처를 주사 출력시킨다. 이 시스템을 기술한 Verilog 코드가 그림 10-34에 제시되고, 테스트 벤치는 그림 10-35에 제시된다.

그림 10-33 BILBO 레지스터를 사용한 시스템과 테스터

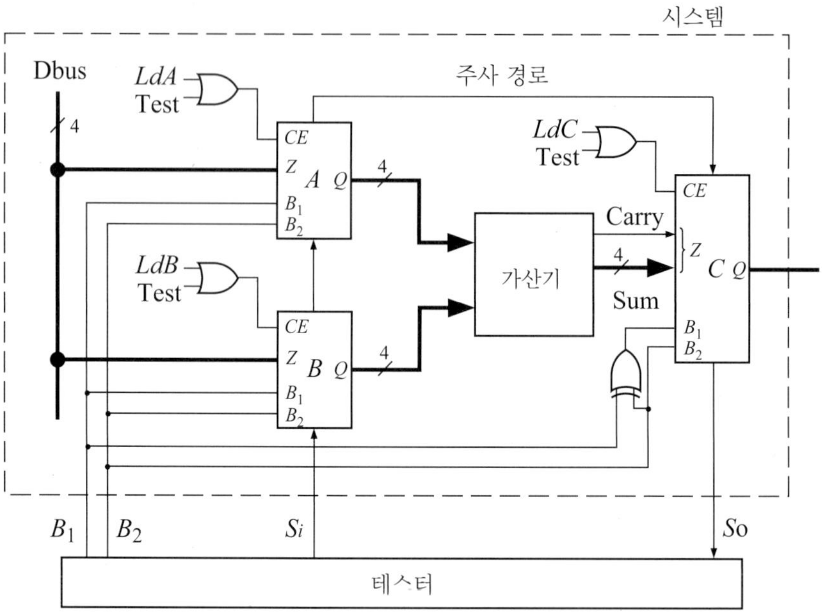

그림 10-34 BILBO 레지스터를 사용한 시스템과 테스터를 위한 Verilog 코드

```
module BILBO_System (Clk, LdA, LdB, LdC, B1, B2, Si, So, DBus, Output);
   input Clk;
   input LdA;
   input LdB;
   input LdC;
   input B1;
   input B2;
   input Si;
   output So;
   input[3:0] DBus;
   inout[4:0] Output;
   wire[4:0] Output;
   wire[4:0] Output_xhdl0;
   wire[3:0] Aout;
   wire[3:0] Bout;
   wire[4:0] Cin;
   wire ACE;
   wire BCE;
   wire CCE;
   wire CB1;
   wire Test;
   wire S1;
   wire S2;
   assign Output = Output_xhdl0;
   assign Test = ~B1 | B2 ;
   assign ACE = Test | LdA ;
   assign BCE = Test | LdB ;
   assign CCE = Test | LdC ;
```

```
    assign CB1 = B1 ^ B2 ;
    assign Cin = {Carry,Sum};

    BILBO #(4) RegA(Clk, ACE, B1, B2, S1, S2, DBus, Aout);

    BILBO #(4) RegB(Clk, BCE, B1, B2, Si, S1, DBus, Bout);

    BILBO #(5) RegC(Clk, CCE, CB1, B2, S2, So, Cin, Output);

    Adder4 Adder (Aout, Bout, 1'b0, Sum, Carry);

endmodule
```

그림 10-35 BILBO 시스템의 테스트 벤치

```
// BILBO 테스트 벤치를 포함하는 시스템
module BILBO_test ();

    reg Clk;
    wire LdA;
    wire LdB;
    wire LdC;
    reg B1;
    reg B2;
    reg Si;
    wire So;
    wire[3:0] DBus;
    wire[4:0] Output;
    reg[4:0] Sig;
    parameter[0:12] test_vector = 13'b1000110000000;
    parameter[4:0] test_result = 5'b01011;
    integer i;
    initial
    begin
        B1 = 1'b0;
        B2 = 1'b0;
        Si = 1'b0;
        Clk = 1'b0;
        Sig = 0;
    end

    always #25 Clk = ~Clk ;
    BILBO_System Sys (Clk, LdA, LdB, LdC, B1, B2, Si, So, DBus, Output);

    always
    begin
        B1 <= 1'b0 ;                                    // 테스트 벡터 시프트하여 입력
        B2 <= 1'b0 ;
        begin : xhdl_2

            for(i = 0; i <= 12; i = i + 1)
            begin
                Si <= test_vector[i] ;
                @(posedge Clk);
            end
        end
        B1 <= 1'b0 ;                                    // PRPG 및 MISR 사용
```

```
        B2 <= 1'b1 ;
        begin : xhdl_3
            integer i;
            for(i = 1; i <= 15; i = i + 1)
            begin
                @(posedge Clk);
            end
        end
        B1 <= 1'b0 ;                                    // 시그니처 시프트하여 출력
        B2 <= 1'b0 ;
        begin : xhdl_4
            integer i;
            for(i = 0; i <= 4; i = i + 1)
            begin
                $display("I is %d, So is %d", I, So);
                $display($time);
                @(posedge Clk);
                Sig <= {So, Sig[4:1]} ;

            end
        end
        if (Sig == test_result)                         // 시그니처 비교
        begin
            $display("System passed test. (NO ERROR)");
        end
        else
        begin
            $display("System did not pass test! (ERROR)");
        end
        forever #100000;                                // 수동 종료 기다림
    end

endmodule
```

이 시스템은 3개의 BILBO 레지스터와 그림 8-20의 4비트 가산기를 사용한다. 테스트 벤치는 BILBO 레지스터를 초기화하기 위해 테스트 벡터를 주사 입력한 다음, 레지스터 *A*와 레지스터 *B*는 PRPG로서 사용하고 레지스터 *C*는 MISR로서 사용하여 테스트를 진행한다. 테스트 결과 시그니처가 시프트되어 출력되고 정확한 시그니처와 비교된다.

이 장에서는 조합회로, 순차회로, 복잡한 IC, PC 보드를 비롯한 하드웨어의 테스트 관련 주제를 소개했다. 디지털 시스템이 점점 더 복잡해지면서 테스트를 위해 주사 방법과 내장 자기 회로의 사용이 필요해졌다. 최종 하드웨어가 효율적이고 경제적으로 테스트할 수 있도록 설계 과정 초기에 테스트를 위한 설계를 고려하는 일이 매우 중요하다.

Problem 연습문제

10.1 (a) 다음 회로에서 u s-a-0 테스트를 위해 필요한 입력을 결정하라.

(b) 이러한 입력들을 통해 다른 어떤 stuck-at 고장들이 테스트될 수 있는지 결정하라.

(c) r s-a-1 테스트를 위해 (a)와 (b)를 반복하라.

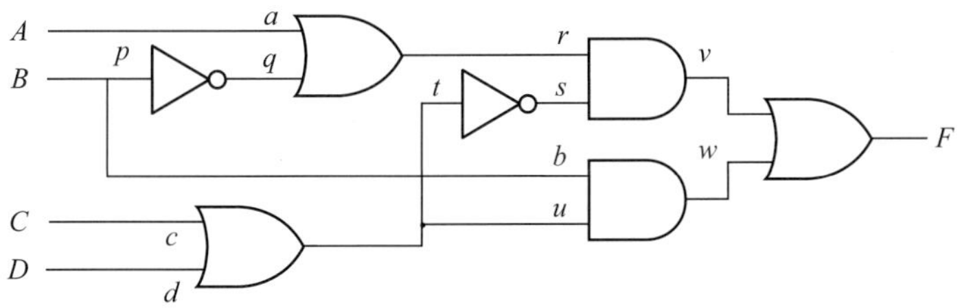

10.2 다음 회로에서

(a) e s-a-1의 테스트를 위해 필요한 A, B, C, D의 값을 결정하라. 이 입력 벡터에 의해 테스트되는 다른 고장들을 명세하라.

(b) g s-a-0에 대해 (a)를 반복하라.

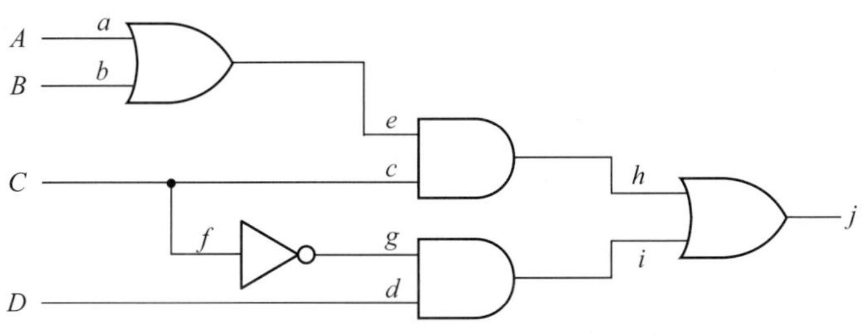

10.3 다음 회로에서 모든 단일 s-a-0과 s-a-1 고장을 테스트하는 최소의 테스트 집합을 찾아라. 각 테스트에서 어떤 고장이 s-a-0과 s-a-1을 통해 테스트되는지 명세하라.

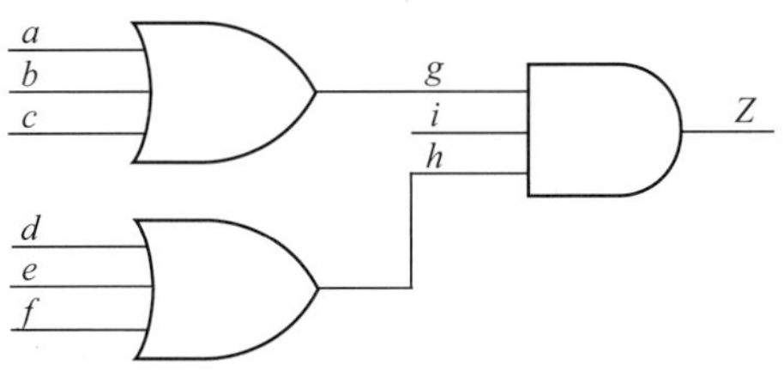

10.4 다음 회로에서 모든 stuck-at 고장을 테스트하는 최소의 테스트 벡터 집합을 구하라. 각 테스트 벡터에 의해 테스트되는 고장의 목록을 작성하라.

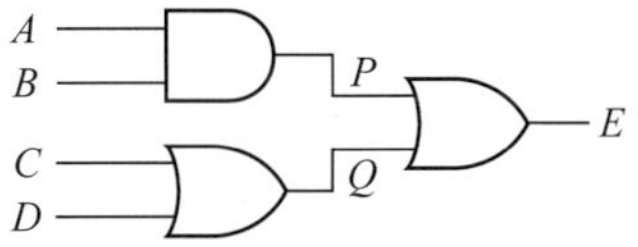

10.5 다음 회로에서 모든 stuck-at 고장을 테스트하는 a, b, c, d, e의 최소 테스트 벡터 집합을 명세하라. 각 벡터의 의해 테스트되는 고장을 명세하라.

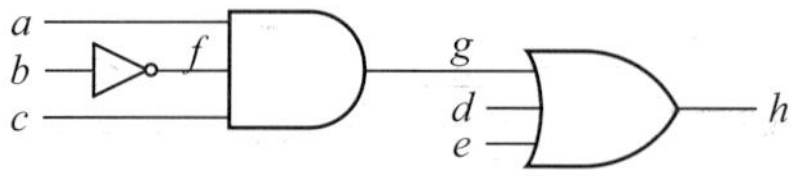

10.6 다음 회로에서 AND와 OR 게이트 입력의 모든 s-a-0과 s-a-1 고장을 테스트하는 최소의 테스트 벡터를 찾아라. 각 테스트 벡터를 통해 테스트되는 stuck-at 고장과 A, B, C, D 값을 명세하라.

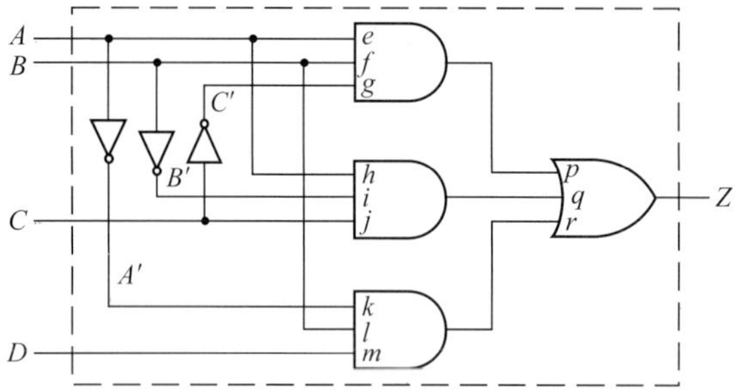

10.7 그림 10-7의 순차 회로에서 b s-a-0을 테스트하기 위한 테스트 시퀀스를 찾아라.

10.8 순차회로가 다음과 같은 상태 그래프를 갖는다.

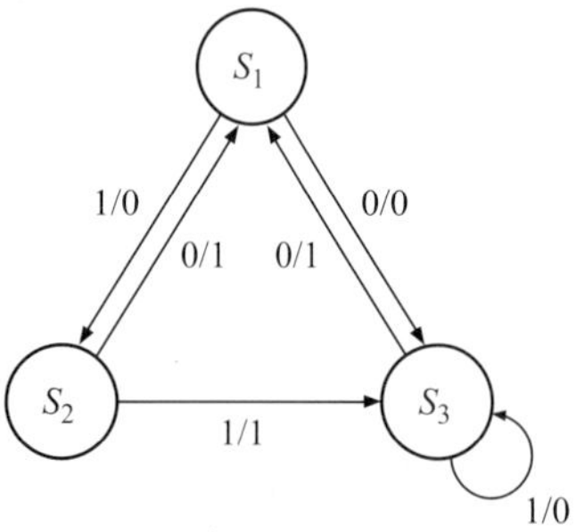

3개의 상태는 입력 순서 11을 사용하여 출력을 관찰하여 구별할 수 있다. 회로는 상태 S_1으로 회로를 초기화하는 리셋 입력 R을 갖는다. 모든 상태 천이를 테스트하는 테스트 시퀀스 집합을 제공하라. 그리고 각 시퀀스에 의해 테스트되는 천이를 제공하라(상태 천이를 테스트할 때, 출력 시퀀스의 관찰을 통해 다음 상태와 출력이 정확한지 확인해야 한다).

10.9 2개의 순차 머신의 상태 그래프가 주어진다. 첫 번째 그래프는 정확하게 동작하는 머신을 나타내며, 두 번째 그래프는 오작동하는 같은 머신을 나타낸다. 두 머신은 각각의 시작 상태(S_0와 T_0)로 초기화할 수 있다고 가정하며, 두 머신을 구분하는 가장 짧은 입력 시퀀스를 결정하라.

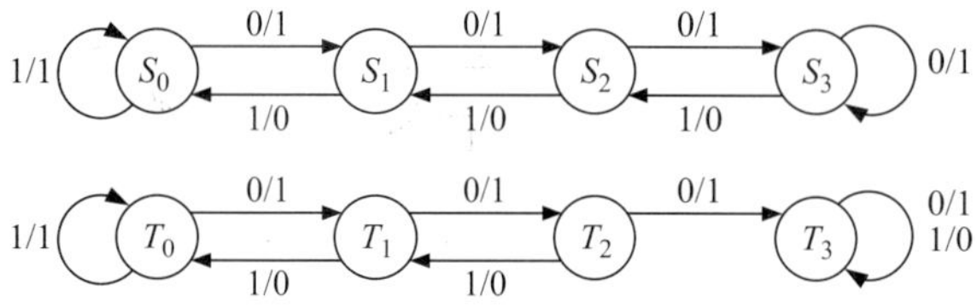

10.10 순차회로를 테스트할 때, 입력 시퀀스를 적용하고 출력을 관찰하는 것과 비교하여 주사 경로를 사용하는 것의 가장 큰 장점은 무엇인가?

10.11 그림 10-8에 나타낸 형태의 주사 경로 테스트 회로는 3개의 플립플롭, 2개의 입력, 2개의 출력을 갖는다. 테스트되는 순차회로 상태표의 한 행은 다음과 같다.

		$Q_1^+Q_2^+Q_3^+$				Z_1Z_2			
$Q_1Q_2Q_3$	$X_1X_2 =$	00	01	11	10	00	01	11	10
011		010	110	011	111	10	11	00	01

위 표의 값을 이용하여 입력 00, 01, 10을 위한 다음 상태와 출력을 검증하기 위해 회로가 어떻게 테스트되는지를 보이기 위해 그림 10-9와 유사한 타이밍 차트를 완성하라. 그들이 읽힐 시간에 기대되는 출력 Z_1과 Z_2의 출력 값을 보여라.

10.12 (a) 이중 포트 플립플롭을 사용한 그림 10-8의 형식으로 그림 1-26의 코드 변환 회로를 변경하라.
(b) 그림 1-24(b) 천이표의 처음 두 행을 검증하는 테스트 시퀀스를 결정하라. 테스트 시퀀스를 위해 그림 10-9와 유사한 타이밍도를 그려라.

10.13 (a) 이중 포트 플립플롭의 Verilog 코드를 작성하라.
(b) 연습문제 10.12(a)의 해답을 위한 Verilog 코드를 작성하라.
(c) 연습문제 10.12(b)의 테스트 시퀀스를 위한 테스트 벤치를 작성하고, 당신의 해답과 연습문제 10.12(b)의 결과 파형을 비교하라.

10.14 그림 10-8에서 보여주는 이중 포트 플립플롭을 사용하는 대신에 D_1과 D_2를 선택하기 위해 D 입력에 MUX를 가진 기본적인 D 플립플롭을 사용하여 주사 테스트를 수행할 수 있다. D 플립플롭과 MUX를 사용하여 주사 체인을 설정하도록 그림 1-22의 회로를 다시 그려라. 테스트 신호(T)는 MUX를 제어해야 한다.

10.15 그림 10-16을 참고하여 명령어 레지스터에 011을 넣고 경계 주사 레지스터 BSR2에 1101을 적재하기 위해 필요한 *TMS*와 *TDI* 입력의 시퀀스를 결정하라. 상태 0에서 시작해서 상태 1에서 종료하라. *TMS*와 *TDI* 입력과 함께 상태 시퀀스를 제공하라.

10.16 INTEST 명령어(코드 010)는 테스트 데이터를 경계 주사 레지스터(BSR1)로 시프트하여 이동시킴으로써 코어 로직을 테스트하고, 그 다음 이 테스트 데이터로 BSR2를 갱신한다. 입력 셀에 이 데이터가 입력 핀으로부터 들어와 자리를 차지한다. 코어 로직으로부터의 출력 데이터가 BSR1을 점유하고, 그 다음에 시프트되어 나간다. 이 문제에서 BSR은 3개의 셀을 갖는다고 가정한다.
(a) 그림 10-16을 참고하여, 명령어 레지스터에 010을 넣고 BSR2에 011을 적재하기 위해 필요한 *TMS*와 *TDI* 입력의 시퀀스를 제공하라. 그리고 상태 0에서 시작해서 상태 시퀀스를 제공하라.
(b) 그림 10-21 코드에서, CaptureDR 상태와 UpdateDR 상태에서 INTEST 명령어를 구현하기 위해 마지막 BSRout 지정문에서 무엇을 바꾸거나 부가해야만 하는가?

10.17 그림 10-21의 Verilog 코드에 기초하여 2셀 경계 주사 레지스터를 설계하라. 첫 번째 셀은 입력 셀이며, 두 번째 셀은 출력 셀이어야 한다. TAP 제어기를 설계하지 마라. 단지 Shift-DR, Capture-DR,

Update-DR과 같이 필요한 제어 신호가 있다고 가정한다. 명령어 레지스터 혹은 명령어 디코딩 로직을 설계하지 마라. 단지 EXT(EXTEST 명령어가 실행되고 있다), SPR(SAMPLE/PRELOAD 명령어가 실행되고 있다), BYP(BYPASS 명령어가 실행되고 있다) 신호가 이용 가능하다고 가정한다. BSR1을 위해 2개의 플립플롭, BSR2를 위한 2개의 플립플롭, BYPASS 플립플롭 하나를 사용하라. 이전에 언급한 제어 신호 외에 입력은 Pin1(핀으로부터), Core2(코어 로직으로부터), *TDI*, *TCK*이고. 또한 출력은 Core1(코어 로직으로), Pin2(핀으로), *TDO*이다. 모든 플립플록의 클록 입력으로 *TCK*를 사용하라. 플립플롭, MUX 등을 사용하여 블록도를 그려라. 그리고 각 플립플롭의 *D* 입력과 *CE*(클록 인에이블), 각 MUX의 제어 입력을 위한 논리식 또는 회로의 연결을 제시하라.

10.18 그림 10-22의 경계 주사 테스터 시뮬레이션을 진행하고 결과가 기대하던 값과 같은지를 검증하라. IC1의 낮은 입력이 접지로 단락되는 경우를 나타내도록 코드를 변환하라. 다시 시뮬레이션을 진행하고 결과를 해석하라.

10.19 그림 10-14(b)의 경계 주사 셀을 위한 Verilog 코드를 작성하라. BSR을 위한 상위 레벨 코드의 일부분에 컴포넌트로 이 경세 주사 셀을 사용하여 그림 10-21의 Verilog 코드를 재작성하라. 이 컴포넌트의 NCELLS들을 인스턴스화하기 위해 `generate` 문을 사용하라. 그림 10-22의 경계 주사 테스터 예제를 사용하여 새 코드를 테스트하라.

10.20 (a) 최장 길이 시퀀스를 생성하기 위해 $n = 5$인 LFSR의 회로도를 그려라.

(b) 상태 시퀀스에 00000이 포함되도록 로직을 부가하라.

(c) 실제적인 상태 시퀀스를 결정하라.

10.21 (a) 최장 길이 시퀀스를 생성하기 위해 $n = 6$인 LFSR의 회로도를 그려라.

(b) 상태 시퀀스에 000000이 포함되도록 로직을 부가하라.

(c) 101010으로 시작해서 10개의 시퀀스를 결정하라.

10.22 (a) 그림 10-28과 유사한 8비트 MISR을 위한 Verilog 코드를 작성하라.

(b) 6116 정적 RAM(그림 8-15 참조)을 위한 그림 1-25와 유사한 자기 테스트 회로를 설계하라. write-data 생성기는 시퀀스 00000000, 10000000, 11000000,…, 11111111, 01111111, 00111111,…, 00000000의 데이터를 저장해야 한다.

(c) 당신의 설계를 테스트할 Verilog 코드를 작성하라. 오류가 없거나, 하나의 오류, 2개의 오류, 3개의 오류를 갖는 경우에 대해 적어도 하나의 예제를 가지고 시스템을 시뮬레이션하라.

10.23 그림 10-33의 시스템에서 *A*, *B*, *C*는 BILBO 레지스터이다. 각 레지스터의 B_1과 B_2 입력은 다음과 같이 BILBO 동작 모드를 결정한다.

$B_1B_2 = 00$, 시프트 레지스터; $B_1B_2 = 01$, PRPG(패턴 생성기);

$B_1B_2 = 10$, 정상 시스템 모드; $B_1B_2 = 11$, MISR(시그니처 레지스터)

A, *B*, *C*의 시프트 이동은 항상 LSB를 먼저 한다. 테스트 모드일 때 Dbus는 사용되지 않는다. 다음의 동작을 수행하는 데 필요한 테스터의 출력(B_1, B_2, S_i) 시퀀스를 명세하라.

1. 1011을 A에 넣고 1110을 B에 적재하라. C는 0을 갖는다.
2. 패턴 생성기로서 A와 B를 사용하고, 네 클록 시간을 위한 시그니처 레지스터로서 C를 사용하여 시스템을 테스트하라.
3. C 레지스터의 출력을 테스터로 시프트하라.
4. 정상 시스템 모드로 돌아가라.

$$B_1\, B_2\, S_i = 0\ 0\ 0$$

10.24 다음과 같이 BILBO 레지스터가 주어졌다. 각 모드를 위한 B_1과 B_0를 명시하라.

정상 모드

시프트 레지스터 모드

PRPG(LSFR) 모드

MISR 모드

PRPG 모드일 때 초기 상태가 001이라 가정할 때, Q_1, Q_2, Q_3를 위해 어떤 상태 시퀀스가 생성되는가?

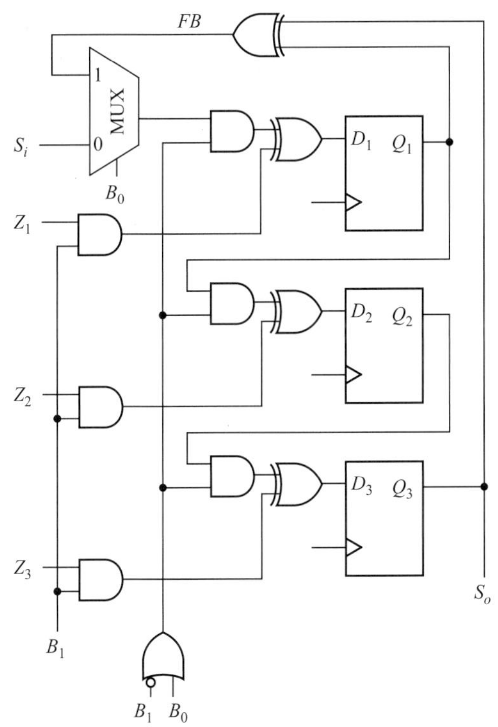

APPENDIX A

Verilog 언어 요약

면책사항: 여기에 실린 Verilog 요약은 완전한 것이 아니라 일부 특별한 경우를 담고 있다. 단지 이 책에서 사용된 Verilog 문들이 열거된다. Verilog 문맥의 완전한 설명은『Verilog Language Reference Manual(LRM)』, IEEE Standard for Verilog Hardware Description Language, IEEE Std 1364 2005를 참조하라.

참고

- Verilog는 대소문자를 구별한다.
- 신호 이름과 다른 식별자는 문자, 숫자, 언더바(_) 문자, 달러($) 문자를 포함할 수 있다.
- 식별자는 문자 또는 언더바(_) 문자로 시작해야 한다.
- 식별자는 숫자 또는 달러($) 문자로 시작해서는 안 된다.
- 달러($) 문자는 시스템 작업을 위한 첫 문자로 지정되어 있다.
- 선언과 할당문은 세미콜론으로 종료해야 한다.
- Verilog는 강형 언어(strongly typed language)가 아니다. 그래서 많은 연산자에 일부 데이터 타입을 혼합해서 사용하는 것을 허용한다.

범례

굵은 활자체	예약어
[ ]	선택적 항목
{ }	0번 이상 반복
|	논리합(or)

1. 모듈

```
module module-name (module interface list);
[list-of-interface-ports]
[port-declarations]
[net and register declarations]
[constants]
[functional-specification-of-module]
endmodule
Functional specification of module can contain:
assign statements, initial blocks, always blocks, function
... endfunction, task  ...  endtask, specify ... endspecify,
instantiations, primitives, modules
```

2. 동시진행문 또는 병렬문

```
assign [#delay] signal_name = expression;
assign signal_name = condition ? expression_T : expression_F;

initial
begin
      sequential-statements
end

always @(sensitivity-list); // 센시티비티 리스트는 @(A,B)
                            // A(A or B) @(*)일 수 있다.
begin
      sequential-statements
end
```

3. 순차 진행 지정문

(a) 블로킹문

```
always @(sensitivity list)
begin
  blocking statements using the = operator
end
```

(b) 논블로킹문

```
always @(sensitivity list)
begin
  non-blocking statements using the <= operator
end
```

(c)

```
if (condition)
  sequential statements
  //0 or more else if clauses may be included
{else if (condition)
  sequential statements}
[else  sequential statements]
```

(d)

```
wait (Boolean-expression)
```

(e) **case expression**

```
case expression
   choice1 : sequential statements1
   choice2 : sequential statements2
   . . .
   [default : sequential statements]
endcase;

case_statement ::=
case (expression)
case_item {case_item} endcase
| casez (expression)
case_item {case_item} endcase
| casex (expression)
case_item {case_item} endcase
case_item ::=
expression { , expression } : statement_or_null
          | default [ : ] statement_or_null
```

case 문의 비교에서 비교는 각 비트가 0, 1, x, z에 대해 정확하게 일치할 때만 성공한다. casez는 하이 임피던스를 돈케어(don't care)로 취급하고, casex는 하이 임피던스와 미지 상태 값을 돈케어로 취급한다.

(f) **LOOPS:**

```
loop_statement ::=
forever statement
| repeat (expression) statement
| while (expression) statement
| for (variable_assignment ; expression ; variable_assignment)
     statement

     for (initial_statement; expression; incremental_statement)
     begin
       sequential statement(s);
     end

     while condition
     begin
       sequential statements;
     end

     initial
     begin
       clk = 1'b0;
       forever #10 clk = ~clk;
     end
```

(g) **genvar gen_variable1,...;**

```
genvar gen_variable1,...;
generate
for (for_loop_condition with gen_variables)
  concurrent statement(s)
endgenerate
```

(h)
```
generate
  if condition
    concurrent statement(s)
  endgenerate
```

(i)
```
function <range or type> function-name
  input [declarations]
    <declarations>     // reg, parameter, integer 등
  begin
    sequential statements
  end
  endfunction
```

함수 호출의 일반적인 형태는 다음과 같다.

```
function_name(input-argument-list)
```

함수 호출은 그 자체가 구문이 아니고 구문의 일부이다.

참고: 함수 호출은 수식 내에(또는 자리에) 사용된다.

주요 특징

- 하나 이상의 입력, 단 하나의 반환 값(출력 또는 입출력 사용할 수 없음)
- 함수명에 값을 할당함으로써 하나의 값을 반환
- 다른 함수를 호출할 수 있지만 작업은 호출할 수 없음
- 0(zero) 실행 시간
- 시간 지연, wait 문, 시간 제어문을 내재할 수 없음
- 동시진행문 또는 순차 진행 블록에서 호출
- 재귀적일 수 있음
- 논블로킹문을 포함할 수 없음

(j)
```
task task_name
  input [declarations]
  output [declarations]

  <declarations>     // reg, parameter, integer 등
  begin
    sequential statements
  end
  endtask
```

formal-parameter-list는 작업과 작업형에 입력과 출력을 지정한다. 작업 호출은 다음 형태의 순차 구문 또는 동시진행문이다.

```
tash_name(actual-parameter-list)
```

주요 특징

- 임의의 수 입력, 출력, 입출력들

- 출력은 작업 이름을 사용할 필요 없음
- 다른 함수나 작업을 호출할 수 있음
- 시간 제어문을 포함해도 좋음
- 순차 진행 블록에서 호출
- 자신을 재귀적으로 호출할 수 있음

4. 사전 정의된 데이터 타입

VHDL과 달리 모든 데이터 타입은 사용자에 의해서가 아니라 Verilog 언어에 의해 사전에 미리 정의된다.

많이 사용되는 사전 정의된 타입은 다음과 같다.

net	하드웨어 요소들의 연결(`wire`와 같은 키워드로 지정)
variable	값을 저장할 수 있는 데이터 저장 요소(`reg`와 같은 키워드로 지정)
integer	정수 데이터 타입(`integer` 키워드로 지정)
real	실수 데이터 타입과 부동소수점의 변수 데이터 타입(`real` 키워드로 지정)
time	시간 정보를 저장하기 위한 특별 변수 데이터 타입(`time` 키워드로 지정)
vector	`wire`나 `reg` 데이터 타입은 벡터로 지정될 수 있음(다중 비트)

5. Verilog 연산자(우선순위가 높은 순으로)

1. 단항 및 리덕션 연산자

+ −	단항 부호 연산자
&	리덕션(reduction) and(벡터들의 연산을 1비트 결과로 줄여줌)
~&	리덕션 NAND
|	리덕션 OR(벡터들의 연산을 1비트 결과로 줄여줌)
~|	리덕션 NOR
^	리덕션 XOR
~^ 혹은 ^~	리덕션 XNOR
!	논리 부정
~	비트 단위의 부정

2. 산술 연산자: 지수

**	지수승

3. 산술 연산자: 곱, 모듈로 연산

*	곱셈
/	나눗셈
%	모듈로 연산(나머지)

4. 산술 연산자: 덧셈

    +   덧셈
    −   뺄셈

5. 시프트 연산자

    <<   논리 왼쪽 시프트
    >>   논리 오른쪽 시프트
    <<<   산술 왼쪽 시프트
    >>>   산술 오른쪽 시프트

6. 관계 연산자

    >   크다
    <   작다
    >=   크거나 같다
    <=   작거나 같다

7. 논리, 비트 연산자: 등식, 부등식

    ==   논리 등가
    !=   논리 부정 등가
    ===   케이스 등가
    !==   케이스 부정 등가

8. 비트 연산자

    &   비트 단위 AND

9. 논리, 비트 연산자

    ^   비트 단위 XOR
    ^~ 혹은 ~^   비트 단위 등가
    | 비트 단위 OR

10. 논리 AND

    &&   논리 AND

11. 논리 OR

    || 논리 OR

12. 조건 연산자

    ? :   조건 연산자

13. 결합 연산과 복제 연산

    { }   결합 연산
    {{ }}   복제 연산

- 할당문의 왼편에 연접 연산자를 사용하는 것은 규칙에 맞는다. 예: {Cout, Sum} = $A + B$;
- 논리 등식과 논리 부등식 연산자(==과 !=)는 피연산자의 미지 값 또는 하이 임피던스 비트 때문에 관계가 애매하다면 결과는 1비트 미지 값이 될 것이다.
- 케이스 등가와 케이스 부정 등가 연산자에서 x 또는 z 비트들이 비교에 포함될 수 있고, 동일하다고 간주되는 결과와 일치할 것이다. 이 연산자의 결과는 항상 알려진 값 0 또는 1이 될 것이다.

6. 선언 예제

```
input   A,B,C;
output    D;
wire    [7:0]   A;
reg   C;
reg   [7:0]    eight_bit_register;
reg signed     [7:0] A = 8'hA5;
parameter      constant_name = constant_value;
localparam     constant_name = constant_value;

`define        constant_name   constant_value;
parameter [0:15] OT = {1'b1, 1'b0, 1'b0, 1'b1, 1'b0, 1'b1,
1'b1, 1'b0, 1'b0, 1'b1, 1'b1, 1'b0, 1'b1, 1'b0, 1'b0, 1'b1};

INSTANTIATION EXAMPLE: c74163 ct1(LdN, ClrN, P, T1, Clk, Din1,
Carry1, Qout1);

NAMED ASSOCIATION: FullAdder FA0 (.Sum(S[0]), .Cout(Co[0]),
.X(A[0]), .Y(B[0]), .Cin(Ci[0]))
```

7. 내장된 프리미티브

내장된 프리미티브 타입	프리미티브
n입력 게이트	and, nand, nor, or, xnor, xor
n출력 게이트	buf, not
삼상태 게이트	bufif0, bufif1, notif0, notif1
pull 게이트	pulldown, pullup
MOS 스위치	cmos, nmos, pmos, rcmos, rnmos, rpmos
양방향 스위치	rtran, rtranif0, rtranif1, tran, transif0, tranif1

8. 지연 예제

```
wire D;
assign #5 D = A && B;          // 명시적 연속 진행 지정문
wire #5 D = A && B;            // 내포된 연속 진행 지정문
wire #5 D;                     // net 선언
assign D = A && B;
always @ (X)
begin
  Z1 <= #10 (X);               // 전달 지연
```

```
end
assign #10 Z2 = X;                       // 관성 지연
and #(10) a1 (out, in1, in2);            // 한 가지 지연을 가진
                                         // 프리미티브(상승 지연 = 10)
and #(10,12) a2 (out, in1, in2);         // 상승 지연 = 10과
                                         // 하강 지연 = 12를 가진 프리미티브
bufif0 #(10,12,11) b3 (out, in, ctrl);  // 상승, 하강, 차단 지연
#10 A = B + C; is equivalent to #10      // 지정문 사이 지연
                                A = B + C;  // 또한 지연된 평가라 불림
A = #10 B + C; is equivalent to
                           temp = B + C;    // 지정문 내 지연
                           #10 A = temp;    // 또한 지연된 지정이라 불림
```

9. 시스템 작업

$display	텍스트 또는 데이터를 즉시 출력하고 다음 줄로 넘어감
$write	텍스트 또는 데이터를 즉시 출력하되 다음 줄로 넘어가지 않음
$strobe	현재 시뮬레이션 단계의 끝에서 텍스트 또는 데이터 출력
$monitor	신호에 이벤트가 일어날 때마다 텍스트 또는 데이터 표시
$stop	상호작용을 위한 시뮬레이션 일시적 중단
$finish	시뮬레이션에서 빠져나오기 위한 시스템 작업
$time	호출하는 모듈의 시간 단위로 조정된 64비트의 시간 정수 반환
$stime	호출하는 모듈의 시간 단위로 조정된 32비트의 부호가 없는 시간 정수 반환. 실제 시뮬레이션 시간이 32비트에 맞지 않는다면 현 시뮬레이션 시간의 하위 32비트가 반환
$realtime	$time과 같이 호출하는 모듈의 시간 단위로 조정된 실수 값 시간 반환
$signed(expr)	표현식을 평가하고 부호 있는 형태로 값 반환
$unsigned(expr)	표현식을 평가하고 부호 없는 형태로 값 반환
$realtobits	실수에서 비트로 단위 변환
$bitstoreal	비트에서 실수로 단위 변환
$random	32비트인 부호 있는 랜덤 정수를 반환하는 확률 함수

10. 컴파일러 지시어 예제

`define	`define wordsize 16
`include	`include "lab3/sevenseg.v"
`ifdef	`ifdef … `else … `endif

11. 파일 I/O 함수

$fopen, $fclose, $feof, $ferror, $fgetc, $fputc, $fscanf, $fprintf, $fread, $fwrite, $readmemb, $readmemh 예: $readmemh("file.hex", mem);

12. 타이밍 확인

타이밍 확인은 specify ... endspecify 블록 내에서 나타나야 한다.

$setup
$hold
$skew
$width
	`$setup (data_event, reference_event, limit)`
	`$hold (reference_event, data_event, limit)`
	`$skew (reference_event, data_event, limit)`
	`$width (reference_event, limit)`

13. 기타

4-valued 논리형의 신호 분해 함수

신호 분해 함수	x	0	1	z
x	x	x	x	x
0	x	0	x	0
1	x	x	1	1
z	x	0	1	z

4-valued 논리형의 AND와 OR 함수

AND	x	0	1	z
x	x	0	x	x
0	0	0	0	0
1	x	0	1	x
z	x	0	x	x

OR	x	0	1	z
x	x	x	1	x
0	x	0	1	x
1	1	1	1	1
z	x	x	1	x

APPENDIX B

키워드 목록 (Verilog IEEE Standard 2005)

always
and
assign
automatic
begin
buf
bufif0
bufif1
case
casex
casez
cell
cmos
config
deassign
default
defparam
design
disable
edge
else
end
endcase
endconfig
endfunction
endgenerate
endmodule
endprimitive
endspecify
endtable
endtask
event
for
force
forever
fork
function
generate
genvar
highz0
highz1
if
ifnone
incdir
include
initial
inout
input
instance
integer
join
large
liblist
library
localparam
macromodule
medium
module
nand
negedge
nmos
nor
noshowcancelled

not
notif0
notif1
or
output
parameter
pmos
posedge
primitive
pull0
pull1
pulldown
pullup
pulsestyle_onevent
pulsestyle_ondetect
rcmos
real
realtime
reg
release
repeat
rnmos
rpmos
rtran
rtranif0
rtranif1
scalared
showcancelled
signed
small
specify
specparam
strong0
strong1
supply0
supply1
table
task
time
tran
tranif0
tranif1
tri
tri0
tri1
triand
trior
trireg
unsigned
use
uwire
vectored
wait
wand
weak0
weak1
while
wire
wor
xnor
xor

참고문헌

참고문헌 13, 20, 21, 27, 28, 33, 35, 36은 디지털 로직과 디지털 시스템 설계에 대한 일반적인 참고문헌이다. 참고문헌 2, 3, 4, 10, 11, 14, 17, 22, 31, 32, 34, 37, 38은 PLD, FPGA, CPLD에 대한 정보를 제공한다. 참고문헌 9, 12, 16, 30, 35는 Verilog 구성과 프리미티브의 기본적인 처리법을 다룬다. 참고문헌 29는 이 책에 나오는 대부분의 코드 예제와 동등한 VHDL 코드를 포함한다. 참고문헌 1, 5, 6, 15, 24, 25는 하드웨어 테스팅과 테스트를 위한 설계 관련 내용을 담고 있다. 논리 최소화에 관한 좀 더 자세한 내용은 참고문헌 7을 참조할 수 있다. MIPS ISA와 MIPS 프로세서 구조는 참고문헌 8, 18, 19, 26에 기술되어 있다. 참고문헌 26은 9장의 내용을 더 잘 이해할 수 있는 다양한 컴퓨터 구조 주제를 소개한다.

1. Abromovici, M., Breuer, M., and Friedman, F. *Digital Systems Testing and Testable Design*. Indianapolis, IN: Wiley-IEEE Press, 1994.
2. Actel Corporation, Actel Technical Documental, www.actel.com/techdocs/.
3. Altera Corporation, Altera Literature, www.altera.com/literature/lit-index.html.
4. Atmel Corporation, www.atmel.com.
5. Bardell, P. H. and McAnney, W. H. "Self-Testing of Logic Modules," *Proceedings of the International Test Conference*. 1982, pp. 200-204.
6. Bleeker, H., van den Eijnden, P., and de Jong, F. *Boundary Scan Test—A Practical Approach*. Boston, MA: Kluwer Academic Publishers, 1993.
7. Brayton, R. K., et al. *Logic Minimization for Algorithms for VLSI Synthesis*. Boston, MA: Kluwer Academic Publishers, 1984.
8. Britton, R. *MIPS Assembly Language Programming*. Upper Saddle River, NJ: Pearson Prentice Hall, 2003.
9. Brown, S. and Vranesic, Z. *Fundamentals of Digital Logic with Verilog Design*. New York, NY: McGraw Hill, 2003.
10. Brown, S. D., Francis, R. J., Rose, J. and Vranesic, Z. G. *Field-Programmable Gate Arrays*. Boston, MA: Kluwer Academic Publishers, 1992.
11. Chan, P. and Mourad, S. *Digital Design using Field-Programmable Gate Arrays*. Englewood Cliffs, NJ: Prentice Hall, 1994.

12. Ciletti, M. D., *Advanced Digital Design with the Verilog HDL, 2/E*. Upper Saddle River, NJ: Pearson Prentice Hall, 2011.
13. Comer, D. J. *Digital Logic and State Machine Design, 3/E*. New York: Oxford University Press, 1995.
14. *Cypress Semiconductor Programmable Logic Documentation*, www.cypress.com.
15. Larsson, E., *Introduction to Advanced System-on-Chip Test Design and Optimization*. Springer, 2005.
16. *Verilog Language Reference Manual (LRM)*, IEEE Standard for Verilog Hardware Description Language, IEEE Std 1364™ 2005, April 2006.
17. Jenkins, J. H. *Designing with FPGAs and CPLDs*. Englewood Cliffs, N. J.: Prentice Hall, 1994.
18. Kane, G. and Heinrich, J. *MIPS RISC Architecture*. Englewood Cliffs, NJ: Prentice Hall, 1991.
19. Kane, G. *MIPS RISC Architecture*. Englewood Cliffs, NJ: Prentice Hall, 1989.
20. Katz, R. H. *Contemporary Logic Design, 2/E*. Upper Saddle River, NJ: Prentice Hall, 2004.
21. Kohavi, Z. *Switching and Finite Automata Theory*. Boston, MA: McGraw Hill, 1979.
22. Lattice Semiconductors, www.latticesemi.com.
23. LOGICAID Software, Available with Roth, C. H. and John, L. K. *Digital Systems Design Using VHDL, 2/E*. Mason, OH: Cengage Learning, 2008.
24. McCluskey, E. J. *Logic Design Principles with Emphasis on Testable Semicustom Circuits*. Englewood Cliffs, N.J.: Prentice Hall, 1986.
25. Parker, K. P. *The Boundary Scan Handbook, 3/E*. New York, NY: Springer, 2003.
26. Patterson, D. A. and Hennessey, J. L. *Computer Organization and Design: The Hardware Software Interface, 3/E*. San Francisco, CA: Morgan Kaufmann, an imprint of Elsevier, 2005.
27. Prosser, F. P. and Winkel, D. E. *The Art of Digital Design: An Introduction to Top-Down Design, 2/E*. Englewood Cliffs, NJ: Prentice Hall, 1987.
28. Roth, C.H. *Fundamentals of Logic Design, 7/E*. Mason, OH: Cengage Learning, 2014.
29. Roth, C. H., and John, L. K., *Digital Systems Design Using VHDL, 2/E*, Cengage Learning, 2008
30. Rosen, K. H. *Elementary Number Theory and its Applications, 6/E*. Boston, MA: Pearson, Addison Wesley, 2011.
31. Rucinski, A. and Hludik, F. *Introduction to FPGA-Based Microsystem Design*, Dallas, TX: Texas Instruments, 1993.
32. Salcic, C., and Smailagic, A. *Digital Systems Design and Prototyping Using Field Programmable Logic*, 2/E. Boston, MA: Kluwer Academic Publishers, 2000.
33. Smith, M. J. S. *Application-Specific Integrated Circuits*, Boston, MA: Addison Wesley, 1997.
34. Tallyn, K. "Reprogrammable Missile: How an FPGA Adds Flexibility to the Navy's TomaHawk," *Military and Aerospace Electronics*, April 1990, Article reprinted in *The Programmable Gate Array Data Book*, Xilinx, 1992.
35. Vahid, F. *Digital Design with RTL Design, VHDL, and Verilog*, Hoboken, NJ; John Wiley & Sons, 2011.
36. Wakerly, J. F. *Digital Design Principles and Practices 4/E*. Upper Saddle River, NJ: Pearson Prentice Hall, 2006.
37. Xilinx Corporation. *Xilinx Documentation and Literature*. www.xilinx.com/ support/library.htm.
38. Xilinx, Inc. *The Programmable Logic Data Book*, 1996. http://www.xilinx.com.

찾아보기

INDEX

ㅊ

ㅋ

ㅌ

ㅍ

ㅎ

기타